개정판

일반역학

— 제5판 —

Cengage

***Classical Dynamics of Particles and Systems,* Fifth Edition**

Stephen T. Thornton
Jerry B. Marion

Original edition © 2004 Brooks/Cole, a part of Cengage Learning.
Classical Dynamics of Particles and Systems, Fifth Edition by Stephen T. Thornton, Jerry B. Marion
ISBN: 9780534408961

This edition is translated by license from Brooks/Cole, a part of Cengage Learning, for sale in Korea only.

ISBN-13: 978-89-6218-382-5

Cengage Learning Korea Ltd.
14F YTN Newsquare 76 Sangamsan-ro,
Mapo-gu Seoul, 03926, Korea, South

Cengage is a leading provider of customized learning solutions with employees residing in nearly 40 different countries and sales in more than 125 countries around the world. Find your local representative at: **www.cengage.com.**

To learn more about Cengage Solutions, visit **www.cengageasia.com.**

Every effort has been made to trace all sources and copyright holders of news articles, figures and information in this book before publication, but if any have been inadvertently overlooked, the publisher will ensure that full credit is given at the earliest opportunity.

Printed in Korea
Print Number: 06 Print Year: 2024

일 반 역 학

CLASSICAL DYNAMICS OF PARTICLES AND SYSTEMS

개정판

— 제5판 —

STEPHEN T. THORNTON, JERRY B. MARION 지음

강석태 옮김

Cengage

Australia • Brazil • Canada • Mexico • Singapore • United Kingdom • United States

옮긴이 소개

강석태

1982.3 - 현재　연세대학교 과학기술대학 물리학과
1979.3　일본 大阪大學 대학원 응용물리학과 졸업 (공학박사)

주요경력

1978.11 - 1982.2　한국표준과학연구원 연구실장
1997.5 - 1999.4　과학기술처 원자력연구개발사업 총괄조정위원회 위원
2002.1 - 2003.11　한국기초과학연구원 기기자문위원
2009.10 - 2011.6　한국과학기술정보연구원 강원과학기술정보협의회 회장
1978.3 - 현재　한국물리학회 평의원
1991.3 - 현재　한국진공학회 평의원

일반역학 —제5판—

CLASSICAL DYNAMICS OF PARTICLES AND SYSTEMS, 5TH EDITION

제5판 개정1쇄 발행 | 2011년 8월 31일
제5판 개정6쇄 발행 | 2024년 3월 28일

지은이 | Stephen T. Thornton, Jerry B. Marion
옮긴이 | 강석태
발행인 | 송성헌
발행처 | 센게이지러닝코리아㈜
등록번호 | 제313-2007-000074호(2007.3.19.)
이메일 | asia.infokorea@cengage.com
홈페이지 | www.cengage.co.kr

ISBN-13: 978-89-6218-382-5

공급처 | 북스힐
주　소 | 서울시 강북구 한천로 153길 17
도서안내 및 주문 | TEL 02) 994-0071 / FAX 02) 994-0073
홈페이지 | www.bookshill.com

값 35,000원

옮긴이 머리말

일반역학은 Stephen T. Thornton과 Jerry B. Marion의 원저서인 『Classical Dynamics of Particles and Systems』 제5판을 완역한 것이다. 일반역학은 자연현상을 과학적 사고와 방법으로 수식화하고 이해하고 예측하는 물리학에서 가장 기초적이며 근간이 되는 학문이므로 물리학을 전공하는 학생들이나 이공계 학생들에게 필수적이다. 이 책에서는 고전역학계를 현대적으로 무리 없이 완전하게 설명해서 양자역학계로 쉽게 넘어갈 수 있도록 했다. 최근에는 비선형 진동과 혼돈에 관한 문제도 추가하여 보완했다. 현대과학에서 화제가 되고 있는 것 중의 하나가 카오스에 대한 것이다. 일기예보, 기상 형태, 태양계의 행성 운동이나 부정맥을 일으키는 심장 박동 등 많은 불규칙한 비선형 현상은 예측하기 어려운 현상이다.

물체의 운동이나 행성의 운동에 대해서는 뉴턴에 이르러서 그 이론체계가 완성되었고, 고전역학의 방법론은 양자역학적인 미시세계를 포함하여 물리현상을 다루는 기본적인 개념을 제공해준다. 이러한 물리현상에 접근하는 일반적인 방법으로서 해밀턴 변분 원리를 적용하고 라그랑주 방정식을 사용하여 이를 중심력장에서의 운동, 입자계의 운동, 비관성계에서의 운동, 강체 운동의 동역학, 작은 진동 및 연속계 현상에 적용한다. 또한 학생들이 어려워하는 주제를 체계적으로 이론적인 형식에 대한 취급 방법과 수학적/수치적 방법을 배울 수 있고, 이러한 개념에 대한 이해를 돕기 위해 많은 예제를 풀어서 설명했다. 각 장의 뒷부분에 충분한 양의 연습문제를 제공하여 문제를 이해하고 푸는 기법을 연습할 수 있게 했다. 또한 컴퓨터를 이용한 수치 계산을 추가하여 물리적 내용을 동적으로 이해하고 파악할 수 있게 했다. 각주에는 학자들의 간단한 일화와 역할에 대한 역사적인 설명도 삽입되어 있어서 흥미를 불러일으킨다.

이 책은 대학 학부학생들의 역학과목 필수 교재로 가장 적합하며 널리 사용되고 있고 참고서로서도 많은 도움이 되리라고 생각한다.

끝으로, 책이 나오기까지 도움을 주신 출판사 및 관계자 여러분께 감사드린다.

머리말

이 교재의 5판 중에서 이 책은 저자가 준비한 세 번째 판이다. 입자, 입자계 및 강체에 대한 고전역학을 대학교 고학년의 물리학 학생을 위해 현대식으로, 또한 완전히 기술한다는 고 Jerry Marion의 초기 목적을 답습했다.

이 책의 목적은 세 가지다.

1. 양자론으로 옮겨갈 때의 어려움을 최소화하는 방법으로 고전역학계를 현대식으로 다루기로 한다.
2. 가능하다면 새로운 수학적 수법을 학생들에게 알리고 또한 그들이 잘 사용할 수 있도록 문제 풀이 연습을 충분히 제공한다.
3. '초급'과 '상급' 사이의 결정적 시기에 있는 학생들에게 이론의 구성과 문제 풀이에 대해 연산자 방법을 쓸 때보다 세련된 수법을 전수한다.

1장에서 벡터법을 확고히 한 다음에 필요에 따라 좀 더 수학적인 방법을 이 책에서 전개할 것이다. 고급수학을 별도로 계속 공부하도록 학생들에게 권하고 싶다. 물리전공 학생들은 수학의 엄밀성을 배워야 하며 감사해야 할 것이다. 그러나 완전한 일반성이나 수학적 엄밀성을 주장함으로써 물리학의 연속성이 저해받을 때는 물리학이 우선이다.

5판에서 바뀐 내용

많은 독자의 의견과 제안을 5판에 수렴했다. 이 교재를 사용한 많은 선생님의 반응이 없었다면 유익한 교재를 물리 공동체에 내놓는다는 건 불가능했을 것이다. 4판에서 대폭 수정했기 때문에 5판에서 바뀐 내용은 비교적 적다. 교재에서 일부만이 재정리되었을 뿐이다. 독자들이 수치 계산을 더욱 요구했기에 책 전체, 특히 2장에서 수치 계산과 각 장의 뒤에 연습문제를 추가했다. 또한 학생들이 더 많은 예제를 원한다고 하니 그렇게 하기로 했다.

'Instructor and Student Solutions Manuals'에 나와 있는 해답의 교정에 특별히 신경을 썼다. 각종 문제해답에 관한 의견을 보내주신 분들에게 감사한다. 책 뒷부분에 짝수 번호 문제의 해답을 실었으며, 선택적으로 일반적 참고문헌을 쇄신했다.

교과 과정의 적절성

이 책은 미적분을 토대로 한 물리학을 배운 후 고전역학을 선택한 (3학년 혹은 4학년 학생을 대상으로) 한 학기 혹은 두 학기 상급학생용 과목으로 적합하다. 버지니아 대학교에서 특별한 몇 절을 제외하고 12개 장을 토대로 한 학기 과정 강의를 한 바 있다. 전체적인 맥락을 해치지 않고 제외할 수 있는 절은 선택 표시를 해뒀으나, 교수가 인위적으로 다른 절(혹은 장 전체)을 삭제할 수도 있다. 예를 들어 4장(비선형 진동과 혼돈)을 한 학기 과정의 경우 완전히 제외할 수 있다. 6장에 나오는 변분 계산을 빼놓을 수도 있고, 1장의 수학소론을 건너뛰어 2장부터 시작하여 필요에 따라 수학을 가르칠 수도 있다. 수학소론을 이렇게 취급하는 것도 전적으로 옳고 또한 여기에 쓴 방법을 약간 선호하는 견해도 있다. 이 교재는 (교수가 원한다면) 수학적 및 수치적 방법을 강조하면서 1년 교과과정으로 강의하기에도 적합하다.

이 책은 컴퓨터를 사용하지 않고 전통적 방법으로 가르치고 싶은 교수에게도 적합하나 수치 계산을 추가하는 편이 재미있고 그 결과 내 자신이 컴퓨터 계산에 더욱 숙달하게 되었다. 실제로 모든 학생과 많은 교수가 이제 컴퓨터를 매일 사용하며, 그것이 물리학을 공부하는 데 유효한 도구이기도 하다. 한 가지 어려움은 시중에 나와 있는 많은 컴퓨터 기술 중에서 하나를 택하는 일이다. 저자는 이 선택을 학생이나 교수에게 맡기며 어떤 방법이 더 좋다고는 말하지 않겠다.

특징

Jerry Masion의 원저에서 보였던 인기 있는 특징을 그대로 살렸고 역사적 각주를 책 전체에 확대하여 추가했다. 이 교재 사용자 중 몇몇은 이 역사 이야기가 얼마나 유익한지를 말하고 있다. 오늘날에는 물리학 역사가 교과목에서 거의 사라져, 결과적으로 학생들은 특정한 과제의 배경을 모르는 경우가 종종 있다. 이 각주들은 그런 욕구를 자극하고 또한 학생들이 자기 분야의 역사를 알게 하려는 목적으로 첨부한 것이다.

감사의 말

책의 내용이나 문제에 대해 조언을 해주신 분 그리고 4판의 일부를 논평해주신 분들에게 특히 감사한다. 이분들의 노고가 이 책을 내는 데 대단한 도움이 되었다. 그분들은 다음과 같다.

William L. Alford, *Auburn University*
Philip Baldwin, *University of Akron*
Robert P. Bauman, *University of Alabama, Birmingham*
Michael E. Browne, *University of Idaho*
Melvin G. Calkin, *Dalhousie University*
F. Edward Cecil, *Colorado School of Mines*
Arnold J. Dahm, *Case Western Reserve University*
George Dixon, *Oklahoma State University*
John J. Dykla, *Loyola University of Chicago*
Thomas A. Ferguson, *Carnegie Mellon University*
Shun-fu Gao, *University of Minnesota, Morris*
Reinhard Graetzer, *Pennsylvania State University*
Thomas M. Helliwell, *Harvey Mudd College*
Stephen Houk, *College of the Sequoias*
Joseph Klarmann, *Washington University at St. Louis*
Kaye D. Lathrop, *Stanford University*
Robert R. Marchini, *Memphis State University*
Robert B. Muir, *University of North Carolina, Greensboro*
Richard P. Olenick, *University of Texas, Dallas*
Tao Pang, *University of Nevada, Las Vegas*
Peter Parker, *Yale University*
Peter Rolnick, *Northeast Missouri State University*
Albert T. Rosenberger, *University of Alabama, Huntsville*
Wm. E. Slater, *University of California, Los Angeles*
Herschel Snodgrass, *Lewis and Clark College*
J. C. Sprott, *University of Wisconsin, Madison*
Paul Stevenson, *Rice University*
Larry Tankersley, *United States Naval Academy*
Joseph S. Tenn, *Sonoma State University*
Dan de Vries, *University of Colorado*

현재의 5판은 교재를 개정할 즈음하여 연습문제 해답에 대한 의견을 나에게 보내주고, 설문조사에 답변해주고, 각 장을 검토해준 많은 사람의 도움 없이는 가능하지 않았다. 진심으로 그분들을 고맙게 여기며 매우 감사한다.

Jonathan Bagger, *Johns Hopkins University*
Arlette Baljon, *San Diego State University*
Roger Bland, *San Francisco State University*
John Bloom, *Biola University*
Theodore Burkhardt, *Temple University*
Kelvin Chu, *University of Vermont*
Douglas Cline, *University of Rochester*
Bret Crawford, *Gettysburg College*
Alfonso Diaz-Jimenez, *Universidad Militar Nueva Granad, Colombia*
Avijit Gangopadhyay, *University of Massachusetts, Dartmouth*
Tim Gfroerer, *Davidson College*
Kevin Haglin, *Saint Cloud State University*
Dennis C. Henry, *Gustavus Adolphus College*
John Hermanson, *Montana State University*
Yue Hu, *Wellesley College*
Pawa Kahol, *Wichita State University*
Robert S. Knox, *University of Rochester*
Michael Kruger, *University of Missouri*
Whee Ky Ma, *Groningen University*

Steve Mellema, *Gustavus Adolphus College*
Adrian Melott, *University of Kansas*
William A. Mendoza, *Jacksonville University*
Colin Morningstar, *Carnegie Mellon University*
Martin M. Ossowski, *Naval Research Laboratory*
Keith Riles, *University of Michigan*
Lyle Roelofs, *Haverford College*
Sally Seidel, *University of New Mexico*
Mark Semon, *Bates College*
Phil Spickler, *Bridgewater College*
Larry Tankersley, *United States Naval Academy*
Li You, *Georgia Tech*

각 장 끝에 실을 새로운 연습문제를 출제하는 데 자신이 만든 문제(해답 포함)를 사용하도록 허락해준 템플 대학교의 Theodore Burkhardt에게 매우 감사한다. 원고를 정확히 교정하도록 도와준 샌디에이고 주립대학교의 Patrick J. Papin, 하버포드 대학의 Lyle Roelofs에게도 고마운 마음을 전한다. 또한 3판과 4판에서 문제풀이를 도와준 Warren Griffith, Brian Giambattista와 5판의 문제풀이를 많이 도와준 Tran ngoc Khanh에게 감사한다.

Brooks/Cole 출판사 직원 여러분의 지도와 편달에 심심한 감사를 표한다. 그분들은 부편집장인 Alyssa White, 도서편집 책임자인 Chris Hall, 기획매니저인 Karen Haga, 마케팅 매니저인 Kelly McAllister, 광고기획 매니저인 Stacey Purviance, 기술기획 매니저인 Samuel Subity, 편집조원인 Seth Dobrin, Nesbitt Graphics, Inc.의 Maria McColligan과 직원들이다.

이 책에 대한 조언이나 어떤 오류에 대한 지적도 겸허히 받아들이니 STT@Virginia.edu로 연락주시기 바랍니다.

Stephen T. Thornton

차 례

1 행렬과 벡터, 벡터 계산 1

제 1 장

행렬과 벡터, 벡터 계산

1.1 서론

벡터 방법을 쓰면 물리 현상을 상당히 간결하고 세련된 형태로 아름답게 논의할 수 있다.[1] 물리 법칙을 개개의 현상에 적용할 경우에 결과는 좌표원점의 정확한 선택에 무관할 뿐만 아니라, 직교좌표계를 쓰든 쌍극 원통좌표계를 쓰든 좌표계에 무관해야 한다. 벡터를 쓰면 결과는 사용한 좌표계의 특수성에 의존하지 않도록 할 수 있다. 따라서 특정 문제를 기술하기 위해 가장 편리하도록 선택한 특별한 좌표계와는 관계없이 주어진 물리 법칙을 바르게 나타낼 수 있다. 더욱이 벡터 기호를 쓰면 상당히 복잡한 결과라도 매우 간결하게 나타낼 수 있다.

보통 벡터를 다룰 때는 '벡터는 방향을 가진 선분으로 나타내는 양이다'라는 기술로부터 논의를 시작하는데, 이런 방식으로 하면 확실히 올바른 결과가 얻어지고, 벡터의 물리적인 성질에 대한 느낌을 전하는 데도 유익하다. 독자는 이런 종류의 방법을 잘 알고 있다고 생각한다. 그러나 여기서는 벡터와 좌표변환과의 관계를 강조하고 싶으므로 이 방법 대신, 이러한 목적에 편리하도록 좌표변환뿐만 아니라 벡터를 기술하기 위해서도 행렬과 행렬의 기호를 소개한다. 또한 텐서를 쓸 때 곧 도움이 되는 기호도 도입해서 사용한다. 그러나 텐서는 필요로 할 때까지는 나오지 않는다(11장 참조).

그러므로 여기서 벡터법을 상세히 설명할 생각은 없고, 역학계를 다루는 데 필요한 주제만을 생각한다. 따라서 이 장에서는 행렬과 벡터 대수의 기본만을 살펴본다.

1.2 스칼라의 개념

그림 1-1a와 같은 입자의 배열을 생각하자. 배열 속의 입자에는 질량에 따라서 이름을 붙인다. 예를 들어 그램으로 표시한다. 또한 개개의 입자를 한 쌍의 수 (x, y)로 지정할 수 있도록 좌표축을 잡고, 좌표 (x, y)에 있는 입자의 질량 M을 $M(x, y)$로 나타낸다. 즉, $x = 2$, $y = 3$에 있는 입자의 질량을 $M(x = 2, y = 3)$으로 쓴다. 지금 좌표축이 그림 1-1b와 같이 회전하고, 이동하면 4 g의 질량은 명백히 $x' = 4$, $y' = 3.5$에 있으므로, $M(x' = 4, y' = 3.5) = 4$로 쓸 수 있다. 일반적으로 어떤 입자의 질량도 좌표축의 변화에 영향을 받지 않으므로

$$M(x, y) = M(x', y') \tag{1.1}$$

이 성립한다. 좌표변환에 대해 불변인 성질을 갖는 양, 즉 식 (1.1)의 방정식 형태를 따르는 양을 **스칼라**(scalar)라고 한다.

---

1) 1880~1882년경 조사이어 윌러드 기브스(Josiah Willard Gibbs, 1839~1903)가 벡터해석 개발에 큰 역할을 했다. 지금의 벡터표시법은 1893년 영국의 전기기사였던 올리버 헤비사이드(Oliver Heaviside, 1850~1925)가 만들었다.

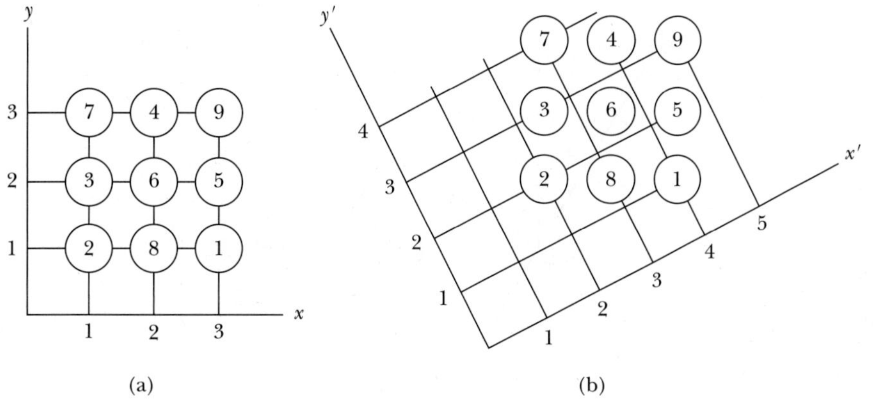

그림 1-1 다른 두 좌표계로 나타낸 입자의 배열

입자의 질량(또는 온도, 속력 등)은 어떤 좌표계에서도 같은 수치로 주어진다. 입자에는 앞에서와 같이 간단하게 나타낼 수 없는 물리적인 성질(예를 들면, 입자 운동의 방향과 입자에 작용하는 힘의 방향 등)도 있으므로, 이들의 더 복잡한 양을 나타낼 때는 **벡터**(vector)를 쓸 필요가 있다. 스칼라가 좌표변환할 때 변하지 않는 양으로 정의된 바와 같이, 벡터도 역시 변환성질로 정의된다. 그래서 다음에 좌표계가 원점의 주위를 회전할 경우에 점의 좌표가 변화하는 모양을 조사해보자.

1.3 좌표변환

어떤 좌표계에서 좌표가 (x_1, x_2, x_3)인 점 P가, 원래의 좌표계에서 간단한 회전에 의해 생성되는 다른 좌표계에서는 좌표가 (x_1', x_2', x_3')라고 하자. 그림 1-2는 2차원인 경우의 모양을 나타낸다.

새로운 좌표 x_1'를 x_1의 x_1'축에의 사영(선분 $\overline{Oa}$)과 x_2의 x_1'축으로의 사영(선분 $\overline{ab} + \overline{bc}$)의 합이므로,

$$\begin{aligned} x_1' &= x_1\cos\theta + x_2\sin\theta \\ &= x_1\cos\theta + x_2\cos\left(\frac{\pi}{2} - \theta\right) \end{aligned} \tag{1.2a}$$

라고 쓰고, 좌표 x_2'도 같은 사영의 합 $x_2' = \overline{Od} - \overline{de}$가 되나, 선분 $\overline{de}$는 선분 $\overline{Of}$와 같으므로

$$\begin{aligned} x_2' &= -x_1\sin\theta + x_2\cos\theta \\ &= x_1\cos\left(\frac{\pi}{2} + \theta\right) + x_2\cos\theta \end{aligned} \tag{1.2b}$$

라고 쓴다.

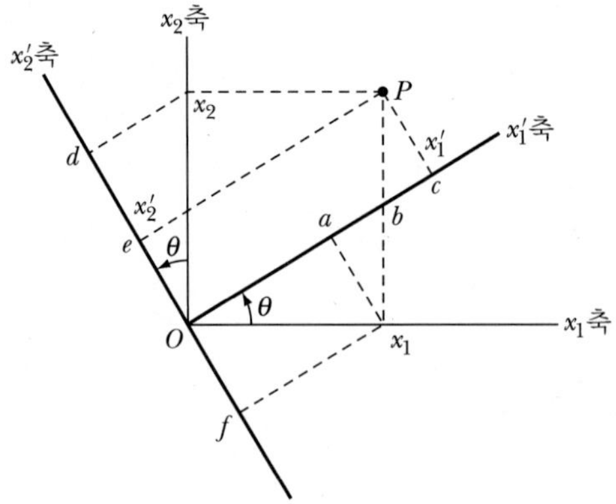

그림 1-2 원래의 좌표계와 회전된 좌표계로 입자 P의 위치를 나타낼 수 있다.

여기서 다음의 기호를 도입한다. x_1'축과 x_1축과의 사이의 각을 (x_1', x_1)으로 쓰고, 일반적으로는 x_i'축과 x_j축과의 사이 각을 (x_i', x_j)로 나타낸다. 또한 각 (x_i', x_j)의 코사인(cosine)을 λ_{ij}로 정의한다.

$$\lambda_{ij} \equiv \cos(x_i', x_j) \tag{1.3}$$

그러므로 그림 1-2의 경우

$$\left.\begin{aligned}
\lambda_{11} &= \cos(x_1', x_1) = \cos\theta \\
\lambda_{12} &= \cos(x_1', x_2) = \cos\left(\frac{\pi}{2} - \theta\right) = \sin\theta \\
\lambda_{21} &= \cos(x_2', x_1) = \cos\left(\frac{\pi}{2} + \theta\right) = -\sin\theta \\
\lambda_{22} &= \cos(x_2', x_2) = \cos\theta
\end{aligned}\right\} \tag{1.4}$$

가 되고, 변환식(식 (1.2))은

$$\begin{aligned}
x_1' &= x_1 \cos(x_1', x_1) + x_2 \cos(x_1', x_2) \\
&= \lambda_{11}x_1 + \lambda_{12}x_2
\end{aligned} \tag{1.5a}$$

$$\begin{aligned}
x_2' &= x_1 \cos(x_2', x_1) + x_2 \cos(x_2', x_2) \\
&= \lambda_{21}x_1 + \lambda_{22}x_2
\end{aligned} \tag{1.5b}$$

로 쓴다. 이리하여 일반적으로 3차원인 경우에는

$$\left.\begin{aligned}
x_1' &= \lambda_{11}x_1 + \lambda_{12}x_2 + \lambda_{13}x_3 \\
x_2' &= \lambda_{21}x_1 + \lambda_{22}x_2 + \lambda_{23}x_3 \\
x_3' &= \lambda_{31}x_1 + \lambda_{32}x_2 + \lambda_{33}x_3
\end{aligned}\right\} \tag{1.6}$$

가 얻어지고, 합의 기호를 써서

$$x_i' = \sum_{j=1}^{3} \lambda_{ij} x_j, \quad i = 1, 2, 3 \tag{1.7}$$

라고 쓰나, 이들의 역변환은

$$\begin{aligned} x_1 &= x_1' \cos(x_1', x_1) + x_2' \cos(x_2', x_1) + x_3' \cos(x_3', x_1) \\ &= \lambda_{11} x_1' + \lambda_{21} x_2' + \lambda_{31} x_3' \end{aligned}$$

이므로, 일반적으로 다음과 같이 쓴다.

$$x_i = \sum_{j=1}^{3} \lambda_{ji} x_j', \quad i = 1, 2, 3 \tag{1.8}$$

이 λ_{ij}는 바로 x_j축에 대한 x_i'축의 **방향 코사인**(direction cosine)이고, **행렬**(matrix)이라고 하는 정사각형의 배열로 정리하면 편리하다. 이 행렬을 기호 $\boldsymbol{\lambda}$로 나타내며, 이것은 개개의 요소 λ_{ij}의 전체를 다음과 같이 정리한 것이다.

$$\boldsymbol{\lambda} = \begin{pmatrix} \lambda_{11} & \lambda_{12} & \lambda_{13} \\ \lambda_{21} & \lambda_{22} & \lambda_{23} \\ \lambda_{31} & \lambda_{32} & \lambda_{33} \end{pmatrix} \tag{1.9}$$

또한 식 (1.7)과 식 (1.8)은 2개의 좌표계를 관계 짓는 방향 코사인을 알았을 경우에, 각 계에서 점의 좌표를 정하는 일반적인 법칙을 알려준다.

그런데 위와 같이 정의한 $\boldsymbol{\lambda}$로 점의 좌표의 변환성질이 정해지므로 $\boldsymbol{\lambda}$를 **변환행렬**(transformation matrix) 또는 **회전행렬**(rotation matrix)이라고 한다.

예제 1.1

(x_1, x_2, x_3)계에서 P점이 $P(2, 1, 3)$으로 표시된다. 다른 좌표계에서는 이 같은 점이 $P(x_1', x_2', x_3')$로 표시되는데 그 좌표계는 x_2축이 x_1축 주변을 x_3축 방향으로 30°만큼 회전한 것이다(그림 1-3). 회전행렬을 구하고 $P(x_1', x_2', x_3')$를 결정하라.

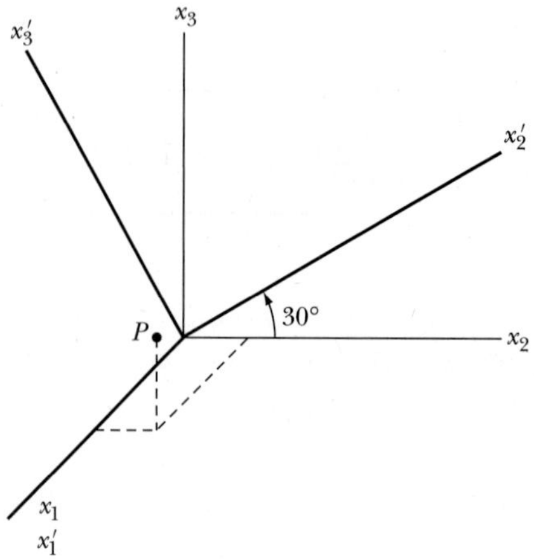

그림 1-3 예제 1.1. 점 P는 원래의 좌표계와 30° 회전된 두 좌표계로 나타낸다.

풀이

방향 코사인 λ_{ij}는 식 (1.3)에 나타낸 정의를 사용하여 그림 1-3으로부터 구할 수 있다.

$$\begin{aligned}
\lambda_{11} &= \cos(x_1', x_1) = \cos(0°) = 1\\
\lambda_{12} &= \cos(x_1', x_2) = \cos(90°) = 0\\
\lambda_{13} &= \cos(x_1', x_3) = \cos(90°) = 0\\
\lambda_{21} &= \cos(x_2', x_1) = \cos(90°) = 0\\
\lambda_{22} &= \cos(x_2', x_2) = \cos(30°) = 0.866\\
\lambda_{23} &= \cos(x_2', x_3) = \cos(90° - 30°) = \cos(60°) = 0.5\\
\lambda_{31} &= \cos(x_3', x_1) = \cos(90°) = 0\\
\lambda_{32} &= \cos(x_3', x_2) = \cos(90° + 30°) = -0.5\\
\lambda_{33} &= \cos(x_3', x_3) = \cos(30°) = 0.866
\end{aligned}$$

$$\boldsymbol{\lambda} = \begin{pmatrix} 1 & 0 & 0 \\ 0 & 0.866 & 0.5 \\ 0 & -0.5 & 0.866 \end{pmatrix}$$

그리고 식 (1.7)로부터 $P(x_1', x_2', x_3')$는

$$\begin{aligned}
x_1' &= \lambda_{11}x_1 + \lambda_{12}x_2 + \lambda_{13}x_3 = x_1 = 2\\
x_2' &= \lambda_{21}x_1 + \lambda_{22}x_2 + \lambda_{23}x_3 = 0.866x_2 + 0.5x_3 = 2.37\\
x_3' &= \lambda_{31}x_1 + \lambda_{32}x_2 + \lambda_{33}x_3 = -0.5x_2 + 0.866x_3 = 2.10
\end{aligned}$$

와 같이 된다. 회전 연산자는 위치 벡터의 길이를 보존한다는 점에 유의하라.

$$r = \sqrt{x_1^2 + x_2^2 + x_3^2} = \sqrt{x_1'^2 + x_2'^2 + x_3'^2} = 3.74$$

1.4 회전행렬의 성질[2)]

논의를 시작하기 전에 삼각법의 두 가지 결과를 생각할 필요가 있다. 먼저 그림 1-4a와 같이 공간에서 어떤 방향을 향하는 선분을 생각하고, 좌표계의 원점을 그 선분 위의 한 점으로 잡으면, 선분은 각 좌표축과 어떤 정해진 각을 만든다. x_1, x_2, x_3축과 만드는 각을 α, β, γ라고 하자. 관심이 있는 양은 이 각들의 코사인인 $\cos\alpha$, $\cos\beta$, $\cos\gamma$이고, 이를 직선의 **방향 코사인**이라고 한다. 여기서 필요한 첫 번째 결과는 항등식

$$\cos^2\alpha + \cos^2\beta + \cos^2\gamma = 1 \tag{1.10}$$

이다(연습문제 1-2 참조). 두 번째로 각각 방향 코사인 $\cos\alpha$, $\cos\beta$, $\cos\gamma$ 및 $\cos\alpha'$, $\cos\beta'$, $\cos\gamma'$를 갖는 두 직선이 있을 경우에, 이 두 직선 사이의 각 θ의 코사인이(그림 1-4b 참조)

$$\cos\theta = \cos\alpha\cos\alpha' + \cos\beta\cos\beta' + \cos\gamma\cos\gamma' \tag{1.11}$$

가 되는 것이다(연습문제 1-2 참조).

한 쌍의 좌표축 x_1, x_2, x_3가 원점을 지나는 어떤 축 주위에 대해 임의의 회전을 행한 경우에, 새로운 위치에 온 이 축들을 x_1', x_2', x_3'라고 하면, 좌표회전은 여러 가지 축 사이의 모든 각의 코사인 λ_{ij}에 의해 정해진다.

그런데 9개의 양 λ_{ij} 전부가 독립적은 아니다. 실제로는 λ_{ij}의 사이에 6개의 관계식이 있으므로, 3개만이 독립적이다. 그래서 이 6개의 관계식은 위에 기술한 삼각법의 결과(식 (1.10)과 식 (1.11))를 쓰면 알 수 있다.

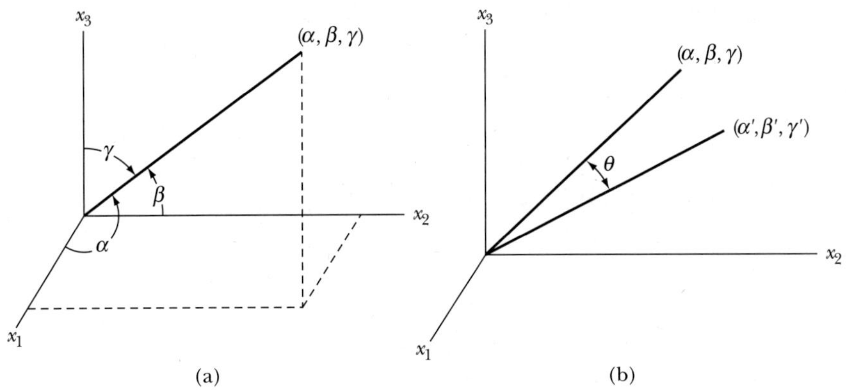

그림 1-4 (a) 선분은 각각의 좌표축과 (α, β, γ)의 각도를 이룬다. (b) 다른 선분은 좌표축과 $(\alpha', \beta', \gamma')$의 각도를 이룬다.

---

2) 1.4~1.13절의 대부분이 행렬법과 변환성질을 다루는데, 11장을 배울 때까지 필요가 없을 것이다. 따라서 원하지 않는다면 그때까지 이 절들을 건너뛸 수 있다. 스칼라 곱, 벡터 곱 같은 절대적으로 필요한 관계식들은 강의 초부터 잘 숙지하고 있어야 한다.

먼저 x_1'축을 단지 (x_1, x_2, x_3) 좌표계 속의 하나의 직선이라고 생각하면, 이 직선의 방향 코사인은 $(\lambda_{11}, \lambda_{12}, \lambda_{13})$이고, 마찬가지로 (x_1, x_2, x_3)계에서 x_2'축의 방향 코사인은 $(\lambda_{21}, \lambda_{22}, \lambda_{23})$이다. 그런데 x_1'축과 x_2'축 사이의 각도는 $\pi/2$이므로, 식 (1.11)에 의해

$$\lambda_{11}\lambda_{21} + \lambda_{12}\lambda_{22} + \lambda_{13}\lambda_{23} = \cos\theta = \cos(\pi/2) = 0$$

또는[3)]

$$\sum_j \lambda_{1j}\,\lambda_{2j} = 0$$

가 얻어지고, 일반적으로는

$$\sum_j \lambda_{ij}\,\lambda_{kj} = 0, \quad i \neq k \tag{1.12a}$$

로 쓸 수 있으나, 식 (1.12a)는 λ_{ij} 사이의 관계식 6개 중 3개(i 또는 k의 각 값에 대해 한 개씩)를 준다.

다음데 직선의 방향 코사인 제곱의 합은 1이므로(식 (1.10)), (x_1, x_2, x_3)계에서는 x_1'축에 대해서

$$\lambda_{11}^2 + \lambda_{12}^2 + \lambda_{13}^2 = 1$$

또는

$$\sum_j \lambda_{1j}^2 = \sum_j \lambda_{1j}\lambda_{1j} = 1$$

이 성립하고, 일반적으로는

$$\sum_j \lambda_{ij}\lambda_{kj} = 1, \quad i = k \tag{1.12b}$$

로 쓴다. 이것이 λ_{ij} 가운데에서 나머지 3개의 관계식이다.

식 (1.12a)와 식 (1.12b)의 결과를 연결하면

$$\boxed{\sum_j \lambda_{ij}\lambda_{kj} = \delta_{ik}} \tag{1.13}$$

로 나타낸다. 단, δ_{ik}는 **크로네커 δ 기호**(Kronecker delta symbol)이다.[4)]

$$\delta_{ik} = \begin{cases} 0, & i \neq k\text{일 때} \\ 1, & i = k\text{일 때} \end{cases} \tag{1.14}$$

---

3) 여기서 모든 합은 1로부터 3까지로 한다.

4) 레오폴드 크로네커(Leopold Kronecker, 1823~1891)가 도입했다.

식 (1.13)이 성립하는 이유는 각 계에서 좌표축이 서로 수직이라는 사실 때문이다. 이와 같은 계를 **직교계**(orthogonal system)라 부르고 식 (1.13)이 **직교조건**(orthogonality condition)이다. 그래서 어떤 직교좌표계의 회전을 나타내는 변환행렬 $\boldsymbol{\lambda}$는 식 (1.13)을 만족해야 한다.

또한 x_i축을 x_i' 좌표계 속의 직선이라고 생각해서 위와 마찬가지로 계산하면, 다음의 관계식을 얻는다.

$$\boxed{\sum_i \lambda_{ij}\lambda_{ik} = \delta_{jk}} \tag{1.15}$$

이렇게 얻어진 두 직교관계(식 (1.13)과 식 (1.15))는 다른 것처럼 보이므로(식 (1.13)에서는 λ_{ij}의 두 번째 첨자에 대한 합이지만, 식 (1.15)에서는 첫 번째 첨자에 대한 합임을 주의하라), 9개의 미지수에 대해 12개의 방정식이라는 너무 많은 방정식을 얻은 것 같이 생각되나,[5] 사실은 그렇지 않다. 왜냐하면 식 (1.13)과 식 (1.15)는 실제로는 다른 것이 아니므로, 사실 이 식들의 한쪽이 성립하면 다른 한쪽도 성립한다. 이것은 물리적으로는(두 좌표계 사이의 변환은 어느 쪽 방향으로 봐도 같으므로) 아주 명백하므로, 형식적인 증명은 생략한다. 이와 같이 식 (1.13)이든 식 (1.15)이든 어느 한쪽이 우리의 좌표계에 직교관계를 준다고 생각하면 된다.

좌표변환과 회전행렬의 성질에 관한 위의 논의에서는 점 P를 고정된 것으로 생각하고 좌표축을 회전시키는 입장에서 생각했으나 이 해석이 유일한 것은 아니며, 마찬가지 방법으로 축을 고정하고(원점과의 거리를 항상 유지하면서) 점을 회전시킨다고 생각해도 좋다. 예를 들어 그림 1-5a와 그림 1-5b의 두 경우를 생각해보자. 그림 1-5a에서는 x_1축과 x_2축이 기준이 되는 축으로, x_1'축과 x_2'축은 여기서 각 θ의 회전에 의해 얻어지므로, 회전한 축에 관한 점 P의 좌표는(식 (1.2a)와 식 (1.2b) 참조) 다음과 같다.

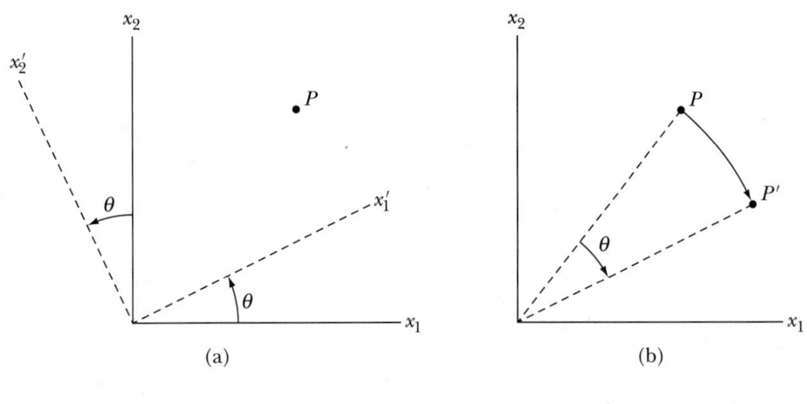

그림 1-5 (a) 점 P를 고정하고 좌표축 x_1, x_2를 각 θ만큼 회전시킨다. (b) 좌표축을 고정하고 점 P의 위치를 새로운 점 P'로 회전시킨다.

5) 각 직교관계는 6개 방정식을 나타낸다는 사실을 상기하라.

$$\left.\begin{aligned} x_1' &= x_1 \cos\theta + x_2 \sin\theta \\ x_2' &= -x_1 \sin\theta + x_2 \cos\theta \end{aligned}\right\} \tag{1.16}$$

이에 반해서, 축을 고정하고 점 P를(그림 1-5b와 같이) 원점 주위로 각 θ만큼 회전시키면(축을 회전할 경우의 방향과는 반대 방향으로), P'의 좌표는 정확히 식 (1.16)으로 주어진 것과 같다. 따라서 다음의 어느 쪽 표현을 택해도 좋다. 변환은 고정좌표계로 나타낸 점에 작용해서 새로운 상태를 만든다(그림 1-5b). 또는 변환은 그림 1-5a와 같이 기준계(좌표계)에 작용한다. 이러한 표현은 수학적으로 완전히 등가이다.

1.5 행렬 연산[6)]

식 (1.9)에서 주어진 행렬 $\boldsymbol{\lambda}$는 행과 열의 수가 같아서 **정사각형 행렬**(square matrix)이라고 부르나, 행렬은 반드시 정방형일 필요는 없다. 사실 점의 좌표는 1**열**(column)의 행렬

$$\mathbf{x} = \begin{pmatrix} x_1 \\ x_2 \\ x_3 \end{pmatrix} \tag{1.17a}$$

또는 1**행**(row)의 행렬

$$\mathbf{x} = (x_1 \quad x_2 \quad x_3) \tag{1.17b}$$

로 쓸 수 있다.

다음에서 행렬 곱셈 규칙 2개를 정할 필요가 있으나, 이 규칙들을 x_i와 x_i'의 행렬로 나타냈을 때 식 (1.17)이나 식 (1.18)과 모순되어서는 안 된다. 좌표로서 1열의 행렬을 취하면, 다음과 등가인 수식이 얻어진다.

$$x_i' = \sum_j \lambda_{ij} x_j \tag{1.18a}$$

$$\mathbf{x}' = \boldsymbol{\lambda}\mathbf{x} \tag{1.18b}$$

$$\begin{pmatrix} x_1' \\ x_2' \\ x_3' \end{pmatrix} = \begin{pmatrix} \lambda_{11} & \lambda_{12} & \lambda_{13} \\ \lambda_{21} & \lambda_{22} & \lambda_{23} \\ \lambda_{31} & \lambda_{32} & \lambda_{33} \end{pmatrix} \begin{pmatrix} x_1 \\ x_2 \\ x_3 \end{pmatrix} \tag{1.18c}$$

6) 행렬 이론은 1855년 A. 케일리(Cayley)가 처음으로 광범위하게 발전시켰으나 아이디어의 대부분은 윌리엄 로언 해밀턴(William Rowan Hamilton, 1805~1865)이 낸 것으로, 1852년에 '선형 벡터 연산자'를 논한 바 있다. '행렬'이란 단어는 1850년 J. J. 실베스터(Sylvester)가 처음으로 사용했다.

$$\left.\begin{aligned} x_1' &= \lambda_{11}x_1 + \lambda_{12}x_2 + \lambda_{13}x_3 \\ x_2' &= \lambda_{21}x_1 + \lambda_{22}x_2 + \lambda_{23}x_3 \\ x_3' &= \lambda_{31}x_1 + \lambda_{32}x_2 + \lambda_{33}x_3 \end{aligned}\right\} \tag{1.18d}$$

식 (1.18a~d)는 3행 3열의 행렬이 3행 1열의 행렬에 작용할 경우에 행렬의 곱셈을 완전히 정한다(표준적인 행렬에서의 관례에 따라, **x**와 **x**′를 1열의 행렬로 잡았다. **x**와 **x**′가 1행의 행렬이면, 식 (1.18c)에 나타낸 모양의 곱셈은 정의되지 않는다).[7] 그래서 임의의 수의 행과 열을 가진 행렬을 포함하도록 곱셈의 정의를 확장할 필요가 있다.

행렬 **A**와 행렬 **B**의 곱셈은 **A**의 열의 수가 **B**의 행의 수와 같을 때만이 정의되므로(**A**의 행의 수와 **B**의 열의 수는 각각 임의이다. 그러나 이 책에서는 **A**가 정방행렬인 경우 외에는 생각할 필요가 없다), 식 (1.18a)로 유추해서 곱 **AB**는 다음의 식으로 주어진다.

$$\boxed{\begin{aligned} &\mathbf{C} = \mathbf{AB} \\ &C_{ij} = [\mathbf{AB}]_{ij} = \sum_k A_{ik} B_{kj} \end{aligned}} \tag{1.19}$$

예를 들어 두 개의 행렬 **A**와 **B**를

$$\mathbf{A} = \begin{pmatrix} 3 & -2 & 2 \\ 4 & -3 & 5 \end{pmatrix}$$
$$\mathbf{B} = \begin{pmatrix} a & b & c \\ d & e & f \\ g & h & j \end{pmatrix}$$

라고 하자. 이 두 개의 행렬을 곱하면

$$\mathbf{AB} = \begin{pmatrix} 3 & -2 & 2 \\ 4 & -3 & 5 \end{pmatrix}\begin{pmatrix} a & b & c \\ d & e & f \\ g & h & j \end{pmatrix} \tag{1.20}$$

인데, 곱 행렬 **C**는 다음과 같다.

$$\mathbf{C} = \mathbf{AB} = \begin{pmatrix} 3a - 2d + 2g & 3b - 2e + 2h & 3c - 2f + 2j \\ 4a - 3d + 5g & 4b - 3e + 5h & 4c - 3f + 5j \end{pmatrix} \tag{1.21}$$

i번째 행과 j번째 열의 행렬 요소 C_{ij}를 얻기 위해 우선 식 (1.20)에 있는 것과 같이 두 개의 행렬을 **A** 다

7) **λ** 행렬을 **x**에 적용하면 항상 좌표행렬 **x**는 열 행렬로 표현되어야 하지만, 그 밖의 경우에는 **x**를 행 행렬 (x_1, x_2, x_3)로 쓰기도 한다.

음에 **B**란 순서로 갖다 놓아야 한다. 그리고 **A**의 i번째 행에 있는 요소를 좌측으로부터 우측으로 **B**의 j번째 열에 있는 요소에 위로부터 아래로 각각 곱하고 합하면 C_{ij}의 요소가 된다. 이제 왜 m개의 행과 n개의 열을 가진 행렬 **A**와 n개 행과 임의의 열, 즉 p개의 열을 가진 행렬 **B**와의 곱이 어떻게 m개의 행과 p개의 열을 가진 행렬 **C**가 되는지 쉽게 알 수 있다.

예제 1.2

다음과 같은 두 행렬의 곱 **AB**를 계산하라.

$$\mathbf{A} = \begin{pmatrix} 2 & 1 & 3 \\ -2 & 2 & 4 \\ -1 & -3 & -4 \end{pmatrix}$$

$$\mathbf{B} = \begin{pmatrix} -1 & -2 \\ 1 & 2 \\ 3 & 4 \end{pmatrix}$$

풀이

두 행렬의 곱을 식 (1.20)과 식 (1.21)의 예에 따라 계산하면 다음과 같다.

$$\mathbf{AB} = \begin{pmatrix} 2 & 1 & 3 \\ -2 & 2 & 4 \\ -1 & -3 & -4 \end{pmatrix}\begin{pmatrix} -1 & -2 \\ 1 & 2 \\ 3 & 4 \end{pmatrix}$$

$$\mathbf{AB} = \begin{pmatrix} -2+1+9 & -4+2+12 \\ 2+2+12 & 4+4+16 \\ 1-3-12 & 2-6-16 \end{pmatrix} = \begin{pmatrix} 8 & 10 \\ 16 & 24 \\ -14 & -20 \end{pmatrix}$$

3×3행렬을 3×2행렬에 곱하면 3×2행렬이 된다.

행렬의 곱은 가환(commutative)이 아님은 식 (1.19)로부터 분명해진다. 따라서 **A**와 **B** 둘 다 정사각형 행렬이라면, 합

$$\sum_k A_{ik} B_{kj} \text{ 와 } \sum_k B_{ik} A_{kj}$$

는 두 가지 모두 정의되지만 일반적으로 이들은 같지 않다.

예제 1.3

이 예제에서 보인 행렬 **A**와 **B**의 곱이 비교환성(noncommutative) 임을 보여라.

풀이

만약 **A**와 **B**가 행렬

$$\mathbf{A} = \begin{pmatrix} 2 & 1 \\ -1 & 3 \end{pmatrix}, \quad \mathbf{B} = \begin{pmatrix} -1 & 2 \\ 4 & -2 \end{pmatrix}$$

일 때,

$$\mathbf{AB} = \begin{pmatrix} 2 & 2 \\ 13 & -8 \end{pmatrix}$$

이나,

$$\mathbf{BA} = \begin{pmatrix} -4 & 5 \\ 10 & -2 \end{pmatrix}$$

이다. 따라서 다음이 성립한다.

$$\mathbf{AB} \neq \mathbf{BA}$$

1.6 그 밖의 정의

치환행렬(transposed matrix)이란 원래의 행과 열을 교환해서 얻어지는 행렬이고, **A**의 치환행렬을 $\mathbf{A}^t$로 나타낸다. 이 정의에 의해

$$\boxed{\lambda_{ij}^t = \lambda_{ji}} \tag{1.22}$$

가 되면, 당연히

$$(\boldsymbol{\lambda}^t)^t = \boldsymbol{\lambda} \tag{1.23}$$

가 성립한다. 따라서 식 (1.8)은 등가인 다음과 같은 수식 중 어느 것으로도 쓸 수 있다.

$$x_i = \sum_j \lambda_{ji} x_j' \tag{1.24a}$$

$$x_i = \sum_j \lambda_{ij}^t x_j' \tag{1.24b}$$

$$\mathbf{x} = \boldsymbol{\lambda}^t \mathbf{x}' \tag{1.24c}$$

$$\begin{pmatrix} \lambda_{11} & \lambda_{21} & \lambda_{31} \\ \lambda_{12} & \lambda_{22} & \lambda_{32} \\ \lambda_{13} & \lambda_{23} & \lambda_{33} \end{pmatrix} \begin{pmatrix} x_1' \\ x_2' \\ x_3' \end{pmatrix} \tag{1.24d}$$

단위행렬(identity matrix)이란, 어떤 행렬과 곱했을 때 그 행렬이 변하지 않는 성질을 가진 행렬이다. 따라서

$$\mathbf{1A} = \mathbf{A}, \quad \mathbf{B1} = \mathbf{B} \tag{1.25}$$

즉,

$$\mathbf{1A} = \begin{pmatrix} 1 & 0 \\ 0 & 1 \end{pmatrix} \begin{pmatrix} A_1 \\ A_2 \end{pmatrix} = \begin{pmatrix} A_1 \\ A_2 \end{pmatrix} = \mathbf{A}$$

이다.

$$\boldsymbol{\lambda} = \begin{pmatrix} \lambda_{11} & \lambda_{12} \\ \lambda_{21} & \lambda_{22} \end{pmatrix}$$

를 생각하면,

$$\begin{aligned} \boldsymbol{\lambda}\boldsymbol{\lambda}^t &= \begin{pmatrix} \lambda_{11} & \lambda_{12} \\ \lambda_{21} & \lambda_{22} \end{pmatrix} \begin{pmatrix} \lambda_{11} & \lambda_{21} \\ \lambda_{12} & \lambda_{22} \end{pmatrix} \\ &= \begin{pmatrix} \lambda_{11}^2 + \lambda_{12}^2 & \lambda_{11}\lambda_{21} + \lambda_{12}\lambda_{22} \\ \lambda_{21}\lambda_{11} + \lambda_{22}\lambda_{12} & \lambda_{21}^2 + \lambda_{22}^2 \end{pmatrix} \end{aligned}$$

를 구하나, 직교관계(식 (1.13))를 쓰면,

$$\begin{gathered} \lambda_{11}^2 + \lambda_{12}^2 = \lambda_{21}^2 + \lambda_{22}^2 = 1 \\ \lambda_{21}\lambda_{11} + \lambda_{22}\lambda_{12} = \lambda_{11}\lambda_{21} + \lambda_{12}\lambda_{22} = 0 \end{gathered}$$

이 되므로, $\boldsymbol{\lambda}$가 직교 회전행렬인 특별한 경우에는

$$\boldsymbol{\lambda}\boldsymbol{\lambda}^t = \begin{pmatrix} 1 & 0 \\ 0 & 1 \end{pmatrix} = \mathbf{1} \tag{1.26}$$

을 얻는다.[8)]

또한 어떤 행렬의 **역행렬**이란 원래의 행렬에 곱했을 때 그 결과가 단위행렬이 되는 행렬로, 행렬 $\boldsymbol{\lambda}$의

8) 이 결과는 행렬에 일반적으로 적용되는 것이 아니라 직교행렬에 대해서만 성립한다.

역행렬을 $\boldsymbol{\lambda}^{-1}$로 나타내면,

$$\boldsymbol{\lambda}\,\boldsymbol{\lambda}^{-1} = \mathbf{1} \tag{1.27}$$

이 성립한다.

식 (1.26)과 식 (1.27)을 비교하면

$$\boxed{\boldsymbol{\lambda}^{t} = \boldsymbol{\lambda}^{-1}} \quad \text{직교행렬인 경우} \tag{1.28}$$

가 얻어지므로, 회전행렬 $\boldsymbol{\lambda}$의 치환행렬과 역행렬은 같은 것이 되는데, 실제로 임의의 직교행렬의 치환행렬은 역행렬과 같다.

행렬대수의 규칙을 정리하면 다음과 같다.

1. 행렬의 곱셈은 일반적으로 교환할 수 없다.

$$\mathbf{AB} \neq \mathbf{BA} \tag{1.29a}$$

단, 어떤 행렬과 그 역행렬을 곱하는 특별한 경우에는 교환할 수 있다.

$$\mathbf{AA}^{-1} = \mathbf{A}^{-1}\mathbf{A} = \mathbf{1} \tag{1.29b}$$

또한 단위행렬은 항상 교환할 수 있다.

$$\mathbf{1A} = \mathbf{A1} = \mathbf{A} \tag{1.29c}$$

2. 행렬의 곱셈은 결합 법칙을 만족한다.

$$[\mathbf{AB}]\mathbf{C} = \mathbf{A}[\mathbf{BC}] \tag{1.30}$$

3. 행렬의 덧셈은 두 행렬의 대응하는 요소들을 더해서 수행된다. 즉, 덧셈 $\mathbf{C} = \mathbf{A} + \mathbf{B}$에서 구하는 행렬 $\mathbf{C}$의 요소는

$$C_{ij} = A_{ij} + B_{ij} \tag{1.31}$$

이나, 이 덧셈은 물론 $\mathbf{A}$와 $\mathbf{B}$의 차원이 같을 경우에만 정의된다.

1.7 변환행렬의 기하학적 의미

좌표축이 그림 1-6과 같이, x_3축에 대해 반시계 방향[9])으로 90° 회전할 경우를 생각하면 $x_1' = x_2$, $x_2' =$

9) 회전하는 평면에서 회전축의 플러스 부분을 보고 회전을 결정한다. 이 정의는 같은 의미일 때에 오른손 나사가 진행하는 양의 방향인 '오른손 규칙'과 일치한다.

$-x_1$, $x'_3 = x_3$가 된다.

0이 되지 않는 방향 코사인은

$$\begin{aligned}\cos(x'_1, x_2) &= 1 = \lambda_{12} \\ \cos(x'_2, x_1) &= -1 = \lambda_{21} \\ \cos(x'_3, x_3) &= 1 = \lambda_{33}\end{aligned}$$

이 되고, 이 경우의 $\boldsymbol{\lambda}$ 행렬은 다음과 같이 쓴다.

$$\boldsymbol{\lambda}_1 = \begin{pmatrix} 0 & 1 & 0 \\ -1 & 0 & 0 \\ 0 & 0 & 1 \end{pmatrix}$$

또한 그림 1-7과 같이 x_1축에 대해 반시계 방향으로 90° 회전할 경우를 생각하면 $x'_1 = x_1$, $x'_2 = x_3$, $x'_3 = -x_2$가 되고, 변환행렬은

$$\boldsymbol{\lambda}_2 = \begin{pmatrix} 1 & 0 & 0 \\ 0 & 0 & 1 \\ 0 & -1 & 0 \end{pmatrix}$$

이 된다.

이번에는 x_3축에 대해 회전하고 난 후에 x_1축에 대해 회전을 행할 경우 이 혼합변환에 대한 변환행렬을 구한다(그림 1-8 참조).

$$\mathbf{x}' = \boldsymbol{\lambda}_1 \mathbf{x} \tag{1.32a}$$

그리고

$$\mathbf{x}'' = \boldsymbol{\lambda}_2 \mathbf{x}' \tag{1.32b}$$

를 쓰면,

$$\mathbf{x}'' = \boldsymbol{\lambda}_2 \boldsymbol{\lambda}_1 \mathbf{x} \tag{1.33a}$$

$$\begin{pmatrix} x''_1 \\ x''_2 \\ x''_3 \end{pmatrix} = \begin{pmatrix} 1 & 0 & 0 \\ 0 & 0 & 1 \\ 0 & -1 & 0 \end{pmatrix} \begin{pmatrix} 0 & 1 & 0 \\ -1 & 0 & 0 \\ 0 & 0 & 1 \end{pmatrix} \begin{pmatrix} x_1 \\ x_2 \\ x_3 \end{pmatrix} = \begin{pmatrix} 0 & 1 & 0 \\ 0 & 0 & 1 \\ 1 & 0 & 0 \end{pmatrix} \begin{pmatrix} x_1 \\ x_2 \\ x_3 \end{pmatrix} = \begin{pmatrix} x_2 \\ x_3 \\ x_1 \end{pmatrix} \tag{1.33b}$$

를 얻으므로, 위에 기술한 두 번의 회전은 한 개의 변환행렬

$$\boldsymbol{\lambda}_3 = \boldsymbol{\lambda}_2 \boldsymbol{\lambda}_1 = \begin{pmatrix} 0 & 1 & 0 \\ 0 & 0 & 1 \\ 1 & 0 & 0 \end{pmatrix} \tag{1.34}$$

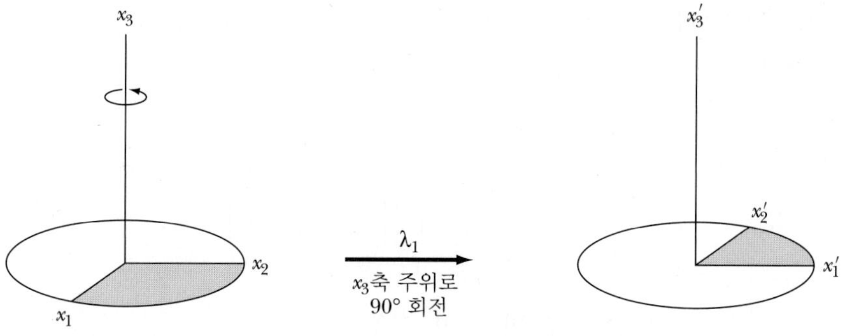

그림 1-6 좌표계 x_1, x_2, x_3가 x_3축에 대해서 반시계 방향으로 90° 회전한다. 이것은 회전의 오른손 법칙과 일치한다.

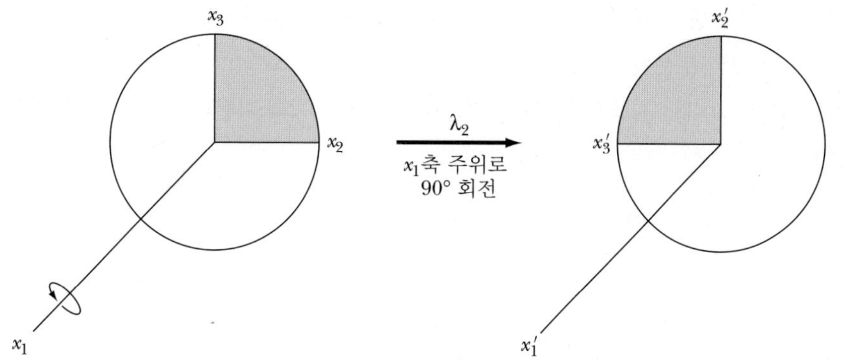

그림 1-7 좌표계 x_1, x_2, x_3가 x_1축에 대해서 반시계 방향으로 90° 회전한다.

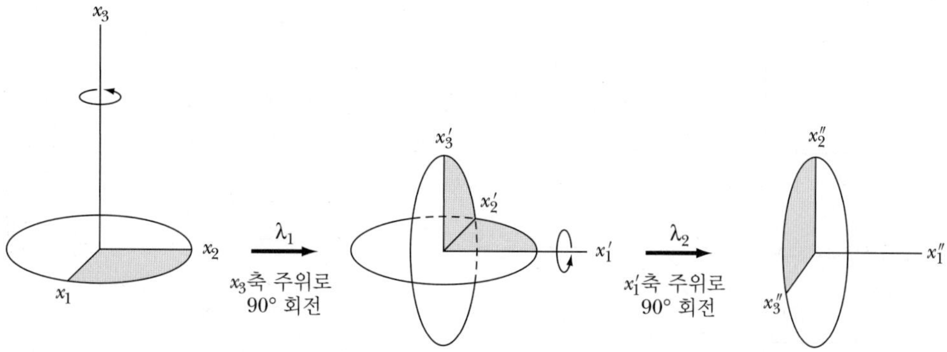

그림 1-8 좌표계 x_1, x_2, x_3가 x_3축에 대해서 반시계 방향으로 90° 회전한 후에 이어서 x_1'축에 대해서 90° 회전한다.

으로 나타내고, 마지막 방향은 $x_1'' = x_2$, $x_2'' = x_3$, $x_3'' = x_1$이 된다. 여기서 곱셈은 교환할 수 없으므로, 변환행렬이 $\mathbf{x}$에 작용하는 순서가 중요하다는 사실에 주의하라. 만약 순서를 바꾸면

$$
\begin{aligned}
\boldsymbol{\lambda}_4 &= \boldsymbol{\lambda}_1\boldsymbol{\lambda}_2 \\
&= \begin{pmatrix} 0 & 1 & 0 \\ -1 & 0 & 0 \\ 0 & 0 & 1 \end{pmatrix}\begin{pmatrix} 1 & 0 & 0 \\ 0 & 0 & 1 \\ 0 & -1 & 0 \end{pmatrix} \\
&= \begin{pmatrix} 0 & 0 & 1 \\ -1 & 0 & 0 \\ 0 & -1 & 0 \end{pmatrix} \neq \boldsymbol{\lambda}_3
\end{aligned} \tag{1.35}
$$

가 되고, 아주 다른 방향이 된다. 그림 1-9는 회전행렬 $\boldsymbol{\lambda}_A$, $\boldsymbol{\lambda}_B$에 대응하는 두 번의 회전을, 다른 순서로 계속해서 평행육면체에 행했을 때, 그 마지막 방향이 다름을 보여준다. 그림에서 위의 부분은 행렬의 곱 $\boldsymbol{\lambda}_B\boldsymbol{\lambda}_A$를 나타내고, 아래의 부분은 곱 $\boldsymbol{\lambda}_A\boldsymbol{\lambda}_B$를 나타낸다.

다음에 그림 1-10에 그려진 좌표회전을 생각하자(이는 그림 1-2의 회전과 같다). 2차원 변환행렬의 성분은 방향 코사인

$$
\begin{aligned}
\cos(x_1', x_1) &= \cos\theta = \lambda_{11} \\
\cos(x_1', x_2) &= \cos\left(\frac{\pi}{2} - \theta\right) = \sin\theta = \lambda_{12} \\
\cos(x_2', x_1) &= \cos\left(\frac{\pi}{2} + \theta\right) = -\sin\theta = \lambda_{21} \\
\cos(x_2', x_2) &= \cos\theta = \lambda_{22}
\end{aligned}
$$

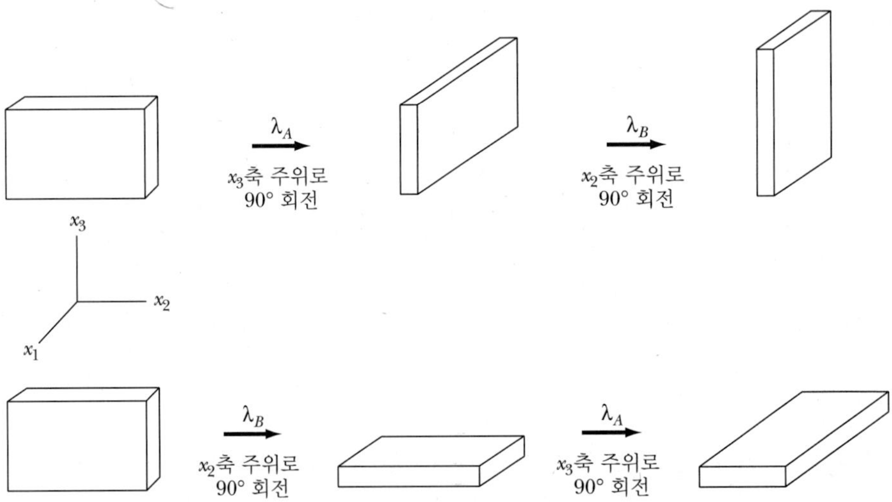

그림 1-9 두 번의 회전을 다른 순서로 계속해서 평행육면체에 행하면 결과는 다르다.

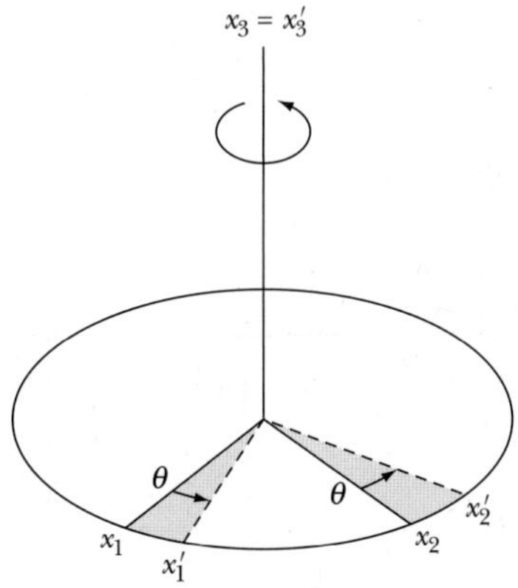

그림 1-10 좌표계 x_1, x_2, x_3가 x_3축에 대해서 반시계 방향으로 θ만큼 회전한다.

로 주어지므로, 변환행렬은

$$\boldsymbol{\lambda}_5 = \begin{pmatrix} \cos\theta & \sin\theta \\ -\sin\theta & \cos\theta \end{pmatrix} \tag{1.36a}$$

가 된다.

만일 이 회전이 3차원 회전으로 $x_3' = x_3$인 경우에는, 방향 코사인

$$\begin{aligned} \cos(x_1', x_3) &= 0 = \lambda_{13} \\ \cos(x_2', x_3) &= 0 = \lambda_{23} \\ \cos(x_3', x_3) &= 1 = \lambda_{33} \\ \cos(x_3', x_1) &= 0 = \lambda_{31} \\ \cos(x_3', x_2) &= 0 = \lambda_{32} \end{aligned}$$

가 추가되고, 3차원의 변환행렬은

$$\boldsymbol{\lambda}_5 = \begin{pmatrix} \cos\theta & \sin\theta & 0 \\ -\sin\theta & \cos\theta & 0 \\ 0 & 0 & 1 \end{pmatrix} \tag{1.36b}$$

이 된다.

마지막 예로서, 그림 1-11과 같이 모든 축이 원점에 대해 반사되는 변환을 생각하자. 이와 같은 변환을 **반전**(inversion)이라 하며, 그 경우 $x_1' = -x_1$, $x_2' = -x_2$, $x_3' = -x_3$이고

$$\boldsymbol{\lambda}_6 = \begin{pmatrix} -1 & 0 & 0 \\ 0 & -1 & 0 \\ 0 & 0 & -1 \end{pmatrix} \tag{1.37}$$

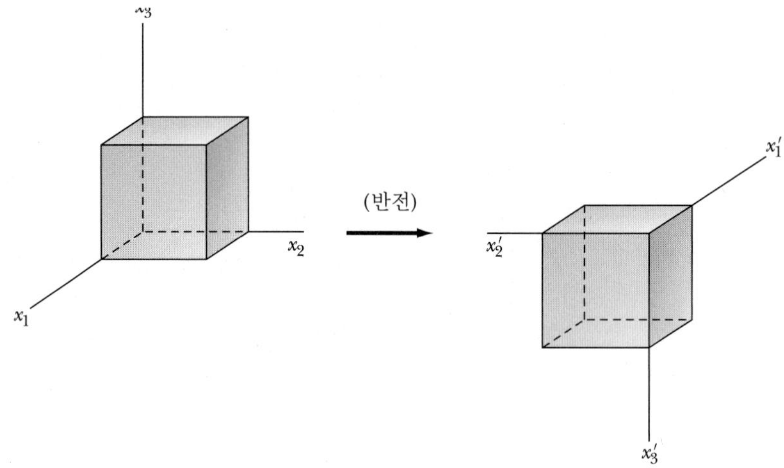

그림 1-11 물체의 모든 축이 원점에 대해서 반사되는 반전변환을 한다.

을 얻는다.

앞의 예에서, 변환행렬 $\boldsymbol{\lambda}_3$를 각각의 직교변환인 두 번의 회전을 계속해서 행한 결과로 정의했으나($\boldsymbol{\lambda}_3 = \boldsymbol{\lambda}_2\boldsymbol{\lambda}_1$), 직교변환을 계속해서 행한 결과는 항상 한 개의 직교변환이 되는 것을 다음과 같이 증명할 수 있다. 지금 변환식을

$$x_i' = \sum_j \lambda_{ij} x_j, \qquad x_k'' = \sum_i \mu_{ki} x_i'$$

를 쓰고, 이들을 조합하면

$$\begin{aligned} x_k'' &= \sum_j \left(\sum_i \mu_{ki} \lambda_{ij} \right) x_j \\ &= \sum_j [\boldsymbol{\mu\lambda}]_{kj} x_j \end{aligned}$$

가 되므로, x_i에서 x_i''로의 변환은 x_i에 행렬 $\boldsymbol{\mu\lambda}$를 작용하여 행한다. 이 경우 만일 $(\boldsymbol{\mu\lambda})^t = (\boldsymbol{\mu\lambda})^{-1}$이면, 이 이 조합한 변환은 직교변환임을 보인다. 일반적으로 곱 행렬의 치환행렬은 역의 순서로 취한 각각의 치환행렬의 곱이다(연습문제 1-4 참조). 즉, $(\mathbf{AB})^t = \mathbf{B}^t\mathbf{A}^t$이므로

$$(\boldsymbol{\mu\lambda})^t = \boldsymbol{\lambda}^t\boldsymbol{\mu}^t \tag{1.38}$$

그러나 $\boldsymbol{\lambda}$와 $\boldsymbol{\mu}$는 직교행렬이므로 $\boldsymbol{\lambda}^t = \boldsymbol{\lambda}^{-1}$이고 $\boldsymbol{\mu}^t = \boldsymbol{\mu}^{-1}$이다. 위 식의 오른쪽에서 $\boldsymbol{\mu\lambda}$를 곱하면

$$
\begin{aligned}
(\boldsymbol{\mu\lambda})^t\boldsymbol{\mu\lambda} &= \boldsymbol{\lambda}^t\boldsymbol{\mu}^t\boldsymbol{\mu\lambda} \\
&= \boldsymbol{\lambda}^t\mathbf{1}\boldsymbol{\lambda} \\
&= \boldsymbol{\lambda}^t\boldsymbol{\lambda} \\
&= \mathbf{1} \\
&= (\boldsymbol{\mu\lambda})^{-1}\boldsymbol{\mu\lambda}
\end{aligned}
$$

를 얻고, 따라서

$$(\boldsymbol{\mu\lambda})^t = (\boldsymbol{\mu\lambda})^{-1} \tag{1.39}$$

가 되므로, $\boldsymbol{\mu\lambda}$는 직교행렬이다.

위의 여러 가지 예에 나타난 회전행렬의 행렬식은 전부 2차 또는 3차 행렬식의 값을 구하는 표준 규칙에 따라서 계산한다.

$$|\boldsymbol{\lambda}| = \begin{vmatrix} \lambda_{11} & \lambda_{12} \\ \lambda_{21} & \lambda_{22} \end{vmatrix} = \lambda_{11}\lambda_{22} - \lambda_{12}\lambda_{21} \tag{1.40}$$

$$
\begin{aligned}
|\boldsymbol{\lambda}| &= \begin{vmatrix} \lambda_{11} & \lambda_{12} & \lambda_{13} \\ \lambda_{21} & \lambda_{22} & \lambda_{23} \\ \lambda_{31} & \lambda_{32} & \lambda_{33} \end{vmatrix} \\
&= \lambda_{11}\begin{vmatrix} \lambda_{22} & \lambda_{23} \\ \lambda_{32} & \lambda_{33} \end{vmatrix} - \lambda_{12}\begin{vmatrix} \lambda_{21} & \lambda_{23} \\ \lambda_{31} & \lambda_{33} \end{vmatrix} + \lambda_{13}\begin{vmatrix} \lambda_{21} & \lambda_{22} \\ \lambda_{31} & \lambda_{32} \end{vmatrix}
\end{aligned} \tag{1.41}
$$

단, 3차 행렬식은 제1행의 작은 행렬식으로 전개했다. 그러므로 이것을 쓰면

$$|\boldsymbol{\lambda}_1| = |\boldsymbol{\lambda}_2| = \cdots = |\boldsymbol{\lambda}_5| = 1$$

이 되나,

$$|\boldsymbol{\lambda}_6| = -1$$

임을 안다. 이와 같이 좌표축의 처음 방향을 기본으로 하여 회전만으로 생기는 모든 변환에서 행렬식의 값은 $+1$이 되지만, 반전은 회전을 아무리 조합해도 생기지 않고, 반전행렬의 행렬식 값은 -1이다. 직교변환 가운데에서 변환행렬의 행렬식이 $+1$인 것은 **고유회전**(proper rotation)이라 하고, -1인 것은 **비고유회전**(improper rotation)이라 한다. 여기서는 고유회전의 효과에만 주목하고, 비고유회전에 나타나는 벡터의 특수한 성질에는 관심을 갖지 않도록 한다.

예제 1.4

또한 $|\boldsymbol{\lambda}_2| = 1$이고 $|\boldsymbol{\lambda}_6| = -1$임을 보여라.

풀이

$$|\boldsymbol{\lambda}_2| = \begin{vmatrix} 1 & 0 & 0 \\ 0 & 0 & 1 \\ 0 & -1 & 0 \end{vmatrix} = +1\begin{vmatrix} 0 & 1 \\ -1 & 0 \end{vmatrix} = 0 - (-1) = 1$$

$$|\boldsymbol{\lambda}_6| = \begin{vmatrix} -1 & 0 & 0 \\ 0 & -1 & 0 \\ 0 & 0 & -1 \end{vmatrix} = -1\begin{vmatrix} -1 & 0 \\ 0 & -1 \end{vmatrix} = -1(1 - 0) = -1$$

1.8 스칼라와 벡터의 변환성질에 따른 정의

다음과 같은 모양의 좌표변환을 생각하자.

$$x_i' = \sum_j \lambda_{ij} x_j \tag{1.42}$$

단,

$$\sum_j \lambda_{ij} \lambda_{kj} = \delta_{ik} \tag{1.43}$$

이와 같은 변환으로 양 ϕ가 변하지 않는다면 양 ϕ는 **스칼라**(또는 **스칼라 불변량**(scalar invariant))라고 부른다.

또한 한 집합의 양 (A_1, A_2, A_3)가 변환행렬 $\boldsymbol{\lambda}$에 의해서 x_i계에서 x_i'계로 변환할 경우에 그 결과가

$$\boxed{A_i' = \sum_j \lambda_{ij} A_j} \tag{1.44}$$

가 되므로, A_i는 점의 좌표와 같이(식 (1.42)에 따라서) 변환하고, 양 $\mathbf{A} = (A_1, A_2, A_3)$를 **벡터**라고 부른다.

1.9 스칼라와 벡터의 기본 연산

다음에서 $\mathbf{A}$와 $\mathbf{B}$는 (성분 A_i, B_i를 갖는) 벡터라 하고 ϕ, ψ, ξ를 스칼라라고 한다.

덧셈

$$A_i + B_i = B_i + A_i \qquad \text{교환 법칙} \tag{1.45}$$

$$A_i + (B_i + C_i) = (A_i + B_i) + C_i \qquad \text{결합 법칙} \tag{1.46}$$

$$\phi + \psi = \psi + \phi \qquad \text{교환 법칙} \tag{1.47}$$

$$\phi + (\psi + \xi) = (\phi + \psi) + \xi \qquad \text{결합 법칙} \tag{1.48}$$

스칼라 ξ와의 곱셈

$$\xi\mathbf{A} = \mathbf{B} \qquad \text{벡터} \tag{1.49}$$

$$\xi\phi = \psi \qquad \text{스칼라} \tag{1.50}$$

식 (1.49)를 다음과 같이 증명한다.

$$\begin{aligned} B_i' &= \sum_j \lambda_{ij} B_j = \sum_j \lambda_{ij} \xi A_j \\ &= \xi \sum_j \lambda_{ij} A_j = \xi A_i' \end{aligned} \tag{1.51}$$

가 되므로, $\xi\mathbf{A}$는 벡터로 변환한다. 마찬가지로, $\xi\phi$는 스칼라로 변환한다.

1.10 두 벡터의 스칼라 곱

두 개의 벡터 **A**와 **B**의 **스칼라 곱**(scalar product)을 만드는 곱셈은 다음과 같이 정의한다.

$$\boxed{\mathbf{A} \cdot \mathbf{B} = \sum_i A_i B_i} \tag{1.52}$$

여기서 **A**와 **B** 사이의 점 기호는 스칼라의 곱셈을 나타낸다. 이 연산을 때때로 **내적**(dot product, 內積)이라 부른다.

벡터 **A**는 성분 A_1, A_2, A_3를 갖고, **A**의 크기(또는 길이)는

$$|\mathbf{A}| = +\sqrt{A_1^2 + A_2^2 + A_3^2} \equiv A \tag{1.53}$$

로 주어진다. 여기서 크기는 $|\mathbf{A}|$으로, 또는 혼동할 염려가 없을 때는 간단히 A로 나타낸다. 또한 식 (1.52)의 양변을 AB로 나누면

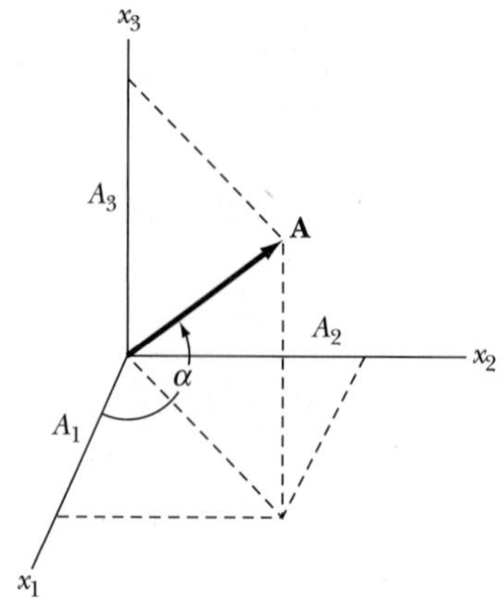

그림 1-12 좌표계 x_1, x_2, x_3에 있는 벡터 A의 각각의 성분이 A_1, A_2, A_3이다. 벡터 A는 x_1축과 α의 각을 이룬다.

$$\frac{\mathbf{A}\cdot\mathbf{B}}{AB} = \sum_i \frac{A_i}{A}\frac{B_i}{B} \tag{1.54}$$

가 되고, 그림 1-12에서 A_1/A는 벡터 $\mathbf{A}$와 x_1축 사이의 각 α의 코사인이다. 일반적으로 A_i/A, B_i/B는 각각 벡터 $\mathbf{A}$, $\mathbf{B}$의 방향 코사인 Λ_i^A, Λ_i^B이다.

$$\frac{\mathbf{A}\cdot\mathbf{B}}{AB} = \sum_i \Lambda_i^A \Lambda_i^B \tag{1.55}$$

그런데 합 $\sum_i \Lambda_i^A \Lambda_i^B$는 바로 $\mathbf{A}$와 $\mathbf{B}$ 사이 각의 코사인

$$\cos(\mathbf{A}, \mathbf{B}) = \sum_i \Lambda_i^A \Lambda_i^B$$

이므로(식 (1.11) 참조)

$$\boxed{\mathbf{A}\cdot\mathbf{B} = AB\cos(\mathbf{A}, \mathbf{B})} \tag{1.56}$$

를 얻는다.

곱 $\mathbf{A}\cdot\mathbf{B}$가 실제로 스칼라임을 다음과 같이 증명한다. $\mathbf{A}$, $\mathbf{B}$는 벡터로 변환하고

$$A_i' = \sum_j \lambda_{ij} A_j, \qquad B_i' = \sum_k \lambda_{ik} B_k \tag{1.57}$$

로 쓰므로, 곱 $\mathbf{A}'\cdot\mathbf{B}'$는

$$\begin{aligned}\mathbf{A}'\cdot\mathbf{B}' &= \sum_i A_i' B_i' \\ &= \sum_i \left(\sum_j \lambda_{ij} A_j\right)\left(\sum_k \lambda_{ik} B_k\right)\end{aligned}$$

가 된다. 여기서 더하는 순서를 바꾸면

$$\mathbf{A}'\cdot\mathbf{B}' = \sum_{j,k}\left(\sum_i \lambda_{ij}\lambda_{ik}\right) A_j B_k$$

가 되고, 괄호 안의 항은 직교조건에 의해 바로 δ_{jk}이므로

$$\begin{aligned}\mathbf{A}'\cdot\mathbf{B}' &= \sum_j \left(\sum_k \delta_{jk} A_j B_k\right) \\ &= \sum_j A_j B_j \\ &= \mathbf{A}\cdot\mathbf{B}\end{aligned} \tag{1.58}$$

를 얻는다. 곱셈의 값이 좌표변환에 의해 변하지 않음을 보이고 있으므로, 이 곱은 스칼라여야 한다.

다음에 원점에서 **위치 벡터**(position vector) **A**로 나타내는 점 (x_1, x_2, x_3)까지의 거리는

$$|\mathbf{A}| = \sqrt{\mathbf{A}\cdot\mathbf{A}} = \sqrt{x_1^2 + x_2^2 + x_3^2} = \sqrt{\sum_i x_i^2}$$

로 주어짐에 주의하라. 마찬가지로, 점 (x_1, x_2, x_3)에서 벡터 **B**로 나타내는 또 하나의 점 $(\bar{x}_1, \bar{x}_2, \bar{x}_3)$까지의 거리는

$$\sqrt{\sum_i (x_i - \bar{x}_i)^2} = \sqrt{(\mathbf{A}-\mathbf{B})\cdot(\mathbf{A}-\mathbf{B})} = |\mathbf{A}-\mathbf{B}|$$

이 된다. 즉, 그림 1-13과 같이 어떤 점을 다른 점과 이어서 만드는 벡터는 각 점을 나타내는 벡터의 차이로 정의할 수 있다. 두 점 간의 거리는 이 차이의 벡터 크기이고, 그 크기는 스칼라 곱의 제곱근이므로, 그것은 좌표변환에 대해서 불변이다. 이는 중요한 사실이고, '직교변환은 거리를 보존하는 변환이다'라고 요약할 수 있다. 또한 두 벡터 사이의 각이 직교변환할 때 보존된다는 점도 명백하다. 변환 이론을 물리에 성공적으로 적용할 때 이 두 가지 결론은 결정적으로 매우 중요하다.

스칼라 곱은 교환 법칙과 분배 법칙을 만족시킨다.

$$\mathbf{A}\cdot\mathbf{B} = \sum_i A_i B_i = \sum_i B_i A_i = \mathbf{B}\cdot\mathbf{A} \tag{1.59}$$

$$\begin{aligned}\mathbf{A}\cdot(\mathbf{B}+\mathbf{C}) &= \sum_i A_i (B+C)_i = \sum_i A_i (B_i + C_i) \\ &= \sum_i (A_i B_i + A_i C_i) = (\mathbf{A}\cdot\mathbf{B}) + (\mathbf{A}\cdot\mathbf{C})\end{aligned} \tag{1.60}$$

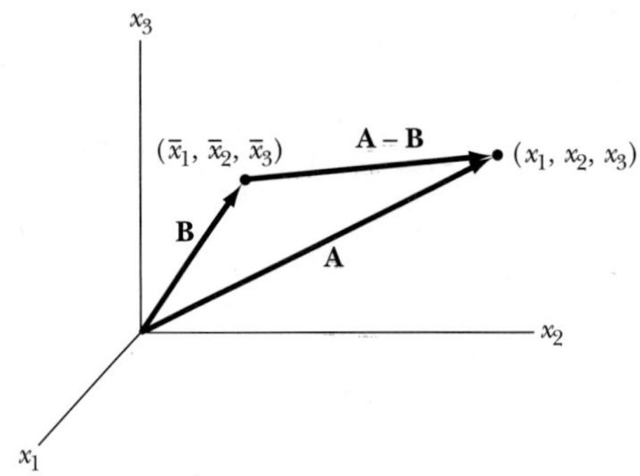

그림 1-13 벡터 A는 원점에서 점 (x_1, x_2, x_3)까지의 위치 벡터이고, 벡터 B는 원점에서 점 $(\bar{x}_1, \bar{x}_2, \bar{x}_3)$까지의 위치 벡터이다. 벡터 A − B는 점 $(\bar{x}_1, \bar{x}_2, \bar{x}_3)$에서 점 (x_1, x_2, x_3)까지의 위치 벡터이다.

1.11 단위벡터

세 개의 좌표축을 편리하게 잡고 벡터를 이 세 개의 좌표축 방향의 성분으로 나타내도록 하고 싶은 경우가 자주 생긴다. 이렇게 하기 위해서 특별한 좌표계에 따라 길이가 1인 **단위벡터**(unit vector)를 도입한다. 예를 들면 벡터 $\mathbf{R}$로 기술되는 반지름 방향의 단위벡터는 $\mathbf{e}_R = \mathbf{R}/(|\mathbf{R}|)$이다. 단위벡터의 기호에는 몇 가지가 있는데 가장 많이 쓰이는 것은 $(\mathbf{i}, \mathbf{j}, \mathbf{k})$, $(\mathbf{e}_1, \mathbf{e}_2, \mathbf{e}_3)$, $(\mathbf{e}_r, \mathbf{e}_\theta, \mathbf{e}_\phi)$, $(\hat{\mathbf{r}}, \hat{\boldsymbol{\theta}}, \hat{\boldsymbol{\phi}})$이다. 벡터 $\mathbf{A}$의 두 가지 표현

$$\left.\begin{aligned} \mathbf{A} = (A_1, A_2, A_3) \text{ 또는 } \mathbf{A} &= \mathbf{e}_1 A_1 + \mathbf{e}_2 A_2 + \mathbf{e}_3 A_3 = \sum_i \mathbf{e}_i A_i \\ \text{혹은 } \mathbf{A} &= A_1\mathbf{i} + A_2\mathbf{j} + A_3\mathbf{k} \end{aligned}\right\} \tag{1.61}$$

단위벡터 $(\mathbf{i}, \mathbf{j}, \mathbf{k})$와 $(\hat{\mathbf{r}}, \hat{\boldsymbol{\theta}}, \hat{\boldsymbol{\phi}})$는 사용하기는 다소 쉽지만, 합계 표기법의 용이성 때문에 $(\mathbf{e}_1, \mathbf{e}_2, \mathbf{e}_3)$와 같은 단위벡터를 사용한다. 벡터 $\mathbf{A}$의 각 성분을 각각의 축 위에 투영하여 얻는다.

$$A_i = \mathbf{e}_i \cdot \mathbf{A} \tag{1.62}$$

또, 앞에서 두 벡터의 스칼라 곱은 각 크기의 곱에, 벡터 사이의 각의 여현을 곱한 것과 크기가 같음을 알았다(식 (1.56)).

$$\mathbf{A} \cdot \mathbf{B} = AB\cos(\mathbf{A}, \mathbf{B}) \tag{1.63}$$

임의의 두 단위벡터가 직교일 때

$$\boxed{\mathbf{e}_i \cdot \mathbf{e}_j = \delta_{ij}} \tag{1.64}$$

이다.

예제 1.5

두 위치 벡터가 직교좌표계에서 $\mathbf{A} = \mathbf{i} + 2\mathbf{j} - 2\mathbf{k}$, $\mathbf{B} = 4\mathbf{i} + 2\mathbf{j} - 3\mathbf{k}$로 주어질 때 A점으로부터 B점까지의 벡터 크기와, **A**와 **B** 사이의 각도 그리고 **A**의 방향으로 가진 **B**의 성분을 구하라.

풀이

A로부터 B까지의 벡터는 $\mathbf{B} - \mathbf{A}$(그림 1-13 참조)

$$\mathbf{B} - \mathbf{A} = 4\mathbf{i} + 2\mathbf{j} - 3\mathbf{k} - (\mathbf{i} + 2\mathbf{j} - 2\mathbf{k}) = 3\mathbf{i} - \mathbf{k}$$
$$|\mathbf{B} - \mathbf{A}| = \sqrt{9 + 1} = \sqrt{10}$$

식 (1.56) 으로부터

$$\cos\theta = \frac{\mathbf{A}\cdot\mathbf{B}}{AB} = \frac{(\mathbf{i} + 2\mathbf{j} - 2\mathbf{k})\cdot(4\mathbf{i} + 2\mathbf{j} - 3\mathbf{k})}{\sqrt{9}\sqrt{29}}$$
$$\cos\theta = \frac{4 + 4 + 6}{3(\sqrt{29})} = 0.867$$
$$\theta = 30^\circ$$

A의 방향으로 가진 **B**의 성분은 $B\cos\theta$, 따라서 식 (1.56) 에 의해

$$B\cos\theta = \frac{\mathbf{A}\cdot\mathbf{B}}{A} = \frac{14}{3} = 4.67$$

1.12 두 벡터의 벡터 곱

두 벡터를 결합하는 또 하나의 방법인 **벡터 곱**(vector product, 또는 **외적**(cross product, 外積))을 생각하자. 여러모로 두 벡터의 곱은 하나의 벡터처럼 행세하며 우리는 그렇게 취급한다.[10] **A**와 **B**의 벡터 곱을 굵은 크로스 기호 **×**로 나타내면 다음과 같다.

$$\mathbf{C} = \mathbf{A} \times \mathbf{B} \tag{1.65}$$

여기서 **C**는 이 연산의 결과로 만들어지는 벡터이고, 그 성분은 관계식

$$\boxed{C_i \equiv \sum_{j,k} \varepsilon_{ijk} A_j B_k} \tag{1.66}$$

10) 이 곱은 실제로 축성 벡터(axial vector) 인데, 벡터 곱이란 말은 일반적으로 사용되고 있는 것에 맞추어 사용한다.

로 정의한다. 또 기호 ε_{ijk}는 **순열 기호**(permutation symbol, 또는 **레비치비타 밀도**(Levi-Civita density))이고, 다음과 같은 성질이 있다.

$$\varepsilon_{ijk} = \left.\begin{array}{ll} 0, & \text{임의의 첨자가 다른 첨자와 같은 경우} \\ +1, & i, j, k\text{가 } 1, 2, 3\text{을 짝수 번 치환한 것과 같을 때} \\ -1, & i, j, k\text{가 } 1, 2, 3\text{을 홀수 번 치환한 것과 같을 때} \end{array}\right\} \tag{1.67}$$

짝수 순열은 두 기호의 위치를 교환하는 짝수를 갖는다. 주기적인 순열(예를 들어, 123 → 231 → 312)은 항상 짝수이다.

$$\begin{aligned} \varepsilon_{122} &= \varepsilon_{313} = \varepsilon_{211} = 0, \quad \text{등등} \\ \varepsilon_{123} &= \varepsilon_{231} = \varepsilon_{312} = +1 \\ \varepsilon_{132} &= \varepsilon_{213} = \varepsilon_{321} = -1 \end{aligned}$$

위의 기호를 써서 **C**의 성분을 구체적으로 구해보자. 먼저 $i = 1$일 때, 0이 되지 않는 ε_{ijk}는 ε_{123}과 ε_{132}이다. 즉, 어떤 순서가 되어도 $j, k = 2, 3$일 때뿐이다. 따라서

$$\begin{aligned} C_1 &= \sum_{j,k} \varepsilon_{1jk} A_j B_k = \varepsilon_{123} A_2 B_3 + \varepsilon_{132} A_3 B_2 \\ &= A_2 B_3 - A_3 B_2 \end{aligned} \tag{1.68a}$$

마찬가지로

$$C_2 = A_3 B_1 - A_1 B_3 \tag{1.68b}$$

$$C_3 = A_1 B_2 - A_2 B_1 \tag{1.68c}$$

다음에서 전개 $[AB \sin(\mathbf{A}, \mathbf{B})]^2 = (AB \sin \theta)^2$을 생각하자.

$$\begin{aligned} A^2 B^2 \sin^2 \theta &= A^2 B^2 - A^2 B^2 \cos^2 \theta \\ &= \left(\sum_i A_i^2\right)\left(\sum_i B_i^2\right) - \left(\sum_i A_i B_i\right)^2 \\ &= (A_2 B_3 - A_3 B_2)^2 + (A_3 B_1 - A_1 B_3)^2 + (A_1 B_2 - A_2 B_1)^2 \end{aligned} \tag{1.69}$$

여기서 마지막 등식을 유도할 때 약간의 대수 계산이 필요하다. 그리고 마지막 식의 각 항은 **C**의 성분으로 나타내고,

$$(AB \sin \theta)^2 = C_1^2 + C_2^2 + C_3^2 = |\mathbf{C}|^2 = C^2 \tag{1.70}$$

으로 쓰므로, 이 식의 양변에 양의 제곱근을 취하면

$$C = AB \sin \theta \tag{1.71}$$

가 된다. 이 식은 $\mathbf{C} = \mathbf{A} \times \mathbf{B}$일 때 **C**의 크기가 **A**와 **B**의 크기의 곱에 이들 사이 각의 사인(sine)을 곱한

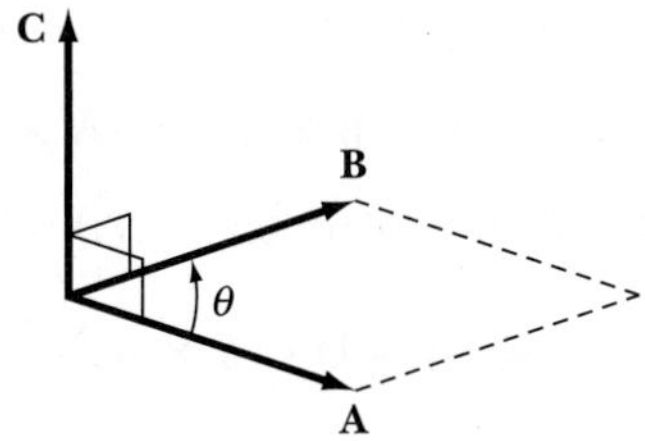

그림 1-14 C = A × B인 벡터 C의 크기는 평행사변형의 면적 $AB\sin\theta$의 크기이다. 여기서 θ는 벡터 A와 벡터 B 사이의 각이다.

것과 같고, $AB\sin\theta$는 기하학적으로는 그림 1-14에 보인 바와 같이 벡터 **A**와 **B**, 그리고 이 사이의 각으로 정해지는 평행사변형의 면적이다.

예제 1.6

식 (1.52)와 식 (1.66)을 이용하여

$$\mathbf{A}\cdot(\mathbf{B}\times\mathbf{D}) = \mathbf{D}\cdot(\mathbf{A}\times\mathbf{B}) \tag{1.72}$$

임을 보여라.

풀이

식 (1.66)을 사용하면

$$(\mathbf{B}\times\mathbf{D})_i = \sum_{j,k}\varepsilon_{ijk}B_jD_k$$

식 (1.52)에 의하면

$$\mathbf{A}\cdot(\mathbf{B}\times\mathbf{D}) = \sum_{i,j,k}\varepsilon_{ijk}A_iB_jD_k \tag{1.73}$$

식 (1.72)의 오른쪽도 마찬가지로

$$\mathbf{D}\cdot(\mathbf{A}\times\mathbf{B}) = \sum_{i,j,k}\varepsilon_{ijk}D_iA_jB_k$$

인데, ε_{ijk}에 대한 정의식 (1.67)에 의하면 ε_{ijk}의 첨자 두 개를 교환할 경우 부호가 바뀌므로

$$\begin{aligned}\mathbf{D}\cdot(\mathbf{A}\times\mathbf{B}) &= \sum_{i,j,k}-\varepsilon_{jik}D_iA_jB_k\\ &= \sum_{i,j,k}\varepsilon_{jki}A_jB_kD_i\end{aligned} \tag{1.74}$$

첨자 i, j, k는 단순한 명칭일 뿐이고 다시 바꿔 붙일 수 있으므로, 식 (1.73)과 식 (1.74)의 오른쪽은 같다. 따라서 식 (1.72)가 증명되었다. 식 (1.72)는 $\mathbf{A} \cdot (\mathbf{B} \times \mathbf{D}) = (\mathbf{A} \times \mathbf{B}) \cdot \mathbf{D}$로도 쓸 수 있으며, 벡터가 **A**, **B**, **D** 순으로 있는 한 스칼라 곱과 벡터 곱은 교환할 수 있는 것이다. 만약 $\mathbf{B} = \mathbf{A}$라면

$$\mathbf{A} \cdot (\mathbf{A} \times \mathbf{D}) = \mathbf{D} \cdot (\mathbf{A} \times \mathbf{A}) = 0$$

임에 주목하라. 또한 위의 식은 $\mathbf{A} \times \mathbf{D}$가 **A**와 직교임을 나타내고 있다.

$\mathbf{A} \cdot (\mathbf{A} \times \mathbf{B}) = 0$이고 $\mathbf{B} \cdot (\mathbf{A} \times \mathbf{B}) = 0$이므로, $\mathbf{A} \times \mathbf{B}$(즉, **C**)는 **A**와 **B**가 이루는 평면에 수직이다. 그런데 평면은 그 평면에 수직하고 그 면적과 같은 크기를 갖는 벡터로 나타내므로, **C**는 명백히 그와 같은 벡터이다. 그리고 **C**의 양의 방향은, 오른 나사를 **A**에서 **B** 쪽으로 돌릴 때 나사의 진행 방향으로 취한다.

이것으로 벡터 곱의 정의가 완전해지고 성분, 크기 및 기하학적인 해석이 주어졌으므로, **C**가 실제로 벡터인 것은 합리적이라고 생각한다. 그러나 최종 시험은 **C**의 변환성질을 조사하는 것이다. **C**는 실제로 고유회전 아래에서 벡터로서 변한다.

또한 정의에서 얻어지는 벡터 곱의 다음 성질에도 주의하라.

$$\text{(a)} \quad \mathbf{A} \times \mathbf{B} = -\mathbf{B} \times \mathbf{A} \tag{1.75}$$

그러나 일반적으로는

$$\text{(b)} \quad \mathbf{A} \times (\mathbf{B} \times \mathbf{C}) \neq (\mathbf{A} \times \mathbf{B}) \times \mathbf{C} \tag{1.76}$$

이며, 또 다른 중요한 결과는(연습문제 1-22 참조)

$$\mathbf{A} \times (\mathbf{B} \times \mathbf{C}) = (\mathbf{A} \cdot \mathbf{C})\mathbf{B} - (\mathbf{A} \cdot \mathbf{B})\mathbf{C} \tag{1.77}$$

이다.

예제 1.7

곱 $(\mathbf{A} \times \mathbf{B}) \cdot (\mathbf{C} \times \mathbf{D})$를 계산하라.

풀이

$$(\mathbf{A} \times \mathbf{B})_i = \sum_{j,k} \varepsilon_{ijk} A_j B_k$$
$$(\mathbf{C} \times \mathbf{D})_i = \sum_{l,m} \varepsilon_{ilm} C_l D_m$$

식 (1.52)에 따라서 스칼라 곱을 계산한다.

$$(\mathbf{A}\times\mathbf{B})\cdot(\mathbf{C}\times\mathbf{D}) = \sum_i \left(\sum_{j,k}\varepsilon_{ijk}A_jB_k\right)\left(\sum_{l,m}\varepsilon_{ilm}C_lD_m\right)$$

여기서 더하는 순서를 바꾸면,

$$(\mathbf{A}\times\mathbf{B})\cdot(\mathbf{C}\times\mathbf{D}) = \sum_{\substack{l,m\\j,k}}\left(\sum_i \varepsilon_{jki}\varepsilon_{lmi}\right)A_jB_kC_lD_m$$

여기서 ε의 첨자는 바뀌고, 합을 행하는 첨자 i가 세 번째에 오도록 했다(각 ε에 관해서 2회씩 바꾸었으므로 부호의 변화는 없다). 그러면 ε_{ijk}의 중요한 성질(연습문제 1-22 참조)

$$\boxed{\sum_k \varepsilon_{ijk}\varepsilon_{lmk} = \delta_{il}\delta_{jm} - \delta_{im}\delta_{jl}} \tag{1.78}$$

을 이용할 수 있어서, 그 결과

$$(\mathbf{A}\times\mathbf{B})\cdot(\mathbf{C}\times\mathbf{D}) = \sum_{\substack{j,k\\l,m}}(\delta_{jl}\delta_{km} - \delta_{jm}\delta_{kl})A_jB_kC_lD_m$$

을 얻는다. 여기서 j와 k에 관해서 합을 취하면, 크로네커 델타에 의해 위의 식은

$$(\mathbf{A}\times\mathbf{B})\cdot(\mathbf{C}\times\mathbf{D}) = \sum_{l,m}(A_lB_mC_lD_m - A_mB_lC_lD_m)$$

이 되고, 이 식을 새로 정리하면 다음과 같다.

$$(\mathbf{A}\times\mathbf{B})\cdot(\mathbf{C}\times\mathbf{D}) = \left(\sum_l A_lC_l\right)\left(\sum_m B_mD_m\right) - \left(\sum_l B_lC_l\right)\left(\sum_m A_mD_m\right)$$

우변의 괄호 안의 각 항은 바로 스칼라 곱이므로, 결국 다음의 식을 얻는다.

$$(\mathbf{A}\times\mathbf{B})\cdot(\mathbf{C}\times\mathbf{D}) = (\mathbf{A}\cdot\mathbf{C})(\mathbf{B}\cdot\mathbf{D}) - (\mathbf{B}\cdot\mathbf{C})(\mathbf{A}\cdot\mathbf{D})$$

$\mathbf{e}_i$의 직교성으로부터, 벡터 곱은

$$\mathbf{e}_i\times\mathbf{e}_j = \mathbf{e}_k \qquad i, j, k\text{의 순서는 주기적으로 바뀐다.} \tag{1.79a}$$

가 되고, 순열 기호를 쓰면

$$\boxed{\mathbf{e}_i\times\mathbf{e}_j = \sum_k \mathbf{e}_k\varepsilon_{ijk}} \tag{1.79b}$$

로 나타낼 수 있다. 그래서 예를 들면 벡터 곱 $\mathbf{C} = \mathbf{A} \times \mathbf{B}$는 다음과 같이 나타낸다.

$$\mathbf{C} = \sum_{i,j,k} \varepsilon_{ijk} \mathbf{e}_i A_j B_k \tag{1.80a}$$

이것과는 따로 직접 전개해서 식 (1.80a)와 비교하면, 벡터 곱의 행렬식에 의한 표현은 다음과 같이 됨을 알 수 있다.

$$\mathbf{C} = \mathbf{A} \times \mathbf{B} = \begin{vmatrix} \mathbf{e}_1 & \mathbf{e}_2 & \mathbf{e}_3 \\ A_1 & A_2 & A_3 \\ B_1 & B_2 & B_3 \end{vmatrix} \tag{1.80b}$$

또 증명하진 않지만 다음과 같은 항등식이 있다는 것을 말해둔다.

$$\mathbf{A} \cdot (\mathbf{B} \times \mathbf{C}) = \mathbf{B} \cdot (\mathbf{C} \times \mathbf{A}) = \mathbf{C} \cdot (\mathbf{A} \times \mathbf{B}) \equiv \mathbf{ABC} \tag{1.81}$$

$$\mathbf{A} \times (\mathbf{B} \times \mathbf{C}) = (\mathbf{A} \cdot \mathbf{C})\mathbf{B} - (\mathbf{A} \cdot \mathbf{B})\mathbf{C} \tag{1.82}$$

$$\left.\begin{aligned} (\mathbf{A} \times \mathbf{B}) \cdot (\mathbf{C} \times \mathbf{D}) &= \mathbf{A} \cdot [\mathbf{B} \times (\mathbf{C} \times \mathbf{D})] \\ &= \mathbf{A} \cdot [(\mathbf{B} \cdot \mathbf{D})\mathbf{C} - (\mathbf{B} \cdot \mathbf{C})\mathbf{D}] \\ &= (\mathbf{A} \cdot \mathbf{C})(\mathbf{B} \cdot \mathbf{D}) - (\mathbf{A} \cdot \mathbf{D})(\mathbf{B} \cdot \mathbf{C}) \end{aligned}\right\} \tag{1.83}$$

$$\left.\begin{aligned} (\mathbf{A} \times \mathbf{B}) \times (\mathbf{C} \times \mathbf{D}) &= [(\mathbf{A} \times \mathbf{B}) \cdot \mathbf{D}]\mathbf{C} - [(\mathbf{A} \times \mathbf{B}) \cdot \mathbf{C}]\mathbf{D} \\ &= (\mathbf{ABD})\mathbf{C} - (\mathbf{ABC})\mathbf{D} = (\mathbf{ACD})\mathbf{B} - (\mathbf{BCD})\mathbf{A} \end{aligned}\right\} \tag{1.84}$$

1.13 벡터의 스칼라에 의한 미분

스칼라 함수 $\phi = \phi(s)$를 스칼라 변수 s로 미분한 경우에, 미분의 어떤 부분도 좌표변환에 대해서 변화하지 않고 미분 자체도 변화하지 않으므로, 그것은 스칼라이다. 즉, x_i 좌표계와 x_i' 좌표계에서 $\phi = \phi'$, $s = s'$이고 따라서 $d\phi = d\phi'$, $ds = ds'$가 되므로,

$$\frac{d\phi}{ds} = \frac{d\phi'}{ds'} = \left(\frac{d\phi}{ds}\right)'$$

가 된다.

마찬가지로, 스칼라 s에 의한 벡터 $\mathbf{A}$의 미분도 형식적으로 정의할 수 있다. 먼저 $\mathbf{A}$의 성분은

$$A_i' = \sum_j \lambda_{ij} A_j \tag{1.85}$$

와 같이 변환되므로, 미분하여(λ_{ij}는 s'에 무관하므로)

$$\frac{dA_i'}{ds'} = \frac{d}{ds'} \sum_j \lambda_{ij} A_j = \sum_j \lambda_{ij} \frac{dA_j}{ds'}$$

를 얻고, s와 s'는 같으므로,

$$\frac{dA'_i}{ds'} = \left(\frac{dA_i}{ds}\right)' = \sum_j \lambda_{ij}\left(\frac{dA_j}{ds}\right)$$

를 얻는다. 이와 같이 dA_j/ds는 벡터의 성분이 변환하는 것과 같은 변환을 하므로 그것은 어떤 벡터의 성분이고, 우리는 그 벡터를 $d\mathbf{A}/ds$로 쓴다.

이 벡터 $d\mathbf{A}/ds$를 기하학적으로 해석하면 다음과 같다. 먼저 $d\mathbf{A}/ds$가 존재하기 위해서는 $\mathbf{A}$가 변수 s의 연속함수일 필요가 있다($\mathbf{A} = \mathbf{A}(s)$). 이 함수를 그림 1-15의 연속곡선 Γ로 나타낸다고 하면, 점 P에서 변수의 값은 s이고 점 Q에서는 $s + \Delta s$이므로, s에 의한 $\mathbf{A}$의 미분은 표준적인 방법

$$\frac{d\mathbf{A}}{ds} = \lim_{\Delta s \to 0} \frac{\Delta \mathbf{A}}{\Delta s} = \lim_{\Delta s \to 0} \frac{\mathbf{A}(s + \Delta s) - \mathbf{A}(s)}{\Delta s} \tag{1.86a}$$

로 주어진다.

또한 벡터의 합과 곱의 미분계수도 보통의 벡터 연산 규칙에 따른다. 예를 들면

$$\frac{d}{ds}(\mathbf{A} + \mathbf{B}) = \frac{d\mathbf{A}}{ds} + \frac{d\mathbf{B}}{ds} \tag{1.86b}$$

$$\frac{d}{ds}(\mathbf{A} \cdot \mathbf{B}) = \mathbf{A} \cdot \frac{d\mathbf{B}}{ds} + \frac{d\mathbf{A}}{ds} \cdot \mathbf{B} \tag{1.86c}$$

$$\frac{d}{ds}(\mathbf{A} \times \mathbf{B}) = \mathbf{A} \times \frac{d\mathbf{B}}{ds} + \frac{d\mathbf{A}}{ds} \times \mathbf{B} \tag{1.86d}$$

$$\frac{d}{ds}(\phi \mathbf{A}) = \phi \frac{d\mathbf{A}}{ds} + \frac{d\phi}{ds}\mathbf{A} \tag{1.86e}$$

전미분과 편미분에 관해서도 마찬가지이다.

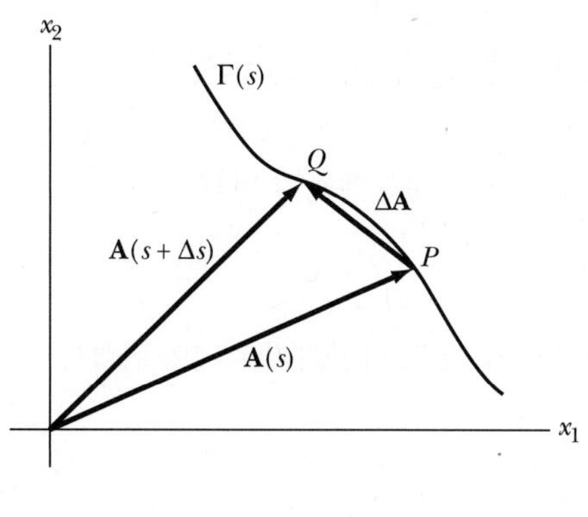

그림 1-15 벡터 $\mathbf{A}(s)$는 변수 s가 변화할 때에 함수 $\Gamma(s)$를 그린다.

1.14 미분계수의 예: 속도와 가속도

입자의 운동을 벡터로 나타내는 것은 질점(및 질점계)의 역학을 진전시키는 데 특히 중요하나, 이를 위해서는 주어진 입자의 위치, 속도, 가속도를 나타내는 벡터가 필요하다. 보통 어떤 입자계에서의 입자 위치는 벡터 $\mathbf{r}$로 나타내고, $\mathbf{r}$은 일반적으로 시간의 함수이다. $\mathbf{r} = \mathbf{r}(t)$. 또 속도 벡터 $\mathbf{v}$, 가속도 벡터 $\mathbf{a}$는 다음과 같이 정의한다.

$$\mathbf{v} \equiv \frac{d\mathbf{r}}{dt} = \dot{\mathbf{r}} \tag{1.87}$$

$$\mathbf{a} \equiv \frac{d\mathbf{v}}{dt} = \frac{d^2\mathbf{r}}{dt^2} = \ddot{\mathbf{r}} \tag{1.88}$$

여기서 기호 위에 한 개의 점(·)은 한 번의 시간 미분, 두 개의 점(··)은 두 번의 시간 미분을 나타낸다. 직교좌표에서 $\mathbf{r}$, $\mathbf{v}$, $\mathbf{a}$는 다음과 같이 나타낸다.

$$\left.\begin{array}{ll} \mathbf{r} = x_1\mathbf{e}_1 + x_2\mathbf{e}_2 + x_3\mathbf{e}_3 = \sum_i x_i\mathbf{e}_i & \text{위치} \\ \mathbf{v} = \dot{\mathbf{r}} = \sum_i \dot{x}_i\mathbf{e}_i = \sum_i \frac{dx_i}{dt}\mathbf{e}_i & \text{속도} \\ \mathbf{a} = \dot{\mathbf{v}} = \ddot{\mathbf{r}} = \sum_i \ddot{x}_i\,\mathbf{e}_i = \sum_i \frac{d^2x_i}{dt^2}\mathbf{e}_i & \text{가속도} \end{array}\right\} \tag{1.89}$$

이 양들을 직교좌표에서 계산할 경우에는 단위벡터 $\mathbf{e}_i$가 시간적으로 변하지 않으므로 간단하지만, 비직교좌표계에서는 입자가 공간 속에서 움직일 때 그 입자 위치에서의 단위벡터는 반드시 시간적으로 불변이 아니므로, $\mathbf{r}$의 시간에 관한 미분계수의 성분도 더 이상 식 (1.89)처럼 간단하지 않다. 여기서는 일반적인 곡선좌표계에 관해서 논의하지는 않겠으나, 다음의 **평면극좌표**(plane polar coordinates), **구좌표**(spherical coordinates), **원통좌표**(cylindrical coordinates)는 이러한 좌표계에서의 속도와 가속도에 관해서 논의할 가치가 있을 만큼 아주 중요하다.[11)]

$\mathbf{v}$와 $\mathbf{a}$를 평면극좌표로 나타내기 위해 그림 1-16의 경우를 생각하자. 여기서 곡선 $s(t)$를 따라서 움직이는 질점이 $t_2 - t_1 = dt$ 시간 사이에 $P^{(1)}$에서 $P^{(2)}$로 이동하고, 그래서 서로 직교하는 단위벡터 $\mathbf{e}_r$과 $\mathbf{e}_\theta$가 각각 $\mathbf{e}_r^{(1)}$에서 $\mathbf{e}_r^{(2)}$로, $\mathbf{e}_\theta^{(1)}$에서 $\mathbf{e}_\theta^{(2)}$로 변화할 경우에 $\mathbf{e}_r$의 변화

$$\mathbf{e}_r^{(2)} - \mathbf{e}_r^{(1)} = d\mathbf{e}_r \tag{1.90}$$

은 $\mathbf{e}_r$에 수직한(따라서 $\mathbf{e}_\theta$방향의) 벡터가 되고, 마찬가지로 $\mathbf{e}_\theta$의 변화

11) 이 좌표계의 기하학적 모습은 부록 F에 있는 그림을 참조하라.

$$\mathbf{e}_\theta^{(2)} - \mathbf{e}_\theta^{(1)} = d\mathbf{e}_\theta \tag{1.91}$$

는 $\mathbf{e}_\theta$에 수직한 벡터가 되므로,

$$d\mathbf{e}_r = d\theta \mathbf{e}_\theta \tag{1.92}$$

및

$$d\mathbf{e}_\theta = -d\theta \mathbf{e}_r \tag{1.93}$$

로 쓴다. 단, $d\mathbf{e}_\theta$는 $\mathbf{e}_r$에 반대 방향이므로 두 번째 관계식에 음의 부호를 넣는다(그림 1-16 참조).

식 (1.92)와 식 (1.93)은 그림 1-16을 참조하면 쉽게 이해할 수 있다. 이 경우 $d\mathbf{e}_r$은 단위길이가 각도 $d\theta$만큼 회전하여 그린 호(弧)를 나타내며 그 크기는 $d\theta$이다. $\mathbf{e}_\theta$방향을 보고 있기 때문에 결국은 $d\mathbf{e}_r = d\theta \mathbf{e}_\theta$이다. 마찬가지로, $d\mathbf{e}_\theta$는 단위길이가 각도 $d\theta$만큼 회전하여 그린 호를 나타내고 그 크기는 $d\theta$이다. 그러나 그림 1-16으로부터 $d\mathbf{e}_\theta$는 $-\mathbf{e}_r$방향을 갖고 있음을 알게 되며, 따라서 $d\mathbf{e}_\theta = -d\theta \mathbf{e}_r$이다.

식 (1.92)와 식 (1.93)의 양변을 dt로 나누면,

$$\boxed{\dot{\mathbf{e}}_r = \dot{\theta}\mathbf{e}_\theta} \tag{1.94}$$

$$\boxed{\dot{\mathbf{e}}_\theta = -\dot{\theta}\mathbf{e}_r} \tag{1.95}$$

로 쓰므로, 만일 $\mathbf{v}$를

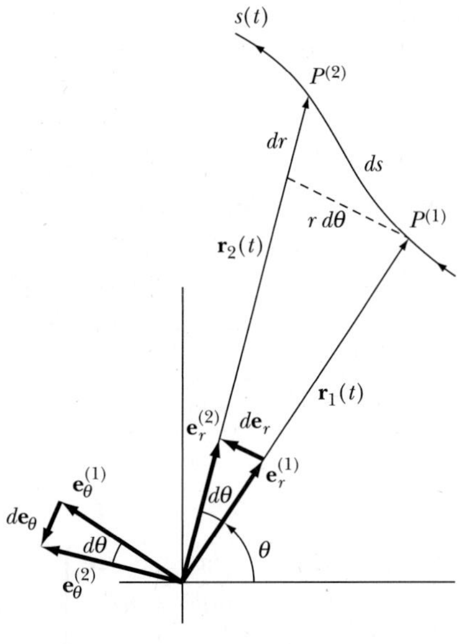

그림 1-16 한 물체가 시간의 변화에 따라서 곡선 $s(t)$를 그린다. 두 위치 벡터 $\mathbf{r}_1$과 $\mathbf{r}_2$에 대한 단위벡터 $\mathbf{e}_r$과 $\mathbf{e}_\theta$ 및 그 미분 값을 볼 수 있다.

$$\begin{aligned}\mathbf{v} &= \frac{d\mathbf{r}}{dt} = \frac{d}{dt}(r\mathbf{e}_r)\\ &= \dot{r}\mathbf{e}_r + r\dot{\mathbf{e}}_r\end{aligned} \tag{1.96}$$

로 나타내면, 식 (1.94)를 써서 곧

$$\boxed{\mathbf{v} = \dot{\mathbf{r}} = \dot{r}\mathbf{e}_r + r\dot{\theta}\mathbf{e}_\theta} \tag{1.97}$$

를 얻는다. 이리하여 속도는 동경(動徑, 또는 반지름 방향) 성분 $\dot{r}$과 각(또는 횡) 성분 $r\dot{\theta}$로 분해된다.

또 이것을 한 번 더 시간 미분하면, 가속도

$$\begin{aligned}\mathbf{a} &= \frac{d}{dt}(\dot{r}\mathbf{e}_r + r\dot{\theta}\mathbf{e}_\theta)\\ &= \ddot{r}\mathbf{e}_r + \dot{r}\dot{\mathbf{e}}_r + \dot{r}\dot{\theta}\mathbf{e}_\theta + r\ddot{\theta}\,\mathbf{e}_\theta + r\dot{\theta}\dot{\mathbf{e}}_\theta\\ &= (\ddot{r} - r\dot{\theta}^2)\mathbf{e}_r + (r\ddot{\theta} + 2\dot{r}\dot{\theta})\mathbf{e}_\theta\end{aligned} \tag{1.98}$$

를 얻고, 이것은 동경 성분 $(\ddot{r} - r\dot{\theta}^2)$과 각 성분 $(r\ddot{\theta} + 2\dot{r}\dot{\theta})$로 분해된다.

여기서 가장 중요한 세 좌표계에서의 $d\mathbf{s}$, ds^2, v^2과 $\mathbf{v}$를 정리하자(부록 F 참조).

직교좌표 (x, y, z)

$$\left.\begin{aligned}d\mathbf{s} &= dx_1\mathbf{e}_1 + dx_2\mathbf{e}_2 + dx_3\mathbf{e}_3\\ ds^2 &= dx_1^2 + dx_2^2 + dx_3^2\\ v^2 &= \dot{x}_1^2 + \dot{x}_2^2 + \dot{x}_3^2\\ \mathbf{v} &= \dot{x}_1\mathbf{e}_1 + \dot{x}_2\mathbf{e}_2 + \dot{x}_3\mathbf{e}_3\end{aligned}\right\} \tag{1.99}$$

구좌표 (r, θ, ϕ)

$$\left.\begin{aligned}d\mathbf{s} &= dr\mathbf{e}_r + rd\theta\mathbf{e}_\theta + r\sin\theta\, d\phi\mathbf{e}_\phi\\ ds^2 &= dr^2 + r^2d\theta^2 + r^2\sin^2\theta\, d\phi^2\\ v^2 &= \dot{r}^2 + r^2\dot{\theta}^2 + r^2\sin^2\theta\,\dot{\phi}^2\\ \mathbf{v} &= \dot{r}\mathbf{e}_r + r\dot{\theta}\mathbf{e}_\theta + r\sin\theta\,\dot{\phi}\mathbf{e}_\phi\end{aligned}\right\} \tag{1.100}$$

(평면극좌표의 경우는 식 (1.100)에서 $d\phi = 0$으로 하면 된다.)

원통좌표 (r, ϕ, z)

$$\left.\begin{aligned}d\mathbf{s} &= dr\mathbf{e}_r + rd\phi\mathbf{e}_\phi + dz\mathbf{e}_z\\ ds^2 &= dr^2 + r^2d\phi^2 + dz^2\\ v^2 &= \dot{r}^2 + r^2\dot{\phi}^2 + \dot{z}^2\\ \mathbf{v} &= \dot{r}\mathbf{e}_r + r\dot{\phi}\mathbf{e}_\phi + \dot{z}\mathbf{e}_z\end{aligned}\right\} \tag{1.101}$$

예제 1.8

가속도 벡터 $\mathbf{a}$의 성분을 원통좌표계에서 구하라.

풀이

원통좌표계에서의 속도 성분은 식 (1.101)에 주어졌다. 가속도는 $\mathbf{v}$에 대한 시간 미분을 취함으로써 얻을 수 있다.

$$\begin{aligned}\mathbf{a} &= \frac{d}{dt}\mathbf{v} = \frac{d}{dt}(\dot{r}\mathbf{e}_r + r\dot{\phi}\mathbf{e}_\phi + \dot{z}\mathbf{e}_z) \\ &= \ddot{r}\mathbf{e}_r + \dot{r}\dot{\mathbf{e}}_r + \dot{r}\dot{\phi}\mathbf{e}_\phi + r\ddot{\phi}\mathbf{e}_\phi + r\dot{\phi}\dot{\mathbf{e}}_\phi + \ddot{z}\mathbf{e}_z + \dot{z}\dot{\mathbf{e}}_z\end{aligned}$$

단위벡터 $\mathbf{e}_r$, $\mathbf{e}_\phi$, $\mathbf{e}_z$에 대한 시간 미분이 필요하다. 그림 1-17에 원통좌표계를 나타냈으며, 단위벡터를 (x, y, z) 성분으로 표시하면 다음과 같다.

$$\begin{aligned}\mathbf{e}_r &= (\cos\phi, \sin\phi, 0) \\ \mathbf{e}_\phi &= (-\sin\phi, \cos\phi, 0) \\ \mathbf{e}_z &= (0, 0, 1)\end{aligned}$$

이들의 시간 미분은 각 성분을 미분함으로써 다음과 같이 얻어진다.

$$\begin{aligned}\dot{\mathbf{e}}_r &= (-\dot{\phi}\sin\phi, \dot{\phi}\cos\phi, 0) = \dot{\phi}\mathbf{e}_\phi \\ \dot{\mathbf{e}}_\phi &= (-\dot{\phi}\cos\phi, -\dot{\phi}\sin\phi, 0) = -\dot{\phi}\mathbf{e}_r \\ \dot{\mathbf{e}}_z &= 0\end{aligned}$$

이를 위에 표시한 $\mathbf{a}$에 대입하면

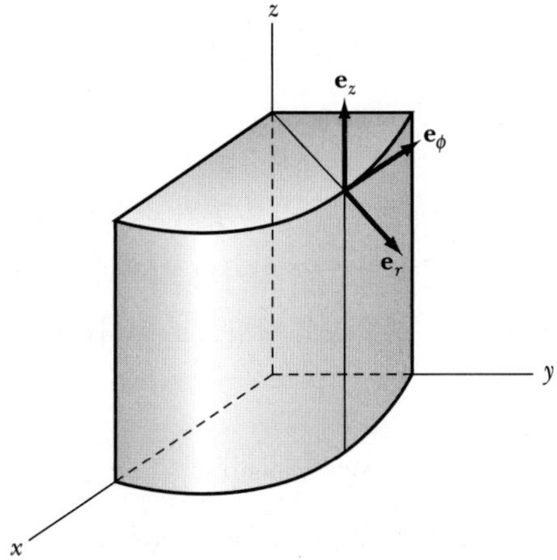

그림 1-17 원통좌표계 (r, ϕ, z)와 직각좌표계 (x, y, z)의 관계를 보인다.

$$\begin{aligned}\mathbf{a} &= \ddot{r}\mathbf{e}_r + \dot{r}\dot{\phi}\mathbf{e}_\phi + \dot{r}\dot{\phi}\mathbf{e}_\phi + r\ddot{\phi}\mathbf{e}_\phi - r\dot{\phi}^2\mathbf{e}_r + \ddot{z}\mathbf{e}_z \\ &= (\ddot{r} - r\dot{\phi}^2)\mathbf{e}_r + (r\ddot{\phi} + 2\dot{r}\dot{\phi})\mathbf{e}_\phi + \ddot{z}\mathbf{e}_z\end{aligned}$$

을 얻는다.

1.15 각속도

공간을 자유로이 운동하고 있는 점 또는 입자는 언제나 어떤 순간, 어떤 축 주위의 평면 원 궤도 위를 움직이고 있다고 생각하자. 즉, 무한소 시간 δt 사이에 입자가 그리는 궤도는 한 개의 원의 무한소 원호로 나타낸다. 그 경우에 원의 중심을 지나고, 순간적인 운동의 방향에 수직한 직선을 **회전의 순간 회전축**(instantaneous axis of rotation)이라 하고, 또 입자가 원 궤도 위를 움직이는 경우의 회전각 변화율을 **각속도**(angular velocity)라고 한다.

$$\omega = \frac{d\theta}{dt} = \dot{\theta} \tag{1.102}$$

그림 1-18과 같이, 어떤 순간에 그 운동하는 평면에 수직한 축 주위의 반지름 R인 원 궤도와 운동하는 입자를 생각하자. 회전축 위의 임의의 점 O를 원점으로 하고, 그곳에서 입자의 위치 벡터가 $\mathbf{r}$일 때, 위치 벡터의 시간 변화율은 입자의 선속도 벡터 $\dot{\mathbf{r}} = \mathbf{v}$가 된다. 그리고 입자가 반지름 R의 원 궤도 위를 운동할 경우 이 선속도의 크기는 다음과 같다.

$$v = R\frac{d\theta}{dt} = R\omega \tag{1.103}$$

그리고 선속도 $\mathbf{v}$의 방향은 물론 $\mathbf{r}$에 수직하고, 원 궤도면에 놓여 있다.

또한 각속도도 벡터로 나타내서($\boldsymbol{\omega}$로 하자), 그 결과 입자의 운동으로 문제가 되는 양을 모두 동일한 취급 방법으로 기술할 수 있다면 아주 편리하다. 그래서 각속도의 방향을 다음과 같이 정의한다. 즉, 입자가 순간적으로 평면 속을 움직일 경우에 그 평면의 법선은 공간 속의 어떤 정해진 한 개의 방향 혹은 오히려 두 개의 방향을 향하나 그 방향이 양의 방향으로서, 입자의 회전과 동일한 방향으로 오른손 나사를 돌렸을 때 나사의 진행 방향을 취하고, 이것을 각속도의 방향으로 한다(그림 1-18 참조). 또한 $R = r\sin\alpha$이므로, 선속도의 크기는

$$v = r\omega\sin\alpha \tag{1.104}$$

로 쓸 수 있으므로, 각속도의 방향과 크기를 위와 같이 정의하면

$$\boxed{\mathbf{v} = \boldsymbol{\omega} \times \mathbf{r}} \tag{1.105}$$

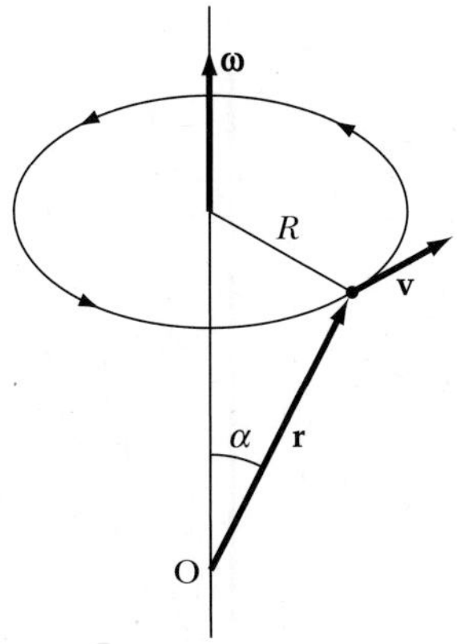

그림 1-18 오른손 법칙에 의해 축 주위를 반시계 방향으로 움직이고 있는 입자는 그 축에 대해서 각속도 $\boldsymbol{\omega}$를 갖는다.

라고 쓴다. 각속도에 대한 두 개의 정의는 둘 다 만족되고, 원하는 각속도의 벡터 표시가 얻어진다.

여기서 유한 회전과 무한소 회전의 다음과 같은 중요한 차이에 주의해야 한다. **무한소 회전**(infinitesimal rotation)은 벡터(실은 축)로 나타낼 수 있는 데 반해, **유한 회전**(finite rotation)은 그런 표현을 할 수 없다. 유한 회전을 벡터로 나타낼 수 없는 이유는, 그와 같은 회전이 교환 가능하지 않고(그림 1-9의 예를 참조하라) 그 때문에 일반적으로 회전이 행해지는 순서에 의해 결과가 다르다는 사실 때문이다. 지금 위에 기술한 것을 설명하기 위해, 회전행렬 $\boldsymbol{\lambda}_1$, $\boldsymbol{\lambda}_2$로 나타내는 두 개의 유한 회전을 계속해서 작용하는 경우를 생각하여 벡터 $\mathbf{A}$, $\mathbf{B}$를 각각 이들의 회전과 1 대 1로 대응시키면 벡터의 합은 $\mathbf{C} = \mathbf{A} + \mathbf{B}$가 되고, 그것은 행렬 $\boldsymbol{\lambda}_3 = \boldsymbol{\lambda}_2\boldsymbol{\lambda}_1$과 등가가 되며, 벡터의 덧셈은 교환 가능하므로 $\mathbf{C} = \mathbf{B} + \mathbf{A}$도 되어 $\boldsymbol{\lambda}_4 = \boldsymbol{\lambda}_1\boldsymbol{\lambda}_2$와도 등가가 된다. 그런데 행렬 연산은 교환할 수 없고 일반적으로 $\boldsymbol{\lambda}_3 \neq \boldsymbol{\lambda}_4$이기 때문에 벡터 $\mathbf{C}$는 유일하게 정해지지 않고, 따라서 벡터를 유한 회전에 대응시킬 수는 없다.

그런데 지금부터 보이는 바와 같이 무한소 회전에는 비교환과 같은 사정이 나쁜 성질이 없으므로, 무한소 회전은 벡터로 나타내는 것이 예상된다. 그래서 이 예상은 실제로 맞으나, 어떤 양을 벡터로 표현할 수 있는지 여부를 알 수 있는 최후의 방법은 그 변환성질을 조사하는 것이고, 여기서는 정성적(qualitative)으로만 논의하자.

그림 1-19를 보라. 질점의 위치 벡터가 $\mathbf{r}$에서 $\mathbf{r} + \delta\mathbf{r}$로 변화한 경우에

$$\delta\mathbf{r} = \delta\boldsymbol{\theta} \times \mathbf{r} \tag{1.106}$$

로 쓰면, 그 기하학적인 모양이 확실하게 나타난다. 여기서 $\delta\boldsymbol{\theta}$는 크기가 무한소 회전각과 같고 방향이 순간 회전축 방향인 양이다. 그러나 식 (1.106)이 그림 1-19의 모양을 바르게 나타내는 것만으로 $\delta\boldsymbol{\theta}$가 벡터라고 하기에는 본질적으로 불충분하다(반복하면, 사실은 $\delta\boldsymbol{\theta}$의 변환성질을 조사하지 않으면 안 된다). 그러나 두 개의 무한소 회전 '벡터' $\delta\boldsymbol{\theta}_1$, $\delta\boldsymbol{\theta}_2$가 실제로 교환 가능함을 보일 수 있다면, 유한 회전이 벡터일 수 없는

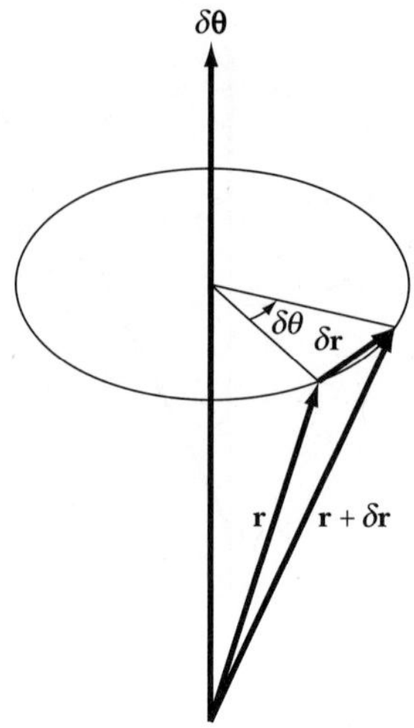

그림 1-19 무한소 회전각 $\delta\theta$에 의해서 위치 벡터 $\mathbf{r}$은 $\mathbf{r} + \delta\mathbf{r}$로 변한다.

유일한 이유가 이 경우에는 없어지게 된다.

회전 $\delta\boldsymbol{\theta}_1$으로 $\mathbf{r}$이 $\mathbf{r} + \delta\mathbf{r}_1$이 되고(단, $\delta\mathbf{r}_1 = \delta\boldsymbol{\theta}_1 \times \mathbf{r}$), 계속해서 다른 축의 주위에 제2의 회전 $\delta\boldsymbol{\theta}_2$가 행해지는 경우를 생각하면, 이 회전이 시작할 때의 위치 벡터는 $\mathbf{r} + \delta\mathbf{r}_1$이므로

$$\delta\mathbf{r}_2 = \delta\boldsymbol{\theta}_2 \times (\mathbf{r} + \delta\mathbf{r}_1)$$

이 된다. 따라서 $\delta\boldsymbol{\theta}_1$에 이어서 $\delta\boldsymbol{\theta}_2$ 회전이 행해질 경우에 최후의 위치 벡터는

$$\mathbf{r} + \delta\mathbf{r}_{12} = \mathbf{r} + [\delta\boldsymbol{\theta}_1 \times \mathbf{r} + \delta\boldsymbol{\theta}_2 \times (\mathbf{r} + \delta\mathbf{r}_1)]$$

이 되고, 2차인 미소량을 무시하면

$$\delta\mathbf{r}_{12} = \delta\boldsymbol{\theta}_1 \times \mathbf{r} + \delta\boldsymbol{\theta}_2 \times \mathbf{r} \tag{1.107}$$

을 얻는다. 마찬가지로, $\delta\boldsymbol{\theta}_2$에 이어서 $\delta\boldsymbol{\theta}_1$에 회전을 행하는 경우

$$\mathbf{r} + \delta\mathbf{r}_{21} = \mathbf{r} + [\delta\boldsymbol{\theta}_2 \times \mathbf{r} + \delta\boldsymbol{\theta}_1 \times (\mathbf{r} + \delta\mathbf{r}_2)]$$

가 되고,

$$\delta\mathbf{r}_{21} = \delta\boldsymbol{\theta}_2 \times \mathbf{r} + \delta\boldsymbol{\theta}_1 \times \mathbf{r} \tag{1.108}$$

을 얻는다. 그런데 $\delta\mathbf{r}_{12}$와 $\delta\mathbf{r}_{21}$은 같으므로 그 결과, 회전 '벡터' $\delta\boldsymbol{\theta}_1$과 $\delta\boldsymbol{\theta}_2$는 교환 가능해진다. 따라서 식 (1.106)의 $\delta\boldsymbol{\theta}$는 실제로 벡터라는 게 틀림없는 것 같다.

그런데 각속도는 무한소 회전각의 무한소 시간에 대한 비율이므로, 각속도를 벡터로 나타낼 수 있다는

건 $\delta\boldsymbol{\theta}$가 벡터라고 하는 것이다.

$$\boldsymbol{\omega} = \frac{\delta\boldsymbol{\theta}}{\delta t}$$

그러므로 식 (1.106)을 δt로 나누면

$$\frac{\delta\mathbf{r}}{\delta t} = \frac{\delta\boldsymbol{\theta}}{\delta t} \times \mathbf{r}$$

이 되고, $\delta t \to 0$에 극한 이행하면, 앞에 기술한 바와 같이

$$\mathbf{v} = \boldsymbol{\omega} \times \mathbf{r}$$

이 된다.

1.16 물매 연산자

여기서는 **벡터 미분 연산자**(vector differential operator) 중에서 **물매 연산자**(gradient operator)라고 하는 가장 중요한 연산자를 설명한다.

좌표 x_i의 함수인 스칼라 양 ϕ를 생각하고, 또 공간의 어떤 영역에서 좌표의 연속 1이 함수라고 하면, x_i를 x_i'로 옮기는 좌표변환에서는 x_i', $\phi'(x_1', x_2', x_3') = \phi(x_1, x_2, x_3)$이므로 이를 x_i'로 미분하면

$$\frac{\partial\phi'}{\partial x_1'} = \sum_j \frac{\partial\phi}{\partial x_j}\frac{\partial x_j}{\partial x_1'} \tag{1.109}$$

가 된다. 또 $\partial\phi'/\partial x_2'$, $\partial\phi'/\partial x_3'$에 관해서도 마찬가지이므로, 일반적으로

$$\frac{\partial\phi'}{\partial x_i'} = \sum_j \frac{\partial\phi}{\partial x_j}\frac{\partial x_j}{\partial x_i'} \tag{1.110}$$

가 된다. 이 좌표변환의 역변환은

$$x_j = \sum_k \lambda_{kj} x_k' \tag{1.111}$$

이므로, 이것을 x_i'로 미분하면

$$\frac{\partial x_j}{\partial x_i'} = \frac{\partial}{\partial x_i'}\left(\sum_k \lambda_{kj} x_k'\right) = \sum_k \lambda_{kj}\left(\frac{\partial x_k'}{\partial x_i'}\right) \tag{1.112}$$

가 되고, 또 마지막 괄호 속의 항은 δ_{ik}가 되므로, 그 결과

$$\frac{\partial x_j}{\partial x_i'} = \sum_k \lambda_{kj} \delta_{ik} = \lambda_{ij} \tag{1.113}$$

를 얻고, 식 (1.113)을 식 (1.110)에 대입하면

$$\frac{\partial \phi'}{\partial x_i'} = \sum_j \lambda_{ij} \frac{\partial \phi}{\partial x_j} \tag{1.114}$$

를 얻는다. 그런데 이것은 벡터의 변환식이므로(식 (1.44)), 함수 $\partial\phi/\partial x_j$는 함수 ϕ의 **물매**(gradient, 기울기)라고 하는 벡터의 j번째 성분이다. 여기서 ϕ가 스칼라이지만, ϕ의 물매는 벡터임을 주의하라. ϕ의 기울기는 **grad** ϕ 또는 $\nabla\phi$라 쓴다.

함수 ϕ는 임의의 스칼라 함수이므로, 상기의 미분 연산자는 물매 연산자

$$(\mathbf{grad})_i = \nabla_i = \frac{\partial}{\partial x_i} \tag{1.115}$$

로 정의하는 것이 편리하고, 이것을 완전한 벡터로서 나타내면 다음과 같다.

$$\boxed{\mathbf{grad} = \nabla = \sum_i \mathbf{e}_i \frac{\partial}{\partial x_i}} \qquad \text{물매} \tag{1.116}$$

그런데 물매 연산자는 (a) $\nabla\phi$와 같이 직접 스칼라 함수에 작용할 수 있다. (b) $\nabla \cdot \mathbf{A}$($\mathbf{A}$의 발산(divergence))와 같이 벡터 함수와의 스칼라 곱을 만들 때 사용한다. (c) $\nabla \times \mathbf{A}$($\mathbf{A}$의 회전(curl))와 같이 벡터 함수와의 벡터 곱을 만들 때 사용한다.

$$\mathbf{grad}\, \phi = \nabla\phi = \sum_i \mathbf{e}_i \frac{\partial \phi}{\partial x_i} \tag{1.117a}$$

$$\text{div}\, \mathbf{A} = \nabla \cdot \mathbf{A} = \sum_i \frac{\partial A_i}{\partial x_i} \tag{1.117b}$$

$$\mathbf{curl}\, \mathbf{A} = \nabla \times \mathbf{A} = \sum_{i,j,k} \varepsilon_{ijk} \frac{\partial A_k}{\partial x_j} \mathbf{e}_i \tag{1.117c}$$

스칼라 함수의 물매를 기하학적으로 해석하기 위해, 그림 1-20과 같이 3차원 지형도를 생각하자. 그림 1-20b에서 폐회곡선은 같은 표고를 나타낸다. 지금 ϕ를 임의의 지점에서의 표고라고 하면, $\phi = \phi(x_1, x_2, x_3)$이므로

$$d\phi = \sum_i \frac{\partial \phi}{\partial x_i} dx_i = \sum_i (\nabla\phi)_i\, dx_i$$

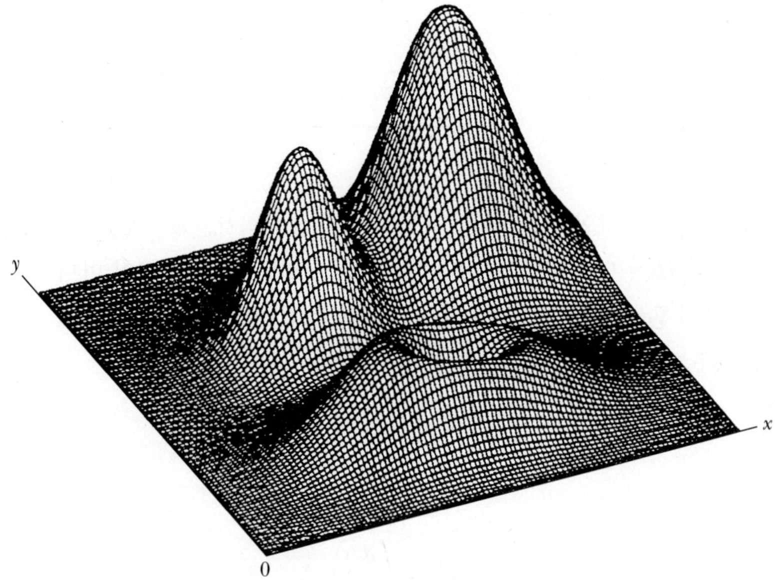

(a)

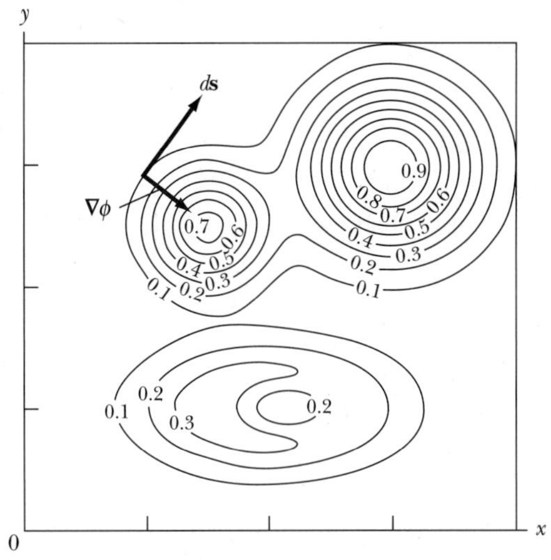

(b)

그림 1-20 (a) 3차원 등고선 지도를 보인다. (b) 같은 높이의 선으로 나타낸 국소 지도. $\nabla\phi$는 일정한 값의 ϕ 곡선에 수직인 방향이다.

로 쓴다. 그런데 변위 벡터 $d\mathbf{s}$의 성분은 세 개의 직교축 방향의 증가분으로

$$d\mathbf{s} = (dx_1, dx_2, dx_3) \tag{1.118}$$

이므로, 결국

$$\boxed{d\phi = (\nabla\phi)\cdot d\mathbf{s}} \tag{1.119}$$

가 된다.

지금 그림 1-20에서 보이는 바와 같이, $d\mathbf{s}$를 등고선(그 선을 따라서는 ϕ = 일정)의 접선 방향을 향하게 잡으면 ϕ는 일정하므로 $d\phi = 0$이 된다. 그러나 $\nabla\phi$나 $d\mathbf{s}$도 일반적으로는 0이 아니므로, 그것들은 서로 직교해야만 한다. 그 결과 $\nabla\phi$는 ϕ = '상수'인 선(3차원에서는 면)에 수직하게 된다.

또한 $\nabla\phi$와 $d\mathbf{s}$가 같은 방향을 향할 때, $d\phi$가 최대값을 취하므로

$$(d\phi)_{\max} = |\nabla\phi|\,ds, \qquad \nabla\phi \parallel d\mathbf{s}\text{인 경우}$$

또는

$$|\nabla\phi| = \left(\frac{d\phi}{ds}\right)_{\max} \tag{1.120}$$

를 얻고, 결국 $\nabla\phi$는 ϕ가 제일 크게 변화하는 방향을 향하게 된다.

그래서 이 결과를 요약하면 다음과 같다.

1. 벡터 $\nabla\phi$는 어느 점에서도 ϕ = '상수'인 선 또는 면에 수직이다.
2. 벡터 $\nabla\phi$는 ϕ가 제일 크게 변화하는 방향을 향한다.
3. 공간의 어떤 방향에서도 그 방향의 단위벡터 $\mathbf{n}$으로 나타낼 수 있으므로, $\mathbf{n}$방향에서 ϕ의 변화율(ϕ의 방향미분)은 $\mathbf{n}\cdot\nabla\phi \equiv \partial\phi/\partial n$으로 쓸 수 있다.

물매 연산자를 연이어 작용하면

$$\nabla\cdot\nabla = \sum_i \frac{\partial}{\partial x_i}\frac{\partial}{\partial x_i} = \sum_i \frac{\partial^2}{\partial x_i^2} \tag{1.121}$$

이 얻어지며, 이 중요한 연산자를 **라플라시안**(Laplacian)[12]이라 부르고 다음과 같이 쓴다.

$$\boxed{\nabla^2 = \sum_i \frac{\partial^2}{\partial x_i^2}} \tag{1.122}$$

라플라시안은 스칼라 연산자로, 예를 들면 다음과 같다.

12) 피에르 시몽 라플라스(Piarre Simon Laplace, 1749~1827) 이후, ∇^2 기호는 윌리엄 로언 해밀턴(William Rowan Hamilton)이 사용했다.

$$\nabla^2 \psi = \sum_i \frac{\partial^2 \psi}{\partial x_i^2} \tag{1.123}$$

1.17 벡터의 적분

벡터 함수 $\mathbf{A} = \mathbf{A}(x_i)$를 체적 V로 체적 적분해서 얻은 벡터는

$$\int_V \mathbf{A}\, dv = \left(\int_V A_1\, dv,\ \int_V A_2 dv,\ \int_V A_3 dv \right) \tag{1.124}$$

로 주어지므로[13], 벡터 $\mathbf{A}$의 V에 관한 체적 적분은 단지 세 개의 보통의 적분을 따로따로 행하면 이루어진다.

벡터 함수 $\mathbf{A} = \mathbf{A}(x_i)$의 면 S에 관한 면적 적분은 다음과 같이 정의한다.

$$\int_S \mathbf{A} \cdot d\mathbf{a}$$

여기서 $d\mathbf{a}$는 그림 1-21과 같이 표면의 면적 요소이다. 이것은 크기 $d\mathbf{a}$뿐만 아니라, 그 점에서 면의 법선과 평행인 방향도 갖게 되므로 벡터로 쓴다. 그래서 법선 방향의 단위벡터를 $\mathbf{n}$이라고 하면

$$d\mathbf{a} = \mathbf{n}\, da \tag{1.125}$$

로 나타내므로, $d\mathbf{a}$의 성분은 직교축으로 이루어진 서로 수직인 세 개의 평면에 대한 면적 요소의 사영이다.

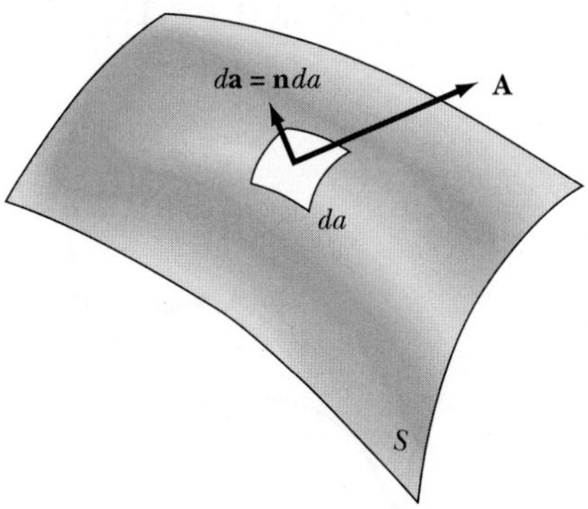

그림 1-21 $d\mathbf{a}$는 표면의 면적 요소이다. 그 방향은 표면에 수직이다.

13) 기호 $\int_V$는 실제로 어떤 체적 V에 따라 적분하는 3중 적분을 나타내며, 마찬가지로 $\int_S$ 기호는 어떤 면 S에 따라 적분하는 2중 적분 기호이다.

$$da_1 = dx_2\, dx_3, \text{등등} \tag{1.126}$$

그러므로

$$\int_S \mathbf{A} \cdot d\mathbf{a} = \int_S \mathbf{A} \cdot \mathbf{n} da \tag{1.127}$$

또는

$$\int_S \mathbf{A} \cdot d\mathbf{a} = \int_S \sum_i A_i da_i \tag{1.128}$$

가 되고, 식 (1.127)은 면 S에 관한 **A**의 면적 적분이 **A**의 법선 성분의 이 면에 대한 적분과 같음을 나타낸다.

그런데 면의 법선은 두 개의 방향(상향과 하향)을 취하므로 **n**의 부호는 정해지지 않으나, 그 면이 닫혀 있으면 관계에 따라서 외향의 법선을 양으로 한다.

또한 점 B에서 점 C까지 주어진 경로를 따르는 벡터 함수 $\mathbf{A} = \mathbf{A}(x_i)$의 **선적분**(line integral)은 **A**의 경로 방향 성분의 적분으로 주어진다.

$$\int_{BC} \mathbf{A} \cdot d\mathbf{s} = \int_{BC} \sum_i A_i\, dx_i \tag{1.129}$$

여기서 $d\mathbf{s}$는 그림 1-22와 같이 경로를 따르는 선 요소로, 그 방향은 경로를 따라서 진행하는 방향을 양으로 한다. 그래서 그림 1-22를 보면, 점 P에서는 $d\mathbf{s}$와 **A**의 각이 $\pi/2$보다 작으므로 이 점에서 $\mathbf{A} \cdot d\mathbf{s}$는 양이 된다. 점 Q에서는 그 각이 $\pi/2$보다 크므로 이 점에서 적분에의 기여가 음이 된다.

어떤 면적분을 체적 적분(**가우스 정리**(Gauss's theorem)) 혹은 선적분(**스토크스 정리**(Stokes's theorem))과 관련지을 수 있다면 종종 편리하다. 면 S로 싸인 체적 V를 나타낸 그림 1-23을 생각해보자. 벡터 **A** 및

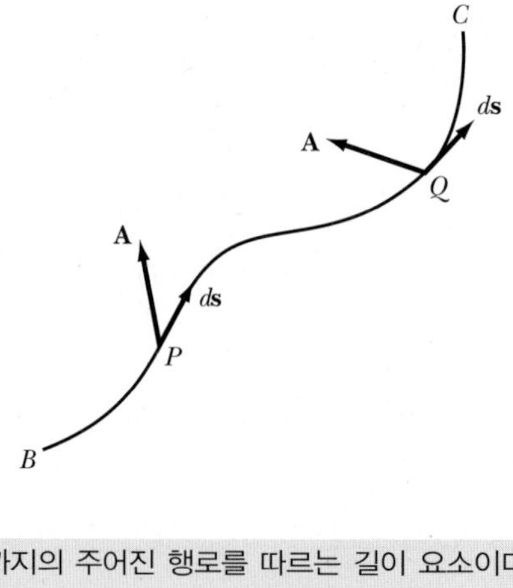

그림 1-22 $d\mathbf{s}$는 점 B로부터 점 C까지의 주어진 행로를 따르는 길이 요소이다. 그 방향은 주어진 점에서 행로를 따라 진행하는 방향이다.

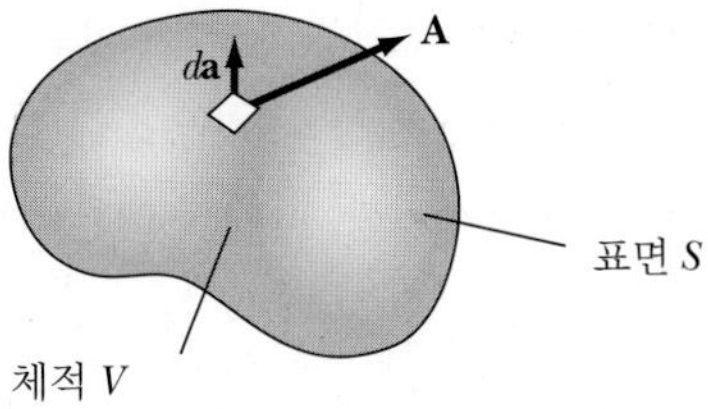

그림 1-23 $d\mathbf{a}$는 면 S로 둘러싸인 체적 V의 면적 요소이다.

그것의 첫 번째 미분이 그 체적 속에서 연속적이라고 하자. 가우스 정리는 폐면 S에 따른 $\mathbf{A}$의 표면 적분은 면 S로 싸인 체적 V 전체에 걸친 $\mathbf{A}$의 발산($\nabla \cdot \mathbf{A}$)의 체적 적분과 같다고 말한다. 이것을 수학적으로 쓰면 다음과 같다.

$$\int_S \mathbf{A} \cdot d\mathbf{a} = \int_V \nabla \cdot \mathbf{A}\, dv \tag{1.130}$$

가우스 정리는 때로는 발산 정리(divergence theorem)라고도 한다. 이 정리는 특히 연속매질의 역학을 다룰 때 편리하다.

열린 면 S와 그 면을 정의하는 윤곽선 C에 적용되는 스토크스 정리에 필요한 물리적 기술에 관해서는 그림 1-24를 참조하라. 벡터 $\mathbf{A}$의 회전(curl) $\nabla \times \mathbf{A}$는 존재해야 하고 S 전체에서 적분 가능해야 한다. 스토크스 정리는 윤곽선 C에 따라 얻은 벡터 $\mathbf{A}$의 선적분은 C로 정의한 면에서 얻은 $\mathbf{A}$의 회전의 표면 적분과 같다고 말한다. 이것을 수학적으로 쓰면 다음과 같다.

$$\int_C \mathbf{A} \cdot d\mathbf{s} = \int_S (\nabla \times \mathbf{A}) \cdot d\mathbf{a} \tag{1.131}$$

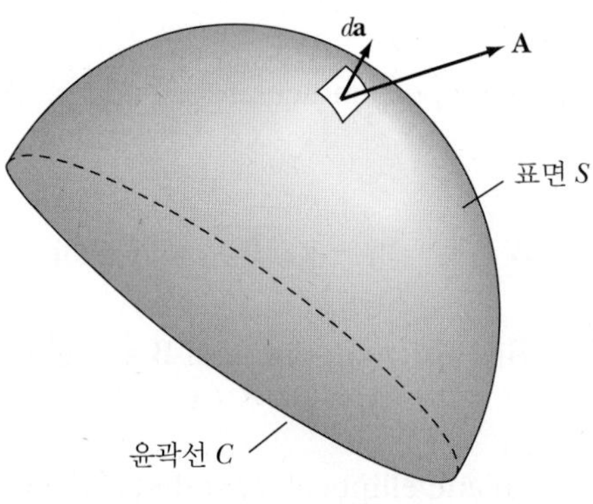

그림 1-24 윤곽선 C는 열린 면 S를 정의하고, 윤곽선 C에 따른 선적분과 면 S에 걸친 면적분은 스토크스의 정리가 필요하다.

여기서 선적분은 윤곽선 C에 따라서 실행된다. 스토크스 정리는 어떤 표면 적분(2차원)을 더욱 간단하다고 기대되는 선적분(1차원)으로 줄이는 데 특히 유효하다. 가우스 정리나 스토크스 정리 모두 다 벡터 계산에 폭넓게 응용되고 있다. 역학뿐만 아니라 전자기학, 퍼텐셜 이론에도 유효하다.

연습문제

1-1. Find the transformation matrix that rotates the axis x_3 of a rectangular coordinate system 45° toward x_1 around the x_2-axis.

1-2. Prove Equations 1.10 and 1.11 from trigonometric considerations.

1-3. Find the transformation matrix that rotates a rectangular coordinate system through an angle of 120° about an axis making equal angles with the original three coordinate axes.

1-4. Show
(a) $(\mathbf{AB})^t = \mathbf{B}^t\mathbf{A}^t$ (b) $(\mathbf{AB})^{-1} = \mathbf{B}^{-1}\mathbf{A}^{-1}$

1-5. Show by direct expansion that $|\boldsymbol{\lambda}|^2 = 1$. For simplicity, take $\boldsymbol{\lambda}$ to be a two-dimensional orthogonal transformation matrix.

1-6. Show that Equation 1.15 can be obtained by using the requirement that the transformation leaves unchanged the length of a line segment.

1-7. Consider a unit cube with one corner at the origin and three adjacent sides lying along the three axes of a rectangular coordinate system. Find the vectors describing the diagonals of the cube. What is the angle between any pair of diagonals?

1-8. Let $\mathbf{A}$ be a vector from the origin to a point P fixed in space. Let $\mathbf{r}$ be a vector from the origin to a variable point $Q(x_1, x_2, x_3)$. Show that

$$\mathbf{A}\cdot\mathbf{r} = A^2$$

is the equation of a plane perpendicular to $\mathbf{A}$ and passing through the point P.

1-9. For the two vectors

$$\mathbf{A} = \mathbf{i} + 2\mathbf{j} - \mathbf{k}, \quad \mathbf{B} = -2\mathbf{i} + 3\mathbf{j} + \mathbf{k}$$

find
(a) $\mathbf{A} - \mathbf{B}$ and $|\mathbf{A} - \mathbf{B}|$ (b) component of $\mathbf{B}$ along $\mathbf{A}$ (c) angle between $\mathbf{A}$ and $\mathbf{B}$
(d) $\mathbf{A} \times \mathbf{B}$ (e) $(\mathbf{A} - \mathbf{B}) \times (\mathbf{A} + \mathbf{B})$

1-10. A particle moves in a plane elliptical orbit described by the position vector

$$\mathbf{r} = 2b \sin \omega t\,\mathbf{i} + b \cos \omega t\,\mathbf{j}$$

(a) Find **v**, **a**, and the particle speed.
(b) What is the angle between **v** and **a** at time $t = \pi/2\omega$?

1-11. Show that the *triple scalar product* $(\mathbf{A} \times \mathbf{B}) \cdot \mathbf{C}$ can be written as

$$(\mathbf{A} \times \mathbf{B}) \cdot \mathbf{C} = \begin{vmatrix} A_1 & A_2 & A_3 \\ B_1 & B_2 & B_3 \\ C_1 & C_2 & C_3 \end{vmatrix}$$

Show also that the product is unaffected by an interchange of the scalar and vector product operations or by a change in the order of **A**, **B**, **C**, as long as they are in cyclic order; that is,

$$(\mathbf{A} \times \mathbf{B}) \cdot \mathbf{C} = \mathbf{A} \cdot (\mathbf{B} \times \mathbf{C}) = \mathbf{B} \cdot (\mathbf{C} \times \mathbf{A}) = (\mathbf{C} \times \mathbf{A}) \cdot \mathbf{B}, \qquad \text{etc.}$$

We may therefore use the notation **ABC** to denote the triple scalar product. Finally, give a geometric interpretation of **ABC** by computing the volume of the parallelepiped defined by the three vectors **A**, **B**, **C**.

1-12. Let **a**, **b**, **c** be three constant vectors drawn from the origin to the points *A*, *B*, *C*. What is the distance from the origin to the plane defined by the points *A*, *B*, *C*? What is the area of the triangle *ABC*?

1-13. **X** is an unknown vector satisfying the following relations involving the known vectors **A** and **B** and the scalar ϕ,

$$\mathbf{A} \times \mathbf{X} = \mathbf{B}, \quad \mathbf{A} \cdot \mathbf{X} = \phi.$$

Express **X** in terms of **A**, **B**, ϕ, and the magnitude of **A**.

1-14. Consider the following matrices:

$$\mathsf{A} = \begin{pmatrix} 1 & 2 & -1 \\ 0 & 3 & 1 \\ 2 & 0 & 1 \end{pmatrix}, \quad \mathsf{B} = \begin{pmatrix} 2 & 1 & 0 \\ 0 & -1 & 2 \\ 1 & 1 & 3 \end{pmatrix}, \quad \mathsf{C} = \begin{pmatrix} 2 & 1 \\ 4 & 3 \\ 1 & 0 \end{pmatrix}$$

Find the following
(a) $|\mathsf{AB}|$ (b) AC (c) ABC (d) $\mathsf{AB} - \mathsf{B}^t\mathsf{A}^t$

1-15. Find the values of α needed to make the following transformation orthogonal.

$$\begin{pmatrix} 1 & 0 & 0 \\ 0 & \alpha & -\alpha \\ 0 & \alpha & \alpha \end{pmatrix}$$

1-16. What surface is represented by $\mathbf{r} \cdot \mathbf{a} = \text{const.}$ that is described if **a** is a vector of constant magnitude and direction from the origin and **r** is the position vector to the point $P(x_1, x_2, x_3)$ on the surface?

1-17. Obtain the cosine law of plane trigonometry by interpreting the product $(\mathbf{A} - \mathbf{B}) \cdot (\mathbf{A} - \mathbf{B})$ and the expansion of the product.

1-18. Obtain the sine law of plane trigonometry by interpreting the product $\mathbf{A} \times \mathbf{B}$ and the alternate representation $(\mathbf{A} - \mathbf{B}) \times \mathbf{B}$.

1-19. Derive the following expressions by using vector algebra:
(a) $\cos(\alpha - \beta) = \cos\alpha\cos\beta + \sin\alpha\sin\beta$
(b) $\sin(\alpha - \beta) = \sin\alpha\cos\beta - \cos\alpha\sin\beta$

1-20. Show that

(a) $\sum_{i,j} \varepsilon_{ijk}\,\delta_{ij} = 0$ **(b)** $\sum_{j,k} \varepsilon_{ijk}\,\varepsilon_{ljk} = 2\delta_{il}$ **(c)** $\sum_{i,j,k} \varepsilon_{ijk}\,\varepsilon_{ijk} = 6$

1-21. Show (see also Problem 1-11) that

$$\mathbf{ABC} = \sum_{i,j,k} \varepsilon_{ijk} A_i B_j C_k$$

1-22. Evaluate the sum $\sum_k \varepsilon_{ijk}\varepsilon_{lmk}$ (which contains 3 terms) by considering the result for all possible combinations of i, j, l, m; that is,
(a) $i = j$ **(b)** $i = l$ **(c)** $i = m$ **(d)** $j = l$ **(e)** $j = m$ **(f)** $l = m$
(g) $i \neq l$ or m **(h)** $j \neq l$ or m

Show that

$$\sum_k \varepsilon_{ijk}\varepsilon_{lmk} = \delta_{il}\delta_{jm} - \delta_{im}\delta_{jl}$$

and then use this result to prove

$$\mathbf{A} \times (\mathbf{B} \times \mathbf{C}) = (\mathbf{A} \cdot \mathbf{C})\mathbf{B} - (\mathbf{A} \cdot \mathbf{B})\mathbf{C}$$

1-23. Use the ε_{ijk} notation and derive the identity

$$(\mathbf{A} \times \mathbf{B}) \times (\mathbf{C} \times \mathbf{D}) = (\mathbf{ABD})\mathbf{C} - (\mathbf{ABC})\mathbf{D}$$

1-24. Let **A** be an arbitrary vector, and let **e** be a unit vector in some fixed direction. Show that

$$\mathbf{A} = \mathbf{e}(\mathbf{A} \cdot \mathbf{e}) + \mathbf{e} \times (\mathbf{A} \times \mathbf{e})$$

What is the geometrical significance of each of the two terms of the expansion?

1-25. Find the components of the acceleration vector **a** in spherical coordinates.

1-26. A particle moves with $v =$ const. along the curve $r = k(1 + \cos\theta)$ (a *cardioid*). Find $\ddot{\mathbf{r}} \cdot \mathbf{e}_r = \mathbf{a} \cdot \mathbf{e}_r$, $|\mathbf{a}|$, and $\dot{\theta}$.

1-27. If $\mathbf{r}$ and $\dot{\mathbf{r}} = \mathbf{v}$ are both explicit functions of time, show that

$$\frac{d}{dt}[\mathbf{r} \times (\mathbf{v} \times \mathbf{r})] = r^2\mathbf{a} + (\mathbf{r}\cdot\mathbf{v})\mathbf{v} - (v^2 + \mathbf{r}\cdot\mathbf{a})\mathbf{r}$$

1-28. Show that

$$\nabla(\ln|\mathbf{r}|) = \frac{\mathbf{r}}{r^2}$$

1-29. Find the angle between the surfaces defined by $r^2 = 9$ and $x + y + z^2 = 1$ at the point $(2, -2, 1)$.

1-30. Show that $\nabla(\phi\psi) = \phi\nabla\psi + \psi\nabla\phi$.

1-31. Show that

(a) $\nabla r^n = nr^{(n-2)}\mathbf{r}$ (b) $\nabla f(r) = \dfrac{\mathbf{r}}{r}\dfrac{df}{dr}$ (c) $\nabla^2(\ln r) = \dfrac{1}{r^2}$

1-32. Show that

$$\int(2a\mathbf{r}\cdot\dot{\mathbf{r}} + 2b\dot{\mathbf{r}}\cdot\ddot{\mathbf{r}})\,dt = ar^2 + b\dot{r}^2 + \text{const.}$$

where $\mathbf{r}$ is the vector from the origin to the point (x_1, x_2, x_3). The quantities r and $\dot{r}$ are the magnitudes of the vectors $\mathbf{r}$ and $\dot{\mathbf{r}}$, respectively, and a and b are constants.

1-33. Show that

$$\int\left(\frac{\dot{\mathbf{r}}}{r} - \frac{\mathbf{r}\dot{r}}{r^2}\right)dt = \frac{\mathbf{r}}{r} + \mathbf{C}$$

where $\mathbf{C}$ is a constant vector.

1-34. Evaluate the integral

$$\int\mathbf{A} \times \ddot{\mathbf{A}}dt$$

1-35. Show that the volume common to the intersecting cylinders defined by $x^2 + y^2 = a^2$ and $x^2 + z^2 = a^2$ is $V = 16a^3/3$.

1-36. Find the value of the integral $\int_S \mathbf{A}\cdot d\mathbf{a}$, where $\mathbf{A} = x\mathbf{i} - y\mathbf{j} + z\mathbf{k}$ and S is the closed surface defined by the cylinder $c^2 = x^2 + y^2$. The top and bottom of the cylinder are at $z = d$ and 0, respectively.

1-37. Find the value of the integral $\int_S \mathbf{A} \cdot d\mathbf{a}$, where $\mathbf{A} = (x^2 + y^2 + z^2)(x\mathbf{i} + y\mathbf{j} + z\mathbf{k})$ and the surface S is defined by the sphere $R^2 = x^2 + y^2 + z^2$. Do the integral directly and also by using Gauss's theorem.

1-38. Find the value of the integral $\int_S (\nabla \times \mathbf{A}) \cdot d\mathbf{a}$ if the vector $\mathbf{A} = y\mathbf{i} + z\mathbf{j} + x\mathbf{k}$ and S is the surface defined by the paraboloid $z = 1 - x^2 - y^2$, where $z \geq 0$.

1-39. A plane passes through the three points $(x, y, z) = (1, 0, 0), (0, 2, 0), (0, 0, 3)$. **(a)** Find a unit vector perpendicular to the plane. **(b)** Find the distance from the point $(1, 1, 1)$ to the closest point of the plane and the coordinates of the closest point.

1-40. The height of a hill in meters is given by $z = 2xy - 3x^2 - 4y^2 - 18x + 28y + 12$, where x is the distance east and y is the distance north of the origin. **(a)** Where is the top of the hill and how high is it? **(b)** How steep is the hill at $x = y = 1$, that is, what is the angle between a vector perpendicular to the hill and the z axis? **(c)** In which compass direction is the slope at $x = y = 1$ steepest?

1-41. For what values of a are the vectors $\mathbf{A} = 2a\mathbf{i} - 2\mathbf{j} + a\mathbf{k}$ and $\mathbf{B} = a\mathbf{i} + 2a\mathbf{j} + 2\mathbf{k}$ perpendicular?

제 2 장

뉴턴 역학

2.1 서론

역학이라는 학문은 입자 및 입자계의 운동을 정확하게 모순 없이 기술하기 위한 것이다. 즉, 우리는 항상 물체 및 물체 집합의 운동을 수학적으로 기술하는 방법인 어떤 한 조의 물리 법칙을 발견하려고 시도하나, 그렇게 하기 위해서는 어떤 기본적인 개념, 즉 거리와 시간 같은 개념을 도입할 필요가 있다. 거리와 시간의 개념을 조합하면 입자의 **속도**(velocity)와 **가속도**(acceleration)를 정의할 수 있으나, 제3의 기본적인 개념인 **질량**(mass)에 관해서는 우리가 뉴턴의 법칙을 설명할 때 그것과 관련해서 약간 정성을 들여 논의할 필요가 있다.

다음에 우리가 도입할 물리 법칙은 실험적 사실을 기초로 한 것이어야 한다. 예를 들면 두 물체 사이에 작용하는 중력에 의한 인력도, 그것이 물체 사이 거리의 역제곱에 정확히 비례해서 변화해야 한다고 미리 알 수는 없다. 그러나 실험에서는 그렇게 되어 있다. 그래서 일단 일련의 실험 데이터의 상호 관계에서, 그 실험의 대상이 되는 현상에 관해서 가정이 공식화되면, 그 가정에 포함되는 여러 가지 사항은 모두 끌어낼 수 있다. 만일 이 가정들이 실험으로 증명되면, 그 가정은 일반적으로 옳다고 믿는 이유가 되고, 그 때문에 그 가정은 일단 **물리 법칙**(physical law)의 지위를 얻게 된다. 그런데 만일 그 법칙에서의 예상이 몇몇 실험에서 맞지 않게 나타나면, 그 이론은 이미 알려진 모든 사실과 모순되지 않도록 수정되어야 한다.

뉴턴은 역학의 기본적인 법칙을 알려주었다. 그래서 우리는 이 법칙을 기술함과 동시에 그 의미를 논의하고, 여러 가지 상황에서 이 법칙을 유도한다.[1] 그러나 역학이라는 학문의 논리 구조가 간단하지 않다는 점을 주의하자. 뉴턴의 법칙을 설명하는 데 있어 여기서 이용한 논법이 유일한 것은 아니다.[2] 여기서는 역학의 철학적 측면을 상세히 논의하지 않고, 고전역학의 논의를 계속해갈 수 있도록 뉴턴의 법칙을 충분히 검토하기만 한다. 이 장에서는 단일 입자의 운동에 주의를 기울이고, 입자계는 9장과 11~13장에서 논의한다.

---

1) Truesdell(Tr68)은 레온하르트 오일러(Leonhard Euler, 1707~1783)가 뉴턴식 개념을 명확하게 하고 발전시켰다고 지적하고 있다. 오일러는 역학의 대부분을 지금의 형태로 옮겼고 역학을 간단하고 알기 쉬운 형태로 만들었다(p. 106).

2) 에른스트 마흐(Ernst Mach, 1838~1916)는 1883년에 처음으로 출판된 유명한 책 『Die Mechanic in ihrer Entwicklung historisch-kritisch dargestellt(The science of mechanics)』(Prague, 1883)에서 자기 견해를 밝히고 있다. 그 후에 나온 판의 번역본이 시중에 나와 있다(Ma60). R. B. Lindsay and H. Margeneau(Li36), N. Feather(Fe59)가 재미있는 논의를 제시했다.

2.2 뉴턴의 법칙

역학에 관한 뉴턴의 법칙을 간단히 기술하는 것부터 시작하자.[3)]

I. 외부에서 힘이 작용하지 않는 한, 물체는 정지 또는 일정한 운동을 계속한다.

II. 힘의 작용을 받은 물체는 그 운동량의 시간적 변화율이 받은 힘과 같도록 운동한다.

III. 두 물체가 서로 힘을 미칠 때 이 두 힘은 크기가 같고 방향이 반대이다.

이 법칙은 너무 잘 알려져 있어 오히려 물리 법칙으로서의 진짜 의미를 못 보기(도 하고 모르기도) 쉽다. 예를 들면 뉴턴의 제1법칙은 '힘'의 개념 없이는 의미가 없다. 사실 그것만을 따로 놓으면, 제1법칙은 힘이 0인 경우에만 바른 의미를 전하는 것이 되어 다음과 같이 말할 수 있다. 즉, 정지 또는 일정한(가속되지 않은 일직선의) 운동을 하고 있는 물체는 어떠한 힘도 받고 있지 않다. 이와 같은 상태의 물체를 **자유 물체**(free body, 또는 **자유 입자**(free particle))라고 한다. 일정한 운동을 측정하기 위한 기준이 되는 계에 관한 문제는 다음 절에서 논의한다.

아서 에딩턴(Arthur Eddington) 경[4)]은 뉴턴 제1법칙의 내용 부족을 지적하여, 다음과 같은 약간 익살맞은 기술을 하고 있다. 즉, 어떠한 입자도 정지 또는 일정한 직선 운동을 하지 않는 경우를 제외하면, 반드시 정지 또는 일정한 직선 운동을 하고 있다는 것이 제1법칙이 실제로 기술하고 있는 전부이다. 이와 같은 비평은 제1법칙의 표현을 통해서 꼭 무엇인가를 확실히 하려고 했던 뉴턴에 대해서 아주 공평하다고 말할 수는 없으나, 이것이 제1법칙 단독으로는 힘에 대한 정성적인 개념밖에 주지 않는다는 점을 강조하고 있다.

힘을 명백히 기술하고 있는 것은 제2법칙으로, 여기서는 힘을 운동량의 시간적 변화율과 관계짓고 있다. 그런데 **운동량**(momentum)은 뉴턴에 의해서(그는 운동의 양(quantity of motion)이라는 용어를 썼으나), 질량과 속도의 곱인

$$\mathbf{p} \equiv m\mathbf{v} \tag{2.1}$$

로 잘 정의되었다. 뉴턴의 제2법칙은 다음과 같이 표현된다.

$$\mathbf{F} = \frac{d\mathbf{p}}{dt} = \frac{d}{dt}(m\mathbf{v}) \tag{2.2}$$

---

3) 1687년 아이작 뉴턴(Isaac Newton, 1642~1727)이 저서 『Philosophiae naturalis principia mathematica(Mathematical principles of natural philosophy, 보통 Principia라고 불림)』(London, 1687)를 통해 발표했다. 그전에 갈릴레오(Galileo, 1564~1642)가 뉴턴의 제1법칙 및 제2법칙과 동등한 설명으로 자신의 수학적 실험 결과를 일반화했다. 그러나 갈릴레오는 뉴턴 제3법칙의 근원을 알지 못했기 때문에(즉, 힘의 정확한 의미가 결핍되었기 때문에) 역학을 완전히 기술할 수 없었다.

4) Sir Arthur Eddington(Ed30, p. 124)

힘의 정의는 '질량'이 정의되어야만 완전하고 정확해진다. 이와 같이 제1법칙과 제2법칙은 사실은 물리에서 보통 쓰고 있는 의미에서의 '법칙'이 아니고, 오히려 정의로 생각될 수 있다. 한편 뉴턴의 제3법칙은 실제 법칙이다. 이것은 현실의 물리 세계와 관련된 표현이고, 뉴턴의 운동 법칙에서 물리의 전부를 포함하고 있다.[5)]

그러나 제3법칙은 보편적인 자연법칙이 아니라는 점을 서둘러 덧붙여둔다. 왜냐하면 이 법칙은 한 개(점)의 물체가 다른(점) 물체에 미치는 힘이 그 사이를 잇는 직선의 방향을 향하는 경우에만 적용하기 때문이다. 이와 같은 힘을 **중심력**(central force)이라 하고, 제3법칙은 중심력이 인력이든 척력이든 성립한다. 중력과 정전기력은 중심력이므로, 뉴턴의 법칙은 이런 종류의 힘을 포함하는 문제에서도 사용한다. 또한 탄성력(이것은 사실 미시적인 정전기력의 거시적인 표현이다)도 중심력의 부류에 속한다. 예를 들어, 직선적인 용수철이나 고무줄로 이어진 두 개의 점 물체는 제3법칙을 따라서 힘을 받는다. 이에 대해서 상호작용하고 있는 물체의 속도에 의존하는 힘은 모두 비중심력의 부류에 속하고, 그 경우 제3법칙은 적용할 수 없다. 속도에 의존하는 힘은 유한한 속도로 전파하는 상호작용이 특징이다. 예를 들면 움직이고 있는 전하 사이의 힘은 빛의 속도로 전해지므로, 그런 힘은 제3법칙을 따르지 않는다. 움직이고 있는 물체 사이의 중력조차도 속도에 의존하나, 그 효과는 적고 검출하기가 곤란하다. 이 효과는 태양계 행성의 근일점의 세차 운동에서만 관측된다(8.9절 참조). 뉴턴의 제3법칙은 9장에서 다시 논의할 것이다.

제3법칙의 의미를 확실히 하기 위해 질량의 적절한 정의를 넣어서 다음과 같이 알기 쉽게 바꾸어 말하자.

III′. 두 개의 물체가 이상적인 고립계를 구성할 경우, 이 물체들의 가속도는 항상 방향이 반대이며 크기의 비가 일정하고 그 비는 물체 질량의 역 비와 같다.

이 표현에 의해서 우리는 질량을 실질적으로 정의하고, 뉴턴 역학의 골자를 이루는 방정식에 정확한 의미를 부여할 수가 있다. 지금 고립된 두 물체 1과 2를 생각하면, 제3법칙에 의해서

$$\mathbf{F}_1 = -\mathbf{F}_2 \tag{2.3}$$

인데, 제2법칙이 주는 힘의 법칙을 쓰면

$$\frac{d\mathbf{p}_1}{dt} = -\frac{d\mathbf{p}_2}{dt} \tag{2.4a}$$

가 된다. 또한 질량이 상수이므로

$$m_1\left(\frac{d\mathbf{v}_1}{dt}\right) = m_2\left(-\frac{d\mathbf{v}_2}{dt}\right) \tag{2.4b}$$

---

5) 여기서 말한 '제1법칙과 제2법칙은 실질적으로 정의이며 제3법칙이야말로 물리를 내포하고 있다'는 것이 유일하게 가능한 해석은 아니다. 예로서 Lindsay and Margenau(Li36)에 따르면 처음 두 개의 법칙이 물리 법칙이며 제3법칙은 결과로서 나온 것이다.

그런데 가속도는 속도의 시간 미분이므로, 위 식은

$$m_1(\mathbf{a}_1) = m_2(-\mathbf{a}_2) \tag{2.4c}$$

라고 쓰고, 따라서

$$\frac{m_2}{m_1} = -\frac{a_1}{a_2} \tag{2.5}$$

이 된다. 여기서 음부호는 두 가속도 벡터가 반대 방향일 때만 나타낸다.

예를 들면 m_1을 단위질량으로 취하고, 그것이 다른 물체와 상호작용할 경우의 가속도 비를 구하면 그 물체의 질량을 알 수 있다. 물론 가속도를 재는 데는 적당한 시계와 긴 자가 필요하고, 더욱 적당한 좌표계 또는 기준계도 선택할 필요가 있다. 적당한 기준계의 문제는 다음 절에서 논의한다.

물체의 질량을 정하는 방법 중 하나는, 예를 들어 천칭으로 그 무게를 표준 무게와 비교하는 것과 같이 무게를 재는 것이다. 이 방법은 중력장에서는 물체의 무게가 그 물체에 작용하는 중력과 같다는 사실을 이용하고 있고, 이 경우에 뉴턴의 방정식 $\mathbf{F} = m\mathbf{a}$는 $\mathbf{W} = m\mathbf{g}$가 된다. 여기서 $\mathbf{g}$는 중력가속도이다. 그래서 이 방법을 쓸 수 있는 것은 III′의 표현에 의해 정의된 뉴턴 방정식의 질량 m이 중력 방정식에 나타나는 질량 m과 같다는 기본적인 가정에 의한다. 이 두 질량은 각각 **관성 질량**(inertial mass)과 **중력 질량**(gravitational mass)이라 하며, 정의는 다음과 같다.

관성 질량: 주어진 힘이 작용한 경우에 물체의 가속도를 결정하는 질량
중력 질량: 어떤 물체와 다른 물체 사이에 작용하는 중력을 결정하는 질량

갈릴레오는 피사의 사탑 낙하 실험에서(아마도 만든 이야기일 것이다) 처음으로 관성 질량과 중력 질량이 같은지 다른지를 조사했으며, 뉴턴도 역시 이 문제를 생각해서 길이가 같고 추의 질량이 다른 진자의 주기를 측정했다. 어느 쪽의 경우도 두 질량 사이에 차이는 발견되지 않았으나 방법은 아주 조잡했다.[6] 그런데 1890년에 외트뵈슈(Eötvös)[7]는 관성과 중력의 두 질량이 등가인지 아닌지를 조사하기 위한 교묘한 방법을 생각해냈다. 그는 다른 물질로 만든 두 물체를 써서 지구 중력의 효과(즉, 무게)와 지구 회전에 의한 관성력의 효과를 비교했으나, 그 실험에서는 감도가 높은 비틀림 천칭을 사용하는 영점법(null method)이 채용되었으므로, 정확도는 상당히 높아졌다. 더욱 최근의 실험(특히 디케(Dicke)[8]의 실험)에서는 본질적으로는 같은 방법을 써서 좀 더 정확도를 높였으며, 현재 두 질량은 10^{-12} 정도의 범위에서 일

6) 뉴턴의 실험에서 관측된 차이는 천분의 1밖에 되지 않았다.

7) 롤란드 폰 외트뵈슈(Roland von Eötvös, 1848~1919)는 헝가리 태생이며, 중력 문제에 관한 그의 연구는 지질 연구에 이용되었던 중력계(gravimeter) 제작에 기여했다.

8) P. G. Roll, R. Krotkov and R. H. Dicke, Ann. Phys. (N.Y.) **26**, 442 (1964). Braginsky and Pavov, Sov. Phys.-JETP **34**, 463 (1972) 도 참조하라.

치한다는 사실이 명백해졌고, 이 결과는 일반 상대성 이론에서는 퍽 중요한 것이다.[9] 관성 질량과 중력 질량이 정확하게 같다는 주장을 **등가의 원리**(principle of equivalence)라고 한다.

그런데 뉴턴의 제3법칙은 두 물체가 고립계를 구성할 경우에 대해 기술하고 있다. 물론 그와 같은 이상적인 조건을 실현하는 것은 불가능하고 우주의 어떤 물체도 상호 간의 거리가 크면 상호작용의 힘이 아주 약해서 실제로는 생각할 필요도 없으나, 그래도 역시 다른 모든 물체와 상호작용을 하고 있다. 뉴턴은 그러한 외부의 영향에서 소기의 효과를 어떻게 선별하는지에 대해서는 언급하지 않았으나, 이것은 실제로는 곤란한 일로, 제3법칙에서 행한 뉴턴의 주장이 얼마나 무모했는지를 확실히 한다. 그러나 제한된 관찰에서 얻은 결론이 거의 300년 동안 실험에 의한 테스트에 견디었던 것은 오로지 그의 이해력과 물리적 통찰력의 깊이 덕택이다. 그래서 뉴턴 이론에서의 예상과 실제와의 차이를 보기 위해 충분히 정밀한 측정이 행해진 것은 금세기에 들어와서이다. 이 상세한 연구들에 의해 상대성 이론과 양자역학의 진전이 이루어졌다.[10]

뉴턴의 제3법칙에 대한 또 다른 해석은 운동량에 관한 개념에 입각하고 있다. 식 (2.4a)를 다시 쓰면

$$\frac{d}{dt}(\mathbf{p}_1 + \mathbf{p}_2) = 0$$

혹은

$$\mathbf{p}_1 + \mathbf{p}_2 = \text{상수} \tag{2.6}$$

가 된다. 두 입자의 고립된 상호작용에서는 운동량이 보존된다는 말은 더 일반적인 **선형 운동량 보존**(conservation of linear momentum)의 특별한 경우이다. 물리학자들은 보편적 보존 법칙을 소중하게 여기며 선형 운동량 보존은 항상 만족되어야 한다고 믿고 있다. 빛의 속도에 가까운 고속도에 대한 운동량 정의는 나중에 식 (2.1)을 수정할 것이다.

2.3 기준계

뉴턴은 운동의 법칙이 의미가 있으려면 물체의 운동을 재는 기준계를 선택해야 한다는 사실을 이해하고 있었다. 이러한 뉴턴의 법칙이 성립하는 기준계를 **관성계**(inertial frame)라고 한다. 그래서 외력의 작용을 받지 않는 물체가 일직선 위를 일정한 속도로 운동하는(또는 정지를 계속하는) 경우에, 이와 같은 사실이 성립하는 좌표계가 관성계이다. 이것은 명쾌한 사용상의 정의이고, 일반 상대성 이론의 정의에 따른

9) 예로서 P. G. Bergmann(Be46) 및 J. Weber(We61)의 논의를 참조하라. 웨버(Weber)의 책은 외트뵈시 실험에 대한 분석을 제공한다.

10) 2.8절도 참조하라.

것이기도 하다.

만일 지금 어떤 기준계에서 뉴턴의 법칙이 성립하면, 이 계에 대해서 (가속되지 않는) 일정한 운동을 하는 어떤 계에서도 그 법칙은 성립한다.[11] 이것은 운동 방정식 $\mathbf{F} = m\ddot{\mathbf{r}}$이 $\mathbf{r}$에 관해서 2차 시간 미분밖에 포함하지 않으므로, 일정한 속도로 좌표가 변환해도 방정식이 영향을 받지 않는다는 뜻이다. 그래서 이 결과를 **갈릴레이 불변성**(Galilean invariance) 또는 **뉴턴의 상대성 원리**(principle of Newtonian relativity)라고 한다.

상대성 이론은 절대 정지 및 절대 관성계의 개념은 의미가 없음을 보여주었다. 우리는 보통 항성(恒星)에 고정한 기준계를 관성계로 채용했고(그리고 확실히 그와 같은 계에 대해서 뉴턴의 방정식은 높은 정확도로 성립한다) 실제로 그와 같은 계는 절대 관성계가 아니다. 그러나 절대 관성계를 근사시켜서 얻을 수 있는 당면 목적에 충분한 관성계를 정의하기 위해 항성을 생각해보자.

항성 기준계는 편리하게 정의할 수 있는 계로 많은 목적에 알맞으나 관성계의 기본적인 정의만으로는 그 별이 움직이지 않는지 여부에 대해서는 아무것도 말할 수 없다는 사실을 확실히 해둘 필요가 있다. 즉, 어떤 좌표계 속을 힘의 작용을 받지 않은 물체가 일정한 속도로 움직이기만 하면, 정의에 의해 그 계는 관성계인 것이다. 현실의 물리적인 세계에서 물리적인 대상물의 운동을 정확히 기술하는 것은 도저히 불가능하므로, 항상 어느 정도의 이상화와 근사에 의존한다. 즉, 보통 물체의 운동에 중대한 영향을 주지 않는 한, 물체에 작용하는 작은 힘은 무시한다.

예를 들어 자유 입자의 운동을 기술하기 위해 좌표계가 어떤 좌표계 속에 있다고 하면, 입자 운동의 (벡터) 방정식은 좌표계의 원점 위치와 **공간**(space)에서의 좌표축 방향에 무관한 것이다. 그 위에 **시간**(time)도 균질한 것이다. 즉, 어떤 시간에 좌표계를 일정한 속도로 운동하는 자유 입자는 그것보다 나중 시간에 전과 다른 속도로 운동해서는 안 된다.

이 성질의 중요성을 다음 예에서 설명한다. 그림 2-1과 같이 경로 AC를 따라서 운동하는 자유 입자가 있고, 그 운동을 기술하기 위해 그곳에 보인 바와 같이 원점이 원 위를 움직이는 직교좌표계를 생각하자. 간단하게 하기 위해서 공간에서의 축의 방향은 일정하다고 하자. 만일 입자가 관성계에 대해서 속도 $\mathbf{v}_p$로 운동하고, 좌표계도 점 B에서 선속도 $\mathbf{v}_c$로 움직이는 경우에 $\mathbf{v}_c = \mathbf{v}_p$이면, 이 움직이는 좌표계 위의 관측자에게는 (A에서) 입자는 정지하고 있는 것처럼 보인다. 그런데 그 후 입자가 C로, 좌표계가 D로 이동했을 때 입자는 어떤 가속도로 관측자로부터 멀어지는 것 같이 보인다. 따라서 회전좌표계는 관성계로서의 자격이 없다고 결론지어야 한다.

그러나 위에 기술한 관찰로는 시간이 균일한지 여부를 결정하기에는 불충분하다. 그러한 결론에 도달하려면 여러 번 동일한 상황에서 측정을 반복해야 하고 동일한 결과가 얻어진다면 시간은 균일하다고 말할 수 있다.

---

11) 비관성계, 즉 하나의 관성계에 대해 가속되고 있는 계에서의 물체 운동을 기술하기 위해 뉴턴 방정식을 어떻게 수정해야 하는지는 10장에서 논의한다.

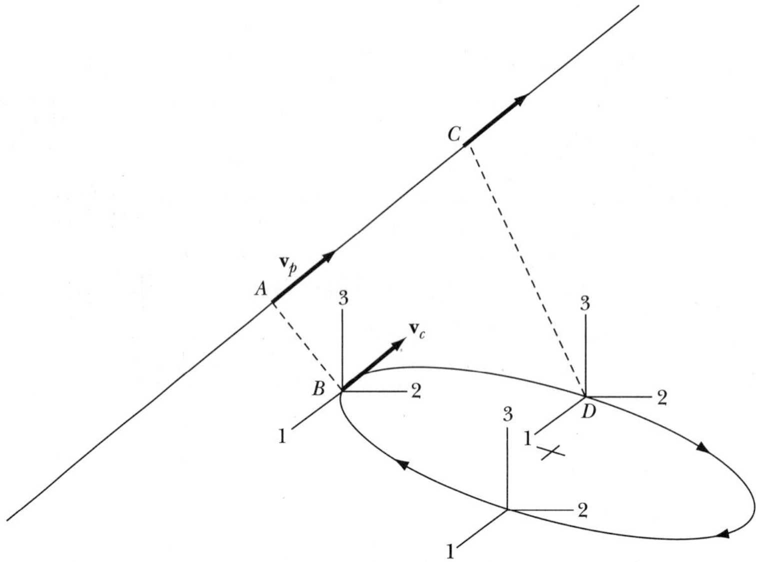

그림 2-1 원점이 원 위를 움직이는 직교좌표계에서 경로 AC를 따라서 움직이는 자유 입자의 경로를 기술한다. 그러한 좌표계는 관성기준계가 아니다.

뉴턴의 방정식은 비관성계에서의 물체 운동은 기술하지 않는다. 그러나 질점의 운동을 회전계에서 기술할 수 있다고 생각하고 그 결과 얻어지는 방정식은(10장에서 살펴보듯이) 단지 뉴턴의 방정식 $\mathbf{F} = m\mathbf{a}$ 에서는 나타나지 않는 몇 개의 항을 포함하고 있다. 그러나 여기서는 입자의 역학을 기술하는 데 있어 관성계만을 쓰도록 한다.

2.4 입자의 운동 방정식

뉴턴의 방정식 $\mathbf{F} = d\mathbf{p}/dt$는 질량 m이 시간에 따라 변하지 않으면,

$$\mathbf{F} = \frac{d}{dt}(m\mathbf{v}) = m\frac{d\mathbf{v}}{dt} = m\ddot{\mathbf{r}} \tag{2.7}$$

로 나타낼 수 있다. 이것은 $\mathbf{r} = \mathbf{r}(t)$에 대한 1차 미분 방정식으로 함수 $\mathbf{F}$를 알면 적분할 수 있다. 더욱이 $\mathbf{r}$과 $\dot{\mathbf{r}} = \mathbf{v}$의 초기값을 결정하면, 두 임의의 적분 상수가 정해진다. 따라서 힘 $\mathbf{F}$와 위치 $\mathbf{r}$, 속도 $\mathbf{v}$의 초기값으로 입자 운동을 결정하게 된다.

힘 $\mathbf{F}$는 위치, 속도, 시간의 함수일 수 있고 일반적으로 $\mathbf{F}(\mathbf{r}, \mathbf{v}, t)$ 같이 기술된다. 주어진 역학계에 대해, 보통 $\mathbf{r}$과 $\mathbf{v}$를 시간 함수로 알고 싶을 때 식 (2.7)을 풀면 그것이 가능하다. 식 (2.7)을 물리적 상황에 적용

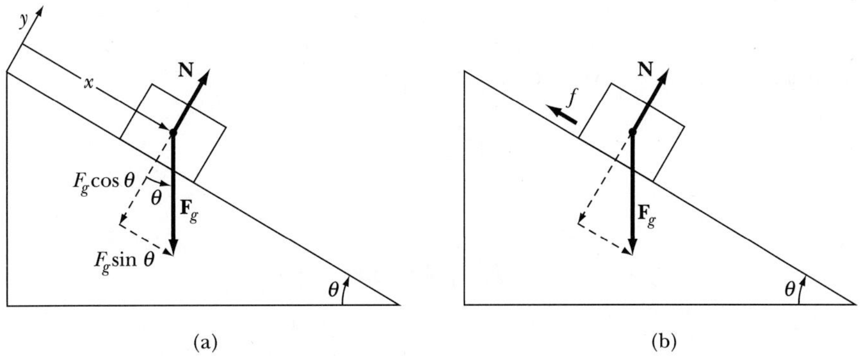

그림 2-2 예제 2.1과 예제 2.2

하는 것은 역학의 중요한 부분이다.

이 장에서 힘 함수가 알려져 있는 몇 개의 예를 검토한다. 기초 물리강의의 복습으로서 1차원 공간에서 단순한 힘 함수(**r**, **v**, t 중 하나에만 의존하든가 상수인 경우) 의 경우부터 살펴보자. 문제를 푸는 재미를 느끼는 것이 중요하다. 문제 풀이에 유효한 기술은 다음과 같다.

1. 힘, 속도 등을 확실히 하면서, 문제의 윤곽을 파악하라.
2. 주어진 물리량을 써보라.
3. 유효한 방정식과 무엇이 결정되어야 하는지 써보라.
4. 문제를 잘 기술하는 방정식은 찾아야 하는 양을 찾을 수 있도록 구축되어 있어야 한다. 대수, 미적분을 다룰 수 있어야 한다. 때때로 컴퓨터로 수치 계산을 하는 게 해를 얻는 가장 쉬운 방법인 경우도 있다.
5. 마지막으로, 찾아야 하는 양을 결정하기 위해 실제 값에 가상치를 놓아보라.

먼저 경사면을 미끄러져 가는 벽돌에 관한 문제를 생각해보자. 경사면 각도를 θ로 하고 벽돌의 질량을 100 g이라고 하자. 문제에 대한 상황은 그림 2-2a에 나타내었다.

예제 2.1

만약 벽돌이 마찰이 없는 경사각 $\theta = 30°$인 고정된 면을 미끄러져 내린다면 벽돌의 가속도는 얼마이겠는가?

풀이

만유인력 $\mathbf{F}_g$와 벽돌을 위 방향으로 당기는 면에 수직 방향의 힘 $\mathbf{N}$(이 예에서는 마찰이 없음), 이 두 가지 힘이 벽돌에 작용한다(그림 2-2a 참조). 벽돌은 면에 밀착되어 있고 움직일 수 있는 방향은 x방향이며, 면을 오르내릴 수만 있다. $+x$방향을 내려가는 쪽으로 택하면, 전체 힘 $\mathbf{F}_{\text{net}}$은 불변이므로 식 (2.7)은

$$\mathbf{F}_{\text{net}} = \mathbf{F}_g + \mathbf{N}$$

이 되는데, 이 힘 $\mathbf{F}_{\text{net}}$는 벽돌에 작용하는 실질적인 힘이므로

$$\mathbf{F}_{\text{net}} = m\ddot{\mathbf{r}}$$

혹은

$$\mathbf{F}_g + \mathbf{N} = m\ddot{\mathbf{r}} \tag{2.8}$$

이 된다.

이 벡터는 두 개의 방향, 즉 x와 y(x에 수직) 성분으로 나누어야 한다. y방향의 힘의 성분은 이 방향으로 가속도가 없기 때문에 0이다. 힘 $\mathbf{F}_g$를 x 성분과 y 성분의 벡터로 나눈다(그림 2-2a에서 점선). 식 (2.8)은

y방향:

$$-F_g \cos\theta + N = 0 \tag{2.9}$$

x방향:

$$F_g \sin\theta = m\ddot{x} \tag{2.10}$$

가 되어, 결국은

$$\ddot{x} = \frac{F_g}{m}\sin\theta = \frac{mg\sin\theta}{m} = g\sin\theta$$
$$\ddot{x} = g\sin(30°) = \frac{g}{2} = 4.9\ \text{m/s}^2 \tag{2.11}$$

같이 얻어진다. 따라서 벽돌의 가속도는 상수이다.

벽돌이 거리 x_0에서 정지 상태로 경사를 미끄러져 내려온다면 그 속도를 식 (2.11)에 $2\dot{x}$를 곱하고 적분함으로써 구할 수 있다. 즉,

$$2\dot{x}\ddot{x} = 2\dot{x}g\sin\theta$$
$$\frac{d}{dt}(\dot{x}^2) = 2g\sin\theta\frac{dx}{dt}$$
$$\int_0^{v_0^2} d(\dot{x}^2) = 2g\sin\theta\int_0^{x_0} dx$$

$t = 0$에서 $x = \dot{x} = 0$, $t = t_{\text{final}}$일 때, $x = x_0$, $\dot{x} = v_0$이므로

$$v_0^2 = 2g\sin\theta\, x_0$$
$$v_0 = \sqrt{2g\sin\theta\, x_0}$$

예제 2.2

앞의 문제에서 벽돌과 면 사이에 정지마찰계수 $\mu_s = 0.4$가 있다면, 벽돌이 정지 상태에서 미끄러지기 시작할 때의 경사각 θ는 얼마인가?

풀이

마찰력 f가 추가로 표시된 새로운 그림이 필요하다(그림 2-2b). 정지마찰력의 근사적 최대값은

$$f_{\max} = \mu_s N \tag{2.12}$$

이며, 식 (2.7)은 성분별로 다음과 같이 쓸 수 있다.

y방향:

$$-F_g \cos\theta + N = 0 \tag{2.13}$$

x방향:

$$-f_s + F_g \sin\theta = m\ddot{x} \tag{2.14}$$

$\ddot{x} = 0$, 즉 벽돌을 정지 상태로 유지하기 위해 요구되는 정지마찰력 f_s는 $f_s \le f_{\max}$를 만족시키는 어딘가에 있다. 그러나 θ가 증가함에 따라 정지마찰력은 이제 벽돌을 정지 상태로 유지하지 못하게 될 것이다. 그 각도를 θ'라 하면, f_s는

$$f_s(\theta = \theta') = f_{\max} = \mu_s N = \mu_s F_g \cos\theta$$

가 되며, 또한

$$\begin{aligned} m\ddot{x} &= F_g \sin\theta - f_{max} \\ m\ddot{x} &= F_g \sin\theta - \mu_s F_g \cos\theta \\ \ddot{x} &= g(\sin\theta - \mu_s \cos\theta) \end{aligned} \tag{2.15}$$

를 얻는다. 벽돌이 미끄러지기 직전에 가속도가 $\ddot{x} = 0$이므로

$$\begin{aligned} \sin\theta - \mu_s \cos\theta &= 0 \\ \tan\theta = \mu_s &= 0.4 \\ \theta = \tan^{-1}(0.4) &= 22^\circ \end{aligned}$$

예제 2.3

앞의 예제에서 벽돌이 미끄러지기 시작한 후 운동마찰이 작용하여 그 계수가 $\mu_k = 0.3$일 때, 각도 $\theta =$

30°인 경우의 가속도를 구하라.

풀이

예제 2.2와 유사하게 운동마찰은(근사적으로)

$$f_k = \mu_k N = \mu_k F_g \cos\theta \tag{2.16}$$

가 된다. 따라서

$$m\ddot{x} = F_g \sin\theta - f_k = mg\,(\sin\theta - \mu_k \cos\theta) \tag{2.17}$$

$$\ddot{x} = g\,(\sin\theta - \mu_k \cos\theta) = 0.24\,g \tag{2.18}$$

일반적으로 정지마찰력($f_{\max} = \mu_s N$)은 운동마찰력($f_k = \mu_k N$)보다 크다. 이것은 간단한 실험에서 관찰할 수 있다. 만약 각도 θ를 16.7° 이하로 낮추면 $\ddot{x} < 0$가 되므로 결과적으로 벽돌은 정지한다. 만약 각도 θ를 16.7° 이상으로 올리면 벽돌은 $\theta \geq 22°$가 될 때까지 움직이지 않는다(예제 2.2). 정지마찰이 언제 다시 벽돌이 움직이는가를 결정한다. μ_s와 μ_k 간의 차이 때문에 벽돌이 움직이기 시작할 때 비연속적인 가속도는 없다. 속도가 아주 작을 경우 마찰계수는 μ_s로부터 μ_k로 아주 빠르게 변한다.

마찰은 아직도 흥미롭고 중요한 연구과제이며, 놀라운 일들이 아직도 있다. 예를 들면 마찰력의 절대치를 $f = \mu N$으로 계산하지만, 연구에 의하면 마찰력은 무게에 비례하는 것이 아니라 두 물체가 접적하고 있는 미시적 면적에 직접 비례한다(왜냐하면 확실하게 접적하고 있는 면에 대항하기 때문이다). N이 커지면 실질적인 접적면이 미시적 단계에서 커지기 때문에 μN을 근사적으로 사용한다. 1940년대 이전 수백 년 동안 면이 아니라 무게가 직접 관여한다고 알려져 있었다. 또한 두 물체 사이의 원자 결합이 운동 상태에서 진행할 시간이 별로 없기 때문에 정지마찰이 운동마찰보다 크다고 믿어진다.

방해력의 효과

식 (2.7)에서 **F**는 반드시 일정할 필요는 없고, 실제로는 몇 개의 다른 부분으로 성립해도 좋다. 예를 들면 입자가 일정한 중력장 속을 낙하할 경우에 중력은 $\mathbf{F}_g = m\mathbf{g}$($\mathbf{g}$는 중력가속도)이나, 만일 순간 속도의 어떤 함수인 저항력 $\mathbf{F}_r$이 존재하면 전체의 힘은

$$\begin{aligned}\mathbf{F} &= \mathbf{F}_g + \mathbf{F}_r \\ &= m\mathbf{g} + \mathbf{F}_r(v)\end{aligned} \tag{2.19}$$

가 된다. 대개 $\mathbf{F}_r(v)$는 단지 속도의 몇 승에 비례한다고 생각하면 충분하나, 실제 저항력은 일반적으로 더 복잡하다. 그러나 속도가 그다지 변하지 않을 경우에는 멱지수 근사가 유용하고(더욱 중요한 점은 만일 $F_r \propto v^n$이면 운동 방정식은 보통 직접 적분할 수 있으나, 실제의 속도 의존성을 그대로 쓴다면 아마도 수치 적분이 필요하다는 것이다), 이와 같은 경우에는 근사에 의해

$$\mathbf{F} = m\mathbf{g} - mkv^n \frac{\mathbf{v}}{v} \tag{2.20}$$

로 쓸 수 있다. 여기서 k는 저항의 세기를 나타내는 양의 상수로, $\mathbf{v}/v$는 $\mathbf{v}$의 방향인 단위벡터이다. 실험적으로는 공기 속을 운동하는 비교적 작은 물체에 대해서, 속도가 약 24 m/s보다 작은 경우에 $n \cong 1$로, 이것보다 크고 음속(~330 m/s)보다 작은 경우에 저항은 대략 속도의 제곱에 비례한다.[12] 간단히 하기 위

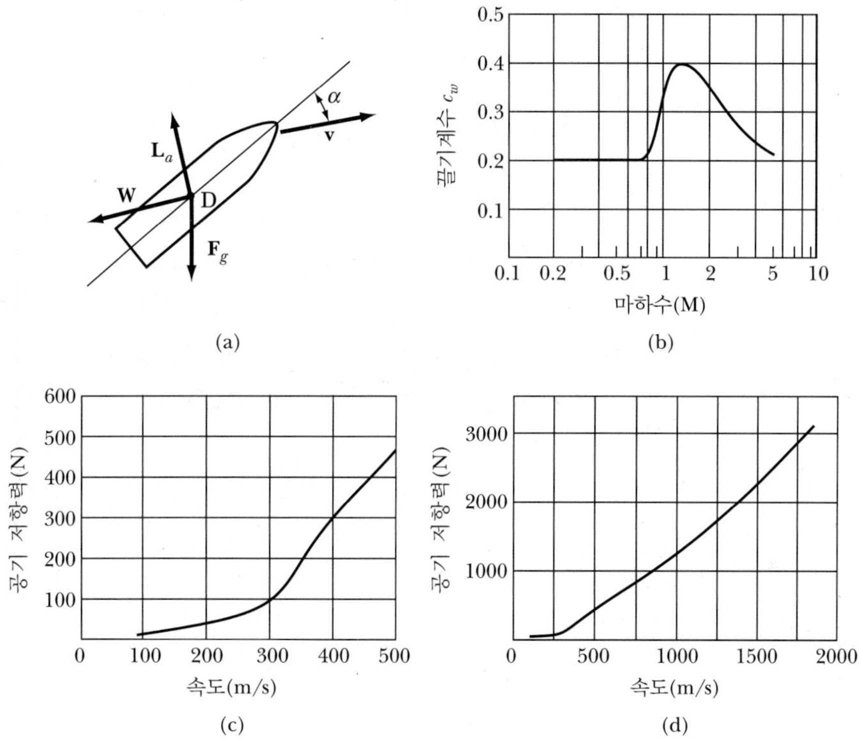

그림 2-3 (a) 입사체에 작용하는 공기역학적 힘. **W**는 항력(공기의 저항력)이며, 입사체의 속도 **v**와 반대 방향이다. **v**는 입사체의 대칭축으로부터 각도 α방향임을 주목하라. 항력에 수직 방향으로 작용하는 힘의 성분을 올림힘(lift) $\mathbf{L}_a$라고 한다. 점 D는 압력의 중심이고, 마지막으로 중력 $\mathbf{F}_g$는 밑으로 작용한다. 만약 압력의 중심이 입사체의 질량중심에 있지 않으면 질량중심에 토크가 작용한다. (b) 라인메탈(Rheinmetall) 저항 법칙(Rh82)으로 얻어진 항력계수(c_W)가 마하수 M의 함수로 그려져 있다. 음속, 즉 M = 1 부근에서 큰 변화가 있다는 점에 주목하라. (c) 공기 저항력 W(항력)는 지름이 10 cm인 입사체에 대해 속도 함수로 그렸다. 음속 부근의 변화에 주목할 필요가 있다. (d) (c)와 같으나 더 큰 속도일 때이다.

---

12) 속도 혹은 속도의 제곱(혹은 이 두 개의 혼합)에 비례하는 저항력이 있는 매질 속에서의 입자 운동은 뉴턴이 자신의 저서 『Principia』(1687)에서 검토했다. 속도의 지수에 비례하는 경우로 확장한 사람은 요한 베르누이(Johann Bernoulli)로, 이때가 1711년이었다. 저항에 관한 스토크스 법칙(Stokes' law of resistance)이란 단어는 때때로 속도에 비례하는 저항력에 적용된다. 뉴턴의 저항 법칙은 속도의 제곱에 비례하는 방해력을 말한다.

해, v^2 의존성은 보통 음속까지의 속도에 적용된다.

공기 저항의 영향은 상대방에 스매싱된 탁구공, 장외로 높이 날아간 소프트볼 공, 골퍼의 칩샷, 적에게 쏘아 올린 박격포 등에서 중요하다. 다양한 속도의 포탄 탄도가 비행시간의 함수로 상세히 표로 만들어져 있다. 포탄의 비행 중 실제로 여러 개의 힘이 작용하는데 공기 저항을 끌기(drag) **W**라고 하며, 그림 2-3a에 나타낸 바와 같이 포탄 속도와 반대 방향이다. 속도 **v**는 보통 포탄의 대칭축 방향이 아니다. 끌기에 수직으로 작용하는 힘의 성분은 올리기(lift) $\mathbf{L}_a$라고 한다. 그 밖에도 포탄의 자전이나 진동에 의한 여러 가지 힘이 있을 수 있다. 그래서 포탄의 탄도 계산은 대단히 복잡하다. 공기 저항에 대한 프란들(Prandtl) 표기[13]는 다음과 같다.

$$W = \frac{1}{2} c_W \rho A v^2 \tag{2.21}$$

여기서 c_W는 차원이 없는 끌기계수, ρ는 공기 밀도, v는 속도, A는 속도에 수직으로 측정된 물체(포탄)의 단면적에 해당하는 면적이다. 그림 2-3b에 c_W의 전형적인 값을 나타내었고, 그림 2-3c와 2-3d에는 지름이 10 cm인 포탄의 c_W 값을 이용하여 식 (2.21)로 계산한 공기 저항 W를 나타내었다. 공기 저항은 음속 근처에서 극적으로 증가한다(마하수 M = 속도/음속). 약 400 m/s 이하에서 적어도 2차적 방정식이 저항력을 포함하고 있어야 한다는 사실은 분명하다. 더 빠른 속도인 경우 방해력(retarding force)은 대략 속도와 비례하여 변한다.

각종 힘에 의한 입자 운동의 예를 아래에 기술한다. 이 예는 시중에 나와 있는 컴퓨터 프로그램이나 학생들이 작성한 프로그램을 이용하여 컴퓨터 계산을 시도할 때 특히 유용할 것이다. 컴퓨터 계산 결과, 특히 도표들은 여기에 나타낸 해석학적 결과와 비교할 수 있다. 이 절에서 보여준 일부 그림은 컴퓨터로 얻은 것이고, 조교나 학생들이 원한다면 장 끝에 있는 연습문제들을 학생들의 컴퓨터로 풀어볼 수 있다.

예제 2.4

저항하에서의 입자 운동에 대한 가장 간단한 예로서 속도에 비례하는 감쇠력을 나타내는 매질 속에서 수평 운동의 전위와 속도를 구하라.

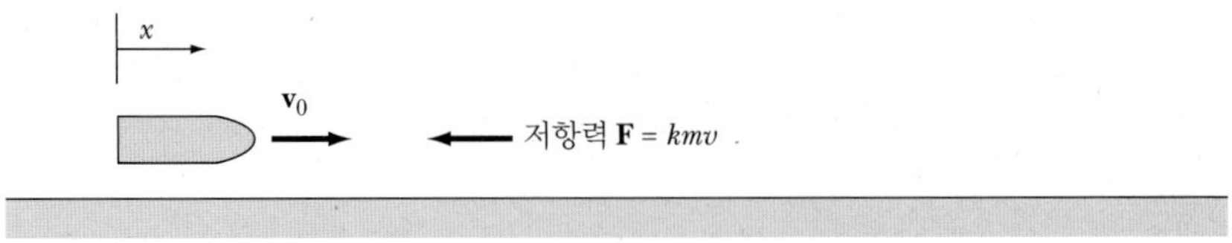

그림 2-4 예제 2.4

13) 『Handbook on Weaponry』에 나와 있는 E. Melchior와 M. Reuschel의 논문(Rh82, p. 137)을 참조하라.

풀이

문제 개념도는 그림 2-4에 나타내었다. 뉴턴의 방정식 $F = ma$를 쓰면, 다음과 같은 운동 방정식을 얻는다.

$$ma = m\frac{dv}{dt} = -kmv \tag{2.22}$$

여기서 kmv는 저항력의 크기이다(k = 일정). 이 형식은 저항력이 질량 m에 의존한다는 뜻이 아니고, 다만 수학적으로 쉽게 풀려는 것이다. 그러면 이것에서

$$\begin{aligned}\int\frac{dv}{v} &= -k\int dt \\ \ln v &= -kt + C_1\end{aligned} \tag{2.23}$$

을 얻는다. 식 (2.23)의 적분 상수는 초기 조건 $v(t=0) \equiv v_0$를 주면 계산할 수 있어서, $C_1 = \ln v_0$가 되므로

$$v = v_0 e^{-kt} \tag{2.24}$$

가 된다. 더욱이 변위 x를 시간의 함수로 구하기 위해 이 식을 적분하면

$$v = \frac{dx}{dt} = v_0 e^{-kt}$$

$$x = v_0\int e^{-kt}dt = -\frac{v_0}{k}e^{-kt} + C_2 \tag{2.25a}$$

가 얻어지며, 초기 조건 $x(t=0) \equiv 0$으로부터 $C_2 = v_0/k$가 되므로

$$x = \frac{v_0}{k}(1 - e^{-kt}) \tag{2.25b}$$

을 얻는다. 이 결과는 $t \to \infty$의 경우에, x가 점근적으로 v_0/k에 가까워짐을 보여준다.

또한 다음과 같이 쓰면 속도를 변위의 함수로 구할 수 있다.

$$\frac{dv}{dx} = \frac{dv}{dt}\frac{dt}{dx} = \frac{dv}{dt}\cdot\frac{1}{v}$$

따라서

$$v\frac{dv}{dx} = \frac{dv}{dt} = -kv$$

또는

$$\frac{dv}{dx} = -k$$

가 되고, 이 식에서 조금 전과 같은 초기 조건을 써서

$$v = v_0 - kx \tag{2.26}$$

를 얻는다.

즉, 속도는 변위에 비례해서 감소한다.

예제 2.5

속도에 비례하는 감쇠력을 가진 매질 속에서 수직 운동을 하는 입자의 변위와 속도를 구하라.

풀이

일정한 중력장 속에서 높이 h로부터 초기 속도 v_0로 아래로 떨어지는 입자를 생각하자(그림 2-5). 운동 방정식은 다음과 같다.

z방향:

$$F = m\frac{dv}{dt} = -mg - kmv \tag{2.27}$$

단, z와 $v = \dot{z}$는 위 방향이 양이고, 운동은 아래 방향이므로, $-kmv$는 위 방향의 힘을 나타낸다. 즉, $v < 0$이므로 $-kmv > 0$이 된다. 그래서 식 (2.27)에서

$$\frac{dv}{kv + g} = -dt \tag{2.28}$$

가 되고, 이를 적분해서 $v(t = 0) \equiv v_0$로 놓으면($v_0 < 0$임에 주의하라)

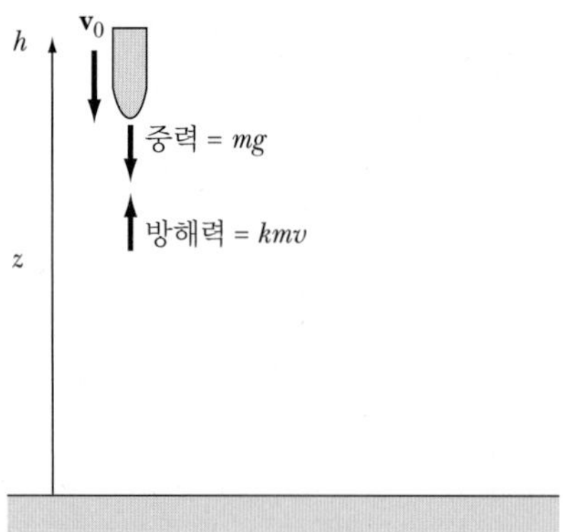

그림 2-5 예제 2.5

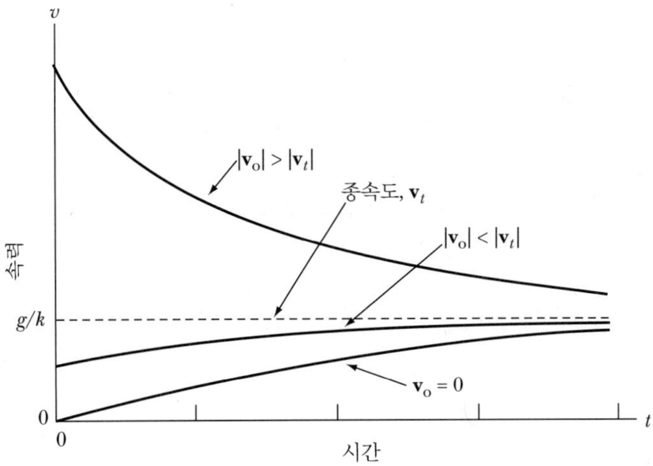

그림 2-6 초기 속력 $|\mathbf{v}_0|$이 종속도에 가까워질 때에 여러 초기 속력 값에 대해 아래로 떨어지는 속력의 변화를 나타내는 예제 2.5의 결과

$$\frac{1}{k}\ln(kv + g) = -t + c$$

$$kv + g = e^{-kt+kc}$$

$$v = \frac{dz}{dt} = -\frac{g}{k} + \frac{kv_0 + g}{k}e^{-kt} \tag{2.29}$$

다시 한 번 적분하고, $z(t = 0) \equiv h$로 놓으면 다음을 얻는다.

$$z = h - \frac{gt}{k} + \frac{kv_0 + g}{k^2}(1 - e^{-kt}) \tag{2.30}$$

식 (2.29)는 상당히 긴 시간이 지나면 속도가 극한값 $-g/k$에 가까워짐을 보여준다. 이 속도를 **종속도** (terminal velocity) v_t라 한다. 또한 $v = -g/k$일 때는 힘이 0이 되고, 가속도도 없어지므로 결국 식 (2.27)에서도 같은 결과를 얻는 것에 주의하라. 그러나 만일 초기 속도의 절대값이 종속도의 절대값을 넘으면 물체는 즉시 감속하기 시작하고, 속도 v는 반대 방향으로부터 종속도에 접근한다. 그림 2-6은 하강 속력(양의 값)에 대해 이 결과들을 나타내고 있다.

예제 2.6

다음은 2차원에서의 발사체 운동인데, 우선 공기 저항이 없을 때를 가정하자. 발사체의 포구에서의 속도를 v_0, 앙각을 θ로 잡아(그림 2-7) 발사체의 변위, 속도, 도달거리를 구하라.

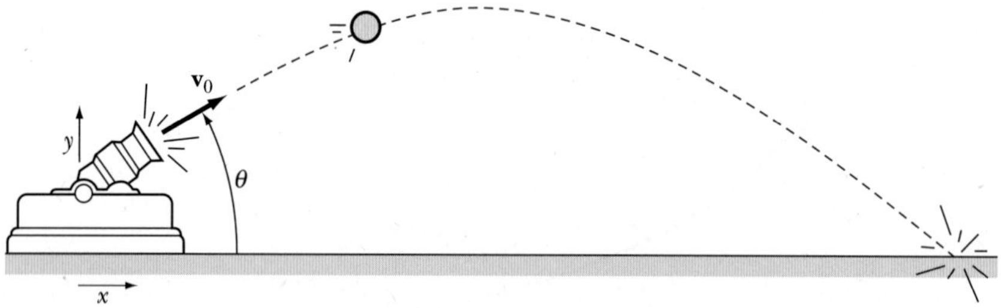

그림 2-7 예제 2.6

풀이

식 $\mathbf{F} = m\mathbf{g}$를 사용하면 힘의 성분은 다음과 같다.

x방향:

$$0 = m\ddot{x} \tag{2.31a}$$

y방향:

$$-mg = m\ddot{y} \tag{2.31b}$$

총의 높이를 무시하고 $t = 0$에서 $x = y = 0$을 가정하면

$$\begin{aligned} \ddot{x} &= 0 \\ \dot{x} &= v_0 \cos\theta \\ x &= v_0 t \cos\theta \end{aligned} \tag{2.32}$$

그리고

$$\begin{aligned} \ddot{y} &= -g \\ \dot{y} &= -gt + v_0 \sin\theta \\ y &= \frac{-gt^2}{2} + v_0 t \sin\theta \end{aligned} \tag{2.33}$$

시간 함수로서의 속력과 총 변위는

$$\sqrt{\dot{x}^2 + \dot{y}^2} = (v_0^2 + g^2t^2 - 2v_0 gt\sin\theta)^{1/2} \tag{2.34}$$

그리고

$$\sqrt{x^2 + y^2} = \left(v_0^2 t^2 + \frac{g^2 t^4}{4} - v_0 g t^3 \sin\theta \right)^{1/2} \tag{2.35}$$

도달거리는 발사체가 땅에 떨어질 때, 즉 $y = 0$일 때 x 값으로 얻어진다.

$$y = t\left(\frac{-gt}{2} + v_0 \sin\theta \right) = 0 \tag{2.36}$$

해의 하나는 $t = 0$인 경우 $y = 0$이며, 또 하나는 $t = T$일 때

$$\frac{-gT}{2} + v_0 \sin\theta = 0 \tag{2.37}$$

도달거리는

$$x(t = T) = \text{도달거리} = \frac{2v_0^2}{g} \sin\theta \cos\theta \tag{2.38}$$

$$R = \text{도달거리} = \frac{v_0^2}{g} \sin 2\theta \tag{2.39}$$

같이 얻어진다. $\theta = 45°$일 때 최대 도달거리가 되는 점에 주목하라.

이 계산에 실질적인 수치를 넣어보자. 제1차 세계대전 때 독일군이 베르타포(Big Bertha)라는 장거리 대포를 파리를 공격하는 데 사용했다. 그 포구에서의 속도는 1,450 m/s였다. $\theta = 55°$일 때 그 포탄의 예상되는 도달거리, 최고 높이, 비행시간을 구하자. 식 (2.39)로부터 도달거리는

$$R = \frac{(1450 \text{ m/s})^2}{9.8 \text{ m/s}^2}[\sin(110°)] = 202 \text{ km}$$

가 된다. 베르타포의 실제 도달거리는 120 km였다. 그 차이는 공기 저항의 실질적인 영향에서 온 것이다.

최고 예상 높이를 구하려면 포탄의 비행시간 T의 반, 즉 $T/2$일 때의 y 값을 계산해야 한다.

$$T = \frac{(2)(1450 \text{ m/s})(\sin 55°)}{9.8 \text{ m/s}^2} = 242 \text{ s}$$

$$\begin{aligned} y_{\max}\left(t = \frac{T}{2}\right) &= \frac{-gT^2}{8} + \frac{v_0 T}{2} \sin\theta \\ &= \frac{-(9.8 \text{ m/s})(242 \text{ s})^2}{8} + \frac{(1450 \text{ m/s})(242 \text{ s}) \sin(55°)}{2} \\ &= 72 \text{ km} \end{aligned}$$

예제 2.7

이번에는 예제 2.6에서 공기 저항을 고려해보자. 공기 저항에 의한 힘이 포탄속도에 똑바로 비례한다고 가정할 때 도달거리의 감소를 계산하라.

풀이

초기 조건은 예제 2.6과 같다.

$$\left.\begin{aligned} x(t=0) &= 0 = y(t=0) \\ \dot{x}(t=0) &= v_0 \cos\theta \equiv U \\ \dot{y}(t=0) &= v_0 \sin\theta \equiv V \end{aligned}\right\} \tag{2.40}$$

하지만 운동 방정식인 식 (2.31)은

$$m\ddot{x} = -km\dot{x} \tag{2.41}$$

$$m\ddot{y} = -km\dot{y} - mg \tag{2.42}$$

같이 되고, 식 (2.41)은 예제 2.4에서 사용한 것과 똑같다. 즉,

$$x = \frac{U}{k}(1 - e^{-kt}) \tag{2.43}$$

마찬가지로 식 (2.42)는 예제 2.5에서의 운동 방정식과 같고, 다만 그 해에 $h = 0$으로 놓으면 된다. 예제 2.5에서 물체를 아래 방향으로 던진 것은 개의치 않아도 좋다. 이것은 초기 속도의 부호로 자동적으로 고려되고 있다. 따라서

$$y = -\frac{gt}{k} + \frac{kV + g}{k^2}(1 - e^{-kt}) \tag{2.44}$$

여러 가지 방해력 상수 k 값에 대한 포탄의 비행 궤도를 그림 2-8에 나타내었다.

그런데 도달거리 R'를 구할 때는 먼저 전체 비행시간 T를 계산하고 이것을 x에 관한 식 (2.43)에 대입하면 되나, 비행시간 T는 궤도의 끝에서 $y = 0$일 때 $t = T$임에 주의하면 얻어진다. 즉, 식 (2.44)에서

$$T = \frac{kV + g}{gk}(1 - e^{-kT}) \tag{2.45}$$

가 된다. 이것은 초월 방정식이므로 T의 해석적인 해는 얻을 수 없다. 그러나 이러한 문제를 푸는 강력한 방법이 아직 있다. 그런 방법 두 개를 여기에 소개한다. (1) 근사해를 구하기 위한 섭동 방법(perturbation method)과 (2) 원하는 대로 정확하게 할 수 있는 수치 계산법(numerical method)이다. 결과를 비교해 보자.

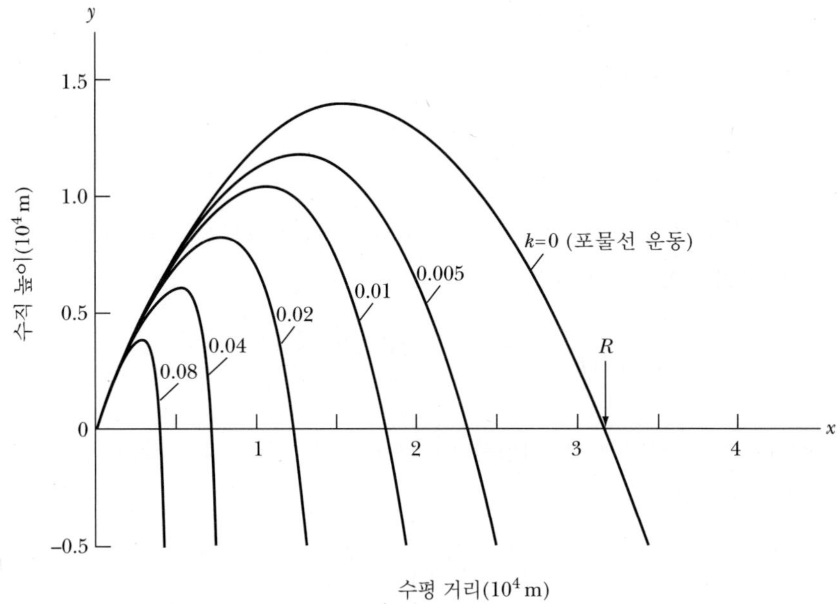

그림 2-8 k의 여러 값(s^{-1} 단위)에 대한 공기 저항($F_{res} = -kmv$) 속의 포탄 궤도. $\theta = 60°$, $v_0 = 600$ m/s인 경우를 계산. y 값(식 (2.44))을 x 값(식 (2.43))에 대해 그렸다.

섭동 방법 섭동 방법을 사용하기 위해서는 보통 작은 전개 매개변수 혹은 상호작용 상수를 찾아야 한다. 지금은 방해력 상수 k가 이런 매개변수가 된다. $k = 0$인 경우는 이미 문제를 풀었으므로 이제 k 값이 작을 때의 방해력을 살펴보자. 따라서 식 (2.45)의 지수항을 k^n 급수로 전개하고(부록 D의 (식 D.34) 참조) 낮은 항만을 고려한다. 여기서 k가 전개 매개변수이다.

$$T = \frac{kV + g}{gk}\left(kT - \frac{1}{2}k^2T^2 + \frac{1}{6}k^3T^3 - \cdots\right) \tag{2.46}$$

만약 k^3 항까지만 고려하고, 다시 쓰면 다음과 같다.

$$T = \frac{2V/g}{1 + kV/g} + \frac{1}{3}kT^2 \tag{2.47}$$

우변 제1항의 분모에 전개 매개변수 k가 있어서 이것을 지수 급수로 전개할 필요가 있다(테일러 급수, 부록 D의 식 (D.8) 참조).

$$\frac{1}{1 + kV/g} = 1 - (kV/g) + (kV/g)^2 - \cdots \tag{2.48}$$

식 (2.47)에서 k에 관한 1승 항만을 갖고 있어서 여기서는 k^2 항까지만 썼다. 식 (2.48)을 식 (2.47)의 제 1항에 대입하고 k의 1승만 고려하면

$$T = \frac{2V}{g} + \left(\frac{T^2}{3} - \frac{2V^2}{g^2}\right)k + O(k^2) \tag{2.49}$$

여기서 $O(k^2)$은 무시한다. 즉, k^2승 및 그보다 높은 지수항은 무시한다. $k \to 0$ 극한(공기 저항이 없음)에서 식 (2.49)는 위의 예와 동일한 결과를 준다.

$$T(k = 0) = T_0 = \frac{2V}{g} = \frac{2v_0 \sin\theta}{g}$$

따라서 k 값이 작으면(그러나 0은 아니다) 비행시간은 근사적으로 T_0와 같다. 그래서 식 (2.49)의 우변에서 근사적으로 $T = T_0$로 놓으면

$$T \cong \frac{2V}{g}\left(1 - \frac{kV}{3g}\right) \tag{2.50}$$

가 되며, 이것이 비행시간에 대한 원하는 근사적 표현이다.

다음에 x의 식 (2.43)을 전개하면

$$x = \frac{U}{k}\left(kt - \frac{1}{2}k^2t^2 + \frac{1}{6}k^3t^3 - \cdots\right) \tag{2.51}$$

를 얻고, $x(t = T) \equiv R'$이므로 도달거리는 근사적으로

$$R' \cong U\left(T - \frac{1}{2}kT^2\right) \tag{2.52}$$

이 된다. 여기서 식 (2.50)에서 얻어진 T의 값을 써서 이것을 새로 쓴다. 즉, k의 1차 항만을 남기면

$$R' \cong \frac{2UV}{g}\left(1 - \frac{4kV}{3g}\right) \tag{2.53}$$

가 된다. 그런데 $2UV/g$는(식 (2.40)을 써서)

$$\frac{2UV}{g} = \frac{2v_0^2}{g}\sin\theta\cos\theta = \frac{v_0^2}{g}\sin 2\theta = R \tag{2.54}$$

로 쓸 수 있으나, 이것은 공기 저항을 무시할 수 있는 경우 발사체의 도달거리 R이므로 결국

$$R' \cong R\left(1 - \frac{4kV}{3g}\right) \tag{2.55}$$

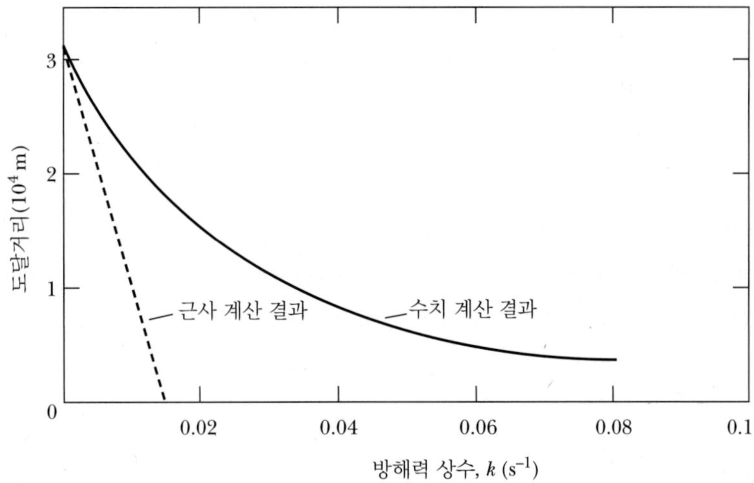

그림 2-9 그림 2-8에 주어진 발사체 데이터를 근사적으로, 또한 수치 계산한 도달거리를 방해력 상수 k의 함수로 그린 그래프

가 된다. 이 근사법이 k의 어떤 범위까지 맞는가? 식 (2.48)의 전개를 보면, $kV/g < 1$ 혹은 $k < g/V$가 아니면 그 급수는 수렴하지 않는다. 즉, 실제로 $k \ll g/V = g/(v_0 \sin\theta)$인 경우가 좋다.

수치 계산법 식 (2.45)는 컴퓨터를 사용하여 여러 가지 방법으로 수치적으로 풀 수 있다. $T_i(k_i)$에서 k에 대한 0.08 s^{-1}까지의 여러 값을 택하여 T에 관한 방정식을 푸는 루프(loop)를 만든다. 그림 2-9에 나타낸 것처럼 R_i' 값을 얻기 위해 T_i 및 k_i 값을 식 (2.43)에 대입한다. 도달거리 R은 기대한 대로 공기 저항이 커짐에 따라 급속히 떨어진다. 그러나 식 (2.55)의 근사법에 의한 결과가 나타낸 직선과 다르다.

그림 2-8과 그림 2-9에 나타낸 발사체에 대해 선형근사는 k 값이 0.01 s^{-1} 정도 낮아지면 정확하지 않고 0.014 s^{-1}보다 큰 k 값에 대해 도달거리가 '0'이란 틀린 답을 준다. 근사법과 맞지 않는 것은 놀라운 일이 아니다. 왜냐하면 R'에 대한 선형 결과는 $k \ll g/(v_0 \sin\theta) = 0.02\ s^{-1}$에 의존하기 때문이고 $k = 0.01\ s^{-1}$인 경우 더욱 맞지 않다. 아마 $k = 0.005\ s^{-1}$인 경우가 적합할 것이다. 그림 2-8에 나타낸 결과는 $k > 0.005\ s^{-1}$ 값에 대해 마찰력은 근사적으로 취급할 수 없다는 사실을 말해주고 있다. 실제로 $k > 0.01\ s^{-1}$에 대해 마찰이 발사체 운동에서는 주된 인자가 된다.

위의 예는 실제 세계가 얼마나 복잡한지를 보여준다. 이 예에서 우리는 여전히 비물리적인 가정을 해야 했다(예를 들어 방해력이 항상 속도에 선형적으로 비례한다고 가정했다). 수치 계산이라고 할지라도 정확하지 않다. 왜냐하면 그림 2-3이 v^2 항을 포함하는 것이 역시 더 좋은 가정임을 말해주고 있기 때문이다. 이러한 항을 부가해도 수치 계산에는 어려움이 없고 다음 예제에서 비슷한 계산을 할 것이다. 계산을 재

확인하고 싶은 학생들을 위해서 그림 2-8과 그림 2-9를 그리는 저자의 Mathcad 파일을 부록 H에 실어두었다. 컴퓨터를 사용하여 수치 계산하는 방법이 많다는 사실을 강조하고 싶다. 학생들은 아마 그중에서 몇 가지를 숙달하고 싶어할 것이다.

예제 2.8

실제의 발사체 궤도를 계산하기 위해 그림 2-3에 나타낸 데이터를 사용하고, 질량 30 kg인 포탄이 초속 600 m/s로 45° 방향으로 발사되었다고 가정하자. 수평 거리 x에 대한 높이 y를 그리고, 또한 공기 저항이 있을 때와 없을 때의 y, $\dot{x}$, $\dot{y}$ 값을 시간 함수로 그려라. 공기 저항과 중력만을 고려하고, 부양력 등의 힘은 무시하라.

풀이

우선 그림 2-3을 이용하여 방해력의 속도 변화를 표로 반들자. 그리고 그림 2-3c에서는 50 m/s마다, 그림 2-3d에서는 100 m/s마다 힘을 읽고 중간 점은 직선으로 근사하여 얻을 수 있다. 그림 2-7에 나타낸 좌표계를 이용하면 운동 방정식은 다음과 같다.

$$\ddot{x} = -\frac{F_x}{m} \tag{2.56}$$

$$\ddot{y} = -\frac{F_y}{m} - g \tag{2.57}$$

여기서 F_x, F_y는 감쇠력을 나타내고, g 값이 상수일 때 F_x는 항상 양의 값을 가지며 포탄이 올라갈 때는 $F_y > 0$, 내려갈 때는 $F_y < 0$이다. 모든 순간에 포탄의 지면과의 각도를 θ라고 하면

$$v = \sqrt{\dot{x}^2 + \dot{y}^2} \tag{2.58}$$

$$\tan\theta = \frac{\dot{y}}{\dot{x}} \tag{2.59}$$

$$F_x = F\cos\theta \tag{2.60}$$

$$F_y = F\sin\theta \tag{2.61}$$

$\dot{x}$, $\dot{y}$ 값을 알면 모든 순간에 F_x, F_y 값을 계산할 수 있으며 작은 시간 간격에 대해 $\dot{x}$, $\dot{y}$의 그 다음 값을 계산할 수 있다.

$$\dot{x} = \int_0^t \ddot{x}\,dt + v_0\cos\theta \tag{2.62}$$

$$\dot{y} = \int_0^t \ddot{y}\,dt + v_0\sin\theta \tag{2.63}$$

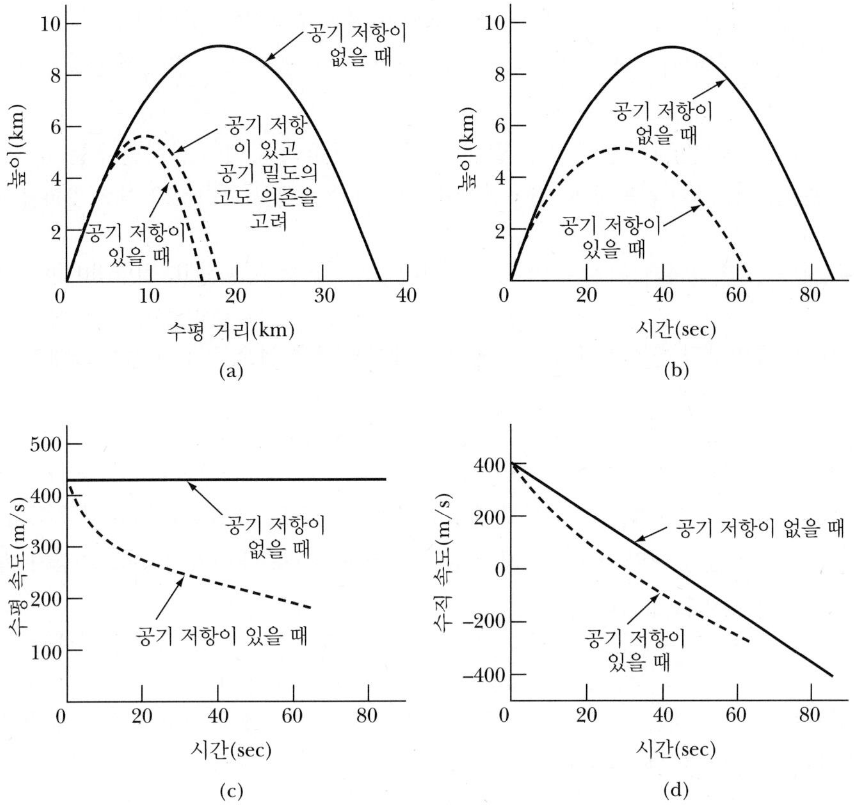

그림 2-10 예제 2.8의 결과. 실선은 공기 저항이 없을 때를 나타내며 공기 저항을 고려한 결과는 점선으로 나타내었다. (a)에서는 발사체가 높아지면 공기 밀도가 그만큼 작아지는 효과를 고려했다.

$$x = \int_0^t \dot{x}\, dt \tag{2.64}$$

$$y = \int_0^t \dot{y}\, dt \tag{2.65}$$

방해력 표를 포함하고 $\dot{x}$, $\dot{y}$, x, y를 시간 함수로 계산할 수 있는 짧은 컴퓨터 프로그램을 사용한다. 힘이 시간에 의존하므로 작은 시간 간격에 대한 합으로 적분을 실행해야 한다. 그림 2-10이 그 결과를 나타내고 있다.

공기 저항이 만들어낸 큰 차이에 주목하라. 그림 2-10a에서 발사체가 도달하는 수평 거리는 약 16 km이며, 공기 저항이 없으면 거의 37 km이다. 이 계산에서는 공기 밀도의 고도 의존 효과를 무시했다. 이를 고려하면 그림 2-10a에서 제3의 곡선으로 나타낸 바와 같이 18 km가 된다. 만약 부양력을 고려하면 더 커진다. 그림 2-10c와 2-10d에서 속도 변화는 그림 2-3의 공기 저항력이 반영된 것임에 주의하라. 속력은 음속에 도달할 때까지 급히 감소되고 그 후는 속력 변화가 어느 정도 안정 상태가 된다.

이것으로 방해력의 효과를 다룬 작은 절을 끝낸다. 실질적인 효과를 더 포함시킬 수는 있으나 방법은 명백하다. 통상적으로는 한 가지 효과를 동시에 삽입하고 또 다른 효과를 고려하기 전에 결과를 분석한다.

역학의 다른 예

입자처럼 행동하는 동역학적 운동의 대표적인 예제 두 개를 더 살펴봄으로써 이 절을 끝내기로 한다.

예제 2.9

양 끝에 물체를 각각 달아맨 가벼운 끈을 도르래에 걸어놓은 애트우드(Atwood) 기계가 있다(그림 2-11). (a) 도르래가 정지되어 있을 때와 (b) 도르래가 일정한 가속도 α로 내려가고 있는 승강기 속에 있을 때 물체의 가속도와 끈의 장력을 구하라.

풀이

끈의 질량을 무시하고 도르래는 마찰이 없다고 가정한다. 장력은 끈에 균일하게 걸려 있을 것이며, 따라서 각 물체에 대한 운동 방정식은 (a)의 경우 다음과 같다.

$$m_1\ddot{x}_1 = m_1 g - T \tag{2.66}$$

$$m_2\ddot{x}_2 = m_2 g - T \tag{2.67}$$

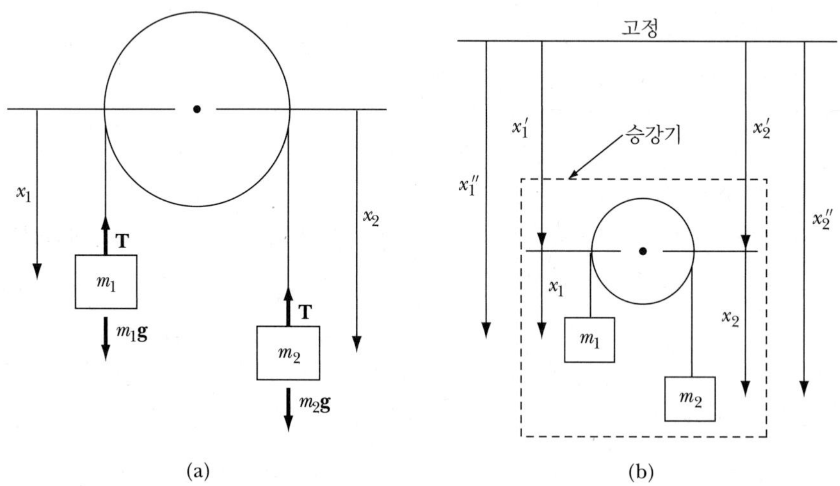

그림 2-11 예제 2.9. 애트우드의 기계

힘의 개념을 다시 한 번 상기하면, 각 물체에 작용하는 힘을 구별할 필요가 있고 장력은 양쪽 방정식에서 같다. 만약 끈이 늘어지지 않는다면 $\ddot{x}_2 = -\ddot{x}_1$이며, 식 (2.66)과 식 (2.67)은 묶어서

$$\begin{aligned} m_1\ddot{x}_1 &= m_1 g - (m_2 g - m_2\ddot{x}_2) \\ &= m_1 g - (m_2 g + m_2\ddot{x}_1) \end{aligned}$$

이 되며, 다시 써서

$$\ddot{x}_1 = \frac{g(m_1 - m_2)}{m_1 + m_2} = -\ddot{x}_2 \tag{2.68}$$

를 얻는다. 만약 $m_1 > m_2$이면 $\ddot{x}_1 > 0$이고, $\ddot{x}_2 < 0$이다. 장력은 식 (2.68)과 식 (2.66)으로부터 얻을 수 있다. 즉,

$$\begin{aligned} T &= m_1 g - m_1\ddot{x}_1 \\ T &= m_1 g - m_1 g\frac{(m_1 - m_2)}{m_1 + m_2} \\ T &= \frac{2m_1 m_2 g}{m_1 + m_2} \end{aligned} \tag{2.69}$$

(b)의 경우 도르래가 승강기 속에 있으며 도르래의 중심에 원점을 둔 좌표계는 이제 관성계가 아니므로 승강기의 축(shaft) 위에 원점을 둔 관성계가 필요하다(그림 2-11b). 이 관성계에서의 운동 방정식은 ($x_1'' = x_1' + x_1$, $x_2'' = x_2' + x_2$이므로)

$$\begin{aligned} m_1\ddot{x}_1'' &= m_1(\ddot{x}_1' + \ddot{x}_1) = m_1 g - T \\ m_2\ddot{x}_2'' &= m_2(\ddot{x}_2' + \ddot{x}_2) = m_2 g - T \end{aligned}$$

가 되며, 따라서

$$\left.\begin{aligned} m_1\ddot{x}_1 &= m_1 g - T - m_1\ddot{x}_1' = m_1(g - \alpha) - T \\ m_2\ddot{x}_2 &= m_2 g - T - m_2\ddot{x}_2' = m_2(g - \alpha) - T \end{aligned}\right\} \tag{2.70}$$

여기서 $\ddot{x}_1' = \ddot{x}_2' = \alpha$이다. $\ddot{x}_2 = -\ddot{x}_1$이므로 앞에서와 같이 T를 제거함으로써 $\ddot{x}_1$에 관해 풀면 다음과 같다.

$$\ddot{x}_1 = -\ddot{x}_2 = (g - \alpha)\frac{(m_1 - m_2)}{m_1 + m_2} \tag{2.71}$$

그리고

$$T = \frac{2m_1 m_2(g - \alpha)}{m_1 + m_2} \tag{2.72}$$

가속도와 장력에 대한 결과가 마치 중력가속도가 승강기의 가속도 α만큼 감소한 것 같이 된다. 올라가는

승강기에 대해서도 그 변화는 명백할 것이다.

예제 2.10

입자의 운동 방정식에 관한 이 긴 논의에서 마지막 예로 전자기장 속에서의 입자 운동을 검토해보자. 그림 2-12에 나타낸 것처럼 균일한 자기장 **B**(예로서 지구 자기장) 영역에 들어온 대전입자를 고려하고 결과적으로 나타나는 그 입자의 운동을 구하라.

풀이

자기장과 평행 방향인 y축을 가진 직교좌표계를 택하자. 입자의 전하를 q, 속도를 **v**, 가속도를 **a**, 지구의 자기장을 **B**라고 하면

$$\mathbf{v} = \dot{x}\mathbf{i} + \dot{y}\mathbf{j} + \dot{z}\mathbf{k}$$
$$\mathbf{a} = \ddot{x}\mathbf{i} + \ddot{y}\mathbf{j} + \ddot{z}\mathbf{k}$$
$$\mathbf{B} = B_0\mathbf{j}$$

자기력은 $\mathbf{F} = q\mathbf{v} \times \mathbf{B} = m\mathbf{a}$이므로

$$m(\ddot{x}\mathbf{i} + \ddot{y}\mathbf{j} + \ddot{z}\mathbf{k}) = q(\dot{x}\mathbf{i} + \dot{y}\mathbf{j} + \dot{z}\mathbf{k}) \times B_0\mathbf{j} = qB_0(\dot{x}\mathbf{k} - \dot{z}\mathbf{i})$$

같은 벡터 성분을 같다고 놓으면

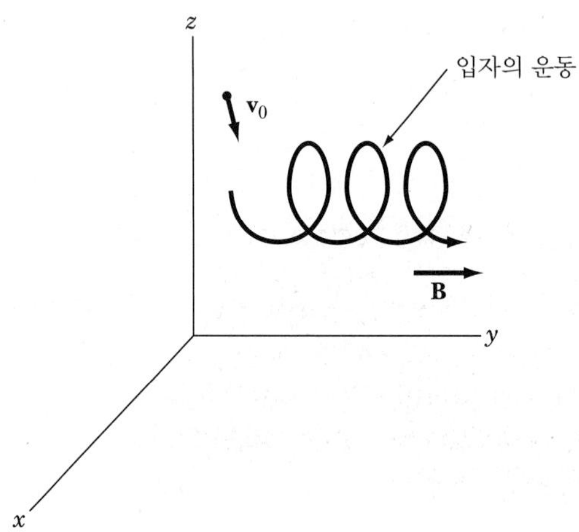

그림 2-12 예제 2.10. 자기장 영역으로 움직이는 입자

$$\left.\begin{aligned} m\ddot{x} &= -qB_0\dot{z} \\ m\ddot{y} &= 0 \\ m\ddot{z} &= qB_0\dot{x} \end{aligned}\right\} \tag{2.73}$$

이 방정식 중 두 번째 것($m\ddot{y} = 0$)을 적분하면 다음과 같다.

$$\dot{y} = \dot{y}_0$$

여기서 $\dot{y}_0$는 상수이며 $\dot{y}$의 초기값이다. 다시 적분하면

$$y = \dot{y}_0 t + y_0$$

여기서 y_0 또한 상수이다.

식 (2.73)의 첫 번째 식과 마지막 식을 적분하기 위해 $\alpha = qB_0/m$이라고 놓으면

$$\left.\begin{aligned} \ddot{x} &= -\alpha\dot{z} \\ \ddot{z} &= \alpha\dot{x} \end{aligned}\right\} \tag{2.74}$$

이 연립 미분 방정식은 하나를 미분하여 다른 식에 대입함으로써 쉽게 분리할 수 있다. 즉,

$$\dddot{z} = \alpha\ddot{x} = -\alpha^2\dot{z}$$
$$\dddot{x} = -\alpha\ddot{z} = -\alpha^2\dot{x}$$

따라서

$$\left.\begin{aligned} \dddot{z} &= -\alpha^2\dot{z} \\ \dddot{x} &= -\alpha^2\dot{x} \end{aligned}\right\} \tag{2.75}$$

이 미분 방정식은 같은 형태의 해를 갖게 되며 부록 C의 예제 C.2에 보여준 방법을 사용하여

$$x = A\cos\alpha t + B\sin\alpha t + x_0$$
$$z = A'\cos\alpha t + B'\sin\alpha t + z_0$$

를 얻는다. 여기서 A, A', B, B', x_0, z_0는 적분 상수이며 입자의 초기 위치와 속도, 그리고 운동 방정식 (2.74)에 의해 결정된다. 그 해는 다음과 같이 다시 쓸 수 있다.

$$\left.\begin{aligned} (x - x_0) &= A\cos\alpha t + B\sin\alpha t \\ (y - y_0) &= \dot{y}_0 t \\ (z - z_0) &= A'\cos\alpha t + B'\sin\alpha t \end{aligned}\right\} \tag{2.76}$$

x축과 z축은 식 (2.74)에 의해 연계되어 있으므로 식 (2.76)을 식 (2.74)의 첫 번째 식에 대입하면

$$-\alpha^2 A\cos\alpha t - \alpha^2 B\sin\alpha t = -\alpha(-\alpha A'\sin\alpha t + \alpha B'\cos\alpha t) \tag{2.77}$$

가 된다. 식 (2.77)은 모든 t 값, 특히 $t = 0$과 $t = \pi/2\alpha$에서 성립하므로 식 (2.77)로부터

$$-\alpha^2 A = -\alpha^2 B'$$

가 얻어지고, 따라서

$$A = B'$$

또한

$$-\alpha^2 B = \alpha^2 A'$$

이므로

$$B = -A'$$

를 얻게 된다. 결국은

$$\left.\begin{aligned}(x - x_0) &= A\cos\alpha t + B\sin\alpha t\\ (y - y_0) &= \dot{y}_0\, t\\ (z - z_0) &= -B\cos\alpha t + A\sin\alpha t\end{aligned}\right\} \tag{2.78}$$

가 된다. 만약 $t = 0$에서 $\dot{z} = \dot{z}_0$, $\dot{x} = 0$이면 식 (2.78)로부터 미분해서 $t = 0$으로 놓음으로써

$$\alpha B = 0$$
$$\alpha A = \dot{z}_0$$

를 얻는다. 따라서

$$\begin{aligned}(x - x_0) &= \frac{\dot{z}_0}{\alpha}\cos\alpha t\\ (y - y_0) &= \dot{y}_0 t\\ (z - z_0) &= \frac{\dot{z}_0}{\alpha}\sin\alpha t\end{aligned}$$

최종적으로

$$\left.\begin{aligned}x - x_0 &= \left(\frac{\dot{z}_0 m}{qB_0}\right)\cos\left(\frac{qB_0 t}{m}\right)\\ (y - y_0) &= \dot{y}_0 t\\ (z - z_0) &= \left(\frac{\dot{z}_0 m}{qB_0}\right)\sin\left(\frac{qB_0 t}{m}\right)\end{aligned}\right\} \tag{2.79}$$

를 얻게 된다. 이 식들은 반지름 $\dot{z}_0 m/qB_0$인 회전 나선식을 나타내고 있다. 따라서 자기장 속으로 들어오

는 입자의 속도가 빠르면 빠를수록 혹은 질량이 크면 클수록 나선의 반지름이 커진다. 반대로 입자전하가 크면 클수록 혹은 자기장이 강하면 강할수록 나선이 작아진다. 또한 대전입자가 자기장에 어떻게 잡히는지(장 방향에 따라 표류하면서 잡힘)에 주목하라. 이 예에서는 입자가 x축 방향에 속도 성분을 갖고 있지 않지만, 갖고 있다고 할지라도 그 축 방향의 표류는 없다(연습문제 2-31 참조). 마지막으로 자기력은 입자 속도에 항상 직각 방향으로 작용한다는 점에 주목하라. 따라서 속도는 증가하지 않는다. 식 (2.79)가 이 사실을 보여주고 있다.

지구의 자기장은 이 예처럼 단순한 균일장이 아니지만 지구의 자기장이 저에너지 우주선(cosmic rays)을 포획하는 메커니즘 또한 태양풍(solar wind)이 벤앨런대(Van Allen belts)를 만들어내는 메커니즘에 하나의 통찰을 제공한다.

2.5 보존 정리

단일 입자에 대한 뉴턴 역학을 상세히 논의하고, 보존량에 대한 중요한 정리를 도출하자. 우리는 여러 양의 보존을 **증명**하지 않고, 단지 뉴턴의 운동 법칙에서 결론을 도출하는 것이다. 그래서 그 결론은 실험으로 검증되고, 이 입증에 의해서 최초의 운동 법칙의 확정 여부가 결정된다. 실제로 이 보존 정리가 많은 경우에 성립한다는 사실은, 최소한 고전역학에서는 뉴턴의 법칙이 올바르다고 하는 증명의 주요한 근거가 되고 있다.

보존 정리의 최초는 입자의 **선형 운동량**(linear momentum)에 관한 것으로 만일 입자가 자유이면, 즉 입자가 힘을 받지 않으면 식 (2.2)는 단지 $\dot{\mathbf{p}} = 0$이 되므로 $\mathbf{p}$는 시간적으로 불변인 벡터가 되고, 첫 번째 보존 정리는 다음과 같이 된다.

I. 입자의 총 선형 운동량 $\mathbf{p}$는 입자에 작용되는 힘이 0이면 보존된다.

이 결과는 벡터 방정식 $\dot{\mathbf{p}} = 0$에서 유도되고, 이것이 선형 운동량의 각 성분에 관해서 성립한다는 점에 주의하라. 또 말을 바꾸어 기술하기 위해, 시간에 무관하고 $\mathbf{F} \cdot \mathbf{s} = 0$을 만족하는 어떤 일정한 벡터 $\mathbf{s}$를 생각하면

$$\dot{\mathbf{p}} \cdot \mathbf{s} = \mathbf{F} \cdot \mathbf{s} = 0$$

이나, 이것을 시간에 관해서 적분하면 다음과 같다.

$$\mathbf{p} \cdot \mathbf{s} = \text{상수} \tag{2.80}$$

이는 힘이 작용하지 않는 방향의 운동량 성분은 시간적으로 불변임을 말해준다.

원점에 관한 입자(위치 벡터 $\mathbf{r}$)의 **각운동량**(angular momentum) $\mathbf{L}$은 다음과 같이 정의된다.

$$\boxed{\mathbf{L} \equiv \mathbf{r} \times \mathbf{p}} \tag{2.81}$$

같은 원점에 관한 **토크**(torque) 또는 **힘의 모멘트**(moment of force) **N**은 다음과 같이 정의된다.

$$\boxed{\mathbf{N} \equiv \mathbf{r} \times \mathbf{F}} \tag{2.82}$$

여기서 **r**은 원점에서 힘 **F**가 작용하는 점까지의 위치 벡터이다. 입자에 대해서 $\mathbf{F} = m\dot{\mathbf{v}}$이므로 토크는 아래와 같다.

$$\mathbf{N} = \mathbf{r} \times m\dot{\mathbf{v}} = \mathbf{r} \times \dot{\mathbf{p}}$$

이제

$$\dot{\mathbf{L}} = \frac{d}{dt}(\mathbf{r} \times \mathbf{p}) = (\dot{\mathbf{r}} \times \mathbf{p}) + (\mathbf{r} \times \dot{\mathbf{p}})$$

이고, 또한

$$\dot{\mathbf{r}} \times \mathbf{p} = \dot{\mathbf{r}} \times m\mathbf{v} = m(\dot{\mathbf{r}} \times \dot{\mathbf{r}}) \equiv 0$$

이므로,

$$\boxed{\dot{\mathbf{L}} = \mathbf{r} \times \dot{\mathbf{p}} = \mathbf{N}} \tag{2.83}$$

이 된다. 여기서 만일 입자에 작용하는 토크가 없으면(즉, $\mathbf{N} = 0$이면) $\dot{\mathbf{L}} = 0$이 되고, **L**은 시간적으로 불변인 벡터가 된다. 두 번째의 중요한 보존 정리는 다음과 같다.

II. 토크를 받지 않는 입자의 각운동량은 보존된다.

좌표계의 원점을 현명하게 선택하면 그렇지 않은 경우보다 훨씬 쉽게 문제를 풀 수 있다는 사실을 유의하자. 예를 들면 힘이 작용하는 선상에 원점을 가진 좌표계에서는 토크가 0이 될 것이다.

다음에 입자가 힘 **F**를 받아 상태 1에서 상태 2로 변하는 경우에, 입자가 받는 **일**(work)은 다음과 같이 정의된다.

$$\boxed{W_{12} \equiv \int_1^2 \mathbf{F} \cdot d\mathbf{r}} \tag{2.84}$$

만약 **F**가 입자에 작용하는 순 합성력이라면

$$\mathbf{F}\cdot d\mathbf{r} = m\frac{d\mathbf{v}}{dt}\cdot\frac{d\mathbf{r}}{dt}dt = m\frac{d\mathbf{v}}{dt}\cdot\mathbf{v}dt$$

$$= \frac{m}{2}\frac{d}{dt}(\mathbf{v}\cdot\mathbf{v})\,dt = \frac{m}{2}\frac{d}{dt}(v^2)\,dt = d\left(\frac{1}{2}mv^2\right) \tag{2.85}$$

이므로, 식 (2.84)는 적분할 수 있고, 입자에 작용하는 전체 힘 **F**에 의해 이루어진 일은 운동 에너지의 변화와 같다.

$$W_{12} = \left(\frac{1}{2}mv^2\right)\Bigg|_1^2 = \frac{1}{2}m\left(v_2^2 - v_1^2\right) = T_2 - T_1 \tag{2.86}$$

여기서 $T \equiv \frac{1}{2}mv^2$ 은 입자의 **운동 에너지**(kinetic energy)이다. 그래서 $T_1 > T_2$이면 $W_{12} < 0$으로, 입자는 일을 한 것이 되고, 그 결과로 운동 에너지는 감소한다. 또한 식 (2.85)에 나오는 힘 **F**는 입자가 받는 **전체 힘**(순 합성력)임에 주의하라.

여기서 식 (2.84)에 나오는 적분을 다른 입장에서 조사해보자. 많은 물리 문제에서는 힘 **F**가 입자를 어떤 위치에서 다른 위치로 운동 에너지의 변화 없이 이동하는 데 필요한 일이 처음의 위치와 나중의 위치에만 의존하고, 입자가 지나는 도중의 경로에는 의존하지 않는 성질을 갖는다. 예를 들면 그림 2-13에서 점 1에서 점 2까지 입자를 이동시키는 힘은 실질적인 경로 *a*, *b*, *c*와 무관하다고 가정한다. 일정한 중력장이 이러한 성질을 보인다. 즉, 만일 질량 *m*의 입자가(어떤 경로를 통해서도 좋으므로) 높이 *h*까지 끌어 올려진다면, 입자는 *mgh*만큼 일을 받고, 원래의 위치로 돌아갈 때 그만큼 일을 할 능력을 갖는다. 이 일을 할 능력을 입자의 **위치 에너지**(potential energy, 퍼텐셜 에너지)라 한다.

입자의 위치 에너지는 그 입자를 힘 **F**에 의해 위치 1에서 위치 2로 움직이는 데 필요한 일로 정의된다.

$$\int_1^2 \mathbf{F}\cdot d\mathbf{r} \equiv U_1 - U_2 \tag{2.87}$$

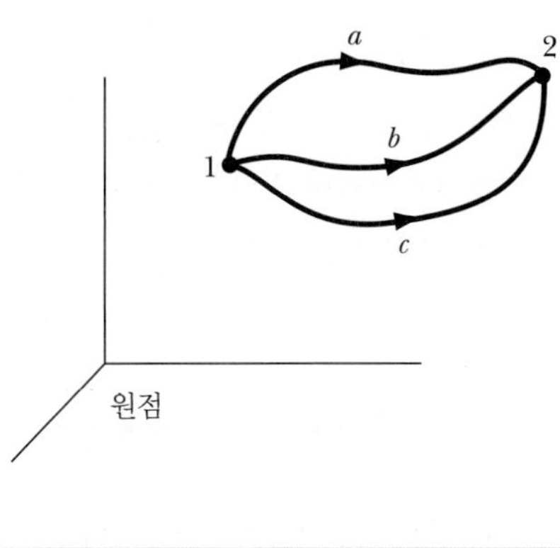

그림 2-13 입자를 위치 1에서 위치 2로 움직이는 (보존력인) 힘에 의해 행해진 일은 경로 (*a*, *b*, *c*)와 무관하다.

따라서 입자를 움직이게 하는 일은 단순히 두 점에서의 퍼텐셜 차이가 된다. 예를 들면 우리가 여행가방을 지면 1로부터 자동차 트렁크 2까지 올리면 외부 관계자로서 우리는 중력을 역행하는 일을 한 것이다. 식 (2.87)의 적분 결과는 $U_1 - U_2$가 음이라는 것이고, 따라서 자동차 트렁크의 위치 2에서의 퍼텐셜은 지면의 위치 1에서의 퍼텐셜보다 크다. 퍼텐셜 에너지의 차이 $U_2 - U_1$은 중력이 한 일이 음임을 나타내며, 이것은 식 (2.87)의 양쪽에 -1을 곱함으로써 볼 수 있다. 외부 관계자로서 우리는 여행가방의 퍼텐셜 에너지를 높이기 위해 (중력에 역행하여) 양(+)의 부호를 가진 일을 한 것이다.

식 (2.87)은 $\mathbf{F}$를 스칼라 함수 U의 물매(gradient)로 쓰면 재현할 수 있다.[14)]

$$\boxed{\mathbf{F} = -\mathbf{grad}\, U = -\nabla U} \tag{2.88}$$

따라서

$$\int_1^2 \mathbf{F} \cdot d\mathbf{r} = -\int_1^2 (\nabla U) \cdot d\mathbf{r} = -\int_1^2 dU = U_1 - U_2 \tag{2.89}$$

우리에게 흥미로운 대부분의 계에서 퍼텐셜 에너지는 위치의 함수인데, 때로는 시간의 함수일 수도 있다: $U = U(\mathbf{r})$ 혹은 $U = U(\mathbf{r}, t)$. 퍼텐셜 에너지가 속도 함수인 경우는 고려하지 않는다.[15)]

위치 에너지가 부가 상수 안에서만 정의된다는 사실을 아는 것은 중요하다. 즉, $-\nabla U$에 의해서 정의된 힘과 $-\nabla(U + \text{상수})$에 의해서 정의된 힘에는 차이가 없다. 따라서 위치 에너지는 절대적인 의미는 갖지 않고, (식 (2.87)과 같이) 위치 에너지의 차이만이 물리적인 의미를 갖는다.

역학 과정을 기술하기 위해 어떤 관성 좌표계를 선택할 경우, 그 좌표계에 대해서 일정한 운동을 하고 있는 다른 어떤 계에서도 운동의 법칙은 같다. 입자의 속도는 일반적으로 어떤 좌표계에서 운동하는가에 따라 변하므로, 마치 위치 에너지에 절대적인 의미를 갖게 할 수 없는 것과 마찬가지로, 어떤 입자에 절대적인 운동 에너지를 갖게 하는 건 불가능하다. 그래서 이 두 제한은 물리 과정의 기술에 이용하는 좌표계의 원점을 항상 임의로 선택하는 것 때문이다. 이러한 사정을 제임스 클러크 맥스웰(James Clerk Maxwell)은 다음과 같이 기술하고 있다.[16)]

> 따라서 우리는 물질계의 에너지를 그 계가 어떤 정해진 상태에서 다른 상태로 이행할 때 그 증가나 감소를 확인해 얻는 양으로 봐야 한다. 표준적인 조건에서 에너지의 절대값을 우리는 알지 못하고, 또 만일 알았다고 해도 현상은 모두 에너지의 변화에만 의존하고 절대값에는 의존하지 않으므로 가치가 없다.

---

14) 벡터 함수를 스칼라 함수의 물매로 표현할 수 있는 필요충분조건은 벡터 함수의 컬(curl)이 자동적으로 0이 된다는 것이다.

15) 속도 의존 퍼텐셜은 전자기 같은 특수한 상황에서 필요하다(소위 말하는 리나르트-비헤르트(Liénard-Wiechert) 퍼텐셜).

16) J. C. 맥스웰, *Matter and Motion*(Cambridge, 1877). p. 91

그런데 입자의 **총 에너지**(total energy)는 운동 에너지와 위치 에너지의 합으로 정의된다.

$$\boxed{E \equiv T + U} \tag{2.90}$$

그래서 E의 시간에 대한 전미분은 다음과 같다.

$$\frac{dE}{dt} = \frac{dT}{dt} + \frac{dU}{dt} \tag{2.91}$$

이 식의 우변에 나오는 시간 미분을 계산하기 위해, 먼저 식 (2.85)를

$$\mathbf{F} \cdot d\mathbf{r} = d\left(\frac{1}{2}mv^2\right) = dT \tag{2.92}$$

로 쓸 수 있음에 주의하고, 이 양변을 dt로 나누면

$$\frac{dT}{dt} = \mathbf{F} \cdot \frac{d\mathbf{r}}{dt} = \mathbf{F} \cdot \dot{\mathbf{r}} \tag{2.93}$$

를 얻는다. 또한

$$\begin{aligned} \frac{dU}{dt} &= \sum_i \frac{\partial U}{\partial x_i}\frac{dx_i}{dt} + \frac{\partial U}{\partial t} \\ &= \sum_i \frac{\partial U}{\partial x_i}\dot{x}_i + \frac{\partial U}{\partial t} \\ &= (\nabla U) \cdot \dot{\mathbf{r}} + \frac{\partial U}{\partial t} \end{aligned} \tag{2.94}$$

가 되므로, 식 (2.93)과 (2.94)를 식 (2.91)에 대입하고, 만약 전체 힘이 보존력 $\mathbf{F} = -\nabla U$이면 위치 에너지의 정의(식 (2.88))에서 $\mathbf{F} + \nabla U$가 0이 되는 것에 주의하면

$$\begin{aligned} \frac{dE}{dt} &= \mathbf{F} \cdot \dot{\mathbf{r}} + (\nabla U) \cdot \dot{\mathbf{r}} + \frac{\partial U}{\partial t} \\ &= (\mathbf{F} + \nabla U) \cdot \dot{\mathbf{r}} + \frac{\partial U}{\partial t} \end{aligned}$$

$$\frac{dE}{dt} = \frac{\partial U}{\partial t} \tag{2.95}$$

가 된다.

만일 U가 시간의 직접적인 함수가 아니라면(즉, $\partial U/\partial t = 0$, 여기서는 속도에 의존하는 퍼텐셜은 생각하지 않는다), $\mathbf{F}$로 표현되는 역장을 **보존장**이라 하고, 그와 같은 조건에서 세 번째의 중요한 보존 정리를 얻는다.

III. 보존역장에서 입자의 총 에너지 E는 시간에 대해 일정하다.

우리는 선형 운동량, 각운동량, 에너지의 보존 법칙을 증명하지 않았다는 사실을 상기해야 한다. 뉴턴 법칙의 여러 가지 결과만 유도했을 뿐이다. 즉, 만약 이 법칙들이 어떤 상황에서 성립한다면 운동량과 에너지는 보존된다. 그러나 우리는 이 보존 정리에 대단히 반해 있기 때문에 이를 법칙의 위치까지 끌어올렸고 어떤 물리 이론에서도 그것이 성립한다고 주장하게 되었는데, 뉴턴 역학이 성립하지 않는 상황의 예로서 움직이는 전하의 상호작용 혹은 양자역학계 같은 경우에도 이를 적용했다. 실제로 이런 경우에는 보존 법칙이 없고 오히려 이론에 강요하는 보존요청(postulate)이다. 예를 들어 두 개의 격리된 움직이는 전하가 있다고 하면, 그 사이에 작용하고 있는 전자기적 힘은 보존되지 않는다. 따라서 에너지 보존이 성립되도록 얼마만큼의 에너지를 전자기장에 부여한다. 이 수법은 그 결과가 실험에 의한 사실과 모순이 되지 않을 때만이 성립하고, 실제로 움직이는 전하가 바로 그런 경우이다. 그래서 에너지가 보존된다는 선입관적 개념을 만족시키기 위해 보통 에너지 개념에 '전자기 에너지'를 포함함으로써 그것을 확장한다. 이는 인위적이고 과감한 방법인지도 모르지만 결국은 말 그대로 성공하고 있고 이 보존 '법칙'이 물리학에서 가장 성공적인 원리가 되어왔다. 에너지와 운동량 보존을 포기하길 거부한 볼프강 파울리(Wolfgang Pauli, 1900~1958)는 방사능 β 붕괴 시의 '행방불명' 에너지와 운동량을 청산하기 위해 뉴트리노(neutrino)의 존재를 1930년에 요청했다. 이 요청을 기초로 엔리코 페르미(Enrico Fermi, 1901~1954)가 1934년 β 붕괴 이론을 성공적으로 만들어 냈다. 그러나 직접적인 관측은 1953년에 실시한 라이너스(Reines)와 코완(Cowan)의 유명한 실험[17]에서 이루어졌다. 에너지와 운동량이 보존되어야 한다는 판단을 끝까지 고수함으로써 새로운 소립자를 발견했고 이 소립자야말로 핵물리학의 현대 이론에서 매우 중요한 것이다. 이 발견은 보존 법칙을 적용함으로써 직접 얻어진 물질의 성질을 이해하는 데 많은 진전을 가져온 것들 중 하나에 지나지 않는다.

이 책의 나머지 부분에서 몇몇 물리적 상황(러더퍼드(Rutherford) 산란이나 천체 운동 등)에 이 보존 법칙을 적용해볼 생각이다. 이어지는 간단한 예제는 보존 법칙의 유효성을 나타내고 있다.

예제 2.11

체중이 m인 쥐가 관성 모멘트 I, 반지름 R인 자유롭게 선회할 수 있는 천장에 달아 맨 팬(fan)의 바깥쪽 모서리로 뛰어올랐다. 각운동량은 얼마만큼 변하는가?

풀이

이 과정 동안 각운동량은 보존되어야 한다. 초등물리학에서 배운 각운동량 L과 각속도 ω를 연계시키는 관성 모멘트 개념 $L = I\omega$를 이용하면 초기 각운동량 $L_0 = I\omega_0$는 쥐가 뛴 후의 각운동량(팬과 쥐의 합) L과 같아야 한다. 바깥쪽 모서리의 속도는 $v = \omega R$이다.

17) C. L. Cowan, F. Reines, F. B. Harrison, H. W. Kruse, A. D. McGuire, *Science* **124**, 103(1956)

$$L = I\omega + mvR = \frac{v}{R}(I + mR^2)$$

$$L = L_0 = I\omega_0$$

$$\frac{v}{R}(I + mR^2) = I\frac{v_0}{R}$$

$$\frac{v}{v_0} = \frac{I}{I + mR^2}$$

그리고

$$\frac{\omega}{\omega_0} = \frac{I}{I + mR^2}$$

2.6 에너지

뉴턴 시대에는 에너지의 개념이 지금처럼 잘 알려지지 않았다. 후에 뉴턴 역학과는 다른, 에너지에 기초를 둔 두 종류의 새로운 역학 기술 방식을 배우게 된다. 즉, 라그랑주(Lagrange) 방식과 해밀턴(Hamilton) 방식이다.

19세기 초, 열은 에너지의 또 다른 형태이며 뜨거운 물체로부터 차가운 물체로 흘러가는 유체('열의 유체(caloric fluid)'라고 함) 형태가 아니라는 사실이 밝혀졌다. 카운트 럼퍼드(Count Rumford)[18]는 대포가 포탄을 쏘는 동안 발생하는 열의 대부분은 마찰에 의한 것이며 'caloric'이 아님을 처음으로 인식한 사람으로 인정받고 있다. 만약 마찰 에너지가 바로 열 에너지이고 역학 에너지로 바꿀 수 있다면 총 에너지 보존이 성립할 수 있다.

19세기에 과학자들이 에너지 보존에 관한 실험을 실행했고, 결과적으로 에너지에 대한 오늘날의 명성을 얻게 된 것이다. 헤르만 폰 헬름홀츠(Hermann von Helmholtz, 1821~1894)가 1847년에 에너지 보존의 일반 법칙을 정식화했다. 그는 1840년 실행된 제임스 프레스콧 줄(James Prescott Joule, 1818~1889)의 열역학 실험에 폭넓게 입각하여 이 결론에 도달한 것이다.

퍼텐셜 U로 주어진 보존력의 영향 속에 있는 점입자를 생각해보자. 에너지 보존(실제로 이 경우에는 정확하게 역학 에너지)은 식 (2.90)에 따라

18) 벤저민 톰프슨(Benjamin Thompson, 1753~1814)은 미국 매사추세츠에서 태어난 반독립군 망명자로서, 1776년 유럽으로 이민을 갔다. 그의 활발한 군사활동과 그 후의 과학자로서의 경력 중에 바이에른(Bavarian) 의회의 의장으로서 대포 발사를 지도한 적이 있다.

$$E = T + U = \frac{1}{2}mv^2 + U(x) \tag{2.96}$$

인데, 여기서 1차원만 생각한다. 식 (2.96)을 다시

$$v(t) = \frac{dx}{dt} = \pm\sqrt{\frac{2}{m}[E - U(x)]} \tag{2.97}$$

로 쓰고, 적분하면

$$t - t_0 = \int_{x_0}^{x} \frac{\pm\, dx}{\sqrt{\frac{2}{m}[E - U(x)]}} \tag{2.98}$$

가 된다. 여기서 $t = t_0$일 때 $x = x_0$이다. 식 (2.98)은 1차원인 경우를 푼 것이다. 즉, $x(t)$를 얻는다. 해야 하는 일은 식 (2.98)에 퍼텐셜 $U(x)$를 대입하여 적분하는 것이다. 필요하다면 컴퓨터를 사용하면 된다. 나중에 조화 진동자 퍼텐셜 $U = \frac{1}{2}kx^2$과 중력 $U = -k/x$의 경우를 상세히 살펴볼 것이다.

그림 2-14에 나타낸 것처럼 한 예로서의 $U(x)$ 그림을 조사하는 것만으로도 입자 운동에 관해 상당히 많은 것을 배울 수 있다. 우선 $\frac{1}{2}mv^2 = T \geq 0$이므로, 어떤 현실적인 물리 운동에 대해 $E \geq U(x)$임을 유의해야 한다. 에너지 E_1, E_2일 때 운동은 속박되어 있다는 사실을 그림 2-14에서 보게 된다. E_1의 경우에는 전환점 x_a와 x_b 사이에서 주기적 운동을 하게 되며, 마찬가지로 E_2의 경우도 운동은 주기적이지만 두 개의 영역이 가능하다. 즉, $x_c \leq x \leq x_d$, $x_e \leq x \leq x_f$에서 입자는 하나의 '주머니'로부터 다른 주머니로 '뛰어' 넘을 수 없다. 일단 한 주머니에 들어가면 그 에너지가 E_2에 있는 한 영원히 그곳에 머물러야 한다. 에너지 E_0를 가

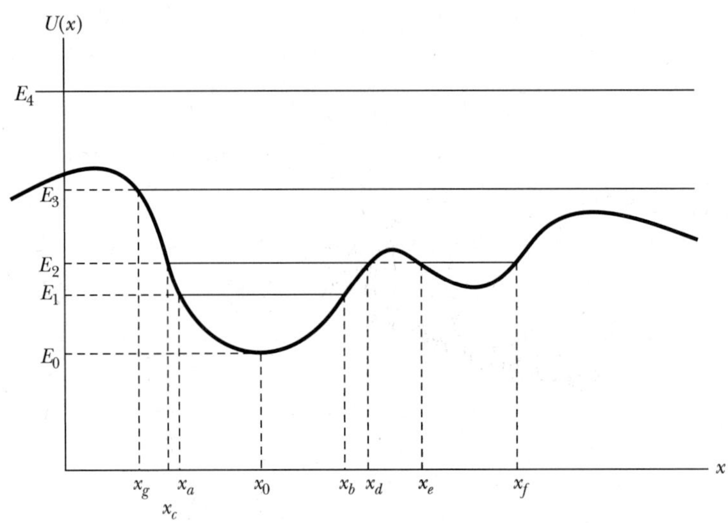

그림 2-14 여러 에너지 E에 대한 퍼텐셜 에너지 $U(x)$ 곡선. 예를 들어 E_1과 E_2 에너지일 때 운동은 속박된다.

진 입자의 운동은 유일한 값 $x = x_0$를 갖고 있으며, $T = 0[E_0 = U(x_0)]$으로 입자는 정지하고 있다.

에너지 E_3를 가진 입자의 운동은 간단하다. 입자가 무한의 먼 곳으로부터 오고, $x = x_g$에서 정지한 후에 먼 곳으로 되돌아간다(마치 연습벽에 부딪친 테니스 공 같다). 에너지 E_4에서는 운동은 속박되지 않고 입자는 어느 위치에든 있을 수 있다. 그 속도는 E_4와 $U(x)$ 사이의 차에 의존하므로 변할 것이다. 만약 오른쪽으로 움직이고 있다면 속도가 빨라지고, 그리고 늦어지긴 하지만 영원히 계속된다.

에너지 E_1의 입자 운동은 용수철 끝에 부착된 질량의 운동과 유사하다. $x_a < x < x_b$ 영역의 퍼텐셜은 $U(x) = \frac{1}{2}k(x - x_0)^2$으로 근사할 수 있다. E_0를 간신히 넘은 에너지를 가진 입자는 $x = x_0$점에서 진동할 것이다. 이러한 점을 **평형점**(equilibrium point)이라고 한다. 왜냐하면 입자가 $x = x_0$점에 놓였을 때 영원히 그 자리에 머무르기 때문이다. 평형은 안정일 수도 있고 불안정일 수도 있으며, 그 중간일 수도 있다. 지금 논의한 평형은 만약 입자를 $x = x_0$의 어느 쪽이든 옆으로 갖다 놓으면 결국은 그 자리로 되돌아가기 때문에 **안정**하다. 예로서 반구로 된 샐러드볼 위의 강철공을 들 수 있다. 샐러드볼을 반듯이 놓으면 공은 볼 속을 굴러다닐 수 있으나 결국은 바닥에 정착할 것이다(즉, 안정적 평형이 있다). 만약 볼을 뒤엎고 공을 $x = x_0$에서 바깥쪽에 놓으면, 공은 평형 상태로 그 자리에 머물고 있다. 만약 둥글한 면 위에서 $x = x_0$의 옆으로 공을 놓으면 그것은 굴러가 버린다. 따라서 이것을 **불안정 평형**이라고 부른다. **중간 평형**은 공이 평탄하고 매끄러운 수평면을 굴러갈 때에 해당된다.

일반적으로 퍼텐셜 $U(x)$를 어떤 평형점 주변에서 테일러 급수로 표현할 수 있는데, 수학적으로 간단히 하기 위해 평형점을 $x = x_0$보다 $x = 0$에 있다고 가정한다(그렇지 않으면 좌표계를 다시 정의해서 그렇게 되도록 할 수 있다).

$$U(x) = U_0 + x\left(\frac{dU}{dx}\right)_0 + \frac{x^2}{2!}\left(\frac{d^2U}{dx^2}\right)_0 + \frac{x^3}{3!}\left(\frac{d^3U}{dx^3}\right)_0 + \cdots \tag{2.99}$$

첨자 0은 $x = 0$에서 미분을 계산한 것을 나타낸다. $x = 0$에서의 퍼텐셜 에너지는 단순히 상수이며 그것을 0으로 정의해도 일반성을 잃지 않는다. 만약 $x = 0$이 평형점이라면

$$\left(\frac{dU}{dx}\right)_0 = 0 \quad \text{평형점} \tag{2.100}$$

이며, 식 (2.99)는 다음과 같이 된다.

$$U(x) = \frac{x^2}{2!}\left(\frac{d^2U}{dx^2}\right)_0 + \frac{x^3}{3!}\left(\frac{d^3U}{dx^3}\right)_0 + \cdots \tag{2.101}$$

평형점 $x = 0$ 가까이에서는 x 값이 작으며, 식 (2.101)의 각 항은 그 앞의 항보다 훨씬 작아져서 첫째 항만 택하고

$$U(x) = \frac{x^2}{2}\left(\frac{d^2U}{dx^2}\right)_0 \tag{2.102}$$

로 쓴다. $(d^2U/dx^2)_0$를 조사함으로써 $x = 0$에서 평형이 안정한지 불안정한지를 결정할 수 있다. 만약 $x = 0$이 안정적 평형이라면 $U(x)$는 $x = 0$ 전후에서 더 커야 한다(더욱 양이다). x^2은 항상 양이므로 평형조건은 다음과 같다.

$$\left(\frac{d^2U}{dx^2}\right)_0 > 0 \quad \text{안정 평형}$$
$$\left(\frac{d^2U}{dx^2}\right)_0 < 0 \quad \text{불안정 평형} \tag{2.103}$$

만약 $(d^2U/dx^2)_0$이 0이면, 더 높은 지수의 항을 조사해야 한다(연습문제 2-45 및 2-46 참조).

예제 2.12

그림 2-15에 나타낸 도르래, 질량, 끈의 계를 생각하자. 길이가 b인 가벼운 끈이 A점에 고정되어 있고, $2d$ 만큼 떨어진 B점에 설치된 도르래를 통과하여 마지막 부분이 질량 m_1에 연결되어 있다. 질량 m_2인 다른 도르래가 끈에 설치되어 A와 B 사이의 끈을 밑으로 당기고 있다. 계가 평형 상태에 있을 때 거리 x_1을 계산하고 그 평형이 안정적인지 불안정적인지를 결정하라. 도르래의 질량은 없다고 가정하라.

풀이

이 문제는 힘($\ddot{x}_1 = 0 = \dot{x}_1$일 때) 혹은 에너지를 사용하여 풀 수 있다. 평형 상태에서 운동 에너지가 0일 경우 식 (2.100)을 이용한다면 퍼텐셜 에너지만 취급하면 되기 때문에 에너지 방법을 택한다.

AB선에서 $U = 0$으로 놓으면

$$U = -m_1gx_1 - m_2g(x_2 + c) \tag{2.104}$$

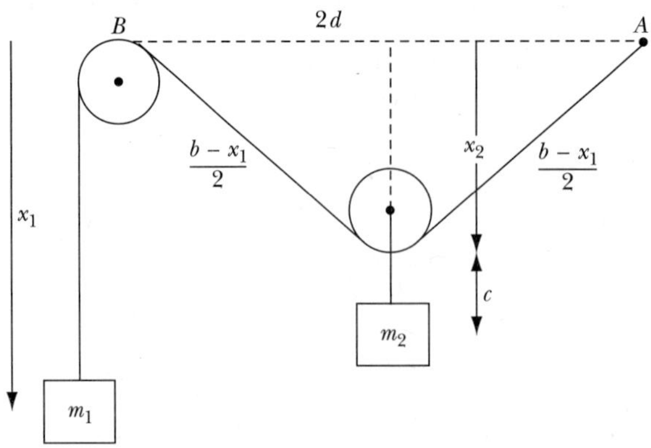

그림 2-15 예제 2.12

질량 m_2를 매달고 있는 도르래는 작다고 가정하고 그 반지름을 무시할 수 있으며, 그림 2-15의 거리 c는 상수이다.

$$x_2 = \sqrt{[(b - x_1)^2/4] - d^2}$$
$$U = -m_1 g x_1 - m_2 g\sqrt{[(b - x_1)^2/4] - d^2} - m_2 gc$$

$dU/dx_1 = 0$으로 놓음으로써 평형위치 $(x_1)_0 \equiv x_0$를 결정할 수 있다.

$$\left(\frac{dU}{dx_1}\right)_0 = -m_1 g + \frac{m_2 g(b - x_0)}{4\sqrt{[(b - x_0)^2/4] - d^2}} = 0$$
$$4m_1\sqrt{[(b - x_0)^2/4] - d^2} = m_2(b - x_0)$$
$$(b - x_0)^2(4m_1^2 - m_2^2) = 16m_1^2 d^2$$
$$x_0 = b - \frac{4m_1 d}{\sqrt{4m_1^2 - m_2^2}} \tag{2.105}$$

진짜 해는 $4m_1^2 > m_2^2$일 때만 존재한다.

어떤 상황에서 질량 m_2가 질량 m_1을 도르래 B(즉, $x_1 = 0$)까지 끌어올리는가? 평형이 안정적인지 불안정적인지는 식 (2.103)을 이용하여 결정할 수 있다.

$$\frac{d^2U}{dx_1^2} = \frac{-m_2 g}{4\{[(b - x_1)^2/4] - d^2\}^{1/2}} + \frac{m_2 g(b - x_1)^2}{16\{[(b - x_1)^2/4] - d^2\}^{3/2}}$$

$x_1 = x_0$를 대입하면 다음과 같다.

$$\left(\frac{d^2U}{dx_1^2}\right)_0 = \frac{g(4m_1^2 - m_2^2)^{3/2}}{4m_2^2 d}$$

평형조건(진짜 운동)은 $4m_1^2 > m_2^2$였으므로, $(d^2U/dx^2)_0 > 0$이기 때문에 평형은 안정적이다.

예제 2.13

다음과 같은 1차원 퍼텐셜을 생각하자.

$$U(x) = \frac{-Wd^2(x^2 + d^2)}{x^4 + 8d^4} \tag{2.106}$$

퍼텐셜을 그려라. 그리고 여러 가지 x 값에 대한 운동을 논하라. 운동은 속박되어 있는가, 속박되어 있지 않은가? 평형값은 어디에 있고, 그것이 안정한가 불안정한가? $E = -W/8$에 대한 전환점을 구하라. W값은 양이며 상수이다.

풀이

퍼텐셜을

$$Z(y) = \frac{U(x)}{W} = \frac{-(y^2+1)}{y^4+8} \qquad \text{여기서 } y = \frac{x}{d} \tag{2.107}$$

같이 쓰고, 퍼텐셜을 그리는 데 도움이 되는 평형점을 먼저 구하자.

$$\frac{dZ}{dy} = \frac{-2y}{y^4+8} + \frac{4y^3(y^2+1)}{(y^4+8)^2} = 0$$

이로부터

$$\begin{aligned} y(y^4+2y^2-8) &= 0 \\ y(y^2+4)(y^2-2) &= 0 \\ y_0^2 &= 2, 0 \end{aligned}$$

을 얻을 수 있으므로

$$\left.\begin{aligned} x_{01} &= 0 \\ x_{02} &= \sqrt{2}d \\ x_{03} &= -\sqrt{2}d \end{aligned}\right\} \tag{2.108}$$

가 된다. 즉, 3개의 평형점이 있다. 그림 2-16에 x/d 값에 대한 $U(x)/W$를 그렸다. 평형은 x_{02}와 x_{03}점에서

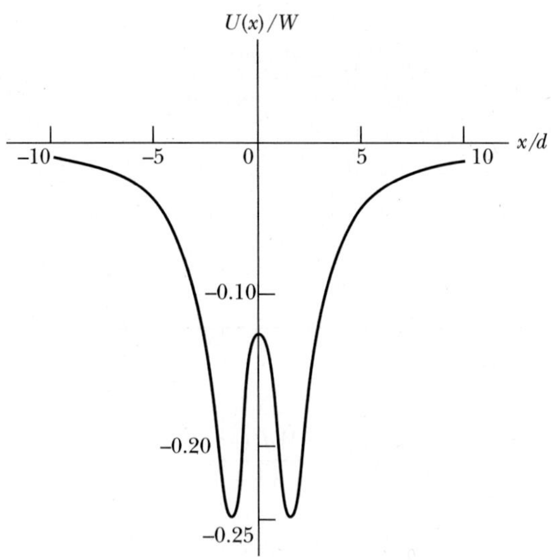

그림 2-16 예제 2.13. $U(x)/W$의 그림

안정적이다. 그러나 x_{01}에서는 불안정하다. 모든 에너지 $E < 0$에서 운동은 속박되었다. $E = U(x)$로 놓고 모든 에너지에 대한 전환점을 결정할 수 있다.

$$E = -\frac{W}{8} = U(y) = \frac{-W(y^2+1)}{y^4+8} \tag{2.109}$$

$$\begin{aligned} y^4 + 8 &= 8y^2 + 8 \\ y^4 &= 8y^2 \\ y &= \pm 2\sqrt{2}, 0 \end{aligned} \tag{2.110}$$

$E = -W/8$에 대한 전환점은 $x = -2\sqrt{2}d, +2\sqrt{2}d, x = 0$(이 경우는 불안정 평형점)이다.

2.7 뉴턴 역학의 한계

이 장에서는 위치, 시간, 운동량, 에너지 등의 개념을 도입했는데, 이것은 모두 관측 가능한 양이다. 이것은 관측기기의 정확도만 좋으면 얼마든지 정확히 측정할 수 있음을 암시하고 있다. 사실 거시적인 대상인 경우에는 경험적으로 확인되고 있다. 예를 들면, 어느 순간에 행성이 태양 주위의 궤도 위 어디에 있는지는 상당히 정확히 측정할 수 있고, 그러한 일련의 측정으로부터 어떤 위치에 있든 간에 행성의 속도도 (상당히 정확히) 결정할 수 있다.

그러나 미시적인 대상을 정확히 측정하려고 하면, 측정 결과의 정확도에 근본적인 제한이 있기 마련이다. 예를 들어 전자에 의한 광자의 산란을 이용하여 전자의 위치를 측정하려고 하면 광자의 파동성 때문에 정확한 측정을 할 수 없고, 전자의 위치는 광자의 폭(즉, 파장)과 관련된 어떤 불확정량 Δx인 범위에서만 결정된다. 그러나 광자를 산란시키면 전자는 운동량을 받기 때문에 측정하는 일 자체가 전자의 상태를 변화시키는 것이다. 그래서 이 변화량은 Δp만큼의 불확정성을 가지므로, 결국 곱 $\Delta x \Delta p$는 전자의 위치와 운동량이 동시에 어느 정도의 정확도로 정해지는가 하는 척도를 나타내는 것이 된다. $\Delta x \to 0, \Delta p \to 0$이라 하는 것은 생각할 수 있는 최대의 정확도로 측정한다는 뜻이다. 이렇게 해서 1927년에 독일의 물리학자 베르너 하이젠베르크(Werner Heisenberg, 1901~1976)는 이 곱이 반드시 어떤 최소값보다 커야만 한다는 사실을 알아냈다.[19] 또 이 **하이젠베르크의 불확정성 원리**(Heisenberg's uncertainty principle)를 만족하려면 $\Delta x \to 0$인 경우에 $\Delta p \to \infty$여야 하므로, 전자의 위치와 운동량을 무한한 정확도로 동시에 결정할 수가 없는 것이다.

19) 이 결과는 특별한 시간에 에너지를 측정하는 경우에도 적용된다. 즉, 불확정의 곱은 $\Delta E \Delta t$이다(이것의 차원은 $\Delta x \Delta p$와 같다).

그런데 $\nabla x \nabla p$의 최소값은 10^{-34} J · s 정도의 크기로, 이것은 거시적인 기준으로 말하면 아주 작은 것이므로 실험실 규모 정도의 대상인 경우 위치와 운동량을 동시에 측정해도 실질적인 어려움은 없다. 그래서 뉴턴의 법칙은 마치 위치와 운동량이 동시에 정확히 정의될 수 있는 것처럼 쓰이고 있으나, 불확정성 원리 때문에 뉴턴 역학은 미시적인 계에서는 적용할 수 없다. 따라서 이와 같은 뉴턴 역학의 기본적인 어려움을 극복하기 위해 미시적인 현상을 취급하는 새로운 방법이 1926년부터 발전되어 에어빈 슈뢰딩거(Erwin Schrödinger, 1887~1961), 하이젠베르크, 막스 보른(Max Born, 1872~1970), 폴 디랙(Paul Dirac, 1902~1984) 등에 의해 이 새로운 학문 분야는 확고한 기초 위에 서게 되었다. 이렇게 해서 뉴턴 역학은 거시적인 규모의 현상을 기술하는 데 적합하지만, 원자 영역의 과정을 해석하는 데는 새로운 역학(양자역학)이 필요하다. 계의 크기가 커짐에 따라서 양자역학은 뉴턴 역학으로 이행하는 것이다.

미시적인 대상에 이용되는 경우에 뉴턴 역학의 기본적인 제한에 덧붙여서, 시간의 개념에 관해서도 뉴턴의 역학체계에는 고유의 어려움이 있다. 즉, 뉴턴의 관점에서는 시간은 **절대적인** 개념으로, 두 현상이 동시에 일어났는가, 또는 한쪽이 다른 쪽보다 먼저 일어났는가는 언제나 명료하게 결정된다고 생각하고 있었으나, 어떠한 경우에라도 현상이 일어나는 시간의 순서가 확실하려면 현상을 관측하는 두 관측자가 어떤 신호계를 쓰던가, 또는 정확하게 시각을 맞춘 두 개의 시계를 관측 지점에 설치해서 동시 통신이 가능해야 했다. 그러나 두 시계의 시각을 정확하게 맞추려면 한쪽의 관측자에서 다른 쪽의 관측자에게 **일방 방향으로** 신호가 전달되는 데 든 시간에 관한 지식이 필요하다(이미 시각을 맞춘 두 시계가 있는 경우에는 목적은 달성되어 있으나, 이것은 순환 논법이다). 그런데 실제로 신호의 속도가 측정되는 경우는 언제나 서로 반대 방향으로 전해지는 신호 속도의 **평균값**을 얻으므로, 유일한 방향으로의 속도를 재는 실험을 하려고 생각하면, 아무래도 실험에 우선하여 증명할 수 없는 새로운 가정을 도입할 필요가 생기는 것이다.

그런데 신호가 전달되려면 물체 사이에 어떠한 상호작용이 필요하고 그 상호작용은 유한한 속도로 전해지므로, 신호를 이용하여 즉시 통신하는 일은 불가능하다. 신호의 최대 속도는 진공 속의 빛의 속도, 즉 $c \cong 3 \times 10^8$ cm/s이다.[20)]

공간적으로 떨어진 점 사이의 시간 척도를 정하는 일이 곤란하다는 사실로부터, 우리는 시간이라는 게 결국 절대적인 개념이 아니고 공간과 시간은 어떤 이유인지 밀접한 관계가 있다고 믿지 않을 수 없다. 이 궁지를 벗어나는 방법은 1904~1905년에 헨드리크 로렌츠(Hendrik Lorentz, 1853~1928), 앙리 푸앵카레(Henri Poincaré, 1854~1912), 알베르트 아인슈타인(Albert Einstein, 1879~1955)이 발견하여 **특수 상대성 이론**(special theory of relativity)으로 구체화되었다(14장 참조).

이와 같이 뉴턴 역학은 짧은 거리와 빠른 속도가 나올 경우에는 근본적으로 제약을 받게 되고, 또한 계를 구성하는 입자의 수가 아주 많은 경우에도 실제적인 제약을 받는다. 8장에서 보는 바와 같이, 비교적 간단한 중력 상호작용의 경우에서조차 상호작용하는 두 개 이상의 물체로 이루어지는 계의 운동에 관해

20) 빛의 속도는 더 표준적인 측정과 비교하여 지금은 299,792,458.0 m/s로 정해지고 있다. 미터는 1초의 1/299,792,458 동안에 빛이 진공 속에서 달리는 거리로 정의된다.

서 닫힌 형태로는 일반해가 얻어지지 않고, 세 물체의 계의 운동을 풀기 위해서는 수치적인 근사해를 사용해야 한다. 이런 방법은 원칙적으로는 바라는 바의 정확도를 얻을 수 있으나 상당한 노력이 필요하다. 더욱더 복잡한 계(예를 들면 태양계에서 주요 대상을 모두 포함하는 계)에서의 운동도 마찬가지로 계산할 수는 있으나, 그런 경우에도 이 방법은 곧 다루기가 아주 어려워지고, 큰 계에서는 도저히 도움이 되지 않는다. 예를 들어 1 cm^3의 기체 속의 분자 운동을 계산할 경우 그 속에는 약 10^{19}개의 분자가 있기 때문에 이것은 도저히 어찌할 도리가 없다. 이와 같은 계의 **평균화된** 성질을 계산할 수 있는 성공적인 방법은 19세기 후반에 볼츠만(Boltzmann), 맥스웰(Maxwell), 기브스(Gibbs), 리우빌(Liouville) 등이 생각해냈고, 그에 따르면 입자계의 역학은 확률론으로 계산되고 여기에 **통계역학**이 등장하는 것이다. 역학에서의 통계적 개념은 7.13절에서 살펴본다.

연습문제

2-1. Suppose that the force acting on a particle is factorable into one of the following forms:
(a) $F(x_i, t) = f(x_i)g(t)$ **(b)** $F(\dot{x}_i, t) = f(\dot{x}_i)g(t)$ **(c)** $F(x_i, \dot{x}_i) = f(x_i)g(\dot{x}_i)$
For which cases are the equations of motion integrable?

2-2. A particle of mass m is constrained to move on the surface of a sphere of radius R by an applied force $\mathbf{F}(\theta, \phi)$. Write the equation of motion.

2-3. If a projectile is fired from the origin of the coordinate system with an initial velocity v_0 and in a direction making an angle α with the horizontal, calculate the time required for the projectile to cross a line passing through the origin and making an angle $\beta < \alpha$ with the horizontal.

2-4. A clown is juggling four balls simultaneously. Students use a video tape to determine that it takes the clown 0.9 s to cycle each ball through his hands (including catching, transferring, and throwing) and to be ready to catch the next ball. What is the minimum vertical speed the clown must throw up each ball?

2-5. A jet fighter pilot knows he is able to withstand an acceleration of $9g$ before blacking out. The pilot points his plane vertically down while traveling at Mach 3 speed and intends to pull up in a circular maneuver before crashing into the ground. **(a)** Where does the maximum acceleration occur in the maneuver? **(b)** What is the minimum radius the pilot can take?

2-6. In the blizzard of '88, a rancher was forced to drop hay bales from an airplane to feed her cattle. The plane flew horizontally at 160 km/hr and dropped the bales from a height of 80 m above the flat range. **(a)** She wanted the bales of hay to land 30 m behind the cattle so as to not hit them. Where should she push the bales out of the airplane? **(b)** To not hit the cattle, what is the largest time error she could make while pushing the bales out of the airplane? Ignore air resistance.

2-7. Include air resistance for the bales of hay in the previous problem. A bale of hay has a mass of about 30 kg and an average area of about 0.2 m^2. Let the resistance be proportional to the square of the speed and let $c_W = 0.8$. Plot the trajectories with a computer if the hay bales land 30 m behind the cattle for both including air resistance and not. If the bales of hay were released at the same time in the two cases, what is the distance between landing positions of the bales?

2-8. A projectile is fired with a velocity v_0 such that it passes through two points both a distance h above the horizontal. Show that if the gun is adjusted for maximum range, the separation of the points is

$$d = \frac{v_0}{g}\sqrt{v_0^2 - 4gh}$$

2-9. Consider a projectile fired vertically in a constant gravitational field. For the same initial velocities, compare the times required for the projectile to reach its maximum height **(a)** for zero resisting force, **(b)** for a resisting force proportional to the instantaneous velocity of the projectile.

2-10. Repeat Example 2.4 by performing a calculation using a computer to solve Equation 2.22. Use the following values: $m = 1$ kg, $v_0 = 10$ m/s, $x_0 = 0$, and $k = 0.1$ s^{-1}. Make plots of v versus t, x versus t, and v versus x. Compare with the results of Example 2.4 to see if your results are reasonable.

2-11. Consider a particle of mass m whose motion starts from rest in a constant gravitational field. If a resisting force proportional to the square of the velocity (i.e., kmv^2) is encountered, show that the distance s the particle falls in accelerating from v_0 to v_1 is given by

$$s(v_0 \rightarrow v_1) = \frac{1}{2k}\ln\left[\frac{g - kv_0^2}{g - kv_1^2}\right]$$

2-12. A particle is projected vertically upward in a constant gravitational field with an initial speed v_0. Show that if there is a retarding force proportional to the square of the instantaneous speed, the speed of the particle when it returns to the initial position is

$$\frac{v_0 v_t}{\sqrt{v_0^2 + v_t^2}}$$

where v_t is the terminal speed.

2-13. A particle moves in a medium under the influence of a retarding force equal to $mk(v^3 + a^2v)$, where k and a are constants. Show that for any value of the initial speed the particle will never move a distance greater than $\pi/2ka$ and that the particle comes to rest only for $t \rightarrow \infty$.

2-14. A projectile is fired with initial speed v_0 at an elevation angle of α up a hill of slope $\beta(\alpha > \beta)$.
(a) How far up the hill will the projectile land?
(b) At what angle α will the range be a maximum?
(c) What is the maximum range?

2-15. A particle of mass m slides down an inclined plane under the influence of gravity. If the motion is resisted by a force $f = kmv^2$, show that the time required to move a distance d after starting from rest is

$$t = \frac{\cosh^{-1}(e^{kd})}{\sqrt{kg \sin \theta}}$$

where θ is the angle of inclination of the plane.

2-16. A particle is projected with an initial velocity v_0 up a slope that makes an angle α with the horizontal. Assume frictionless motion and find the time required for the particle to return to its starting position. Find the time for $v_0 = 2.4$ m/s and $\alpha = 26°$.

2-17. A strong softball player smacks the ball at a height of 0.7 m above home plate. The ball leaves the player's bat at an elevation angle of 35° and travels toward a fence 2 m high and 60 m away in center field. What must the initial speed of the softball be to clear the center field fence? Ignore air resistance.

2-18. Include air resistance proportional to the square of the ball's speed in the previous problem. Let the drag coefficient be $c_W = 0.5$, the softball radius be 5 cm and the mass be 200 g. **(a)** Find the initial speed of the softball needed now to clear the fence. **(b)** For this speed, find the initial elevation angle that allows the ball to most easily clear the fence. By how much does the ball now vertically clear the fence?

2-19. If a projectile moves such that its distance from the point of projection is always increasing, find the maximum angle above the horizontal with which the particle could have been projected. (Assume no air resistance.)

2-20. A gun fires a projectile of mass 10 kg of the type to which the curves of Figure 2-3 apply. The muzzle velocity is 140 m/s. Through what angle must the barrel be elevated to hit a target on the same horizontal plane as the gun and 1000 m away? Compare the results with those for the case of no retardation.

2-21. Show directly that the time rate of change of the angular momentum about the origin for a projectile fired from the origin (constant g) is equal to the moment of force (or torque) about the origin.

2-22. The motion of a charged particle in an electromagnetic field can be obtained from the **Lorentz equation**[21] for the force on a particle in such a field. If the electric field vector is **E** and the magnetic field vector is **B**, the force on a particle of mass m that

21) 예로서 Heald and Marion, *Classical Electromagnetic Radiation*(95, 1.7절)을 참조하라.

carries a charge q and has a velocity $\mathbf{v}$ is given by

$$\mathbf{F} = q\mathbf{E} + q\mathbf{v} \times \mathbf{B}$$

where we assume that $v \ll c$(speed of light).

(a) If there is no electric field and if the particle enters the magnetic field in a direction perpendicular to the lines of magnetic flux, show that the trajectory is a circle with radius

$$r = \frac{mv}{qB} = \frac{v}{\omega_c}$$

where $\omega_c \equiv qB/m$ is the *cyclotron frequency*.

(b) Choose the z-axis to lie in the direction of $\mathbf{B}$ and let the plane containing $\mathbf{E}$ and $\mathbf{B}$ be the yz–plane. Thus

$$\mathbf{B} = B\mathbf{k}, \quad \mathbf{E} = E_y\mathbf{j} + E_z\mathbf{k}$$

Show that the z component of the motion is given by

$$z(t) = z_0 + \dot{z}_0 t + \frac{qE_z}{2m}t^2$$

where

$$z(0) \equiv z_0 \quad \text{and} \quad \dot{z}(0) \equiv \dot{z}_0$$

(c) Continue the calculation and obtain expressions for $\dot{x}(t)$ and $\dot{y}(t)$. Show that the time averages of these velocity components are

$$\langle \dot{x} \rangle = \frac{E_y}{B}, \quad \langle \dot{y} \rangle = 0$$

(Show that the motion is periodic and then average over one complete period.)

(d) Integrate the velocity equations found in (c) and show (with the initial conditions $x(0) = -A/\omega_c$, $\dot{x}(0) = E_y/B$, $y(0) = 0$, $\dot{y}(0) = A$) that

$$x(t) = \frac{-A}{\omega_c}\cos\omega_c t + \frac{E_y}{B}t, \quad y(t) = \frac{A}{\omega_c}\sin\omega_c t$$

These are the parametric equations of a trochoid. Sketch the projection of the trajectory on the xy–plane for the cases (i) $A > |E_y/B|$, (ii) $A < |E_y/B|$, and (iii) $A = |E_y/B|$. (The last case yields a cycloid.)

2-23. A particle of mass $m = 1$ kg is subjected to a one-dimensional force $F(t) = kte^{-\alpha t}$, where $k = 1$ N/s and $\alpha = 0.5\ \text{s}^{-1}$. If the particle is initially at rest, calculate and plot with the aid of a computer the position, speed, and acceleration of the particle as a function of time.

2-24. A skier weighing 90 kg starts from rest down a hill inclined at 17°. He skis 100 m down the hill and then coasts for 70 m along level snow until he stops. Find the coefficient of kinetic friction between the skis and the snow. What velocity does the skier have at the bottom of the hill?

2-25. A block of mass $m = 1.62$ kg slides down a frictionless incline (Figure 2-A). The block is released a height $h = 3.91$ m above the bottom of the loop.

(a) What is the force of the inclined track on the block at the bottom (point A)?
(b) What is the force of the track on the block at point B?
(c) At what speed does the block leave the track?
(d) How far away from point A does the block land on level ground?
(e) Sketch the potential energy $U(x)$ of the block. Indicate the total energy on the sketch.

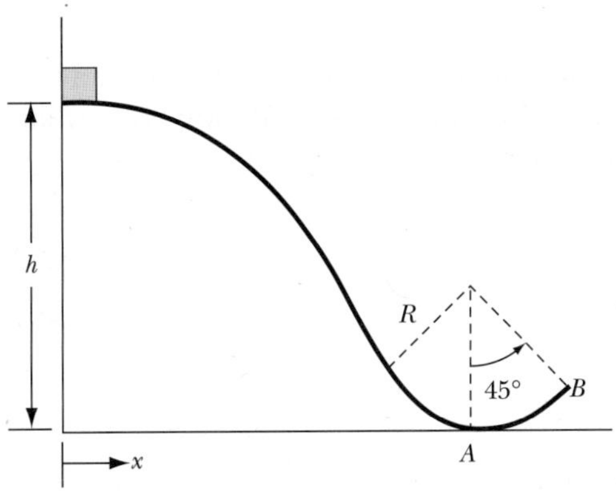

FIGURE 2-A Problem 2-25.

2-26. A child slides a block of mass 2 kg along a slick kitchen floor. If the initial speed is 4 m/s and the block hits a spring with spring constant 6 N/m, what is the maximum compression of the spring? What is the result if the block slides across 2 m of a rough floor that has $\mu_k = 0.2$?

2-27. A rope having a total mass of 0.4 kg and total length 4 m has 0.6 m of the rope hanging vertically down off a work bench. How much work must be done to place all the rope on the bench?

2-28. A superball of mass M and a marble of mass m are dropped from a height h with the marble just on top of the superball. A superball has a coefficient of restitution of nearly 1 (i.e., its collision is essentially elastic). Ignore the sizes of the superball and marble. The superball collides with the floor, rebounds, and smacks the marble, which moves back up. How high does the marble go if all the motion is vertical? How high does the superball go?

2-29. An automobile driver traveling down an 8% grade slams on his brakes and skids 30 m before hitting a parked car. A lawyer hires an expert who measures the coefficient of kinetic friction between the tires and road to be $\mu_k = 0.45$. Is the lawyer correct to accuse the driver of exceeding the 25-MPH speed limit? Explain.

2-30. A student drops a water-filled balloon from the roof of the tallest building in town trying to hit her roommate on the ground (who is too quick). The first student ducks back but hears the water splash 4.021 s after dropping the balloon. If the speed of sound is 331 m/s, find the height of the building, neglecting air resistance.

2-31. In Example 2.10, the initial velocity of the incoming charged particle had no component along the x-axis. Show that, even if it had an x component, the subsequent motion of the particle would be the same—that only the radius of the helix would be altered.

2-32. Two blocks of unequal mass are connected by a string over a smooth pulley (Figure 2-B). If the coefficient of kinetic friction is μ_k, what angle θ of the incline allows the masses to move at a constant speed?

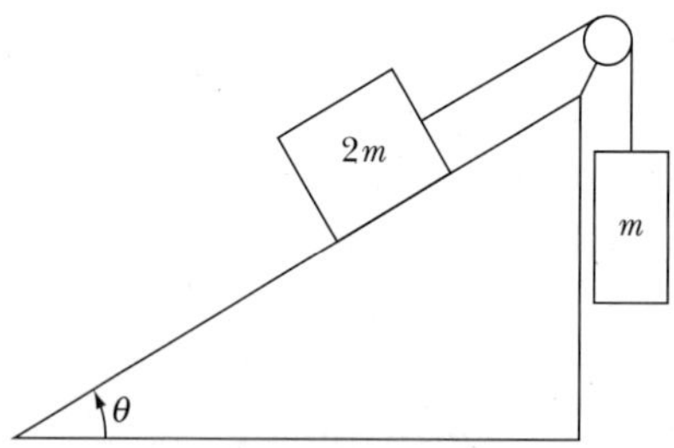

FIGURE 2-B Problem 2-32.

2-33. Perform a computer calculation for an object moving vertically in air under gravity and experiencing a retarding force proportional to the square of the object's speed (see Equation 2.21). Use variables m for mass and r for the object's radius. All the objects are dropped from rest from the top of a 100-m-tall building. Use a value of $c_W = 0.5$ and make computer plots of height y, speed v, and acceleration a versus t for the following conditions and answer the questions:
(a) A baseball of $m = 0.145$ kg and $r = 0.0366$ m.
(b) A ping-pong ball of $m = 0.0024$ kg and $r = 0.019$ m.
(c) A raindrop of $r = 0.003$ m.
(d) Do all the objects reach their terminal speeds? Discuss the values of the terminal velocities and explain their differences.
(e) Why can a baseball be thrown farther than a ping-pong ball even though the baseball is so much more massive?
(f) Discuss the terminal speeds of big and small raindrops. What are the terminal speeds of raindrops having radii 0.002 m and 0.004 m?

2-34. A particle is released from rest ($y = 0$) and falls under the influence of gravity and air resistance. Find the relationship between v and the distance of falling y when the air resistance is equal to **(a)** αv and **(b)** βv^2.

2-35. Perform the numerical calculations of Example 2.7 for the values given in Figure 2-8. Plot both Figures 2-8 and 2-9. Do not duplicate the solution in Appendix H; compose your own solution.

2-36. A gun is located on a bluff of height h overlooking a river valley. If the muzzle velocity is v_0, find the expression for the range as a function of the elevation angle of the gun. Solve numerically for the maximum range out into the valley for a given h and v_0.

2-37. A particle of mass m has speed $v = \alpha/x$, where x is its displacement. Find the force $F(x)$ responsible.

2-38. The speed of a particle of mass m varies with the distance x as $v(x) = \alpha x^{-n}$. Assume $v(x = 0) = 0$ at $t = 0$. **(a)** Find the force $F(x)$ responsible. **(b)** Determine $x(t)$ and **(c)** $F(t)$.

2-39. A boat with initial speed v_0 is launched on a lake. The boat is slowed by the water by a force $F = -\alpha e^{\beta v}$. **(a)** Find an expression for the speed $v(t)$. **(b)** Find the time and **(c)** distance for the boat to stop.

2-40. A particle moves in a two-dimensional orbit defined by

$$x(t) = A(2\alpha t - \sin \alpha t)$$
$$y(t) = A(1 - \cos \alpha t)$$

(a) Find the tangential acceleration a_t and normal acceleration a_n as a function of time where the tangential and normal components are taken with respect to the velocity.

(b) Determine at what times in the orbit a_n has a maximum.

2-41. A train moves along the tracks at a constant speed u. A woman on the train throws a ball of mass m straight ahead with a speed v with respect to herself. **(a)** What is the kinetic energy gain of the ball as measured by a person on the train? **(b)** by a person standing by the railroad track? **(c)** How much work is done by the woman throwing he ball and **(d)** by the train?

2-42. A solid cube of uniform density and sides of b is in equilibrium on top of a cylinder of radius R (Figure 2-C). The planes of four sides of the cube are parallel to the axis of the cylinder. The contact between cube and sphere is perfectly rough. Under what conditions is the equilibrium stable or not stable?

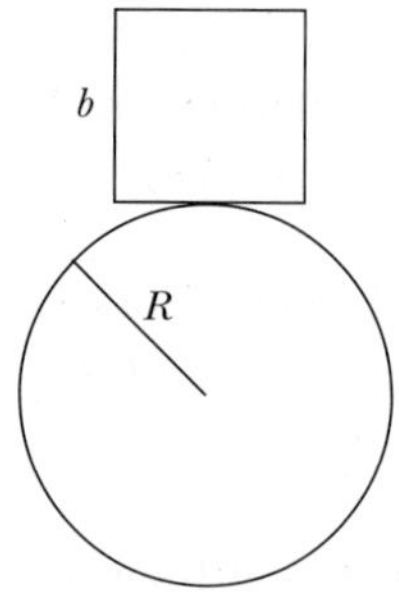

FIGURE 2-C Problem 2-42.

2-43. A particle is under the influence of a force $F = -kx + kx^3/\alpha^2$, where k and α are constants and k is positive. Determine $U(x)$ and discuss the motion. What happens when $E = (1/4)k\alpha^2$?

2-44. Solve Example 2.12 by using forces rather than energy. How can you determine whether the system equilibrium is stable or unstable?

2-45. Describe how to determine whether an equilibrium is stable or unstable when $(d^2U/dx^2)_0 = 0$.

2-46. Write the criteria for determining whether an equilibrium is stable or unstable when all derivatives up through order n, $(d^nU/dx^n)_0 = 0$.

2-47. Consider a particle moving in the region $x > 0$ under the influence of the potential

$$U(x) = U_0\left(\frac{a}{x} + \frac{x}{a}\right)$$

where $U_0 = 1$ J and $a = 2$ m. Plot the potential, find the equilibrium points, and determine whether they are maxima or minima.

2-48. Two gravitationally bound stars with equal masses m, separated by a distance d, revolve about their center of mass in circular orbits. Show that the period τ is proportional to $d^{3/2}$ (Kepler's Third Law) and find the proportionality constant.

2-49. Two gravitationally bound stars with unequal masses m_1 and m_2, separated by a distance d, revolve about their center of mass in circular orbits. Show that the period τ is proportional to $d^{3/2}$ (Kepler's Third Law) and find the proportionality constant.

2-50. According to special relativity, a particle of rest mass m_0 accelerated in one dimension by a force F obeys the equation of motion $dp/dt = F$. Here $p = m_0v/(1 - v^2/c^2)^{1/2}$ is the relativistic momentum, which reduces to m_0v for $v^2/c^2 \ll 1$. **(a)** For the case of constant F and initial conditions $x(0) = 0 = v(0)$, find $x(t)$ and $v(t)$.

(b) Sketch your result for $v(t)$. **(c)** Suppose that $F/m_0 = 10$ m/s^2 ($\approx g$ on Earth). How much time is required for the particle to reach half the speed of light and of 99% the speed of light?

2-51. Let us make the (unrealistic) assumption that a boat of mass m gliding with initial velocity v_0 in water is slowed by a viscous retarding force of magnitude bv^2, where b is a constant. **(a)** Find and sketch $v(t)$. How long does it take the boat to reach a speed of $v_0/1000$? **(b)** Find $x(t)$. How far does the boat travel in this time? Let m = 200 kg, v_0 = 2 m/s, and b = 0.2 Nm^{-2}s^2.

2-52. A particle of mass m moving in one dimension has potential energy $U(x) = U_0[2(x/a)^2 - (x/a)^4]$, where U_0 and a are positive constants. **(a)** Find the force $F(x)$, which acts on the particle. **(b)** Sketch $U(x)$. Find the positions of stable and unstable equilibrium. **(c)** What is the angular frequency ω of oscillations about the point of stable equilibrium? **(d)** What is the minimum speed the particle must have at the origin to escape to infinity? **(e)** At $t = 0$ the particle is at the origin and its velocity is positive and equal in magnitude to the escape speed of part **(d)**. Find $x(t)$ and sketch the result.

2-53. Which of the following forces are conservative? If conservative, find the potential energy $U(\mathbf{r})$. **(a)** $F_x = ayz + bx + c$, $F_y = axz + bz$, $F_z = axy + by$. **(b)** $F_x = -ze^{-x}$, $F_y = \ln z$, $F_z = e^{-x} + y/z$. **(c)** $\mathbf{F} = \mathbf{e}_r a/r$ (a, b, c are constants).

2-54. A potato of mass 0.5 kg moves under Earth's gravity with an air resistive force of $-kmv$. **(a)** Find the terminal velocity if the potato is released from rest and k = 0.01 s^{-1}. **(b)** Find the maximum height of the potato if it has the same value of k, but it is initially shot directly upward with a student-made potato gun with an initial velocity of 120 m/s.

2-55. A pumpkin of mass 5 kg shot out of a student-made cannon under air pressure at an elevation angle of 45° fell at a distance of 142 m from the cannon. The students used light beams and photocells to measure the initial velocity of 54 m/s. If the air resistive force was $F = -kmv$, what was the value of k?

제 3 장

진동

3.1 서론

1차원에서 움직이는 제한된 입자의 진동 운동을 생각하자. 이 입자의 안정된 평형위치가 존재하고 이 점을 원점이라고 가정할 때(2.6절 참조), 입자가 원점에서 (어느 한쪽으로) 변형될 경우에 이 입자를 원래의 위치로 되돌리려는 어떤 힘이 작용한다. 이 힘은 일반적으로 변위나 속도, 이보다 더 고차의 시간 도함수로 된 복잡한 함수이다. 여기서는 복원력 F가 변위의 함수인 경우만을 생각하자: $F = F(x)$.

이 복원력을 나타내는 함수 $F(x)$는 연속적인 미분계수를 가지고 테일러 급수로 전개할 수 있다고 하면, 다음과 같이 쓸 수 있다.

$$F(x) = F_0 + x\left(\frac{dF}{dx}\right)_0 + \frac{1}{2!}x^2\left(\frac{d^2F}{dx^2}\right)_0 + \frac{1}{3!}x^3\left(\frac{d^3F}{dx^3}\right)_0 + \cdots \tag{3.1}$$

여기서 F_0는 원점($x = 0$)에서 $F(x)$의 값이고, (d^nF/dx^n)은 원점에서 n차 미분계수의 값이다. 원점은 평형점으로 정의되기 때문에 F_0는 0이 된다. 여기서 지금 입자가 아주 조금 변위되는 경우를 생각한다고 하면, x^2 및 그 이상의 고차항은 생략해도 좋으므로 다음의 근사식을 얻는다.

$$\boxed{F(x) = -kx} \tag{3.2}$$

여기서 $k \equiv -(dF/dx)_0$이다. 복원력은 항상 평형위치(여기서는 원점)인 방향으로 작용하므로 미분계수 $(dF/dx)_0$는 음이고, 따라서 k는 양의 상수가 된다. 변위의 1차만이 $F(x)$에 존재하므로, 이 근사식에서 복원력은 선형 복원력이다.

식 (3.2)로 나타내는 물리계는 **훅의 법칙**(Hooke's Law)을 따르고, 이 법칙을 쓸 수 있는 물리적인 과정의 대부분은 탄성 변형에 관계되는 과정이다. 그래서 변위가 작고 탄성한도를 넘지 않는 한, 선형 복원력은 용수철, 탄성 용수철과 판 스프링 등의 문제에 쓸 수 있다. 그러나 자연에 나타나는 복원력은 모두 훅의 힘보다 복잡하므로, 이 계산들은 언제나 근사적이다. 선형력은 단지 편리한 근사이고, 이것을 쓸 수 있는 경우는 진동의 진폭이 작은 경우로 한정되어 있다는 사실에 항상 유의할 필요가 있다(연습문제 3-8 참조).

보통 마찰에 의해 일어나는 감쇠진동은 거의 다 자연에서 일어나는 종류의 진동이다. 이 장에서는 효과적으로 감쇠되는 계를 어떻게 설계하는지를 알아본다. 만약 외부로부터 어떤 메커니즘에 의해 감쇠매질이 흡수한 만큼 에너지를 계에 공급한다면 진동의 감쇠는 저해될 것이다. 이러한 운동을 **강제진동**(driven oscillation)이라고 한다. 보통 사인(sine)형인데 역학적 진동이나 전기계에의 응용이 매우 중요하다.

진동 현상은 물리학, 공학의 많은 영역에서 대단히 중요하기 때문에 선형 진동계에 관한 광범위한 논의가 계속되는 것이다. 이러한 계의 분석에서 선형 근사가 자주 사용된다. 이 방법의 유효성은 우리가 해석학적 분석을 보통 쓴다는 사실과 대단히 관계가 있다.

물리계를 더욱 신중하게 살펴볼 때 일반적으로 대다수가 비선형임을 알게 되는데, 이는 4장에서 논의한다.

3.2 조화 단진자

조화 단진자의 운동 방정식은 훅 법칙의 힘을 뉴턴 방정식 $F = ma$에 대입함으로써 얻어진다. 즉,

$$-kx = m\ddot{x} \tag{3.3}$$

다음 식을 정의하면

$$\omega_0^2 \equiv k/m \tag{3.4}$$

식 (3.3)은

$$\boxed{\ddot{x} + \omega_0^2 x = 0} \tag{3.5}$$

이 된다. 부록 C의 결과에 의해, 이 방정식의 해는 다음 형태 중 하나로 나타낼 수 있다.

$$x(t) = A\sin(\omega_0 t - \delta) \tag{3.6a}$$

$$x(t) = A\cos(\omega_0 t - \phi) \tag{3.6b}$$

여기서 위상각[1] δ와 ϕ는 물론 $\pi/2$만큼 다르다(위상각의 값을 바꾸는 것은 $t = 0$인 순간, 즉 시간 척도의 원점을 바꾸는 것에 대응한다). 식 (3.6)은 조화 단진자의 변위를 잘 아는 사인 함수로 나타낸 것이다.

다음에 진동자의 총 에너지와 그 진동의 진폭과의 관계를 구한다. 식 (3.6a)의 $x(t)$를 쓰면 입자의 운동 에너지는

$$T = \frac{1}{2}m\dot{x}^2 = \frac{1}{2}m\omega_0^2 A^2\cos^2(\omega_0 t - \delta)$$
$$= \frac{1}{2}kA^2\cos^2(\omega_0 t - \delta) \tag{3.7}$$

가 된다.

위치 에너지는 입자를 거리 x만큼 이동시키는 데 필요한 일을 계산하여 구한다. 복원력 F에 대해서 입자를 dx만큼 이동시키는 데 필요한 일의 양 dW는 다음과 같다.

$$dW = -F\,dx = kx\,dx \tag{3.8}$$

0부터 x까지 적분하고 입자에 행해지는 일을 위치 에너지와 같다고 놓으면

1) 기호 δ는 위상각을 나타내는 데 잘 쓰인다. 그 값은 지정되든가 혹은 응용하는 과정에서 결정된다. 이 장에서는 방정식을 사용할 때 주의해야 한다. 왜냐하면 δ의 의미가 경우에 따라 다를 수 있기 때문이다. 다른 방정식을 사용할 때는 δ_1, δ_2 같이 첨자를 붙이는 것이 좋다.

$$U = \frac{1}{2} kx^2 \tag{3.9}$$

이 된다. 그러면

$$U = \frac{1}{2} kA^2 \sin^2(\omega_0 t - \delta) \tag{3.10}$$

가 되므로, T와 U를 결합하면 총 에너지 E는

$$E = T + U = \frac{1}{2} kA^2[\cos^2(\omega_0 t - \delta) + \sin^2(\omega_0 t - \delta)]$$

$$\boxed{E = T + U = \frac{1}{2} kA^2} \tag{3.11}$$

이 되고 **진폭의 제곱**에 비례하는데, 이것은 선형계에서는 일반적으로 성립하는 결과이다. E는 시간에 무관함을 주의하라. 즉, 에너지는 보존된다(마찰에 의한 손실이 없는 계를 생각해왔으므로 에너지 보존은 물론 보증된다).

진동의 주기 τ_0는 한 개의 입자가 계속 반복해서 같은 위치와 운동 방향을 취하는 시간 간격으로 정의되고, 식 (3.6a)의 sin의 변수가 2π만큼 증가할 때 생긴다. 그래서

$$\omega_0 \tau_0 = 2\pi \tag{3.12}$$

따라서

$$\tau_0 = 2\pi\sqrt{\frac{m}{k}} \tag{3.13}$$

이 식에서, 또는 식 (3.6)에서도 ω_0가 진동의 **각진동수**(angular frequency)를 나타내는 것은 명백하고 **진동수**(frequency) ν_0와 각진동수는 다음과 같은 관계가 있다.[2)]

$$\omega_0 = 2\pi\nu_0 = \sqrt{\frac{k}{m}} \tag{3.14}$$

$$\nu_0 = \frac{1}{\tau_0} = \frac{1}{2\pi}\sqrt{\frac{k}{m}} \tag{3.15}$$

2) 앞으로 각진동수를 ω(단위: 단위시간당 라디안)로, 진동수를 ν(단위: 단위시간당 진동 혹은 헤르츠)로 표시한다. ω는 '각진동수'로 쓰이지만 가끔 단순히 '진동수'라고 말할 때도 있다.

조화 단진자의 주기는 진폭(또는 총 에너지)과 무관함에 주의하라. 이 성질을 나타내는 계를 **등시성**(isochronous)을 갖는다고 한다.

많은 문제에서 단진자가 가장 좋은 예이지만 운동 방정식은 $\ddot{\theta} + \omega_0^2 \sin\theta = 0$ 같이 나타나며, 이때 θ는 평형상태에서의 각도 변위이고 $\omega_0 = \sqrt{g/\ell}$이다. 여기서 ℓ은 진자의 길이를 나타낸다. 이 미분 방정식을 **미소 진동**(small oscillation)이란 가정을 함으로써 조화 단진동을 기술하는 것으로 만들 수 있다. 만약 평형 상태 근처에서의 진동이 작다고 하면 $\sin\theta$와 $\cos\theta$를 지수급수로 전개(부록 A 참조)하고 중요한 낮은 지수항만을 남긴다. 즉, $\sin\theta \simeq \theta$ 및 $\cos\theta \simeq 1 - \theta^2/2$이다. 여기서 θ는 라디안으로 측정한다. 단진자에 미소 진동 근사를 적용한다면 운동 방정식은 $\ddot{\theta} + \omega_0^2\theta = 0$이 되는데, 이것이 조화 단진동을 나타내는 방정식이다. 이 책 전체를 통해, 또한 문제에서도 이 가정을 채택한다.

예제 3.1

면 위의 한 점 주위로 질량이 m이고 반지름이 R인 고체구의 각속도와 진동주기를 구하라(그림 3-1 참조).

풀이

주축점에 대한 구의 회전관성 모멘트를 I라 하자. 일반 물리학에서 구의 중심을 지나는 축 주위의 회전관성 모멘트는 $2/5\ mR^2$임을 배웠다. 평행축 정리를 사용하면 면 위에서 주축점 주위의 회전관성 모멘트는 $2/5\ mR^2 + mR^2 = 7/5\ mR^2$이 된다. 질량중심(구의 중심)이 주축점 바로 아래에 매달릴 때에 구는 평형위치가 된다. 중력 $F = mg$가 구를 각 θ로 좌우로 진동시키면서 구는 평형위치로 되돌아간다. 구의 토크는 $N = I\alpha$이고, $\alpha = \ddot{\theta}$는 각가속도이다. 토크는 $\mathbf{N} = \mathbf{R} \times \mathbf{F}$이므로 $N = RF\sin\theta = Rmg\sin\theta$이다. 작은 진동일 때는 $N = Rmg\,\theta$가 되고, 이 경우에 운동 방정식은 θ가 증가할 때 $\ddot{\theta}$는 음수이므로 $I\ddot{\theta} = -Rmg\,\theta$가 된다. θ에 대한 운동 방정식을 풀면 다음과 같다.

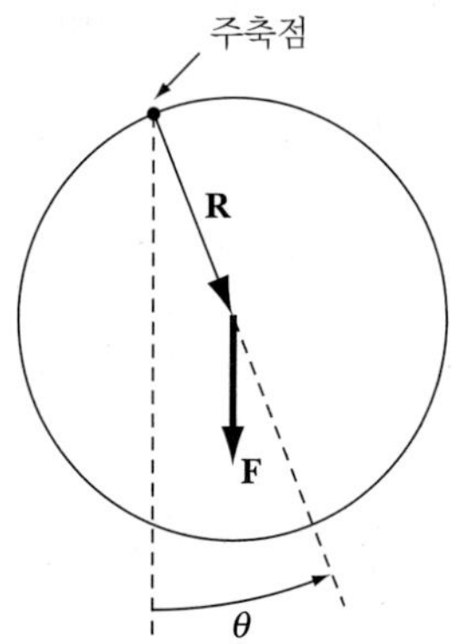

그림 3-1 예제 3.1. 물리 진자(공)

$$\ddot{\theta} + \frac{Rmg}{I}\theta = 0$$

이 방정식은 식 (3.5)와 비슷하고, 식 (3.14)와 식 (3.15)에서 각진동수와 주기에 대한 해를 얻는다.

$$\omega = \sqrt{\frac{Rmg}{I}} = \sqrt{\frac{Rmg}{\frac{7}{5}mR^2}} = \sqrt{\frac{5g}{7R}}$$

$$\tau = 2\pi\sqrt{\frac{I}{Rmg}} = 2\pi\sqrt{\frac{\frac{7}{5}mR^2}{Rmg}} = 2\pi\sqrt{\frac{7R}{5g}}$$

질량 m은 포함되지 않음에 유의하라. 질량중심까지의 거리 R만이 진동주기를 결정한다.

3.3 2차원 조화진동

다음으로 두 자유도를 가진 입자의 운동을 생각하자. 복원력이 원점에 위치한 힘의 중심에서 입자까지의 거리에 비례하고 원점을 향할 경우에, 힘은 다음과 같다.

$$\mathbf{F} = -k\mathbf{r} \tag{3.16}$$

극좌표를 써서 이것을 성분으로 분해하면

$$\left.\begin{aligned} F_x &= -kr\cos\theta = -kx \\ F_y &= -kr\sin\theta = -ky \end{aligned}\right\} \tag{3.17}$$

가 되고, 운동 방정식은

$$\left.\begin{aligned} \ddot{x} + \omega_0^2 x = 0 \\ \ddot{y} + \omega_0^2 y = 0 \end{aligned}\right\} \tag{3.18}$$

으로 쓴다. 여기서 전과 같이 $\omega_0^2 = k/m$으로 놓는다. 그러면 해는

$$\left.\begin{aligned} x(t) &= A\cos(\omega_0 t - \alpha) \\ y(t) &= B\cos(\omega_0 t - \beta) \end{aligned}\right\} \tag{3.19}$$

가 되고, 운동은 각각 두 방향의 조화 단진동이 된다. 그 경우에 진동수는 같으나, 진폭과 위상은 다를 수 있다. 다음에 식 (3.19)의 두 식에서 시간 t를 소거하면, 입자의 궤도 방정식을 얻는다. 먼저

$$y(t) = B\cos[\omega_0 t - \alpha + (\alpha - \beta)]$$
$$= B\cos(\omega_0 t - \alpha)\cos(\alpha - \beta) - B\sin(\omega_0 t - \alpha)\sin(\alpha - \beta) \quad (3.20)$$

라 쓰고, $\delta \equiv \alpha = \beta$를 정의하고 $\cos(\omega_0 t - \alpha) = x/A$를 쓰면

$$y = \frac{B}{A}x\cos\delta - B\sqrt{1 - \left(\frac{x^2}{A^2}\right)}\sin\delta$$

또는

$$Ay - Bx\cos\delta = -B\sqrt{A^2 - x^2}\sin\delta \quad (3.21)$$

를 얻고, 이를 제곱하면

$$A^2y^2 - 2ABxy\cos\delta + B^2x^2\cos^2\delta = A^2B^2\sin^2\delta - B^2x^2\sin^2\delta$$

즉,

$$B^2x^2 - 2ABxy\cos\delta + A^2y^2 = A^2B^2\sin^2\delta \quad (3.22)$$

가 된다. δ가 $\pm\pi/2$일 때는 다음과 같이 잘 아는 타원의 방정식이 된다.

$$\frac{x^2}{A^2} + \frac{y^2}{B^2} = 1, \qquad \delta = \pm\pi/2 \quad (3.23)$$

또한 진폭이 같고 $A = B$, $\delta = \pm\pi/2$이면 다음과 같은 원의 방정식을 얻는다.

$$x^2 + y^2 = A^2, \qquad A = B\text{이고 } \delta = \pm\pi/2\text{인 경우} \quad (3.24)$$

또 δ가 0일 때는

$$B^2x^2 - 2ABxy + A^2y^2 = 0, \qquad \delta = 0$$

이므로, 인수 분해하면

$$(Bx - Ay)^2 = 0$$

즉, 다음과 같은 직선의 방정식이 된다.

$$y = \frac{B}{A}x, \qquad \delta = 0 \quad (3.25)$$

마찬가지로, $\delta = \pm\pi$이면 다음과 같이 기울기가 음인 직선이 된다.

$$y = -\frac{B}{A}x, \qquad \delta = \pm\pi \quad (3.26)$$

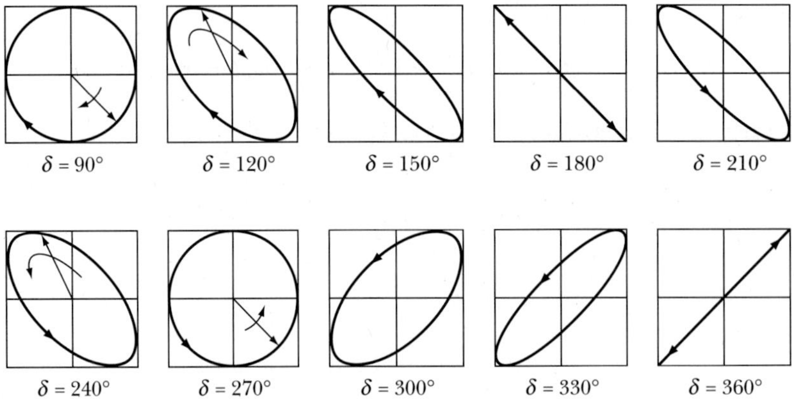

그림 3-2 다양한 위상각 $\delta = \alpha - \beta$에 대한 2차원 조화진동 운동

그림 3-2의 곡선들은 식 (3.22)가 $A = B$이고 $\delta = 90°$ 또는 $270°$인 경우에 원이 되고, $\delta = 180°$ 또는 $360°(0°)$인 경우에는 직선이 되며, 그 밖의 δ 값인 경우에 타원이 됨을 보여준다.

2차원 진동의 일반적인 경우에 x방향과 y방향 운동에 대한 각진동수는 같지 않으므로 식 (3.19)는

$$\left.\begin{aligned} x(t) &= A\cos(\omega_x t - \alpha) \\ y(t) &= B\cos(\omega_y t - \beta) \end{aligned}\right\} \tag{3.27}$$

가 된다. 운동의 궤도는 이제 타원이 아니고 **리사주 곡선**(Lissajous curve)[3]이 된다. 이 경우에 만일 운동이 규칙적인 시간 간격으로 반복되면 곡선은 닫힌다. 이것은 ω_x와 ω_y가 약분할 수 있는, 즉 ω_x/ω_y가 유리수일 때만 가능하고 그림 3-3에 $\omega_y = \frac{3}{4}\omega_x$(또한 $\alpha = \beta$)인 경우를 나타내었다. 진동수의 비가 유리수가 아닐 경우에는 곡선이 열린다. 즉, 운동하고 있는 입자는 같은 점을 동일 속도로 두 번 지나지 않는다. 그렇기 때문에 충분히 긴 시간이 지나면 곡선은 $2A \times 2B$의 직사각형 속의 주어진 어떤 점에도 얼마든지 가깝게 지나게 되어, 드디어는 곡선이 직사각형 속을 채운다.[4]

2차원 진동자는 무한소 변화가 운동의 모양을 성질적으로 변하게 하는 계의 한 예가 된다. 진동수의 비가 유리수인 경우 운동은 닫힌 궤도를 따르나, 진동수의 비가 유리수에서 무한소만큼이라도 다르면 궤도는 더 이상 닫히지 않고 그 구형을 채우게 된다. 그래서 궤도가 닫히려면 진동수의 비가 무한의 정밀도로 유리수가 되어야 한다.

또한 x방향과 y방향의 진동수가 다른 경우 리사주 곡선의 형태는 위상차 $\delta \equiv \alpha - \beta$에 크게 의존한다. 그림 3-4에는 $\omega_y = 2\omega_x$일 때 위상차가 $0, \pi/3, \pi/2$인 경우를 나타내었다.

3) 프랑스의 물리학자 쥘 리사주(Jules Lissajous, 1822~1880)가 1857년 처음으로 그렸다.

4) 예를 들면 Haag(Ha62, p. 36)가 증명했다.

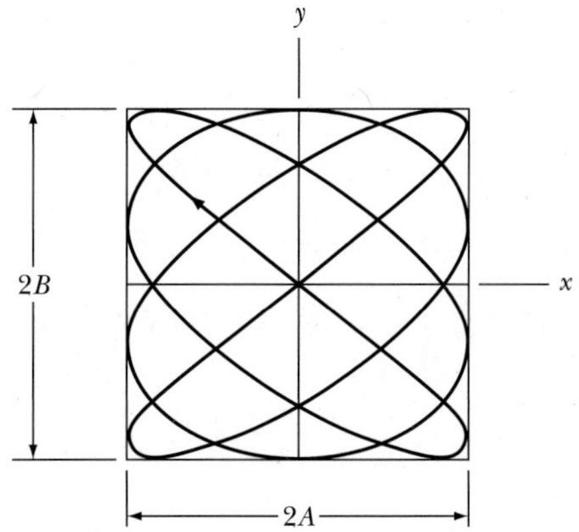

그림 3-3 (리사주 곡선이라 부르는) 2차원의 닫힌 진동 운동은 x와 y 좌표의 정해진 조건에서 일어난다.

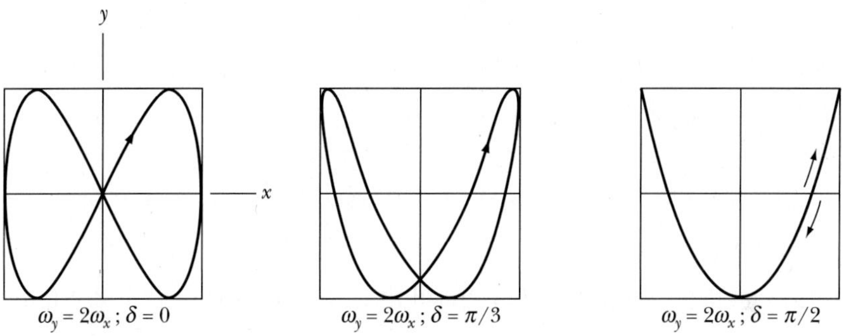

그림 3-4 위상차 δ에 크게 의존하는 리사주 곡선

3.4 위상도

앞의 3.2절에서 논의했듯이, 1차원 진동자의 운동 상태는 두 개의 양(변위 $x(t_0)$와 속도 $\dot{x}(t_0)$)이 주어지면 시간의 함수로서 완전히 정해진다(운동에 대한 미분 방정식이 2차이므로 두 양이 필요하다). 그런데 이 $x(t)$와 $\dot{x}(t)$는 **위상공간**(phase space)이라는 2차원 공간에서 한 점의 좌표로 생각할 수 있다(2차원인 경우에 위상공간은 물론 위상평면이나, 자유도 n인 일반적인 진동자의 경우 위상공간은 $2n$차원 공간이다). 이 진동입자의 상태를 나타내는 점 $P(x, \dot{x})$는 시간의 경과와 함께 어떤 위상 궤도를 따라 움직인다. 그래서 초기 조건이 다르면, 진동자의 운동은 다른 위상 궤도로 나타나고, 어떤 궤도도 어떤 초기 조건에서의 진동자의 시간적인 변화를 완전하게 나타내고 있다. 가능한 모든 위상 궤도를 모으면, 진동자의 **위상상**(位相像,

phase portrait) 또는 **위상도**(phase diagram)가 이루어진다.[5)]

앞 절의 결과에 따라 조화 단진자에 대해서

$$x(t) = A \sin(\omega_0 t - \delta) \tag{3.28a}$$

$$\dot{x}(t) = A\omega_0 \cos(\omega_0 t - \delta) \tag{3.28b}$$

이므로, 이 식들로부터 t를 소거하면 다음과 같은 궤도 방정식을 얻는다.

$$\frac{x^2}{A^2} + \frac{\dot{x}^2}{A^2\omega_0^2} = 1 \tag{3.29}$$

이 방정식은 그림 3-5에서 보는 바와 같이 타원군을 나타낸다.[6)] 그런데 진동자의 총 에너지 E는 $\frac{1}{2}kA^2$(식 (3.11))이고 또 $\omega_0^2 = k/m$이므로, 식 (3.29)는

$$\frac{x^2}{2E/k} + \frac{\dot{x}^2}{2E/m} = 1 \tag{3.30}$$

로 쓸 수 있고, 결국 어떤 위상 궤도도 진동자의 어떤 정해진 총 에너지에 대응하는 것이다. 이 결과는 이 계가 보존계이므로 예상된다(즉, E = 일정).

또한 어떤 위상 궤도도 서로 교차하지 않는다. 만일 교차한다면 주어진 한 조의 초기 조건 $x(t_0)$, $\dot{x}(t_0)$(즉, 교점의 좌표)하에서 두 개의 다른 위상 궤도에 대한 운동이 가능해지나, 미분 방정식의 해는 한 개밖에 없으므로 이것은 불가능하다.

만일 위상평면의 좌표축을 그림 3-5와 같이 취하면, 속도 $\dot{x}$는 $x > 0$이면 항상 감소하고 $x < 0$이면 항상 증가하므로 **대표점**(representative point) $P(x, \dot{x})$는 항상 시계 방향으로 돈다.

그런데 $x(t)$ 및 $\dot{x}(t)$에 관한 식 (3.28)을 얻으려면 2차 미분 방정식(식 (3.5))

$$\frac{d^2x}{dt^2} + \omega_0^2 x = 0 \tag{3.31}$$

을 풀어야 하나, 이 식 (3.31)은 두 방정식

$$\frac{dx}{dt} = \dot{x}, \quad \frac{d\dot{x}}{dt} = -\omega_0^2 x \tag{3.32}$$

로 대치할 수 있으므로, 위상 궤도의 식은 더 간단한 방법으로 얻어진다. 즉, 식 (3.32)의 제2식을 제1식

---

5) 이런 논의는 진동입자나 진동계에만 국한되지 않는다. 위상공간 개념은 물리학의 많은 분야, 특히 통계역학에서 광범위하게 응용된다.

6) 위상평면의 좌표는 $\dot{x}$ 대신 $\dot{x}/\omega_0$를 택한다. 그러면 위상 궤도는 원이 된다.

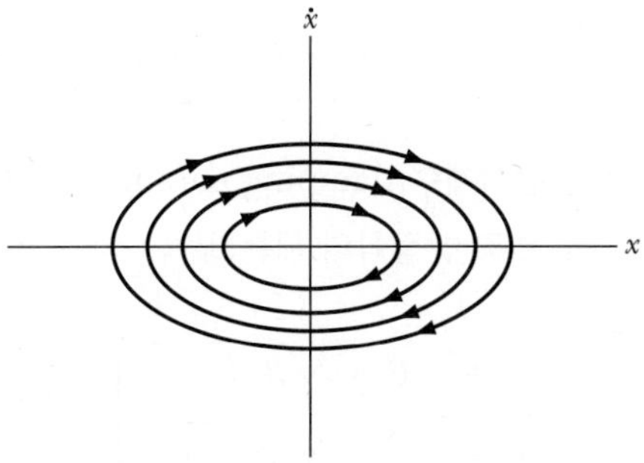

그림 3-5 총 에너지(E)의 변화에 따른 단조화 진동의 위상도

으로 나누면

$$\frac{d\dot{x}}{dx} = -\omega_0^2 \frac{x}{\dot{x}} \tag{3.33}$$

가 되나, 이것은 $\dot{x} = \dot{x}(x)$에 관한 1차 미분 방정식으로 그 해는 바로 식 (3.29)이다. 물론 조화 단진자의 경우에는 2차 미분 방정식을 풀어서 일반해를 구하는 것이 쉬우나, 더욱 복잡한 경우에는 $x(t)$를 구하지 않고 직접 위상 궤도의 식 $\dot{x} = \dot{x}(x)$를 구하는 편이 쉬울 때가 있다.

3.5 감쇠진동

조화 단진자가 행하는 운동을 **자유진동**(free oscillation)이라 하고, 그 경우에 한번 진동이 시작하면 멈추지 않는다. 물론 이것은 현실의 경우를 너무 단순화하고 있고 실제로는 분산력이나 마찰력 때문에 진동은 감쇠하고 결국은 멈춘다. 그런데 운동 방정식에 감쇠력의 항을 도입할 수 있고, 감쇠력이 일반적으로 변위에 의존해야 한다는 것은 합리적으로 보이지 않으나, 속도의 함수이거나 변위의 고차원 시간 미분의 함수일 수 있다. 감쇠력은 속도의 선형 함수[7] $\mathbf{F}_d = \alpha\mathbf{v}$로 가정하는 경우가 많지만, 여기서는 1차원 감쇠진동을 고려하여 $-b\dot{x}$로 감쇠항을 나타낸다. 계수 b는 힘이 실제로 저항력이 되도록 양수여야 한다($b < 0$인 경우에 힘 $-b\dot{x}$는 어떠한 저항력이 작용할 때 속력을 감소시키는 대신에 증가시키도록 작용한다). 이리하여 질량 m의 입자가 선형 복원력 $-kx$와 저항력 $-b\dot{x}$의 작용을 받아 운동할 경우에, 그 운동을 기술하는 미분 방정식은

$$m\ddot{x} + b\dot{x} + kx = 0 \tag{3.34}$$

이고, 이 식은

7) 감쇠력의 속도 의존에 관한 논의는 2.4절을 참조하라.

$$\ddot{x} + 2\beta\dot{x} + \omega_0^2 x = 0 \tag{3.35}$$

으로 써도 좋다. 여기서 $\beta \equiv b/2m$은 **감쇠계수**(damping parameter)이고, $\omega_0 = \sqrt{k/m}$은 감쇠가 없는 경우의 고유 각진동수이다. 이 경우에 보조 방정식의 해는(부록 C의 식 (C.8) 참조)

$$\left.\begin{aligned} r_1 &= -\beta + \sqrt{\beta^2 - \omega_0^2} \\ r_2 &= -\beta - \sqrt{\beta^2 - \omega_0^2} \end{aligned}\right\} \tag{3.36}$$

이 되므로, 식 (3.35)의 일반해는 다음과 같다.

$$x(t) = e^{-\beta t}\left[A_1 \exp\left(\sqrt{\beta^2 - \omega_0^2}\,t\right) + A_2 \exp\left(-\sqrt{\beta^2 - \omega_0^2}\,t\right)\right] \tag{3.37}$$

이 해에 대해 일반적으로 세 가지 경우를 생각한다.

과소감쇠(underdamping): $\omega_0^2 > \beta^2$
임계감쇠(critical damping): $\omega_0^2 = \beta^2$
과대감쇠(overdamping): $\omega_0^2 < \beta^2$

세 가지 운동은 특정한 초기 조건에 대해 그림 3-6에 나타내었고, 과대감쇠의 경우에만 진동이 나타난다. 여기서는 이 세 가지 경우를 각각 설명할 것이다.

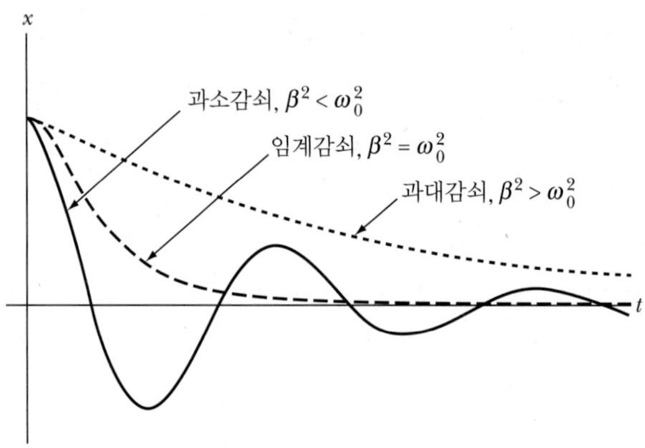

그림 3-6 세 가지 감쇠 경우의 감쇠 진동자 운동

과소감쇠진동

이 경우에

$$\omega_1^2 \equiv \omega_0^2 - \beta^2 \tag{3.38}$$

으로 정의하면 편리하다. 단, $\omega_1^2 > 0$이므로, 식 (3.37)의 각괄호 속의 지수는 허수가 되고, 해는

$$x(t) = e^{-\beta t}\left[A_1 e^{i\omega_1 t} + A_2 e^{-i\omega_1 t}\right] \tag{3.39}$$

이 식은 또한

$$x(t) = Ae^{-\beta t}\cos(\omega_1 t - \delta) \tag{3.40}$$

로 쓸 수 있다.[8)]

이 ω_1을 감쇠 진동자의 **각진동수**라 한다. 감쇠가 있는 경우에는 운동이 주기적이 아니므로, 즉 진동자가 어떤 점을 같은 속도로 반복해서 지나지 않으므로, 엄밀하게 말하면 진동수라고 하는 것은 정의할 수 없다. 그러나 T_1이 인접한 x축을 통과하는 시간이라면 $\omega_1 = 2\pi/(2T_1)$이므로 각진동수 ω_1은 주어진 주기 동안 의미를 갖게 된다. 이 경우 '주기'는 T_1이 아니라 $2T_1$임에 주의하라. 간단히 하기 위해 ω_1을 감쇠 진동자의 '각진동수'라고 하고, 이 값이 감쇠가 없을 때의 진동수보다 작다($\omega_1 < \omega_0$)는 점에 유의하라. 만일 감쇠가 작으면

$$\omega_1 = \sqrt{\omega_0^2 - \beta^2} \cong \omega_0$$

가 되므로 **진동수**라는 말을 사용하나, $\beta = 0$이 아닌 한 그 의미는 정확하지 않다.

감쇠 진동자의 최대 진폭은 $\exp(-\beta t)$ (단, $\beta > 0$)를 포함하므로 시간과 함께 감소하고, 그것을 나타내는 시간에 대한 변위 곡선의 포락선(包絡線, envelope)은 다음과 같이 주어진다.

$$x_{\text{en}} = \pm Ae^{-\beta t} \tag{3.41}$$

이 포물선을 변위 곡선과 함께 $\beta = 0$인 경우에 그림 3-7에 나타내었다. 이 그림에서 보는 바와 같이 감쇠 운동($\beta = 0$)에 대해서 사인 곡선이다. 감쇠인 경우의 진동수가 감쇠가 없는 경우의 진동수보다 작다(즉, 주기는 같다)는 사실은 두 곡선을 비교해보면 명백하다. 두 개의 인접한 점에서의 진폭의 비는 다음과 같다.

$$\frac{Ae^{-\beta T}}{Ae^{-\beta(T+\tau_1)}} = e^{\beta\tau_1} \tag{3.42}$$

단, 인접한 접점 중에서 최초의 것은 $t = T$에서 생기고, 접점 사이의 시간은 $\tau_1 = 2\pi/\omega_1$이다. $\exp(\beta\tau_1)$을 진동의 **감쇠율**(decrement)이라 하고, $\exp(\beta\tau_1)$의 로그값, 즉 $\beta\tau_1$을 진동의 **대수 감쇠율**(logarithmic

8) 부록 D의 연습문제 D-6을 참조하라.

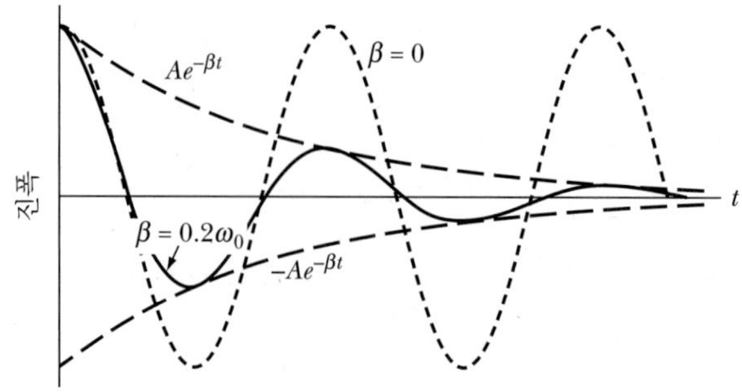

그림 3-7 과소감쇠(실선) 운동은 지수형 포락선(긴 점선) 안에서 감소하는 진동 운동(짧은 점선)이다.

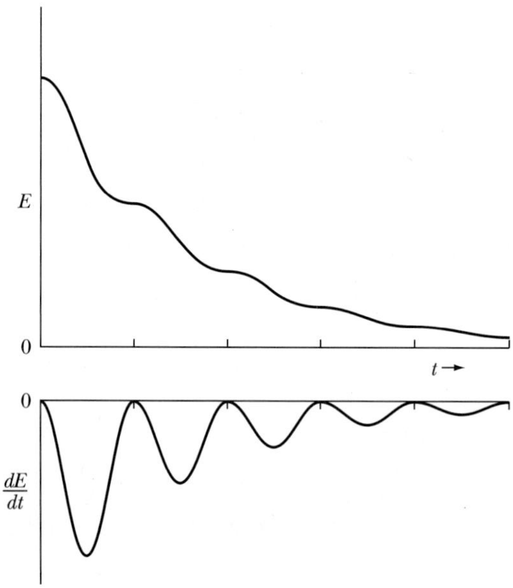

그림 3-8 감쇠 진동자에 대한 총 에너지와 에너지 손실률

decrement)이라 한다.

이미 언급한 조화 단진자와는 달리 진동자의 에너지는 시간에 따라 일정하지 않다. 오히려 에너지는 감쇠매질에 계속적으로 전해져서 열로(또는 아마도 유체 파동의 형태로 복사되어) 사라진다. 에너지 손실률은 속도의 제곱에 비례하여(연습문제 3-11 참조) 에너지의 감소는 일정하게 일어나지 않는다. 입자가 평형 위치(정확하지는 않지만) 근처에서 최대 속도를 이룰 때 에너지 손실률은 최대가 되며, 그 입자가 최대 진폭일 때 속도는 0이 되고 에너지 손실률은 동시에 사라진다. 감쇠 진동자에 대한 총 에너지와 에너지 손실률은 그림 3-8에 나타내었다.

예제 3.2

감쇠 진동자에 대한 일반 위상도를 해석학적으로 만들어라. 그리고 컴퓨터를 이용하여 x와 $\dot{x}$를 t의 함수로 그린 다음에 $A = 1$ cm, $\omega_0 = 1$ rad/s, $\beta = 0.2\ \mathrm{s}^{-1}$, $\delta = \pi/2$ rad일 때의 위상도를 그려라.

풀이

먼저 변위와 속도에 대한 식을 쓴다.

$$x(t) = Ae^{-\beta t}\cos(\omega_1 t - \delta)$$
$$\dot{x}(t) = -Ae^{-\beta t}[\beta\cos(\omega_1 t - \delta) + \omega_1\sin(\omega_1 t - \delta)]$$

이 식들은 다음과 같은 1차 변환으로 변수를 변환해서 쉽게 알 수 있는 형태로 바꿀 수 있다.

$$u = \omega_1 x, \quad w = \beta x + \dot{x}$$

그러면

$$u = \omega_1 Ae^{-\beta t}\cos(\omega_1 t - \delta)$$
$$w = -\omega_1 Ae^{-\beta t}\sin(\omega_1 t - \delta)$$

가 되나, u와 w를 극좌표(그림 3-9)

$$\rho = \sqrt{u^2 + w^2}, \qquad \phi = \omega_1 t$$

로 나타내면, 로그적 나선의 식

$$\rho = \omega_1 Ae^{-(\beta/\omega_1)\phi}$$

을 얻는다. x, $\dot{x}$에서 u, w로의 변환은 1차 변환이므로, 위상평면에서의 위상 궤도의 모양과 u-w평면(그림

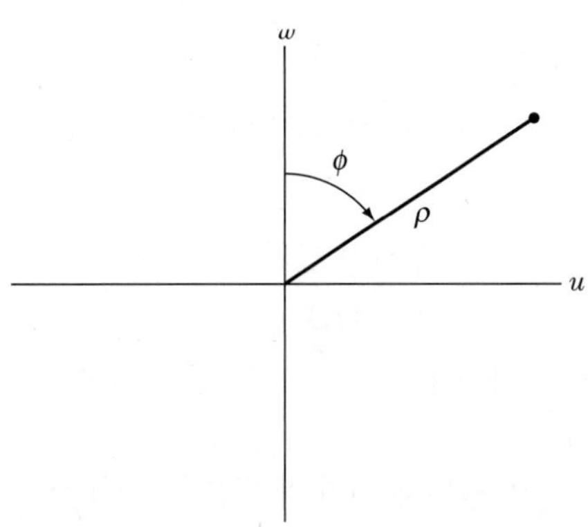

그림 3-9 예제 3.2

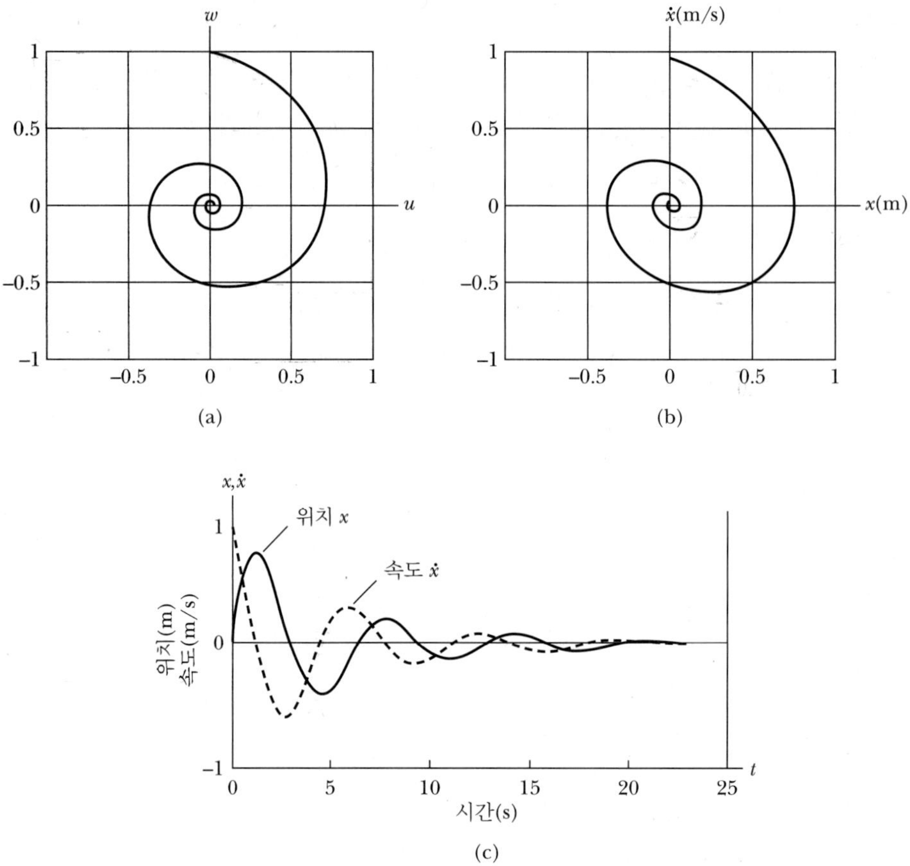

그림 3-10 예제 3.2의 결과. (a) w, u 좌표 (b) $\dot{x}$, x 좌표 (c) 위치와 속력-시간에 대한 위상 궤도. 나선형 위상 궤도는 과소감쇠 진동자의 특성이다.

3-10a) 및 $\dot{x}$-x평면(그림 3-10b)에서의 그것과 같게 된다. 두 개 다 감쇠 진동자의 나선형 위상 궤도를 보이고 있다. 위상평면에서 대표점의 반지름 벡터 크기가 연속적으로 감소하는 것은 진동자가 감쇠 운동을 하고 있음을 보인 것이다.

실제 수치 계산은 컴퓨터를 이용하여 여러 가지 방법으로 실행할 수 있다. 좋은 그래픽 프로그램을 내장한 시중에 나와 있는 소프트웨어를 택하여 $A = 1, \beta = 0.2, k = 1, m = 1, \delta = \pi/2$로 계산한 결과를 그림 3-10에 나타내었다. 특별한 δ 값에 대해, $t = 0$일 때 진폭은 $x = 0$이지만 $\dot{x}$는 큰 양수의 값을 가지며 결국은 2 s에서 약 0.7 m라는 최대치까지 x를 끌어올린다(그림 3-10c). 약한 감쇠계수 β는 계가 나선적으로 0에 접어들기 전에 0 주변에서 수차례 진동하게 한다(그림 3-10c). x가 최종적으로 그 최대 진폭의 10^{-3}보다 작아지기 전에 계는 $x = 0$ 선을 11번 횡단한다. 그림 3-10b의 위상도는 실제 궤도를 나타내고 있다.

임계감쇠진동

감쇠력이 충분히 큰(만일 $\beta^2 > \omega_0^2$) 경우 계는 진동하지 않게 되고, 초기 속도가 0인 경우 변위는 그 초기 값에서 평형점($x = 0$)까지 일정하게 감소한다. **임계감쇠**(critical damping)는 β^2이 ω_0^2과 똑같을 때 생긴다. 그래서 보조 방정식의 두 근은 같고, 함수 x는 다음과 같이 쓸 수 있다(부록 C의 식 (C.11) 참조).

$$x(t) = (A + Bt)e^{-\beta t} \tag{3.43}$$

초기 속도가 0인 경우 임계감쇠의 변위 곡선을 그림 3-6에 나타내었다. 임계감쇠 진동자는 주어진 초기 조건에 대해서, 과대감쇠나 과소감쇠의 어떤 경우보다도 더 급속하게 평형점에 도달한다. 따라서 어떤 실용적인 진동계에서 계가 가능한 한 빨리 평형 상태로 돌아오기를 바라는 물건(예: 전류계)을 설계할 때 이 사실이 중요하다. 기압통식각막 문닫히기 시스템(pneumatic-tube screen-door closure system)이 임계감쇠 디바이스의 좋은 예이다. 만약 문닫히기가 과소감쇠라면 용수철로 된 문처럼 세게 닫힐 것이다. 과대감쇠라면, 문이 닫히는 데 쓸데없이 긴 시간을 요할 것이다.

과대감쇠진동

만약 감쇠계수 β가 ω_0보다 크다면, 과대감쇠하는 결과를 낳는다. $\beta^2 > \omega_0^2$이므로 식 (3.37)의 각괄호 속 지수는 실수가 되고

$$x(t) = e^{-\beta t}[A_1 e^{\omega_2 t} + A_2 e^{-\omega_2 t}] \tag{3.44}$$

을 얻는다. 여기서

$$\omega_2 = \sqrt{\beta^2 - \omega_0^2} \tag{3.45}$$

이 운동은 주기적이 아니므로, ω_2는 각진동수를 나타내지 않음에 주의하라. 변위는 완만하게 평형점에 접근한다(그림 3-6).

과대감쇠는 그림 3-11의 위상공간 개념도에 나타낸 것처럼 이상한 행동을 하는데, 진폭이 0으로 감소된다는 결과를 낳는다. 표시된 출발위치의 모든 위상 궤도에 대해 더 시간이 많이 지났을 때 접근 경로는 점선 곡선 $\dot{x} = -(\beta - \omega_2)x$를 따라간다. 특별한 경우(연습문제 3-22 참조)에만 위상 궤도가 또 하나의 점선 곡선을 따라간다. 출발점의 위치와 속도에 따라 x와 $\dot{x}$ 모두 다 부호가 바뀔 수도 있다. 예로서 그림 3-11에 나타낸 위상 궤도 III를 보라. 그림 3-12는 그림 3-11에서 I, II, III로 표시한 3개의 위상 궤도에 대한 x와 $\dot{x}$를 시간 함수로 나타낸 것이다. 이 3개의 경우 $x(0) \equiv x_0 > 0$이란 초기 위치 변위를 갖고 있고, 초기 속도 $\dot{x}(0) \equiv \dot{x}_0$에 따라 흥미로운 행동을 한다.

I. $\dot{x}_0 > 0$인 경우, $x(t)$가 0이 되기까지 어떤 시각 $t > 0$에서 한 번 최대가 된다. 속도 $\dot{x}$가 감소하면 음이 되고, 그 후에 0으로 접근한다.

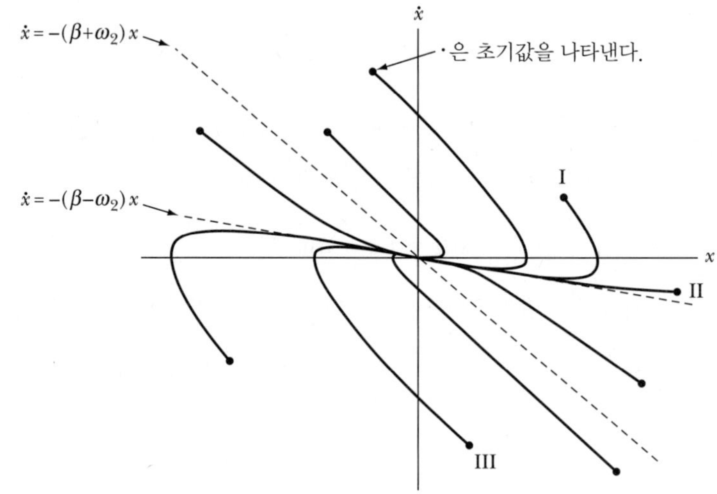

그림 3-11 과대감쇠 운동의 위상 경로를 $(x, \dot{x})$의 몇몇 초기값으로 보인다.

II. $\dot{x}_0 < 0$인 경우, $x(t)$와 $\dot{x}(t)$가 단조롭게 0에 접근한다.

III. $\dot{x}_0 < 0$이지만 $\dot{x} = -(\beta + \omega_2)x$ 곡선 아래에 있고 $x(t)$는 음으로부터 0에 접근하고 $\dot{x}(t)$는 양으로부터 0에 접근한다. 이런 경우의 운동은 진동이라고 생각할 수 있다.

초기점은 그림 3-11의 2개 점선 곡선 사이에 있고 단조롭게 0으로 감소해가는 위상 궤도를 갖는 것으로 보이는데, 2개 점선 곡선 밖에 있을 때는 그렇지 않다. 임계감쇠는 그림 3-10b에 나타낸 나선 궤도보다 그림 3-11에 나타낸 과대감쇠 곡선에 유사한 위상 곡선을 갖는다(연습문제 3-21 참조).

예제 3.3

길이 ℓ, 그 끝에 매달린 질량 m인 추로 된 진자를 생각하자(그림 3-13). 진자는 기름 속에서 각도 θ로 움직인다. 추는 작은 진동을 하지만 기름은 속력에 비례하는 저항력 $F_{res} = 2m\sqrt{g/\ell}\,(\ell\dot{\theta})$로 추의 운동을 감쇠시킨다. 추는 처음에 $t = 0$에서 $\theta = \alpha$에 정지되어 있다(즉, $\dot{\theta} = 0$). 각도 변위 θ와 속도 $\dot{\theta}$를 시간 함수로 구하고, $\sqrt{g/\ell} = 10\ \text{s}^{-1}$, $\alpha = 10^{-2}$ rad일 때 위상도를 그려라.

풀이

중력이 복원력을 나타내고 추를 평형점으로 되돌려놓으려는 성분은 $mg\sin\theta$이다. 뉴턴의 제2법칙에 따르면

$$\text{힘} = m(\ell\ddot{\theta}) = \text{되돌려놓으려는 힘} + \text{저항력}$$

$$m\ell\ddot{\theta} = mg\sin\theta - 2m\sqrt{g/\ell}\,(\ell\dot{\theta}) \tag{3.46}$$

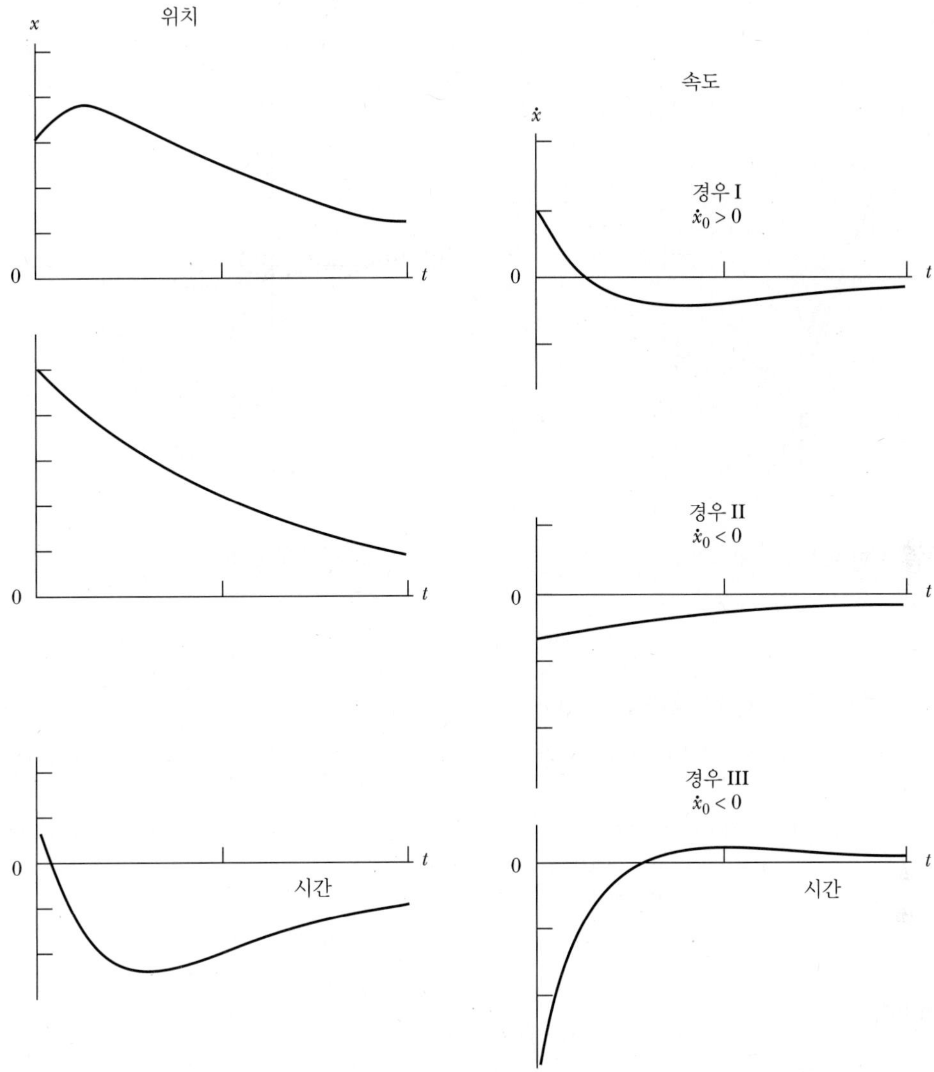

그림 3-12 그림 3-11에서 I, II, III으로 표시한 세 개의 위상 경로에 대해 위치와 속도를 시간 함수로 나타낸 것

θ와 $\dot{\theta}$의 부호에 의존하는 힘의 방향이 옳은지 확인하라. 작은 진동인 경우 $\sin\theta \approx \theta$이고, 식 (3.46)은

$$\ddot{\theta} + 2\sqrt{g/\ell}\,\dot{\theta} + \frac{g}{\ell}\theta = 0 \tag{3.47}$$

이 된다. 이 식을 식 (3.35)와 비교하면 $\omega_0^2 = g/\ell$, $\beta^2 = g/\ell$임을 알 수 있다. 따라서 $\omega_0^2 = \beta^2$이며, 진자는 임계감쇠한다. 처음에 잡아당기고 손을 놓으면, 진자는 가속되고 θ가 0으로 가면서 감속된다. 진자는 평

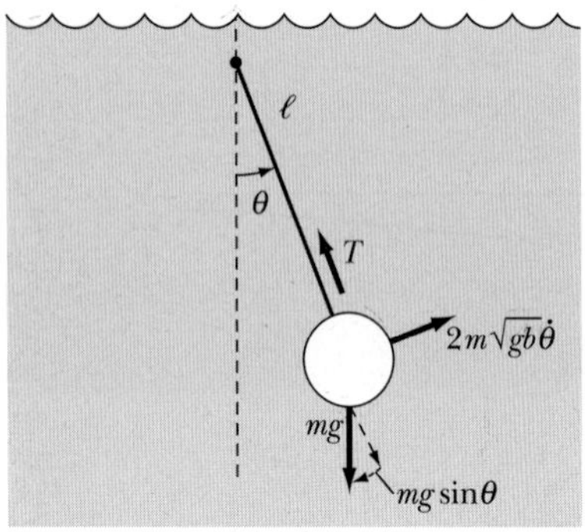

그림 3-13 예제 3.3. 감소하는 θ로 움직이는 추

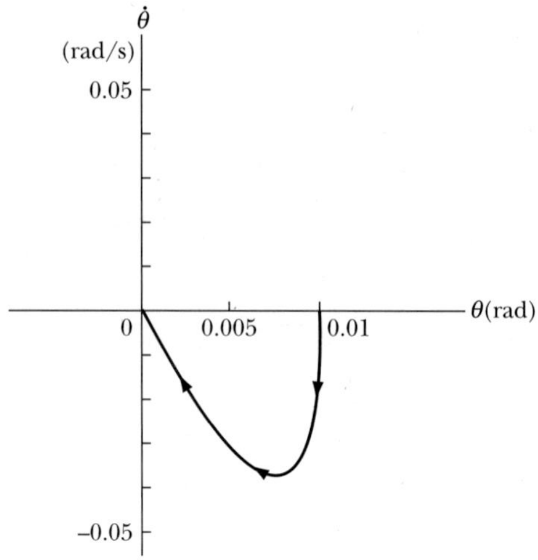

그림 3-14 예제 3.3의 위상도

형점으로 돌아가면서 한 방향으로만 움직인다.

식 (3.47)에 대한 해는 식 (3.43)이다. 식 (3.43)을 식 (3.47)에 대입하고 초기 조건을 써서 A와 B 값을 구할 수 있다.

$$\theta(t) = (A + Bt)e^{-\beta t}$$
$$\theta(t=0) = \alpha = A$$
$$\dot{\theta}(t) = Be^{-\beta t} - \beta(A + Bt)e^{-\beta t}$$
$$\dot{\theta}(t=0) = 0 = B - \beta A$$
$$B = \beta A = \beta\alpha \tag{3.48}$$
$$\theta(t) = \alpha(1 + \sqrt{g/\ell}\, t)e^{-\sqrt{g/\ell}\, t} \tag{3.49}$$
$$\dot{\theta}(t) = \frac{-\alpha g}{\ell} t e^{-\sqrt{g/\ell}\, t} \tag{3.50}$$

약 0.5초까지의 여러 시간에 대해 $\theta(t)$, $\dot{\theta}(t)$를 계산하면 그림 3-14의 위상도를 그릴 수 있는데, 그림 3-11에 나타낸 전형적인 경로와 일치한다. 각속도는 추가 움직이기 시작하고 평형점에 돌아올 때까지 언제나 음부호이며, 추는 속도가 급속히 빨라지고 그 후 감속된다.

3.6 사인형 구동력

가장 간단한 강제진동의 예는 시간에 따라 조화롭게 변해가는 외부의 구동력이 진동자에 가해지는 경우이다. 그 입자의 전체 힘은 다음과 같이 주어진다.

$$F = -kx - b\dot{x} + F_0 \cos \omega t \tag{3.51}$$

여기서는 선형 복원력, 점성 감쇠력과 가해진 구동력을 고려한다. 운동 방정식은

$$m\ddot{x} + b\dot{x} + kx = F_0 \cos \omega t \tag{3.52}$$

가 되고, 앞의 기호를 사용하여

$$\boxed{\ddot{x} + 2\beta\dot{x} + \omega_0^2 x = A \cos \omega t} \tag{3.53}$$

를 얻고, 여기서 $A = F_0/m$이고 ω는 구동력의 각진동수이다. 식 (3.53)의 해는 두 부분으로 이루어지는데, 식 (3.53)의 오른쪽을 0으로 놓았을 때의 해인 **기본해**(complementary solution) $x_c(t)$와 오른쪽을 다시 놓았을 때의 해인 **특수해**(particular solution) $x_p(t)$이다. 기본해는 명백히 식 (3.37)에서 주어진 해와 같다(부록 C 참조).

$$x_c(t) = e^{-\beta t}\left[A_1 \exp\left(\sqrt{\beta^2 - \omega_0^2}\, t\right) + A_2 \exp\left(-\sqrt{\beta^2 - \omega_0^2}\, t\right)\right] \tag{3.54}$$

특수해를 구하기 위해

$$x_p(t) = D \cos(\omega t - \delta) \tag{3.55}$$

로 놓고, 이것을 식 (3.53)에 대입하여 $\cos(\omega t - \delta)$, $\sin(\omega t - \delta)$를 전개하면

$$\begin{aligned}&\left\{A - D\left[(\omega_0^2 - \omega^2)\cos\delta + 2\omega\beta \sin\delta\right]\right\} \cos \omega t \\ &\quad -\left\{D\left[(\omega_0^2 - \omega^2)\sin\delta - 2\omega\beta \cos\delta\right]\right\} \sin \omega t = 0\end{aligned} \tag{3.56}$$

을 얻는다. 그런데 $\sin \omega t$와 $\cos \omega t$는 1차적으로 독립이므로, 이 항들의 계수는 동등하게 0이 되어야 한다. 그래서 $\sin \omega t$의 항에서

$$\tan \delta = \frac{2\omega\beta}{\omega_0^2 - \omega^2} \tag{3.57}$$

를 얻고

$$\left.\begin{aligned} \sin\delta &= \frac{2\omega\beta}{\sqrt{(\omega_0^2-\omega^2)^2+4\omega^2\beta^2}} \\ \cos\delta &= \frac{\omega_0^2-\omega^2}{\sqrt{(\omega_0^2-\omega^2)^2+4\omega^2\beta^2}} \end{aligned}\right\} \tag{3.58}$$

를 구한다. 또한 $\cos\omega t$ 항의 계수에서

$$\begin{aligned} D &= \frac{A}{(\omega_0^2-\omega^2)\cos\delta+2\omega\beta\sin\delta} \\ &= \frac{A}{\sqrt{(\omega_0^2-\omega^2)^2+4\omega^2\beta^2}} \end{aligned} \tag{3.59}$$

를 얻으므로, 결국 특수해는

$$\boxed{x_p(t) = \frac{A}{\sqrt{(\omega_0^2-\omega^2)^2+4\omega^2\beta^2}}\cos(\omega t-\delta)} \tag{3.60}$$

가 된다. 단,

$$\boxed{\delta = \tan^{-1}\left(\frac{2\omega\beta}{\omega_0^2-\omega^2}\right)} \tag{3.61}$$

이다.

δ 값은 구동력과 결과적으로 나타나는 운동 사이의 위상차를 나타낸다. 즉, 구동력의 작용과 계의 응답 사이에 실제로 시간적 차이가 생긴다. ω_0를 고정하고 ω를 0으로부터 증가시키면 $\omega=0$에서 $\delta=0$인 위상이 $\omega=\omega_0$에서 $\delta=\pi/2$로 증가하며, $\omega\to\infty$에 따라 π까지 증가하게 된다. ω에 따라 δ가 변하는 모습은 나중에 그림 3-16에 나타낼 것이다.

일반해는

$$x(t) = x_c(t) + x_p(t) \tag{3.62}$$

이나, $x_c(t)$는 과도(transient) 효과(즉, 초기 조건으로 정해지는 효과)를 나타내고, 이 해에 포함되는 항은 $\exp(-\beta t)$ 인수 때문에 시간과 함께 감쇠한다. 한편 $x_p(t)$는 정상(steady-state) 효과를 나타내고, $1/\beta$보다 아주 큰 t(시간)에서의 정보를 모두 포함하므로

$$x(t \gg 1/\beta) = x_p(t)$$

가 된다. 정상해는 여러 가지 응용과 문제에서 중요하다(3.7절 참조).

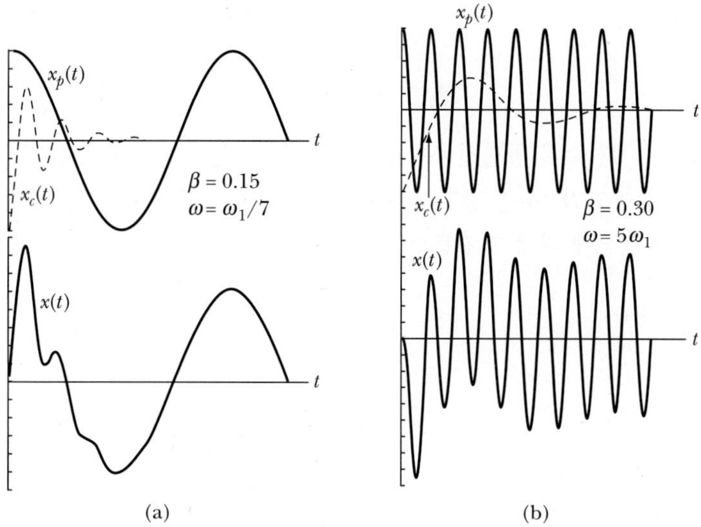

그림 3-15 감쇠가 있는 사인형 강제진동 운동의 예: (a) 구동진동수 ω가 감쇠진동수 ω_1보다 큰 경우($\omega > \omega_1$)와 (b) $\omega < \omega_1$인 경우에 정상해 x_p, 과도해 x_c와 합 x이다.

과도 효과가 없어지기 전(즉, $t \leq 1/\beta$)의 운동을 상세히 보면 구동력을 처음에 적용했을 때의 진자조건에 강하게 의존하고 또한 구동진동수 ω와 구동력이 작용하지 않은 과소진동 경우의 감쇠진동수 $\sqrt{\omega_0^2 - \beta^2}$과의 상대 크기에 의존한다. 이 사정은 $x_p(t)$, $x_c(t)$ 그리고 그들의 합 $x(t)$ (식 (3.62) 참조)를 β와 ω 값을 바꿔가며 수치 계산함으로써 얻을 수 있는데, 결과는 그림 3-15에 나타내었다. 학생들은 이런 수법을 연습문제 3-24(과소감쇠), 3-25(임계감쇠)를 풀어보면서 배울 수 있다. 그림 3-15는 구동진동수가 $\omega_1 = \sqrt{\omega_0^2 - \beta^2}$보다 작을 때와 클 때 과소감쇠 진자의 과도 효과 운동을 나타내고 있다. $\omega < \omega_1$(그림 3-15a)이면 구동력을 작동시킨 직후의 과도 효과 때문에 함수는 사인형으로부터 많이 벗어나며, $\omega > \omega_1$(그림 3-15b)이면 높은 진동수의 사인 진동은 거의 변하지 않고 힘 함수가 조정된다.

정상해(x_p)는 많은 응용문제에서 폭넓게 연구되고 있다(3.7절 참조). 과도 효과(x_c)는 전체적으로 중요한 것은 아니지만 많은 경우, 특히 어떤 타입의 전기회로에서 고려되어야 하고 이해해야 하는 부분이다.

공명 현상

진폭 D(식 (3.59))가 최대가 될 때의 각진동수 ω_R(즉, **진폭 공명진동수**(amplitude resonance frequency))을 구하기 위해서는

$$\left.\frac{dD}{d\omega}\right|_{\omega=\omega_R} = 0$$

이라고 놓는다. 미분 연산하면

$$\omega_R = \sqrt{\omega_0^2 - 2\beta^2} \tag{3.63}$$

을 얻고, 감쇠계수 β가 증가할수록 공명진동수 ω_R은 작아진다. 물론 $\beta > \omega_0/2$이면 공명은 일어나지 않는다. 왜냐하면 ω_R은 허수이고 D는 ω가 증가할 때 단순히 감소하기 때문이다.

지금까지 살펴본 여러 경우에 대해 그 진동수를 비교해보면

1. 비감쇠 자유진동(식 (3.4))

$$\omega_0^2 = \frac{k}{m}$$

2. 감쇠 자유진동(식 (3.38))

$$\omega_1^2 = \omega_0^2 - \beta^2$$

3. 감쇠 강제진동(식 (3.63))

$$\omega_R^2 = \omega_0^2 - 2\beta^2$$

이므로 $\omega_0 > \omega_1 > \omega_R$이 된다.

그런데 어떤 진동계의 감쇠 정도를 나타내는 데 보통 계의 Q(quality factor)

$$Q \equiv \frac{\omega_R}{2\beta} \tag{3.64}$$

를 쓴다. 만일 감쇠가 적으면 Q는 아주 크고, 공명 곡선의 모양은 비감쇠진동인 경우의 모양에 접근한다. 한편 감쇠가 크고 Q가 아주 작아지면 공명은 완전히 없어진다. 그림 3-16은 여러 가지 Q값에 대한 공명 곡선과 위상 곡선을 보여준다. 이 곡선들을 보면 Q가 작아짐(즉, 계수 β가 커진다)에 따라 공명진동수가 감소함을 알 수 있다. 그러나 그 효과는 그렇게 크진 않고, 진동수의 차이는 Q가 3 정도일 때 3% 이하, $Q = 1$에서 약 18%이다.

감쇠가 적은 진동자에서는

$$Q \cong \frac{\omega_0}{\Delta\omega} \tag{3.65}$$

임을 쉽게 알 수 있다(연습문제 3-19 참조). 단, $\Delta\omega$는 최대 진폭의 $1/\sqrt{2} = 0.707$배인 진폭 공명 곡선 위에 있는 점들 사이의 진동수 간격을 나타낸다.

실제의 물리적 상황에서 Q 값은 여러 가지이다. 보통의 역학계(예: 확성기)에서 2, 3~100 정도, 석영의 결정 진동자로 10^4, 공동 공진기를 연결한 동조회로에서 10^4~10^5이다. 또 원자계라도 Q를 정의할 수 있다.

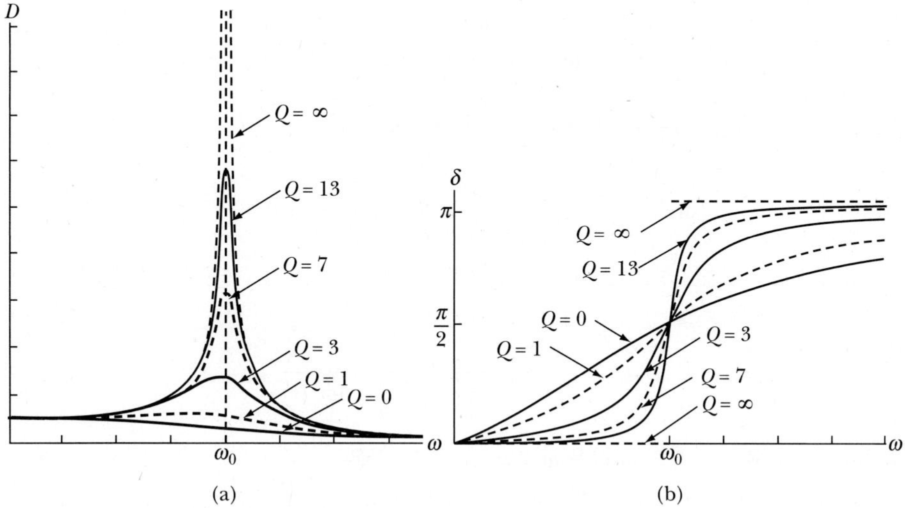

그림 3-16 (a) 여러 가지 Q 값에 대한 구동진동수 ω의 함수로서 진폭 D를 보인다. (b) 구동력과 합성 운동 사이에 위상각 δ를 보인다.

고전적으로 설명하면 전자기파는 원자 속의 전자의 진동에 의해 복사되는 것이나, 그 경우의 스펙트럼선의 선명도는 복사에 의한 에너지 손실에서 생기는 감쇠(**복사감쇠**(radiation damping))에 의해 제한을 받기 때문에, 스펙트럼선의 최소 폭을 계산하면 $\Delta\omega \cong 2 \times 10^{-8}\omega$가 되고,[9] 그와 같은 진동자의 Q값은 약 5×10^7 정도이다. 현재 알려진 가장 큰 Q를 갖는 공명은 기체 레이저(laser: Light Amplification by Stimulated Emission of Radiation)의 복사에서 나타나고, 측정에 의하면 Q는 약 10^{14} 정도이다.

식 (3.63)은 진폭 공명에 대한 진동수이고, 여기서는 운동 에너지 공명에 대한 진동수를 구해본다. 즉, T가 최대가 되는 ω 값이다. 운동 에너지는 $T = \frac{1}{2}m\dot{x}^2$이고, 또한 $\dot{x}$는 식 (3.60)에서 계산되어

$$\dot{x} = \frac{-A\omega}{\sqrt{(\omega_0^2 - \omega^2)^2 + 4\omega^2\beta^2}} \sin(\omega t - \delta) \tag{3.66}$$

이므로, 운동 에너지는

$$T = \frac{mA^2}{2} \cdot \frac{\omega^2}{(\omega_0^2 - \omega^2)^2 + 4\omega^2\beta^2} \sin^2(\omega t - \delta) \tag{3.67}$$

가 된다. 다음으로 시간에 의존하지 않는 T의 값을 얻기 위해, T를 진동의 2주기에 대해 평균하면

9) Marion and Heald(Ma80) 참조

$$\langle T \rangle = \frac{mA^2}{2} \cdot \frac{\omega^2}{(\omega_0^2 - \omega^2)^2 + 4\omega^2\beta^2} \langle \sin^2(\omega t - \delta) \rangle \tag{3.68}$$

를 얻는데, 사인 함수의 제곱을 1주기에 대해 평균한 경우에

$$\langle \sin^2(\omega t - \delta) \rangle = \frac{\omega}{2\pi} \int_0^{2\pi/\omega} \sin^2(\omega t - \delta)\, dt = \frac{1}{2} \tag{3.69}$$

이 되므로,[10] 결국

$$\langle T \rangle = \frac{mA^2}{4} \cdot \frac{\omega^2}{(\omega_0^2 - \omega^2)^2 + 4\omega^2\beta^2} \tag{3.70}$$

이 된다. 여기서 $\langle T \rangle$가 최대일 때의 ω 값을 ω_E라고 쓰고, 그것은

$$\left. \frac{d\langle T \rangle}{d\omega} \right|_{\omega = \omega_E} = 0 \tag{3.71}$$

으로부터 얻으므로, 식 (3.70)을 미분해서 그것을 0이라 놓으면

$$\omega_E = \omega_0 \tag{3.72}$$

가 되고, 운동 에너지 공명은 비감쇠계의 고유진동수에서 생기는 것을 알 수 있다.

이상에서 진폭 공명은 진동수 $\sqrt{\omega_0^2 - 2\beta^2}$ 에서 생기는 데 반하여 운동 에너지 공명은 ω_0에서 생긴다는 사실을 알 수 있다. 위치 에너지는 진폭의 제곱에 비례하므로 위치 에너지의 공명도 또한 $\sqrt{\omega_0^2 - 2\beta^2}$ 에서 생겨야 한다. 그러데 이와 같이 운동 에너지와 위치 에너지가 다른 진동수로 공명하는 이유는 감쇠진동자가 보존계가 아니기 때문이며, 그때 에너지는 구동장치와의 사이에 계속해서 교환되고, 감쇠를 일으키는 매질로 옮겨가는 것이다.

3.7 물리계

선형 진동은 단순한 질량의 작은 진동(용수철이나 단순진자)보다 더 복잡한 계에도 적용된다고 이 장의 서론에서 언급했다. 같은 수학적 표현이 많은 물리계에 적용되며, 이런 역학계로서 비틀림 진자, 진동하는 끈 혹은 얇은 막, 탄성진동하는 막대기나 판을 들 수 있다. 이들은 상음(overtone)을 가질 수도 있으며, 각 상음을 위에서 논의한 것과 동일한 방법으로 다룰 수 있다.

10) 독자들은 $\sin^2 \omega t$ 혹은 $\cos^2 \omega t$의 한 주기에서의 평균이 $\langle \sin^2 \omega t \rangle = \langle \cos^2 \omega t \rangle = \frac{1}{2}$ 이라는 중요한 결과를 증명해봐야 한다.

우리의 역학계를 음향계에 유사하게 적용할 수 있는데, 그것은 공기분자의 진동이다. 매질의 성질과 차원에 의존하는 공명을 나타낼 수 있고, 마찰이나 음파 발생 같은 인자로 인해 감쇠가 일어난다. 구동력으로서는 많은 음원 중에서 소리굽쇠나 진동하는 끈 등이 있다.

원자계 역시 고전적으로 선형 진동자일 수도 있다. (고주파수의 전자파로 된) 빛에 물질이 쬐이면 원자나 분자가 진동하며, 원자 혹은 분자계의 공명주파수를 가진 빛이 물질에 쬐이면 전자기적 에너지가 흡수되어 원자나 분자가 큰 진폭으로 진동한다. 같은 진동수를 가진 큰 전자파는 진동하는 전하에 의해 발생된다. 파동역학(혹은 양자역학)은 빛의 흡수, 분산, 복사 등을 설명하기 위해 선형 진동자 이론을 사용한다.

핵을 기술하는 데도 선형 진동자 이론이 사용된다. 핵의 여기 모드 중 하나가 집단여기(collective excitation)인데, 중성자와 양성자가 여러 가지 집단 운동 속에서 진동하고 있으며 공명이 생기고 감쇠진동이 존재한다. 고전역학의 유추가 이러한 운동을 기술하는 데 대단히 유용하다.

그러나 전기회로는 비역학계 진동의 가장 유명한 예인데, 큰 실용적 중요성 때문에 엄밀하게 조사해왔고 자주 수정되었다. 따라서 역학적 진동은 '등가 전기회로'로 분석된다. 전기회로는 대단히 중요하기 때문에 이를 역학적 유사체와 비교하기 위해 한 절을 할당한다.

예제 3.4

그림 3-17a에 나타나 있는 매달린 질량-용수철에 대한 등가 전기회로를 구하고, 이 계에서 전하 q의 시간 의존성을 결정하라.

풀이

우선 역학적 진동과 전기회로에서 대응되는 양을 생각하자. 힘 $F(= mg$, 역학적인 경우)는 기전력 $\mathcal{E}$에 대

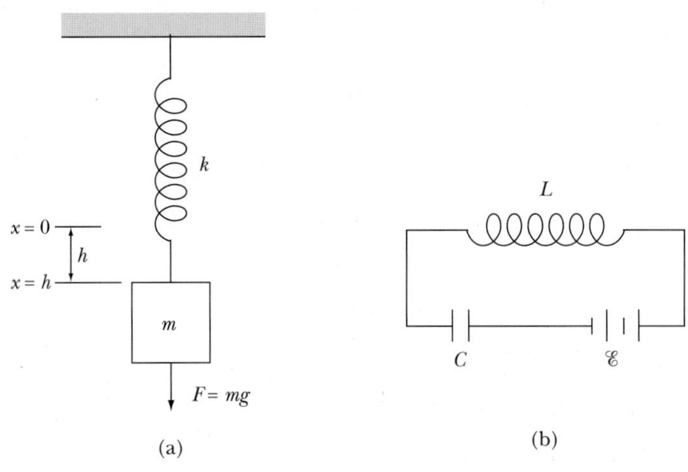

그림 3-17 예제 3.4. (a) 매달린 질량–용수철 계, (b) 등가 전기회로

표 3-1 역학적인 양과 그에 대응되는 전기적인 양

역학계		전기계	
x	변위	q	전하
$\dot{x}$	속도	$\dot{q} = I$	전류
m	질량	L	인덕턴스
b	감쇠저항	R	저항
$1/k$	역학적 컴플라이언스(compliance)	C	전기용량
F	강제력의 진폭	$\mathcal{E}$	인가 기전력의 진폭

응한다. 감쇠계수 b는 전기저항 R에 대응되나 이 문제에서는 사용하지 않는다. 변위 x는 전하 q에 대응된다. 역학적인 양과 전기적인 양을 대응시키면 표 3-1과 같다. 그림 3-17a를 살펴보면 $1/k \rightarrow C$, $m \rightarrow L$, $F \rightarrow \mathcal{E}$, $x \rightarrow q$, $\dot{x} \rightarrow I$이다. 중력이 없으면 평형위치는 $x = 0$이나, 중력이 가해지면 용수철은 $h = mg/k$ 크기만큼 늘어나서 $x = h$로 평형위치가 변한다. 그러므로 운동 방정식은

$$m\ddot{x} + k(x - h) = 0 \tag{3.73}$$

또는

$$m\ddot{x} + kx = kh$$

가 되고, 해는 다음과 같다.

$$x(t) = h + A\cos\omega_0 t \tag{3.74}$$

여기서 초기 조건을 $x(t = 0) = h + A$와 $\dot{x}(t = 0) = 0$으로 취했다.

그림 3-17b의 전기회로에 기전력 $\mathcal{E}$를 가진 전지를 연결하면, 키르히호프(Kirchhoff)의 방정식은

$$L\frac{dI}{dt} + \frac{1}{C}\int I\,dt = \mathcal{E} = \frac{q_1}{C} \tag{3.75}$$

이 되고, 여기서 q_1은 전압 $\mathcal{E}$를 내기 위해 C에 가해야 할 전하를 나타낸다. $I = \dot{q}$를 사용하여

$$L\ddot{q} + \frac{q}{C} = \frac{q_1}{C} \tag{3.76}$$

을 얻고, $t = 0$일 때 $q = q_0$이고 $I = 0$이면 그 해는

$$q(t) = q_1 + (q_0 - q_1)\cos\omega_0 t \tag{3.77}$$

가 되고, 식 (3.74)의 전기적 유사식이 된다.

예제 3.5

그림 3-18과 같이 교류 기전력 $E_0 \sin \omega t$를 사용하는 직렬 RLC 회로를 고려하자. 인덕터에 걸리는 전류와 전압 V_L을 구하고, V_L이 최대일 때 각진동수 ω를 구하라.

풀이

그림 3-18에서 각 회로의 구성요소에 걸리는 전압은 다음과 같다.

$$V_L = L\frac{dI}{dt} = L\ddot{q}$$

$$V_R = RI = R\frac{dq}{dt} = R\dot{q}$$

$$V_C = \frac{q}{C}$$

전압은 회로를 지나면서 감소한다.

$$L\ddot{q} + R\dot{q} + \frac{q}{C} = E_0 \sin \omega t$$

이미 구해놓은 식 (3.53)과 유사한 식을 만들 수 있다. 그리고 표 3-1의 관계식에 추가적으로 $\beta = b/2m \rightarrow R/2L$, $\omega_0 = \sqrt{k/m} \rightarrow 1/\sqrt{LC}$, $A = F_0/m \rightarrow E_0/L$을 얻을 수 있다. 전하 q에 대한 해는 식 (3.60)에서 얻을 수 있고, 전류 I에 대한 방정식은 식 (3.66)에서 얻을 수 있다.

$$I = \frac{-E_0}{\sqrt{R^2 + \left(\frac{1}{\omega C} - \omega L\right)^2}} \sin(\omega t - \delta)$$

여기서 δ는 식 (3.61)에서 얻을 수 있다.

인덕터를 지나는 전압은 전류를 시간에 대해 미분하면 구할 수 있다.

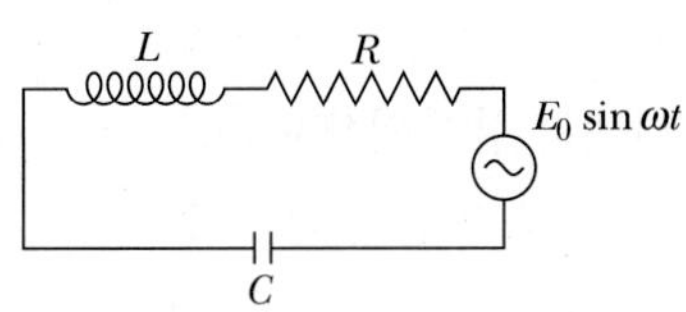

그림 3-18 예제 3.5. 교류 기전력을 사용하는 RLC 회로

$$V_L = L\frac{dI}{dt} = \frac{-\omega L E_0}{\sqrt{R^2 + \left(\dfrac{1}{\omega C} - \omega L\right)^2}} \cos(\omega t - \delta)$$
$$= V(\omega) \cos(\omega t - \delta)$$

V_L을 최대로 만드는 구동진동수 $\omega_{\max}$를 구하기 위해 V_L을 ω에 대해 미분하고, 결과를 0으로 놓고 값을 구한다. 진폭이 $V(\omega)$이고, 시간에 의존하지 않는 경우만을 고려한다.

$$\frac{dV(\omega)}{d\omega} = \frac{LE_0\left(R^2 - \dfrac{2L}{C} + \dfrac{2}{\omega^2 C^2}\right)}{\left[R^2 + \left(\dfrac{1}{\omega C} - \omega L\right)^2\right]^{3/2}}$$

이 결과를 얻기 위한 중간 계산 과정은 생략했다. 분자식에서 괄호 속의 항을 0으로 놓고 $\omega_{\max}$ 값을 결정한다. 이렇게 하여 $\omega_{\max}$에 대해 풀면, 다음과 같이 우리가 구하려던 결과가 얻어진다.

$$\omega_{\max} = \frac{1}{\sqrt{LC - \dfrac{R^2C^2}{2}}}$$

이 $\omega_{\max}$ 값과 고유진동수 $\omega_0 = 1/\sqrt{LC}$, 그리고 (식 (3.63)에서 얻을 수 있는) 전하 공명진동수 $\omega_R = \sqrt{1/LC - 2R^2/L^2}$ 의 차이를 유의하라.

3.8 중첩의 원리(푸리에 급수)

지금까지 논의한 진동은 미분 방정식의 형태인

$$\left(\frac{d^2}{dt^2} + a\frac{d}{dt} + b\right)x(t) = A\cos\omega t \tag{3.78}$$

가 되고, 왼쪽 괄호 속의 양은 $\mathbf{L}$로 나타내는 **선형 연산자**(linear operator)이다. 오른쪽의 시간 의존형 강제력 함수를 일반화하면, 운동 방정식은 다음과 같이 쓸 수 있다.

$$\mathbf{L}x(t) = F(t) \tag{3.79}$$

선형 연산자의 중요한 성질은 **중첩의 원리**(principle of superposition)를 따르는 것인데, 이러한 성질은 선형 연산자가 분배적이라는 사실의 결과이다. 즉,

$$\mathbf{L}(x_1 + x_2) = \mathbf{L}(x_1) + \mathbf{L}(x_2) \tag{3.80}$$

이므로, 두 개의 강제력 함수 $F_1(t)$와 $F_2(t)$인

$$\mathbf{L}x_1 = F_1(t), \qquad \mathbf{L}x_2 = F_2(t) \tag{3.81}$$

에 대해서 두 개의 해 $x_1(t)$와 $x_2(t)$를 갖는다면, (임의의 상수 α_1과 α_2를 곱한) 이 방정식들을 더할 수 있고

$$\mathbf{L}(\alpha_1 x_1 + \alpha_2 x_2) = \alpha_1 F_1(t) + \alpha_2 F_2(t) \tag{3.82}$$

를 얻는다. 명백히, 이 논의를 해인 $x_n(t)$에 대한 집합으로 확장할 수 있고, 이들 각각은 주어진 $F_n(t)$에 대한 해이다.

$$\mathbf{L}\left(\sum_{n=1}^{N} \alpha_n x_n(t)\right) = \sum_{n=1}^{N} \alpha_n F_n(t) \tag{3.83}$$

선형 조합이

$$\begin{aligned} x(t) &= \sum_{n=1}^{N} \alpha_n x_n(t) \\ F(t) &= \sum_{n=1}^{N} \alpha_n F_n(t) \end{aligned} \tag{3.84}$$

와 동일하다면, 이 식은 바로 식 (3.79)가 된다.

개개의 함수인 $F_n(t)$의 각각이 $\cos \omega_n t$와 같이 시간에 의존하는 단순조화 함수이면 대응하는 해인 $x_n(t)$는 식 (3.60)으로 주어진다. 이리하여 $F(t)$가

$$F(t) = \sum_n \alpha_n \cos(\omega_n t - \phi_n) \tag{3.85}$$

의 형태이면, 정상해는 다음과 같다.

$$x(t) = \frac{1}{m} \sum_n \frac{\alpha_n}{\sqrt{(\omega_0^2 - \omega_n^2)^2 + 4\omega_n^2 \beta^2}} \cos(\omega_n t - \phi_n - \delta_n) \tag{3.86}$$

여기서

$$\delta_n = \tan^{-1}\left(\frac{2\omega_n \beta}{\omega_0^2 - \omega_n^2}\right) \tag{3.87}$$

$F(t)$를 일련의 항 $\sin(\omega_n t - \phi_n)$으로 나타내는 경우에, 비슷한 해를 명백하게 쓸 수 있으므로 중요한 결론에 도달한다. 즉, 몇 개의 임의의 강제력 함수 $F(t)$를 (유한 또는 무한인) 일련의 조화항들로 나타낼 수 있으면, 완전해 역시 비슷한 일련의 조화항으로 쓸 수 있다. 푸리에(Fourier)의 정리에 따라 (너무 제

한적이지 않은 어떤 조건을 받는) 모든 임의의 주기 함수를 일련의 조화항들로 나타낼 수 있으므로, 이것은 아주 유용한 결과이다. 이리하여 일상적인 물리의 경우 $F(t)$가 주기 $\tau = 2\pi/\omega$인 주기 함수

$$F(t+\tau) = F(t) \tag{3.88}$$

라면,

$$F(t) = \frac{1}{2}a_0 + \sum_{n=1}^{\infty}(a_n \cos n\omega t + b_n \sin n\omega t) \tag{3.89}$$

가 된다. 여기서

$$\left.\begin{aligned} a_n &= \frac{2}{\tau}\int_0^{\tau} F(t')\cos n\omega t'\, dt' \\ b_n &= \frac{2}{\tau}\int_0^{\tau} F(t')\sin n\omega t'\, dt' \end{aligned}\right\} \tag{3.90}$$

즉, $F(t)$는 주기 τ이므로, 적분 한계를 0과 τ에서 $-\frac{1}{2}\tau = -\pi/\omega$와 $+\frac{1}{2}\tau = +\pi/\omega$로 대치할 수 있다.

$$\left.\begin{aligned} a_n &= \frac{\omega}{\pi}\int_{-\pi/\omega}^{+\pi/\omega} F(t')\cos n\omega t'\, dt' \\ b_n &= \frac{\omega}{\pi}\int_{-\pi/\omega}^{+\pi/\omega} F(t')\sin n\omega t'\, dt' \end{aligned}\right\} \tag{3.91}$$

(다음 절에서) 임의의 강제력 함수에 대한 감쇠계의 응답을 논의하기 전에, 주기 함수의 푸리에 전개 예를 보자.

예제 3.6

그림 3-19에 톱니형 구동력 함수가 그려져 있다. 계수 a_n, b_n을 구하고 $F(t)$를 푸리에 급수로 표시하라.

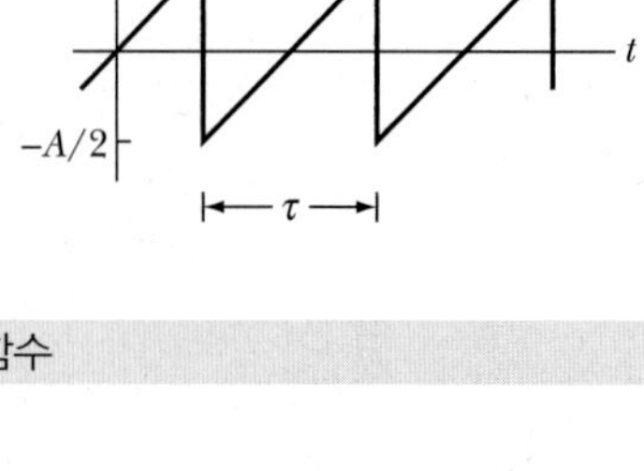

그림 3-19 예제 3.6. 톱니형 구동력 함수

풀이

이 경우에 $F(t)$는 기함수로 $F(-t) = -F(t)$이고, 이 함수는 다음과 같이 나타낸다.

$$F(t) = A \cdot \frac{t}{\tau} = \frac{\omega A}{2\pi} t, \quad -\tau/2 < t < \tau/2 \tag{3.92}$$

$F(t)$는 기함수이므로 계수 a_n은 모두 0이 된다. b_n은 다음과 같이 쓴다.

$$\begin{aligned} b_n &= \frac{\omega^2 A}{2\pi^2} \int_{-\pi/\omega}^{+\pi/\omega} t' \sin n\omega t' \, dt' \\ &= \frac{\omega^2 A}{2\pi^2} \left[-\frac{t' \cos n\omega t'}{n\omega} + \frac{\sin n\omega t'}{n^2\omega^2} \right] \Bigg|_{-\pi/\omega}^{+\pi/\omega} \\ &= \frac{\omega^2 A}{2\pi^2} \cdot \frac{2\pi}{n\omega^2} \cdot (-1)^{n+1} = \frac{A}{n\pi} (-1)^{n+1} \end{aligned} \tag{3.93}$$

여기서 항 $(-1)^{n+1}$은

$$-\cos n\pi = \begin{cases} +1, & n\text{은 홀수} \\ -1, & n\text{은 짝수} \end{cases} \tag{3.94}$$

이 됨을 고려한 것이다. 따라서 $F(t)$는 다음과 같다.

$$F(t) = \frac{A}{\pi} \left[\sin \omega t - \frac{1}{2} \sin 2\omega t + \frac{1}{3} \sin 3\omega t - \cdots \right] \tag{3.95}$$

그림 3-20은 이 전개의 2항, 5항, 8항까지 고려한 결과를 나타낸 것인데, 톱니형 함수로의 수렴은 그다지 빠르지 않다는 사실은 명백하다. 또한 여기서 이 전개의 두 가지 특징에 주의하라. 즉, 불연속점($t = \pm\tau/2$)에서 급수는 그 평균값인 0과 같고, 불연속점 바로 근처 영역에서의 전개는 원래의 함수보다 '지나쳐 버림(overshoot)'이 되는 것이다. 이 후자의 효과는 **기브스 현상**(Gibbs phenomenon)[11]으로 알려져 있고, 그것은 근사를 어떤 차수까지 취하더라도 생기는 것이다. 예를 들면, 무한급수의 경우에도 모든 불연속점의 양쪽에서 약 9%의 기브스 지나침이 나타난다.

11) 조사이어 윌러드 기브스(Josiah Willard Gibbs, 1839~1903)는 1898년 경험적으로 이 효과를 발견했다. 그 후 Davis(Da63, pp. 113~118) 등이 구체적으로 논의했다. 지나쳐 버림의 크기는 실제로 8.9490…%이다.

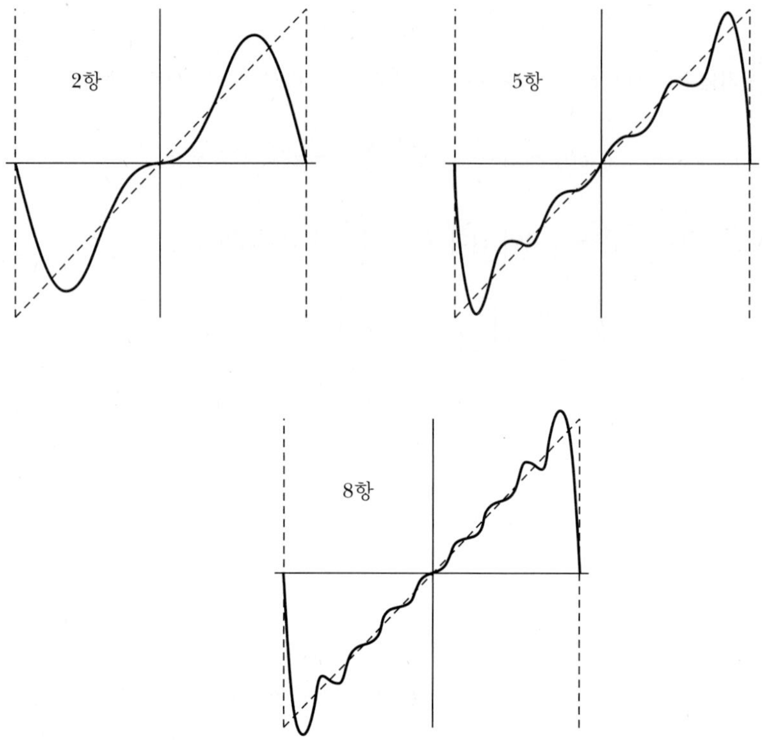

그림 3-20 예제 3.6의 결과. 톱니형 구동력 함수의 푸리에 급수 전개

3.9 충격형 강제력 함수에 대한 선형 진동자의 응답(자유선택)

지금까지의 논의에서는 주로 정상적인 진동을 다뤄왔으나, 많은 물리 문제에서는(특히 전기 진동회로를 포함하는) 과도 효과가 아주 중요하고, 과도적인 해가 그와 같은 경우의 흥미를 독점하고 있다. 그래서 이 절에서는 불연속적으로 작용하는 구동력을 받는 경우의 선형 진동자의 과도적인 거동을 조사한다. 물론 힘을 받는 데는 반드시 유한한 시간이 필요하므로, '불연속적인' 힘이라고 하는 것은 이상화된 것이다. 그러나 힘을 받는 시간이 진동자의 고유주기와 비교해서 짧으면, 이상화해서 얻어진 결과는 실제의 물리 상황에 근접한 것이 된다.

감쇠 진동자의 운동을 나타내는 미분 방정식은

$$\ddot{x} + 2\beta\dot{x} + \omega_0^2 x = \frac{F(t)}{m} \tag{3.96}$$

이며, 그 일반해는 기본해와 특수해로 이루어지고

$$x(t) = x_c(t) + x_p(t) \tag{3.97}$$

로 쓰되, 기본해는 다음과 같다.

$$x_c(t) = e^{-\beta t}(A_1 \cos \omega_1 t + A_2 \sin \omega_1 t) \tag{3.98}$$

여기서

$$\omega_1 \equiv \sqrt{\omega_0^2 - \beta^2} \tag{3.99}$$

물론 특수해 $x_p(t)$는 강제력 함수 $F(t)$의 성질에 의해 정해진다.

이상화된 두 개의 불연속적인 강제력 함수는 매우 흥미롭다. 이것은 그림 3-21a와 3-21b에 나타낸 **계단 함수**(step function, 또는 **헤비사이드 함수**(Heaviside function))와 **충격 함수**(impulse function)이다. 먼저 계단 함수 H는 다음과 같이 주어진다.

$$H(t_0) = \begin{cases} 0, & t < t_0 \\ a, & t > t_0 \end{cases} \tag{3.100}$$

여기서 a는 가속도의 차원을 갖는 상수이며, 변수 t_0는 힘을 받기 시작하는 시간이 $t = t_0$임을 나타낸다.

또한 충격 함수 I는 시각 $t = t_0$에서 양의 계단 함수를 받고, 이어서 약간 나중의 시각 t_1에서 음의 계단 함수를 받은 것으로 생각해도 좋으므로 다음과 같이 나타낸다.

$$I(t_0, t_1) = H(t_0) - H(t_1)$$
$$I(t_0, t_1) = \begin{cases} 0, & t < t_0 \\ a, & t_0 < t < t_1 \\ 0, & t > t_1 \end{cases} \tag{3.101}$$

계단 함수와 충격 함수는 간단히 $H(t_0)$와 $I(t_0, t_1)$으로 씀에도 불구하고, 이 함수들은 시간 t에 의존하므로 $H(t; t_0)$와 $I(t; t_0, t_1)$으로 쓰는 것이 좀 더 올바르다.

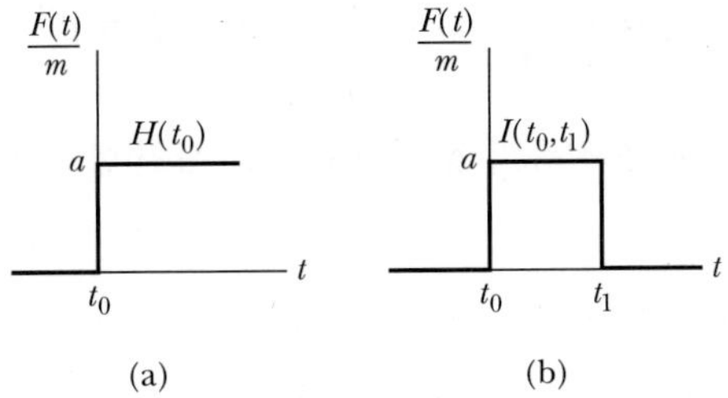

그림 3-21 (a) 계단 함수, (b) 충격 함수

계단 함수에 대한 응답

계단 함수에 대해 $t > t_0$인 경우에 운동을 기술하는 미분 방정식은 다음과 같다.

$$\ddot{x} + 2\beta\dot{x} + \omega_0^2 x = a, \quad t > t_0 \tag{3.102}$$

초기 조건은 $x(t_0) = 0$, $\dot{x}(t_0) = 0$이다. 따라서 특수해는 상수가 되고, 식 (3.102)를 조사하면 그것이 a/ω_0^2이어야 한다. 이리하여 $t > t_0$에서의 일반해는

$$x(t) = e^{-\beta(t-t_0)}[A_1 \cos\omega_1(t-t_0) + A_2 \sin\omega_1(t-t_0)] + \frac{a}{\omega_0^2} \tag{3.103}$$

가 되고, 여기에 초기 조건을 적용하면

$$A_1 = -\frac{a}{\omega_0^2}, \quad A_2 = -\frac{\beta a}{\omega_1\omega_0^2} \tag{3.104}$$

를 얻고, 결국 $t > t_0$에서

$$x(t) = \frac{a}{\omega_0^2}\left[1 - e^{-\beta(t-t_0)}\cos\omega_1(t-t_0) - \frac{\beta e^{-\beta(t-t_0)}}{\omega_1}\sin\omega_1(t-t_0)\right] \tag{3.105}$$

가 되고, 물론 $t < t_0$에서 $x(t) = 0$이 된다.

간단히 하기 위해서 $t_0 = 0$으로 취하면, 그 해는

$$x(t) = \frac{H(0)}{\omega_0^2}\left[1 - e^{-\beta t}\cos\omega_1 t - \frac{\beta e^{-\beta t}}{\omega_1}\sin\omega_1 t\right] \tag{3.106}$$

로 쓸 수 있다. $\beta = 0.2\omega_0$인 경우의 이 응답 함수를 도시하면 그림 3-22와 같이 되나, 진동자의 최종 상태(정상 상태)는 명백히 a/ω_0^2만큼 변위한 상태이다.

또한 감쇠가 없는 경우는 $\beta = 0$, $\omega_1 = \omega_0$로, $t_0 = 0$에서

$$x(t) = \frac{H(0)}{\omega_0^2}[1 - \cos\omega_0 t], \quad \beta = 0 \tag{3.107}$$

이 되고, 진동은 $x = 0$과 $x = 2a/\omega_0^2$을 진폭의 양 끝으로 하는 사인 함수의 형태를 띤다(그림 3-22 참조).

충격 함수에 대한 응답

충격 함수를 시간 $t_1 - t_0 = \tau$만큼 떨어진 두 개의 계단 함수의 차이로 생각하면, 계가 선형이므로 $t > t_1$에서의 일반해는 두 개의 계단 함수에 대해 따로따로 구한 해(식 (3.105))를 중첩하면 얻어진다.

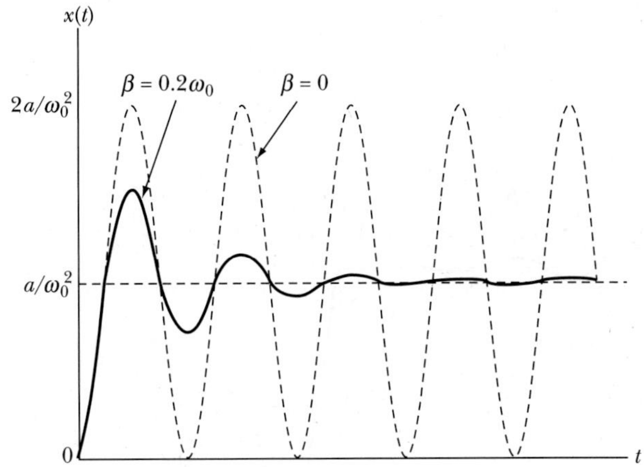

그림 3-22 계단 함수에 대한 응답 함수의 해

$$\begin{aligned} x(t) &= \frac{a}{\omega_0^2}\left[1 - e^{-\beta(t-t_0)}\cos\omega_1(t-t_0) - \frac{\beta e^{-\beta(t-t_0)}}{\omega_1}\sin\omega_1(t-t_0)\right] \\ &\quad -\frac{a}{\omega_0^2}\left[1 - e^{-\beta(t-t_0-\tau)}\cos\omega_1(t-t_0-\tau) - \frac{\beta e^{-\beta(t-t_0-\tau)}}{\omega_1}\sin\omega_1(t-t_0-\tau)\right] \\ &= \frac{ae^{-\beta(t-t_0)}}{\omega_0^2}\left[e^{\beta\tau}\cos\omega_1(t-t_0-\tau) - \cos\omega_1(t-t_0)\right. \\ &\quad \left. + \frac{\beta e^{\beta\tau}}{\omega_1}\sin\omega_1(t-t_0-\tau) - \frac{\beta}{\omega_1}\sin\omega_1(t-t_0)\right], \qquad t > t_1 \end{aligned} \tag{3.108}$$

작용시간 $\tau = 5 \times 2\pi/\omega_1$에서의 충격 함수를 $t = t_0$에서 받은 경우의 총 응답(식 (3.105)와 식 (3.108))을 $\beta = 0.2\omega_0$인 경우에 대해서 나타내면 그림 3-23과 같이 된다.

만약 충격 함수의 작용시간 τ가 0에 접근하면 응답 함수는 아주 작아지나, 곱 $a\tau$가 일정하도록 $\tau \to 0$과 함께 $a \to \infty$로 취하면 응답은 유한해진다. 이와 같은 특수한 극한의 경우는 $t = t$에서 '뾰족한(spike)'(즉, $\tau \ll 2\pi/\omega_1$) 구동력을 근사적으로 적용하기 때문에 아주 중요하다.[12] $A = t - t_0$, $B = t$라고

12) 이런 형태의 '뾰족'은 보통 **델타 함수**(delta function)라고 부르며 $\delta(t - t_0)$ 같이 쓴다. 델타 함수는 $t \neq 0$일 때 $\delta(t) = 0$, 그리고 $\delta(0) = \infty$ 같은 성질을 갖고 있으나

$$\int_{-\infty}^{+\infty} \delta(t - t_0)\,dt = 1$$

이다. 따라서 이것은 수학적 의미에서 고유한 함수가 아니지만, (가우스 함수 같은) 순하고 폭 파라미터가 0으로 감에 따라 지극한 local 함수의 극한 함수로서 정의할 수 있다. Marion and Heald(Ma80, 1.11절)도 참조하라.

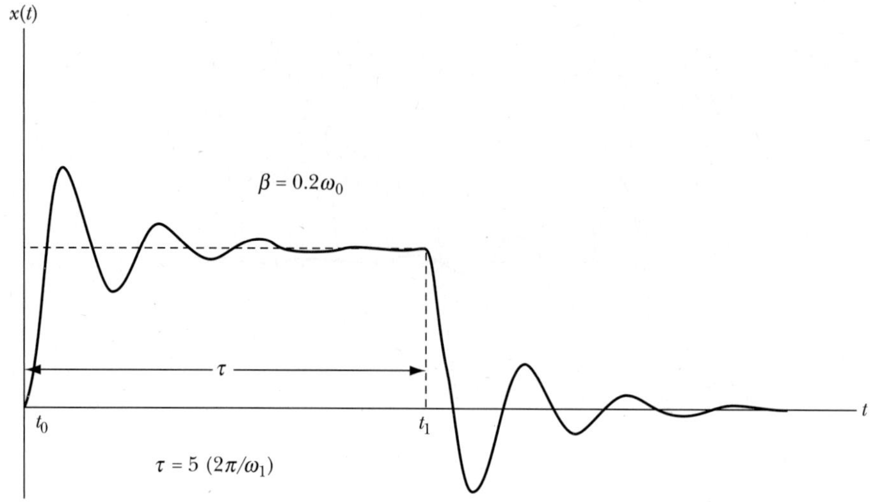

그림 3-23 충격 함수에 대한 응답 함수의 해

하고 부록 D의 식 (D.11)과 (D.12)를 써서

$$x(t) = \frac{ae^{-\beta(t-t_0)}}{\omega_0^2}\left\{e^{\beta\tau}[\cos\omega_1(t-t_0)\cos\omega_1\tau + \sin\omega_1(t-t_0)\sin\omega_1\tau]\right.$$

$$-\cos\omega_1(t-t_0) + \frac{\beta e^{\beta\tau}}{\omega_1}[\sin\omega_1(t-t_0)\cos\omega_1\tau - \cos\omega_1(t-t_0)\sin\omega_1\tau]$$

$$\left.-\frac{\beta}{\omega_1}\sin\omega_1(t-t_0)\right\}, \qquad t > t_0 \tag{3.109}$$

을 얻는다. τ가 작으므로 식 (D.34), (D.29), (D.28)을 써서 $e^{\beta\tau}$, $\cos\omega_1\tau$, $\sin\omega_1\tau$를 전개하고, 첫 2개 항만을 채택한다. τ를 포함한 모든 항을 곱하고, τ의 낮은 지수항만 고려하면

$$x(t) = \frac{ae^{-\beta(t-t_0)}}{\omega_0^2}\sin\omega_1(t-t_0)\left[\omega_1\tau + \frac{\beta^2\tau}{\omega_1}\right], \qquad t > t_0$$

가 된다. ω_0^2에 대한 식 (3.99)와 $\tau = b/a$로부터 최종적으로

$$x(t) = \frac{b}{\omega_1}e^{-\beta(t-t_0)}\sin\omega_1(t-t_0), \qquad t > t_0 \tag{3.110}$$

을 얻게 된다.

$\beta = 0.2\omega_0$인 경우의 이 응답 함수를 그림 3-24에 나타내었고, 이로부터 알 수 있듯이 t가 커질 때 진동

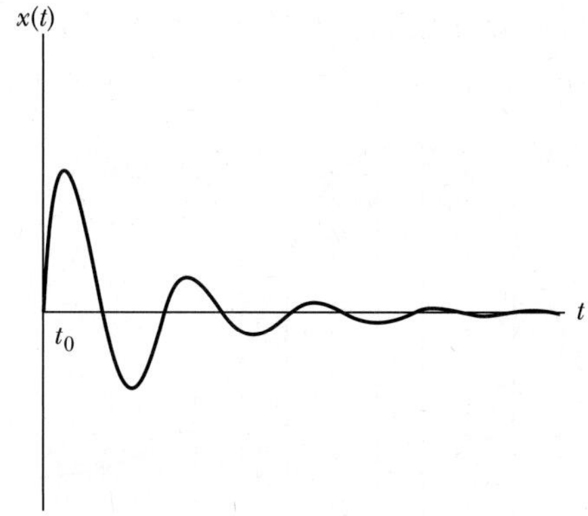

그림 3-24 델타 함수(spike)에 대한 응답 함수의 해

자는 원래의 평형점으로 되돌아가는 것이다.

이와 같이 충격형 구동력에 대한 선형 진동자의 응답을 식 (3.110)과 같이 간단한 모양으로 나타낼 수 있다는 사실에서, 그린(Green)[13]이 일반적인 강제력 함수를 다루는 유력한 방법을 발견했다. 그린의 방법은, 그림 3-25에 도식적으로 나타낸 바와 같이 임의의 강제력 함수를 충격 함수의 급수로서 나타내는 것에 기초한다. 그런데 구동되는 계가 선형인 경우에는 중첩 원리를 쓸 수 있고, 미분 방정식의 비동차(inhomogeneous) 부분을 그린의 방법에서는 충격 함수인 강제력 함수 $F_n(t)/m$의 합으로 나타낼 수 있다.

$$\ddot{x} + 2\beta\dot{x} + \omega_0^2 x = \sum_{n=-\infty}^{\infty} \frac{F_n(t)}{m} = \sum_{n=-\infty}^{\infty} I_n(t) \tag{3.111}$$

여기서

$$\begin{aligned} I_n(t) &= I(t_n, t_{n+1}) \\ &= \begin{cases} a_n(t_n), & t_n < t < t_{n+1} \\ 0, & \text{그 외} \end{cases} \end{aligned} \tag{3.112}$$

I_n이 작용되는 시간 간격은 $t_{n+1} - t_n = \tau$이고 $\tau \ll 2\pi/\omega_1$이다. n번째 충격에 대한 해는 식 (3.110)에 의해

$$x_n(t) = \frac{a_n(t_n)\tau}{\omega_1} e^{-\beta(t-t_n)} \sin \omega_1(t - t_n), \qquad t > t_n + \tau \tag{3.113}$$

같이 구해지고, N번째 충격도 포함하여 거기까지의 모든 충격에 대한 해는 다음과 같다.

---

13) 조지 그린(George Green, 1793~1841), 독학으로 성공한 영국 수학자

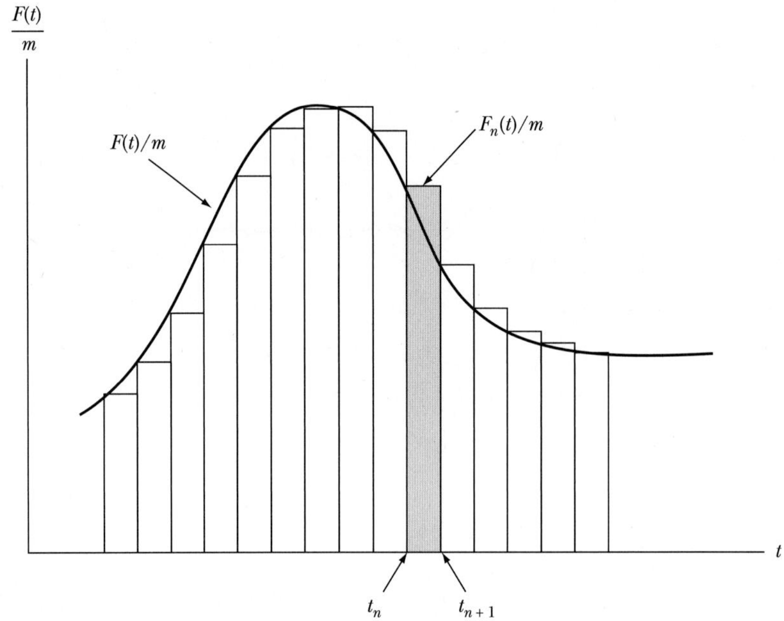

그림 3-25 임의의 강제력 함수를 그린(Green) 방법으로 알려진 충격 함수의 급수로서 나타낸다.

$$x(t) = \sum_{n=-\infty}^{N} \frac{a_n(t_n)\tau}{\omega_1} e^{-\beta(t-t_n)} \sin \omega_1 (t - t_n), \qquad t_N < t < t_{N+1} \tag{3.114}$$

만약 시간 간격 τ를 0에 접근시키고 t_n을 t'로 쓰면 합은 적분으로 바뀌고

$$x(t) = \int_{-\infty}^{t} \frac{a(t')}{\omega_1} e^{-\beta(t-t')} \sin \omega_1 (t - t')\, dt' \tag{3.115}$$

$$G(t, t') \equiv \begin{cases} \dfrac{1}{m\omega_1} e^{-\beta(t-t')} \sin \omega_1 (t - t'), & t \geq t' \\ 0, & t < t' \end{cases} \tag{3.116}$$

를 정의하면

$$ma(t') = F(t') \tag{3.117}$$

이므로

$$x(t) = \int_{-\infty}^{t} F(t')\, G(t, t')\, dt' \tag{3.118}$$

를 갖게 된다. 함수 $G(t, t')$는 선형 진동 방정식(식 (3.96))에 대한 **그린 함수**(Green's function)로 알려져 있다. 식 (3.118)로 표시된 해는 진동자가 처음에 평형위치에서 정지되어 있을 경우에만 정답이다. 왜냐하면 단일충격(식 (3.110))에 대해 사용한 해가 그러한 초기 조건으로 구해졌기 때문이다. 여타 초기 조건의 경우도 비슷한 방법으로 일반해가 구해질 것이다.

그린의 방법은 일반적으로 선형, 비동차 미분 방정식을 풀 때 유효하다. 이 방법의 주된 이점은 비동차 부분의 무한소 요소에 대한 해인 그린 함수 $G(t, t')$가 이미 초기 조건을 포함하고 있다는 사실에 있다. 따라서 $F(t')\, G(t, t')$의 적분으로 표시된 일반해도 자동적으로 초기 조건을 포함하고 있다.

예제 3.7

시간 $t = 0$에서 시작하고 $t > 0$에서 다음과 같은 형태로 지수 함수적으로 감쇠해가는 강제력 함수에 대한 $x(t)$를 구하라.

$$F(t) = F_0 e^{-\gamma t}, \qquad t > 0 \tag{3.119}$$

풀이

그린의 방법을 쓰면, 해 $x(t)$는

$$x(t) = \frac{F_0}{m\omega_1}\int_0^t e^{-\gamma t'} e^{-\beta(t-t')} \sin \omega_1 (t - t')\, dt' \tag{3.120}$$

가 되나, 여기서 변수를 $z = \omega_1(t - t')$로 변환하면

$$\begin{aligned} x(t) &= -\frac{F_0}{m\omega_1^2}\int_{\omega_1 t}^{0} e^{-\gamma t} e^{[(\gamma-\beta)/\omega_1]z} \sin z\, dz \\ &= \frac{F_0/m}{(\gamma-\beta)^2 + \omega_1^2}\left[e^{-\gamma t} - e^{-\beta t}\left(\cos \omega_1 t - \frac{\gamma-\beta}{\omega_1}\sin \omega_1 t\right)\right] \end{aligned} \tag{3.121}$$

를 얻는다. β, γ의 세 가지 조합에 대한 이 응답 함수를 그림 3-26에 나타내었다. γ가 β보다 크고 둘 다 ω_0보다 작으면, 응답은 '뾰족한' 경우의 응답에 접근한다. 그림 3-24와 그림 3-26의 제일 위의 곡선을 비교하면 된다. 또한 γ가 β보다 작으면 응답은 강제력 함수 그 자체의 모양에 접근한다. 즉, 처음 한 번 증가하고 나서 지수 함수적으로 감쇠한다. 그림 3-26의 제일 아래 곡선은 진동 상태를 남기면서 감쇠해가는 진폭을 보인다. β와 γ가 같은 경우 식 (3.121)은

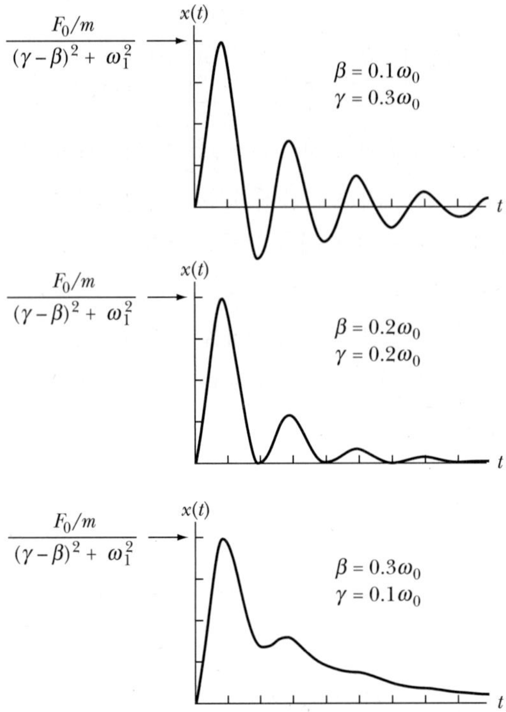

그림 3-26 예제 3.7의 응답 함수

$$x(t) = \frac{F_0}{m\omega_1^2} e^{-\beta t}(1 - \cos \omega_1 t), \qquad \beta = \gamma \tag{3.122}$$

가 되어, 응답은 '주기' $2\pi/\omega_1$으로 진동하나, 그 진폭은 그림 3-26의 가운데 곡선으로 보이는 바와 같이 지수 함수적으로 감쇠한다.

식 (3.121)에서 주어진 모양의 응답은 예를 들면 정지는 하고 있으나, 본질적으로 진동할 수 있는 전기 회로의 콘덴서에 돌연 감쇠하는 전압이 가해지는 경우에 일어난다.

연습문제

3-1. A simple harmonic oscillator consists of a 100-g mass attached to a spring whose force constant is 10^4 dyne/cm. The mass is displaced 3 cm and released from rest. Calculate **(a)** the natural frequency ν_0 and the period τ_0, **(b)** the total energy, and **(c)** the maximum speed.

3-2. Allow the motion in the preceding problem to take place in a resisting medium. After oscillating for 10 s, the maximum amplitude decreases to half the initial value. Calculate **(a)** the damping parameter β, **(b)** the frequency ν_1 (compare with the undamped frequency ν_0), and **(c)** the decrement of the motion.

3-3. The oscillator of Problem 3-1 is set into motion by giving it an initial velocity of 1 cm/s at its equilibrium position. Calculate **(a)** the maximum displacement and **(b)** the maximum potential energy.

3-4. Consider a simple harmonic oscillator. Calculate the *time* averages of the kinetic and potential energies over one cycle, and show that these quantities are equal. Why is this a reasonable result? Next calculate the *space* averages of the kinetic and potential energies. Discuss the results.

3-5. Obtain an expression for the fraction of a complete period that a simple harmonic oscillator spends within a small interval Δx at a position x. Sketch curves of this function versus x for several different amplitudes. Discuss the physical significance of the results. Comment on the areas under the various curves.

3-6. Two masses $m_1 = 100$ g and $m_2 = 200$ g slide freely in a horizontal frictionless track and are connected by a spring whose force constant is $k = 0.5$ N/m. Find the frequency of oscillatory motion for this system.

3-7. A body of uniform cross-sectional area $A = 1\ \text{cm}^2$ and of mass density $\rho = 0.8\ \text{g/cm}^3$ floats in a liquid of density $\rho_0 = 1\ \text{g/cm}^3$ and at equilibrium displaces a volume $V = 0.8\ \text{cm}^3$. Show that the period of small oscillations about the equilibrium position is given by

$$\tau = 2\pi\sqrt{V/gA}$$

where g is the gravitational field strength. Determine the value of τ.

3-8. A pendulum is suspended from the cusp of a cycloid[14] cut in a rigid support (Figure 3-A). The path described by the pendulum bob is cycloidal and is given by

$$x = a(\phi - \sin\phi), \qquad y = a(\cos\phi - 1)$$

where the length of the pendulum is $l = 4a$, and where ϕ is the angle of rotation of the circle generating the cycloid. Show that the oscillations are exactly isochronous with a frequency $\omega_0 = \sqrt{g/l}$, independent of the amplitude.

14) 사이클로이드의 성질에 익숙하지 않은 독자는 해석기하학에 관한 책을 참고로 하라.

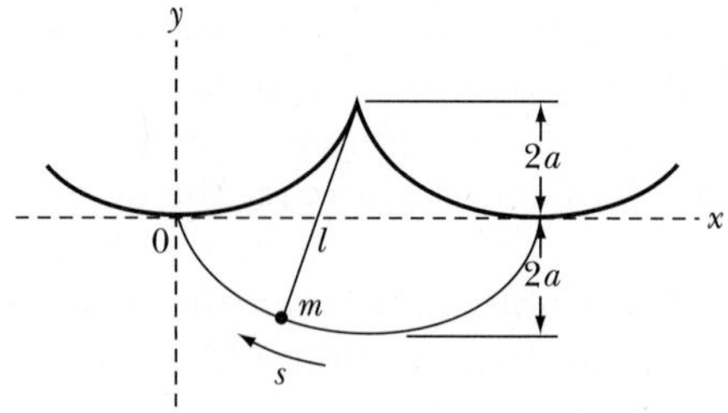

FIGURE 3-A Problem 3-8.

3-9. A particle of mass m is at rest at the end of a spring (force constant $= k$) hanging from a fixed support. At $t = 0$, a constant downward force F is applied to the mass and acts for a time t_0. Show that, after the force is removed, the displacement of the mass from its equilibrium position ($x = x_0$, where x is down) is

$$x - x_0 = \frac{F}{k}[\cos\omega_0(t - t_0) - \cos\omega_0 t]$$

where $\omega_0^2 = k/m$.

3-10. If the amplitude of a damped oscillator decreases to $1/e$ of its initial value after n periods, show that the frequency of the oscillator must be approximately $[1 - (8\pi^2 n^2)^{-1}]$ times the frequency of the corresponding undamped oscillator.

3-11. Derive the expressions for the energy and energy-loss curves shown in Figure 3-8 for the damped oscillator. For a lightly damped oscillator, calculate the *average rate* at which the damped oscillator loses energy (i.e., compute a time average over one cycle).

3-12. A simple pendulum consists of a mass m suspended from a fixed point by a weightless, extensionless rod of length l. Obtain the equation of motion and, in the approximation that $\sin\theta \cong \theta$, show that the natural frequency is $\omega_0 = \sqrt{g/l}$, where g is the gravitational field strength. Discuss the motion in the event that the motion takes place in a viscous medium with retarding force $2m\sqrt{gl}\,\dot{\theta}$.

3-13. Show that Equation 3.43 is indeed the solution for critical damping by assuming a solution of the form $x(t) = y(t)\exp(-\beta t)$ and determining the function $y(t)$.

3-14. Express the displacement $x(t)$ and the velocity $\dot{x}(t)$ for the overdamped oscillator in terms of hyperbolic functions.

3-15. Reproduce Figures 3-10b and c for the same values given in Example 3.2, but instead let $\beta = 0.1\ \text{s}^{-1}$ and $\delta = \pi$ rad. How many times does the system cross the $x = 0$ line before the amplitude finally falls below 10^{-2} of its maximum value? Which plot, b or c, is more useful for determining this number? Explain.

3-16. Discuss the motion of a particle described by Equation 3.34 in the event that $b < 0$ (i.e., the damping resistance is *negative*).

3-17. For a damped, driven oscillator, show that the average kinetic energy is the same at a frequency of a given number of octaves[15] above the kinetic energy resonance as at a frequency of the same number of octaves below resonance.

3-18. Show that, if a driven oscillator is only lightly damped and driven near resonance, the Q of the system is approximately

$$Q \cong 2\pi \times \left(\frac{\text{Total energy}}{\text{Energy loss during one period}} \right)$$

3-19. For a lightly damped oscillator, show that $Q \cong \omega_0/\Delta\omega$ (Equation 3.65).

3-20. Plot a *velocity* resonance curve for a driven, damped oscillator with $Q = 6$, and show that the full width of the curve between the points corresponding to $\dot{x}_{\text{max}}/\sqrt{2}$ is approximately equal to $\omega_0/6$.

3-21. Use a computer to produce a phase space diagram similar to Figure 3-11 for the case of critical damping. Show analytically that the equation of the line that the phase paths approach asymptotically is $\dot{x} = -\beta x$. Show the phase paths for at least three initial positions above and below the line.

3-22. Let the initial position and speed of an overdamped, nondriven oscillator be x_0 and v_0, respectively.

(a) Show that the values of the amplitudes A_1 and A_2 in Equation 3.44 have the values $A_1 = \dfrac{\beta_2 x_0 + v_0}{\beta_2 - \beta_1}$ and $A_2 = -\dfrac{\beta_1 x_0 + v_0}{\beta_2 - \beta_1}$ where $\beta_1 = \beta - \omega_2$ and $\beta_2 = \beta + \omega_2$.

(b) Show that when $A_1 = 0$, the phase paths of Figure 3-11 must be along the dashed curve given by $\dot{x} = -\beta_2 x$, otherwise the asymptotic paths are along the other dashed curve given by $\dot{x} = -\beta_1 x$. *Hint*: Note that $\beta_2 > \beta_1$ and find the asymptotic paths when $t \to \infty$.

3-23. To better understand underdamped motion, use a computer to plot $x(t)$ of Equation 3.40 (with $A = 1$ m) and its two components [$e^{-\beta t}$ and $\cos(\omega_1 t - \delta)$] and comparisons (with $\beta = 0$) on the same plot as in Figure 3-6. Let $\omega_0 = 1$ rad/s and make separate plots for $\beta^2/\omega_0^2 = 0.1, 0.5$, and 0.9 and for δ (in radians) $= 0, \pi/2$, and π. Have only one value of δ and β on each plot (i.e., nine plots). Discuss the results.

3-24. For $\beta = 0.2\ \text{s}^{-1}$, produce computer plots like those shown in Figure 3-15 for a sinusoidal driven, damped oscillator where $x_p(t)$, $x_c(t)$, and the sum $x(t)$ are shown. Let $k = 1\ \text{kg/s}^2$ and $m = 1$ kg. Do this for values of ω/ω_1 of 1/9, 1/3, 1.1, 3, and 6. For

15) 1옥타브는 가장 높은 진동수가 가장 낮은 진동수의 정확히 2배가 되는 진동수 간격을 말한다.

the $x_c(t)$ solution (Equation 3.40), let the phase angle $\delta = 0$ and the amplitude $A = -1$ m. For the $x_p(t)$ solution (Equation 3.60), let $A = 1$ m/s^2 but calculate δ. What do you observe about the relative amplitudes of the two solutions as ω increases? Why does this occur? For $\omega/\omega_1 = 6$, let $A = 20$ m/s^2 for $x_p(t)$ and produce the plot again.

3-25. For values of $\beta = 1\ \text{s}^{-1}$, $k = 1\ \text{kg/s}^2$, and $m = 1$ kg, produce computer plots like those shown in Figure 3-15 for a sinusoidal driven, damped oscillator where $x_p(t)$, $x_c(t)$, and the sum $x(t)$ are shown. Do this for values of ω/ω_0 of 1/9, 1/3, 1.1, 3, and 6. For the critically damped $x_c(t)$ solution of Equation 3.43, let $A = -1$ m and $B = 1$ m/s. For the $x_p(t)$ solution of Equation 3.60, let $A = 1$ m/s^2 and calculate δ. What do you observe about the relative amplitudes of the two solutions as ω increases? Why does this occur? For $\omega/\omega_0 = 6$, let $A = 20$ m/s^2 for $x_p(t)$ and produce the plot again.

3-26. Figure 3-B illustrates a mass m_1 driven by a sinusoidal force whose frequency is ω. The mass m_1 is attached to a rigid support by a spring of force constant k and slides on a second mass m_2. The frictional force between m_1 and m_2 is represented by the damping parameter b_1, and the frictional force between m_2 and the support is represented by b_2. Construct the electrical analog of this system and calculate the impedance.

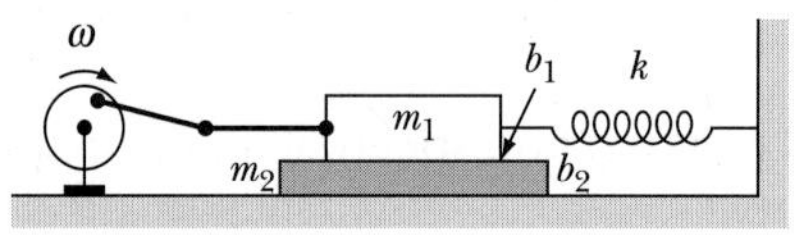

FIGURE 3-B Problem 3-26.

3-27. Show that the Fourier series of Equation 3.89 can be expressed as

$$F(t) = \frac{1}{2}a_0 + \sum_{n=1}^{\infty} c_n \cos(n\omega t - \phi_n)$$

Relate the coefficients c_n to the a_n and b_n of Equation 3.90.

3-28. Obtain the Fourier expansion of the function

$$F(t) = \begin{cases} -1, & -\pi/\omega < t < 0 \\ +1, & 0 < t < \pi/\omega \end{cases}$$

in the interval $-\pi/\omega < t < \pi/\omega$. Take $\omega = 1$ rad/s. In the periodical interval, calculate and plot the sums of the first two terms, the first three terms, and the first four terms to demonstrate the convergence of the series.

3-29. Obtain the Fourier series representing the function

$$F(t) = \begin{cases} 0, & -2\pi/\omega < t < 0 \\ \sin\omega t, & 0 < t < 2\pi/\omega \end{cases}$$

3-30. Obtain the Fourier representation of the output of a full-wave rectifier. Plot the first three terms of the expansion and compare with the exact function.

3-31. A damped linear oscillator, originally at rest in its equilibrium position, is subjected to a forcing function given by

$$\frac{F(t)}{m} = \begin{cases} 0, & t < 0 \\ a \times (t/\tau), & 0 < t < \tau \\ a, & t > \tau \end{cases}$$

Find the response function. Allow $\tau \to 0$ and show that the solution becomes that for a step function.

3-32. Obtain the response of a linear oscillator to a step function and to an impulse function (in the limit $\tau \to 0$) for overdamping. Sketch the response functions.

3-33. Calculate the maximum values of the amplitudes of the response functions shown in Figures 3-22 and 3-24. Obtain numerical values for $\beta = 0.2\omega_0$ when $a = 2$ m/s^2, $\omega_0 = 1$ rad/s, and $t_0 = 0$.

3-34. Consider an undamped linear oscillator with a natural frequency $\omega_0 = 0.5$ rad/s and the step function $a = 1$ m/s^2. Calculate and sketch the response function for an impulse forcing function acting for a time $\tau = 2\pi/\omega_0$. Give a physical interpretation of the results.

3-35. Obtain the response of a linear oscillator to the forcing function

$$\frac{F(t)}{m} = \begin{cases} 0, & t < 0 \\ a \sin \omega t, & 0 < t < \pi/\omega \\ 0, & t > \pi/\omega \end{cases}$$

3-36. Derive an expression for the displacement of a linear oscillator analogous to Equation 3.110 but for the initial conditions $x(t_0) = x_0$ and $\dot{x}(t_0) = \dot{x}_0$.

3-37. Derive the Green's method solution for the response caused by an arbitrary forcing function. Consider the function to consist of a series of step functions—that is, start from Equation 3.105 rather than from Equation 3.110.

3-38. Use Green's method to obtain the response of a damped oscillator to a forcing function of the form

$$F(t) = \begin{cases} 0 & t < 0 \\ F_0 e^{-\gamma t} \sin \omega t & t > 0 \end{cases}$$

3-39. Consider the periodic function

$$F(t) = \begin{cases} \sin \omega t, & 0 < t < \pi/\omega \\ 0, & \pi/\omega < t < 2\pi/\omega \end{cases}$$

which represents the positive portions of a sine function. (Such a function represents, for example, the output of a half-wave rectifying circuit.) Find the Fourier representation and plot the sum of the first four terms.

3-40. An automobile with a mass of 1000 kg, including passengers, settles 1.0 cm closer to the road for every additional 100 kg of passengers. It is driven with a constant horizontal component of speed 20 km/h over a washboard road with sinusoidal bumps. The amplitude and wavelength of the sine curve are 5.0 cm and 20 cm, respectively. The distance between the front and back wheels is 2.4 m. Find the amplitude of oscillation of the automobile, assuming it moves vertically as an undamped driven harmonic oscillator. Neglect the mass of the wheels and springs and assume that the wheels are always in contact with the road.

3-41. **(a)** Use the general solutions $x(t)$ to the differential equation $d^2x/dt^2 + 2\beta dx/dt + \omega_0^2 x = 0$ for underdamped, critically damped, and overdamped motion and choose the constants of integration to satisfy the initial conditions $x = x_0$ and $v = v_0 = 0$ at $t = 0$. **(b)** Use a computer to plot the results for $x(t)/x_0$ as a function of $\omega_0 t$ in the three cases $\beta = (1/2)\omega_0$, $\beta = \omega_0$, and $\beta = 2\omega_0$. Show all three curves on a single plot.

3-42. An undamped driven harmonic oscillator satisfies the equation of motion $m(d^2x/dt^2 + \omega_0{}^2 x) = F(t)$. The driving force $F(t) = F_0 \sin(\omega t)$ is switched on at $t = 0$. **(a)** Find $x(t)$ for $t > 0$ for the initial conditions $x = 0$ and $v = 0$ at $t = 0$. **(b)** Find $x(t)$ for $\omega = \omega_0$ by taking the limit $\omega \rightarrow \omega_0$ in your result for part **(a)**. Sketch your result for $x(t)$. *Hint*: In part **(a)** look for a particular solution of the differential equation of the form $x = A \sin(\omega t)$ and determine A. Add the solution of the homogeneous equation to this to obtain the general solution of the inhomogeneous equation.

3-43. A point mass m slides without friction on a horizontal table at one end of a massless spring of natural length a and spring constant k as shown in Figure 3-C. The spring is attached to the table so it can rotate freely without friction. The net force on the mass is the central force $F(r) = -k(r - a)$. **(a)** Find and sketch both the potential energy $U(r)$ and the effective potential $U_{\text{eff}}(r)$. **(b)** What angular velocity ω_0 is required for a circular orbit with radius r_0? **(c)** Derive the frequency of small oscillations ω about the circular orbit with radius r_0. Express your answers for **(b)** and **(c)** in terms of k, m, r_0, and a.

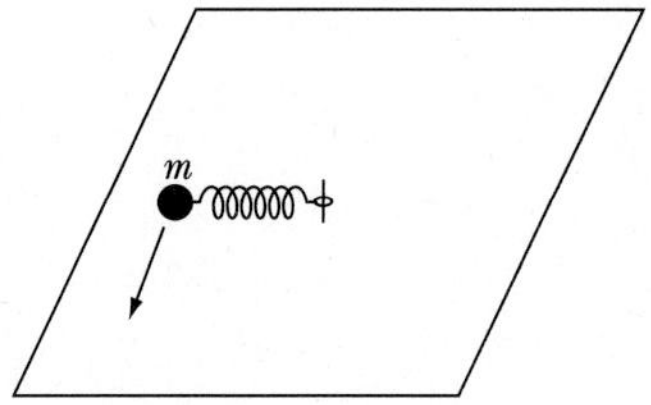

FIGURE 3-C Problem 3-43.

3-44. Consider a damped harmonic oscillator. After four cycles the amplitude of the oscillator has dropped to $1/e$ of its initial value. Find the ratio of the frequency of the damped oscillator to its natural frequency.

3-45. A grandfather clock has a pendulum length of 0.7 m and mass bob of 0.4 kg. A mass of 2 kg falls 0.8 m in seven days to keep the amplitude (from equilibrium) of the pendulum oscillation steady at 0.03 rad. What is the Q of the system?

제 4 장

비선형 진동과 혼돈

4.1 서론

3장에서는 선형계에서의 진동을 논의했다. 그러나 상세히 살펴보면 자연에는 비선형성이 있다. 깃발이 바람에 휘날리는 것, 수도꼭지에서 물방울이 떨어지는 것, 이중 진자의 진동 등이 그 예이다. 선형계에서 배운 방법은 비선형계에서는 유용하지 않기 때문에 비선형계에 대한 많은 방법이 개발되어 왔다. 그중 몇 개만 이 장에서 논의한다. 여기서는 비선형 방정식을 풀기 위해 수치해법을 사용한다.

3장에서 논의한 1차원 감쇠진동 및 강제진동에 대한 운동 방정식은 다음과 같이 쓸 수 있다.

$$m\ddot{x} + f(\dot{x}) + g(x) = h(t) \tag{4.1}$$

만약 $f(\dot{x})$와 $g(x)$가 각각 1차보다 높은 지수의 $\dot{x}$와 x를 포함하고 있다면 이 물리계는 비선형이다. 식 (4.1)의 완전해가 언제나 존재하는 것은 아니며 이러한 방정식을 풀기 위해 때로는 특별한 방법이 필요하다. 예로서 힘을 선형으로부터 벗어나게 하고 위상도를 검토함으로써 물리계에 대해 많이 배울 수 있다. 이러한 계는 평면 단진자인데, 작은 진동일 때만이 선형이다.

19세기 초, 그 유명한 프랑스 수학자 피에르 시몽 드 라플라스(Pierre Simon de Laplace)는 만약 우주 속에서 입자의 위치와 속도를 안다면 모든 시간에서의 그 입자의 미래를 알 수 있다는 견해를 지지했다. 이것은 자연을 바라보는 **결정론적** 견해이다. 최근에 많은 분야의 연구자가 자연 법칙을 충분히 알 수 없다는 사실을 인식하기 시작했다. 자연의 대부분은 혼돈스러워 보인다. 그런 것을 **결정론적 혼돈**(deterministic chaos)이라고 부른다. 시간적 발전이 초기 조건에 예민하게 의존하여 운동을 하는 무질서(randomness)와는 다르다. 결정론적 발전이란 물리 법칙에 따라 잘 결정된 방식으로 현재의 물리계가 바로 직전의 상태에 의존하면서 한 순간에서 다음 순간으로 발전해나가는 발전 방식을 말한다. 현재의 계가 과거의 계와 인과관계를 맺지 않은 무질서 과정(random process)을 말하는 것이 아니다(예: 동전을 던져서 표리를 보는 것).

운동 방정식을 정확히 알지라도, 어떤 순간에 물리계의 상태를 측정하여 미래를(바로 1초 후라 해도) 예측할 순 없다. 결정론적 혼돈은 언제나 비선형계와 관련되어 있고, 비선형성은 혼돈의 필요조건이지만 충분조건은 아니다. 혼돈은 계가 이전의 상태에 예민하게 의존할 때 나타난다. 나비가 주변을 날 때 같은 아주 미미한 영향이라도 상태를 바꾸기 충분하며 예측하는 것과 전혀 다른, 약간 달라지는 정도가 아니라 완전히 다른 미래 상태가 된다. 초기 조건에 이들의 미미한 변수를 포함한 계의 물리적 성질에 대한 시간 변화를 컴퓨터로 계산할 수 있어 혼돈을 연구할 수 있게 되었다. 혼돈계는 수치적으로만 풀 수 있고 계가 언제 혼돈을 나타내는지 예측할 수 있는 간단하고 일반적인 방법은 없다.

혼돈 현상은 실제로 과학과 공학의 모든 분야에서 발견되고 있다(불규칙적인 심장박동, 태양계의 행성 운동, 수도꼭지에서 떨어지는 물방울, 전기회로, 기상 형태, 유행병, 곤충, 새, 동물의 서식 변화, 원자 속의 전자 운동 등). 19세기 말 앙리 푸앵카레(Henri Poincaré)[1]가 천체역학을 연구하는 과정에서 혼돈의 존재를 처음으로 인식한 것으로 일반적으로 알려져 있다. 그는 태양계 속에 있는 행성처럼 분명히 단순한 계의 운동이 극도로 복잡할 수 있다는 사실을 깨달았다. 여러 연구자도 혼돈의 존재를 우연히 알게 되었으나 컴퓨터가 행동을 기록하는 장기간의 역사를 계산할 수 있게 된 1970년대 이전에는 획기적인 약진은 없었다.

혼돈에 관한 연구가 확산됨에 따라 현상의 기본적인 면을 볼 수 있을 것이다. 이 주제를 더 깊이 공부하고 싶은 사람은 전문교재[2]를 참고하자. 예를 들어 프랙탈(fractal), 즉 혼돈 과정으로부터 나타나는 복잡한 형태에 관한 흥미로운 영역은 이 책의 범위를 벗어난다.

4.2 비선형 진동

다음과 같은 포물선형 위치 에너지를 생각하자.

$$U(x) = \frac{1}{2}kx^2 \tag{4.2}$$

이에 대응하는 힘은 다음과 같다.

$$F(x) = -kx \tag{4.3}$$

단, 이것은 3.2절에서 논의한 조화 단진동의 경우이다. 그런데 거리의 임의의 함수로서 나타내는 퍼텐셜의 우물 속을 입자가 운동할 경우(그림 4-1 참조), 우물의 최소값 부근에서 퍼텐셜은 보통 포물선으로 잘 근사할 수 있다. 그러므로 입자의 에너지가 U_{min}보다 약간 클 때는 작은 진폭만이 가능해져 운동은 근사

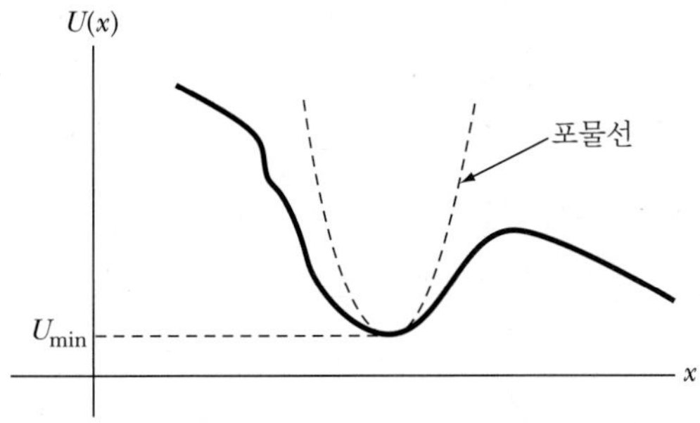

그림 4-1 단조화 운동을 적용할 수 있는 포물선 영역을 보이는 임의의 퍼텐셜 $U(x)$

1) 앙리 푸앵카레(1854~1912)는 수학자이자 물리학자, 철학자이다. 고전역학이 최고 경지에 도달했고 곧 상대성 이론과 양자역학으로 옮겨가는 시기에 살았던 그는 계의 동역학적 안정성을 이해할 수 있는 정확한 수학 공식을 구하려고 노력했다.

2) Baker and Gollub(Ba96), Moon(Mo92), Hilborn(Hi00), Strogatz(St94)

적으로 조화 단진동이 되나, 에너지가 $U_{\min}$보다 상당히 클 때는 진폭이 작다고는 생각할 수 없으므로 $U(x) \approx \frac{1}{2}kx^2$이라는 근사는 더 이상 정확하지 않고, 비선형의 힘으로 다루어야 한다.

많은 물리 현상에서, 선형에서의 힘의 편차는 그 평형점($x = 0$으로 한다)에 관해서 대칭이다. 다시 말해, 입자가 받는 힘은 x와 $-x$에서 크기가 같다. 물론 방향은 반대이다. 따라서 이와 같은 대칭적인 경우 선형력에 대한 최초의 보정은 x^3에 비례하는 것이다. 즉,

$$F(x) \cong -kx + \varepsilon x^3 \tag{4.4}$$

여기서 ε은 보통 작은 양이다. 그래서 이와 같은 힘에 대응하는 퍼텐셜은 다음과 같다.

$$U(x) = \frac{1}{2}kx^2 - \frac{1}{4}\varepsilon x^4 \tag{4.5}$$

ε의 부호에 따라서 힘은 선형 근사보다 크기도 하고 작기도 하나, $\varepsilon > 0$일 때의 힘은 선형항만의 경우보다 작다. 이때의 계를 부드러운 계라 한다. 또한 $\varepsilon < 0$일 때는 그보다 크고, 이때의 계는 단단한 계라고 한다. 그림 4-2에는 부드러운 계와 단단한 계의 힘과 퍼텐셜을 나타내었다.

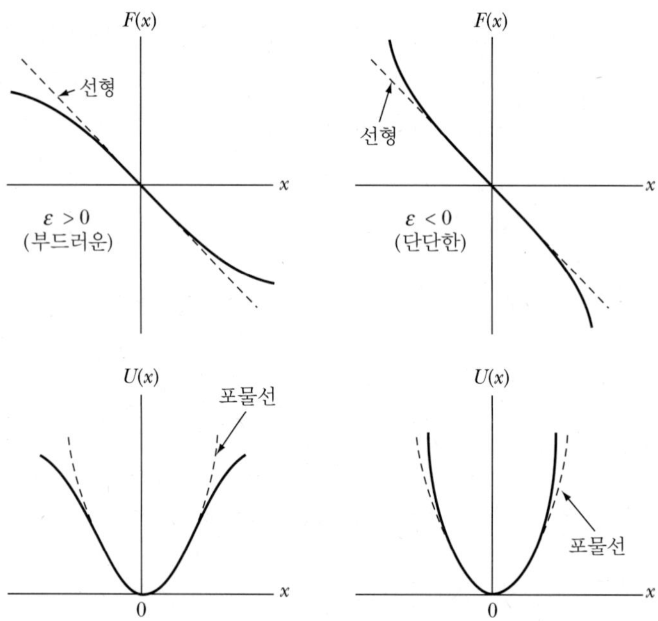

그림 4-2 x^3 항이 힘에 추가될 경우의 부드러운 계와 단단한 계의 힘 $F(x)$와 퍼텐셜 $U(x)$

예제 4.1

두 개의 동일한 용수철 사이에 매달려 있는 질량이 m인 입자를 생각하자(그림 4-3). 이 계가 비선형임을 보여라. 강제력 $F_0 \cos \omega t$에 대한 정상해를 구하라.

풀이

입자가 그 평형의 위치에 있고, 양쪽의 용수철이 늘어나지 않은 상태(즉, 어떤 용수철에도 장력이 없고, 따라서 위치 에너지도 없다)이며, 또 중력도 무시할 수 있으면, 입자가 평형위치에서 변위될 때(그림 4-3b) 각 용수철에서 힘 $-k(s - l)$을 받는다(k는 각 용수철의 힘 상수이다). 그러므로 입자가 받는 전체의 (수평 방향) 힘은 다음과 같다.

$$F = -2k(s - l) \sin \theta \tag{4.6}$$

한편

$$s = \sqrt{l^2 + x^2}$$

을 쓰면,

$$\sin\theta = \frac{x}{s} = \frac{x}{\sqrt{l^2 + x^2}}$$

가 되고, 결국

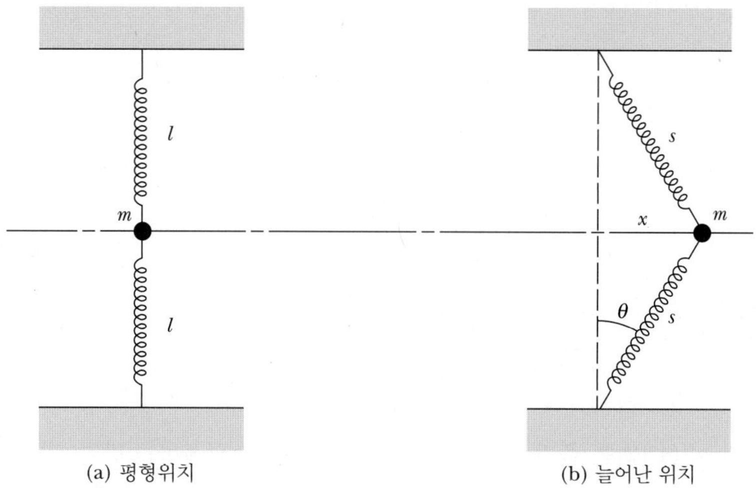

그림 4-3 예제 4.1. (a) 평형위치와 (b) 늘어난 위치에서의 2중 용수철계

$$F = -\frac{2kx}{\sqrt{l^2 + x^2}} \cdot \left(\sqrt{l^2 + x^2} - l\right) = -2kx\left(1 - \frac{1}{\sqrt{1 + (x/l)^2}}\right) \tag{4.7}$$

을 얻는다. 다음에 x/l은 작다고 생각해서 근을 전개하면 다음과 같다.

$$F = -kl\left(\frac{x}{l}\right)^3\left[1 - \frac{3}{4}\left(\frac{x}{l}\right)^2 + \cdots\right]$$

가장 기여가 큰 항 외의 모든 항을 생략하면, 근사적으로

$$F(x) \cong -(k/l^2)x^3 \tag{4.8}$$

이라고 쓸 수 있다. 따라서 이 경우에 x/l이 작도록 운동의 진폭이 충분히 제한되어 있어도 힘이 x^3에 비례하는 결과가 나오므로 이 계는 본질적으로 비선형이다. 한편 평형위치에 있는 입자에 용수철을 붙이기 위해 각 용수철을 d만큼 늘렸다고 하면, 힘은(연습문제 4-1 참조)

$$F(x) \cong -2(kd/l)x - [k(l-d)/l^3]x^3 \tag{4.9}$$

이 되어 선형항이 도입된다. 미소 진동 시에 운동은 근사적으로 조화 단진동이 된다.

식 (4.9)에서

$$\varepsilon' = -k(l-d)/l^3 < 0$$

으로 놓을 수 있으므로, 계는 단단한 계이다.

만약 강제력 $F_0 \cos \omega t$가 작용된다면 당기는 용수철(식 (4.9)의 힘)의 운동 방정식은

$$m\ddot{x} = -\frac{2kd}{l}x - \frac{k(l-d)}{l^3}x^3 + F_0 \cos \omega t \tag{4.10}$$

로 주어진다.

$$\varepsilon = \frac{\varepsilon'}{m}, \quad a = \frac{2kd}{ml}, \quad G = \frac{F_0}{m} \tag{4.11}$$

라고 두면, 식 (4.10)은

$$\ddot{x} = -ax + \varepsilon x^3 + G \cos \omega t \tag{4.12}$$

를 바꿀 수 있다. 이 식 (4.12)는 풀기 힘든 미분 방정식이다. 계속 근사하는 방법(섭동법)으로 해의 중요한 성질을 찾아낼 수 있다. 우선 $x_1 = A\cos\omega t$를 해로 택하여 식 (4.12)의 우변에 x 대신 대입한다. 그러면

$$\ddot{x}_2 = -aA\cos\omega t + \varepsilon A^3 \cos^3 \omega t + G\cos\omega t \tag{4.13}$$

가 되며, 식 (4.13)의 해는 $x = x_2$이다. 관계식

$$\cos^3 \omega t = \frac{3}{4}\cos \omega t + \frac{1}{4}\cos 3\omega t$$

를 이용하여, 이 식을 식 (4.13)에 사용하면

$$\ddot{x}_2 = -\left(aA - \frac{3}{4}\varepsilon A^3 - G\right)\cos \omega t + \frac{1}{4}\varepsilon A^3 \cos 3\omega t \tag{4.14}$$

가 된다. 두 번 적분(적분 상수를 0으로 놓고) 하면

$$x_2 = \frac{1}{\omega^2}\left(aA - \frac{3}{4}\varepsilon A^3 - G\right)\cos \omega t - \frac{\varepsilon A^3}{36\omega^2}\cos 3\omega t \tag{4.15}$$

를 얻는다. 이것은 이미 복잡한 해이다. ε, a, x에 어떤 조건이 부여되면 x_2가 적합한 해가 될까? 컴퓨터로 수치 계산하면 아주 정확하게 섭동해를 빨리 얻을 수 있다. 진폭이 강제력의 진동수에 의존하지만 계의 고유진동수 부근에서 공명이 일어나지 않는다는 사실을 알게 되었다.

식 (4.12)를 푸는 방법에 관한 좀 더 깊은 논의는 너무나 앞선 것이다. 강제력의 진동수 ω의 어떤 값에 대해 진폭 사이에 '뛰는' 현상이 있는 세 가지 종류의 진폭이 결과로 나타난다. ω가 증가하는가 혹은 감소(히스테리시스)하는가에 따라 진폭의 값은 달라진다. 이 효과에 대한 간단한 예를 4.5절에서 살펴본다.

현실의 물리 현상에서는 대칭인 힘과 퍼텐셜이 자주 나오지만, 또한 비대칭인 형태, 예를 들면 힘이

$$F(x) = -kx + \lambda x^2 \tag{4.16}$$

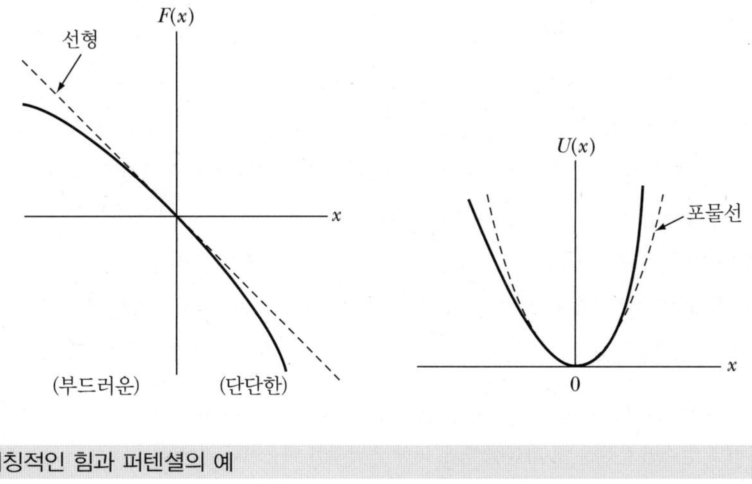

그림 4-4 비대칭적인 힘과 퍼텐셜의 예

과 같은 경우도 있다. 이에 대한 퍼텐셜은 다음과 같다.

$$U(x) = \frac{1}{2}kx^2 - \frac{1}{3}\lambda x^3 \tag{4.17}$$

이 경우는 $\lambda < 0$에 대해 그림 4-4에 나타나 있다($x > 0$에서는 단단한 계, $x < 0$에서는 부드러운 계이다).

4.3 비선형계에 대한 위상도

비선형계에 대한 위상도를 만드는 데는 식 (2.97), 즉

$$\dot{x}(x) \propto \sqrt{E - U(x)} \tag{4.18}$$

를 쓰면 좋다. $U(x)$를 알고 있으면 $\dot{x}(x)$에 대한 위상도는 비교적 쉽게 만들 수 있다. 그래픽 성능이 향상된 컴퓨터에서 이러한 작업은 특히 쉬운 일이다. 그러나 대부분의 경우 $U(x)$를 얻기가 힘들고, 위상도를 그리려면 결국 근사적 수법을 취할 수밖에 없다. 반면에 임의적인 퍼텐셜 속에서의 입자 운동에 대한 위상도를 정성적 그림으로 그리기는 비교적 쉽다. 예를 들면 그림 4-5a에 나타낸 비대칭적인 퍼텐셜은 $x < 0$에서는 부드러운 계를, $x > 0$에서는 단단한 계를 나타낸다. 만일 감쇠가 없으면 $\dot{x}$는 $\sqrt{E - U(x)}$에 비례하여 위상도는 명백히 그림 4-5b와 같은 형태가 되므로, 퍼텐셜 속에 점선으로 보인 총 에너지의 세 값에 대응해서 세 개의 달걀 모양 위상 궤도를 그린다. 그래서 총 에너지가 퍼텐셜의 극소값보다 약간 클 때는 달걀 모양의 위상 궤도가 타원에 접근한다. 그러나 계에 감쇠가 작용하면 진동하고 있는 입자는 '퍼텐셜의 우물을 나선 모양으로 내려가고', 드디어는 평형위치 $x = 0$에서 정지한다. 이 경우에 $x = 0$에 있는 평형점을 **끌개**(attractor)라고 한다. 끌개는 위상공간에서 한 조의 점(혹은 한 점)이며, 감쇠가 나타날 때 계를 '끌어들인다'.

그림 4-5에 나타낸 경우, 입자의 총 에너지 E가 $x = 0$ 부근에서 퍼텐셜의 높이보다 낮으면 입자는 퍼텐셜 우물 속에 '붙잡힌다'(그림 2-14의 $x_a < x < x_b$ 영역과 비교). $x = 0$점은 안정적 평형점이다. 왜냐하면 $(d^2U(x)/dx^2)_0 > 0$(식 (2.103) 참조)이기 때문이고, 작은 교란이 국지 속박 운동을 일으킨다.

퍼텐셜의 최대치 주변에서 정성적으로 다른 종류의 운동이 일어난다(그림 4-6). 만약 입자가 이 점에서 정지해 있다면 작은 교란이 국지적으로 비속박 운동을 일으키므로 $x = 0$점이 불안정 평형의 하나가 된다.[3] 마찬가지로, $(d^2U(x)/dx^2)_0 < 0$는 불안정 평형이 된다.

그림 4-6a의 퍼텐셜이 포물선 $U(x) = -\frac{1}{2}kx^2$이면, 에너지 E_0에 대응하는 위상 궤도는 직선이 되고, 또한 에너지 E_1과 E_2에 대응하는 궤도는 쌍곡선이 된다. 그러므로 이것은 퍼텐셜의 비선형항이 작아졌을

3) 안정성에 대한 정의는 국지적으로 비속박 운동을 가지고 말할 수 있을 것이다. 왜냐하면 만약 $x = 0$에서 보인 것보다 큰 퍼텐셜 극대치가 따로 있다면 운동은 이 퍼텐셜 벽에 의해 속박되기 때문이다.

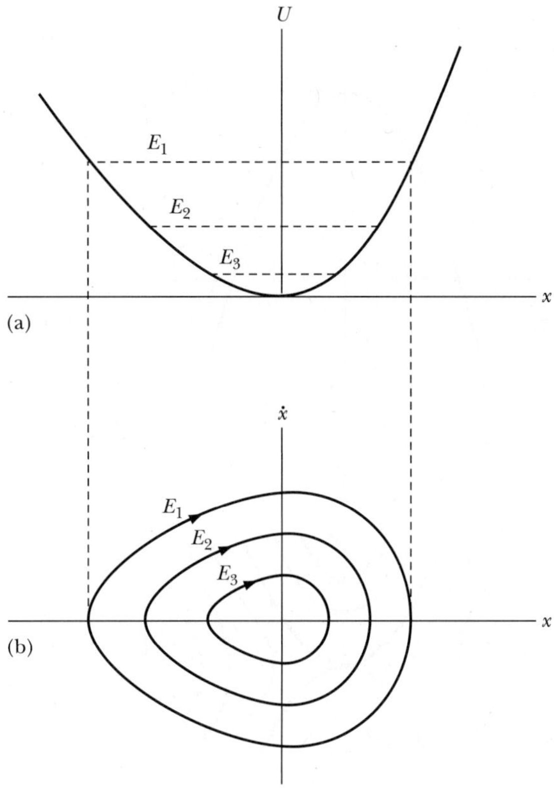

그림 4-5 속박 운동에 대한 (a) 비대칭 퍼텐셜과 (b) 위상도

때, 그림 4-6의 위상 궤도가 접근해가는 극한이 된다.

그림 4-5와 그림 4-6의 퍼텐셜에 대한 위상 궤도를 참고하면, (그림 2-14와 같이) 임의의 퍼텐셜에 대한 위상도는 금방 그릴 수 있다.

어떤 중요한 형태의 비선형 방정식을 진공관 회로에서의 진동 연구와 관련해서 반 데르 폴(van der Pol)이 상세히 연구한 내용을 기술한다.[4)] 이 방정식은

$$\ddot{x} + \mu(x^2 - a^2)\dot{x} + \omega_0^2 x = 0 \tag{4.19}$$

이고, μ는 작은 양의 변수이다. 이 반 데르 폴 방정식으로 기술되는 계에는 다음과 같은 재미있는 성질이 있다. 즉, 진폭 $|x|$이 임계값 $|a|$을 넘으면 $\dot{x}$의 계수가 양이 되므로 계는 감쇠되고, $|x| < |a|$이면 음의 감쇠

4) B. 반 데르 폴. *Phil. Mag.* **2**, 978(1926). 반 데르 폴 방정식에 관한 심도 깊은 연구는 Minorsky(Mi47), Andronow and Chaikin(An49) 등에서 볼 수 있다. 대략적인 논의는 Lindsay(Li51, pp. 64~66) 및 Pipes(Pi46, pp. 606~610)을 참조하라.

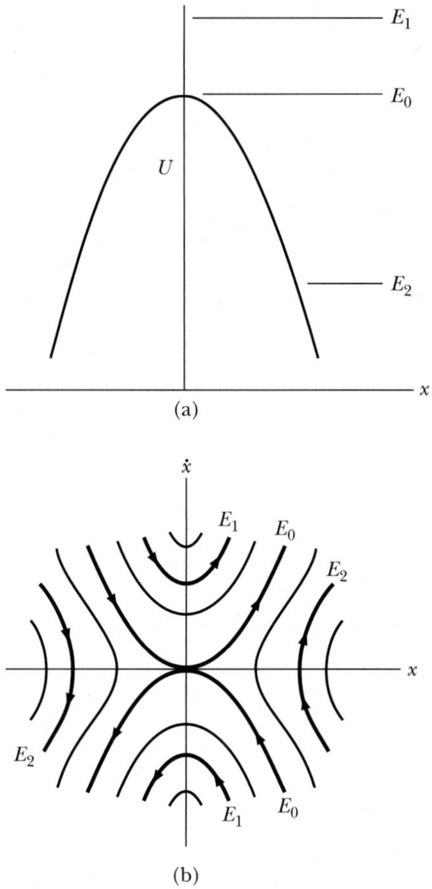

그림 4-6 비속박 운동에 대한 (a) 거꾸로 된 비대칭 퍼텐셜과 (b) 위상도

이므로 운동의 진폭은 증가한다. 여기서 필연적으로 시간이 지나도 운동이 증감하지 않는 어떤 진폭이 존재하게 되고, 이것을 나타내는 위상평면에서의 곡선을 **극한 주기 궤도**(limit cycle)[5]라 부른다(그림 4-7).

이 극한 주기 궤도의 바깥쪽에서는 위상 궤도가 안쪽을 향해서 나선을 그리고, 안쪽에서는 바깥쪽을 향해서 나선을 그린다. 이와 같이 극한 주기 궤도는 국소적으로 제약받는 운동을 나타내므로, 이 상태는 안정하다고 해석한다.

그러므로 반 데르 폴의 방정식으로 나타나는 계는 자기 제약(self-limiting)의 성질을 띤다. 즉, 예로 일단 진폭이 증가하는 조건으로 운동이 시작해도, 진폭은 자동적으로 무제한으로 증가하지 않도록 되어 있다. 계는 초기 진폭이 임계(극한) 진폭 x_0보다 크거나 작은 이러한 성질을 갖고 있다.

5) 이 용어는 푸앵카레가 도입했기 때문에 푸앵카레 극한 주기 궤도라고도 한다.

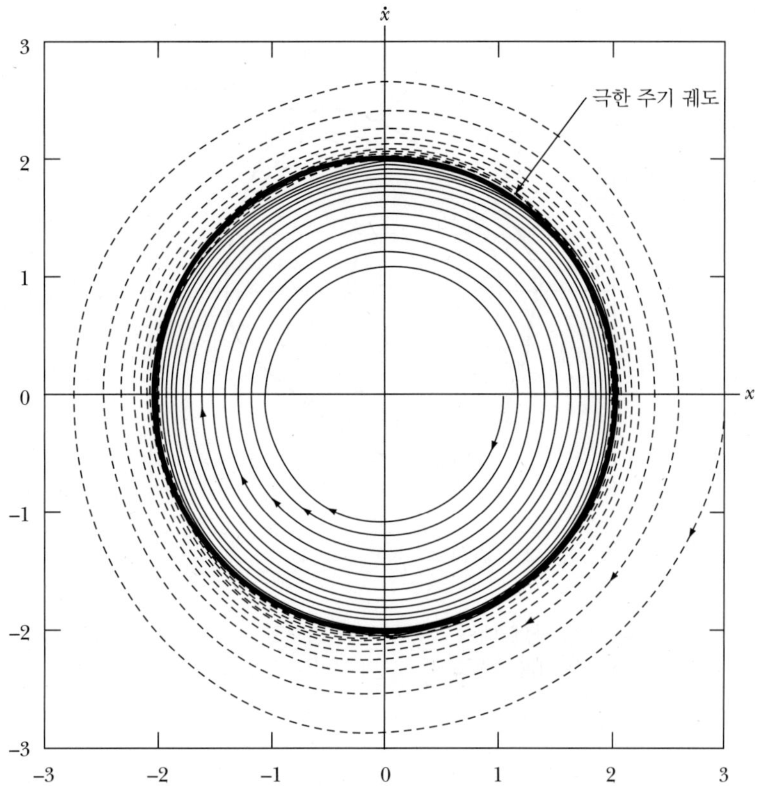

그림 4-7 반 데르 폴의 식 (4.20)의 해에 대한 위상도. 감쇠항이 $\mu = 0.05$일 때 그 해는 매우 천천히 극한 주기 2에 접근한다. 극한 주기 2의 내부와 외부에서의 $|x|$ 값에 대해서 각각 양과 음의 감쇠를 한다. 실선과 점선은 각각 (1.0, 0)과 (3.0, 0)의 초기값 $(x, \dot{x})$이다.

이제 반 데르 폴의 식 (4.19)에 대한 수치 계산으로 되돌아가 보자. 계산을 더욱 간단하게 하고 계의 운동을 조사할 수 있도록 적당한 단위로 $a = 1$, $\omega_0 = 1$이라 하자. 식 (4.19)는 다음과 같이 된다.

$$\ddot{x} + \mu(x^2 - 1)\dot{x} + x = 0 \tag{4.20}$$

이 경우에 미분 방정식을 풀기 위해 Mathcad를 사용했다. 작은 감쇠조건을 주는 $\mu = 0.05$의 값을 사용한다. 극한 주기에 도달하기 위한 해를 구하는 데 시간이 조금 걸릴 것이다. 그림 4-7에서 $x(x_0 = 1.0$과 $3.0)$의 두 개의 초기값에 대해서 계산한 것을 보았다. 두 경우에 $\dot{x} = 0$을 초기값으로 두자. 이 경우 극한 주기는 반지름이 2인 원임을 주의하자. 두 경우에, 그 초기값이 극한 주기의 내부와 외부의 양쪽에 있을 때 그 해는 극한 주기 쪽으로 나선형이 된다. 만일 $x_0 = 2(\dot{x}_0 = 0$인)로 놓으면, 운동은 극한 주기로 유지된다. 이 경우에 있어서 원의 해는 위의 a와 ω_0의 특별한 값에 의한 결과이다. 만일 $\mu = 0.5$와 같이 큰 감쇠조건을 사용하면 좀 더 빨리 극한 주기에 도달할 것이고, 극한 주기는 그림 4-8에 보이는 것과 같이 뒤틀

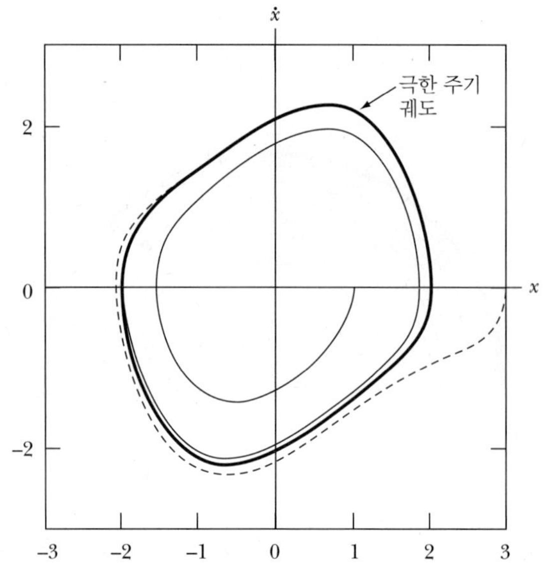

그림 4-8 반 데르 폴의 식 (4.20)의 해에 대한 그림 4-7과 비슷한 계산. 감쇠 매개변수 $\mu = 0.5$를 사용하면 좀 더 빨리 (비틀린) 극한 주기에 도달함을 주목하라.

릴 것이다. $\mu(0.05)$ 값이 작은 경우 x와 $\dot{x}$ 항은 시간에 대해서 사인 곡선이다. 그러나 $\mu(0.5)$ 값이 커지면 사인 곡선 형태에서 벗어난다(연습문제 4-26 참조). 반 데르 폴 진동자는 비선형 운동을 공부하는 데 좋은 계이고 연습문제에서 추가로 다룰 것이다.

4.4 평면 진자

어떤 형태의 비선형 진동의 해는 타원 적분을 써서 구할 수 있는데, 그 한 예가 **평면 진자**(plane pendulum)이다.[6] 그림 4-9와 같이 무게를 무시할 수 있고, 늘어나지 않는 막대기의 끝에 붙인 질량이 m인 입자가 반지름이 l인 수직 원 위를 움직이는 경우를 생각한다. 이 경우에 중력은 물론 아래 방향으로 작용하나, 운동과 관계있는 것은 막대기에 수직한 성분이다. 그림 4-10에 나타나 있는 이 힘 성분은 $F(\theta) = -mg\sin\theta$이다. 즉, 평면 진자는 명백히 대칭인 복원력을 갖는 비선형계이고, 선형 근사는 각변위가 작은 경우에만 쓸 수 있다.

평면 진자의 운동 방정식은 지지축 주위의 토크를 같은 축 주위의 각속도와 관성 모멘트의 곱과 같다

6) 일부 타원 적분 목록이 부록 B에 실려 있다.

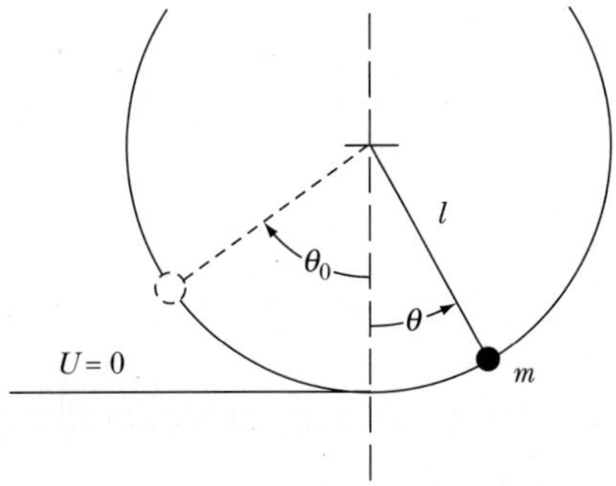

그림 4-9 질량이 m인 입자가 작은 각으로만 진동하지 않는 평면 진자. 각도 $\theta > 0$은 반시계 방향이며, 따라서 $\theta_0 < 0$이다.

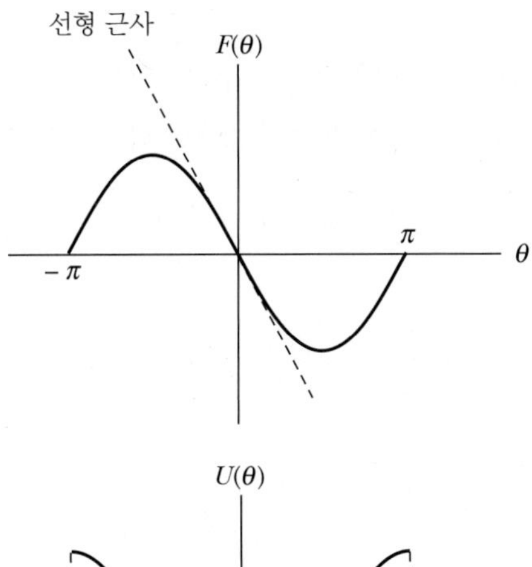

그림 4-10 힘의 성분 F(θ)와 퍼텐셜이 평면 진자에 작용한다. 힘은 비선형임을 주목하라.

고 놓으면 쉽게 구해지고

$$I\ddot{\theta} = lF$$

를 얻으나, $I = ml^2$ 그리고 $F = -mg\sin\theta$이므로

$$\boxed{\ddot{\theta} + \omega_0^2 \sin\theta = 0} \tag{4.21}$$

으로 변형할 수 있다. 단,

$$\omega_0^2 \equiv \frac{g}{l} \tag{4.22}$$

여기서 진폭이 작으면 $\sin\theta \cong \theta$로 근사할 수 있으므로, 이 식은 조화 단진자의 방정식

$$\ddot{\theta} + \omega_0^2 \theta = 0$$

이 되고, 주기는 다음과 같은 익숙한 식으로 주어진다.

$$\tau \cong 2\pi\sqrt{\frac{l}{g}}$$

진폭이 유한인 경우의 주기에 대해 일반적인 결과를 구하고 싶으면 식 (4.21)에서 시작하면 좋으나, 계가 **보존계**이므로 해를 구하는 데는 운동 방정식을 풀기보다 오히려 계의 에너지 보존을 고려해서

$$T + U = E = \text{상수}$$

를 쓰는 것이 좋다.

진자의 추가 그리는 원 궤도의 최저점($\theta = 0$, 그림 4-10 참조)에서 위치 에너지가 0이라고 하면, 운동 에너지와 위치 에너지는 다음과 같이 나타낸다.

$$\left.\begin{aligned} T &= \frac{1}{2} I\omega^2 = \frac{1}{2} ml^2 \dot{\theta}^2 \\ U &= mgl(1 - \cos\theta) \end{aligned}\right\} \tag{4.23}$$

또한 운동의 최고점에서 $\theta = \theta_0$라 하면

$$\begin{aligned} T(\theta = \theta_0) &= 0 \\ U(\theta = \theta_0) &= E = mgl(1 - \cos\theta_0) \end{aligned}$$

로 쓸 수 있다. 여기서 삼각함수의 동등식

$$\cos\theta = 1 - 2\sin^2(\theta/2)$$

을 쓰면,

$$E = 2mgl \sin^2(\theta_0/2) \tag{4.24}$$

및

$$U = 2mgl\sin^2(\theta/2) \tag{4.25}$$

를 얻는데, 운동 에너지는 총 에너지와 위치 에너지의 차이로 나타내므로 $T = E - U$

$$\frac{1}{2}ml^2\dot{\theta}^2 = 2mgl\,[\sin^2(\theta_0/2) - \sin^2(\theta/2)]$$

즉,

$$\dot{\theta} = 2\sqrt{\frac{g}{l}}\,[\sin^2(\theta_0/2) - \sin^2(\theta/2)]^{1/2} \tag{4.26}$$

이 되고, 여기서

$$dt = \frac{1}{2}\sqrt{\frac{l}{g}}\,[\sin^2(\theta_0/2) - \sin^2(\theta/2)]^{-1/2}\,d\theta$$

가 나온다. 주기 τ를 구하기 위해 이 방정식을 적분하면 되는데, 운동은 대칭적이므로 $\theta = 0$에서 $\theta = \theta_0$ 까지 적분하면 $\tau/4$가 된다. 이를 고려하면

$$\tau = 2\sqrt{\frac{l}{g}}\int_0^{\theta_0}[\sin^2(\theta_0/2) - \sin^2(\theta/2)]^{-1/2}\,d\theta \tag{4.27}$$

가 되나, 이것이 실제로 제1종 타원 적분(elliptic integral of the first kind)[7]이라는 사실은

$$z = \frac{\sin(\theta/2)}{\sin(\theta_0/2)}, \qquad k = \sin(\theta_0/2)$$

를 대입함으로써 더욱 명백해진다. 즉, 이 식에서

$$dz = \frac{\cos(\theta/2)}{2\sin(\theta_0/2)}\,d\theta = \frac{\sqrt{1 - k^2z^2}}{2k}\,d\theta$$

가 되므로, 이것을 쓰면 결국

$$\tau = 4\sqrt{\frac{l}{g}}\int_0^1[(1 - z^2)(1 - k^2z^2)]^{-1/2}dz \tag{4.28}$$

를 얻는다. 이러한 형태의 적분 수치는 여러 표에 실려 있다.

운동이 진동 형태로 되는 때는 $|\theta_0| < \pi$, 즉 $\sin(\theta_0/2) = k$(여기서 $-1 < k < +1$)이다. 그 경우 식

7) 부록 B의 식 (B.2)를 참조하라.

(4.28) 의 적분은 $(1 - k^2z^2)^{-1/2}$을 멱급수

$$(1-k^2z^2)^{-1/2} = 1 + \frac{k^2z^2}{2} + \frac{3k^4z^4}{8} + \cdots$$

으로 전개하면 계산할 수 있고, 주기는 다음과 같이 된다.

$$\begin{aligned}\tau &= 4\sqrt{\frac{l}{g}}\int_0^1 \frac{dz}{(1-z^2)^{1/2}}\left[1 + \frac{k^2z^2}{2} + \frac{3k^4z^4}{8} + \cdots\right] \\ &= 4\sqrt{\frac{l}{g}}\left[\frac{\pi}{2} + \frac{k^2}{2}\cdot\frac{1}{2}\cdot\frac{\pi}{2} + \frac{3k^4}{8}\cdot\frac{3}{8}\cdot\frac{\pi}{2} + \cdots\right] \\ &= 2\pi\sqrt{\frac{l}{g}}\left[1 + \frac{k^2}{4} + \frac{9k^4}{64} + \cdots\right]\end{aligned}$$

$|k|$이 큰(즉, 1에 가까운) 경우, 어느 정도 정확한 결과를 얻으려면 많은 항을 고려할 필요가 있다. k가 작은 경우 이 전개는 빨리 수렴하고, $k = \sin(\theta_0/2)$ 이므로 $k \cong (\theta_0/2) - (\theta_0^3/48)$ 로 근사할 수 있다. 4차까지 고려한 결과는 다음과 같다.

$$\tau \cong 2\pi\sqrt{\frac{l}{g}}\left[1 + \frac{1}{16}\theta_0^2 + \frac{11}{3072}\theta_0^4\right] \tag{4.29}$$

따라서 평면 진자는 등시성을 갖지 않으나, 미소 진폭인 진동의 경우에는 그것에 아주 가깝다.[8)]

평면 진자의 위상도(그림 4-11)는 식 (4.26) 에서 필요한 관계 $\dot{\theta} = \dot{\theta}(\theta)$ 가 구해져 있으므로 쉽게 그릴 수 있다. 먼저 식 (4.24) 에서 총 에너지는 매개변수 θ_0로 정해진다. 만일 θ와 θ_0가 미소각이면 식 (4.26) 은

$$\left(\sqrt{\frac{l}{g}}\dot{\theta}\right)^2 + \theta^2 \cong \theta_0^2 \tag{4.30}$$

으로 쓰므로, 위상평면의 좌표축을 θ 및 $\dot{\theta}/\sqrt{g/l}$ 이라 하면 $\theta = 0$ 부근에서의 위상 궤도는 근사적으로 원이 된다. θ_0가 작은 경우 운동은 근사적으로 조화 단진동이 되므로, 이 결과는 당연히 예상되는 것이다.

$-\pi < \theta < \pi$ 이고 $E < 2mgl \equiv E_0$인 경우의 상태는 우물형 퍼텐셜 $U(\theta) = mgl(1 - \cos\theta)$ 에 갇힌 입자의 경우와 같으므로(그림 4-10 참조), 이 영역에서 위상 궤도는 폐곡선이 되고 식 (4.26) 으로 주어진다. 그런데 퍼텐셜은 θ의 주기 함수이므로, 영역 $\pi < \theta < 3\pi$, $-3\pi < \theta < -\pi$ 등에서도 완전히 같은 위상 궤도가 존재하고, θ축 위의 점 $\theta = \cdots, -2\pi, 0, 2\pi \cdots$는 안정한 평형의 위치가 된다.

총 에너지의 값이 E_0를 넘는 경우, 운동은 여전히 주기적이기는 하지만 더 이상 진동적이 아니고, 이것

8) 이 사실은 1581년 피사 성당에서 갈릴레오가 발견했다. 작은 진동의 주기에 대한 표현은 크리스티안 호이겐스(Christiaan Huygens, 1629~1695) 가 정립했고, 유한진동은 오일러가 1736년 처음으로 다루었다.

은 진자가 지지축 주위를 완전히 회전하는 경우에 해당한다. 보통 위상도는 단지 한 주기 혹은 '단위 셀(unit cell)'(이 경우 범위는 $-\pi < \theta < \pi$)에 대해서만 그린다. 그림 4-11에 각도 $-\pi$와 π에서 긴 점선으로 표시한 영역을 말한다. 셀의 왼쪽에 있는 운동은 오른쪽으로 다시 들어가고 또한 거꾸로도 된다는 점을 주목하면 궤도가 이해될 것이다.

총 에너지가 E_0와 같은 경우에는 식 (4.24)에서 $\theta_0 = \pm\pi$가 되고, 식 (4.26)은

$$\dot{\theta} = \pm 2\sqrt{\frac{g}{l}}\cos(\theta/2) \tag{4.31}$$

가 되므로, $E = E_0$에 대한 위상 궤도는 바로 코사인 함수가 되나(그림 4-11의 굵은 선 참조) 그 경우에 운동의 방향에 따라서 두 개의 갈래가 있다.

그런데 $E = E_0$에 대한 위상 궤도는 실제로 일어날 수 있는 진자의 연속적인 운동을 나타내고 있진 않다. 왜냐하면 진자가 예를 들어 $\theta = \pi$에서(이것은 $E = E_0$인 경우의 위상 궤도 위의 점이다) 정지하고 있다고

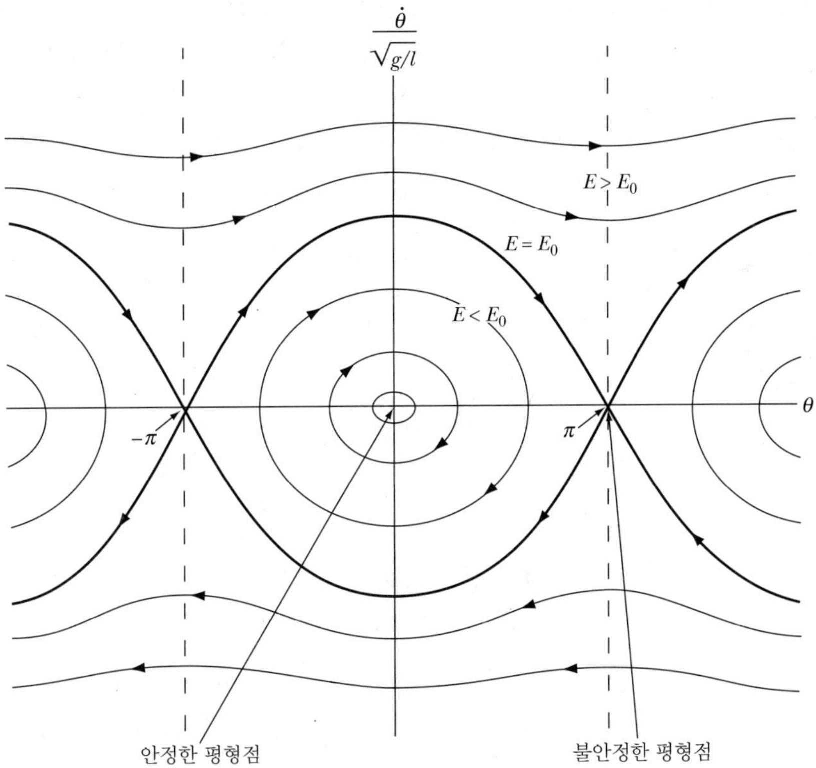

그림 4-11 평면 진자의 위상도. 안정한 평형점과 불안정한 평형점 및 제약받는 운동과 제약받지 않는 운동의 영역을 주목하라.

하면, 여기에 어떤 작은 충격을 주어도 총 에너지가 $E = E_0 + \delta$(δ는 0이 아닌 작은 양)가 되므로 진자는 $\theta = \pi$에서, 나와 있는 위상 궤도의 하나에 가까우나 정확하게는 그 궤도 위에 없는 운동을 일으킬 것이다. 운동이 $E = E_0$인 위상 궤도의 하나를 따라서 일어났다고 해도, 진자는 정확하게 속도 0으로 무한 시간 후에 점 $\theta = n\pi$의 하나에 도달하기 때문이다(이것은 식 (4.27)에서 $\theta_0 = \pi$로 계산하면 아는 것으로, 결과는 $\tau \to \infty$이다).

국소적으로 제약받는 운동과 제약받지 않는 운동을 분리하는 위상 궤도(그림 4-11의 $E = E_0$인 궤도)를 보통 **분리궤도**(separatrix)라 하고, 분리궤도는 항상 불안정한 평형점을 지난다. 분리궤도의 양쪽에 점들은 매우 다른 궤도를 갖고 있기 때문에 이러한 분리궤도 부근의 운동은 초기 조건에 매우 민감하다.

4.5 도약, 히스테리시스, 위상더딤

예제 4.1에서는 2개의 용수철에 매달린 질량이 m인 입자를 생각했다. 그 계가 비선형임을 보이고 진폭의 도약 현상과 히스테리시스 효과에 대해 언급했다. 여기서 이러한 현상을 더 조심스럽게 조사하고자 한다. 이런 효과를 조사하는 간단한 방법을 개발한 얀센(Janssen)과 그의 동료들이 기술한 것[9]을 거의 그대로 따를 생각이다.

외력 $F(t) = F_0 \cos \omega t$와 저항 점성력(resistive viscous force) $-r\dot{x}$(여기서 r은 상수)가 작용하고 있는 조화 진동자를 생각하자. 힘 상수가 k인 용수철에 연결된 질량 m인 입자의 운동 방정식은 다음과 같이 주어진다.

$$m\ddot{x} = -r\dot{x} - kx + F_0 \cos \omega t \tag{4.32}$$

식 (4.32)의 해는

$$x(t) = A(\omega) \cos[\omega t - \phi(\omega)] \tag{4.33}$$

인데, 여기서

$$A(\omega) = \frac{F_0}{[(k - m\omega^2)^2 + (r\omega)^2]^{1/2}} \tag{4.34}$$

그리고

$$\tan[\phi(\omega)] = \frac{r\omega}{(k - m\omega^2)} \tag{4.35}$$

이다. 독자는 식 (4.33)을 식 (4.32)에 대입함으로써 그것이 특수해임을 증명할 수 있다.

9) H. J. Janssen, et al., *Am, J. Phys.*, **51**, 655(1983)

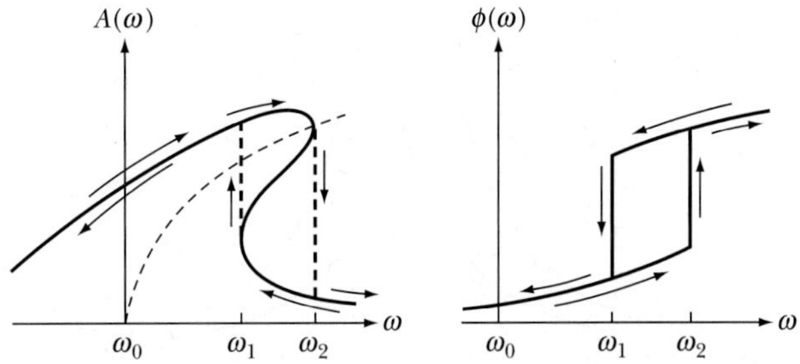

그림 4-12 각진동수 ω의 함수에 대한 진폭 $A(\omega)$와 위상각 $\phi(\omega)$. ω의 변화 방향에 의존하는 ω_1과 ω_2에서의 도약에 유의하라.

만약 용수철 상수 k가 x에 의존하는 경우, 즉 $k(x)$이면, 그것이 비선형 진동자이다. 흔히 사용되는 형태는

$$k(x) = (1 + \beta x^2)k_0 \tag{4.36}$$

이고, 결과적으로 나타나는 식 (4.32)에 대한 운동 방정식은 더핑 방정식(Duffing equation)으로서 알려져 있다. 이것은 섭동법으로 폭넓게 연구되어 왔으며, 해는 식 (4.33)과 유사하지만 그림 4-12에 나타낸 것과 같이 $A(\omega)$와 $\phi(\omega)$가 복잡하다. ω가 증가함에 따라 $A(\omega)$가 $\omega = \omega_2$까지 증가하여 정상에 올라가고, 거기서 진폭이 갑자기 큰 폭으로 감소한다. ω가 큰 값으로부터 감소할 때, 진폭은 $\omega = \omega_1$이 될 때까지 천천히 증가하는데, $\omega = \omega_1$에서 진폭은 갑자기 약 2배가 된다. 이 현상이 앞에서 말했던 '도약'이다. ω_1과 ω_2 사이의 진폭은 ω가 증가하느냐 감소하느냐에 의존한다(히스테리시스 효과). 마찬가지로, 그림 4-12에 나타낸 것처럼 위상 $\phi(\omega)$에도 이상한 현상이 일어난다. 그림 4-12에 대한 물리적 설명은 그렇게 투명하지 않으며, 그림 4-13에 나타낸 것처럼 좀 더 간단한 k 의존성을 생각한다면

$$\begin{aligned} F(x) &= -kx & x \le a \\ &\simeq -k'x - c & x \ge a \end{aligned} \tag{4.37}$$

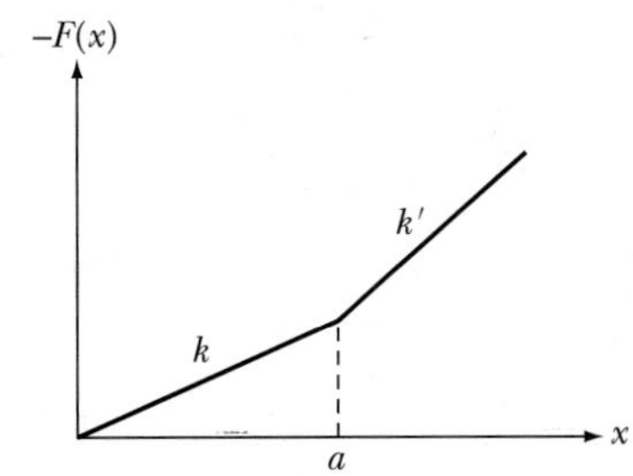

그림 4-13 식 (4.36)에서의 용수철 상수 k보다 더 간단한 k에 대한 $F(x)$의 의존성

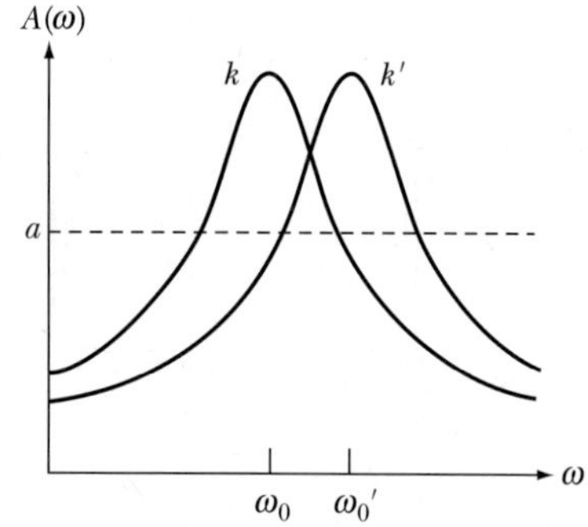

그림 4-14 그림 4-13에 나타낸 두 개의 k 값에 대한 $A(\omega)$의 값

식 (4.36)에서 $k(x)$가 연속적으로 변하기 때문에 더핑 방정식은 많은 a 값을 가진 상황을 나타내고 있다. 우리의 비조화 진동자는 더 간단한 수학으로 기술할 수 있다.

그림 4-14는 k와 $k'(k < k')$에 대한 조화 응답 곡선 $A(\omega)$를 나타내고 있다. $a(a \to \infty)$의 대단히 큰 값에 대해(그림 4-13에서 보는 것처럼 $x < a$이므로) 힘의 상수 k와 공명진동수 $\omega_0 = (k/m)^{1/2}$을 가진 선형 진동자임을 알 수 있다. $a(a \to 0)$가 매우 작을 때 힘의 상수는 k'이고, 따라서 $\omega_0' = (k'/m)^{1/2}$이다.

k와 k'가 모두 유효한 a의 중간 값을 고려해보자. $A(\omega)$의 최대 진폭보다 a가 훨씬 작은 경우를 생각해보는데, 만약 작은 ω 값으로 시작하면 계는 k에 대한 진폭 곡선을 따라가는 작은 진동을 하게 된다. 그리고 그림 4-15에서와 같이 진폭은 k에 대한 $A(\omega)$곡선의 꼬리 부분에서 위로 움직인다.

그러나 진동진폭 $A(\omega)$가 임계진폭 a보다 커지면 힘의 상수 k'의 영향권이 된다. 큰 진폭에 대해서 이 계는 힘의 상수 k'에 대한 $A'(\omega)$에 따를 것이다. 이것이 그림 4-15에서 B로부터 C까지의 굵은 실선으로 표시되어 있다.

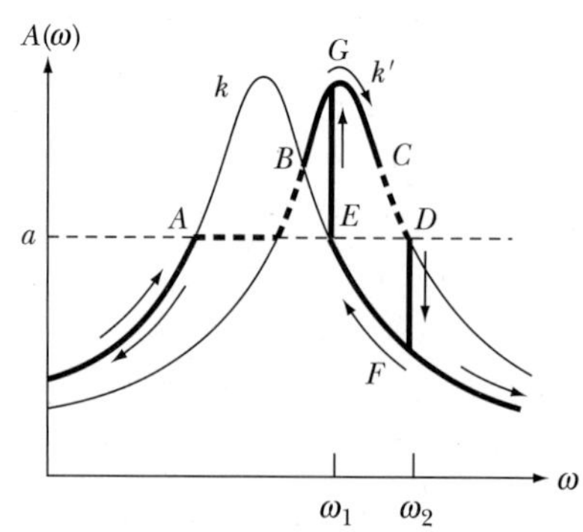

그림 4-15 진한 선과 점선은 ω가 증가하고 감소할 때의 경로를 나타낸다.

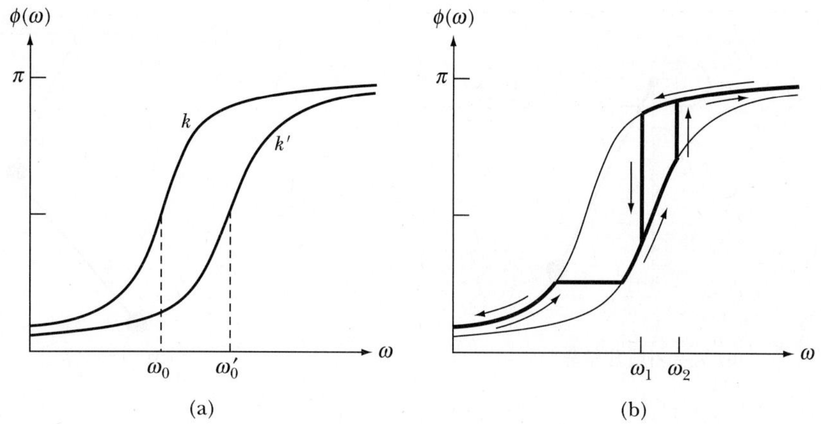

그림 4-16 (a) k와 k'에 대한 위상각 $\phi(\omega)$, (b) 계의 경로에 대한 위상각 $\phi(\omega)$

A와 B 사이에서 진동수는 증가하고 있으며, 계는 그림 4-15에 점선으로 표시된 것처럼 단순화된 올라가는 진폭을 나타낸다. C점에서 계속적으로 구동진동수 ω가 증가하면 D점에서 임계진폭 a에 다시 도달한다. 만약 ω가 약간만 증가한다면 계는 k에 대한 $A(\omega)$에 따를 것이고 진폭은 $\omega = \omega_2$에서 D점에서의 $A'(\omega)$로부터 F점의 $A(\omega)$로 갑자기 뛰어내린다. ω가 ω_2보다 큰 값으로 계속해서 증가하면서 계는 $A(\omega)$ 곡선을 따른다.

그런데 ω를 큰 값으로부터 감소시키면 어떤 일이 일어나는지 알아보자. 계는 $\omega = \omega_1$까지 $A(\omega)$를 따라가는데, 여기서 $\omega = \omega_1$일 때 $A(\omega) = a$이다. 만약 ω가 약간 감소한다면, 진폭은 a 위로 증가하고, 따라서 계는 $A'(\omega)$를 따를 것이다. 그러므로 진폭은 E로부터 G로 뛰어 올라간다. ω가 계속 감소함에 따라, 그것이 전과 같이 유사한 경로를 따라간다.

히스테리시스 효과는 ω가 증가하느냐 감소하느냐에 따라 계가 다르게 행동함으로써 나타난다. 2개의 진폭 도약이 일어나는데, 하나는 ω가 증가할 때이고 또 하나는 ω가 감소할 때이다. 계의 경로는 $ABGCDF$(ω가 증가할 때) 그리고 $FEGBA$(ω가 감소할 때)이다.

유사한 현상이 위상더딤 $\phi(\omega)$에서도 나타난다. 그림 4-16a는 선형 조화 진동자에 대한 위상 곡선 $\phi(\omega)$와 $\phi'(\omega)$를 나타내고 있다. $A(\omega)$에 대한 것과 동일한 논리를 이용하여 계의 경로를 그림 4-16b에 굵은 선과 화살표로 표시했다. 이러한 현상을 적절하게 보여주는 실험에 관해서는 얀센 등의 논문을 참조하기 바란다.

4.6 진동자 속의 혼돈

감쇠 구동 진동자를 사용하여 몇 가지 혼돈 개념을 소개하고자 한다. 단순한 진동자 운동은 수백 년 동안

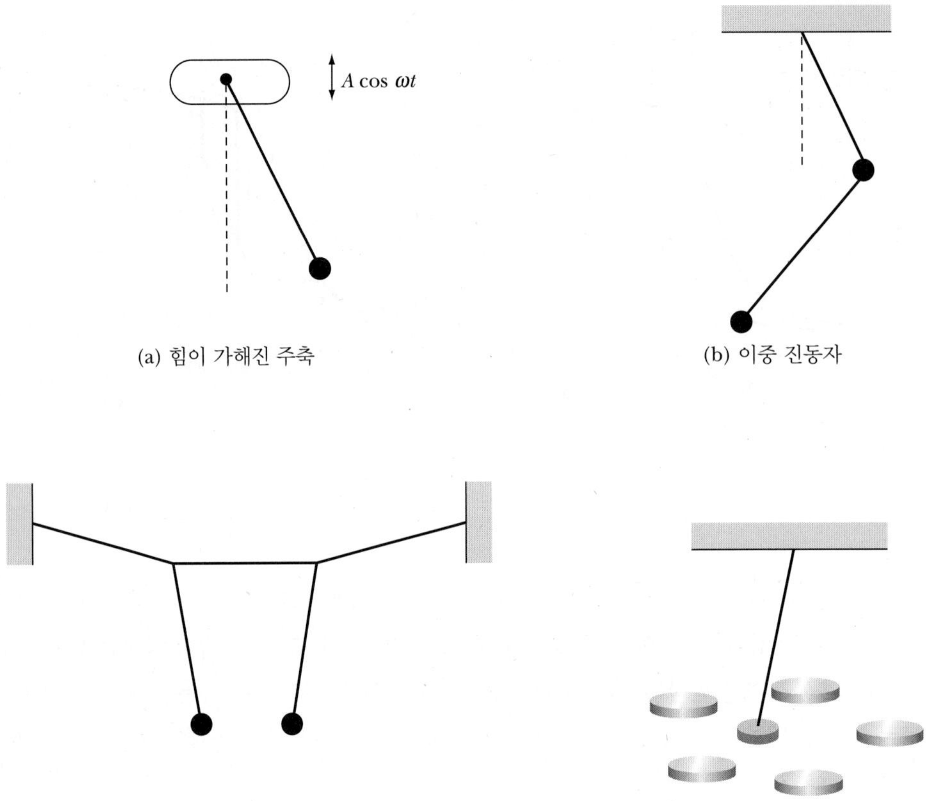

(a) 힘이 가해진 주축 (b) 이중 진동자

(c) 연립 진동자 (d) 자기적 진동자

그림 4-17 혼돈 운동을 할 수 있는 진동자의 예

의 연구 끝에 잘 이해되고 있으나, 그 혼돈 운동에 대해서는 겨우 수년 전부터 본격적으로 연구되었을 뿐이다. 혼돈 운동이라고 알려진 진동자 운동으로는 강제진동 지지를 가진 진동자(그림 4-17a), 이중 진동자(그림 4-17b), 연립 진동자(그림 4-17c), 자석 사이에서 진동하는 진동자(그림 4-17d) 등이 있다. 우리가 고려하고 있는 감쇠 구동 진동자는 주축점 주변에서 구동되고 그 기하학적 구조는 그림 4-18에 나타나 있다.

주축점에서의 토크는 다음과 같다.

$$N = I\frac{d^2\theta}{dt^2} = I\ddot{\theta} = -b\dot{\theta} - mg\ell\sin\theta + N_d\cos\omega_d t \tag{4.38}$$

여기서 I는 관성 모멘트, b는 감쇠계수, N_d는 각진동수 ω_d의 구동토크이다. 만약 $I = m\ell^2$으로 나누면

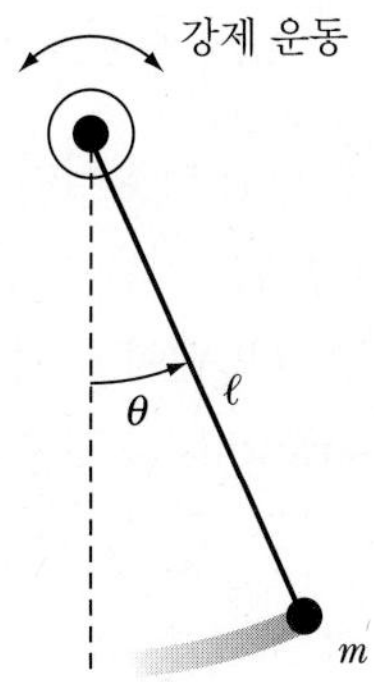

그림 4-18 추축점 주위를 강제 운동하는 감쇠 진자

$$\ddot{\theta} = -\frac{b}{m\ell^2}\dot{\theta} - \frac{g}{\ell}\sin\theta + \frac{N_d}{m\ell^2}\cos\omega_d t \tag{4.39}$$

이 방정식은 결국 컴퓨터로 처리하게 되는데, 이런 경우 차원이 없는 매개변수를 쓰는 편이 더 좋다. 식 (4.39)를 $\omega_0^2 = g/\ell$로 나누고 무차원 시간 $t' = t/t_0$(여기서 $t_0 = 1/\omega_0$), 무차원 구동진동수 $\omega = \omega_d/\omega_0$를 정의하자. 새로운 무차원 변수와 매개변수는

$$x = \theta \qquad \text{진동 변수} \tag{4.40a}$$

$$c = \frac{b}{m\ell^2\omega_0} \qquad \text{감쇠계수} \tag{4.40b}$$

$$F = \frac{N_d}{m\ell^2{\omega_0}^2} = \frac{N_d}{mg\ell} \qquad \text{구동력 크기} \tag{4.40c}$$

$$t' = \frac{t}{t_0} = \sqrt{\frac{g}{\ell}}\,t \qquad \text{무차원 시간} \tag{4.40d}$$

$$\omega = \frac{\omega_d}{\omega_0} = \sqrt{\frac{\ell}{g}}\,\omega_d \qquad \text{구동 각진동수} \tag{4.40e}$$

또한

$$\dot{x} = \frac{dx}{dt'} = \frac{d\theta}{dt}\frac{dt}{dt'} = \frac{d\theta}{dt}\frac{1}{\omega_0}$$

$$\ddot{x} = \frac{d^2x}{dt'^2} = \frac{d^2\theta}{dt^2}\left(\frac{dt}{dt'}\right)^2 = \frac{d^2\theta}{dt^2}\frac{1}{{\omega_0}^2} = \frac{\ddot{\theta}}{{\omega_0}^2}$$

임에 주의하고, 이 변수와 매개변수를 사용하여 식 (4.39)를 다음과 같이 쓴다.

$$\ddot{x} = -c\dot{x} - \sin x + F \cos \omega t' \tag{4.41}$$

식 (4.41)은 식 (4.1)에 처음 표시된 형태의 비선형 방정식이다. 매개변수 c, F, ω로 주어진 x에 관한 이 방정식을 풀기 위해 수치 계산법을 사용하자. 3장에서 기술한 수법을 사용하여 이 방정식을 푸는데, 원하는 정밀도나 컴퓨터의 속도에 따라 달라지며 소프트웨어도 시중에서 구할 수 있다. 여기서는 Sprott & Rowlands(Sp92)의 프로그램 'Chaos Demonstrations'를 사용한다.

식 (4.41)은 2차 미분 방정식인데

$$y = \frac{dx}{dt'} \tag{4.42}$$

를 대입함으로써 2개의 1차 미분 방정식으로 변환할 수 있다. 식 (4.41)이 1차 미분 방정식

$$\frac{dy}{dt'} = -cy - \sin x + F \cos z \tag{4.43}$$

로 되고, 여기서 $z = \omega t'$로 놓았다. 식 (4.42)와 식 (4.43)은 1차 미분 방정식이다.

수치 계산의 결과는 그림 4-19에 나타내었다. 매개변수 c와 ω를 각각 0.05, 0.7로 정하고 구동력 F를 0.4부터 1.0까지 0.1 간격으로 변화시켰다. 결과적으로 운동은 F 값이 0.4, 0.5, 0.8, 0.9일 때 주기적이지만, 0.6, 0.7, 1.0일 때는 혼돈적이다. 이는 비선형 역학에서 얻어지는 아름답고도 놀라운 결과이다. 그림 4-19에서 왼쪽은 초기 운동이 끝나고 긴 시간이 지났을 때(즉, 과도 효과가 끝난 후) $y = dx/dt'$(각속도)를 나타낸다. $F = 0.4$란 값은 단순한 조화 운동을 나타내고 0.5, 0.8, 0.9일 때의 결과는 주기적이지만, 그렇게 간단하지 않다.

그림 4-19의 가운데 칸에 나타낸 위상공간 도표를 조사하면 더 많은 사실을 알아낼 수 있다($-\pi$와 π 사이 위상도의 한 단위만 나타내었다는 점에 유의하라). 기대한 바와 같이 $F = 0.4$에 대한 결과는 3장(그림 3-5)에서 본 것을 나타내고, $F = 0.5$의 위상 도표는 2개의 대변화와 2번의 진동을 포함한 긴 순환을 나타내고 있다. 위상면 속의 허용된 영역에서는 $F = 0.6$, 0.7인 경우 혼돈적으로 접근하며 $F = 0.8$인 경우 운동은 다시 주기적이 되고 완전한 대변화와 진동을 갖고 있다. $F = 0.9$인 경우의 결과는 흥미롭다. 왜냐하면 한 순환 속에 2개의 대변화가 있고, 각각 $F = 0.8$일 때 있던 것과 유사하기 때문이다. 이 결과는 이중 주기(period doubling, 즉 $F = 0.9$일 때의 주기가 $F = 0.8$일 때 주기의 2배이다)라 한다. 자세한 조사를 해보면, 이 효과는 그림 4-19의 왼쪽 칸에 나타낸 것처럼 시간 함수로서 dx/dt'에서도 관측된다.

푸앵카레 단면

앙리 푸앵카레는 대단히 복잡해질 수 있는 위상공간 도표를 간단히 표현하는 방법을 발굴했다. 그것은 위상 공간 도표를 스트로보스코프로 찍은 것과 유사하다. 3차원 위상도는 $x(=\theta)$와 $z(=\omega t')$에 대한 $y(=\dot{x}=\dot{\theta})$ 값을 나타낸다. 그림 4-19의 왼쪽 칸은 이 값을 y-z면에 투사한 것이며, 여러 가지 위상각 x 값에 해

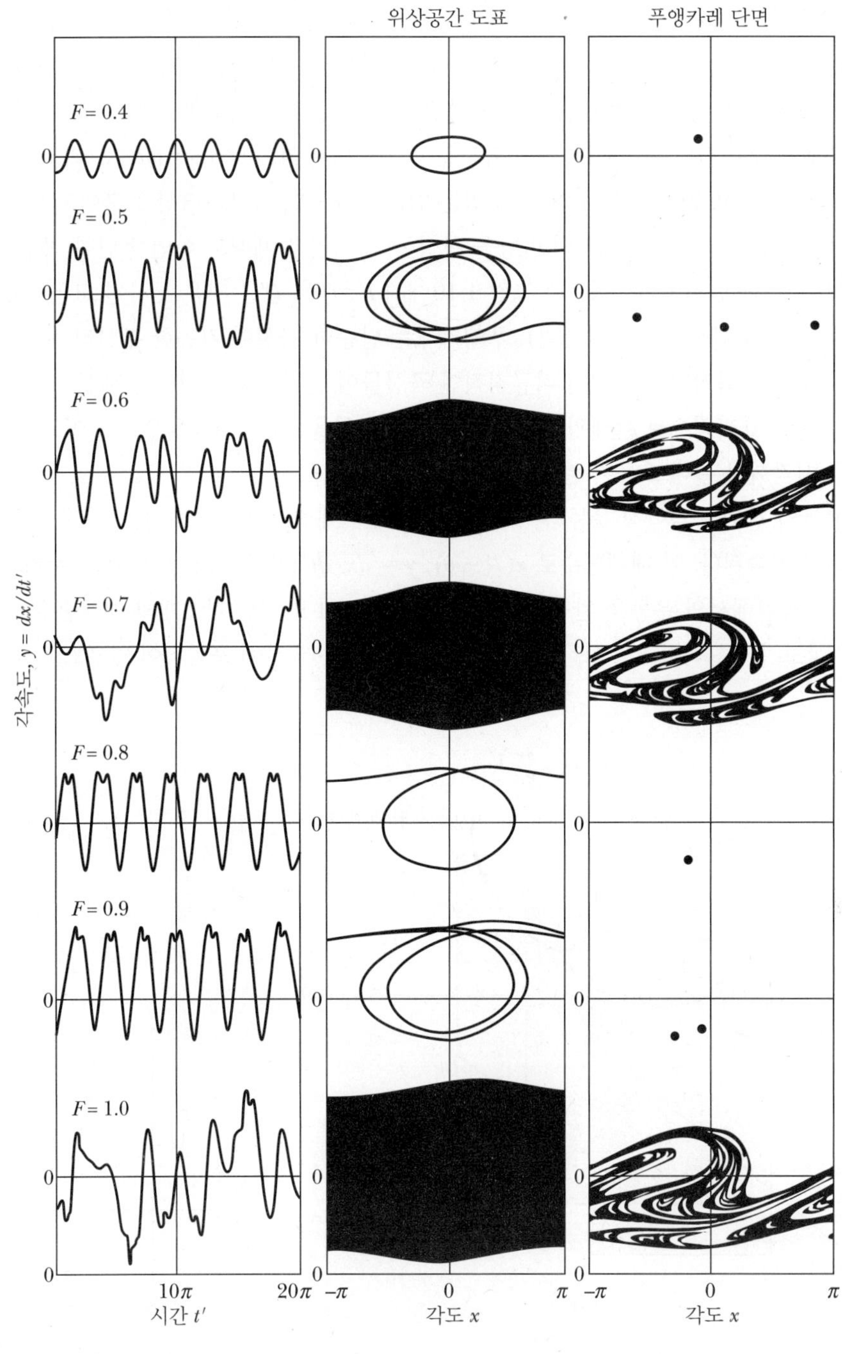

그림 4-19 여러 가지 크기의 구동력에 대한 감쇠 구동 진동자. 시간 함수로서의 각속도는 왼쪽에 나타내고, 위상 도표는 가운데에 나타내었다. 푸앵카레 단면은 오른쪽에 있다. 구동력 F = 0.6, 0.7, 1.0일 때의 운동이 혼돈적임에 유의하라.

당하는 점을 나타낸다. 그림 4-19의 가운데 칸은 y-x면에 투사한 그림이며, 여러 가지 z 값에 속하는 점을 나타낸 것이다. 그림 4-20에는 특히 z축, 즉 같은 z 간격에 대한 y-x면으로 구획된 3차원 위상도를 그렸다. 푸앵카레 단면 도표는 위상공간 속에서 이들의 평행면으로 된 위상 궤도의 구역에 찍은 점의 궤적이다. 즉, 한 평면 위에 투사된 점의 행적이다. 위상 궤도는 각속도($y = \dot{\theta}$), 시간($z = \omega t'$) 그리고 위상각($x = \theta$)의 함수로서 평면을 뚫고 들어간다. 구역 위에 있는 점들에 A_1, A_2, A_3 등 명칭을 붙이고, 이 A_i점들은 한 평면 위에 투사될 때(그림 4-20b) 하나의 바탕을 형성한다. 그것은 때때로 확인할 만한 곡선일 수도 있지만 비규칙적이다. 조화 단진동의 경우, 즉 그림 4-19에서 $F = 0.4$ 같은 경우 투사된 모든 점은 같다(혹은 y-x면의 z 간격에 따라 원활한 곡선 속에 있다). 푸앵카레는 단순한 곡선이 가능한 분석적 해로 주어진 운동을 나타내지만 수많은 복잡하고 분명히 비규칙적인 곡선들이 혼돈을 나타낸다는 사실을 알게 되었다. 푸앵카레 단면 곡선은 효과적으로 그래픽 목적으로 N차원 도형을 $(N - 1)$차원으로 줄이고 자주 위상공간에서 움직임을 시각화하는 데 도움이 된다.

감쇠 구동진동의 경우 동역학적 운동의 규칙성은 구동주기에 의해 나타나며 동역학적 운동은 3개의 매개변수로 완전히 기술된다. 이 매개변수로 x(각도 θ), $y = dx/dt'$(각진동수), $z = \omega t'$(구동력의 위상)를 택할 수 있다. 위상공간에서의 운동을 완전히 기술하려면, 그림 4-19처럼 단 2개의 매개변수를 표시하기보다는 3차원 위상도가 필요하다. z의 모든 값은 그림 4-19의 가운데 칸에 포함되어 있으므로 구동력의 진동

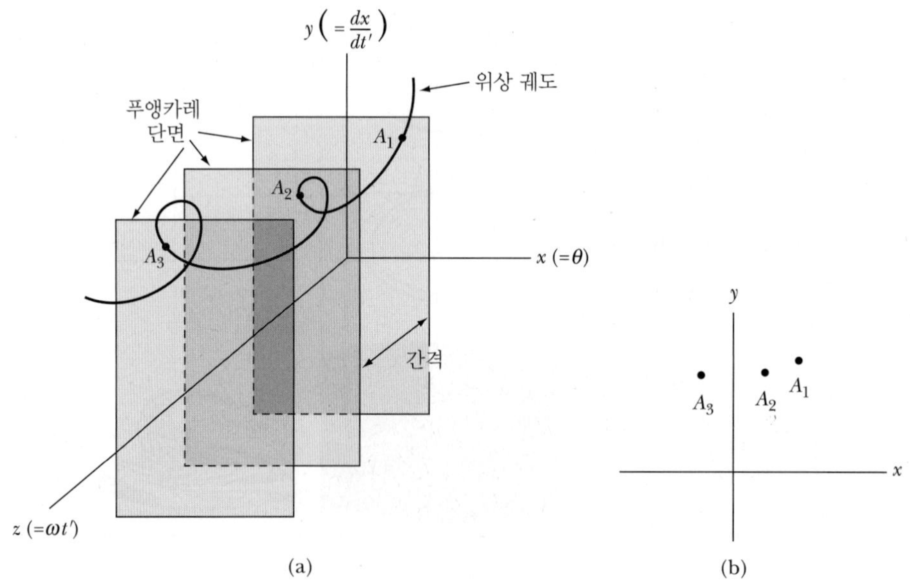

그림 4-20 (a) 푸앵카레의 세 단면과 위상 경로를 보이는 푸앵카레의 3차원 위상도. 단면은 y−x면에 투사되었다. (b) 점들 A_i는 단면과 만나는 위상 경로이다. y−x면 위에 그린 점들은 위상공간에서의 운동을 가시화하는 데 도움이 된다.

수와 동일한 진동수인 $z = 2n\pi(n = 0, 1, 2, \cdots)$에 대한 운동의 스트로보스코프 단면을 택하기로 한다.

진자의 푸앵카레 단면을 그림 4-19의 오른쪽에 표시했다. 왜냐하면 같은 계가 왼쪽과 가운데 칸에 나타나 있기 때문이다. $F = 0.4$ 같은 단순한 운동에 대해, 계는 z가 2π까지 가면 항상 (x, y)의 같은 위치로 되돌아온다. 따라서 푸앵카레 단면이 한 점만 나타낸다고 기대되고 그것이 그림 4-19의 오른쪽 칸 제일 위에 있는 그림이다. $F = 0.8$에 대한 운동도 역시 한 점만 나타내지만 $F = 0.5, 0.9$의 경우 더 복잡한 운동이므로 각각 3개의 점과 2개의 점을 나타낸다. 여기서 푸앵카레 단면상의 점의 개수 n으로 새 주기가 $T = T_0 n/m$ 같이 주어진다. $T_0 = 2\pi/\omega$는 구동력의 주기이며, m은 정수이다($F = 0.5$인 경우 $m = 2$이며, $F = 0.9$인 경우 $m = 1$이다). $F = 0.6, 0.7, 1.0$인 경우의 혼돈 운동은 $T \to \infty$ 경우의 혼돈 운동에서 기대되는 점의 복잡한 변화를 나타낸다. 푸앵카레 단면은 혼돈 운동 구조의 많은 부분을 나타낸다.

지금까지 3번에 걸쳐서(그림 4-5, 4-7, 4-11) **끌개**(운동이 흩어지기 계에 수렴하는 한 조의 점(혹은 한 점))를 지적했다. 위상공간을 가로지르는 영역은 끌개가 존재할 때 엄격하게 묶여 있다. 혼돈 운동에서는 위상공간에서 가까운 궤적은 서로 계속적으로 발산해가지만 결국은 끌개로 돌아와야 한다. **기묘한 끌개**(strange attractor) 혹은 **혼돈 끌개**(chaotic attractor)라고 불리는 혼돈 운동에서의 끌개는 반드시 위상공간에 속박되므로 끌개는 위상공간의 가까운 영역 속으로 되돌아와야 한다. 기묘한 끌개는 뒤얽힌 바탕을 만들어낸다. 왜냐하면 궤적이 겹치고 잡아당겨져야 하며, 따라서 위상공간에서의 가로지르는 궤적은 없기 때문이다. 즉, 결정적 동역학적 운동에 의해 금지되기 때문이다. 그림 4-19의 푸앵카레 단면은 겹치고 층으로 된 끌개 구조를 보여준다. 혼돈 끌개는 프랙탈이다. 그러나 이 지극히 흥미로운 현상을 더 이상 논의할 수 있는 지면의 여유가 없는 것 같다.

4.7 매핑

만약 n이 계의 시간 궤적을 나타내고, x가 계의 물리적 관측량을 나타낸다고 하면 $(n + 1)$번째 상태가 n번째 상태에 어떻게 의존하는가를 조사함으로써 특별한 순간에 비선형계가 발전하는 과정을 기술할 수 있다. 이러한 비선형 운동의 간단한 예는 $x_{n+1} = (2x_n + 3)^2$이다. 이 $x_{n+1} = f(x_n)$ 관계식을 **매핑**(mapping)이라고 하며, 계의 발전 과정을 기술하는 데 자주 쓰인다. 앞에서 논의한 푸앵카레 단면 도표는 2차원 매핑의 예이며, 적절한 매핑의 물리적 예는 우주선이 대기 중에 돌입할 때 그 표면의 온도이다. 우주선이 지상에 얼마동안 있으면 온도 T_{n+1}이 T_n과 같아진다. 그러나 우주선이 궤도로부터 대기권에 돌입하여 비행하는 동안은 그렇지 않다. 우주선 표면의 온도를 정확히 수학적으로 기술하는 모형을 세우기는 어렵고, 따라서 먼저 선형 방정식을 가정하고 더 실질적인 계산을 하기 위해 비선형항을 부가하는 방법을 쓴다.

함수 $f(\alpha, x_n)$을 써서 **계차 방정식**을 다음과 같이 쓸 수 있다.

$$x_{n+1} = f(\alpha, x_n) \tag{4.44}$$

여기서 x_n은 0과 1 사이의 간격 (0, 1) 내의 실수로 제한되고, α는 모형에 무관한 매개변수이다. 함수 $f(\alpha, x_n)$은 x_n으로부터 x_{n+1} 값을 산출하며, 산출된 점의 모임을 함수 자체의 **맵**(map)이라고 말한다. 때때로 비선형인 이 방정식은 x_1으로부터 시작하여 되풀이에 의한 수치해로 풀어야 한다. 여기서는 1차원 맵에 극한시키지만 2차원(그 이상의 차원) 방정식도 가능하다.

매핑은 예를 보면 가장 잘 이해할 수 있다. 다음과 같은 단순한 1차원 방정식, 즉 '로지스틱(logistic)' 방정식을 생각하자.

$$f(\alpha, x) = \alpha x(1 - x) \tag{4.45}$$

그러면 되풀이 방정식은

$$x_{n+1} = \alpha x_n(1 - x_n) \tag{4.46}$$

로 주어진다. 기후 같은 외부 영향을 받지 않은 저수지 속 물고기의 생식 증가를 생물학적으로 연구하는 데 로지스틱 방정식을 사용한 Bessoir & Wolf(Be91)의 논의를 살펴보자. 되풀이, 즉 n 값은 연간 물고기 수를 나타내며, x_1은 연구 첫해 초에 저수지에 생식하는 물고기 수이다. 만약 x_1이 작으면 주어진 자원 때문에 처음 몇 년 동안 물고기 수는 급속히 증가할 것이다. 그러나 결국 물고기의 허용수가 넘으면 물고기 수는 줄어든다. 물고기 수 x_n은 0과 1 사이의 간격 (0, 1) 내에 맞도록 조정된다. 인수 α는 물고기에 영향을 주는 환경요인(예: 어부, 홍수, 가뭄, 약탈자)의 평균치를 나타내는 모형 의존 매개변수이다. α 인수는 원할 때 바꿀 수 있으나 경험에 의하면 물고기 생식수가 음수 혹은 무한대가 되지 않기 위해서는 간격 (0, 4)에 제한되어야 한다.

로지스틱 방정식의 결과는 그래픽 방법으로 그린 **로지스틱 맵**(logistic map)을 보는 것이 가장 간단하다. 그림 4-21a에는 $\alpha = 2.0$인 경우 되풀이 x_{n+1}을 x_n에 대해 그렸다. 수평축(x_n)에서 첫 번째 값 x_1부터 시작하여, 곡선 $x_{n+1} = 2x_n(1 - x_n)$과 부딪힐 때까지 올라가고 그곳에서 왼쪽으로 움직이고 수직축 x_{n+1}에서 x_2를 얻는다. 그리고 수평축상의 x_2로부터 시작하여, 같은 과정을 되풀이해서 수직축에서 x_3를 얻는다. 이것을 두세 번 되풀이하면 $x = 0.5$에 수렴하게 되고 물고기의 생식수는 최고치의 반에서 안정된다. x_1 값이 0 혹은 1이 아닌 한 x_1 값에 관계없이 이 결과에 도달한다.

이 과정을 쉽게 하려면 같은 그래프에 45° 선 $x_{n+1} = x_n$을 추가한다. x_1으로부터 출발하여 곡선에 첫 번째 부딪힌 다음에 수평으로 움직이고 45° 선에 부딪히면서 x_2를 얻고, 다시 수직으로 올라가서 다음의 되풀이 값 x_3를 찾는다. 이 과정을 계속하여 그림 4-21a와 같은 결과를 얻게 되는데 이 방법이 45° 선이 없을 때보다 훨씬 간단하다는 사실을 그림 4-21b에 보여주고 있다.

실제로 우리는 모형 매개변수 α가 변할 때 계의 움직임을 연구하고 싶다. 여기에 보인 예에서는 α가 3.0보다 작을 때 물고기의 생식수가 안정적으로 나타난다(그림 4-22a). 결과는 사각형 나선 궤도를 따라 중앙의 마지막 점에 도달한다. α가 3.0 바로 위의 값을 가졌을 때 물고기의 생식수에 대한 한 개 이상의 해가 나타난다(그림 4-22b). 해는 사각형 나선과 유사한 궤도를 나타내는데 한 점이라기보다 사각형이

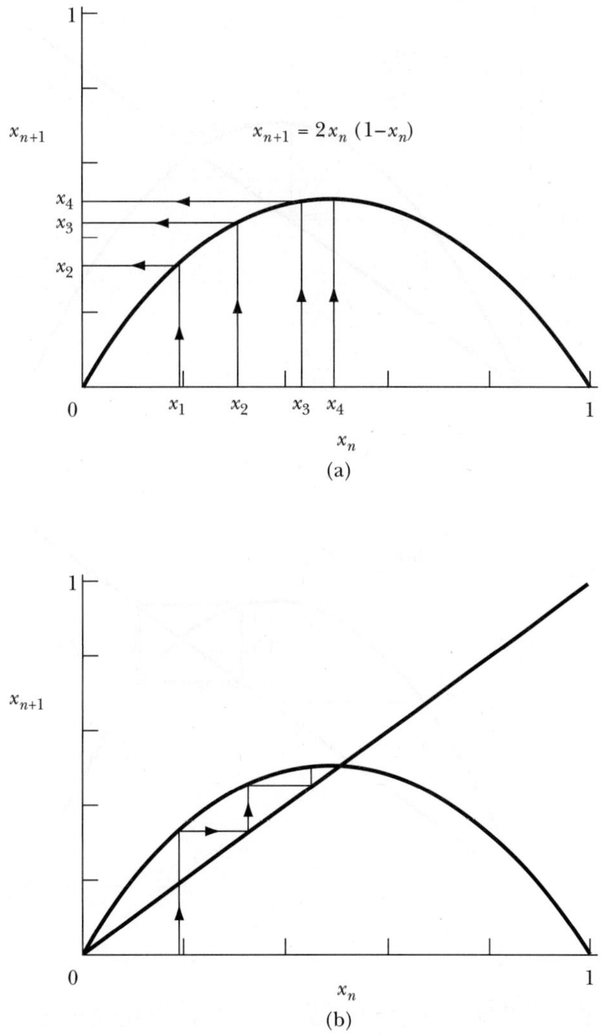

그림 4-21 로지스틱 방정식의 맵을 만드는 방법

'되풀이 선'에 부딪히는 2개 점으로 수렴한다. α 같은 매개변수 값이 변함으로써 해의 수가 달라지는 것을 **쌍갈림**(bifurcation)이라고 한다.

전체적 그림에 대한 더 일반적인 광경은 쌍갈림 그림을 그려서 얻을 수 있는데, 초기 효과를 없애기 위해 많은 되풀이를 한 후 결정된 x_n으로 구성되어 있고 모형 매개변수 α의 함수로 그려진다. 많은 새로운 재미있는 효과가 나타나며 안정성 영역 및 창(window) 또한 혼돈역학의 특성을 보인다. 그림 4-23은 α 값이 2.8~4.0인 경우 로지스틱 방정식의 쌍갈림 그림을 나타낸 것이다. 그림 4-22a에 나타낸 $\alpha = 2.9$에 대해 몇 번 되풀이하면 원 위치에 돌아오는 궤도이다. 즉, $x_{N+i} = x_i$. 따라서 $\alpha = 2.9$의 주기는 1사이클이

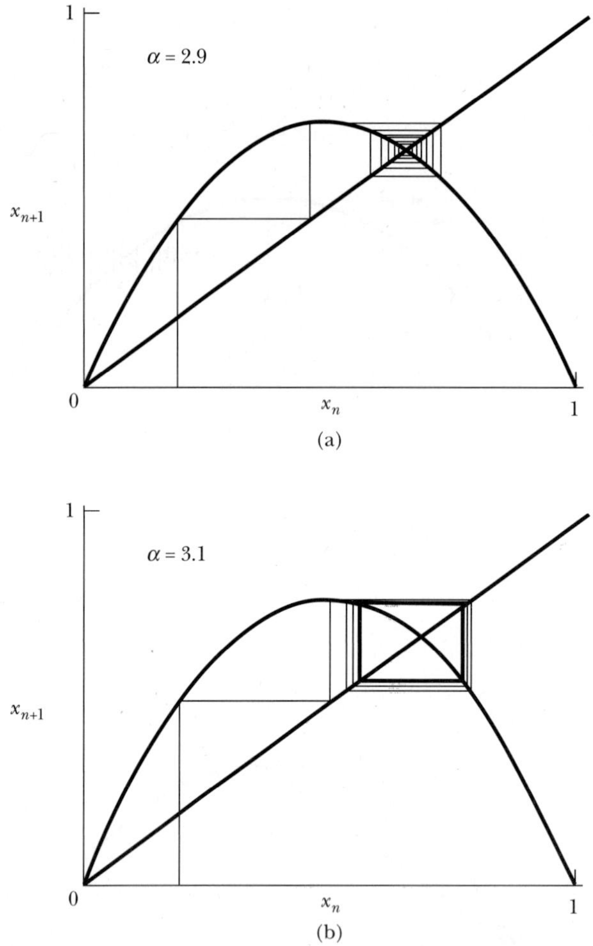

그림 4-22 α가 2.9와 3.1인 경우의 로지스틱 방정식 맵. $\alpha > 3.0$일 때 다중해가 가능함을 보여주고 있다.

다. $\alpha = 3.1$인 경우(그림 4-22b) x 값은 몇 번 되풀이하면 0.558과 0.765 사이에서 진동한다(2사이클). 3.0에서 나타난 쌍갈림은 분리 형태로 된 명백한 형 때문에 쇠스랑 쌍갈림(pitchfork bifurcation)이라고 부른다. $\alpha = 3.1$에서 이중 주기 효과는 $x_{n+2} = x_n$을 갖는다. $\alpha = 3.45$에서는 2사이클 쌍갈림이 4사이클로 발전하고, 쌍갈림과 주기 2배 현상이 계속되어 $\alpha = 3.57$ 부근에서의 무한 사이클까지 간다. 혼돈은 3.57과 4.0 사이의 많은 α 값에 대해 나타나지만 주기 운동의 창, 특히 $\alpha = 3.84$ 근처에 넓은 창이 여전히 남아 있다. 정말로 재미있는 모습은 $\alpha = 3.82831$에서 일어난다(연습문제 4-11). 3년이란 명백한 주기순환은 몇 개의 시간 간격에 대해 일어날 것 같지만 2, 3년 동안에 갑자기 파괴적으로 변하고 다시 3년 사이클로 돌아온다. 이 간헐성(intermittent) 행동은 수년간 진행되어온 생물학 연구가 확실한 이유 없이 돌연 혼돈에 빠지는 황폐화를 입증할 수 있을 것이다.

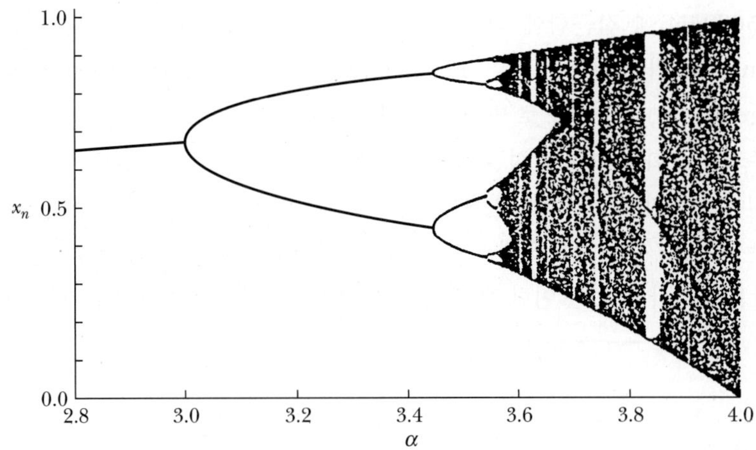

그림 4-23 로지스틱 방정식 맵에 대한 쌍갈림 그림

예제 4.2

$\Delta\alpha_n = \alpha_n - \alpha_{n-1}$을 지금까지 논의한 로지스틱 맵의 계속적인 주기 배수화 쌍갈림 사이의 폭이라고 하자. 예로서 그림 4-23으로부터 $\alpha_1 = 3.0$일 때 첫 번째 쌍갈림이 일어나고, $\alpha_2 = 3.449490$에서 그 다음의 쌍갈림이 일어난다. δ_n을 다음과 같이 비로 정의한다.

$$\delta_n = \frac{\Delta\alpha_n}{\Delta\alpha_{n+1}} \tag{4.47}$$

그리고 $n \to \infty$일 때 $\delta_n \to \delta$라고 하면, 처음 몇 개의 쌍갈림에 대한 δ_n을 구하고 한계 δ를 구하라.

풀이

컴퓨터로 수치 계산 컴퓨터 프로그램을 작성할 수 있지만, 시중에 나와 있는 소프트웨어(Be91)를 이용한다. 컴퓨터를 사용하여 α_n 값에 대한 표를 만든 후 $\Delta\alpha_n$을 찾아 α_n 값 몇 개를 결정한다.

n	α_n	$\Delta\alpha$	δ_n
1	3.0		
2	3.449490	0.449490	4.7515
3	3.544090	0.094600	4.6562
4	3.564407	0.020317	4.6684
5	3.568759	0.004352	
∞	3.5699456		4.6692

α_n이 한계값 3.5699456에 접근함에 따라 주기 배수화의 수가 무한대에 접근한다. 파이겐바움 수(Feigenbaum number)라고 하는 비 δ_n은 4.669202에 접근한다. 이 결과는 1970년대에 미첼 파이겐바움(Mitchell Feigenbaum)이 처음으로 발견했고, 함수 $f(\alpha, x)$가 2차 최대치를 갖고 있을 때 한계치 δ는 혼돈으로 가는 주기 배수화의 보편적 성질이라는 사실을 밝혀냈다. 이 보편성이 1차원 매핑에 국한되어 있지 않다는 사실은 주목할 만하다. 2차원에서도 진리이고 여러 경우에 입증되었다. 파이겐바움은 프로그램을 할 수 있는 휴대용 계산기로 이 결과를 얻었다고 말하고 있다. 정확성을 높이기 위해 많은 자릿수까지 계산해야 함은 분명하고, 이는 이런 계산기(혹은 컴퓨터)가 나오기 전에는 불가능했다.

4.8 혼돈의 확인

구동 감쇠 진동자에서 매개변수의 어떤 값에서 혼돈 운동이 일어나고 그 외에서는 일어나지 않은 것을 보았다. 혼돈의 특성은 무엇이며 이를 어떻게 확인할 수 있는가? 혼돈은 주기적 운동을 나타내지 않고 그 제한적인 운동은 주기적이 아니다. 일반적으로 혼돈은 초기 조건에 예민하게 의존하는 것으로 기술할 수 있는데, 이 효과를 다음 예제를 통해 보일 것이다.

예제 4.3

비선형 관계식 $x_{n+1} = f(\alpha, x_n) = \alpha x_n(1 - x_n^2)$을 생각하자. $\alpha = 2.5$로 놓고 초기값 $x_1 = 0.700000000$과 $x_1 = 0.700000001$로 수치 계산을 두 번 하자. 결과를 그림으로 그리고 해가 분명히 발산하는 되풀이 n을 구하라.

풀이

우리가 생각하고 있는 되풀이 방정식은

$$x_{n+1} = \alpha x_n(1 - x_n^2) \tag{4.48}$$

인데, 짧은 수치 계산을 실행하고 2개의 초기 조건에 대한 되풀이의 결과를 같은 그래프에 그린다. 결과는 그림 4-24에 나타냈으며 n이 적어도 30에 도달하기 전에는 x_{n+1}은 차이를 보이지 않지만 $n = 39$에서 초기값이 10^8분의 1밖에 차이가 없는데도 불구하고 눈에 띄게 차이가 나타난다.

만약 오차 없이 계산이 실행되고 되풀이된 값 사이의 차가 각각 되풀이에 대한 평균치의 배가 된다면

$$2^n = e^{n \ln 2}$$

같이 지수적으로 증가한다. 여기서 n은 시행되는 되풀이 수이다. 1 정도 분리되는 되풀이의 경우

$$2^n 10^{-8} \sim 1$$

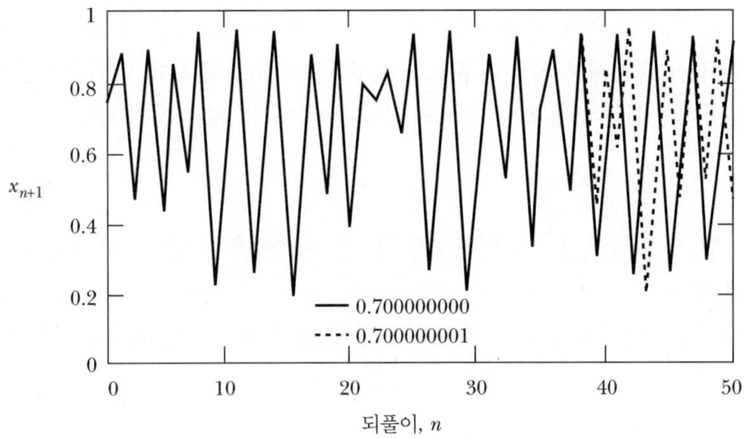

그림 4-24 예제 4.3. n + 1로 반복되는 상태를 되풀이하는 횟수로 그리고, 약간 차이가 나는 2개의 초기값 x_1 에 대한 되풀이의 결과

인데, 따라서 $n = 27$이다. 즉, 27번의 되풀이 후 2개 되풀이 사이의 차는 x_n의 크기에 도달한다. $n = 40$ 되풀이에 대해 결과가 1만큼 차이가 나게 하려면 초기값을 10^{12}분의 1이라는 정밀도로 알아야 한다!

예제 4.3은 혼돈의 특성인 초기 조건의 예민한 의존도를 보여주고 있다. 두 개의 결과는 이 경우 아직도 결정할 수 있으나, 초기값을 10^{-8}이란 정밀도로 알고 있는 것은 드물다. 만약 x_1 정밀도에 또 10을 가하면 계산 결과가 일치하기 위해 4번의 되풀이만이 줄어든다. 초기 조건의 정밀도를 올려도 최종 관측치의 정확도는 조금밖에 개선되지 않는다는 사실을 인정해야 한다. 초기 오차의 지수적 증가가 결국 측정 결과를 예측하기 어렵게 만든다.

초기 조건에 예민하게 의존하는 효과를 '나비' 효과라 한다. 공중을 천천히 나는 나비가 공기흐름에 미세한 영향을 줘서 다음 주의 기후 상태를 예측하기 어렵게 할 수 있다. 백그라운드 노이즈 혹은 열 효과가 보통 여기서 논의하고 있는 것보다 더 큰 불확실성을 추가한다. 따라서 측정오차로부터 이런 효과를 가려낼 수 없다. 여러 단계에서 정확한 예측은 가능하지 않다.

리아푸노프 지수

혼돈 거동에 대한 초기 조건의 예민한 의존도를 정량적으로 표시하는 한 가지 방법은 **리아푸노프 특성 지수**(Lyapunov characteristic exponent)이다. 이것은 러시아의 수학자 A. M. 리아푸노프(Lyapunov, 1857~1918)의 이름을 딴 것이다. 특별한 계에 대한 리아푸노프 지수는 변수만큼 많이 있다. 우선 한 개의 변수만을 생각하기로 하자. 따라서 한 개의 지수가 있다. 약간 차이가 있는 두 개의 초기 상태를 가진 계를 생각하고, 초기 상태를 x_0와 $x_0 + \varepsilon$이라고 하자. 이 2개 초기값으로부터 출발하여 n번 되풀이한 후 얻어지는 최후의 값 x_n을 조사해보자. 리아푸노프 지수 λ는 2개 상태 간에 단위시간당 **평균** 지수적 증가 계수를 나타낸다. n번 되풀이 후 2개 x_n 값 사이의 차 d_n은 근사적으로 다음과 같다.

$$d_n = \varepsilon e^{n\lambda} \tag{4.49}$$

이 방정식으로부터 알 수 있듯이, λ가 음이면 2개 궤도는 최종적으로 수렴되고, λ가 양이면 궤도는 발산하고 혼돈이 일어난다.

$x_{n+1} = f(x_n)$으로 기술되는 1차원 맵을 살펴보자. 상태 간의 초기 차는 $d_0 = \varepsilon$이며, 한 번 되풀이한 후 차이 d_1은 다음과 같다.

$$d_1 = f(x_0 + \varepsilon) - f(x_0) \simeq \varepsilon \left.\frac{df}{dx}\right|_{x_0}$$

여기서 오른쪽 마지막 결과는 ε이 아주 작기 때문에 나온 것이다. n번 되풀이한 후 초기에 가까이 있던 2개 상태 간의 차이 d_n은 다음과 같이 주어진다.

$$d_n = f^n(x + \varepsilon) - f^n(x_0) = \varepsilon e^{n\lambda} \tag{4.50}$$

여기서 맵 $f(x)$의 n번째 되풀이를 첨자 n으로 표시했다. 만약 ε으로 나누고 양쪽에 대수를 취하면

$$\ln\left(\frac{f^n(x + \varepsilon) - f^n(x_0)}{\varepsilon}\right) = \ln(e^{n\lambda}) = n\lambda$$

는 대단히 적으므로 λ에 대해

$$\lambda = \frac{1}{n}\ln\left(\frac{f^n(x + \varepsilon) - f^n(x_0)}{\varepsilon}\right) = \frac{1}{n}\ln\left|\left.\frac{df^n(x)}{dx}\right|_{x_0}\right| \tag{4.51}$$

을 갖는다. $f^n(x_0)$ 값은 $f(x_0)$를 n번 되풀이함으로써 얻어진다.

$$f^n(x_0) = f(f(\cdots(f(x_0))\cdots))$$

n번째 되풀이에 관한 미분 사슬 법칙을 사용하여

$$\left.\frac{df^n(x)}{dx}\right|_{x_0} = \left.\frac{df}{dx}\right|_{x_{n-1}} \left.\frac{df}{dx}\right|_{x_{n-2}} \cdots \left.\frac{df}{dx}\right|_{x_0}$$

을 얻고, $n \to \infty$ 극한을 취함으로써

$$\lambda = \lim_{n\to\infty} \frac{1}{n}\sum_{i=0}^{n-1}\ln\left|\frac{df(x_i)}{dx}\right| \tag{4.52}$$

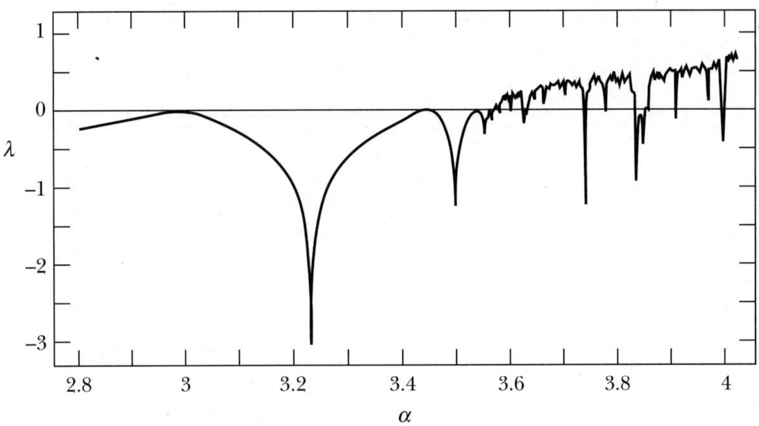

그림 4-25 α의 함수로 리아푸노프 지수를 나타낸 로지스틱 맵. $\lambda > 0$인 값이 혼돈을 암시하고 있다.

을 얻는다.

α의 함수로 리아푸노프 지수를 그린 로지스틱 맵을 그림 4-25에 나타내었다. λ의 부호가 4.6절에서 논의한 혼돈 거동과 일치함을 지적한다. 쌍갈림이 일어날 때 λ 값은 0이다. 왜냐하면 $|df/dx| = 1$이며 해가 불안정해지기 때문이다(연습문제 4-16 참조). $df(x)/dx = 0$에서 초안정점(superstable point)이 나타나며, 따라서 $\lambda = -\infty$가 된다. 그림 4-25로부터 λ가 0보다 커짐에 따라 λ가 $\lambda < 0$에 돌아오는 창이 있고 주기적인 궤도가 혼돈 거동의 한가운데에 나타난다. 비교적 넓은 창이 3.8 바로 위에 나타난다.

n차원 맵에 대해 n개의 리아푸노프 지수가 있다는 사실을 기억하라. 혼돈이 일어나려면 그중 한 개만이 양이어야 한다. 흩어지기 계에서 위상공간 체적은 시간의 흐름에 따라 감소하는데, 이것은 리아푸노프 지수의 합이 음이라는 뜻이다.

감쇠 구동 진동자에 대한 리아푸노프 지수 계산은 쉽지 않다. 왜냐하면 맵보다 오히려 로지스틱 방정식 같은 미분 방정식의 해를 취급해야 하기 때문이다. 그럼에도 불구하고 이런 계산이 실행되었고, 그림 4-26에 3차원이어서 3개의 리아푸노프 지수를 그렸다(베이커(Baker)의 프로그램[Ba90]을 사용하여 계산했다). 매개변수는 4.6절에서 논의했던 $c = 0.05$, $\omega = 0.7$, $F = 0.4$(주기적), $F = 0.6$(혼돈적)을 사용했다. 양쪽 다 과도 효과가 소멸되었음이 확실해질 때까지 최소한 수백 번의 되풀이를 해야 한다. 리아푸노프 지수의 하나는 0이다. 왜냐하면 그것이 위상공간 체적의 확대나 축소에 아무런 역할을 하지 않기 때문이다. $F = 0.4$인 경우에는 350번 되풀이한 후에도 리아푸노프 지수는 0보다 크지 않고, $F = 0.6$ 구동한 경우에는 지수 중 하나가 여전히 0보다 충분히 큰 값을 갖고 있다. 그림 4-19에서 밝혀냈듯이 $F = 0.6$인 경우 운동은 혼돈적이다. 그러나 그림 4-26에 기술한 운동은 감쇠되므로, 리아푸노프 지수의 합은 양쪽의 경우 역시 음이 된다.

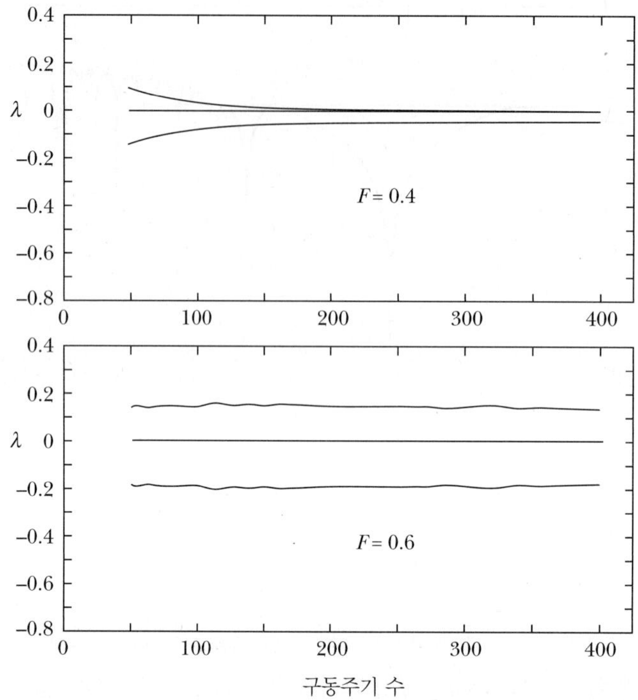

그림 4-26 감쇠 구동 진동자에 대한 3개의 리아푸노프 지수. λ는 $t \to \infty$(많은 사이클 수)일 때 접근하는 값이다.

연습문제

4-1. Refer to Example 4.1. If each of the springs must be stretched a distance d to attach the particle at the equilibrium position (i.e., in its equilibrium position, the particle is subject to two equal and oppositely directed forces of magnitude kd), then show that the potential in which the particle moves is approximately

$$U(x) \cong (kd/l)\,x^2 + [k(l - d)/4l^3]\,x^4$$

4-2. Construct a phase diagram for the potential in Figure 4-1.

4-3. Construct a phase diagram for the potential $U(x) = -(\lambda/3)\,x^3$.

4-4. Lord Rayleigh used the equation

$$\ddot{x} - (a - b\dot{x}^2)\,\dot{x} + \omega_0^2 x = 0$$

in his discussion of nonlinear effects in acoustic phenomena.[10] Show that differentiating this equation with respect to time and making the substitution $y = y_0\sqrt{3b/a}\,\dot{x}$

10) J. W. S. Rayleigh, *Phil. Mag.* 15(April 1883). 또한 Ra94(Section 68a)를 참조하라.

results in van der Pol's equation:

$$\ddot{y} - \frac{a}{y_0^2}(y_0^2 - y^2)\dot{y} + \omega_0^2 y = 0$$

4-5. Solve by a successive approximation procedure, and obtain a result accurate to four significant figures:
(a) $x + x^2 + 1 = \tan x, \quad 0 \leq x \leq \pi/2$
(b) $x(x+3) = 10 \sin x, \quad x > 0$
(c) $1 + x + \cos x = e^x, \quad x > 0$

(It may be profitable to make a crude graph to choose a reasonable first approximation.)

4-6. Derive the expression for the phase paths of the plane pendulum if the total energy is $E > 2mgl$. Note that this is just the case of a particle moving in a periodic potential $U(\theta) = mgl(1 - \cos\theta)$.

4-7. Consider the free motion of a plane pendulum whose amplitude is not small. Show that the *horizontal component* of the motion may be represented by the approximate expression (components through the third order are included)

$$\ddot{x} + \omega_0^2\left(1 + \frac{x_0^2}{l^2}\right)x - \varepsilon x^3 = 0$$

where $\omega_0^2 = g/l$ and $\varepsilon = 3g/2l^3$, with l equal to the length of the suspension.

4-8. A mass m moves in one dimension and is subject to a constant force $+F_0$ when $x < 0$ and to a constant force $-F_0$ when $x > 0$. Describe the motion by constructing a phase diagram. Calculate the period of the motion in terms of m, F_0, and the amplitude A (disregard damping).

4-9. Investigate the motion of an undamped particle subject to a force of the form

$$F(x) = \begin{cases} -kx, & |x| < a \\ -(k+\delta)x + \delta a, & |x| > a \end{cases}$$

where k and δ are positive constants.

4-10. The parameters $F = 0.7$ and $c = 0.05$ are fixed for Equation 4.43 describing the driven, damped pendulum. Determine which of the values for ω (0.1, 0.2, 0.3, . . . , 1.5) produce chaotic motion. Produce a phase plot for $\omega = 0.3$. Do this problem numerically.

4-11. A really interesting situation occurs for the logistic equation, Equation 4.46, when $\alpha = 3.82831$ and $x_1 = 0.51$. Show that a three cycle occurs with the approximate x values 0.16, 0.52, and 0.96 for the first 80 cycles before the behavior apparently turns chaotic. Find for what iteration the next apparently periodic cycle occurs and for how many cycles it stays periodic.

4-12. Let the value of α in the logistic equation, Equation 4.46, be equal to 0.9. Make a map like that in Figure 4-21 when $x_1 = 0.4$. Make the plot for three other values of x_1 for which $0 < x_1 < 1$.

4-13. Perform the numerical calculation done in Example 4.3 and show that the two calculations clearly diverge by $n = 39$. Next, let the second initial value agree to within another factor of 10 (i.e., 0.700 000 000 1), and confirm the statement in the text that only four more iterations are gained in the agreement between the two initial values.

4-14. Use the function described in Example 4.3, $x_{n+1} = \alpha x_n(1 - x_n^2)$ where $\alpha = 2.5$. Consider two starting values of x_1 that are similar, 0.900 000 0 and 0.900 000 1. Make a plot of x_n versus n for the two starting values and determine the lowest value of n for which the two values diverge by more than 30%.

4-15. Use direct numerical calculation to show that the map $f(x) = \alpha \sin \pi x$ also leads to the Feigenbaum constant, where x and α are limited to the interval (0, 1).

4-16. The curve $x_{n+1} = f(x_n)$ intersects the curve $x_{n+1} = x_n$ at x_0. The expansion of x_{n+1} about x_0 is $x_{n+1} - x_0 = \beta(x_n - x_0)$ where $\beta = (df/dx)$ at $x = x_0$.
(a) Describe the geometrical sequence that the successive values of $x_{n+1} - x_0$ form.
(b) Show that the intersection is stable when $|\beta| < 1$ and unstable when $|\beta| > 1$.

4-17. The *tent* map is represented by the following iterations:

$$x_{n+1} = 2\alpha x_n \qquad \text{for } 0 < x < 1/2$$
$$x_{n+1} = 2\alpha(1 - x_n) \qquad \text{for } 1/2 < x < 1$$

where $0 < \alpha < 1$. Make a map up to 20 iterations for $\alpha = 0.4$ and 0.7 with $x_1 = 0.2$. Does it appear that either of the maps represent chaotic behavior?

4-18. Plot the bifurcation diagram for the *tent* map of the previous problem. Discuss the results for the various regions.

4-19. Show analytically that the Lyapunov exponent for the *tent* maps is $\lambda = \ln(2\alpha)$. This indicates that chaotic behavior occurs for $\alpha > 1/2$.

4-20. Consider the Henon map described by

$$x_{n+1} = y_n + 1 - ax_n^2$$
$$y_{n+1} = bx_n$$

Let $a = 1.4$ and $b = 0.3$, and use a computer to plot the first 10,000 points (x_n, y_n) starting from the initial values $x_0 = 0$, $y_0 = 0$. Choose the plot region as $-1.5 < x < 1.5$ and $-0.45 < y < 0.45$.

4-21. Make a plot of the Henon map, this time starting from the initial values $x_0 = 0.63135448$, $y_0 = 0.18940634$. Compare the shape of this plot with that obtained in the previous problem. Is the shape of the curves independent of the initial conditions?

4-22. A circuit with a nonlinear inductor can be modeled by the first-order differential equations

$$\frac{dx}{dt} = y$$
$$\frac{dy}{dt} = -ky - x^3 + B\cos t$$

Chaotic oscillations for this situation have been extensively studied. Use a computer to construct the Poincaré section plot for the case $k = 0.1$ and $9.8 \leq B \leq 13.4$. Describe the map.

4-23. The motion of a bouncing ball, on successive bounces, when the floor oscillates sinusoidally can be described by the Chirikov map:

$$p_{n+1} = p_n - K\sin q_n$$
$$q_{n+1} = q_n + p_{n+1}$$

where $-\pi \leq p \leq \pi$ and $-\pi \leq q \leq \pi$. Construct two-dimensional maps for $K = 0.8$, 3.2, and 6.4 by starting with random values of p and q and iterating them. Use periodic boundary conditions, which means that if the iterated values of p or q exceed π, a value of 2π is subtracted and whenever they are less than $-\pi$, a value of 2π is added. Examine the maps after thousands of iterations and discuss the differences.

4-24. Assume that $x(t) = b\cos(\omega_0 t) + u(t)$ is a solution of the van der Pol Equation 4.19. Assume that the damping parameter μ is small and keep terms in $u(t)$ to first order in μ. Show that $b = 2a$ and $u(t) = -(\mu a^3/4\omega_0)\sin(3\omega_0 t)$ is a solution. Produce a phase diagram of $\dot{x}$ versus x and produce plots of $x(t)$ and $\dot{x}(t)$ for values of $a = 1$, $\omega_0 = 1$, and $\mu = 0.05$.

4-25. Use numerical calculations to find a solution for the van der Pol oscillator of Equation 4.19. Let x_0 and ω_0 equal 1 for simplicity. Plot the phase diagram, $x(t)$, and $\dot{x}(t)$ for the following conditions: **(a)** $\mu = 0.07$, $x_0 = 1.0$, $\dot{x}_0 = 0$ at $t = 0$; **(b)** $\mu = 0.07$, $x_0 = 3.0$, $\dot{x}_0 = 0$ at $t = 0$. Discuss the motion; does the motion appear to approach a limit cycle?

4-26. Repeat the previous problem with $\mu = 0.5$. Discuss also the appearance of the limit cycle, $x(t)$, and $\dot{x}(t)$.

제 5 장

만유인력

5.1 서론

1666년 이전에 뉴턴은 만유인력의 법칙을 정식화하고 수치적으로도 검증했으며, 1687년에 『Principia』란 책으로 출판했다. 뉴턴은 자신의 결과를 출판하기까지 20년이나 기다렸다. 그 이유는 지구와 달을 질점(point mass)으로 가정하고 실행한 계산법을 정당화하지 못했기 때문이다. 계산을 위해 수립한 수학(뉴턴이 후에 발명한 것)을 이용하면 17세기에 대단히 어렵다고 생각했던 문제를 훨씬 쉽게 풀 수 있다.

뉴턴의 만유인력 법칙에 따르면, 각 질량입자는 우주 내의 다른 모든 입자를 잡아당기는데 그 힘은 두 개의 질량 곱과 그 사이 거리의 제곱의 역에 비례한다. 수학적으로 나타내면 다음과 같다.

$$\mathbf{F} = -G\frac{mM}{r^2}\mathbf{e}_r \tag{5.1}$$

질량이 M인 입자로부터의 거리가 r인, 질량이 m인 제2의 입자가 인력을 받는다(그림 5-1 참조). 단위벡터 $\mathbf{e}_r$은 M으로부터 m방향으로 향하고 음부호는 힘이 인력임을 나타낸다. 즉, m은 M쪽으로 당겨진다.

이 법칙을 실험적으로 입증하고 G값을 구한 사람은 1798년 영국의 물리학자 헨리 캐번디시(Henry Gavendish, 1731~1810)였다. 캐번디시의 실험은 많은 물리학 교재에 설명되어 있듯이 무게가 없는 막대 끝 부분에 고정된 두 개의 작은 구로 된 비틀림 저울을 사용한다. 이 두 개의 구는 가까운 데에 놓은 다른 두 개의 큰 구 쪽으로 당겨진다. 지금까지 구해진 가장 좋은 G값은 $6.673 \pm 0.010 \times 10^{-11}\,\mathrm{N\cdot m^2/kg^2}$이다. 재미있는 점은 G가 가장 오래전부터 알려진 기본 상수이지만 e, c, $\hbar$ 같은 기본 상수보다 정밀도가 낮다는 사실이다.

식 (5.1)의 형태에서 이 법칙은 엄밀하게는 **점입자**(point particle)밖에 쓸 수 없으므로, 만일 입자의 한쪽 내지 양쪽이 어떤 크기를 갖는 물체의 경우에는 힘을 계산하기 전에 다른 가정을 추가할 필요가 있다. 그래서 먼저 중력장은 **선형장**(linear field)이라는 가정을 해야 한다. 즉, 한 개의 입자가 다른 많은 입자로부터 받는 순 중력은 각 힘의 벡터를 합함으로써 구할 수 있다고 생각한다. 다음에 물질이 연속적으로 분포된 물체의 경우에는 합을 적분으로 바꾼다(그림 5-2).

$$\mathbf{F} = -Gm\int_V \frac{\rho(\mathbf{r}')\mathbf{e}_r}{r^2}dv' \tag{5.2}$$

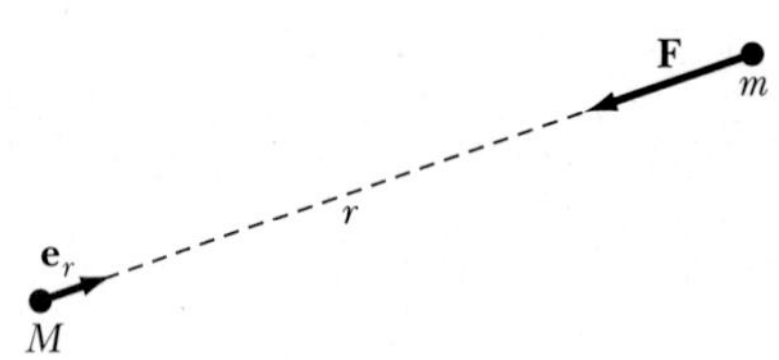

그림 5-1 질량 m인 입자는 질량이 M인 입자로 향하는 인력을 받는다.

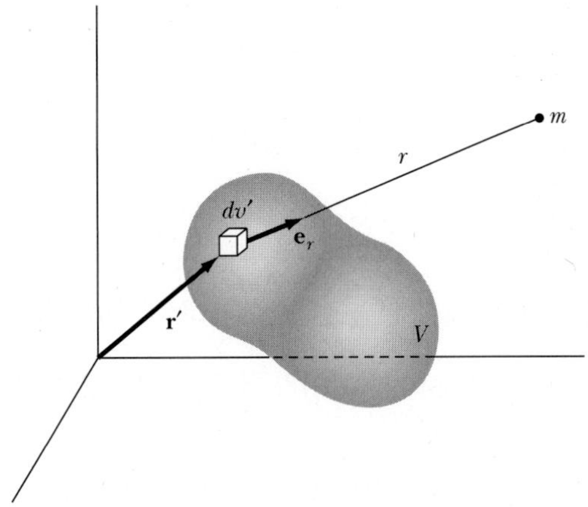

그림 5-2 점 질량 m과 연속적으로 분포된 물체 사이에 작용하는 중력을 계산하기 위해서 물체의 체적에 대해 질량밀도를 적분한다.

여기서 $\rho(\mathbf{r}')$와 dv'는 각각 (임의의) 원점으로부터 질량 분포 내의 어떤 점까지의 위치 벡터 $\mathbf{r}'$로 표시된 점에서의 질량밀도와 체적 요소이다.

또한 만일 질량 M의 물체와 질량 m의 물체가 모두 크기를 갖는 경우에 전체 중력을 구하려고 생각하면 m에 대한 체적 적분도 필요해진다.

그런데 **중력장의 벡터**(gravitational field vector) $\mathbf{g}$는 질량 M의 물체에 의해 생긴 장 속에 어떤 하나의 입자가 단위질량당 받는 힘을 나타내는 벡터라고 정의되어

$$\mathbf{g} = \frac{\mathbf{F}}{m} = -G\frac{M}{r^2}\mathbf{e}_r \tag{5.3}$$

또는

$$\boxed{\mathbf{g} = -G\int_V \frac{\rho(\mathbf{r}')\mathbf{e}_r}{r^2}dv'} \tag{5.4}$$

로 나타낸다. $\mathbf{e}_r$의 방향은 r'에 따라 달라짐을 주의하라(그림 5-2).

이 양 $\mathbf{g}$는 단위질량당 힘 또는 가속도의 차원을 갖고, 그 크기는 지표 부근에서는 사실 우리가 **중력가속도 상수**(gravitational acceleration constant)라고 부르는 양과 같다. 단진자(또는 그것을 더 복잡화한 것)에 의한 측정에서 $|\mathbf{g}|$은 지구 표면에서 대략 9.80 m/s^2(혹은 9.80 N/kg) 임을 보인다.

5.2 중력 퍼텐셜

중력장 벡터 $\mathbf{g}$는 $1/r^2$으로 변화하고, 그래서 어떤 스칼라 함수의 물매로 나타내기 위한 조건[1]을 만족시킨다. 이 경우에 다음과 같이 쓸 수 있다.

$$\boxed{\mathbf{g} \equiv -\nabla\Phi} \tag{5.5}$$

여기서 Φ는 **중력 퍼텐셜**(gravitational potential)이라 하고, (단위질량당 힘) × (거리), 또는 단위질량당 에너지의 차원을 갖는다.

또한 $\mathbf{g}$는 반지름에만 의존하므로 Φ도 r에 따라 변한다. 그러므로 $\mathbf{g}$에 대해 식 (5.3)을 쓰면

$$\nabla\Phi = \frac{d\Phi}{dr}\mathbf{e}_r = G\frac{M}{r^2}\mathbf{e}_r$$

가 되고, 이것을 적분해서

$$\boxed{\Phi = -G\frac{M}{r}} \tag{5.6}$$

을 얻는다. 중력 퍼텐셜은 부가 상수에 의해 정해지지 않으므로 위 식에서는 적분 상수를 생략했다. 즉, 중력 퍼텐셜은 그 차이만이 의미가 있고 특정한 값에는 의미가 없다. 보통 $r \to \infty$일 때 $\Phi \to 0$인 조건을 붙여서 부정성을 제거하며, 식 (5.6)은 바로 이 조건을 만족하는 중력 퍼텐셜이 되어 있다.

물질이 연속적으로 분포될 경우의 중력 퍼텐셜은 다음과 같다.

$$\Phi = -G\int_V \frac{\rho(\mathbf{r}')}{r}\,dv' \tag{5.7}$$

마찬가지로 질량이 얇은 껍질에만 분포(즉, 표면 분포)될 경우에는

$$\Phi = -G\int_S \frac{\rho_s}{r}\,da' \tag{5.8}$$

가 된다. 여기서 ρ_s는 질량의 표면밀도(또는 질량의 면적밀도)이다.

마지막으로 선밀도 ρ_l인 선형 질량원의 경우에 다음과 같이 쓸 수 있다.

$$\Phi = -G\int_\Gamma \frac{\rho_l}{r}\,ds' \tag{5.9}$$

---

1) 즉, $\nabla \times \mathbf{g} \equiv 0$

중력 퍼텐셜 함수의 물리적 의미는 물체가 중력장을 거리 $d\mathbf{r}$만큼 이동할 때 그 물체가 행하는 단위질량당 일 dW'를 생각하면 확실해진다. 그 일은 힘과 변위의 스칼라 곱과 같으므로 물체의 단위질량당 하는 일은 다음과 같다.

$$\begin{aligned} dW' &= -\mathbf{g}\cdot d\mathbf{r} = (\nabla\Phi)\cdot d\mathbf{r} \\ &= \sum_i \frac{\partial\Phi}{\partial x_i}\,dx_i = d\Phi \end{aligned} \tag{5.10}$$

이 식에서는 Φ가 위치 좌표만의 함수로, 그 점에서 $\Phi = \Phi(x_1, x_2, x_3) = \Phi(x_i)$로 표시된다. 따라서 중력장 속에서 물체를 어떤 점에서 다른 점까지 이동시킬 때 그 물체가 행하는 단위질량당 일의 양은 그 두 점에서의 퍼텐셜 차이와 같다.

만일 최종 위치가 최초의 위치보다도 질량 M에서 먼 경우는 물체의 단위질량에는 일이 행해진다. 두 점의 위치는 임의이므로, 한편을 무한원으로 취해서 이 무한원에서는 중력 퍼텐셜이 0이라고 정의하면, 임의의 점에서의 Φ는 그 물체를 무한원에서 그 점까지 이동하는 데 필요한 단위질량당의 일로 해석해도 좋다. 물론 위치 에너지는 물체의 질량과 중력 퍼텐셜 Φ의 곱과 같으므로 U를 위치 에너지라고 할 때

$$U = m\Phi \tag{5.11}$$

이다. 그래서 물체가 받는 힘은 그 물체의 위치 에너지의 물매에 음부호를 붙여서 주어진다. 즉,

$$\mathbf{F} = -\nabla U \tag{5.12}$$

이것은 이전에 우리가 사용했던 식 (2.88)이다.

일이 물체에 행해질 때 중력 퍼텐셜과 위치 에너지는 증가함에 주의하라(우리의 정의에서 중력 퍼텐셜은 항상 음으로, r이 무한대에 가까워짐에 따라서 그 최대값 0에 가까워진다).

물체가 어떤 질량에 의해 생긴 중력장 속에 놓여 있을 때는 항상 어떤 위치 에너지가 생긴다. 그 경우에 위치 에너지는 장 자체 속에 있는 것이지만,[2] 그것을 보통 그 물체의 위치 에너지라고 말하므로 여기서도 그 관례를 따르도록 한다. 그러나 또한 장을 만드는 질량 자신이 고유의 위치 에너지를 갖는다고 생각해도 좋으므로, 이 위치 에너지는 물체가 형성될 때 방출되는 중력 에너지와 같다. 반대로 말하면, 그것은 이 질량을 무한원의 구면에 분산시키기 위해 주어지는 에너지(즉, 행해지는 일)와 같다. 예를 들면 별과 별 사이의 기체가 응축해서 별이 될 때, 방축되는 중력 에너지는 거의가 별의 초기 가열 과정에서 소비된다. 온도가 상승함에 따라서 에너지는 전자가 복사로서 방출되는 것이다. 그러나 지금부터 다루는 모든 문제에서 우리가 고려하고 있는 동안에는 물체의 구조가 변화하지 않는다고 하자. 따라서 고유의 위치 에너지는 변화하지 않으며 그 때문에 계산에서는 그것을 무시해도 좋다.

2) 장 속의 에너지에 관해서는 9.5절 마지막 부분을 참조하라.

예제 5.1

안쪽 반지름 b, 바깥쪽 반지름이 a인 구면 껍질(spherical shell)의 내부와 외부의 중력 퍼텐셜은 얼마인가?

풀이

중력 이론에서 중요한 문제 중 하나는 균일한 구에 의한 중력을 계산하는 것이다. 이 문제는 균일한 구면 껍질에 대한 더 일반적인 계산의 특별한 경우이다. 껍질 문제에 대한 답은 장 속에 가져온 단위질량에 작용하는 힘을 직접 계산함으로써 얻을 수 있다(연습문제 5-6 참조). 그러나 퍼텐셜 방법을 쓰면 더 간단하다.

그림 5-3에 나타낸 껍질을 생각하고 그 중심으로부터 거리 R인 P점에서의 퍼텐셜을 계산한다. 구의 중심과 점 P를 잇는 선 주변이 대칭이므로 방위각 ϕ는 그림 5-3에 나타내지 않았고, 퍼텐셜 적분식을 $d\phi$로 바로 적분할 수 있어서

$$\begin{aligned}\Phi &= -G\int_V \frac{\rho(r')}{r}dv' \\ &= -2\pi\rho G\int_b^a r'^2 dr' \int_0^\pi \frac{\sin\theta}{r}d\theta \qquad (5.13)\end{aligned}$$

가 된다. 여기서 껍질에 균일 질량 분포를 가정했다. 즉, $\rho(r') = \rho$이다. 코사인 법칙에 따르면

$$r^2 = r'^2 + R^2 - 2r'R\cos\theta \qquad (5.14)$$

이고 R은 일정하므로, 어떤 주어진 r'에 대해 이 식을 미분하면

$$2r\,dr = 2r'R\sin\theta\,d\theta$$

또는

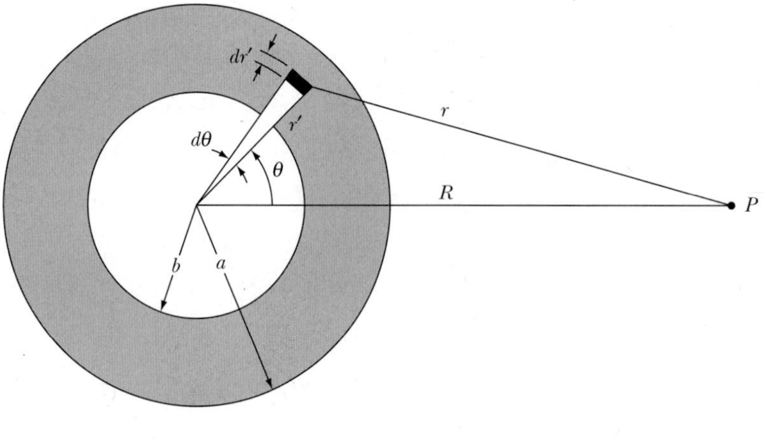

그림 5-3 구면 껍질의 질량에 의한 점 P에서의 중력 퍼텐셜을 구하는 도형

$$\frac{\sin\theta}{r}\,d\theta = \frac{dr}{r'R} \tag{5.15}$$

을 얻고, 이를 식 (5.13)에 대입하면

$$\Phi = -\frac{2\pi\rho G}{R}\int_b^a r'\,dr'\int_{r_{\min}}^{r_{\max}} dr \tag{5.16}$$

이 된다. 여기서 dr 적분의 상한과 하한은 점 P의 위치에 의존한다. 만일 P가 구면 껍질의 밖에 있으면

$$\begin{aligned}\Phi(R > a) &= -\frac{2\pi\rho G}{R}\int_b^a r'\,dr'\int_{R-r'}^{R+r'} dr \\ &= -\frac{4\pi\rho G}{R}\int_b^a r'^2\,dr' \\ &= -\frac{4}{3}\frac{\pi\rho G}{R}(a^3 - b^3)\end{aligned} \tag{5.17}$$

이 되고, 구면 껍질의 질량 M이

$$M = \frac{4}{3}\pi\rho(a^3 - b^3) \tag{5.18}$$

으로 주어지므로, 퍼텐셜은 다음과 같이 쓸 수 있다.

$$\boxed{\Phi(R > a) = -\frac{GM}{R}} \tag{5.19}$$

만일 장의 점이 구면 껍질의 안쪽에 있으면

$$\begin{aligned}\Phi(R < b) &= -\frac{2\pi\rho G}{R}\int_b^a r'dr'\int_{r'-R}^{r'+R} dr \\ &= -4\pi\rho G\int_b^a r'dr' \\ &= -2\pi\rho G(a^2 - b^2)\end{aligned} \tag{5.20}$$

이 되고, 퍼텐셜은 구면 껍질 안에서의 위치와 무관하며 일정하다.

마지막으로 구면 껍질 안쪽 점에서의 퍼텐셜을 계산하는 데는 먼저 $\Phi(R< b)$ 식의 적분 하한을 변수 R로, 또 $\Phi(R> a)$ 식의 적분 상한을 R로 바꾸고, 그 결과를 더하면 된다. 그러면

$$\begin{aligned}\Phi(b < R < a) &= -\frac{4\pi\rho G}{3R}(R^3 - b^3) - 2\pi\rho G(a^2 - R^2) \\ &= -4\pi\rho G\left(\frac{a^2}{2} - \frac{b^3}{3R} - \frac{R^2}{6}\right)\end{aligned} \tag{5.21}$$

을 얻는다. 여기서 $R \to a$라 하면 이 식은 식 (5.19)에서 $R \to a$일 때와 같이 되고, 마찬가지로 $R \to b$라 하면 식 (5.20)의 $R \to b$일 때와 같이 되어 이 퍼텐셜은 외측과 내측이 연속적으로 연결된다. 만일 퍼텐셜이 어느 점에서 불연속이면, 그 점에서 퍼텐셜의 물매, 즉 힘이 무한대가 되나, 무한대의 힘이라는 것은 물리적인 현실을 나타내지 않으므로 퍼텐셜 함수는 어디서도 연속이어야 한다.

우리는 질량 껍질을 균일한 것으로 다루었다는 점에 유의하라. 구대칭 질량 분포를 가진 행성 같은 무거운 물체, 즉 고체에 대한 계산을 하기 위해 껍질을 많이 더할 수 있다. 혹은 원한다면 밀도를 반지름 함수로 바꿀 수도 있다.

예제 5.1의 결과는 대단히 중요하다. 식 (5.19)는 물질의 구대칭 분포(껍질 혹은 고체, 왜냐하면 고체는 많은 껍질로 구성되어 있기 때문에) 밖에 있는 어떤 점에서의 퍼텐셜은 물질 분포의 크기에 무관하다는 것을 말하고 있다. 따라서 외부의 퍼텐셜(혹은 힘)을 계산할 때는 모든 질량이 중심에 집중되어 있다고 생각한다. 식 (5.20)에 따르면, 구대칭인 질량 껍질 내의 어디서나 퍼텐셜은 일정하다(또한 힘은 0이다). 마지막으로, 질량 껍질 내의 점에서 식 (5.21)로 주어진 퍼텐셜은 전에 얻은 결과와 일치한다.

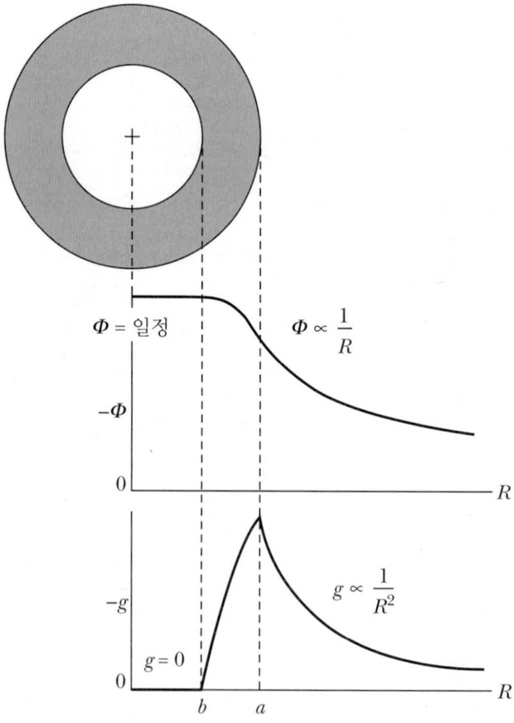

그림 5-4 반지름 거리의 함수로서 중력 퍼텐셜과 장 벡터 **g**(실제로 −**g**)의 크기를 나타내는 예제 5.1의 결과

장 벡터 **g**의 크기도 위의 세 영역 각각에 대해 $g = -d\Phi/dR$을 써서 계산할 수 있고, 그 결과

$$\left.\begin{aligned} g(R < b) &= 0 \\ g(b < R < a) &= \frac{4\pi\rho G}{3}\left(\frac{b^3}{R^2} - R\right) \\ g(R > a) &= -\frac{GM}{R^2} \end{aligned}\right\} \tag{5.22}$$

를 얻는다. 이 식에서 퍼텐셜만이 아니라, 장 벡터(따라서 힘)도 연속임을 볼 수 있다. 따라서 장 벡터의 미분계수는 껍질 외측의 면과 내측 면의 양쪽에서 불연속이 된다.

퍼텐셜 및 장 벡터에 관해 위에서 얻은 결과를 요약하면 그림 5-4와 같다.

예제 5.2

천문학적인 측정에 따르면, 중심에 대해 회전하는 많은 나선형 은하 속의 질량들의 궤도 속력이 그림 5-5에서 보는 바와 같이 (은하수나 가장 가까운 안드로메다 같은) 은하 중심으로부터의 거리의 함수로 거의 일정하다. 이 실험적인 결과가, 은하가 갖고 있는 질량이 은하 중심에 집중되어 있으면 일치하지 않고 은하의 질량이 거리 R에 따라 증가한다면 설명될 수 있음을 보여라.

풀이

반지름 R에 있는 은하 질량 M으로 인해 예기되었던 궤도 속력을 구할 수 있다. 그러나 이 경우에 거리 R은 수백 광년이 될 수도 있다. 질량 분포가 구대칭이라고 가정한다. 이 경우 질량 m이 궤도 속력 v를 갖기 때문에 중력과 중심력은 같다.

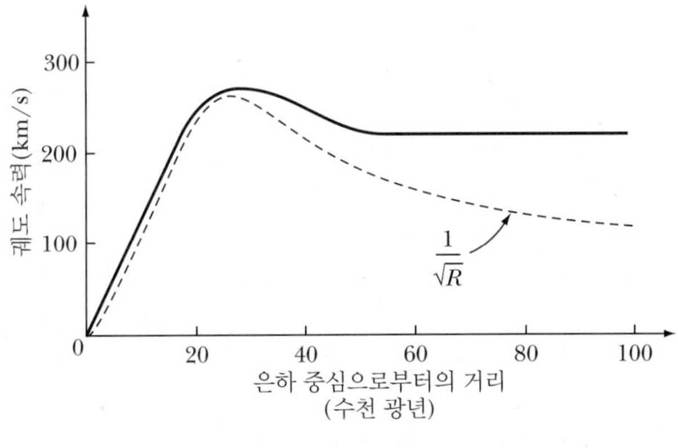

그림 5-5 예제 5.2. 실선은 안드로메다 은하 중심으로부터의 거리의 함수로서 질량의 궤도 속력을 그린 것이다. 점선은 뉴턴 법칙의 케플러(Kepler) 결과에서 예측되는 $1/\sqrt{R}$의 형태를 그린 것이다.

$$\frac{GMm}{r^2} = \frac{mv^2}{R}$$

이 방정식을 v에 대해 풀면 다음과 같다.

$$v = \sqrt{\frac{GM}{R}}$$

만약 이 경우라면, 그림 5-5의 점선과 같이 $1/\sqrt{R}$처럼 감소하는 궤도 속력을 예상할 수 있는 데 반해, 실험적으로 발견된 어떤 것은 R의 함수와 같이 v는 일정하다. 이것은 오직 은하의 질량 M 자체가 R의 1차 함수, $M(R) \propto R$인 경우에만 일어날 수 있다. 이 결과로부터 천체물리학자들은 많은 은하에는 발견된 것과 다른 물질(이 발견되지 않은 물질을 '암흑 물질(dark matter)'이라고도 한다)이 반드시 있고, 우주 안에서 알고 있는 질량의 90% 이상을 설명해야 한다고 결론을 맺는다. 오늘날 이러한 연구의 영역은 천체물리학자의 최전선에 맞닿아 있다.

예제 5.3

반지름 a, 질량 M인 얇고 균일한 원형 고리를 생각하자. 질량 m이 고리면 내에 놓일 때 평형위치를 찾아라. 또한 그것이 안정한지 여부를 결정하라.

풀이

대칭성으로부터 고리의 중심에 놓은 질량 m(그림 5-6)은 질량으로 균일하게 싸여 있기 때문에 평형 상태에 있을 것이다. 질량 m을 고리의 중심으로부터 거리 r'에 놓고 이 방향으로 x축을 설정하자.

식 (5.7)로부터 $\rho = M/2\pi a$일 때 퍼텐셜은 다음과 같다.

$$d\Phi = -G\frac{dM}{b} = -\frac{Ga\rho}{b}\,d\phi \tag{5.23}$$

여기서 b는 dM과 m 사이의 거리이며, $dM = \rho a d\phi$이다. $\mathbf{r}$과 $\mathbf{r}'$를 dM과 m의 위치 벡터라고 하면

$$\begin{aligned} b &= |\mathbf{r} - \mathbf{r}'| = |a\cos\phi\mathbf{e}_1 + a\sin\phi\mathbf{e}_2 - r'\mathbf{e}_1| \\ &= |(a\cos\phi - r')\mathbf{e}_1 + a\sin\phi\mathbf{e}_2| = [(a\cos\phi - r')^2 + a^2\sin^2\phi]^{1/2} \\ &= (a^2 + r'^2 - 2ar'\cos\phi)^{1/2} = a\left[1 + \left(\frac{r'}{a}\right)^2 - \frac{2r'}{a}\cos\phi\right]^{1/2} \end{aligned} \tag{5.24}$$

식 (5.23)을 적분하면

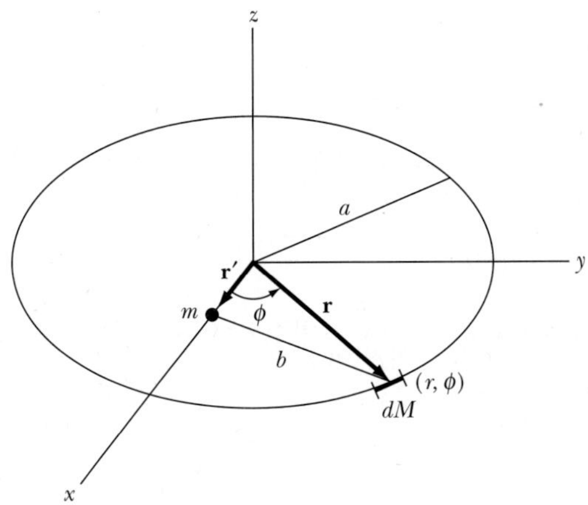

그림 5-6 예제 5.3. 점 질량 m과 원형 고리 질량 M의 도형

$$\Phi(r') = -G\int \frac{dM}{b} = -\rho a G\int_0^{2\pi} \frac{d\phi}{b}$$
$$= -\rho G\int_0^{2\pi} \frac{d\phi}{\left[1 + \left(\frac{r'}{a}\right)^2 - \frac{2r'}{a}\cos\phi\right]^{1/2}} \tag{5.25}$$

을 얻게 된다. 식 (5.25)를 적분하는 일은 어렵다. 따라서 평형점 $r' = 0$에 가까운 위치를 생각하자. 만약 $r' \ll a$라면 식 (5.25)의 분모를 전개할 수 있다. 즉,

$$\left[1 + \left(\frac{r'}{a}\right)^2 - \frac{2r'}{a}\cos\phi\right]^{-1/2} = 1 - \frac{1}{2}\left[\left(\frac{r'}{a}\right)^2 - \frac{2r'}{a}\cos\phi\right]$$
$$+ \frac{3}{8}\left[\left(\frac{r'}{a}\right)^2 - \frac{2r'}{a}\cos\phi\right]^2 + \cdots$$
$$= 1 + \frac{r'}{a}\cos\phi + \frac{1}{2}\left(\frac{r'}{a}\right)^2(3\cos^2\phi - 1) + \cdots \tag{5.26}$$

따라서 식 (5.25)는

$$\Phi(r') = -\rho G\int_0^{2\pi}\left\{1 + \frac{r'}{a}\cos\phi + \frac{1}{2}\left(\frac{r'}{a}\right)^2(3\cos^2\phi - 1) + \cdots\right\}d\phi \tag{5.27}$$

가 되면 쉽게 적분할 수 있어서

$$\Phi(r') = -\frac{MG}{a}\left[1 + \frac{1}{4}\left(\frac{r'}{a}\right)^2 + \cdots\right] \tag{5.28}$$

같이 얻을 수 있다. 식 (5.11)로부터 퍼텐셜 에너지 $U(r')$는 간단히 얻을 수 있으며, 결과는 다음과 같다.

$$U(r') = m\Phi(r') = -\frac{mMG}{a}\left[1 + \frac{1}{4}\left(\frac{r'}{a}\right)^2 + \cdots\right] \tag{5.29}$$

평형위치는 (식 (2.100)으로부터) 다음과 같이 얻어진다.

$$\frac{dU(r')}{dr'} = 0 = -\frac{mMG}{a}\frac{1}{2}\frac{r'}{a^2} + \cdots \tag{5.30}$$

따라서 $r' = 0$이 평형점이다. 식 (2.103)을 쓰고 안정성을 결정한다.

$$\frac{d^2U(r')}{dr'^2} = -\frac{mMG}{2a^3} + \cdots < 0 \tag{5.31}$$

따라서 평형점은 불안정하다.

이 마지막 결과는 자명하지 않다. 왜냐하면 $r' = 0$으로부터 작은 변위가 있더라도 주변에 있는 고리 내의 모든 질량에 의한 중력 때문에 $r' = 0$점에 되돌아간다고 믿게 될지 모르기 때문이다.

푸아송 방정식

중력장에 대한 이들 성질을 맥스웰(Maxwell) 방정식을 정식화할 때 수립된 정전기학으로부터 얻어진 잘 알려진 결과들과 비교해보면 유익하다. 그림 5-7에 나타낸 것처럼 내부 어딘가에 놓인 질량 m을 내포한 임의의 면을 생각해보자. 전기선속(electric flux)과 유사하게 임의의 면 S를 뚫고 질량 m으로부터 흘러나온 중력선속(gravitational flux) Φ_m을 계산하자.

$$\Phi_m = \int_S \mathbf{n}\cdot\mathbf{g}\,da \tag{5.32}$$

여기서 적분은 S면에서 하고, $\mathbf{n}$은 미분면 da에서 면에 수직 방향의 단위벡터이다. 질량 m인 물체의 중력장에 대한 식 (5.3)을 대입하면 스칼라 곱 $\mathbf{n}\cdot\mathbf{g}$는 다음과 같다.

$$\mathbf{n}\cdot\mathbf{g} = -Gm\frac{\cos\theta}{r^2}$$

여기서 θ는 $\mathbf{n}$과 $\mathbf{g}$ 사이의 각도이다. 식 (5.32)에 대입하여

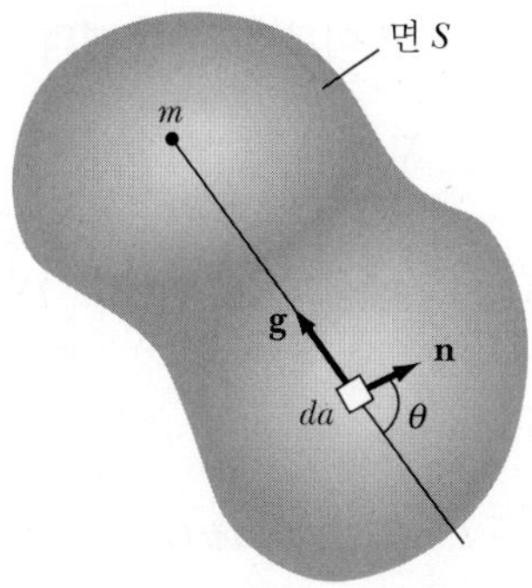

그림 5-7 질량 m이 내부에 놓인 임의의 면. 단위벡터 **n**이 미분 면적 da의 면에 수직하다.

$$\Phi_m = -Gm\int_S \frac{\cos\theta}{r^2}da$$

를 얻는다. 이것은 임의의 면의 입체각에 관한 적분이며, 4π가 되므로 질량선속(mass flux)은

$$\Phi_m = \int_S \mathbf{n}\cdot\mathbf{g}\, da = -4\pi Gm \tag{5.33}$$

과 같이 얻어진다. 이 결과는 질량이 S면 내에 있는 비실용적인 경우임에 유의하라. 이것을 S면 속에 있는 많은 질량 m_i에 관해 합산함으로써 일반화할 수 있다.

$$\int_S \mathbf{n}\cdot\mathbf{g}\, da = -4\pi G\sum_i m_i \tag{5.34}$$

질량 분포를 연속적인 것으로 바꾸면

$$\int_S \mathbf{n}\cdot\mathbf{g}\, da = -4\pi G\int_V \rho dv \tag{5.35}$$

여기서 오른쪽 적분은 S면이 형성하는 체적에 관해 실행하는 것이며, ρ는 질량밀도, dv는 미분 체적이다. 식 (1.130)에 주어진 가우스 정리에서 $d\mathbf{a} = \mathbf{n}\, da$이므로 가우스의 발산 정리는 다음과 같이 쓸 수 있다.

$$\int_S \mathbf{n}\cdot\mathbf{g}\, da = \int_V \nabla\cdot\mathbf{g}\, dv \tag{5.36}$$

따라서 식 (5.35)와 식 (5.36)의 오른쪽 적분은 서로 같으므로

$$\int_V (-4\pi G)\rho dv = \int_V \nabla\cdot\mathbf{g}\, dv$$

면 S 또한 그 체적 V는 완전히 임의로 주어진 것이므로 이 두 개의 적분 인자는 같아야 한다. 즉,

$$\nabla \cdot \mathbf{g} = -4\pi G\rho \tag{5.37}$$

이 결과는 전기장에 대한 가우스 법칙의 미분 형식 $\nabla \cdot \mathbf{E} = \rho/\varepsilon$과 같다. 여기서 ρ는 전하밀도이다.

식 (5.5)의 $\mathbf{g} = -\nabla\Phi$를 식 (5.37)의 왼쪽에 대입하면 $\nabla \cdot \mathbf{g} = -\nabla \cdot \nabla\Phi = -\nabla^2\Phi$를 얻게 되고, 식 (5.37)은 다음과 같이 된다.

$$\nabla^2\Phi = 4\pi G\rho \tag{5.38}$$

이것은 **푸아송 방정식**(Poisson's equation)으로 알려져 있고 퍼텐셜 이론의 응용에 유효하다. 만약 식 (5.38)의 오른쪽이 0이면 결과는 $\nabla^2\Phi = 0$인데, 이것은 잘 알려져 있는 **라플라스 방정식**(Laplace's equation)이다. 그린(Green) 함수를 계산하다 보면 여러 가지 좌표계에서 라플라스 방정식이 자주 나타나는데 푸아송 방정식이 그린 함수를 얻기에 대단히 유효하다.

5.3 역선과 등전위면

어떤 질량이 장의 벡터 $\mathbf{g}$로 기술되는 중력장을 생기게 할 경우에, 그 질량을 갖는 물체의 표면에서 외부 방향으로 무한원까지 선을 그어, 어떤 점에서의 선의 방향이 그곳에서의 $\mathbf{g}$의 방향과 같도록 하며, 이 선을 **역선**(line of force)이라 부른다.

마찬가지로 선을 그 질량체 표면적의 모든 미소 부분에서 그으면, 공간의 임의의 점에서의 역장의 방향을 보인다. 단일 질점의 경우에 역선은 그 질점에서 무한원까지 그은 모든 직선이고, 이와 같이 정의하면 역선은 어떤 점에서도 역장의 방향에만 관계한다. 그러나 이와 같은 선의 밀도, 즉 공간 속의 단위체적을 지나는 선의 수는 그 체적 속의 힘의 세기에 비례한다고 생각되므로, 역선의 그림은 장의 크기와 방향(즉, 벡터의 성질)을 눈에 보이도록 하는 데 편리한 방법이다.

위치 함수는 (질점이 있는 위치를 빼고) 공간의 모든 점에서 정의되므로, 방정식

$$\Phi = \Phi(x_1, x_2, x_3) = \text{상수} \tag{5.39}$$

는 퍼텐셜이 일정한 면을 정의하고, 이와 같은 면을 **등전위면**(equipotential surface)이라 한다. 그런데 장의 벡터 $\mathbf{g}$는 Φ의 기울기와 같으므로 $\mathbf{g}$는 등전위면에 평행한 방향의 성분을 갖지 않고, 따라서 모든 역선도 모든 등전위면에 수직해야 하므로, 장은 등전위면을 따라서 움직이는 물체에는 일을 하지 않는다. 또한 위치 함수는 단일값 함수이므로 두 등전위면은 교차하지 않는다. 고립된 단일 질점(또는 모든 구대칭인 질량체)을 둘러싸는 등전위면은 모두 구면이다. 다음에 어떤 거리만큼 떨어진 두 질점(질량 M)을 생각하고, 한 개의 질점에서 공간 속의 어떤 점까지의 거리를 r_1, 다른 질점에서 같은 점까지의 거리를 r_2라 하면

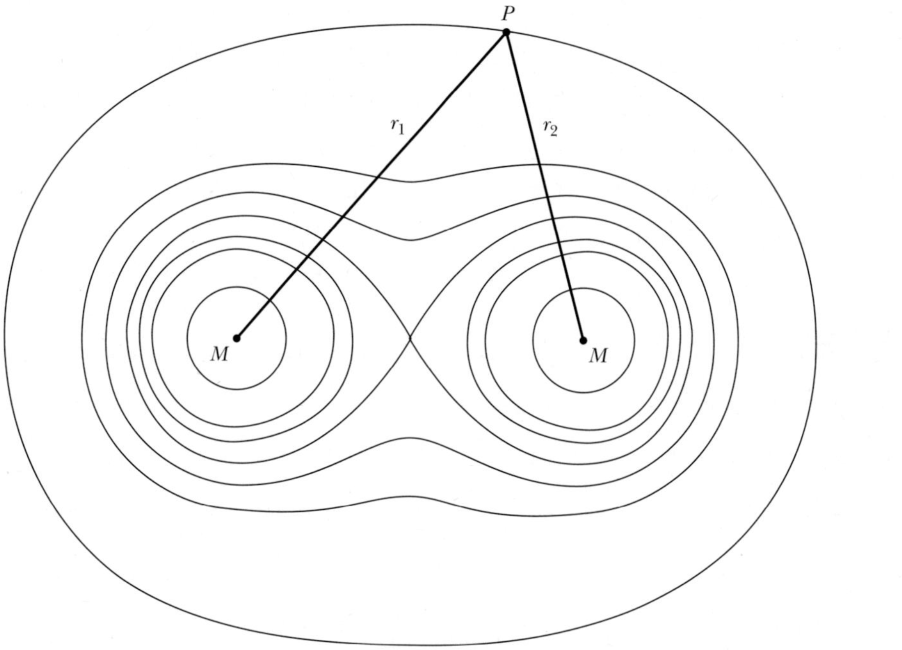

그림 5-8 두 점 질량 M에 의한 등전위면

$$\Phi = -GM\left(\frac{1}{r_1} + \frac{1}{r_2}\right) = \text{상수} \tag{5.40}$$

가 등전위면을 정의한다. 그림 5-8에는 지금 기술한 두 입자계의 등전위면을 몇 개 그려보았다. 3차원에서 표면은 두 질량을 연결하는 선 주위로 도형을 회전하여 생성된다.

5.4 언제 퍼텐셜 개념이 유효한가?

'원격작용(遠隔作用)'력의 효과를 기술하기 위해 퍼텐셜을 사용하는 것은 매우 중요하고도 강력한 방법이다. 그러나 퍼텐셜을 사용하는 궁극적인 이유는 물체에 작용하는 힘(혹은 장 속의 물체의 에너지)을 계산하는 편리한 방법을 제공하기 위해서이다(왜냐하면 물리적으로 의미 있는 양은 힘(혹은 에너지)이며 퍼텐셜이 아니기 때문이다). 따라서 어떤 문제에서도 퍼텐셜을 계산하고 그 물매를 취하는 것보다는 힘을 직접 계산하는 편이 훨씬 쉽다. 퍼텐셜 방법의 좋은 점은 퍼텐셜이 스칼라 양[3]이라는 데 있다. 물매 연산을 실

3) 벡터인 결과를 얻을 수 있는 스칼라 함수의 또 하나의 예인 **라그랑주 함수**(Lagrange function)는 7장에서 살펴볼 것이다. 유사성을 강조하기 위해 때때로(주로 옛날에) 운동 퍼텐셜이라고 불리기도 했다.

행하기 전에 벡터를 각 성분으로 분류하면서 필요 이상 복잡하게 할 필요는 없다. 힘을 직접 계산할 때는 계산 전체에 걸쳐서 성분을 끌고 가야 한다. 그래서 특별한 접근법을 선택할 수 있는 노련함이 필요하다. 예를 들면 물리적으로 힘이 어떤 방향을 갖도록 하는 특별한 대칭을 가진 문제인 경우, 그 방향을 하나의 좌표 방향으로 선택하면 벡터 계산을 단순한 스칼라 계산으로 바꿀 수 있다. 이러한 경우 간단히 힘을 직접 계산할 수 있어, 퍼텐셜 방법을 사용할 필요가 없어진다. 힘이 개입되는 모든 문제에 대해 가장 쉬운 계산법을 찾아내는 노력이 필요하다.

예제 5.4

질량 M, 반지름 a인 얇고 균일한 원판이 있을 때 이 원판 축상에 있는 질량 m에 작용되는 힘을 구하라.

풀이

이 문제를 퍼텐셜 방법과 직접 힘을 구하는 방법으로 풀어보자. 그림 5-9를 참고로, 거리 z에서의 미분 퍼텐셜 $d\Phi$는

$$d\Phi = -G\frac{dM}{r} \tag{5.41}$$

임을 알 수 있다. 방위각이 대칭이므로 미분 질량 dM은 폭 dx의 얇은 고리에 대한 것이며 다음과 같이 주어진다.

$$dM = \rho dA = \rho 2\pi x\, dx \tag{5.42}$$

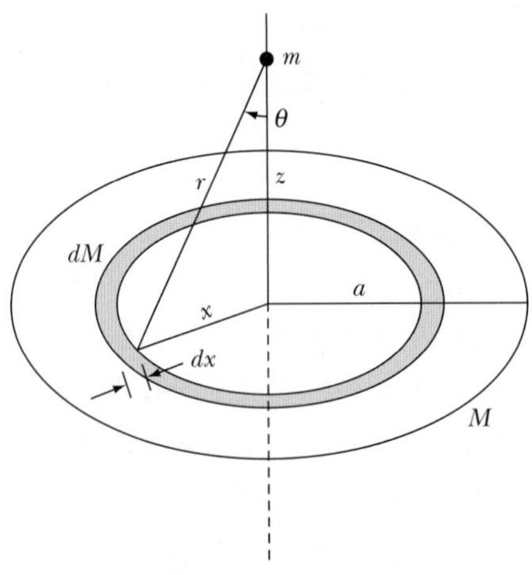

그림 5-9 예제 5.4. 얇고 균일한 원판의 질량 M에 의한 점 질량 m인 중력을 구하는 도형

$$d\Phi = -2\pi\rho G\frac{x\,dx}{r} = -2\pi\rho G\frac{x\,dx}{(x^2 + z^2)^{1/2}}$$

$$\Phi(z) = -\pi\rho G\int_0^a \frac{2x\,dx}{(x^2 + z^2)^{1/2}} = -2\pi\rho G(x^2 + z^2)^{1/2}\Big|_0^a$$

$$= -2\pi\rho G[(a^2 + z^2)^{1/2} - z] \tag{5.43}$$

힘은

$$\mathbf{F} = -\nabla U = -m\nabla\Phi \tag{5.44}$$

에 의해 구해진다. 대칭성 때문에 힘은 z방향에만 있고 다음과 같이 얻어진다.

$$F_z = -m\frac{\partial\Phi(z)}{\partial z} = +2\pi m\rho G\left[\frac{z}{(a^2 + z^2)^{1/2}} - 1\right] \tag{5.45}$$

제2의 방법으로는 식 (4.2)를 이용하여 직접 힘을 계산한다.

$$d\mathbf{F} = -Gm\frac{dM'}{r^2}\mathbf{e}_r \tag{5.46}$$

여기서 dM'는 얇은 고리보다 오히려 사각형의 작은 미분 면적의 질량이다. 벡터가 골칫거리다. 대칭이 어떻게 도움이 될까? 폭 dx인 얇은 고리의 한쪽의 작은 질량 dM'에 대해 m에 작용하는 $d\mathbf{F}$의 수평 성분을 완전히 상쇄시키는 dM'가 다른 한쪽에 있다. 마찬가지로 모든 수평 성분은 다 상쇄되므로 $d\mathbf{F}$의 z축 방향인 수직 성분만을 고려하면 된다.

$$dF_z = \cos\theta|d\mathbf{F}| = -mG\frac{\cos\theta\,dM'}{r^2}$$

따라서 $\cos\theta = z/r$이므로

$$dF_z = -mG\frac{z\,dM'}{r^3}$$

고리에 따라 $dM' = \rho 2\pi x\,dx$로 적분하면

$$dF_z = -mG\rho\frac{2\pi xz\,dx}{r^3}$$

그리고

$$\begin{aligned} F_z &= -\pi m\rho Gz \int_0^a \frac{2x\,dx}{(z^2+x^2)^{3/2}} \\ &= -\pi m\rho Gz \left[\frac{-2}{(z^2+x^2)^{1/2}}\right]\Bigg|_0^a \\ &= 2\pi m\rho G\left[\frac{z}{(a^2+z^2)^{1/2}} - 1\right] \end{aligned} \tag{5.47}$$

이것은 식 (5.45)와 일치한다. F_z는 음부호를 갖고 있으며 그림 5-9에서 힘이 아래 방향이고 인력임을 주목하라.

5.5 바다의 조석

바다의 조석은 오랫동안 인간에게 흥미의 대상이었다. 갈릴레오는 바다의 조석을 설명하려고 시도했으나 매일 평균 두 번 일어나는 만조의 시간을 계산하는 데 실패했다. 마지막으로 적합한 설명을 한 사람은 뉴턴이었다. 조석은 바닷물을 당기는 달과 태양의 만유인력에 의해 일어나는데 여러 가지 복잡한 요인이 있다.

지구 표면이 관성계가 아니라는 사실 때문에 계산이 복잡해진다. 지구와 달은 각각 자기 질량중심의 주변을 회전하고(또 태양 주변을 돌고) 있다. 따라서 달에 가까운 물은 지구로부터 떨어져 나가려 하고 지구는 달에서 가장 먼 데 있는 물로부터 떨어지게 된다고 생각한다. 그러나 지구는 자전하고 있고 달도 지구 주변을 회전하고 있다. 먼저 달의 효과만 고려하고 태양의 효과는 나중에 추가한다. 지구 표면이 완전히 물로 덮여 있는 간단한 모형을 가정하고 지구의 회전 효과를 적당한 시기에 삽입하기로 하자. 그림 5-10a에 나타낸 것처럼 관성기준계 $x'y'z'$를 설정하고 M_m을 달의 질량, r을 지구의 반지름, D를 달의 중심으로부터 지구 중심까지의 거리로 정한다. 지표에 있는 작은 질량 m에 적용되는 달과 지구의 만유인력의 효과를 따져보자. 그림 5-10a에 표시한 바와 같이 달로부터 질량 m까지의 위치 벡터는 $\mathbf{R}$, 지구 중심으로부터의 위치 벡터는 $\mathbf{r}$, 우리의 관성계로부터의 위치 벡터는 $\mathbf{r}'_m$이다. 또한 관성계로부터 지구 중심까지의 위치 벡터는 $\mathbf{r}'_E$로 잡았다. 관성계로부터 측정한다면 지구와 달에 의해 m에 작용하는 힘은

$$m\ddot{\mathbf{r}}'_m = -\frac{GmM_E}{r^2}\mathbf{e}_r - \frac{GmM_m}{R^2}\mathbf{e}_R \tag{5.48}$$

이고, 마찬가지로 달에 의한 지구의 질량중심에 작용하는 힘은 다음과 같이 주어진다.

$$M_E\ddot{\mathbf{r}}'_E = -\frac{GM_EM_m}{D^2}\mathbf{e}_D \tag{5.49}$$

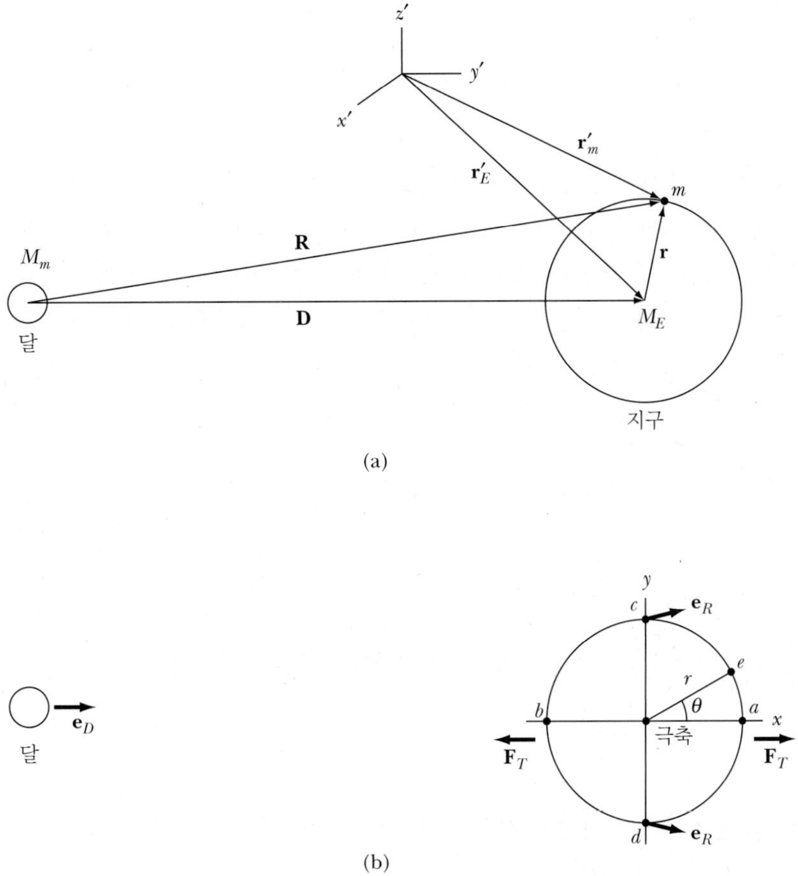

그림 5-10 (a) 지구에 작용하는 달의 조석을 구하는 도형, (b) z축을 극축으로 잡고 극에서 본 도형

지구의 중심에 설정된 비관성계에서 측정된 가속도를 구하고자 하기 때문에

$$\begin{aligned}\ddot{\mathbf{r}} = \ddot{\mathbf{r}}'_m - \ddot{\mathbf{r}}'_E &= \frac{m\ddot{\mathbf{r}}'_m}{m} - \frac{M_E\ddot{\mathbf{r}}'_E}{M_E} \\ &= -\frac{GM_E}{r^2}\mathbf{e}_r - \frac{GM_m}{R^2}\mathbf{e}_R + \frac{GM_m}{D^2}\mathbf{e}_D \\ &= -\frac{GM_E}{r^2}\mathbf{e}_r - GM_m\left(\frac{\mathbf{e}_R}{R^2} - \frac{\mathbf{e}_D}{D^2}\right) \end{aligned} \tag{5.50}$$

첫째 항은 지구에 의한 것이고 둘째 항은 **조력**(tidal force)에서 온 가속도인데, 이것이 바다의 조석을 일으킨다. 이는 지구의 중심과 지표에서의 달의 인력 차에 유래한다.

다음에 그림 5-10b에 표시한 것처럼 지구의 여러 가지 점에서 조력의 효과를 구해보자. z축에 일치한

극축으로 본 지구 모습을 그렸다. 지표에 있는 질량 m에 작용하는 조력 $\mathbf{F}_T$는 다음과 같다.

$$\mathbf{F}_T = -GmM_m\left(\frac{\mathbf{e}_R}{R^2} - \frac{\mathbf{e}_D}{D^2}\right) \tag{5.51}$$

여기서는 식 (5.50)의 둘째 항만 사용했다. 달에 가장 먼 지구상의 a점을 우선 주목하자. 단위벡터 $\mathbf{e}_R$, $\mathbf{e}_D$는 달 x축에 따라 달에서 멀어지는 방향을 향하고 있다. $R > D$이므로 식 (5.51)의 제2항이 우세이고 조력은 그림 5-10b에 나타낸 것처럼 $+x$축 방향이다. b점에서는 $R < D$이므로 조력은 a점과 같은 크기이지만($r/D \ll 1$이므로) $-x$축 방향으로 향하고 있다. x축 방향의 조력 크기 F_{Tx}는 다음과 같다.

$$\begin{aligned} F_{Tx} &= -GmM_m\left(\frac{1}{R^2} - \frac{1}{D^2}\right) = -GmM_m\left(\frac{1}{(D+r)^2} - \frac{1}{D^2}\right) \\ &= -\frac{GmM_m}{D^2}\left(\frac{1}{\left(1+\dfrac{r}{D}\right)^2} - 1\right) \end{aligned}$$

식 (D.9)의 $(1+x)^{-2}$ 전개식을 사용하여 괄호 속의 제1항을 전개하면 다음과 같다.

$$F_{Tx} = -\frac{GmM_m}{D^2}\left[1 - 2\frac{r}{D} + 3\left(\frac{r}{D}\right)^2 - \cdots - 1\right] = +\frac{2GmM_m r}{D^3} \tag{5.52}$$

여기서 $r/D = 0.02$이므로 전개식에서 가장 큰 항만을 고려했다.

c점에서는 단위벡터 $\mathbf{e}_R$(그림 5-10b)은 정확히 $\mathbf{e}_D$방향이 아니지만 x축 성분은 근사적으로 상쇄한다. 왜냐하면 $R \simeq D$이고 $\mathbf{e}_R$과 $\mathbf{e}_D$의 x 성분의 크기는 거의 같기 때문이다. $\mathbf{e}_R$의 작은 y축 성분이 있고 그것을 근사적으로 $(r/D)\mathbf{j}$로 쓰고 c점에서의 조력을 y축 방향이므로 $\mathbf{F}_{Ty}$로 쓰면 그 크기는 다음과 같이 얻어진다.

$$F_{Ty} = -GmM_m\left(\frac{1}{D^2}\frac{r}{D}\right) = -\frac{GmM_m r}{D^3} \tag{5.53}$$

이 힘이 c점에서 지구 중심을 향한 $-y$축 방향임에 주의하라. 마찬가지로 d점에서도 같은 크기의 힘을 얻는데, $\mathbf{e}_R$의 성분은 $-y$축 방향이므로 식 (5.53)의 부호와 합쳐서 힘 자체는 지구의 중심을 향한 $+y$축 방향을 갖게 된다. 그림 5-11a에 a, b, c, d점에서의 조력을 표시했다.

임의의 점 e에서 조력의 x, y 성분을 결정하기 위해서 F_{Tx}와 F_{Ty}의 r을 각각 x, y로 대치해서 힘을 구한다.

$$F_{Tx} = \frac{2GmM_m x}{D^3}$$

$$F_{Ty} = -\frac{GmM_m y}{D^3}$$

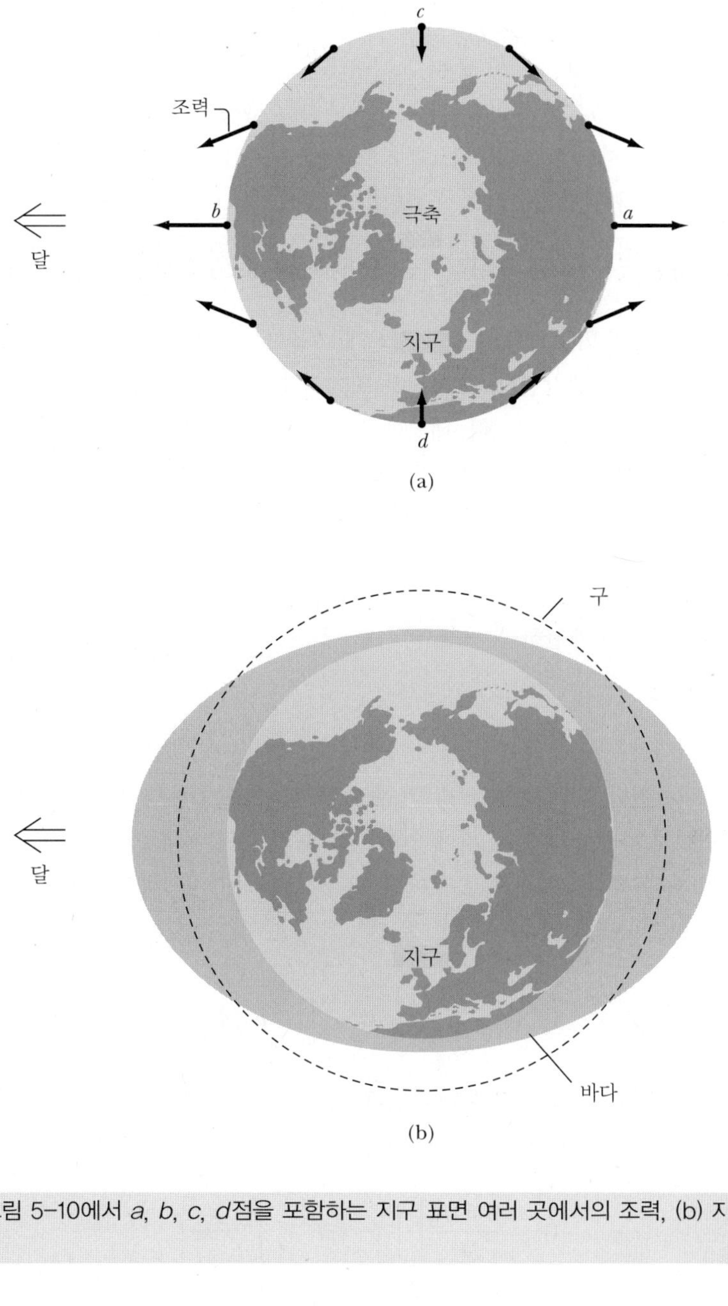

그림 5-11 (a) 그림 5-10에서 a, b, c, d점을 포함하는 지구 표면 여러 곳에서의 조력, (b) 지구의 조력을 과장해서 본 그림

그러므로 e와 같은 임의의 점에서 $x = r\cos\theta$, $y = r\sin\theta$라고 쓰면

$$F_{Tx} = \frac{2GmM_m r\cos\theta}{D^3} \tag{5.54a}$$

$$F_{Ty} = -\frac{GmM_m r \sin\theta}{D^3} \tag{5.54b}$$

로 줄 수 있다. 식 (5.54a)와 (5.54b)는 모든 각도 θ에 대한 지구상의 조력을 나타낸다. 그들이 a, b, c, d점에서 올바른 결과를 준다는 사실에 유의하라.

그림 5-11a에는 조력을 나타냈으며, 우리의 간단한 모형에서는 이 힘에 의해 y축 방향의 물은 x축 방향의 물보다 얕게 나온다. 그림 5-11b에는 결과를 과장해서 나타내었다. 지구는 24시간마다 자기 고유의 축 주변을 회전하므로 하루에 두 번 만조를 보게 된다.

서둘러 계산해보면 태양의 만유인력은 달이 지표에 작용하는 만유인력보다 약 175배 크기 때문에 태양에 의한 조력도 있을 것으로 생각된다. 그 계산은 위에서 한 것과 유사하다. 결과(연습문제 5-18)는 달에 의한 것의 0.46배라는 고려할 만한 값이다. 태양에 의한 더 큰 인력에도 불구하고 지구 표면에서의 중력 물매는 태양까지의 거리가 훨씬 크기 때문에 아주 작다.

예제 5.5

달에 의한 바다의 조석 낙차를 계산하라.

풀이

지구가 바다로 싸여 있다는 간단한 모형을 계속 사용하자. 뉴턴은 이 계산에 대한 해를 두 개의 우물을 판다고 생각함으로써 제시했다. 하나는 만조 방향(x축), 또 하나는 간조 방향(y축)이다. 만약 우리가 알고 싶은 조석의 높이 변화가 h라면, 이 높이 차에 의한 질량 m의 위치 에너지 차는 mgh이다. 만약 그림 5-12의 c점으로부터 질량 m을 지구의 중심으로 그리고 a점에 옮긴다고 할 때 일의 차를 계산하자. 중력이 한 일 W는 위치 에너지 변화 mgh와 같아야 한다. 즉,

$$W = \int_{r+\delta_1}^{0} F_{Ty}\,dy + \int_{0}^{r+\delta_2} F_{Tx}\,dx$$

여기서 식 (5.54)의 조력 F_{Ty}와 F_{Tx}를 사용한다. 작은 거리 δ_1, δ_2는 구형인 지구의 작은 변위를 나타내는데 무시할 수 있을 정도로 작다. W값은 다음과 같다.

$$\begin{aligned} W &= \frac{GmM_m}{D^3}\left[\int_r^0 (-y)dy + \int_0^r 2x\,dx\right] \\ &= \frac{GmM_m}{D^3}\left(\frac{r^2}{2} + r^2\right) = \frac{3GmM_m r^2}{2D^3} \end{aligned}$$

이 일이 mgh와 같으므로

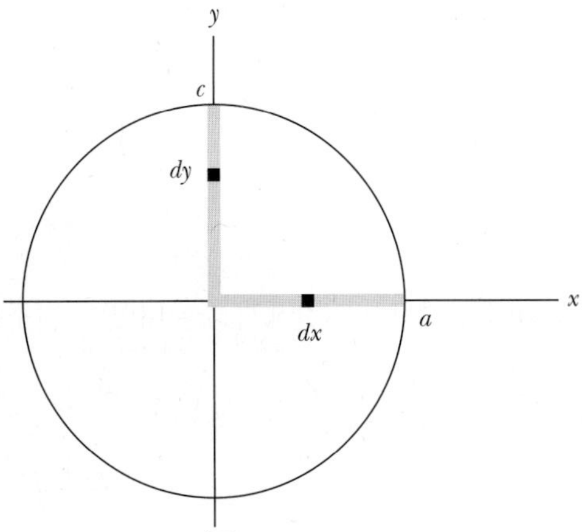

그림 5-12 예제 5.5. 점 질량 m을 c점으로부터 지구의 중심으로 옮긴 후에 a점으로 옮기는 데 행해진 일을 계산

$$mgh = \frac{3GmM_m r^2}{2D^3}$$

$$h = \frac{3GM_m r^2}{2gD^3} \tag{5.55}$$

m이 상쇄되는 것을 주목하라. 따라서 h는 m과 무관하다. 그것이 물질에 무관하다면, 결국 지구는 플라스틱이고 유사한 조석 효과가 표면의 땅에서도 관측되어야 하며 또 되고 있다. 식 (5.55)에 이미 알고 있는 상수 값을 대입하면 낙차가 구해진다.

$$h = \frac{3(6.67 \times 10^{-11}\,\text{m}^3/\text{kg}\cdot\text{s}^2)(7.350 \times 10^{22}\,\text{kg})(6.37 \times 10^6\,\text{m})^2}{2(9.80\,\text{m/s}^2)(3.84 \times 10^8\,\text{m})^3} = 0.54\ \text{m}$$

가장 높은 조수(만조)는 지구, 달, 태양이 직선상에 위치할 때(그믐달과 보름달) 일어나고 가장 작은 조수(소조)는 태양과 달이 서로 직각일 때 부분적으로 효과가 상쇄되는 첫 번째 4분의 1달(상현) 혹은 세 번째 4분의 1달(하현)일 때 일어난다. 2주마다 일어나는 최고 조수는 만조 시 $1.46h = 0.83$ m가 될 것이다.

바다 근처에서 많은 시간을 보내는 관측자들은 전형적인 해변의 조수는 예제 5.5에서 계산한 것보다 크다고 한다. 몇 가지 다른 효과가 개입하는데, 지구는 물로 완전히 싸인 것이 아니고, 대륙이 상당한 역할을 한다(특히 암초나 좁은 강어귀 등). 지역 효과는 수 미터나 조수 변화를 일으킬 정도로 대단하다. 그러나 바다 안쪽의 경우 조수는 계산치와 거의 같다. 공명이 물의 자연진동에 영향을 주고 조수 변화를 일으킬 수 있다. 물과 지구 사이의 조수마찰이 상당한 에너지 손실을 가져오며, 지구는 강체가 아니기 때문에

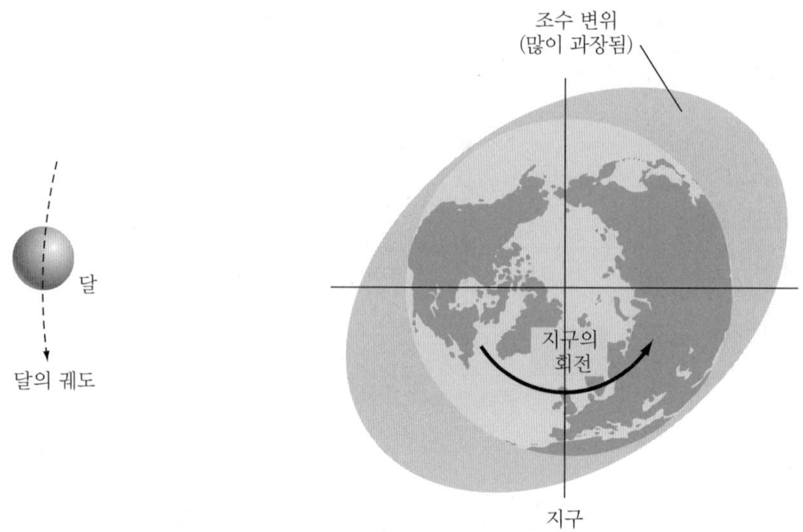

그림 5-13 몇 가지 효과는 높은 조수가 지구-달의 축방향을 약간 벗어나게 한다.

조력에 의해 변형이 된다.

이 논의에 추가하여 지구 회전, 달이 지구 주변을 회전하고 있다는 사실을 기억하라. 이로 인해 하루에 정확히 두 번 만조가 있다는 결과에서 약간 벗어나게 된다. 왜냐하면 만조는 12시간 26분마다 일어나기 때문이다(연습문제 5-19). 지구 주변을 회전하는 달의 궤도면이 지구 회전축과 수직이 아니므로 하루 한 번의 높은 조수는 또 한 번의 조수보다 약간 높아진다. 위에서 말한 물과 땅 사이의 조류마찰도 지구가 회전할 때 바다를 끌게 된다. 따라서 높은 조수가 지구-달의 축방향이 아니고 그림 5-13에 나타낸 바와 같이 몇 도 기울게 된다.

연습문제

5-1. Sketch the equipotential surfaces and the lines of force for two point masses separated by a certain distance. Next, consider one of the masses to have a fictitious negative mass $-M$. Sketch the equipotential surfaces and lines of force for this case. To what kind of physical situation does this set of equipotentials and field lines apply? (Note that the lines of force have *direction*; indicate this with appropriate arrows.)

5-2. If the field vector is independent of the radial distance within a sphere, find the function describing the density $\rho = \rho(r)$ of the sphere.

5-3. Assuming that air resistance is unimportant, calculate the minimum velocity a particle must have at the surface of Earth to escape from Earth's gravitational field. Obtain a numerical value for the result. (This velocity is called the *escape velocity*.)

5-4. A particle at rest is attracted toward a center of force according to the relation $F = -mk^2/x^3$. Show that the time required for the particle to reach the force center from a distance d is d^2/k.

5-5. A particle falls to Earth starting from rest at a great height (many times Earth's radius). Neglect air resistance and show that the particle requires approximately $\frac{9}{11}$ of the total time of fall to traverse the first half of the distance.

5-6. Compute directly the gravitational force on a unit mass at a point exterior to a homogeneous sphere of matter.

5-7. Calculate the gravitational potential due to a thin rod of length l and mass M at a distance R from the center of the rod and in a direction perpendicular to the rod.

5-8. Calculate the gravitational field vector due to a homogeneous cylinder at exterior points on the axis of the cylinder. Perform the calculation **(a)** by computing the force directly and **(b)** by computing the potential first.

5-9. Calculate the potential due to a thin circular ring of radius a and mass M for points lying in the plane of the ring and exterior to it. The result can be expressed as an elliptic integral.[4] Assume that the distance from the center of the ring to the field point is large compared with the radius of the ring. Expand the expression for the potential and find the first correction term.

5-10. Find the potential at off-axis points due to a thin circular ring of radius a and mass M. Let R be the distance from the center of the ring to the field point, and let θ be the angle between the line connecting the center of the ring with the field point and the axis of the ring. Assume $R \gg a$ so that terms of order $(a/R)^3$ and higher may be neglected.

5-11. Consider a massive body of arbitrary shape and a spherical surface that is exterior to and does not contain the body. Show that the average value of the potential due to the body taken over the spherical surface is equal to the value of the potential at the center of the sphere.

5-12. In the previous problem, let the massive body be inside the spherical surface. Now show that the average value of the potential over the surface of the sphere is equal to the value of the potential that would exist on the surface of the sphere if all the

---

4) 타원 적분 공식은 부록 B를 참조하라.

mass of the body were concentrated at the center of the sphere.

5-13. A planet of density ρ_1 (spherical core, radius R_1) with a thick spherical cloud of dust (density ρ_2, radius R_2) is discovered. What is the force on a particle of mass m placed within the dust cloud?

5-14. Show that the gravitational self-energy (energy of assembly piecewise from infinity) of a uniform sphere of mass M and radius R is

$$U = -\frac{3}{5}\frac{GM^2}{R}$$

5-15. A particle is dropped into a hole drilled straight through the center of Earth. Neglecting rotational effects, show that the particle's motion is simple harmonic if you assume Earth has uniform density. Show that the period of the oscillation is about 84 min.

5-16. A uniformly solid sphere of mass M and radius R is fixed a distance h above a thin infinite sheet of mass density ρ_s (mass/area). With what force does the sphere attract the sheet?

5-17. Newton's model of the tidal height, using the two water wells dug to the center of Earth, used the fact that the pressure at the bottom of the two wells should be the same. Assume water is incompressible and find the tidal height difference h, Equation 5.55, due to the Moon using this model. (*Hint*: $\int_0^{y_{\text{max}}} \rho g_y\,dy = \int_0^{x_{\text{max}}} \rho g_x\,dx$; $h = x_{\text{max}} - y_{\text{max}}$, where $x_{max} + y_{max} = 2R_{\text{earth}}$, and R_{earth} is Earth's median radius.)

5-18. Show that the ratio of maximum tidal heights due to the Moon and Sun is given by

$$\frac{M_m}{M_s}\left(\frac{R_{Es}}{D}\right)^3$$

and that this value is 2.2. R_{Es} is the distance between the Sun and Earth, and M_s is the Sun's mass.

5-19. The orbital revolution of the Moon about Earth takes about 27.3 days and is in the same direction as Earth's rotation (24 h). Use this information to show that high tides occur everywhere on Earth every 12 h and 26 min.

5-20. A thin disk of mass M and radius R lies in the (x, y) plane with the z-axis passing through the center of the disk. Calculate the gravitational potential $\Phi(z)$ and the gravitational field $\mathbf{g}(z) = -\nabla\Phi(z) = -\hat{\mathbf{k}}\,d\Phi(z)/dz$ on the z-axis.

5-21. A point mass m is located a distance D from the nearest end of a thin rod of mass M and length L along the axis of the rod. Find the gravitational force exerted on the point mass by the rod.

제 6 장

변분법의 몇 가지 방법

6.1 서론
6.2 변분법에서의 문제
6.3 오일러 방정식
6.4 오일러 방정식의 '제2의 형태'
6.5 종속 변수가 여러 개인 함수
6.6 구속조건이 있을 경우의 오일러 방정식
6.7 δ 기호

6.1 서론

뉴턴 역학의 많은 문제는 **라그랑주 방정식**(Lagrange's equation)이나 **해밀턴 원리**(Hamilton's principle) 등 법칙에 대한 다른 형식을 사용하여 더욱 쉽게 볼 수 있다.[1] 이 방법들의 서론으로서, 6장에서는 변분법의 일반 원리를 논의한다.

고정계에 직접 관계되는 변분법의 측면을 증명은 생략하고 기술해볼 것이다. 여기서 가장 흥미롭게 살펴볼 부분은 극한해, 즉 두 점 사이의 최단거리(혹은 최소 시간)를 주는 경로를 결정하는 것이다. 잘 알려져 있는 변분법의 예는, 빛은 가장 짧은 시간이 걸리는 경로로 진행한다(연습문제 6-7 참조)는 **페르마 원리**(Fermat's principle)이다.

6.2 변분법에서의 문제

변분법에서의 기본적인 문제는 적분

$$J = \int_{x_1}^{x_2} f\{y(x), y'(x); x\}\, dx \tag{6.1}$$

의 극값(극대 또는 극소)을 갖도록 함수 $y(x)$를 정하는 것이다. 단, 식 (6.1)에서 $y'(x) \equiv dy/dx$이고, 또한 f 속에 세미콜론을 붙인 이유는 독립 변수 x를 종속 변수 $y(x)$ 및 그 미분계수 $y'(x)$와 구별하기 위해서이다. 범함수[2] J는 함수 $y(x)$에 의존하고 적분의 양 끝도 고정되어 있다고 하면,[3] 함수 $y(x)$를 J의 극값이 얻어질 때까지 변화시킨다. 함수 $y = y(x)$일 때 적분 J가 극소값을 갖는다면, 이 $y(x)$에 인접한 함수는 어떤 것도(이것이 아무리 $y(x)$에 가까운 것이라 해도) 반드시 J의 값을 증대시킴을 의미한다. 이 인접한 함수의 정의는 다음과 같다. 즉, 생각할 수 있는 모든 함수 y를 매개변수 α를 사용한 표시 $y = y(\alpha, x)$로 나타내면 $\alpha = 0$에서의 $y = y(0, x) = y(x)$가 J의 극값을 주는 함수가 된다. 여기서

$$y(\alpha, x) = y(0, x) + \alpha\eta(x) \tag{6.2}$$

로 쓸 수 있으며 $\eta(x)$는 연속인 1차 도함수를 갖고, x_1과 x_2에서 0이 되는 x의 함수이다. 왜냐하면 $\alpha \neq 0$

---

1) 변분법은 뉴턴에 의해 처음으로 발전되었다(1686). 요한(Johann)과 자코브 베르누이(Jakob Bernoulli, 1696), 오일러(1744)가 확장했고, 조제프 라그랑주(Joseph Lagrange, 1788), 해밀턴(1833), 야코비(Jacobi, 1837)도 중요한 일을 했다. 페터 디리클레(Peter Dirichlet, 1805~1859), 카를 바이어슈트라스(Karl Weierstrass, 1815~1879) 같은 이름은 엄밀한 수학적 기초 수립과 특별한 관계가 있다.

2) J는 실제로 이 경우에 적분 범함수인 범함수라고 부르는 함수의 일반적인 형태이다.

3) 적분의 상하한이 고정되었다고 생각할 필요는 없다. 만약 상하한이 변한다면, $y(x)$뿐만 아니라 x_1, x_2까지도 J가 극값을 갖도록 하는 값을 찾아야 한다.

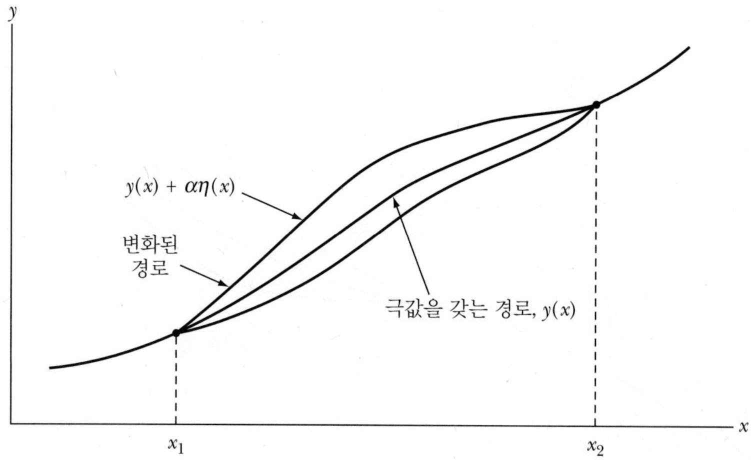

그림 6-1 함수 $y(x)$는 범함수 J가 극값을 갖는 경로이다. 인접한 함수 $y(x) + \alpha\eta(x)$는 적분의 양 끝에서 0이 되어 $y(x)$가 되나, 극값은 아니다.

인 경우에도 함수 $y(\alpha, x)$는 적분 경로의 양 끝에서는 $y(x)$에 일치해야만 하기 때문이다: $\eta(x_1) = \eta(x_2) = 0$. 이것을 그림 6-1에 도식적으로 나타냈다.

식 (6.2)와 같은 형태의 함수를 생각하면, 적분 J는 매개변수 α의 함수가 된다.

$$J(\alpha) = \int_{x_1}^{x_2} f\{y(\alpha, x), y'(\alpha, x); x\}\, dx \tag{6.3}$$

적분 J가 정상값(즉, 극값)을 취하기 위한 조건은 J가 α에 대해 1차 의존성을 갖지 않을 것, 즉 모든 함수 $\eta(x)$에 대해

$$\left.\frac{\partial J}{\partial \alpha}\right|_{\alpha=0} = 0 \tag{6.4}$$

이 되는 것이다. 이것은 **필요조건**이고, **충분조건**은 아니다.

예제 6.1

함수 $f = (dy/dx)^2$을 생각해보자. 여기서 $y(x) = x$이다. $y(x)$에 함수 $\eta(x) = \sin x$를 합하고 $x = 0$과 $x = 2\pi$ 사이에서 $J(\alpha)$를 찾아라. 그리고 $J(\alpha)$의 정상값이 $\alpha = 0$에 있음을 보여라.

풀이

함수

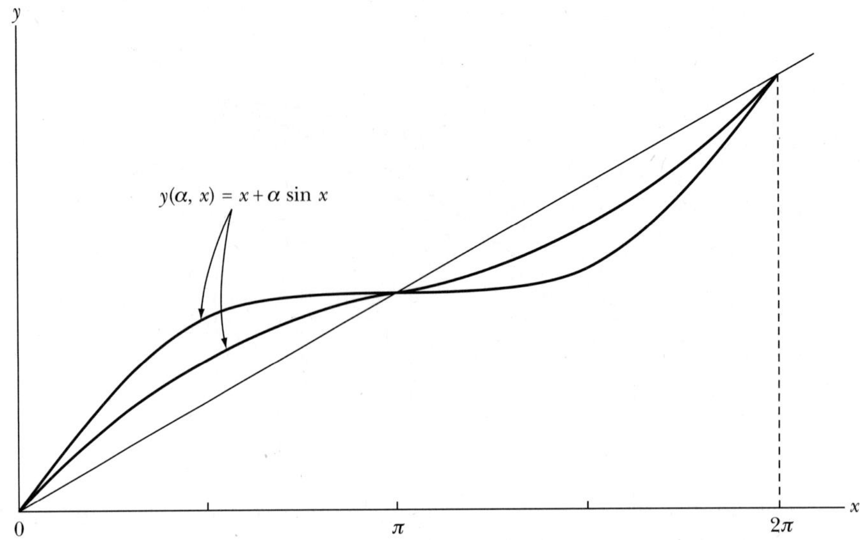

그림 6-2 예제 6.1. 여러 경로 $y(\alpha, x) = x + \alpha \sin x$. 극값의 경로는 $\alpha = 0$일 때이다.

$$y(x) = x \tag{6.5}$$

에 사인 함수적인 변분 $\alpha \sin x$를 더해서 인접한 경로를 만들면

$$y(\alpha, x) = x + \alpha \sin x \tag{6.6}$$

가 된다. 그림 6-2에 이 경로들을 $\alpha = 0$인 경우 및 따로 두 개의 $\alpha \neq 0$인 경우에 관해서 나타낸다. 함수 $\eta(x) = \sin x$는 분명히 종점조건을 만족시킨다. 즉, $\eta(0) = 0 = \eta(2\pi)$이다. $f(y, y'; x)$를 결정하기 위해, 먼저

$$\frac{dy(\alpha, x)}{dx} = 1 + \alpha \cos x \tag{6.7}$$

를 결정하면, 결국

$$f = \left(\frac{dy(\alpha, x)}{dx}\right)^2 = 1 + 2\alpha \cos x + \alpha^2 \cos^2 x \tag{6.8}$$

를 얻는다. 따라서 식 (6.3)은

$$J(\alpha) = \int_0^{2\pi} (1 + 2\alpha \cos x + \alpha^2 \cos^2 x)\, dx \tag{6.9}$$

$$= 2\pi + \alpha^2 \pi \tag{6.10}$$

가 되고, α에 어떤 값(양 또는 음)을 줄지라도 $J(\alpha)$의 값은 $J(0)$보다 크다는 사실을 알게 된다. 또한 식 (6.4)의 조건도 성립한다.

6.3 오일러 방정식

식 (6.4)를 구체적인 형태로 쓰기 위해, 먼저 식 (6.3)을 α로 미분한다.

$$\frac{\partial J}{\partial \alpha} = \frac{\partial}{\partial \alpha}\int_{x_1}^{x_2} f\{y, y'; x\}\, dx \tag{6.11}$$

이 적분의 양 끝은 고정되어 있으므로, 미분 연산은 피적분 함수에만 적용하고

$$\frac{\partial J}{\partial \alpha} = \int_{x_1}^{x_2}\left(\frac{\partial f}{\partial y}\frac{\partial y}{\partial \alpha} + \frac{\partial f}{\partial y'}\frac{\partial y'}{\partial \alpha}\right)dx \tag{6.12}$$

가 되나, 식 (6.2)에서

$$\frac{\partial y}{\partial \alpha} = \eta(x); \qquad \frac{\partial y'}{\partial \alpha} = \frac{d\eta}{dx} \tag{6.13}$$

가 되므로, 식 (6.12)는

$$\frac{\partial J}{\partial \alpha} = \int_{x_1}^{x_2}\left(\frac{\partial f}{\partial y}\eta(x) + \frac{\partial f}{\partial y'}\frac{d\eta}{dx}\right)dx \tag{6.14}$$

가 된다. 피적분 함수의 두 번째 항은 부분적분에 의해서

$$\int u\, dv = uv - \int v\, du \tag{6.15}$$

$$\int_{x_1}^{x_2}\frac{\partial f}{\partial y'}\frac{d\eta}{dx}\,dx = \frac{\partial f}{\partial y'}\eta(x)\bigg|_{x_1}^{x_2} - \int_{x_1}^{x_2}\frac{d}{dx}\left(\frac{\partial f}{\partial y'}\right)\eta(x)\,dx \tag{6.16}$$

가 된다. $\eta(x_1) = \eta(x_2) = 0$이므로 적분항은 소거되고, 식 (6.12)는

$$\begin{aligned}\frac{\partial J}{\partial \alpha} &= \int_{x_1}^{x_2}\left[\frac{\partial f}{\partial y}\eta(x) - \frac{d}{dx}\left(\frac{\partial f}{\partial y'}\right)\eta(x)\right]dx \\ &= \int_{x_1}^{x_2}\left(\frac{\partial f}{\partial y} - \frac{d}{dx}\frac{\partial f}{\partial y'}\right)\eta(x)\,dx \end{aligned}\tag{6.17}$$

가 된다.

식 (6.17)의 적분은 α에 의존하지 않는 것으로 보이나 사실은 그렇지 않고, f를 미분하는 y, y'는 α의 함수이다. $(\partial J/\partial\alpha)|_{\alpha=0}$은 0이고, 또한 $\eta(x)$는 (앞에 기술한 조건에 따르는) 임의의 함수이므로, 식 (6.17)의 피적분 함수는 $\alpha = 0$일 때 0이어야 한다. 즉,

$$\boxed{\frac{\partial f}{\partial y} - \frac{d}{dx}\frac{\partial f}{\partial y'} = 0} \qquad \text{오일러 방정식} \tag{6.18}$$

여기서 y와 y'는 x에 의존하지 않는 원래의 함수이다. 이 식이 **오일러 방정식**(Euler's equation)[4]이며, J가 극값을 갖기 위한 필요조건이다.

예제 6.2

물리학의 고전적인 문제, 즉 최속강하선(brachistochrone) 문제를 변분법으로 풀 수 있다.[5] 어떤 점 (x_1, y_1)에서 정지하고 있는 입자가 다른 더욱 낮은 점 (x_2, y_2)까지 일정한 역장 속을 움직일 때, 최소의 시간으로 이행할 수 있는 경로를 찾아라.

풀이

점 (x_1, y_1)이 원점이 되도록 좌표계를 선택하고, 역장의 방향을 그림 6-3과 같이 x축 방향으로 잡는다. 입자가 받는 힘은 일정하므로 마찰을 생각하지 않으면 장은 보존장이고, 입자의 총 에너지 $T + U$는 일정하다. 또한 퍼텐셜을 점 $x = 0$을 기준으로 잡으면(즉, $U(x = 0) = 0$), 입자는 정지 상태에서 운동을 시작하므로 $T + U = 0$이다. 그런데 운동 에너지는 $T = \frac{1}{2}mv^2$이고, 위치 에너지는 $U = -Fx = -mgx$이므로(단, g는 힘에 의해서 주어지는 가속도이다)

$$v = \sqrt{2gx} \tag{6.19}$$

를 얻는다. 입자가 원점에서 점 (x_2, y_2)로 이행하는 데 필요한 시간은

$$\begin{aligned} t &= \int_{(x_1,y_1)}^{(x_2,y_2)} \frac{ds}{v} = \int \frac{(dx^2 + dy^2)^{1/2}}{(2gx)^{1/2}} \\ &= \int_{x_1=0}^{x_2} \left(\frac{1 + y'^2}{2gx}\right)^{1/2} dx \end{aligned} \tag{6.20}$$

---

4) 1744년 오일러가 처음으로 유도했다. 역학계에 응용할 때 오일러-라그랑주 방정식으로 잘 알려져 있다.

5) 1696년 요한 베르누이(Johann Bernoulli, 1667~1748)가 처음으로 풀었다.

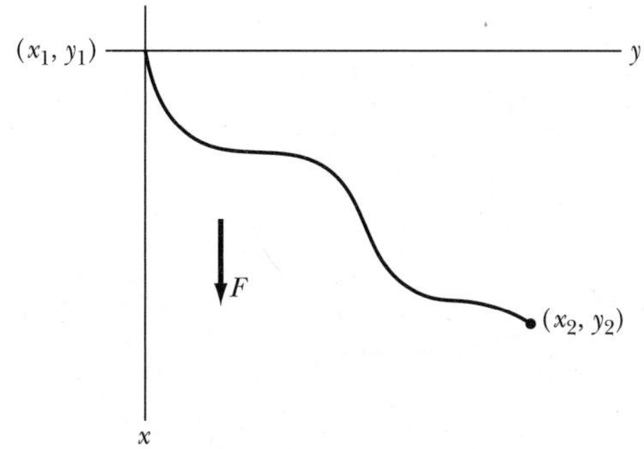

그림 6-3 예제 6.2. 한 입자가 점 (x_1, y_1)에서 점 (x_2, y_2)로 최소의 시간으로 이동할 수 있는 경로를 찾는 최속강하선 문제. 아래 방향으로 일정하게 입자에 작용하는 역장은 F이다.

가 되고, 이 이행시간을 최소로 하고 싶은 것이다. 이 경우에 상수 $(2g)^{-1/2}$은 최후의 식에 영향을 주지 않으므로, 범함수 f는

$$f = \left(\frac{1 + y'^2}{x}\right)^{1/2} \tag{6.21}$$

로 하면 좋다. $\partial f/\partial y = 0$이므로, 오일러 방정식(식 (6.18))은

$$\frac{d}{dx}\frac{\partial f}{\partial y'} = 0$$

이 되고,

$$\frac{\partial f}{\partial y'} = \text{상수} \equiv (2a)^{-1/2}$$

가 된다. 여기서 a는 새 상수이다.

실제로 식 (6.21)을 미분하고, 그 결과를 제곱하면

$$\frac{y'^2}{x(1 + y'^2)} = \frac{1}{2a} \tag{6.22}$$

을 얻는다. 이것은

$$y = \int \frac{x\,dx}{(2ax - x^2)^{1/2}} \tag{6.23}$$

같은 형태로 쓸 수 있다. 여기서 변수변환

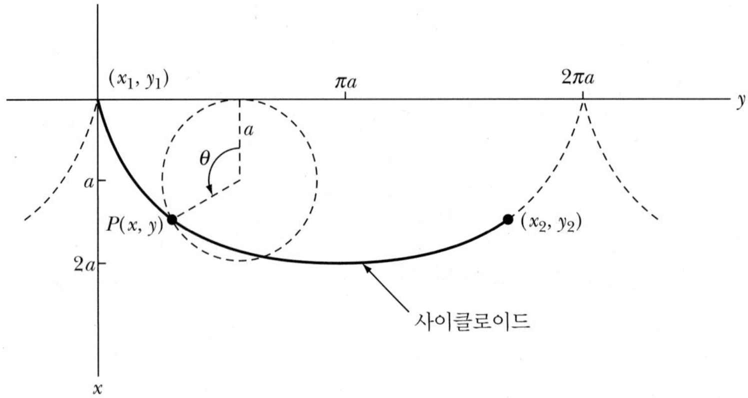

그림 6-4 예제 6.2. 최속강하선 문제의 해는 사이클로이드이다.

$$\begin{aligned} x &= a(1 - \cos\theta) \\ dx &= a \sin\theta \, d\theta \end{aligned} \tag{6.24}$$

를 행하면, 식 (6.23) 의 적분은

$$y = \int a(1 - \cos\theta)\, d\theta$$

로 변형할 수 있어,

$$y = a(\theta - \sin\theta) + \text{상수} \tag{6.25}$$

가 된다. 그러데 원점을 지나는 사이클로이드(cycloid)[6] 의 매개변수 방정식은

$$\left.\begin{aligned} x &= a(1 - \cos\theta) \\ y &= a(\theta - \sin\theta) \end{aligned}\right\} \tag{6.26}$$

이며, 이것은 바로 위에서 구한 해이다. 따라서 적분 상수는 0이 된다. 또한 이 경로는 그림 6-4와 같은 형태로, 상수 a는 사이클로이드가 지정된 점 (x_2, y_2)를 지나가도록 정해야 한다. 여기서 기술한 최속강하선 문제의 해는 입자가 최소의 시간으로 이행할 경로를 나타낸다. 변분을 쓰면 최소든지 최대든지 어느 쪽의 극값만을 얻는다는 점에 주의하라. 역학에서 다루는 문제는 최소값을 원하는(또는 구하는) 경우가 대부분이다.

---

6) 사이클로이드는 평면상을 평면 내의 직선에 따라 구르는 원 위의 한 점이 그리는 곡선이다. 그림 6-4에 나타낸 바와 같이 점선으로 표시된 원이 $x = 0$에 있는 y축을 따라 구른다.

예제 6.3

고정된 두 점 (x_1, y_1), (x_2, y_2)를 연결하는 선을 이 두 점과 공면(共面, coplanar)인 축 주변을 회전시킴으로써 만들어진 면을 생각하자. 회전에 의해 만들어진 면의 면적이 최소가 되는 두 점을 이은 선의 방정식을 구하라.

풀이

(x_1, y_1), (x_2, y_2)를 지나는 곡선이 두 점과 공면선인 y축 주변을 회전한다고 하자. 만들어진 면의 총 면적을 계산하기 위해 우선 그림 6-5를 참조하면서 면적 요소 dA를 구하자.

$$dA = 2\pi x\, ds = 2\pi x(dx^2 + dy^2)^{1/2} \tag{6.27}$$

$$A = 2\pi \int_{x_1}^{x_2} x(1 + y'^2)^{1/2}\, dx \tag{6.28}$$

여기서 $y' = dy/dx$이다. 극한값을 구하기 위해

$$f = x(1 + y'^2)^{1/2} \tag{6.29}$$

로 놓고 식 (6.18)에 대입하면

$$\frac{\partial f}{\partial y} = 0$$

$$\frac{\partial f}{\partial y'} = \frac{xy'}{(1 + y'^2)^{1/2}}$$

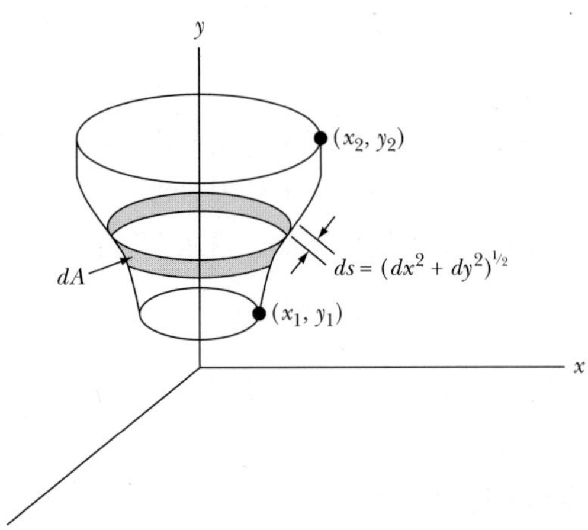

그림 6-5 예제 6.3. 문제와 면적 dA의 도형은 y축을 회전하여 만들어지는 면을 최소화하도록 나타낸다.

따라서

$$\frac{d}{dx}\left[\frac{xy'}{(1+y'^2)^{1/2}}\right]=0$$

$$\frac{xy'}{(1+y'^2)^{1/2}}=\text{상수}\equiv a \tag{6.30}$$

를 얻는다. 식 (6.30)을 풀어서

$$y'=\frac{a}{(x^2-a^2)^{1/2}} \tag{6.31}$$

$$y=\int\frac{a\,dx}{(x^2-a^2)^{1/2}} \tag{6.32}$$

이 적분의 해는 다음과 같다.

$$y=a\cos\text{h}^{-1}\left(\frac{x}{a}\right)+b \tag{6.33}$$

여기서 a와 b는 곡선이 (x_1, y_1)과 (x_2, y_2)점을 통과한다고 함으로써 결정되는 적분 상수이다. 식 (6.33)은 또한

$$x=a\cos\text{h}\left(\frac{y-b}{a}\right) \tag{6.34}$$

같이 쓸 수 있고 이 식이 쇠사슬, 즉 두 개의 고정점에 자유롭게 달아 맨 유연한 코드의 곡선에 대한 방정식으로서 더욱 이해하기 쉽다.

곡선 $y(x)$로 이어진 두 점 (x_1, y_1)과 (x_2, y_2)를 택하고 이 곡선을 x축 주변으로 회전시켜 만들어진 면의 면적이 최소가 되도록 $y(x)$를 구하자. 이것이 두 개의 링 사이에 만들어진 비누박막과 같은 형이므로 '비누박막' 문제라고 한다(그림 6-6). 면적 $dA = 2\pi y\, ds$(여기서 $ds = \sqrt{1+y'^2}$, 그리고 $y' = dy/dx$)에 대한 적분을 최소화하자.

$$A=2\pi\int_{x_1}^{x_2} y\sqrt{1+y'^2}\,dx \tag{6.35}$$

$f = y\sqrt{1+y'^2}$으로 놓고 식 (6.18)에 대입하여 극한값을 구한다. 필요한 도함수는

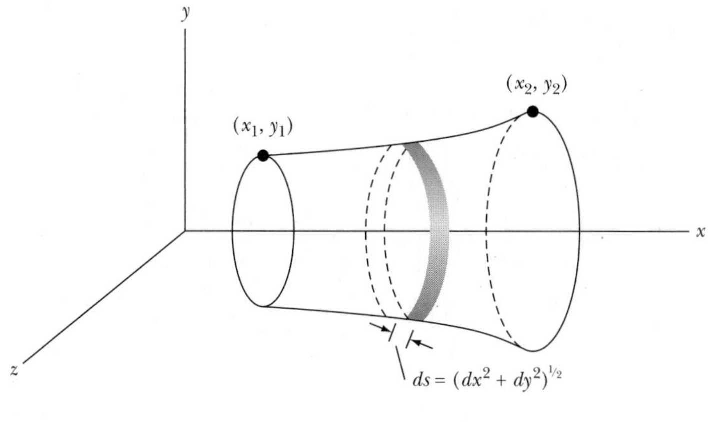

그림 6-6 x축을 회전하여 만들어지는 표면의 면적을 최소화하는 '비누박막' 문제

$$\frac{\partial f}{\partial y} = \sqrt{1 + y'^2}$$
$$\frac{\partial f}{\partial y'} = \frac{yy'}{\sqrt{1 + y'^2}}$$

따라서 식 (6.18)은

$$\sqrt{1 + y'^2} = \frac{d}{dx}\left[\frac{yy'}{\sqrt{1 + y'^2}}\right] \tag{6.36}$$

가 된다. 이 식은 풀기 쉬운 것 같지 않다. 일단 여기서 멈추고 쉬운 해법이 있는지 생각해보자. 이 문제가 예제 6.3과 비슷하다는 사실을 눈치 챘는지 모르나, 그 경우에는 x축 대신 y축 주변으로 회전시켜서 면적은 최소로 했다. 만약 x와 y를 교환하면 비누박막 문제는 식 (6.34)와 동일해야 한다. 그러나 식 (6.36) 같은 복잡한 방정식에 어떻게 최종적으로 도달했을까? 우리는 맹목적으로 x를 독립 변수로 택하고 $y(x)$ 함수를 찾는 것으로 했다. 사실 일반적으로 우리가 원하는 대로(x, θ, t, 심지어 y조차) 독립 변수를 선택할 수 있다. 만약 y를 독립 변수로 택한다면 많은 선행 방정식에서 x와 y를 서로 교환해야 최종적으로 오일러 방정식 (6.18)을 얻을 수 있다. 처음부터 변수를 바꿔놓는 편이 더 쉬울지 모른다(즉, 그림 6-6에서 수평축을 y로 하고 독립 변수를 x로 한다). (오른손 좌표계에서 x축은 방향이 아래쪽이지만, 대칭성 때문에 어려움이 없을 것이다.) 어쨌든 현재 문제의 해는 예제 6.3과 평행하다. 그러나 불행하게도 독립 변수에 대한 최선의 선택이 무엇인지를 항상 미리 알 수는 없으며, 우리는 때때로 시도와 실패를 되풀이해야 한다.

6.4 오일러 방정식의 '제2의 형태'

x에 직접 의존하지 않은 함수, 즉 $\partial f/\partial x = 0$에 대해 편리한 제2방정식을 오일러 방정식으로부터 유도할 수 있다. 어떤 함수 $f(y, y'; x)$의 도함수는 여러 항의 합임에 우선 주목하자.

$$\frac{df}{dx} = \frac{d}{dx}f\{y, y'; x\} = \frac{\partial f}{\partial y}\frac{dy}{dx} + \frac{\partial f}{\partial y'}\frac{dy'}{dx} + \frac{\partial f}{\partial x}$$

$$= y'\frac{\partial f}{\partial y} + y''\frac{\partial f}{\partial y'} + \frac{\partial f}{\partial x} \tag{6.37}$$

또한

$$\frac{d}{dx}\left(y'\frac{\partial f}{\partial y'}\right) = y''\frac{\partial f}{\partial y'} + y'\frac{d}{dx}\frac{\partial f}{\partial y'}$$

혹은 $y''(\partial f/\partial y')$ 대신에 식 (6.37)의 것을 쓰면,

$$\frac{d}{dx}\left(y'\frac{\partial f}{\partial y'}\right) = \frac{df}{dx} - \frac{\partial f}{\partial x} - y'\frac{\partial f}{\partial y} + y'\frac{d}{dx}\frac{\partial f}{\partial y'} \tag{6.38}$$

가 된다. 식 (6.38)에서 마지막 두 항은 다음과 같이 쓸 수 있다.

$$y'\left(\frac{d}{dx}\frac{\partial f}{\partial y'} - \frac{\partial f}{\partial y}\right)$$

이것은 오일러 방정식 (6.18)에 의해 0이 되므로, 결국

$$\boxed{\frac{\partial f}{\partial x} - \frac{d}{dx}\left(f - y'\frac{\partial f}{\partial y'}\right) = 0} \tag{6.39}$$

을 얻는다. 이와 같은 소위 오일러 방정식의 '제2의 형태'는 f가 x에 직접 의존하지 않는 $\partial f/\partial x = 0$인 경우에 유용하다. 따라서

$$f - y'\frac{\partial f}{\partial y'} = \text{constant} \qquad \left(\text{for } \frac{\partial f}{\partial x} = 0\right) \tag{6.40}$$

예제 6.4

경로가 특수한 면에 제한될 때 어떠한 두 점 사이의 최단경로는 **측지선**(geodesic)이다. 구면 위에서 측지선을 구하라.

풀이

반지름 ρ인 구면 위의 길이 요소는($dr = 0$인 경우에 식 (F.15) 참조)

$$ds = \rho(d\theta^2 + \sin^2\theta\, d\phi^2)^{1/2} \tag{6.41}$$

로 주어지므로, 점 1과 점 2의 거리 s는 다음과 같다.

$$s = \rho\int_1^2\left[\left(\frac{d\theta}{d\phi}\right)^2 + \sin^2\theta\right]^{1/2} d\phi \tag{6.42}$$

이 s가 최소가 된다면, f는

$$f = (\theta'^2 + \sin^2\theta)^{1/2} \tag{6.43}$$

가 된다. 여기서 $\theta' \equiv d\theta/d\phi$이다. $\partial f/\partial\phi = 0$이므로 오일러 방정식의 제2의 형태(식 (6.40))를 쓸 수 있고, 그 결과는 다음과 같다.

$$(\theta'^2 + \sin^2\theta)^{1/2} - \theta' \cdot \frac{\partial}{\partial\theta'}(\theta'^2 + \sin^2\theta)^{1/2} = \text{일정} \equiv a \tag{6.44}$$

미분하고 f를 곱하면

$$\sin^2\theta = a(\theta'^2 + \sin^2\theta)^{1/2} \tag{6.45}$$

을 얻는다. 이것을 $d\phi/d\theta = \theta'^{-1}$에 대해 풀면

$$\frac{d\phi}{d\theta} = \frac{a\csc^2\theta}{(1 - a^2\csc^2\theta)^{1/2}} \tag{6.46}$$

가 되고, ϕ에 대해 풀면

$$\phi = \sin^{-1}\left(\frac{\cot\theta}{\beta}\right) + \alpha \tag{6.47}$$

로 주어진다. 여기서 α는 적분 상수이고, $\beta^2 \equiv (1 - a^2)/a^2$이다. 더욱이 식 (6.47)을 다시 쓰면

$$\cot\theta = \beta\sin(\phi - \alpha) \tag{6.48}$$

가 된다. 이 결과를 설명하기 위해, 먼저 이 식을 직교좌표로 나타낸다. 즉, 양변에 $\rho\sin\theta$를 곱해서 $\sin(\phi - \alpha)$를 전개하면

$$(\beta\cos\alpha)\rho\sin\theta\sin\phi - (\beta\sin\alpha)\rho\sin\theta\cos\phi = \rho\cos\theta \tag{6.49}$$

가 된다. α와 β는 상수이므로, 이를

$$\beta \cos \alpha \equiv A, \qquad \beta \sin \alpha \equiv B \tag{6.50}$$

라 놓으면, 식 (6.49)는

$$A(\rho \sin \theta \sin \phi) - B(\rho \sin \theta \cos \phi) = (\rho \cos \theta) \tag{6.51}$$

가 된다. 이 식의 괄호 속의 양은 각각 x, y, z를 구좌표로 나타낸 것으로 되어 있으므로(부록 F의 그림 F-3 참조), 식 (6.51)은 결국 다음과 같이 쓸 수 있다.

$$Ay - Bx = z \tag{6.52}$$

이것은 구의 중심을 지나는 평면의 식이다. 이와 같이 구면의 측지선은 이 평면과 구면의 교선이 나타내는 경로, 즉 대원이다. 또한 대원은 구면 위의 두 점 사이의 최소의 '직선'거리임과 동시에 최대의 직선거리도 됨을 주의하라.

6.5 종속 변수가 여러 개인 함수

앞 절에서 유도한 오일러 방정식은 범함수 f의 적분이 극값을 갖도록, 함수 $y(x)$를 한 개만 정하는 경우의 변분 문제 해였으나, 역학에서 f는 일반적으로 종속 변수가 여러 개인 범함수인 경우가 많다. 즉,

$$f = f\{y_1(x), y'_1(x), y_2(x), y'_2(x), \cdots ; x\} \tag{6.53}$$

또는 더욱 간단히 다음과 같이 나타낼 수 있다.

$$f = f\{y_i(x), y'_i(x); x\}, \quad i = 1, 2, \cdots, n \tag{6.54}$$

이 경우에 식 (6.2)와 같은 방법으로

$$y_i(\alpha, x) = y_i(0, x) + \alpha\eta_i(x) \tag{6.55}$$

로 쓰고, 식 (6.17)과 같은 방법을 쓰면 그 결과로

$$\frac{\partial J}{\partial \alpha} = \int_{x_1}^{x_2} \sum_i \left(\frac{\partial f}{\partial y_i} - \frac{d}{dx}\frac{\partial f}{\partial y'_i} \right) \eta_i(x)\, dx \tag{6.56}$$

를 얻는다. 그런데 이 식에서 개개의 변분 $\eta_i(x)$는 서로 독립이므로, $\alpha = 0$인 경우에 식 (6.56)이 0이 되려면 괄호 속의 각 식은 따로따로 0이 되어야 한다. 따라서

$$\boxed{\frac{\partial f}{\partial y_i} - \frac{d}{dx}\frac{\partial f}{\partial y_i'} = 0, \qquad i = 1, 2, \cdots, n} \tag{6.57}$$

6.6 구속조건이 있을 경우의 오일러 방정식

예를 들면 어떤 곡면 위의 두 점 사이의 최소 경로를 구하는 데는 위의 조건 외에, 이 경로가 곡선면의 식, 즉 $g\{y_i; x\} = 0$을 만족해야만 한다는 조건이 가해진다. 구면 위의 측지선에 대한 예제 6.4의 해에도 이와 같은 조건을 나타내는 식이 확실하게는 나와 있지 않으나 사용되어 있고, 이 조건은

$$g = \sum_i x_i^2 - \rho^2 = 0 \tag{6.58}$$

즉,

$$r = \rho = \text{상수} \tag{6.59}$$

였다. 그러나 일반적인 경우에는 한 개 또는 그 이상의 보조 방정식을 표로 만들어 쓸 필요가 있고, 이 방정식을 **구속조건식**(equations of constraint)이라 한다. 지금

$$f = f\{y_i, y_i'; x\} = f\{y, y', z, z'; x\} \tag{6.60}$$

의 경우를 생각하면, 식 (6.17)에 대응하는 두 변수의 경우에 대한 식은

$$\int_{x_1}^{x_2}\left[\left(\frac{\partial f}{\partial y} - \frac{d}{dx}\frac{\partial f}{\partial y'}\right)\frac{\partial y}{\partial \alpha} + \left(\frac{\partial f}{\partial z} - \frac{d}{dx}\frac{\partial f}{\partial z'}\right)\frac{\partial z}{\partial \alpha}\right]dx \tag{6.61}$$

가 된다. 지금의 경우는 구속조건식

$$g\{y_i; x\} = g\{y, z; x\} = 0 \tag{6.62}$$

이 있으므로, 변분 $\partial y/\partial\alpha$와 $\partial z/\partial\alpha$는 이미 독립이 아니고, 식 (6.61)의 괄호 속의 식은 $\alpha = 0$인 경우에 각각 0이 되지 않는다.

식 (6.62)를 미분하면

$$dg = \left(\frac{\partial g}{\partial y}\frac{\partial y}{\partial \alpha} + \frac{\partial g}{\partial z}\frac{\partial z}{\partial \alpha}\right)d\alpha = 0 \tag{6.63}$$

이 된다. 여기서 $\partial x/\partial\alpha = 0$이므로, x에 관한 항은 나타나지 않는다. 그래서

$$\left.\begin{aligned} y(\alpha, x) &= y(x) + \alpha\eta_1(x) \\ z(\alpha, x) &= z(x) + \alpha\eta_2(x) \end{aligned}\right\} \tag{6.64}$$

로 쓰고 $\partial y/\partial\alpha$, $\partial z/\partial\alpha$를 결정한 다음 일반적으로 0이 되는 식 (6.63) 의 괄호 내 항에 대입하면

$$\frac{\partial g}{\partial y}\eta_1(x) = -\frac{\partial g}{\partial z}\eta_2(x) \tag{6.65}$$

를 얻는다. 또한 식 (6.61) 은

$$\frac{\partial J}{\partial\alpha} = \int_{x_1}^{x_2}\left[\left(\frac{\partial f}{\partial y} - \frac{d}{dx}\frac{\partial f}{\partial y'}\right)\eta_1(x) + \left(\frac{\partial f}{\partial z} - \frac{d}{dx}\frac{\partial f}{\partial z'}\right)\eta_2(x)\right]dx$$

가 된다. $\eta_1(x)$를 각괄호의 밖에 내고, 또 식 (6.65) 를

$$\frac{\eta_2(x)}{\eta_1(x)} = -\frac{\partial g/\partial y}{\partial g/\partial z}$$

로 쓸 수 있으므로,

$$\frac{\partial J}{\partial\alpha} = \int_{x_1}^{x_2}\left[\left(\frac{\partial f}{\partial y} - \frac{d}{dx}\frac{\partial f}{\partial y'}\right) - \left(\frac{\partial f}{\partial z} - \frac{d}{dx}\frac{\partial f}{\partial z'}\right)\left(\frac{\partial g/\partial y}{\partial g/\partial z}\right)\right]\eta_1(x)\,dx \tag{6.66}$$

가 된다. 이 식은 식 (6.64) 에 의해서는 어떤 것도 제약받지 않는 한 개의 임의의 함수 $\eta_1(x)$만을 포함하는 것이므로, $\alpha = 0$일 때 괄호 속의 식은 0이어야 한다. 이리하여

$$\left(\frac{\partial f}{\partial y} - \frac{d}{dx}\frac{\partial f}{\partial y'}\right)\left(\frac{\partial g}{\partial y}\right)^{-1} = \left(\frac{\partial f}{\partial z} - \frac{d}{dx}\frac{\partial f}{\partial z'}\right)\left(\frac{\partial g}{\partial z}\right)^{-1} \tag{6.67}$$

을 얻는다. 그런데 이 식의 왼쪽 변은 f, g의 y, y'에 대한 미분계수만을 포함하고, 또 우변은 z, z'에 대한 미분계수만을 포함하고 있다. y와 z는 모두 x의 함수이므로 식 (6.67) 의 양변을 x의 함수로 놓을 수 있고, 그것을 $-\lambda(x)$로 쓰면

$$\left.\begin{aligned} \frac{\partial f}{\partial y} - \frac{d}{dx}\frac{\partial f}{\partial y'} + \lambda(x)\frac{\partial g}{\partial y} &= 0 \\ \frac{\partial f}{\partial z} - \frac{d}{dx}\frac{\partial f}{\partial z'} + \lambda(x)\frac{\partial g}{\partial z} &= 0 \end{aligned}\right\} \tag{6.68}$$

을 얻는다. 이 문제의 완전해를 구하려면 세 개의 함수 $y(x)$, $z(x)$, $\lambda(x)$를 구해야 한다. 여기서는 식 (6.68) 과 구속조건식 (6.62) 를 합쳐서 세 개의 관계식이 있으므로, 완전해를 얻기 위한 식의 수는 충분하다. 또한 여기서 주의할 점은 $\lambda(x)$도 미정[7] 으로, 해의 일부로서 얻는다는 것이다. 함수 $\lambda(x)$는 **라그랑주의**

7) 함수 $\lambda(x)$는 라그랑주의 『Mécanique analytique』(Paris, 1788) 에서 도입되었다.

미정 승수(Lagrange undetermined multiplier)로 알려져 있다.

종속 변수와 구속조건이 몇 개나 있는 일반적인 경우에는 다음과 같은 일련의 방정식을 얻는다.

$$\frac{\partial f}{\partial y_i} - \frac{d}{dx}\frac{\partial f}{\partial y_i'} + \sum_j \lambda_j(x)\frac{\partial g_j}{\partial y_i} = 0 \tag{6.69}$$

$$g_j\{y_i; x\} = 0 \tag{6.70}$$

여기서 $i = 1, 2, \cdots, m$이고 $j = 1, 2, \cdots, n$이라고 하면, 식 (6.69)는 $m + n$개의 미지수를 포함하는 m개의 방정식을 나타낸다. 그러나 식 (6.70)은 n개의 구속조건식이 있으므로, $m + n$개의 미지수에 대해 $m + n$개의 방정식이 있는 것이 되어 이 문제를 풀 수 있다.

물론 식 (6.70)은 n개의 미분 방정식

$$\sum_i \frac{\partial g_j}{\partial y_i} dy_i = 0, \qquad \begin{cases} i = 1, 2, \cdots, m \\ j = 1, 2, \cdots, n \end{cases} \tag{6.71}$$

과 등가이다. 역학 문제에서는 구속조건식이 대수 방정식이기보다도 오히려 미분 방정식일 때가 많으므로, 식 (6.71) 형태의 방정식이 식 (6.70)의 형태보다도 유용할 때가 많다(7.5절을 보면 이 점이 확실해진다).

예제 6.5

그림 6-7과 같이, 경사면을 미끄러지지 않고 구르는 원판을 생각하자. 구속조건식을 좌표[8] y와 θ로 결정해보라.

풀이

(서로 독립이 아닌) 좌표 간의 관계는

$$y = R\theta \tag{6.72}$$

이고, 여기서 R은 원판의 반지름이다. 구속조건식은

$$g(y, \theta) = y - R\theta = 0 \tag{6.73}$$

이며,

$$\frac{\partial g}{\partial y} = 1, \qquad \frac{\partial g}{\partial \theta} = -R \tag{6.74}$$

8) 7.3절에서 논의하는 일반화 좌표이다(예제 7.9 참조).

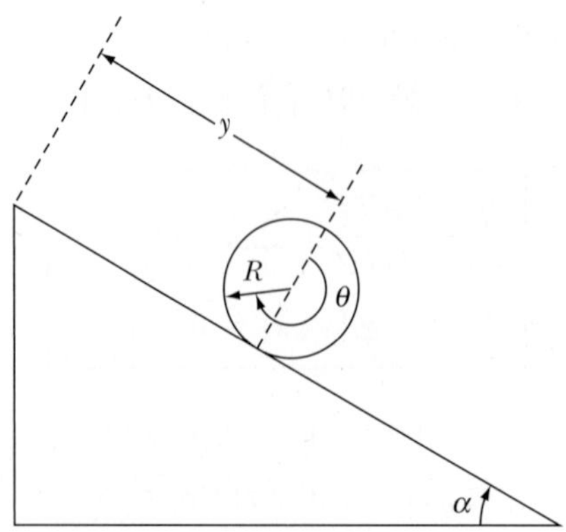

그림 6-7 예제 6.5. 경사면을 미끄러지지 않고 구르는 원판

들은 이 경우에 한 개의 미정 승수인 λ와 관련 있는 양들이다.

구속조건식은 또한 적분의 형태로 나타낼 수 있다. 범함수

$$J[y] = \int_a^b f\{y, y'; x\} dx \tag{6.75}$$

가 극값을 갖도록 하기 위해, 곡선 $y = y(x)$를 찾음으로써 나타나는 등주(isoperimetric) 문제를 생각해 보자. 곡선 $y(x)$는 곡선의 길이(ℓ)가 고정된 값을 갖는 두 번째 범함수

$$K[y] = \int_a^b g\{y, y'; x\} dx \tag{6.76}$$

뿐만 아니라 $y(a) = A$와 $y(b) = B$의 경계조건을 만족한다. 이 두 번째 범함수의 적분구속으로 표현한다.

이미 행한 것과 유사하게,[9] $y(x)$는 범함수

$$\int_a^b (f + \lambda g)\, dx \tag{6.77}$$

의 극값을 정하는 상수 λ가 존재할 것이다. 이때 곡선 $y(x)$는 $y(a) = A$, $y(b) = B$, $K[y] = \ell$로 구속되어 있다고 하면

9) 증명은 Ge63(p. 43)을 참조하라.

$$\frac{\partial f}{\partial y} - \frac{d}{dx}\frac{\partial f}{\partial y'} + \lambda\left(\frac{\partial g}{\partial y} - \frac{d}{dx}\frac{\partial g}{\partial y'}\right) = 0 \tag{6.78}$$

과 같은 미분 방정식을 만족시킬 것이다. 이것을 소위 디도 문제(Dido Problem)[10]라고 하는데, 한 가지 예를 살펴보자.

예제 6.6

디도 문제의 한 가지는 점 $(-a, 0)$과 $(a, 0)$을 지나가며 가장 큰 범위를 둘러싸고 있는 바닥에 있는 x축으로 한정되어 있는 길이 ℓ의 곡선 $y(x)$를 찾는 것이다. 끝점 a의 값은 문제에서 결정된다.

풀이

이 문제를 풀기 위해서 만들어진 방정식을 사용할 수 있다. 미분 면적 $dA = y\,dx$를 그림 6-8에 보이고 있다. 면적을 최대화하고 식 (6.75)에 대한 극값 해를 찾아야 하므로

$$J = \int_{-a}^{a} y\,dx \tag{6.79}$$

와 같이 된다. 구속조건식은 다음과 같다.

$$y(x): y(-a) = 0, y(a) = 0 \quad \text{그리고} \quad K = \int d\ell = \ell \tag{6.80}$$

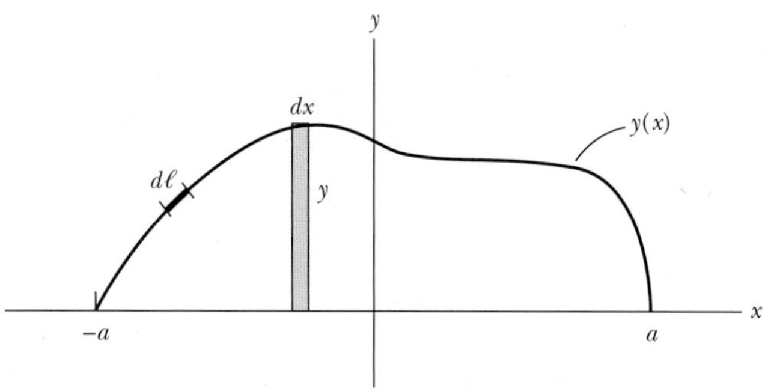

그림 6-8 예제 6.6. 고정된 둘레의 길이와 같은 $y = 0$ 선 위의 면적을 최대화하는 곡선 $y(x)$를 구하는 것. 곡선은 $x = -a$와 $x = a$를 지나가야 한다. 미분 면적은 $dA = ydx$이고 곡선의 미분 길이는 dl이다.

10) 등주 문제(isoperimetric problem)는 기원전 900년에 카르타고의 여왕 디도가 기술한 베르길리우스의 서사시 아이네이스에 의해 유명해졌다. 그녀는 황소 가죽으로 에워쌀 수 있는 만큼의 토지를 지역 왕으로부터 받았다. 자신의 요구를 극대화하기 위해서 그녀는 황소 가죽을 얇은 조각으로 절단하여 그 끝과 끝을 이었다. 그녀는 분명히 주어진 길이를 경계로 하는 둘러싸인 면적의 최대가 원이라는 사실을 알 만한 충분한 수학지식이 있었다.

미분 길이는 곡선 $d\ell = (dx^2 + dy^2)^{1/2} = (1 + y'^2)^{1/2}\,dx$를 따른다. 여기서 $y' = dy/dx$이다. 구속 범함수는

$$K = \int_{-a}^{a} [1 + y'^2]^{1/2} dx = \ell \tag{6.81}$$

이 된다. 지금 $y(x) = y$와 $g(x) = \sqrt{1 + y'^2}$이고, 식 (6.78)에 이 함수들을 사용하면

$$\frac{\partial f}{\partial y} = 1, \quad \frac{\partial f}{\partial y'} = 0, \quad \frac{\partial g}{\partial y} = 0, \quad \frac{\partial g}{\partial y'} = \frac{y'}{(1 + y'^2)^{1/2}}$$

이다. 식 (6.78)은

$$1 - \lambda \frac{d}{dx}\left[\frac{y'}{(1 + y'^2)^{1/2}}\right] = 0 \tag{6.82}$$

이 된다. 식 (6.82)에서

$$\frac{d}{dx}\left[\frac{y'}{(1 + y'^2)^{1/2}}\right] = \frac{1}{\lambda} \tag{6.83}$$

을 얻는다. 이 식을 x에 대해 적분하면

$$\frac{\lambda y'}{\sqrt{(1 + y'^2)}} = x - C_1$$

여기서 C_1은 적분 상수이다. 이 식을 다시 정리하면

$$dy = \frac{\pm(x - C_1)\,dx}{\sqrt{\lambda^2 - (x - C_1)^2}}$$

이고, 이 식을 적분하면

$$y = \mp\sqrt{\lambda^2 - (x - C_1)^2} + C_2 \tag{6.84}$$

여기서 C_2는 또 다른 적분 상수이다. 반지름이 λ인 원의 방정식으로 이 식을 새로 쓸 수 있다.

$$(x - C_1)^2 + (y - C_2)^2 = \lambda^2 \tag{6.85}$$

최대 영역은 $y = 0$인 선으로 경계지어지는 반원이 된다. 이 반원은 $C_1 = 0 = C_2$이고 반지름 $= a = \lambda$일 때 원의 중심이 원점에 있고, 이 반원은 $(-a, 0)$과 $(a, 0)$의 (x, y)점을 지나야 한다. 반원의 위쪽 반의 길이를 ℓ이라 하고, 반원의 둘레길이는 πa이다. 그러므로 $\pi a = \ell$이고, $a = \ell/\pi$를 얻는다.

6.7 δ 기호

변분법을 이용한 분석에서는 보통 변분을 나타내는 간단한 기호를 사용하는 것이 관례이다. 즉, 지금까지

$$\frac{\partial J}{\partial \alpha}\, d\alpha = \int_{x_1}^{x_2} \left(\frac{\partial f}{\partial y} - \frac{d}{dx}\frac{\partial f}{\partial y'} \right) \frac{\partial y}{\partial \alpha}\, d\alpha\, dx \tag{6.86}$$

로 쓸 수 있는 식 (6.17)을 새로

$$\delta J = \int_{x_1}^{x_2} \left(\frac{\partial f}{\partial y} - \frac{d}{dx}\frac{\partial f}{\partial y'} \right) \delta y\, dx \tag{6.87}$$

로 나타낸다. 여기서

$$\left. \begin{aligned} \frac{\partial J}{\partial \alpha} d\alpha &\equiv \delta J \\ \frac{\partial y}{\partial \alpha} d\alpha &\equiv \delta y \end{aligned} \right\} \tag{6.88}$$

그러면 극한값 조건은

$$\delta J = \delta \int_{x_1}^{x_2} f\{y, y'; x\} dx = 0 \tag{6.89}$$

이 되고, 더욱이 (가정에 의해서 적분의 양단은 변분의 영향을 받지 않으므로) 변분 기호 δ를 적분 속에 넣을 수가 있어서

$$\begin{aligned} \delta J &= \int_{x_1}^{x_2} \delta f\, dx \\ &= \int_{x_1}^{x_2} \left(\frac{\partial f}{\partial y}\delta y + \frac{\partial f}{\partial y'}\delta y' \right) dx \end{aligned} \tag{6.90}$$

가 되고,

$$\delta y' = \delta\left(\frac{dy}{dx}\right) = \frac{d}{dx}(\delta y) \tag{6.91}$$

이므로, 위의 식은

$$\delta J = \int_{x_1}^{x_2} \left(\frac{\partial f}{\partial y}\delta y + \frac{\partial f}{\partial y'}\frac{d}{dx}\delta y \right) dx \tag{6.92}$$

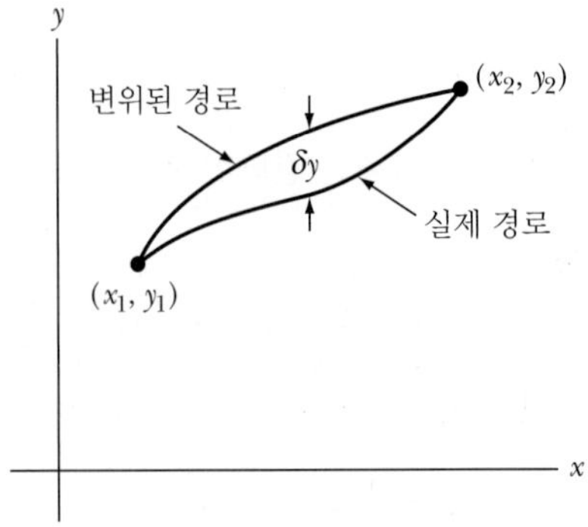

그림 6-9 변위된 경로는 모든 힘과 구속과 모순이 없는 실제 경로로부터의 가상적인 변위 δy이다.

가 된다. 앞에서 한 것과 같이 두 번째 항을 부분적분하면

$$\delta J = \int_{x_1}^{x_2} \left(\frac{\partial f}{\partial y} - \frac{d}{dx}\frac{\partial f}{\partial y'} \right) \delta y \, dx \tag{6.93}$$

를 얻는다. 변분 δy는 임의로 취할 수 있으므로, 극값 조건 $\delta J = 0$에 의해 피적분 함수는 0이 되고, 오일러 방정식 (6.18)을 얻는다.

δ 기호가 자주 사용되지만, 이는 정확한 미분량을 간단하게 나타낸 것에 지나지 않는다는 사실을 알아둘 필요가 있다. 이 경로 변화 δy는 물리적으로 모든 힘과 구속과 모순이 없는 실질적인 경로로부터의 가상적 변위라고 생각할 수 있다(그림 6-9 참조). 이 변분 δy는 $dt = 0$, 즉 시간이 고정되어 있다는 조건 때문에 실제의 미분 변위 δy와 구별된다. 실제로 경로 변화 δy는 운동 경로가 될 필요도 없다. 변분은 최종점에서 0이어야 한다.

연습문제

6-1. Consider the line connecting $(x_1, y_1) = (0, 0)$ and $(x_2, y_2) = (1, 1)$. Show explicitly that the function $y(x) = x$ produces a minimum path length by using the varied function $y(\alpha, x) = x + \alpha \sin \pi(1 - x)$. Use the first few terms in the expansion of the resulting elliptic integral to show the equivalent of Equation 6.4.

6-2. Show that the shortest distance between two points on a plane is a straight line.

6-3. Show that the shortest distance between two points in (three-dimensional) space is a straight line.

6-4. Show that the geodesic on the surface of a right circular cylinder is a segment of a helix.

6-5. Consider the surface generated by revolving a line connecting two fixed points (x_1, y_1) and (x_2, y_2) about an axis coplanar with the two points. Find the equation of the line connecting the points such that the surface area generated by the revolution (i.e., the area of the surface of revolution) is a minimum. Obtain the solution by using Equation 6.39.

6-6. Reexamine the problem of the brachistochrone (Example 6.2) and show that the time required for a particle to move (frictionlessly) to the *minimum* point of the cycloid is $\pi\sqrt{a/g}$, *independent* of the starting point.

6-7. Consider light passing from one medium with index of refraction n_1 into another medium with index of refraction n_2 (Figure 6-A). Use Fermat's principle to minimize time, and derive the law of refraction: $n_1 \sin\theta_1 = n_2 \sin\theta_2$.

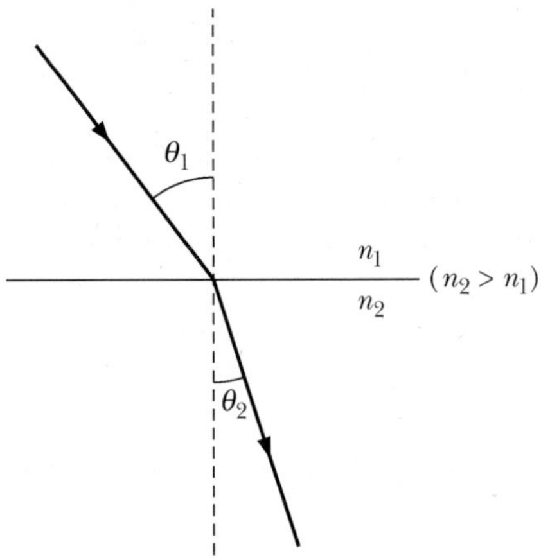

FIGURE 6-A Problem 6-7.

6-8. Find the dimensions of the parallelepiped of maximum volume circumscribed by **(a)** a sphere of radius R; **(b)** an ellipsoid with semiaxes a, b, c.

6-9. Find an expression involving the function $\phi(x_1, x_2, x_3)$ that has a minimum average value of the square of its gradient within a certain volume V of space.

6-10. Find the ratio of the radius R to the height H of a right-circular cylinder of fixed volume V that minimizes the surface area A.

6-11. A disk of radius R rolls without slipping inside the parabola $y = ax^2$. Find the equation of constraint. Express the condition that allows the disk to roll so that it contacts the parabola at one and only one point, independent of its position.

6-12. Repeat Example 6.4, finding the shortest path between any two points on the surface of a sphere, but use the method of the Euler equations with an auxiliary condition imposed.

6-13. Repeat Example 6.6 but do not use the constraint that the $y = 0$ line is the bottom part of the area. Show that the plane curve of a given length, which encloses a maximum area, is a circle.

6-14. Find the shortest path between the (x, y, z) points $(0, -1, 0)$ and $(0, 1, 0)$ on the conical surface $z = 1 - \sqrt{x^2 + y^2}$. What is the length of the path? Note: this is the shortest mountain path around a volcano.

6-15. **(a)** Find the curve $y(x)$ that passes through the endpoints $(0, 0)$ and $(1, 1)$ and minimizes the functional $I[y] = \int_0^1 [(dy/dx)^2 - y^2]\,dx$. **(b)** What is the minimum value of the integral? **(c)** Evaluate $I[y]$ for a straight line $y = x$ between the points $(0, 0)$ and $(1, 1)$.

6-16. **(a)** What curve on the surface $z = x^{3/2}$ joining the points $(x, y, z) = (0, 0, 0)$ and $(1, 1, 1)$ has the shortest arc length? **(b)** Use a computer to produce a plot showing the surface and the shortest curve on a single plot.

6-17. The corners of a rectangle lie on the ellipse $(x/a)^2 + (y/b)^2 = 1$. **(a)** Where should the corners be located in order to maximize the area of the rectangle? **(b)** What fraction of the area of the ellipse is covered by the rectangle with maximum area?

6-18. A particle of mass m is constrained to move under gravity with no friction on the surface $xy = z$. What is the trajectory of the particle if it starts from rest at $(x, y, z) = (1, -1, -1)$ with the z-axis vertical?

제 7 장

해밀턴의 원리(라그랑주 역학과 해밀턴 역학)

7.1 서론

경험적으로 볼 때, 상대론의 영향을 생각하지 않아도 좋은 경우 관성계에서의 입자 운동은 뉴턴의 방정식 $\mathbf{F} = \dot{\mathbf{p}}$로 정확하게 기술할 수 있다. 입자가 복잡한 운동을 하지 않거나, 운동을 직교좌표를 써서 기술할 수 있는 경우에는 운동 방정식이 비교적 간단해지지만, 이 중에서 어느 한쪽의 제한이라도 없어지면 방정식은 아주 복잡해져서 다루기 힘들어진다. 예를 들어 입자가 구면 위를 따라서 움직이도록 구속되어 있다면 이 운동 방정식은 뉴턴의 벡터 방정식을 이 구면 위에 사용함으로써 얻어지나, 연습문제 1-25를 풀어본 여러분은 곧 알 수 있는 바와 같이 가속도 벡터를 구좌표로 나타낼 때는 방대한 수식이 된다.

더욱이 입자가 어떤 주어진 면 위를 움직이도록 구속되어 있는 경우에는, 이 면에 입자를 접촉시켜놓기 위한 (**구속력**(forces of constraint)이라고 부르는) 힘이 존재해야 한다. 입자가 매끄러운 수평면 위를 운동할 경우에는 구속력이 $\mathbf{F}_c = -m\mathbf{g}$가 되어 간단하다. 하지만 입자로서, 예를 들어 구부러진 철사를 미끄러져 내려오는 구슬을 생각하면 구속력은 아주 복잡해진다. 실제로 특별한 경우에는 구속력을 확실히 식으로 나타내기가 어렵기도 하고, 나타낼 수 없을 때조차 있다. 그러나 뉴턴 역학의 기초 방정식에 나타나는 양 $\mathbf{F}$는 물체에 작용하는 힘의 전체이므로, 뉴턴의 방법을 써서 문제를 풀기 위해서는 모든 힘을 알아야 한다.

뉴턴의 방정식을 특정한 문제에 적용하려고 할 때는 실제적인 어려움이 다소 생기므로, 이를 피하기 위해 다른 방법을 써도 좋다. 이처럼 다른 방법은 모두 처음부터 뉴턴의 방정식과 동등한 결과가 얻어진다는 사실을 알고 있으므로, 본질적으로는 귀납적이다. 따라서 취급 방법을 간단히 하기 위해 새로운 역학 이론을 만들 필요는 없고(뉴턴의 이론은 아주 옳다) 복잡한 문제를 일반적으로 다룰 수 있는 다른 방법을 생각해내기만 하면 된다. 이와 같은 방법은 **해밀턴의 원리**(Hamilton's principle) 속에 포함되어 있고, 이 원리를 써서 얻어지는 운동 방정식이 **라그랑주의 방정식**(Lagrange's equation)이다.

만일 라그랑주의 방정식이 입자의 역학을 바르게 기술한다면, 이것은 뉴턴의 방정식과 등가일 것이다. 그러나 한편 해밀턴의 원리는 보통 뉴턴의 방정식이 관여할 수 없는 물리 현상의 넓은 영역(특히 장을 포함하는 영역)에도 적용된다. 그런데 해밀턴의 원리로부터 얻어지는 결과는 뉴턴 방정식과 마찬가지로, 모두 실험 사실과의 상호관계에 의해 처음으로 얻어진다. 해밀턴의 원리는 어떤 새로운 물리 이론을 주는 것이 아니고, 다른 많은 이론을 유일한 근본적인 가정에 따라 잘 정리한 것뿐이다. 그래서 관측되는 현상을 수학적으로 올바르게 공식화하는 것뿐만 아니라, 이 결과들을 될 수 있는 대로 적은 기본 가정으로, 가능한 한 통일된 형태로 나타내는 것도 물리 이론의 목적이므로, 해밀턴의 원리는 쓸데없는 연습은 아니다. 사실 해밀턴의 원리는 물리 이론 중에서 가장 멋지고 영향을 많이 끼치는 원리 중 하나이다.

해밀턴의 원리가 갖고 있는 넓은 적용 범위를 생각해서(이것은 나중에 안 사실이지만), 해밀턴의 원리가 뉴턴의 방정식보다 더욱 기본적이라고 주장하는 것은 무리가 아니다. 그러므로 먼저 해밀턴의 원리를 가정해서, 이로부터 라그랑주의 방정식을 유도하고, 이것이 뉴턴의 방정식과 등가임을 보인다.

마찰 현상에 대해서는 지금까지(2, 3, 4장에서) 어느 정도 상세하게 설명해왔기 때문에, 이후는 우리의 관심을 보존계로 돌린다. 따라서 비보존력의 효과를 고려한 더욱 일반적인 라그랑주 방정식에 대한 설명

은 하지 않으므로 상세한 내용은 문헌을 참조하라.[1)]

7.2 해밀턴의 원리

물리학에서 최소의 원리는 길고 재미있는 역사를 갖고 있다. 사람들이 이와 같은 원리를 찾는 것은 물리적인 과정이 생길 때 자연은 반드시 어떤 중요한 양이 최소가 되도록 작용한다는 생각에 입각해서였으나, 이와 같은 최소의 원리가 처음 나타난 분야는 광학이었다. 즉, 기원전 2세기에 알렉산드리아(Alexandria)의 헤로(Hero)가 평면경에 반사되어 한 점에서 다른 한 점으로 진행하는 광선은 언제나 최단경로를 지난다고 생각하여 빛의 반사 원리가 얻어짐을 발견했다. 이 최소의 원리를 쓰면, 평면경에서 반사되는 광선의 입사각과 반사각이 같다는 사실을 간단한 기하의 작도로 밝힐 수 있다. 그러나 헤로의 **최단경로**의 원리는 올바른 **굴절** 법칙을 줄 수 없었고, 광선은 매질 속의 한 점에서 다른 한 점으로 지나갈 때 반드시 이행시간이 최소가 되는 경로를 지난다는 가정에 따라서 이 최단경로의 원리를 1657년에 페르마[2)]가 새로 공식화했다. 이렇게 해서 얻어진 페르마의 **최소 시간**의 원리에서 올바른 반사의 법칙뿐만 아니라 스넬(Snell)의 굴절 법칙도 직접 도출된다(연습문제 6-7 참조).[3)]

최소의 원리는 그 이후에도 계속 연구되어, 17세기 후반에 최속강하선(예제 6.2 참조)과 양 끝을 고정한 매달린 사슬의 모양을 구하는 문제를 풀 때 뉴턴, 라이프니츠(Leibniz), 베르누이가 변분법을 처음으로 사용했다.

일반적인 최소의 원리는 역학적인 운동이 최소의 작용으로 행해진다고 주장한 모페르튀이(Maupertuis)[4)]가 1747년에 처음으로 역학에 응용했으나, 모페르튀이의 **최소 작용의 원리**(principle of least action)는 신학적인 입장을 기초로 하여('신의 지혜'에 의해서 작용이 최소가 된다) '작용'의 개념 자체도 모호했다(작용은 (거리 × 운동량) 또는 (에너지 × 시간)의 차원을 갖는 양임을 생각하라). 나중에 라그랑주(1760년)가 이 원리의 수학적인 기초를 확고히 했다. 그런데 최소 작용의 원리는 고전역학에서 광학 또는 양자역학으로 옮기는 데는 편리한 모양을 하고 있으나 해밀턴의 원리보다 일반성이 덜하고, 해밀턴의 원리에서도 도출할 수 있으나 여기서는 상세한 논의는 보류한다.[5)]

1828년에 가우스가 그의 **최소 구속**의 원리로 역학을 다루는 방법을 발전시켰는데 나중에 헤르츠

1) 예를 들면 Goldstein(Go80, 2장), 혹은 포괄적인 논의는 Whittaker(Wh37, 8장)를 참조하라.

2) 피에르 드 페르마(Pierre de Fermat, 1601～1665): 프랑스의 법률가, 언어학자, 아마추어 수학자

3) 1661년 페르마가 반사 법칙을 유도했다. 이것은 1621년 화란의 수학천재 빌레브로르트 스넬(Willebrord Snell, 1591~1626)이 실험적으로 발견했다.

4) 피에르 루이 모로 드 모페르튀이(Pierre-Louise-Moreau de Maupertuis, 1698~1759): 프랑스의 수학자이자 천문학자. 그가 최소 작용 법칙을 처음으로 사용한 것은 페르마의 반사 법칙을 다시 언급했을 때이다(1744년).

5) 예를 들면 Goldstein(Go80, pp. 365～371) 혹은 Sommerfeld(So50, pp. 204～209) 참조

(Hertz)가 수정하여 **최소 곡률**의 원리라는 모양으로 구체화되었다. 이 원리들은[6] 모두 해밀턴의 원리와 밀접하게 관련되어 있으며, 더욱 일반적인 해밀턴 원리에는 아무것도 덧붙일 필요가 없다. 여기서 굳이 이를 언급한 이유는 물리학에서는 예전부터 최소의 원리에 관심을 가졌다는 사실을 강조하기 위해서이다.

1834년과 1835년에 발표한 두 논문에서 해밀턴[7]은 역학 전체, 실제로는 고전물리학의 대부분의 기초가 될 수 있는 역학의 원리를 발표했다. 이 해밀턴의 원리는 다음과 같이 기술된다.[8]

> 역학계가 어떤 특정한 시간 안에(어떤 구속을 받으면서) 한 점에서 다른 점으로 이동할 때 지나가는 모든 가능한 경로 가운데, 실제로 계가 지나가는 길은 운동 에너지와 위치 에너지 차이의 시간 적분이 최소가 되는 경로이다.

여기서 변분법의 표현을 쓰면, 위의 해밀턴 원리는

$$\delta \int_{t_1}^{t_2} (T - U)\, dt = 0 \tag{7.1}$$

으로 쓴다. 여기서 δ 기호는 6.3절과 6.7절에서 논의한 변분을 기술하는 약식 기호이다. 이 변분법적인 표현 방법에서 $T - U$는 극값이 되기만 하면 되고 반드시 최소가 될 필요는 없으나, 역학에서 중요한 응용의 대부분은 최소 조건이 되어 있다.

고정, 직교좌표를 써서 나타내는 입자의 운동 에너지는 $\dot{x}_i$만의 함수이고, 입자가 보존역장 속을 운동할 경우 위치 에너지는 x_i만의 함수이다.

$$T = T(\dot{x}_i), \quad U = U(x_i)$$

이들 양의 차이를

$$L \equiv T - U = L(x_i, \dot{x}_i) \tag{7.2}$$

라고 놓으면, 식 (7.1)은

$$\boxed{\delta \int_{t_1}^{t_2} L(x_i, \dot{x}_i)\, dt = 0} \tag{7.3}$$

이 된다. 이때

---

6) 예로서 Lindsay and Margenau(Li36, pp. 112～120) 혹은 Sommerfeld(So50, pp. 210～214) 참조

7) 윌리엄 로언 해밀턴(William Rowan Hamilton, 1805～1865): 스코틀랜드의 수학자이자 천문학자. 이후에 아일랜드의 천문학자

8) '계의 경로'에 대한 일반적인 의미는 7.3절에서 밝혀진다.

$$\delta \int_{x_1}^{x_2} f\{y_i(x),\, y_i'(x);\, x\}\, dx$$

라는 대응을 생각하면, 식 (7.3) 의 함수 L은 변분 적분(6.5절 참조)

$$\begin{aligned} x &\to t \\ y_i(x) &\to x_i(t) \\ y_i'(x) &\to \dot{x}_i(t) \\ f\{y_i(x),\, y_i'(x);\, x\} &\to L(x_i,\, \dot{x}_i) \end{aligned}$$

에서의 범함수 f와 같으므로, 식 (7.3) 에 대응하는 오일러-라그랑주 식 (6.57) 은

$$\boxed{\frac{\partial L}{\partial x_i} - \frac{d}{dt}\frac{\partial L}{\partial \dot{x}_i} = 0, \quad i = 1, 2, 3} \quad \text{라그랑주 운동 방정식} \tag{7.4}$$

이 된다. 이것은 입자에 대한 **라그랑주의 운동 방정식**(Lagrange equations of motion) 으로, L은 입자의 **라그랑주 함수**(Lagrange function) 또는 **라그랑지안**(Lagrangian) 이라 부른다.

한 예로서 1차원 조화 진동자에 대한 라그랑주의 운동 방정식을 구해보자. 운동 에너지와 위치 에너지를 보통의 표현 방법으로 쓰면 다음과 같다.

$$\begin{aligned} L = T - U &= \frac{1}{2}m\dot{x}^2 - \frac{1}{2}kx^2 \\ \frac{\partial L}{\partial x} &= -kx \\ \frac{\partial L}{\partial \dot{x}} &= m\dot{x} \\ \frac{d}{dt}\left(\frac{\partial L}{\partial \dot{x}}\right) &= m\ddot{x} \end{aligned}$$

이를 식 (7.4) 에 대입하면

$$m\ddot{x} + kx = 0$$

을 얻는데, 뉴턴의 운동 방정식과 일치한다.

그런데 라그랑지안을 이용하는 방법이 단지 뉴턴 이론의 간단한 결과를 재현해 보이는 것만이라면 이 방법은 오히려 복잡한 것 같지만, 평면 진자의 경우(4.4절 참조)를 생각함으로써 이 방법을 좀 더 설명해 보자. 이 경우에 T와 U에 대해 식 (4.23) 을 쓰면 라그랑지안은

$$L = \frac{1}{2}ml^2\dot{\theta}^2 - mgl(1 - \cos\theta)$$

가 된다. θ를 직교좌표처럼 생각해서 식 (7.4)에서의 연산을 하면

$$\frac{\partial L}{\partial \theta} = -mgl \sin \theta$$

$$\frac{\partial L}{\partial \dot{\theta}} = ml^2 \dot{\theta}$$

$$\frac{d}{dt}\left(\frac{\partial L}{\partial \dot{\theta}}\right) = ml^2 \ddot{\theta}$$

$$\ddot{\theta} + \frac{g}{l} \sin \theta = 0$$

을 얻게 되며, 다시 한번 뉴턴의 방정식(식 (4.21))과 일치함을 알았다. 이것은 주목할 만한 결과이다. 이 식은 운동 에너지와 위치 에너지를 x 대신에 θ를 써서 계산하고, 각좌표보다 오히려 직교좌표에 쓰이는 연산 방법을 써서 얻은 것이다. 따라서 라그랑주 방정식은 식 (7.4)의 형태보다 더욱 일반적인 형태가 아닌가 의심된다. 이 점에 관해서는 7.4절에서 좀 더 추적해보자.

위의 간단한 두 예에서 사용한 방법의 또 하나의 중요한 특징은 도중의 어디에도 힘에 관한 기술이 들어 있지 않다는 점이다. 즉, 운동 방정식은 입자와 관련된 어떤 성질(운동 에너지와 위치 에너지)을 정함으로써만 얻어지고, 입자에 작용하는 외부 작용(힘)의 존재는 직접 생각할 필요가 없다. 따라서 에너지를 뉴턴의 개념과 독립적으로 정의할 수 있는 한, 물체의 운동 방정식은 뉴턴의 이론에 의지함이 없이 해밀턴의 원리만으로 완전히 도출할 수 있다. 이 중요한 내용은 7.5절과 7.7절에서 다시 다룬다.

7.3 일반화 좌표

지금 앞 절의 두 예에서 알 수 있듯이, 라그랑주 방정식에 고유하다고 제안한 좌표를 선택하는 유연성을 이용하여 구한다.

n개의 이상적인 점입자의 모임으로, 그중 몇 개는 연결되어 강체가 되어 있는 일반적인 역학계를 생각하자. 이런 입자계에 대해서는 9장에서, 또한 강체에 대해서는 11장에서 논의할 것이다. 어떤 주어진 시각에서 이와 같은 계의 상태를 정하는 데는 n개의 위치 벡터를 써야 하나, 어떤 위치 벡터든 세 개의 성분(직교좌표)을 가지므로 입자 전부의 위치를 정하는 데는 $3n$개의 양을 정해야 한다. 그러나 이 중에서 몇 개의 좌표를 다른 것과 관계짓는 구속조건식이 있으면(예를 들면 몇 개의 입자가 연결되어 강체가 된다든가, 입자가 어떤 경로 또는 면을 따라서 움직이도록 구속되어 있을 때), $3n$개의 모든 좌표는 독립이 아니다. 사실 m개의 구속조건식이 있고 $3n - m$개의 좌표가 독립이면, 계는 $3n - m$개의 **자유도**를 갖는다고 한다.

그런데 어떤 경우에 $s = 3n - m$개의 좌표가 필요하다면, s개의 직교좌표나 s개의 곡선좌표(구좌표, 원통좌표 등)를 선택할 필요는 없다. 계의 상태를 완전하게 정하는 한, 어떤 s개의 매개변수를 선택해도 좋다는 점에 주의해야 한다. 이 s개의 양은 심지어 길이의 차원일 필요도 없다. 다루는 문제에 따라서는 에너지

나 (길이)^{2}차원의 매개변수, 무차원 매개변수 등을 몇 개 택하면 더욱 편리하다. 예제 6.5에서는 사면을 굴러 내려오는 원판을 길이와 각도의 좌표로서 나타냈다. 이와 같이 계의 상태를 완전히 결정하는 한 조의 양을 **일반화 좌표**(generalized coordinates)라고 하며, 보통 $q_1, q_2, \cdots, q_j$로 쓴다. 또한 구속에 의해 제약을 받지 않고 계의 자유도 s와 동일한 수의 독립인 한 조의 일반화 좌표를 고유 일반화 좌표계라 한다. 그러나 때로는 자유도의 수보다 많은 일반화 좌표를 쓰고, 동시에 라그랑주의 미정 계수를 씀으로써, 구속조건을 확실히 고려하는 게 편리할 때도 있다. 예를 들면, 구속력을 계산하려고 하는 경우가 그렇다(예제 7.9 참조).

계를 기술할 때 선택할 수 있는 일반화 좌표가 꼭 하나인 것은 아니다. 주어진 계의 상태를 완전히 결정하는 양의 조는 무수히 많다. 예를 들어 사면을 굴러 내려오는 원판의 문제에서도, 어떤 기준에서의 원판 질량중심의 높이와, 운동을 시작하고 나서 원판 둘레 위의 한 점이 이동한 거리를 좌표로 선택할 수가 있다. 그래서 특정한 일반화 좌표가 적당한가 아닌가의 최종 판정은 결과로 나타나는 운동 방정식이 수월하게 설명될 정도로 간단한가 아닌가로 주어져야 한다. 이와 같이 불행하게도 주어진 문제에 가장 적합한 일반화 좌표를 뽑아낼 일반적인 법칙은 없으므로, 결국 경험을 쌓아서 숙련할 수밖에 없다.

더욱이 일반화 좌표 외에, q_j의 시간 미분 $\dot{q}_1, \dot{q}_2, \cdots$, 또는 간단히 $\dot{q}_j$로 이루어지는 한 조의 양을 정리할 수 있으나, 직교좌표의 술어와 비슷하게 $\dot{q}_j$를 **일반화 속도**(generalized velocity)라 부른다.

다음에 $x_{\alpha,i}$와 q_j를 연결하는 방정식이 시간을 직접적으로 포함한 경우 한 조의 변환 방정식은[9)]

$$\begin{aligned} x_{\alpha,i} &= x_{\alpha,i}(q_1, q_2, \ldots, q_s, t), \qquad \begin{cases} \alpha = 1, 2, \ldots, n \\ i = 1, 2, 3 \end{cases} \\ &= x_{\alpha,i}(q_j, t), \qquad\qquad\qquad j = 1, 2, \ldots, s \end{aligned} \tag{7.5}$$

로 쓴다. 일반적으로 속도의 직교 성분은 일반화 좌표, 일반화 속도 및 시간에 의존하고

$$\dot{x}_{\alpha,i} = \dot{x}_{\alpha,i}(q_j, \dot{q}_j, t) \tag{7.6}$$

가 된다. 또한 이 역변환들을

$$q_j = q_j(x_{\alpha,i}, t) \tag{7.7}$$

$$\dot{q}_j = \dot{q}_j(x_{\alpha,i}, \dot{x}_{\alpha,i}, t) \tag{7.8}$$

로 쓴다. 이에 덧붙여 구속조건식

$$f_k(x_{\alpha,i}, t) = 0, \quad k = 1, 2, \ldots, m \tag{7.9}$$

$m = 3n - s$개가 있다.

9) 이 장에서는 직교축을 나타내는 첨자 i를 붙임으로써 표기를 간단히 하려고 한다. 따라서 항상 $i = 1, 2, 3$이다.

예제 7.1

중심이 원점에 있는 반지름 R인 반구의 표면 위를 움직이는 점입자에 대한 적합한 일반화 좌표를 찾아라.

풀이

운동은 항상 구면상에서 일어나므로

$$x^2 + y^2 + z^2 - R^2 = 0, \quad z \geq 0 \tag{7.10}$$

x, y, z축과 입자와 원점을 잇는 직선 사이의 각도에 대한 코사인을 일반화 좌표로 선택하면

$$q_1 = \frac{x}{R}, \qquad q_2 = \frac{y}{R}, \qquad q_3 = \frac{z}{R} \tag{7.11}$$

이지만, 직선의 방향 코사인의 제곱을 합하면 1이므로

$$q_1^2 + q_2^2 + q_3^2 = 1 \tag{7.12}$$

이 되고, 여기서

$$q_3 = \sqrt{1 - q_1^2 - q_2^2} \tag{7.13}$$

로 쓰기 때문에 이 q_j의 조는 일반화 좌표의 고유계는 아니다. 그러나 $q_1 = x/R$과 $q_2 = y/R$을 고유인 일반화 좌표로서 선택할 수 있고, 구속조건식 (7.13)만으로

$$z = \sqrt{R^2 - x^2 - y^2} \tag{7.14}$$

입자의 위치를 유일무이하게 지정할 수 있다. 그런데 구면 위의 한 점을 정하는 데는 두 개의 좌표(위도와 경도)만이 필요하므로 이것은 명백한 결과이지만, 이 예는 적당히 선택한 일반화 좌표에서 고유 일반화 좌표계를 도출하는 데 구속조건식을 이용할 수 있다는 사실을 나타내고 있다.

예제 7.2

x, y평면 속에서 움직이는 단진자(길이 ℓ, 추의 질량 m)에 대한 운동 에너지 T, 위치 에너지 U, 라그랑지안 L을 구하기 위해 그림 7-1에 나타낸 (x, y) 좌표계를 사용하라. (x, y) 직교좌표계로부터 θ 좌표로의 변환식을 구하고, 운동 방정식을 유도하라.

풀이

이 일반 문제는 4.4절과 7.1절에서 이미 검토했다. 라그랑지안 방법을 사용할 때 직교좌표로 시작하고 가장 간단한 일반화 좌표로 된 가장 확실한 계로 변환하면 유용하다. 이 경우 운동 에너지, 위치 에너지, 라

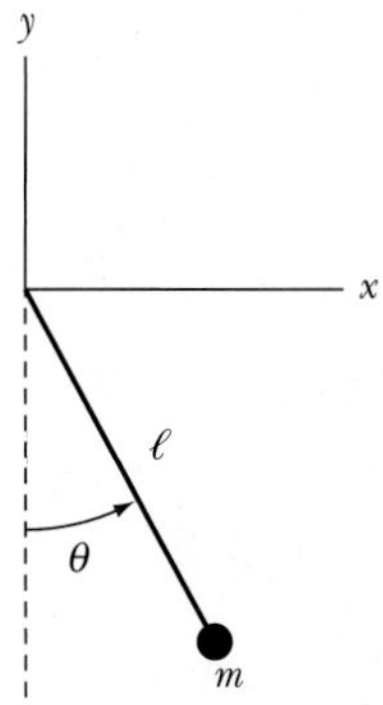

그림 7-1 예제 7.2. 길이가 ℓ이고 추의 질량이 m인 단진자

그랑지안은 다음과 같다.

$$T = \frac{1}{2} m\dot{x}^2 + \frac{1}{2} m\dot{y}^2$$

$$U = mgy$$

$$L = T - U = \frac{1}{2} m\dot{x}^2 + \frac{1}{2} m\dot{y}^2 - mgy$$

그림 7-1을 보면 운동이 θ와 $\dot{\theta}$를 알아냄으로써 결정된다는 사실을 알 수 있다. x, y를 θ 좌표로 변화시키고 θ 함수로서의 L을 구하자.

$$x = \ell \sin\theta$$
$$y = -\ell \cos\theta$$

$\dot{x}$와 $\dot{y}$를 구하면

$$\dot{x} = \ell\dot{\theta} \cos\theta$$

$$\dot{y} = \ell\dot{\theta} \sin\theta$$

$$L = \frac{m}{2}(\ell^2\dot{\theta}^2 \cos^2\theta + \ell^2\dot{\theta}^2 \sin^2\theta) + mg\ell\cos\theta = \frac{m}{2}\ell^2\dot{\theta}^2 + mg\ell\cos\theta$$

진자의 경우에 유일한 일반화 좌표는 각도 θ이며, 따라서 먼저 L을 x, y로 구하고 변환식을 찾은 다음 L에 대입함으로써 L을 θ 함수로 표현했다. 앞 절에서 보인 바와 같이 하고 θ를 직교좌표처럼 다루면 다음과 같은 운동 방정식을 얻을 수 있다.

$$\frac{\partial L}{\partial \theta} = -mg\ell \sin\theta$$

$$\frac{\partial L}{\partial \dot{\theta}} = m\ell^2\dot{\theta}$$

$$\frac{d}{dt}\left(\frac{\partial L}{\partial \dot{\theta}}\right) = m\ell^2\ddot{\theta}$$

이 관계식을 식 (7.4)에 대입하면 전과 같이 운동 방정식

$$\ddot{\theta} + \frac{g}{\ell}\sin\theta = 0$$

을 얻는다.

---

n개의 입자로 이루어지는 계가 이 $3n$개의 직교좌표 몇 개를 연결하는 m개의 구속조건을 따르는 경우 계의 상태는 $s = 3n - m$개의 일반화 좌표에 의해 완전히 지정되므로, 이와 같은 계의 상태는 **배위공간**(配位空間, configuration space)이라 부르는 s차원 공간의 한 점으로 나타낼 수가 있고, 이 공간의 각 차원은 q_j의 하나하나에 대응한다. 또한 계의 시간적인 추이는 배위공간의 한 개의 곡선으로 나타낼 수가 있고, 이 곡선 위의 각 점은 어떤 순간에서의 계의 배위를 지정한다. 이와 같이 각 점을 지나가며 계의 가능한 운동을 나타내는 곡선은 무수히 많고, 각 곡선은 어떤 한 조의 초기 조건에 대응한다. 계가 배위공간 속을 '움직이는' 경우에 계의 '경로'라는 용어를 쓰나, 이것을 보통의 3차원 공간 궤도에 따른 입자 운동에서 쓰는 용어와 혼동하지 않도록 주의할 필요가 있다.

또한 고유 일반화 좌표로 만들어진 배위공간에서는 좌표 그 자체가 계의 실제로 가능한 운동에만 대응하도록 선택되어 있으므로, 거기서의 역학적인 경로는 계에 대한 구속조건을 자동적으로 만족하고 있음을 주의하라.

7.4 일반화 좌표로 나타낸 라그랑주의 운동 방정식

앞 절의 정의를 생각하면 해밀턴의 원리는 다음과 같이 다시 말할 수 있다.

> 역학계가 어떤 특정한 시간 안에 배위공간의 한 점에서 다른 점으로 이동할 때 지나가는 모든 가능한 경로 중에서, 실제로 계가 지나가는 경로는 이 계의 라그랑지안의 시간 적분이 최소가 되는 경로이다.

해밀턴 원리의 변분 형식을 일반화 좌표로 쓰기 위해, 지금까지 강조하지 않았던 라그랑지안의 어떤 중요한 성질을 쓰도록 한다. 일반적으로 계의 라그랑지안은 운동 에너지와 위치 에너지의 차이로 정의하

나, 에너지는 스칼라 양이므로 라그랑지안은 스칼라 함수이다. 그래서 라그랑지안은 좌표변환에 대해 불변이어야 한다. 그러나 라그랑지안은 바뀌지만 운동 방정식은 불변으로 남는 변환이 가능하다. 예를 들면 2차 편미분이 연속인 함수 $f(q_i, t)$에 대해 L을 $L + d/dt[f(q_i, t)]$로 대치하더라도 운동 방정식은 불변이다. 라그랑지안을 운동 에너지와 위치 에너지의 차로 정의하는 한 다른 일반화 좌표를 사용해도 상관이 없다(그러나 라그랑지안은 위치 에너지 U에 더해진 상수만큼 부정성을 갖는다). 따라서 라그랑지안을 $x_{\alpha,i}$, $\dot{x}_{\alpha,i}$로 표현하든 혹은 q_j, $\dot{q}_j$로 표현하든 상관이 없다.

$$\begin{aligned} L &= T(\dot{x}_{\alpha,i}) - U(x_{\alpha,i}) \\ &= T(q_j, \dot{q}_j, t) - U(q_j, t) \end{aligned} \tag{7.15}$$

이므로,

$$\begin{aligned} L &= L(q_1, q_2, \ldots, q_s; \dot{q}_1, \dot{q}_2, \ldots, \dot{q}_s; t) \\ &= L(q_j, \dot{q}_j, t) \end{aligned} \tag{7.16}$$

로 쓴다. 이리하여 해밀턴의 원리는

$$\boxed{\delta \int_{t_1}^{t_2} L(q_j, \dot{q}_j, t)\, dt = 0} \quad \text{해밀턴의 원리} \tag{7.17}$$

이 된다. 6.5절에서 기술한 여러 가지 양의 정의에 주의해서

$$\begin{aligned} x &\to t \\ y_i(x) &\to q_j(t) \\ y_i'(x) &\to \dot{q}_j(t) \\ f\{y_i, y_i'; x\} &\to L(q_j, \dot{q}_j, t) \end{aligned}$$

와 같이 대응시키면, 변분 문제(식 (7.17))에 대한 오일러 방정식 (6.57)은

$$\boxed{\frac{\partial L}{\partial q_j} - \frac{d}{dt}\frac{\partial L}{\partial \dot{q}_j} = 0, \qquad j = 1, 2, \ldots, s} \tag{7.18}$$

가 된다. 이것이 계에 대한 오일러-라그랑주의 운동 방정식이다(보통은 단지 **라그랑주 방정식**[10]이라 부른다).

---

10) 라그랑주가 처음으로 역학계에 대해 유도했고(물론 해밀턴 원리를 사용해서가 아니고) 그의 유명한 『Mécanique analytique』에 1788년 발표했다. 역학의 모든 부분(통계, 동역학, 유체역학, 유체동역학)에 개입하는 기념비적 업적에서, 라그랑주는 확고한 통일적 수학기초를 튼튼하게 했다. 논문은 물리적이라기보다 수학적이고 한 개의 그림도 포함되어 있지 않다는 사실을 라그랑주는 자랑스럽게 여겼다.

이와 같은 s개의 방정식 외에, m개의 구속조건식 및 계에 주어지는 초기 조건을 갖추면 이를 통해 계의 운동을 완전하게 기술한다.[11)]

그런데 라그랑주 방정식이 타당성을 가지려면 다음의 두 조건이 필요하다.

1. 계에 작용하는 힘(구속력과는 다른)은 한 개의 퍼텐셜(또는 몇 개의 퍼텐셜)로부터 유도되어야 한다.
2. 구속조건식은 입자의 좌표를 연결하는 관계식이라야 하며, 시간의 함수여도 좋다. 즉, 식 (7.9) 모양의 구속조건식이어야 한다.

그래서 구속을 표현할 수 있는 경우에 이것은 **홀로노믹**(holonomic) 구속이라 부른다. 만일 구속조건식이 시간을 명백히 포함하지 않는다면 구속은 **고정된**, 또는 **스클로로노믹**(scleronomic)이라 하고, 시간과 함께 움직이는 구속은 **레오노믹**(rheonomic)이라고 한다.

여기서는 보존력을 받는 계의 운동만을 생각하고 있으므로, 이런 힘은 언제나 퍼텐셜 함수로부터 유도되고, 따라서 조건 1을 만족시킨다. 그러나 이것은 해밀턴 원리 혹은 라그랑주 방정식에 필요한 제한이 아니므로, 비보존력을 포함하도록 이론을 확장하는 것은 용이하다. 마찬가지로 해밀턴 원리도 어떤 형태의 비홀로노믹(nonholonomic) 구속을 포함하도록 공식화할 수 있으나, 여기서는 홀로노믹 계만 다루도록 제한한다. 7.5절에서 비홀로노믹 구속을 다룬다.

라그랑주 방정식을 이용하여 몇 개의 예제를 풀어보자. 일반화 좌표를 결정하고 구속을 이해하고 라그랑지안을 설정하는 최선의 방법은 경험을 쌓는 것이다. 일단 그러고 나면 나머지 부분은 대개 수학 문제이다.

예제 7.3

예제 2.6에서 논의했듯이 2차원에서 중력의 영향을 받고 운동하는 탄환을 생각하자. 직교좌표계와 극좌표계에서 운동 방정식을 구하라.

풀이

그림 2-7을 사용하여 계를 기술한다. 직교좌표계에서는 x(수평)와 y(수직)를 사용하고, 극좌표계에서는 r(반지름 방향)과 θ(수평으로부터 바라보는 각도)이다. 우선 직교좌표계에서

$$\left.\begin{aligned} T &= \frac{1}{2}m\dot{x}^2 + \frac{1}{2}m\dot{y}^2 \\ U &= mgy \end{aligned}\right\} \tag{7.19}$$

11) s개의 2차 미분 방정식이 있으므로 운동을 유일무이하게 결정하려면 $2s$개의 조건이 주어져야 한다.

여기서 $y = 0$일 때 $U = 0$이다.

$$L = T - U = \frac{1}{2}m\dot{x}^2 + \frac{1}{2}m\dot{y}^2 - mgy \tag{7.20}$$

식 (7.18)을 이용하여 운동 방정식을 구한다.

x:

$$\frac{\partial L}{\partial x} - \frac{d}{dt}\frac{\partial L}{\partial \dot{x}} = 0$$

$$0 - \frac{d}{dt}m\dot{x} = 0$$

$$\ddot{x} = 0 \tag{7.21}$$

y:

$$\frac{\partial L}{\partial y} - \frac{d}{dt}\frac{\partial L}{\partial \dot{y}} = 0$$

$$-mg - \frac{d}{dt}(m\dot{y}) = 0$$

$$\ddot{y} = -g \tag{7.22}$$

초기 조건을 이용하여 식 (7.21)과 식 (7.22)를 적분하면 적합한 운동 방정식을 얻을 수 있다.
극좌표계에서는

$$T = \frac{1}{2}m\dot{r}^2 + \frac{1}{2}m(r\dot{\theta})^2$$

$$U = mgr\sin\theta$$

여기서 $\theta = 0$일 때 $U = 0$이다.

$$L = T - U = \frac{1}{2}m\dot{r}^2 + \frac{1}{2}mr^2\dot{\theta}^2 - mgr\sin\theta \tag{7.23}$$

r:

$$\frac{\partial L}{\partial r} - \frac{d}{dt}\frac{\partial L}{\partial \dot{r}} = 0$$

$$mr\dot{\theta}^2 - mg\sin\theta - \frac{d}{dt}(m\dot{r}) = 0$$

$$r\dot{\theta}^2 - g\sin\theta - \ddot{r} = 0 \tag{7.24}$$

θ:

$$\frac{\partial L}{\partial \theta} - \frac{d}{dt}\frac{\partial L}{\partial \dot{\theta}} = 0$$

$$-mgr\cos\theta - \frac{d}{dt}(mr^2\dot{\theta}) = 0$$

$$-gr\cos\theta - 2r\dot{r}\dot{\theta} - r^2\ddot{\theta} = 0 \tag{7.25}$$

식 (7.21)과 식 (7.22)로 표현된 운동 방정식이 식 (7.24)와 식 (7.25)보다 분명히 간단하다. 이 문제를 풀기 위해 일반화 좌표로서 직교좌표계를 선택해야 한다. 이것을 인식하는 데 핵심은 y에만 의존하는 위치 에너지이다. 극좌표계에서 위치 에너지는 r과 θ 양쪽에 의존한다.

예제 7.4

질량 m인 입자가 반각도 α인 미끄러운 원뿔의 내면 위에서 운동하도록 구속되어 있다(그림 7-2 참조). 입자는 중력을 받고 있다. 일반화 좌표와 구속을 결정하고 라그랑주 운동 방정식 (7.18)을 구하라.

풀이

원뿔의 축을 z축에, 또한 이 정점을 원점으로 취하면, 문제가 원통대칭이 되므로 우리는 일반화 좌표로서 r, θ, z를 취한다. 그러나 구속조건식

$$z = r\cot\alpha \tag{7.26}$$

때문에 계의 자유도는 두 개뿐이므로, 고유인 일반화 좌표도 두 개다. 따라서 식 (7.26)은 z이든지 r이든

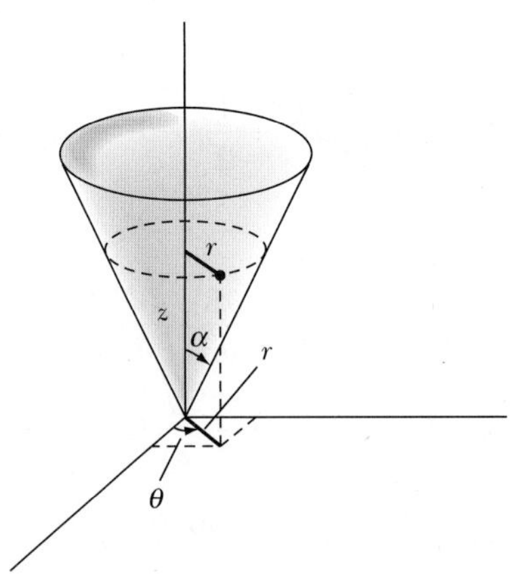

그림 7-2 예제 7.4. 반각도 α인 미끄러운 원뿔. 일반화 좌표로서 r, θ, z를 취한다.

지 어느 한쪽의 좌표를 소거하는 데 사용한다. 여기서는 z를 소거한다. 그러면 속도의 제곱은

$$\begin{aligned} v^2 &= \dot{r}^2 + r^2\dot{\theta}^2 + \dot{z}^2 \\ &= \dot{r}^2 + r^2\dot{\theta}^2 + \dot{r}^2 \cot^2\alpha \\ &= \dot{r}^2 \csc^2\alpha + r^2\dot{\theta}^2 \end{aligned} \tag{7.27}$$

이 되고, 위치 에너지는($z = 0$에서 $U = 0$을 취한다면)

$$U = mgz = mgr \cot \alpha$$

가 되므로, 라그랑지안은

$$L = \frac{1}{2}m\,(\dot{r}^2 \csc^2\alpha + r^2\dot{\theta}^2) - mgr \cot\alpha \tag{7.28}$$

로 얻어진다.

L이 θ를 명백히 포함하지 않은 것에 주의하면, $\partial L/\partial\theta = 0$이 되고 θ에 대해 라그랑주 방정식은

$$\frac{d}{dt}\frac{\partial L}{\partial\dot{\theta}} = 0$$

이 되므로,

$$\frac{\partial L}{\partial\dot{\theta}} = mr^2\dot{\theta} = \text{상수} \tag{7.29}$$

를 얻는다. 그런데 $mr^2\dot{\theta} = mr^2\omega$는 바로 z축 주위의 각운동량이므로, 식 (7.29)는 계의 대칭축 주위의 각운동량 보존을 나타낸다.

r에 대한 라그랑주 방정식은

$$\frac{\partial L}{\partial r} - \frac{d}{dt}\frac{\partial L}{\partial\dot{r}} = 0 \tag{7.30}$$

이므로, 미분 연산을 행하면 r 좌표에 대한 운동 방정식

$$\ddot{r} - r\dot{\theta}^2 \sin^2\alpha + g\sin\alpha\cos\alpha = 0 \tag{7.31}$$

을 얻는다.

이 예는 8.10절에서 다시 다루면서 이 운동을 더욱 상세히 조사한다.

예제 7.5

길이가 b인 단진자의 고정점이 반지름 a인 질량이 없는 원환 위에서 움직인다. 이 원환은 각속도 ω로 일정하게 회전하고 있다. 질량 m의 속도와 가속도를 직교좌표계상의 성분으로 구하라. 또한 그림 7-3에 나타낸 각도 θ에 대한 각가속도를 구하라.

풀이

좌표계의 원점을 회전 원환의 중심에 잡자. 질량 m의 직교좌표 성분은

$$\left.\begin{aligned} x &= a\cos\omega t + b\sin\theta \\ y &= a\sin\omega t - b\cos\theta \end{aligned}\right\} \tag{7.32}$$

이고, 속도는 다음과 같다.

$$\left.\begin{aligned} \dot{x} &= -a\omega\sin\omega t + b\dot{\theta}\cos\theta \\ \dot{y} &= a\omega\cos\omega t + b\dot{\theta}\sin\theta \end{aligned}\right\} \tag{7.33}$$

시간을 가지고 다시 한 번 미분하면 가속도는

$$\ddot{x} = -a\omega^2\cos\omega t + b(\ddot{\theta}\cos\theta - \dot{\theta}^2\sin\theta)$$

$$\ddot{y} = -a\omega^2\sin\omega t + b(\ddot{\theta}\sin\theta + \dot{\theta}^2\cos\theta)$$

와 같이 얻어진다. 이제 분명한 사실은 유일한 일반화 좌표는 θ라는 것이다. 운동 에너지와 위치 에너지 다음과 같다.

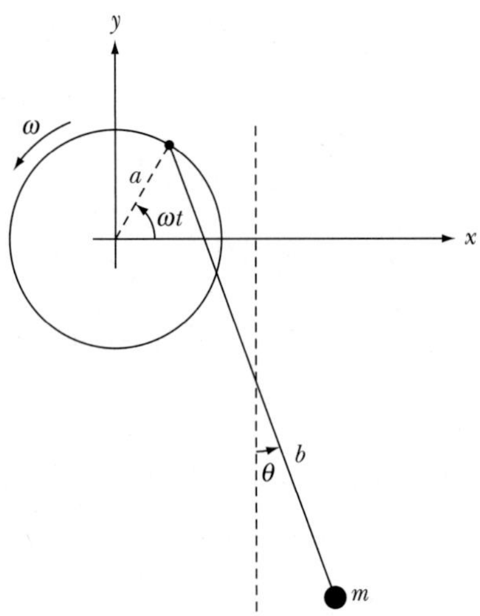

그림 7-3 예제 7.5. 회전하는 물체의 가장자리에 매달린 단진자

$$T = \frac{1}{2}m(\dot{x}^2 + \dot{y}^2)$$
$$U = mgy$$

여기서 $y = 0$일 때 $U = 0$이다. 라그랑지안은 다음과 같다.

$$L = T - U = \frac{m}{2}[a^2\omega^2 + b^2\dot{\theta}^2 + 2b\dot{\theta}a\omega \sin(\theta - \omega t)] \\ - mg(a \sin \omega t - b \cos \theta) \tag{7.34}$$

θ에 관한 라그랑주 운동 방정식을 유도하면

$$\frac{d}{dt}\frac{\partial L}{\partial \dot{\theta}} = mb^2\ddot{\theta} + mba\omega(\dot{\theta} - \omega)\cos(\theta - \omega t)$$

$$\frac{\partial L}{\partial \theta} = mb\dot{\theta}a\omega \cos(\theta - \omega t) - mgb \sin \theta$$

이므로, ($\ddot{\theta}$에 관해 풀면) 운동 방정식은

$$\ddot{\theta} = \frac{\omega^2 a}{b}\cos(\theta - \omega t) - \frac{g}{b}\sin \theta \tag{7.35}$$

가 된다. 이 결과는 $\omega = 0$일 때 단진자의 잘 알려져 있는 운동 방정식이 된다는 점에 주목하라.

예제 7.6

x방향으로 가속도가 a로 일정한 열차 내에 설치된 단진자의 작은 진동에 대한 진동수를 구하라.

풀이

길이 ℓ, 질량 m, 변위각 θ인 진자의 개념도가 그림 7-4a에 그려져 있다. $t = 0$에서 $x = 0$, $\dot{x} = v_0$인 고정 직교좌표계를 택하자. m의 위치와 속도는 다음과 같다.

$$x = v_0 t + \frac{1}{2}at^2 + \ell \sin \theta$$
$$y = -\ell \cos \theta$$
$$\dot{x} = v_0 + at + \ell\dot{\theta}\cos \theta$$
$$\dot{y} = \ell\dot{\theta}\sin \theta$$

운동 에너지와 위치 에너지는

$$T = \frac{1}{2}m(\dot{x}^2 + \dot{y}^2) \quad U = -mg\ell \cos \theta$$

(a)

(b)

그림 7-4 예제 7.6. (a) 가속되는 열차 안에서 흔들리는 단진자, (b) 각도 θ_e는 열차의 가속도 a와 중력가속도 g에 의해 평형을 이루고 있는 각이다.

이고, 라그랑지안은

$$L = T - U = \frac{1}{2}m(v_0 + at + \ell\dot{\theta}\cos\theta)^2 + \frac{1}{2}m(\ell\,\dot{\theta}\sin\theta)^2 + mg\ell\cos\theta$$

이다.

각도 θ가 유일한 일반화 좌표이며, 라그랑주 방정식을 유도하고 각 항을 적절하게 모으면 운동 방정식은

$$\ddot{\theta} = -\frac{g}{\ell}\sin\theta - \frac{a}{\ell}\cos\theta \tag{7.36}$$

가 된다(연습문제 7-2). $\ddot{\theta} = 0$으로 놓음으로써 평형각 $\theta = \theta_e$를 결정한다.

$$0 = g\sin\theta_e + \mathrm{a}\cos\theta_e \tag{7.37}$$

그림 7-4b에 표시되어 있는 평형각 θ_e는 다음과 같이 얻을 수 있다.

$$\tan\theta_e = -\frac{a}{g} \tag{7.38}$$

진동이 작고 평형각 주변에서 진동하기 때문에 $\theta = \theta_e + \eta$로 놓는다. 여기서 η는 작은 각도이다.

$$\ddot{\theta} = \ddot{\eta} = -\frac{g}{\ell}\sin(\theta_e + \eta) - \frac{a}{\ell}\cos(\theta_e + \eta) \tag{7.39}$$

sin과 cos 항을 전개하고 sin η와 cos η에 대한 미소각 근사를 이용하면 테일러 급수 전개에서 첫 항만을 고려할 때

$$\begin{aligned}\ddot{\eta} &= -\frac{g}{\ell}(\sin\theta_e \cos\eta + \cos\theta_e \sin\eta) - \frac{a}{\ell}(\cos\theta_e \cos\eta - \sin\theta_e \sin\eta) \\ &= -\frac{g}{\ell}(\sin\theta_e + \eta\cos\theta_e) - \frac{a}{\ell}(\cos\theta_e - \eta\sin\theta_e) \\ &= -\frac{1}{\ell}[(g\sin\theta_e + a\cos\theta_e) + \eta(g\cos\theta_e - a\sin\theta_e)]\end{aligned}$$

를 얻는다. 식 (7.37)에 의해 각괄호 안의 첫 항은 0이 된다. 따라서

$$\ddot{\eta} = -\frac{1}{\ell}(g\cos\theta_e - a\sin\theta_e)\eta \tag{7.40}$$

식 (7.38)을 이용하여 sin θ_e와 cos θ_e를 결정하는데, 조금만 계산한다면(연습문제 7-2) 식 (7.40)은

$$\ddot{\eta} = -\frac{\sqrt{a^2 + g^2}}{\ell}\eta \tag{7.41}$$

가 된다. 이 식은 이제 단일 조화 운동을 나타내고 있으므로 진동수 ω는

$$\omega^2 = \frac{\sqrt{a^2 + g^2}}{\ell} \tag{7.42}$$

로 결정된다. 열차가 정지된다면 $a = 0$에 대해 $\omega \to \sqrt{g/\ell}$이므로 위의 결과는 확실한 것이다.

예제 7.7

포물선 $z = cr^2$형으로 휘어진 균일한 철사를 따라 염주알이 미끄러져 간다(그림 7-5). 철사가 수직대칭축 주변을 각속도 ω로 회전할 때 염주알이 반지름 R인 원으로 회전하게 된다. 이때 c 값을 구하라.

풀이

문제는 원통대칭이기 때문에 일반화 좌표로서 r, θ, z로 잡으면, 염주알의 운동 에너지는 다음과 같다.

$$T = \frac{m}{2}[\dot{r}^2 + \dot{z}^2 + (r\dot{\theta})^2] \tag{7.43}$$

$z = 0$에서 $U = 0$으로 잡으면, 위치 에너지는 다음과 같다.

$$U = mgz \tag{7.44}$$

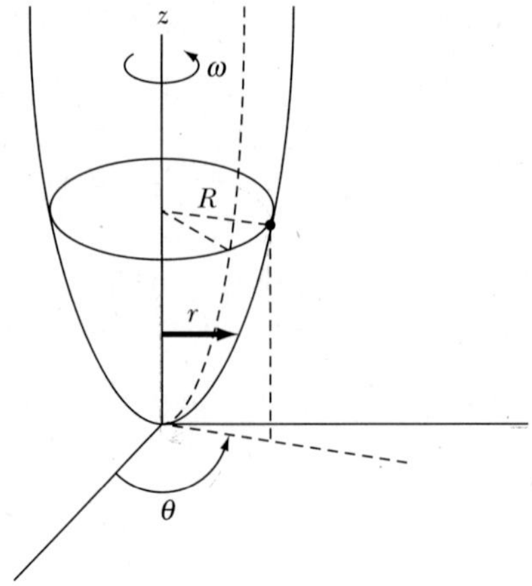

그림 7-5 예제 7.7. z축 주위를 돌고 있는 매끄러운 철사를 따라서 미끄러지는 구슬

그러나 r, z, θ는 독립이 아니다. 포물선에 대한 구속조건식은

$$z = cr^2 \tag{7.45}$$

$$\dot{z} = 2c\dot{r}r \tag{7.46}$$

이고, 또한 회전각이 시간에 관한 함수여서

$$\begin{aligned} \theta &= \omega t \\ \dot{\theta} &= \omega \end{aligned} \tag{7.47}$$

에 직접 의존하지 않으므로 r에만 의존하는 라그랑지안을 쓰면 다음과 같다.

$$\begin{aligned} L &= T - U \\ &= \frac{m}{2}(\dot{r}^2 + 4c^2r^2\dot{r}^2 + r^2\omega^2) - mgcr^2 \end{aligned} \tag{7.48}$$

문제에서 반지름 R인 원 내에서 염주알이 움직인다고 했으므로 이 시점에서 독자는 $r = R =$ 상수, $\dot{r} = 0$이라고 놓을 것 같다. 라그랑지안에서 지금 그렇게 하면 틀린 것이다. 우선 변수 r에 관한 운동 방정식을 구하고 난 후에 특별한 운동에 대한 조건으로 $r = R$로 놓아야 한다. 이것이 $r = R$일 때 필요한 c의 특별한 값을 결정하는 수법이다.

$$\frac{\partial L}{\partial \dot{r}} = \frac{m}{2}(2\dot{r} + 8c^2r^2\dot{r})$$

$$\frac{d}{dt}\frac{\partial L}{\partial \dot{r}} = \frac{m}{2}(2\ddot{r} + 16c^2r\dot{r}^2 + 8c^2r^2\ddot{r})$$

$$\frac{\partial L}{\partial r} = m(4c^2r\dot{r}^2 + r\omega^2 - 2gcr)$$

따라서 라그랑주 운동 방정식은 다음과 같다.

$$\ddot{r}(1 + 4c^2r^2) + \dot{r}^2(4c^2r) + r(2gc - \omega^2) = 0 \tag{7.49}$$

이것은 형태가 다소 복잡하나, 염주알이 $r = R =$ 상수, $\dot{r} = \ddot{r} = 0$으로 회전한다면 식 (7.49)는

$$R(2gc - \omega^2) = 0$$

이 되고

$$c = \frac{\omega^2}{2g} \tag{7.50}$$

과 같이 원하는 결과를 얻을 수 있다.

예제 7.8

그림 7-6과 같은 이중 도르래가 있는데 표시된 좌표로 운동 방정식을 구하라.

풀이

도르래는 질량이 없다고 가정하고, 이 두 개의 도르래에 자연스럽게 걸려 있는 끈의 길이를 l_1, l_2로 하자. 거리 x, y는 도르래의 중심으로부터 계산한다.

m_1:

$$v_1 = \dot{x} \tag{7.51}$$

m_2:

$$v_2 = \frac{d}{dt}(l_1 - x + y) = -\dot{x} + \dot{y} \tag{7.52}$$

m_3:

$$v_3 = \frac{d}{dt}(l_1 - x + l_2 - y) = -\dot{x} - \dot{y} \tag{7.53}$$

$$\begin{aligned} T &= \frac{1}{2}m_1v_1^2 + \frac{1}{2}m_2v_2^2 + \frac{1}{2}m_3v_3^2 \\ &= \frac{1}{2}m_1\dot{x}^2 + \frac{1}{2}m_2(\dot{y} - \dot{x})^2 + \frac{1}{2}m_3(-\dot{x} - \dot{y})^2 \end{aligned} \tag{7.54}$$

$x = 0$에서 위치 에너지를 $U = 0$으로 잡으면

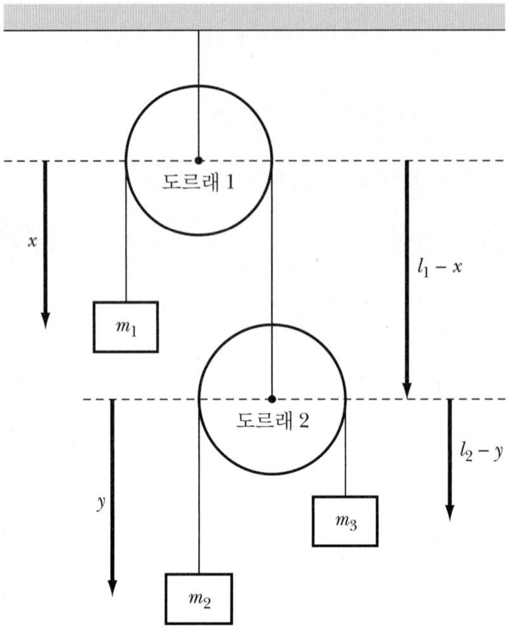

그림 7-6 예제 7.8. 이중 도르래

$$\begin{aligned} U &= U_1 + U_2 + U_3 \\ &= -m_1gx - m_2g(l_1 - x + y) - m_3g(l_1 - x + l_2 - y) \end{aligned} \tag{7.55}$$

T와 U가 얻어졌으므로, 운동 방정식은 식 (7.18)을 사용하여

$$m_1\ddot{x} + m_2(\ddot{x} - \ddot{y}) + m_3(\ddot{x} + \ddot{y}) = (m_1 - m_2 - m_3)g \tag{7.56}$$

$$-m_2(\ddot{x} - \ddot{y}) + m_3(\ddot{x} + \ddot{y}) = (m_2 - m_3)g \tag{7.57}$$

와 같이 얻을 수 있다. 이 식 (7.56)과 식 (7.57)은 $\ddot{x}$와 $\ddot{y}$에 대해 풀 수 있다.

예제 7.2∼7.8은 라그랑주 방정식을 사용하는 경우들이다. 라그랑주 방법은 단순한 처방법에 지나지 않는다고 막연하게 말할 수 있을 것이다. 이 방법을 씀으로써 '물리'를 잃는다고도 할 수 있다. 그러나 반면에 라그랑주 방법은 아주 복잡해지는 문제를 푸는 데 있어 매우 강력하고 유용하다. 간단한 문제는 아마 뉴턴의 방법으로 쉽게 풀 수 있겠지만 라그랑주 방법은 복잡한 물리적 상황(양자역학에서 일어나는 일들 포함[12])에 폭넓게 이용할 수 있다.

12) Feynman and Hibbs(Fe65) 참조

7.5 미정 계수를 포함하는 라그랑주 방정식

좌표 사이의 대수 관계식으로 나타내는 구속을 홀로노믹 구속이라 한다. 계가 이와 같은 구속만을 받는 경우에는 운동 방정식이 조건에 영향받지 않을 고유 일반화 좌표계를 반드시 발견할 수 있다.

또한 계를 구성하는 입자의 속도를 포함한 구속조건은

$$f(x_{\alpha,i},\ \dot{x}_{\alpha,i},\ t) = 0 \tag{7.58}$$

의 모양을 하고 있으나, 이 중에서 적분을 할 수 있고 구속조건식이 좌표 사이의 관계식이 되는 것 외에는 비홀로노믹 구속이다.[13)]

다음과 같은 형태의 구속조건식을 생각하자.

$$\sum_i A_i \dot{x}_i + B = 0, \quad i = 1, 2, 3 \tag{7.59}$$

일반적으로 적분할 수 없으므로 비홀로노믹 구속인데, 만일 A_i, B가 각각

$$A_i = \frac{\partial f}{\partial x_i}, \quad B = \frac{\partial f}{\partial t}, \quad f = f(x_i,\ t) \tag{7.60}$$

의 모양을 하고 있으면, 식 (7.59)는

$$\sum_i \frac{\partial f}{\partial x_i}\frac{dx_i}{dt} + \frac{\partial f}{\partial t} = 0 \tag{7.61}$$

으로 쓸 수 있으므로, 이것은 바로

$$\frac{df}{dt} = 0$$

이 되고, 적분하면

$$f(x_i, t) - \text{상수} = 0 \tag{7.62}$$

을 얻는다. 그래서 이 구속은 실은 홀로노믹인 것이다.

이 예에서 우리는

$$\sum_j \frac{\partial f_k}{\partial q_j} dq_j + \frac{\partial f_k}{\partial t} dt = 0 \tag{7.63}$$

13) 이러한 구속은 때때로 세미홀로노믹(semiholonomic)이라고 한다.

와 같은 미분형으로 나타내는 구속은 식 (7.9) 모양의 구속조건식과 등가라고 결론지을 수 있다.

어떤 문제에서의 구속조건식을 대수식이 아니고 미분형으로 나타내는 경우에, 이것을 처음부터 적분하지 말고 라그랑주의 미정 계수(6.6절 참조)를 써서 라그랑주 방정식에 직접 집어넣을 수가 있다. 즉, 식 (6.71)과 마찬가지인 구속

$$\sum_j \frac{\partial f_k}{\partial q_j} dq_j = 0 \quad \begin{cases} j = 1, 2, \ldots, s \\ k = 1, 2, \ldots, m \end{cases} \tag{7.64}$$

을 받는 경우에 라그랑주 방정식(식 (6.69))은 다음과 같이 쓴다.

$$\boxed{\frac{\partial L}{\partial q_j} - \frac{d}{dt}\frac{\partial L}{\partial \dot{q}_j} + \sum_k \lambda_k(t) \frac{\partial f_k}{\partial q_j} = 0} \tag{7.65}$$

사실, 해밀턴의 원리에 포함되는 변분 과정에서는 양 끝점에서의 시간은 일정하게 유지되므로, 식 (7.64)에 $(\partial f_k/\partial t)\,dt$의 항을 추가해도 운동 방정식은 영향을 받지 않는다. 따라서 식 (7.63)으로 나타내는 구속조건식에서도 식 (7.65)에서 주어지는 라그랑주 방정식이 도출된다.

라그랑주 형식이 역학에 아주 유리한 이유는 구속력을 직접 포함하지 않아도 좋기 때문이며, 여기서는 계의 각 성분에 작용하는 힘을 계산하는 것보다, 오히려 계 전체의 역학에 비중을 두고 있다. 그러나 때로는 구속력도 구하고 싶다. 예를 들면, 공학적 입장에서 디자인을 목적으로 구속력을 알면 유용할 것이다. 따라서 식 (7.65)의 모양으로 나타내는 라그랑주 방정식 속의 **미정 계수 $\boldsymbol{\lambda_k(t)}$가 바로 이 구속력**이라는 사실을 지적해놓는 편이 좋겠다.14) 일반화된 구속력 Q_j는 다음과 같이 주어진다.

$$Q_j = \sum_k \lambda_k \frac{\partial f_k}{\partial q_j} \tag{7.66}$$

예제 7.9

여기서 또 경사면을 굴러 내려오는 원판의 경우(예제 6.5와 그림 6-7 참조)에서 운동 방정식, 구속력, 각가속도를 구하라.

풀이

먼저 운동 에너지는 병진과 회전인 두 개의 항으로 분리할 수 있고,15) 다음과 같이 쓴다.

---

14) 예를 들어 Goldstein(Go80, p. 47) 참조. 특별한 문제에서의 구속력에 대한 명백한 계산은 Becker(Be54, 11장과 13장)와 Symon(Sy71, p. 372ff)이 실행했다.

15) 11장에서 논의할 강체역학의 잘 알려진 결과를 미리 쓴다.

$$T = \frac{1}{2}M\dot{y}^2 + \frac{1}{2}I\dot{\theta}^2$$
$$= \frac{1}{2}M\dot{y}^2 + \frac{1}{4}MR^2\dot{\theta}^2$$

여기서 M은 원판의 질량으로 R은 그 반지름, $I = \frac{1}{2}MR^2$은 중심축 주위의 관성 모멘트이다. 또한 위치 에너지는

$$U = Mg(l - y)\sin\alpha \tag{7.67}$$

이나, l은 경사면의 길이이고, 원판은 경사면의 최저점에서 그 위치 에너지가 0이라고 하자. 그러면 라그랑지안은

$$\begin{aligned} L &= T - U \\ &= \frac{1}{2}M\dot{y}^2 + \frac{1}{4}MR^2\dot{\theta}^2 + Mg(y - l)\sin\alpha \end{aligned} \tag{7.68}$$

가 되고, 구속조건식은 다음과 같다.

$$f(y, \theta) = y - R\theta = 0 \tag{7.69}$$

원판이 미끄러지지 않고 구르는 경우는 계의 자유도가 1이므로, y나 θ의 어느 한쪽을 고유 좌표로 선택하고, 다른 한쪽은 식 (7.69)를 써서 소거하면 좋다. 또한 일반화 좌표로서 y, θ의 양쪽을 취하고, 미정 계수의 방법을 써도 좋다. 이 경우에 라그랑주 방정식은

$$\left.\begin{aligned} \frac{\partial L}{\partial y} - \frac{d}{dt}\frac{\partial L}{\partial \dot{y}} + \lambda\frac{\partial f}{\partial y} = 0 \\ \frac{\partial L}{\partial \theta} - \frac{d}{dt}\frac{\partial L}{\partial \dot{\theta}} + \lambda\frac{\partial f}{\partial \theta} = 0 \end{aligned}\right\} \tag{7.70}$$

이 되어, 미분 연산하면

$$Mg\sin\alpha - M\ddot{y} + \lambda = 0 \tag{7.71a}$$

$$-\frac{1}{2}MR^2\ddot{\theta} - \lambda R = 0 \tag{7.71b}$$

을 얻는다. 또한 구속조건식에서

$$y = R\theta \tag{7.72}$$

가 나온다. 식 (7.71)과 식 (7.72)는 세 개의 미지의 양 y, θ, λ로 된 풀 수 있는 계를 나타내고 있다. 먼저 구속조건식(식 (7.72))을 미분하면

$$\ddot{\theta} = \frac{\ddot{y}}{R} \tag{7.73}$$

가 나오므로, 식 (7.71b)와 식 (7.73)을 조합해서

$$\lambda = -\frac{1}{2}M\ddot{y} \tag{7.74}$$

을 얻으며, 이를 식 (7.71a)에 넣으면

$$\ddot{y} = \frac{2g\sin\alpha}{3} \tag{7.75}$$

를 얻고, 동시에

$$\lambda = -\frac{Mg\sin\alpha}{3} \tag{7.76}$$

가 된다. 이때 식 (7.71b)에서

$$\ddot{\theta} = \frac{2g\sin\alpha}{3R} \tag{7.77}$$

를 얻고 결국 $\ddot{y}$, $\ddot{\theta}$, λ에 대해 직접 적분할 수 있는 세 식을 얻는다.

그러나 원판이 경사면을 마찰 없이 미끄러져 내려오는 경우에는 $\ddot{y} = g\sin\alpha$가 됨을 주의하면, 굴러가는 경우의 가속도는 마찰 없이 미끄러지는 경우의 $\frac{2}{3}$가 되고, 또한 굴러가기 위한 마찰력의 크기는 꼭 λ, 즉 $(Mg/3)\sin\alpha$가 된다.

일반화된 구속력 식 (7.66)은

$$Q_y = \lambda\frac{\partial f}{\partial y} = \lambda = -\frac{Mg\sin\alpha}{3}$$

$$Q_\theta = \lambda\frac{\partial f}{\partial \theta} = -\lambda R = \frac{MgR\sin\alpha}{3}$$

이며, Q_y는 힘이고 Q_θ는 토크이다. 이들이 원판이 미끄러지지 않고 면을 굴러 내려오게 하는 일반화된 구속력을 나타내는 것이다.

구속조건식으로부터 얻어지는 $\dot{\theta} = \dot{y}/R$을 라그랑지안에 대입해서 $\dot{\theta}$를 소거하면

$$L = \frac{3}{4}M\dot{y}^2 + Mg(y - l)\sin\alpha \tag{7.78}$$

가 되어, 라그랑지안은 유일한 고유 좌표로 나타내고, 식 (7.18)에서 즉시 하나의 운동 방정식이 얻어진다.

$$Mg \sin \alpha - \frac{3}{2} M \ddot{y} = 0 \tag{7.79}$$

이는 식 (7.75)와 같고 이 방법이 더욱 간단하지만, 구속력을 구하는 경우에는 쓸 수 없다.

예제 7.10

질량 m인 입자가 반지름 a인 고정된 균일한 반구의 꼭대기에 정지되어 있다가 움직이기 시작한다. 구속력을 구하고, 입자가 반구로부터 떠나는 각도를 결정하라.

풀이

우선 그림 7-7을 보자. 입자가 반구로부터 떠나는 가능성을 생각하고 있기 때문에 일반화 좌표를 r과 θ로 잡는다. 구속식은

$$f(r, \theta) = r - a = 0 \tag{7.80}$$

이며, 라그랑지안은 운동 에너지와 위치 에너지로 주어진다. 즉,

$$\begin{aligned} T &= \frac{m}{2}(\dot{r}^2 + r^2\dot{\theta}^2) \\ U &= mgr \cos \theta \\ L &= T - U \\ L &= \frac{m}{2}(\dot{r}^2 + r^2\dot{\theta}^2) - mgr \cos \theta \end{aligned} \tag{7.81}$$

여기서 위치 에너지는 반구의 밑바닥에서 0이다. 라그랑주 방정식(식 (7.65))은 다음과 같다.

$$\frac{\partial L}{\partial r} - \frac{d}{dt}\frac{\partial L}{\partial \dot{r}} + \lambda \frac{\partial f}{\partial r} = 0 \tag{7.82}$$

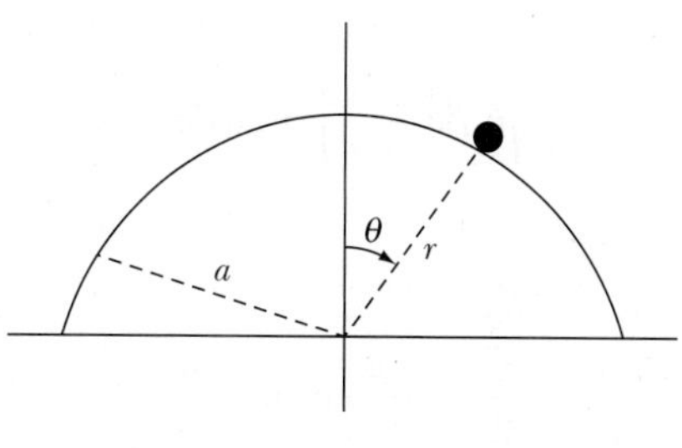

그림 7-7 예제 7.10. 고정된 균일한 반구의 면 위를 움직이고 있는 질량 m인 입자

$$\frac{\partial L}{\partial \theta} - \frac{d}{dt}\frac{\partial L}{\partial \dot{\theta}} + \lambda \frac{\partial f}{\partial \theta} = 0 \tag{7.83}$$

식 (7.80)을 미분하면

$$\frac{\partial f}{\partial r} = 1, \qquad \frac{\partial f}{\partial \theta} = 0 \tag{7.84}$$

이므로, 식 (7.82)와 식 (7.83)은

$$mr\dot{\theta}^2 - mg\cos\theta - m\ddot{r} + \lambda = 0 \tag{7.85}$$

$$mgr\sin\theta - mr^2\ddot{\theta} - 2mr\dot{r}\dot{\theta} = 0 \tag{7.86}$$

가 된다. 다음은 이 운동 방정식에 구속조건 $r = a$를 적용해서

$$r = a, \quad \dot{r} = 0 = \ddot{r}$$

따라서 식 (7.85)와 식 (7.86)은

$$ma\dot{\theta}^2 - mg\cos\theta + \lambda = 0 \tag{7.87}$$

$$mga\sin\theta - ma^2\ddot{\theta} = 0 \tag{7.88}$$

같이 된다. 식 (7.88)로부터

$$\ddot{\theta} = \frac{g}{a}\sin\theta \tag{7.89}$$

이므로, 적분하여 $\dot{\theta}^2$을 얻고자 한다.

$$\ddot{\theta} = \frac{d}{dt}\frac{d\theta}{dt} = \frac{d\dot{\theta}}{dt} = \frac{d\dot{\theta}}{d\theta}\frac{d\theta}{dt} = \dot{\theta}\frac{d\dot{\theta}}{d\theta} \tag{7.90}$$

식 (7.89)를 적분하면

$$\int \dot{\theta}\, d\dot{\theta} = \frac{g}{a}\int \sin\theta\, d\theta \tag{7.91}$$

따라서

$$\frac{\dot{\theta}^2}{2} = \frac{-g}{a}\cos\theta + \frac{g}{a} \tag{7.92}$$

여기서 $\dot{\theta} = 0$일 때 $t = 0$에서 $\theta = 0$이므로, 적분 상수는 g/a이다. 식 (7.92)의 $\dot{\theta}^2$을 식 (7.87)에 대입하고

λ에 대해 풀면

$$\lambda = mg(3\cos\theta - 2) \tag{7.93}$$

이것이 구속력이다. $\lambda = 0$일 때 입자는 θ_0각에서 반구로부터 떨어진다.

$$\lambda = 0 = mg(3\cos\theta_0 - 2) \tag{7.94}$$

$$\theta_0 = \cos^{-1}\left(\frac{2}{3}\right) \tag{7.95}$$

순쉬운 확인으로서, 입자가 반구 꼭대기에 앉아 있을 때 $\theta = 0$에서 구속력이 $\lambda = mg$임을 주의하라.

미정 계수법의 유효성은 2가지이다.

1. 라그랑주 계수는 때때로 필요로 하는 구속력이다.
2. 적당한 일반화 좌표가 적합하지 않거나 얻기 쉽지 않을 경우, 이 방법은 좌표 간의 구속관계를 포함시켜서 일반화 좌표수를 늘리는 데 사용할 수 있다.

7.6 라그랑주 방정식과 뉴턴 방정식의 등가성

처음부터 강조한 바와 같이, 역학에서의 라그랑주 형식과 뉴턴 형식은 등가이다. 즉, 관점은 다르나 내용은 같다. 여기서는 먼저 두 종류의 운동 방정식이 같음을 보임으로써 이 등가성을 확실하게 하자.

식 (7.18)에서의 일반화 좌표로서 직교좌표를 쓰면, (단일 입자에 대한) 라그랑주 방정식은

$$\frac{\partial L}{\partial x_i} - \frac{d}{dt}\frac{\partial L}{\partial \dot{x}_i} = 0, \qquad i = 1, 2, 3 \tag{7.96}$$

또는

$$\frac{\partial(T - U)}{\partial x_i} - \frac{d}{dt}\frac{\partial(T - U)}{\partial \dot{x}_i} = 0$$

으로 된다. 그런데 직교좌표를 쓴 경우에 보존계에서는 $T = T(\dot{x}_i)$, $U = U(x_i)$로 쓰므로

$$\frac{\partial T}{\partial x_i} = 0 \quad \text{그리고} \quad \frac{\partial U}{\partial \dot{x}_i} = 0$$

이 되고, 라그랑주 방정식은

$$-\frac{\partial U}{\partial x_i} = \frac{d}{dt}\frac{\partial T}{\partial \dot{x}_i} \tag{7.97}$$

가 된다. 보존계에서는

$$-\frac{\partial U}{\partial x_i} = F_i$$

이고, 또한

$$\frac{d}{dt}\frac{\partial T}{\partial \dot{x}_i} = \frac{d}{dt}\frac{\partial}{\partial \dot{x}_i}\left(\sum_{j=1}^{3}\frac{1}{2}m\dot{x}_j^2\right) = \frac{d}{dt}(m\dot{x}_i) = \dot{p}_i$$

가 되므로, 결국 식 (7.97)은 구하려고 했던 뉴턴 방정식을 낳는다.

$$F_i = \dot{p}_i \tag{7.98}$$

따라서 일반화 좌표가 직교좌표일 경우 라그랑주 방정식과 뉴턴 방정식은 동일하다.

이제 뉴턴 개념을 사용하여 라그랑주 운동 방정식을 유도해보자. 간단하게 하기 위해 단일 입자만을 생각하자. x_i 좌표로부터 일반화 좌표 q_j로 변환해야 하는데, 식 (7.5)로부터

$$x_i = x_i(q_j, t) \tag{7.99}$$

$$\dot{x}_i = \sum_j \frac{\partial x_i}{\partial q_j}\dot{q}_j + \frac{\partial x_i}{\partial t} \tag{7.100}$$

또한

$$\frac{\partial \dot{x}_i}{\partial \dot{q}_j} = \frac{\partial x_i}{\partial q_j} \tag{7.101}$$

이다. q_j에 대응하는 일반화 운동량 p_j는

$$p_j = \frac{\partial T}{\partial \dot{q}_j} \tag{7.102}$$

같이 쉽게 얻어지며, 예로서 평면 극좌표 속에서 운동하는 입자에 대해 $T = (\dot{r}^2 + r^2\dot{\theta}^2)m/2$이므로 r 좌표에 대해 $p_r = m\dot{r}$ 그리고 θ 좌표에 대해 $p_\theta = mr^2\dot{\theta}$를 갖게 된다. p_r은 분명히 선형 운동량이며, p_θ는 각운동량이다. 따라서 우리의 일반화 운동량의 정의는 뉴턴 개념과 일치하는 것 같다.

6.7절에서 기술한 것처럼 경로가 δx_i만큼 변했을 때 하는 가상 일 δW를 고려함으로써 일반화된 힘을 결정할 수 있다.

$$\delta W = \sum_i F_i \delta x_i = \sum_{i,j} F_i \frac{\partial x_i}{\partial q_j}\delta q_j \tag{7.103}$$

$$\equiv \sum_j Q_j \delta q_j \tag{7.104}$$

따라서 q_j에 대응하는 일반화된 힘 Q_j는

$$Q_j = \sum_i F_i \frac{\partial x_i}{\partial q_j} \tag{7.105}$$

가 된다. 일은 언제나 에너지이므로 Qq이다. q가 길이이면 Q는 힘이고, q가 각도이면 Q는 토크이다. 보존계에서 Q_j는 위치 에너지로부터 유도 가능하다.

$$Q_j = -\frac{\partial U}{\partial q_j} \tag{7.106}$$

이제 라그랑주 방정식을 얻을 수 있다.

$$\begin{aligned} p_j &= \frac{\partial T}{\partial \dot{q}_j} = \frac{\partial}{\partial \dot{q}_j}\left(\sum_i \frac{1}{2} m\dot{x}_i^2\right) \\ &= \sum_i m\dot{x}_i \frac{\partial \dot{x}_i}{\partial \dot{q}_j} \\ p_j &= \sum_i m\dot{x}_i \frac{\partial x_i}{\partial q_j} \end{aligned} \tag{7.107}$$

여기서 마지막 부분에 식 (7.101)을 사용했다. 식 (7.107)을 시간 미분하면

$$\dot{p}_j = \sum_i \left(m\ddot{x}_i \frac{\partial x_i}{\partial q_j} + m\dot{x}_i \frac{d}{dt}\frac{\partial x_i}{\partial q_j} \right) \tag{7.108}$$

마지막 항을 전개하면

$$\frac{d}{dt}\frac{\partial x_i}{\partial q_j} = \sum_k \frac{\partial^2 x_i}{\partial q_k \partial q_j} \dot{q}_k + \frac{\partial^2 x_i}{\partial q_j \partial t}$$

따라서 식 (7.108)은

$$\dot{p}_j = \sum_i m\ddot{x}_i \frac{\partial x_i}{\partial q_j} + \sum_{i,k} m\dot{x}_i \frac{\partial^2 x_i}{\partial q_k \partial q_j} \dot{q}_k + \sum_i m\dot{x}_i \frac{\partial^2 x_i}{\partial q_j \partial t} \tag{7.109}$$

가 된다. 이 식의 오른쪽 제1항은 정확히 Q_j이다($F_i = m\ddot{x}_i$이고 식 (7.105)이다). 나머지 두 개 항의 합은 $\partial T/\partial q_j$이고

$$\begin{aligned}\frac{\partial T}{\partial q_j} &= \sum_i m\dot{x}_i \frac{\partial \dot{x}_i}{\partial q_j} \\ &= \sum_i m\dot{x}_i \frac{\partial}{\partial q_j}\left(\sum_k \frac{\partial x_i}{\partial q_k}\dot{q}_k + \frac{\partial x_i}{\partial t}\right)\end{aligned} \tag{7.110}$$

여기서 $T = \sum_i 1/2\ m\dot{x}_i^2$과 식 (7.100)을 사용했다.

식 (7.109)는 이제

$$\dot{p}_j = Q_j + \frac{\partial T}{\partial q_j} \tag{7.111}$$

로 쓸 수 있고 식 (7.102)와 식 (7.106)을 쓰면

$$\frac{d}{dt}\left(\frac{\partial T}{\partial \dot{q}_j}\right) - \frac{\partial T}{\partial q_j} = Q_j = -\frac{\partial U}{\partial q_j} \tag{7.112}$$

가 된다. U는 일반화 속도 $\dot{q}_j$에 의존하지 않기 때문에 식 (7.112)는 다음과 같이 쓸 수 있으며

$$\frac{d}{dt}\left[\frac{\partial (T-U)}{\partial \dot{q}_j}\right] - \frac{\partial (T-U)}{\partial q_j} = 0 \tag{7.113}$$

$L = T - U$를 고려하면

$$\frac{d}{dt}\left(\frac{\partial L}{\partial \dot{q}_j}\right) - \frac{\partial L}{\partial q_j} = 0 \tag{7.114}$$

이다. 이것은 라그랑주의 운동 방정식이다.

7.7 라그랑주 역학의 진수

앞에서는 역학에서의 라그랑주 형식에 관해 일반적이고도 중요한 사항을 기술해왔으나, 논의를 더 진행하기 전에 라그랑주 관점과 뉴턴 관점의 차이를 명확히 하기 위해 지금까지의 논의를 요약해보자.

역사적으로는 일반화 좌표로 나타낸 라그랑주의 운동 방정식은 해밀턴의 원리보다 앞서 나왔으나,[16] 여기서는 먼저 해밀턴의 원리를 가정하고 이것에서 라그랑주 방정식을 유도했다. 왜냐하면 이와 같은 것이 가장 직접적이고, 또한 고전역학을 형식적으로 통일할 수 있는 방법이기도 하기 때문이다.

제일 먼저 라그랑주의 역학이 어떤 의미로도 새로운 이론이 아님을 반복할 필요가 있다. 즉, 라그랑주

16) 라그랑주 방정식: 1788년, 해밀턴 원리: 1834년

분석이든 뉴턴 분석이든 해석의 결과는 어떤 역학계에 대해서도 같고, 양자는 그러한 같은 결과를 얻기 위한 다른 방법에 지나지 않는다.

뉴턴의 방법이 물체에 작용하는 외부의 작용(력)에 중점을 두는 반면, 라그랑주의 방법은 물체와 관련한 양(운동 에너지와 위치 에너지)만을 다루고, 후자의 형식 중 어디에도 힘의 개념이 들어 있지 않다. 이것은 여러 가지 이유에서, 이 방법의 특히 중요한 성질이다. 즉, 우선 에너지는 스칼라량이므로 계의 라그랑지안은 좌표변환에 대해 불변이다. 이와 같은 변환은 보통의 공간에서 많은 직교좌표 사이에 제한되는 것이 아니고, 보통의 좌표와 일반화 좌표 사이에서도 행해진다. 그러므로 (운동 방정식이 아주 복잡해지는) 보통의 공간에서, 특별한 문제를 최대한으로 단순화하도록 만든 배위공간으로 옮기는 일이 가능해진다. 이렇게 해서 지금까지 우리는 역학계라 하면 힘, 각운동량, 토크 등의 벡터량으로 기술하는 데 익숙해지고 있으나, 라그랑주 형식을 사용하면 배위공간에서의 스칼라 연산을 쓰는 것만으로 완전한 운동 방정식을 얻는다.

힘-에너지라는 관점의 또 하나의 중요한 점은 다음과 같다. 즉, 경우에 따라서는(구속력에 대한 경우가 때때로 그러하나) 물체에 작용하는 모든 힘을 확실히 나타낼 수 없으나, 운동 에너지와 위치 에너지에 대한 식을 주는 것은 가능하다. 힘은 알 수 없으나 에너지를 알고 있는 양자역학계에서 해밀턴의 원리가 유용한 이유는 바로 이 때문이다.

뉴턴의 방정식에서 사용된 역학의 미분형 표현과 해밀턴의 원리(및 이로부터 나오는 라그랑주 방정식)에서 사용된 적분형 표현이 완전히 등가임을 보이고, 물리 현상을 기술하는 데 기초를 둔 이들의 관점에는 어떤 구별도 없음을 알았으나, 철학적인 입장에서는 구별할 수가 있다. 즉, 뉴턴 형식에서는 물체에 작용하는 어떤 힘이 특정한 운동을 일으킨다는 생각하에 어떤 원인과 특정 결과를 관련짓고 있으나, 해밀턴 원리에서는 물체의 운동이란 어떤 목적, 즉 운동 에너지와 위치 에너지 차이의 시간 적분을 최소로 하려는 목적을 이루려는 자연의 시도 결과라고 생각한다. 따라서 역학 문제를 푸는 데는 어떤 입장을 취해도 변화가 없으나, 역사적으로는 이러한 고찰이 역학의 발전(예를 들면, 7.2절에서 기술한 모페르튀이의 원리 참조)에 강한 영향을 끼쳤다. 이러한 사항에 흥미가 있는 독자는 모페르튀이의 탁월한 책을 참조하라.[17)]

7.8 운동 에너지에 관한 정리

고정, 직교좌표를 써서 나타내면 운동 에너지는 $\dot{x}_{\alpha,i}$의 균질 2차 함수

$$T = \frac{1}{2} \sum_{\alpha=1}^{n} \sum_{i=1}^{3} m_\alpha \dot{x}_{\alpha,i}^2 \tag{7.115}$$

가 되는데, 여기서 T의 일반화 좌표 및 일반화 속도에 대한 의존성을 더 자세히 조사해보자. 입자가 많은

17) Margenau(Ma77, 19장)

경우 식 (7.77)와 식 (7.100)은

$$x_{\alpha,i} = x_{\alpha,i}(q_j, t), \quad j = 1, 2, \ldots, s \tag{7.116}$$

$$\dot{x}_{\alpha,i} = \sum_{j=1}^{s} \frac{\partial x_{\alpha,i}}{\partial q_j} \dot{q}_j + \frac{\partial x_{\alpha,i}}{\partial t} \tag{7.117}$$

가 되고, $\dot{x}_{\alpha,i}$를 제곱하면

$$\dot{x}_{\alpha,i}^2 = \sum_{j,k} \frac{\partial x_{\alpha,i}}{\partial q_j} \frac{\partial x_{\alpha,i}}{\partial q_k} \dot{q}_j \dot{q}_k + 2\sum_j \frac{\partial x_{\alpha,i}}{\partial q_j} \frac{\partial x_{\alpha,i}}{\partial t} \dot{q}_j + \left(\frac{\partial x_{\alpha,i}}{\partial t}\right)^2 \tag{7.118}$$

을 얻으므로, 운동 에너지는

$$T = \sum_\alpha \sum_{i,j,k} \frac{1}{2} m_\alpha \frac{\partial x_{\alpha,i}}{\partial q_j} \frac{\partial x_{\alpha,i}}{\partial q_k} \dot{q}_j \dot{q}_k + \sum_\alpha \sum_{i,j} m_\alpha \frac{\partial x_{\alpha,i}}{\partial q_j} \frac{\partial x_{\alpha,i}}{\partial t} \dot{q}_j + \sum_\alpha \sum_i \frac{1}{2} m_\alpha \left(\frac{\partial x_{\alpha,i}}{\partial t}\right)^2 \tag{7.119}$$

이 된다. 즉, 일반적인 결과로서

$$T = \sum_{j,k} a_{jk} \dot{q}_j \dot{q}_k + \sum_j b_j \dot{q}_j + c \tag{7.120}$$

를 얻는다.

지금 여기서 특히 중요한 것은 계가 스클로노믹(scleronomic)으로 변환 방정식(식 (7.116))이 시간을 명백히 포함하지 않는 경우이다. 이 경우 시간에 관한 편미분은 0이 되고

$$\frac{\partial x_{\alpha,i}}{\partial t} = 0, \qquad b_j = 0, \qquad c = 0$$

이므로, 이 조건 안에서 운동 에너지는 일반화 속도의 균일 2차 함수가 된다.

$$\boxed{T = \sum_{j,k} a_{jk} \dot{q}_j \dot{q}_k} \tag{7.121}$$

다음에 식 (7.121)을 $\dot{q}_l$에 관해 미분하여 얻은 식

$$\frac{\partial T}{\partial \dot{q}_l} = \sum_k a_{lk} \dot{q}_k + \sum_j a_{jl} \dot{q}_j$$

를 $\dot{q}_l$로 곱하고, l에 관해 더하면

$$\sum_l \dot{q}_l \frac{\partial T}{\partial \dot{q}_l} = \sum_{k,l} a_{lk} \dot{q}_k \dot{q}_l + \sum_{j,l} a_{jl} \dot{q}_j \dot{q}_l$$

이 된다. 이 식의 첨자는 모두 대체해도 좋으므로(무효 첨자) 이것을 실행하면 우변의 두 개의 항은 같아지고, 결국

$$\boxed{\sum_l \dot{q}_l \frac{\partial T}{\partial \dot{q}_l} = 2\sum_{j,k} a_{jk}\dot{q}_j\dot{q}_k = 2T} \tag{7.122}$$

가 구해진다. 이것은 중요한 결과로, 만일 $f(y_k)$가 y_k의 균일 n차 함수이면

$$\sum_k y_k \frac{\partial f}{\partial y_k} = nf \tag{7.123}$$

가 성립한다고 하는 오일러 정리의 특별한 경우이다.

7.9 다시 찾아본 보존 정리

에너지의 보존

앞서 설명했듯이,[18] 관성계에서의 시간은 균일하므로 닫힌 계(계 밖에 있는 어떤 것과도 상호작용하지 않는 계)를 나타내는 라그랑지안은 시간을 명백히 포함하지 않는다.[19] 즉,

$$\frac{\partial L}{\partial t} = 0 \tag{7.124}$$

이므로, 라그랑지안의 시간에 의한 전미분은

$$\frac{dL}{dt} = \sum_j \frac{\partial L}{\partial q_j}\dot{q}_j + \sum_j \frac{\partial L}{\partial \dot{q}_j}\ddot{q}_j \tag{7.125}$$

가 되어, $\partial L/\partial t$의 항이 나타나지 않는다. 그런데 라그랑주의 방정식은

$$\frac{\partial L}{\partial q_j} = \frac{d}{dt}\frac{\partial L}{\partial \dot{q}_j} \tag{7.126}$$

이므로, 이를 식 (7.125)의 $\partial L/\partial q_j$에 대입하면

$$\frac{dL}{dt} = \sum_j \dot{q}_j \frac{d}{dt}\frac{\partial L}{\partial \dot{q}_j} + \sum_j \frac{\partial L}{\partial \dot{q}_j}\ddot{q}_j$$

18) 2.3절 참조

19) 만약 계가 균일 역장(force field) 속에 있다면 라그랑지안은 역시 시간에 무관하다.

또는

$$\frac{dL}{dt} - \sum_j \frac{d}{dt}\left(\dot{q}_j \frac{\partial L}{\partial \dot{q}_j}\right) = 0$$

을 얻고, 이것은 또한

$$\frac{d}{dt}\left(L - \sum_j \dot{q}_j \frac{\partial L}{\partial \dot{q}_j}\right) = 0 \tag{7.127}$$

으로 쓸 수 있으므로, 괄호 속의 양은 시간에 대해 불변이 된다. 이 불변 상수를 $-H$라고 하면

$$L - \sum_j \dot{q}_j \frac{\partial L}{\partial \dot{q}_j} = -H = \text{상수} \tag{7.128}$$

를 얻는다. 위치 에너지 U가 속도 $\dot{x}_{\alpha,i}$와 시간 t를 직접 포함하지 않는, 즉 $U = U(x_{\alpha,i})$의 경우를 생각하자. 이때 직교좌표와 일반화 좌표를 연결하는 변환 방정식이 시간을 명백히 포함하지 않는다면 이 변환식은 $x_{\alpha,i} = x_{\alpha,i}(q_j)$ 또는 $q_j = q_j(x_{\alpha,i})$로 쓸 수 있으므로, 결국 $U = U(q_j)$가 되고, $\partial U/\partial \dot{q}_j = 0$을 얻으므로

$$\frac{\partial L}{\partial \dot{q}_j} = \frac{\partial (T - U)}{\partial \dot{q}_j} = \frac{\partial T}{\partial \dot{q}_j}$$

가 된다. 이것을 쓰면 식 (7.128)은

$$(T - U) - \sum_j \dot{q}_j \frac{\partial T}{\partial \dot{q}_j} = -H \tag{7.129}$$

가 되고, 또한 식 (7.122)를 이용하면

$$(T - U) - 2T = -H$$

또는

$$T + U = E = H = \text{상수} \tag{7.130}$$

을 얻으나, 이 경우에 총 에너지 E는 운동의 상수이다.

이 함수 H는 계의 **해밀토니안**(Hamiltonian)이라 부르고, 식 (7.128)과 같이 정의된다(7.10절 참조). 해밀토니안 H는 다음의 조건이 만족되는 경우에만 총 에너지 E와 같음을 주의해야 한다.

1. 직교좌표와 일반화 좌표를 연결하는 변환 방정식(식 (7.116))이 시간에 의존하지 않는다. 이리하여 운동 에너지가 $\dot{q}_j$의 균일 2차 함수가 되는 것이다.
2. 위치 에너지가 속도에 의존하지 않는다. 이리하여 H의 식 (7.129)에서 $\partial U/\partial \dot{q}_j$가 없어진다.

그러므로 이 계에 대해 $H = E$가 성립하느냐는 질문과 이 계에서는 에너지가 보존되느냐는 질문은 문제의 각기 다른 면이고, 이 의문은 따로따로 논의해야 한다. 예를 들면, 해밀토니안은 총 에너지와 같지는 않지만 에너지는 보존될 경우가 있다. 이를 나타내기 위해 보존계를 생각하고 이것을 정지한 직교좌표에 대해서 움직이고 있는 일반화 좌표를 써서 나타내면, 변환식이 시간을 포함하므로 운동 에너지는 일반화 속도의 2차 동차식에서는 없어진다. 이와 같이 에너지가 보존된다는 물리적 사실은 수학적으로 편리한 어떤 일반화 좌표를 써도 변하지 않으나, 이 경우에도 위에 기술한 바와 같이 움직이고 있는 좌표계에서는 해밀토니안은 더 이상 총 에너지와 같지는 않다.

선형 운동량의 보존

관성계에서는 공간이 균일하므로 닫힌 계의 라그랑지안은 이 공간 속에서의 계 전체의 병진 운동에 의해서는 영향받지 않는다. 각각의 위치 벡터 $\mathbf{r}_\alpha$의 무한소 병진 $\mathbf{r}_\alpha \to \mathbf{r}_\alpha + \delta\mathbf{r}$을 생각하자. 이것은 계 전체를 $\delta\mathbf{r}$만큼 병진하는 것이 된다. 또한 간단하게 하기 위해 단일 입자의 계를 다루고(α에 관한 합을 취하면, 동일한 방법으로 n입자계도 다룰 수 있다) 라그랑지안을 직교좌표로 나타내면, $L = L(x_i, \dot{x}_i)$로 쓸 수 있다. 이 경우 무한소 변위 $\delta\mathbf{r} = \sum_i \delta x_i \mathbf{e}_i$에 의한 L의 변화는 다음과 같다.

$$\delta L = \sum_i \frac{\partial L}{\partial x_i}\delta x_i + \sum_i \frac{\partial L}{\partial \dot{x}_i}\delta \dot{x}_i = 0 \tag{7.131}$$

다음에 여기서는 변위만을 생각하므로 δx_i는 시간의 함수가 아니고

$$\delta \dot{x}_i = \delta \frac{dx_i}{dt} = \frac{d}{dt}\delta x_i \equiv 0 \tag{7.132}$$

이 되므로, δL은

$$\delta L = \sum_i \frac{\partial L}{\partial x_i}\delta x_i = 0 \tag{7.133}$$

이 된다. 그런데 어떤 δx_i도 서로 독립인 변위이므로, L의 편미분이 각각 0이 되는 경우에만 δL은 항상 0이 된다.

$$\frac{\partial L}{\partial x_i} = 0 \tag{7.134}$$

라그랑주 방정식에 의해

$$\frac{d}{dt}\frac{\partial L}{\partial \dot{x}_i} = 0 \tag{7.135}$$

을 얻고, 이로부터

$$\frac{\partial L}{\partial \dot{x}_i} = \text{상수} \tag{7.136}$$

또는

$$\frac{\partial (T - U)}{\partial \dot{x}_i} = \frac{\partial T}{\partial \dot{x}_i} = \frac{\partial}{\partial \dot{x}_i}\left(\frac{1}{2} m \sum_j \dot{x}_j^2\right)$$
$$= m\dot{x}_i = p_i = \text{상수} \tag{7.137}$$

가 구해진다. 이와 같이 공간의 균일성으로부터 닫힌 계의 운동량 $\mathbf{p}$가 시간에 대해서 불변인 결과가 얻어지는 것이다.

이것은 다음과 같이 해석할 수도 있다. 만일 (반드시 닫힐 필요는 없는) 계의 라그랑지안이 어떤 방향으로의 병진에 대해서 불변이면, 이 방향의 계의 운동량은 시간에 대해서 불변이다.

각운동량의 보존

2.3절에서 기술한 바와 같이, 관성계의 한 가지 특징은 공간이 **등방적**인 것, 즉 닫힌 계의 역학적인 성질이 계의 방향에 의해 변하지 않는다는 점이다. 특히 닫힌 계의 라그랑지안은 계가 무한소 각만큼 회전해도 변하지 않는다.[20)]

만일 계가 어떤 축의 주위를 무한소 각 $\delta\theta$만큼 회전한다면(그림 7-8 참조), 어떤 주어진 점의 위치 벡터 $\mathbf{r}$은 $\mathbf{r} + \delta\mathbf{r}$로 변화한다. 여기서(식 (1.106) 참조)

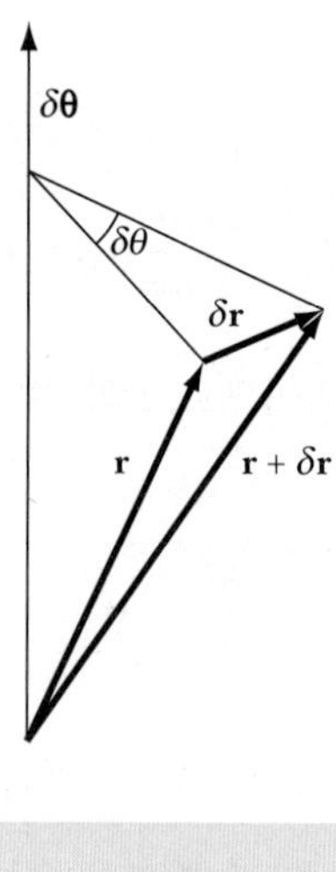

그림 7-8 무한소 각 $\delta\theta$만큼 회전된 계

20) 회전을 벡터로 표현할 수 있길 바라기 때문에 무한소 각 회전으로 제한한다(1.15절 참조).

$$\delta\mathbf{r} = \delta\boldsymbol{\theta} \times \mathbf{r} \tag{7.138}$$

그런데 속도 벡터도 계의 회전을 따라서 변하지만, 어떤 벡터에 대해서도 변환식은 같으므로

$$\delta\dot{\mathbf{r}} = \delta\boldsymbol{\theta} \times \dot{\mathbf{r}} \tag{7.139}$$

이 된다.

단일 입자만을 생각하고 라그랑지안을 직교좌표로 나타내면, 무한소 회전에 의한 라그랑지안의 변화는 다음과 같이 쓴다.

$$\delta L = \sum_i \frac{\partial L}{\partial x_i}\delta x_i + \sum_i \frac{\partial L}{\partial \dot{x}_i}\delta\dot{x}_i = 0 \tag{7.140}$$

그런데 식 (7.136)과 식 (7.137)에 의하면 운동량 벡터의 직교 성분은

$$p_i = \frac{\partial L}{\partial \dot{x}_i} \tag{7.141}$$

로 주어지고, 라그랑지안의 방정식은

$$\dot{p}_i = \frac{\partial L}{\partial x_i} \tag{7.142}$$

로 나타내므로, 이것을 쓰면 식 (7.140)은

$$\delta L = \sum_i \dot{p}_i\delta x_i + \sum_i p_i\delta\dot{x}_i = 0 \tag{7.143}$$

또는

$$\dot{\mathbf{p}}\cdot\delta\mathbf{r} + \mathbf{p}\cdot\delta\dot{\mathbf{r}} = 0 \tag{7.144}$$

으로 쓴다. 이 식에 식 (7.138)과 식 (7.139)를 쓰면

$$\dot{\mathbf{p}}\cdot(\delta\boldsymbol{\theta}\times\mathbf{r}) + \mathbf{p}\cdot(\delta\boldsymbol{\theta}\times\dot{\mathbf{r}}) = 0 \tag{7.145}$$

이 되지만, 스칼라 삼중곱에서는 벡터의 순서를 주기적으로 교환해도 이 값이 변하지 않으므로 위의 식은

$$\delta\boldsymbol{\theta}\cdot(\mathbf{r}\times\dot{\mathbf{p}}) + \delta\boldsymbol{\theta}\cdot(\dot{\mathbf{r}}\times\mathbf{p}) = 0$$

또는

$$\delta\boldsymbol{\theta}\cdot[(\mathbf{r}\times\dot{\mathbf{p}}) + (\dot{\mathbf{r}}\times\mathbf{p})] = 0 \tag{7.146}$$

으로 변형된다. 이 식의 각괄호 속의 항은 바로 $\mathbf{r}\times\mathbf{p}$를 시간 미분한 것으로 되어 있으므로

표 7-1

관성계의 특징	라그랑지안 성질	보존량
시간의 균일성	시간의 명백한 함수가 아님	총 에너지
공간의 균일성	병진에 대해서 불변	선형 운동량
공간의 등방성	회전에 대해서 불변	각운동량

$$\delta\boldsymbol{\theta}\cdot\frac{d}{dt}(\mathbf{r}\times\mathbf{p}) = 0 \tag{7.147}$$

이 된다. $\delta\boldsymbol{\theta}$는 임의이므로

$$\frac{d}{dt}(\mathbf{r}\times\mathbf{p}) = 0 \tag{7.148}$$

이어야 하고, 따라서

$$\mathbf{r}\times\mathbf{p} = \text{상수} \tag{7.149}$$

가 구해진다. 그런데 $\mathbf{r}\times\mathbf{p} = \mathbf{L}$이므로, 결국 입자의 각운동량은 시간적으로 불변이 된다.

이 정의에서 중요한 결과는 다음과 같다. 계가 어떤 외력장 속에 있고 이 장이 대칭축을 갖는 경우에 계의 라그랑지안은 이 대칭축 주위의 회전에 대해 불변이므로, 이 대칭축 주위의 계의 각운동량은 시간적으로 불변이다. 이것은 분명히 예제 7.4에서 기술한 것으로, 이 경우 계의 대칭축은 수직 방향을 향하고 이 축 주위의 각운동량은 보존되어 있다.

이와 같은 대칭성과 물리량 불변성 간 관계의 중요성은 아무리 강조해도 지나치지 않다. 이 관계는 운동량 보존에만 사용되는 것이 아니고, 사실 고전적인 계는 물론, 최근의 장 이론과 소립자론에도 널리 응용되고 있다.

그러나 여기서는 관성계의 성질만을 생각해서 닫힌 계에 대한 보존 법칙을 유도해보면, 이 결과는 표 7-1과 같이 요약된다.

이상과 같이 닫힌 계에 대해서는 총 에너지, 선형 운동량(3개의 성분)과 각운동량(3개의 성분)의 7개의 운동 상수(또는 적분)가 존재하나, 계에 대한 이 7개의 적분은 계를 구성하고 있는 각 입자에 대한 적분의 합으로 구해지고, 이와 같은 성질은 입자 사이에 상호작용이 있든 없든 관계없이 존재한다.

7.10 운동의 정준 방정식(해밀턴 역학)

앞 절에서 계의 위치 에너지가 속도에 의존하지 않는 경우에 직교좌표계에서의 선형 운동량은

$$p_i = \frac{\partial L}{\partial \dot{x}_i} \tag{7.150}$$

로 주어진다. 유추에 의해서 이 결과를 라그랑지안이 일반화 좌표로 나타나는 경우로 확장하고, **일반화 운동량**(generalized momenta)[21]을

$$\boxed{p_j \equiv \frac{\partial L}{\partial \dot{q}_j}} \tag{7.151}$$

로 정의하고(보통의 운동량과 일반화 운동량은 아주 다르지만, 관례적으로 같은 기호를 쓰고 있다), 라그랑주 운동 방정식을 다음과 같이 쓴다.

$$\boxed{\dot{p}_j = \frac{\partial L}{\partial q_j}} \tag{7.152}$$

일반화 운동량의 정의를 사용하면, 해밀토니안을 나타내는 식 (7.128)은 다음과 같이 쓸 수 있다.

$$H = \sum_j p_j \dot{q}_j - L \tag{7.153}$$

이 경우 라그랑지안은 일반화 좌표, 일반화 속도 및 시간의 함수로 보고 있다. 구속이 시간에 의존하는 경우든가, 직교좌표와 일반화 좌표를 연결하는 변환식이 시간을 명백히 포함하는 경우에는 L이 t에 의존한다(시간에 의존하는 퍼텐셜은 생각하지 않는다는 사실을 기억하라). 식 (7.151)을 일반화 속도에 대해 풀어 다음과 같이 표시하고

$$\dot{q}_j = \dot{q}_j(q_k, p_k, t) \tag{7.154}$$

식 (7.153)에서 변수를 $(q_j, \dot{q}_j, t)$로부터 (q_j, p_j, t)로 바꿔서[22] 해밀토니안을 다음과 같이 나타낸다.

$$\boxed{H(q_k, p_k, t) = \sum_j p_j \dot{q}_j - L(q_k, \dot{q}_k, t)} \tag{7.155}$$

이 식은 라그랑지안이 $(q_k, \dot{q}_k, t)$의 함수인 반면에, 해밀토니안은 (q_k, p_k, t)의 함수임을 강조해서 쓴 것이다.

---

21) 일반화 좌표, 일반화 속도, 일반화 운동량이라는 말은 1867년 윌리엄 톰슨(William Thomson, 후에 로드 켈빈(Lord Kelvin)으로 알려졌음)과 P. G. 테이트(Tait)가 그들의 유명한 논문 'Natural Philosophy'에서 도입했다.

22) 이 변수 변화는 열역학에서 자주 나오는 것과 유사하며, 소위 말하는 르장드르(Legendre) 변환의 일반형에 들어간다(오일러가 처음으로 사용했고 아마 라이프니츠(Leibniz)도 사용했을 것이다). 역학에서 그 중요성을 강조하면서 르장드르 변환을 논의한 건 Lanczos(La49, 6장)였다.

$$\boxed{H = H(q_k, p_k, t), \qquad L = L(q_k, \dot{q}_k, t)} \tag{7.156}$$

그러므로 H의 전미분은

$$dH = \sum_k \left(\frac{\partial H}{\partial q_k} dq_k + \frac{\partial H}{\partial p_k} dp_k \right) + \frac{\partial H}{\partial t} dt \tag{7.157}$$

와 같이 되고, 식 (7.155)를 쓰면

$$dH = \sum_k \left(\dot{q}_k \, dp_k + p_k \, d\dot{q}_k - \frac{\partial L}{\partial q_k} dq_k - \frac{\partial L}{\partial \dot{q}_k} d\dot{q}_k \right) - \frac{\partial L}{\partial t} dt \tag{7.158}$$

로도 나타낼 수 있다. 그래서 이 식의 $\partial L/\partial q_k$와 $\partial L/\partial \dot{q}_k$에 식 (7.151)과 식 (7.152)를 쓰면 괄호 속의 제2항과 제4항은 서로 소거되어, 결국

$$dH = \sum_k (\dot{q}_k dp_k - \dot{p}_k dq_k) - \frac{\partial L}{\partial t} dt \tag{7.159}$$

가 된다. 여기서 식 (7.157)과 식 (7.159)의 dq_k, dp_k, dt의 계수[23)]가 각각 같다고 놓으면

$$\boxed{\begin{aligned} \dot{q}_k &= \frac{\partial H}{\partial p_k} \\ -\dot{p}_k &= \frac{\partial H}{\partial q_k} \end{aligned}} \quad \text{해밀턴의 운동 방정식} \qquad \begin{aligned} &(7.160) \\ &(7.161) \end{aligned}$$

및

$$-\frac{\partial L}{\partial t} = \frac{\partial H}{\partial t} \tag{7.162}$$

를 얻고, 식 (7.157)에 식 (7.160)과 (7.161)을 쓰면 괄호 속의 항은 없어져서

$$\frac{dH}{dt} = \frac{\partial H}{\partial t} \tag{7.163}$$

가 나온다.

---

23) 이 절차에 함축된 가정은 다음 절에서 조사한다.

이렇게 얻은 식 (7.160)과 식 (7.161)이 **해밀턴의 운동 방정식**이다.[24] 이것들은 또한 그 모양이 대칭적이므로 **정준**(正準) **방정식**(canonical equations)이라고도 하고, 이 방정식에 의한 운동의 기술을 **해밀턴 동역학**(Hamiltonian dynamics)이라 부른다.

식 (7.163)은 H가 시간을 직접 포함하지 않는 해밀토니안이 보존량임을 나타낸다. 앞에서도 기술했듯이(7.9절 참조), 위치 에너지가 속도에 의존하지 않고 또한 $x_{\alpha,i}$와 q_j를 연결하는 변환식이 시간을 명백히 포함하지 않는 경우 해밀토니안은 총 에너지 $T + U$와 같아지므로, 이 경우 만일 $\partial H/\partial t = 0$이면 $H = E$ = 상수가 된다.

이상과 같이 s개의 라그랑주 방정식이 $2s$개의 정준 방정식에 의해 대치되고(단, $s = 3n - m$은 계의 자유도이다), 라그랑주 방정식이 2차의 미분 방정식인 반면에, 정준 방정식은 1차 미분 방정식이다.[25] 정준 방정식을 써서 문제를 풀기 위해서는 먼저 해밀토니안을 일반화 좌표, 일반화 운동량의 함수로서 만든다. 경우에 따라서는 이것을 바로 할 수 있지만, 아주 복잡한 경우에는 먼저 라그랑지안을 준비한 다음 식 (7.151)을 써서 일반화 운동량을 구할 필요가 있다. 그래서 해밀토니안이 만들어지면 정준 방정식에 의해서 운동 방정식을 얻는다.

예제 7.11

해밀토니안 방법을 써서 $x^2 + y^2 = R^2$으로 나타내는 원통면을 따라서 운동하는 질량 m인 입자가 원점에서 입자까지의 거리에 비례하고, 또한 원점의 방향으로 향하는 힘 $\mathbf{F} = -k\mathbf{r}$을 받는 경우 입자의 운동 방정식을 구하라.

풀이

이 모양은 그림 7-9에 나타내었다. 힘 $\mathbf{F}$에 대응하는 퍼텐셜은

$$\begin{aligned} U &= \frac{1}{2}kr^2 = \frac{1}{2}k(x^2 + y^2 + z^2) \\ &= \frac{1}{2}k(R^2 + z^2) \end{aligned} \tag{7.164}$$

이고, 또한 원통좌표를 쓰면 속도의 제곱은(식 (1.101) 참조)

$$v^2 = \dot{R}^2 + R^2\dot{\theta}^2 + \dot{z}^2 \tag{7.165}$$

---

24) 이 한 쌍의 방정식은 1809년 라그랑주가 처음으로 구했으나, 같은 해에 푸아송도 유도했다. 그러나 그들은 운동에 대한 기본 방정식임을 깨닫지 못했다. 이 점은 1831년 코시(Cauchy)가 처음으로 인식했다. 해밀턴은 1834년 기본적인 변분 원리로부터 그 방정식을 유도하고, 더 앞선 역학의 기초로 했다. 이리하여 해밀턴의 방정식이라고 하게 된 것이다.

25) 이것은 특별한 결과가 아니다. s개의 어떤 2차 방정식도 $2s$개의 1차 방정식으로 대체할 수 있다.

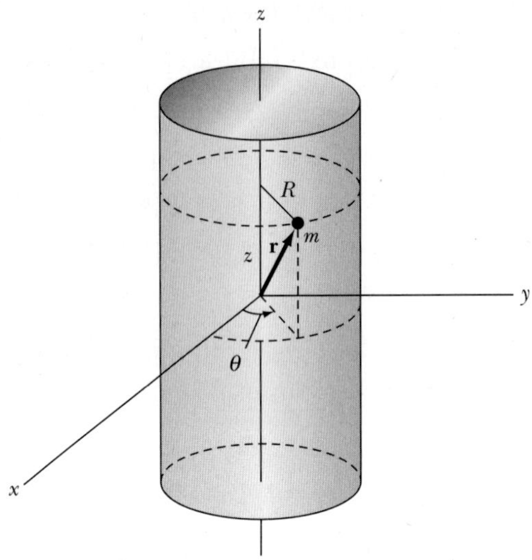

그림 7-9 예제 7.11. 원통면 위에서 운동하도록 제한된 입자

이 되고, R은 상수이므로 운동 에너지는

$$T = \frac{1}{2}m(R^2\dot{\theta}^2 + \dot{z}^2) \tag{7.166}$$

이 된다. 이 결과 라그랑지안은 다음과 같이 쓸 수 있다.

$$L = T - U = \frac{1}{2}m(R^2\dot{\theta}^2 + \dot{z}^2) - \frac{1}{2}k(R^2 + z^2) \tag{7.167}$$

여기서 일반화 좌표는 θ와 z이고, 일반화 운동량은

$$p_\theta = \frac{\partial L}{\partial \dot{\theta}} = mR^2\dot{\theta} \tag{7.168}$$

$$p_z = \frac{\partial L}{\partial \dot{z}} = m\dot{z} \tag{7.169}$$

이다. 그런데 계는 보존계이고 또한 직교좌표와 원통좌표를 잇는 변환식은 시간을 명백히 포함하지 않으므로, 해밀토니안은 바로 변수 θ, p_θ, z, p_z로 나타내는 총 에너지가 되나, 실제로는 θ가 명백히 포함되지 않으므로

$$\begin{aligned} H(z, p_\theta, p_z) &= T + U \\ &= \frac{p_\theta^2}{2mR^2} + \frac{p_z^2}{2m} + \frac{1}{2}kz^2 \end{aligned} \tag{7.170}$$

이 되고, 상수항 $\frac{1}{2}kR^2$은 생략했다. 따라서 운동 방정식은 정준 방정식으로부터 구해진다.

$$\dot{p}_\theta = -\frac{\partial H}{\partial \theta} = 0 \tag{7.171}$$

$$\dot{p}_z = -\frac{\partial H}{\partial z} = -kz \tag{7.172}$$

$$\dot{\theta} = \frac{\partial H}{\partial p_\theta} = \frac{p_\theta}{mR^2} \tag{7.173}$$

$$\dot{z} = \frac{\partial H}{\partial p_z} = \frac{p_z}{m} \tag{7.174}$$

여기서 식 (7.173), (7.174)는 식 (7.168), (7.169)와 중복된다. 식 (7.168)과 식 (7.171)로부터

$$p_\theta = mR^2\dot{\theta} = 상수 \tag{7.175}$$

를 얻는다. z축 주위의 각운동량은 보존량이 되고 z축은 이 문제에서는 대칭축이므로, 이 결과는 당연하다. 식 (7.169)와 식 (7.172)를 조합하면

$$\ddot{z} + \omega_0^2 z = 0 \tag{7.176}$$

여기서

$$\omega_0^2 \equiv k/m \tag{7.177}$$

이므로, z축 방향의 운동은 조화 단진동이다.

위 문제의 답인 운동 방정식은 식 (7.167)에서 정의된 L을 쓴 라그랑주 방법으로도 구할 수 있는데, 이 경우 라그랑주 운동 방정식은 정준 방정식보다 구하기 쉽다. 사실 라그랑주의 방법이 해밀턴의 방법보다 운동 방정식을 유도하기 쉽다고 생각할 때가 자주 있으나, 문제를 해밀턴 형식으로 다룰 경우에는 변수 선택의 자유도가 크기 때문에(q_k와 $\dot{q}_k$가 독립이 아닌 반면에, q_k와 p_k는 독립이다), 해밀턴의 방법을 쓰는 것이 실제로 유리할 때가 종종 있다. 예를 들면, 천체역학에서 운동이 다른 물체의 영향에 의해 섭동을 받는 경우에는 특히 해밀턴 역학으로 문제를 다루는 게 편리하다는 사실을 안다. 그러나 일반적으로 말해서 해밀턴 역학 형식의 위력은 역학 문제의 해를 간단히 할 때 나타나는 것이 아니고, 오히려 다른 분야로 확장할 경우에 기초가 된다는 데서 나타난다.

일반화 좌표 q_k와 일반화 운동량 p_k를 **정준 공역**(canonically conjugate)인 양이라 말한다. 식 (7.160)과 식 (7.161)에 의하면 q_k가 해밀토니안에 포함되지 않을 경우에는 $\dot{p}_k = 0$이 되고, q_k에 정준 공역인 운동량 p_k는 운동의 상수가 된다. 또한 T와 U에 직접 포함하지 않는 좌표를 순환적이라고 말하고, H에서 순

환적인 좌표는 당연히 L에서도 순환적이다. 그러나 q_k가 L에 포함되지 않는 경우에도, 이 좌표에 연관을 갖는 일반화 속도 $\dot{q}_k$는 일반적으로 L에 포함되어

$$L = L(q_1, \ldots, q_{k-1}, q_{k+1}, \ldots, q_s, \dot{q}_1 \ldots, \dot{q}_s, t)$$

가 되므로, 한 개의 좌표가 순환적이라도 계의 자유도는 감소하지 않고, 풀어야 할 2차 미분 방정식은 여전히 s개 있다. 한편 정준 형식에서는 q_k가 순환적인 경우에 위에서 기술한 바와 같이 p_k는 상수가 되고, $p_k = \alpha_k$로 쓰므로

$$H = H(q_1, \ldots, q_{k-1}, q_{k+1}, \ldots, q_s, p_1, \ldots, p_{k-1}, \alpha_k, p_{k+1}, \ldots, p_s, t)$$

를 얻고, 풀어야 할 1차 미분 방정식은 $2s - 2$개가 되어 문제의 복잡성은 감소한다. 나중에 남는 자유도는 사실상 $s - 1$이다. 이래서 좌표 q_k는 완전히 분리되고, 남은 문제의 범위에서 q_k는 전혀 고려하지 않아도 좋다. 또한 상수 α_k는 초기 조건을 주면 구해지고, 순환좌표에 대한 운동 방정식은

$$\dot{q}_k = \frac{\partial H}{\partial \alpha_k} \equiv \omega_k \tag{7.178}$$

가 되나, 이것은 곧 적분할 수 있어서

$$q_k(t) = \int \omega_k \, dt \tag{7.179}$$

를 얻는다. 이와 같이 순환좌표에 대한 해는 간단한 모양으로 되므로, 해밀턴의 정준 형식은 한 개 또는 그 이상의 좌표가 순환적인 문제를 다루는 경우에 특히 적당하다. 만일 좌표가 모두 순환적이도록 문제를 형식화할 수 있다면 문제의 가장 간단한 해가 결과로서 얻어지는 것은 명백하고, 이때 각 좌표는 식 (7.179)와 같이 아주 간단히 나타낼 수 있다. 실제로 모든 좌표를 순환적으로 하는 변환[26]을 찾는 일은 가능하고, 이러한 방법을 통해 최근의 물질 이론을 세우는 데 유용한 역학 체계가 자연히 나온다. 이러한 화제의 일반적인 논의는 이 책의 범위를 넘는다.[27]

예제 7.12

해밀턴 방법을 사용하여 질량 m, 길이 b인 구형 진자에 대한 운동 방정식을 구하라(그림 7-10 참조).

---

26) 이러한 변환은 카를 구스타프 야코프 야코비(Carl Gustav Jacob Jacobi, 1804~1851)가 유도했다. 야코비의 연구는 해밀턴 방법의 유효성에까지 확대되었고, 그 결과는 해밀턴-야코비 이론으로 알려져 있다.

27) 예로서 Goldstein(Go80, 10장) 참조

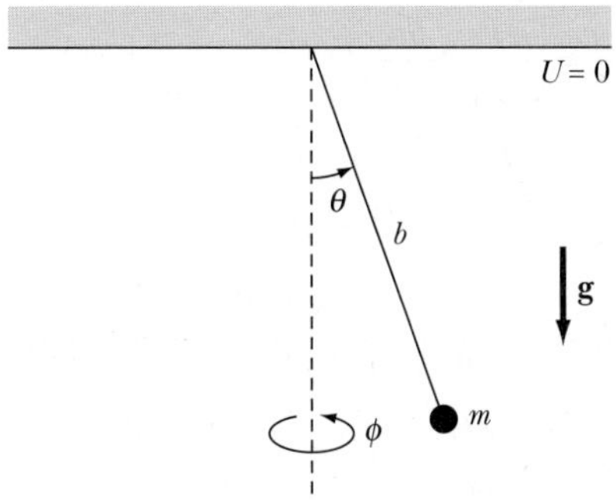

그림 7-10 예제 7.12. 일반화 좌표 θ와 ϕ로 나타낸 구형 진자

풀이

일반화 좌표는 θ와 ϕ이다. 운동 에너지는

$$T = \frac{1}{2} mb^2\dot{\theta}^2 + \frac{1}{2} mb^2 \sin^2\theta\dot{\phi}^2$$

(받침점 외의) 진자에 작용하는 유일한 힘은 중력이며, 진자의 받침점 위치를 퍼텐셜 0으로 정하면

$$U = -mgb\cos\theta$$

이다. 따라서 일반화 운동량은 다음과 같다.

$$p_\theta = \frac{\partial L}{\partial\dot{\theta}} = mb^2\dot{\theta} \tag{7.180}$$

$$p_\phi = \frac{\partial L}{\partial\dot{\phi}} = mb^2 \sin^2\theta\dot{\phi} \tag{7.181}$$

식 (7.180)과 식 (7.181)은 $\dot{\theta}$, $\dot{\phi}$에 대해 p_θ, p_ϕ 함수로 풀 수 있다.

(식 (7.130)에 대한 조건이 적용되므로) 식 (7.155) 혹은 $H = T + U$로부터 해밀토니안을 결정하면

$$\begin{aligned} H &= T + U \\ &= \frac{1}{2}mb^2\frac{p_\theta^2}{(mb^2)^2} + \frac{1}{2}\frac{mb^2\sin^2\theta p_\phi^2}{(mb^2\sin^2\theta)^2} - mgb\cos\theta \\ &= \frac{p_\theta^2}{2mb^2} + \frac{p_\phi^2}{2mb^2\sin^2\theta} - mgb\cos\theta \end{aligned}$$

이고, 운동 방정식은 다음과 같다.

$$\dot{\theta} = \frac{\partial H}{\partial p_\theta} = \frac{p_\theta}{mb^2}$$

$$\dot{\phi} = \frac{\partial H}{\partial p_\phi} = \frac{p_\phi}{mb^2 \sin^2\theta}$$

$$\dot{p}_\theta = -\frac{\partial H}{\partial \theta} = \frac{p_\phi^2 \cos\theta}{mb^2 \sin^3\theta} - mgb\sin\theta$$

$$\dot{p}_\phi = -\frac{\partial H}{\partial \phi} = 0$$

ϕ는 순환이므로, 대칭축 주변을 회전할 때의 운동량 p_ϕ는 상수이다.

7.11 역학 변수와 물리학에서의 변분법에 관한 몇 가지 주의

우리는 해밀턴의 원리를 변분 적분의 모양으로 나타내고, 여기에 앞 장의 변분법 결과를 써서 라그랑주 운동 방정식을 얻었다. 이 때문에 방법과 적용이 분리되었으므로 여기서 한 번 더 이 논의를 바른 순서로 간략하게 기술해본다.

먼저 해밀턴의 원리는 다음과 같이 나타낸다.

$$\delta \int_{t_1}^{t_2} L(q_j, \dot{q}_j, t)\, dt = 0 \tag{7.182}$$

6.7절에서 기술한 변분 방법을 쓰면

$$\int_{t_1}^{t_2} \left(\frac{\partial L}{\partial q_j} \delta q_j + \frac{\partial L}{\partial \dot{q}_j} \delta \dot{q}_j \right) dt = 0$$

이 된다. 그런데 δq_j와 $\delta \dot{q}_j$는 서로 독립이 아니고, 변분 조작과 시간 미분은 교환 가능하여

$$\delta \dot{q}_j = \delta \left(\frac{dq_j}{dt} \right) = \frac{d}{dt} \delta q_j \tag{7.183}$$

로 쓸 수 있으므로, 위의 적분은(부분적분한 후, 적분의 양 끝에서 δq_j를 0이라 놓으면)

$$\int_{t_1}^{t_2} \left(\frac{\partial L}{\partial q_j} - \frac{d}{dt} \frac{\partial L}{\partial \dot{q}_j} \right) \delta q_j\, dt = 0 \tag{7.184}$$

이 된다. 여기서 δq_j는 각각 독립적인 변분이라는 요구에서, 즉시 라그랑주 방정식이 유도된다.

해밀턴의 원리를 식 (7.182)와 같이 변분된 적분의 모양으로 나타내는 경우에, 라그랑지안은 일반화

좌표와 일반화 속도의 함수이나, q_j만이 독립 변수이므로(일반화 속도는 q_j의 시간 미분일 뿐이다) 적분을 식 (7.184)의 모양으로 다시 써서 δq_j가 독립적인 변분이라는 사실을 식으로 나타낸다. 이 결과, 피적분 함수는 항등적으로 0이어야 하고 라그랑주 방정식은 얻어진다. 그래서 다음과 같은 질문이 제기된다. 계의 역학적인 운동은 초기 조건에 의해서 완전히 정해지므로, 이 경우에 변분 δq_j를 어떻게 해석하면 되는가? 아마 대답은 이렇다고 생각한다. 변분은 실제로 역학적으로 가능하진 않으나 주어진 구속의 범위 속에서 기하학적으로 가능한 것이라 생각하면 된다. 즉, 변분의 방법을 써서 라그랑주 방정식을 얻는 경우에는 운동이 완전히 정해져서 변분을 쓸 수 없는 물리계를 다루고 있다는 사실을 일시적으로 잊어버리고, 대신에 어떤 추상적인 수학 문제를 다루고 있다고 생각하면 편리하다. 실제로 이것이 물리 과정에 관련된 변분 계산을 행하는 경우의 정신이므로, 이런 관점에서 보면 변분의 방법이 계의 어떤 알고 있는 물리적 성질에 반하고 있음을 아주 걱정할 필요는 없다(예를 들면, 실제 경로에서 변분된 경로로 이행할 때 에너지는 일반적으로 보존되지 않는다). 변분 계산은 단지 한 개의 문제에 대해 가능한 여러 가지 해를 조사해보고 이 중에서 올바른 해를 선택하는 방법을 나타내기만 하는 것이다.

정준 방정식은 또한 소위 **변형된 해밀턴의 원리**를 기초로 한 변분 계산에서도 직접 얻을 수 있다. 먼저 라그랑지안은(식 (7.153) 참조)

$$L = \sum_j p_j\dot{q}_j - H(q_j, p_j, t) \tag{7.185}$$

이므로, 해밀턴의 원리 식 (7.182)는 변형되어서

$$\boxed{\delta \int_{t_1}^{t_2} \left(\sum_j p_j\dot{q}_j - H \right) dt = 0} \tag{7.186}$$

으로 쓰나, 표준적인 방법으로 변분을 행하면 이것은

$$\int_{t_1}^{t_2} \sum_j \left(p_j \delta\dot{q}_j + \dot{q}_j \delta p_j - \frac{\partial H}{\partial q_j}\delta q_j - \frac{\partial H}{\partial p_j}\delta p_j \right) dt = 0 \tag{7.187}$$

이 된다. 그런데 해밀턴 형식에서는 q_j와 p_j는 서로 독립이라고 생각하나 $\dot{q}_j$는 q_j와 독립이 아니므로, 식 (7.183)을 써서 식 (7.187)의 제1항을 다음과 같이 나타낸다.

$$\int_{t_1}^{t_2} \sum_j p_j \delta\dot{q}_j \, dt = \int_{t_1}^{t_2} \sum_j p_j \frac{d}{dt}\delta q_j \, dt$$

여기서 부분적분을 하면 적분된 항은 소거되어

$$\int_{t_1}^{t_2} \sum_j p_j \delta\dot{q}_j \, dt = -\int_{t_1}^{t_2} \sum_j \dot{p}_j \delta q_j \, dt \tag{7.188}$$

가 되므로, 식 (7.187)은

$$\int_{t_1}^{t_2} \sum_j \left\{ \left(\dot{q}_j - \frac{\partial H}{\partial p_j} \right) \delta p_j - \left(\dot{p}_j + \frac{\partial H}{\partial q_j} \right) \delta q_j \right\} dt = 0 \tag{7.189}$$

으로 변형된다. δq_j, δp_j가 독립 변분을 나타낸다면, 괄호 속의 각 항은 각각 0이 되고 해밀턴의 정준 방정식을 얻는다.

앞 절에서는 먼저 해밀토니안의 전미분을 두 개의 식(식 (7.157)과 식 (7.159))으로 쓰고, 이어서 dq_j와 dp_j의 계수가 각각 같다고 해서 정준 방정식을 얻었다. 이와 같은 방법도 q_j와 p_j가 독립 변수일 때만 쓸 수 있고, 앞 절의 방법도 위에서의 변분 계산도 결국은 일반화 좌표와 일반화 운동량의 독립성을 써서 정준 방정식을 얻은 것이다.

물론 좌표와 운동량은 근본적인 의미에서는 '독립'이라고 말할 수 없다. 왜냐하면 각 좌표의 시간 의존성 $q_j = q_j(t)$를 알면 문제가 완전히 풀려서, 일반화 속도는

$$\dot{q}_j(t) = \frac{d}{dt} q_j(t)$$

로부터, 또한 일반화 운동량은

$$p_j = \frac{\partial}{\partial \dot{q}_j} L(q_j, \dot{q}_j, t)$$

에서 계산할 수가 있기 때문이다. 그러나 핵심적인 사항은 q_j와 $\dot{q}_j$가 계의 행동 방법과는 따로 단지 시간 미분에 관련된 반면에 q_j와 p_j의 연결은 운동 방정식 자신이라는 것이다. 그러므로 q_j와 p_j의 관계를 찾는 것(이 양들이 독립이라고 하는 가정을 소거할 것)이 곧 문제를 푸는 것이다.

7.12 위상공간과 리우빌의 정리(자유선택)

앞에서도 지적했듯이 일반화 좌표 q_j는 그 속의 모든 점이 각각 계의 어떤 상태를 나타내도록 s차원의 배위공간을 정의하는 데 사용하고, 마찬가지로 일반화 운동량 p_j를 써서 그 속의 각각의 전이계의 어떤 운동조건을 나타내도록 s차원의 운동량 공간을 정의할 수 있다. 그래서 배위공간 속의 점은 계 안의 각 입자의 위치만을 정하고 입자의 운동에 관해서는 어떤 것도 말할 수 없으나, 운동량 공간에서는 그 반대이다. 그런데 3장에서 살펴봤듯이 단진동계의 역학은 위상도를 써서 도식적으로 나타내면 편리했으나, 더욱 복잡한 역학계를 다룰 때도 이러한 개념을 사용한다면, q_j, p_j로 구성되는 $2s$차원의 공간으로 모든 입자의 위치와 운동량을 함께 나타낼 수 있다. 이와 같이 일반화된 공간을 **해밀턴의 위상공간**(Hamiltonian phase space) 또는 간단히 **위상공간**이라 부른다.[28]

28) 전에 속도에 비례되는 양에 대한 위치를 위상도에 그렸다. 해밀턴 위상공간에서 속도 비례 양은 일반화 운동량이 된다.

예제 7.13

예제 7.11에서의 입자 위상도를 그려라.

풀이

입자는 두 개의 자유도(θ, z)를 가지므로, 위상공간은 실제로 4차원(θ, p_θ, z, p_z)이나 p_θ는 상수이므로 제외해도 좋다. 다음에 z방향의 운동은 조화 단진동이므로, 총 에너지 H의 어떤 값에 대해서도 위상 궤도의 z-p_z평면으로의 사영은 타원이 된다. 또한 $\dot{\theta}$ = 상수이므로 위상 궤도는 θ와 함께 일정하게 증가하는 운동을 나타내야 한다. 이리하여 H = 상수인 면 위에서의 위상 궤도는 그림 7-11과 같이 **균일한 타원 나선**이 된다.

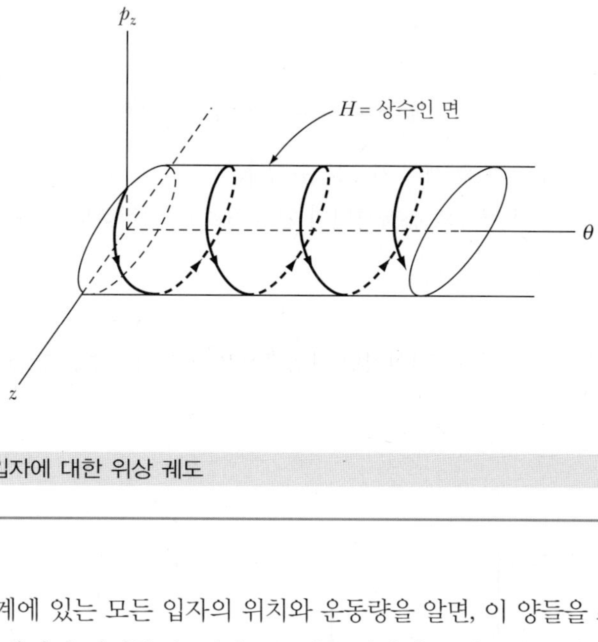

그림 7-11 예제 7.11의 입자에 대한 위상 궤도

주어진 어떤 순간에 계에 있는 모든 입자의 위치와 운동량을 알면, 이 양들을 초기 조건으로 사용하여 그 이후의 계의 운동을 완전히 결정할 수 있다. 즉, 계를 나타내는 대표점은 위상공간 속의 한 점 $q_j(0)$, $p_j(0)$에서 출발해서 어떤 정해진 위상 궤도를 따라 움직인다. 그래서 이러한 방법은 원리적으로는 항상 실행 가능하고 해는 얻어져야 하나, 계의 자유도가 큰 경우에는 상당히 복잡하므로 한 조의 운동 방정식을 적당한 시간 안에 푸는 것은 무리이다. 더구나 기체처럼 복잡한 계에서는 각 구성 분자에 대한 초기 조건을 정하는 일은 사실상 불가능하다. 또한 위상공간 속의 어떤 점이 어떤 시각에서의 실제 조건을 나타내는 것인지도 알 수 없으므로, 이와 같은 계의 역학을 연구하기 위해서는 다른 방법을 생각할 필요가 있다. 그래서 우리는 통계역학으로의 출발점에 도달한 것이다. 해밀턴의 역학 형식은 복잡한 계의 통계적인 연구에는 이상적인 것으로, 여기서는 그러한 연구의 기본이 되는 정리를 증명함으로써 그 일부를 나타낸다.

입자의 집단, 예를 들면 기체 분자에서는 계를 정확하게 나타내는 위상공간 속의 특정한 점을 확인할 수는 없으나, 계의 가능한 조건을 나타내는 점의 집합으로 위상공간을 채울 수는 있으므로, 그중의 어느 것이 현실의 계로 추정되는(알고 있는 구속을 만족하는) 많은 계들을 생각하자. 즉, 실제 계에서의 각 입자의 운동은 상세히 논의할 수 없으므로, 등가인 계의 집합에 대한 논의로 바꾸는 것이다. 이와 같이 하면 위상공간 속의 대표점 각각은 집합 속의 각 계에 대응하고 특정한 점의 운동은 그 계의 독립인 운동을 나타내므로, 위상 궤도는 어떤 두 개를 취해도 결코 교차하지 않는다.

대표점이 충분히 많다고 생각하면 **위상밀도** ρ를 정의할 수 있다. 이 경우에 밀도를 정의하는 데 사용하는 위상공간의 체적 요소는 대표점을 많이 포함할 수 있도록 충분히 커야 하고, 그것은 또한 밀도가 연속적으로 변한다고 생각해도 좋을 정도로 작아야 한다. 그러면 대표점이 위상공간의 체적 dv 속에 있는 계의 수 N은

$$N = \rho\, dv \tag{7.190}$$

가 되는데, 여기서

$$dv = dq_1\, dq_2 \cdots dq_s\, dp_1\, dp_2 \cdots dp_s \tag{7.191}$$

이고, 전과 같이 s는 집합 속에 있는 각 계의 자유도 수이다.

그림 7-12와 같이, 위상공간 속에서의 q_k-p_k평면의 면적 요소를 생각하면, 단위시간에 왼쪽의 모서리를 통해 그 면적 속에 들어오는 대표점의 수는

$$\rho \frac{dq_k}{dt} dp_k = \rho \dot{q}_k\, dp_k$$

이고, 단위시간에 밑변의 모서리를 통해 들어오는 수는

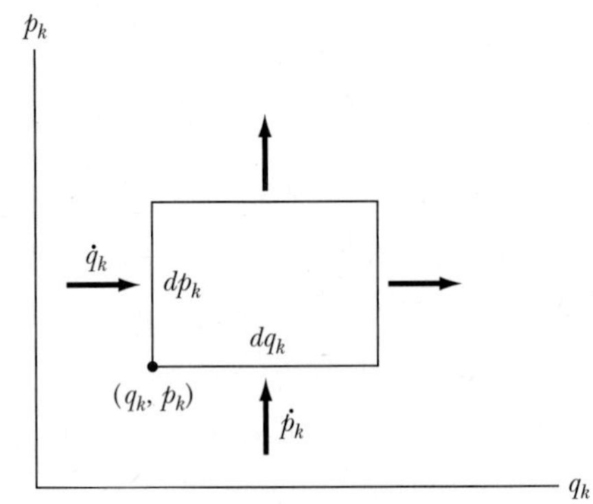

그림 7-12 위상공간 속에서의 q_k-p_k평면의 면적 $dA = dq_k dp_k$ 요소

$$\rho \frac{dp_k}{dt} dq_k = \rho \dot{p}_k dq_k$$

여서, 단위시간에 면적 $dq_k\, dp_k$ 속에 들어오는 대표점의 수는 다음과 같다.

$$\rho(\dot{q}_k dp_k + \dot{p}_k dq_k) \tag{7.192}$$

이것을 테일러 전개하면, 단위시간에 이 면적에서 나가는 대표점의 수는 (근사적으로) 다음과 같다.

$$\left[\rho \dot{q}_k + \frac{\partial}{\partial q_k}(\rho \dot{q}_k)\, dq_k\right] dp_k + \left[\rho \dot{p}_k + \frac{\partial}{\partial p_k}(\rho \dot{p}_k)\, dp_k\right] dq_k \tag{7.193}$$

따라서 $dq_k\, dp_k$에서의 단위시간당 밀도의 전체 증가는 식 (7.192)와 식 (7.193)의 차이

$$\frac{\partial \rho}{\partial t} dq_k\, dp_k = -\left[\frac{\partial}{\partial q_k}(\rho \dot{q}_k) + \frac{\partial}{\partial p_k}(\rho \dot{p}_k)\right] dq_k\, dp_k \tag{7.194}$$

가 되고, $dq_k\, dp_k$로 나눈 다음에 이것을 k의 가능한 모든 값에 대해서 합하면

$$\frac{\partial \rho}{\partial t} + \sum_{k=1}^{s} \left(\frac{\partial \rho}{\partial q_k} \dot{q}_k + \rho \frac{\partial \dot{q}_k}{\partial q_k} + \frac{\partial \rho}{\partial p_k} \dot{p}_k + \rho \frac{\partial \dot{p}_k}{\partial p_k}\right) = 0 \tag{7.195}$$

을 얻는다. 그런데 해밀턴 방정식(식 (7.160)과 식 (7.161))으로부터(만일 H의 2차 편도함수가 연속이면)

$$\frac{\partial \dot{q}_k}{\partial q_k} + \frac{\partial \dot{p}_k}{\partial p_k} = 0 \tag{7.196}$$

을 얻으므로, 식 (7.195)는

$$\frac{\partial \rho}{\partial t} + \sum_{k} \left(\frac{\partial \rho}{\partial q_k} \frac{dq_k}{dt} + \frac{\partial \rho}{\partial p_k} \frac{dp_k}{dt}\right) = 0 \tag{7.197}$$

이 된다. 이것은 바로 ρ의 시간에 대한 전미분이 되고, 결국

$$\boxed{\frac{d\rho}{dt} = 0} \tag{7.198}$$

으로 결정된다. 이 중요한 결과는 **리우빌의 정리**(Liouville's theorem)[29]로 알려져 있고, 이 정리는 입자계의 운동에 대응하는 위상공간 속의 대표점의 밀도가 이 운동 동안에 일정하게 유지된다는 사실을 기술한 것이다. 밀도 ρ의 불변성이 나타난 이유는 문제를 위상공간에서 다루었기 때문으로, 배위공간에서는

29) 1838년 조제프 리우빌(Joseph Liouville, 1809~1882)이 발표했다.

이것에 상당하는 정리는 존재하지 않는다는 사실도 강조할 필요가 있다. 이와 같이 통계역학에서의 집합을 논의할 경우에는 (라그랑주 역학이 아니고) 해밀턴 역학을 사용할 필요가 있다.

리우빌의 정리는 기체의 통계역학과 가속기에서 대전입자의 빔 초점을 맞추는 경우와 같은 미시적인 입자의 집합에 대해서만이 아니고, 거시적인 계를 다룰 때도 중요하다. 예를 들면 천체역학에서는 문제를 거꾸로 해서, 은하계에서의 별의 분포 함수 ρ를 조사함으로써 은하계 중력장의 퍼텐셜 U를 구하고 있다.

7.13 비리얼 정리(자유선택)

통계적인 성질의 또 하나의 중요한 결과를 기술하자. 위치 벡터 $\mathbf{r}_\alpha$와 운동량 $\mathbf{p}_\alpha$가 어떤 시각에서도 유한인(속박되어 있는) 입자의 집단을 생각하자. S를

$$S \equiv \sum_\alpha \mathbf{p}_\alpha \cdot \mathbf{r}_\alpha \tag{7.199}$$

로 정의하면, S의 시간 미분은

$$\frac{dS}{dt} = \sum_\alpha (\mathbf{p}_\alpha \cdot \dot{\mathbf{r}}_\alpha + \dot{\mathbf{p}}_\alpha \cdot \mathbf{r}_\alpha) \tag{7.200}$$

가 되고, 또한 이 dS/dt의 시간 간격 τ에 대한 평균값은

$$\left\langle \frac{dS}{dt} \right\rangle = \frac{1}{\tau}\int_0^\tau \frac{dS}{dt}\,dt = \frac{S(\tau) - S(0)}{\tau} \tag{7.201}$$

로 주어진다. 이 경우, 만일 계의 운동이 주기적이고 τ가 그 주기의 어떤 정배수라면 $S(\tau) = S(0)$이 되고 $\langle \dot{S} \rangle$는 0이 된다. 계가 전혀 주기성을 나타내지 않을 경우에도, 가정에 의해 S는 속박된 함수이므로 시간 τ를 충분히 길게 취하면 $\langle \dot{S} \rangle$는 바라는 대로 작게 할 수가 있고, 식 (7.201)의 우변의 평균은 항상 0으로(또는 적어도 0에 가깝게) 할 수가 있다. 이렇게 이 극한에서는

$$\left\langle \sum_\alpha \mathbf{p}_\alpha \cdot \dot{\mathbf{r}}_\alpha \right\rangle = -\left\langle \sum_\alpha \dot{\mathbf{p}}_\alpha \cdot \mathbf{r}_\alpha \right\rangle \tag{7.202}$$

가 성립한다. 이 방정식의 좌변의 $\mathbf{p}_\alpha \cdot \dot{\mathbf{r}}_\alpha$는 운동 에너지의 2배이고, 또한 오른쪽 변의 $\dot{\mathbf{p}}_\alpha$는 바로 α번째 입자에 작용하는 힘 $\mathbf{F}_\alpha$이므로

$$\left\langle 2\sum_\alpha T_\alpha \right\rangle = -\left\langle \sum_\alpha \mathbf{F}_\alpha \cdot \dot{\mathbf{r}}_\alpha \right\rangle \tag{7.203}$$

로 쓴다. 그런데 T_α에 관해서 합을 취하면 이것은 계의 총 운동 에너지 T가 되므로, 결국 위의 식은

$$\langle T \rangle = -\frac{1}{2}\left\langle \sum_\alpha \mathbf{F}_\alpha \cdot \mathbf{r}_\alpha \right\rangle \tag{7.204}$$

라는 일반적인 결과가 된다. 그래서 이 방정식의 오른쪽 변을 클라우지우스(Clausius)[30]가 계의 **비리얼**(virial)이라고 불렀으며, **비리얼 정리**(virial theorem)는 입자계의 평균 운동 에너지는 그 비리얼과 같다고 말하고 있다.

예제 7.14

체적 V, 압력 P, 절대온도 T_1(운동 에너지 T와 혼동하지 말 것)인 상자 속에 N개 원자로 된 이상 기체를 생각하자. 비리얼 정리를 써서 완전 가스에 대한 상태 방정식을 유도하라.

풀이

등분배 정리에 의하면 이상 기체 속의 각 원자의 평균 운동 에너지는 $\frac{3}{2}kT_1$이다. 여기서 k는 볼츠만(Boltzmann) 상수이다. 따라서 평균 운동 에너지의 전량은 다음과 같다.

$$\langle T\rangle = \frac{3}{2}NkT_1 \tag{7.205}$$

비리얼 정리(식 (7.204))의 오른쪽은 힘 $\mathbf{F}_\alpha$를 포함하고 있으나 이상적인 완전 가스의 경우 원자 간에 상호작용하는 힘은 없다. 유일한 힘은 벽의 구속력이다. 원자는 벽에 탄성적으로 되튀게 되므로 벽은 원자에 압력을 준다.

압력은 단위면적당 힘이므로 미소 면적에 작용되는 미소 충격은

$$d\mathbf{F}_\alpha = -\mathbf{n}P\,dA \tag{7.206}$$

이고, 여기서 $\mathbf{n}$은 면 dA에 수직인 외향 단위벡터이다. 따라서 비리얼 정리의 오른쪽은

$$-\frac{1}{2}\left\langle \sum_\alpha \mathbf{F}_\alpha \cdot \mathbf{r}_\alpha \right\rangle = \frac{P}{2}\int \mathbf{n}\cdot\mathbf{r}\,dA \tag{7.207}$$

가 된다. 면적 적분을 체적 적분으로 연관시키는 발산 정리

$$\int \mathbf{n}\cdot\mathbf{r}\,dA = \int \nabla\cdot\mathbf{r}\,dV = 3\int dV = 3V \tag{7.208}$$

를 쓰면, 비리얼 정리의 결과는

$$\begin{aligned}\frac{3}{2}NkT &= \frac{3PV}{2}\\ NkT &= PV\end{aligned} \tag{7.209}$$

30) 루돌프 율리우스 에마누엘 클라우지우스(Rudolph Julius Emmanuel Clausius, 1822~1888), 독일의 물리학자이며 열역학의 창시자 중 한 사람이다.

가 되며, 이것은 이상 기체 법칙이다.

힘 $\mathbf{F}_\alpha$가 퍼텐셜 U_α에서 유도되는 경우에 식 (7.204)는

$$\langle T\rangle = \frac{1}{2}\left\langle \sum_\alpha \mathbf{r}_\alpha \cdot \nabla U_\alpha \right\rangle \tag{7.210}$$

로 쓸 수 있으나, 특히 흥미로운 것은 $F \propto r^n$형인 중심력에 의해 상호작용하는 두 입자인 경우이다. 이 경우에 퍼텐셜은

$$U = kr^{n+1} \tag{7.211}$$

의 모양으로 쓰므로

$$\mathbf{r}\cdot\nabla U = \frac{dU}{dr} = k(n+1)r^{n+1} = (n+1)U \tag{7.212}$$

가 되고, 비리얼 정리는

$$\langle T\rangle = \frac{n+1}{2}\langle U\rangle \tag{7.213}$$

가 된다. 만일 입자 사이에 중력의 상호작용이 작용하면, 이것은 $n = -2$인 경우이므로

$$\langle T\rangle = -\frac{1}{2}\langle U\rangle, \quad n = -2$$

가 된다. 이 관계는 예를 들면 행성 운동에서의 에너지 역학을 논할 때 도움이 된다.

연습문제

7-1. A disk rolls without slipping across a horizontal plane. The plane of the disk remains vertical, but it is free to rotate about a vertical axis. What generalized coordinates may be used to describe the motion? Write a differential equation describing the rolling constraint. Is this equation integrable? Justify your answer by a physical argument. Is the constraint holonomic?

7-2. Work out Example 7.6 showing all the steps, in particular those leading to Equations 7.36 and 7.41. Explain why the sign of the acceleration a cannot affect the frequency ω. Give an argument why the signs of a^2 and g^2 in the solution of ω^2 in Equation 7.42 are the same.

7-3. A sphere of radius ρ is constrained to roll without slipping on the lower half of the inner surface of a hollow cylinder of inside radius R. Determine the Lagrangian function, the equation of constraint, and Lagrange's equations of motion. Find the frequency of small oscillations.

7-4. A particle moves in a plane under the influence of a force $f = -Ar^{\alpha-1}$ directed toward the origin; A and α (> 0) are constants. Choose appropriate generalized coordinates, and let the potential energy be zero at the origin. Find the Lagrangian equations of motion. Is the angular momentum about the origin conserved? Is the total energy conserved?

7-5. Consider a vertical plane in a constant gravitational field. Let the origin of a coordinate system be located at some point in this plane. A particle of mass m moves in the vertical plane under the influence of gravity and under the influence of an additional force $f = -Ar^{\alpha-1}$ directed toward the origin (r is the distance from the origin; A and α [$\neq 0$ or 1] are constants). Choose appropriate generalized coordinates, and find the Lagrangian equations of motion. Is the angular momentum about the origin conserved? Explain.

7-6. A hoop of mass m and radius R rolls without slipping down an inclined plane of mass M, which makes an angle α with the horizontal. Find the Lagrange equations and the integrals of the motion if the plane can slide without friction along a horizontal surface.

7-7. A double pendulum consists of two simple pendula, with one pendulum suspended from the bob of the other. If the two pendula have equal lengths and have bobs of equal mass and if both pendula are confined to move in the same plane, find Lagrange's equations of motion for the system. Do not assume small angles.

7-8. Consider a region of space divided by a plane. The potential energy of a particle in region 1 is U_1 and in region 2 it is U_2. If a particle of mass m and with speed v_1 in region 1 passes from region 1 to region 2 such that its path in region 1 makes an angle θ_1 with the normal to the plane of separation and an angle θ_2 with the normal when in region 2, show that

$$\frac{\sin\theta_1}{\sin\theta_2} = \left(1 + \frac{U_1 - U_2}{T_1}\right)^{1/2}$$

where $T_1 = \frac{1}{2}mv_1^2$. What is the optical analog of this problem?

7-9. A disk of mass M and radius R rolls without slipping down a plane inclined from the horizontal by an angle α. The disk has a short weightless axle of negligible radius. From this axis is suspended a simple pendulum of length $l < R$ and whose bob has a mass m. Consider that the motion of the pendulum takes place in the plane of the disk, and find Lagrange's equations for the system.

7-10. Two blocks, each of mass M, are connected by an extensionless, uniform string of length l. One block is placed on a smooth horizontal surface, and the other block hangs over the side, the string passing over a frictionless pulley. Describe the motion of the system **(a)** when the mass of the string is negligible and **(b)** when the string has a mass m.

7-11. A particle of mass m is constrained to move on a circle of radius R. The circle rotates in space about one point on the circle, which is fixed. The rotation takes place in the plane of the circle and with constant angular speed ω. In the absence of a gravitational force, show that the particle's motion about one end of a diameter passing through the pivot point and the center of the circle is the same as that of a plane pendulum in a uniform gravitational field. Explain why this is a reasonable result.

7-12. A particle of mass m rests on a smooth plane. The plane is raised to an inclination angle θ at a constant rate α ($\theta = 0$ at $t = 0$), causing the particle to move down the plane. Determine the motion of the particle.

7-13. A simple pendulum of length b and bob with mass m is attached to a massless support moving horizontally with constant acceleration a. Determine **(a)** the equations of motion and **(b)** the period for small oscillations.

7-14. A simple pendulum of length b and bob with mass m is attached to a massless support moving vertically upward with constant acceleration a. Determine **(a)** the equations of motion and **(b)** the period for small oscillations.

7-15. A pendulum consists of a mass m suspended by a massless spring with unextended length b and spring constant k. Find Lagrange's equations of motion.

7-16. The point of support of a simple pendulum of mass m and length b is driven horizontally by $x = a \sin \omega t$. Find the pendulum's equation of motion.

7-17. A particle of mass m can slide freely along a wire AB whose perpendicular distance to the origin O is h (see Figure 7-A, page 282). The line OC rotates about the origin at a constant angular velocity $\dot{\theta} = \omega$. The position of the particle can be described in terms of the angle θ and the distance q to the point C. If the particle is subject to a gravitational force, and if the initial conditions are

$$\theta(0) = 0, \quad q(0) = 0, \quad \dot{q}(0) = 0$$

show that the time dependence of the coordinate q is

$$q(t) = \frac{g}{2\omega^2}(\cosh \omega t - \cos \omega t)$$

Sketch this result. Compute the Hamiltonian for the system, and compare with the total energy. Is the total energy conserved?

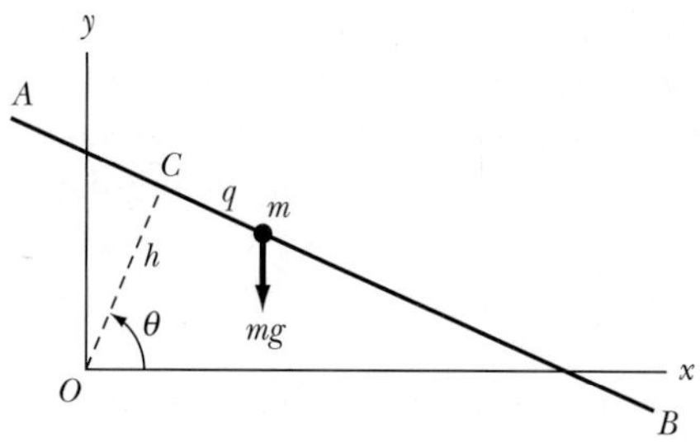

FIGURE 7-A Problem 7-17

7-18. A pendulum is constructed by attaching a mass m to an extensionless string of length l. The upper end of the string is connected to the uppermost point on a vertical disk of radius R $(R < l/\pi)$ as in Figure 7-B. Obtain the pendulum's equation of motion, and find the frequency of small oscillations. Find the line about which the angular motion extends equally in either direction (i.e., $\theta_1 = \theta_2$).

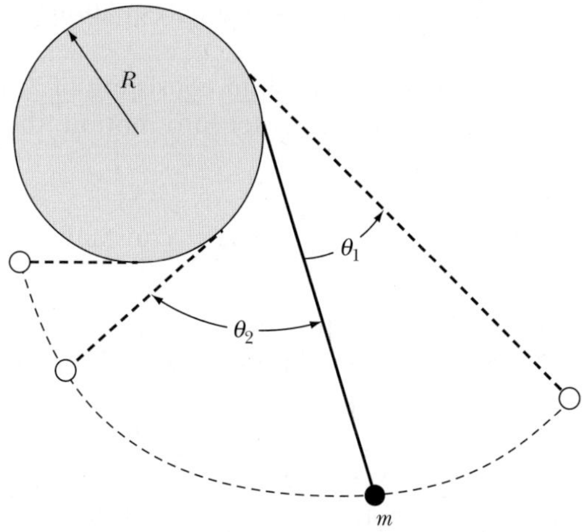

FIGURE 7-B Problem 7-18

7-19. Two masses m_1 and m_2 $(m_1 \neq m_2)$ are connected by a rigid rod of length d and of negligible mass. An extensionless string of length l_1 is attached to m_1 and connected to a fixed point of support P. Similarly, a string of length l_2 $(l_1 \neq l_2)$ connects m_2 and P. Obtain the equation describing the motion in the plane of m_1, m_2, and P, and find the frequency of small oscillations around the equilibrium position.

7-20. A circular hoop is suspended in a horizontal plane by three strings, each of length l, which are attached symmetrically to the hoop and are connected to fixed points lying in a plane above the hoop. At equilibrium, each string is vertical. Show that the frequency of small rotational oscillations about the vertical through the center of the hoop is the same as that for a simple pendulum of length l.

7-21. A particle is constrained to move (without friction) on a circular wire rotating with constant angular speed ω about a vertical diameter. Find the equilibrium position of the particle, and calculate the frequency of small oscillations around this position. Find and interpret physically a critical angular velocity $\omega = \omega_c$ that divides the particle's motion into two distinct types. Construct phase diagrams for the two cases $\omega < \omega_c$ and $\omega > \omega_c$.

7-22. A particle of mass m moves in one dimension under the influence of a force

$$F(x, t) = \frac{k}{x^2} e^{-(t/\tau)}$$

where k and τ are positive constants. Compute the Lagrangian and Hamiltonian functions. Compare the Hamiltonian and the total energy, and discuss the conservation of energy for the system.

7-23. Consider a particle of mass m moving freely in a conservative force field whose potential function is U. Find the Hamiltonian function, and show that the canonical equations of motion reduce to Newton's equations. (Use rectangular coordinates.)

7-24. Consider a simple plane pendulum consisting of a mass m attached to a string of length l. After the pendulum is set into motion, the length of the string is shortened at a constant rate

$$\frac{dl}{dt} = -\alpha = \text{constant}$$

The suspension point remains fixed. Compute the Lagrangian and Hamiltonian functions. Compare the Hamiltonian and the total energy, and discuss the conservation of energy for the system.

7-25. A particle of mass m moves under the influence of gravity along the helix $z = k\theta$, $r =$ constant, where k is a constant and z is vertical. Obtain the Hamiltonian equations of motion.

7-26. Determine the Hamiltonian and Hamilton's equations of motion for **(a)** a simple pendulum and **(b)** a simple Atwood machine (single pulley).

7-27. A massless spring of length b and spring constant k connects two particles of masses m_1 and m_2. The system rests on a smooth table and may oscillate and rotate.
(a) Determine Lagrange's equations of motion.
(b) What are the generalized momenta associated with any cyclic coordinates?
(c) Determine Hamilton's equations of motion.

7-28. A particle of mass m is attracted to a force center with the force of magnitude k/r^2. Use plane polar coordinates and find Hamilton's equations of motion.

7-29. Consider the pendulum described in Problem 7-15. The pendulum's point of support rises vertically with constant acceleration a.
(a) Use the Lagrangian method to find the equations of motion.
(b) Determine the Hamiltonian and Hamilton's equations of motion.
(c) What is the period of small oscillations?

7-30. Consider any two continuous functions of the generalized coordinates and momenta $g(q_k, p_k)$ and $h(q_k, p_k)$. The **Poisson brackets** are defined by

$$[g, h] \equiv \sum_k \left(\frac{\partial g}{\partial q_k}\frac{\partial h}{\partial p_k} - \frac{\partial g}{\partial p_k}\frac{\partial h}{\partial q_k} \right)$$

Verify the following properties of the Poisson brackets:

(a) $\dfrac{dg}{dt} = [g, H] + \dfrac{\partial g}{dt}$ **(b)** $\dot{q}_j = [q_i, H],\ \dot{p}_j = [p_j, H]$

(c) $[p_l, p_j] = 0,\ [q_l, q_j] = 0$ **(d)** $[q_l, p_j] = \delta_{lj}$

where H is the Hamiltonian. If the Poisson bracket of two quantities vanishes, the quantities are said to *commute.* If the Poisson bracket of two quantities equals unity, the quantities are said to be *canonically conjugate.* **(e)** Show that any quantity that does not depend explicitly on the time and that commutes with the Hamiltonian is a constant of the motion of the system. Poisson-bracket formalism is of considerable importance in quantum mechanics.

7-31. A spherical pendulum consists of a bob of mass m attached to a weightless, extensionless rod of length l. The end of the rod opposite the bob pivots freely (in all directions) about some fixed point. Set up the Hamiltonian function in spherical coordinates. (If $p_\phi = 0$, the result is the same as that for the plane pendulum.) Combine the term that depends on p_ϕ with the ordinary potential energy term to define as *effective* potential $V(\theta, p_\phi)$. Sketch V as a function of θ for several values of p_ϕ, including $p_\phi = 0$. Discuss the features of the motion, pointing out the differences between $p_\phi = 0$ and $p_\phi \neq 0$. Discuss the limiting case of the conical pendulum (θ = constant) with reference to the V-θ diagram.

7-32. A particle moves in a spherically symmetric force field with potential energy given by $U(r) = -k/r$. Calculate the Hamiltonian function in spherical coordinates, and obtain the canonical equations of motion. Sketch the path that a representative point for the system would follow on a surface H = constant in phase space. Begin by showing that the motion must lie in a plane so that the phase space is four dimensional (r, θ, p_r, p_θ, but only the first three are nontrivial). Calculate the projection of the phase path on the r-p_r plane, then take into account the variation with θ.

7-33. Determine the Hamiltonian and Hamilton's equations of motion for the double Atwood machine of Example 7.8.

7-34. A particle of mass m slides down a smooth circular wedge of mass M as shown in Figure 7-C. The wedge rests on a smooth horizontal table. Find (**a**) the equation of motion of m and M and (**b**) the reaction of the wedge on m.

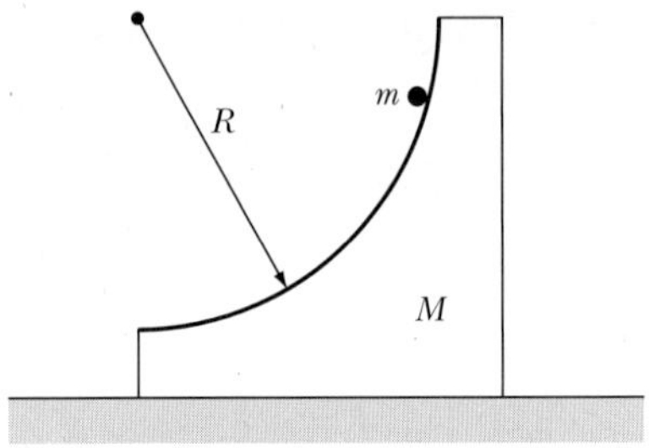

FIGURE 7-C Problem 7-34

7-35. Four particles are directed upward in a uniform gravitational field with the following initial conditions:

$$
\begin{aligned}
&\textbf{(1)}\ z(0) = z_0; && p_z(0) = p_0\\
&\textbf{(2)}\ z(0) = z_0 + \Delta z_0; && p_z(0) = p_0\\
&\textbf{(3)}\ z(0) = z_0; && p_z(0) = p_0 + \Delta p_0\\
&\textbf{(4)}\ z(0) = z_0 + \Delta z_0; && p_z(0) = p_0 + \Delta p_0
\end{aligned}
$$

Show by direct calculation that the representative points corresponding to these particles always define an area in phase space equal to $\Delta z_0\, \Delta p_0$. Sketch the phase paths, and show for several times $t > 0$ the shape of the region whose area remains constant.

7-36. Discuss the implications of Liouville's theorem on the focusing of beams of charged particles by considering the following simple case. An electron beam of circular cross section (radius R_0) is directed along the z-axis. The density of electrons across the beam is constant, but the momentum components transverse to the beam (p_x and p_y) are distributed uniformly over a circle of radius p_0 in momentum space. If some focusing system reduces the beam radius from R_0 to R_1, find the resulting distribution of the transverse momentum components. What is the physical meaning of this result? (Consider the angular divergence of the beam.)

7-37. Use the method of Lagrange undetermined multipliers to find the tensions in both strings of the double Atwood machine of Example 7.8.

7-38. The potential for an anharmonic oscillator is $U = kx^2/2 + bx^4/4$ where k and b are constants. Find Hamilton's equations of motion.

7-39. An extremely limber rope of uniform mass density, mass m and total length b lies on a table with a length z hanging over the edge of the table. Only gravity acts on the rope. Find Lagrange's equation of motion.

7-40. A double pendulum is attached to a cart of mass $2m$ that moves without friction on a horizontal surface. See Figure 7-D. Each pendulum has length b and mass bob m. Find the equations of motion.

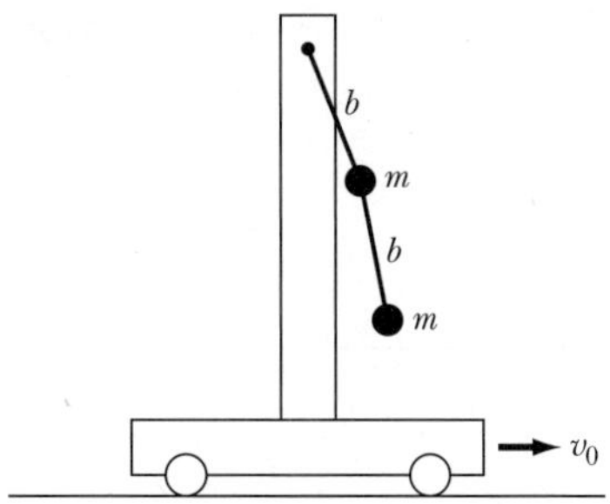

FIGURE 7-D Problem 7-40

7-41. A pendulum of length b and mass bob m is oscillating at small angles when the length of the pendulum string is shortened at a velocity of α $(db/dt = -\alpha)$. Find Lagrange's equations of motion.

제 8 장

중심력에 의한 운동

8.1 서론

두 물체가 그 중심을 잇는 선의 방향으로 작용하는 힘(즉, 중심력)에 의해 움직일 때, 이 두 물체로 된 계의 운동은 물리학에서는 아주 중요한 문제이고, 그 해는 완전히 구할 수가 있다. 그런데 이와 같은 문제가 중요해진 것은 대부분의 물리학에서 전혀 다른 두 영역, 즉 행성, 달, 혜성, 2중성 같은 천체 운동에 관한 이야기와 원자핵에 의한 α입자의 산란과 같은 핵자의 2체 상호작용에 관한 이야기가 전개되면서부터이다. 또한 전기(前期) 양자론의 시대에는 수소 원자도 고전적인 2체 중심력 문제로 다루었고, 이와 같은 취급은 지금도 정상적으로 이해하는 데 도움이 되지만, 상세히 기술하기 위해서는 양자론적으로 다룰 필요가 있다. 이 장과 다음 장에서는 중심력장 속에서의 운동을 전반적으로 고찰하며, 천체역학 및 핵물리학에서 나오는 2체 문제를 몇 개 설명하도록 한다.

8.2 환산 질량

두 입자로 이루어지는 계를 기술하려면 6개의 양, 즉 두 입자의 지름 벡터 $\mathbf{r}_1$, $\mathbf{r}_2$의 세 성분을 각각 지정해야 한다.[1] 또는 질량중심 벡터 $\mathbf{R}$의 세 성분과 벡터 $\mathbf{r} \equiv \mathbf{r}_1 - \mathbf{r}_2$의 세 성분을 택해도 된다(그림 8-1a 참조). 여기서 마찰에 의한 에너지 손실이 없고 위치 에너지가 $r = |\mathbf{r}_1 - \mathbf{r}_2|$만의 함수로 기술된 계를 생각하면, 이와 같은 계의 라그랑지안은 다음과 같이 주어진다.

$$L = \frac{1}{2}m_1|\dot{\mathbf{r}}_1|^2 + \frac{1}{2}m_2|\dot{\mathbf{r}}_2|^2 - U(r) \tag{8.1}$$

입자 상호 간의 궤도 모양을 알고 싶은 경우에는 계 전체의 병진 운동은 필요하지 않으므로, 좌표의 원점을 계의 질량중심으로 취한다. 즉, $\mathbf{R} \equiv 0$으로 한다(그림 8-1b 참조). 그러면(9.2절 참조)

$$m_1\mathbf{r}_1 + m_2\mathbf{r}_2 = 0 \tag{8.2}$$

이 되므로, 이 식과 $\mathbf{r} = \mathbf{r}_1 - \mathbf{r}_2$를 조합함으로써

$$\left.\begin{aligned} \mathbf{r}_1 &= \frac{m_2}{m_1 + m_2}\mathbf{r} \\ \mathbf{r}_2 &= -\frac{m_1}{m_1 + m_2}\mathbf{r} \end{aligned}\right\} \tag{8.2}$$

을 얻는다.

---

1) 입자의 방위(方位, orientation)는 중요하지 않다고 가정한다. 즉, 입자들은 구대칭(혹은 점입자)이라고 한다.

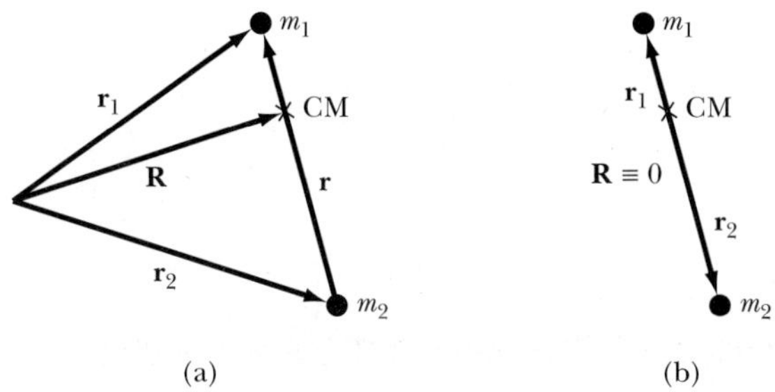

그림 8-1 두 입자의 위치를 기술하는 두 가지 방법: (a) 임의의 좌표계 원점에서, (b) 질량중심에서. 위치 벡터 $\mathbf{r}_1$과 $\mathbf{r}_2$, 질량중심 벡터 $\mathbf{R}$, 상대 벡터 $\mathbf{r} = \mathbf{r}_1 - \mathbf{r}_2$

이 식 (8.3)을 라그랑지안에 대입하면

$$\boxed{L = \frac{1}{2}\mu|\dot{\mathbf{r}}|^2 - U(r)} \tag{8.4}$$

이 된다. 여기서 μ는 **환산 질량**(reduced mass)이다.

$$\boxed{\mu \equiv \frac{m_1 m_2}{m_1 + m_2}} \tag{8.5}$$

이와 같이 2체 문제는 형식적으로 **등가 1체 문제**로 귀착되고, 우리는 퍼텐셜 $U(r)$로 기술되는 중심력장 속에서의 질량 μ인 입자의 운동만을 결정하면 된다. 그래서 식 (8.4)에 대한 라그랑주 방정식을 써서 $\mathbf{r}(t)$에 대한 해가 얻어진다면, 각 입자에 대한 $\mathbf{r}_1(t)$, $\mathbf{r}_2(t)$는 (필요하면) 식 (8.3)을 써서 구할 수가 있다. 그러나 입자 상호 간의 상대적인 궤도만을 알고 싶을 경우에는 그럴 필요는 없다.

8.3 보존 법칙: 운동의 제1적분

위에서 우리가 다루려고 했던 퍼텐셜 $U(r)$로 나타내는 중심력장 속을 운동하는 질량 μ인 입자계라고 생각하면 된다. 그러나 위치 에너지는 힘의 중심과 입자 사이의 거리에만 관계하고 그 방향에는 의존하지 않으므로, 이 계는 **구대칭성**(spherical symmetry)을 찾는다. 즉, 입자의 운동 방정식은 힘의 중심을 지나는 어떠한 고정축을 축으로 하여 회전해도 변하지 않는다. 그런데 앞에 보인 바와 같이(7.9절 참조), 이와 같은 조건에서 계의 각운동량은 보존된다.

$$\mathbf{L} = \mathbf{r} \times \mathbf{p} = \text{상수} \tag{8.6}$$

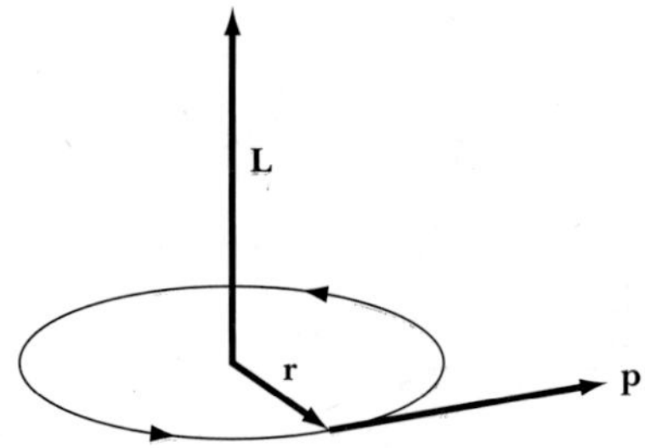

그림 8-2 중심력장 속을 운동하는 질량 μ인 입자의 운동은 위치 벡터 **r**, 선형 운동량 **p**와 일정한 각운동량 **L**로 기술한다.

이 관계식으로부터 입자의 반지름 벡터와 운동량 벡터는 둘 다 공간에 고정된 각운동량 벡터 **L**에 수직한 평면 속에 있다는 사실을 알 수 있다(그림 8-2 참조). 이 결과로 우리는 2차원 문제를 다루는 것이 되고, 라그랑지안은 평면 극좌표로 편리하게 나타낼 수가 있어서

$$\boxed{L = \frac{1}{2}\mu(\dot{r}^2 + r^2\dot{\theta}^2) - U(r)} \tag{8.7}$$

로 쓸 수 있다.

이 라그랑지안은 θ에 관해서 주기적이므로 θ에 공역인 각운동량은 보존된다. 즉,

$$\dot{p}_\theta = \frac{\partial L}{\partial \theta} = 0 = \frac{d}{dt}\frac{\partial L}{\partial \dot{\theta}} \tag{8.8}$$

로부터

$$p_\theta \equiv \frac{\partial L}{\partial \dot{\theta}} = \mu r^2\dot{\theta} = \text{상수} \tag{8.9}$$

를 얻는다.

그러므로 계의 대칭성으로부터 운동 방정식 중의 하나는 곧 적분할 수가 있어서, p_θ는 운동의 제1적분이 되고 그 상수 값을 l로 나타낸다.

$$\boxed{l \equiv \mu r^2\dot{\theta} = \text{상수}} \tag{8.10}$$

l이 상수라는 이 사실은 간단한 기하학적인 해석을 가능하게 한다. 즉, 그림 8-3에 의하면, 궤도 $\mathbf{r}(t)$를 그리는 경우에 반지름 벡터는 시간 dt 사이에 $\frac{1}{2}r^2d\theta$의 면적을 휩쓸며 지나간다.

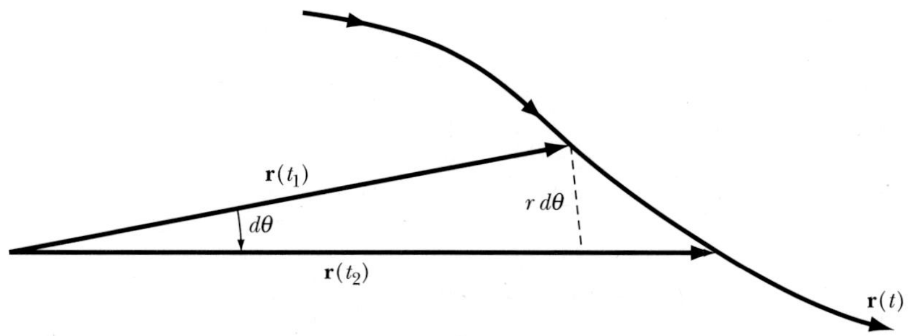

그림 8-3 입자의 궤도는 $\mathbf{r}(t)$로 기술한다. 반지름 벡터는 시간 dt 사이에 $dA = \frac{1}{2}r^2 d\theta$의 면적을 휩쓸며 지나간다.

$$dA = \frac{1}{2} r^2 d\theta \tag{8.11}$$

이것을 시간 dt로 나눔으로써 **면적 속도**(areal velocity)는

$$\begin{aligned} \frac{dA}{dt} &= \frac{1}{2} r^2 \frac{d\theta}{dt} = \frac{1}{2} r^2 \dot{\theta} \\ &= \frac{l}{2\mu} = \text{상수} \end{aligned} \tag{8.12}$$

가 되고, 여기서 면적 속도는 시간적으로 일정하다는 사실을 알 수 있다. 이 결과는 케플러(Kepler)가 행성 운동에 관해서 경험적으로 얻은 것으로, **케플러의 제2법칙**[2] 으로 알려져 있다. 면적 속도가 보존되는 것은 (행성 운동의 경우와 같이) 역제곱의 힘이 작용할 때만이 아니라, 중심력에 의한 운동의 일반적인 결과임을 주의해야 한다.

계의 질량중심의 균일한 운동과 같은 별로 재미없는 내용은 여기서는 생각하지 않기로 했으므로, 선형 운동량의 보존으로부터는 운동을 기술하는 데 있어 그다지 새로운 것이 나오지 않는다. 그러므로 이 문제에서 남아 있는 유일한 제1적분은 에너지 보존이다. 우리는 논의를 비 흩어지기(nondissipative) 계에 제한하고 있으므로, 총 에너지 E의 보존은 자동적으로 보증된다. 즉,

$$T + U = E = \text{상수} \tag{8.13}$$

따라서

$$E = \frac{1}{2}\mu(\dot{r}^2 + r^2\dot{\theta}^2) + U(r)$$

---

2) 튀코 브라헤(Tycho Brache, 1546~1601)의 화성 위치에 관한 방대한 연구 노트를 철저히 연구한 요하네스 케플러(Johannes Kepler, 1571~1630)는 그 결과를 1609년에 발표했다. 케플러의 제1법칙은 행성의 궤도에 관한 것이다(8.7절 참조).

또는

$$\boxed{E = \frac{1}{2}\mu\dot{r}^2 + \frac{1}{2}\frac{l^2}{\mu r^2} + U(r)} \tag{8.14}$$

을 얻는다.

8.4 운동 방정식

$U(r)$이 얻어지면 식 (8.14)에 의해 계는 완전히 기술되고, 이 방정식의 적분은 매개변수 E 및 l로 표현된 이 문제의 일반해가 된다. 즉, 식 (8.14)를 $\dot{r}$에 대해 풀면

$$\dot{r} = \frac{dr}{dt} = \pm\sqrt{\frac{2}{\mu}(E-U) - \frac{l^2}{\mu^2 r^2}} \tag{8.15}$$

이 되고, 이 식을 dt에 대해 풀어서 적분하면 해 $t = t(r)$을 얻고, 이 결과를 역으로 풀면 표준 형태의 운동 방정식 $r = r(t)$를 얻는다. 그러나 여기서는 무엇보다 먼저 r과 θ로 나타내는 궤도의 방정식을 구하고자 한다. 따라서

$$d\theta = \frac{d\theta}{dt}\frac{dt}{dr}dr = \frac{\dot{\theta}}{\dot{r}}dr \tag{8.16}$$

이라 쓰고, 이것에 $\dot{\theta} = l/\mu r^2$(식 (8.10))과 식 (8.15)의 $\dot{r}$을 대입하여 적분하면

$$\theta(r) = \int \frac{\pm(l/r^2)\,dr}{\sqrt{2\mu\left(E - U - \dfrac{l^2}{2\mu r^2}\right)}} \tag{8.17}$$

을 얻는다.

또한 l은 시간에 대해 일정하므로 $\dot{\theta}$의 부호는 변하지 않고, 따라서 $\theta(t)$는 시간과 함께 단조로이 증가해야 한다.

이렇게 문제를 적분에 관한 형식적 계산 문제로 대치할 수 있었지만, 실제로 해를 간단히 구할 수 있는 경우는 힘이 어떤 특정한 형태를 띨 때뿐이다. 힘이 반지름 방향의 거리에 n승에 비례할 때, 즉 $F(r) \propto r^n$인 경우에 n이 정수 또는 분수이면 해를 타원 적분으로 나타낼 수 있다. 그래서 $n = 1, -2, -3$일 때만 해를 사인, 코사인으로 나타낸다.[3] 이 중 $n = 1$인 경우는 바로 조화 진동자의 경우이고(3장 참조), $n = -2$인

3) 예를 들어 Goldstein(Go80, pp. 88~90)을 참조하라.

경우는 8.6절과 8.7절에서 다루는 중요한 역제곱 법칙을 따르는 힘의 경우가 되어, $n = 1, -2$인 두 경우는 물리학에서 아주 중요하다(그 밖의 흥미로운 경우 몇 가지는 연습문제로 내었다).

이와 같이 우리는 에너지와 각운동량의 보존을 나타내는 식을 조합하여, 이것으로부터 궤도 방정식 $\theta = \theta(r)$을 주는 간단한 결과를 구함으로써 형식적으로 문제를 풀었다. 이 문제를 r 좌표로 쓴 라그랑주 방정식

$$\frac{\partial L}{\partial r} - \frac{d}{dt}\frac{\partial L}{\partial \dot{r}} = 0$$

을 토대로 조사해보자. 식 (8.7)의 L을 쓰면, 이 방정식은

$$\mu(\ddot{r} - r\dot{\theta}^2) = -\frac{\partial U}{\partial r} = F(r) \tag{8.18}$$

이 된다.

그런데 식 (8.18)은 간단한 변수변환

$$u \equiv \frac{1}{r}$$

을 하면 어떤 종류의 계산에 더욱 적절한 형태로 고쳐진다. 우선

$$\frac{du}{d\theta} = -\frac{1}{r^2}\frac{dr}{d\theta} = -\frac{1}{r^2}\frac{dr}{dt}\frac{dt}{d\theta} = -\frac{1}{r^2}\frac{\dot{r}}{\dot{\theta}}$$

을 계산하면 식 (8.10)에서 $\dot{\theta} = l/\mu r^2$이므로 다음과 같이 쓸 수 있다.

$$\frac{du}{d\theta} = -\frac{\mu}{l}\dot{r}$$

계속해서

$$\frac{d^2u}{d\theta^2} = \frac{d}{d\theta}\left(-\frac{\mu}{l}\dot{r}\right) = \frac{dt}{d\theta}\frac{d}{dt}\left(-\frac{\mu}{l}\dot{r}\right) = -\frac{\mu}{l\dot{\theta}}\ddot{r}$$

을 구하고, 여기서 마찬가지로 $\dot{\theta}$에 $l/\mu r^2$을 대입하면

$$\frac{d^2u}{d\theta^2} = -\frac{\mu^2}{l^2}r^2\ddot{r}$$

을 얻는다. 그러므로 $\ddot{r}$과 $r\dot{\theta}^2$을 u로 나타내면

$$\left.\begin{aligned} \ddot{r} &= -\frac{l^2}{\mu^2}u^2\frac{d^2u}{d\theta^2} \\ r\dot{\theta}^2 &= \frac{l^2}{\mu^2}u^3 \end{aligned}\right\} \tag{8.19}$$

이 되므로, 이를 식 (8.18)에 대입한다. 그리하여, 변환된 운동 방정식

$$\frac{d^2u}{d\theta^2} + u = -\frac{\mu}{l^2}\frac{1}{u^2}F(1/u) \tag{8.20}$$

를 얻게 된다. 이 식을 새로 쓰면

$$\boxed{\frac{d^2}{d\theta^2}\left(\frac{1}{r}\right) + \frac{1}{r} = -\frac{\mu r^2}{l^2}F(r)} \tag{8.21}$$

이 된다. 이 형태의 운동 방정식은 이미 알고 있는 어떤 특정한 궤도 $r = r(\theta)$를 유도하는 힘을 구하려는 경우에 특히 유용하다.

예제 8.1

$r = ke^{\alpha\theta}$으로 주어지는 대수적 나선 궤도 속에서 입자가 운동하게 되는 중심력장에서의 힘을 구하라. 여기서 k와 α는 상수이다.

풀이

힘을 구하기 위해 식 (8.21)을 사용하자. 먼저

$$\frac{d}{d\theta}\left(\frac{1}{r}\right) = \frac{d}{d\theta}\left(\frac{e^{-\alpha\theta}}{k}\right) = \frac{-\alpha e^{-\alpha\theta}}{k}$$

$$\frac{d^2}{d\theta^2}\left(\frac{1}{r}\right) = \frac{\alpha^2 e^{-\alpha\theta}}{k} = \frac{\alpha^2}{r}$$

같이 계산하고, 식 (8.21)로부터

$$F(r) = \frac{-l^2}{\mu r^2}\left(\frac{\alpha^2}{r} + \frac{1}{r}\right)$$

$$F(r) = \frac{-l^2}{\mu r^3}(\alpha^2 + 1) \tag{8.22}$$

을 얻는다. 따라서 힘은 r^{-3}에 비례하는 인력이다.

예제 8.2

예제 8.1에서 $r(t)$와 $\theta(t)$를 구하라.

풀이

식 (8.10) 에서

$$\dot{\theta} = \frac{l}{\mu r^2} = \frac{l}{\mu k^2 e^{2\alpha\theta}} \tag{8.23}$$

을 구하고, 이것을

$$e^{2\alpha\theta} d\theta = \frac{l}{\mu k^2} dt$$

로 써서 적분하면

$$\frac{e^{2\alpha\theta}}{2\alpha} = \frac{lt}{\mu k^2} + C'$$

가 된다. C'는 적분 상수이다. 2α를 곱하고 $C = 2\alpha C'$로 쓰면

$$e^{2\alpha\theta} = \frac{2\alpha l t}{\mu k^2} + C \tag{8.24}$$

를 얻는다. 이 식의 자연대수를 구하고 $\theta(t)$에 관해 풀면

$$\theta(t) = \frac{1}{2\alpha} \ln\left(\frac{2\alpha l t}{\mu k^2} + C\right) \tag{8.25}$$

가 된다. 마찬가지로 식 (8.23)과 식 (8.24) 로부터 $r(t)$에 관해 풀면

$$\frac{r^2}{k^2} = e^{2\alpha\theta} = \frac{2\alpha l t}{\mu k^2} + C$$

$$r(t) = \left[\frac{2\alpha l}{\mu} t + k^2 C\right]^{1/2} \tag{8.26}$$

을 얻게 된다. 식 (8.25)와 식 (8.26)에 나타난 적분 상수 C와 각운동량 l은 초기 조건에 의해 결정된다.

예제 8.3

앞의 두 예에서 나타난 궤도의 총 에너지는 얼마인가?

풀이

식 (8.14)의 에너지에서 특별히 $\dot{r}$과 $U(r)$을 구한다.

$$U(r) = -\int F\,dr = \frac{+l^2}{\mu}(\alpha^2+1)\int r^{-3}dr$$

$$U(r) = -\frac{l^2(\alpha^2+1)}{2\mu}\frac{1}{r^2} \tag{8.27}$$

여기서 $U(\infty) = 0$으로 잡았다.

$\dot{r}$을 구하기 위해 식 (8.10)을 다음과 같이 쓴다.

$$\dot{\theta} = \frac{d\theta}{dt} = \frac{d\theta}{dr}\frac{dr}{dt} = \frac{l}{\mu r^2}$$

$$\dot{r} = \frac{dr}{d\theta}\frac{l}{\mu r^2} = \alpha k e^{\alpha\theta}\frac{l}{\mu r^2} = \frac{\alpha l}{\mu r} \tag{8.28}$$

식 (8.27)과 식 (8.28)을 식 (8.14)에 대입하면

$$E = \frac{1}{2}\mu\left(\frac{\alpha l}{\mu r}\right)^2 + \frac{l^2}{2\mu r^2} - \frac{l^2(\alpha^2+1)}{2\mu r^2}$$

$$E = 0 \tag{8.29}$$

만약 $U(r=\infty) = 0$이면 궤도의 총 에너지는 0이다.

8.5 중심력장 속에서의 궤도

중심력장 속을 운동하는 입자의 반지름 속도는 식 (8.15)로 주어지고, 이 식은 근기호 속에 있는 식의 근, 즉

$$E - U(r) - \frac{l^2}{2\mu r^2} = 0 \tag{8.30}$$

을 만족하는 r점에서 $\dot{r}$이 0이 됨을 나타낸다. 따라서 $\dot{r}$이 0이 된다는 것은 입자가 **전환점**에 도달했다는 뜻이다(2.6절의 논의 참조). 그런데 식 (8.30)은 일반적으로 두 근 r_{max}, r_{min}을 가지므로, 입자의 운동은 $r_{max} \geq r \geq r_{min}$으로 정해진 고리 모양의 영역에 제한된다. 퍼텐셜 $U(r)$과 매개변수 E, l의 적절한 조합이 이루어질 때 식 (8.30)이 유일한 근을 갖게 된다. 이 경우에는 아무리 시간이 흘러도 $\dot{r} = 0$이므로, r은 일정해지고 궤도는 원이 된다.

만일 퍼텐셜 $U(r)$ 속에서의 입자 운동이 주기적이면 입자의 궤도는 닫힌다. 즉, 입자는 반지름의 한계 r_{min}과 r_{max} 사이에서 유한한 횟수를 왔다 갔다 한다. 그 후는 정확히 그 운동을 반복한다. 한편 유한 횟수 왕복한 후에 궤도가 닫히지 않은 경우 그 궤도는 **열려** 있다고 말한다. 그와 같은 경우를 그림 8-4에 나타내

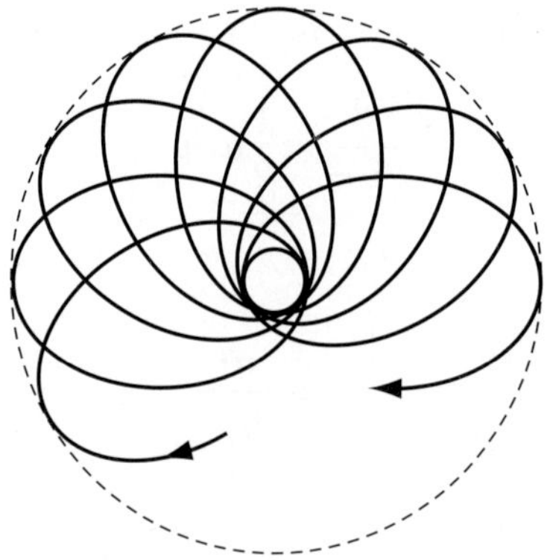

그림 8-4 유한한 횟수를 왕복한 후에 닫히지 않은 궤도를 열려 있다고 한다.

었다. 그런데 우리는 r이 $r_{\min}$에서 $r_{\max}$로, 그리고 다시 $r_{\min}$으로 완전히 한 번 왕복한 경우에 생기는 각 θ의 변화를 식 (8.17)에서 계산할 수 있으나, 이 경우 운동의 시간에 대해 대칭이므로 각도의 변화는 $r_{\min}$에서 $r_{\max}$로 이행할 때의 변화의 두 배가 되고, 이 결과

$$\Delta\theta = 2\int_{r_{\min}}^{r_{\max}} \frac{(l/r^2)\,dr}{\sqrt{2\mu\left(E - U - \dfrac{l^2}{2\mu r^2}\right)}} \tag{8.31}$$

이다. 여기서 만일 $\Delta\theta$가 2π의 유리수 배이면, 즉 $\Delta\theta = 2\pi(a/b)$ (단, a와 b는 정수)이면 궤도는 닫힌다. 상세히 말하면, 이 조건에서는 b주기 후에 입자의 반지름 벡터는 a회 순회해서 원래의 위치로 돌아온다. 또한 퍼텐셜이 반지름 거리의 어떤 정수승으로 변화하는 경우, 즉 $U(r) \propto r^{n+1}$이면 $n = -2$ 또는 $+1$인 경우만이[4] 닫힌 비원형 궤도가 된다(연습문제 8-35 참조). $n = -2$인 경우(역제곱의 힘의 경우)는 중력 또는 정전기력의 경우에 대응하고, $n = +1$인 경우는 조화 진동자의 퍼텐셜 경우에 대응하나, 후자의 2차원인 경우는 3.4절에서 설명했고 거기서는 x방향과 y방향의 각진동수의 비가 유리수인 경우만이 닫힌 궤도가 됨을 보았다.

8.6 원심력 에너지와 유효 퍼텐셜

지금까지 유도된 $\dot{r}$, $\Delta\theta$ 등의 식에서 공통적인 것은 근기호항

$$\sqrt{E - U - \frac{l^2}{2\mu r^2}}$$

4) n이 어떤 분수 값을 가질 때도 닫힌 궤도를 나타내지만 일반적으로 이러한 경우는 물리적으로 재미가 없다.

인데, 그 속의 마지막 항은 에너지의 차원을 갖고 있으며, 이것은 또한 식 (8.10)을 사용하면

$$\frac{l^2}{2\mu r^2} = \frac{1}{2}\mu r^2\dot{\theta}^2$$

이라고도 쓴다. 이를 위치 에너지

$$U_c \equiv \frac{l^2}{2\mu r^2} \tag{8.32}$$

으로 해석한다면, U_c에서 유도되는 힘은

$$F_c = -\frac{\partial U_c}{\partial r} = \frac{l^2}{\mu r^3} = \mu r\dot{\theta}^2 \tag{8.33}$$

이 된다. 그런데 이것은 보통의 의미에서는 힘이 아님에도 불구하고[5] 훨씬 예전부터 **원심력**(centrifugal force)[6]이라 불렸고 관습적으로 사용되고 편리하므로, 여기서도 부적절하지만 이 용어를 쓰도록 한다.

이와 같이 $l^2/2\mu r^2$의 항은 입자의 **원심력의 퍼텐셜 에너지**로 해석할 수 있고, 그 의미로 $U(r)$과 함께 **유효 퍼텐셜 에너지**

$$\boxed{V(r) \equiv U(r) + \frac{l^2}{2\mu r^2}} \tag{8.34}$$

속에 포함할 수가 있는 것이다. 따라서 $V(r)$은 실질적인 퍼텐셜 $U(r)$과 힘의 중심 주위의 회전 운동에 따르는 에너지를 합한 가상적인 퍼텐셜이다. 또한 역제곱의 법칙을 따르는 중심력 운동의 경우에 힘은

$$F(r) = -\frac{k}{r^2} \tag{8.35}$$

로 주어지므로, 이로부터

$$U(r) = -\int F(r)\,dr = -\frac{k}{r} \tag{8.36}$$

가 되고, 이 결과로부터 중력에 대한 유효 퍼텐셜은

$$V(r) = -\frac{k}{r} + \frac{l^2}{2\mu r^2} \tag{8.37}$$

---

5) 원심력에 관한 엄밀한 논의는 10.3절을 참조하라.

6) $F_c = mr\omega^2$ 형식으로 더 알려져 있다. 제일 처음 원심력을 인식한 사람은 호이겐스(Huygens)이다. 그는 1659년 원뿔 진자에 관한 연구를 통해 원심력을 상세히 조사했다.

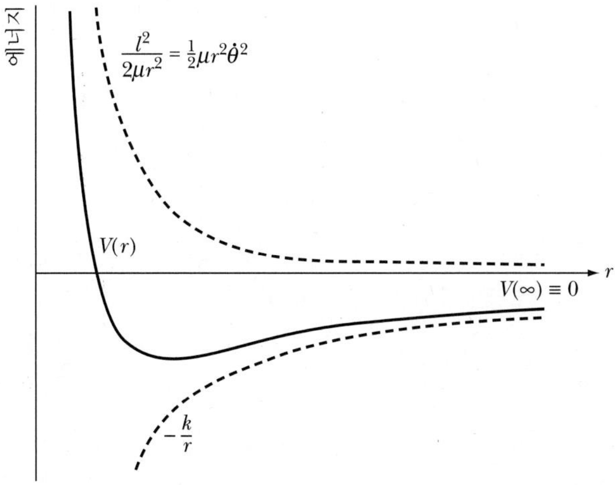

그림 8-5 중력 인력의 유효 퍼텐셜 $V(r)$은 실질적인 퍼텐셜 $-k/r$ 항과 원심력의 퍼텐셜 에너지 $l^2/2\mu r^2$ 항으로 구성된다.

이 된다. 이 유효 퍼텐셜과 그 성분은 그림 8-5에 나타나 있다. 여기서 퍼텐셜은 $r = \infty$에서 0이 되도록 취한다(식 (8.36)에서는 적분 상수가 생략되어 있으므로, 이러한 사정이 확실히 나타나 있지 않다).

임의의 퍼텐셜 속에서의 입자 운동에 관해서 2.6절에서와 비슷한 결론을 얻을 수 있다. 그림 8-5와 같은 그림에 입자의 총 에너지 E를 그려보면, 영역 전체를 세 부분으로 나누어 논의하면 좋다는 사실을 알게 된다(그림 8-6 참조). 먼저 총 에너지가 양 또는 0($E_1 \geq 0$)인 경우 운동은 비속박 운동이므로, 입자는 무한히 먼 곳에서($r = 0$에 있는) 힘의 중심을 향해 날아와 **전환점** $r = r_1$에서 퍼텐셜의 벽에 충돌한 후에 다시 무한대의 r 쪽으로 날아가 버린다. 그런데 그림 8-6의 임의의 r, 예를 들면 r_5에서의 $V(r)$로부터 총 에너지 E_1(일정)까지의 높이는 $\frac{1}{2}\mu\dot{r}^2$과 같으므로, 이로부터 반지름 속도 $\dot{r}$은 전환점에서 일단 0이 되고, 이어서 그 부호가 바뀜을 알 수 있다.

다음에 E_2와 같이 총 에너지가 음으로[7] 그것이 0과 $V(r)$의 최소값 사이에 있는 경우의 운동은 $r^2 \leq r \leq r^4$의 범위 속에서 속박 운동이 된다. 그 경우에 r^2와 r^4는 궤도의 전환점이고, 또한 **앱시스 거리**(apsidal distance)이다. 그리고 E가 유효 퍼텐셜 에너지의 최소값(그림 8-6)인 E_3에 항상 제한될 때, 언제나 $\dot{r} = 0$이므로 입자는 원운동을 한다.

$V_{\min} = -(\mu k^2/2l^2)$보다 작은 E의 경우는 $\dot{r}^2 < 0$이 되며, 따라서 속도가 허수가 되기 때문에 이와 같은 경우는 물리적으로 가능한 실제 운동에는 나타나지 않는다.

이 절에서 논의한 방법은 특히 원자, 분자 및 원자핵 같은 계에서 나타나는 일반적인 장에 관한 오늘날

7) 총 에너지가 음이 되는 경우는 $r = \infty$에서 인위적으로 $V(r) = 0$으로 택할 때만이다.

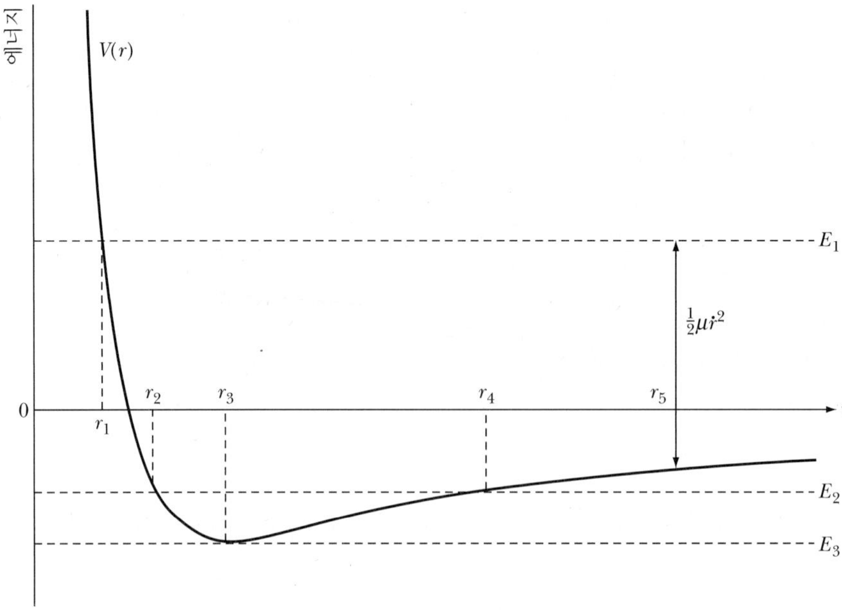

그림 8-6 퍼텐셜 에너지 도면을 총 에너지 E에 대해 조사하여 운동에 대해서 더 논의하자. 예를 들면 에너지가 E_1일 때 입자의 운동은 구속되지 않는 운동이고, 에너지가 E_2일 때 입자의 운동은 $r_2 \leq r \leq r_4$ 범위에서 구속되는 운동이고, 에너지가 E_3일 때 운동은 $r = r_3$가 되어 원운동이 된다.

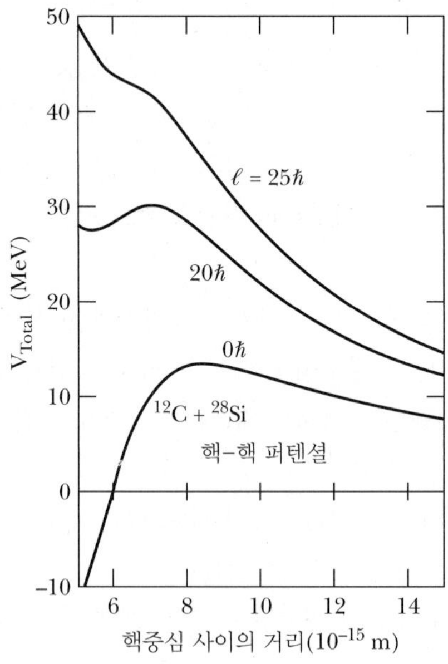

그림 8-7 핵 사이의 거리의 함수로서 여러 각운동량 l 값에 대해서 ^{28}Si와 ^{12}C 핵의 산란에 대한 총 퍼텐셜(쿨롱력, 핵력, 원심력). $l = 20\hbar$인 경우에 짧은 시간 동안 두 핵이 함께 구속되는 얕은 주머니가 존재한다. $l = 25\hbar$인 경우에 핵은 함께 구속되지 않는다.

의 연구에 때때로 사용된다. 예로서 그림 8-7은 ^{28}Si와 ^{12}C의 산란에 대한 유효 핵-핵 퍼텐셜을 나타내고 있다. 이 퍼텐셜은 쿨롱력, 핵력, 원심력으로부터의 효과를 포함하고 있으며, $l = 0\hbar$의 퍼텐셜은 원심력이 없는 경우이다. $l = 20\hbar$인 상대 각운동량에 대해서는(가령 짧은 시간일지라도) 두 개의 산란되는 핵이 서로 결합될 수 있는 '주머니'가 있다. $l = 25\hbar$인 경우 원심력에 의한 '벽'이 주가 되어 핵들을 서로 잡아당기지 않는다.

8.7 행성의 운동: 케플러의 문제

힘의 중심으로부터의 거리 제곱에 역비례하는 중심력을 받고 운동하는 입자의 궤도에 대한 방정식은(식 (8.17) 참조)

$$\theta(r) = \int \frac{(l/r^2)\,dr}{\sqrt{2\mu\left(E + \dfrac{k}{r} - \dfrac{l^2}{2\mu r^2}\right)}} + 상수 \tag{8.38}$$

로부터 얻는다. 즉, 이 경우에 변수를 $u \equiv l/r$로 변환하면 적분은 간단히 계산할 수 있고(연습문제 8-2 참조), 적분 상수가 0이 되도록 θ의 원점을 정하면

$$\cos\theta = \frac{\dfrac{l^2}{\mu k}\cdot\dfrac{1}{r} - 1}{\sqrt{1 + \dfrac{2El^2}{\mu k^2}}} \tag{8.39}$$

을 얻는다. 여기서 상수

$$\left.\begin{aligned} \alpha &\equiv \frac{l^2}{\mu k} \\ \varepsilon &\equiv \sqrt{1 + \frac{2El^2}{\mu k^2}} \end{aligned}\right\} \tag{8.40}$$

을 정의하면, 식 (8.39)는 다음과 같이 쓸 수 있다.

$$\boxed{\frac{\alpha}{r} = 1 + \varepsilon\cos\theta} \tag{8.41}$$

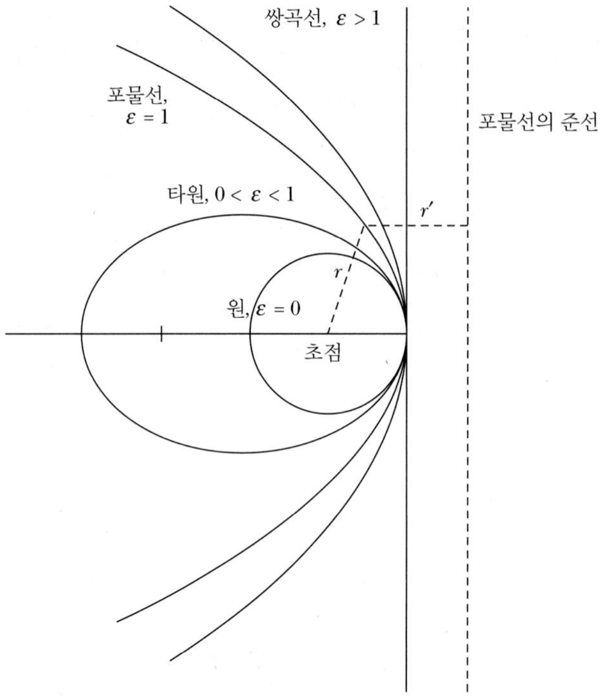

그림 8-8 이심률 ε과 함께 나타낸 다양한 원뿔 곡선의 궤도

이는 원점을 한 개의 초점으로 하는 원뿔 곡선의 방정식이다.[8)] ε은 **이심률**(eccentricity), 2α는 궤도의 **직현**(latus rectum)이라 부른다. 원뿔 곡선은 원뿔을 절단하는 평면과 원뿔 사이의 경계(접촉면)선에 의해(평면 내에) 형성된다. 이 곡선은 고정점(초점)으로부터의 거리와 준선(準線, directrix)까지의 거리의 비가 일정한 점의 집합으로 형성되어 있다. 포물선에 대한 준선이 그림 8-8에 수직 점선으로 그려져 있고 $r/r' = 1$이다.

그런데 식 (8.41)에서 r의 최소값은 $\cos\theta$가 최대일 때, 즉 $\theta = 0$일 때 나타나므로 식 (8.38)에서 상수를 0으로 한 것은 θ를 $r_{\min}$으로부터 측정하는 것에 대응한다($r_{\min}$은 **근점**(近點, pericenter)에, $r_{\max}$는 **원점**(遠點, apocenter)에 대응한다). 또 전환점을 일반적인 용어로 **앱시스**(apsis)라고 한다. 태양 중심 운동에 대한 해당 용어는 **근일점**(近日點, perihelion), **원일점**(遠日點, aphelion)이라고 하며, 지구를 도는 운동에 대해서는 **근지점**(近地點, perigee), **원지점**(遠地點, apogee)이라고 한다.

궤도는 이심률(또한 에너지 E) 값에 따라 여러 가지의 원뿔 곡선으로 분류된다(그림 8-8 참조).

8) 요한 베르누이(Johann Bernoulli, 1667~1748)는 $1/r$에 비례하는 퍼텐셜 속에서 운동하는 물체의 가능한 모든 궤도는 원뿔임을 가장 먼저 증명했다(1710년).

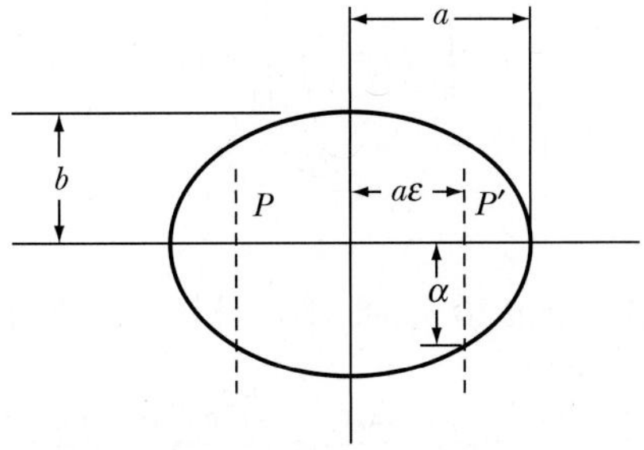

그림 8-9 매개변수 α, ε, a, b의 항으로 나타낸 타원 궤도. P와 P'는 초점이다.

$\varepsilon > 1,$	$E > 0$	쌍곡선
$\varepsilon = 1,$	$E = 0$	포물선
$0 < \varepsilon < 1,$	$V_{\min} < E < 0$	타원
$\varepsilon = 0,$	$E = V_{\min}$	원

행성의 운동인 경우, 궤도는 장축과 단축(각각 $2a$와 $2b$)이

$$a = \frac{\alpha}{1 - \varepsilon^2} = \frac{k}{2|E|} \tag{8.42}$$

$$b = \frac{\alpha}{\sqrt{1 - \varepsilon^2}} = \frac{l}{\sqrt{2\mu|E|}} \tag{8.43}$$

로 주어지는 타원이다. 이 경우에 장축이 입자의 에너지에만 의존하는 반면, 단축은 운동의 제1적분 E와 l의 함수이다. 그림 8-9에는 매개변수 α, ε, a, b를 사용하여 나타냈을 때의 타원 궤도의 모양을 나타냈다. 여기서 P와 P'는 초점이다. 그래서 이 그림에서 앱시스 거리(초점에서 궤도까지 측정한 경우의 $r_{\min}$과 $r_{\max}$)는

$$\left.\begin{aligned} r_{\min} &= a(1 - \varepsilon) = \frac{\alpha}{1 + \varepsilon} \\ r_{\max} &= a(1 + \varepsilon) = \frac{\alpha}{1 - \varepsilon} \end{aligned}\right\} \tag{8.44}$$

임을 알 수 있다.

다음에 타원 운동의 주기를 구하기 위해, 면적 속도의 식 (8.12)를 다음과 같이 다시 쓴다.

$$dt = \frac{2\mu}{l}\, dA$$

이리하여 타원의 전체 면적 A가 한 주기 τ 사이에 형성되어 버리므로

$$\int_0^\tau dt = \frac{2\mu}{l}\int_0^A dA$$

$$\tau = \frac{2\mu}{l}A \tag{8.45}$$

가 얻어진다. 여기서 타원의 면적 $A = \pi ab$ 및 a, b에 대한 식 (8.42)와 식 (8.43)을 쓰면

$$\tau = \frac{2\mu}{l}\cdot\pi ab = \frac{2\mu}{l}\cdot\pi\cdot\frac{k}{2|E|}\cdot\frac{l}{\sqrt{2\mu|E|}}$$

$$= \pi k\sqrt{\frac{\mu}{2}}\cdot|E|^{-3/2} \tag{8.46}$$

을 얻는다. 또한 식 (8.42)와 식 (8.43)에 의해 단축[9]은

$$b = \sqrt{\alpha a} \tag{8.47}$$

로 쓸 수도 있고, 또한 $\alpha = l^2/\mu k$이므로 주기 τ는

$$\boxed{\tau^2 = \frac{4\pi^2\mu}{k}a^3} \tag{8.48}$$

으로도 나타낼 수 있다.

주기의 제곱이 타원 궤도 장축의 3승에 비례한다는 이 결과는 **케플러의 제3법칙**[10]으로 알려져 있다. 그런데 이 결과는 실제로 2체 문제인데, 이와 등가인 1체 문제를 풀어서 얻어진 것이므로, 식 (8.48)에 나타나는 질량은 **환산 질량** μ라는 점에 주의할 필요가 있다. 왜냐하면 실제로 케플러는 그의 결론을 행성 주기의 2승은 그 궤도 장축의 3승에 비례하고 그 비례 상수는 모든 행성에 대해 같다고 기술하고 있기 때문이다. 환산 질량은 각 행성에 따라 다르기 때문에, 그의 말은 근사적으로만 옳다. 그러나 특히 중력은

$$F(r) = -\frac{Gm_1m_2}{r^2} = -\frac{k}{r^2}$$

이므로 $k = Gm_1m_2$가 되고, 따라서 주기의 제곱은

9) a와 b는 반장축, 반단축이라고 부른다.

10) 1619년 케플러가 발표했다. 케플러의 제2법칙은 8.3절에서 설명했고, 제1법칙(1609년)은 한 초점에 태양이 위치한 타원 궤도 속에서 행성이 운동한다는 사실을 말하고 있다. 케플러의 업적은 운동의 일반 법칙에 관한 뉴턴의 연구 결과 공표보다 거의 80년 앞섰다. 실제로 뉴턴의 결과는 많은 부분이 케플러의 선구적 연구(또한 갈릴레오 및 호이겐스의 연구)에 입각하고 있다.

표 8-1 태양계에서 주요 행성의 몇 가지 성질

명칭	궤도의 반장축 (천문 단위)[a]	주기 (년)	이심률	질량(지구의 질량[b]을 단위로 한다)
태양	—	—	—	332,830
수성	0.3871	0.2708	0.2056	0.0552
금성	0.7233	0.6152	0.0068	0.814
지구	1.0000	1.0000	0.0167	1.000
에로스(소행성)	1.4583	7.7610	0.2229	2×10^{-9} (?)
화성	1.5237	1.8809	0.0934	0.1074
세레스(소행성)	c	4.6035	0.0789	1/8000 (?)
목성	5.2028	c	0.0483	317.89
토성	9.5388	29.456	0.0560	c
천왕성	19.191	84.07	0.0461	14.56
해왕성	30.061	164.81	0.0100	17.15
명왕성	39.529	248.53	0.2484	0.002
핼리(혜성)	18	76	0.967	$\sim 10^{-10}$

[a] 한 천문 단위(A.U.: astronomical unit)는 지구 궤도 반장축의 길이로 정의된다. 1 A.U. $\cong 1.495 \times 10^{11}$ m

[b] 지구의 질량은 대략 5.976×10^{24} kg이다.

[c] 연습문제 8-19 참조

$$\tau^2 = \frac{4\pi^2 a^3}{G(m_1 + m_2)} \cong \frac{4\pi^2 a^3}{Gm_2}, \qquad m_1 \ll m_2 \tag{8.49}$$

로 나타내므로, 케플러가 말하고 있는 것은 행성의 질량 m_1이 태양의 질량 m_2에 비해 무시할 수 있는 경우에만 성립한다(그러나 예를 들어 목성의 질량은 태양 질량의 약 1/1000이므로 이 경우에 관측치가 근사적으로 기술한 법칙으로부터 벗어남을 보는 것은 어렵지 않다는 점에 주의하라).

케플러의 법칙을 요약하면 다음과 같다.

I. 행성은 한 초점에 위치한 태양 주변의 타원 궤도를 따라 운동한다.

II. 태양과 행성을 잇는 지름이 단위시간에 그리는 면적은 일정하다.

III. 행성의 주기를 2승한 값은 그 궤도의 장축을 3승한 값에 비례한다.

표 8-1을 참조하라.

예제 8.4

1986년 초반에 태양 주변을 지나간 핼리 혜성은 이심률 0.967, 주기 76년인 긴 타원 궤도로 운동하고 있다. 태양으로부터 가장 먼 거리와 가장 가까운 거리를 계산하라.

풀이

식 (8.49)는 주기와 장축 사이의 관계를 나타내고 있다. 핼리 혜성의 질량은 $m \ll m_{\text{Sun}}$이기 때문에

$$a = \left(\frac{Gm_{\text{Sun}}\tau^2}{4\pi^2}\right)^{1/3}$$

$$= \left[\frac{\left(6.67 \times 10^{-11}\,\frac{\text{Nm}^2}{\text{kg}^2}\right)(1.99 \times 10^{30}\text{ kg})\left(76\text{ yr}\,\frac{365\text{ day}}{\text{yr}}\,\frac{24\text{ hr}}{\text{day}}\,\frac{3600\text{ s}}{\text{hr}}\right)^2}{4\pi^2}\right]^{1/3}$$

$$a = 2.68 \times 10^{12}\text{ m}$$

식 (8.44)를 이용하여 r_{min}과 r_{max}를 구하면

$$r_{\text{min}} = 2.68 \times 10^{12}\text{ m}(1 - 0.967) = 8.8 \times 10^{10}\text{ m}$$
$$r_{\text{max}} = 2.68 \times 10^{12}\text{ m}(1 + 0.967) = 5.27 \times 10^{12}\text{ m}$$

이 궤도는 금성 궤도 속으로 거의 화성 궤도까지 해왕성의 궤도를 통과하여 때때로 이심률이 약간 작은 명왕성 궤도까지 도달하고 있다. 에드먼드 핼리(Edmond Halley)는 중력 및 중심력에 관한 뉴턴의 업적을 세계적으로 주목받게 하는 데 큰 역할을 했다. 1682년 혜성을 사적으로 관찰하고 난 후 핼리는 흥미를 갖게 되었는데, 크리스토퍼 렌(Christopher Wren)과 로버트 훅(Robert Hooke)이 내기를 했기에 1684년 뉴턴에게 만약 태양이 거리의 2승에 역비례하는 힘으로 행성을 잡아당긴다면 그 행성은 어떤 궤도로 움직일 것인지를 물었다. 놀랍게도 뉴턴은 "왜 물어? 물론 타원이지"라고 답변했다. 뉴턴은 20년 전에 그것을 연구했는데 그 결과를 발표하지 않았던 것이다. 고생 끝에 핼리는 혜성이 1758년에 다시 나타난다는 사실을 1705년에 예측하는 데 성공했다. 이로 인해 오늘날 그 혜성에 그의 이름을 붙이고 있다.

8.8 궤도역학

중심력 운동은 우주공간의 역학 중에서 가장 유효하고 중요하며 또한 재미있는 것이다. 여러 물체에 대한 우주선의 중력과 복잡한 궤도 운동 때문에 우주공간의 역학은 실제로 매우 복잡하지만, 비교적 간단한 두 가지 예를 살펴보자. 즉, 화성으로의 여행과 혜성 및 행성으로의 접근 통과이다.

궤도는 로켓 엔진의 단발 혹은 다단계 추진력에 의해 바뀐다. 가장 간단한 행진은 궤도면에서의 단발 추진이 있을 때이다. 이 경우 각운동량의 방향은 변하지 않지만 이심률과 에너지는 동시에 변한다. 행성 간 변환에 있어 가장 경제적인 방법은 태양 중심원(태양을 기준으로 한 운동) 궤도로부터 같은 평면 내의 다른

궤도로 옮기는 것이다. 지구와 화성은 이러한 계를 아주 잘 나타내고 있으며 호만(Hohmann) 변환(그림 8-10)이 최소 총 에너지 소모로 이루어지는 행로를 나타내고 있다.[11] 엔진 발화가 두 번 필요한데 (1) 첫 번째 발화는 우주선을 원 지구 궤도로부터 화성 궤도와 교차하는 갈아타기 타원 궤도에 진입시키고, (2) 두 번째 발화는 우주선을 타원 궤도로부터 화성 궤도로 옮긴다.

태양 주변을 도는 지구 궤도(그림 8-10의 r_1) 속에서의 우주선 속도와 화성 궤도에 달할 수 있는 갈아타기 타원 궤도 속으로 '걷어차는' 데 필요한 속도를 계산함으로써 호만 변환에 필요한 속도 변화를 계산해낼 수 있다. 여기서는 태양의 인력만 고려하고 지구와 화성의 인력은 고려하지 않는다.

원이나 타원에 대해 식 (8.42)로부터

$$E = -\frac{k}{2a}$$

를 갖는다. 태양 주변을 도는 원 궤도에 대해 이 식은

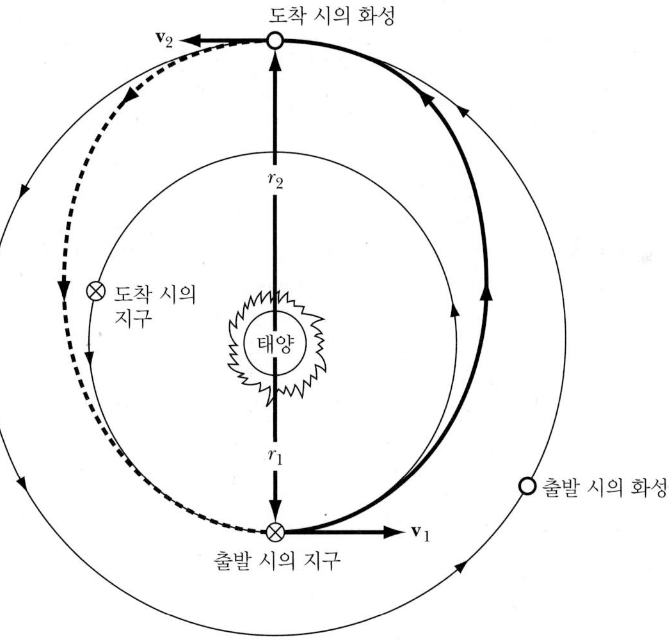

그림 8-10 지구와 화성의 왕복 여행에 대한 호만 변환. 최소 에너지의 소모를 나타낸다.

11) 증명은 Kaplan(Ka76, 3장)을 참조하라. 월터 호만(Walter Hohmann)은 우주여행 연구의 독일인 선구자이며 1925년에 같은 평면상의 타원(행성) 궤도 사이를 단지 속도를 두 번만 바꿈으로써 옮길 수 있는 가장 효율적인 방법을 제시했다.

$$E = -\frac{k}{2r_1} = \frac{1}{2}mv_1^2 - \frac{k}{r_1} \tag{8.50}$$

같이 되는데, 여기서 $E = T + U$임을 알 수 있다. 식 (8.50)을 v_1에 관해 풀면

$$v_1 = \sqrt{\frac{k}{mr_1}} \tag{8.51}$$

를 얻는다. 갈아타기 타원의 장축을 a_t라고 하면

$$2a_t = r_1 + r_2$$

가 되며, 그 타원의 근일점에서의 에너지는

$$E_t = \frac{-k}{r_1 + r_2} = \frac{1}{2}mv_{t1}^2 - \frac{k}{r_1} \tag{8.52}$$

가 된다. 여기서 v_{t1}은 근일점 변환 속도이다. v_{t1}의 방향은 $\mathbf{v}_1$과 같다. 식 (8.52)를 풀면

$$v_{t1} = \sqrt{\frac{2k}{mr_1}\left(\frac{r_2}{r_1 + r_2}\right)} \tag{8.53}$$

를 얻는다. 필요한 속도 변화 Δv_1은 다음과 같다.

$$\Delta v_1 = v_{t1} - v_1 \tag{8.54}$$

마찬가지로 타원으로부터 반지름 r_2인 원 궤도로 변환할 때

$$\Delta v_2 = v_2 - v_{t2} \tag{8.55}$$

인데, 여기서

$$v_2 = \sqrt{\frac{k}{mr_2}} \tag{8.56}$$

그리고

$$\left.\begin{aligned} v_{t2} &= \sqrt{\frac{2}{m}\left(E_t + \frac{k}{r_2}\right)} \\ v_{t2} &= \sqrt{\frac{2k}{mr_2}\left(\frac{r_1}{r_1 + r_2}\right)} \end{aligned}\right\} \tag{8.57}$$

그림 8-10에 나타낸 것처럼 v_{t2}의 방향은 $\mathbf{v}_2$와 같다. 총 속도 증가량은 속도 변화 $\Delta v = \Delta v_1 + \Delta v_2$를 가산

함으로써 결정된다.

변환하는 데 필요한 총 시간 T_t는 변환 궤도의 반주기와 같다. 식 (8.48) 로부터

$$T_t = \frac{\tau_t}{2}$$

$$T_t = \pi\sqrt{\frac{m}{k}}\,a_t^{3/2} \tag{8.58}$$

을 얻는다.

예제 8.5

우주선이 지구로부터 화성으로 호만 변환을 하는 데 필요한 시간과 태양 중심적 변환(heliocentric transfer)에 필요한 속도를 행성들이 공면 궤도 속에 있다고 가정하여 계산하라.

풀이

식 (8.58) 에 적합한 상수를 주입해야 한다. 즉,

$$\begin{aligned}\frac{m}{k} &= \frac{m}{GmM_{\text{Sun}}} = \frac{1}{GM_{\text{Sun}}}\\ &= \frac{1}{(6.67\times10^{-11}\ \text{m}^3/\text{s}^2\cdot\text{kg})(1.99\times10^{30}\ \text{kg})}\\ &= 7.53\times10^{-21}\ \text{s}^2/\text{m}^3\end{aligned} \tag{8.59}$$

태양계에 관한 계산에서 k/m이 자주 나타나기 때문에 이 값도 쓴다.

$$\begin{aligned}\frac{k}{m} &= 1.33\times10^{20}\ \text{m}^3/\text{s}^2\\ a_t &= \frac{1}{2}(r_{\text{Earth}-\text{Sun}} + r_{\text{Mars}-\text{Sun}})\\ &= \frac{1}{2}(1.50\times10^{11}\,\text{m} + 2.28\times10^{11}\,\text{m})\\ &= 1.89\times10^{11}\,\text{m}\\ T_t &= \pi(7.53\times10^{-21}\,\text{s}^2/\text{m}^3)^{1/2}(1.89\times10^{11}\,\text{m})^{3/2}\\ &= 2.24\times10^{7}\,\text{s}\\ &= 259\ \text{days}\end{aligned} \tag{8.60}$$

변환에 필요한 태양 중심 속도는 식 (8.53) 을 이용하여

$$\begin{aligned}v_{t1} &= \left[\frac{2(1.33\times10^{20}\,\text{m}^3/\text{s}^2)(2.28\times10^{11}\,\text{m})}{(1.50\times10^{11}\,\text{m})(3.78\times10^{11}\,\text{m})}\right]^{1/2}\\ &= 3.27\times10^{4}\ \text{m/s} = 32.7\ \text{km/s}\end{aligned}$$

로 얻어진다.

이 값을 지구의 궤도 속도

$$v_1 = \left[\frac{1.33 \times 10^{20}\ \mathrm{m^3/s^2}}{1.50 \times 10^{11}\ \mathrm{m}}\right]^{1/2} = 29.8\ \mathrm{km/s}$$

와 비교할 수 있다(식 (8.51)).

바깥쪽 행성으로 변환하기 위해서는 우주선이 지구 궤도 속도를 갖도록 지구 궤도 방향으로 올려야 한다. 내쪽의 행성(예로서 금성)으로 변환하려면 우주선은 지구 운동과 반대 방향으로 올려야 한다. 어떤 경우라도 우주선에게 중요한 것은 상대 속도 Δv_1이다(즉, 지구에 대한 상대 속도이다).

호만 변환 궤도는 최소 에너지 소모를 나타내고 있지만 최소 시간을 나타내는 것은 아니다. 지구로부터 화성까지의 왕복 여행에서 우주선은 돌아올 지구와 화성의 위치가 정확해질 때까지 460일 동안 화성에 머물러야 할 것이다(그림 8-11a 참조). 전체 여행시간(259 + 460 + 259 = 978일 = 2.7년)은 너무 길다. 속도를 낼 수 있도록 더 많은 연료를 사용한다든가, 접근 통과의 고무줄 새총 효과를 사용하는 방법이 있다(그림 8-11b). 이러한 금성에의 접근 통과(그림 8-11c)는 2년보다 짧은 시간으로 할 수 있으며 화성 근처(혹은 화성 위)에서는 2, 3주밖에 걸리지 않는다.

최근에 대여섯 개의 우주선이 태양계를 탐험하기 위해 지구의 중력권을 떠났었다. 이러한 **행성 간 변환**(interplanetary transfer)은 세 가지로 구분할 수 있다. (1) 지구로부터의 탈출, (2) 원하는 영역으로의 근일점 변환, (3) 다른 물체와의 만남(지금은 행성 혹은 혜성이다). 이러한 변환에 필요한 우주선 연료는 막대한 양이지만 태양계의 다른 물체로부터 에너지를 훔칠 수 있도록 교묘하게 설계되어 있다. 우주선의 질량은 행성(혹은 그들의 달)보다 훨씬 작기 때문에 전체 물체의 에너지 손실을 무시할 수 있을 정도이다.

이 근접 통과 혹은 중력을 이용한 고무줄 새총 효과의 간단한 경우를 살펴보자. 우주선이 무한히 먼 데서(B로 표시된) 물체에 접근하여 B와 상호작용하면서 물러간다. 그 궤도는 쌍곡선이다(그림 8-12). 초기 속도 및 물러난 후의 속도(B에 대한)를 v_i'와 v_f'로 표시하고 우주선이 받는 알짜 효과는 B에 대해 굴절각 δ 만큼 기울기를 갖게 되는 것이다.

만약 그 속에서 B가 움직이고 있는 어떤 관성계를 택한다면 B의 운동 때문에 우주선의 속도는 전혀 다를 수도 있다. 초기 속도 v_f는 그림 8-13a에 표시되어 있고, 그림 8-13b에는 v_i와 v_f가 다 같이 표시되어 있다. 우주선은 그 속력을 증가시키며 방향을 바꾼다는 점에 주의해야 한다. 우주선이 B의 운동 방향 뒤를 지나갈 때 그 속력을 증가시키며 B 운동의 앞을 지나갈 때 감소시킨다.

1970년대 나사(미국립항공우주국, NASA: National Aeronautics and Space Administration)의 제트 추진 연구소(Jet Propulsion Laboratory) 과학자들은 태양계에서 가장 큰 네 개의 행성이, 여기서 논의한 중력에 의존하는 수법으로 그 네 개의 행성과 알려진 32개 위성 사이를 우주선이 단 한 번에 지나가는 비교적

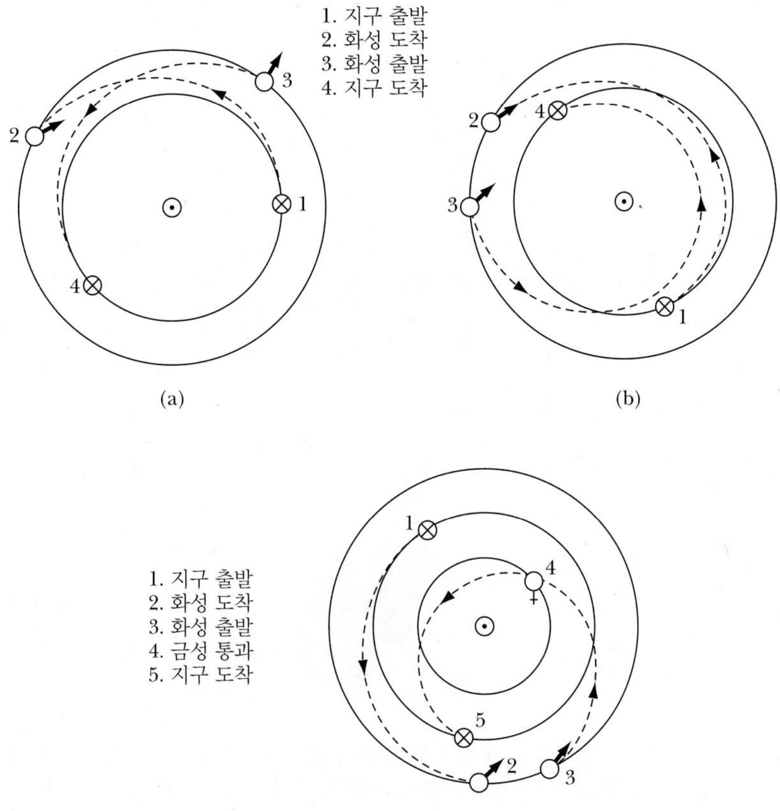

그림 8-11 지구로부터 화성까지의 왕복 여행: (a) 최소 에너지로 임무수행을 하려면 지구로 돌아오기 전에 화성에 오랫동안 머물러야 한다. (b) 짧은 시간으로 임무를 수행하려면 더 많은 연료가 필요하며 태양에 더 가까운 궤도로 들어가야 한다. (c) 만약 갈아타기를 하는 동안 금성이 중력적으로 도움을 주는 위치에 있다면 (b)의 임무수행은 더 개선될 수 있다.

짧은 '대 여행'을 가능케 하는 뜻밖의 위치에 배열될 것임을 알게 되었다. 이러한 행성의 배열 기회는 175년 사이에는 일어나지 않을 것이다. 예산 부족으로 인해 필요한 새로운 기술을 발전시킬 수 없었고 목성과 토성까지 4년 걸리는 우주선에 관해서만 승인받아 계획되었다. 천왕성과 해왕성을 만나는 쌍둥이 보이저(Voyager) 우주선에 특별한 장치는 싣지 않았다. 보이저 1, 2는 1979년에 목성을, 1980년과(보이저 1) 1981년(보이저 2)에 토성을 찾을 수 있도록 1977년에 발사되었다. 이것이 성공함으로써 보이저 2가 천왕성과 해왕성을 찾는 계획이 뒤늦게 승인되었던 것이다. 보이저는 현재 태양계를 벗어나고 있는 중이다.

보이저 2의 궤도는 그림 8-14에 나타내었다. 중력의 고무줄 새총 효과로 인해 보이저 2의 궤도가 그림 8-12에 표시된 바와 같이 토성을 지날 때 천왕성 쪽으로 향하도록 재조정된다. 토성의 인력에 의해 우주선이 직선 궤도를 벗어나 다른 각도를 가진 방향으로 수정되고 토성의 궤도 운동 효과로 인해 우주선의 속도

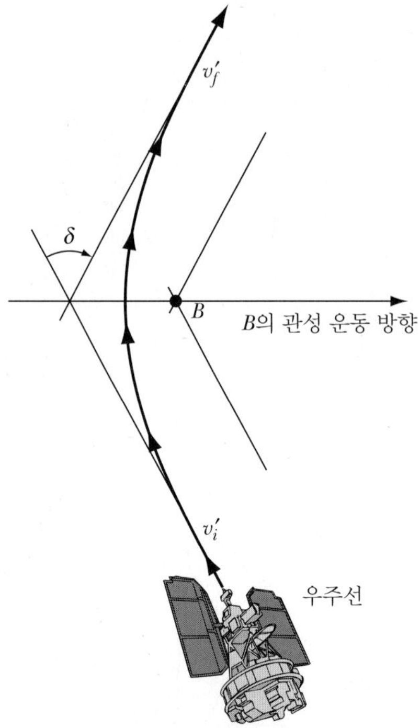

그림 8-12 우주선은 (행성과 같은) 커다란 물체 B에 의해서 B가 뒤에서 날 때 운동의 방향에 속력을 얻는다. 마찬가지로, 우주선은 B의 앞을 지날 때 운동의 방향에 속력을 잃는다. 우주선의 방향도 변화한다.

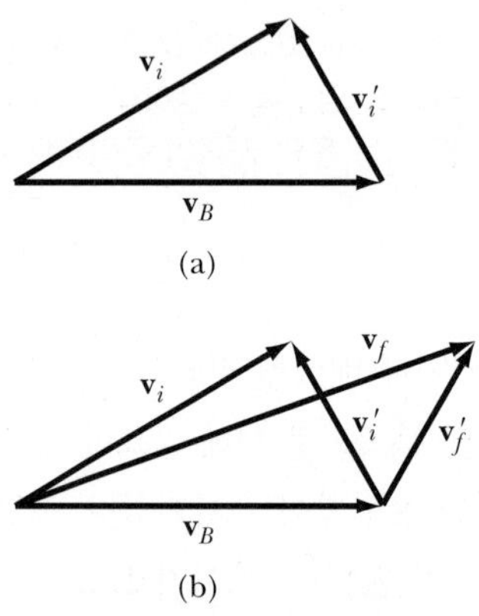

그림 8-13 벡터 $\mathbf{v}_i'$와 벡터 $\mathbf{v}_f'$는 B에 대한 우주선의 초기 속도와 최종 속도이다. 벡터 $\mathbf{v}_i$와 $\mathbf{v}_f$는 관성기준계에서의 속도이다. (a) $\mathbf{v}_i = \mathbf{v}_B + \mathbf{v}_i'$, (b) $\mathbf{v}_f = \mathbf{v}_B + \mathbf{v}_f'$

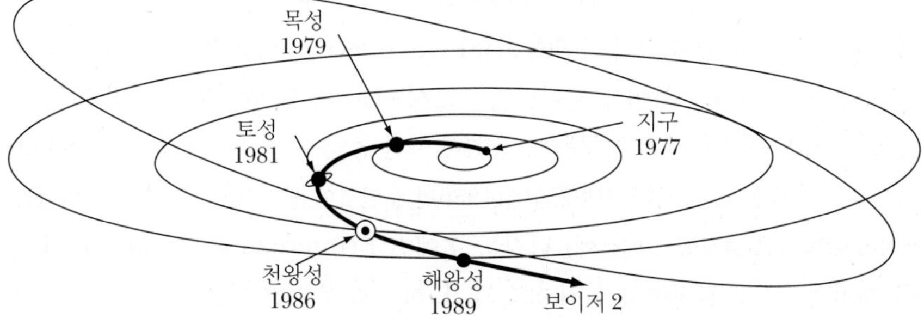

그림 8-14 보이저 2호가 1977년에 발사되어 목성, 토성, 천왕성, 혜왕성을 지나갔다. 중력의 효과가 이 임무에서 이용되었다.

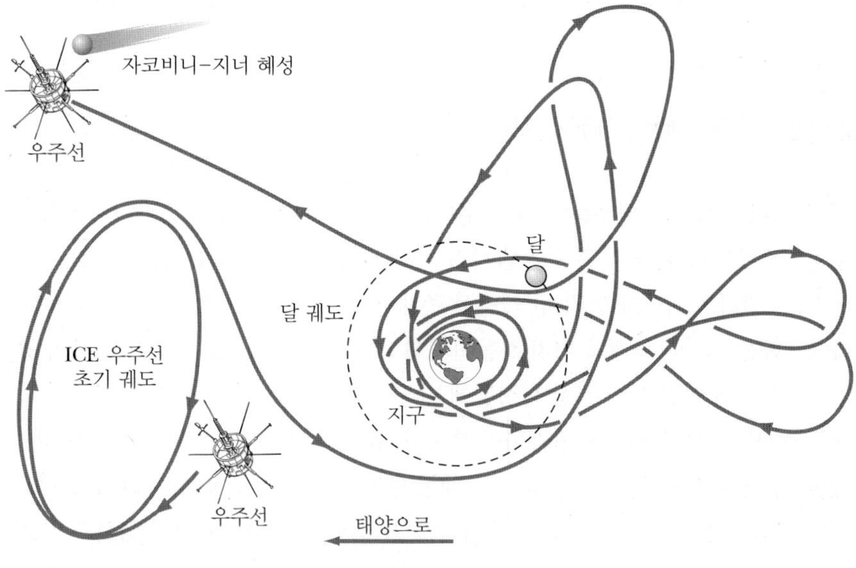

그림 8-15 초기에 ISEE-3로 불린 미 항공우주국(NASA)의 우주선은 국제혜성탐사선(ICE)으로 재편성되어 자코비니-지너 혜성으로 가는 도중에 중력의 도움을 이용하여 3년간 계속된 여행은 장관이었다.

가 증가하게 된다. 이러한 중력 효과를 사용해야만 보이저 2의 장관의 여행이 단지 12년 정도의 주기로 가능해진다. 보이저 2는 지금까지 행해진 가장 성공적인 우주여행 중 하나로서 우주공간에 들어가기 전에 1986년 천왕성을, 그리고 1989년에는 해왕성을 통과했다. 우주여행의 대부분은 중력 효과를 이용하고 있는데, 예로서 1994년 슈메이커-레비(Shoemaker-Levy) 혜성이 목성과 충돌하는 것을 촬영했고 1995년에 목성에 도달한 갈릴레오 위성은 1989년에 발사되었으나 (1990년과 1992년) 지구 옆을 지나가면서 또한 1990년 화성 옆을 지나면서 속도를 증가시키고 방향을 바꾸었다.

접근 통과의 장관은 처음에 국제 천지 탐험호 3(ISEE-3: International Sun-Earth Explorer 3)라는 우주선에 의해 1982년부터 1985년 사이에 일어났다. 그것은 1978년에 발사되어 태양과 지구 사이에 일어나는 태양풍(solar wind)을 관측하는 임무를 수행했다. 4년 동안 지구로부터 약 36,000 km나 되는 황도면(黃道面)에서 우주선이 돌고 있었다. 1982년에(1986년에 미국이 핼리 혜성에 대한 유럽, 일본, 소련 공동 우주선 관측에 참여하지 않기로 결정했기 때문에) 나사는 후에 ICE(International Cometary Explorer)로 개명한 ISEE-3를 재편성하기로 결정하고 핼리 혜성과 또 하나의 우주선 접근 통과가 일어나기 6개월 전인 1985년 9월에 자코비니-지너(Giacobini-Zinner) 혜성에 보냈다. 3년간 계속된 ICE의 여행은 장관이었다(그림 8-15). ICE의 궤도는 두 번 지구에 접근하고 다섯 번 달에 접근 통과하여 십여 억 km나 되는 혜성으로의 여행을 했다. 한 접근 통과에서는 위성이 달 표면으로부터 120 km 이내까지 갔다. 힘의 법칙이 잘 알려져 있어서 궤도 전체는 정확히 계획할 수 있었고 혜성과 최후의 충돌이 일어나는 것은 지구로부터 약 7천만 km나 되는 곳이며 20분 동안 혜성 속에 들어가서이다(그곳은 혜성의 핵심으로부터 약 9천 km이다).

8.9 앱시스 각과 세차(자유선택)

입자가 중심력장 속에 속박되고 원운동이 아닌 운동을 할 경우에 힘의 중심에서 입자까지의 거리는 언제나 $r_{max} \geq r \geq r_{min}$의 범위여야 한다. 즉, r은 앱시스 거리에 의해 제한을 받는다. 이와 같은 속박된, 원운동이 아닌 운동에서는 앱시스 거리가 단지 두 개만이 존재한다는 사실이 그림 8-6에서 명백하다. 그런데 입자는 θ의 방향에 1회전했을 때 원래의 위치로 돌아가지 않을 수 있다(그림 8-4 참조). 계속해서 $r = r_{max}$가 되는 두 점 사이의 각도의 열린 상태는 힘의 성질에 따른다. 서로 이웃한 두 앱시스와 힘의 중심을 잇는 직선이 이루는 각을 **앱시스 각**(apsidal angle)이라 부르나, 궤도는 어떤 앱시스에 대해서도 대칭이므로 모든 앱시스 각은 같아야 한다. 예를 들면 타원 운동에 대한 앱시스 각은 바로 π이다. 그래서 궤도가 닫히지 않는 경우에 입자는 1회전할 때마다 다른 점에서 앱시스 거리에 도달하므로, 이때 앱시스 각은 닫힌 궤도의 경우와 같이 2π의 유리수 배는 되지 않는다. 또한 궤도가 거의 닫힌 경우에, 앱시스의 입자의 운동면 속을 천천히 세차 운동(precess)을 하든가 또는 회전하나, 이 모양은 x, y방향의 운동의 진동수가 거의 같은 2차원 조화 진동자가 행하는 타원 운동이 천천히 회전하는 것과 아주 비슷하다(3.3절 참조).

그런데 힘이 역제곱의 법칙을 따르는 경우 모든 타원 궤도는 정확히 닫히므로, 앱시스는 시간이 지나도 공간적으로 고정된다. 만일 앱시스가 시간과 함께 움직인다는 사실을 안다면, 그 움직임이 아무리 느리더라도 그것은 물체에 작용하는 힘이 정확하게는 역제곱의 법칙을 따르지 않음을 나타내고 있는 것이다. 뉴턴은 이 중요한 사실을 알게 되어, 행성의 근일점에 빠름과 늦음이 나타난다면 반드시 힘의 반지름 의존 부분에 $1/r^2$로부터 약간의 벗어남이 있음을 지적했다. 그래서 행성 근일점의 시간적 변화를 관측하면 만유인력 법칙의 정확도를 확인하게 된다.

사실 태양계의 행성 운동에서는 다른 행성의 존재로 인한 섭동 때문에 어떤 행성이 받는 힘도, (r을 태양에서부터 측정하는 경우에) 정확하게는 $1/r^2$에 따라서 변화하지 않는다고 예상된다. 그러나 이 효과는 작고, 행성의 근일점에 아주 작은 변화만이 관찰된다. 예를 들면, 이 효과가 제일 크게 나타나는 수성의 근일점에서도 각도로 해서 1세기에 약 574″밖에 빠르지 않은 것이다.[12] 그런데 다른 행성이 수성의 운동에 미치는 영향에 대한 상세한 계산에 따르면 근일점의 빠름의 비율은 각도로 해서 1세기에 대략 531″가 된다고 예상된다.[13] 이 계산에서의 부정확도는 관측값과 계산값의 차이보다 아주 작으므로, 이 차이는 오랫동안 뉴턴 이론에서 미해결 난제로 남아 있었으나, 오늘날에는 일반 상대성 이론에 의해서 행성의 운동 방정식을 수정하면 거의 정확히 이 43″의 차이를 설명할 수가 있다. 이것은 상대성 이론의 훌륭한 성공 예의 하나이다.

다음은 수정된 운동 방정식으로부터 근일점의 궤도가 계산되는 과정을 나타낸다. 먼저, 이 계산을 하는 데는 식 (8.20)과 같은 형태의 운동 방정식을 쓰면 편리하나 $F(r)$에 만유인력의 법칙을 사용하면 다음과 같이 쓸 수 있다.

$$\begin{aligned}\frac{d^2u}{d\theta^2} + u &= -\frac{m}{l^2}\frac{1}{u^2}F(1/u) \\ &= \frac{Gm^2M}{l^2}\end{aligned} \tag{8.61}$$

여기서는 질량 M인 물체에 의한 중력장 속에서의 질량 m인 물체의 운동을 생각한다.

그런데 일반 상대성 이론에 의하면 중력의 법칙에는 $1/r^4(=u^4)$으로 변화하는 어떤 미소한 성분을 추가할 필요가 있으므로, 위 식은

$$\frac{d^2u}{d\theta^2} + u = \frac{Gm^2M}{l^2} + \frac{3GM}{c^2}u^2 \tag{8.62}$$

으로 새로 쓰게 된다. 여기서 c는 중력 상호작용의 전파 속도로, 이것은 광속도와 같다.[14] 다음에 기호를

12) 이 세차는 '고정'된 별에 대한 분점(分點, equinox)의 일반적 세차에 추가된다. 분점의 세차는 1세기 동안 5025.645″ ± 0.050″이다.

13) 1845년 프랑스 천문학자 위르뱅 장 르베리에(Urbain Jean Leverrier, 1811~1877)가 금성 운동의 불규칙성에 처음으로 주목했다. 그와 영국 천문학자 존 카우치 애덤스(John Couch Adams)의 천왕성 운동에 나타나는 불규칙성에 관한 연구로 인해 1846년 해왕성을 발견할 수 있었다. 이 에피소드에 관한 재미있는 기록이 Turner(Tu04, 2장)에 남아 있다. 이런 점에서 섭동이 주기적 혹은 계속적(즉, 시간과 함께 증가하는 것)인 것 중 하나임에 주목해야 한다. 라플라스는 1773년 행성의 평균 운동에 있어서 다른 행성의 인력에 의해 생기는 섭동은 주기가 극도로 길지만 주기적이라는 사실을 밝혀냈다(1776년에 공표했다). 이것은 금성의 경우인데 1세기 동안의 세차 531″가 주기적이다. 그러나 주기가 대단히 길어서 몇 백 년에 걸친 변화가 43″란 잔여(殘餘) 효과에 비해 작다.

14) 상대론적 항의 반은 특수 상대성 이론으로 이해할 수 있는 효과로부터 나오는데 이는 시간 지연(1/3)과 상대론적 운동량 효과(1/6)이다. 속도는 근일점에서 가장 빠르고 원일점에서 최소가 된다(14장 참조). 나머지 반은 일반 상대성 효과로부터 오는데 중력의 유한 전파시간과 관계가 있다. 따라서 이론과 실험 결과의 일치는 중력 전파 속도가 빛의 속도와 같다는 예측을 입증하는 것이다.

간단히 하기 위해

$$\left.\begin{aligned} \frac{1}{\alpha} &\equiv \frac{Gm^2M}{l^2} \\ \delta &\equiv \frac{3GM}{c^2} \end{aligned}\right\} \tag{8.63}$$

으로 정의하면, 식 (8.62)는

$$\frac{d^2u}{d\theta^2} + u = \frac{1}{\alpha} + \delta u^2 \tag{8.64}$$

이 되나, 이것은 비선형 방정식이다. 그래서 해를 구하기 위해 연속 근사 방법을 쓰고, 최초의 시험 함수로서 식 (8.64)에서 δu^2을 무시한 경우의 해를 취한다.[15] 즉,

$$u_1 = \frac{1}{\alpha}(1 + \varepsilon\cos\theta) \tag{8.65}$$

로 한다. 이것은 힘이 완전히 역제곱의 법칙을 따르는 경우에 대한 잘 알려진 결과(식 (8.41) 참조)이다. 단, α는 식 (8.40)에서 μ를 m으로 치환한 것임을 주의하라. 이 식을 식 (8.64)의 우변에 대입하고, 그때 $\cos^2\theta$를 $\cos 2\theta$로 나타내도록 하면

$$\begin{aligned} \frac{d^2u}{d\theta^2} + u &= \frac{1}{\alpha} + \frac{\delta}{\alpha^2}[1 + 2\varepsilon\cos\theta + \varepsilon^2\cos^2\theta] \\ &= \frac{1}{\alpha} + \frac{\delta}{\alpha^2}\left[1 + 2\varepsilon\cos\theta + \frac{\varepsilon^2}{2}(1 + \cos 2\theta)\right] \end{aligned} \tag{8.66}$$

가 된다. 그런데 u_1을 식 (8.64)의 좌변에 대입하면 우변의 제1항, 즉 $1/\alpha$만이 나오므로 제2의 시험 함수(trial function)로서는 (식 (8.66)의) 우변의 나머지가 나오는 항을 u_1에 더한 형태로 하면 좋다. 그래서 이와 같은 특수해는

$$u_p = \frac{\delta}{\alpha^2}\left[\left(1 + \frac{\varepsilon^2}{2}\right) + \varepsilon\theta\sin\theta - \frac{\varepsilon^2}{6}\cos 2\theta\right] \tag{8.67}$$

임이 간단히 증명되므로, 제2의 시험 함수는

$$u_2 = u_1 + u_p$$

15) 근일점, 즉 u_1이 $\theta = 0$에서 최대치(따라서 r_1이 최소치)를 갖는 점으로부터 θ를 측정함으로써 코사인 내의 임의적 위상을 도입할 필요성을 제거한다.

가 된다. 만일 여기서 근사를 중지하면

$$
\begin{aligned}
u \cong u_2 = u_1 + u_p \\
&= \left[\frac{1}{\alpha}(1 + \varepsilon\cos\theta) + \frac{\delta\varepsilon}{\alpha^2}\theta\sin\theta\right] \\
&\quad + \left[\frac{\delta}{\alpha^2}\left(1 + \frac{\varepsilon^2}{2}\right) - \frac{\delta\varepsilon^2}{6\alpha^2}\cos 2\theta\right]
\end{aligned}
\tag{8.68}
$$

를 얻는다. 단, u_1, u_2의 각 항은 다시 정리했다.

여기서 식 (8.68)의 두 번째 괄호 속 항을 생각해보면, 제1항은 상수이고 또 제2항은 정상인 케플러 운동의 주기적인 작은 교란이다. 그러므로 긴 시간에 대해 평균한 경우에 어떤 항도 앱시스의 위치 변화에 기여하지 않으나, 최초의 각괄호에서는 θ에 비례하는 항이 영년적(secular)이고, 관측할 수 있는 효과가 생긴다. 이 최초의 각괄호

$$
u_{\text{secular}} = \frac{1}{\alpha}\left[1 + \varepsilon\cos\theta + \frac{\delta\varepsilon}{\alpha}\theta\sin\theta\right] \tag{8.69}
$$

에 대해 생각해보자. 이 경우에 먼저 δ가 작아서

$$
\begin{aligned}
1 + \varepsilon\cos\left(\theta - \frac{\delta}{\alpha}\theta\right) &= 1 + \varepsilon\left(\cos\theta\cos\frac{\delta}{\alpha}\theta + \sin\theta\sin\frac{\delta}{\alpha}\theta\right) \\
&\cong 1 + \varepsilon\cos\theta + \frac{\delta\varepsilon}{\alpha}\theta\sin\theta
\end{aligned}
\tag{8.70}
$$

라는 근사를 쓸 수 있다고 하면

$$
\cos\frac{\delta}{\alpha}\theta \cong 1, \qquad \sin\frac{\delta}{\alpha}\theta \cong \frac{\delta}{\alpha}\theta
$$

로 전개할 수 있으므로, u_{secular}는

$$
u_{\text{secular}} \cong \frac{1}{\alpha}\left[1 + \varepsilon\cos\left(\theta - \frac{\delta}{\alpha}\theta\right)\right] \tag{8.71}
$$

로 쓴다.

우리는 θ를 $t = 0$에서의 근일점 위치로부터의 각으로 잡는다. 또한 u_{secular} 속의 코사인 변수가 2π, 4π, …로 증가함에 따라서 근일점의 위치가 점차 변화한다. 변수가 2π만큼 증가하려면

$$
\theta - \frac{\delta}{\alpha}\theta = 2\pi
$$

또는

$$\theta = \frac{2\pi}{1-(\delta/\alpha)} \cong 2\pi\left(1+\frac{\delta}{\alpha}\right)$$

여야 한다. 따라서 힘의 법칙에서 상대론적인 항의 효과는 매 1회전마다

$$\Delta \cong \frac{2\pi\delta}{\alpha} \tag{8.72a}$$

만큼 근일점을 변위시키는 것이고, 그 때문에 앱시스는 공간 속을 천천히 회전하게 된다. 또한 α와 δ의 정의(식 (8.63))를 쓰면

$$\Delta \cong 6\pi\left(\frac{GmM}{cl}\right)^2 \tag{8.72b}$$

으로 얻을 수 있으나, 식 (8.40)과 식 (8.42)에서 $l^2 = \mu ka(1-\varepsilon^2)$이고, 여기서 $k = GmM$, $\mu \cong m$이므로

$$\boxed{\Delta \cong \frac{6\pi GM}{ac^2(1-\varepsilon^2)}} \tag{8.72c}$$

으로도 나타낼 수가 있다. 결국 이 결과로 반장축 a가 작고 이심률이 클수록 강해진다는 사실을 알게 되므로, 태양에 가장 가까운 행성이며 이심률이 가장 큰(명왕성을 제외하면) 궤도를 갖고 있는 수성을 관측하면 이론의 좋고 나쁨이 가장 확실하게 조사된다.[16] 그런데 수성의 세차 속도를 계산하면 각도로 해서 1세기에 43.03″ ± 0.03″이고, 또한 그 관측값은(다른 행성의 영향을 고려해서 보장하면) 43.11″ ± 0.45″[17]이므로 상대성 이론에서의 예측은 놀랍게도 확인된 것이다. 일부 행성의 세차의 속도를 표 8-2에 나타낸다.

8.10 원 궤도의 안정성(자유선택)

8.6절에서 나타낸 바와 같이 원 궤도는 총 에너지가 유효 퍼텐셜 에너지의 최소값과 같은($E = V_{\min}$) 경우에 나타난다. 하지만 더욱 일반적으로 말해 반지름 속도를 적당히 취하기만 하면 인력은 원심력과 반드시 균형을 잡을 수 있기 때문에 원 궤도는 어떤 인력 퍼텐셜의 경우에도 나타난다고 하는 것이 옳다. 따라서

16) 혹은 궤도 속도가 금성의 경우 최대이며 상대론적 매개변수 v/c가 최대이므로 근일점의 상대론적 앞지르기가 금성일 경우 최대라고 할 수 있다.

17) R. L. Duncombe, *Astron, J.* **61**, 174(1956). 또한 G. M. Clemence, *Rev. Mod. Phys.* **19**, 361(1947)

표 8-2 행성 근일점의 세차 속도

행성	세차 속도(각/세기)	
	계산값(초)	관측값(초)
수성	43.03 ± 0.03	43.11 ± 0.45
금성	8.63	8.4 ± 4.8
지구	3.84	5.0 ± 1.2
화성	1.35	—
목성	0.06	—

원 궤도는 인력의 중심력장 속에서는 반드시 가능하지만, 이와 같은 궤도가 항상 안정하지는 않다. 그런데 모든 t에 대해 $\dot{r}|_{r=\rho} = 0$이면 $r = \rho$에서 원 궤도가 존재한다. 즉, $(\partial V/\partial r)|_{r=\rho} = 0$이면 가능하다. 그러나 원 궤도는 유효 퍼텐셜이 참 최소값을 갖는 경우만이 안정하고, 그 밖의 평형 상태에서는 불안정하다.

$$F(r) = -\frac{k}{r^n} \tag{8.73}$$

라는 형태의 인력의 중심력을 생각한다면, 이 힘에 대한 퍼텐셜은

$$U(r) = -\frac{k}{n-1}\cdot\frac{1}{r^{(n-1)}} \tag{8.74}$$

이 되고, 유효 퍼텐셜은

$$V(r) = -\frac{k}{n-1}\cdot\frac{1}{r^{(n-1)}} + \frac{l^2}{2\mu r^2} \tag{8.75}$$

으로 쓴다. $V(r)$이 최소값을 갖고, 따라서 반지름 ρ의 안정한 원 궤도가 존재하기 위한 조건은

$$\boxed{\left.\frac{\partial V}{\partial r}\right|_{r=\rho} = 0 \quad \text{그리고} \quad \left.\frac{\partial^2 V}{\partial r^2}\right|_{r=\rho} > 0} \tag{8.76}$$

이므로, 이 조건을 식 (8.75)의 유효 퍼텐셜에 적용하면

$$\left.\frac{\partial V}{\partial r}\right|_{r=\rho} = \frac{k}{\rho^n} - \frac{l^2}{\mu\rho^3} = 0$$

또는

$$\rho^{(n-3)} = \frac{\mu k}{l^2} \tag{8.77}$$

를 얻고, 식 (8.76)의 제2식은

$$\left.\frac{\partial^2 V}{\partial r^2}\right|_{r=\rho} = -\frac{nk}{\rho^{(n+1)}} + \frac{3l^2}{\mu\rho^4} > 0$$

가 되며, 따라서

$$-\frac{nk}{\rho^{(n-3)}} + \frac{3l^2}{\mu} > 0 \tag{8.78}$$

을 얻는다. 여기서 식 (8.77)의 $\rho^{(n-3)}$을 식 (8.78)에 대입하면

$$(3 - n)\frac{l^2}{\mu} > 0 \tag{8.79}$$

을 얻고, 결국 안정된 원 궤도가 존재하기 위한 조건은 $n < 3$가 된다.

다음에 더욱 보편적인 방법을 써서 일반적인 역장(力場) 속에서 형성된 원 궤도 근처에서의 진동에 대한 진동수를 조사해보자. 이 경우에 힘을

$$F(r) = -\mu g(r) = -\frac{\partial U}{\partial r} \tag{8.80}$$

라 쓰면, 식 (8.18)은

$$\ddot{r} - r\dot{\theta}^2 = -g(r) \tag{8.81}$$

이 되고, 식 (8.10)의 $\dot{\theta}$를 여기에 대입하면

$$\ddot{r} - \frac{l^2}{\mu^2 r^3} = -g(r) \tag{8.82}$$

을 얻는다. 여기서는 입자가 처음 반지름 ρ의 원 궤도 위에 있다고 생각하고, 이것에 $r \to \rho + x$라는 모양의 섭동을 더하도록 한다. 단, x는 미소량이다. 그런데 ρ는 상수이므로 $\ddot{r} \to \ddot{x}$가 되고, 그래서 위 식은

$$\ddot{x} - \frac{l^2}{\mu^2\rho^3[1 + (x/\rho)]^3} = -g(\rho + x) \tag{8.83}$$

가 된다. 그러나 가정에 의해 $(x/\rho) \ll 1$이므로

$$[1 + (x/\rho)]^{-3} = 1 - 3(x/\rho) + \cdots \tag{8.84}$$

같이 전개할 수 있고, 또한 $g(r) = g(\rho + x)$도 $r = \rho$ 주변에서

$$g(\rho + x) = g(\rho) + xg'(\rho) + \cdots \tag{8.85}$$

와 같이 테일러 전개를 할 수 있다고 가정한다. 여기서

$$g'(\rho) \equiv \left.\frac{dg}{dr}\right|_{r=\rho}$$

이다. x^2보다 고차의 항을 모두 생략해서 식 (8.84)와 (8.85)를 식 (8.83)에 대입하면

$$\ddot{x} - \frac{l^2}{\mu^2\rho^3}[1 - 3(x/\rho)] \cong -[g(\rho) + xg'(\rho)] \tag{8.86}$$

를 얻는다. 입자는 처음에 $r = \rho$인 원 궤도 위에 있음을 상기하면, 이와 같은 조건에서는 반지름 방향의 운동은 존재하지 않으므로 $\dot{r}|_{r=\rho} = 0$이다. 그래서 $\ddot{r}|_{r=\rho} = 0$이기도 하기 때문에 $r = \rho$에서 식 (8.82)는

$$g(\rho) = \frac{l^2}{\mu^2\rho^3} \tag{8.87}$$

이 된다. 이 관계를 식 (8.86)에 대입하면, 근사적으로

$$\ddot{x} - g(\rho)[1 - 3(x/\rho)] \cong -[g(\rho) + xg'(\rho)]$$

또는

$$\ddot{x} + \left[\frac{3g(\rho)}{\rho} + g'(\rho)\right]x \cong 0 \tag{8.88}$$

을 얻으므로,

$$\omega_0^2 \equiv \frac{3g(\rho)}{\rho} + g'(\rho) \tag{8.89}$$

로 정의하면, 식 (8.88)은 잘 알려진 비감쇠 조화 진동자에 대한 식

$$\ddot{x} + \omega_0^2 x = 0 \tag{8.90}$$

이 된다. 그런데 이 식의 해는

$$x(t) = Ae^{+i\omega_0 t} + Be^{-i\omega_0 t} \tag{8.91}$$

이고, 만일 $\omega_0^2 < 0$이면 ω_0는 허수가 되므로 제2항은 $B\exp(|\omega_0|t)$가 되고, 시간과 함께 한없이 증가한다. 따라서 진동하는 해가 되기 위한 조건은 $\omega_0^2 > 0$ 또는

$$\frac{3g(\rho)}{\rho} + g'(\rho) > 0 \tag{8.92a}$$

가 된다. $g(\rho) > 0$(식 (8.87) 참조)이므로, 이 부등식을 $g(\rho)$로 나누어서

$$\frac{g'(\rho)}{g(\rho)} + \frac{3}{\rho} > 0 \tag{8.92b}$$

으로 쓰고, 또한 $g(r)$에 상수를 곱하면 $F(r)$이 되므로, 결국

$$\boxed{\frac{F'(\rho)}{F(\rho)} + \frac{3}{\rho} > 0} \tag{8.93}$$

이 성립할 때 운동이 안정해지는 것이다.

일반적인 힘에 부과된 조건식 (8.93)과 이전에 다루었던 지수 형태의 힘

$$F(r) = -\frac{k}{r^n} \tag{8.94}$$

에 대해 얻은 조건을 비교해보자. 즉, 힘이 식 (8.94)로 주어질 때 식 (8.93)의 조건은

$$\frac{nk\rho^{-(n+1)}}{-k\rho^{-n}} + \frac{3}{\rho} > 0$$

또는

$$(3 - n)\cdot\frac{1}{\rho} > 0 \tag{8.95}$$

이 되고, 앞에 얻은 것과 같은 조건, 즉 $n < 3$을 얻는다(그러나 $n = 3$인 경우는 더욱 조사할 필요가 있음을 주의하라. 연습문제 8-22 참조).

예제 8.6

퍼텐셜 함수

$$U(r) = \frac{-k}{r}e^{-(r/a)} \tag{8.96}$$

로 기술할 수 있는 역장 속에서 원 궤도의 안정성을 조사하라. 여기서 $k > 0$, $a > 0$이다.

풀이

이 퍼텐셜은($k = Ze^2/4\pi\varepsilon_0$라고 하고 Z를 원자량, e를 전하라고 할 때) **차폐 쿨롱 퍼텐셜**(screened Coulomb potential)이라 불린다. 그 이유는 이 퍼텐셜은 거리와 함께 $1/r$보다 더욱 빠르게 감소하므로, 원자핵의

전하가 그것을 둘러싼 전자에 의해서 부분적으로 '상쇄'되기도 하고 '차폐'되기도 할 경우에, 핵 가까이의 정전기적 퍼텐셜이 이 모양의 퍼텐셜로 잘 근사할 수 있기 때문이다. 그래서

$$F(r) = -\frac{\partial U}{\partial r} = -k\left(\frac{1}{ar} + \frac{1}{r^2}\right)e^{-(r/a)}$$

및

$$\frac{\partial F}{\partial r} = k\left(\frac{1}{a^2 r} + \frac{2}{ar^2} + \frac{2}{r^3}\right)e^{-(r/a)}$$

을 안정성의 조건(식 (8.93) 참조)

$$3 + \rho\frac{F'(\rho)}{F(\rho)} > 0$$

에 대입하면

$$3 + \frac{\rho k\left(\dfrac{1}{a^2\rho} + \dfrac{2}{a\rho^2} + \dfrac{2}{\rho^3}\right)}{-k\left(\dfrac{1}{a\rho} + \dfrac{1}{\rho^2}\right)} > 0$$

을 얻게 되며, 간단히 하면

$$a^2 + a\rho - \rho^2 > 0$$

이 되고, 이를 다시 쓰면

$$\frac{a^2}{\rho^2} + \frac{a}{\rho} - 1 > 0$$

이 되므로, $q \equiv a/\rho$의 값이 방정식

$$q^2 + q - 1 = 0$$

의 근보다 큰 경우에는 운동이 안정하다. 그런데 이 방정식의 양의 근(따라서 물리적으로 의미가 있는 유일한 근)은

$$q = \frac{1}{2}(\sqrt{5} - 1) \cong 0.62$$

이므로, 각운동량과 에너지가 $r = \rho$에서 원 궤도를 실현하는 경우에, 만일

$$\frac{a}{\rho} \gtrsim 0.62$$

또는

$$\rho \lesssim 1.62a \tag{8.97}$$

이면 운동은 안정하다.

차폐 퍼텐셜의 궤도에 대한 안정 조건은 그림 8-16에 그려져 있으며, 거기에는 ρ/a의 여러 값에 대한 퍼텐셜 $V(r)$을 나타내었다. 이 경우에 힘의 상수 k는 어떤 곡선에 대해서도 같으나, $l^2/2\mu$는 a가 변화해도 ρ의 같은 값에서 퍼텐셜이 최소가 되도록 조절되고 있다. 그래서 만일 $\rho/a < 1.62$이면 퍼텐셜에는 참 최소값이 있어서 원 궤도는 미소 진동에 대해 안정하다는 사실을 알게 되며, $\rho/a > 1.62$이면 최소값이 없으므로 원 궤도는 존재하지 않는다. 또한 $\rho/a = 1.62$인 경우에는 원 궤도가 차지하는 위치에서 퍼텐셜의 경사가 0이 되므로 식 (8.90)에서 ω_0^2은 0이 되고, 변위 x가 시간에 비례해서 증가하므로 궤도는 그 위치에

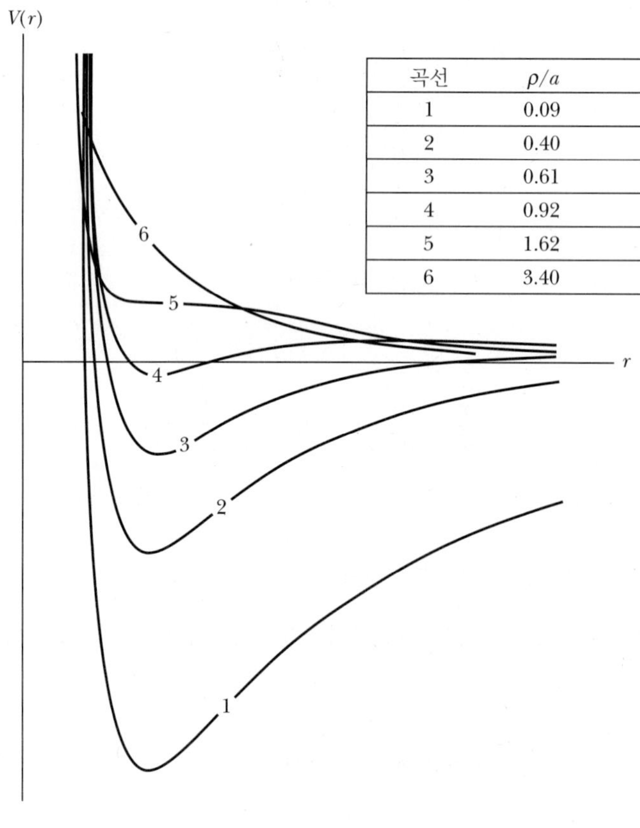

곡선	ρ/a	$l^2/2\mu$
1	0.09	$1.93V_0$
2	0.40	$1.82V_0$
3	0.61	$1.75V_0$
4	0.92	$1.50V_0$
5	1.62	$\equiv V_0$
6	3.40	$0.59V_0$

그림 8-16 예제 8.7. 퍼텐셜 1~4는 $\rho/a \lesssim 1.62$일 때 안정한 원 궤도가 된다.

서는 불안정하다.

이 퍼텐셜의 재미있는 특징은 어떤 조건하에서는 총 에너지가 양인 속박 궤도가 존재한다는 점이다(예를 들어 그림 8-16의 곡선 4 참조).

예제 8.7

원뿔면 위를 운동하는 입자(예제 7.4 참조)는 안정한 원 궤도를 가질 수 있는지 조사하라.

풀이

예제 7.4로 돌아가서, 원뿔면 위를 운동하도록 구속된 입자에 대해서 생각하면 거기서는 z축 주위의 각운동량은 운동의 상수로

$$l = mr^2\dot{\theta} = \text{상수} \tag{8.98}$$

이고, 또한 r 좌표에서의 운동 방정식은 다음과 같다.

$$r\dot{\theta}^2 \sin^2\alpha + g\sin\alpha\cos\alpha = 0$$

초기 조건을 적당히 선택하면, 입자는 원뿔의 정점을 지나는 수평면에서 일정한 높이 z_0에 있는 어떤 궤도면 속을 수직축의 주위로 원 궤도를 그리는 것을 알고 있다. 그런데 이 문제에는 중심력이 포함되어 있지 않아도 운동의 모양은 중심력의 경우와 같으므로, 예를 들어 입자의 원 궤도의 안정성에 대해서도 논의할 수 있다. 그래서 이를 위해 섭동 계산을 한다.

먼저, 원 궤도는 $r = \rho$인 것으로 가정하여 여기에 섭동 $r \to \rho + x$를 취하면 식 (8.98) 속의 $r\dot{\theta}^2$은

$$\begin{aligned} r\dot{\theta}^2 &= r\cdot\frac{l^2}{m^2r^4} = \frac{l^2}{m^2r^3} \\ &= \frac{l^2}{m^2}(\rho + x)^{-3} = \frac{l^2}{m^2\rho^3}\left(1 + \frac{x}{\rho}\right)^{-3} \\ &\cong \frac{l^2}{m^2\rho^3}\left(1 - 3\frac{x}{\rho}\right) \end{aligned}$$

로 나타난다. 단, 여기서는 가정에 의해 x/ρ가 작으므로 전개의 최초의 항만을 남겼다.

다음으로 $\ddot{\rho} = 0$이어서 식 (8.98)은 근사적으로

$$\ddot{x} - \frac{l^2\sin^2\alpha}{m^2\rho^3}\left(1 - 3\frac{x}{\rho}\right) + g\sin\alpha\cos\alpha = 0$$

또는

$$\ddot{x} + \left(\frac{3l^2 \sin^2 \alpha}{m^2\rho^4}\right)x - \frac{l^2 \sin^2\alpha}{m^2\rho^3} + g \sin \alpha \cos \alpha = 0 \tag{8.99}$$

이 되는데, 식 (8.98)을 $r = \rho$인 경우에 대해 계산하면 $\ddot{r} = 0$이므로

$$\begin{aligned} g \sin \alpha \cos \alpha &= \rho\dot{\theta}^2 \sin^2 \alpha \\ &= \frac{l^2}{m^2\rho^3} \sin^2 \alpha \end{aligned}$$

를 얻는다. 이 결과를 쓰면 식 (8.99)의 최후의 두 항은 서로 취소되고, 나머지 식은

$$\ddot{x} + \left(\frac{3l^2 \sin^2 \alpha}{m^2\rho^4}\right)x = 0 \tag{8.100}$$

이 되고, 이 식의 해는 바로 진동수 ω의 조화진동이다. 여기서

$$\omega = \frac{\sqrt{3}l}{m\rho^2} \sin \alpha \tag{8.101}$$

따라서 이 원 궤도는 안정적이다.

연습문제

8-1. In section 8.2, we showed that the motion of two bodies interacting only with each other by central forces could be reduced to an equivalent one-body problem. Show by explicit calculation that such a reduction is also possible for bodies moving in an external uniform gravitational field.

8-2. Perform the integration of Equation 8.38 to obtain Equation 8.39.

8-3. A particle moves in a circular orbit in a force field given by

$$F(r) = -k/r^2$$

Show that, if k suddenly decreases to half its original value, the particle's orbit becomes parabolic.

8-4. Perform an explicit calculation of the time average (i.e., the average over one complete period) of the potential energy for a particle moving in an elliptical orbit in a central inverse-square-law force field. Express the result in terms of the force constant of the field and the semimajor axis of the ellipse. Perform a similar calculation for the kinetic energy. Compare the results and thereby verify the virial theorem for this case.

8-5. Two particles moving under the influence of their mutual gravitational force describe circular orbits about one another with a period τ. If they are suddenly stopped in their orbits and allowed to gravitate toward each other, show that they will collide after a time $\tau/4\sqrt{2}$.

8-6. Two gravitating masses m_1 and $m_2 (m_1 + m_2 = M)$ are separated by a distance r_0 and released from rest. Show that when the separation is $r(< r_0)$, the speeds are

$$v_1 = m_2\sqrt{\frac{2G}{M}\left(\frac{1}{r} - \frac{1}{r_0}\right)}, \qquad v_2 = m_1\sqrt{\frac{2G}{M}\left(\frac{1}{r} - \frac{1}{r_0}\right)}$$

8-7. Show that the areal velocity is constant for a particle moving under the influence of an attractive force given by $F(r) = -kr$. Calculate the time averages of the kinetic and potential energies and compare with the results of the virial theorem.

8-8. Investigate the motion of a particle *repelled* by a force center according to the law $F(r) = kr$. Show that the orbit can only be hyperbolic.

8-9. A communications satellite is in a circular orbit around Earth at radius R and velocity v. A rocket accidentally fires quite suddenly, giving the rocket an outward radial velocity v in addition to its original velocity.
(a) Calculate the ratio of the new energy and angular momentum to the old.
(b) Describe the subsequent motion of the satellite and plot $T(r)$, $V(r)$, $U(r)$, and $E(r)$ after the rocket fires.

8-10. Assume Earth's orbit to be circular and that the Sun's mass suddenly decreases by half. What orbit does Earth then have? Will Earth escape the solar system?

8-11. A particle moves under the influence of a central force given by $F(r) = -k/r^n$. If the particle's orbit is circular and passes through the force center, show that $n = 5$.

8-12. Consider a comet moving in a parabolic orbit in the plane of Earth's orbit. If the distance of closest approach of the comet to the Sun is βr_E, where r_E is the radius of Earth's (assumed) circular orbit and where $\beta < 1$, show that the time the comet spends within the orbit of Earth is given by

$$\sqrt{2(1-\beta)} \cdot (1 + 2\beta)/3\pi \times 1 \text{ year}$$

If the comet approaches the Sun to the distance of the perihelion of Mercury, how many days is it within Earth's orbit?

8-13. Discuss the motion of a particle in a central inverse-square-law force field for a superimposed force whose magnitude is inversely proportional to the cube of the distance from the particle to the force center; that is,

$$F(r) = -\frac{k}{r^2} - \frac{\lambda}{r^3} \qquad k, \lambda > 0$$

Show that the motion is described by a precessing ellipse. Consider the cases $\lambda < l^2/\mu$, $\lambda = l^2/\mu$, and $\lambda > l^2/\mu$.

8-14. Find the force law for a central-force field that allows a particle to move in a spiral orbit given by $r = k\theta^2$, where k is a constant.

8-15. A particle of unit mass moves from infinity along a straight line that, if continued, would allow it to pass a distance $b\sqrt{2}$ from a point P. If the particle is attracted toward P with a force varying as k/r^5, and if the angular momentum about the point P is $\sqrt{k}/b$, show that the trajectory is given by

$$r = b \coth(\theta/\sqrt{2})$$

8.16. A particle executes elliptical (but almost circular) motion about a force center. At some point in the orbit a *tangential* impulse is applied to the particle, changing the velocity from v to $v + \delta v$. Show that the resulting relative change in the major and minor axes of the orbit is twice the relative change in the velocity and that the axes are *increased* if $\delta v > 0$.

8-17. A particle moves in an elliptical orbit in an inverse-square-law central-force field. If the ratio of the maximum angular velocity to the minimum angular velocity of the particle in its orbit is n, then show that the eccentricity of the orbit is

$$\varepsilon = \frac{\sqrt{n} - 1}{\sqrt{n} + 1}$$

8-18. Use Kepler's results (i.e., his first and second laws) to show that the gravitational force must be central and that the radial dependence must be $1/r^2$. Thus, perform an inductive derivation of the gravitational force law.

8-19. Calculate the missing entries denoted by c in Table 8-1.

8-20. For a particle moving in an elliptical orbit with semimajor axis a and eccentricity ε, show that

$$\langle (a/r)^4 \cos\theta \rangle = \varepsilon/(1 - \varepsilon^2)^{5/2}$$

where the angular brackets denote a time average over one complete period.

8-21. Consider the family of orbits in a central potential for which the total energy is a constant. Show that if a stable circular orbit exists, the angular momentum associated with this orbit is larger than that for any other orbit of the family.

8-22. Discuss the motion of a particle moving in an attractive central-force field described by $F(r) = -k/r^3$.[18] Sketch some of the orbits for different values of the total

18) 이 특별한 힘의 법칙은 로저 코츠(Roger Cotes, 1682~1716)가 연구했으며, 그 궤도는 **코츠 나선**(Cotes' spirals)으로 알려져 있다.

energy. Can a circular orbit be stable in such a force field?

8-23. An Earth satellite moves in an elliptical orbit with a period τ, eccentricity ε, and semimajor axis a. Show that the maximum radial velocity of the satellite is $2\pi a\varepsilon/(\tau\sqrt{1-\varepsilon^2})$.

8-24. An Earth satellite has a perigee of 300 km and an apogee of 3,500 km above Earth's surface. How far is the satellite above Earth when (**a**) it has rotated 90° around Earth from perigee and (**b**) it has moved halfway from perigee to apogee?

8-25. An Earth satellite has a speed of 28,070 km/hr when it is at its perigee of 220 km above Earth's surface. Find the apogee distance, its speed at apogee, and its period of revolution.

8-26. Show that the most efficient way to change the energy of an elliptical orbit for a single short engine thrust is by firing the rocket along the direction of travel at perigee.

8-27. A spacecraft in an orbit about Earth has the speed of 10,160 m/s at a perigee of 6,680 km from Earth's center. What speed does the spacecraft have at apogee of 42,200 km?

8-28. What is the minimum escape velocity of a spacecraft from the moon?

8-29. The minimum and maximum velocities of a moon rotating around Uranus are $v_{min} = v - v_0$ and $v_{max} = v + v_0$. Find the eccentricity in terms of v and v_0.

8-30. A spacecraft is placed in orbit 200 km above Earth in a circular orbit. Calculate the minimum escape speed from Earth. Sketch the escape trajectory, showing Earth and the circular orbit. What is the spacecraft's trajectory with respect to Earth?

8-31. Consider a force law of the form

$$F(r) = -\frac{k}{r^2} - \frac{k'}{r^4}$$

Show that if $\rho^2 k > k'$, then a particle can move in a stable circular orbit at $r = \rho$.

8-32. Consider a force law of the form $F(r) = -(k/r^2)\exp(-r/a)$. Investigate the stability of circular orbits in this force field.

8-33. Consider a particle of mass m constrained to move on the surface of a paraboloid whose equation (in cylindrical coordinates) is $r^2 = 4az$. If the particle is subject to a gravitational force, show that the frequency of small oscillations about a circular orbit with radius $\rho = \sqrt{4az_0}$ is

$$\omega = \sqrt{\frac{2g}{a + z_0}}$$

8-34. Consider the problem of the particle moving on the surface of a cone, as discussed in Examples 7.4 and 8.7. Show that the effective potential is

$$V(r) = \frac{l^2}{2mr^2} + mgr \cot \alpha$$

(Note that here r is the radial distance in cylindrical coordinates, not spherical coordinates; see Figure 7-2.) Show that the turning points of the motion can be found from the solution of a cubic equation in r. Show further that only two of the roots are physically meaningful, so that the motion is confined to lie within two horizontal planes that cut the cone.

8-35. An almost circular orbit (i.e., $\varepsilon \ll 1$) can be considered to be a circular orbit to which a small perturbation has been applied. Then, the frequency of the radial motion is given by Equation 8.89. Consider a case in which the force law is $F(r) = -k/r^n$ (where n is an integer), and show that the apsidal angle is $\pi/\sqrt{3-n}$. Thus, show that a closed orbit generally results only for the harmonic oscillator force and the inverse-square-law force (if values of n equal to or smaller than -6 are excluded).

8-36. A particle moves in an almost circular orbit in a force field described by $F(r) = -(k/r^2)\exp(-r/a)$. Show that the apsides advance by an amount approximately equal to $\pi\rho/a$ in each revolution, where ρ is the radius of the circular orbit and where $\rho \ll a$.

8-37. A communication satellite is in a circular orbit around Earth at a distance above Earth equal to Earth's radius. Find the minimum velocity Δv required to double the height of the satellite and put it in another circular orbit.

8-38. Calculate the minimum Δv required to place a satellite already in Earth's heliocentric orbit (assumed circular) into the orbit of Venus (also assumed circular and coplanar with Earth). Consider only the gravitational attraction of the Sun. What time of flight would such a trip take?

8-39. Assuming a rocket engine can be fired only once from a low Earth orbit, does a Mars flyby or a Venus flyby require a larger Δv? Explain.

8-40. A spacecraft is being designed to dispose of nuclear waste either by carrying it out of the solar system or crashing into the Sun. Assume that no planetary flybys are permitted and that thrusts occur only in the orbital plane. Which mission requires the least energy? Explain.

8-41. A spacecraft is parked in a circular orbit 200 km above Earth's surface. We want to use a Hohmann transfer to send the spacecraft to the Moon's orbit. What are the total Δv and the transfer time required?

8-42. A spacecraft of mass 10,000 kg is parked in a circular orbit 200 km above Earth's surface. What is the minimum energy required (neglect the fuel mass burned) to place the satellite in a synchronous orbit (i.e., $\tau = 24$ hr)?

8-43. A satellite is moving in circular orbit of radius R about Earth. By what fraction must its velocity v be increased for the satellite to be in an elliptical orbit with $r_{\text{min}} = R$ and $r_{\text{max}} = 2R$?

8-44. The Yukawa potential adds an exponential term to the long-range Coulomb potential, which greatly shortens the range of the Coulomb potential. It has great usefulness in atomic and nuclear calculations.

$$V(r) = \frac{V_0 r_0}{r} e^{-r/r_0} = -\frac{k}{r} e^{-r/a}$$

Find a particle's trajectory in a bound orbit of the Yukawa potential to first order in r/a.

8-45. A particle of mass m moves in a central force field that has a constant magnitude F_0, but always points toward the origin. **(a)** Find the angular velocity ω_ϕ required for the particle to move in a circular orbit of radius r_0. **(b)** Find the frequency ω_r of small radial oscillations about the circular orbit. Both answers should be in terms of F_0, m, and r_0.

8-46. Two double stars of the same mass as the sun rotate about their common center of mass. Their separation is 4 light years. What is their period of revolution?

8-47. Two double stars, one having mass 1.0 M_{sun} and the other 3.0 M_{sun}, rotate about their common center of mass. Their separation is 6 light years. What is their period of revolution?

제 9 장

입자계의 동역학

9.1 서론

지금까지는 역학 문제를 기본적으로 단일 입자 개념으로 다루었다. 투사물이나 로켓, 행성처럼 부피가 있는 물체를 생각할 때도 그것을 단일 입자로 취급할 수 있었다. 부피가 있는 물체를 형성하고 있는 입자들 사이의 내부 상호작용을 일반적으로 다룰 필요가 없었다.

나중에 강체에 대한 역학을 다룰 때 회전 운동뿐만 아니라 이동 운동을 기술해야 하는데, 이를 가능하게 하는 수법을 준비할 필요가 있다.

먼저, n개 입자로 구성된 계를 논의한다. 이 입자들은 바위나 기체 분자 같은 허술한 집합체를 형성하든가 혹은 구성 입자가 서로 상대적으로 움직일 수 없도록 묶여 있는 강체를 형성한다. 이 장 후반부에서는 두 입자($n = 2$)의 상호작용을 공부하게 된다. 3체 문제($n = 3$)는 해를 얻기가 만만치 않다. 고성능 컴퓨터로 수치 계산하는 방법이 상당히 발전되었으나 섭동법이 종종 사용된다.

계 속의 입자 간 내력 때문에 입자계 역학에서 뉴턴의 제3법칙은 중요한 역할을 한다. 여기서 내력에 관한 두 가지 가정을 도입해야 한다.

1. 두 입자 α와 β가 서로 작용하는 힘은 그 크기가 같고 반대 방향이다. β 입자가 α 입자에 가하는 힘을 $\mathbf{f}_{\alpha\beta}$라고 한다면, 뉴턴 제3법칙의 소위 말하는 '약한' 형식은

$$\mathbf{f}_{\alpha\beta} = -\mathbf{f}_{\beta\alpha} \tag{9.1}$$

로 표시된다.

2. 두 입자 α와 β가 서로 크기가 같고 반대 방향으로 가하는 힘은 두 입자를 잇는 직선상에 있어야 한다. 뉴턴 제3법칙의 좀 더 엄격한 형태는 종종 '강한' 형식이라고 불리며 그림 9-1에 나타내고 있다.

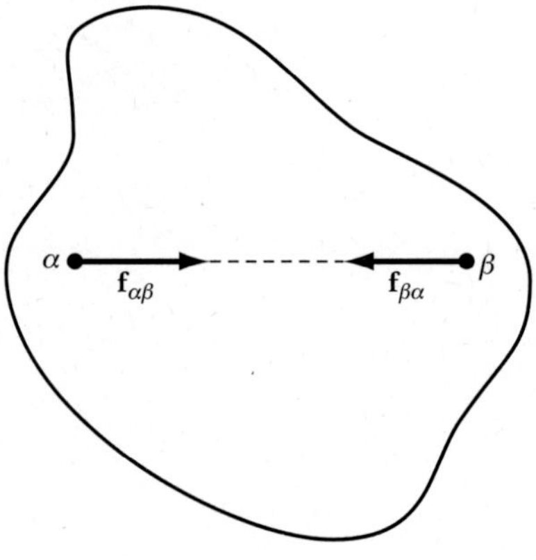

그림 9-1 두 입자를 잇는 직선상에서 크기가 같고 반대 방향인 힘이 작용하는 뉴턴 제3법칙의 강한 형식에 관한 예. 힘은 고체 속에서 작용하는 분자 인력처럼 인력이다.

뉴턴 제3법칙의 여러 형식을 적용할 때 주의할 점이 있다. 전자기적 힘은 속도에 의존하기 때문에 움직이고 있는 대전입자에 대해서는 뉴턴의 제3법칙이 항상 타당하다고 말할 수 없다는 2.2절의 설명을 상기해야 한다. 예를 들면 자기장 **B** 속에서 움직이고 있는 전하 q가 받는 자기력($\mathbf{F} = q\mathbf{v} \times \mathbf{B}$)은 제3법칙의 '강한' 형식이 아닌 '약한' 형식에서 다룬다.

9.2 질량중심

각 입자의 질량이 m_α로 표시되는 n개 입자로 구성된 계를 생각해보자. 여기서 α는 $\alpha = 1$로부터 $\alpha = n$까지 갖는 지표이다. 이러한 계의 총 질량을 M으로 나타낸다.

$$M = \sum_\alpha m_\alpha \tag{9.2}$$

여기서 α에 관한 합은 $\alpha = 1$에서 $\alpha = n$까지 취한다(그리스 문자에 관한 합은 지금부터 모두 그렇게 한다). 그러한 계가 그림 9-2에 나타나 있다.

원점과 α번째 입자를 잇는 벡터를 $\mathbf{r}_\alpha$라 하면, 계의 질량중심 위치를 정하는 벡터는 다음과 같이 정의된다.

$$\mathbf{R} = \frac{1}{M}\sum_\alpha m_\alpha \mathbf{r}_\alpha \tag{9.3}$$

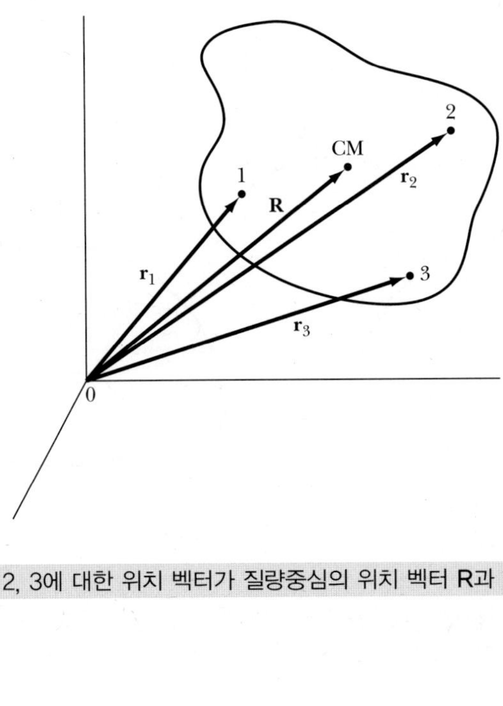

그림 9-2 물체 속의 입자 1, 2, 3에 대한 위치 벡터가 질량중심의 위치 벡터 R과 함께 표시되어 있다.

질량이 연속적으로 분포되어 있을 때, 합은 적분으로 대치된다. 즉,

$$\mathbf{R} = \frac{1}{M}\int \mathbf{r}\, dm \tag{9.4}$$

물체의 질량중심 위치는 임의적으로 정의할 수 있으나 위치 벡터 **R**은 채택된 좌표계에 의존한다. 만약 그림 9-2의 원점이 다른 곳에 있다면 벡터 **R**은 달라질 것이다.

예제 9.1

밀도가 일정한 고체 반구의 질량중심을 구하라.

풀이

밀도를 ρ, 반구의 질량을 M, 반지름을 a로 하면

$$\rho = \frac{M}{\frac{2}{3}\pi a^3}$$

이다. 문제를 되도록 간단히 하기 위해 좌표계의 원점을 잘 택하고자 한다(그림 9-3). R의 위치 좌표는 (X, Y, Z)이며 대칭성 때문에 $X = 0$, $Z = 0$이 된다. 이것은 식 (9.4), 즉

$$X = \frac{1}{M}\int_{-a}^{a} x\, dm$$

$$Z = \frac{1}{M}\int_{-a}^{a} z\, dm$$

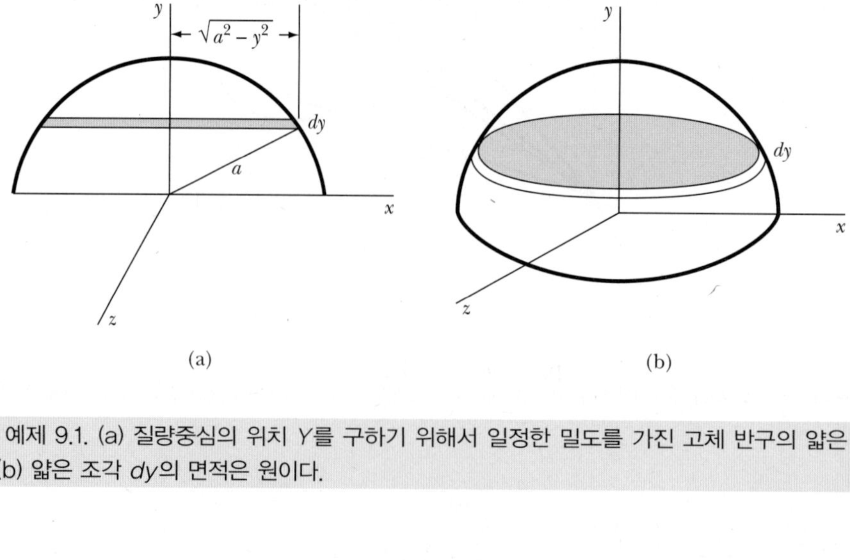

그림 9-3 예제 9.1. (a) 질량중심의 위치 Y를 구하기 위해서 일정한 밀도를 가진 고체 반구의 얇은 조각 dy를 선택한다. (b) 얇은 조각 dy의 면적은 원이다.

에 의해 자명하다. 왜냐하면 가진 변수의 홀수 곱을 대칭적인 하한에서 상한까지 적분하기 때문이다. 그러나 Y에 대해서는 하한과 상한이 비대칭이다. 즉,

$$Y = \frac{1}{M}\int_0^a y\, dm$$

일정한 y 값에서 dm을 계산하자. y축에 직각인 원판의 질량은 다음과 같다(그림 9-3 참조).

$$dm = \rho dV = \rho\pi(a^2 - y^2)\, dy$$
$$Y = \frac{1}{M}\int_0^a \rho\pi y(a^2 - y^2)\, dy$$
$$Y = \frac{\pi\rho a^4}{4M} = \frac{3a}{8}$$

질량중심의 위치는 $(0, 3a/8, 0)$이다.

9.3 계의 선형 운동량

어떤 입자의 집단이 계를 만들 경우에, 계 속의 입자(예를 들면 α번째 입자)에 작용하는 힘의 합력은 일반적으로 두 부분으로 나누어진다. 그래서 그 하나는 계의 외부로부터 오는 힘의 합력으로 **외력**(external force) $\mathbf{F}_\alpha^{(e)}$라 하고, 다른 하나는 α번째의 입자가 다른 $n - 1$개의 입자들로부터 받은 힘의 합력으로 **내력**(internal force) $\mathbf{f}_\alpha$라 한다. 또한 이 내력 $\mathbf{f}_\alpha$는 개개 입자에서의 힘 $\mathbf{f}_{\alpha\beta}$의 벡터 합으로 주어진다.

$$\mathbf{f}_\alpha = \sum_\beta \mathbf{f}_{\alpha\beta} \tag{9.5}$$

여기서 $\mathbf{f}_{\alpha\beta}$는 β번째 입자가 α번째 입자에 미치는 힘이다. 그러므로 α번째 입자가 받는 전체 힘은

$$\mathbf{F}_\alpha = \mathbf{F}_\alpha^{(e)} + \mathbf{f}_\alpha \tag{9.6}$$

로 나타내고, 또한 뉴턴 제3법칙의 약한 표현에 의해

$$\mathbf{f}_{\alpha\beta} = -\mathbf{f}_{\beta\alpha}$$

같이 얻는다.

다음에 α번째 입자에 대한 뉴턴의 제2법칙은

$$\dot{\mathbf{p}}_\alpha = m_\alpha \ddot{\mathbf{r}}_\alpha = \mathbf{F}_\alpha^{(e)} + \mathbf{f}_\alpha \tag{9.7}$$

또는

$$\frac{d^2}{dt^2}(m_\alpha \mathbf{r}_\alpha) = \mathbf{F}_\alpha^{(e)} + \sum_\beta \mathbf{f}_{\alpha\beta} \tag{9.8}$$

로 쓰고, α에 관한 합을 취하면

$$\frac{d^2}{dt^2}\sum_\alpha m_\alpha \mathbf{r}_\alpha = \sum_\alpha \mathbf{F}_\alpha^{(e)} + \sum_{\substack{\alpha \\ \alpha\neq\beta}}\sum_\beta \mathbf{f}_{\alpha\beta} \tag{9.9}$$

가 된다. 여기서 $\mathbf{f}_{\alpha\alpha} \equiv 0$이므로, 우변 제2항의 합에서는 $\alpha = \beta$의 항을 뺀다. 그런데 좌변의 합은 꼭 $M\mathbf{R}$이 되고(식 (9.3) 참조), 시간에 관해서 2회 미분하면 $M\ddot{\mathbf{R}}$이 된다. 또한 우변의 제1항 모두 외력의 합으로

$$\sum_\alpha \mathbf{F}_\alpha^{(e)} \equiv \mathbf{F} \tag{9.10}$$

로 쓰고, 식 (9.9)의 우변 제2항은

$$\sum_{\substack{\alpha \\ \alpha\neq\beta}}\sum_\beta \mathbf{f}_{\alpha\beta} \equiv \sum_{\alpha,\beta\neq\alpha} \mathbf{f}_{\alpha\beta} = \sum_{\alpha<\beta}(\mathbf{f}_{\alpha\beta} + \mathbf{f}_{\beta\alpha})$$

로 나타내며[1] 식 (9.1)에 의해 0이 되므로,[2] 결국 다음과 같은 중요한 결과를 얻는다.

$$M\ddot{\mathbf{R}} = \mathbf{F} \tag{9.11}$$

이 식은 다음과 같은 말로 표현할 수 있다.

I. 계의 질량중심의 운동은 마치 계의 총 질량과 동일한 질량을 가진 단일 입자가 모든 외력의 작용을 받아서 운동할 경우와 같고, (뉴턴 제3법칙의 약한 형식 $\mathbf{f}_{\alpha\beta} = -\mathbf{f}_{\beta\alpha}$인 경우에) 내력의 성질에는 무관하다.

---

1) 이 식은 단일 입자인 경우(예로서 $n = 3$)에 양변을 직접 계산함으로써 증명할 수 있다.

2) 마지막 합은 '$\alpha < \beta$라는 제한하에 모든 α, β에 관한 합'을 말한다. 다음과 같은 이유로 인해

$$\sum_{\substack{\alpha \\ \alpha\neq\beta}}\sum_\beta \mathbf{f}_{\alpha\beta}$$

가 0이 된다는 사실을 증명할 수 있다는 점에 주의하라. 즉, α와 β 모두 다 합산해야 하므로 이 지표들은 단순한 표시에 지나지 않는다. α와 β를 교환하더라도 실제로 합산에 아무런 지장을 주지 않는다. 더욱 집약된 표시를 사용한다면

$$\sum_{\alpha,\beta\neq\alpha} \mathbf{f}_{\alpha\beta} = \sum_{\beta,\alpha\neq\beta} \mathbf{f}_{\beta\alpha}$$

가 된다. 그러나 가정 $\mathbf{f}_{\alpha\beta} = -\mathbf{f}_{\beta\alpha}$에 의해

$$\sum_{\alpha,\beta\neq\alpha} \mathbf{f}_{\alpha\beta} = -\sum_{\alpha,\beta\neq\alpha} \mathbf{f}_{\alpha\beta}$$

이며, 어떤 양이 그 부호가 바뀐 것과 같으면 그것이 0이 되어야 한다.

계의 총 선형 운동량은

$$\mathbf{P} = \sum_\alpha m_\alpha \dot{\mathbf{r}}_\alpha = \frac{d}{dt}\sum_\alpha m_\alpha \mathbf{r}_\alpha = \frac{d}{dt}(M\mathbf{R}) = M\dot{\mathbf{R}} \tag{9.12}$$

가 되고, 시간 미분을 하면

$$\dot{\mathbf{P}} = M\ddot{\mathbf{R}} = \mathbf{F} \tag{9.13}$$

가 되므로, 계의 총 운동량은 외력이 작용하지 않을 경우에는 보존된다. 식 (9.12)와 식 (9.13)으로부터 제2 및 제3의 중요한 결과가 유도된다.

II. 계의 선형 운동량은 마치 계의 질량중심에 놓인 질량 M의 단일 입자가 질량중심의 운동과 같은 형태로 운동할 때 가질 운동량과 같다.

III. 외력을 받지 않는 계의 총 선형 운동량은 상수이며 질량중심의 선형 운동량과 같다(계의 선형 운동량 보존 법칙).

모든 측정은 관성계에서 실행될 것이다. 계의 선형 운동량에 대한 한 예로서 지상에서 대포 약협의 폭발을 들 수 있다. 폭발은 내부 효과이므로 질량중심의 속도에 영향을 줄 외력은 중력뿐이다. 대포 약협 파편의 질량중심은 폭발 직후 약협이 폭발 전에 갖고 있던 속도를 유지해야 한다.

예제 9.2

균일 질량밀도 ρ, 길이 b, 질량 $M(\rho = M/b)$인 쇠사슬이 그림 9-4처럼 걸려 있다. 시간 $t = 0$에서 끝 A와 B는 인접하고 있으나 B는 자유로운 상태에 있다. (a) 자유 낙하를 가정하여, (b) 에너지 보존을 이용하여 B가 거리 x만큼 떨어질 때 A점에 가해지는 쇠사슬의 장력을 구하라.

풀이

(a) 자유 낙하하는 경우 시간 t에서 계에 작용하는 유일한 힘은 A점에서 수직 위 방향으로 작용하는 장력과 쇠사슬을 밑으로 당기는 중력 Mg라고 가정하자. 질량중심의 운동량은

$$\dot{P} = Mg - T \tag{9.14}$$

같은 힘을 나타낸다. 질량 $\rho(b - x)/2$인 쇠사슬의 왼쪽은 속력 $\dot{x}$로 움직이며, 오른쪽은 움직이지 않는다. 따라서 계의 총 운동량은

$$P = \rho\left(\frac{b - x}{2}\right)\dot{x}$$

이므로

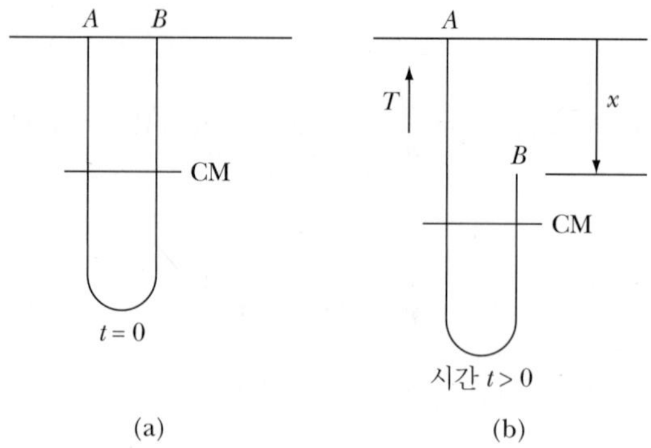

그림 9-4 예제 9.2. (a) 균일한 선형 질량밀도를 가진 쇠사슬이 B가 $t = 0$시간에서 풀어지기 전에 A점과 B점에 매달려 있다. (b) 시간 t일 때 B의 끝점은 거리 x만큼 떨어진다.

$$\dot{P} = \frac{\rho}{2}[-\dot{x}^2 + \ddot{x}(b - x)] \tag{9.15}$$

가 된다. 자유 낙하에 대해 $x = gt^2/2$가 성립하므로

$$\dot{x} = gt = \sqrt{2gx}$$
$$\ddot{x} = g$$

그리고

$$\dot{P} = \frac{\rho}{2}(gb - 3gx) = Mg - T$$

결과적으로

$$T = \frac{Mg}{2}\left(\frac{3x}{b} + 1\right) \tag{9.16}$$

이 된다.

(b) 캘킨(Calkin)과 마치(March) (*Am, J. Phys.* **57**, 154[1989])는 흐트러지지 않고 에너지를 보존하면서 떨어지는 완전히 나긋하고 늘어지지 않는 끈처럼 쇠사슬이 작용한다는 사실을 밝혀내었다. 여기서 쇠사슬은 작은 수평 방향 운동을 무시하여 1차원 운동으로서 취급한다. 위치 에너지를 쇠사슬의 고정된 끝을 기준으로 측정하기로 한다면 초기 상태에서의 위치 에너지는 $U(t = 0) = U_0 = -\rho g b^2/4$이다. 세밀한 기하학적 고찰을 하면 쇠사슬이 거리 x만큼 떨어졌을 때 위치 에너지는

$$U = -\frac{1}{4}\rho g(b^2 + 2bx - x^2)$$

임을 알 수 있다. 운동 에너지(여기서 장력과 혼동되지 않도록 T 대신 K로 표시한다)는 쇠사슬의 오른쪽 부분의 속력 $\dot{x}$로 결정된다. 즉,

$$K = \frac{\rho}{4}(b - x)\dot{x}^2$$

에너지 보존 법칙에 의해 $K + U = U_0$가 된다. 따라서

$$\frac{\rho}{4}(b - x)\dot{x}^2 - \frac{1}{4}\rho g(b^2 + 2bx - x^2) = -\frac{1}{4}\rho g b^2$$

$\dot{x}^2$에 관해 풀어주면

$$\dot{x}^2 = \frac{g(2bx - x^2)}{b - x} \tag{9.17}$$

식 (9.14)와 식 (9.15)로부터 장력을 얻기 위해 $\ddot{x}$를 계산해야 하므로 식 (9.17)을 미분하면

$$\ddot{x} = g + \frac{g(2bx - x^2)}{2(b - x)^2}$$

이 된다. 이 $\dot{x}^2$과 $\ddot{x}$ 값을 식 (9.15)에 대입함으로써 $\dot{P}$를 결정하여 그 값을 식 (9.14)에 대입한다. 각 항을 집약하고 T에 관해 풀어주면

$$T = \frac{Mg}{4b}\frac{1}{(b - x)}(2b^2 + 2bx - 3x^2) \tag{9.18}$$

을 얻는다. 자유 낙하와 에너지 보존 법칙에 따른 결과식 (9.16)과 (9.18)의 차이점에 주의하라. 어느 쪽이 정답인지 실험으로 쉽게 알 수 있다. 왜냐하면 후자의 경우 $x \to b$ 극한에서 장력이 극적으로 커지기 때문이다($T \to \infty$). 캘킨과 마치의 실험은 장력이 끝에서 쇠사슬 무게의 최고 25배까지 급히 증가됨을 확인했고 x 의존도도 계산 결과와 잘 일치했다. 실제 쇠사슬은 무한 크기의 장력을 가질 수 없다.

자유 낙하의 경우 쇠사슬에 가해지는 장력은 양쪽 저변 끝에서 단절되어 있다. 즉, 고정된 쪽에서의 장력은 $T_1 = \rho\dot{x}^2/2$이며 자유로운 쪽은 $T_2 = 0$이다. 에너지 보존적 경우에는 자유로운 쪽의 장력 T_2는 0이 아니며, 이 장력이 중력에 의한 쇠사슬의 낙하를 돕는다. 결과적으로 쇠사슬은 자유 낙하보다 약 15% 정도 빨리 떨어진다. 에너지 보존적 쇠사슬의 경우 장력은 연속적이고 $T_1 = T_2 = \rho\dot{x}^2/4$가 된다. 낙하하는 쇠사슬에 대한 성질은 연습문제에서 좀 더 자세하게 살펴볼 것이다.

9.4 계의 각운동량

계의 질량중심에 대한 위치 벡터로 기술하는 것이 편리한 경우가 때때로 있다. 관성계에서의 위치 벡터 $\mathbf{r}_\alpha$(그림 9-5 참조)는

$$\mathbf{r}_\alpha = \mathbf{R} + \mathbf{r}'_\alpha \tag{9.19}$$

가 되며, 여기서 $\mathbf{r}'_\alpha$는 질량중심에 대한 입자 α의 위치 벡터이다. α번째 입자의 원점에 관한 각운동량은 식 (2.81)에 의해

$$\mathbf{L}_\alpha = \mathbf{r}_\alpha \times \mathbf{p}_\alpha \tag{9.20}$$

으로 주어지는데, 이 식을 α에 대해 합을 취하고 식 (9.19)를 사용하면

$$\begin{aligned}\mathbf{L} = \sum_\alpha \mathbf{L}_\alpha &= \sum_\alpha (\mathbf{r}_\alpha \times \mathbf{p}_\alpha) = \sum_\alpha (\mathbf{r}_\alpha \times m_\alpha \dot{\mathbf{r}}_\alpha)\\ &= \sum_\alpha (\mathbf{r}'_\alpha + \mathbf{R}) \times m_\alpha(\dot{\mathbf{r}}'_\alpha + \dot{\mathbf{R}})\\ &= \sum_\alpha m_\alpha\left[(\mathbf{r}'_\alpha \times \dot{\mathbf{r}}'_\alpha) + (\mathbf{r}'_\alpha \times \dot{\mathbf{R}}) + (\mathbf{R} \times \dot{\mathbf{r}}'_\alpha) + (\mathbf{R} \times \dot{\mathbf{R}})\right]\end{aligned} \tag{9.21}$$

을 얻는다. 여기서 가운데의 두 항은

$$\left(\sum_\alpha m_\alpha \mathbf{r}'_\alpha\right) \times \dot{\mathbf{R}} + \mathbf{R} \times \frac{d}{dt}\left(\sum_\alpha m_\alpha \mathbf{r}'_\alpha\right)$$

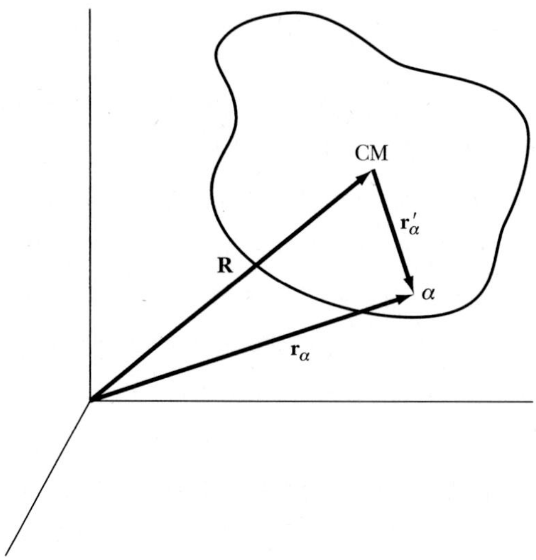

그림 9-5 질량중심에 대한 위치 벡터 $\mathbf{r}'_\alpha$로 계를 기술할 수 있다.

라 쓰고,

$$\sum_\alpha m_\alpha \mathbf{r}'_\alpha = \sum_\alpha m_\alpha (\mathbf{r}_\alpha - \mathbf{R}) = \sum_\alpha m_\alpha \mathbf{r}_\alpha - \mathbf{R}\sum_\alpha m_\alpha$$

$$\sum_\alpha m_\alpha \mathbf{r}'_\alpha = M\mathbf{R} - M\mathbf{R} \equiv 0 \tag{9.22}$$

이므로 0이 된다. 즉, $\sum_\alpha m_\alpha \mathbf{r}'_\alpha$는 질량중심 좌표계에서 질량중심의 위치를 나타내므로, 그것은 0 벡터이다. 따라서 식 (9.21)은

$$\mathbf{L} = M\mathbf{R} \times \dot{\mathbf{R}} + \sum_\alpha \mathbf{r}'_\alpha \times \mathbf{p}'_\alpha = \mathbf{R} \times \mathbf{P} + \sum_\alpha \mathbf{r}'_\alpha \times \mathbf{p}'_\alpha \tag{9.23}$$

가 된다. 우리의 네 번째 중요한 결과는 다음과 같다.

IV. 총 각운동량은 원점에 관한 질량중심의 각운동량과 질량중심 위치에 관한 계의 각운동량의 합이다.

α번째 입자의 각운동량의 시간 미분은 식 (2.83)에서

$$\dot{\mathbf{L}}_\alpha = \mathbf{r}_\alpha \times \dot{\mathbf{p}}_\alpha \tag{9.24}$$

이고, 식 (9.7)과 식 (9.8)을 사용하면

$$\dot{\mathbf{L}}_\alpha = \mathbf{r}_\alpha \times \left(\mathbf{F}_\alpha^{(e)} + \sum_\beta \mathbf{f}_{\alpha\beta}\right) \tag{9.25}$$

가 된다. 이 식은 α에 대해서 더하면

$$\dot{\mathbf{L}} = \sum_\alpha \dot{\mathbf{L}}_\alpha = \sum_\alpha (\mathbf{r}_\alpha \times \mathbf{F}_\alpha^{(e)}) + \sum_{\alpha, \beta \neq \alpha} (\mathbf{r}_\alpha \times \mathbf{f}_{\alpha\beta}) \tag{9.26}$$

를 얻고, 마지막 항은 또

$$\sum_{\alpha, \beta \neq \alpha} (\mathbf{r}_\alpha \times \mathbf{f}_{\alpha\beta}) = \sum_{\alpha<\beta} [(\mathbf{r}_\alpha \times \mathbf{f}_{\alpha\beta}) + (\mathbf{r}_\beta \times \mathbf{f}_{\beta\alpha})]$$

로 쓸 수 있다. 그런데 α번째 입자와 β번째 입자를 잇는 벡터는(그림 9-6 참조)

$$\mathbf{r}_{\alpha\beta} \equiv \mathbf{r}_\alpha - \mathbf{r}_\beta \tag{9.27}$$

로 정의되고, $\mathbf{f}_{\alpha\beta} = -\mathbf{f}_{\beta\alpha}$이므로

$$\begin{aligned} \sum_{\alpha, \beta \neq \alpha} (\mathbf{r}_\alpha \times \mathbf{f}_{\alpha\beta}) &= \sum_{\alpha<\beta} (\mathbf{r}_\alpha - \mathbf{r}_\beta) \times \mathbf{f}_{\alpha\beta} \\ &= \sum_{\alpha<\beta} (\mathbf{r}_{\alpha\beta} \times \mathbf{f}_{\alpha\beta}) \end{aligned} \tag{9.28}$$

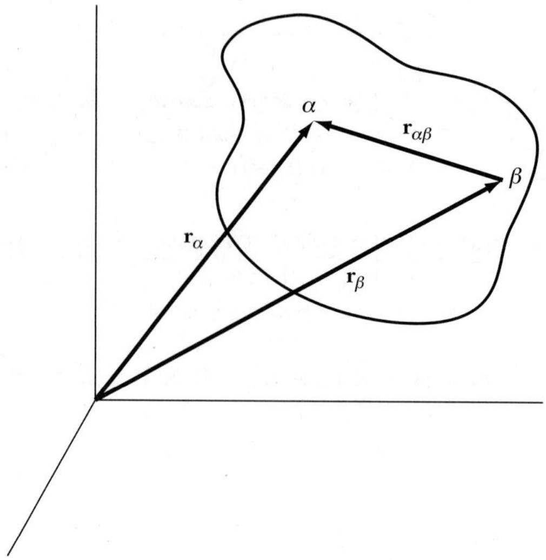

그림 9-6 계에서 β번째 입자에서 α번째 입자를 잇는 벡터는 $\mathbf{r}_{\alpha\beta}$로 나타낸다.

가 된다. 여기서는 논의를 중심력의 경우로 제한하므로, 뉴턴 제3법칙의 '강한' 형식을 적용한다. $\mathbf{f}_{\alpha\beta}$는 $\pm\mathbf{r}_{\alpha\beta}$와 동일한 방향을 향하고 있으므로

$$\mathbf{r}_{\alpha\beta} \times \mathbf{f}_{\alpha\beta} \equiv 0 \tag{9.29}$$

이 되고, 또한

$$\dot{\mathbf{L}} = \sum_\alpha \left[\mathbf{r}_\alpha \times \mathbf{F}_\alpha^{(e)}\right] \tag{9.30}$$

이 얻는다. 그런데 이 식의 우변은 바로 모든 외부 토크의 합이다.

$$\dot{\mathbf{L}} = \sum_\alpha \mathbf{N}_\alpha^{(e)} = \mathbf{N}^{(e)} \tag{9.31}$$

이 식은 다음과 같은 중요한 결과를 낳는다.

V. 만일 주어진 축에 관한 외부 토크가 0이면, 이 축에 관한 계의 총 각운동량은 시간적으로 일정하다.

또한 주의해야 하는 것은

$$\sum_\beta \mathbf{r}_\alpha \times \mathbf{f}_{\alpha\beta} \tag{9.32}$$

는 모든 내부의 힘 때문에 α번째의 입자가 받는 토크, 즉 내부 토크로, 이것을 α에 관해서 합하면 0이 된다

(식 (9.28) 참조)는 점이다.

$$\sum_{\alpha,\beta\neq\alpha}(\mathbf{r}_\alpha\times\mathbf{f}_{\alpha\beta})=\sum_{\alpha<\beta}(\mathbf{r}_{\alpha\beta}\times\mathbf{f}_{\alpha\beta})=0 \tag{9.33}$$

따라서 총 내부 토크는 0이 된다. 이것을 다음과 같이 말할 수 있다.

VI. 만일 내력이 중심력이라면, 즉 $\mathbf{f}_{\alpha\beta}=-\mathbf{f}_{\beta\alpha}$일 때, 총 내부 토크는 0이어야 하며 고립된 계의 각운동량은 외력을 받지 않는 한 불변이다.

예제 9.3

길이 a인 가벼운 끈의 양쪽 끝에 질량 m_1과 $m_2(m_2>m_1)$인 미끼가 달려 있다. m_1이 달려 있는 끈 끝을 잡고 머리 위에서 힘차게 회전시키고 던졌다. 그 후의 운동을 기술하고 끈의 장력을 계산하라.

풀이

계에 대한 그림은 그림 9-7에 나타내었다. 질량중심은 m_2로부터 길이 $b=[m_1/(m_1+m_2)]a$에 있다. 끈을 던지고 난 후 작용하는 힘은 m_1과 m_2에 작용하는 중력뿐이다. 질량중심 CM의 초기 속도는 $\mathbf{v}_0$라고 가정한다. 마치 총 질량 (m_1+m_2)가 CM에 모여 있는 것처럼 중력의 영향을 받고 CM은 포물선 궤도를 따라 운동할 것이다. 그러나 끈이 해방될 때 m_2는 m_1 주변을 빠르게 회전한다. 외부 토크가 없으므로 계는 계속 회전할 것이다. 그런데 m_1과 m_2는 CM을 축으로 회전하며 각운동량은 보존된다. 만약 해방됐을 때 m_2가 직진 속도 $\mathbf{v}_2$로 움직이고 있다면 $v_2=b\dot\theta$(마찬가지로 $v_1=(a-b)\dot\theta$)라야 한다. 그러나 질량 회전의 원심력에 의한 끈의 장력은 이 경우

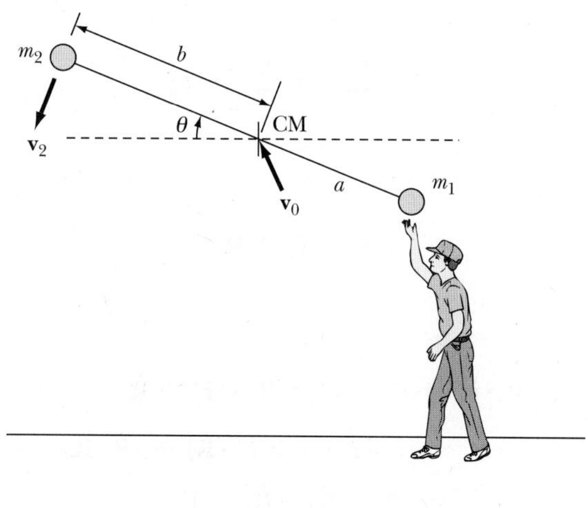

그림 9-7 예제 9.3. 양쪽 끝에 질량 m_1과 m_2가 매달린 가벼운 줄을 머리 위에서 손으로 빙빙 돌린 후에 던진다.

$$원심력 = \frac{m_2(b\dot{\theta})^2}{b} = 장력$$

$$장력 = m_2 b\dot{\theta}^2 = m_2\left(\frac{m_1 a}{m_1 + m_2}\right)\dot{\theta}^2 = \frac{m_1 m_2 a\dot{\theta}^2}{m_1 + m_2}$$

가 된다.

9.5 계의 에너지

마지막 보존 정리는 에너지 보존 정리로, 이것은 입자계에 관해서 다음과 같이 유도된다. 즉, 지금 계가 배위 1(그중에서 좌표 $\mathbf{r}_\alpha$는 모두 정해져 있다)에서 배위 2(그중에서 $\mathbf{r}_\alpha$는 배위 1과는 다른 값을 갖는다)로 이동할 때 계가 하는 일을 생각하면(이 경우에 개개의 입자 배치는 일반적으로 변하나, 질량중심의 위치는 불변으로 한다), 식 (2.84)로부터 유추하여

$$W_{12} = \sum_\alpha \int_1^2 \mathbf{F}_\alpha \cdot d\mathbf{r}_\alpha \tag{9.34}$$

로 쓴다. 여기서 $\mathbf{F}_\alpha$는 α번째 입자에 작용하는 순 합력이다. 식 (2.86)을 구했을 때와 같은 방법을 써서

$$W_{12} = \sum_\alpha \int_1^2 d\left(\frac{1}{2}m_\alpha v_\alpha^2\right) = T_2 - T_1 \tag{9.35}$$

을 얻는다. 이때

$$T = \sum_\alpha T_\alpha = \sum_\alpha \frac{1}{2}m_\alpha v_\alpha^2 \tag{9.36}$$

이다. 여기서

$$\dot{\mathbf{r}}_\alpha = \dot{\mathbf{r}}'_\alpha + \dot{\mathbf{R}} \tag{9.37}$$

(식 (9.19) 참조)를 쓰면

$$\begin{aligned}
\dot{\mathbf{r}}_\alpha \cdot \dot{\mathbf{r}}_\alpha = v_\alpha^2 &= (\dot{\mathbf{r}}'_\alpha + \dot{\mathbf{R}}) \cdot (\dot{\mathbf{r}}'_\alpha + \dot{\mathbf{R}}) \\
&= (\dot{\mathbf{r}}'_\alpha \cdot \dot{\mathbf{r}}'_\alpha) + 2(\dot{\mathbf{r}}'_\alpha \cdot \dot{\mathbf{R}}) + (\dot{\mathbf{R}} \cdot \dot{\mathbf{R}}) \\
&= v'^2_\alpha + 2(\dot{\mathbf{r}}'_\alpha \cdot \dot{\mathbf{R}}) + V^2
\end{aligned}$$

가 되므로(여기서 $\mathbf{v}' \equiv \dot{\mathbf{r}}'$이고, V는 질량중심의 속도이다)

$$T = \sum_\alpha \frac{1}{2} m_\alpha v_\alpha^2$$

$$= \sum_\alpha \frac{1}{2} m_\alpha v_\alpha'^2 + \sum_\alpha \frac{1}{2} m_\alpha V^2 + \dot{\mathbf{R}} \cdot \frac{d}{dt} \sum_\alpha m_\alpha \mathbf{r}_\alpha' \tag{9.38}$$

를 얻고, 앞과 같은 논의에 의해 $\sum_\alpha m_\alpha \mathbf{r}_\alpha' = 0$이 되므로 마지막 항은 없어지고, 결국

$$\boxed{T = \sum \frac{1}{2} m_\alpha v_\alpha'^2 + \frac{1}{2} M V^2} \tag{9.39}$$

이 된다. 그래서 다음과 같이 기술할 수 있다.

VII. 계의 총 운동 에너지는 질량중심의 속도로 움직이는 질량 M인 입자의 운동 에너지와 질량중심에 대한 개개 입자의 운동 에너지와의 합이다.

다음에 식 (9.34) 의 합력은 식 (9.6) 과 같이 나누어지므로

$$W_{12} = \sum_\alpha \int_1^2 \mathbf{F}_\alpha^{(e)} \cdot d\mathbf{r}_\alpha + \sum_{\alpha, \beta \neq \alpha} \int_1^2 \mathbf{f}_{\alpha\beta} \cdot d\mathbf{r}_\alpha \tag{9.40}$$

로 쓰인다. 만일 힘 $\mathbf{F}_\alpha^{(e)}$와 $\mathbf{f}_{\alpha\beta}$가 보존력이면, 이들 퍼텐셜 함수에서 유도되어

$$\left. \begin{aligned} \mathbf{F}_\alpha^{(e)} &= -\nabla_\alpha U_\alpha \\ \mathbf{f}_{\alpha\beta} &= -\nabla_\alpha \overline{U}_{\alpha\beta} \end{aligned} \right\} \tag{9.41}$$

로 쓸 수 있다. 여기서 U_α와 $\overline{U}_{\alpha\beta}$는 모두 퍼텐셜 함수이나 같은 형태일 필요는 없고, ∇_α는 α번째 입자의 좌표로 미분 연산을 한다는 의미이다.

식 (9.40) 의 제1항은

$$\sum_\alpha \int_1^2 \mathbf{F}_\alpha^{(e)} \cdot d\mathbf{r}_\alpha = -\sum_\alpha \int_1^2 (\nabla_\alpha U_\alpha) \cdot d\mathbf{r}_\alpha$$

$$= -\sum_\alpha U_\alpha \Big|_1^2 \tag{9.42}$$

이 되고, 식 (9.40) 의 제2항은[3)]

3) 식 (9.9) 에 나타난 $\sum_{\alpha, \beta \neq \alpha} \mathbf{f}_{\alpha\beta}$와 달리

$$\sum_{\alpha, \beta \neq \alpha} \int_1^2 \mathbf{f}_{\alpha\beta} \cdot d\mathbf{r}_\alpha$$

항은 α와 β에 관한 반대칭성을 갖고 있지 않기 때문에 일반적으로 0이 되지 않는다는 점에 유의하라.

$$\sum_{\alpha,\beta\neq\alpha}\int_1^2 \mathbf{f}_{\alpha\beta}\cdot d\mathbf{r}_\alpha = \sum_{\alpha<\beta}\int_1^2 (\mathbf{f}_{\alpha\beta}\cdot d\mathbf{r}_\alpha + \mathbf{f}_{\beta\alpha}\cdot d\mathbf{r}_\beta)$$
$$= \sum_{\alpha<\beta}\int_1^2 \mathbf{f}_{\alpha\beta}\cdot(d\mathbf{r}_\alpha - d\mathbf{r}_\beta) = \sum_{\alpha<\beta}\int_1^2 \mathbf{f}_{\alpha\beta}\cdot d\mathbf{r}_{\alpha\beta} \tag{9.43}$$

가 된다. 여기서 식 (9.27)의 정의에 따라 $d\mathbf{r}_{\alpha\beta} = d\mathbf{r}_\alpha - d\mathbf{r}_\beta$이다.

지금 $\overline{U}_{\alpha\beta}$는 m_α, m_β 사이 거리의 함수이므로 6개의 양, 즉 m_α의 3개의 좌표($x_{\alpha,i}$)와 m_β의 3개의 좌표($x_{\beta,i}$)에 의존하고, 그 때문에 $\overline{U}_{\alpha\beta}$의 전미분은 6개 편미분의 합이 되고

$$d\overline{U}_{\alpha\beta} = \sum_i\left(\frac{\partial\overline{U}_{\alpha\beta}}{\partial x_{\alpha,i}}dx_{\alpha,i} + \frac{\partial\overline{U}_{\alpha\beta}}{\partial x_{\beta,i}}dx_{\beta,i}\right) \tag{9.44}$$

로 주어진다. 여기서 미분은 제1항에서는 $x_{\beta,i}$를, 제2항에서는 $x_{\alpha,i}$를 상수로서 행한다. 이리하여

$$d\overline{U}_{\alpha\beta} = (\boldsymbol{\nabla}_\alpha\overline{U}_{\alpha\beta})\cdot d\mathbf{r}_\alpha + (\boldsymbol{\nabla}_\beta\overline{U}_{\alpha\beta})\cdot d\mathbf{r}_\beta \tag{9.45}$$

를 얻는다.

$$\boldsymbol{\nabla}_\alpha\overline{U}_{\alpha\beta} = -\mathbf{f}_{\alpha\beta} \tag{9.46}$$

이고, 또 $\overline{U}_{\alpha\beta} = \overline{U}_{\beta\alpha}$이면

$$\boldsymbol{\nabla}_\beta\overline{U}_{\alpha\beta} = \boldsymbol{\nabla}_\beta\overline{U}_{\beta\alpha} = -\mathbf{f}_{\beta\alpha} = \mathbf{f}_{\alpha\beta} \tag{9.47}$$

그러므로

$$d\overline{U}_{\alpha\beta} = -\mathbf{f}_{\alpha\beta}\cdot(d\mathbf{r}_\alpha - d\mathbf{r}_\beta)$$
$$= -\mathbf{f}_{\alpha\beta}\cdot d\mathbf{r}_{\alpha\beta} \tag{9.48}$$

이다. 이 결과를 식 (9.43)에 쓰면

$$\sum_{\alpha,\beta\neq\alpha}\int_1^2 \mathbf{f}_{\alpha\beta}\cdot d\mathbf{r}_\alpha = -\sum_{\alpha<\beta}\int_1^2 d\overline{U}_{\alpha\beta} = -\sum_{\alpha<\beta}\overline{U}_{\alpha\beta}\Big|_1^2 \tag{9.49}$$

가 된다. W_{12}를 계산하기 위해 식 (9.42)와 식 (9.49)를 식 (9.40)에 대입하면

$$W_{12} = -\sum_\alpha U_\alpha\Big|_1^2 - \sum_{\alpha<\beta}\overline{U}_{\alpha\beta}\Big|_1^2 \tag{9.50}$$

가 구해진다.

이 식은 외력, 내력을 모두 퍼텐셜로부터 구할 수 있다는 가정하에 얻은 것이다. 그와 같은 경우 계의 총

위치 에너지는

$$U = \sum_{\alpha} U_{\alpha} + \sum_{\alpha<\beta} \overline{U}_{\alpha\beta} \tag{9.51}$$

로 쓸 수 있다. 따라서

$$W_{12} = -U\Big|_1^2 = U_1 - U_2 \tag{9.52}$$

가 되고, 이 결과와 식 (9.35)에서

$$T_2 - T_1 = U_1 - U_2$$

또는

$$T_1 + U_1 = T_2 + U_2$$

를 얻고, 결국

$$\boxed{E_1 = E_2} \tag{9.53}$$

가 된다. 이것은 계의 에너지 보존을 나타내고 있다. 이 결과는 모든 힘을 시간에 직접 의존하지 않는 퍼텐셜로부터 유도할 수 있는 계에서 성립한다. 이와 같은 계를 **보존계**라고 한다.

VIII. 보존계의 총 에너지는 불변한다.

식 (9.51)에서

$$\sum_{\alpha<\beta} \overline{U}_{\alpha\beta}$$

는 계의 **내부 위치 에너지**(internal potential energy)로, 만일 계가 강체(구성 입자의 상호 위치가 불변이다)라면 그것은 불변이다. 그래서 그와 같은 경우에는 계의 총 위치 에너지를 계산할 때 내부 위치 에너지를 무시해도 좋다. 이것은 단지 위치 에너지의 영점 위치를 새로 정의하는 것이지만, 그 위치는 원래 임의로 선택하는 것이다. 다시 말해서 위치 에너지의 **차이**만이 물리적으로 의미가 있다. 위치 에너지의 절대값은 임의의 양이다.

예제 9.4

질량 M인 포탄이 비행 중 3개의 파편으로 폭발했다(그림 9-8). 한 질량($m_1 = M/2$)은 포탄의 원래 방향으로 날아갔고, 질량 $m_2(= M/6)$는 반대 방향으로 향했으며, 질량 $m_3(= M/3)$는 정지했다. 폭발할 때 해방되는 에너지 E는 포탄 운동 에너지의 5배라고 한다면 각 파편의 속도는 얼마인가?

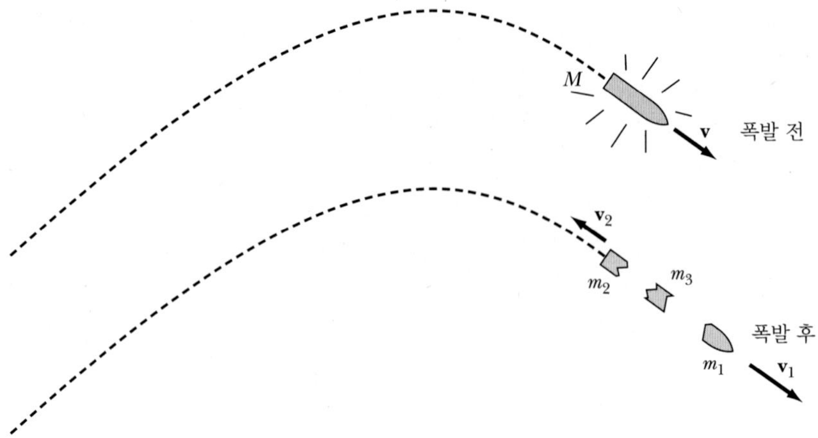

그림 9-8 예제 9.4. 질량 M인 포탄이 비행 중에 세 개의 파편 m_1, m_2, m_3로 폭발한다.

풀이

질량 M인 포탄의 속도를 $\mathbf{v}$라고 하자. 파편 3개의 질량과 속도는 다음과 같다.

$$m_1 = \frac{M}{2}, \quad \mathbf{v}_1 = k_1\mathbf{v} \qquad \text{전방 방향, } k_1 > 0$$

$$m_2 = \frac{M}{6}, \quad \mathbf{v}_2 = -k_2\mathbf{v} \qquad \text{후방 방향, } k_2 > 0$$

$$m_3 = \frac{M}{3}, \quad \mathbf{v}_3 = 0 \qquad \text{정지}$$

선형 운동량과 에너지 보존으로부터

$$Mv = \frac{M}{2}k_1v - \frac{M}{6}k_2v \tag{9.54}$$

$$E + \frac{1}{2}Mv^2 = \frac{1}{2}\frac{M}{2}(k_1v)^2 + \frac{1}{2}\frac{M}{6}(k_2v)^2 \tag{9.55}$$

식 (9.54)로부터 $k_2 = 3k_1 - 6$이 얻어지며, 이를 식 (9.55)에 대입하면

$$5\left(\frac{1}{2}Mv^2\right) + \frac{1}{2}Mv^2 = \frac{Mv^2}{4}k_1^2 + \frac{Mv^2}{12}(3k_1 - 6)^2$$

이 된다. 따라서 $k_1^2 - 3k_1 = 0$, 즉 $k_1 = 0$과 $k_1 = 3$을 얻는다. $k_1 = 0$이면 $k_2 = -6$이 되며, 이 값은 조건 $k_2 > 0$에 위배된다. $k_1 = 3$일 때 $k_2 = 3$이다. 따라서 속도는 다음과 같다.

$$\mathbf{v}_1 = 3\mathbf{v}$$
$$\mathbf{v}_2 = -3\mathbf{v}$$
$$\mathbf{v}_3 = 0$$

예제 9.5

균일한 선형 밀도 ρ와 질량 m인 끈이 질량 M, 반지름 R인 속이 빈 원통에 완전히 감겨 있다. 끝이 풀림에 따라 원통이 축을 중심으로 자유롭게 회전한다(그림 9-9). P점이 $\theta = 0$에 있을 때 끈의 양 끝(하나는 고정되어 있고 또 한쪽은 자유롭다)이 $x = 0$에 있는데, 끝이 풀림으로써 계가 정지하고 있을 때 가졌던 평형 상태에서 약간 벗어났다. 각변위 θ의 함수로 원통의 각속도를 구하라.

풀이

중력이 계에 작용하여 끈이 풀린다. 끈이 풀린 위치에서 x 길이의 dx 부분을 생각한다. 그 부분의 질량은 $\rho\, dx$이다. 만약 끈을 손으로 끌어 감아올린다면 dx 부분은 얼마나 올라갈까? 길이 x는 원통 위에 있고(그림 9-9 참조), dx는 $x = 0$으로부터 $R\sin(x/R)$에 있을 것이다. dx가 올라가는 거리는

$$dx\text{가 움직인 거리} = x - R\sin\left(\frac{x}{R}\right)$$

$$\text{한 일} = (\rho dx)g\left[x - R\sin\left(\frac{x}{R}\right)\right] \tag{9.56}$$

따라서 끈을 푸는 데 중력이 한 일은 다음과 같다.

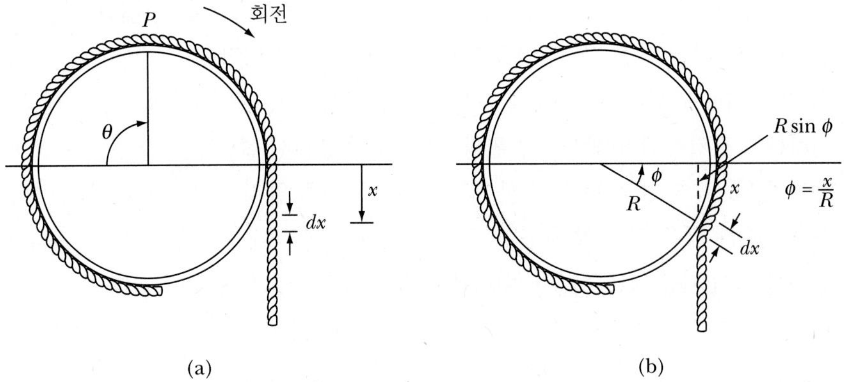

그림 9-9 예제 9.5. (a) 밧줄이 원통 주위에 감겨 있다. 양 끝은 $\theta = 0$일 때 $x = 0$이다. (b) 원통에 dx만큼 되감는 데 행해진 일

$$W = \int_0^{R\theta} \rho g\left[x - R\sin\left(\frac{x}{R}\right)\right]dx$$

$$W = \rho g R^2\left(\frac{\theta^2}{2} + \cos\theta - 1\right) \tag{9.57}$$

중력이 한 일은 끈과 원통의 운동 에너지와 같아야 되므로

$$T = \frac{1}{2}m(R\dot{\theta})^2 + \frac{1}{2}M(R\dot{\theta})^2 \tag{9.58}$$

$W = T$ 및 $\rho = m/(2\pi R)$ 이므로

$$\frac{mgR}{2\pi}\left[\frac{\theta^2}{2} + \cos\theta - 1\right] = \frac{1}{2}(m + M)R^2\dot{\theta}^2$$

따라서

$$\dot{\theta}^2 = \frac{mg(\theta^2 + 2\cos\theta - 2)}{2\pi R(m + M)} \tag{9.59}$$

가 된다.

9.6 두 입자의 탄성 충돌

이 장 후반부에서는 보존 법칙을 두 입자의 상호작용에 적용한다. 두 입자가 상호작용을 할 경우에, 한 입자의 다른 입자에 대한 상대 운동은 상호작용을 기술하는 힘의 법칙에 의해 정해진다. 이 상호작용은 두 당구공이 충돌할 경우와 같이 직접 접촉함으로써 생기기도 하고, 또 역장(force field)을 통해서 나타나기도 한다. 예를 들어 자유로운 혜성(즉, 태양에 속박되어 있지 않은 혜성)은 태양과의 중력에 의해서 '산란'되고, α 입자는 원자핵의 전기장에 의해서 산란된다. 그런데 앞 장에서 설명했듯이, 단지 힘을 알면 2체 문제는 완전히 풀 수가 있다. 또 한 예로 두 입자 사이의 상호작용 힘을 알지 못해도 운동량과 에너지 보존을 사용하면 상대 운동에 대해 많은 것을 알게 된다. 그래서 계의 초기 상태를 알면(즉, 각 입자의 속도 벡터가 지정되면) 보존 법칙을 써서 최종 상태의 속도 벡터에 대한 정보가 얻어지는 것이다.[4)]

---

4) 계의 '초기 상태'는 그것이 분명히 상호작용이 일어나기에 아직 충분히 가깝지 않은 입자의 상태이며, '최종 상태'는 상호작용이 일어난 후의 상태이다. 충돌에 의한 상호작용에 대해서 이러한 조건들은 명백하나, 상호작용이 역장에 의해 일어난다면, 초기 상태와 최종 상태를 언급할 때 힘의 감소율을 고려해야 한다.

그러나 예를 들면, 보존 법칙을 쓰는 것만으로는 한 입자의 초속도 벡터와 종속도 벡터 사이의 각도를 예측할 수가 없다. 그와 같은 상세한 부분까지 알려면 힘에 대한 지식이 필요하다. 이 장에서는 먼저 운동량과 에너지 보존만으로 구해지는 관계를 유도하고, 그 후 힘의 모양을 알고 나서 확실해지는 충돌 과정 특징을 살펴보자. 여기서는 논의를 탄성 충돌에 국한한다. 물론 운동 에너지가 흡수되기도 하고 정지 에너지가 방출되기도 하는 충돌 과정도 대단히 중요하다. 두 입자 충돌의 운동학에 대한 본질적인 특징은 모두 탄성 충돌을 써서 충분히 설명할 수가 있으므로, 그것보다 복잡한 과정의 논의는 생략한다(흥미가 있다면 참고문헌을 통해 상세한 취급법을 배우도록 하자). 운동량과 에너지 보존 법칙은 고전적인 계와 마찬가지로 양자론적인 계에도 적용할 수 있으므로, 운동량과 에너지의 보존만을 가정함으로써 얻어진 결과는(비상대론적인 속도 영역에서는) 양자역학계를 이해하는 데 도움이 된다는 점에 주의해야 한다.

계의 질량중심에 고정시킨 좌표계를 선택하면 많은 물리적 과정을 상당히 간단하게 기술할 수 있음을 앞에서 여러 번 보였다. 지금 여기서 설명하려고 하는 두 입자의 탄성 충돌 문제에서는 보통의 경우(우리는 그러한 경우만을 생각한다) 충돌은 움직이고 있는 입자와 정지하고 있는 입자 사이에서 생긴다.[5] 즉, **질량중심이 정지하고 있는** 좌표계에서 충돌 효과를 기술하는 것이 사실은 더욱 간단하지만 실제의 충돌 측정은 충돌되는 쪽의 입자가 처음에 정지하고 있고, 다른 한쪽의 입자가 움직이고 있는 계에서 행해진다. 이 후자의 계는 **실험실 좌표계**(laboratory coordinate system)로 불리는데, 대개는 이 두 좌표계를 단지 **질량중심계**와 **실험실계**로 부르고 있다.

여기서는 탄성 충돌을 질량중심계로 기술하면 결과가 간단해진다는 사실을 이용하고자 한다. 그러자면 먼저, 질량중심계와 실험실계의 관계를 나타내는 식을 유도할 필요가 있다.

그래서 다음과 같은 기호를 쓴다.

$$m_1 = \text{입사하는 입자의 질량}$$
$$m_2 = \text{충돌하는 입자의 질량}$$

일반적으로 프라임 기호(′)를 붙인 것은 질량중심계에서의 양을 나타낸다.

$$\mathbf{u}_1 = \text{실험실계에서 } m_1\text{의 초속도}$$
$$\mathbf{v}_1 = \text{실험실계에서 } m_1\text{의 종속도}$$
$$\mathbf{u}_1' = \text{질량중심계에서 } m_1\text{의 초속도}$$
$$\mathbf{v}_1' = \text{질량중심계에서 } m_1\text{의 종속도}$$

5) 만약 입자의 내부 에너지가 변하지 않는다면 탄성 충돌이다. 따라서 내부 에너지와 관계없이 에너지 보존 법칙을 적용할 수 있다. 그러나 두 개의 역학적 물체가 비탄성 충돌을 할 때 열이 발생할 수도 있다는 점에 유의하라. 열은 물체의 구성 입자들이 흔들림으로써 나타나며, 따라서 내부 에너지의 일부라고 볼 수도 있다. 두 물체의 탄성 충돌을 지배하고 있는 법칙에 관한 연구는 존 월리스(John Wallis, 1668년), 렌(Wren, 1668년), 호이겐스(Huygens, 1669년)에 의해 처음으로 이루어졌다.

$\mathbf{u}_2$, $\mathbf{v}_2$, $\mathbf{u}_2'$, $\mathbf{v}_2'$에 대해서도 마찬가지이다(단, $\mathbf{u}_2 = 0$)

T_0 = 실험실계에서 초기 상태의 총 운동 에너지
T_0' = 질량중심계에서 초기 상태의 총 운동 에너지
T_1 = 실험실계에서 최종 상태의 m_1의 운동 에너지
T_1' = 질량중심계에서 최종 상태의 m_1의 운동 에너지

T_2, T_2'에 대해서도 마찬가지이다.

$\mathbf{V}$ = 실험실계에서 질량중심의 속도
ψ = 실험실계에서 m_1의 산란각
ζ = 실험실계에서 m_2의 산란각
θ = 질량중심계에서 m_1 및 m_2의 산란각

그림 9-10에는 실험실계와 질량중심계에서의 탄성 충돌[6] 상황을 나타냈다. 또한 산란된 입자 m_1의 실험실계 및 질량중심계에서의 최종 상태는 그림 9-11에 알기 쉽게 요약되어 있고, 이 그림은 다음과 같이 설명할 수 있다. 먼저, 산란된 입자의 질량중심계에서의 최종 속도 $\mathbf{v}_1'$를 질량중심의 속도 $\mathbf{V}$에 더한다. 그러면 벡터 $\mathbf{v}_1'$의 방향은 산란각 θ에 의해서 변하나, 그 끝은 벡터 $\mathbf{V}$의 끝을 중심으로 하는 반지름 v_1'인 원 주위에 있으므로, 실험실계에서의 속도 $\mathbf{v}_1$ 및 산란각 ψ는 $\mathbf{V}$의 원점과 $\mathbf{v}_1'$의 끝을 연결해서 얻는다.

만일 $V < v_1'$이면 $\mathbf{V}$, $\mathbf{v}_1$, $\mathbf{v}_1'$, θ의 관계는 단지 한 개만 존재하나(그림 9-11a), $V > v_1'$일 때는 $\mathbf{V}$, $\mathbf{v}_1'$의 어떤 조에 대해서도 산란각과 실험실계의 속도는 2개씩 존재한다. 즉, $\mathbf{v}_{1,b}$, θ_b 및 $\mathbf{v}_{1,f}$, θ_f(그림 9-11b). 여기서 첨자 b, f는 각각 후방(backward)과 전방(forward)을 나타낸다. 그런데 이것은 질량중심계에서의 최종 속도 $\mathbf{v}_1'$가 질량중심의 속도 $\mathbf{V}$를 추월할 정도로 크지 않으면, m_1이 질량중심계에서는 후방에 산란되었다고 해도($\theta > \pi/2$) 실험실계에서는 입자가 전방에 나타난다($\psi < \pi/2$)는 사실 때문에 생기는 것이다. 따라서 $V > v_1'$인 경우에 실험실계에서의 최종 속도 $\mathbf{v}_1$은 $\mathbf{v}_1'$의 2가(double-valued) 함수인 것이다. 실험실에서는 속도 벡터 $\mathbf{v}_1$이 아니라 보통 ψ를 측정하므로, ψ의 한 개 값은 θ의 다른 두 값에 대응할 수 있다. 그러나 벡터 $\mathbf{V}$와 $\mathbf{v}_1'$를 정하면, 유일한 값으로 $\mathbf{v}_1$, θ가 결정된다는 점에 주의하라. 그러나 $\mathbf{V}$와 $\mathbf{v}_1$의 방향(즉, ψ)만을 잡아주면 $V > v_1'$일 때 두 개의 최종 벡터 $\mathbf{v}_{1,b}$와 $\mathbf{v}_{1,f}$가 가능해진다.

여기까지 산란 과정에 대한 정성적인 논의를 했으므로, 이번에는 여러 가지 양을 관계짓는 식을 몇 개 구해보겠다.

먼저 질량중심의 정의(식 (9.3))에 의하면

---

6) 산란은 방위각을 도입할 필요가 없는 축대칭이라고 생각해왔다. 그러나 축대칭은 산란 문제에서 늘 사용되지는 않고, 양자역학계에서 특히 사실이다.

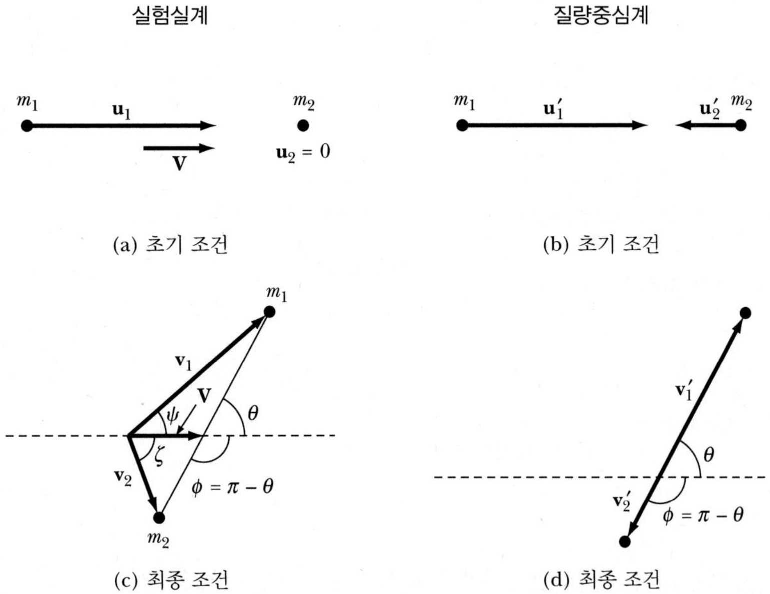

그림 9-10 실험실계와 질량중심계에서의 탄성 충돌의 기호와 도형: (a) 실험실계에서 $\mathbf{u}_2 = 0$인 초기 조건, (b) 질량중심계에서의 초기 조건, (c) 실험실계에서의 최종 조건, (d) 질량중심계에서의 최종 조건. 산란각을 면밀히 주목하라.

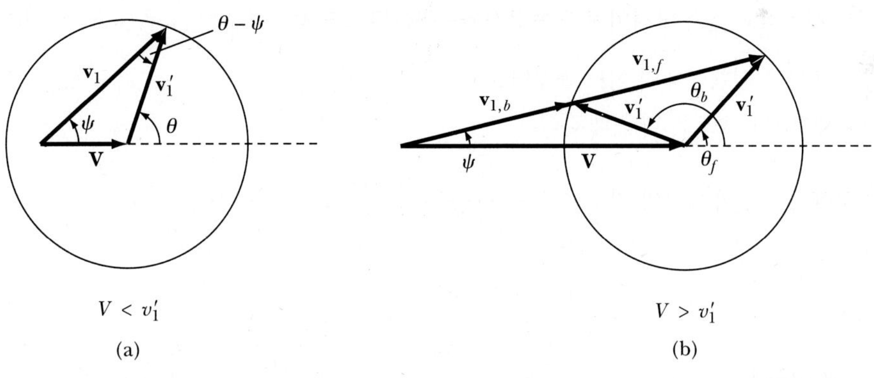

그림 9-11 두 입자가 탄성 충돌할 때 질량의 최종 상태: (a) $V < v_1'$인 경우 한 개의 궤도가 존재, (b) $V > v_1'$인 경우 두 개의 궤도가 존재(b는 후방, f는 전방을 나타낸다.)

$$m_1\mathbf{r}_1 + m_2\mathbf{r}_2 = M\mathbf{R} \tag{9.60}$$

이고, 이를 시간 미분하면

$$m_1\mathbf{u}_1 + m_2\mathbf{u}_2 = M\mathbf{V} \tag{9.61}$$

가 된다. 그런데 $\mathbf{u}_2 = 0$, $M = m_1 + m_2$이므로, 질량중심은(실험실계에서는) 속도

$$\mathbf{V} = \frac{m_1\mathbf{u}_1}{m_1 + m_2} \tag{9.62}$$

으로 m_2의 방향으로 이동해야 한다. m_2는 최초에 정지하고 있으므로, 같은 이유에서 질량중심계에서 m_2의 초속도는 V와 같아야 한다. 즉,

$$u_2' = V = \frac{m_1 u_1}{m_1 + m_2} \tag{9.63}$$

그러나 운동의 방향은 반대이므로, 벡터적으로는 $\mathbf{u}_2' = -\mathbf{V}$가 됨을 주의하라.

질량중심계를 쓸 때의 큰 장점은 이 계에서는 총 선형 운동량이 0이므로 충돌 전에는 두 입자가 서로 상대를 향해 똑바로 가까이 가고 충돌 후에는 완전히 반대 방향으로 멀어져 간다는 점이다. 만일 충돌이 앞에 기술한 바와 같은 탄성 충돌이면 질량은 변하지 않고, 여기에 운동량과 에너지 보존 법칙만을 사용하여 충돌 전후의 질량중심계에서의 속도가 같다는 사실을 완전히 얻을 수 있다.

$$u_1' = v_1', \quad u_2' = v_2' \tag{9.64}$$

u_1은 질량중심계 혹은 실험실계의 어느 경우에도 두 입자의 상대 속도이므로 $u_1 = u_1' + u_2'$가 되고, 따라서 질량중심계에서의 최종 속도는 다음과 같다.

$$v_2' = \frac{m_1 u_1}{m_1 + m_2} \tag{9.65a}$$

$$v_1' = u_1 - u_2' = \frac{m_2 u_1}{m_1 + m_2} \tag{9.65b}$$

그림 9-11a를 참조하여

$$v_1' \sin\theta = v_1 \sin\psi \tag{9.66a}$$

그리고

$$v_1' \cos\theta + V = v_1 \cos\psi \tag{9.66b}$$

를 구하고, 식 (9.66a)를 식 (9.66b)로 나누면

$$\tan\psi = \frac{v_1' \sin\theta}{v_1' \cos\theta + V} = \frac{\sin\theta}{\cos\theta + (V/v_1')} \tag{9.67}$$

를 얻는다. 그런데 식 (9.62)와 식 (9.65b)에서, V/v_1'는

$$\frac{V}{v_1'} = \frac{m_1 u_1/(m_1 + m_2)}{m_2 u_1/(m_1 + m_2)} = \frac{m_1}{m_2} \tag{9.68}$$

이 되므로, 산란 과정이 그림 9-11a와 그림 9-11b의 어느 쪽으로 기술되는가는 비 m_1/m_2에 의해서 정해진다.

$$\text{그림 9-11a: } V < v_1', \quad m_1 < m_2$$

$$\text{그림 9-11b: } V > v_1', \quad m_1 > m_2$$

또한 식 (9.67)과 식 (9.68)을 묶으면

$$\boxed{\tan\psi = \frac{\sin\theta}{\cos\theta + (m_1/m_2)}} \tag{9.69}$$

를 얻으므로, $m_1 \ll m_2$인 경우에는 실험실계와 질량중심계에서의 산란각은 같아진다. 즉, 입자 m_2는 m_1과의 충돌로 조금밖에 영향을 받지 않는, 고정된 산란중심으로서 작용한다.

$$\boxed{\psi \cong \theta, \qquad m_1 \ll m_2} \tag{9.70}$$

그러나 $m_1 = m_2$이면

$$\tan\psi = \frac{\sin\theta}{\cos\theta + 1} = \tan\frac{\theta}{2}$$

가 되기 때문에

$$\boxed{\psi = \frac{\theta}{2}, \qquad m_1 = m_2} \tag{9.71}$$

가 되고, 실험실계에서의 산란각은 잘량중심계에서의 산란각의 반이 된다. 그런데 θ의 최대값은 $180°$이므로 식 (9.71)은 $m_1 = m_2$인 경우 실험실계에서는 각 $90°$ 이상에서의 산란은 일어나지 않음을 나타내고 있다.

그림 9-10c를 참고로 하여 그림 9-11a와 비슷한 그림을 되튐 입자 m_2에 대해 그려보면 그림 9-12가 얻어지므로, 이로부터

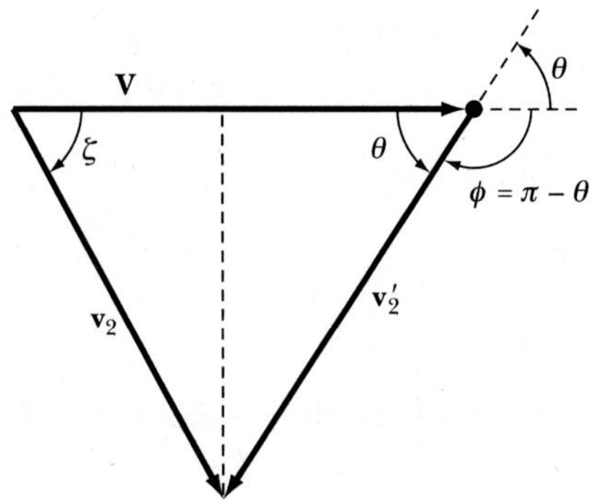

그림 9-12 두 입자가 탄성 충돌할 때 되튐 질량 m_2의 최종 상태

$$v_2 \sin \zeta = v_2' \sin \theta \tag{9.72a}$$

$$v_2 \cos \zeta = V - v_2' \cos \theta \tag{9.72b}$$

를 얻는다. 식 (9.72a)를 식 (9.72b)로 나누면

$$\tan \zeta = \frac{v_2' \sin \theta}{V - v_2' \cos \theta} = \frac{\sin \theta}{(V/v_2') - \cos \theta}$$

가 되나, 식 (9.63)과 식 (9.65a)에 의해서 V와 v_2'는 같으므로

$$\tan \zeta = \frac{\sin \theta}{1 - \cos \theta} = \cot \frac{\theta}{2} \tag{9.73}$$

가 되고, 이것은

$$\tan \zeta = \tan\left(\frac{\pi}{2} - \frac{\theta}{2}\right)$$

로 쓸 수 있으므로, 결국

$$2\zeta = \pi - \theta = \phi \tag{9.74}$$

를 얻는다.

질량이 같은($m_1 = m_2$) 입자의 경우는 $\theta = 2\psi$였으므로, 이 결과와 식 (9.74)를 묶으면

$$\boxed{\zeta + \psi = \frac{\pi}{2}, \qquad m_1 = m_2} \tag{9.75}$$

를 얻는다. 따라서 질량이 같은 입자의 산란은 한 개의 입자가 처음에 정지하고 있으면 최종 상태에서는

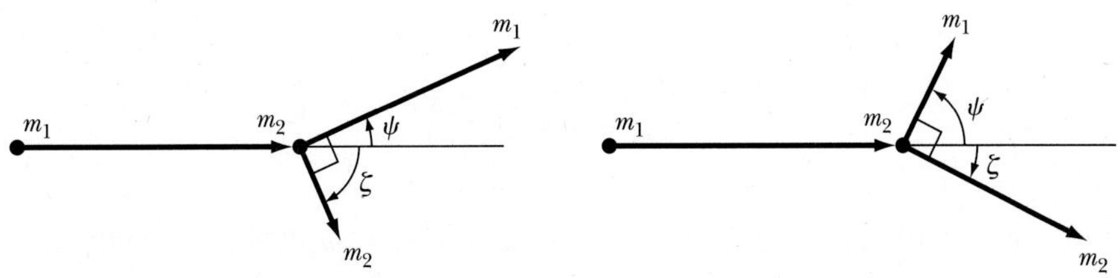

그림 9-13 질량이 같은($m_1 = m_2$) 두 입자가 탄성 충돌할 때 실험실계에서 그중 한 개는 처음에 정지하고 있다면 두 질량의 최종 속도(궤도)는 서로 수직이다. 그러한 두 가능성을 보인다.

두 입자의 속도 벡터가 서로 직각이 되는 것이다(그림 9-13 참조).[7]

예제 9.6

$V > v_1'$인 경우 ψ가 가질 수 있는 최대각은 얼마인가? $m_1 \gg m_2$인 경우와 $m_1 = m_2$인 경우 ψ_{max}를 구하라.

풀이

ψ_{max}인 경우 그림 9-11b는 그림 9-14와 같이 되고, ψ가 최대치를 가지려면 $\mathbf{v}_1'$와 $\mathbf{v}_1$ 사이의 각도는 90°이다. 따라서

$$\sin \psi_{max} = \frac{v_1'}{V} \tag{9.76}$$

식 (9.68)에 의해 이것은

$$\sin \psi_{max} = \frac{m_2}{m_1}$$

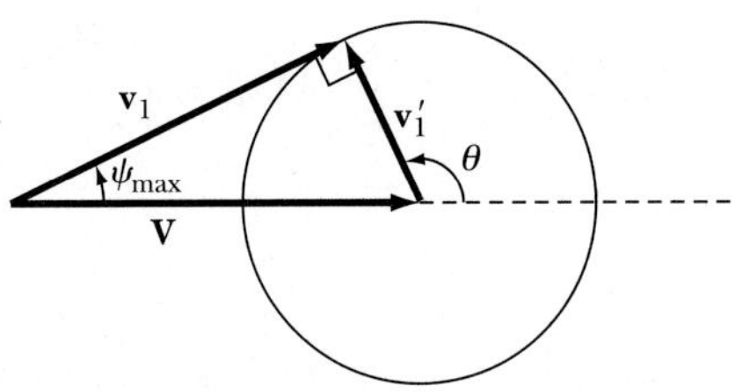

그림 9-14 예제 9.6. 그림 9-11b의 경우에 ψ_{max}를 보인다.

7) 이 결과는 비상대론적인 경우에 유효하다. 상대론적인 표현에 대해서는 식 (14.131)을 참조하라.

이며,

$$\psi_{\max} = \sin^{-1}\left(\frac{m_2}{m_1}\right) \tag{9.77}$$

을 얻게 된다. $m_1 \gg m_2$이면 $\psi_{\max} = 0$(산란되지 않음), 그리고 $m_1 = m_2$라면 $\psi_{\max} = 90°$이다. 일반적으로 $m_1 > m_2$라면 $90°$보다 큰 각도에 m_1은 산란될 수 없다.

9.7 탄성 충돌의 운동학

입자의 에너지에 관한 관계는 다음과 같이 얻어진다. 먼저, 간단히

$$T_0 = \frac{1}{2}m_1 u_1^2 \tag{9.78}$$

으로 쓰고, 질량중심계에서는

$$T_0' = \frac{1}{2}(m_1 u_1'^2 + m_2 u_2'^2)$$

이고, 더욱이 식 (9.65a)와 식 (9.65b)를 사용하면

$$T_0' = \frac{1}{2}\frac{m_1 m_2}{m_1 + m_2}u_1^2 = \frac{m_2}{m_1 + m_2}T_0 \tag{9.79}$$

가 됨을 알 수 있다. 이 결과는 질량중심계에서의 초기 상태의 운동 에너지 T_0'는 항상 실험실계에서의 운동 에너지를 $m_2/(m_1 + m_2) < 1$배 한 것임을 나타낸다. 또한 질량중심계에서 최종 상태의 에너지는 각각 다음과 같다.

$$T_1' = \frac{1}{2}m_1 v_1'^2 = \frac{1}{2}m_1\left(\frac{m_2}{m_1 + m_2}\right)^2 u_1^2 = \left(\frac{m_2}{m_1 + m_2}\right)^2 T_0 \tag{9.80}$$

그리고

$$T_2' = \frac{1}{2}m_2 v_2'^2 = \frac{1}{2}m_2\left(\frac{m_1}{m_1 + m_2}\right)^2 u_1^2 = \frac{m_1 m_2}{(m_1 + m_2)^2}T_0 \tag{9.81}$$

T_1을 T_0로 표시하기 위해

$$\frac{T_1}{T_0} = \frac{\frac{1}{2}m_1 v_1^2}{\frac{1}{2}m_1 u_1^2} = \frac{v_1^2}{u_1^2} \tag{9.82}$$

로 쓰고, 그림 9-11a의 도움으로 코사인 법칙을 이용하여

$$v_1'^2 = v_1^2 + V^2 - 2v_1 V \cos\psi$$

또는

$$\frac{T_1}{T_0} = \frac{v_1^2}{u_1^2} = \frac{v_1'^2}{u_1^2} - \frac{V^2}{u_1^2} + 2\frac{v_1 V}{u_1^2}\cos\psi \tag{9.83}$$

를 얻는다. 그런데 앞의 정의로부터

$$\frac{v_1'}{u_1} = \frac{m_2}{m_1 + m_2} \quad 그리고 \quad \frac{V}{u_1} = \frac{m_1}{m_1 + m_2} \tag{9.84}$$

을 얻으므로, 이를 제곱하면 식 (9.83) 우변의 처음 두 항에 대한 원하는 식이 얻어진다. 이번에는 제3항을 변형하기 위해서 식 (9.66a)를 사용하면

$$2\frac{v_1 V}{u_1^2}\cos\psi = 2\left(v_1'\frac{\sin\theta}{\sin\psi}\right)\cdot\frac{V}{u_1^2}\cos\psi \tag{9.85}$$

가 되는데, $v_1' V/u_1^2$은 식 (9.84)의 두 식을 곱해서 얻어지고, 또 식 (9.69)를 사용하면

$$\frac{\sin\theta\cos\psi}{\sin\psi} = \frac{\sin\theta}{\tan\psi} = \cos\theta + \frac{m_1}{m_2}$$

따라서

$$2\frac{v_1 V}{u_1^2}\cos\psi = \frac{2m_1 m_2}{(m_1 + m_2)^2}\left(\cos\theta + \frac{m_1}{m_2}\right) \tag{9.86}$$

식 (9.84)와 식 (9.86)을 식 (9.83)에 대입하면

$$\frac{T_1}{T_0} = \left(\frac{m_2}{m_1 + m_2}\right)^2 - \left(\frac{m_1}{m_1 + m_2}\right)^2 + \frac{2m_1 m_2}{(m_1 + m_2)^2}\left(\cos\theta + \frac{m_1}{m_2}\right)$$

을 얻고, 이를 간단히 하면 다음과 같다.

$$\frac{T_1}{T_0} = 1 - \frac{2m_1 m_2}{(m_1 + m_2)^2}(1 - \cos\theta) \tag{9.87a}$$

마찬가지로 T_1/T_0는 실험실계에서의 산란각 ψ를 써서 나타낼 수도 있어서

$$\frac{T_1}{T_0}=\frac{m_1^2}{(m_1+m_2)^2}\left[\cos\psi\pm\sqrt{\left(\frac{m_2}{m_1}\right)^2-\sin^2\psi}\right]^2 \tag{9.87b}$$

이 된다. 여기서 근의 부호는 $m_1 > m_2$일 때 외에는 (+)를 취해야 한다. 또한 $m_1 > m_2$인 경우에는 결과가 두 개가 되고, 식 (9.77)에 의해 ψ의 최대값이 정해진다.

되튐 입자 m_2의 실험실계에서의 에너지는

$$\frac{T_2}{T_0}=1-\frac{T_1}{T_0}=\frac{4m_1m_2}{(m_1+m_2)^2}\cos^2\zeta, \qquad \zeta\le\pi/2 \tag{9.88}$$

로부터 계산할 수 있다. $m_1 = m_2$인 경우는 식 (9.71)의 설명에서 주어진 제한조건인 $\psi \le 90°$의 범위 속에서

$$\boxed{\frac{T_1}{T_0}=\cos^2\psi, \qquad m_1=m_2} \tag{9.89a}$$

$$\boxed{\frac{T_2}{T_0}=\sin^2\psi, \qquad m_1=m_2} \tag{9.89b}$$

를 얻는다. 그 외 몇 개의 관계를 쓰면 다음과 같다.

$$\sin\zeta=\sqrt{\frac{m_1T_1}{m_2T_2}}\sin\psi \tag{9.90}$$

$$\tan\psi=\frac{\sin 2\zeta}{(m_1/m_2)-\cos 2\zeta} \tag{9.91}$$

$$\tan\psi=\frac{\sin\phi}{(m_1/m_2)-\cos\phi} \tag{9.92}$$

우리가 유도한 운동학적인 관계의 한 응용 예로서 다음과 같은 것을 생각하기로 하자. 질량이 모두 m_1이고 에너지가 T_0인 많은 입자로 이루어지는 입자빔을, 불균일한 질량 m_2를 갖는 입자 집단으로 되어 있는 표적에 맞힐 경우를 생각해보자. 입사 입자 몇 개가 표적 입자와 상호작용해서 산란된다. 그런데 입사 입자는 모두 작은 단면적의 입자빔 속에서 같은 방향으로 운동하고, 또한 표적 입자는 공간 속의 제한된 곳에 모이므로, 산란된 입자는 작은 영역에서 밖으로 날아 나온다. 검출기를 (예를 들어) 입자빔과 90°를 이루는 방향에 놓고 산란된 입자의 에너지를 이 검출기로 측정하면, 결과는 그림 9-15의 아랫부분과 같이 된다. 이 그림은 에너지 T에서 에너지 폭 ΔT의 범위 속에 검출되는 입자의 수를 그린 **막대그래프**

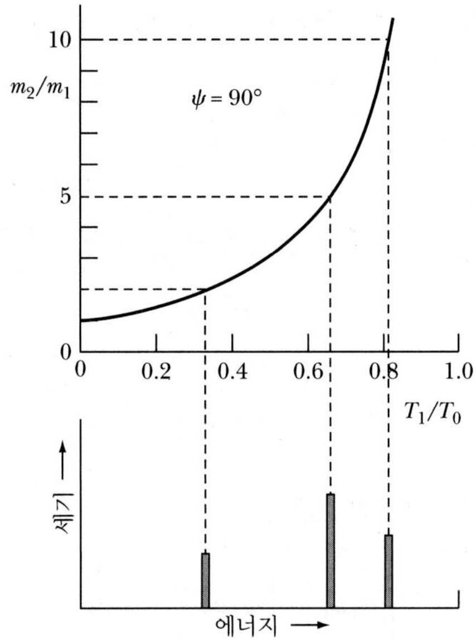

그림 9-15 산란각 ψ = 90°에서 여러 질량의 입자들 m_2에 의해 산란되는 질량 m_1 입자와 에너지 T_0의 결과. 아래: 에너지 폭 ΔT의 범위 속에 검출되는 입자의 수에 대한 막대그래프. 위: 질량비 m_2/m_1의 함수로서 나타낸 T_0 항으로 산란 에너지 T_1을 주는 곡선

(histogram)인데, 이 특수한 막대그래프를 보면 $\psi = 90°$의 방향에 검출되는 산란 입자에는 세 개의 에너지 집단이 관측됨을 알 수 있다. 또한 그림의 윗부분에는 T_1/T_0를 질량비 m_2/m_1의 함수(식 (9.87b))로서 나타낸 경우의 곡선이 그려져 있는데, 이 곡선은 입사 입자 하나가 산란되어 세 개의 에너지 집단 속의 하나에 들어갈 경우에 표적 입자의 질량 m_2를 결정하는 데 쓰인다. 따라서 $T_1 \cong 0.8T_0$의 에너지 집단은 질량 $m_2 = 10m_1$인 표적 입자에 의해 산란된 결과로 생긴 것이고, 다른 두 집단은 표적의 질량이 각각 $5m_1$, $2m_1$인 경우에 생긴 것이다.

이와 같이 산란된 입자의 에너지 측정은 표적이 되는 물질의 **정성적 분석**(qualitative analysis)의 방법이 되고, 이 방법은 어떤 종류의 가속기에서 고속으로 가속된 입자(예: 양성자) 빔인 경우에 실제로 도움이 된다. 만일 검출기가 정밀하게 에너지를 측정할 수 있다면, 이 방법을 통해 표적의 구성요소에 대한 정확한 지식을 얻을 수 있다. 만일 산란 단면적을 알아내면 집단의 세기로부터 **정량적 분석**(quantitative analysis)도 할 수 있다(다음 절을 참조하라). 이 방법은 공기 오염 물질을 분석하는 데 유효하다.

예제 9.7

질량이 m_1과 m_2인 두 입자가 정면 탄성 충돌을 할 때 초기 속도가 $\mathbf{u}_1$과 $\mathbf{u}_2 = \alpha\mathbf{u}_1 (\alpha > 0)$이었다. 만약 두 입자가 충돌 전에 가졌던 운동 에너지가 실험실계에서 서로 같다고 한다면 u_1/u_2 및 m_1/m_2에 대한 조건을 밝혀라. 이때 m_1인 입자는 충돌 후 실험실계에서 정지할 것이다(그림 9-16 참조).

풀이

충돌 전의 운동 에너지가 같으므로

$$\frac{1}{2}m_1u_1^2 = \frac{1}{2}m_2u_2^2 = \frac{1}{2}\alpha^2 m_2 u_1^2$$

또는

$$\frac{m_1}{m_2} = \alpha^2 \tag{9.93}$$

이다. 만약 충돌 후 m_1이 정지한다면 에너지 보존에 의해

$$\frac{1}{2}m_1u_1^2 + \frac{1}{2}m_2u_2^2 = \frac{1}{2}m_2v_2^2$$

또는

$$m_1u_1^2 = \frac{1}{2}m_2v_2^2 \tag{9.94}$$

를 얻는다. 선형 운동량 보존은

$$m_1\mathbf{u}_1 + m_2\mathbf{u}_2 = (m_1 + \alpha m_2)\mathbf{u}_1 = m_2\mathbf{v}_2 \tag{9.95}$$

이며, 식 (9.95)로부터 $\mathbf{v}_2$를 계산하여 식 (9.94)에 대입하면

$$m_1u_1^2 = \frac{1}{2}m_2\left(\frac{m_1 + \alpha m_2}{m_2}\right)^2 u_1^2$$

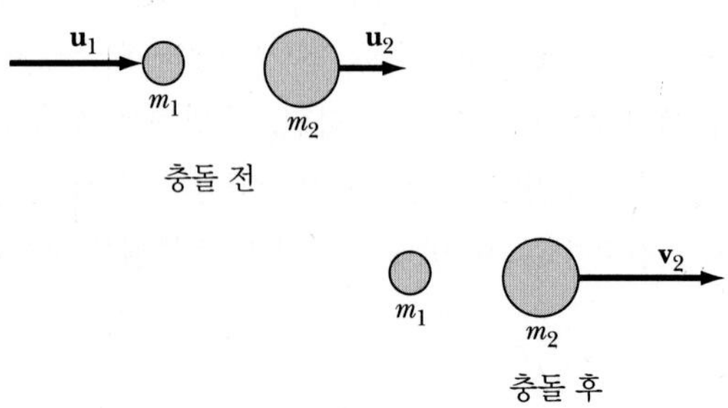

그림 9-16 예제 9.7. 정면 탄성 충돌을 할 때 충돌 전과 충돌 후에 서로 다른 질량의 두 입자에 대한 속도를 나타낸다.

또는

$$m_1 = \frac{1}{2}m_2\left(\frac{m_1}{m_2} + \alpha\right)^2 \tag{9.96}$$

을 얻게 된다. 식 (9.93)의 $m_1/m_2 = \alpha^2$을 식 (9.96)에 대입하면

$$2\alpha^2 = (\alpha^2 + \alpha)^2$$

즉,

$$\alpha = \sqrt{2} - 1 = 0.414$$

$$\alpha^2 = 0.172$$

가 된다. 따라서

$$\frac{m_1}{m_2} = \alpha^2 = 0.172$$

또한

$$\frac{u_2}{u_1} = \alpha = 0.414$$

를 얻는다. $\alpha > 0$이므로 두 입자가 다 같은 방향으로 움직인다. 이 충돌은 그림 9-16에 나타나 있다.

예제 9.8

질량이 m_1인 입자가 정지하고 있는 질량 m_2인 입자에 의해 탄성 산란된다. (a) 운동량의 3분의 1을 잃은 입자를 검출하기 위해 자기 검출기(magnetic spectrometer)를 실험실계에서 어떤 각도에 설치해야 하는가? (b) m_1/m_2의 범위는? (c) $m_1/m_2 = 1$일 때 산란각을 구하라.

풀이

$$m_1 v_1 = \frac{2}{3}m_1 u_1 \quad \text{그리고} \quad v_1 = \frac{2}{3}u_1$$

이므로, 식 (9.82)와 식 (9.87a)를 사용하여

$$\frac{T_1}{T_0} = \frac{v_1^2}{u_1^2} = \left(\frac{2}{3}\right)^2 = 1 - \frac{2m_1 m_2}{(m_1 + m_2)^2}(1 - \cos\theta) \tag{9.97}$$

를 얻는다. 이 식을 $\cos\theta$에 관해 풀면

$$\cos\theta = 1 - \frac{5(m_1 + m_2)^2}{18 m_1 m_2} = 1 - y \tag{9.98}$$

가 되고, 여기서

$$y = \frac{5(m_1 + m_2)^2}{18 m_1 m_2} \tag{9.99}$$

그러나 식 (9.69)로부터 얻어지는 ψ 값은

$$\tan\psi = \frac{\sin\theta}{\cos\theta + m_1/m_2} = \frac{\sqrt{2y - y^2}}{1 - y + m_1/m_2} \tag{9.100}$$

가 된다. 여기서 $\cos\theta$에 대해 식 (9.98)을 써서 $\sin\theta = \sqrt{2y - y^2}$을 얻었다. $\tan\psi$는 실수이므로 $2 - y \geq 0$인 m_1/m_2 값만 가능하며, 따라서

$$2 - \frac{5(m_1 + m_2)^2}{18 m_1 m_2} \geq 0 \tag{9.101}$$

가 되고, 이것은 또한

$$-5\left(\frac{m_1}{m_2}\right)^2 + 26\left(\frac{m_1}{m_2}\right) - 5 \geq 0$$

혹은

$$-5x^2 + 26x - 5 \geq 0 \tag{9.102}$$

로 쓸 수 있다. 여기서 $x = m_1/m_2$이다. 식 (9.102)가 0인 경우 $x = 1/5$ 및 $x = 5$가 그 해가 된다. 따라서

$$\frac{1}{5} \leq \frac{m_1}{m_2} \leq 5$$

는 식 (9.101)을 만족시키지만 이 범위를 벗어난 m_1/m_2 값은 만족시키지 않는다.

식 (9.99)에서 $m_1/m_2 = 1$을 대입하면

$$y = \frac{5(m_1 + m_2)^2}{18 m_1 m_2} = \frac{5\left(\dfrac{m_1}{m_2} + 1\right)^2}{18 m_1/m_2}$$

$$= \frac{5(1 + 1)^2}{18} = \frac{10}{9}$$

을 얻게 되며, 이 값을 식 (9.100)에 대입함으로써 $\psi = 48°$를 얻는다.

9.8 비탄성 충돌

두 입자가 상호작용할 때 개입되는 힘에 따라 여러 가지 결과가 가능하다. 앞의 두 절에서는 탄성 충돌로 제한했으나 일반적으로 에너지가 크게 변할 때는 다중 입자 생성이 일어날 수 있다. 예를 들면 양성자가 어떤 핵과 충돌하면 에너지가 방출된다. 더욱이 양성자는 흡수되어 중성자나 α 입자가 생성될 수도 있다. 이 모든 가능성은 같은 수법, 즉 에너지와 선형 운동량 보존으로 다스릴 수 있다. 최종 상태에서의 입자가 초기 상태에서의 입자와 같다는 제한을 계속 유지하기로 한다. 일반적으로 에너지 보존은 다음과 같이 쓸 수 있다.

$$Q + \frac{1}{2}m_1u_1^2 + \frac{1}{2}m_2u_2^2 = \frac{1}{2}m_1v_1^2 + \frac{1}{2}m_2v_2^2 \tag{9.103}$$

여기서 Q는 Q값이라고 부르고, 충돌함에 따라 얻거나 잃은 에너지를 나타낸다.

$Q = 0$: 탄성 충돌, 운동 에너지 보존
$Q > 0$: 발열 충돌, 운동 에너지 습득
$Q < 0$: 흡열 충돌, 운동 에너지 손실

비탄성 충돌은 흡열 충돌의 한 예이며 핵반응에서처럼 운동 에너지는 질량 에너지로 바뀐다. 혹은 충돌할 때 작용하는 마찰력처럼 열 에너지로서 잃게 된다. 모든 거시적 물체의 충돌은 어떻든 흡열(비탄성)적이다. 같은 속도로 정면충돌하는 같은 질량을 가진 두 개의 약하고 유연한 공이 완전히 정지할 수 있는데, 바로 완전 비탄성 충돌인 경우이다. 충돌하는 당구공일지라도 완전히 운동 에너지를 보존하진 않는다. 처음 지녔던 운동 에너지의 극히 일부가 열로 변한다.

충돌하는 두 물체에 대한 비탄성적 성질은(직선 운동에서의 운동 에너지만 포함되고) 회전은 포함되지 않는 직접적인 정면충돌을 통해 조사할 수 있다(그림 9-17 참조). 뉴턴은 실험을 통해 충돌 전의 상대 속도와 충돌 후의 상대 속도 사이의 비율은 어떤 물체에 대해서도 일정하다는 사실을 밝혀냈다. **반발계수**(coefficient of restitution, ε)라고 하는 이 비율은 다음과 같이 정의된다.

$$\varepsilon = \frac{|v_2 - v_1|}{|u_2 - u_1|} \tag{9.104}$$

이것은 때때로 뉴턴의 규칙이라고도 한다. 완전 탄성 충돌인 경우 $\varepsilon = 1$이며, 완전 비탄성 충돌인 경우에는 $\varepsilon = 0$이다. ε은 0과 1 사이의 값을 갖는다.

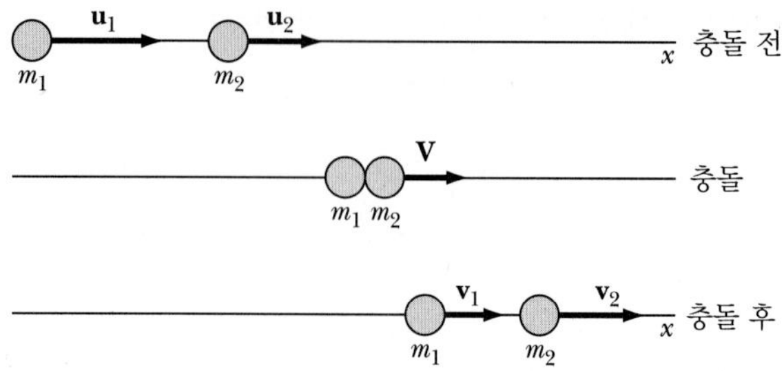

그림 9-17 초기 조건, 충돌과 충돌 결과를 나타내는 두 물체 사이의 직접적인 정면충돌

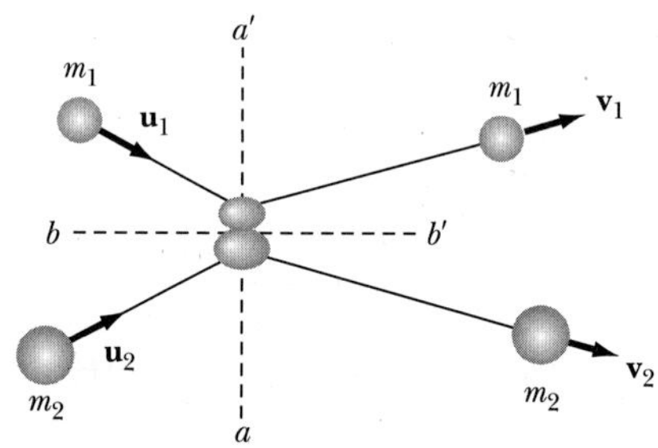

그림 9-18 두 물체의 비스듬한 충돌. 매끄러운 표면일 경우에 접촉면 *bb'* 방향의 속도 성분은 충돌에 의해 거의 변하지 않는다.

식 (9.104)를 정면충돌이 아닌 경우에 적용할 때는 조심해야 한다. 왜냐하면 그림 9-18에 나타낸 바와 같이 두 물체 간의 접촉면(bb')에 수직선(aa') 방향에 있는 속도 성분에만 뉴턴 규칙이 적용되기 때문이다. 매끄러운 면일 경우 접촉면 방향의 속도 성분은 충돌에 의해 거의 변하지 않는다.

예제 9.9

9.6절과 9.7절에서 설명한 탄성 정면충돌에 대해 $\varepsilon = 1$임을 보여라. 질량 m_2는 처음에 정지되어 있었다.

풀이

충돌 후의 속도는 $\mathbf{u}_1$과 같은 방향을 향하기 때문에 선형 운동량과 에너지 보존을

$$m_1 u_1 = m_1 v_1 + m_2 v_2 \tag{9.105}$$

$$\frac{1}{2} m_1 u_1^2 = \frac{1}{2} m_1 v_1^2 + \frac{1}{2} m_2 v_2^2 \tag{9.106}$$

로 쓰고, 식 (9.105)를 풀어 v_2를 구한 다음 ε 식에 대입하면

$$\varepsilon = \frac{v_2 - v_1}{u_1} = \frac{\dfrac{m_1 u_1 - m_1 v_1}{m_2} - v_1}{u_1} = \frac{m_1}{m_2} - \frac{m_1}{m_2}\frac{v_1}{u_1} - \frac{v_1}{u_1} \tag{9.107}$$

을 얻는다. 식 (9.105)를 풀고 v_2 값을 대입한 후 식 (9.106)을 이용하여 v_1/u_1 비율을 구한다.

$$\frac{1}{2}m_1 u_1^2 = \frac{1}{2}m_1 v_1^2 + \frac{1}{2}m_2\left(\frac{m_1 u_1 - m_1 v_1}{m_2}\right)^2$$

$$m_1 u_1^2 = m_1 v_1^2 + \frac{m_1^2}{m_2}(u_1^2 + v_1^2 - 2u_1 v_1)$$

$m_1 u_1^2$으로 나누고, $x = v_1/u_1$으로 놓으면

$$1 = x^2 + \frac{m_1}{m_2}(1 + x^2 - 2x)$$

가 되고, 각 항을 좌측으로 옮기면

$$\left(1 + \frac{m_1}{m_2}\right)x^2 - \frac{2m_1}{m_2}x + \left(\frac{m_1}{m_2} - 1\right) = 0$$

을 얻게 된다. 이 2차 방정식을 풀면 그 해는 다음과 같다.

$$x = 1$$

그리고

$$x = \frac{\dfrac{m_1}{m_2} - 1}{\dfrac{m_1}{m_2} + 1}$$

를 얻는다. 해 $x = 1$은 자명한 해($v_1 = u_1$, $v_2 = 0$)이므로 또 하나의 해를 식 (9.107)에 대입하여

$$\varepsilon = \frac{m_1}{m_2} - \frac{\dfrac{m_1}{m_2}\left(\dfrac{m_1}{m_2} - 1\right)}{\dfrac{m_1}{m_2} + 1} + \frac{\left(\dfrac{m_1}{m_2} - 1\right)}{\dfrac{m_1}{m_2} + 1}$$

$$\varepsilon = \frac{\dfrac{m_1^2}{m_2^2} + \dfrac{m_1}{m_2} - \dfrac{m_1^2}{m_2^2} + \dfrac{m_1}{m_2} - \dfrac{m_1}{m_2} + 1}{\dfrac{m_1}{m_2} + 1} = 1$$

을 얻는다.

(탄성이든 비탄성이든 간에) 충돌하는 동안 힘은 대단히 짧은 시간 동안 작용하며, 이것을 **충격력**(impulsive force)이라고 한다. 망치로 못을 친다든가 두 당구공의 충돌은 충격력의 예이다. 뉴턴의 제2법칙은 충돌시간 간격 Δt 동안 역시 성립된다.

$$\mathbf{F} = \frac{d}{dt}(m\mathbf{v}) \tag{9.108}$$

를 곱하고 적분하면

$$\int_{t_1}^{t_2} \mathbf{F}\, dt \equiv \mathbf{P} \tag{9.109}$$

를 얻게 되는데, 여기서 $\Delta t = t_2 - t_1$이다. 식 (9.109)는 **충격**(impulse) $\mathbf{P}$에 관한 정의이다. 충격은 운동량을 변화시킴으로써 실험적으로 측정할 수 있다. 충돌하는 동안 이동이 없는 이상적 충격은 극소 시간 동안 작용하는 무한 크기의 힘에 의해 이루어질 것이다.

예제 9.10

단위길이당 질량이 ρ이며, 길이가 a인 끈이 그림 9-19와 같이 책상 위에 받쳐 있다. 만약 정지 상태로 있던 이 끈을 꼭대기에서부터 떨어지게 한다면 끈이 x만큼 떨어질 때 책상이 받는 힘을 구하라.

풀이

끈이 책상 위에 놓였으므로 중력은 $mg = \rho xg$이다. 그러나 충격력을 고려할 필요가 있다.

$$F = \frac{dp}{dt} \tag{9.110}$$

시간 간격 dt 동안에 끈의 질량 $\rho(v\, dt)$가 책상 위에 떨어졌고, 책상에 주는 운동량 변화는 다음과 같다.

$$dp = (\rho v\, dt)v = \rho v^2\, dt$$

따라서

$$\frac{dp}{dt} = \rho v^2 = F_{\text{impulse}} \tag{9.111}$$

속도 v는 시간 t에서 x와 $v^2 = 2gx$로 연계되어 있다. 왜냐하면 끈의 나머지 부분은 일정한 가속도 g하에 있기 때문이다.

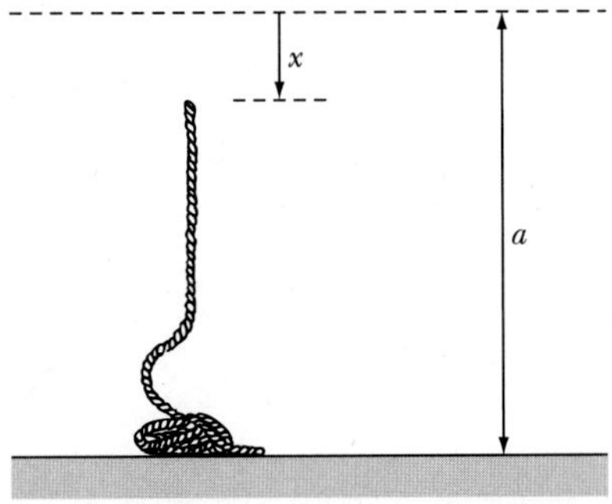

그림 9-19 예제 9.10. 길이 a의 끈이 책상 위에서 매달려 있다가 떨어진다. 끈이 거리 x만큼 떨어진 후에 책상 위의 힘 F를 구한다.

$$F_{\text{impulse}} = \rho v^2 = 2\rho xg \tag{9.112}$$

총력은 중력과 충격력의 합이므로

$$F = F_g + F_{\text{impulse}} = 3\rho xg \tag{9.113}$$

가 되며, 길이 $3x$인 끈의 무게와 같다.

9.9 산란 단면적

이전 절까지는 입사하는 입자의 초기 상태와 그 입자 및 충돌하는 입자의 최종 상태와의 관계를 나타내는 여러 가지 식을 유도했는데, 이것은 모두 운동학적인 관계였다. 즉, 실제 계산으로 산란각과 속도를 구한 것이 아니고, 단지 이 양들의 관계를 나타내는 식만을 알아본 것이다. 이번에는 산란 과정을 더욱 엄밀하게 고찰하고, 입자가 어떤 특정한 역장(force field)을 통해서 상호작용하는 경우의 산란을 조사해보겠다. 그래서 먼저 그림 9-20에 나타난 m_1과 m_2 사이에 척력이 작용할 경우, 실험실계에서의 산란을 생각해보자. 이때 만일 입자 사이에 힘이 작용하지 않으면 m_1, m_2의 최근접 거리가 b가 되도록 m_1은 m_2에 접근한다. 이 b를 **충돌 매개변수**(impact parameter)라 한다. 만일 m_1의 속도가 u_1이면 입자 m_1의 m_2 주위의 각운동량 l은 충돌 매개변수 b에 의해 정해지고

$$l = m_1 u_1 b \tag{9.114}$$

가 된다. 식 (9.78)을 써서 이 식의 u_1을 입사 에너지 T_0로 나타내면

$$l = b\sqrt{2m_1 T_0} \tag{9.115}$$

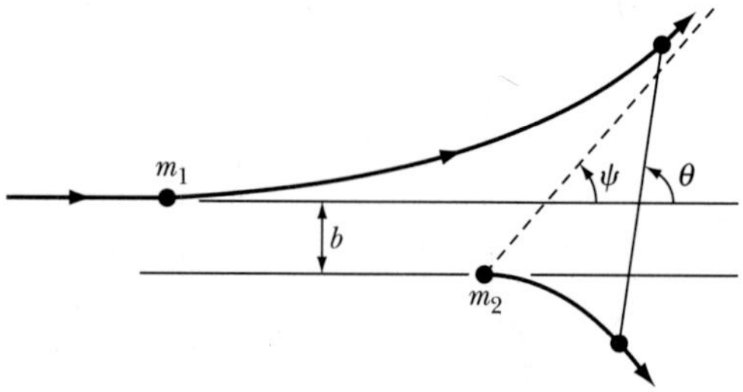

그림 9-20 입자 m_1이 실험실계에서 처음에 정지 상태에 있는 m_2로 접근하고 산란한 후에 입자 사이에 척력이 생긴다. m_1이 직선으로 계속하여 진행한다면 m_2에 가장 가깝게 접근하는 거리는 b(충돌 매개변수)이다.

가 된다. 이로부터 알 수 있듯이, 만일 힘을 알면 주어진 에너지 T_0에 대한 각운동량, 따라서 산란각 θ(또는 ψ)가 충돌 매개변수 b에 의해 유일하게 정해진다. 원자 또는 핵 입자의 산란에서, 우리는 매개변수를 선택하거나 측정할 수 없다. 따라서 그러한 상황에서는 여러 각도 θ에서의 산란 가능성으로 논의할 수밖에 없다.

여러 가지 충돌 매개변수로 충돌이 일어났을 경우에 산란각의 분포를 생각하자. 그러므로 우리는 각 입자가 질량 m_1, 에너지 T_0를 갖는 좁은 폭의 입자선을 가정하자. 이 입자선을 각각의 질량이 m_2인(실험실계에서) 정지하고 있는 입자가 모여 있는 작은 공간 영역에 부딪히게 한다. 그때 입사 입자의 **세기**(intensity, 또는 **다발 밀도**(flux density)) I는 입자선의 방향에 수직한 단위면적을 단위시간에 통과하는 입자의 수로 정의한다. m_1, m_2 사이의 힘이 거리와 함께 충분히 빨리 감소한다고 가정하면, 충돌 후의 산란된 입자는 입사 방향과 어떤 정해진 각 θ를 이루는 직선에 점근적으로 접근해간다. 입자가 어떤 특정한 각 θ의 방향의 입체각 요소 $d\Omega'$ 속에 산란되는 경우 **미분 산란 단면적**(differential scattering cross section)을 질량중심계에서 정의한다.

$$\sigma(\theta) = \frac{\text{각 }\theta\text{로 }d\Omega'\text{ 속에 산란되는 표적 입자당 상호작용의 수}}{\text{단위면적당 입사 입자의 수}} \tag{9.116}$$

만일 단위시간에 $d\Omega'$ 속에 산란되는 입자의 수를 dN이라 하면

$$\sigma(\theta)\,d\Omega' = \frac{dN}{I} \tag{9.117a}$$

으로 쓰는데, 때로는 이 대신에

$$\sigma(\theta) = \frac{d\sigma}{d\Omega'} = \frac{1}{I}\frac{dN}{d\Omega'} \tag{9.117b}$$

으로 나타내는 경우도 있다($\sigma(\theta)$가 면적의 차원을 가지므로 단면적이라 부르게 되었다). 특히 그 산란이 (중심력장과 같이) 축대칭이면 방위각에 대한 적분은 즉각 계산되며 2π가 되므로, 입체각 요소 $d\Omega'$는 다음과

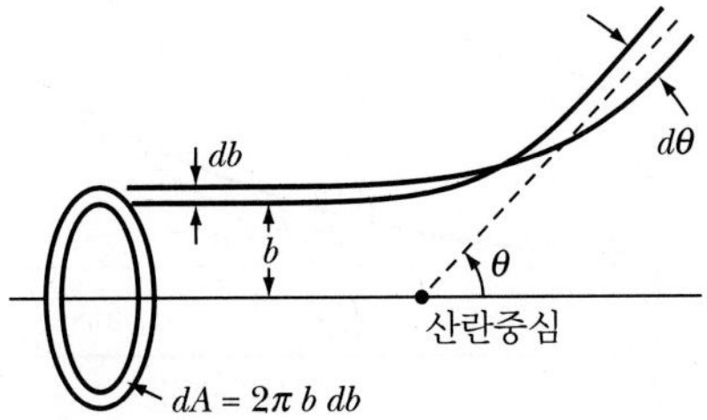

그림 9-21 등가 1체 문제에서 질량 μ의 입자가 질량중심계에서 힘의 중심에 의해 산란된다. 충돌 매개변수 b의 곳에서 영역 db 속에 들어오는 입자들은 각 θ의 방향에서 영역 $d\theta$ 속에 산란된다.

같이 주어진다.

$$d\Omega' = 2\pi \sin\theta \, d\theta \tag{9.118}$$

여기서 바로 앞 장에서 설명한 등가 1체 문제로 되돌아가서, 질량 μ의 입자가 힘의 중심에서 산란되는 경우를 생각하자. 이 경우에 그림 9-21에서 나타내는 바와 같이, 거리 b인 곳에서 영역 db 속에 어떤 충돌 매개변수를 갖고 입사하는 입자의 수는 각 θ의 방향에서 영역 $d\theta$ 속에 산란되는 입자의 수와 같으므로

$$I \cdot 2\pi b \, db = -I \cdot \sigma(\theta) \cdot 2\pi \sin\theta \, d\theta \tag{9.119}$$

가 성립한다. 여기서 힘은 충돌 매개변수가 증가할수록 각도의 편이가 (단순히) 감소하도록 가정하고 있으므로 $db/d\theta$는 음부호를 갖는다. 따라서 위 식은

$$\sigma(\theta) = \frac{b}{\sin\theta}\left|\frac{db}{d\theta}\right| \tag{9.120}$$

로 된다.

그림 9-22를 사용해서 충돌 매개변수 b와 산란각 θ의 관계를 구하자. 그런데 앞 장에서 중심력장 속을 운동하는 질량 μ인 입자의 각도 변화는

$$\Delta\Theta = \int_{r_{\min}}^{r_{\max}} \frac{(l/r^2)\, dr}{\sqrt{2\mu[E - U - (l^2/2\mu r^2)]}} \tag{9.121}$$

임을 알고 있다(식 (8.31)).

중심력장 속에서의 입자 운동은 입자가 힘의 중심에 가장 접근하는 점에 관해서 대칭이므로(그림 9-22의 점 A를 참조하라) 각 α와 β는 같고, 따라서 어느 쪽도 Θ와 같아지므로

$$\theta = \pi - 2\Theta \tag{9.122}$$

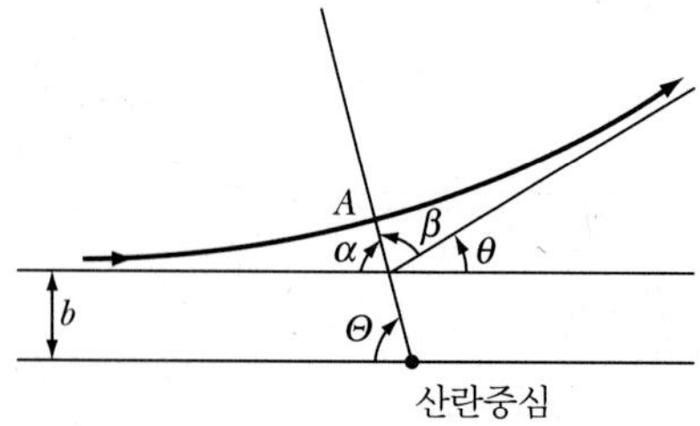

그림 9-22 중심력장 속에서 산란되는 입자의 도형. 점 A는 최근접 거리이다.

를 얻는다. $r_{max} = \infty$인 경우에 각 Θ는

$$\Theta = \int_{r_{min}}^{\infty} \frac{(b/r^2)\,dr}{\sqrt{1 - (b^2/r^2) - (U/T_0')}} \tag{9.123}$$

이 되는데, 이 식에서는 식 (9.115)와 등가인 1체 문제를 쓰고 있어서

$$l = b\sqrt{2\mu T_0'}$$

이고, 또한 식 (9.79)와 같이 $T_0' = \frac{1}{2}\mu u_1^2$이다. 그리고 $U = 0$인 $r = \infty$에서는 총 에너지 E가 운동 에너지 T_0'와 같으므로, $E = T_0'$를 사용했다. r_{min}은 식 (9.121) 또는 식 (9.123)에서 분모의 근호 부분의 근임을 상기하라. 즉, r_{min}은 운동의 전환점이고, 입자가 힘의 중심에 가장 접근하는 거리이다. 이와 같이 산란각 θ의 충돌 매개변수 b에 대한 의존성은 식 (9.122)와 식 (9.123)에서 주어진다. 주어진 퍼텐셜 $U(r)$과 주어진 T_0'의 값에 대한 $b = b(\theta)$를 알면, 산란 단면적은 식 (9.120)으로 계산할 수 있다. 단, 이 방법에서는 m_2를 고정된 힘의 중심으로 생각해왔으므로 얻어지는 결과는 물론 질량중심계에서의 산란 단면적이다. 만일 $m_2 \gg m_1$이면 여기서 얻은 단면적은 실험계에서의 단면적에 상당히 가까운 것이나, m_1이 m_2에 대해서 무시할 수 없는 경우에는 입체각을 적당히 변환해야 하므로 그 일반적인 관계를 지금부터 구해본다.

단위 입체각 속에 산란되는 입자의 총수는 실험실계에서나 질량중심계에서나 같아야 하므로 다음이 성립한다.

$$\sigma(\theta)\,d\Omega' = \sigma(\psi)\,d\Omega$$
$$\sigma(\theta)\cdot 2\pi \sin\theta\, d\theta = \sigma(\psi)\cdot 2\pi \sin\psi\, d\psi \tag{9.124}$$

여기서 θ와 ψ는 같은 산란각을 나타내고 있지만 각각 질량중심계와 실험실계에서의 각도이며, $d\Omega'$와 $d\Omega$는 질량중심계 및 실험실계에서의 입체각이다. 따라서 $\sigma(\theta)$, $\sigma(\psi)$는 각각 질량중심계 및 실험실계에서의 미분 단면적이다. 이것으로부터

$$\sigma(\psi) = \sigma(\theta)\cdot\frac{\sin\theta}{\sin\psi}\,\frac{d\theta}{d\psi} \tag{9.125}$$

를 얻는다. 그런데 $d\theta/d\psi$는 그림 9-11a를 참고로 사인 법칙(그리고 식 (9.63)과 식 (9.65b))을 이용하여

$$\frac{\sin(\theta-\psi)}{\sin\psi}=\frac{m_1}{m_2}\equiv x \tag{9.126}$$

로 쓰고, 이 식으로부터 계산할 수 있다. 미분 $dx = 0$으로 놓으면

$$dx = 0 = \frac{\partial x}{\partial\psi}d\psi + \frac{\partial x}{\partial\theta}d\theta$$

가 된다. 편미분 도함수를 취한 후에 항을 정리하면

$$\frac{d\theta}{d\psi}=\frac{\sin(\theta-\psi)\cos\psi}{\cos(\theta-\psi)\sin\psi}+1$$

이 되며, $\sin(\theta-\psi)$를 전개해서 간단히 하면

$$\frac{d\theta}{d\psi}=\frac{\sin\theta}{\cos(\theta-\psi)\sin\psi}$$

를 얻는다. 그래서 식 (9.125)는

$$\sigma(\psi) = \sigma(\theta)\cdot\frac{\sin^2\theta}{\cos(\theta-\psi)\sin^2\psi} \tag{9.127}$$

로 변형할 수 있다. 다음에 식 (9.126)의 양변에 $\cos\psi$를 곱하여 구해진 것에 $\cos(\theta-\psi)$를 더하면

$$\frac{\sin(\theta-\psi)\cos\psi}{\sin\psi}+\cos(\theta-\psi) = x\cos\psi + \cos(\theta-\psi)$$

가 되는데, 좌변의 $\sin(\theta-\psi)$ 및 $\cos(\theta-\psi)$를 전개하면

$$\frac{\sin\theta}{\sin\psi} = x\cos\psi + \cos(\theta-\psi)$$

를 구하게 된다. 이 결과를 식 (9.127)에 대입하면

$$\sigma(\psi) = \sigma(\theta)\cdot\frac{[x\cos\psi + \cos(\theta-\psi)]^2}{\cos(\theta-\psi)},\qquad (x<1) \tag{9.128}$$

을 얻는다. 또한 식 (9.126)에 대입하면

$$\cos(\theta-\psi) = \sqrt{1-x^2\sin^2\psi}$$

가 되므로, 결국

$$\boxed{\sigma(\psi) = \sigma(\theta)\cdot\frac{\left[x\cos\psi + \sqrt{1 - x^2\sin^2\psi}\right]^2}{\sqrt{1 - x^2\sin^2\psi}}} \tag{9.129}$$

을 얻게 된다. 식 (9.126)을 사용하면

$$\boxed{\theta = \sin^{-1}(x\sin\psi) + \psi} \tag{9.130}$$

를 얻는다. 그러므로 식 (9.129)와 식 (9.130)에 의해 단면적이 완전히 각 ψ만으로 기술된다.[8] 일반적인 경우에는(즉, 임의의 x 값에 대해서는) $\sigma(\psi)$의 계산은 복잡하다. 그러나 수표가 있으므로 특수한 경우에는 비교적 용이하게 계산할 수 있다.[9]

그런데 식 (9.129)와 식 (9.130)으로 나타내는 변환이 다음의 두 가지 경우에는 간단한 모양이 된다. 먼저 $x = m_1/m_2 = 1$인 경우에 식 (9.71)에서 $\theta = 2\psi$를 얻고, 식 (9.129)는

$$\sigma(\psi) = \sigma(\theta)|_{\theta=2\psi}\cdot 4\cos\psi, \quad m_1 = m_2 \tag{9.131}$$

가 된다. 또한 $m_1 \ll m_2$인 경우에 $x \cong 0, \theta \cong \psi$가 되므로

$$\sigma(\psi) \cong \sigma(\theta)|_{\theta=\psi}, \quad m_1 \ll m_2 \tag{9.132}$$

를 얻는다.

예제 9.11

반지름 R_1인 입자가 정지 상태에 있는 반지름 R_2인 입자와 일정한 속도로 오른쪽으로 진행하다가 충돌하는 경우를 생각하자. 두 입자가 모두 고체구라 할 때 미분 단면적과 총 단면적을 구하라.

풀이

정지 상태에 있는 입자와 실험실계에서 충돌하는 문제에 대해 풀어보자. 그림 9-23에서 산란의 기하학적 모델을 생각하자. 충돌 매개변수 b인 입자가 산란각 ψ로 산란된다. 식 (9.119)와 마찬가지로 입사 입자는 충돌 매개변수 db 영역에서 산란 영역 $d\psi$로 입사되므로

$$2\pi b\, db = -\sigma(\psi)\cdot 2\pi\sin\psi\, d\psi \tag{9.133}$$

8) 만약 x 변수를 m_1/m_2 대신 V/v_1'로 표시한다면(식 (9.68) 참조), 이 식들은 탄성 충돌뿐만 아니라 비탄성 충돌(이 경우 한 개 입자 혹은 두 개 입자 모두의 내부 에너지가 상호작용에 의해 변한다)의 경우에도 적용된다. 앞의 식들은 단지 정상적인 경우($x < 1$)에만 해당한다는 점을 유의하자.

9) 예로서 Marion et al. (Ma59)의 표를 참조하라.

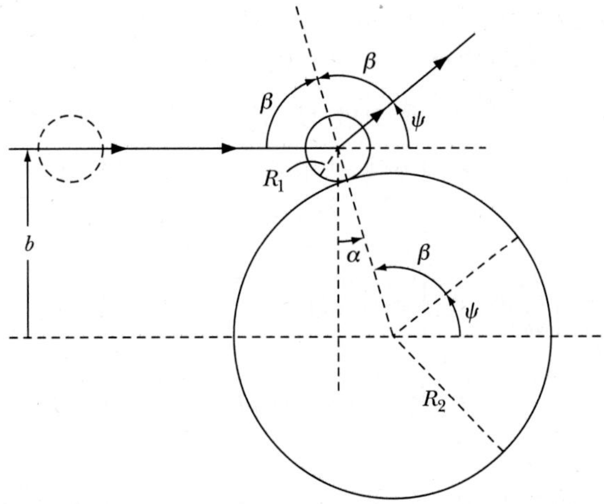

그림 9-23 반지름 R_1인 입자가 왼쪽으로부터 산란각 ψ로 반지름 R_2인 입자에 접근하고 있다.

가 된다. 미분 산란 단면적 $\sigma(\psi)$를 구하기 위해서 충돌 매개변수 b와 산란각 ψ의 관계를 구해야 한다. 그림 9-23에서 $b = (R_1 + R_2)\cos\alpha$이므로 α와 ψ 사이의 관계식을 먼저 알아야 한다.

그림 9-23을 자세히 보면 $2\beta + \psi = \pi$, $\alpha = \psi + \beta - \pi/2$이고

$$\alpha = \psi + \left(\frac{\pi}{2} - \frac{\psi}{2}\right) - \frac{\pi}{2} = \frac{\psi}{2} \tag{9.134}$$

임을 알 수 있다. 식 (9.133)을 풀기 전에 미분 db를 구하면

$$b = (R_1 + R_2)\cos\alpha = (R_1 + R_2)\cos\frac{\psi}{2}$$

이므로

$$db = -\frac{(R_1 + R_2)}{2}\sin\frac{\psi}{2}\,d\psi$$

이다. 이 항을 식 (9.133)에 대입하여

$$-\frac{2\pi}{2}(R_1 + R_2)^2\cos\frac{\psi}{2}\sin\frac{\psi}{2}\,d\psi = -\sigma(\psi)\cdot 2\pi\sin\psi\,d\psi$$

를 구한다. 항등식 $\sin\psi = 2\sin(\psi/2)\cos(\psi/2)$를 이용하면

$$\sigma(\psi) = \frac{1}{4}(R_1 + R_2)^2 \tag{9.135}$$

이 된다. 미분 산란 단면적은 등방적이므로 산란은 모든 방향으로 같게 일어난다. 미분 산란 단면적이 산란각에 의존하므로 이는 다소 놀라운 일이다.

다음 절에서 총 단면적을 논의하겠지만, 총 단면적은 임의의 산란이 일어날 확률에 비례한다. 총 단면적을 구하기 위해 식 (9.135)를 모든 산란각 ψ에 걸쳐서 적분해야 한다. 방위각에 대해서 이미 행하여 식 (9.118)을 구했으므로

$$\begin{aligned}\sigma_t &= \int \frac{d\sigma}{d\psi} d\Omega = \int \sigma(\psi)\, d\Omega \\ &= \int_0^\pi \frac{1}{4}(R_1 + R_2)^2\, 2\pi \sin\psi\, d\psi \\ &= \frac{\pi}{2}(R_1 + R_2)^2 \int_0^\pi \sin\psi\, d\psi = -\frac{\pi}{2}(R_1 + R_2)^2 \cos\psi\Big|_0^\pi \\ \sigma_t &= \pi(R_1 + R_2)^2\end{aligned}$$

이것은 두 고체구의 충돌에 대해 기대한 것과 같은 결과이다. 두 입자가 살짝 스쳐 지나갈 때($\alpha = 0$), 산란 단면적은 최대가 된다. 충돌 매개변수는 $b = R_1 + R_2$가 되고 산란 단면적은 πb^2이다.

9.10 러더퍼드 산란 공식[10)]

앞 절에서 상세히 설명한 공식을 쓸 수 있는 가장 중요한 문제 중 하나는 쿨롱장(Coulomb field) 또는 정전기장 속에서의 대전입자의 산란이고, 이 경우의 퍼텐셜은 다음과 같다.

$$U(r) = \frac{k}{r} \tag{9.136}$$

여기서 두 입자가 갖는 전하가 q_1, q_2인 경우에 $k = q_1 q_2/4\pi\varepsilon_0$이다($k$는 입자의 전하가 같은 부호인가 다른 부호인가에 따라서 각각 양 또는 음이 된다. 또한 $k > 0$은 척력에, $k < 0$은 인력에 대응한다). 이 경우에 식 (9.123)은

$$\Theta = \int_{r_{\min}}^{\infty} \frac{(b/r)\, dr}{\sqrt{r^2 - (k/T_0')r - b^2}} \tag{9.137}$$

이 되고, 적분하면(식 (8.38)의 적분과 비교하라)

---

10) E. Rutherford, *Phil, Mag.* **21**, 669(1911)

$$\cos \Theta = \frac{(\kappa/b)}{\sqrt{1 + (\kappa/b)^2}} \tag{9.138}$$

를 얻는다. 여기서

$$\kappa \equiv \frac{k}{2T_0'}$$

다음에 식 (9.138)은

$$b^2 = \kappa^2 \tan^2\Theta$$

로 다시 쓸 수 있으며, 식 (9.122)에 의하면 $\Theta = \pi/2 - \theta/2$이므로

$$b = \kappa \cot(\theta/2) \tag{9.139}$$

가 된다. 따라서

$$\frac{db}{d\theta} = -\frac{\kappa}{2}\frac{1}{\sin^2(\theta/2)}$$

을 얻으므로, 식 (9.120)은

$$\sigma(\theta) = \frac{\kappa^2}{2}\cdot\frac{\cot(\theta/2)}{\sin\theta\sin^2(\theta/2)}$$

로 쓸 수 있다. 그런데

$$\sin\theta = 2\sin(\theta/2)\cos(\theta/2)$$

이므로, 결국

$$\sigma(\theta) = \frac{\kappa^2}{4}\cdot\frac{1}{\sin^4(\theta/2)}$$

또는

$$\boxed{\sigma(\theta) = \frac{k^2}{(4T_0')^2}\cdot\frac{1}{\sin^4(\theta/2)}} \tag{9.140}$$

이 된다. 이것이 러더퍼드(Rutherford)의 산란 공식[11]으로, 질량중심계에서의 산란 단면적이 sin $(\theta/2)$

11) 산란 법칙에 대한 이 형식은 α 입자와 무거운 핵 간의 상호작용에 관한 H. 가이거(Geiger)와 E. 마스덴(Marsden)의 실험(*Phil. Mag.* **25**, 605(1913))에 의해 입증되었다.

의 4승에 역비례함을 나타내고 있다. 또한 $\sigma(\theta)$는 k의 부호에는 무관하므로, 산란 분포의 모양은 인력의 경우나 척력의 경우나 같다는 점에 주의하라. 여기서 특필할 만한 것은 쿨롱 산란을 양자역학적으로 취급하여 얻어진 결과가 고전적으로 유도한 결과와 완전히 일치한다는 사실이다.[12)] 이것은 실로 행운이었다. 만일 그렇지 않고 이 초기 단계에서 고전 이론과 실험 사이에 차이가 있었다면, 핵물리학은 상당히 진보가 늦어졌을지도 모르기 때문이다.

$m_1 = m_2$인 경우는 식 (9.79)에 의해서 $T_0' = \frac{1}{2}T_0$이므로

$$\sigma(\theta) = \frac{k^2}{4T_0^2} \cdot \frac{1}{\sin^4(\theta/2)}, \qquad m_1 = m_2 \tag{9.141}$$

가 되고, 이것은 또한 식 (9.131)에 의해서

$$\sigma(\psi) = \frac{k^2}{T_0^2} \frac{\cos\psi}{\sin^4\psi}, \qquad m_1 = m_2 \tag{9.142}$$

로 쓸 수 있다.

지금까지의 논의는 모두 산란의 미분 단면적을 구하기 위한 것이었으나, 만일 어떤 상호작용이 일어나는 확률을 알고 싶으면 $\sigma(\theta)$ (또는 $\sigma(\psi)$)를 가능한 모든 산란각에 대해 적분할 필요가 있다. 이렇게 해서 얻는 것을 **산란의 총 단면적** σ_t라 하고, 이는 산란을 일으키는 표적 입자의 유효 면적과 같다.

$$\sigma_t = \int_{4\pi} \sigma(\theta)\, d\Omega' = 2\pi \int_0^{\pi} \sigma(\theta) \sin\theta\, d\theta \tag{9.143}$$

여기서 θ에 대한 적분은 0에서 π까지 행한다. 이 전체 면적을 실험실계의 양에 대한 적분으로 나타내면 다음과 같다.

$$\sigma_t = \int \sigma(\psi)\, d\Omega$$

이 경우 만일 $m_1 < m_2$이면 ψ는 역시 0에서 π까지이나, $m_1 \geq m_2$일 때 ψ는(식 (9.77)로 주어진) ψ_{max}까지만 취하므로

$$\sigma_t = 2\pi \int_0^{\psi_{max}} \sigma(\psi) \sin\psi\, d\psi \tag{9.144}$$

로 나타난다.

12) N. 보어(Bohr)는 이런 결과의 동일성이 힘의 $1/r^2$ 형태에 기인한다는 사실을 증명했다. 이것은 다른 형식의 힘에서는 나오지 않는다.

만일 우리가 러더퍼드 산란인 경우의 σ_t를 계산해보면 그 결과는 무한대임을 알게 되는데, 이것은 쿨롱 퍼텐셜이 ($1/r$로 변환하기 때문에) 상당히 천천히 감소하므로, 충돌 매개변수 b가 무한히 커지는 일이 있어도 산란각이 0은 되지 않기 때문이다. 그러나 예제 8.6에서 지적했듯이, 현실적인 원자핵의 쿨롱장은 주위의 전자에 의해 차폐되어 있기 때문에 먼 곳에서는 퍼텐셜이 사실 없어진다. 고전론을 써서 차폐된 쿨롱장에 대한 산란 단면적을 계산하면 아주 복잡해지므로 여기서는 논하지 않는다. 이 경우는 양자역학적으로 다루는 편이 훨씬 간단하다.

9.11 로켓의 운동

간단한 로켓의 운동은 기초적인 뉴턴 역학의 재미있는 응용의 하나로, 2장에서 다룰 수도 있었다. 그러나 배기가스의 질량과 다양한 로켓의 단계로 더욱 복잡해진 로켓 문제를 포함시켰으면 해서 입자계를 다루는 이 장에서 논의하고자 미루었다. 우리가 검토하는 두 가지 경우는 (1) 자유공간에서의 로켓 운동, (2) 중력하에서 로켓의 수직상승이다. 첫 번째 경우는 선형 운동량 보존을 적용해야 하며, 두 번째 경우 뉴턴 제2법칙의 더 복잡한 응용이 필요하다.

자유공간에서의 로켓 운동

로켓(우주선)은 외력의 영향을 받지 않고 운동한다고 여기서 가정하고, 뉴턴의 제2법칙을 적용할 수 있는 폐쇄된 계를 선택한다. 먼 바깥의 공간에서 우주선의 운동은 오로지 자기 자신의 에너지에만 의존해야 하므로, 고속으로 분출하는 질량에 대한 반작용에 의해 움직인다. 선형 운동량이 보존되므로 우주선은 반대 방향으로 움직일 것이다. 우주선 운동에 대한 도표는 그림 9-24에 나타내었다. 어떤 시간 t에서 우주선의 총 질량은 m이고, 그 순간 속도는 관성기준계에서 v이다. 모든 운동은 x방향이라고 가정하고 벡터 기호를

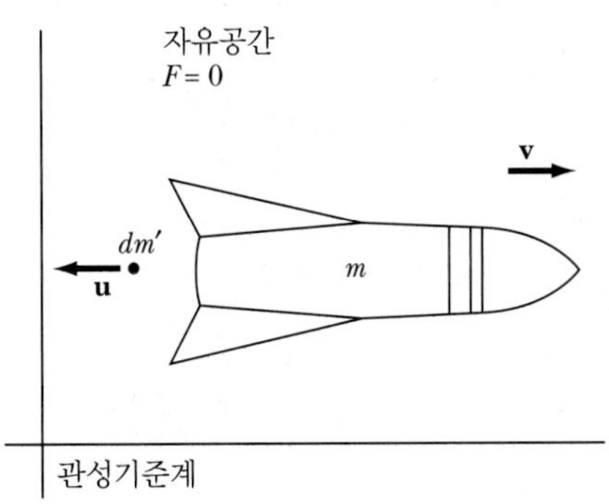

그림 9-24 로켓이 속도 $\mathbf{v}$로 자유공간을 움직이고 있다. 시간 간격 dt 동안에 질량 dm'가 로켓엔진으로부터 우주선에 대해 속도 $\mathbf{u}$로 분출된다.

쓰지 않기로 한다. 시간 간격 dt 동안 질량 dm'이 우주선에 대해 $-u$의 속도로 로켓엔진에서 분출된다. dm'가 분출되자마자 우주선의 질량과 속도는 각각 $m - dm'$, $v + dv$가 된다.

$$\text{분출 전 운동량} = mv \ (\text{시간 } t\text{에서}) \tag{9.145}$$

$$\text{분출 후 운동량} = \underbrace{(m - dm')(v + dv)}_{dm' \text{ 적은 우주선}} + \underbrace{dm'(v - u)}_{\text{로켓은 } dm'\text{를 소모한다.}} \ (\text{시간 } t + dt\text{에서}) \tag{9.146}$$

분출된 질량 dm'의 기준계에 대한 속력은 $v - u$이다. 외력이 없으므로($F_{\text{ext}} = 0$) 선형 운동량 보존 법칙에 의해 식 (9.145)와 식 (9.146)은 같다.

$$
\begin{aligned}
p_{\text{initial}} &= p_{\text{final}} \\
p(t) &= p(t + dt) \\
mv &= (m - dm')(v + dv) + dm'(v - u) \\
mv &= mv + m\,dv - v\,dm' - dm'\,dv + v\,dm' - u\,dm' \\
mdv &= u\,dm' \\
dv &= u\frac{dm'}{m}
\end{aligned}
$$

(9.147)

(9.148)

여기서는 $dm'dv$를 무시했다. dm'를 우주선으로부터 분출된 질량으로 생각했고 우주선 자체의 질량 변화는 dm인데, dm'는 양이며 dm은 음이므로

$$dm = -dm' \tag{9.149}$$

따라서

$$dv = -u\frac{dm}{m} \tag{9.150}$$

을 얻는다. 우주선의 초기 질량과 속력을 각각 m_0, v_0라고 하면 식 (9.150)을 적분해서

$$\int_{v_0}^{v} dv = -u\int_{m_0}^{m}\frac{dm}{m}$$

$$v - v_0 = u\ln\left(\frac{m_0}{m}\right) \tag{9.151}$$

$$v = v_0 + u\ln\left(\frac{m_0}{m}\right) \tag{9.152}$$

을 얻는다. 분출 속도 u는 상수라고 가정했기 때문에 우주선의 속력을 극대화하기 위해서는 분출 속도 u와 질량비 m_0/m을 극대화할 필요가 있다.

최종 속력이 질량비 m_0/m에 의해 제한되기 때문에 기술자들은 몇 단계 로켓을 제작했다. 우주선을 최소 질량(적은 연료)으로 하기 위해서는 재료에 제한을 받는다. 그러나 연료를 다 소모한 후, 연료탱크 자체를 투하한다면 나머지 우주선 질량은 작아진다. 우주선은 두 개 혹은 그 이상의 연료탱크를 가질 수 있으며 그것들을 각각 투하할 수 있다.

예를 들면

$$m_0 = \text{우주선의 초기 총 질량}$$
$$m_1 = m_a + m_b$$
$$m_a = \text{제1단계 하중질량}$$
$$m_b = \text{제1단계 연료탱크의 질량, 등등}$$
$$v_1 = \text{연료가 다 탄 후에 제1단계의 최종 속력}$$

$$v_1 = v_0 + u \ln\left(\frac{m_0}{m_1}\right) \tag{9.153}$$

우주선의 제1단계는 소실점(burnout)에서 최종 속력 v_1에 도달하고, 질량 m_b가 공중에 분출된 것이다. 다음에 제2단계의 로켓이 같은 분출 속도로 점화된다면

$$m_a = \text{제2단계에서 우주선의 초기 총 질량}$$
$$m_2 = m_c + m_d$$
$$m_c = \text{제2단계 하중질량}$$
$$m_d = \text{제2단계 연료탱크의 질량, 등등}$$
$$v_1 = \text{제2단계의 초기 속력}$$
$$v_2 = \text{연료가 다 탄 후에 제2단계의 최종 속력}$$

$$v_2 = v_1 + u \ln\left(\frac{m_a}{m_2}\right) \tag{9.154}$$

$$v_2 = v_0 + u \ln\left(\frac{m_0 m_a}{m_1 m_2}\right) \tag{9.155}$$

곱 $(m_0 m_a/m_1 m_2)$ 값이 단지 m_0/m_1보다 훨씬 크게 할 수 있으므로, 다단계 로켓이 자유공간보다 중력하에서 상승하는 경우에 통상적으로 더욱 사용되고 있다.

우주선이 선형 운동량 보존의 결과로서 추진된다는 사실을 우리는 보았다. 그러나 기술자나 과학자는 그 힘을 로켓 '추진력'이라고 부르길 원한다. 만약 식 (9.150)에 m을 곱하고 dt로 나눈다면

$$m\frac{dv}{dt} = -u\frac{dm}{dt} \tag{9.156}$$

을 얻는다. 이 식의 왼쪽은 ma(힘)를 '나타내므로' 오른쪽은 추진력이라고 부른다.

$$\text{추진력} \equiv -u\frac{dm}{dt} \tag{9.157}$$

dm/dt가 음이므로 추진력은 실제로 양이다.

중력하에서의 수직상승

지구의 중력장을 벗어나려고 하는 로켓의 실질적 운동은 대단히 복잡하다. 해석학적으로 하기 위해 몇 개의 가정을 한다. 로켓은 수평 운동 성분을 전혀 갖고 있지 않고 단지 수직 운동만 한다. 공기의 저항은 무시하고, 중력가속도는 높이와 무관하며 상수라고 가정한다. 또한 연료를 태우는 비율도 일정하다고 가정한다. 여기서 무시한 모든 인자는 컴퓨터로 수치 계산할 때는 충분히 고려할 수 있다.

자유공간에서의 로켓 운동에 대한 위의 결과를 이용할 수 있으나 이제는 $F_{\text{ext}} = 0$이 아니다. 조감도는 그림 9-25에 나타내었다. dm'는 양이며 $dm = -dm'$이다. 외력은 작은 미분 시간 동안

$$F_{\text{ext}} = \frac{d}{dt}(mv)$$

또는

$$F_{\text{ext}}dt = d(mv) = dp = p(t + dt) - p(t) \tag{9.158}$$

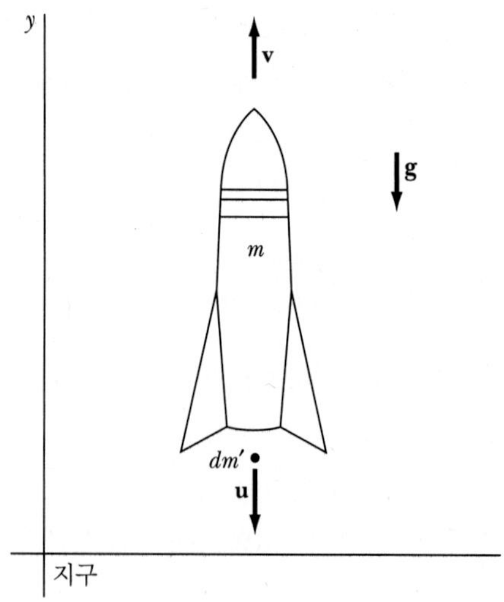

그림 9-25 지구의 중력장 속에서 수직 상승하는 로켓. 질량 dm' 우주선에 대해 속도 u로 분출된다.

으로 주어진다.

우주선계에서 초기 및 최종 운동량은 식 (9.145)~(9.150)에 있으며 식 (9.150)을 유도하는 식을

$$p(t+dt) - p(t) = mdv + udm \tag{9.159}$$

로 쓰고, 자유공간의 경우 $F_{\text{ext}} = 0$이지만 중력이 있을 때는 $F_{\text{ext}} = -mg$이므로 식 (9.158)과 식 (9.159)로부터

$$\begin{aligned} F_{\text{ext}}dt = -mg\,dt &= m\,dv + u\,dm \\ -mg &= m\dot{v} + u\dot{m} \end{aligned} \tag{9.160}$$

을 얻는다. 연료를 태우는 비율이 일정하므로

$$\dot{m} = \frac{dm}{dt} = -\alpha, \qquad \alpha > 0 \tag{9.161}$$

같이 쓰면 식 (9.160)은

$$dv = \left(-g + \frac{\alpha}{m}u\right)dt$$

가 된다. 그러나 이 식은 3개의 미지수(v, m, t)를 갖고 있으므로 식 (9.161)을 이용하여 시간을 제거하면

$$dv = \left(\frac{g}{\alpha} - \frac{u}{m}\right)dm \tag{9.162}$$

을 얻는다. 초기 속도와 최종 속도를 각각 0과 v라 하고 질량을 m_0와 m이라 하면

$$\begin{aligned} \int_0^v dv &= \int_{m_0}^m \left(\frac{g}{\alpha} - \frac{u}{m}\right)dm \\ v &= -\frac{g}{\alpha}(m_0 - m) + u\ln\left(\frac{m_0}{m}\right) \end{aligned} \tag{9.163}$$

식 (9.161)을 적분하여 시간을 얻을 수 있다. 즉,

$$\begin{aligned} \int_{m_0}^m dm &= -\alpha\int_0^t dt \\ m_0 - m &= \alpha t \end{aligned} \tag{9.164}$$

식 (9.163)은

$$v = -gt + u \ln\left(\frac{m_0}{m}\right) \tag{9.165}$$

가 된다.

식 (9.163)을 계속 쓰고 또 한 번 적분하면 로켓의 높이를 결정할 수 있으나, 예제 9.13과 연습문제에 남긴다. 이러한 적분은 대단히 지겹다. 그래서 컴퓨터로 계산하는 편이 훨씬 쉽다. 소실점에 도달하더라도 상향 속도가 아직 있으므로 로켓은 계속 올라갈 것이다. 결국은 위와 같은 가정에 의해 중력은 로켓을 정지시킬 것이다(왜냐하면 높아짐에 따라 g가 감소하지 않고 일정하다고 가정했기 때문이다).

만약 분출 속도 u가 식 (9.165)의 v를 양으로 만들 정도로 크지 않으면 흥미로운 상황이 일어난다. 그러한 경우 로켓은 지상에 머물 텐데 식 (9.163)을 얻을 때 가정한 적분한계 때문에 이런 상황이 일어난 것이다. 로켓이 지상으로부터 올라가기 위한 추진력을 얻기 위해 충분한 연료를 태울 필요가 있다(연습문제 9-59 참조). 물론 로켓은 이렇게 설계되어 있지 않고, 완전 연소율에 도달했을 때 로켓이 올라갈 수 있도록 제작되어 있다.

예제 9.12

아폴로 달 계획에 사용된 새턴(Saturn) 5호 로켓의 제1단계를 생각해보자. 발사 전 질량은 2.8×10^6 kg이고, 제1단계의 연료 질량은 2.1×10^6 kg이다. 평균 추진력은 37×10^6 N이라고 가정하라. 분출 속도는 2,600 m/s이다. 소실점에서 제1단계의 최종 속도를 계산하라. 또한 연습문제 9-58(식 (9.166))의 결과를 사용하여 소실점에서 수직 높이를 계산하라.

풀이

추진력 식 (9.157)로부터 연료 소모율을 구할 수 있다.

$$\frac{dm}{dt} = \frac{\text{추진력}}{-u} = \frac{37 \times 10^6\ \text{N}}{-2600\ \text{m/s}} = -1.42 \times 10^4\ \text{kg/s}$$

최종 로켓 질량은 $(2.8 \times 10^6\ \text{kg} - 2.1 \times 10^6\ \text{kg})$, 즉 0.7×10^6 kg이다. 식 (9.163)을 이용하여 소실점에서의 로켓 속력(v_b)을 구하면 다음과 같다.

$$v_b = -\frac{9.8\ \text{m/s}^2(2.1 \times 10^6\ \text{kg})}{1.42 \times 10^4\ \text{kg/s}} + (2600\ \text{m/s}) \ln\left[\frac{2.8 \times 10^6\ \text{kg}}{0.7 \times 10^6\ \text{kg}}\right]$$
$$v_b = 2.16 \times 10^3\ \text{m/s}$$

소실시간 t_b는 식 (9.164)로부터

$$t_b = \frac{m_0 - m}{\alpha} = \frac{2.1 \times 10^6\ \text{kg}}{1.42 \times 10^4\ \text{kg/s}} = 148\ \text{s}$$

즉, 2.5분이다.

연습문제 9-58의 결과를 사용하여 소실점에서의 높이를 구하면 다음과 같다.

$$y_b = ut_b - \frac{1}{2}gt_b^2 - \frac{mu}{\alpha}\ln\left(\frac{m_0}{m}\right) \tag{9.166}$$

$$y_b = (2600\text{ m/s})(148\text{ s}) - \frac{1}{2}(9.8\text{ m/s}^2)\cdot(148\text{ s})^2$$

$$-\frac{(0.7\times10^6\text{ kg})\cdot(2600\text{ m/s})}{1.42\times10^4\text{ kg/s}}\ln\left(\frac{2.8\times10^6\text{ kg}}{0.7\times10^6\text{ kg}}\right)$$

$$y_b = 9.98\times10^4\text{ m}\approx 100\text{ km}$$

실제 높이는 이 값의 2/3에 지나지 않는다.

예제 9.13

관측 로켓이 중력하에서 전형적으로 수직 방향으로 지구 표면을 떠나서 지구로 되돌아온다. 분출 속도는 u이고 일정한 연료 소모율은 α이다. 초기 질량은 m_0이고 연료가 다 탄 후의 질량은 m_f이다. u, α, m_f, m_0와 g의 항으로 연료가 다 탄 후의 높이와 속력을 계산하라.

풀이

식 (9.164) $T = (m_0 - m_f)/\alpha$에서 연료가 소진되었을 때의 시간 T를 결정한다. 식 (9.165)에서 속도에 대해 적분하고 연료 소진 후의 높이 H_{bo}를 구한다. 연료 소진 후의 높이는

$$H_{bo} = \int_0^T v\,dt = \int_0^T\left[-gt + u\ln\left(\frac{m_0}{m}\right)\right]dt$$

이고, 식 (9.161) $dt = -(dm)/\alpha$를 이용한다. 뒤쪽 항의 적분은 dm에 대해 적분한다.

$$H_{bo} = -g\int_0^T tdt + \frac{u}{\alpha}\int_{m_0}^{m_f}\ln\left(\frac{m}{m_0}\right)dm$$

마지막 항은 정적분 $\int \ln x\,dx = x\ln x - x$를 이용하여 적분한다. 항을 정리하여

$$H_{bo} = -\frac{g(m_0 - m_f)^2}{2\alpha^2} + \frac{u}{\alpha}\left[m_f\ln\left(\frac{m_f}{m_0}\right) + m_0 - m_f\right] \tag{9.167}$$

를 얻는다. 마지막 예제에서 수치를 넣으면 연료 소진 후의 높이에 대해 같은 대답을 얻는다.

연료 소진 후의 속력은 식 (9.165)에서 직접 구한다.

$$\begin{aligned} v_{bo} &= -gT + u \ln\left(\frac{m_0}{m_f}\right) \\ &= -\frac{g(m_0 - m_f)}{\alpha} + u \ln\left(\frac{m_0}{m_f}\right) \end{aligned} \tag{9.168}$$

연습문제

9-1. Find the center of mass of a hemispherical shell of constant density and inner radius r_1 and outer radius r_2.

9-2. Find the center of mass of a uniformly solid cone of base diameter $2a$ and height h.

9-3. Find the center of mass of a uniformly solid cone of base diameter $2a$ and height h and a solid hemisphere of radius a where the two bases are touching.

9-4. Find the center of mass of a uniform wire that subtends an arc θ if the radius of the circular arc is a, as shown in Figure 9-A.

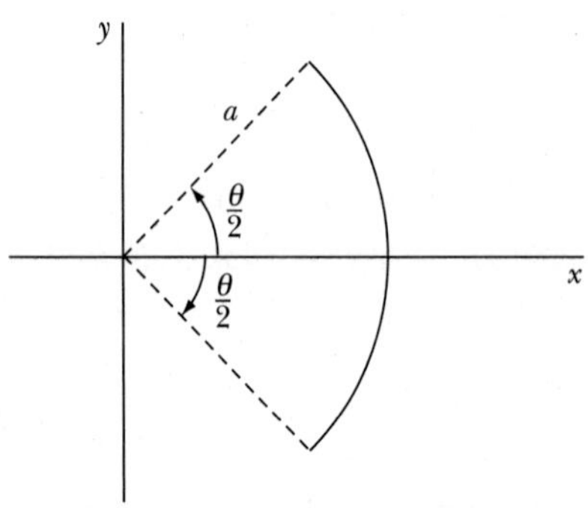

FIGURE 9-A Problem 9-4.

9-5. The center of gravity of a system of particles is the point about which external gravitational forces exert no net torque. For a uniform gravitational force, show that the center of gravity is identical to the center of mass for the system of particles.

9-6. Consider two particles of equal mass m. The forces on the particles are $\mathbf{F}_1 = 0$ and $\mathbf{F}_2 = F_0\mathbf{i}$. If the particles are initially at rest at the origin, what is the position, velocity, and acceleration of the center of mass?

9-7. A model of the water molecule H_2O is shown in Figure 9-B. Where is the center of mass?

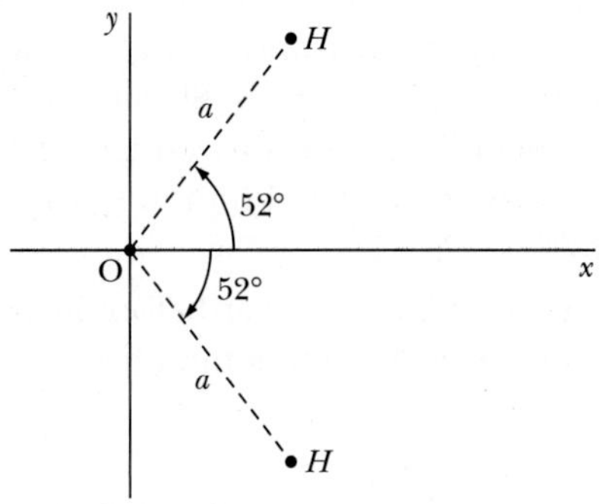

FIGURE 9-B Problem 9-7.

9-8. Where is the center of mass of the isosceles right triangle of uniform areal density shown in Figure 9-C?

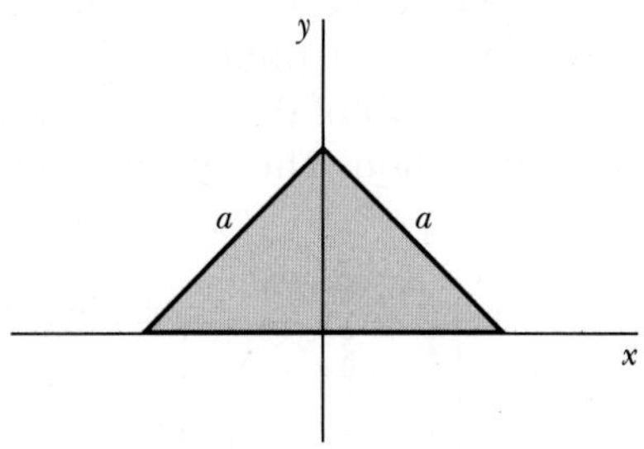

FIGURE 9-C Problem 9-8.

9-9. A projectile is fired at an angle of 45° with initial kinetic energy E_0. At the top of its trajectory, the projectile explodes with additional energy E_0 into two fragments. One fragment of mass m_1 travels straight down. What is the velocity (magnitude and direction) of the second fragment of mass m_2 and the velocity of the first? What is the ratio of m_1/m_2 when m_1 is a maximum?

9-10. A cannon in a fort overlooking the ocean fires a shell of mass M at an elevation angle θ and muzzle velocity v_0. At the highest point, the shell explodes into two fragments (masses $m_1 + m_2 = M$), with an additional energy E, traveling in the original horizontal direction. Find the distance separating the two fragments when they land in the ocean. For simplicity, assume the cannon is at sea level.

9-11. Verify that the second term on the right-hand side of Equation 9.9 indeed vanishes for the case $n = 3$.

9-12. Astronaut Stumblebum wanders too far away from the space shuttle orbiter while repairing a broken communications satellite. Stumblebum realizes that the orbiter is moving away from him at 3 m/s. Stumblebum and his maneuvering unit have a mass of 100 kg, including a pressurized tank of mass 10 kg. The tank includes only 2 kg of gas that is used to propel him in space. The gas escapes with a constant velocity of 100 m/s.

(a) Will Stumblebum run out of gas before he reaches the orbiter?

(b) With what velocity will Stumblebum have to throw the empty tank away to reach the orbiter?

9-13. Even though the total force on a system of particles (Equation 9.9) is zero, the net torque may not be zero. Show that the net torque has the same value in any coordinate system.

9-14. Consider a system of particles interacting by magnetic forces. Are Equations 9.11 and 9.31 valid? Explain.

9-15. A smooth rope is placed above a hole in a table (Figure 9-D). One end of the rope falls through the hole at $t = 0$, pulling steadily on the remainder of the rope. Find the velocity and acceleration of the rope as a function of the distance to the end of the rope x. Ignore all friction. The total length of the rope is L.

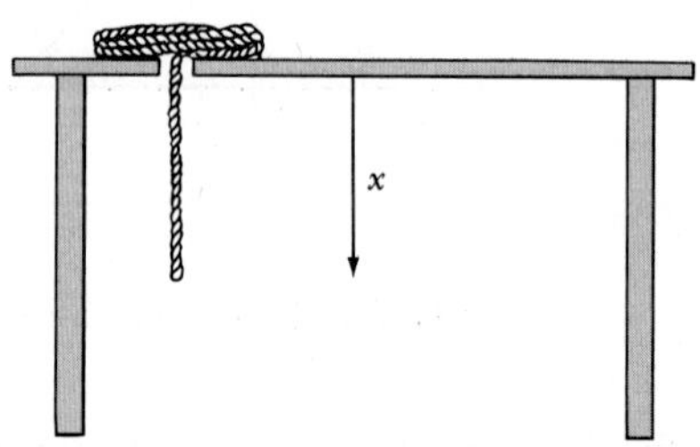

FIGURE 9-D Problem 9-15.

9-16. For the energy-conserving case of the falling chain in Example 9.2, show that the tension on either side of the bottom bend is equal and has the value $\rho\dot{x}^2/4$.

9-17. Integrate Equation 9.17 in Example 9.2 numerically and make a plot of the speed versus the time using dimensionless parameters, $\dot{x}/\sqrt{2gb}$ vs. $t/\sqrt{2b/g}$ where $\sqrt{2b/g}$ is the free fall time, $t_{\text{free fall}}$. Find the time it takes for the free end to reach the bottom. Define natural units by $\tau \equiv t\sqrt{g/2b}$, $\alpha \equiv x/2b$ and integrate $d\tau/d\alpha$ from $\alpha = \varepsilon$ (some small number greater than 0) to $\alpha = 1/2$. One can't integrate numerically from $\alpha = 0$ because of a singularity in $d\tau/d\alpha$. The expression $d\tau/d\alpha$ is

$$\frac{d\tau}{d\alpha} = \sqrt{\frac{1 - 2\alpha}{2\alpha(1 - \alpha)}}$$

9-18. Use a computer to make a plot of the tension versus time for the falling chain in Example 9.2. Use dimensionless parameters (T/Mg) versus $t/t_{\text{free fall}}$, where $t_{\text{free fall}} = \sqrt{2b/g}$. Stop the plot before T/Mg becomes greater than 50.

9-19. A chain such as the one in Example 9.2 (with the same parameters) of length b and mass ρb is suspended from one end at a point that is a height b above a table so that the free end barely touches the tabletop. At time $t = 0$, the fixed end of the chain is released. Find the force that the tabletop exerts on the chain after the original fixed end has fallen a distance x.

9-20. A uniform rope of total length $2a$ hangs in equilibrium over a smooth nail. A very small impulse causes the rope to slowly roll off the nail. Find the velocity of the rope as it just clears the nail. Assume the rope is prevented from lifting off the nail and is in free fall.

9-21. A flexible rope of length 1.0 m slides from a frictionless table top as shown in Figure 9-E. The rope is initially released from rest with 30 cm hanging over the edge of the table. Find the time at which the left end of the rope reaches the edge of the table.

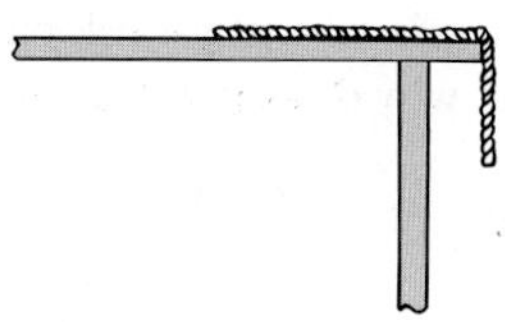

FIGURE 9-E Problem 9-21.

9-22. A deuteron (nucleus of deuterium atom consisting of a proton and a neutron) with speed 14.9 km/s collides elastically with a neutron at rest. Use the approximation that the deuteron is twice the mass of the neutron. **(a)** If the deuteron is scattered through a LAB angle $\psi = 10°$, what are the final speeds of the deuteron and neutron? **(b)** What is the LAB scattering angle of the neutron? **(c)** What is the maximum possible scattering angle of the deuteron?

9-23. A particle of mass m_1 and velocity u_1 collides with a particle of mass m_2 at rest. The two particles stick together. What fraction of the original kinetic energy is lost in the collision?

9-24. A particle of mass m at the end of a light string wraps itself about a fixed vertical cylinder of radius a (Figure 9-F). All the motion is in the horizontal plane (disregard gravity). The angular velocity of the cord is ω_0 when the distance from the particle to the point of contact of the string and cylinder is b. Find the angular velocity and tension in the string after the cord has turned through an additional angle θ.

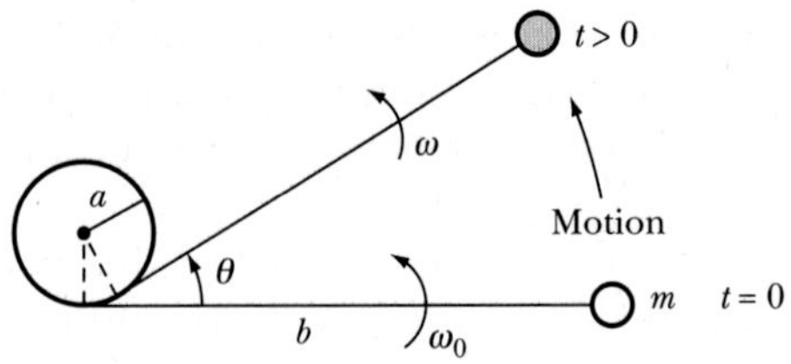

FIGURE 9-F Problem 9-24.

9-25. Slow-moving neutrons have a much larger absorption rate in ^{235}U than fast neutrons produced by ^{235}U* fission in a nuclear reactor. For that reason, reactors consist of moderators to slow down neutrons by elastic collisions. What elements are best to be used as moderators? Explain.

9-26. The force of attraction between two particles is given by

$$\mathbf{f}_{12} = k\left[(\mathbf{r}_2 - \mathbf{r}_1) - \frac{r}{v_0}(\dot{\mathbf{r}}_2 - \dot{\mathbf{r}}_1)\right]$$

where k is a constant, v_0 is a constant velocity, and $r \equiv |\mathbf{r}_2 - \mathbf{r}_1|$. Calculate the internal torque for the system; why does this quantity not vanish? Is the system conservative?

9-27. Derive Equation 9.90.

9-28. A particle of mass m_1 elastically collides with a particle of mass m_2 at rest. What is the maximum fraction of kinetic energy loss for m_1? Describe the reaction.

9-29. Derive Equation 9.91.

9-30. A tennis player strikes an incoming tennis ball of mass 60 g as shown in Figure 9-G. The incoming tennis ball velocity is $v_i = 8$ m/s, and the outgoing velocity is $v_f = 16$ m/s.

(a) What impulse was given to the tennis ball?

(b) If the collision time was 0.01 s, what was the average force exerted by the tennis racket?

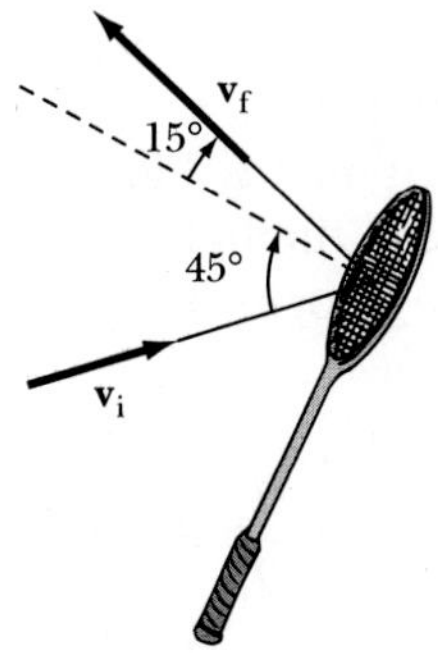

FIGURE 9-G Problem 9-30.

9-31. Derive Equation 9.92.

9-32. A particle of mass m and velocity u_1 makes a head-on collision with another particle of mass $2m$ at rest. If the coefficient of restitution is such to make the loss of total kinetic energy a maximum, what are the velocities v_1 and v_2 after the collision?

9-33. Show that T_1/T_0 can be expressed in terms of $m_2/m_1 \equiv \alpha$ and $\cos\psi \equiv y$ as

$$\frac{T_1}{T_0} = (1+\alpha)^{-2}\left(2y^2 + \alpha^2 - 1 + 2y\sqrt{\alpha^2 + y^2 - 1}\right)$$

Plot T_1/T_0 as a function of ψ for $\alpha = 1, 2, 4$, and 12. These plots correspond to the energies of protons or neutrons after scattering from hydrogen ($\alpha = 1$), deuterium ($\alpha = 2$), helium ($\alpha = 4$), and carbon ($\alpha = 12$), or of alpha particles scattered from helium ($\alpha = 1$), oxygen ($\alpha = 4$), and so forth.

9-34. A billiard ball of initial velocity u_1 collides with another billiard ball (same mass) initially at rest. The first ball moves off at $\psi = 45°$. For an elastic collision, what are the velocities of both balls after the collision? At what LAB angle does the second ball emerge?

9-35. A particle of mass m_1 with initial laboratory velocity u_1 collides with a particle of mass m_2 at rest in the LAB system. The particle m_1 is scattered through a LAB angle ψ and has a final velocity v_1, where $v_1 = v_1(\psi)$. Find the surface such that the time of travel of the scattered particle from the point of collision to the surface is independent of the scattering angle. Consider the cases **(a)** $m_2 = m_1$, **(b)** $m_2 = 2m_1$, and **(c)** $m_2 = \infty$. Suggest an application of this result in terms of a detector for nuclear particles.

9-36. In an elastic collision of two particles with masses m_1 and m_2, the initial velocities are $\mathbf{u}_1$ and $\mathbf{u}_2 = \alpha\mathbf{u}_1$. If the initial kinetic energies of the two particles are equal, find the conditions on u_1/u_2 and m_1/m_2 such that m_1 is at rest after the collision. Examine both cases for the sign of α.

9-37. When a bullet fires in a gun, the explosion subsides quickly. Suppose the force on the bullet is $F = (360 - 10^7\,t^2\,\mathrm{s}^{-2})$ N until the force becomes zero (and remains zero). The mass of the bullet is 3 g.
(a) What impulse acts on the bullet?
(b) What is the muzzle velocity of the gun?

9-38. Show that

$$\frac{T_1}{T_0} = \frac{m_1^2}{(m_1 + m_2)^2} \cdot S^2$$

where

$$S \equiv \cos\psi + \frac{\cos(\theta - \psi)}{\left(\dfrac{m_1}{m_2}\right)}$$

9-39. A particle of mass m strikes a smooth wall at an angle θ from the normal. The coefficient of restitution is ε. Find the velocity and the rebound angle of the particle after leaving the wall.

9-40. A particle of mass m_1 and velocity u_1 strikes head-on a particle of mass m_2 at rest. The coefficient of restitution is ε. Particle m_2 is tied to a point a distance a away as shown in Figure 9-H. Find the velocity (magnitude and direction) of m_1 and m_2 after the collision.

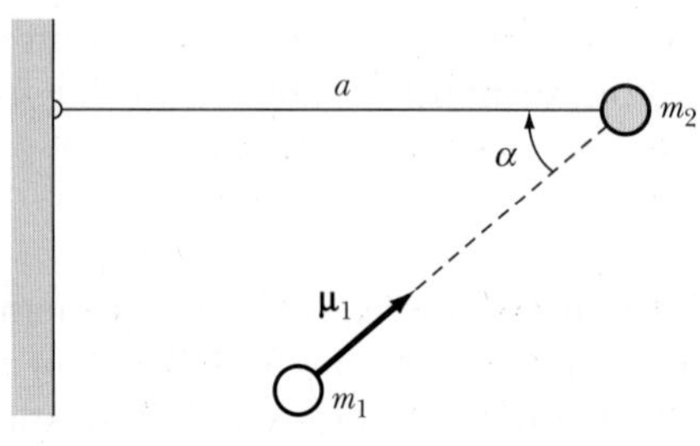

FIGURE 9-H Problem 9-40.

9-41. A rubber ball is dropped from rest onto a linoleum floor a distance h_1 away. The rubber ball bounces up to a height h_2. What is the coefficient of restitution? What fraction of the original kinetic energy is lost in terms of ε?

9-42. A steel ball of velocity 5 m/s strikes a smooth, heavy steel plate at an angle of 30° from the normal. If the coefficient of restitution is 0.8, at what angle and velocity does the steel ball bounce off the plate?

9-43. A proton (mass m) of kinetic energy T_0 collides with a helium nucleus (mass $4m$) at rest. Find the recoil angle of the helium if $\psi = 45°$ and the inelastic collision has $Q = -T_0/6$.

9-44. A uniformly dense rope of length b and mass density μ is coiled on a smooth table. One end is lifted by hand with a constant velocity v_0. Find the force of the rope held by the hand when the rope is a distance a above the table ($b > a$).

9-45. Show that the equivalent of Equation 9.129 expressed in terms of θ rather than ψ is

$$\sigma(\theta) = \sigma(\psi) \cdot \frac{1 + x\cos\theta}{(1 + 2x\cos\theta + x^2)^{3/2}}$$

9-46. Calculate the differential cross section $\sigma(\theta)$ and the total cross section σ_t for the elastic scattering of a particle from an impenetrable sphere; the potential is given by

$$U(r) = \begin{cases} 0, & r > a \\ \infty, & r < a \end{cases}$$

9-47. Show that the Rutherford scattering cross section (for the case $m_1 = m_2$) can be expressed in terms of the recoil angle as

$$\sigma_{\text{LAB}}(\zeta) = \frac{k^2}{T_0^2} \cdot \frac{1}{\cos^3 \zeta}$$

9-48. Consider the case of Rutherford scattering in the event that $m_1 \gg m_2$. Obtain an approximate expression for the differential cross section in the LAB coordinate system.

9-49. Consider the case of Rutherford scattering in the event that $m_2 \gg m_1$. Obtain an expression of the differential cross section in the CM system that is correct to first order in the quantity m_1/m_2. Compare this result with Equation 9.140.

9-50. A fixed force center scatters a particle of mass m according to the force law $F(r) = k/r^3$. If the initial velocity of the particle is u_0, show that the differential scattering cross section is

$$\sigma(\theta) = \frac{k\pi^2(\pi - \theta)}{mu_0^2\theta^2(2\pi - \theta)^2 \sin\theta}$$

9-51. It is found experimentally that in the elastic scattering of neutrons by protons ($m_n \cong m_p$) at relatively low energies, the energy distribution of the recoiling protons in the LAB system is constant up to a maximum energy, which is the energy of the incident neutrons. What is the angular distribution of the scattering in the CM system?

9-52. Show that the energy distribution of particles recoiling from an elastic collision is always directly proportional to the differential scattering cross section in the CM system.

9-53. The most energetic α-particles available to Ernest Rutherford and his colleagues for the famous Rutherford scattering experiment were 7.7 MeV. For the scattering of 7.7 MeV α-particles from ^{238}U (initially at rest) at a scattering angle in the lab of 90° (all calculations are in the LAB system unless otherwise noted), find the following:

(a) the recoil scattering angle of ^{238}U.
(b) the scattering angles of the α-particle and ^{238}U in the CM system.
(c) the kinetic energies of the scattered α-particle and ^{238}U.
(d) the impact parameter b.
(e) the distance of closest approach r_{min}.
(f) the differential cross section at 90°.
(g) the ratio of the probabilities of scattering at 90° to that of 5°.

9-54. A rocket starts from rest in free space by emitting mass. At what fraction of the initial mass is the momentum a maximum?

9-55. An extremely well-constructed rocket has a mass ratio (m_0/m) of 10. A new fuel is developed that has an exhaust velocity as high as 4500 m/s. The fuel burns at a constant rate for 300 s. Calculate the maximum velocity of this single-stage rocket, assuming constant acceleration of gravity. If the escape velocity of a particle from the earth is 11.3 km/s, can a similar single-stage rocket with the same mass ratio and exhaust velocity be constructed that can reach the moon?

9-56. A water droplet falling in the atmosphere is spherical. Assume that as the droplet passes through a cloud, it acquires mass at a rate equal to kA where k is a constant(>0) and A its cross-sectional area. Consider a droplet of initial radius r_0 that enters a cloud with a velocity v_0. Assume no resistive force and show **(a)** that the radius increases linearly with the time, and **(b)** that if r_0 is negligibly small then the speed increases linearly with the time within the cloud.

9-57. A rocket in outer space in a negligible gravitational field starts from rest and accelerates uniformly at a until its final speed is v. The initial mass of the rocket is m_0. How much work does the rocket's engine do?

9-58. Consider a single-stage rocket taking off from Earth. Show that the height of the rocket at burnout is given by Equation 9.166. How much farther in height will the rocket go after burnout?

9-59. A rocket has an initial mass of m and a fuel burn rate of α (Equation 9.161). What is the minimum exhaust velocity that will allow the rocket to lift off immediately after firing?

9-60. A rocket has an initial mass of 7×10^4 kg and on firing burns its fuel at a rate of 250 kg/s. The exhaust velocity is 2500 m/s. If the rocket has a vertical ascent from resting on the earth, how long after the rocket engines fire will the rocket lift off? What is wrong with the design of this rocket?

9-61. Consider a multistage rocket of n stages, each with exhaust speed u. Each stage of the rocket has the same mass ratio at burnout ($k = m_i/m_f$). Show that the final speed of the nth stage is $nu \ln k$.

9-62. To perform a rescue, a lunar landing craft needs to hover just above the surface of the moon, which has a gravitational acceleration of $g/6$. The exhaust velocity is 2000 m/s, but fuel amounting to only 20 percent of the total mass may be used. How long can the landing craft hover?

9-63. A new projectile launcher is developed in the year 2023 that can launch a 10^4 kg spherical probe with an initial speed of 6000 m/s. For testing purposes, objects are launched vertically.

(a) Neglect air resistance and assume that the acceleration of gravity is constant. Determine how high the launched object can reach above the surface of Earth.

(b) If the object has a radius of 20 cm and the air resistance is proportional to the square of the object's speed with $c_w = 0.2$, determine the maximum height reached. Assume the density of air is constant.

(c) Now also include the fact that the acceleration of gravity decreases as the object soars above Earth. Find the height reached.

(d) Now add the effects of the decrease in air density with altitude to the calculation. We can very roughly represent the air density by $\log_{10}(\rho) = -0.05h + 0.11$ where ρ is the air density in kg/m^3 and h is the altitude above Earth in km. Determine how high the object now goes.

9-64. A new single-stage rocket is developed in the year 2023, having a gas exhaust velocity of 4000 m/s. The total mass of the rocket is 10^5 kg, with 90% of its mass being fuel. The fuel burns quickly in 100 s at a constant rate. For testing purposes, the rocket is launched vertically at rest from Earth's surface. Answer parts **(a)** through **(d)** of the previous problem.

9-65. In a typical model rocket (Estes Alpha III) the Estes C6 solid rocket engine provides a total impulse of 8.5 N-s. Assume the total rocket mass at launch is 54 g and that it has a rocket engine of mass 20 g that burns evenly for 1.5 s. The rocket diameter is 24 mm. Assume a constant burn rate of the propellent mass (11 g), a rocket exhaust speed 800 m/s, vertical ascent, and drag coefficient $c_w = 0.75$. Determine

(a) The speed and altitude at engine burnout,

(b) Maximum height and time it occurs,

(c) Maximum acceleration,

(d) Total flight time, and

(e) Speed at ground impact.

Produce a plot of altitude and speed versus time. For simplicity, because the propellent mass is only 20% of the total mass, assume a constant mass during rocket burning.

9-66. For the previous problem, take into account the change of rocket mass with time and omit the effect of gravity. **(a)** Find the rocket's speed at burn out. **(b)** How far has the rocket traveled at that moment?

9-67. Complete the derivation for the burnout height H_{bo} in Example 9.13. Use the numbers for the *Saturn V* rocket in Example 9.12 and use Equations 9.167 and 9.168 to determine the height and speed at burnout.

제 10 장

비관성계에서의 운동

10.1 서론

2장과 7장의 설명으로 알 수 있듯이 역학 과정을 기술하는 데는 관성계를 쓰면 편리하고, 역학계의 운동 방정식은 반드시 관성계를 써서 나타낼 수 있다. 그러나 어떤 종류의 문제에서는 이 방정식들이 아주 복잡해지므로, 이와 같은 경우에는 비관성계를 쓰면 더욱 간단해진다.

예를 들어 지구 표면 또는 그 부근에서의 입자 운동을 기술하는 경우에는 지구에 고정된 좌표계를 쓰고 싶으나, 원래 지구는 항성을 기준으로 잡은 관성계에 대해 여러 가지 회전(따라서 가속도)이 조합된 복잡한 운동을 행하고 있으므로 지구 좌표계는 비관성계이다. 그런데 이와 같은 구별을 생각하지 않고도 여러 가지 문제에 대한 해가 원하는 정확도로 얻어지겠지만, 지구 좌표계가 비관성계라는 사실로부터 나오는 중요한 효과도 많이 있다.

사실 우리는 이미 바다의 조석을 배울 때 비관성계를 배웠다(5.5절). 지구-달과 해-지구 궤도에 의한 조력이 비관성계인 지표면 위에서 관찰되었다. 흥미로운 주제에 대해 이 장에서 더 공부하는 것을 공간이 허용하지 않지만, 적당한 설명을 다른 곳에서 찾을 수 있다.[1)]

다음 장에서 논의되는 강체의 운동에 대한 해석에도 비관성계를 쓰면 편리하다는 사실을 알고 있으므로, 이 장에서의 논의가 거기서 많이 사용될 것이다.

10.2 회전좌표계

두 개의 좌표를 생각해서 그 하나의 계를 고정계라든가 관성계라 하고, 또 하나의 계를 그 관성계에 대해서 운동하는 임의의 계라 할 때, 이 좌표계들을 각각 고정좌표계 및 회전좌표계라 부른다. 이 경우에 고정계에서의 좌표를 x_i', 회전계에서의 좌표를 x_i라 하고, 어떤 점 P를 그림 10-1과 같이 취하면, 명백히

$$\mathbf{r}' = \mathbf{R} + \mathbf{r} \tag{10.1}$$

이 성립한다. 여기서 $\mathbf{r}'$, $\mathbf{r}$은 각각 고정계 및 회전계에서의 P의 반지름 벡터이고, 또한 $\mathbf{R}$은 고정계에서의 회전계 원점의 위치를 나타내는 벡터이다.

그런데 임의의 무한소 변위는 항상 **순간 회전축**(instantaneous axis of rotation)이라 불리는 어떤 축 주위의 회전으로 나타낸다. 예를 들면, 경사면을 굴러 떨어지는 원판의 순간적인 운동은 원판과 경사면의 접촉점 주위의 회전으로서 기술되는 것이다. 따라서 x_i계가 어떤 임의의 무한소 변위에 대응하는 무한소 회전 $\delta\boldsymbol{\theta}$를 행하는 경우에, ($x_i$계에 대해서 순간적으로 정지하고 있는) P의 운동은 식 (1.106)을 써서 다음과

1) 예를 들어 다음을 참조하라. Knudsen and Hjorth(Kn00, 6장), M. S. Tiersten and H. Soodak, *Am. J. Phys.* **68**, 129(2000).

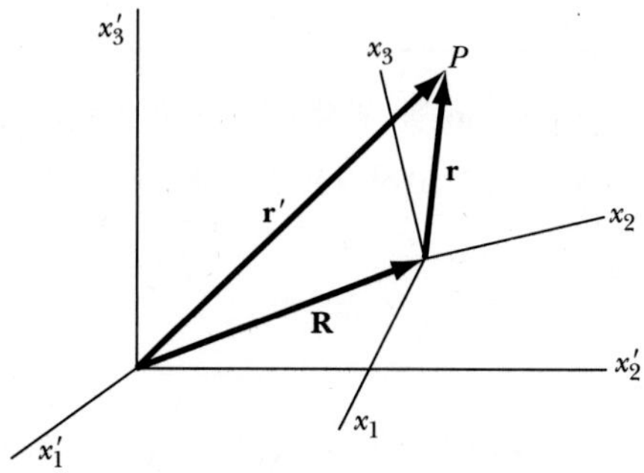

그림 10-1 x_i'는 고정계에서의 좌표이고, x_i는 회전계에서의 좌표이다. 벡터 R은 고정계에서의 회전계의 원점 위치를 나타낸다.

같이 나타낸다.

$$(d\mathbf{r})_{\text{fixed}} = d\boldsymbol{\theta} \times \mathbf{r} \tag{10.2}$$

여기서 'fixed'라고 붙인 이유는 $d\mathbf{r}$이 x_i'계, 즉 고정좌표계에서 측정된 양임을 확실히 나타내기 위해서이다. 다음에 이 식을 무한소 회전을 행한 시간 dt로 나누면 고정좌표계에서의 $\mathbf{r}$의 시간 변화율을 얻는다.

$$\left(\frac{d\mathbf{r}}{dt}\right)_{\text{fixed}} = \frac{d\boldsymbol{\theta}}{dt} \times \mathbf{r} \tag{10.3}$$

또는 회전의 각속도가

$$\boldsymbol{\omega} \equiv \frac{d\boldsymbol{\theta}}{dt} \tag{10.4}$$

이므로

$$\left(\frac{d\mathbf{r}}{dt}\right)_{\text{fixed}} = \boldsymbol{\omega} \times \mathbf{r} \qquad x_i\text{계에서 정지하고 있는 } P\text{에 대해서} \tag{10.5}$$

같이 쓴다. 이와 동일한 결과를 1.15절에서 얻었다.

점 P가 x_i계에 대해서 속도 $(d\mathbf{r}/dt)_{\text{rotating}}$을 갖는 경우에, 고정계에 대한 $\mathbf{r}$의 시간 변화율을 얻으려고 하면 이 속도를 $\boldsymbol{\omega} \times \mathbf{r}$에 덧붙일 필요가 있다. 즉, 다음이 성립한다.

$$\left(\frac{d\mathbf{r}}{dt}\right)_{\text{fixed}} = \left(\frac{d\mathbf{r}}{dt}\right)_{\text{rotating}} + \boldsymbol{\omega} \times \mathbf{r} \tag{10.6}$$

예제 10.1

회전좌표계에서 벡터 $\mathbf{r} = x_1\mathbf{e}_1 + x_2\mathbf{e}_2 + x_3\mathbf{e}_3$를 생각해보자. 고정좌표계나 회전좌표계가 원점을 공유하고 있을 때 회전좌표계의 각속도를 $\boldsymbol{\omega}$라 하고, 고정좌표계에서의 $\dot{\mathbf{r}}'$ 값을 직접 미분함으로써 구하라.

풀이

직접 시간에 관한 미분을 취하면

$$\left(\frac{d\mathbf{r}}{dt}\right)_{\text{fixed}} = \frac{d}{dt}\left(\sum_{\mathrm{i}} \mathrm{x}_{\mathrm{i}}\, \mathbf{e}_i\right)$$
$$= \sum_i (\dot{x}_i \mathbf{e}_i + x_i \dot{\mathbf{e}}_i) \tag{10.7}$$

이며, 첫 항은 회전좌표계에서 단순한 $\dot{\mathbf{r}}_r$인데 $\dot{\mathbf{e}}_i$는 무엇일까?

$$\dot{\mathbf{r}}_r = \left(\frac{d\mathbf{r}}{dt}\right)_{\text{rotating}}$$
$$\left(\frac{d\mathbf{r}}{dt}\right)_{\text{fixed}} = \dot{\mathbf{r}}_r + \sum_i x_i \dot{\mathbf{e}}_i \tag{10.8}$$

그림 10-2를 보면서 ω_i의 어느 성분이 $\mathbf{e}_1$을 회전시키는지 살피면 ω_2가 $\mathbf{e}_1$을 $-\mathbf{e}_3$ 쪽으로 회전시키고 ω_3는 $\mathbf{e}_1$을 $+\mathbf{e}_2$ 쪽으로 회전시킨다는 사실을 알게 된다. 따라서

$$\frac{d\mathbf{e}_1}{dt} = \omega_3 \mathbf{e}_2 - \omega_2 \mathbf{e}_3 \tag{10.9a}$$

마찬가지로

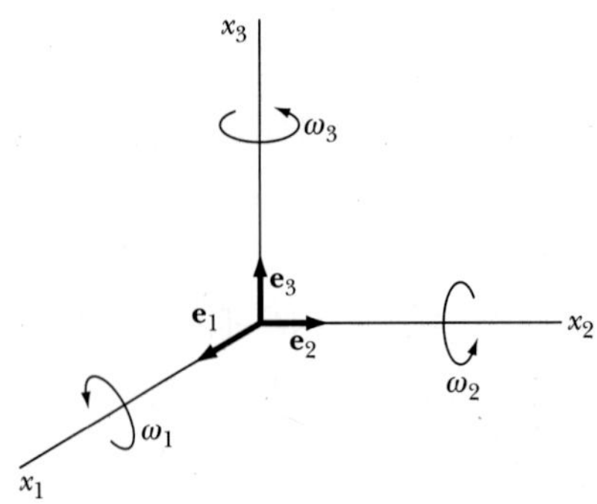

그림 10-2 각속도 성분 ω_i는 $\mathbf{e}_i$축 주위에서 계를 회전시킨다. 예를 들면, ω_3는 $\mathbf{e}_1$에서 $+\mathbf{e}_2$방향으로 회전시키는 것이다.

$$\frac{d\mathbf{e}_2}{dt} = -\omega_3\mathbf{e}_1 + \omega_1\mathbf{e}_3 \tag{10.9b}$$

$$\frac{d\mathbf{e}_3}{dt} = \omega_2\mathbf{e}_1 - \omega_1\mathbf{e}_2 \tag{10.9c}$$

이 모든 경우 단위벡터의 시간 미분의 방향은 그 크기를 변화시키지 않기 위해 그 단위벡터에 수직해야 한다.

식 (10.9a)~(10.9c)는

$$\dot{\mathbf{e}}_i = \boldsymbol{\omega} \times \mathbf{e}_i \tag{10.10}$$

같이 쓸 수 있으며, 식 (10.8)은

$$\begin{aligned}\left(\frac{d\mathbf{r}}{dt}\right)_{\text{fixed}} &= \dot{\mathbf{r}}_r + \sum_i \boldsymbol{\omega} \times x_i\mathbf{e}_i \\ &= \dot{\mathbf{r}}_r + \boldsymbol{\omega} \times \mathbf{r}\end{aligned} \tag{10.11}$$

이 된다. 이것은 식 (10.6)과 동일한 결과이다.

식 (10.6)을 유도할 때 변위 벡터 **r**을 택했으나, 그 경우에만 이 식이 성립하는 것은 아니다. 사실 임의의 벡터 **Q**에 대해서 다음 식이 성립한다.

$$\boxed{\left(\frac{d\mathbf{Q}}{dt}\right)_{\text{fixed}} = \left(\frac{d\mathbf{Q}}{dt}\right)_{\text{rotating}} + \boldsymbol{\omega} \times \mathbf{Q}} \tag{10.12}$$

식 (10.12)는 중요한 결과이다.

예를 들면, 각가속도 $\dot{\boldsymbol{\omega}}$가 고정계와 회전계에서 동일함을 안다. 즉, $\boldsymbol{\omega} \times \boldsymbol{\omega} = 0$을 쓰면

$$\left(\frac{d\boldsymbol{\omega}}{dt}\right)_{\text{fixed}} = \left(\frac{d\boldsymbol{\omega}}{dt}\right)_{\text{rotating}} + \boldsymbol{\omega} \times \boldsymbol{\omega} \equiv \dot{\boldsymbol{\omega}} \tag{10.13}$$

를 얻고, $\dot{\boldsymbol{\omega}}$는 두 계에서 값이 동일하다.

또한 식 (10.12)는 고정좌표계에 대한 점 P의 속도를 나타내는 식을 유도할 때도 사용한다. 즉, 식 (10.1)로부터

$$\left(\frac{d\mathbf{r}'}{dt}\right)_{\text{fixed}} = \left(\frac{d\mathbf{R}}{dt}\right)_{\text{fixed}} + \left(\frac{d\mathbf{r}}{dt}\right)_{\text{fixed}} \tag{10.14}$$

를 구하므로

$$\left(\frac{d\mathbf{r}'}{dt}\right)_{\text{fixed}} = \left(\frac{d\mathbf{R}}{dt}\right)_{\text{fixed}} + \left(\frac{d\mathbf{r}}{dt}\right)_{\text{rotating}} + \boldsymbol{\omega} \times \mathbf{r} \tag{10.15}$$

이 되고, 여기서

$$\mathbf{v}_f \equiv \dot{\mathbf{r}}_f \equiv \left(\frac{d\mathbf{r}'}{dt}\right)_{\text{fixed}} \tag{10.16a}$$

$$\mathbf{V} \equiv \dot{\mathbf{R}}_f \equiv \left(\frac{d\mathbf{R}}{dt}\right)_{\text{fixed}} \tag{10.16b}$$

$$\mathbf{v}_r \equiv \dot{\mathbf{r}}_r \equiv \left(\frac{d\mathbf{r}}{dt}\right)_{\text{rotating}} \tag{10.16c}$$

을 정의하면

$$\boxed{\mathbf{v}_f = \mathbf{V} + \mathbf{v}_r + \boldsymbol{\omega} \times \mathbf{r}} \tag{10.17}$$

로 쓸 수 있다. 여기서

$\mathbf{v}_f$ = 고정계에 대한 점 P의 속도
$\mathbf{V}$ = 고정계에 대한 회전계의 원점의 속도
$\mathbf{v}_r$ = 회전계에 대한 점 P의 속도
$\boldsymbol{\omega}$ = 고정계에 대한 회전계의 각속도
$\boldsymbol{\omega} \times \mathbf{r}$ = 회전계의 회전에 의해 점 P가 갖는 속도

10.3 원심력과 코리올리 힘

뉴턴의 방정식 $\mathbf{F} = m\mathbf{a}$는 관성계에서만 성립하므로, 입자가 받는 힘을 나타낼 때는 다음 식을 쓴다.

$$\mathbf{F} = m\mathbf{a}_f = m\left(\frac{d\mathbf{v}_f}{dt}\right)_{\text{fixed}} \tag{10.18}$$

여기서 미분은 고정계에 대해서 행해지는 것으로 한다. 식 (10.17)을 미분하면

$$\left(\frac{d\mathbf{v}_f}{dt}\right)_{\text{fixed}} = \left(\frac{d\mathbf{V}}{dt}\right)_{\text{fixed}} + \left(\frac{d\mathbf{v}_r}{dt}\right)_{\text{fixed}} + \dot{\boldsymbol{\omega}} \times \mathbf{r} + \boldsymbol{\omega} \times \left(\frac{d\mathbf{r}}{dt}\right)_{\text{fixed}} \tag{10.19}$$

가 된다. 첫 항을 $\ddot{\mathbf{R}}_f$로 대치하자. 즉,

$$\ddot{\mathbf{R}}_f \equiv \left(\frac{d\mathbf{V}}{dt}\right)_{\text{fixed}} \tag{10.20}$$

두 번째 항은 식 (10.12)의 $\mathbf{Q}$에 $\mathbf{v}_r$을 대입하면 얻어진다. 즉,

$$\begin{aligned}\left(\frac{d\mathbf{v}_r}{dt}\right)_{\text{fixed}} &= \left(\frac{d\mathbf{v}_r}{dt}\right)_{\text{rotating}} + \boldsymbol{\omega} \times \mathbf{v}_r \\ &= \mathbf{a}_r + \boldsymbol{\omega} \times \mathbf{v}_r \end{aligned} \tag{10.21}$$

여기서 $\mathbf{a}_r$은 회전좌표계에 대한 점 P의 가속도이다. 또한 식 (10.19)의 마지막 항은 식 (10.6)을 쓰면

$$\begin{aligned}\boldsymbol{\omega} \times \left(\frac{d\mathbf{r}}{dt}\right)_{\text{fixed}} &= \boldsymbol{\omega} \times \left(\frac{d\mathbf{r}}{dt}\right)_{\text{rotating}} + \boldsymbol{\omega} \times (\boldsymbol{\omega} \times \mathbf{r}) \\ &= \boldsymbol{\omega} \times \mathbf{v}_r + \boldsymbol{\omega} \times (\boldsymbol{\omega} \times \mathbf{r}) \end{aligned} \tag{10.22}$$

이 되므로, 이 식 (10.18)~(10.22)를 조합하면

$$\mathbf{F} = m\mathbf{a}_f = m\ddot{\mathbf{R}}_f + m\mathbf{a}_r + m\dot{\boldsymbol{\omega}} \times \mathbf{r} + m\boldsymbol{\omega} \times (\boldsymbol{\omega} \times \mathbf{r}) + 2m\boldsymbol{\omega} \times \mathbf{v}_r \tag{10.23}$$

을 얻는다. 그러나 회전좌표계에 있는 관측자에게는 입자에 작용하는 유효한 힘은 다음과 같다.

$$\mathbf{F}_{\text{eff}} \equiv m\mathbf{a}_r \tag{10.24}$$

$$= \mathbf{F} - m\mathbf{R}_f - m\dot{\boldsymbol{\omega}} \times \mathbf{r} - m\boldsymbol{\omega} \times (\boldsymbol{\omega} \times \mathbf{r}) - 2m\boldsymbol{\omega} \times \mathbf{v}_r \tag{10.25}$$

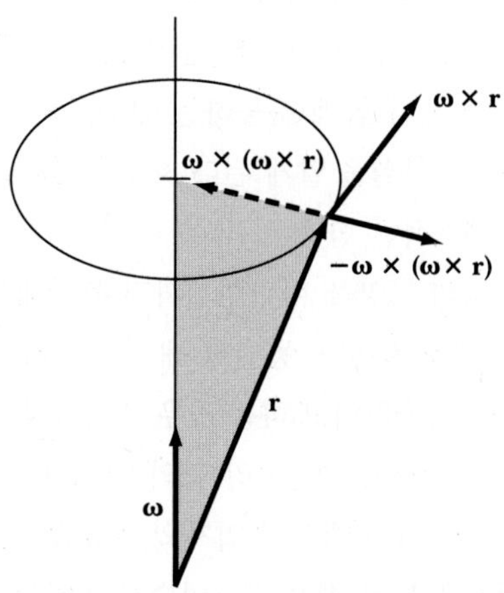

그림 10-3 벡터 $-\boldsymbol{\omega} \times (\boldsymbol{\omega} \times \mathbf{r})$은 바깥쪽으로 향하고 $\boldsymbol{\omega}$를 따르는 회전축으로부터 멀어진다. $-m\boldsymbol{\omega} \times (\boldsymbol{\omega} \times \mathbf{r})$ 항은 원심력이다.

첫 번째 항 $\mathbf{F}$는 고정관성계에서 측정될 때 입자에 작용하는 힘의 합이고, 두 번째 항$(-m\ddot{\mathbf{R}}_f)$과 세 번째 항$(-m\dot{\boldsymbol{\omega}}\times\mathbf{r})$은 고정계에 상대적으로 움직이고 있는 좌표계의 선형 가속도 및 각가속도에 의해 나타난 것들이다.

$-m\boldsymbol{\omega}\times(\boldsymbol{\omega}\times\mathbf{r})$은 보통 말하는 **원심력**으로, $\boldsymbol{\omega}$가 반지름 벡터에 수직한 경우에는 $m\omega^2 r$이 된다. 여기서 이 음부호는 원심력이 회전중심으로부터 **바깥쪽으로** 향함을 나타내고 있다(그림 10-3).

식 (10.25)의 마지막 항은 회전좌표계에 대한 입자의 운동으로부터 생기는 아주 새로운 힘으로 **코리올리 힘**(Coriolis force)이라 한다. 이 힘은 입자의 **운동**으로부터 생긴다는 사실에 특히 주의하라. 왜냐하면 이 힘은 v_r에 비례하기 때문에 운동이 없는 경우에는 나타나지 않기 때문이다.

그런데 우리는 지금까지 (몇 번인가) **원심력**이라는 용어를 쓰고 지금도 코리올리 힘을 도입했으므로 여기서 이 양들의 물리적인 의미를 조사할 필요가 있으나, 먼저 원심력과 코리올리 힘이 보통의 의미에서 힘이 아니라는 사실을 정말로 이해해두는 것이 중요하다. 이들은 뉴턴의 방정식과 비슷한 식이면서, 비관성계에서도 성립하는 방정식을 만들고자 하는 우리의 요구 때문에 인위적으로 도입된 것이다. 즉, 방정식

$$\mathbf{F} = m\mathbf{a}_f$$

는 관성계에서만 성립하는데, 회전계에서도(간단하게 하기 위해 $\ddot{\mathbf{R}}_f$와 $\dot{\boldsymbol{\omega}}$는 0이라고 하자)

$$\mathbf{F}_{\text{eff}} = m\mathbf{a}_r$$

실제 힘 $m\mathbf{a}_f$의 항으로 이러한 방정식을 아래와 같이 나타낼 수 있다.

$$\mathbf{F}_{\text{eff}} = m\mathbf{a}_f + (\text{비관성항})$$

여기서 '비관성항' 속에는 원심력과 코리올리 힘이 포함된다. 따라서 예를 들어 물체가 고정된 힘의 중심 주위를 회전할 경우에 물체에 작용하는 유일한 실제의 힘은 힘의 중심 방향의 인력이고, 이것이 **구심가속도**를 생기게 하는 것이다. 회전하는 물체와 함께 운동하는 관측자는 이 힘을 측정하게 되며 또한 물체가 힘의 중심 방향으로 넘어지지 않는다는 사실을 알게 된다. 이 사실을 물체에 작용하는 순 힘이 0이라는 요구와 양립시키기 위해서 관측자는 부가적인 힘(원심력)을 가정한 것이다. 그러나 이 '요구'는 어디까지나 인위적인 것이다. 이것은 뉴턴 방정식의 모양을 비관성계까지 확장해서 사용하려고 했기 때문에 생긴 것으로, 가공의 '보정력'을 도입해서 행해진 것이다. 동일한 해석이 코리올리 힘에 대해서도 가능하다. 이 힘은 회전하는 물체에 대한 상대 운동을 기술하려고 하는 경우에 나타나는 것이다.

이와 같이 인위적이기는 하지만, 원심력과 코리올리 힘의 개념이 도움이 되는 것은 명백하다. 즉, 관성계에서 회전 운동을 행하는 물체에 대해서 상대적인 입자의 운동을 기술하는 일이 명백히 복잡하긴 하지만, 비관성력을 도입해서 운동 방정식을 뉴턴 방정식과 비슷하게 하는 간단한 방법으로 문제를 비교적 쉽게 할 수가 있다.

예제 10.2

학생 한 명이 부드러운(마찰이 없는) 수평 평면을 가진 큰 메리고라운드 위에서 하키퍽으로 측정하고 있다. 메리고라운드는 위에서 봤을 때 반시계 방향으로 일정한 각속도 $\boldsymbol{\omega}$로 회전하고 있다. (a) 하키퍽을 밀었을 때 거기에 가해지는 유효 힘을 계산하라. (b) 메리고라운드 위에 있는 사람이 관찰할 때 퍽을 내밀 때의 방향과 속도에 따라서 그려지는 궤도를 그려라.

풀이

식 (10.25)에 있는 $\mathbf{F}_{\text{eff}}$ 속의 첫 3개 항은 0이다. 따라서 메리고라운드 위에 있는 사람이 관측하는 유효 힘은

$$\mathbf{F}_{\text{eff}} = -m\boldsymbol{\omega} \times (\boldsymbol{\omega} \times \mathbf{r}) - 2m\boldsymbol{\omega} \times \mathbf{v}_r \tag{10.26}$$

인데, 마찰력을 무시했다. $\mathbf{v}_r$은 회전면 위의 관측자가 측정한 속도이며, 유효 가속도는 다음과 같다.

$$\mathbf{a}_{\text{eff}} = \frac{\mathbf{F}_{\text{eff}}}{m} = -\boldsymbol{\omega} \times (\boldsymbol{\omega} \times \mathbf{r}) - 2\boldsymbol{\omega} \times \mathbf{v}_r \tag{10.27}$$

속도와 위치는 역으로 가속도를 적분함으로써 얻어진다. 즉,

$$\mathbf{v}_{\text{eff}} = \int \mathbf{a}_{\text{eff}}\, dt \tag{10.28a}$$

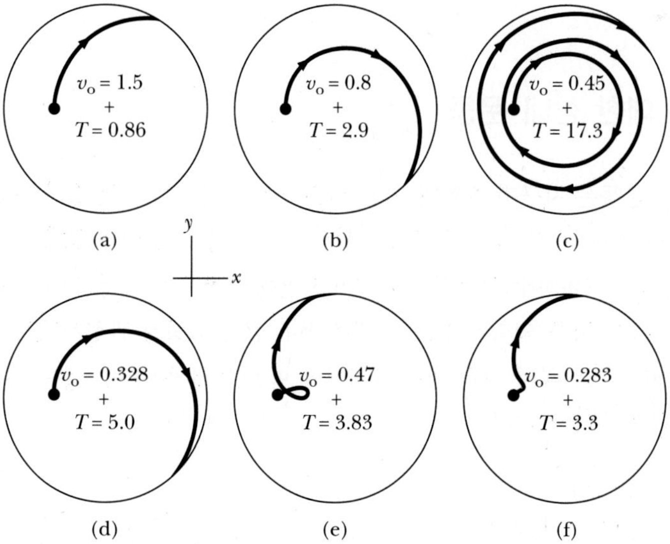

그림 10-4 시간 T에서 여러 초기 방향과 초기 속도 v_0에 대해 회전계에서 관찰된 대로 예제 10.2의 하키퍽의 운동. 각속도 ω(1 rad/s)는 페이지에서 나온다.

$$\mathbf{r}_{\text{eff}} = \int \mathbf{v}_{\text{eff}}\, dt \tag{10.28b}$$

메리고라운드의 중심을 회전좌표계의 원점으로 하자. 운동을 표기하기 위해서는 퍽 운동의 시발점과 속도가 필요하다. 예로서 메리고라운드의 반지름을 R로 놓고 속도를 ωR이란 단위로 표시하자. 퍽의 시발점은 언제나 (x, y) 좌표계의 $(-0.5R, 0)$ 점에 있을 것이다.

위치를 결정하기 위해서 수치 계산을 하여 그림 10-4에 여러 방향과 초기 속도 값에 대한 결과를 나타내었다. 이 계산에서 $\omega = 1$ rad/s, $R = 1$ m라고 하면 그림 10-4에 나타낸 v_0(초기 속도)와 T(퍽이 표면 밖으로 나가는 시간)의 단위는 m/s와 s가 된다. 그림 10-4a~d는 초기 속도가 $+y$방향이며 초기 속도는 차차 작아지고 있다. 그림 10-4a에서는 퍽이 빠르게 밀려나가고, 그림 10-4b와 d에서는 퍽이 비슷한 위치에서 밀려나간다. 그러나 퍽의 초기 속도나 경계선까지 도달하는 시간은 다르다. 이 두 가지 경우에 비해 그 중간 속도를 가진 그림 10-4c의 경우에는 메리고라운드를 몇 번 돌게 된다. 어떤 속도에서는 퍽이 계속 메리고라운드 위에 머물게 된다. 마지막 두 그림은 x축으로부터 45° 각도로 초기 속도가 시작하는 경우인데, 그림 10-4e는 퍽이 메리고라운드의 회전을 촉진하는 형태로 고리 모양을 그리고, 그림 10-4f에서는 갑작스럽게 그 방향을 바꾼다.

진짜 해볼 만한 것은 고정계와 회전좌표계에서 실제 궤도를 컴퓨터로 계산한 결과와 비교할 수 있는 실험이다. 상기와 같은 경우 퍽은 고정계에서는 직선으로 움직일 것이다. 왜냐하면 평면에 마찰도 외력도 없기 때문이다.

10.4 지구에 대한 상대 운동

관성계에 대한 지구의 운동은 지구축 주위의 회전이 우세하고, 다른 운동의 효과(태양 주위의 공전, 은하에 대한 태양계의 운동 등)는 비교적 작다. 만약 고정된 관성계 $x'y'z'$를 지구의 중심에 잡고 운동하는 좌표계를 지구의 표면에 잡으면 그림 10-5에 나타낸 바와 같이 지면에 가까운 데서 움직이는 물체의 운동을 기술할 수 있다. 그러므로 식 (10.25)를 역학적 운동에 적용한다. 힘은 고정된 관성계에서 측정되므로 $\mathbf{F} = \mathbf{S} + m\mathbf{g}_0$로 쓴다. 여기서 $\mathbf{S}$는 중력 외의 외력(충격, 전자기력, 마찰력)의 합이며, $m\mathbf{g}_0$는 지구를 향한 인력이다. 이때 $\mathbf{g}_0$는 지구의 중력장 벡터(식 (5.3))

$$\mathbf{g}_0 = -G\frac{M_E}{R^2}\mathbf{e}_R \tag{10.29}$$

을 나타내며, 여기서 M_E는 지구의 질량, R은 그 반지름이고, $\mathbf{e}_R$은 그림 10-5에 표시한 $\mathbf{R}$방향의 단위벡터를 말한다. 지구는 균일한 구이며, $\mathbf{R}$은 지구의 중심으로부터 잰다고 가정한다. 중력의 가속도는 지구의 편구, 불균일한 밀도, 위도로 인해 위치에 따라 일정하지 않다. 여기서는 지구에 대한 상대 운동에 그러한 복

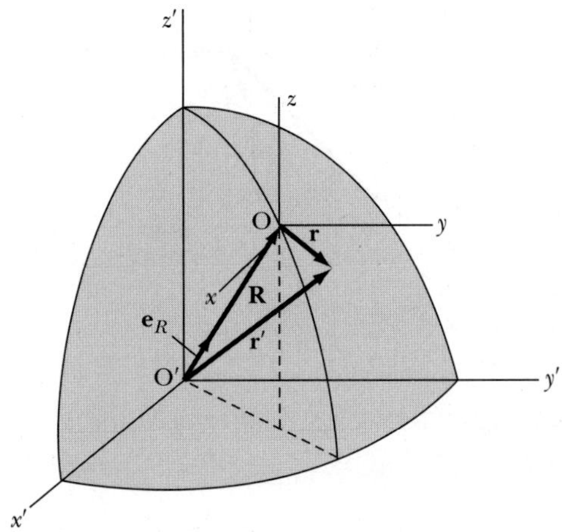

그림 10-5 지구의 표면에 가까이 있는 물체의 운동을 조사하기 위해서 고정관성계 $x'y'z'$를 지구의 중심에 잡고, 운동하는 좌표계를 지구의 표면에 잡는다.

잡한 요소를 부가하지 않기로 한다. 그러나 전에도 지적했듯이 그러한 효과는 결국 컴퓨터로 계산함으로써 고려할 수 있다.

지면에 놓은 운동좌표계에서의 유효 힘 $\mathbf{F}_{\text{eff}}$는 식 (10.25)로부터 다음과 같이 주어진다.

$$\mathbf{F}_{\text{eff}} = \mathbf{S} + m\mathbf{g}_0 - m\ddot{\mathbf{R}}_f - m\dot{\boldsymbol{\omega}} \times \mathbf{r} - m\boldsymbol{\omega} \times (\boldsymbol{\omega} \times \mathbf{r}) - 2m\boldsymbol{\omega} \times \mathbf{v}_r \tag{10.30}$$

여기서 지구의 각속도 $\boldsymbol{\omega}$는 관성계의 z'방향($\mathbf{e}'_z$)을 향하고 있다. ω 값은 7.3×10^{-5} rad/s인데, 비교적 느린 속도이지만 지구의 공전주기보다 365배나 큰 것이다. $\boldsymbol{\omega}$ 값은 실질적으로 일정하므로 $\dot{\boldsymbol{\omega}} \times \mathbf{r}$ 항은 무시될 것이다.

식 (10.12)에 의해 식 (10.30)의 제3항은

$$\ddot{\mathbf{R}}_f = \boldsymbol{\omega} \times \dot{\mathbf{R}}_f$$

$$\ddot{\mathbf{R}}_f = \boldsymbol{\omega} \times (\boldsymbol{\omega} \times \mathbf{R}) \tag{10.31}$$

이므로

$$\mathbf{F}_{\text{eff}} = \mathbf{S} + m\mathbf{g}_0 - m\boldsymbol{\omega} \times [\boldsymbol{\omega} \times (\mathbf{r} + \mathbf{R})] - 2m\boldsymbol{\omega} \times \mathbf{v}_r \tag{10.32}$$

이 된다. 제2항과 제3항(m으로 나눔)은 지상에서 얻어지는(또는 측정되는) 유효 $\mathbf{g}$ 값이며, 지금부터 $\mathbf{g}$로 표시하기로 한다. 즉,

$$\mathbf{g} = \mathbf{g}_0 - \boldsymbol{\omega} \times [\boldsymbol{\omega} \times (\mathbf{r} + \mathbf{R})] \tag{10.33}$$

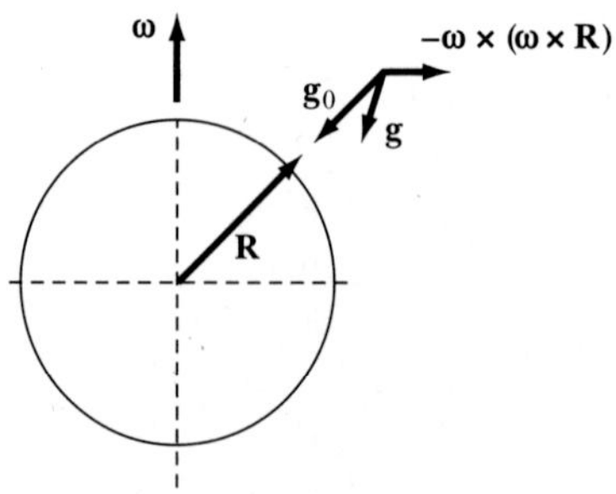

그림 10-6 지구의 표면 가까이에서 $\mathbf{g}_0$(지구의 중력장 벡터) 항과 $-\boldsymbol{\omega} \times (\boldsymbol{\omega} \times \mathbf{R})$ (원심력)항은 유효 g(그 밖의 작은 항은 무시된다)를 만든다. g에 대한 원심력항의 효과는 여기서 과장되었다.

식 (10.33)의 제2항은 원심력이다. 지금 우리는 지구 표면에 가까운 운동에 극한하고 있기 때문에 $r \ll R$이면 원심력 $\boldsymbol{\omega} \times (\boldsymbol{\omega} \times \mathbf{R})$로 근사된다. 지면에서 먼 위치에서는 위도에 의한 g 값의 변화와 $\boldsymbol{\omega} \times (\boldsymbol{\omega} \times \mathbf{r})$ 항을 다 같이 고려해야 한다. 원심력은 지구가 편구라는 사실과 관련이 있다. 지구는 결코 단단한 구가 아니고 강한 점착력 있는 고형 껍질을 가진 액체와 같은 것이다. 회전 때문에 지구는 변형되고 있고 적도 반지름이 극점 반지름보다 21.4 km나 크고 극에서의 중력가속도도 적도상의 값보다 0.052 m/s^{2}이나 크다. 잠잠한 바다의 표면은 $\mathbf{g}_0$가 아닌 $\mathbf{g}$에 수직이고 평균적으로 지면도 $\mathbf{g}$에 수직이다.

식 (10.32)를 좀 더 간단한 형태로 쓰면

$$\boxed{\mathbf{F}_{\text{eff}} = \mathbf{S} + m\mathbf{g} - 2m\,\boldsymbol{\omega} \times \mathbf{v}_r} \tag{10.34}$$

이 된다. 지면 근처에서의 물체 운동을 논의할 때 이용되는 수식은 바로 이 식이다.

그러나 먼저 식 (10.33)의 유효 중력가속도 $\mathbf{g}$를 다시 보자. 진자의 주기로부터 $\mathbf{g}$ 값을 얻을 수 있고, 평형 상태에 있는 연직추(鉛直錘)의 방향으로부터 $\mathbf{g}$의 방향을 알 수 있다. $\omega^2 R$ 값은 0.034 m/s^{2}인데, $\mathbf{g}$의 크기에 영향을 줄 만한 크기(0.35%)이다. 원심력항 $-\boldsymbol{\omega} \times [\boldsymbol{\omega} \times (\mathbf{r} + \mathbf{R})]$의 방향을 그림 10-3처럼($\mathbf{r}$은 그림 10-5에서의 $\mathbf{r}'$) 잡았다. 원심력항($-\boldsymbol{\omega} \times [\boldsymbol{\omega} \times (\mathbf{r} + \mathbf{R})]$)의 방향은 회전하는 지구축에 대해 바깥쪽으로 향하고 있으며, 연직추의 방향은 원심력항을 포함하고 있다. 이 사실 때문에 주어진 점에서 $\mathbf{g}$의 방향을 일반적으로 (그 점과 지구의 중심을 잇는 선의 방향으로 정의된; 연습문제 10-12 참조) 진짜 수직과 약간 다르다. 이 사정은 그림 10-6에 (많이 과장되어) 나타나 있다.

코리올리 힘의 효과

지구축 주위의 지구의 회전을 나타내는 가속도 벡터 $\boldsymbol{\omega}$는 북을 향해서 있으므로, 북반구에서 $\boldsymbol{\omega}$는 그 위치에서의 외향법선 방향으로 성분 ω_z를 갖게 된다. 그 때문에, 입자가 속도 $\mathbf{v}_r$로(지구 표면의 국소좌표계에서

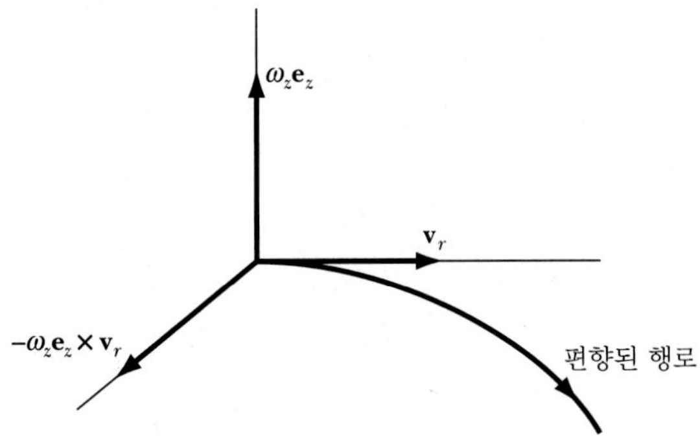

그림 10-7 북반구에서 수평면에 사영된 입자는 입자 운동 방향의 오른쪽으로 향할 것이다. 남반구에서는 방향이 왼쪽으로 향할 것이다.

의) 수평면상에서 던져졌을 때 코리올리 힘 $-2m\boldsymbol{\omega} \times \mathbf{v}_r$은 입자의 운동 방향을 향해서 오른쪽인 수평면상에서 크기 $2m\omega_z v_r$의 성분을 갖게 되고(그림 10-7 참조), 입자의 운동에 원래 운동으로부터의 편향이 나타나는 것이다.[2)]

코리올리 힘의 수평 성분의 크기는 $\boldsymbol{\omega}$의 수직 성분의 크기에 비례하므로, 코리올리 힘 중에서 편향을 일으키는 부분은 위도에 의존하고, 북극에서는 최대, 적도에서는 0이 된다. 그러나 남반구에서는 성분 ω_z의 방향이 그 위치에서의 내향법선 방향이 되므로, 방향의 편향은 모두 북반구의 것과 정반대이다.[3)]

코리올리 힘의 가장 눈에 띄는 효과는 공기 질량에 나타난 것이다. 공기가 고압 영역으로부터 저압 쪽으로 흐를 때 코리올리 힘이 북반구에서는 공기를 오른쪽으로 편향하게 하여 선풍을 만든다(그림 10-8). 공기는 오른쪽이 고압이고 저압 상태로 회전한다. 고압은 공기가 코리올리 힘에 의해 오른쪽으로 휘어가는 것을 막고, 결과적으로 반시계 방향으로 도는 공기 흐름을 만든다. 온건한 영역에서의 공기 흐름은 기압경사를 따라가는 것이 아니라 오히려 코리올리 힘과 회전으로 야기된 원심력에 인한 등압선을 따라간다.

적도 근처에서는 태양이 지구 표면에 열을 가하기 때문에 따끈한 표준 공기가 올라간다. 따라서 북반구에서는 좀 더 서늘한 공기가 적도를 향해 남쪽으로 움직이게 된다. 코리올리 힘은 이 공기 흐름을 오른쪽으로 편향시키고 결과적으로 무역풍을 낳게 한다. 이로 인해 북반구에서는 남서풍, 남반구에서는 북서풍이 분다. 이 특별한 효과는 $\boldsymbol{\omega}$와 공기의 표면 속도 $\mathbf{v}$의 방향 때문에 적도에서는 일어나지 않는다.

2) 푸아송(Poisson)이 입사 입자 운동의 수정에 대해 1837년에 논의한 바 있다.

3) 제1차 세계대전 초기에 포클랜드(Falkland) 제도 근해에서 벌어진 해전에서 영국 사격수가 정확히 조준을 맞추었는데도 독일 군함의 왼쪽 100야드 지점에 포탄이 떨어지는 것을 보고 놀랐다. 조준기 제작자는 코리올리 휘어짐을 잘 알고 있어서 이를 고려했으나, 그들은 모든 해전이 북위 50° 근처에서 일어날 것으로만 예상하여 남위 50° 근처에서도 일어날 것이라고는 꿈에도 생각하지 않았던 것이다. 그래서 영국의 포탄은 목표물로부터 코리올리 휘어짐의 2배나 떨어진 장소에 떨어졌던 것이다.

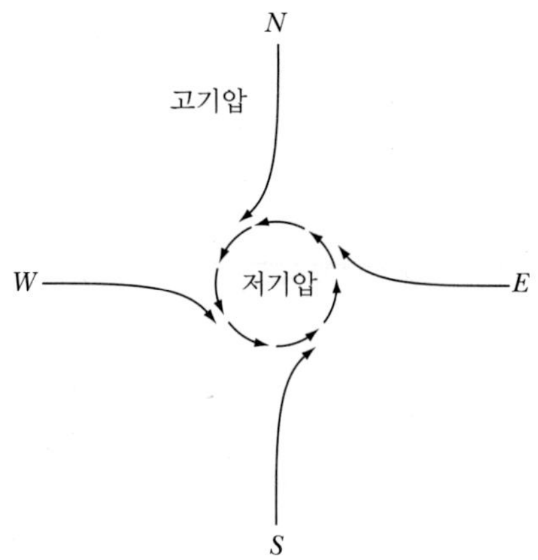

그림 10-8 코리올리 힘은 북반구에서 공기를 오른쪽으로 편향하게 하여 회오리 바람을 만든다.

실제 일어나는 대기 질량의 집단 운동은 훨씬 복잡하나, 선풍이나 무역풍의 질적인 특징은 코리올리 힘을 고려하면 정확하게 얻어진다. 그런데 물의 소용돌이 운동도 (적어도 원리적으로는) 이것과 같으나, 실제로는 그 밖의 요소(여러 가지 섭동과 기타 각운동량)가 코리올리 힘보다도 크고, 그러므로 소용돌이는 흐름의 앞뒤에 생긴다. 실험실에서 실행해봐도 코리올리 힘의 효과를 분리하기는 아주 어렵다(유람선이 적도를 넘어갈 때 수세식 변기나 목욕탕 속의 물이 반대 방향으로 돈다는 보고는 아마 너무 과장된 이야기일 것이다).

예제 10.3

지면으로부터 높이 h에서 지구의 중력장 속을 자유 낙하하는 입자에 가해지는 코리올리 힘에 의한 수평 방향의 편향을 구하라.

풀이

$\mathbf{S} = 0$인 경우의 식 (10.34)를 사용한다. $\mathbf{F}_{\text{eff}} = m\mathbf{a}_r$이라 하면 지구에 고정된 회전좌표계 속에서 입자의 가속도를 구할 수 있다.

$$\mathbf{a}_r = \mathbf{g} - 2\boldsymbol{\omega} \times \mathbf{v}_r$$

중력 $\mathbf{g}$에 의한 가속은 유효하며 수직 방향이다. z축을 지구의 표면으로부터 수직 외향($-\mathbf{g}$에 따라)으로 취하고, 그 방향의 단위벡터를 $\mathbf{e}_z$로 정의하여 그림 10-9처럼 $\mathbf{e}_x$를 남쪽으로, $\mathbf{e}_y$를 동쪽으로 선택해서 오른손 좌표계를 만들자. 낙하 거리는 충분히 짧아, g는 낙하하는 사이에 일정하다고 하자.

회전좌표계의 원점 O가 북반구에 있다고 하면

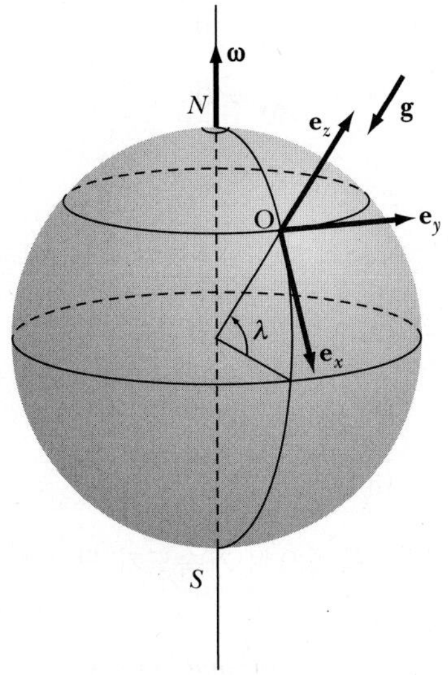

그림 10-9 코리올리 힘에 의해 자유 낙하하는 입자의 연직선으로부터의 수평 방향 편이를 구하는 지구 표면에서의 좌표계

$$\omega_x = -\omega \cos\lambda$$
$$\omega_y = 0$$
$$\omega_z = \omega \sin\lambda$$

가 된다.

또한 코리올리 힘이 있기 때문에 $\mathbf{e}_y$방향과 $\mathbf{e}_x$방향에도 작은 속도 성분이 나타나는데, 이들 $\dot{x}$, $\dot{y}$는 수직 방향 성분 $\dot{z}$와 비교해서 무시할 수 있으므로, 근사적으로 다음과 같이 쓴다.

$$\dot{x} \cong 0$$
$$\dot{y} \cong 0$$
$$\dot{z} \cong -gt$$

여기서 $\dot{z}$는 정지 상태에서 낙하하기 시작했다고 해서 구한 것이다. 따라서

$$\boldsymbol{\omega} \times \mathbf{v}_r \cong \begin{vmatrix} \mathbf{e}_x & \mathbf{e}_y & \mathbf{e}_z \\ -\omega\cos\lambda & 0 & \omega\sin\lambda \\ 0 & 0 & -gt \end{vmatrix}$$

$$\cong -(\omega g t \cos\lambda)\mathbf{e}_y$$

를 얻는다. $\mathbf{g}$의 성분은

$$g_x = 0$$

$$g_y = 0$$

$$g_z = -g$$

이므로, 결국 $\mathbf{a}_r$의 각 성분은 다음과 같다(ω^2의 항을 무시했다.[4] 연습문제 10-13 참조).

$$(\mathbf{a}_r)_x = \ddot{x} \cong 0$$

$$(\mathbf{a}_r)_y = \ddot{y} \cong 2\omega g t \cos\lambda$$

$$(\mathbf{a}_r)_z = \ddot{z} \cong -g$$

이리하여 코리올리 힘은 $\mathbf{e}_y$방향, 따라서 동쪽으로 가속도가 생기게 하고, 이 $\ddot{y}$를 2회 적분하면

$$y(t) \cong \frac{1}{3}\omega g t^3 \cos\lambda$$

를 얻는다. 여기서 $t = 0$일 때 $y = 0$, $\dot{y} = 0$을 썼다. $\ddot{z}$를 적분하면 잘 알려진 낙하 거리에 관한 결과

$$z(t) \cong z(0) - \frac{1}{2}gt^2$$

이 구해지고, $h = z(0)$으로부터의 낙하시간은

$$t \cong \sqrt{2h/g}$$

가 되므로, 북위 λ, 높이 h의 정지위치에서 낙하하는 입자의 동쪽으로의 편향 d는 다음과 같다.[5]

$$d \cong \frac{1}{3}\omega\cos\lambda\sqrt{\frac{8h^3}{g}} \tag{10.35}$$

따라서 위도 45°에서 100 m의 높이로부터 낙하하는 물체는 (공기 저항을 무시하면) 대략 1.55 cm의 편향이 생긴다.

---

4) M. S. 티어스텐(Tiersten) 및 H. 수닥(Soodak) (*Am. J. Phys.* **68**, 129(2000))에 의하면, 남쪽 편향은 약 100 m의 낙하에 대해 동쪽 편향보다 백만 배는 더 작은 차수이고, 남쪽 편향은 여러 번의 시도에도 불구하고 정확하게 측정된 믿을 만한 증거가 없다.

5) 동쪽 편향은 뉴턴이 1679년에 예측했고, 여러 번의 실험(특히 로버트 훅의 실험이 유명하다)이 그 결과를 입증한 것으로 보인다. 가장 세심한 실험은 R. 라이히(Reich, 1813년에 실행되어 1833년에 출판됨)가 한 것인데, 188 m 깊이의 탄광통 속에 돌멩이를 떨어뜨려서 평균 28 mm의 편향을 관측했다. 이 값은 식 (10.35)로 계산한 것보다 작은데 이는 공기 저항 때문이다. 이 모든 실험에서 편향의 작은 남쪽 성분이 관측되었는데, 코리올리 정리가 인정될 때까지 고려되지 않았었다(연습문제 10-13과 10-14 참조).

예제 10.4

비관성계에서의 운동 방정식을 구할 때 코리올리의 방법이 어떤 위력을 발휘하는지를 보이기 위해, 이번에는 전에 설명한 중심력에 의한 운동의 이론만을 써서 바로 앞의 예제를 풀어보라.

풀이

질량이 작은 입자가 지상 h의 높이에서 낙하할 경우에, 입자가 그리는 궤도는 원뿔 곡선(이심률이 $\varepsilon \cong 1$로, 지구 중심의 아주 가까이에 하나의 초점을 갖는 타원)이 된다. 지구의 반지름을 R, 위도(단, 북위)를 λ라 하면, 방출되는 순간에 입자는 동쪽으로 수평 속도

$$v_{\text{hor}} = r\omega \cos \lambda = (R + h)\omega \cos \lambda$$

를 갖게 되고, 그 때문에 지구의 중심을 지나는 축 주위의 각운동량은

$$l = mrv_{\text{hor}} = m(R + h)^2\omega \cos \lambda \tag{10.36}$$

가 된다. 또한 θ를 입자의 처음 위치에서 측정한다고 하면(그림 10-10 참조), 궤도 방정식은[6)]

$$\frac{\alpha}{r} = 1 - \varepsilon \cos \theta \tag{10.37}$$

가 되고, $t = 0$일 때

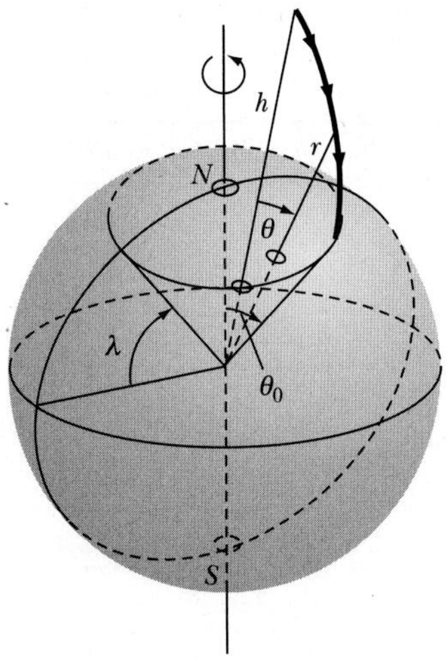

그림 10-10 중심력에 의한 운동을 사용하여 비관성계에서 낙하하는 입자의 운동을 기술하는 다소 복잡한 도형

6) 이 두 경우에 θ에 대한 원점이 다르기 때문에 식 (10.37)과 식 (8.41) 사이에 부호 변화가 있다는 점에 유의하자.

$$\frac{\alpha}{R+h} = 1 - \varepsilon$$

이므로, 식 (10.37)은

$$r = \frac{(1-\varepsilon)(R+h)}{1-\varepsilon\cos\theta} \tag{10.38}$$

로 쓸 수 있다. 다음에 면적 속도의 식 (8.12)에서

$$\frac{1}{2}r^2\frac{d\theta}{dt} = \frac{1}{2m}$$

을 얻으므로, 각 θ만큼 이동하는 데 필요한 시간은

$$t = \frac{m}{l}\int_0^\theta r^2 d\theta$$

가 되고, 이 식에 식 (10.36)의 l과 식 (10.38)의 r을 대입하면

$$t = \frac{1}{\omega\cos\lambda}\int_0^\theta\left(\frac{1-\varepsilon}{1-\varepsilon\cos\theta}\right)^2 d\theta \tag{10.39}$$

가 구해진다.

더욱이 입자가 지상($r = R$)에 도달했을 때의 θ를 $\theta = \theta_0$라 하면, 식 (10.38)은

$$\frac{R}{R+h} = \frac{1-\varepsilon}{1-\varepsilon\cos\theta_0}$$

이 되므로, 이 역수를 취하면

$$\begin{aligned} 1 + \frac{h}{R} &= \frac{1-\varepsilon\cos\theta_0}{1-\varepsilon} \\ &= \frac{1-\varepsilon[1-2\sin^2(\theta_0/2)]}{1-\varepsilon} \\ &= 1 + \frac{2\varepsilon}{1-\varepsilon}\sin^2\frac{\theta_0}{2} \end{aligned} \tag{10.40}$$

가 되고, 이로부터

$$\frac{h}{R} = \frac{2\varepsilon}{1-\varepsilon}\sin^2\frac{\theta_0}{2}$$

를 얻는다. 그런데 입자가 그리는 궤도는 거의 수직이므로, 입자가 방출된 순간의 위치와 그것이 도달한

지상 위치 사이의 각 θ는 거의 변하지 않는다. 즉, θ_0는 작아서 $\sin(\theta_0/2) \cong \theta_0/2$로 근사할 수 있으므로

$$\frac{h}{R} \cong \frac{\varepsilon\theta_0^2}{2(1-\varepsilon)} \tag{10.41}$$

이 된다.

여기서 식 (10.40)을 구할 때 사용한 것과 같은 방법으로 식 (10.39)의 피적분 함수를 전개하면

$$t = \frac{1}{\omega\cos\lambda}\int_0^\theta \frac{d\theta}{\{1+[2\varepsilon/(1-\varepsilon)]\sin^2(\theta/2)\}^2}$$

가 되고, 이것은 또한 θ가 작으므로

$$t \cong \frac{1}{\omega\cos\lambda}\int_0^\theta \frac{d\theta}{[1+\varepsilon\theta^2/2(1-\varepsilon)]^2}$$

로 쓸 수 있다. 이 식에 식 (10.41)의 $\varepsilon/2(1-\varepsilon)$을 대입하고, 총 낙하시간을 $t(\theta=\theta_0) = T$라고 하면

$$\begin{aligned}
T &\cong \frac{1}{\omega\cos\lambda}\int_0^{\theta_0} \frac{d\theta}{[1+(h\theta^2/R\theta_0^2)]^2} \\
&\cong \frac{1}{\omega\cos\lambda}\int_0^{\theta_0}\left(1-\frac{2h}{R\theta_0^2}\theta^2\right)d\theta \\
&= \frac{1}{\omega\cos\lambda}\left(1-\frac{2h}{3R}\right)\theta_0
\end{aligned}$$

가 되므로, 이를 θ_0에 대해 풀면

$$\theta_0 \cong \frac{\omega T\cos\lambda}{1-2h/3R} \cong \omega T\cos\lambda\left(1+\frac{2h}{3R}\right)$$

를 얻는다.

그런데 낙하시간 T 동안에 지구는 각 ωT만큼 회전하므로, 입자의 최초 위치의 바로 밑에 있던 지상의 점은 $R\omega T\cos\lambda$만큼 동쪽으로 이동해 있고 입자도 $R\theta_0$만큼 동쪽으로 편향되므로, 결국 동쪽에서의 순 편차 d는 다음과 같다.

$$\begin{aligned}
d &= R\theta_0 - R\omega T\cos\lambda \\
&= \frac{2}{3}h\omega T\cos\lambda
\end{aligned}$$

여기서 앞의 예제에서 한 것처럼 $T \cong \sqrt{2h/g}$를 쓰면, 결국

$$d \cong \frac{1}{3}\omega \cos\lambda \sqrt{\frac{8h^3}{g}}$$

을 얻게 되는데, 이것은 앞의 결과와 같다(식 (10.35)).

예제 10.5

진자는 코리올리 힘에 의해 세차 운동, 즉 등가 진자의 진동면이 시간에 따라 회전하게 된다. 푸코 진자(Foucault pendulum)[7]라고 불리는 이 계의 운동을 기술하라.

풀이

지금 이 효과를 기술하기 위해서, 진자의 평형점을 원점으로 하고 평형점에서의 수직선을 z축으로 하는 좌표계를 선택한다. 여기서는 진동면의 회전만을 주목한다. 즉, x-y평면(수평면)에서의 진자 추의 운동만을 생각하고자 하므로, 여기서는 수평 방향의 진폭이 진자의 길이와 비교해서 작은 미소 진폭의 진동만을 취급한다. 이 조건하에서 $\dot{z}$는 $\dot{x}$ 및 $\dot{y}$와 비교해서 작고 무시할 수가 있다.

$$\mathbf{a}_r = \mathbf{g} + \frac{\mathbf{T}}{m} - 2\boldsymbol{\omega} \times \mathbf{v}_r \tag{10.42}$$

이고, $\mathbf{T}/m$은 그림 10-11에 나타나 있듯이 진자 실의 장력에 의해 생기는 가속도이므로, 근사적으로 다음과 같이 쓴다.

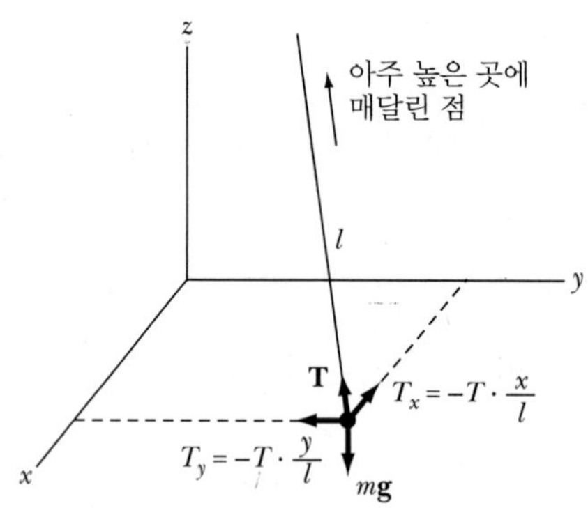

그림 10-11 푸코 진자의 도형. 가속도 벡터 **g**는 $-z$방향이고 장력 **T**는 x, y, z 성분으로 분리된다.

7) 프랑스의 물리학자 장 베르나르 레옹 푸코(Jean-Bernard-Léon Foucault), 1819~1868)가 1851년에 연구했다.

$$\left.\begin{aligned} T_x &= -T\cdot\frac{x}{l} \\ T_y &= -T\cdot\frac{y}{l} \\ T_z &\cong T \end{aligned}\right\} \tag{10.43}$$

전과 같이

$$\begin{aligned} g_x &= 0 \\ g_y &= 0 \\ g_z &= -g \end{aligned}$$

및

$$\begin{aligned} \omega_x &= -\omega\cos\lambda \\ \omega_y &= 0 \\ \omega_z &= \omega\sin\lambda \end{aligned}$$

이고, 또한

$$\begin{aligned} (\mathbf{v}_r)_x &= \dot{x} \\ (\mathbf{v}_r)_y &= \dot{y} \\ (\mathbf{v}_r)_z &= \dot{z} \cong 0 \end{aligned}$$

이므로

$$\boldsymbol{\omega}\times\mathbf{v} \cong \begin{vmatrix} \mathbf{e}_x & \mathbf{e}_y & \mathbf{e}_z \\ -\omega\cos\lambda & 0 & \omega\sin\lambda \\ \dot{x} & \dot{y} & 0 \end{vmatrix}$$

이 되고, 이로부터

$$\left.\begin{aligned} (\boldsymbol{\omega}\times\mathbf{v}_r)_x &\cong -\dot{y}\,\omega\sin\lambda \\ (\boldsymbol{\omega}\times\mathbf{v}_r)_y &\cong \dot{x}\,\omega\sin\lambda \\ (\boldsymbol{\omega}\times\mathbf{v}_r)_z &\cong -\dot{y}\,\omega\cos\lambda \end{aligned}\right\} \tag{10.44}$$

를 얻는다. 이리하여 우리가 다룰 방정식은

$$\left.\begin{aligned} (\mathbf{a}_r)_x &= \ddot{x} \cong -\frac{T}{m}\cdot\frac{x}{l} + 2\dot{y}\omega\sin\lambda \\ (\mathbf{a}_r)_y &\cong \ddot{y} \cong -\frac{T}{m}\cdot\frac{y}{l} - 2\dot{x}\omega\sin\lambda \end{aligned}\right\} \tag{10.45}$$

가 된다. 미소 변위에 대해서는 $T \cong mg$이므로, 정의 $\alpha^2 \equiv T/ml \cong g/l$ 및 $\omega_z = \omega \sin\lambda$를 쓰면

$$\left.\begin{aligned} \ddot{x} + \alpha^2 x &\cong 2\omega_z \dot{y} \\ \ddot{y} + \alpha^2 y &\cong -2\omega_z \dot{x} \end{aligned}\right\} \tag{10.46}$$

가 된다.

여기서 우리는 $\ddot{x}$에 관한 식이 $\dot{y}$의 항을 포함하고, $\ddot{y}$에 관한 식이 $\dot{x}$의 항을 포함한다는 사실을 알았는데, 이와 같은 방정식을 **결합 방정식**(coupled equation)이라 한다. 그 해는 제2식을 i로 곱하고, 이것에 제1식을 더하면 얻어진다. 즉, 먼저

$$(\ddot{x} + i\ddot{y}) + \alpha^2(x + iy) \cong -2\omega_z(i\dot{x} - \dot{y}) = -2i\omega_z(\dot{x} + i\dot{y})$$

을 구하고, 다음에

$$q \cong x + iy$$

로 놓으면

$$\ddot{q} + 2i\omega_z \dot{q} + \alpha^2 q \cong 0$$

을 얻는다. 이 방정식은 감쇠계수에 대응하는 항이 순 허수라는 점 외에는 감쇠진동을 기술하는 식 (3.35)와 같으므로, 해는 다음과 같다(식 (3.37) 참조).

$$q(t) \cong \exp[-i\omega_z t]\left[A\exp\left(\sqrt{-\omega_z^2 - \alpha^2}\,t\right) + B\exp\left(-\sqrt{-\omega_z^2 - \alpha^2}\,t\right)\right] \tag{10.47}$$

그런데 만일 지구가 회전하고 있지 않다면 $\omega_z = 0$이므로, q에 관한 방정식은

$$\ddot{q}' + \alpha^2 q' \cong 0, \qquad \omega_z = 0$$

이 되고, 이로부터 α가 진자의 진동수에 대응한다는 사실을 알게 된다. 이 진동수는 명백히 지구 회전의 각진동수보다 훨씬 크고, 따라서 $\alpha \gg \omega_z$이므로, 결국 $q(t)$는

$$q(t) \cong e^{-i\omega_z t}(Ae^{i\alpha t} + Be^{-i\alpha t}) \tag{10.48}$$

이 된다.

그런데 이 식은 위의 q'에 관한 방정식의 해가

$$q'(t) = x'(t) + iy'(t) = Ae^{i\alpha t} + Be^{-i\alpha t}$$

임을 고려하면 더욱 간단히 설명할 수 있다. 즉,

$$q(t) = q'(t) \cdot e^{-i\omega_z t}$$

또는

$$
\begin{aligned}
x(t) + iy(t) &= [(x'(t) + iy'(t)] \cdot e^{-i\omega_z t} \\
&= (x' + iy')(\cos\omega_z t - i\sin\omega_z t) \\
&= (x'\cos\omega_z t + y'\sin\omega_z t) + i(-x'\sin\omega_z t + y'\cos\omega_z t)
\end{aligned}
$$

가 되므로, 실수 부분과 허수 부분을 각각 같다고 놓아서

$$
\left.\begin{aligned}
x(t) &= x'\cos\omega_z t + y'\sin\omega_z t \\
y(t) &= -x'\sin\omega_z t + y'\cos\omega_z t
\end{aligned}\right\}
$$

를 얻는다. 이 식을 행렬 형식으로 쓰면

$$
\begin{pmatrix} x(t) \\ y(t) \end{pmatrix} = \begin{pmatrix} \cos\omega_z t & \sin\omega_z t \\ -\sin\omega_z t & \cos\omega_z t \end{pmatrix} \begin{pmatrix} x'(t) \\ y'(t) \end{pmatrix} \tag{10.49}
$$

가 되고, (x, y)는 (x', y')에 잘 알고 있는 회전행렬

$$
\boldsymbol{\lambda} = \begin{pmatrix} \cos\theta & \sin\theta \\ -\sin\theta & \cos\theta \end{pmatrix} \tag{10.50}
$$

를 적용하면 얻어진다. 이 경우에 회전각은 $\theta = \omega_z t$이므로, 결국 진자의 진동면은 $\omega_z = \omega\sin\lambda$로 회전하게 되고, 이 회전을 관측하면 지구가 회전하고 있다는 사실을 명백히 증명할 수 있다.[8)]

연습문제

10-1. Calculate the centrifugal acceleration, due to Earth's rotation, on a particle on the surface of Earth at the equator. Compare this result with the gravitational acceleration. Compute also the centrifugal acceleration due to the motion of Earth about the Sun and justify the remark made in the text that this acceleration may be neglected compared with the acceleration caused by axial rotation.

10-2. An automobile drag racer drives a car with acceleration a and instantaneous velocity v. The tires (of radius r_0) are not slipping. Find which point on the tire has the greatest acceleration relative to the ground. What is this acceleration?

8) 갈릴레오의 제자 빈첸초 비비아니(Vincenzo Viviani, 1622~1703)는 1650년에 이미 진자가 천천히 회전한다는 사실을 알고 있었으나 그가 이 현상을 올바르게 해석했다는 기록은 없다. 푸코는 진자 실험을 한 다음 해에 자이로스코프를 발명하여 지구가 회전하고 있다는 사실을 좀 더 시각적으로 확고히 입증했다.

10-3. In Example 10.2, assume that the coefficient of static friction between the hockey puck and a horizontal rough surface (on the merry-go-round) is μ_s. How far away from the center of the merry-go-round can the hockey puck be placed without sliding?

10-4. In Example 10.2, for what initial velocity and direction in the rotating system will the hockey puck appear to be subsequently motionless in the fixed system? What will be the motion in the rotating system? Let the initial position be the same as in Example 10.2. You may choose to do a numerical calculation.

10-5. Perform a numerical calculation using the parameters in Example 10.2 and Figure 10-4e, but find the initial velocity for which the path of motion passes back over the initial position in the rotating system. At what time does the puck exit the merry-go-round?

10-6. A bucket of water is set spinning about its symmetry axis. Determine the shape of the water in the bucket.

10-7. Determine how much greater the gravitational field strength g is at the pole than at the equator. Assume a spherical Earth. If the actual measured difference is $\Delta g = 52\ \mathrm{mm/s^2}$, explain the difference. How might you calculate this difference between the measured result and your calculation?

10-8. If a particle is projected vertically upward to a height h above a point on Earth's surface at a northern latitude λ, show that it strikes the ground at a point $\frac{4}{3}\ \omega \cos \lambda \cdot \sqrt{8h^3/g}$ to the west. (Neglect air resistance, and consider only small vertical heights.)

10-9. If a projectile is fired due east from a point on the surface of Earth at a northern latitude λ with a velocity of magnitude V_0 and at an angle of inclination to the horizontal of α, show that the lateral deflection when the projectile strikes Earth is

$$d = \frac{4V_0^3}{g^2} \cdot \omega \sin \lambda \cdot \sin^2\alpha \cos \alpha$$

where ω is the rotation frequency of Earth.

10-10. In the preceding problem, if the range of the projectile is R_0' for the case $\omega = 0$, show that the change of range due to the rotation of Earth is

$$\Delta R' = \sqrt{\frac{2R_0'^3}{g}} \cdot \omega \cos \lambda \left(\cot^{1/2}\alpha - \frac{1}{3} \tan^{3/2}\alpha \right)$$

10-11. Obtain an expression for the angular deviation of a particle projected from the North Pole in a path that lies close to Earth. Is the deviation significant for a missile that makes a 4,800-km flight in 10 minutes? What is the "miss distance" if the missile is aimed directly at the target? Is the miss distance greater for a 19,300-km flight at the same velocity?

10-12. Show that the small angular deviation ε of a plumb line from the true vertical (i.e., toward the center of Earth) at a point on Earth's surface at a latitude λ is

$$\varepsilon = \frac{R\omega^2 \sin\lambda \cos\lambda}{g_0 - R\omega^2 \cos^2\lambda}$$

where R is the radius of Earth. What is the value (in seconds of arc) of the maximum deviation? Note that the entire denominator in the answer is actually the effective g, and g_0 denotes the pure gravitational component.

10-13. Refer to Example 10.3 concerning the deflection from the plumb line of a particle falling in Earth's gravitational field. Take g to be defined at ground level and use the zeroth order result for the time-of-fall, $T = \sqrt{2h/g}$. Perform a calculation in second approximation (i.e., retain terms in ω^2) and calculate the *southerly* deflection. There are three components to consider: **(a)** Coriolis force to second order (C_1), **(b)** variation of centrifugal force with height (C_2), and **(c)** variation of gravitational force with height (C_3). Show that each of these components gives a result equal to

$$C_i \frac{h^2}{g} \omega^2 \sin\lambda \cos\lambda$$

with $C_1 = 2/3$, $C_2 = 5/6$, and $C_3 = 5/2$. The total southerly deflection is therefore $(4h^2\omega^2 \sin\lambda \cos\lambda)/g$.

10-14. Refer to Example 10.3 and the previous problem, but drop the particle at Earth's surface down a mineshaft to a depth h. Show that in this case there is no southerly deflection due to the variation of gravity and that the total southerly deflection is only

$$\frac{3}{2}\frac{h^2\omega^2}{g} \sin\lambda \cos\lambda$$

10-15. Consider a particle moving in a potential $U(r)$. Rewrite the Lagrangian in terms of a coordinate system in uniform rotation with respect to an inertial frame. Calculate the Hamiltonian and determine whether $H = E$. Is H a constant of the motion? If E is not a constant of motion, why isn't it? The expression for the Hamiltonian thus obtained is the standard formula $1/2\ mv^2 + U$ plus an additional term. Show that the extra term is the *centrifugal potential energy*. Use the Lagrangian you obtained to reproduce the equations of motion given in Equation 10.25 (without the second and third terms).

10-16. Consider Problem 9-63 but include the effects of the Coriolis force on the probe. The probe is launched at a latitude of 45° straight up. Determine the horizontal deflection in the probe at its maximum height for each part of Problem 9-63.

10-17. Approximate Lake Superior by a circle of radius 162 km at a latitude of 47°. Assume the water is at rest with respect to Earth and find the depth that the center is depressed with respect to the shore due to the centrifugal force.

10-18. A British warship fires a projectile due south near the Falkland Islands during World War I at latitude 50°S. If the shells are fired at 37° elevation with a speed of 800 m/s, by how much do the shells miss their target and in what direction? Ignore air resistance.

10-19. Find the Coriolis force on an automobile of mass 1300 kg driving north near Fairbanks, Alaska (latitude 65°N) at a speed of 100 km/h.

10-20. Calculate the effective gravitational field vector **g** at Earth's surface at the poles and the equator. Take account of the difference in the equatorial (6378 km) and polar (6357 km) radius as well as the centrifugal force. How well does the result agree with the difference calculated with the result $g = 9.780356[1 + 0.0052885 \sin^2\lambda - 0.0000059 \sin^2(2\lambda)]\,\mathrm{m/s^2}$ where λ is the latitude?

10-21. Water being diverted during a flood in Helsinki, Finland (latitude 60°N) flows along a diversion channel of width 47 m in the south direction at a speed of 3.4 m/s. On which side is the water the highest (from the standpoint of noninertial systems) and by how much?

10-22. Shot towers were popular in the eighteenth and nineteenth centuries for dropping melted lead down tall towers to form spheres for bullets. The lead solidified while falling and often landed in water to cool the lead bullets. Many such shot towers were built in New York State. Assume a shot tower was constructed at latitude 42°N, and the lead fell a distance of 27 m. In what direction and how far did the lead bullets land from the direct vertical?

제 11 장

강체의 역학

11.1 서론

강체는 그 구성 입자의 상호거리가 완전히 고정된 입자의 집단으로서 정의된다. 물론 그와 같은 물체는 자연에는 존재하지 않는다. 왜냐하면 모든 물체의 궁극적인 구성 입자(원자)는 항상 상대 운동을 하고 있기 때문이다. 그러나 그와 같은 운동은 미시적인 자연계에서 일어나는 것이므로 물체의 거시적인 운동을 기술할 경우에는 무시해도 지장이 없다. 한편 (탄성 변형과 같은) 물체 내부의 거시적인 변위도 생기지만, 우리가 다루는 많은 물체에서는 그와 같은 변형에 의한 크기와 모양의 변화는 무시할 수 있고, 상당히 정확한 운동 방정식을 얻을 수 있다.

그런데 우리는 강체라고 하는 이상화된 개념을 이산적인 입자의 집단에 쓰기도 하고, 또한 연속 분포하는 서로 교체 가능한 물질에 대해 쓰기도 한다. 이 경우에 입자에 관한 합을 질량밀도 분포에 대한 적분으로 대치하는 것만이 달라진다. 운동 방정식은 어느 경우에도 다 같이 유효하다.

우리는 기초 물리학에서 강체를 공부하고, 경사진 면을 굴러 내려오는 굴렁쇠와 원통의 예를 이 책의 예제에서 이미 보았다. 또한 여러 강체(9.2절)의 질량중심을 찾는 방법을 알고 있다. 이러한 문제들은 회전관성, 각속도, 운동량과 토크를 포함하여 이미 보여준 개념으로 다룰 수 있다. 11.2절에서 평면 운동에 대한 몇 가지 간단한 예와 같은 많은 문제를 풀기 위해 이러한 기술을 이용할 수 있다. 우리가 3차원 운동을 허용하면 수학적인 복잡성은 상당히 상승한다. 고전적인 예제는 물론 발이 처음에 위로 향한 채로 (신중하게 제어되는 실험 상황하에서) 떨어진 후에 그의 발이 항상 땅 위에 있는 고양이와 같은 것이다.

강체의 임의의 유한 운동이 두 개의 독립적인 운동(강체 속에 있는 한 점의 병진 운동과 그 점 주위의 회전 운동)의 합인 것은 직관적으로 명백하다.[1] 그와 같은 점으로서 강체의 질량중심을 선택하고 운동을 두 부분으로 나누면, 각운동량(식 (9.39) 참조)이 질량중심의 운동에 관한 부분과 질량중심 주위의 운동에 관한 부분으로 나눈다고 하는 9장에서의 논의를 여기서도 쓸 수 있다.

강체의 운동을 기술하기 위해 두 좌표계(관성계와 강체에 고정된 좌표계(강체좌표계))를 쓴다. 또한 강체의 위치를 나타내기 위해서는 6개의 양을 지정해야 한다. 그런데 6개의 양으로서 질량중심(편의상 이것은 강체좌표계의 원점에 일치시킨다)의 좌표와 고정계[2](또는 관성계)에 대한 강체좌표계의 방향을 나타내는 세 개의 독립인 각이 쓰인다. 이 세 개의 독립각으로서 11.8절에서 기술하는 **오일러 각**(Eulerian angle)을 택하는 것이 편리하다.

불행하게도 이 장에서는 수학적 수준이 높아지고 있다. (자유 또는 중력장에서) 회전하는 팽이, 아령, 자이로스코프, 플라이휠, 균형 잃은 자동차 바퀴와 같은 간단해 보이는 역학계의 완전한 운동을 기술하기 위해 텐서와 행렬대수학을 조심스럽게 소개한다. 우리가 관심 있는 계에서 필요한 수학을 도입하는 데 간편

1) 이 진술(즉, 병진선과 회전축은 동시에 일치시킬 수 있다는 진술)보다 더욱 일반적인 샤를의 정리는 프랑스의 수학자 미셸 샤를(Michel Chasles, 1793~1880)이 1830년에 증명했다. 이 증명은 E. T. Whittaker(Wh37, p. 4)에서 설명하고 있다.

2) 이 장에서는 그 전에 사용됐던 회전계라는 말 대신 강체계라는 말을 썼다. 고정계는 그대로 사용한다.

성 때문에 아령을 사용할 것이다.

11.2 단순 평면 운동

앞서 이미 경사면을 굴러 내려오는 원판 문제를 푼 바 있다(예제 6.5와 7.9, 그림 6-7). 7장의 몇 가지 연습문제는 간단한 강체들과 관계가 있다. 9.2절에서는 질량중심, 9.4절에서 입자계의 각운동량 그리고 9.5절에서 계의 에너지에 대해 논의했다. 이 절에서는 강체 운동으로 제한하고, 기초 물리학을 복습하며 예제를 풀어보자.

예제 11.1

천정에 달려 있는 줄이 반지름 R과 질량 M인 균일한 원통에 감겨 있다(그림 11-1 참조). $t = 0$일 때, 정지 상태인 원통은 끈이 풀리면서 회전하며 떨어진다. 끈의 장력 T와 원통의 가속도와 각가속도, 원통의 중심에 대한 각속도를 구하라.

풀이

질량중심은 수직 방향의 모든 힘의 합으로 인해 움직인다. 아래 방향을 y축으로 놓자.

$$M\ddot{y} = F_g - T = Mg - T \tag{11.1}$$

여기서 $\ddot{y}$는 질량중심의 가속도이고, $F_g = Mg$라 했다. O점에서 원통의 질량중심에 대한 회전은 장력 T 때문이다.

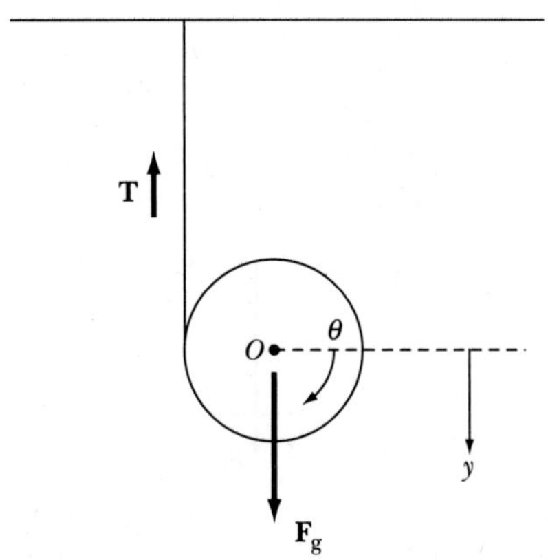

그림 11-1 예제 11.1. 천정에 매달려 있는 줄이 원통에 감겨 있다. 원통은 정지 상태에서 풀린다.

$$\tau = RT = I\ddot{\theta} \tag{11.2}$$

τ는 O에 대한 토크, I는 원통의 관성 모멘트 $MR^2/2$이다. 원통이 떨어질 때 $t = 0$인 순간에는 $y = 0$ 및 $\theta = 0$이고, 그 다음에는 $y = R\theta$, $\dot{y} = V = R\dot{\theta}$, $\ddot{y} = R\ddot{\theta}$가 된다. 식 (11.1)과 식 (11.2)를 결합하여 가속도를 구할 수 있다.

$$\ddot{y} = g - \frac{T}{M} = g - \frac{I\ddot{\theta}}{MR} = g - \frac{MR^2\ddot{y}}{2MR^2} = g - \frac{\ddot{y}}{2}$$

가속도 $\ddot{y} = 2g/3$이 되고, 각가속도는 $\alpha = \ddot{\theta} = \ddot{y}/R = 2g/3R$이 된다.

식 (11.2)에 대입하면

$$T = \frac{I\ddot{\theta}}{R} = \frac{MR^2\ddot{y}}{2R^2} = \frac{M}{2}\frac{2g}{3} = Mg/3 \tag{11.3}$$

각속도는 $\omega = \dot{\theta} = V/R$이 된다. $\ddot{y}$를 적분하여 $V = \dot{y} = 2gt/3$과 $\omega = 2gt/3R$을 얻는다.

예제 11.2

물리적 혹은 복합 진자 물체의 질량중심을 지나지 않는 수평축에 대해 물체가 가진 무게 때문에 진동한다 (그림 11-2). 작은 진동에 대해 물체의 질량이 M이고 회전 반지름이 k인 경우, 진동수와 주기를 구하라.

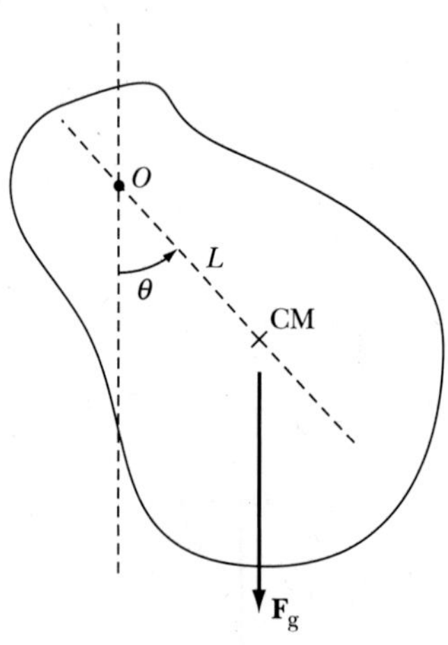

그림 11-2 예제 11.2. 물리적 혹은 복합 진자. 물체는 O점을 통과하는 축에 대해서 회전한다. 물체는 질량중심에 작용하는 중력에 의해 회전한다.

풀이

운동 방정식을 구하기 위해 토크에 대해 쉽게 풀 수 있더라도, 이 예제에서는 라그랑주 방법을 사용한다. 회전축은 물체의 O점을 통과한다. 주어진 회전축(이 문제에서는 O점) 에 대한 관성 모멘트 $I = Mk^2$에 대해 회전 반지름이 결정된다.

회전 운동 에너지와 위치 에너지는 다음과 같다.

$$T = \frac{1}{2}I\dot{\theta}^2$$

$$U = -MgL\cos\theta = -MgL\left(1 - \frac{\theta^2}{2}\right)$$

이때 O점에서 위치 에너지는 0이고, $\cos\theta$는 작은 각이라고 근사한다. 라그랑주 함수를 찾고, 라그랑주 운동 방정식의 형태로 만들기 위해 적당한 도함수를 취한다. 일반화 좌표는 θ이다.

$$L = T - U = \frac{1}{2}I\dot{\theta}^2 + MgL\left(1 - \frac{\theta^2}{2}\right)$$

$$\frac{\partial L}{\partial \theta} = -MgL\theta$$

$$\frac{\partial L}{\partial \dot{\theta}} = I\dot{\theta}$$

$$\frac{d}{dt}\frac{\partial L}{\partial \dot{\theta}} = I\ddot{\theta}$$

라그랑주 운동 방정식은

$$\ddot{\theta} + \frac{MgL}{I}\theta = 0$$

인데, 이 방정식을 몇 번 본 적이 있다. 또한 각진동수는 $\omega^2 = MgL/I$로 주어진다. 이 식으로부터 진동수 ν와 주기 T를 구할 수 있다.

$$\nu = \frac{\omega}{2\pi} = \frac{1}{2\pi}\sqrt{\frac{MgL}{I}} = \frac{1}{2\pi}\sqrt{\frac{MgL}{Mk^2}} = \frac{1}{2\pi}\sqrt{\frac{gL}{k^2}}$$

$$T = \frac{1}{\nu} = 2\pi\sqrt{\frac{k^2}{gL}}$$

강체 운동의 선행학습을 간단히 복습해봤으므로, 이제 더욱 일반적인 경우를 살펴보자. 이 경우에는 관성 텐서가 필요할 것이다.

11.3 관성 텐서

질량이 $m_\alpha(\alpha = 1, 2, 3, \dots, n)$인 n개의 입자로 되어 있는 강체가 강체좌표계에 고정된 어떤 점 주위에 순간 각속도 $\boldsymbol{\omega}$로 회전하고, 그 점은 고정계에 대해서 순간 속도 $\mathbf{V}$로 운동할 경우에, α번째 입자의 고정계에서의 순간 속도는 식 (10.17)로 계산할 수 있다. 그러나 여기서는 강체를 생각하고 있으므로

$$\mathbf{v}_r = \left(\frac{d\mathbf{r}}{dt}\right)_{\text{rotating}} \equiv 0$$

이고, 따라서

$$\boxed{\mathbf{v}_\alpha = \mathbf{V} + \boldsymbol{\omega} \times \mathbf{r}_\alpha} \tag{11.4}$$

를 얻는다. 여기서 속도는 모두 고정계에서 측정될 수 있다고 이해되고 있으므로, 고정계를 나타내는 첨자 f는 속도 $\mathbf{v}_\alpha$에서 삭제했다. 여기서는 강체를 생각하고 있으므로, 회전계 또는 강체계에 대한 속도는 당연히 0이 된다.

그런데 α번째 입자의 운동 에너지는

$$T_\alpha = \frac{1}{2}m_\alpha v_\alpha^2$$

이므로, 총 운동 에너지는

$$T = \frac{1}{2}\sum_\alpha m_\alpha(\mathbf{V} + \boldsymbol{\omega} \times \mathbf{r}_\alpha)^2$$

이 되고, 제곱의 항을 전개하면

$$T = \frac{1}{2}\sum_\alpha m_\alpha V^2 + \sum_\alpha m_\alpha \mathbf{V}\cdot\boldsymbol{\omega} \times \mathbf{r}_\alpha + \frac{1}{2}\sum_\alpha m_\alpha(\boldsymbol{\omega} \times \mathbf{r}_\alpha)^2 \tag{11.5}$$

을 얻는다. 이것은 운동 에너지의 일반적인 표현이며, 벡터 $\mathbf{r}_\alpha$의 원점이 어디에 있든 간에 성립한다. 그러나 여기서 만일 강체좌표계의 원점을 강체의 질량중심과 일치하도록 취하면 이것은 아주 간단한 모양이 된다. 즉, 먼저 이 식의 우변의 제2항에 있는 $\mathbf{V}$도 $\boldsymbol{\omega}$도 α번째 입자 특유의 양이 아니므로, 이 양들을 합의 밖으로 내어 다음과 같이 쓴다.

$$\sum_\alpha m_\alpha \mathbf{V}\cdot\boldsymbol{\omega}\times\mathbf{r}_\alpha = \mathbf{V}\cdot\boldsymbol{\omega}\times\left(\sum_\alpha m_\alpha \mathbf{r}_\alpha\right)$$

그런데

$$\sum_\alpha m_\alpha \mathbf{r}_\alpha = M\mathbf{R}$$

은 질량중심의 벡터(식 (9.3) 참조)이며, 벡터 $\mathbf{r}_\alpha$가 질량중심에서 측정되었으므로 강체계에서는 0이다. 운동 에너지는 다음과 같다.

$$T = T_{\text{trans}} + T_{\text{rot}}$$

여기서

$$T_{\text{trans}} = \frac{1}{2}\sum_\alpha m_\alpha V^2 = \frac{1}{2}MV^2 \tag{11.6a}$$

$$T_{\text{rot}} = \frac{1}{2}\sum_\alpha m_\alpha(\boldsymbol{\omega}\times\mathbf{r}_\alpha)^2 \tag{11.6b}$$

이 경우에 T_{trans}와 T_{rot}는 각각 병진 및 회전의 운동 에너지이다. 이리하여 운동 에너지는 두 개의 독립된 부분으로 나누어지는 것이다.

회전의 운동 에너지는

$$\begin{aligned}(\mathbf{A}\times\mathbf{B})^2 &= (\mathbf{A}\times\mathbf{B})\cdot(\mathbf{A}\times\mathbf{B})\\ &= A^2B^2 - (\mathbf{A}\cdot\mathbf{B})^2\end{aligned}$$

을 써서 계산할 수 있고

$$T_{\text{rot}} = \frac{1}{2}\sum_\alpha m_\alpha\left[\omega^2 r_\alpha^2 - (\boldsymbol{\omega}\cdot\mathbf{r}_\alpha)^2\right] \tag{11.7}$$

이 된다.

이번에는 이 T_{rot}를 벡터 $\boldsymbol{\omega}$ 및 $\mathbf{r}_\alpha$의 성분 ω_i, $r_{\alpha,i}$로 나타내도록 한다. 이 경우에 강체계에서는 $\mathbf{r}_\alpha = (x_{\alpha,1}, x_{\alpha,2}, x_{\alpha,3})$이므로 $r_{\alpha,i} = x_{\alpha,i}$로 쓸 수 있으며

$$T_{\text{rot}} = \frac{1}{2}\sum_\alpha m_\alpha\left[\left(\sum_i \omega_i^2\right)\left(\sum_k x_{\alpha,k}^2\right) - \left(\sum_i \omega_i x_{\alpha,i}\right)\left(\sum_j \omega_j x_{\alpha,j}\right)\right] \tag{11.8}$$

가 되고, 또한 $\omega_i = \sum_j \omega_j \delta_{ij}$로 쓰므로

$$T_{\text{rot}} = \frac{1}{2}\sum_{\alpha}\sum_{i,j} m_\alpha \left[\omega_i \omega_j \delta_{ij} \left(\sum_k x_{\alpha,k}^2 \right) - \omega_i \omega_j x_{\alpha,i} x_{\alpha,j} \right]$$

$$= \frac{1}{2}\sum_{i,j} \omega_i \omega_j \sum_{\alpha} m_\alpha \left(\delta_{ij} \sum_k x_{\alpha,k}^2 - x_{\alpha,i} x_{\alpha,j} \right) \tag{11.9}$$

가 되고, 이 식의 α에 대한 합의 ij번째 요소를 I_{ij}로 정의하고

$$\boxed{I_{ij} \equiv \sum_{\alpha} m_\alpha \left(\delta_{ij} \sum_k x_{\alpha,k}^2 - x_{\alpha,i} x_{\alpha,j} \right)} \tag{11.10}$$

로 놓으면, 결국

$$\boxed{T_{\text{rot}} = \frac{1}{2}\sum_{i,j} I_{ij} \omega_i \omega_j} \tag{11.11}$$

같이 된다. 이 식을 가장 제한된 모양으로 나타내면 다음과 같다.

$$T_{\text{rot}} = \frac{1}{2} I \omega^2 \tag{11.12}$$

여기서 I는 회전축 주위의 관성 모멘트(스칼라)이다. 이 식은 기초적 취급으로 얻는 회전의 운동 에너지를 나타내는 잘 알려진 식임을 알 수 있다.

9개의 항인 I_{ij}는 $\{\mathbf{I}\}$로 나타내는 양의 요소를 나타낸다. 그래서 이 $\{\mathbf{I}\}$는 모양으로 보면 3×3 행렬과 비슷하나, 이것은 회전의 운동 에너지와 각속도 사이의 비례 상수로 (질량) $\times$ (길이)^{2}의 차원을 갖고 있다. 즉, $\{\mathbf{I}\}$는 두 개의 아주 다른 물리량과 관계하고 있으므로 지금까지 나온 것보다 다소 고급인 함수로 생각된다. 사실 $\{\mathbf{I}\}$는 텐서(tensor)이며, 이것은 **관성 텐서**(inertia tensor)[3]로 알려져 있다. 그러나 T_{rot}를 계산할 경우에 필요한 연산은 식 (11.9)에 의해 완전히 지정되므로, 텐서의 특별한 성질을 쓰지 않고도 식 (11.9)를 써서 T_{rot}를 계산할 수 있는 것이다.

$\{\mathbf{I}\}$의 요소는 식 (11.10)으로부터 직접 구할 수 있다. 논의를 확실히 하기 위해서 그 요소를 3×3 행렬의 모양으로 쓰면 다음과 같다.

$$\{\mathbf{I}\} = \left\{ \begin{matrix} \sum_{\alpha} m_\alpha (x_{\alpha,2}^2 + x_{\alpha,3}^2) & -\sum_{\alpha} m_\alpha x_{\alpha,1} x_{\alpha,2} & -\sum_{\alpha} m_\alpha x_{\alpha,1} x_{\alpha,3} \\ -\sum_{\alpha} m_\alpha x_{\alpha,2} x_{\alpha,1} & \sum_{\alpha} m_\alpha (x_{\alpha,1}^2 + x_{\alpha,3}^2) & -\sum_{\alpha} m_\alpha x_{\alpha,2} x_{\alpha,3} \\ -\sum_{\alpha} m_\alpha x_{\alpha,3} x_{\alpha,1} & -\sum_{\alpha} m_\alpha x_{\alpha,3} x_{\alpha,2} & \sum_{\alpha} m_\alpha (x_{\alpha,1}^2 + x_{\alpha,2}^2) \end{matrix} \right\} \tag{11.13a}$$

3) 텐서를 올바르게 점검하려면 좌표변화에 대해 어떻게 변하는지를 조사하면 된다(11.7절 참조).

식 (11.10)은 관성 텐서의 성분을 간편하게 쓰는 방법이지만 식 (11.13a)는 훌륭한 방정식이다. ($x_{\alpha,1}$, $x_{\alpha,2}$, $x_{\alpha,3}$) 대신 (x_α, y_α, z_α) 같이 쓰고 $r_\alpha^2 = x_\alpha^2 + y_\alpha^2 + z_\alpha^2$으로 놓으면 식 (11.13a)는

$$\{\mathbf{I}\} = \begin{Bmatrix} \sum_\alpha m_\alpha(r_\alpha^2 - x_\alpha^2) & -\sum_\alpha m_\alpha x_\alpha y_\alpha & -\sum_\alpha m_\alpha x_\alpha z_\alpha \\ -\sum_\alpha m_\alpha y_\alpha x_\alpha & \sum_\alpha m_\alpha(r_\alpha^2 - y_\alpha^2) & -\sum_\alpha m_\alpha y_\alpha z_\alpha \\ -\sum_\alpha m_\alpha z_\alpha x_\alpha & -\sum_\alpha m_\alpha z_\alpha y_\alpha & \sum_\alpha m_\alpha(r_\alpha^2 - z_\alpha^2) \end{Bmatrix} \tag{11.13b}$$

같이 된다. 이 식은 식 (11.13a)보다 덜 합당하긴 하지만 더욱 잘 알 수 있는 표현이다. 그러나 $x_{a,i}$ 기호가 잘 이용되기 때문에 계속 사용할 것이다.

대각 요소 I_{11}, I_{22}, I_{33}을 각각 x_1, x_2, x_3축 주위의 **관성 모멘트**(moment of inertia)라 하고, 비대각 요소 I_{12}, I_{13} 등에 마이너스를 붙인 것을 **관성 곱**(product of inertia)이라 한다.[4] 관성 텐서는 명백히 대칭, 즉

$$I_{ij} = I_{ji} \tag{11.14}$$

이므로, {**I**}의 독립인 요소는 6개뿐이다. 또한 관성 텐서는 합 모양의 성분으로 되어 있다. 강체의 관성 텐서는 그 강체의 여러 가지 부분에 대한 텐서의 합으로 생각된다. 그래서 물질이 질량밀도 $\rho = \rho(\mathbf{r})$로 연속적으로 분포하고 있는 강체를 다룰 때는

$$\boxed{I_{ij} = \int_V \rho(\mathbf{r}) \left(\delta_{ij} \sum_k x_k^2 - x_i x_j\right) dv} \tag{11.15}$$

로 하면 된다. 여기서 $dv = dx_1 dx_2 dx_3$는 위치 벡터 $\mathbf{r}$로 지정되는 점에서의 체적 요소이고, V는 강체의 체적이다.

예제 11.3

밀도 ρ, 질량 M, 한 변의 길이가 b인 균일한 입방체의 관성 텐서를 계산하라. 한 모서리를 원점으로 택하고 인접한 각 변을 좌표축과 일치하도록 좌표를 택하라(그림 11-3, 이렇게 좌표계를 택하면 원점이 질량중심에 일치하지 않는다. 이 점은 후에 논의한다).

풀이

식 (11.15)에서

4) 1673년 호이겐스(Huygens)가 도입했고, 오일러(Euler)가 그 이름을 지었다.

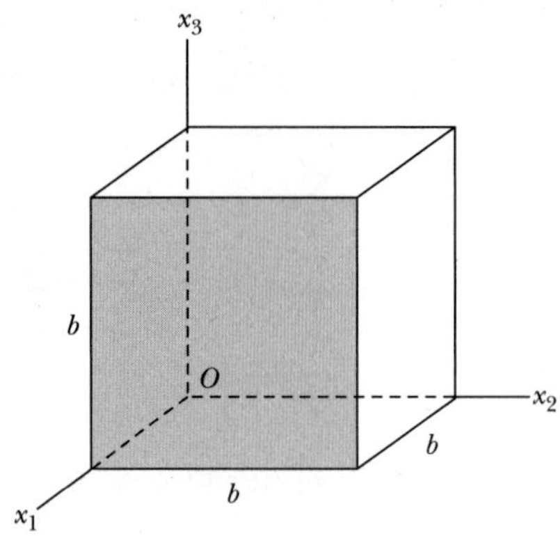

그림 11-3 예제 11.3. 한 모서리를 원점으로 하는 한 변의 길이가 b인 균일한 입방체

$$\begin{aligned} I_{11} &= \rho\int_0^b dx_3\int_0^b dx_2(x_2^2+x_3^2)\int_0^b dx_1 \\ &= \frac{2}{3}\rho b^5 = \frac{2}{3}Mb^2 \\ I_{12} &= -\rho\int_0^b x_1 dx_1\int_0^b x_2 dx_2\int_0^b dx_3 \\ &= -\frac{1}{4}\rho b^5 = -\frac{1}{4}Mb^2 \end{aligned}$$

을 얻는다.

다음에 대각 요소가 모두 같고 비대각 요소도 모두 같음을 간단히 알게 되므로, $\beta \equiv Mb^2$으로 정의하면

$$\left.\begin{aligned} I_{11} = I_{22} = I_{33} &= \frac{2}{3}\beta \\ I_{12} = I_{13} = I_{23} &= -\frac{1}{4}\beta \end{aligned}\right\}$$

가 되고, 관성 텐서는

$$\{\mathbf{I}\} = \begin{Bmatrix} \frac{2}{3}\beta & -\frac{1}{4}\beta & -\frac{1}{4}\beta \\ -\frac{1}{4}\beta & \frac{2}{3}\beta & -\frac{1}{4}\beta \\ -\frac{1}{4}\beta & -\frac{1}{4}\beta & \frac{2}{3}\beta \end{Bmatrix}$$

가 된다.

입방체의 관성 텐서에 관해서는 이후의 절들에서도 설명한다.

11.4 각운동량

강체좌표계에 고정된 어떤 점 O에 관한 강체의 각운동량은 다음과 같다.

$$\mathbf{L} = \sum_{\alpha} \mathbf{r}_\alpha \times \mathbf{p}_\alpha \tag{11.16}$$

이 경우에 점 O의 위치를 선택하는 방법은 해당 문제에 따라 다르나, 다음의 두 선택법은 중요하다. (a) 강체의 하나 또는 그 이상의 점이 (고정좌표계에) 고정되어 있는 경우에, O는 (11.11절에 나오는 회전 팽이의 경우와 같이) 그 고정점의 하나와 일치하도록 택한다. (b) 강체에 고정점이 없는 경우에는 O를 질량중심으로 취한다.

그런데 강체의 선형 운동량은

$$\mathbf{p}_\alpha = m_\alpha \mathbf{v}_\alpha = m_\alpha \boldsymbol{\omega} \times \mathbf{r}_\alpha$$

이므로, 강체의 각운동량은

$$\mathbf{L} = \sum_{\alpha} m_\alpha \mathbf{r}_\alpha \times (\boldsymbol{\omega} \times \mathbf{r}_\alpha) \tag{11.17}$$

가 된다.

벡터 항등식

$$\mathbf{A} \times (\mathbf{B} \times \mathbf{A}) = A^2\mathbf{B} - \mathbf{A}(\mathbf{A} \cdot \mathbf{B})$$

를 쓰면, **L**은 다음과 같이 쓸 수도 있다.

$$\boxed{\mathbf{L} = \sum_{\alpha} m_\alpha \left[r_\alpha^2 \boldsymbol{\omega} - \mathbf{r}_\alpha (\mathbf{r}_\alpha \cdot \boldsymbol{\omega}) \right]} \tag{11.18}$$

따라서 T_{rot}를 텐서 형식으로 쓸 때 사용한 것과 동일한 연산 방법을 여기서도 쓸 수 있고, 각운동량은 벡터이므로 그 i번째 성분으로서

$$\begin{aligned} L_i &= \sum_\alpha m_\alpha \left(\omega_i \sum_k x_{\alpha,k}^2 - x_{\alpha,i} \sum_j x_{\alpha,j}\omega_j \right) \\ &= \sum_\alpha m_\alpha \sum_j \left(\omega_j \delta_{ij} \sum_k x_{\alpha,k}^2 - \omega_j x_{\alpha,i} x_{\alpha,j} \right) \\ &= \sum_j \omega_j \sum_\alpha m_\alpha \left(\delta_{ij} \sum_k x_{\alpha,k}^2 - x_{\alpha,i} x_{\alpha,j} \right) \end{aligned} \tag{11.19}$$

를 얻는다. 그런데 이 식에서 α에 대한 합으로 기술된 부분은 관성 텐서의 ij번째 요소로 볼 수 있으므로 (식 (11.10) 참조)

$$\boxed{L_i = \sum_j I_{ij}\omega_j} \tag{11.20a}$$

가 되고, 이를 텐서의 기호로 쓰면

$$\mathbf{L} = \{\mathbf{I}\} \cdot \boldsymbol{\omega} \tag{11.20b}$$

가 된다. 이와 같이 관성 텐서는 각속도 벡터의 성분에 대한 합과 각운동량 벡터의 i번째 성분을 관계짓는 것인데, 처음에는 약간 의외의 결과처럼 보인다. 왜냐하면 관성 텐서의 비대각 요소가 0이 아닌 강체를 생각할 경우에, 예를 들어 $\boldsymbol{\omega}$가 x_1방향을 향하고 있어도, 즉 $\boldsymbol{\omega} = (\omega_1, 0, 0)$이라도 각운동량 벡터는 일반적으로 세 방향의 성분을 갖게 되기 때문이다($\mathbf{L} = (L_1, L_2, L_3)$). 즉, 각운동량 벡터는 일반적으로 가속도 벡터와 같은 방향을 향하고 있지 않기 때문이다(이는 $i \neq j$인 경우에 $I_{ij} \neq 0$인 것에 의존한다. 이 점에 대해서는 다음 절에서 다시 한 번 기술한다).

$\boldsymbol{\omega}$와 $\mathbf{L}$이 같은 방향을 향하고 있지 않은 경우의 예로서, 그림 11-4처럼 회전하고 있는 아령을 생각하면 (m_1, m_2를 연결하는 축은 무게가 없고, 늘어나지도 않는다고 생각하자) $\mathbf{r}_\alpha$, $\mathbf{v}_\alpha$, $\boldsymbol{\omega}$ 사이의 관계는 다음과 같다.

$$\mathbf{v}_\alpha = \boldsymbol{\omega} \times \mathbf{r}_\alpha$$

또한 $\mathbf{r}_\alpha$, $\mathbf{v}_\alpha$, $\mathbf{L}$ 사이의 관계는

$$\mathbf{L} = \sum_\alpha m_\alpha \mathbf{r}_\alpha \times \mathbf{v}_\alpha$$

이므로, $\boldsymbol{\omega}$는 명백히 회전축의 방향을 향하고 있고, $\mathbf{L}$은 m_1, m_2를 연결하는 축에 대해서 수직이다.

이 예에서 우리는 각운동량 벡터 $\mathbf{L}$은 시간적으로 불변이 아니고, 각속도 ω로 그 회전축을 축으로 하는 원뿔을 그린다는 사실을 알게 된다. 즉, $\dot{\mathbf{L}} \neq 0$이다. 그런데 식 (9.31)에 의하면

$$\dot{\mathbf{L}} = \mathbf{N} \tag{11.21}$$

이다. 여기서 $\mathbf{N}$은 강체에 작용하는 토크이다. 그림 11-4와 같이 아령이 계속 회전하기 위해서는 토크가

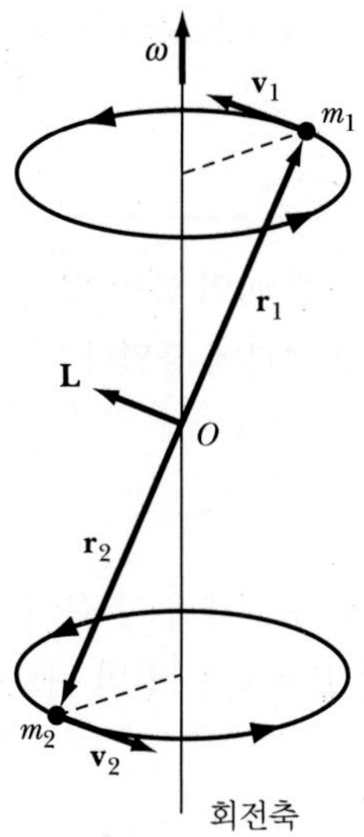

그림 11-4 질량 m_1과 m_2가 축의 끝에 연결된 아령. $\boldsymbol{\omega}$는 축의 방향이 아니고, $\boldsymbol{\omega}$와 **L**도 같은 방향이 아니다.

계속해서 작용해야 한다.

식 (11.20a)의 L_i를 $\frac{1}{2}\omega_i$를 곱하고, i에 대해서 합을 취하면

$$\frac{1}{2}\sum_i \omega_i L_i = \frac{1}{2}\sum_{i,j} I_{ij}\omega_i\omega_j = T_{\text{rot}} \tag{11.22a}$$

와 같은 새로운 결과를 얻는다. 여기서 두 번째의 등호는 식 (11.11)이다. 이리하여

$$\boxed{T_{\text{rot}} = \frac{1}{2}\boldsymbol{\omega}\cdot\mathbf{L}} \tag{11.22b}$$

을 얻는다.

그런데 식 (11.20b)와 식 (11.22b)는 텐서의 중요한 성질 두 가지를 나타내고 있다. 바로 텐서와 벡터의 곱이

$$\mathbf{L} = \{\mathbf{I}\}\cdot\boldsymbol{\omega}$$

와 같이 벡터가 되고, 텐서와 두 벡터의 곱이

$$T_{\text{rot}} = \frac{1}{2}\boldsymbol{\omega}\cdot\mathbf{L} = \frac{1}{2}\boldsymbol{\omega}\cdot\{\mathbf{I}\}\cdot\boldsymbol{\omega}$$

와 같이 스칼라가 된다는 사실이다. 그러나 여기서는 이와 같은 텐서 식은 쓰지 않고, 오로지 식 (11.11),

(11.15), (11.20a) 같은 합(또는 적분) 모양의 식을 쓰도록 한다.

예제 11.4

그림 11-5에서 나타낸 바와 같이 끝부분에 질량 m_1이 붙어 있는 길이가 b인 단단한 막대기로 만들어진 진자가 있다. 또 하나의 질량 m_2를 막대기 절반 부분에 붙였다. 진자가 평면 내에서 흔들릴 때 그 작은 진동의 진동수를 구하라.

풀이

이 장에서 논의한 방법을 사용한다. 고정계와 강체계가 다 같이 진자의 주축점에 그 원점을 갖게 하여, $\mathbf{e}_1$을 막대기와 같은 방향으로, $\mathbf{e}_2$는 평면 내에 있고, $\mathbf{e}_3$는 평면 뒤로부터 앞쪽으로 향하게 택한다(그림 11-5). 각속도는

$$\boldsymbol{\omega} = \omega_3\mathbf{e}_3 = \dot{\theta}\mathbf{e}_3 \tag{11.23}$$

이며, 식 (11.10)을 사용하여 관성 텐서를 구하자. 질량은 $\mathbf{e}_1$방향에 있고 $x_{1,1} = b$, $x_{2,1} = b/2$이며, 기타 성분 $x_{\alpha,k}$는 0이므로

$$I_{ij} = m_1(\delta_{ij}x_{1,1}^2 - x_{1,i}x_{1,j}) + m_2(\delta_{ij}x_{2,1}^2 - x_{2,i}x_{2,j}) \tag{11.24}$$

를 얻는다. 따라서 식 (11.13a)의 관성 텐서는

$$\{\mathbf{I}\} = \begin{Bmatrix} 0 & 0 & 0 \\ 0 & m_1b^2 + m_2\dfrac{b^2}{4} & 0 \\ 0 & 0 & m_1b^2 + m_2\dfrac{b^2}{4} \end{Bmatrix} \tag{11.25}$$

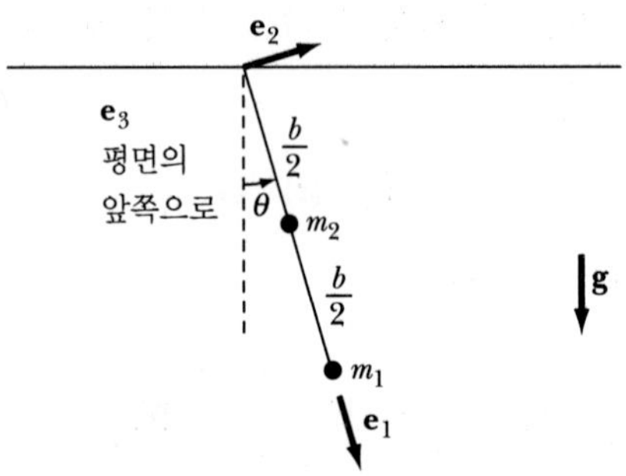

그림 11-5 예제 11.4. 끝부분에 질량 m_1과 절반 부분에 질량 m_2가 붙어 있는 진자처럼 회전하는 단단한 막대

같이 된다. 식 (11.20a)로부터 각운동량을 결정하면 다음과 같다.

$$\left.\begin{aligned} L_1 &= 0 \\ L_2 &= 0 \\ L_3 &= I_{33}\,\omega_3 = \left(m_1 b^2 + m_2\frac{b^2}{4}\right)\dot{\theta} \end{aligned}\right\} \tag{11.26}$$

유일한 외력은 중력인데 그것이 계에 토크 $\mathbf{N}$을 주며 $\dot{\mathbf{L}} = \mathbf{N}$이므로

$$\left(m_1 b^2 + m_2\frac{b^2}{4}\right)\ddot{\theta}\mathbf{e}_3 = \sum_\alpha \mathbf{r}_\alpha \times \mathbf{F}_\alpha \tag{11.27}$$

를 얻는다. 중력은 밑으로 향하고 있으므로

$$\mathbf{g} = g\cos\theta\,\mathbf{e_1} - g\sin\theta\,\mathbf{e_2}$$

이며, 따라서

$$\begin{aligned} \mathbf{r}_1 \times \mathbf{F}_1 &= b\mathbf{e}_1 \times (\cos\theta\mathbf{e}_1 - \sin\theta\mathbf{e}_2)\,m_1 g = -m_1 g b\sin\theta\mathbf{e}_3 \\ \mathbf{r}_2 \times \mathbf{F}_2 &= \frac{b}{2}\mathbf{e}_1 \times (\cos\theta\mathbf{e}_1 - \sin\theta\mathbf{e}_2)\,m_2 g = -m_2 g\frac{b}{2}\sin\theta\mathbf{e}_3 \end{aligned}$$

으로 쓰면 식 (11.27)은

$$b^2\left(m_1 + \frac{m_2}{4}\right)\ddot{\theta} = -bg\sin\theta\left(m_1 + \frac{m_2}{2}\right) \tag{11.28}$$

같이 되며, 작은 진동수로서

$$\omega_0^2 = \frac{m_1 + \dfrac{m_2}{2}}{m_1 + \dfrac{m_2}{4}}\,\frac{g}{b} \tag{11.29}$$

를 얻는다. 식 (11.29)는 $m_1 \gg m_2$일 때 $\omega_0^2 \approx g/b$, $m_2 \gg m_1$일 때 $\omega_0^2 \approx 2g/b$임을 고려하면 확인할 수 있다.

이 예제는 식 (11.22a)로부터 운동 에너지를 구하고 라그랑주 운동 방정식을 이용하면 쉽게 풀 수 있다.

$$\begin{aligned} T_{\text{rot}} &= \frac{1}{2}\,\omega_3 L_3 = \frac{1}{2}\,\omega_3^2 I_{33} \\ &= \frac{1}{2}\left(m_1 b^2 + m_2\frac{b^2}{4}\right)\dot{\theta}^2 \end{aligned} \tag{11.30}$$

$$U = -m_1 gb\cos\theta - m_2 g\frac{b}{2}\cos\theta \tag{11.31}$$

여기서는 원점에서 $U=0$으로 놓았다. 라그랑지안 수법을 직접 적용함으로써 운동 방정식(식 (11.28))을 얻을 수 있다.

11.5 관성 주축[5)]

관성 텐서가 대각 요소만인 경우에는 T와 $\mathbf{L}$의 모양이 매우 간단해진다. 즉,

$$I_{ij} = I_i\delta_{ij} \tag{11.32}$$

이면, 관성 텐서는

$$\{\mathbf{I}\} = \begin{Bmatrix} I_1 & 0 & 0 \\ 0 & I_2 & 0 \\ 0 & 0 & I_3 \end{Bmatrix} \tag{11.33}$$

이 되고, 따라서

$$L_i = \sum_j I_i\delta_{ij}\omega_j = I_i\omega_i \tag{11.34}$$

및

$$T_{\text{rot}} = \frac{1}{2}\sum_{i,j} I_i\delta_{ij}\omega_i\omega_j = \frac{1}{2}\sum_i I_i\omega_i^2 \tag{11.35}$$

을 얻는다.

이와 같이 $\{\mathbf{I}\}$가 대각 요소만을 갖는 경우에, 각운동량과 회전의 운동 에너지 모양이 아주 간단해진다. 다음에 관성 텐서가 식 (11.32)의 모양으로 쓰이기 위한 조건을 결정하도록 한다. 이는 관성 곱(즉, $\{\mathbf{I}\}$의 비대각 요소)이 0이 되는 강체좌표계를 찾으면 되고, 이와 같은 강체계의 좌표축을 **관성 주축**(principal axes of inertia)이라 한다.

강체가 관성 주축 주위를 회전할 경우에 식 (11.34)에 의하면 각속도와 각운동량도 함께 이 축의 방향을 향하기 때문에, 이 축 주위의 관성 모멘트를 I라 하면

5) 1750년 오일러가 발견했다.

$$\mathbf{L} = I\boldsymbol{\omega} \tag{11.36}$$

로 쓴다. 그런데 식 (11.20a)와 식 (11.36)의 **L** 성분을 같게 놓으면

$$\left.\begin{aligned} L_1 &= I\omega_1 = I_{11}\omega_1 + I_{12}\omega_2 + I_{13}\omega_3 \\ L_2 &= I\omega_2 = I_{21}\omega_1 + I_{22}\omega_2 + I_{23}\omega_3 \\ L_3 &= I\omega_3 = I_{31}\omega_1 + I_{32}\omega_2 + I_{33}\omega_3 \end{aligned}\right\} \tag{11.37}$$

가 되고, 또한 각 항을 다시 모으면

$$\left.\begin{aligned} (I_{11} - I)\omega_1 + I_{12}\omega_2 + I_{13}\omega_3 &= 0 \\ I_{21}\omega_1 + (I_{22} - I)\omega_2 + I_{23}\omega_3 &= 0 \\ I_{31}\omega_1 + I_{32}\omega_2 + (I_{33} - I)\omega_3 &= 0 \end{aligned}\right\} \tag{11.38}$$

이 된다.

이 방정식들이 전부 0이 아닌 해를 갖기 위한 조건은 그 계수들 행렬식이 0이 되는 것이므로

$$\begin{vmatrix} (I_{11} - I) & I_{12} & I_{13} \\ I_{21} & (I_{22} - I) & I_{23} \\ I_{31} & I_{32} & (I_{33} - I) \end{vmatrix} = 0 \tag{11.39}$$

를 얻는다. 이 행렬식을 전개하면 **I**에 대한 3차의 **영년 방정식**(secular equation)[6]이 얻어지고, 그 세 개의 근이 각각의 주축 주위의 관성 모멘트에 대응한다. 이 I_1, I_2, I_3 값은 **주관성 모멘트**(principal moments of inertia)로 불린다. 만일 강체가 주관성 모멘트 I_1에 대응하는 축 주위를 회전한다면 식 (11.36)은 $\mathbf{L} = I_1\boldsymbol{\omega}$가 되고, $\boldsymbol{\omega}$와 **L**은 함께 이 축의 방향을 향하므로, 강체좌표계에 대한 $\boldsymbol{\omega}$의 방향은 I_1에 대응한 주축의 방향과 같아진다. 따라서 이 축의 방향을 정하려면 식 (11.38)의 I에 I_1을 대입하고 각속도 벡터의 성분비 $\omega_1{:}\omega_2{:}\omega_3$를 정하면 된다. 그러면 그에 따라서 관성 모멘트 I_1에 대응하는 축의 방향 코사인이 정해진다. I_2와 I_3에 대응하는 축의 방향 코사인도 같은 방법으로 정해진다. 또한 이렇게 해서 정해진 주축이 실제로 실수가 되고 직교하는 것은 11.7절에서 증명할 예정인데, 이 결과는 12.4절에서 기술하는 더욱 일반적인 논의에서도 구해진다.

위에서 기술한 대각화의 방법에서는 $\boldsymbol{\omega}$의 성분 비율만을 구하지만, 이것이 결점이 되지는 않는다. 왜냐하면 이 비만으로 각 주축의 방향이 완전히 정해지고, 이 축의 방향만이 필요하기 때문이다. 사실 강체의 각운동의 실제 비율은 기하학만으로는 정해지지 않으므로, ω_i의 크기를 정하는 것은 기대할 수 없기 때문이다. 강체의 각속도 크기는 임의로 취해도 지장이 없다.

---

6) 비슷한 방정식이 천체역학의 영년섭동(secular perturbation)을 기술하기 때문에 그렇게 부른다. 수학 용어는 고유다항식(固有多項式, characteristic polynomial)이다.

강체역학의 대부분의 문제에서는 대략 강체가 어떤 규칙적인 모양을 하고 있으므로, 강체의 대칭성을 조사하는 것만으로 주축을 정할 수가 있다. 예를 들면 강체가 회전체(예: 원통형 막대)인 경우 주축의 하나는 그 대칭축(원통형 둥근 막대의 중심축)이고, 다른 두 개의 주축은 대칭축에 수직한 평면 속에 있다. 그러나 강체가 대칭성을 갖기 위해 이 두 개의 축을 (평면 속의) 어떤 방향으로 취하는가는 임의이다. 또한 회전체의 경우에 대칭축의 관성 모멘트를 I_1으로 하면 $I_2 = I_3$이다. 즉, 영년 방정식은 2중근을 갖는다.

$I_1 = I_2 = I_3$인 경우에 강체는 **둥근 팽이**(spherical top)라 하고, $I_1 = I_2 \neq I_3$인 경우에는 **대칭 팽이**(symmetric top), 주관성 모멘트가 전부 다른 경우에는 **비대칭 팽이**(asymmetric top)라 한다. 또한 $I_1 = 0$, $I_2 = I_3$인 경우는 **회전자**(rotor)라 부르고, 그 예로는 무게가 없는 막대로 연결된 두 개의 질점이라든가, 2원자 분자가 있다.

예제 11.5

예제 11.3의 입방체에 대한 주관성 모멘트와 주축을 구하라.

풀이

예제 11.3에서 입방체의 관성 모멘트 텐서는(하나의 정점을 좌표의 원점으로 취한 경우) 0이 아닌 비대각 요소를 갖는다는 사실을 알았으나, 그 계산에서 택한 좌표축은 명백히 주축은 아니다. 즉, 예를 들면 이 입방체가 x_3축 주위를 회전한 경우에 $\boldsymbol{\omega} = \omega_3\mathbf{e}_3$이므로, 각운동량 벡터 $\mathbf{L}$은(식 (11.37) 참조)

$$L_1 = -\frac{1}{4}\beta\omega_3$$

$$L_2 = -\frac{1}{4}\beta\omega_3$$

$$L_3 = \frac{2}{3}\beta\omega_3$$

인 성분을 갖게 되어, 그 결과

$$\mathbf{L} = Mb^2\omega_3\left(-\frac{1}{4}\mathbf{e}_1 - \frac{1}{4}\mathbf{e}_2 + \frac{2}{3}\mathbf{e}_3\right)$$

가 되는데, 이것은 $\boldsymbol{\omega}$와 같은 방향을 향하고 있지 않다.

이 경우에 주관성 모멘트를 구하려면 영년 방정식

$$\begin{vmatrix} \frac{2}{3}\beta - I & -\frac{1}{4}\beta & -\frac{1}{4}\beta \\ -\frac{1}{4}\beta & \frac{2}{3}\beta - I & -\frac{1}{4}\beta \\ -\frac{1}{4}\beta & -\frac{1}{4}\beta & \frac{2}{3}\beta - I \end{vmatrix} = 0 \tag{11.40}$$

을 풀어야 한다. 그런데 행렬식에서는 어떤 행(렬)을 다른 행(렬)에 더하거나 빼도 값은 변하지 않으므로, 먼저 제2행으로부터 제1행을 빼면 식 (11.40)은 다음과 같이 풀기 쉬워진다.

$$\begin{vmatrix} \frac{2}{3}\beta - I & -\frac{1}{4}\beta & -\frac{1}{4}\beta \\ -\frac{11}{12}\beta + I & \frac{11}{12}\beta - I & 0 \\ -\frac{1}{4}\beta & -\frac{1}{4}\beta & \frac{2}{3}\beta - I \end{vmatrix} = 0$$

다음에 제2행으로부터 공통 인수 $(\frac{11}{12}\beta - I)$를 앞에 내어서

$$\left(\frac{11}{12}\beta - I\right)\begin{vmatrix} \frac{2}{3}\beta - I & -\frac{1}{4}\beta & -\frac{1}{4}\beta \\ -1 & 1 & 0 \\ -\frac{1}{4}\beta & -\frac{1}{4}\beta & \frac{2}{3}\beta - I \end{vmatrix} = 0$$

으로 하고, 이것을 전개하면

$$\left(\frac{11}{12}\beta - I\right)\left[\left(\frac{2}{3}\beta - I\right)^2 - \frac{1}{8}\beta^2 - \frac{1}{4}\beta\left(\frac{2}{3}\beta - I\right)\right] = 0$$

을 얻는다. 이를 인수분해하면

$$\left(\frac{1}{6}\beta - I\right)\left(\frac{11}{12}\beta - I\right)\left(\frac{11}{12}\beta - I\right) = 0$$

이 되고, 이로부터 다음과 같은 근을 얻으며, 이것이 주관성 모멘트가 된다.

$$I_1 = \frac{1}{6}\beta, \quad I_2 = \frac{11}{12}\beta, \quad I_3 = \frac{11}{12}\beta$$

또한 대각화된 관성 텐서는

$$\{\mathbf{I}\} = \begin{Bmatrix} \frac{1}{6}\beta & 0 & 0 \\ 0 & \frac{11}{12}\beta & 0 \\ 0 & 0 & \frac{11}{12}\beta \end{Bmatrix} \tag{11.41}$$

가 된다. 그런데 이 경우에 두 근이 같으므로($I_2 = I_3$), I_1에 대응하는 주축이 대칭축이 되는 것이다.

I_1에 대응하는 주축의 방향을 구하기 위해서 먼저 식 (11.38)의 I에 $I = I_1 = \frac{1}{6}\beta$를 대입하면

$$\left.\begin{aligned} \left(\frac{2}{3}\beta - \frac{1}{6}\beta\right)\omega_{11} - \frac{1}{4}\beta\omega_{21} - \frac{1}{4}\beta\omega_{31} &= 0 \\ -\frac{1}{4}\beta\omega_{11} + \left(\frac{2}{3}\beta - \frac{1}{6}\beta\right)\omega_{21} - \frac{1}{4}\beta\omega_{31} &= 0 \\ -\frac{1}{4}\beta\omega_{11} - \frac{1}{4}\beta\omega_{21} + \left(\frac{2}{3}\beta - \frac{1}{6}\beta\right)\omega_{31} &= 0 \end{aligned}\right\}$$

을 얻는다. 여기서 ω_i의 두 번째 첨자 1은 우리가 I_1에 대응하는 주축에 대해 생각하고 있는 것을 나타낸 것이다. 다음에 이 식의 처음 두 식을 $\beta/4$로 나누면

$$\left.\begin{aligned} 2\omega_{11} - \omega_{21} - \omega_{31} &= 0 \\ -\omega_{11} + 2\omega_{21} - \omega_{31} &= 0 \end{aligned}\right\} \tag{11.42}$$

이 되며, 제1식에서 제2식을 빼면 $\omega_{11} = \omega_{21}$을 얻는다. 이 결과를 식 (11.42)의 어느 것에든 대입하면 $\omega_{11} = \omega_{21} = \omega_{31}$이 되고, 구하는 비는 다음과 같다.

$$\omega_{11}:\omega_{21}:\omega_{31} = 1:1:1$$

이와 같은 입방체가 관성 모멘트 $I_1 = \frac{1}{6}\beta = \frac{1}{6}Mb^2$에 대응하는 축 주위를 회전하는 경우에는 세 개의 좌표축에 대한 $\boldsymbol{\omega}$의 성분은 모두 같고, 따라서 이 주축은 입방체의 대각선에 대응한다.

관성 모멘트 I_2와 I_3는 같으므로, 이 모멘트에 대응한 주축은 방향에 임의성이 있고, 그것은 입방체의 대각선에 수직인 평면 속에 있기만 하면 된다.

11.6 다른 강체좌표계에 대한 관성 모멘트

강체의 운동 에너지를 병진 부분과 회전 부분으로 분리하려면(식 (11.6) 참조) 일반적으로 강체좌표계의 원점을 강체의 질량중심으로 택해야 하고, 강체의 기하학적인 모양에 따라서는 이와 같은 좌표계를 이용

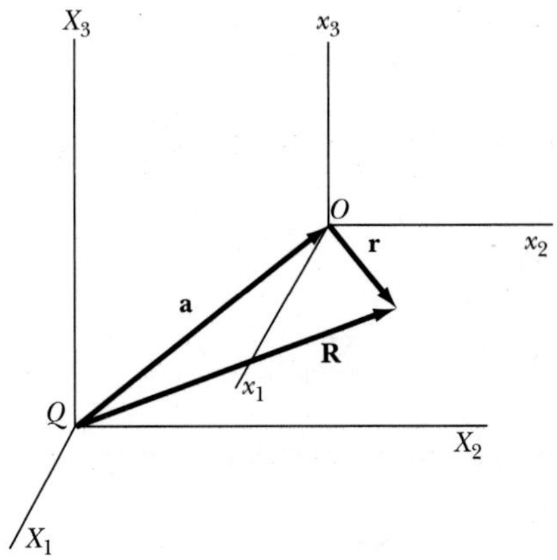

그림 11-6 좌표축 X_i는 물체에 고정되고 x_i축과 같은 방향을 갖게 되지만, 그 원점 Q가 (강체계의 질량중심인) 원점 O와 일치하지 않는다.

해서 관성 텐서의 성분을 계산하는 것이 항상 편리한 것은 아니다. 그러므로 앞과 같이 강체에 고정되고 x_i축과 같은 방향을 갖게 되지만, 그 원점 Q가 원래의 강체좌표계 원점 O(이것을 강체의 질량중심으로 취한다)와는 일치하지 않는 좌표계 X_i를 따로 생각하도록 한다. 여기서 Q는 지금 생각하고 있는 강체의 속이나 바깥 중 어느 쪽에 있어도 좋다.

X_i축에 대한 관성 텐서의 성분은

$$J_{ij} = \sum_\alpha m_\alpha\left(\delta_{ij}\sum_k X^2_{\alpha,k} - X_{\alpha,i}X_{\alpha,j}\right) \tag{11.43}$$

로 쓸 수 있다. 만약 O와 Q를 잇는 벡터를 $\mathbf{a}$라 하면, 일반적인 벡터 $\mathbf{R}$은(그림 11-6)

$$\mathbf{R} = \mathbf{a} + \mathbf{r} \tag{11.44}$$

로 나타낼 수 있고, 그 성분은

$$X_i = a_i + x_i \tag{11.45}$$

로 쓴다. 이 식 (11.45)를 사용하면 관성 텐서의 성분 J_{ij}는

$$\begin{aligned} J_{ij} &= \sum_\alpha m_\alpha\left(\delta_{ij}\sum_k (x_{\alpha,k} + a_k)^2 - (x_{\alpha,i} + a_i)(x_{\alpha,j} + a_j)\right) \\ &= \sum_\alpha m_\alpha\left(\delta_{ij}\sum_k x^2_{\alpha,k} - x_{\alpha,i}x_{\alpha,j}\right) \\ &\quad + \sum_\alpha m_\alpha\left(\delta_{ij}\sum_k (2x_{\alpha,k}a_k + a_k^2) - (a_i x_{\alpha,j} + a_j x_{\alpha,i} + a_i a_j)\right) \end{aligned} \tag{11.46}$$

가 된다. 이 식의 우변 제1항을 I_{ij}로 놓고 다시 묶으면

$$J_{ij} = I_{ij} + \sum_{\alpha} m_{\alpha}\left(\delta_{ij}\sum_{k} a_k^2 - a_i a_j\right) + \sum_{\alpha} m_{\alpha}\left(2\delta_{ij}\sum_{k} x_{\alpha,k} a_k - a_i x_{\alpha,j} - a_j x_{\alpha,i}\right) \tag{11.47}$$

를 얻게 되지만, 이 식의 우변 제3항에는

$$\sum_{\alpha} m_{\alpha} x_{\alpha,k}$$

인 모양의 합이 포함되어 있다. 그런데 O는 질량중심에 놓여 있으므로

$$\sum_{\alpha} m_{\alpha} \mathbf{r}_{\alpha} = 0$$

이고, 따라서 그 k번째 성분에 대해서는

$$\sum_{\alpha} m_{\alpha} x_{\alpha,k} = 0$$

이 성립되므로, 식 (11.47) 의 그와 같은 항은 모두 0이 되고

$$J_{ij} = I_{ij} + \sum_{\alpha} m_{\alpha}\left(\delta_{ij}\sum_{k} a_k^2 - a_i a_j\right) \tag{11.48}$$

를 얻는다. 여기서

$$\sum_{\alpha} m_{\alpha} = M \quad \text{그리고} \quad \sum_{k} a_k^2 \equiv a^2$$

임을 사용해서 I_{ij}에 대해 풀면, 결국

$$\boxed{I_{ij} = J_{ij} - M(a^2\delta_{ij} - a_i a_j)} \tag{11.49}$$

가 되고, 이 식에 따르면 X_i계에서의 관성 텐서 성분을 알면 (질량중심을 원점으로 하는 계에서의) 구하는 관성 텐서의 성분 I_{ij}를 계산할 수 있다. 식 (11.49) 의 우변 제2항은 질량 M인 입자의 원점 Q에 관한 관성 텐서이다.

식 (11.49) 는 **슈타이너의 평행축 정리**(Steiner's parallel-axis theorem)[7] 의 일반형이며, 그 가운데에서 간단한 것은 초등적인 방법으로 구해진다. 예로서 그림 11-7의 경우를 생각하면 성분 I_{11}은

7) 야코프 슈타이너(Jacob Steiner, 1796~1863)

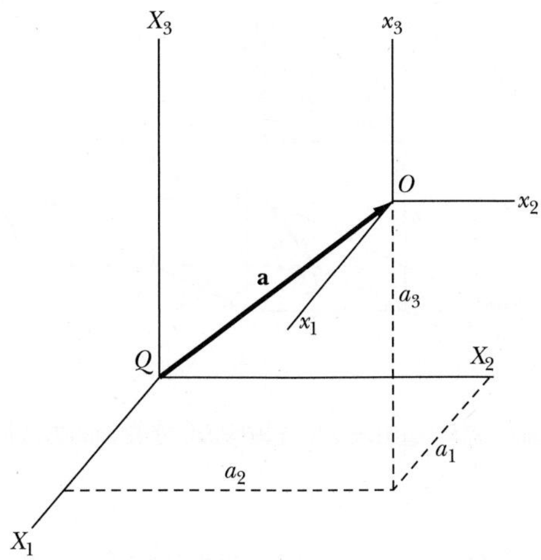

그림 11-7 x_i 좌표축에서 성분 I_{ij}는 식 (11.49)에 의해 X_{ij} 좌표축에서 J_{ij}의 성분을 알면 구할 수 있다. 벡터 **a**는 원점 Q와 원점 O를 연결한다.

$$\begin{aligned} I_{11} &= J_{11} - M\left[(a_1^2 + a_2^2 + a_3^2)\delta_{11} - a_1^2\right] \\ &= J_{11} - M(a_2^2 + a_3^2) \end{aligned}$$

가 되고, 이것은 평행한 두 축 주위의 관성 텐서 차이가 강체의 질량에 그 평행축 사이(이 경우는 x_1축과 X_1 축의 사이)의 거리 제곱을 곱한 것과 같음을 보여주고 있다.

예제 11.6

질량중심에 원점을 가진 좌표계에서 예제 11.3의 입방체에 대한 관성 텐서를 구하라.

풀이

입방체의 모서리를 원점으로 할 때 예제 11.3의 관성 텐서는

$$\{\mathbf{J}\} = \begin{Bmatrix} \frac{2}{3}Mb^2 & -\frac{1}{4}Mb^2 & -\frac{1}{4}Mb^2 \\ -\frac{1}{4}Mb^2 & \frac{2}{3}Mb^2 & -\frac{1}{4}Mb^2 \\ -\frac{1}{4}Mb^2 & -\frac{1}{4}Mb^2 & \frac{2}{3}Mb^2 \end{Bmatrix} \tag{11.50}$$

으로 얻어졌는데, 식 (11.49)를 써서 질량중심을 원점으로 하는 계에 관한 관성 텐서 $\{\mathbf{I}\}$를 구해본다. 여기

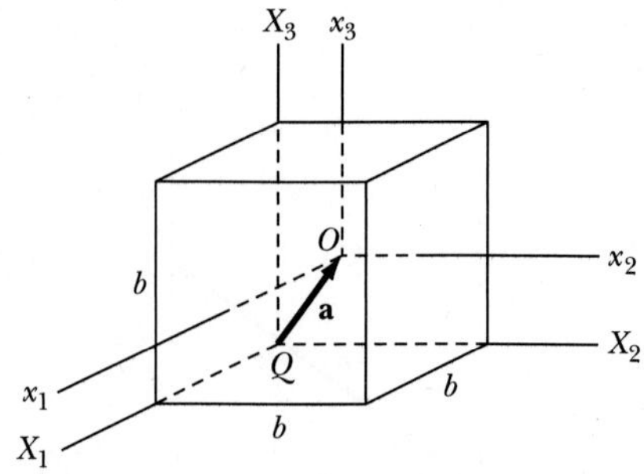

그림 11-8 예제 11.6. X_i 좌표계에서 변의 길이가 b인 입방체의 한 모서리가 원점 Q이다.

서 기호는 이 절의 것을 쓰고, 또한 O를 원점으로 하는 새로운 축을 x_i, 원점 Q를 입방체의 정점으로 취한 원래의 축을 X_i라 하자(그림 11-8).

그런데 X_i 좌표계에서는 입방체의 질량중심은 점 $(b/2, b/2, b/2)$에 있으므로, 벡터 **a**의 성분은 다음과 같다.

$$a_1 = a_2 = a_3 = b/2$$

또한 식 (11.50)에서

$$\left.\begin{aligned} J_{11} &= J_{22} = J_{33} = \frac{2}{3}Mb^2 \\ J_{12} &= J_{13} = J_{23} = -\frac{1}{4}Mb^2 \end{aligned}\right\}$$

을 얻으므로, 식 (11.49)를 쓰면

$$\begin{aligned} I_{11} &= J_{11} - M(a^2 - a_1^2) \\ &= J_{11} - M(a_2^2 + a_3^2) \\ &= \frac{2}{3}Mb^2 - \frac{1}{2}Mb^2 = \frac{1}{6}Mb^2 \end{aligned}$$

그리고

$$\begin{aligned} I_{12} &= J_{12} - M(-a_1 a_2) \\ &= -\frac{1}{4}Mb^2 + \frac{1}{4}Mb^2 = 0 \end{aligned}$$

을 얻고, 전부 함께 쓰면

$$I_{11} = I_{22} = I_{33} = \frac{1}{6}Mb^2$$
$$I_{12} = I_{13} = I_{23} = 0$$

이 된다. 따라서 관성 텐서는 대각형

$$\{\mathbf{I}\} = \begin{Bmatrix} \frac{1}{6}Mb^2 & 0 & 0 \\ 0 & \frac{1}{6}Mb^2 & 0 \\ 0 & 0 & \frac{1}{6}Mb^2 \end{Bmatrix} \tag{11.51}$$

이 되고, 더욱이 행렬로부터 공통 인수 $\frac{1}{6}Mb^2$을 앞으로 내면

$$\{\mathbf{I}\} = \frac{1}{6}Mb^2\{\mathbf{1}\} \tag{11.52}$$

을 얻는다. 여기서 $\{\mathbf{1}\}$은 **단위텐서**(unit tensor)이다.

$$\{\mathbf{1}\} \equiv \begin{Bmatrix} 1 & 0 & 0 \\ 0 & 1 & 0 \\ 0 & 0 & 1 \end{Bmatrix} \tag{11.53}$$

이와 같이 원점을 입방체의 질량중심으로 택하면, 주축은 각각 입방체의 면에 수직함을 알았다. 물리적인 입장으로는 이 축들을 구별할 수가 없으므로, 이 경우에 주관성 모멘트는 모두 같아진다. 여기서는 원점을 질량중심으로 취하는 한, 좌표축의 방향을 어느 쪽 방향으로 취해도 관성 텐서가 같아지고, 이 좌표축들 역시 가능한 주축이 됨을 주의하자.[8)]

11.7 관성 텐서의 기타 성질

일반적인 운동 방정식을 구하고 이를 이용하여 강체역학 문제를 풀기 전에, 여기서 지금까지 설명한 연산 중 기본적으로 중요한 것에 대해 생각해보자. 그러기 위해 먼저 좌표변환에 대한 관성 텐서의 성질을 조사해보자.[9)]

---

8) 이 점에서 관성 텐서에 관한 한 입방체나 구나 마찬가지이다(즉, 원점이 질량중심에 위치한 경우 관성 텐서의 성분 구조는 입방체와 구를 구별하기에 충분치 못하다).

9) 일반적인 곡선좌표계에서 나타나는 텐서의 더 복잡한 성질 몇 개를 무시할 수 있도록 직교좌표계에 주목한다.

우리는 이미 관성 텐서와 각운동량 및 각속도 벡터 사이의 기본적인 관계식(식 (11.20))

$$L_k = \sum_l I_{kl}\omega_l \tag{11.54a}$$

을 얻었다. 이것은 벡터 방정식이므로, 식 (11.54a)가 성립하는 계에 대해 회전한 좌표계에서도 완전히 같은 관계

$$L'_i = \sum_j I'_{ij}\omega'_j \tag{11.54b}$$

가 성립할 것이다. 여기서 프라임을 붙인 양은 모두 회전한 계에 관한 것이다. 그런데 **L**과 **ω**는 함께 통상의 벡터 변환식(식 (1.8))

$$x_i = \sum_j \lambda^t_{ij} x'_j = \sum_j \lambda_{ji} x'_j$$

를 따르므로,

$$L_k = \sum_m \lambda_{mk} L'_m \tag{11.55a}$$

그리고

$$\omega_l = \sum_j \lambda_{jl}\omega'_j \tag{11.55b}$$

로 쓴다. 식 (11.55a)와 식 (11.55b)를 (11.54a)에 대입하면

$$\sum_m \lambda_{mk} L'_m = \sum_l I_{kl} \sum_j \lambda_{jl}\omega'_j \tag{11.56}$$

를 얻으나, 이 식의 양변에 λ_{ik}를 곱해서 k에 대해 합하면

$$\sum_m \left(\sum_k \lambda_{ik}\lambda_{mk}\right) L'_m = \sum_j \left(\sum_{k,l} \lambda_{ik}\lambda_{jl} I_{kl}\right)\omega'_j \tag{11.57}$$

가 된다. 그런데 좌변 괄호 속의 양은 바로 δ_{im}이므로, m에 대해 합을 취하면

$$L'_i = \sum_j \left(\sum_{k,l} \lambda_{ik}\lambda_{jl} I_{kl}\right)\omega'_j \tag{11.58}$$

를 얻고, 이 식이 식 (11.54b)와 일치하려면

$$I'_{ij} = \sum_{k,l} \lambda_{ik}\lambda_{jl} I_{kl} \tag{11.59}$$

이 성립해야 함을 알게 된다. 이것은 좌표변환 시에 관성 텐서가 따라야 할 법칙이다. 식 (11.59)는 사실 2차 텐서의 변환 형태를 나타내는 일반 법칙이다. 임의 차수의 텐서 **{T}**에 대해서는 다음이 성립한다.[10)]

$$T'_{abcd\ldots} = \sum_{i,j,k,l,\ldots} \lambda_{ai}\lambda_{bj}\lambda_{ck}\lambda_{dl}\ldots T_{ijkl\ldots} \tag{11.60}$$

다음에 식 (11.59)는

$$\boxed{I'_{ij} = \sum_{k,l} \lambda_{ik} I_{kl} \lambda^t_{lj}} \tag{11.61}$$

로 쓸 수 있음에 주의하라. 행렬과 텐서는 수학적인 대상으로서는 다르나, 텐서의 취급법은 여러 가지 점에서 행렬과 같으므로 식 (11.61)은 행렬 방정식으로 나타낼 수 있다.

$$\mathbf{I}' = \boldsymbol{\lambda}\mathbf{I}\boldsymbol{\lambda}^t \tag{11.62}$$

여기서 **I**는 텐서 **{I}**의 성분으로 이루어지는 행렬이다. 그런데 우리는 지금 직교행렬만을 생각하고 있으므로 $\boldsymbol{\lambda}$의 치환행렬은 그 역행렬과 같다. 그래서 식 (11.62)는

$$\boxed{\mathbf{I}' = \boldsymbol{\lambda}\mathbf{I}\boldsymbol{\lambda}^{-1}} \tag{11.63}$$

로 나타낼 수 있고, 이 일반적인 모양의 변환을 **유사변환**(similarity transformation)이라 한다(**I**′는 **I**와 유사하다).

예제 11.7

예제 11.6에서 입방체의 질량중심을 원점으로 했을 때, 그 입방체의 관성 텐서는 축의 방향에는 무관함을 보여라.

풀이

좌표축이 회전한 경우의 관성 텐서 변화는 유사변환을 써서 계산할 수 있으므로, 회전을 행렬 $\boldsymbol{\lambda}$로 나타내도록 하면

---

10) 제1차수의 텐서는

$$T'_a = \sum_i \lambda_{ai} T_i$$

임에 주의하라. 이러한 텐서는 사실은 벡터이다. 영차수의 텐서는 $T' = T$ 혹은 스칼라이다. 이렇게 변하는 양들의 성질은 1874년 C. 나이번(Niven)이 처음으로 논의했다. 이런 양에 텐서라는 말을 적용한 사람은 J. 윌러드 기브스(Willard Gibbs)이다.

$$\mathbf{I}' = \boldsymbol{\lambda}\mathbf{I}\boldsymbol{\lambda}^{-1} \tag{11.64}$$

로 쓸 수 있다. 그런데 텐서 $\{\mathbf{I}\}$의 성분(예제 11.4의 식 (11.52))으로부터 유도되는 행렬 $\mathbf{I}$는 바로 단위행렬 $\mathbf{1}$에 상수를 곱한 것, 즉

$$\mathbf{I} = \frac{1}{6}Mb^2\begin{pmatrix}1 & 0 & 0\\ 0 & 1 & 0\\ 0 & 0 & 1\end{pmatrix} = \frac{1}{6}Mb^2\,\mathbf{1} \tag{11.65}$$

이므로, 식 (11.64)에서 표현된 연산은

$$\mathbf{I}' = \frac{1}{6}Mb^2\boldsymbol{\lambda}\mathbf{1}\boldsymbol{\lambda}^{-1} = \frac{1}{6}Mb^2\boldsymbol{\lambda}\boldsymbol{\lambda}^{-1} = \frac{1}{6}Mb^2\mathbf{1} = \mathbf{I} \tag{11.66}$$

가 되어, 변환된 관성 텐서는 어떻게 회전했는가에는 무관하게 원래의 텐서와 같아진다.

다음에 임의의 관성 텐서를 취해서 여기에 좌표 회전을 행하는 경우에, 변환된 관성 텐서가 대각형이 되는 데 필요한 조건을 구해보자. 먼저 이와 같은 변환에 있어서는 식 (11.59)의 I'_{ij}가

$$I'_{ij} = I_i\delta_{ij} \tag{11.67}$$

라는 관계(식 (11.32) 참조)를 만족해야 한다. 따라서

$$I_i\delta_{ij} = \sum_{k,l}\lambda_{ik}\lambda_{jl}I_{kl} \tag{11.68}$$

이 성립되므로, 만일 이 식의 양변에 λ_{im}을 곱하고, i에 대해 합을 취하면

$$\sum_i I_i\lambda_{im}\delta_{ij} = \sum_{k,l}\left(\sum_i \lambda_{im}\lambda_{ik}\right)\lambda_{jl}I_{kl} \tag{11.69}$$

을 얻는다. 그런데 이 괄호 속의 항은 바로 δ_{mk}이므로 좌변은 i에 대해, 또한 우변은 k에 대해 합을 취하면

$$I_j\lambda_{jm} = \sum_l \lambda_{jl}I_{ml} \tag{11.70}$$

이 된다. 그런데 이 식의 왼쪽 변은

$$I_j\lambda_{jm} = \sum_l I_j\lambda_{jl}\delta_{ml} \tag{11.71}$$

로 쓸 수 있으므로, 결국 식 (11.70)은

$$\sum_l I_j \lambda_{jl} \delta_{ml} = \sum_l \lambda_{jl} I_{ml} \tag{11.72a}$$

또는

$$\sum_l (I_{ml} - I_j \delta_{ml}) \lambda_{jl} = 0 \tag{11.72b}$$

이 된다. 이것은 한 조의 연립 1차 대수 방정식이고, 각각의 j에 대해서 세 개의 방정식이 존재한다(왜냐하면 m에 세 개의 값이 가능하므로). 그래서 이 방정식들 모두가 0이 아닌 해를 갖기 위해서는 그 계수로 만든 행렬식이 0이어야 한다. 그 결과 주관성 모멘트 I_1, I_2, I_3는 I에 대한 영년 방정식

$$\boxed{|I_{ml} - I\delta_{ml}| = 0} \tag{11.73}$$

의 근으로서 얻어지는데 이 식은 바로 식 (11.39)가 되고, 그것은 주관성 모멘트를 근으로 갖는 3차 방정식이다.

따라서 어떤 주어진 원점에 관해서 관성 텐서의 성분을 계산할 경우에, (그것이 어떤 관성 텐서라도) 좌표축을 그 원점 주위에 회전하게 함으로써 관성 텐서를 대각형으로 만들 수가 있다. 또한 그 새로운 좌표축이 강체의 주축이 되고, 새로운 관성 모멘트가 주관성 모멘트가 되는 것이다. 이와 같이 어떤 강체라도 원점의 선택 방법에 무관하게 반드시 한 조의 주축이 존재한다.

예제 11.8

예제 11.3의 입방체에 대해서 좌표축을 회전함으로써 관성 텐서를 대각화해보라.

풀이

원점을 입방체의 한 정점으로 취하고, 좌표를 회전시켜서 x_1축이 입방체의 대각선과 겹치게 한다. 그런데 그와 같은 회전은 편의상 2단으로 나누어 행하는 것이 좋다. 즉, 먼저 x_3축 주위로 45° 회전시키고, 계속해서 x_2'축 주위로 $-\cos^{-1}(\sqrt{\frac{2}{3}})$만큼 회전시킨다. 그 경우에 최초의 회전행렬은

$$\boldsymbol{\lambda}_1 = \begin{pmatrix} \frac{1}{\sqrt{2}} & \frac{1}{\sqrt{2}} & 0 \\ -\frac{1}{\sqrt{2}} & \frac{1}{\sqrt{2}} & 0 \\ 0 & 0 & 1 \end{pmatrix} \tag{11.74}$$

이고, 두 번째의 회전행렬은

$$\boldsymbol{\lambda}_2 = \begin{pmatrix} \sqrt{\frac{2}{3}} & 0 & \frac{1}{\sqrt{3}} \\ 0 & 1 & 0 \\ -\frac{1}{\sqrt{3}} & 0 & \sqrt{\frac{2}{3}} \end{pmatrix} \tag{11.75}$$

이므로, 전 회전행렬은

$$\boldsymbol{\lambda} = \boldsymbol{\lambda}_2\boldsymbol{\lambda}_1 = \begin{pmatrix} \frac{1}{\sqrt{3}} & \frac{1}{\sqrt{3}} & \frac{1}{\sqrt{3}} \\ -\frac{1}{\sqrt{2}} & \frac{1}{\sqrt{2}} & 0 \\ -\frac{1}{\sqrt{6}} & -\frac{1}{\sqrt{6}} & \sqrt{\frac{2}{3}} \end{pmatrix} = \frac{1}{\sqrt{3}}\begin{pmatrix} 1 & 1 & 1 \\ -\sqrt{\frac{3}{2}} & \sqrt{\frac{3}{2}} & 0 \\ -\frac{1}{\sqrt{2}} & -\frac{1}{\sqrt{2}} & \sqrt{2} \end{pmatrix} \tag{11.76}$$

이 된다. 그런데 변환된 관성 텐서는(식 (11.62) 참조)

$$\mathbf{I}' = \boldsymbol{\lambda}\mathbf{I}\boldsymbol{\lambda}^t \tag{11.77}$$

이므로, β를 $\mathbf{I}$의 앞에 내어서 연산하면

$$\mathbf{I}' = \frac{\beta}{3}\begin{pmatrix} 1 & 1 & 1 \\ -\sqrt{\frac{3}{2}} & \sqrt{\frac{3}{2}} & 0 \\ -\frac{1}{\sqrt{2}} & -\frac{1}{\sqrt{2}} & \sqrt{2} \end{pmatrix}\begin{pmatrix} \frac{2}{3} & -\frac{1}{4} & -\frac{1}{4} \\ -\frac{1}{4} & \frac{2}{3} & -\frac{1}{4} \\ -\frac{1}{4} & -\frac{1}{4} & \frac{2}{3} \end{pmatrix}\begin{pmatrix} 1 & -\sqrt{\frac{3}{2}} & -\frac{1}{\sqrt{2}} \\ 1 & \sqrt{\frac{3}{2}} & -\frac{1}{\sqrt{2}} \\ 1 & 0 & \sqrt{2} \end{pmatrix}$$

$$\mathbf{I}' = \frac{\beta}{3}\begin{pmatrix} 1 & 1 & 1 \\ -\sqrt{\frac{3}{2}} & \sqrt{\frac{3}{2}} & 0 \\ -\frac{1}{\sqrt{2}} & -\frac{1}{\sqrt{2}} & \sqrt{2} \end{pmatrix}\begin{pmatrix} \frac{1}{6} & -\frac{11}{12}\sqrt{\frac{3}{2}} & -\frac{11}{12}\frac{\sqrt{2}}{2} \\ \frac{1}{6} & \frac{11}{12}\sqrt{\frac{3}{2}} & -\frac{11}{12}\frac{\sqrt{2}}{2} \\ \frac{1}{6} & 0 & \frac{11}{12}\sqrt{2} \end{pmatrix}$$

$$= \begin{pmatrix} \frac{1}{6}\beta & 0 & 0 \\ 0 & \frac{11}{12}\beta & 0 \\ 0 & 0 & \frac{11}{12}\beta \end{pmatrix} \tag{11.78}$$

을 얻는다.

이 식 (11.78)은 바로 영년 행렬식(예제 11.5와 식 (11.41))을 써서 대각화하는 방법으로 얻은 관성 텐서와 같은 행렬이다.

이와 같이 관성 텐서를 대각화하는 두 가지 일반적인 방법을 살펴보았다. 앞에서도 기술했듯이 이 방법들은 관성 텐서의 경우에 국한되지 않고 일반적으로 성립한다. 그러나 어떤 쪽의 방법도 매우 복잡하다. 예를 들어 가장 일반적인 경우에 이 회전 방법을 쓰려고 하면, 먼저 임의의 회전을 나타내는 행렬을 만들어야 한다. 여기에는 각 좌표축에 대한 회전, 즉 세 개의 다른 회전이 필요하다. 다음에 이 회전행렬을 써서 관성 텐서를 유사변환시킨다. 그때 변환의 결과 생긴 행렬의 비대각 요소[11)]를 조사해서, 이 요소가 0이 되도록 좌표의 회전각을 정해야 한다. 이와 같이 실제로 이 방법을 쓸 경우에는 상당한 인내를 필요로 하나, 경우에 따라서는 이 대각비 방법이 잘 쓰일 수도 있다. 특히 문제의 기하학적인 형태가 하나의 좌표축 주위의 단순한 회전만으로 묘사되는 경우가 여기에 해당한다. 이 경우 회전각은 어려움 없이 구할 수 있다(예를 들어 연습문제 11-16, 11-18, 11-19 참조).

실제로는 임의의 주관성 모멘트와 관성 텐서의 주축을 찾기 위한 체계적인 절차가 있다. 표준 컴퓨터 프로그램과 손 계산기 방법은 n차 다항식의 n 근을 구하고 행렬을 대각화하는 데 유용하다. 주관성 모멘트를 알면 주축은 쉽게 구할 수 있다.

그런데 입방체 예에서 강체의 관성 텐서 성분, 주관성 모멘트의 값, 주축의 방향은 모두 좌표계의 원점 선택 방법에 의존한다는 중요한 사실을 알았다. 운동 에너지를 병진 부분과 회전 부분으로 분리할 수 있으려면 일반적으로 강체좌표계의 원점을 강체의 질량중심과 일치하도록 취해야 한다는 사실도 상기해야 한다. 또 한편, 어떤 강체라도 원점 선택 방법과는 무관하게 반드시 관성 텐서가 대각화되는 좌표축의 방향이 존재하고, 이 축들이 그와 같은 특정한 원점에 관한 주축이 되는 것이다.

다음에, 주축이 실제로 직교계를 만드는 것을 증명하자. 지금 영년 방정식을 풀어 각각 다른 주관성 모멘트를 구했다고 하자. 그에 대응하는 주축이 존재하고, 그 주축에는 만일 가속도 $\boldsymbol{\omega}$가 그 축의 방향을 향하고 있으면 각운동량 벡터 $\mathbf{L}$도 같은 방향을 향하는 성질이 있다는 사실을 알고 있다. 즉, 각각의 I_j에 ω_{1j}, ω_{2j}, ω_{3j}인 성분을 갖는 각속도 벡터 $\boldsymbol{\omega}_j$가 대응한다(벡터 $\boldsymbol{\omega}$의 첨자 및 그 성분을 나타내는 또 하나의 첨자는 대응하는 주관성 모멘트를 보이기 위해 썼다). 그 때문에 m번째의 주관성 모멘트에 대해서는

$$L_{im} = I_m \omega_{im} \tag{11.79}$$

이 성립하고, 관성 모멘트 텐서로 표현하면

$$L_{im} = \sum_k I_{ik} \omega_{km} \tag{11.80}$$

---

11) 큰 종이를 사용해야 한다!

으로 쓸 수 있으므로, 이 두 개의 식을 조합하면

$$\sum_k I_{ik}\omega_{km} = I_m\omega_{im} \tag{11.81a}$$

을 얻는다. 마찬가지로 n번째의 주관성 모멘트에 대해서

$$\sum_i I_{ki}\omega_{in} = I_n\omega_{kn} \tag{11.81b}$$

을 얻으므로, 식 (11.81a)에 ω_{in}을 곱한 다음 i에 대한 합을 취하고, 식 (11.81b)에는 ω_{km}을 곱한 다음 k에 대해 합을 취하면

$$\left.\begin{aligned} \sum_{i,k} I_{ik}\omega_{km}\omega_{in} &= \sum_i I_m\omega_{im}\omega_{in} \\ \sum_{i,k} I_{ki}\omega_{in}\omega_{km} &= \sum_k I_n\omega_{kn}\omega_{km} \end{aligned}\right\} \tag{11.82}$$

가 된다. 관성 텐서는 대칭($I_{ik} = I_{ki}$)이므로, 이 식들의 좌변은 같다. 제1식에서 제2식을 빼면

$$I_m\sum_i \omega_{im}\omega_{in} - I_n\sum_k \omega_{km}\omega_{kn} = 0 \tag{11.83}$$

을 얻고, 첨자 i와 k는 바꾸어 써도 지장이 없는 무효 첨자이므로, 이것을 l로 쓰면

$$(I_m - I_n)\sum_l \omega_{lm}\omega_{ln} = 0 \tag{11.84}$$

이 된다. 그런데 가정에 의해서 주관성 모멘트는 전혀 다른 값을 가지므로, 즉 $I_m \neq I_n$이므로 식 (11.84)는

$$\sum_l \omega_{lm}\omega_{ln} = 0 \tag{11.85}$$

이 성립할 때만 만족한다. 이 합은 벡터 $\boldsymbol{\omega}_m$과 $\boldsymbol{\omega}_n$의 스칼라 곱의 정의이므로 위의 식은 또한

$$\boldsymbol{\omega}_m \cdot \boldsymbol{\omega}_n = 0 \tag{11.86}$$

으로 쓸 수 있다. 그런데 I_m과 I_n은 세 개의 모멘트로부터 임의로 취한 것이므로 어떤 두 개의 주축도 서로 직교하고, 결국 세 개의 주축이 직교계를 만들게 된다.

영년 방정식이 2중근을 갖는 경우, 예를 들어 주관성 모멘트가 I_1, $I_2 = I_3$인 경우에 위에 기술한 해석은 각속도 벡터가

$$\boldsymbol{\omega}_1 \perp \boldsymbol{\omega}_2, \qquad \boldsymbol{\omega}_1 \perp \boldsymbol{\omega}_3$$

인 관계를 만족함을 보여준다. $\boldsymbol{\omega}_2$와 $\boldsymbol{\omega}_3$ 사이의 각에 대해서는 어떤 것도 말할 수 없다. 그러나 앞에서도 주의한 바와 같이 $I_2 = I_3$인 것은 대칭축을 갖는다는 뜻이므로, $\boldsymbol{\omega}_1$이 대칭축의 방향을 향하고 $\boldsymbol{\omega}_2$와 $\boldsymbol{\omega}_3$가

$\boldsymbol{\omega}_1$에 수직한 평면 속에 있으면 된다. 따라서 $\boldsymbol{\omega}_2 \perp \boldsymbol{\omega}_3$이 되도록 선택해도 일반성을 잃는 일은 없다. 이와 같이 해서, 강체가 대칭축을 갖는 경우에도 주축이 직교계를 만들도록 할 수가 있다.

그런데 앞에서도 살펴봤듯이 주관성 모멘트는 영년 방정식(3차 방정식)의 근으로서 얻는다. 이 3차 방정식을 수학적으로 생각하면 그 근 중 적어도 하나는 실수여야 하나, 다른 두 개는 허수여도 지장이 없다. 그러나 관성 텐서의 대각화가 물리적으로 의미를 가지려면 주관성 모멘트는 반드시 실수여야 한다. 이것이 일반적으로 성립함을 다음과 같이 보일 수가 있다. 먼저 근이 복소수라고 가정하고, 앞의 증명에서 쓴 것과 동일한 방법을 쓰자. 이번에는 ω_{km}이 복소수이더라도 상관없다(그렇지 않다고 하는 수학적인 이유는 없고, 지금은 이 양의 물리적인 해석에는 관심을 갖지 않는다). 그래서 식 (11.81a)는 앞과 같이 쓰고, 식 (11.81b)에 대해서는 복소 공역을 취한다.

$$\left.\begin{aligned} \sum_k I_{ik}\omega_{km} &= I_m\omega_{im} \\ \sum_i I_{ki}^*\omega_{in}^* &= I_n^*\omega_{kn}^* \end{aligned}\right\} \tag{11.87}$$

다음에 첫 번째 식에 ω_{in}^*를 곱한 다음 i에 대해 합을 취하고, 두 번째 식에서는 ω_{km}을 곱한 다음 k에 대해 합을 취한다. 그런데 관성 텐서는 대칭이고 그 성분은 모두 실수이므로 $I_{ik} = I_{ki}^*$가 성립한다. 따라서 처음의 식으로부터 두 번째 식을 빼면

$$(I_m - I_n^*)\sum_l \omega_{lm}\omega_{ln}^* = 0 \tag{11.88}$$

을 얻는다. $m = n$이라면

$$(I_m - I_m^*)\sum_l \omega_{lm}\omega_{lm}^* = 0 \tag{11.89}$$

이 되나, 이 합은 바로 $\boldsymbol{\omega}_m$과 $\boldsymbol{\omega}_m^*$의 스칼라 곱의 정의인

$$\boldsymbol{\omega}_m \cdot \boldsymbol{\omega}_m^* = |\boldsymbol{\omega}_m|^2 \geq 0 \tag{11.90}$$

를 나타내고 있다.

이와 같이 $\boldsymbol{\omega}_m$의 제곱은 일반적으로 양수이므로, 식 (11.89)가 만족하려면 $I_m - I_m^*$가 성립해야 한다. 만일 어떤 양과 그 복소 공역 양이 같으면 그 허수 부분은 항상 0이어야 하므로 주관성 모멘트는 모두 실수가 된다. $\{\mathbf{I}\}$가 실수이므로 벡터 $\boldsymbol{\omega}_m$은 실수여야 한다.

식 (11.88)에서 $m \neq n$이고 $I_m \neq I_n$이면 그 방정식은 $\boldsymbol{\omega}_m \cdot \boldsymbol{\omega}_n = 0$일 때만 만족한다. 즉, 이 벡터들은 앞과 같이 직교한다.

이 절에서의 증명은 모두 관성 텐서를 이용했다. 하지만 이 증명들을 잘 조사해보면 알 수 있듯이, 실제로 쓰인 관성 텐서의 성질은 텐서가 대칭이고 그 성분이 실수라는 사실뿐이다. 그러므로 어떤 실수 대칭

텐서[12]라도 다음과 같은 성질이 있다고 결론지을 수 있다.

1. 적당한 좌표축 회전에 의해서, 즉 유사변환에 의해서 대각화를 행할 수가 있다.
2. 고유값[13]은 영년 방정식의 근으로서 얻어지고, 그것은 실수이다.
3. 고유벡터는 서로 직교한다.

11.8 오일러 각

하나의 좌표계에서 다른 좌표계로의 변환은

$$\mathbf{x} = \boldsymbol{\lambda}\mathbf{x}'$$

인 모양의 행렬 방정식으로 나타내나, 지금 고정계를 $\mathbf{x}'$, 강체계를 $\mathbf{x}$라 하면 두 좌표계의 상대적인 방향은 회전행렬 $\boldsymbol{\lambda}$에 의해서 완전히 기술된다. 그런데 회전행렬 $\boldsymbol{\lambda}$는 세 개의 독립적인 각을 포함하고 있고 이 각들을 선택하는 데는 많은 방법이 있으나, 여기서는 소위 말하는 **오일러 각**(Eulerian angle)[14] ϕ, θ, ψ를 쓰는 것이 편리하다.

이 오일러 각은 x_i'계를 x_i계로 옮기는 다음과 같은 일련의 회전에서 나타난다.[15]

1. 먼저 최초의 회전에서는 그림 11-9a에 보이는 바와 같이 x_3'축 주위로 반시계 방향으로 각 ϕ만큼 회전해서 x_i'계를 x_i''로 변환한다. 이 경우에 회전은 x_1'-x_2'평면 속에서 행해지므로, 변환행렬은 다음과 같이 나타낸다.

$$\boldsymbol{\lambda}_\phi = \begin{pmatrix} \cos\phi & \sin\phi & 0 \\ -\sin\phi & \cos\phi & 0 \\ 0 & 0 & 1 \end{pmatrix} \tag{11.91}$$

그리고

$$\mathbf{x}'' = \boldsymbol{\lambda}_\phi \mathbf{x}' \tag{11.92}$$

---

12) 더 정확히 말해서 텐서 성분이 관계식 $I_{ik} = I_{ki}^*$를 맺는 것만을 요구한다. 따라서 복소수 양일 수도 있고 이 성질을 가진 텐서(그러므로 행렬)를 **에르미트**(Hermitean)라고 부른다.

13) 고유값(eigenvalue), 고유벡터(eigenvector)란 말은 그런 양의 속명(屬名)이다. 관성 텐서의 경우 각각 주관성 모멘트, 주관성축이다. 이 말들은 12장에서 논의하는 작은 진동에서 다시 나온다.

14) 오일러의 회전 양식은 1776년 처음으로 공개되었다.

15) 오일러 각의 방향과 그 형성 방법은 보편적으로 결정할 수 없다. 따라서 다른 이유로 인해 나타난 결과와 비교할 때 약간 주의해야 한다. 여기서 사용된 표기법은 대부분 널리 채택되고 있는 교재에서 사용되고 있다.

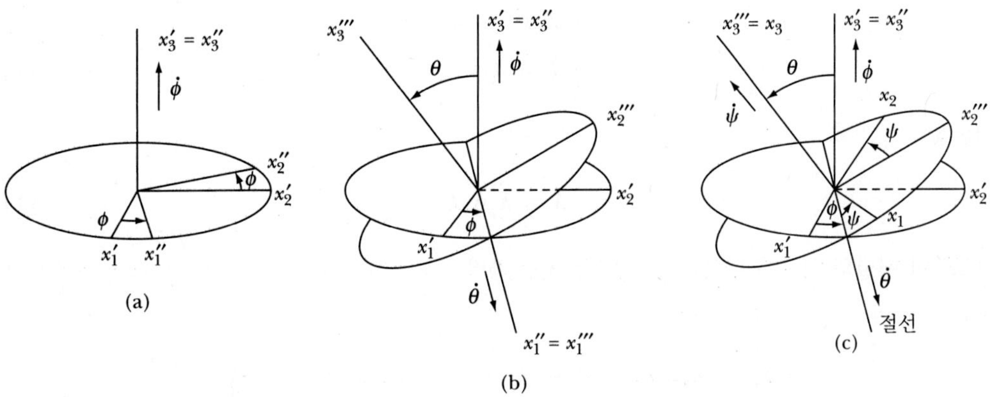

그림 11-9 x_i' 계에서 x_i계로 회전시키는 데 오일러 각을 사용한다. (a) 최초의 회전에서는 x_3'축 주위로 각 ϕ만큼 반시계 방향으로 회전한다. (b) 제2의 회전에서는 x_1''축 주위로 각 θ만큼 반시계 방향으로 회전한다. (c) 제3의 회전에서는 x_3'''축 주위로 각 ψ만큼 반시계 방향으로 회전한다.

2. 다음에 제2의 회전에서는 그림 11-9b에 나타낸 바와 같이 x_1''축 주위로 반시계 방향으로 각 θ만큼 회전해서 x_i''계를 x_i'''계로 변환한다. 이 경우에 회전은 x_2''-x_3''평면 속에서 행해지므로, 변환행렬은 다음과 같이 나타낸다.

$$\boldsymbol{\lambda}_\theta = \begin{pmatrix} 1 & 0 & 0 \\ 0 & \cos\theta & \sin\theta \\ 0 & -\sin\theta & \cos\theta \end{pmatrix} \tag{11.93}$$

그리고

$$\mathbf{x}''' = \boldsymbol{\lambda}_\theta \mathbf{x}'' \tag{11.94}$$

3. 제3의 회전에서는 그림 11-9c에 보이는 바와 같이 x_3'''축 주위로 반시계 방향으로 각 ψ만큼 회전해서 x_i'''계를 x_i계로 변환한다. 이 경우에 회전행렬은 다음과 같이 나타낸다.

$$\boldsymbol{\lambda}_\psi = \begin{pmatrix} \cos\psi & \sin\psi & 0 \\ -\sin\psi & \cos\psi & 0 \\ 0 & 0 & 1 \end{pmatrix} \tag{11.95}$$

그리고

$$\mathbf{x} = \boldsymbol{\lambda}_\psi \mathbf{x}''' \tag{11.96}$$

x_1축과 x_2축을 포함하는 평면과 x_1'축과 x_2'축을 포함하는 평면의 교선을 **절선**(節線, line of nodes)이라 한다. 이렇게 해서 x_i' 계에서 x_i계로의 전체 변환은 다음과 같이 주어진다.

$$\begin{aligned}\mathbf{x} &= \boldsymbol{\lambda}_\psi \mathbf{x}''' = \boldsymbol{\lambda}_\psi \boldsymbol{\lambda}_\theta \mathbf{x}'' \\ &= \boldsymbol{\lambda}_\psi \boldsymbol{\lambda}_\theta \boldsymbol{\lambda}_\phi \mathbf{x}'\end{aligned} \tag{11.97}$$

회전행렬 $\boldsymbol{\lambda}$는

$$\boldsymbol{\lambda} = \boldsymbol{\lambda}_\psi \boldsymbol{\lambda}_\theta \boldsymbol{\lambda}_\phi \tag{11.98}$$

이며, 또한 이 행렬의 성분은 다음과 같다(성분 λ_{ij}는 행렬 전체를 한눈에 볼 수 있도록 쓴 것으로 $\boldsymbol{\lambda}$ 행렬과 같은 것이다).

$$\left.\begin{aligned}
\lambda_{11} &= \cos\psi\cos\phi - \cos\theta\sin\phi\sin\psi \\
\lambda_{21} &= -\sin\psi\cos\phi - \cos\theta\sin\phi\cos\psi \\
\lambda_{31} &= \sin\theta\sin\phi \\
\lambda_{12} &= \cos\psi\sin\phi + \cos\theta\cos\phi\sin\psi \\
\lambda_{22} &= -\sin\psi\sin\phi + \cos\theta\cos\phi\cos\psi \\
\lambda_{32} &= -\sin\theta\cos\phi \\
\lambda_{13} &= \sin\psi\sin\theta \\
\lambda_{23} &= \cos\psi\sin\theta \\
\lambda_{33} &= \cos\theta
\end{aligned}\right\} \tag{11.99}$$

무한소 회전은 벡터로 나타낼 수 있으므로, 이 회전각들의 시간 미분은 가속도 벡터 $\boldsymbol{\omega}$의 성분과 관계지을 수가 있다. 따라서

$$\left.\begin{aligned}
\omega_\phi &= \dot{\phi} \\
\omega_\theta &= \dot{\theta} \\
\omega_\psi &= \dot{\psi}
\end{aligned}\right\} \tag{11.100}$$

로 쓴다.

강체의 운동 방정식은 강체좌표계(즉, x_i계)로 나타내면 매우 편리하므로, $\boldsymbol{\omega}$의 성분도 이 계로 나타내도록 한다. 그림 11-9에서 각속도 $\dot{\boldsymbol{\phi}}, \dot{\boldsymbol{\theta}}, \dot{\boldsymbol{\psi}}$는 각각 다음의 축방향을 향하고 있음을 주목하라.

$\dot{\boldsymbol{\phi}}$ (고정계) x_3'축 방향
$\dot{\boldsymbol{\theta}}$ 절선 방향
$\dot{\boldsymbol{\psi}}$ (강체계) x_3축 방향

이 각속도의 강체 좌표축 방향의 성분은 각각 다음과 같다.

$$\left.\begin{aligned}
\dot{\phi}_1 &= \dot{\phi}\sin\theta\sin\psi \\
\dot{\phi}_2 &= \dot{\phi}\sin\theta\cos\psi \\
\dot{\phi}_3 &= \dot{\phi}\cos\theta
\end{aligned}\right\} \tag{11.101a}$$

$$\left.\begin{aligned}\dot\theta_1 &= \dot\theta\cos\psi\\ \dot\theta_2 &= -\dot\theta\sin\psi\\ \dot\theta_3 &= 0\end{aligned}\right\}\tag{11.101b}$$

$$\left.\begin{aligned}\dot\psi_1 &= 0\\ \dot\psi_2 &= 0\\ \dot\psi_3 &= \dot\psi\end{aligned}\right\}\tag{11.101c}$$

$\boldsymbol{\omega}$의 개개의 성분을 모으면, 결국

$$\boxed{\begin{aligned}\omega_1 &= \dot\phi_1+\dot\theta_1+\dot\psi_1 = \dot\phi\sin\theta\sin\psi+\dot\theta\cos\psi\\ \omega_2 &= \dot\phi_2+\dot\theta_2+\dot\psi_2 = \dot\phi\sin\theta\cos\psi-\dot\theta\sin\psi\\ \omega_3 &= \dot\phi_3+\dot\theta_3+\dot\psi_3 = \dot\phi\cos\theta+\dot\psi\end{aligned}}\tag{11.102}$$

를 얻는다. 이 관계는 나중에 강체좌표계에서 각운동량의 성분을 나타낼 때 도움이 된다.

예제 11.9

오일러 각을 사용하여 원래 있던 x_1'축을 x_2'와 x_3' 중간에 있는 x_2'-x_3'면에 옮기고 x_2'축을 x_2'-x_3'면에 수직이 되게 하는 변환을 구하라(그림 11-10).

풀이

오일러 각을 사용한 변환의 핵심은 절선 주변의 제2회전에 있다. 왜냐하면 이 회전으로 x_3'를 x_3로 옮겨야 하기 때문이다. 문제 문구에 있듯이 x_3가 x_2'-x_3'면에 있고 x_3'로부터 45° 회전되어야 한다. $x_3' = x_3''$가 $x_3''' = x_3$로 회전하기 위해 올바른 위치를 잡으려면 최초 회전으로 x_1'를 x_1''로 옮겨야 한다.

이 경우 $x_3' = x_3''$가 원래의 $x_1' = x_1''$축 주변으로 $\theta = 45°$ 회전되고, 따라서 $\phi = 0$이며

$$\boldsymbol{\lambda}_\phi = \mathbf{1}\tag{11.103}$$

$$\boldsymbol{\lambda}_\theta = \begin{pmatrix}1 & 0 & 0\\ 0 & 1/\sqrt{2} & 1/\sqrt{2}\\ 0 & -1/\sqrt{2} & 1/\sqrt{2}\end{pmatrix}\tag{11.104}$$

마지막 회전 $\psi = 90°$는 $x_1' = x_1'' = x_1'''$를 x_2-x_3면 속에서 원하는 위치 x_1으로 옮긴다. 즉,

$$\boldsymbol{\lambda}_\psi = \begin{pmatrix}0 & 1 & 0\\ -1 & 0 & 0\\ 0 & 0 & 1\end{pmatrix}\tag{11.105}$$

따라서 변환행렬 $\boldsymbol{\lambda}$는 $\boldsymbol{\lambda} = \boldsymbol{\lambda}_\psi\boldsymbol{\lambda}_\theta\boldsymbol{\lambda}_\phi = \boldsymbol{\lambda}_\psi\boldsymbol{\lambda}_\theta$가 되며

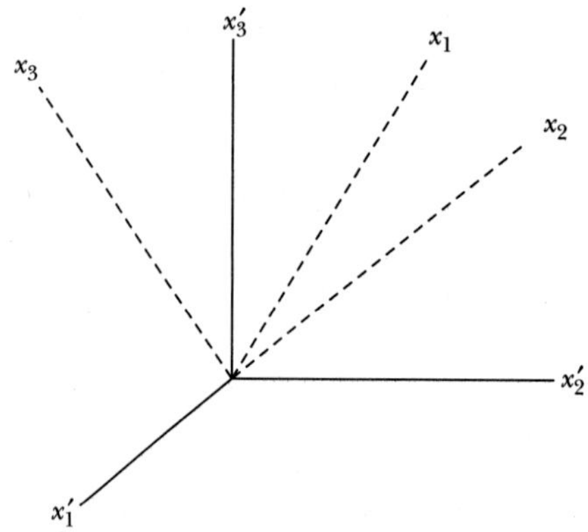

그림 11-10 예제 11.9. x_i'계를 x_i계로 회전시키는 데 오일러 각을 사용한다.

$$\boldsymbol{\lambda} = \begin{pmatrix} 0 & 1 & 0 \\ -1 & 0 & 0 \\ 0 & 0 & 1 \end{pmatrix} \begin{pmatrix} 1 & 0 & 0 \\ 0 & 1/\sqrt{2} & 1/\sqrt{2} \\ 0 & -1/\sqrt{2} & 1/\sqrt{2} \end{pmatrix}$$

$$\boldsymbol{\lambda} = \begin{pmatrix} 0 & 1/\sqrt{2} & 1/\sqrt{2} \\ -1 & 0 & 0 \\ 0 & -1/\sqrt{2} & 1/\sqrt{2} \end{pmatrix} \tag{11.106}$$

가 된다. x_i축과 x_i'축의 방향을 비교해보면 $\boldsymbol{\lambda}$는 한 번의 회전변환을 나타내고 있음을 알 수 있다.

11.9 강체에 대한 오일러 방정식

먼저 강체의 자유 운동에 대해 생각하자. 이 경우에 위치 에너지 U는 0이므로, 라그랑지안 L은 회전의 운동 에너지 T과 같아진다.[16] 다음에 x_i축을 강체의 주축에 대응하도록 취하면 식 (11.35)에서

$$T = \frac{1}{2}\sum_i I_i \omega_i^2 \tag{11.107}$$

을 얻는다. 또한 일반화 좌표로서 오일러 각을 취하도록 하면, 좌표 ψ에 대한 라그랑주 방정식은

16) 힘이 작용하지 않은 운동이므로 병진 운동 에너지는 여기서 중요하지 않다(물체의 질량중심이 정지되는 좌표계에 항상 변환할 수 있다).

$$\frac{\partial T}{\partial \psi} - \frac{d}{dt}\frac{\partial T}{\partial \dot{\psi}} = 0 \tag{11.108}$$

이 되고, 이것은 또한

$$\sum_i \frac{\partial T}{\partial \omega_i}\frac{\partial \omega_i}{\partial \psi} - \frac{d}{dt}\sum_i \frac{\partial T}{\partial \omega_i}\frac{\partial \omega_i}{\partial \dot{\psi}} = 0 \tag{11.109}$$

으로도 나타낼 수 있다. 여기서 $\boldsymbol{\omega}$의 성분(식 (11.102))을 ψ 및 $\dot{\psi}$로 미분하면

$$\left.\begin{aligned}
\frac{\partial \omega_1}{\partial \psi} &= \dot{\phi}\sin\theta\cos\psi - \dot{\theta}\sin\psi = \omega_2 \\
\frac{\partial \omega_2}{\partial \psi} &= -\dot{\phi}\sin\theta\sin\psi - \dot{\theta}\cos\psi = -\omega_1 \\
\frac{\partial \omega_3}{\partial \psi} &= 0
\end{aligned}\right\} \tag{11.110}$$

및

$$\left.\begin{aligned}
\frac{\partial \omega_1}{\partial \dot{\psi}} &= \frac{\partial \omega_2}{\partial \dot{\psi}} = 0 \\
\frac{\partial \omega_3}{\partial \dot{\psi}} &= 1
\end{aligned}\right\} \tag{11.111}$$

이 되고, 또한 식 (11.107)에서

$$\frac{\partial T}{\partial \omega_i} = I_i\omega_i \tag{11.112}$$

를 얻으므로, 식 (11.109)는

$$I_1\omega_1\omega_2 + I_2\omega_2(-\omega_1) - \frac{d}{dt}I_3\omega_3 = 0$$

또는

$$(I_1 - I_2)\omega_1\omega_2 - I_3\dot{\omega}_3 = 0 \tag{11.113}$$

이 된다.

그런데 어떤 주축을 x_3축으로 취해도 되므로, 식 (11.113)의 각 양을 순환적으로 바꾸면 $\dot{\omega}_1$과 $\dot{\omega}_2$에 대한 관계식을 얻는다.

$$\left.\begin{aligned}(I_2 - I_3)\omega_2\omega_3 - I_1\dot{\omega}_1 &= 0\\(I_3 - I_1)\omega_3\omega_1 - I_2\dot{\omega}_2 &= 0\\(I_1 - I_2)\omega_1\omega_2 - I_3\dot{\omega}_3 &= 0\end{aligned}\right\} \tag{11.114}$$

식 (11.114)는 **오일러 방정식**(Euler's equations)이라 한다.[17] $\dot{\omega}_3$에 대한 식 (11.113)은 실제로 좌표 ψ에 대한 라그랑주 방정식이기는 하나 $\dot{\omega}_1$, $\dot{\omega}_2$에 대한 오일러 방정식은 θ, ϕ에 대한 라그랑주 방정식이 아님에 주의하라.

강체가 역장(force field) 속을 운동하는 경우의 오일러 방정식을 구하기 위해 토크 **N**에 대한 기본적인 관계(식 (2.83))

$$\left(\frac{d\mathbf{L}}{dt}\right)_{\text{fixed}} = \mathbf{N} \tag{11.115}$$

으로부터 출발하자. 여기서 이 관계식은 뉴턴의 방정식으로부터 유도되고, 따라서 이것은 관성계만으로 성립하므로 이를 잘 알 수 있도록 $\dot{\mathbf{L}}$에 'fixed'라는 문자를 붙인 것이다. 그러나 한편 식 (10.12)에 의하면

$$\left(\frac{d\mathbf{L}}{dt}\right)_{\text{fixed}} = \left(\frac{d\mathbf{L}}{dt}\right)_{\text{body}} + \boldsymbol{\omega} \times \mathbf{L} \tag{11.116}$$

이므로, 위 식은 또한

$$\left(\frac{d\mathbf{L}}{dt}\right)_{\text{body}} + \boldsymbol{\omega} \times \mathbf{L} = \mathbf{N} \tag{11.117}$$

으로 나타낸다. 식의 x_3축(이것은 강체계의 축임에 주의하라) 방향의 성분은

$$\dot{L}_3 + \omega_1 L_2 - \omega_2 L_1 = N_3 \tag{11.118}$$

가 된다. 그런데 x_i축은 강체의 주축과 일치하도록 취해 있으므로, 식 (11.34)에서

$$L_i = I_i \omega_i$$

가 되고, 따라서

$$I_3\dot{\omega}_3 - (I_1 - I_2)\omega_1\omega_2 = N_3 \tag{11.119}$$

로 변형된다. 아래첨자를 돌려가며 교환함으로써 **N**의 세 성분을

17) 레온하르트 오일러(Leonhard Euler, 1758년)

$$\left.\begin{aligned} I_1\dot{\omega}_1 - (I_2 - I_3)\omega_2\omega_3 &= N_1 \\ I_2\dot{\omega}_2 - (I_3 - I_1)\omega_3\omega_1 &= N_2 \\ I_3\dot{\omega}_3 - (I_1 - I_2)\omega_1\omega_2 &= N_3 \end{aligned}\right\} \tag{11.120}$$

로 쓸 수 있다. 교환 기호를 사용하면 일반적으로

$$\boxed{(I_i - I_j)\omega_i\omega_j - \sum_k (I_k\dot{\omega}_k - N_k)\varepsilon_{ijk} = 0} \tag{11.121}$$

으로 쓸 수 있고, 식 (11.120)과 식 (11.121)이 역장 속에서 강체의 운동에 대한 오일러 방정식이다.

여기서 주의해야 할 점은 강체의 운동이 세 개의 수 I_1, I_2, I_3, 즉 주관성 모멘트를 통해서만 강체의 구조에 의존한다는 사실이다. 그래서 주관성 모멘트가 같은 두 개의 강체는 아주 다른 모양을 하고 있어도 완전히 같은 운동을 한다(물론 마찰에 의한 감속 등의 효과는 물체의 모양에 따라 달라진다). 주어진 세 개의 주관성 모멘트를 갖는 강체 가운데 기하학적으로 가장 간단한 모양은 균질인 타원체이므로, 어떤 강체의 운동이라도 **등가 타원체**(equivalent ellipsoid)의 운동을 이용해서 나타낼 수 있다.[18] 이러한 관점으로 강체 역학을 다룬 것은 1834년 푸앵소(Poinsot)가 처음이었다. 이 **푸앵소의 표현**(Poinsot construction)은 강체의 운동을 기하학적인 방법으로 묘사하는 데 도움이 된다.[19]

예제 11.10

11.4절에서 논의한 아령을 생각해보자. 계의 각운동량과 그림 11-4, 그림 11-11에 나타낸 운동을 유지하는 데 필요한 토크를 구하라.

풀이

$|\mathbf{r}_1| = |\mathbf{r}_2| = b$로 놓고 물체에 고정된 좌표계의 원점을 O에 택하며 대칭축 x_3를 m_1을 향한 무게가 없는 봉에 따라 선택하자.

$$\mathbf{L} = \sum_\alpha m_\alpha \mathbf{r}_\alpha \times \mathbf{v}_\alpha \tag{11.122}$$

$\mathbf{L}$은 봉에 직각이며 봉이 회전함에 따라 $\boldsymbol{\omega}$ 주변을 회전하므로 $\mathbf{L}$방향의 단위벡터를 $\mathbf{e}_2$로 하면

$$\mathbf{L} = \mathbf{L}_2\mathbf{e}_2 \tag{11.123}$$

같이 쓸 수 있다. 만약 $\boldsymbol{\omega}$와 축의 각도를 α로 잡으면 $\boldsymbol{\omega}$의 성분은

---

18) 운동량 타원체는 프랑스의 수학자 오귀스탱 루이 코시(Augustin Louis Cauchy, 1789~1857)가 1827년에 도입했다.

19) 예로서 Goldstein(Go80, p. 205)을 참조하라.

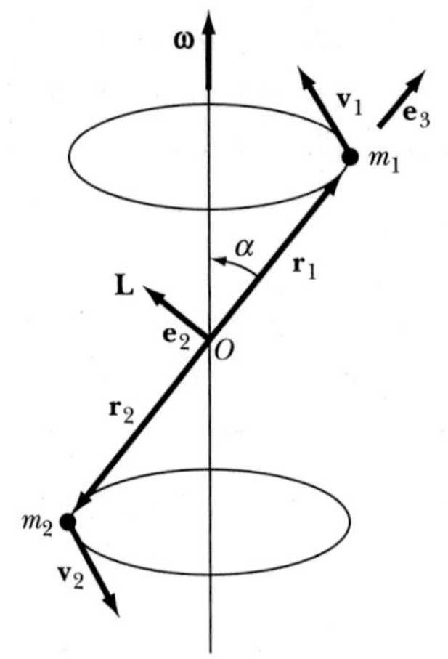

그림 11-11 예제 11.10. 질량 m_1과 m_2가 축의 끝에 연결된 아령은 축에 수직인 각운동량 **L**을 갖고 **L**은 $\boldsymbol{\omega}$ 주위를 회전한다. 축은 $\boldsymbol{\omega}$와 각도 α를 유지한다.

$$\left.\begin{aligned} \omega_1 &= 0 \\ \omega_2 &= \omega \sin\alpha \\ \omega_3 &= \omega \cos\alpha \end{aligned}\right\} \tag{11.124}$$

가 된다. 주축은 x_1, x_2, x_3이고 주관성 모멘트는 식 (11.13a)로부터

$$\left.\begin{aligned} I_1 &= (m_1 + m_2)b^2 \\ I_2 &= (m_1 + m_2)b^2 \\ I_3 &= 0 \end{aligned}\right\} \tag{11.125}$$

으로 구해지며, 식 (11.124)와 식 (11.125)로부터

$$\left.\begin{aligned} L_1 &= I_1\omega_1 = 0 \\ L_2 &= I_2\omega_2 = (m_1 + m_2)b^2\omega \sin\alpha \\ L_3 &= I_3\omega_3 = 0 \end{aligned}\right\} \tag{11.126}$$

을 얻게 된다. 이것은 식 (11.123)과 일치한다.

오일러 방정식(식 (11.120))과 $\dot{\omega} = 0$임을 이용하면 토크의 성분은

$$\left.\begin{aligned} N_1 &= -(m_1 + m_2)b^2\omega^2 \sin\alpha\cos\alpha \\ N_2 &= 0 \\ N_3 &= 0 \end{aligned}\right\} \tag{11.127}$$

이 된다. $\dot{\omega} = 0$일 때 운동을 유지하는 데 필요한 토크는 x_1축 방향을 보고 있다.

11.10 대칭 팽이의 자유 운동

대칭 팽이, 즉 주관성 모멘트 $I_1 = I_2 \neq I_3$를 갖는 강체가 자유 운동을 하는 경우의 오일러 방정식(식 (11.114))은 다음과 같이 나타낸다.

$$\left.\begin{aligned} (I_1 - I_3)\omega_2\omega_3 - I_1\dot{\omega}_1 &= 0 \\ (I_3 - I_1)\omega_3\omega_1 - I_1\dot{\omega}_2 &= 0 \\ I_3\dot{\omega}_3 &= 0 \end{aligned}\right\} \tag{11.128}$$

여기서 I_2 대신에 I_1으로 썼다. 그런데 자유 운동의 경우에는 강체의 질량중심은 정지하든가, 또는 고정계 내지 관성계에 대해서 등속 운동을 하므로 강체의 질량중심이 정지하고, 고정계의 원점에 놓여 있다고 가정해도 일반성을 잃는 일은 없다. 물론 우리는 각속도 벡터 $\boldsymbol{\omega}$가 강체의 주축 방향을 향하고 있지 않은 경우를 생각한다. 그렇지 않으면 운동은 하찮은 것이 돼버리기 때문이다.

먼저 최초의 결과는 식 (11.128)의 제3식에서 나온다. 즉, $\dot{\omega}_3 = 0$ 또는

$$\omega_3(t) = \text{상수} \tag{11.129}$$

이다.

다음에 식 (11.128)의 처음 두 식을

$$\left.\begin{aligned} \dot{\omega}_1 &= -\left(\frac{I_3 - I_1}{I_1}\omega_3\right)\omega_2 \\ \dot{\omega}_2 &= \left(\frac{I_3 - I_1}{I_1}\omega_3\right)\omega_1 \end{aligned}\right\} \tag{11.130}$$

으로 다시 쓰면, 괄호 속의 항은 같고 이것은 상수만으로 나타냈으므로

$$\Omega \equiv \frac{I_3 - I_1}{I_1}\omega_3 \tag{11.131}$$

로 정의하면, 결국

$$\left.\begin{aligned} \dot{\omega}_1 + \Omega\omega_2 &= 0 \\ \dot{\omega}_2 - \Omega\omega_1 &= 0 \end{aligned}\right\} \tag{11.132}$$

이 된다. 이것은 보통의 연립 방정식이고, 해를 구하는 데는 두 번째 식에 i를 곱해서 처음의 식에 더하면 된다.

$$(\dot{\omega}_1 + i\dot{\omega}_2) - i\Omega(\omega_1 + i\omega_2) = 0 \tag{11.133}$$

여기서

$$\eta \equiv \omega_1 + i\omega_2 \tag{11.134}$$

로 정의하면, 위 식은

$$\dot{\eta} - i\Omega\eta = 0 \tag{11.135}$$

이 되고, 해로서[20)]

$$\eta(t) = Ae^{i\Omega t} \tag{11.136}$$

을 얻는다. 이를 다시 쓰면

$$\omega_1 + i\omega_2 = A\cos\Omega t + iA\sin\Omega t \tag{11.137}$$

가 되므로

$$\left.\begin{aligned} \omega_1(t) &= A\cos\Omega t \\ \omega_2(t) &= A\sin\Omega t \end{aligned}\right\} \tag{11.138}$$

를 얻는다.

ω_3 = 상수이므로, $\boldsymbol{\omega}$의 절대값도 상수임을 사실을 알 수 있다.

$$|\boldsymbol{\omega}| = \omega = \sqrt{\omega_1^2 + \omega_2^2 + \omega_3^2} = \sqrt{A^2 + \omega_3^2} = \text{상수} \tag{11.139}$$

식 (11.138)은 매개변수를 사용한 원의 방정식이므로, 이로부터 (일정한 크기의) 벡터 $\boldsymbol{\omega}$의 x_1-x_2평면으로의 사영은 그림 11-12에 보이는 바와 같이 시간에 따라 원을 그린다.

또한 x_3축은 강체의 대칭축이므로, 각속도 벡터 $\boldsymbol{\omega}$는 일정한 각진동수 Ω로 강체계의 x_3축 주위를 회전하든가 세차 운동을 한다. 이와 같이 강체계의 관측자로부터 보면, $\boldsymbol{\omega}$는 강체에 대칭축 주위로 **물체고정 원뿔**(body cone)을 그리는 것이다.

우리는 자유 운동을 생각하고 있으므로, 각운동량 벡터 $\mathbf{L}$은 고정좌표계에서는 정상 상태이고 시간적으로 불변이다. 자유 운동의 경우에는 또 하나의 보존량이 있다. 그것은 운동 에너지이고, 특히 강체의 질량

20) 일반적으로 상수계수는 복소수이며, 따라서 정확히 $A\exp(i\delta)$로 표시해야 한다. 그러나 간단히 하기 위해 위상 δ를 0으로 놓는다. 이것은 $t = 0$이란 초기 조건을 택하면 언제나 가능하다.

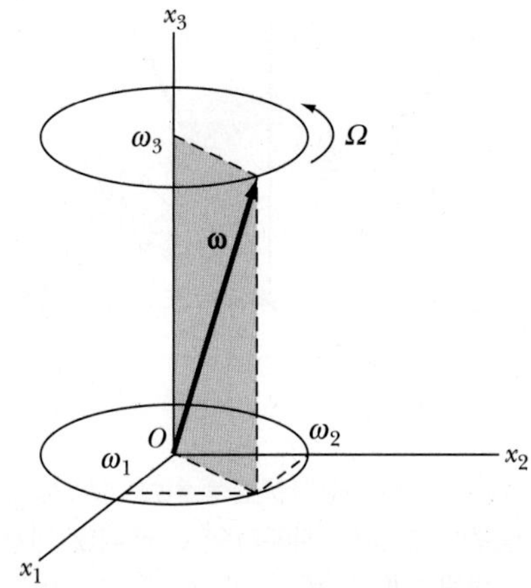

그림 11-12 힘이 작용하지 않는 대칭적인 팽이의 각속도 $\boldsymbol{\omega}$는 일정한 각진동수 Ω로 강체의 x_3축 주위를 세차 운동한다. 이리하여 $\boldsymbol{\omega}$는 강체 대칭축 주위로 원뿔을 그린다.

중심이 고정되어 있기 때문에 회전의 운동 에너지가 일정해지는 것이다.

$$T_{\text{rot}} = \frac{1}{2}\boldsymbol{\omega}\cdot\mathbf{L} = \text{상수} \tag{11.140}$$

그러나 $\mathbf{L}$ = 상수이므로, $\boldsymbol{\omega}$는 공정 각운동량 벡터 $\mathbf{L}$방향의 성분이 일정하도록 운동해야 하고, 그 때문에 $\boldsymbol{\omega}$는 벡터 $\mathbf{L}$과 일정한 각도를 유지하고 $\mathbf{L}$ 주위를 세차 운동한다. 이 경우 $\mathbf{L}$, $\boldsymbol{\omega}$, x_3(물체고정)축(즉, 단위벡터 $\mathbf{e}_3$)은 다 같은 평면에 있다. 이것은 $\mathbf{L}\cdot(\boldsymbol{\omega}\times\mathbf{e}_3) = 0$임을 보임으로써 증명된다. 먼저 $\boldsymbol{\omega}\times\mathbf{e}_3 = \omega_2\mathbf{e}_1 - \omega_1\mathbf{e}_2$임을 이용하여 이것과 $\mathbf{L}$의 스칼라 곱을 취하면 $\mathbf{L}\cdot(\boldsymbol{\omega}\times\mathbf{e}_3) = I_1\omega_1\omega_2 - I_2\omega_1\omega_2 = 0$을 얻는다. 여기서 대칭 팽이의 경우 $I_1 = I_2$이다. 따라서 만일 고정좌표계의 x_3'축이 $\mathbf{L}$과 일치하도록 하면, 고정계의 관측자로부터 볼 때 $\boldsymbol{\omega}$는 고정계의 x_3'축 주위에 **공간고정 원뿔**(space cone)을 그리게 된다. 이상 기술한 내용을 도시하면 그림 11-3과 같이 하나의 원뿔이 다른 원뿔의 위를 굴러가는 모양이 된다. 즉, $\boldsymbol{\omega}$는 강체계의 x_3축 주위를 세차 운동하고, 동시에 고정계의 x_3'축(또는 $\mathbf{L}$)의 주위를 세차 운동하게 되는 것이다.

또한 $\boldsymbol{\omega}$가 강체의 대칭축 주위를 세차 운동하는 비율은 식 (11.131)에 의해 다음과 같이 주어진다.

$$\Omega = \frac{I_3 - I_1}{I_1}\omega_3$$

만일 $I_1 \cong I_3$이면 Ω는 ω_3와 비교해서 매우 작아진다. 그런데 지구는 극 부근에서는 약간 편평하다고 알려져 있고,[21] 그 모양은 편평한($I_1 \cong I_3$이지만 $I_3 > I_1$인) 회전 타원체로 근사할 수 있으므로, 만일 지구를 강

21) 극에서 편평해지는 이유는 지구의 회전 때문임을 뉴턴이 증명했다. 그 결과로 나타나는 세차 운동은 오일러가 처음으로 계산했다.

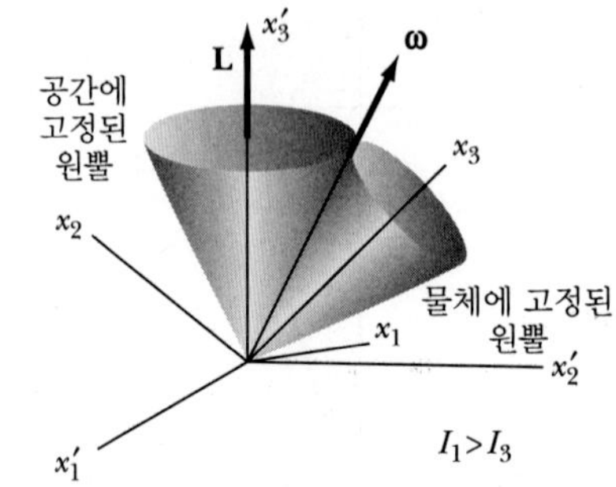

그림 11-13 각운동량 L이 고정좌표계 x_3'축과 일치하도록 한다. 각속도 **ω**는 강체계에서 x_3 주위를 세차 운동하는 물체에 고정된 원뿔을 그리고, 공간에 고정된 계에서는 x_3 주위를 세차 운동하는 공간에 고정된 원뿔을 그린다. 물체에 고정된 원뿔이 공간에 고정된 원뿔 위를 굴러가는 모양이 된다.

체라고 생각하면 관성 모멘트 I_1과 I_3는 Ω가 $\Omega \cong \omega_3/300$이 되는 값을 취한다. 또한 지구의 회전주기는 $2\pi/\omega = 1$일이고, $\omega_3 \cong \omega$이므로 회전축의 세차 운동의 주기는 $2\pi/\Omega \cong 300$일이 된다. 관측되는 세차 운동은 이 간단한 이론을 기초로 해서 나온 값보다 약 50% 큰 불규칙 주기를 갖고 있다. 이러한 편차가 나타나는 이유는 결국 (1) 지구가 강체가 아닌데다가, (2) 그 모양이 정확하게 편평한 회전 타원체가 아닌 고차의 변형을 갖는, 실제로는 편평한 서양배와 비슷하기 때문이다.

지구의 적도 부근이 부풀어 있고, 지구의 회전축이 태양 주위의 지구 궤도면(황도면)에 대해서 약 23.5° 기울어져 있는 것은 지축에 대해 느린 세차 운동을 일으키는(태양과 달에 의한) 중력의 토크를 준다. 그 세차 운동의 주기는 대략 26,000년이므로, 시대가 변하면 다른 별이 북극성이 된다.[22)]

예제 11.11

그림 11-13에 나타낸 운동은 실제로 기다란 장대($I_1 > I_2$) 같은 장구형(長球型) 물체(prolate object)의 운동에 해당함을 보여라. 여기서 편평한 원판($I_3 > I_1$)인 경우 공간고정 원뿔이 물체고정 원뿔의 밖이 아닌 내부에 있다.

풀이

L이 x_3'축에 있다면 오일러 각 θ(x_3축과 x_3'축 사이의 각)는 **L**과 x_3축 사이의 각이 된다. 주어진 순간 **L**, **ω**, $\mathbf{e}_3$로 정의된 평면에 $\mathbf{e}_2$를 맞추면 그 순간에 각운동량은

22) 이 (주야 혹은 춘추) 평분점의 세차 운동은 바빌론의 천문학자 키데나스(Cidenas)가 기원전 343년경에 발견했다.

$$\left.\begin{aligned} L_1 &= 0 \\ L_2 &= L\sin\theta \\ L_3 &= L\cos\theta \end{aligned}\right\} \tag{11.141}$$

로 주어진다. $\boldsymbol{\omega}$와 x_3축 사이의 각을 α라고 하면 이 순간에

$$\left.\begin{aligned} \omega_1 &= 0 \\ \omega_2 &= \omega\sin\alpha \\ \omega_3 &= \omega\cos\alpha \end{aligned}\right\} \tag{11.142}$$

같이 되고, 식 (11.34) 로부터 $\mathbf{L}$의 성분을 다음과 같이 결정할 수 있다.

$$\left.\begin{aligned} L_1 &= I_1\omega_1 = 0 \\ L_2 &= I_1\omega_2 = I_1\omega\sin\alpha \\ L_3 &= I_3\omega_3 = I_3\omega\cos\alpha \end{aligned}\right\} \tag{11.143}$$

식 (11.141)과 식 (11.143) 으로부터 비 L_2/L_3를 계산할 수 있으며

$$\frac{L_2}{L_3} = \tan\theta = \frac{I_1}{I_3}\tan\alpha \tag{11.144}$$

따라서

장구(長球, prolate spheroid) 의 경우

$$I_1 > I_3, \quad \theta > \alpha \tag{11.145a}$$

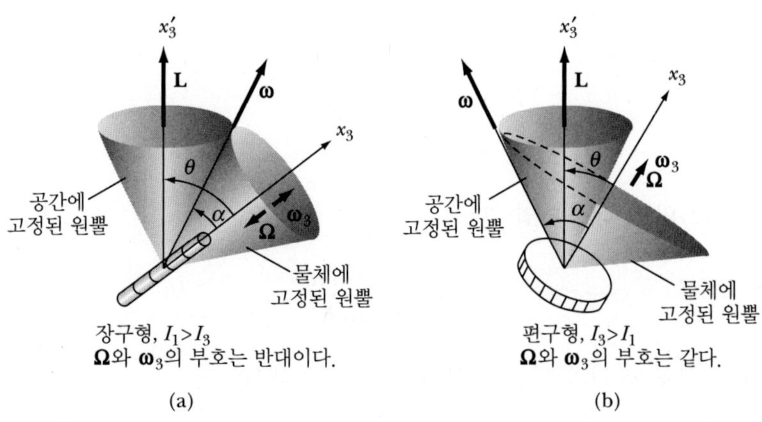

그림 11-14 예제 11.11. (a) 물체가 폭이 넓을 때($I_1 > I_3$), 그림 11-13에서의 상황과 같다. (b) 물체가 편평할 때 ($I_3 > I_1$), 물체에 고정된 원뿔의 안쪽에서 공간에 고정된 원뿔의 바깥쪽으로 회전한다. 공간에 고정된 원뿔은 두 경우에 정지해 있다.

편구(扁球, oblate spheroid)의 경우

$$I_3 > I_1, \quad \alpha > \theta \tag{11.145b}$$

가 된다.

이 두 가지 경우를 그림 11-14에 나타내었다. 식 (11.131)로부터 Ω와 ω_3는 $I_3 > I_1$인 경우 부호가 같고, $I_1 > I_3$인 경우 부호가 반대라는 사실을 알 수 있다. 따라서 세차 운동의 내용이 두 가지 경우 각각 반대가 된다. 이 사실은 장구의 경우 고정좌표계의 원뿔이 물체에 고정되어 좌표계의 원뿔 밖에 있고 편구의 경우 내부에 있을 때만 식 (11.145)와 맞게 된다. $\boldsymbol{\omega}$는 $\mathbf{L}$(공간고정 원뿔)과 대칭축 x_3(물체고정 원뿔) 주변을 회전할 때의 원뿔 각속도이다. 이 두 개 원뿔의 접촉선이 ($\boldsymbol{\omega}$방향) 회전의 임시 축이 된다. 어떤 순간에 이 축이 정지하고 있으며, 따라서 물체고정 원뿔이 공간고정 원뿔 주변을 미끄러지지 않고 구른다. 이 모든 경우에 $\mathbf{L}$이 상수이므로 공간고정 원뿔은 고정되어 있다.

예제 11.12

어떤 각속도로 대칭축(x_3)과 $\boldsymbol{\omega}$가 고정된 각운동량 $\mathbf{L}$ 주변을 회전하는가?

풀이

$\mathbf{e}_3$, $\boldsymbol{\omega}$, $\mathbf{L}$이 같은 평면에 있기 때문에 $\mathbf{e}_3$와 $\boldsymbol{\omega}$는 같은 각속도로 $\mathbf{L}$ 주변을 세차 운동한다. 11.8절에서 $\dot{\phi}$가 x_3' 축으로 본 각속도임을 알게 되었는데, 바로 전에 나온 예제에서 고려한 같은 순간($\mathbf{e}_2$가 $\mathbf{e}_3$, $\boldsymbol{\omega}$, $\mathbf{L}$의 평면상에 있는 순간)을 생각한다면 오일러 각은 $\psi = 0$이며, 식 (11.102)로부터

$$\omega_2 = \dot{\phi}\sin\theta$$

따라서

$$\dot{\phi} = \frac{\omega_2}{\sin\theta} \tag{11.146}$$

를 얻는다. 식 (11.142)의 ω_2 값을 대입하면

$$\dot{\phi} = \frac{\omega\sin\alpha}{\sin\theta} \tag{11.147}$$

가 된다. 식 (11.143)의 $\sin\alpha$ 값과 식 (11.141)의 $\sin\theta$ 값을 대입하면

$$\dot{\phi} = \omega\frac{L_2}{I_1\omega}\frac{L}{L_2} = \frac{L}{I_1} \tag{11.148}$$

을 얻게 된다.

11.11 고정점 주위의 대칭 팽이의 운동

끝이 고정된 대칭 팽이[23]의 중력장 속에서의 회전 운동을 생각해보자. 지금까지 설명한 바와 같이, 회전좌표계 또는 강체좌표계의 원점을 강체의 질량중심에 놓으면 운동의 에너지를 병진과 회전의 두 부분으로 나눌 수 있다. 또는 그 대신에 고정좌표계와 강체좌표계의 원점이 일치하도록 하면, $\mathbf{V} = \dot{\mathbf{R}} = 0$이 되므로 병진의 운동 에너지는 0이 된다. 팽이의 경우에는 그와 같은 원점을 선택하는 것이 편리하다. 왜냐하면 팽이의 움직이지 않은 끝을 양쪽 좌표계의 원점으로 취할 수 있기 때문이다. 그림 11-15에 이러한 경우의 오일러 각을 나타냈다. x_3'축(고정계)은 수직 방향으로, x_3축(강체계)은 팽이의 대칭축과 일치하도록 취한다. 또한 고정된 팽이의 끝에서 질량중심까지의 거리를 h, 팽이의 질량을 M이라 한다.

그런데 지금 문제로 삼고 있는 것은 대칭 팽이이므로, x_1축과 x_2축 주위의 주관성 모멘트는 같다($I_1 = I_2$). 또한 $I_3 \neq I_1$으로 가정한다. 그러면 운동 에너지는 다음과 같이 쓸 수 있다.

$$T = \frac{1}{2}\sum_i I_i\omega_i^2 = \frac{1}{2}I_1(\omega_1^2 + \omega_2^2) + \frac{1}{2}I_3\omega_3^2 \tag{11.149}$$

다음에 식 (11.102)에 의하면

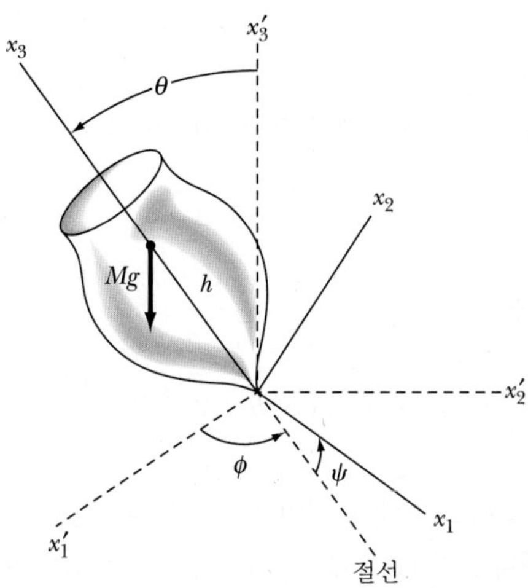

그림 11-15 바닥 끝이 고정된 대칭 팽이가 중력장 속에서 회전한다. 오일러 각은 x_i'축(고정)과 x_i축(물체)이 관계가 있다. ψ는 x_3 대칭축 주위를 회전하는 각이다.

23) 이 문제는 라그랑주가 『Mécanique analytique』에서 처음으로 자세히 풀었다.

$$\begin{aligned}\omega_1^2 &= (\dot{\phi}\sin\theta\sin\psi + \dot{\theta}\cos\psi)^2 \\ &= \dot{\phi}^2\sin^2\theta\sin^2\psi + 2\dot{\phi}\dot{\theta}\sin\theta\sin\psi\cos\psi + \dot{\theta}^2\cos^2\psi \\ \omega_2^2 &= (\dot{\phi}\sin\theta\cos\psi - \dot{\theta}\sin\psi)^2 \\ &= \dot{\phi}^2\sin^2\theta\cos^2\psi - 2\dot{\phi}\dot{\theta}\sin\theta\sin\psi\cos\psi + \dot{\theta}^2\sin^2\psi\end{aligned}$$

이므로

$$\omega_1^2 + \omega_2^2 = \dot{\phi}^2\sin^2\theta + \dot{\theta}^2 \tag{11.150a}$$

이 되고, 또한

$$\omega_3^2 = (\dot{\phi}\cos\theta + \dot{\psi})^2 \tag{11.150b}$$

이므로

$$T = \frac{1}{2}I_1(\dot{\phi}^2\sin^2\theta + \dot{\theta}^2) + \frac{1}{2}I_3(\dot{\phi}\cos\theta + \dot{\psi})^2 \tag{11.151}$$

으로 쓸 수 있다. 위치 에너지는 $Mgh\cos\theta$이므로, 결국 라그랑지안은

$$L = \frac{1}{2}I_1(\dot{\phi}^2\sin^2\theta + \dot{\theta}^2) + \frac{1}{2}I_3(\dot{\phi}\cos\theta + \dot{\psi})^2 - Mgh\cos\theta \tag{11.152}$$

가 된다. 이 라그랑지안은 ϕ 좌표와 ψ 좌표에 대해 순환적이므로, 이 좌표들에 대해 공역(conjugate)인 운동량은 보존량이 된다.

$$p_\phi = \frac{\partial L}{\partial\dot{\phi}} = (I_1\sin^2\theta + I_3\cos^2\theta)\dot{\phi} + I_3\dot{\psi}\cos\theta = \text{상수} \tag{11.153}$$

$$p_\psi = \frac{\partial L}{\partial\dot{\psi}} = I_3(\dot{\psi} + \dot{\phi}\cos\theta) = \text{상수} \tag{11.154}$$

이 경우에 순환 좌표는 각이므로, 그것에 공역인 운동량은 각운동량이고, 이것은 또한 ϕ와 ψ가 회전각이 되는 축의 방향, 즉 각각 x_3'(연직선) 및 x_3(강체의 대칭축) 방향의 각운동량이다. 이 결과는 그림 11-15에서 확인된다. 즉, 질량중심의 토크는 절선 방향을 향하고 있으므로 토크는 절선에 수직한 x_3'축과 x_3축 방향의 성분을 가질 수가 없는 것이다. 이리하여 이들 축방향의 각운동량은 운동의 상수가 된다.

식 (11.153)과 식 (11.154)에서 $\dot{\phi}$와 $\dot{\psi}$를 $\dot{\theta}$로 나타낸다. 먼저 식 (11.154)에서

$$\dot{\psi} = \frac{p_\psi - I_3\dot{\phi}\cos\theta}{I_3} \tag{11.155}$$

를 구하고, 이 결과를 식 (11.153)에 대입하면

$$(I_1 \sin^2\theta + I_3\cos^2\theta)\dot{\phi} + (p_\psi - I_3\dot{\phi}\cos\theta)\cos\theta = p_\phi$$

를 얻고, 다시 쓰면

$$(I_1 \sin^2\theta)\dot{\phi} + p_\psi\cos\theta = p_\phi$$

가 되므로, 이로부터

$$\dot{\phi} = \frac{p_\phi - p_\psi\cos\theta}{I_1\sin^2\theta} \tag{11.156}$$

를 구하게 된다. 이 식을 식 (11.155)의 $\dot{\phi}$에 대입하면

$$\dot{\psi} = \frac{p_\psi}{I_3} - \frac{(p_\phi - p_\psi\cos\theta)\cos\theta}{I_1\sin^2\theta} \tag{11.157}$$

를 얻는다.

그런데 가정에 의하면 지금 생각하고 있는 계는 보존계이므로 총 에너지도 보존량이 된다.

$$E = \frac{1}{2}I_1(\dot{\phi}^2\sin^2\theta + \dot{\theta}^2) + \frac{1}{2}I_3\omega_3^2 + Mgh\cos\theta = \text{상수} \tag{11.158}$$

ω_3에 대한 식(예를 들면 식 (11.102) 참조)을 쓰면 식 (11.154)는

$$p_\psi = I_3\omega_3 = \text{상수} \tag{11.159a}$$

또는

$$I_3\omega_3^2 = \frac{p_\psi^2}{I_3} = \text{상수} \tag{11.159b}$$

로 쓸 수 있으므로, E뿐만 아니라 $E - \frac{1}{2}I_3\omega_3^2$도 또한 보존량이 된다. 이 양을 E'라 하면

$$E' \equiv E - \frac{1}{2}I_3\omega_3^2 = \frac{1}{2}I_1(\dot{\phi}^2\sin^2\theta + \dot{\theta}^2) + Mgh\cos\theta = \text{상수} \tag{11.160}$$

가 되며, 이 식의 $\dot{\phi}$에 식 (11.156)을 대입하면

$$E' = \frac{1}{2}I_1\dot{\theta}^2 + \frac{(p_\phi - p_\psi\cos\theta)^2}{2I_1\sin^2\theta} + Mgh\cos\theta \tag{11.161}$$

를 얻는다. 이것은 또한

$$E' = \frac{1}{2} I_1 \dot{\theta}^2 + V(\theta) \tag{11.162}$$

로 쓸 수 있다. 여기서 $V(\theta)$는

$$V(\theta) \equiv \frac{(p_\phi - p_\psi \cos\theta)^2}{2I_1 \sin^2\theta} + Mgh\cos\theta \tag{11.163}$$

로 주어지는 '유효 퍼텐셜'이다.

여기서 식 (11.162)를 $t(\theta)$에 대해서 푼다.

$$t(\theta) = \int \frac{d\theta}{\sqrt{(2/I_1)[E' - V(\theta)]}} \tag{11.164}$$

다음에 이 적분을 (적어도 형식적으로) 역으로 풀어서 $\theta(t)$를 구하고, 이를 식 (11.156)과 식 (11.157)에 대입하면 $\phi(t)$와 $\psi(t)$가 구해진다. 그런데 팽이의 방향은 오일러 각 θ, ϕ, ψ에 의해 완전히 정해지므로 $\theta(t)$, $\phi(t)$, $\psi(t)$에 대해 얻은 이 결과들이 문제의 완전한 해를 준다. 이와 같은 방법은 복잡하고 명확하지 않은 점이 있으나, 중심력장 속에서의 입자 운동을 다룰 때 쓴 것과 아주 비슷한 방법으로(8.6절 참조) 위에 기술한 식을 조사해보면, 운동의 정성적인 특징을 약간 얻게 된다.

그림 11-16에는 θ가 물리적으로 허용되는 범위 $0 \le \theta \le \pi$ 속에서의 유효 퍼텐셜 $V(\theta)$의 모양을 나타냈으나, 이 에너지 그림은 E'가 어떤 값(예를 들면 E_1'로 나타내는 값)을 취할 경우에도 운동은 θ의 양 극단값, 즉 θ_1과 θ_2의 사이에 제한됨을 나타내고 있다. 이 θ_1, θ_2는 중심력 문제에서의 전환점에 대응하고, 또한 식 (11.164)의 분모의 근이기도 하다. 이와 같은 회전하는 팽이의 기울기는 일반적으로 $\theta_1 \le \theta \le \theta_2$의 범위에 제한된다는 사실을 알 수 있다. 또한 $E' = E_2' = V_{\min}$의 경우 θ는 단일 값 θ_0로 제한되고, 운동은 중심력 문제의 경우에 원 궤도가 나타나는 것과 비슷하다.

지금 기술한 θ_0의 값은 $V(\theta)$를 미분하고 이를 0이라 놓으면 얻어진다.

$$\left.\frac{\partial V}{\partial \theta}\right|_{\theta=\theta_0} = \frac{-\cos\theta_0(p_\phi - p_\psi\cos\theta_0)^2 + p_\psi \sin^2\theta_0(p_\phi - p_\psi\cos\theta_0)}{I_1 \sin^3\theta_0} - Mgh\sin\theta_0 = 0 \tag{11.165}$$

여기서

$$\beta \equiv p_\phi - p_\psi \cos\theta_0 \tag{11.166}$$

라 정의하면, 식 (11.165)는

$$(\cos\theta_0)\beta^2 - (p_\psi \sin^2\theta_0)\beta + (MghI_1 \sin^4\theta_0) = 0 \tag{11.167}$$

이 되는데, 이것은 β에 대한 2차 방정식이고 해는 다음과 같다.

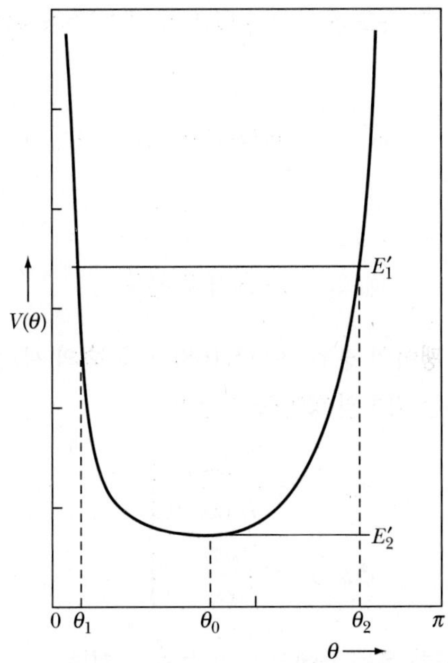

그림 11-16 그림 11-15에서 회전하는 팽이의 꼭대기에 대한 유효 퍼텐셜 $V(\theta)$를 각도 θ의 값으로 그렸다. 수정 에너지 E'를 취할 경우에 팽이의 꼭대기가 기울어지는 제한되는 각도를 알 수 있다.

$$\beta = \frac{p_\psi \sin^2\theta_0}{2\cos\theta_0}\left(1 \pm \sqrt{1 - \frac{4MghI_1\cos\theta_0}{p_\psi^2}}\right) \tag{11.168}$$

β는 실수여야 하므로 식 (11.168)의 근호 속은 양이어야 한다. 그 때문에 $\theta_0 < \pi/2$이면

$$p_\psi^2 \geq 4MghI_1\cos\theta_0 \tag{11.169}$$

가 되고, 식 (11.159a)의 $p_\psi = I_3\omega_3$를 사용하면 위 식은

$$\omega_3 \geq \frac{2}{I_3}\sqrt{MghI_1\cos\theta_0} \tag{11.170}$$

로 쓸 수 있다. 그래서 팽이의 자전 각속도가 식 (11.170)으로 주어진 값보다 큰 경우에만 일정한 경사각 θ_0를 갖는 정상 세차 운동이 일어난다.

또한 식 (11.156)에서($\theta = \theta_0$인 경우)

$$\dot{\phi}_0 = \frac{\beta}{I_1\sin^2\theta_0} \tag{11.171}$$

로 쓸 수 있다. 그러므로 세차 운동의 각속도 $\dot{\phi}_0$는 식 (11.168)에서 주어지는 β 값의 각각에 대해 두 개의 값이 가능하다.

$$\dot{\phi}_{0(+)} \rightarrow \text{빠른 세차 운동}$$

그리고

$$\dot{\phi}_{0(-)} \rightarrow \text{느린 세차 운동}$$

그런데 ω_3(또는 p_ψ)가 크면, 즉 빠른 팽이의 경우 식 (11.168) 근호 속의 제2항은 작아지므로 이 근호는 전개할 수 있다. 두 경우에 0이 되지 않는 최초의 항만을 취하면

$$\left.\begin{aligned} \dot{\phi}_{0(+)} &\cong \frac{I_3\omega_3}{I_1 \cos \theta_0} \\ \dot{\phi}_{0(-)} &\cong \frac{Mgh}{I_3\omega_3} \end{aligned}\right\} \tag{11.172}$$

를 얻는다. 보통 보이는 것은 이 두 세차 운동 중에서 느린 쪽 $\dot{\phi}_{0(-)}$이다.

$\theta_0 < \pi/2$인 경우에는 위의 결과를 그대로 쓸 수 있으나, $\theta_0 > \pi/2$인 경우[24]에는 식 (11.168)의 근호 속은 항상 양이기 때문에 ω_3는 제한을 받지 않는다. 그래서 그와 같은 경우에는 근호가 붙은 항은 1보다 커지므로, 두 세차 운동에 대한 $\dot{\phi}_0$의 값은 부호가 거꾸로 된다. 즉, $\theta_0 > \pi/2$의 경우에 빠른 세차 운동은 $\theta_0 < \pi/2$의 경우와 같은 방향이 되나, 느린 세차 운동은 그와 반대 방향으로 생기는 것이다.

$\theta_1 < \theta < \theta_2$인 일반적인 경우, 식 (11.156)은 θ의 값이 허용되는 범위 속을 변화할 때 p_ϕ, p_ψ의 값에 따라서 $\dot{\phi}$의 부호가 변화하기도 하고, 변하지 않기도 함을 보이고 있다. 만일 $\dot{\phi}$의 부호가 변하지 않으면 팽이는 x_3'축 주위를 단조로이 세차 운동하고(그림 11-15 참조), x_3축(팽이의 대칭축)은 $\theta = \theta_1$과 $\theta = \theta_2$ 사이를 (상하로) 진동한다. 이 현상을 **장동**(章動, nutation)이라 하고, 이 경우의 강체 대칭축을 고정계의 단위구 위에 사영하면 그 사영은 그림 11-17a와 같이 경로를 단위구 위에 그린다.

θ가 허용되는 범위 속에서 $\dot{\phi}$의 부호가 변하면 세차 운동의 각속도는 $\theta = \theta_1$과 $\theta = \theta_2$에서 부호가 반대이기 때문에, 그 경우에는 그림 11-17b에서 볼 수 있듯이 장동을 동반하는 세차 운동에 의해서 팽이의 대칭축은 고리 모양의 경로를 그린다.

마지막으로, 만일 p_ϕ와 p_ψ의 값이

$$(p_\phi - p_\psi \cos \theta)|_{\theta=\theta_1} = 0 \tag{11.173}$$

---

24) 만약 $\theta_0 > \pi/2$이면 팽이의 고정점은 질량중심 위의 위치에 있을 것이고, 이런 운동은 가능하다. 예로서 자이로스코프형 팽이를 들 수 있는데, 그 첨단은 실제로 작은 구이며 받침대에 고정된 잔 속에서 정지하고 있다.

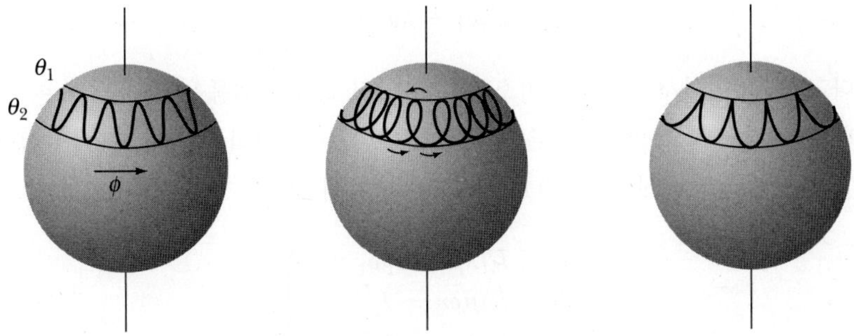

그림 11-17 회전하는 팽이의 꼭대기는 각 θ_1과 각 θ_2 사이를 상하 진동한다. (a) $\dot{\phi}$의 부호가 바뀌지 않는다 (b) $\dot{\phi}$의 부호가 바뀌고 고리 모양의 운동이다. (c) 초기 조건이 $\dot{\theta} = \dot{\phi} = 0$이면 이것은 뾰족한 모양의 운동이 된다.

을 만족하면

$$\dot{\phi}|_{\theta=\theta_1} = 0, \qquad \dot{\theta}|_{\theta=\theta_1} = 0 \tag{11.174}$$

이 성립하고, 그 결과 그림 11-17c에서 보이는 첨점을 갖는 운동이 된다. 보통 팽이를 돌릴 때 나타나는 것은 이 경우이다. 왜냐하면 팽이가 최초에 그 축 주위를 돌기 시작했을 때 어떤 기울기를 주어서 놓으면, 그 때의 초기 조건은 $\theta = \theta_1$ 및 $\dot{\theta} = 0 = \dot{\phi}$가 된다. 팽이의 최초의 운동은 중력장 속에서 넘어지기 시작하는 것이므로, 이것은 바로 그림 11-17c 경우의 조건이고, 그 결과 첨점을 갖는 운동이 생긴다. 그림 11-17a와 그림 11-17b는 초기 각속도 $\dot{\phi}$가 세차 운동의 방향이든가 또는 그 반대 방향을 향하는 경우의 운동에 대응하고 있다.

11.12 강체 회전의 안정성

이번에는 하나의 주축 주위를 자유 회전하는 강체에 대해서 그 운동이 안정한가 아닌가를 조사해보자. 여기서 '안정'이라는 것은 앞과 같이(8.10절 참조) 계에 미소한 섭동이 주어진 경우에, 운동이 전의 상태로 돌아가든가 또는 그 부근에서 미소 진동을 행하든가의 어떤 쪽임을 의미한다.

먼저 논의할 것으로서, 주관성 모멘트가 전부 다른 $I_3 > I_2 > I_1$인 일반적인 강체를 골라서 강체계의 좌표축을 그 주축에 일치시키고 나서, 강체를 x_1축, 즉 관성 모멘트 I_1에 대응하는 주축 주위로 회전시킨다. 즉, 그 경우에

$$\boldsymbol{\omega} = \omega_1 \mathbf{e}_1 \tag{11.175}$$

으로 쓸 수 있으나, 여기에 미소한 섭동이 주어지고 각속도 벡터가

$$\boldsymbol{\omega} = \omega_1\mathbf{e}_1 + \lambda\mathbf{e}_2 + \mu\mathbf{e}_3 \tag{11.176}$$

의 모양이 되었다고 하자. 여기서 λ와 μ는 미소량이고, 이전에 다른 섭동을 전개할 때 쓴 매개변수에 대응하는 것이다(λ와 μ는 충분히 작으므로, 그 곱은 논의의 대상이 되는 그 밖의 양과 비교해서 무시해도 된다).

그런데 이 경우의 오일러 방정식(식 (11.114) 참조)은 다음과 같다.

$$\left.\begin{aligned}(I_2 - I_3)\lambda\mu - I_1\dot{\omega}_1 = 0\\(I_3 - I_1)\mu\omega_1 - I_2\dot{\lambda} = 0\\(I_1 - I_2)\lambda\omega_1 - I_3\dot{\mu} = 0\end{aligned}\right\} \tag{11.177}$$

$\lambda\mu \approx 0$이므로, 이 방정식들의 제1식에서 $\dot{\omega}_1 = 0$ 또는 $\omega_1 =$ 상수를 얻고, 또한 다른 두 개의 방정식을 $\dot{\lambda}$와 $\dot{\mu}$에 대해서 풀면

$$\dot{\lambda} = \left(\frac{I_3 - I_1}{I_2}\,\omega_1\right)\mu \tag{11.178}$$

$$\dot{\mu} = \left(\frac{I_1 - I_2}{I_3}\,\omega_1\right)\lambda \tag{11.179}$$

를 얻는다. 이 경우에 괄호 속의 항은 둘 다 상수이다. 이것은 연립 방정식이기는 하나, 두 방정식 속의 상수가 다르므로 11.10절에서 사용한 방법으로는 풀 수가 없다. 이를 풀기 위해 먼저 $\dot{\lambda}$에 대한 방정식을 미분해서

$$\ddot{\lambda} = \left(\frac{I_3 - I_1}{I_2}\,\omega_1\right)\dot{\mu} \tag{11.180}$$

를 얻고, 여기에 식 (11.179)의 $\dot{\mu}$를 대입하면

$$\ddot{\lambda} + \left(\frac{(I_1 - I_3)(I_1 - I_2)}{I_2 I_3}\,\omega_1^2\right)\lambda = 0 \tag{11.181}$$

이 된다. 이 방정식의 해는 다음과 같다.

$$\lambda(t) = Ae^{i\Omega_{1\lambda}t} + Be^{-i\Omega_{1\lambda}t} \tag{11.182}$$

여기서

$$\Omega_{1\lambda} \equiv \omega_1\sqrt{\frac{(I_1 - I_3)(I_1 - I_2)}{I_2 I_3}} \tag{11.183}$$

이고, 첨자 1과 λ는 회전이 x_1축 주위에서 행해지는 경우에 우리가 λ에 대한 해를 생각하고 있음을 나타내는 것이다.

가정에 의해서 $I_1 < I_3$ 및 $I_1 < I_2$이므로 $\Omega_{1\lambda}$는 실수가 되고, 그 때문에 $\lambda(t)$에 대한 해는 진동수 $\Omega_{1\lambda}$의 진동을 나타내고, 마찬가지로 $\mu(t)$는 진동수 $\Omega_{1\mu} = \Omega_{1\lambda} \equiv \Omega_1$의 진동이 된다. 이와 같이 $\boldsymbol{\omega}$에 미소한 x_2 성분과 x_3 성분을 줌으로써 도입된 미소한 섭동은 시간과 함께 증대하지는 않고, 각 평형 상태 $\lambda = 0$, $\mu = 0$ 주위에서 진동하므로, x_1축 주위의 회전은 안정한 것이 된다.

x_2축과 x_3축 주위의 회전을 생각하면 Ω_2, Ω_3는 순환적인 교환에 의해 식 (11.183)에서 얻는다.

$$\Omega_1 = \omega_1\sqrt{\frac{(I_1 - I_3)(I_1 - I_2)}{I_2 I_3}} \tag{11.184a}$$

$$\Omega_2 = \omega_2\sqrt{\frac{(I_2 - I_1)(I_2 - I_3)}{I_1 I_3}} \tag{11.184b}$$

$$\Omega_3 = \omega_3\sqrt{\frac{(I_3 - I_2)(I_3 - I_1)}{I_1 I_2}} \tag{11.184c}$$

여기서 $I_1 < I_2 < I_3$이므로

$$\Omega_1, \Omega_3 \text{는 실수,} \qquad \Omega_2 \text{는 허수}$$

가 된다. 이와 같이 x_1축 또는 x_3축 주위의 회전인 경우에는 섭동에 의해 진동이 일어나고, 회전은 안정하다. x_2축 주위의 회전인 경우에는 Ω_2가 허수가 되기 때문에 섭동이 시간과 함께 제한 없이 증가한다. 이와 같은 운동은 불안정하다.

이상의 논의는 완전히 임의의 강체에 대해 행해졌으므로, 최대 또는 최소의 관성 모멘트에 대응하는 주축 주위의 회전은 안정하고, 그 중간의 관성 모멘트에 대응하는 주축 주위의 회전은 불안정하다고 결론지을 수 있다. 이 효과는 예를 들면 (테이프나 고무밴드로 단단히 닫은) 책을 써서 간단히 나타낼 수 있다. 책의 하나의 주축 주위에 각속도를 주어서, 이것을 공중에 던져 올리면 중간 축 주위 회전의 경우는 운동이 불안정해지고, 다른 두 개의 축 주위의 경우는 안정하다.

두 개의 관성 모멘트가 같은(예를 들면 $I_1 = I_2$) 경우에 식 (11.179)의 λ 계수는 0이 되고, $\dot{\mu} = 0$ 또는 $\mu(t) =$ 상수이므로, λ에 대한 식 (11.178)은 적분하여

$$\lambda(t) = C + Dt \tag{11.185}$$

를 얻고, 섭동은 시간에 비례해서 증가한다. 따라서 x_1축 주위의 운동은 불안정하다. 또한 x_2축 주위의 운동에 대해서도 같은 결과를 얻으므로, 결국 I_3가 $I_1 = I_2$보다 크든 작든 간에 x_3축 주위의 운동만이 안정하다.

회전 물체의 안정성에 대한 좋은 예로서 우주선 운반 로켓으로 우주공간에 발사된 위성을 들 수 있다. 위성이 출구에서 발사되면 안정된 궤도 속에서 보통 자전하고 있다. 1992년 5월 우주 비행사가 지구의 연동적인 궤도에 들어가게 하는 로켓을 부착하기 위해 인텔샛(Intelsat) 위성을 잡아채려고 했을 때 비행사가 위성을 출구 속으로 이동시키기 위해 고정잡이에 고정하기 전에 자전했다. 이틀간 시도했으나 더 굴러

떨어져서 결국 실패하고 말았다. 지상에 있는 관제관이 제트추진기를 사용하여 위성을 다시 안정시키기 위해 몇 시간 시도하라고 지시했다. 원통 대칭축(주축) 주변을 천천히 자전하는 안정된 궤도에 위성이 들어갈 것으로 생각되었다. 3일째 3명의 우주 비행사가 우주선 밖으로 나가 약간 회전된 위성을 제자리로 잡아주어 정지시키고 로켓의 덮개가 부착되어 있는 출구 속에 놓았다. 드디어 인텔샛 위성은 1992년 바르셀로나 하계올림픽 게임을 제때 방송할 수 있도록 궤도에 진입하는 데 성공했다.

연습문제

11-1. Calculate the moments of inertia I_1, I_2, and I_3 for a homogeneous sphere of radius R and mass M. (Choose the origin at the center of the sphere.)

11-2. Calculate the moments of inertia I_1, I_2, and I_3 for a homogeneous cone of mass M whose height is h and whose base has a radius R. Choose the x_3-axis along the axis of symmetry of the cone. Choose the origin at the apex of the cone, and calculate the elements of the inertia tensor. Then make a transformation such that the center of mass of the cone becomes the origin, and find the principal moments of inertia.

11-3. Calculate the moments of inertia I_1, I_2, and I_3 for a homogeneous ellipsoid of mass M with axes' lengths $2a > 2b > 2c$.

11-4. Consider a thin rod of length l and mass m pivoted about one end. Calculate the moment of inertia. Find the point at which, if all the mass were concentrated, the moment of inertia about the pivot axis would be the same as the real moment of inertia. The distance from this point to the pivot is called the **radius of gyration.**

11-5. **(a)** Find the height at which a billiard ball should be struck so that it will roll with no initial slipping. **(b)** Calculate the optimum height of the rail of a billiard table. On what basis is the calculation predicated?

11-6. Two spheres are of the same diameter and same mass, but one is solid and the other is a hollow shell. Describe in detail a nondestructive experiment to determine which is solid and which is hollow.

11-7. A homogeneous disk of radius R and mass M rolls without slipping on a horizontal surface and is attracted to a point a distance d below the plane. If the force of attraction is proportional to the distance from the disk's center of mass to the force center, find the frequency of oscillations around the position of equilibrium.

11-8. A door is constructed of a thin homogeneous slab of material: it has a width of 1 m. If the door is opened through 90°, it is found that on release it closes itself in 2 s. Assume that the hinges are frictionless, and show that the line of hinges must make an angle of approximately 3° with the vertical.

11-9. A homogeneous slab of thickness a is placed atop a fixed cylinder of radius R whose axis is horizontal. Show that the condition for stable equilibrium of the slab, assuming no slipping, is $R > a/2$. What is the frequency of small oscillations? Sketch the potential energy U as a function of the angular displacement θ. Show that there is a minimum at $\theta = 0$ for $R > a/2$ but not for $R < a/2$.

11-10. A solid sphere of mass M and radius R rotates freely in space with an angular velocity ω about a fixed diameter. A particle of mass m, initially at one pole, moves with a constant velocity v along a great circle of the sphere. Show that, when the particle has reached the other pole, the rotation of the sphere will have been retarded by an angle

$$\alpha = \omega T\left(1 - \sqrt{\frac{2M}{2M + 5m}}\right)$$

where T is the total time required for the particle to move from one pole to the other.

11-11. A homogeneous cube, each edge of which has a length l, is initially in a position of unstable equilibrium with one edge in contact with a horizontal plane. The cube is then given a small displacement and allowed to fall. Show that the angular velocity of the cube when one face strikes the plane is given by

$$\omega^2 = A\frac{g}{l}\left(\sqrt{2} - 1\right)$$

where $A = 3/2$ if the edge cannot slide on the plane and where $A = 12/5$ if sliding can occur without friction.

11-12. Show that none of the principal moments of inertia can exceed the sum of the other two.

11-13. A three-particle system consists of masses m_i and coordinates (x_1, x_2, x_3) as follows:

$$m_1 = 3m, \quad (b, 0, b)$$

$$m_2 = 4m, \quad (b, b, -b)$$

$$m_3 = 2m, \quad (-b, b, 0)$$

Find the inertia tensor, principal axes, and principal moments of inertia.

11-14. Determine the principal axes and principal moments of inertia of a uniformly solid hemisphere of radius b and mass m about its center of mass.

11-15. If a physical pendulum has the same period of oscillation when pivoted about either of two points of unequal distances from the center of mass, show that the length of the simple pendulum with the same period is equal to the sum of separations of the pivot points from the center of mass. Such a physical pendulum, called **Kater's reversible pendulum,** at one time provided the most accurate way (to about 1 part in 10^5) to measure the acceleration of gravity.[25] Discuss the advantages of Kater's pendulum over a simple pendulum for such a purpose.

11-16. Consider the following inertia tensor:

$$\{\mathbf{I}\} = \begin{Bmatrix} \frac{1}{2}(A+B) & \frac{1}{2}(A-B) & 0 \\ \frac{1}{2}(A-B) & \frac{1}{2}(A+B) & 0 \\ 0 & 0 & C \end{Bmatrix}$$

Perform a rotation of the coordinate system by an angle θ about the x_3-axis. Evaluate the transformed tensor elements, and show that the choice $\theta = \pi/4$ renders the inertia tensor diagonal with elements A, B, and C.

11-17. Consider a thin homogeneous plate that lies in the x_1-x_2 plane. Show that the inertia tensor takes the form

$$\{\mathbf{I}\} = \begin{Bmatrix} A & -C & 0 \\ -C & B & 0 \\ 0 & 0 & A+B \end{Bmatrix}$$

11-18. If, in the previous problem, the coordinate axes are rotated through an angle θ about the x_3-axis, show that the new inertia tensor is

$$\{\mathbf{I}\} = \begin{Bmatrix} A' & -C' & 0 \\ -C' & B' & 0 \\ 0 & 0 & A'+B' \end{Bmatrix}$$

where

$$A' = A\cos^2\theta - C\sin 2\theta + B\sin^2\theta$$

$$B' = A\sin^2\theta + C\sin 2\theta + B\cos^2\theta$$

$$C' = C\cos 2\theta - \frac{1}{2}(B - A)\sin 2\theta$$

25) 1818년 헨리 카터(Henry Kater, 1777~1835) 함장이 처음으로 사용했으나, 그 방법은 그보다 앞서 보넨베르거(Bohnen-berger)가 제시했다. 카터 진자에 관한 이론은 프리드리히 빌헬름 베셀(Friedrich Wilhelm Bessel, 1784~1846)이 1826년에 구체적으로 전개했다.

and hence show that the x_1- and x_2-axes become principal axes if the angle of rotation is

$$\theta = \frac{1}{2}\tan^{-1}\left(\frac{2C}{B - A}\right)$$

11-19. Consider a plane homogeneous plate of density ρ bounded by the logarithmic spiral $r = ke^{\alpha\theta}$ and the radii $\theta = 0$ and $\theta = \pi$. Obtain the inertia tensor for the origin at $r = 0$ if the plate lies in the x_1-x_2 plane. Perform a rotation of the coordinate axes to obtain the principal moments of inertia, and use the results of the previous problem to show that they are

$$I_1' = \rho k^4 P(Q - R), \quad I_2' = \rho k^4 P(Q + R), \quad I_3' = I_1' + I_2'$$

where

$$P = \frac{e^{4\pi\alpha} - 1}{16(1 + 4\alpha^2)}, \quad Q = \frac{1 + 4\alpha^2}{2\alpha}, \quad R = \sqrt{1 + 4\alpha^2}$$

11-20. A uniform rod of length b stands vertically upright on a rough floor and then tips over. What is the rod's angular velocity when it hits the floor?

11-21. The proof represented by Equations 11.54–11.61 is expressed entirely in the summation convention. Rewrite this proof in matrix notation.

11-22. The **trace** of a tensor is defined as the sum of the diagonal elements:

$$\text{tr}\{\mathbf{I}\} \equiv \sum_k I_{kk}$$

Show, by performing a similarity transformation, that the trace is an invariant quantity. In other words, show that

$$\text{tr}\{\mathbf{I}\} = \text{tr}\{\mathbf{I}'\}$$

where $\{\mathbf{I}\}$ is the tensor in one coordinate system and $\{\mathbf{I}\}'$ is the tensor in a coordinate system rotated with respect to the first system. Verify this result for the different forms of the inertia tensor for a cube given in several examples in the text.

11-23. Show by the method used in the previous problem that the *determinant* of the elements of a tensor is an invariant quantity under a similarity transformation. Verify this result also for the case of the cube.

11-24. Find the frequency of small oscillations for a thin homogeneous plate if the motion takes place in the plane of the plate and if the plate has the shape of an equilateral triangle and is suspended **(a)** from the midpoint of one side and **(b)** from one apex.

11-25. Consider a thin disk composed of two homogeneous halves connected along a diameter of the disk. If one half has density ρ and the other has density 2ρ, find the expression for the Lagrangian when the disk rolls without slipping along a horizontal surface. (The rotation takes place in the plane of the disk.)

11-26. Obtain the components of the angular velocity vector $\boldsymbol{\omega}$ (see Equation 11.102) directly from the transformation matrix $\boldsymbol{\lambda}$ (Equation 11.99).

11-27. A symmetric body moves without the influence of forces or torques. Let x_3 be the symmetry axis of the body and $\mathbf{L}$ be along x_3'. The angle between $\boldsymbol{\omega}$ and x_3 is α. Let $\boldsymbol{\omega}$ and $\mathbf{L}$ initially be in the x_2-x_3 plane. What is the angular velocity of the symmetry axis about $\mathbf{L}$ in terms of I_1, I_3, ω, and α?

11-28. Show from Figure 11-9c that the components of $\boldsymbol{\omega}$ along the fixed (x_i') axes are

$$\omega_1' = \dot{\theta}\cos\phi + \dot{\psi}\sin\theta\sin\phi$$

$$\omega_2' = \dot{\theta}\sin\phi - \dot{\psi}\sin\theta\cos\phi$$

$$\omega_3' = \dot{\psi}\cos\theta + \dot{\phi}$$

11-29. Investigate the motion of the symmetric top discussed in Section 11.11 for the case in which the axis of rotation is vertical (i.e., the x_3'- and x_3-axes coincide). Show that the motion is either stable or unstable depending on whether the quantity $4I_1Mhg/I_3^2\omega_3^2$ is less than or greater than unity. Sketch the effective potential $V(\theta)$ for the two cases, and point out the features of these curves that determine whether the motion is stable. If the top is set spinning in the stable configuration, what is the effect as friction gradually reduces the value of ω_3? (This is the case of the "sleeping top.")

11-30. Refer to the discussion of the symmetric top in Section 11.11. Investigate the equation for the turning points of the nutational motion by setting $\dot{\theta} = 0$ in Equation 11.162. Show that the resulting equation is a cubic in $\cos\theta$ and has two real roots and one imaginary root for θ.

11-31. Consider a thin homogeneous plate with principal momenta of inertia

$$I_1 \quad \text{along the principal axis } x_1$$

$$I_2 > I_1 \quad \text{along the principal axis } x_2$$

$$I_3 = I_1 + I_2 \quad \text{along the principal axis } x_3$$

Let the origins of the x_i and x_i' systems coincide and be located at the center of mass O of the plate. At time $t = 0$, the plate is set rotating in a force-free manner with an angular velocity Ω about an axis inclined at an angle α from the plane of the plate and perpendicular to the x_2-axis. If $I_1/I_2 \equiv \cos 2\alpha$, show that at time t the angular velocity about the x_2-axis is

$$\omega_2(t) = \Omega \cos \alpha \tanh(\Omega\, t \sin \alpha)$$

11-32. Solve Example 11.2 for the case when the physical pendulum does not undergo small oscillations. The pendulum is released from rest at 67° at time $t = 0$. Find the angular velocity when the pendulum angle is at 1°. The mass of the pendulum is 340 g, the distance L is 13 cm, and the radius of gyration k is 17 cm.

11-33. Do a literature search and explain how a cat can always land on its feet when dropped from a position at rest with its feet pointing upward. Estimate the minimum height a cat needs to fall in order to execute such a maneuver.

11-34. Consider a symmetrical rigid body rotating freely about its center of mass. A frictional torque ($N_f = -b\omega$) acts to slow down the rotation. Find the component of the angular velocity along the symmetry axis as a function of time.

제 12 장

연성진동

12.1 서론

3장에서 외부 강제력에 의한 진동을 논의했으나 주기적인 강제력, 즉 조화진동적인 강제력인 경우에 국한했다. 그때는 강제력이 진동에 작용하는 것만 고려하고 강제력 구동기에 미치는 진동자의 반동 효과는 고려하지 않았다. 보통 이 효과는 중요하지 않다고 하여 무시되고 있으나, 만약 두 개(혹은 많은) 진동자가 서로 에너지를 주고받도록 연결되고 있다면 사정은 더욱 복잡해지며 **연성진동**(coupled oscillations)을 형성한다.[1] 이러한 형태의 운동은 정말 복잡해지겠지만(주기적 운동이 아닐 수도 있다) 어떤 진동계도 **표준좌표**(normal coordinates)로 기술할 수 있다. 이 좌표는 다음과 같은 성질이 있다. 즉, 각 진동자는 잘 정의된 단일 진동수로 진동한다는 것으로, 다시 말해서 입자의 위치를 나타내는 통상적(직교) 좌표 사이에는 결합이 있지만 좌표를 잘 선택하면 이런 결합이 생기지 않게 할 수 있으며 이 좌표를 표준좌표라고 한다. 단지 한 개의 표준좌표만이 시간에 따라 변하도록 계에 대한 초기 조건을 규정할 수 있다. 이런 상황에서 계의 **표준진동 양식**(normal mode)의 하나가 여기(勵起)되었다고 말한다. 만약 계가 n개의 자유도(예로서 n중(重) 연성 1차원 진동자 혹은 $n/3$중 연성 3차원 진동자)를 갖고 있다면, 일반적으로 n개의 표준진동 양식이 있고 그중 몇 개는 같을 수도 있다. 계의 일반 운동은 모든 표준진동 양식의 복잡한 중첩(重疊, superposition)이지만, 표준진동 양식 중 특정한 한 개만이 독립적으로 여기되게 하는 초기 조건을 찾아낼 수 있다. 계의 각 표준진동 양식을 분별함으로써 모든 진동 양식의 복잡한 결합인 계의 일반 운동을 눈에 잘 보이게 할 수 있다.

이 장에서 설명하는 연성 진동자 현상의 일부를 보여주는 것은 비교적 쉽다. 예를 들어, 질량 추 사이에 용수철로 연결된 두 진자, 밧줄에 매달린 두 진자, 용수철로 연결된 질량은 모두 실험적으로 교실에서 실험할 수 있다. 마찬가지로, 여기서 논의한 세 개의 원자로 구성된 분자는 CO_2의 합리적인 설명이다. 비슷한 모형으로 다른 분자를 근사할 수 있다.

이 장에서 시작한 것을 다음 장에서 더욱 발전시켜서 진동하는 현의 운동에 대해 논의할 것이다. 그 예를 통해 진동계에 대한 표준진동 양식 접근법의 유효성을 충분히 볼 수 있다. 실제로 그 응용은 결정체(結晶體)의 미시적 운동이나 전자기장의 진동 같은 수리물리학의 많은 영역에서 찾아볼 수 있다.

12.2 연결된 두 개의 조화 진동자

결합계의 예는 고체인데, 그 속에서는 원자가 서로 탄성력으로 상호작용하고 있으며 평형 상태 주변에서 진동하고 있다. 원자 간의 탄력은 탄성력으로 주어진다. 이렇게 상호작용을 하고 있는 원자 몇 개로 구성

1) 유한 자유도를 가진 입자계의 진동 운동에 대한 일반 이론은 1762~1765년경 라그랑주가 정식화했다. 그러나 선구자적 일은 1753년 다니엘 베르누이(Daniel Bernoulli, 1700~1782)가 행했다.

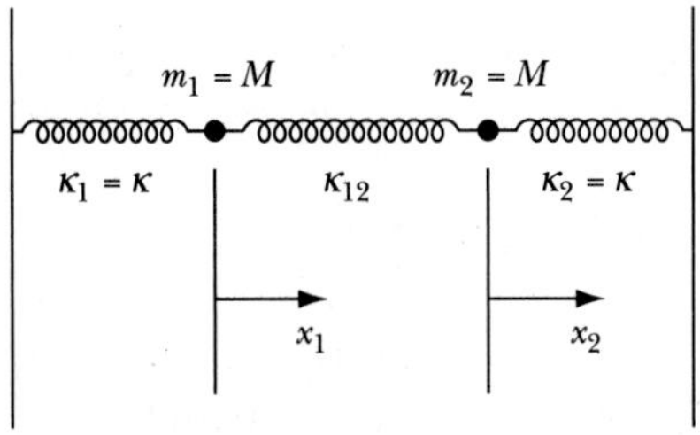

그림 12-1 두 개의 질량이 서로 용수철에 연결되어 있고, 그 밖의 용수철들은 벽에 고정되어 있다. 이것이 1차원에서의 결합 운동의 계이다.

된 분자는 더 간단한 모양이다. 1차원에서 결합 운동하는 계를 생각해보자. 즉, 두 개의 질량이 용수철로 연결되어 있고 또한 다른 용수철들로 벽에 고정되어 있다(그림 12-1). 이 장에서 결합 운동에 대한 여러 가지 예를 들 때마다 이 예를 계속 들고 나올 것이다.

각 용수철의 힘의 상수[2]를 κ라 하고, 결합 용수철의 힘의 상수를 κ_{12}라고 하자. 운동을 질량이 있는 선상에 국한시키면 계는 좌표 x_1과 x_2로 표시된 두 개의 자유도만을 갖게 된다. 각 좌표는 평형점으로부터 측정한다.

만약 m_1과 m_2가 평형점으로부터 x_1, x_2만큼 변위된다면 m_1에 가해지는 힘은 $-\kappa x_1 - \kappa_{12}(x_1 - x_2)$이며, m_2에 가해지는 힘은 $-\kappa x_2 - \kappa_{12}(x_2 - x_1)$이다. 따라서 운동 방정식은 다음과 같이 주어진다.

$$\left.\begin{aligned} M\ddot{x}_1 + (\kappa + \kappa_{12})x_1 - \kappa_{12}x_2 &= 0 \\ M\ddot{x}_2 + (\kappa + \kappa_{12})x_2 - \kappa_{12}x_1 &= 0 \end{aligned}\right\} \tag{12.1}$$

이 운동은 진동이라고 기대되므로 다음과 같은 형태의 해를 찾으려고 시도해보자. 즉,

$$\left.\begin{aligned} x_1(t) &= B_1 e^{i\omega t} \\ x_2(t) &= B_2 e^{i\omega t} \end{aligned}\right\} \tag{12.2}$$

여기서 진동수 ω는 결정해야 하는 양이고 B_1, B_2는 복소수일 수도 있다.[3] 이 시험적 해(trial solution)는 복소수 함수이므로 마지막에서 $x_1(t)$와 $x_2(t)$의 실수만 고려할 것이다. 왜냐하면 실수만이 물리적으로 의미가 있는 양을 나타내기 때문이다. 이 방법이 대단히 유효하기 때문에 여기서 채택하기로 하고 상세한 논의는 다른 기회로 넘긴다. 이들을 운동 방정식에 대입하면

2) 지금부터 힘의 상수를 전에 쓰던 k 대신에 κ로 표시한다. 표기 k는 전혀 다른 상수로 사용된다(13장 앞부분).

3) 복소수의 진폭은 크기와 위상을 나타내므로 2차 미분 방정식의 해에는 두 개의 임의 상수가 있다. 즉, 식 (3.6b) 처럼 $x(t) = |B| \exp[i(\omega t - \delta)]$ 또는 $x(t) = |B| \cos(\omega t - \delta)$로 쓸 수 있다. 나중에 두 개의 실수 진폭과 시간에 따라 변하는 인자 $\exp(i\omega t)$와 $\exp(-i\omega t)$를 사용하는 것이 더욱 편리하다는 사실을 알게 될 것이다. 이 여러 형태의 해는 다 같다.

$$\left.\begin{aligned} -M\omega^2 B_1 e^{i\omega t} + (\kappa + \kappa_{12}) B_1 e^{i\omega t} - \kappa_{12} B_2 e^{i\omega t} = 0 \\ -M\omega^2 B_2 e^{i\omega t} + (\kappa + \kappa_{12}) B_2 e^{i\omega t} - \kappa_{12} B_1 e^{i\omega t} = 0 \end{aligned}\right\} \tag{12.3}$$

을 얻는다. 각 항을 정리하여 공동 지수 인자를 없애면

$$\left.\begin{aligned} (\kappa + \kappa_{12} - M\omega^2) B_1 - \kappa_{12} B_2 = 0 \\ -\kappa_{12} B_1 + (\kappa + \kappa_{12} - M\omega^2) B_2 = 0 \end{aligned}\right\} \tag{12.4}$$

을 얻게 된다. 이 연립 방정식의 해가 존재하기 위해서는 계수 B_1, B_2에 대한 영년 방정식이 성립해야 한다. 즉,

$$\begin{vmatrix} \kappa + \kappa_{12} - M\omega^2 & -\kappa_{12} \\ -\kappa_{12} & \kappa + \kappa_{12} - M\omega^2 \end{vmatrix} = 0 \tag{12.5}$$

이를 풀면

$$(\kappa + \kappa_{12} - M\omega^2)^2 - \kappa_{12}^2 = 0 \tag{12.6}$$

따라서

$$\kappa + \kappa_{12} - M\omega^2 = \pm \kappa_{12}$$

ω에 관해 풀면

$$\omega = \sqrt{\frac{\kappa + \kappa_{12} \pm \kappa_{12}}{M}} \tag{12.7}$$

가 된다. 따라서 계에 대한 두 개의 **고유진동수**(eigenfrequency, 또는 **특성진동수**(characteristic frequency))

$$\omega_1 = \sqrt{\frac{\kappa + 2\kappa_{12}}{M}}, \qquad \omega_2 = \sqrt{\frac{\kappa}{M}} \tag{12.8}$$

를 갖게 되며, 일반해는

$$\left.\begin{aligned} x_1(t) = B_{11}^{+} e^{i\omega_1 t} + B_{11}^{-} e^{-i\omega_1 t} + B_{12}^{+} e^{i\omega_2 t} + B_{12}^{-} e^{-i\omega_2 t} \\ x_2(t) = B_{21}^{+} e^{i\omega_1 t} + B_{21}^{-} e^{-i\omega_1 t} + B_{22}^{+} e^{i\omega_2 t} + B_{22}^{-} e^{-i\omega_2 t} \end{aligned}\right\} \tag{12.9}$$

로 쓸 수 있다. 식 (12.7)과 식 (12.8)에서 양쪽 부호를 가질 수 있기 때문에 식 (12.9)에 양부호와 음부호를 나타냈다.

그러나 식 (12.4)에 ω_1, ω_2 값을 대입함으로써 알 수 있지만 진폭은 다 독립적인 것은 아니다.

$$\begin{aligned} w = \omega_1 \text{인 경우} \quad & B_{11} = -B_{21} \\ w = \omega_2 \text{인 경우} \quad & B_{12} = B_{22} \end{aligned}$$

따라서 지금부터 필요로 하는 B의 첨자는 특별한 고유진동수(즉, 두 번째 첨자)를 나타내는 것이기 때문에 일반해를 다음과 같이 쓸 수 있다.

$$\left.\begin{aligned} x_1(t) &= B_1^+ e^{i\omega_1 t} + B_1^- e^{-i\omega_1 t} + B_2^+ e^{i\omega_2 t} + B_2^- e^{-i\omega_2 t} \\ x_2(t) &= -B_1^+ e^{i\omega_1 t} - B_1^- e^{-i\omega_1 t} + B_2^+ e^{i\omega_2 t} + B_2^- e^{-i\omega_2 t} \end{aligned}\right\} \tag{12.10}$$

결국은 시간에 관한 2차 미분 방정식으로 주어진 두 개의 운동 방정식으로부터 출발했기 때문에 기대한 것처럼 일반해 속에 4개의 임의 상수가 포함되어 있다.

단순히 시간에 의존하고 여러 종류의 진동 양식에 여기된 계를 기술하는 좌표들을 언제나 정의할 수 있다고 전에 설명한 바가 있다. 한 쌍의 좌표를

$$\left.\begin{aligned} \eta_1 &\equiv x_1 - x_2 \\ \eta_2 &\equiv x_1 + x_2 \end{aligned}\right\} \tag{12.11}$$

혹은

$$\left.\begin{aligned} x_1 &= \frac{1}{2}(\eta_2 + \eta_1) \\ x_2 &= \frac{1}{2}(\eta_2 - \eta_1) \end{aligned}\right\} \tag{12.12}$$

같이 정의하여 조사해보자. 식 (12.1)에 식 (12.12)를 대입하면

$$\left.\begin{aligned} M(\ddot{\eta}_1 + \ddot{\eta}_2) + (\kappa + 2\kappa_{12})\eta_1 + \kappa\eta_2 = 0 \\ M(\ddot{\eta}_1 - \ddot{\eta}_2) + (\kappa + 2\kappa_{12})\eta_1 - \kappa\eta_2 = 0 \end{aligned}\right\} \tag{12.13}$$

을 얻으며, (더하고 빼서) 다시 다음과 같이 쓸 수 있다.

$$\left.\begin{aligned} M\ddot{\eta}_1 + (\kappa + 2\kappa_{12})\eta_1 = 0 \\ M\ddot{\eta}_2 + \kappa\eta_2 = 0 \end{aligned}\right\} \tag{12.14}$$

η_1과 η_2는 이제 서로 연관이 없고 독립적이어서 해는 다음과 같이 얻어진다.

$$\left.\begin{aligned} \eta_1(t) &= C_1^+ e^{i\omega_1 t} + C_1^- e^{-i\omega_1 t} \\ \eta_2(t) &= C_2^+ e^{i\omega_2 t} + C_2^- e^{-i\omega_2 t} \end{aligned}\right\} \tag{12.15}$$

여기서 ω_1, ω_2는 식 (12.8)에 나타나고 있다. 따라서 η_1과 η_2는 **표준좌표**이다. 이후의 절에서 표준좌표를 구하는 일반법을 논의한다.

만약 특별한 초기 조건 $x_1(0) = -x_2(0)$, $\dot{x}_1(0) = -\dot{x}_2(0)$을 부과하면 $\eta_2(0) = 0$, $\dot{\eta}_2(0) = 0$이 되며 $C_2^+ = C_2^- = 0$을 얻는다. 즉, 모든 t에서 $\eta_2(t) \equiv 0$이 된다. 따라서 입자들은 항상 진동수 ω_1으로 **역위상**(out of phase) 진동을 하게 된다. 즉, **반대칭**(antisymmetrical) 진동 양식이다. 그러나 $x_1(0) = x_2(0)$, $\dot{x}_1(0)$

$= \dot{x}_2(0)$ 같은 초기 조건을 부과한다면 $\eta_1(t) \equiv 0$이 되고 입자들은 진동수 ω_2로 같은 위상의 진동을 한다. 이것은 **대칭**(symmetrical) 진동 양식이다. 이 결과들은 그림 12-2에 나타내었다. 계의 일반 운동은 대칭과 반대칭 진동 양식의 혼합이다.

일반적으로 반대칭 양식은 진동수가 좀 더 높으며, 대칭 진동 양식은 진동수가 좀 더 낮다. 선형적으로 결합된 진동자의 복합계에서는 대칭도(degree of symmetry)가 가장 높은 진동 양식이 가장 낮은 진동수를 갖고 있다. 만약 대칭성이 깨질 경우 용수철은 반대칭 양식으로 '좀 더 단단하게' 진동하면 진동수가 높아진다.

만약 m_2를 고정시키고 m_1을 진동시킨다고 가정한다면 진동수는 $\sqrt{(\kappa + \kappa_{12})/M}$이 될 것임을 유의하자. m_1을 고정시킬 때는 m_2에 대해 같은 결과를 얻게 될 것이다. 진동은 동등하며 상호작용이 없을 때는 같은 진동수를 갖게 된다. 상호작용의 효과에 의해 상호작용이 없는 경우의 진동수보다 하나는 크고 또 하나는 작은 진동수로 갈라진다. 상호작용이 없는 경우의 진동수를 ω_0라고 하면 $\omega_1 > \omega_0 > \omega_2$이며, 상호작용의 효과를 그림 12-3a처럼 나타낼 수 있다. 같은 질량을 가진 3체 용수철의 고유진동에 대해서는 그림 12-3b에 나타내었다. 마찬가지로 ω_0보다 하나는 크고 또 하나는 작은 독특한 진동수로 갈라진다. 이것은

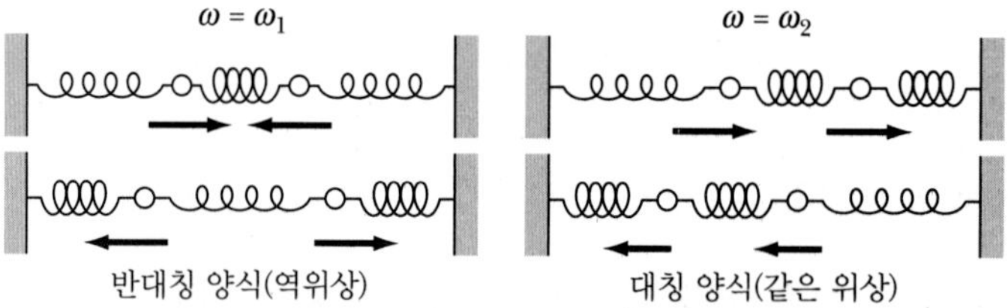

그림 12-2 두 가지 진동의 특성이 그려져 있는데, 반대칭 진동 양식(질량이 역위상)과 대칭 진동 양식(질량이 같은 위상)이다.

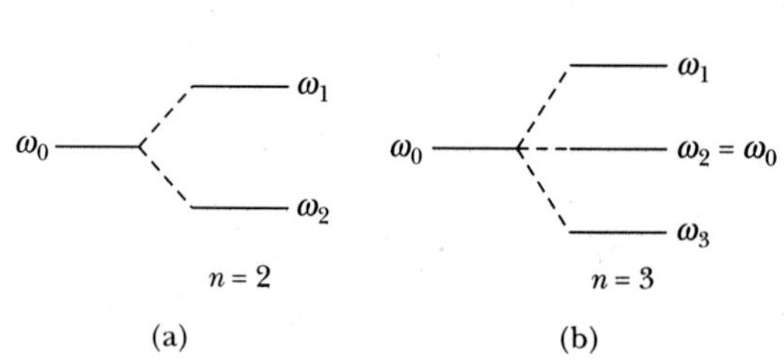

그림 12-3 (a) 두 개의 동일한 질량이 상호작용을 하는 진동은 상호작용이 없는 진동일 경우에 대한 동일한 진동수 ω_0보다 다소 높거나 낮은 특성적인 진동을 하게 된다. (b) 같은 질량을 가진 3체 용수철의 고유진동에 대해서는 하나는 ω_0보다 작고 또 하나는 큰 독특한 진동수이다. n(진동수)이 홀수일 때 하나는 ω_0가 되며 진동수는 분리된다.

일반적으로 얻어지는 결과이다. 짝수 n개의 동등한 진동체가 서로 상호작용하고 있을 때 $n/2$개의 진동수는 ω_0보다 크고 $n/2$개는 ω_0보다 작은 독특한 진동수가 된다. 만약 n이 홀수일 때 그중 한 개가 ω_0가 되며, 나머지 $n-1$개의 진동수는 ω_0의 상하에 대칭적으로 분포하게 된다. 원자 스펙트럼에서 제만(Zeeman) 효과 현상에 익숙한 사람은 이 결과와의 유사성을 쉽게 눈치 챌 것이다. 이런 경우 상호작용(하나는 자기장, 또 하나는 입자 사이의 용수철의 매개)을 도입함으로써 진동수가 대칭적으로 분리되는 현상이 일어난다.

12.3 약한 상호작용

상호작용하는 진동체의 더욱 재미있는 현상은 상호작용이 약할 때 일어난다. 즉, 상호작용을 나타내는 용수철의 힘 상수가 진동체의 힘 상수보다 작을 때이다($\kappa_{12} \ll \kappa$). 식 (12.8)로부터

$$\omega_1 = \sqrt{\frac{\kappa + 2\kappa_{12}}{M}}, \qquad \omega_2 = \sqrt{\frac{\kappa}{M}} \tag{12.16}$$

로 쓸 수 있으므로, 만약 상호작용이 작으면 ω_1을 전개할 수 있다.

$$\omega_1 = \sqrt{\frac{\kappa}{M}}\sqrt{1 + \frac{2\kappa_{12}}{\kappa}} = \sqrt{\frac{\kappa}{M}}\sqrt{1 + 4\varepsilon}$$

여기서

$$\varepsilon \equiv \frac{\kappa_{12}}{2\kappa} \ll 1 \tag{12.17}$$

이며

$$\omega_1 \cong \sqrt{\frac{\kappa}{M}}(1 + 2\varepsilon) \tag{12.18}$$

을 얻는다.

한쪽의 진동체가 고정되고 있을 때 나머지 진동체의 자연스러운 진동수는

$$\omega_0 = \sqrt{\frac{\kappa + \kappa_{12}}{M}} \cong \sqrt{\frac{\kappa}{M}}(1 + \varepsilon) \tag{12.19}$$

또는

$$\sqrt{\frac{\kappa}{M}} \cong \omega_0(1 - \varepsilon) \tag{12.20}$$

으로 주어진다. 따라서 두 개의 고유진동수는 근사적으로 다음과 같이 얻어진다.

$$\left.\begin{aligned} \omega_1 &\cong \sqrt{\frac{\kappa}{M}}(1+2\varepsilon), & \omega_2 &= \sqrt{\frac{\kappa}{M}} \\ &\cong \omega_0(1-\varepsilon)(1+2\varepsilon) & &\cong \omega_0(1-\varepsilon) \\ &\cong \omega_0(1+\varepsilon) & & \end{aligned}\right\} \tag{12.21}$$

이제 약하게 상호작용하는 계가 나타내는 진동 모양을 분석할 수 있다. 만약 진동체 1을 거리 D만큼 변위시키고 손을 뗀다면 초기 조건은

$$x_1(0) = D, \quad x_2(0) = 0, \quad \dot{x}_1(0) = 0, \quad \dot{x}_2(0) = 0 \tag{12.22}$$

인데, 이 초기 조건을 $x_1(t)$, $x_2(t)$에 대한 식 (12.10)에 대입하면 다음과 같은 진폭이 구해진다.

$$B_1^+ = B_1^- = B_2^+ = B_2^- = \frac{D}{4} \tag{12.23}$$

따라서

$$\begin{aligned} x_1(t) &= \frac{D}{4}[(e^{i\omega_1 t} + e^{-i\omega_1 t}) + (e^{i\omega_2 t} + e^{-i\omega_2 t})] \\ &= \frac{D}{2}(\cos\omega_1 t + \cos\omega_2 t) \\ &= D\cos\left(\frac{\omega_1+\omega_2}{2}t\right)\cos\left(\frac{\omega_1-\omega_2}{2}t\right) \end{aligned} \tag{12.24}$$

그러나 식 (12.21)에 의해

$$\frac{\omega_1+\omega_2}{2} = \omega_0; \quad \frac{\omega_1-\omega_2}{2} = \varepsilon\omega_0 \tag{12.25}$$

임을 알 수 있다. 따라서[4)]

$$x_1(t) = (D\cos\varepsilon\omega_0 t)\cos\omega_0 t \tag{12.26a}$$

마찬가지로

$$x_2(t) = (D\sin\varepsilon\omega_0 t)\sin\omega_0 t \tag{12.26b}$$

를 얻게 된다.

---

4) 이 뜻밖의 경우 x_1, x_2는 항상 실수이며, 따라서 식 (12.2) 다음에서 대략 설명한 바와 같이 마지막 단계에서 실수부만 택한다는 수법을 취하지 않아도 된다.

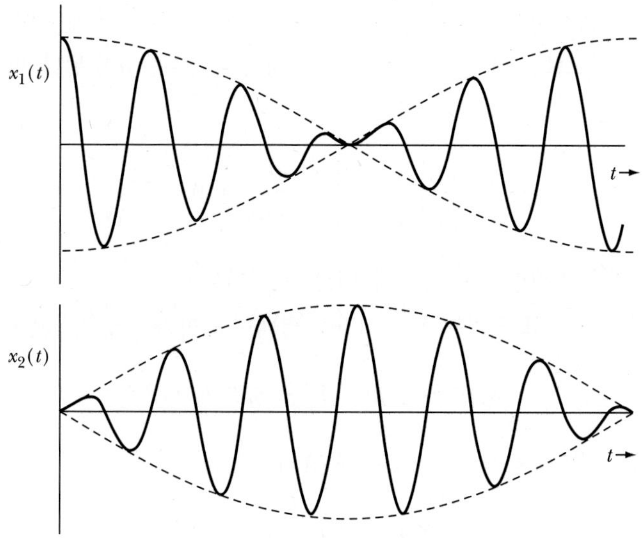

그림 12-4 $x_1(t)$와 $x_2(t)$의 해는 시간에 따라서 천천히 변하는 진폭($\varepsilon\omega_0$)을 가진 높은 진동수(ω_0)의 함수이다. 에너지는 두 진동체 사이에서 앞뒤로 움직이며 이전된다.

ε 값이 작기 때문에 $D\cos\varepsilon\omega_0 t$와 $D\sin\varepsilon\omega_0 t$는 시간에 따라 천천히 변한다. 따라서 $x_1(t)$와 $x_2(t)$는 기본적으로 시간에 따라 천천히 변하는 진폭을 가진 sin, cos 함수를 나타낸다. x_1만이 처음에 0이 아니지만 그 진폭은 시간이 증가함에 따라 천천히 감소하고, x_2는 0으로부터 차차 커진다. 그러므로 에너지는 첫 번째 진동체로부터 두 번째 진동체에 이전된다. $t = \pi/2\varepsilon\omega_0$일 때 $D\cos\varepsilon\omega_0 t = 0$이며 에너지는 전부 이전된다. 시간이 더 흘러가면 에너지는 첫째 진동체로 돌아온다. 이것은 잘 알려진 **맥놀이** 현상인데, 그림 12-4에 나타내었다($\varepsilon = 0.08$의 경우를 그렸다).

12.4 결합된 진동의 일반적인 문제

앞 절에서 자유도가 2인 간단한 계에서는 연결의 결과로 두 개의 고유진동수와 두 개의 기준 진동이 나타남을 알았으나, 여기서는 결합된 진동의 일반적인 문제에 주의를 기울이기로 한다. 한 조의 일반화 좌표 q_k와 시간 t로 기술되는 보존계를 생각하고 계의 자유도가 n이면 $k = 1, 2, ..., n$이다. 이 계에 안정한 평형 상태를 나타내는 배위가 존재한다고 하고, 그 평형 상태에서의 일반화 좌표를 q_{k0}라 하면, 그와 같은 배위에서는

$$q_k = q_{k0}, \qquad \dot{q}_k = 0, \qquad \ddot{q}_k = 0, \qquad k = 1, 2, \ldots, n$$

이 되고, 이들이 라그랑주 방정식을 만족시킨다. 그런데 $(d/dt)(\partial L/\partial \dot{q}_k)$ 중에서 0이 아닌 항은 모두 적어도 $\dot{q}_k$든가 $\ddot{q}_k$를 포함할 것이므로, 그와 같은 항은 모두 평형 상태에서는 0이 된다. 따라서 라그랑주 방정식으로부터

$$\left.\frac{\partial L}{\partial q_k}\right|_0 = \left.\frac{\partial T}{\partial q_k}\right|_0 - \left.\frac{\partial U}{\partial q_k}\right|_0 = 0 \tag{12.27}$$

을 얻는다. 첨자 0은 그 양들이 평형 상태에서 계산됨을 표시한다.

다음에 일반화 좌표와 직교좌표를 잇는 식이 시간을 명백히 포함하지 않는다고 가정한다. 즉,

$$x_{\alpha,i} = x_{\alpha,i}(q_j) \quad \text{또는} \quad q_j = q_j(x_{\alpha,i})$$

라고 하면, 운동 에너지는 일반화 속도(식 (7.121) 참조)의 2차 동차식이 되고

$$T = \frac{1}{2}\sum_{j,k} m_{jk}\dot{q}_j\dot{q}_k \tag{12.28}$$

라고 쓸 수 있으므로, 일반적으로

$$\left.\frac{\partial T}{\partial q_k}\right|_0 = 0, \quad k = 1, 2, \dots, n \tag{12.29}$$

이 성립하고, 따라서 식 (12.27)에서

$$\left.\frac{\partial U}{\partial q_k}\right|_0 = 0, \quad k = 1, 2, \dots, n \tag{12.30}$$

을 얻는다.

일반화 좌표 q_k를 평형위치에서 측정해서 $q_{k0} = 0$이라 한다(최초에 일반화 좌표 q'_k를 $q'_{k0} \neq 0$이 되도록 취하면, 간단한 1차 변환 $q_k = q'_k + \alpha_k$에 의해서 반드시 $q_{k0} = 0$을 얻는다).

위치 에너지를 평형 상태의 배위 주위에 테일러 급수 전개하면

$$U(q_1, q_2, \dots, q_n) = U_0 + \sum_k \left.\frac{\partial U}{\partial q_k}\right|_0 q_k + \frac{1}{2}\sum_{j,k}\left.\frac{\partial^2 U}{\partial q_j \partial q_k}\right|_0 q_j q_k + \cdots \tag{12.31}$$

가 되나, 이 전개의 제2항은 식 (12.30)에 의해 0이 되고, 또한 $U_0 \equiv 0$이 되도록 U의 기준점을 택해도 일반성은 잃지 않는다. 일반화 좌표의 운동이 작다고 하는 제한을 가하면, 전개 속에서 q_k의 2차 이상의 곱을 포함하는 항은 모두 무시할 수 있다. 이것은 조화 단진동만을 다루는 것에 대응하고, 그 경우 좌표에 대한 2차 항만이 나타난다. 즉,

$$U = \frac{1}{2}\sum_{j,k} A_{jk} q_j q_k \tag{12.32}$$

여기서

$$A_{jk} \equiv \left.\frac{\partial^2 U}{\partial q_j \partial q_k}\right|_0 \tag{12.33}$$

이나, (U가 연속인 2차의 편도함수를 갖는다면) 미분의 순서는 교환해도 좋으므로, A_{jk}는 대칭으로 $A_{jk} = A_{kj}$가 성립한다.

계의 운동은 평형 상태의 배위 가까운 데서 생기고, 또한 계가 그러한 배위에 있는 경우에는 U가 최소값을 갖는 것은 위에서 나타냈으나(식 (12.30)), 평형 상태에서는 $U = 0$이 되도록 취했으므로 일반적으로 $U \geq 0$이어야 한다. 또한 $T \geq 0$인 것도 명백하다.[5)]

이래서 식 (12.28)과 식 (12.32)는 아주 비슷한 모양이 된다.

$$\boxed{\begin{aligned} T &= \frac{1}{2}\sum_{j,k} m_{jk}\dot{q}_j\dot{q}_k \\ U &= \frac{1}{2}\sum_{j,k} A_{jk} q_j q_k \end{aligned}} \tag{12.34}$$

여기서 A_{jk}는 수치이지만(식 (12.33) 참조), m_{jk}는 좌표의 함수이다(식 (7.119) 참조).

$$m_{jk} = \sum_\alpha m_\alpha \sum_i \frac{\partial x_{\alpha,i}}{\partial q_j}\frac{\partial x_{\alpha,i}}{\partial q_k}$$

여기서 m_{jk}를 평형의 위치 부근에서 전개하면

$$m_{jk}(q_1, q_2, \ldots, q_n) = m_{jk}(q_{l0}) + \sum_l \left.\frac{\partial m_{jk}}{\partial q_l}\right|_0 q_l + \cdots \tag{12.35}$$

이 되는데, 이 전개에서 0이 되지 않는 최초의 항만을 남긴다. 그러나 위치 에너지를 전개했을 때(식 (12.31))와 달라서 상수항 $m_{jk}(q_{l0})$는 0으로 취할 수 없으므로, 이 항이 이 근사에서 m_{jk}의 상수값이 된다. 단지 이것은 U의 경우에 쓰인 것과 같은 정도의 근사이다. 왜냐하면 T의 전개에 나타나는 이 다음 차수의 항은 3차의 양 $\dot{q}_j\dot{q}_k q_l$을 포함하고, 또한 U의 전개에서 다음 차수의 항은 $q_j q_k q_l$을 포함하기 때문이다. 작은 진동 근사에서 T는 U와 비슷하게 취급되어야 하고 마치 U처럼 정상적으로 q^2 차수로 확장되며, T는 $\dot{q}^2$ 차수로 확장해야 하고, m_{jk}는 평형 상태에서 값을 구한다. 그러므로 식 (12.34)의 m_{jk}와 A_{jk}는 여러 가지 좌표

5) U와 T는 모두 양부호로 정의되고 있으므로 좌표(U 경우) 혹은 속도(T 경우)가 0이 아닌 한 U나 T는 양부호를 갖는다.

의 운동 결합 방법을 나타내는 $n \times n$형의 수치행렬이다. 즉, 예를 들어 $r \neq s$일 때 $m_{rs} \neq 0$이면 운동 에너지는 $\dot{q}_r \dot{q}_s$에 비례하는 항을 포함하기 때문에, r번째 좌표와 s번째 좌표 사이로 연결지을 수 있다. 또 한편 m_{jk}가 대각화되어 $j = k$일 때만 $m_{jk} \neq 0$이고[6] 그 외의 경우가 0이면, 운동 에너지는

$$T = \frac{1}{2} \sum_r m_r \dot{q}_r^2$$

같은 모양이 된다(여기서 m_{rr}을 간단히 m_r로 썼다). 따라서 운동 에너지는 여러 가지 좌표에 대한 운동 에너지의 간단한 합이 된다. 또한 나중에 보게 되지만 A_{jk}도 대각화되어 U가 개개의 위치 에너지의 간단한 합이 되며, 개개의 좌표가 간편해지고, 잘 정해진 한 개의 진동수로 진동하게 된다. 따라서 문제는 m_{jk}와 A_{jk}가 동시에 대각화될 수 있는 좌표를 찾고, 그에 따라 계를 가장 간단한 항으로 기술할 수 있도록 하는 것인데, 그와 같은 좌표가 **표준좌표**(normal coordinates)이다.

식 (12.34)에서 주어지는 운동 에너지와 위치 에너지를 갖는 계의 운동 방정식은 라그랑주 방정식

$$\frac{\partial L}{\partial q_k} - \frac{d}{dt}\frac{\partial L}{\partial \dot{q}_k} = 0$$

에서 얻는다. 그런데 T는 일반화 속도만의 함수이고 U는 일반화 좌표만의 함수이므로, k번째 좌표에 대한 라그랑주 방정식은

$$\frac{\partial U}{\partial q_k} + \frac{d}{dt}\frac{\partial T}{\partial \dot{q}_k} = 0 \tag{12.36}$$

이 되고, 또한 식 (12.34)에서 도함수를 계산할 수 있어

$$\left.\begin{aligned} \frac{\partial U}{\partial q_k} &= \sum_j A_{jk} q_j \\ \frac{\partial T}{\partial \dot{q}_k} &= \sum_j m_{jk} \dot{q}_j \end{aligned}\right\} \tag{12.37}$$

를 얻는다. 그래서 운동 방정식은

$$\boxed{\sum_j (A_{jk} q_j + m_{jk} \ddot{q}_j) = 0} \tag{12.38}$$

이 되는데, 이것은 n개의 상수계수의 2차 선형 동차 미분 방정식이다. 그런데 우리는 진동계를 다루고 있으므로, 그 해는

---

6) 만약 m_{jk}의 대각선 요소(즉, m_{rr})가 0이면 $n - 1$ 자유도 문제로 바뀐다.

$$q_j(t) = a_j e^{i(\omega t - \delta)} \tag{12.39}$$

같은 모양이라고 예상된다. 여기서 a_j는 실수의 진폭이고, 위상 δ는 각 미분 방정식의 2차성으로부터 요구되는 두 개의 임의의 상수(a_j와 δ)에 포함된다[7] (물론 이 식의 우변에서는 실수 부분만을 고려하면 된다). 진동수 ω와 위상 δ는 운동 방정식에 의해 정해지고, 만약 ω가 실수이면 해(식 (12.39))는 진동을 나타낸다. ω가 확실히 실수라는 것은 다음과 같은 물리적인 논의로부터 알 수 있다. 즉, 만일 ω가 허수라고 하면 이 허수 때문에 q_j의 속에 $e^{\omega_i t}$ 또는 $e^{-\omega_i t}$ 모양의 항이 나타나고, 계의 총 에너지를 계산하면 $T + U$가 시간과 함께 단조롭게 증가 또는 감소하는 인자를 포함하게 된다. 그러나 이것은 우리가 보존계를 다루고 있다는 가정에 위배된다. 따라서 진동수 ω는 실수여야 한다.

구하는 해가 식 (12.39)에서 주어지는 것과 같은 모양이라고 하면, 운동 방정식은

$$\boxed{\sum_j (A_{jk} - \omega^2 m_{jk})\, a_j = 0} \tag{12.40}$$

이 되고(여기서 공통 인자 $\exp[i(\omega t - \delta)]$는 소거했다), 이것이 a_j가 만족해야 하는 n개의 선형 동차 대수 방정식이다. 전부가 0이 아닌 해를 갖기 위해서는 그 계수의 행렬식이 0이어야 한다.

$$|A_{jk} - \omega^2 m_{jk}| = 0 \tag{12.41}$$

이것을 더욱 확실히 쓰면

$$\begin{vmatrix} A_{11} - \omega^2 m_{11} & A_{12} - \omega^2 m_{12} & A_{13} - \omega^2 m_{13} \cdots \\ A_{12} - \omega^2 m_{12} & A_{22} - \omega^2 m_{22} & A_{23} - \omega^2 m_{23} \cdots \\ A_{13} - \omega^2 m_{13} & A_{23} - \omega^2 m_{23} & A_{33} - \omega^2 m_{33} \cdots \\ \vdots & \vdots & \vdots \end{vmatrix} = 0 \tag{12.42}$$

인 모양의 $n \times n$형의 행렬식이다. 여기서 A_{jk}와 m_{jk}의 대칭성을 썼다.

그런데 이 행렬식으로 나타내는 방정식을 계의 **특성 방정식**(characteristic equation) 또는 **영년 방정식**(secular equation)이라 하고 ω^2에 대한 n차의 식인데, 이 식에는 일반적으로 근 ω_r^2이 n개가 있고, ω_r은 계의 **특성 진동수** 또는 **고유진동수**라 한다(경우에 따라서는 n개 중에서 2개 또는 그 이상이 같은 경우도 있다. 이것은 **축퇴**(degeneracy)라는 현상으로 나중에 설명한다). 이 경우도 강체의 주축 방향을 정할 때의 방법비 $a_1{:}a_2{:}a_3{:}\ \cdots{:}a_n$을 결정하는 것이다. 단지 그때 ω_r에는 n개의 값이 있으므로 a_j의 비도 n개의 조를 만들 수가 있다. 또한 각 조의 a_j는 계의 **고유벡터**(eigenvector)라 불리는 n차원 벡터 $\mathbf{a}_r$의 성분을 정의한다고 생

---

7) 이것은 B를 복소수로 하여 $x(t) = B\exp(i\omega t)$ (식 (12.2) 참조) 같이 쓰는, 이미 설명한 수법과 완전히 같다. 우리는 식 (12.39)에서 한 것처럼 식 (12.9)에서 위상 인수를 제거하는 대신 $\exp(i\omega t)$, $\exp(-i\omega t)$를 써서 필요한 임의의 상수를 실수로 바꾸었다.

각할 수 있으므로, $\mathbf{a}_r$은 고유진동수 ω_r에 대응하는 고유벡터가 되는 것이다. 이후 r번째 고유벡터의 j번째 성분을 a_{jr}로 쓰도록 한다.

이 미분 방정식(식 (12.38))에는 중첩의 원리를 적용할 수 있으므로, q_j의 일반해는 r의 n개의 각각에 대한 해의 중첩으로 쓸 수 있다.

$$q_j(t) = \sum_r a_{jr} e^{i(\omega_r t - \delta_r)} \tag{12.43}$$

물리적으로 의미가 있는 양은 $q_j(t)$의 실수 부분뿐이므로

$$q_j(t) = \mathrm{Re}\sum_r a_{jr} e^{i(\omega_r t - \delta_r)} = \sum_r a_{jr} \cos(\omega_r t - \delta_r) \tag{12.44}$$

을 갖게 된다.[8] 좌표 q_j의 운동은 진동수 ω_r의 n개 값 각각에 대한 운동을 조합한 것이 되지만, 이 q_j는 문제를 간단히 하는 표준좌표로는 되어 있지 않으므로, 12.6절에서 이 표준좌표를 찾도록 한다.

예제 12.1

12.2절에 나온 용수철로 연결된 두 개의 질량에 대한 특성 진동수를 여기서 설명한 일반론을 써서 구하라.

풀이

계의 모양은 그림 12-1에 그려져 있다. 계의 위치 에너지는

$$\begin{aligned} U &= \frac{1}{2}\kappa x_1^2 + \frac{1}{2}\kappa_{12}(x_2 - x_1)^2 + \frac{1}{2}\kappa x_2^2 \\ &= \frac{1}{2}(\kappa + \kappa_{12})x_1^2 + \frac{1}{2}(\kappa + \kappa_{12})x_2^2 - \kappa_{12}x_1x_2 \end{aligned} \tag{12.45}$$

이고, x_1x_2에 비례하는 항이 계 안에서의 결합을 나타내는 인자이다. 그러면 이로부터 A_{jk}를 계산할 수 있어

$$\left.\begin{aligned} A_{11} &= \left.\frac{\partial^2 U}{\partial x_1^2}\right|_0 = \kappa + \kappa_{12} \\ A_{12} &= \left.\frac{\partial^2 U}{\partial x_1 \partial x_2}\right|_0 = -\kappa_{12} = A_{21} \\ A_{22} &= \left.\frac{\partial^2 U}{\partial x_2^2}\right|_0 = \kappa + \kappa_{12} \end{aligned}\right\} \tag{12.46}$$

---

8) 여기서 주의할 점은 12.3절(식 (12.26))에서 기술한 약한 상호작용의 경우와 달리 $q_j(t)$의 실수 부분을 확실히 택해야 한다는 것이다. 왜냐하면 식 (12.44)의 $q_j(t)$는 식 (12.43)의 $q_j(t)$와 같지 않기 때문이다. 그러나 여기서나 다른 곳에서 그들의 밀접한 관계 때문에 편의상 같은 기호(예로 $q_j(t)$)를 사용한다.

를 얻는다.

다음에 계의 운동 에너지는

$$T = \frac{1}{2}M\dot{x}_1^2 + \frac{1}{2}M\dot{x}_2^2 \tag{12.47}$$

이나, 이것은 식 (12.28)에 따라

$$T = \frac{1}{2}\sum_{j,k} m_{jk}\dot{x}_j\dot{x}_k \tag{12.48}$$

로도 나타내므로, T에 대한 이 두 식을 같다고 놓으면

$$\left.\begin{aligned} m_{11} = m_{22} = M \\ m_{12} = m_{21} = 0 \end{aligned}\right\} \tag{12.49}$$

을 얻는다. 따라서 영년 행렬식은(식 (12.42) 참조)

$$\begin{vmatrix} \kappa + \kappa_{12} - M\omega^2 & -\kappa_{12} \\ -\kappa_{12} & \kappa + \kappa_{12} - M\omega^2 \end{vmatrix} = 0 \tag{12.50}$$

인데, 이것은 정확히 식 (12.5)와 같다. 따라서 해는 전에 얻은 것(식 (12.7)과 식 (12.8))과 같으며

$$\omega = \sqrt{\frac{\kappa + \kappa_{12} \pm \kappa_{12}}{M}}$$

로 주어지므로, 고유진동수는

$$\omega_1 = \sqrt{\frac{\kappa + 2\kappa_{12}}{M}}, \qquad \omega_2 = \sqrt{\frac{\kappa}{M}}$$

가 된다. 이 두 가지 방법으로 구한 결과는 같다.

12.5 고유벡터의 직교성(자유선택)[9)]

고유벡터 $\mathbf{a}_r$이 직교를 만드는 것을 나타내자. 이를 위해 먼저 식 (12.40)을 영년 방정식의 s번째 근에 대한

9) 12.5절은 제외해도 무방하며 뒷부분을 이해하는 데 아무 문제가 없다. 이 대단히 수학적인 한 절을 넣은 이유는 전체를 완벽하게 하기 위해서이고, 사용된 방법은 11.6절에서 설명한 일반화된 관성 텐서의 것이다.

것으로 다시 쓰면

$$\omega_s^2 \sum_k m_{jk} a_{ks} = \sum_k A_{jk} a_{ks} \tag{12.51}$$

를 얻으나, 이 식에서 첨자 s 대신에 r로 쓰고 j와 k를 교환하면, r번째 근에 대한 마찬가지의 식을 얻는다.

$$\omega_r^2 \sum_j m_{jk} a_{jr} = \sum_j A_{jk} a_{jr} \tag{12.52}$$

여기서 m_{jk} 및 A_{jk}의 대칭성을 이용했다. 다음에 식 (12.51)에 a_{jr}을 곱해서 j에 대해 합을 취하고, 또한 식 (12.52)에 a_{ks}를 곱해서 k에 대해 합을 취하면

$$\left.\begin{aligned} \omega_s^2 \sum_{j,k} m_{jk} a_{jr} a_{ks} &= \sum_{j,k} A_{jk} a_{jr} a_{ks} \\ \omega_r^2 \sum_{j,k} m_{jk} a_{jr} a_{ks} &= \sum_{j,k} A_{jk} a_{jr} a_{ks} \end{aligned}\right\} \tag{12.53}$$

가 되는데, 식 (12.53)에 있는 두 식의 우변은 같으므로, 제2식에서 제1식을 빼면

$$(\omega_r^2 - \omega_s^2) \sum_{j,k} m_{jk} a_{jr} a_{ks} = 0 \tag{12.54}$$

을 얻는다.

이 식을 $r \neq s$인 경우와 $r = s$인 경우에 대해 조사해보자. 먼저 $r \neq s$인 경우에 $(\omega_r^2 - \omega_s^2)$은 일반적으로 0이 아니므로(축퇴 또는 다중근의 경우는 나중에 설명한다), 합의 항이 자동적으로 0이 되어야 한다.

$$\sum_{j,k} m_{jk} a_{jr} a_{ks} = 0, \quad r \neq s \tag{12.55}$$

다음에 $r = s$인 경우는 $(\omega_r^2 - \omega_s^2)$이 0이 되기 때문에 합의 항은 정할 수 없지만, 이것은 자동적으로 0이 되지 않는다. 이를 보이기 위해서 계의 운동 에너지 식을 쓰고, 여기에 식 (12.44)에서 구한 $\dot{q}_j$와 $\dot{q}_k$를 대입하면

$$\begin{aligned} T &= \frac{1}{2} \sum_{j,k} m_{jk} \dot{q}_j \dot{q}_k \\ &= \frac{1}{2} \sum_{j,k} m_{jk} \left[\sum_r \omega_r a_{jr} \sin(\omega_r t - \delta_r) \right] \left[\sum_s \omega_s a_{ks} \sin(\omega_s t - \delta_s) \right] \\ &= \frac{1}{2} \sum_{r,s} \omega_r \omega_s \sin(\omega_r t - \delta_r) \sin(\omega_s t - \delta_s) \sum_{j,k} m_{jk} a_{jr} a_{ks} \end{aligned}$$

를 얻게 되고, $r = s$인 경우이므로

$$T = \frac{1}{2} \sum_r \omega_r^2 \sin^2(\omega_r t - \delta_r) \sum_{j,k} m_{jk} a_{jr} a_{kr} \tag{12.56}$$

이 된다. 여기서 먼저, 진동수가 모두 실수인 점으로부터

$$\omega_r^2 \sin^2(\omega_r t - \delta_r) \geq 0$$

가 됨을 주의하라. T는 양이고, 모든 속도가 자동적으로 0이 되는 경우에만 0이 될 수 있음을 알게 된다. 결국

$$\sum_{j,k} m_{jk} a_{jr} a_{kr} \geq 0$$

을 얻는다. 이와 같이 합의 항은 일반적으로 양이고, 이것이 0이 되는 것은 계가 운동하지 않는 바로 그 순간, 즉 모든 속도가 똑같이 0이고 $T \equiv 0$이 되는 순간뿐이다.

앞에서도 주의한 바와 같이 ω_r을 식 (12.40)에 대입한 경우에는 a_{jr}의 비만이 정해지므로, 여기서는 또 하나의 조건을 붙여서 이 부정성(不定性)을 제거한다. 즉,

$$\sum_{j,k} m_{jk} a_{jr} a_{kr} = 1 \tag{12.57}$$

이라 놓는다. 이 경우에 a_{jr}은 **규격화**되었다고 한다. 그래서 식 (12.55)와 식 (12.57)을 조합하면

$$\boxed{\sum_{j,k} m_{kj} a_{jr} a_{ks} = \delta_{rs}} \tag{12.58}$$

라 쓸 수 있다. a_{jr}은 r번째 고유벡터의 j번째 성분이므로 $\mathbf{a}_r$을 다음과 같이 표현한다.

$$\mathbf{a}_r = \sum_j a_{jr} \mathbf{e}_j \tag{12.59}$$

이와 같이 정의된 벡터 $\mathbf{a}_r$은 **직교규격**(orthonormal)계를 만든다. 즉, $\mathbf{a}_r$은 식 (12.55)에 의해서 **직교**하고, 또한 식 (12.57)에서 합의 항을 1이라 놓음으로써 **규격화**된 것이다.

이상 기술한 내용은 모두 앞 장에서 설명한 강체의 주관성 모멘트 및 주축을 정하는 방법과 놀랄 만큼 아주 비슷하지만, 사실 이 문제는 여기서 다루고 있는 것이 자유도 n의 계라는 점을 제외하면 수학적으로는 같은 것이다. 즉, m 및 A는 다른 물리량으로 관계하는 2차 행렬이므로, m_{jk}와 A_{jk}는 실은 텐서의 성분임을 주의하라.[10] 그러므로 이들은 $\{\mathbf{m}\}$, $\{\mathbf{A}\}$라 쓴다. 다음에 고유진동수를 결정하는 영년 방정식은 주관성 모멘트를 구하는 방정식과 같고, 고유벡터 $\mathbf{a}_r$은 주축에 대응하는 것으로, 실제 고유벡터의 직교성을 증명하는 일은 11.6절에서 살펴본 주축의 직교성 증명에 대한 일반화에 지나지 않는다. 더욱이 여기서는 고유진동수가 실수인 것에 대해 물리적인 설명을 했으나, 앞에 주관성 모멘트가 실수임을 보인 것과 같은 수학

10) 텐서에 대한 수학적 정의는 11.7절의 논의를 참조하라.

적인 증명을 할 수도 있다.

12.6 표준좌표

식 (12.43)에서 알 수 있듯이 좌표 q_j의 운동의 일반해는 각각의 고유진동을 갖는 항의 합이 되어 있으나, 그 각각은 개인의 진동수에 의존한다. 앞 절에서 $\mathbf{a}_r$ 벡터들이 직교관계에 있고(식 (12.55)) 편의적으로 그 성분 a_{jr}(식 (12.57))을 규격화하여 식 (12.58)을 얻었다. 즉, 그 경우에 q_j에 대한 해 속의 애매함이 모두 없어져 버렸기 때문에, 그것을 써서 입자의 임의의 변화를 나타내는 일은 이미 불가능하다. 그런데 이와 같은 제한은 물리적으로는 의미가 없으므로, 규격화로 인해 잃어버린 일반성을 되찾기 위해서 (문제의 초기 조건에 의해 정해지는) 일정한 척도 인자 α_r을 도입할 필요가 있다. 즉,

$$q_j(t) = \sum_r \alpha_r a_{jr} e^{i(\omega_r t - \delta_r)} \tag{12.60}$$

로 쓴다. 기호를 간단히 하기 위해서, 이를 다음과 같이 쓴다.

$$q_j(t) = \sum_r \beta_r a_{jr} e^{i\omega_r t} \tag{12.61}$$

여기서 β_r은 위상 δ_r을 합친 (복소수의) 새로운 척도 인자이다.[11)]

여기서 η_r을

$$\boxed{\eta_r(t) \equiv \beta_r e^{i\omega_r t}} \tag{12.62}$$

로 정의하면

$$\boxed{q_j(t) = \sum_r a_{jr}\eta_r(t)} \tag{12.63}$$

로 쓸 수 있다. η_r은 정의에 의해 유일한 진동수로 진동하는 양으로, 그 계의 **표준좌표**라 불리는 새로운 좌표이다. η_r은 다음 방정식을 만족시킨다.

$$\ddot{\eta}_r + \omega_r^2 \eta_r = 0 \tag{12.64}$$

이와 같은 독립 식은 n개이므로, 표준좌표로 나타낸 운동 방정식은 완전히 분리할 수 있게 된다.

---

11) a_{jr}을 1로 규격화하고 척도 인자 α_r과 β_r을 도입한다면 규격화하지 않는 경우보다 유리하다. 그렇게 하면 a_{jr}은 초기 조건에 무관해지며, 결국은 간단한 직교 방정식이 얻어진다.

예제 12.2

라그랑주 운동 방정식을 이용하여 식 (12.64)를 직접 유도하라.

풀이

식 (12.63)으로부터 나온

$$\dot{q}_j = \sum_j a_{jr}\dot{\eta}_r$$

에 주의하며 식 (12.34)에서 운동 에너지를 유도하면

$$\begin{aligned} T &= \frac{1}{2}\sum_{j,k} m_{jk}\dot{q}_j\dot{q}_k \\ &= \frac{1}{2}\sum_{j,k} m_{jk}\left(\sum_r a_{jr}\dot{\eta}_r\right)\left(\sum_s a_{ks}\dot{\eta}_s\right) \\ &= \frac{1}{2}\sum_{r,s}\left(\sum_{j,k} m_{jk}a_{jr}a_{ks}\right)\dot{\eta}_r\dot{\eta}_s \end{aligned}$$

가 되는데, 괄호 속의 합은 직교조건(식 (12.58))에 의해 δ_{rs}가 되므로, 결국

$$T = \frac{1}{2}\sum_{r,s}\dot{\eta}_r\dot{\eta}_s\delta_{rs} = \frac{1}{2}\sum_r \dot{\eta}_r^2 \tag{12.65}$$

이 된다.

마찬가지로 식 (12.34)에서 위치 에너지를 얻어

$$\begin{aligned} U &= \frac{1}{2}\sum_{j,k} A_{jk}q_jq_k \\ &= \frac{1}{2}\sum_{r,s}\left(\sum_{j,k} A_{jk}a_{jr}a_{ks}\right)\eta_r\eta_s \end{aligned}$$

가 되나, 식 (12.53)의 제1식에서

$$\begin{aligned} \sum_{j,k} A_{jk}a_{jr}a_{ks} &= \omega_s^2\sum_{j,k} m_{jk}a_{jr}a_{ks} \\ &= \omega_s^2\delta_{rs} \end{aligned}$$

가 구해지므로, 위치 에너지는

$$U = \frac{1}{2}\sum_{r,s}\omega_s^2\eta_r\eta_s\delta_{rs} = \frac{1}{2}\sum_r \omega_r^2\eta_r^2 \tag{12.66}$$

이 된다. 식 (12.65)와 식 (12.66)을 사용하면 라그랑지안은

$$L = \frac{1}{2}\sum_r(\dot{\eta}_r^2 - \omega_r^2\eta_r^2) \tag{12.67}$$

이 되고, 라그랑주 방정식은

$$\frac{\partial L}{\partial \eta_r} - \frac{d}{dt}\frac{\partial L}{\partial \dot{\eta}_r} = 0$$

또는 식 (12.64)와 같게

$$\ddot{\eta}_r + \omega_r^2\eta_r = 0$$

이 된다.

이와 같이 계의 배위를 표준좌표로 나타내면, 위치 에너지와 운동 에너지가 동시에 대각화된다. 입자의 운동을 연결하는 것은 **{m}**과 **{A}**의 비대각 요소이므로, 이들 텐서를 대각형으로 하는 좌표를 쓰면 좌표 사이의 결합이 풀려서, 문제가 각각 특정한 표준 진동수를 갖는 표준좌표의 독립인 운동으로 분리할 수 있다.[12)]

앞에서 기술한 내용은 특성 진동수 ω_r을 결정하고 표준 운동 양식의 좌표 η_r을 기술하는 데 필요한 방법의 수학적 설명이었다. 이 방법의 실질적인 응용은 몇 가지 말로 요약할 수 있다.

1. 일반화 좌표를 택하여 표준 라그랑지안 방법으로 T와 U를 구하라. 이것은 식 (12.34)를 사용하는 것에 해당한다.
2. A_{jk}와 m_{jk}를 $n \times n$ 항의 텐서로 표현하고 식 (12.42)를 이용해서 n개의 고유진동수 ω_r 값을 결정하라.
3. 각 ω_r 값에 대해 식 (12.40)

$$\sum_j (A_{jk} - \omega_r^2 m_{jk})\, a_{jr} = 0 \tag{12.68}$$

   에 대입하여 비율 $a_{1r}:a_{2r}:a_{3r}: \cdots :a_{nr}$을 결정하라.
4. 필요에 따라 초기 조건으로부터 척도 인자 β_r(식 (12.60))을 결정하라.
5. 단일 고유진동수 ω_r로 진동하는 q_j 좌표의 적절한 선형 혼합으로 표준좌표 η_r을 결정하라. 이 단일 표준좌표 η_r의 운동을 표준 운동 양식이라 한다. 계의 일반 운동(식 (12.63))은 표준 운동 양식의 복잡한 중

12) 독일의 수학자 카를 바이어슈트라스(Karl Weierstrass, 1815~1897)는 역학계의 운동을 표준좌표로 항상 기술할 수 있다는 사실을 1858년에 증명했다.

첩이다.

이런 순서를 몇 개의 예에 적용해보자.

예제 12.3

위에서 기술한 수법을 사용하여 12.2절에 나온 질량-용수철 문제에서의 고유진동수, 고유벡터, 표준좌표를 결정하라. 여기서 $\kappa_{12} \approx \kappa$로 가정한다.

풀이

T와 U를 유도한 예제 12.1에서 고유진동수가 결정되었다(제1단계). 식 (12.46)으로부터 직접 혹은 식 (12.45)를 살펴봄으로써 확실히 A_{jk}가 대칭성을 가질 수 있도록 A_{jk}의 성분을 찾아낸다.

$$\{\mathbf{A}\} = \begin{Bmatrix} \kappa + \kappa_{12} & -\kappa_{12} \\ -\kappa_{12} & \kappa + \kappa_{12} \end{Bmatrix} \tag{12.69}$$

행렬 m_{jk}는 식 (12.47)로부터 쉽게 결정된다.

$$\{\mathbf{m}\} = \begin{Bmatrix} M & 0 \\ 0 & M \end{Bmatrix} \tag{12.70}$$

식 (12.42)를 이용하여 고유진동수 ω_r을 결정한다면

$$\begin{vmatrix} \kappa + \kappa_{12} - M\omega^2 & -\kappa_{12} \\ -\kappa_{12} & \kappa + \kappa_{12} - M\omega^2 \end{vmatrix} = 0$$

인데, 이것은 ω_1, ω_2에 대한 식 (12.8)의 결과를 내는 식 (12.50)과 일치한다.

고유벡터 성분 a_{jr}을 결정하는 데 식 (12.68)을 이용하자. 각 r 값에 대한 2개의 방정식을 갖게 되는데, a_{1r}/a_{2r} 비율만을 결정할 수 있으므로 r에 대한 방정식 한 개만 있으면 된다. $r = 1$, $k = 1$일 때

$$(A_{11} - \omega_1^2 m_{11})\,a_{11} + (A_{21} - \omega_1^2 m_{21})\,a_{21} = 0 \tag{12.71}$$

또한 A_{11}, A_{21}, ω_1^2, m_{11} 값을 대입하고 $\kappa_{12} \approx \kappa$를 사용하면

$$\left(2\kappa - \frac{3\kappa}{M} \cdot M\right) a_{11} - \kappa a_{21} = 0$$

을 얻게 된다. 따라서

$$a_{11} = -a_{21} \tag{12.72}$$

$r = 2$, $k = 1$인 경우

$$\left(2\kappa - \frac{\kappa}{M}\cdot M\right)a_{12} - \kappa a_{22} = 0$$

이므로

$$a_{12} = a_{22} \tag{12.73}$$

를 얻는다. 일반 운동(식 (12.63))은

$$\left.\begin{aligned} x_1 &= a_{11}\eta_1 + a_{12}\eta_2 \\ x_2 &= a_{21}\eta_1 + a_{22}\eta_2 \end{aligned}\right\} \tag{12.74}$$

같이 되며, 식 (12.72)와 식 (12.73)에 의해 다음과 같이 쓸 수 있다.

$$\left.\begin{aligned} x_1 &= a_{11}\eta_1 + a_{22}\eta_2 \\ x_2 &= -a_{11}\eta_1 + a_{22}\eta_2 \end{aligned}\right\} \tag{12.75}$$

x_1과 x_2를 합하면

$$\eta_2 = \frac{1}{2a_{22}}(x_1 + x_2) \tag{12.76}$$

이며, x_1으로부터 x_2를 빼면

$$\eta_1 = \frac{1}{2a_{11}}(x_1 - x_2) \tag{12.77}$$

를 얻는다.

표준좌표 η_2는 다른 표준좌표 η_1이 0으로 머무르고 있다는 조건을 찾음으로써 결정할 수 있다. 식 (12.77)로부터 $x_1 = x_2$일 때 $\eta_1 = 0$이므로 표준진동 양식 2(η_2)에 대해 두 질량은 같은 위상으로 진동한다(대칭 진동 양식). 입자 간의 거리는 항상 같으며, 이를 연결하고 있는 용수철이 마치 탄탄하고 무게가 없는 막대기로 되어 있는 것처럼 진동한다.

마찬가지로, 언제 $\eta_2 = 0(x_2 = -x_1)$이 되는지를 결정함으로써 표준좌표 η_1에 대한 조건을 찾아낼 수 있다. 표준진동 양식 1(η_1)에서는 입자들은 역위상으로 진동한다(반대칭 진동 양식).

(표 12-1에 요약된 바와 같이) 이 분석은 앞(12.2절)에서 얻은 결과를 확인하고 있으며, 입자 운동은 그림 12-2에 나타낸 것처럼 된다. 분자 속의 원자도 보통 이러한 운동을 하고 있다. 이 예에서 $\kappa = \kappa_{12}$로 가정했다.

식 (12.72)와 식 (12.73)을 이용하여 고유벡터(식 (12.59))

$$\left.\begin{aligned} \omega_1: \quad \mathbf{a}_1 &= a_{11}\mathbf{e}_1 + a_{21}\mathbf{e}_2 \\ \omega_2: \quad \mathbf{a}_2 &= a_{12}\mathbf{e}_1 + a_{22}\mathbf{e}_2 \end{aligned}\right\} \tag{12.78}$$

표 12-1 표준진동 양식의 운동

표준진동 양식	고유진동수	입자 진동	입자 속도
1	$\omega_1 = \sqrt{\dfrac{3\kappa}{M}}$	역위상	같음. 그러나 반대 방향
2	$\omega_2 = \sqrt{\dfrac{\kappa}{M}}$	같은 위상	같음

의 성분을 결정할 수 있다. 따라서

$$\left.\begin{aligned} \mathbf{a}_1 &= a_{11}(\mathbf{e}_1 - \mathbf{e}_2) \\ \mathbf{a}_2 &= a_{22}(\mathbf{e}_1 + \mathbf{e}_2) \end{aligned}\right\} \tag{12.79}$$

통상적으로 필요가 없겠지만 식 (12.58)의 직교조건으로부터 a_{11}과 a_{22} 값을 계산할 수 있으며, 그 결과는 다음과 같다.

$$\left.\begin{aligned} a_{11} &= -a_{21} = \frac{1}{\sqrt{2M}} \\ a_{12} &= a_{22} = \frac{1}{\sqrt{2M}} \end{aligned}\right\} \tag{12.80}$$

이 예에서 초기 조건이 주어지지 않았기 때문에 스칼라 인자 β_r을 결정할 필요도 없거니와 완전한 해를 쓸 필요도 없었다.

예제 12.4

그림 12-5처럼 같은 길이 b, 같은 질량 m인 두 개의 진자가 힘 상수 κ인 용수철로 연결되어 있을 때 고유진동수를 결정하고, 표준진동 양식의 운동을 기술하라. 용수철은 평형 상태에서 늘어나지 않는다.

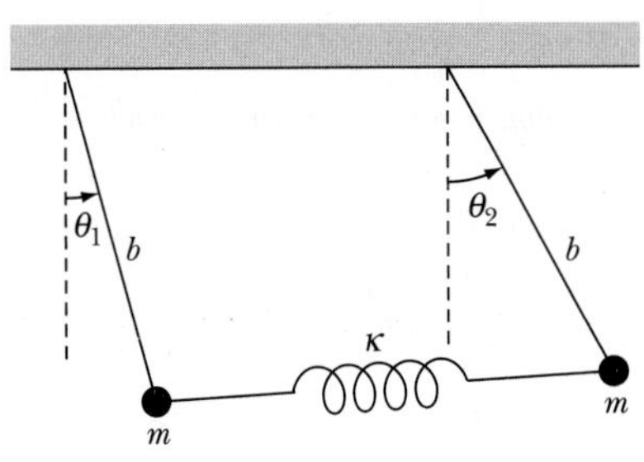

그림 12-5 예제 12.4. 같은 길이와 같은 질량인 두 개의 진자가 용수철로 연결되어 있다.

풀이

일반화 좌표로서 θ_1, θ_2를 택한다(그림 12-5). 위치 에너지를 평형 상태에 있는 위치에서 0으로 택한다면 운동 에너지와 위치 에너지는 작은 각도에서 다음과 같이 주어진다.

$$T = \frac{1}{2}m(b\dot{\theta}_1)^2 + \frac{1}{2}m(b\dot{\theta}_2)^2 \tag{12.81}$$

$$U = mgb(1 - \cos\theta_1) + mgb(1 - \cos\theta_2) + \frac{1}{2}\kappa(b\sin\theta_1 - b\sin\theta_2)^2 \tag{12.82}$$

미소 진동 $\sin\theta \approx \theta, \cos\theta \approx 1 - \theta^2/2$를 가정한다면

$$U = \frac{mgb}{2}(\theta_1^2 + \theta_2^2) + \frac{\kappa b^2}{2}(\theta_1 - \theta_2)^2 \tag{12.83}$$

으로 쓸 수 있다. {**A**}와 {**m**}의 성분은

$$\{\mathbf{m}\} = \begin{Bmatrix} mb^2 & 0 \\ 0 & mb^2 \end{Bmatrix} \tag{12.84}$$

$$\{\mathbf{A}\} = \begin{Bmatrix} mgb + \kappa b^2 & -\kappa b^2 \\ -\kappa b^2 & mgb + \kappa b^2 \end{Bmatrix} \tag{12.85}$$

이고, 고유진동수 ω를 결정하는 행렬식은 다음과 같다.

$$\begin{vmatrix} mgb + \kappa b^2 - \omega^2 mb^2 & -\kappa b^2 \\ -\kappa b^2 & mgb + \kappa b^2 - \omega^2 mb^2 \end{vmatrix} = 0 \tag{12.86}$$

이 식으로부터

$$b^2(mg + \kappa b - \omega^2 mb)^2 - (\kappa b^2)^2 = 0$$
$$(mg + \kappa b - \omega^2 mb)^2 = (\kappa b)^2$$

또는

$$mg + \kappa b - \omega^2 mb = \pm\kappa b \tag{12.87}$$

를 얻는다. 양부호를 택하면 $\omega = \omega_1$으로 놓고

$$mg + \kappa b - \omega_1^2 mb = \kappa b$$
$$\omega_1^2 = \frac{g}{b} \tag{12.88}$$

식 (12.87)에서 음부호를 택하면 $\omega = \omega_2$로 놓고

$$mg + \kappa b - \omega_2^2 mb = -\kappa b$$

$$\omega_2^2 = \frac{g}{b} + \frac{2\kappa}{m} \tag{12.89}$$

를 얻게 된다. ω_1, ω_2의 값을 식 (12.40)에 대입하면 $k = 1$일 때

$$(mgb + \kappa b^2 - \omega_r^2 mb^2)\,a_{1r} - \kappa b^2 a_{2r} = 0 \tag{12.90}$$

으로 쓸 수 있다. 만약 $r = 1$이면

$$\left(mgb + \kappa b^2 - \frac{g}{b}mb^2\right)a_{11} - \kappa b^2 a_{21} = 0$$

그리고

$$a_{11} = a_{21} \tag{12.91}$$

이고, $r = 2$이면

$$\left(mgb + \kappa b^2 - \frac{g}{b}mb^2 - \frac{2\kappa}{m}mb^2\right)a_{12} - \kappa b^2 a_{22} = 0$$

그리고

$$a_{12} = -a_{22} \tag{12.92}$$

가 된다. 좌표 θ_1, θ_2를 표준좌표로 다음과 같이 쓰고

$$\left.\begin{aligned}\theta_1 &= a_{11}\eta_1 + a_{12}\eta_2\\ \theta_2 &= a_{21}\eta_1 + a_{22}\eta_2\end{aligned}\right\} \tag{12.93}$$

식 (12.91)과 식 (12.92)를 이용하면 식 (12.93)은

$$\left.\begin{aligned}\theta_1 &= a_{11}\eta_1 - a_{22}\eta_2\\ \theta_2 &= a_{11}\eta_1 + a_{22}\eta_2\end{aligned}\right\} \tag{12.94}$$

로 표현된다. θ_1, θ_2를 합하든가 뺌으로써 표준진동 양식을 쉽게 결정할 수 있다. 즉,

$$\left.\begin{aligned}\eta_1 &= \frac{1}{2a_{11}}(\theta_1 + \theta_2)\\ \eta_2 &= \frac{1}{2a_{22}}(\theta_2 - \theta_1)\end{aligned}\right\} \tag{12.95}$$

표준좌표 η_1은 $\eta_2 = 0$일 때 생기므로 표준진동 1(대칭적)에 대해 $\theta_2 = \theta_1$이 된다. 마찬가지로, 표준좌표 η_2

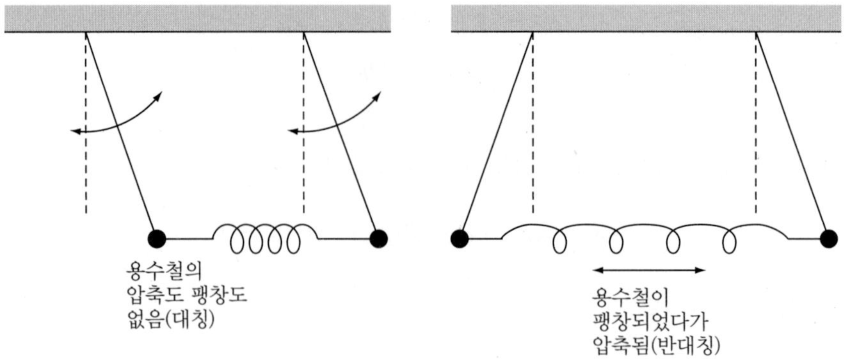

그림 12-6 예제 12.4. 두 개의 표준진동 양식

는 $\eta_1 = 0(\theta_1 = -\theta_2)$일 때 일어나고 표준진동 2는 반대칭적이다. 이 운동은 그림 12-6에 나타내었다. 표준진동 1의 경우 용수철은 압축도 팽창도 되지 않았음을 유의하라. 두 개의 진자는 그 기본 진동수($\omega_1 = \omega_0 = \sqrt{g/b}$)와 같은 진동수로 진동할 뿐이며, 실험실이나 강의실에서 쉽게 재현할 수 있다. 표준진동 2의 높은 진동수는 뻣뻣한 용수철로 쉽게 보여줄 수 있다.

12.7 분자진동

이 장에서 논의되는 작은 진동의 응용으로서 분자진동이 좋은 예란 것은 전에 언급한 바가 있다. n개의 원자로 구성된 분자는 일반적으로 $3n$개의 자유도를 갖고 있다. 그중 세 개는 병진 운동을 기술하는 데 필요하고 또 다른 세 개는 일반적으로 회전을 기술하는 데 필요하다. 따라서 $3n - 6$개의 자유도가 있게 된다. 공통선상에 있는 원자들로 구성된 분자의 경우 원자를 관통하는 축을 중심으로 하는 회전은 의미가 없으므로 두 개의 회전 자유도만이 존재한다. 이 경우 진동에 관계된 $3n - 5$개의 자유도가 있다.

여기서 한 평면 내에서 일어나는 진동만을 고려해보자. 적절한 변환을 하는 것과 좌표계를 잘 선택함으로써 병진과 회전의 자유도를 제거한다. 평면 내의 운동에는 $2n$개의 자유도가 있는데 두 개는 병진이며 또 하나는 회전이므로 일반적으로 $2n - 3$개의 표준진동이 평면 내에서 일어난다($(3n - 6) - (2n - 3) = n - 3$개의 자유도는 평면 외에서의 원자진동에 해당한다).

선형 분자는 가로 진동과 세로 진동 양쪽을 할 수 있는데 세로의 진동은 원자축에 따라 일어난다. n개 원자의 경우 그 축 쪽으로 n개의 자유도가 있으나 그중 한 개는 병진에 해당된다. 따라서 선형 분자의 n개 원자에는 세로 방향으로 $n - 1$개의 진동이 가능하다. 만약 선형 분자에 총 $3n - 5$개의 진동 자유도가 존재한다면, 원자축에 수직 방향으로 원자를 진동시키는 $(3n - 5) - (n - 1) = 2n - 4$개의 가로 진동이 있어야 할 것이다. 그러나 대칭성 때문에 서로 직교 방향은 같으므로 실제로는 가로 진동의 반, 즉 $n - 2$개만이 유효하다.

예제 12.5

CO_2와 비슷한 세 개의 원자로 구성된 대칭 선형 분자(그림 12-7)의 고유진동을 결정하고 표준 양식 운동을 기술하라. 중앙에 있는 원자(탄소)의 질량은 M이며, 대칭의 원자(산소)는 질량이 m이다. 둘 다 가로 진동과 세로 진동을 한다.

풀이

세 개의 원자에 대해 앞에서 분석한 바에 의하면, 만약 병진과 회전 자유도가 제거된다면 두 개의 가로 진동 자유도와 한 개의 세로 진동 자유도를 갖는다.

세로 진동과 가로 진동은 서로 독립적이므로 따로따로 풀 수 있다. 그림 12-7b에서 평형점으로부터 원자의 변위를 x_1, x_2, x_3로 표시하고 원자 간의 탄성력이 용수철 상수가 κ_1인 용수철로 되어 있다고 하자. 세 개의 가로 변수가 있으나 자유도는 두 개뿐이다. 진동하고 있는 동안 질량중심은 정지되어 있게 함으로써 병진 운동의 자유도를 제거해야 할 것이다. 이것은

$$m(x_1 + x_3) + M(x_2) = 0 \tag{12.96}$$

이면 가능하다. 따라서 변수 x_2를 제거할 수 있다. 즉,

$$x_2 = -\frac{m}{M}(x_1 + x_3) \tag{12.97}$$

운동 에너지는

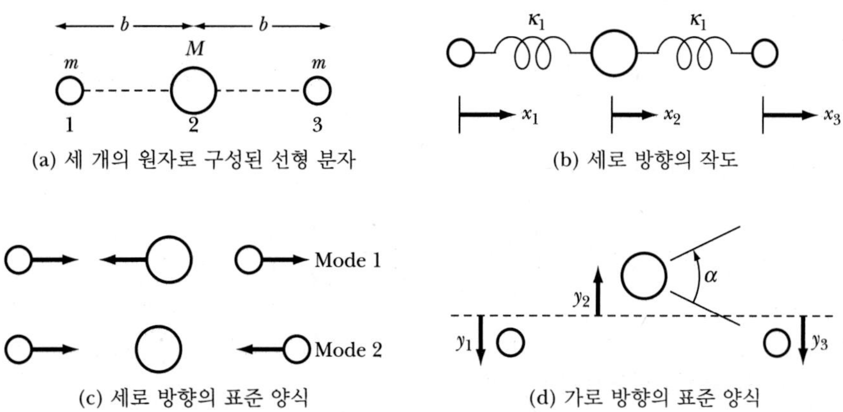

그림 12-7 예제 12.5. (a) 세 개의 원자로 구성된 선형 분자(예를 들면, 중앙에 있는 원자의 질량이 M이며 대칭인 원자의 질량이 m인 CO_2), (b) 원자 사이의 탄성력을 용수철로 나타내고 평형점으로부터 원자의 변위를 x_1, x_2, x_3로 표시한다. (c) 두 개의 세로 방향 표준 양식, (d) 가로 방향의 표준 양식

$$T = \frac{1}{2}m\dot{x}_1^2 + \frac{1}{2}m\dot{x}_3^2 + \frac{1}{2}M\dot{x}_2^2$$
$$= \frac{1}{2}m\dot{x}_1^2 + \frac{1}{2}m\dot{x}_3^2 + \frac{1}{2}\frac{m^2}{M}(\dot{x}_3^2 + \dot{x}_1^2 + 2\dot{x}_3\dot{x}_1) \tag{12.98}$$

으로 주어진다. 식 (12.42)를 고유진동수에 관해 풀 때 운동 에너지 속에 $\dot{x}_3\dot{x}_1$ 항(동역학적 결합(dynamic coupling)이라고 말한다)이 있으면 불편하기 때문에 이를 제거하는 변환을 실행한다.

$$\left.\begin{aligned} q_1 &= x_3 + x_1 \\ q_2 &= x_3 - x_1 \end{aligned}\right\} \tag{12.99a}$$

라 놓으면

$$\left.\begin{aligned} x_3 &= \frac{1}{2}(q_1 + q_2) \\ x_1 &= \frac{1}{2}(q_1 - q_2) \\ x_2 &= -\frac{m}{M}q_1 \end{aligned}\right\} \tag{12.99b}$$

을 얻게 되고, 운동 에너지(식 (12.98))는

$$T = \frac{m}{4}\dot{q}_2^2 + \frac{(mM + 2m^2)}{4M}\dot{q}_1^2 \tag{12.100}$$

이 된다. 위치 에너지는

$$U = \frac{1}{2}\kappa_1(x_2 - x_1)^2 + \frac{1}{2}\kappa_1(x_3 - x_2)^2 \tag{12.101}$$

이며, 식 (12.99)에 의해 변환시키고 많은 것을 소거한 끝에

$$U = \left(\frac{2m + M}{2M}\right)^2 \kappa_1 q_1^2 + \frac{1}{4}\kappa_1 q_2^2 \tag{12.102}$$

을 얻을 수 있다.

고유진동수는 식 (12.42)를 사용하여 구할 수 있다. 즉,

$$\begin{vmatrix} \frac{1}{2}\left(\frac{2m + M}{M}\right)^2\kappa_1 - \omega^2\left(\frac{mM + 2m^2}{2M}\right) & 0 \\ 0 & \frac{\kappa_1}{2} - \omega^2\frac{m}{2} \end{vmatrix} = 0 \tag{12.103}$$

으로부터

$$\left.\begin{aligned} \omega_1^2 &= \frac{(2m + M)}{mM}\kappa_1 \\ \omega_2^2 &= \frac{\kappa_1}{m} \end{aligned}\right\} \tag{12.104}$$

을 얻는다. 식 (12.40)의 계수가 나타낸 텐서는 이미 대각선이므로 변수 q_1과 q_2는 (규격화되어 있지 않은) 표준좌표를 나타낸다. 즉,

$$\left.\begin{aligned} q_1 &= a_{11}\eta_1 + a_{12}\eta_2 \\ q_2 &= a_{21}\eta_1 + a_{22}\eta_2 \end{aligned}\right\} \tag{12.105}$$

그러나 결국 다음과 같이 주어진다.

$$\begin{aligned} a_{12} &= 0 \quad \text{그리고} \quad a_{21} = 0 \\ q_1 &= a_{11}\eta_1 \\ q_2 &= a_{22}\eta_2 \end{aligned}$$

통상적으로 하는 것과 마찬가지로 다른 모드가 0일 때 하나의 표준 양식 운동을 결정한다. 가로 방향의 표준 양식 운동에 대해서는 표 12-2에 기술되어 있다. 표준 양식 1은 끝부분의 원자가 대칭 운동을 하고 중앙 원자는 (식 (12.97)로부터) x_1, x_3와 반대로 움직인다. 표준 양식 2에서는 끝에 있는 원자가 반대칭적으로 진동하며 중앙 원자는 정지하고 있다. 이 운동은 그림 12-7c에 나타나 있다.

회전이 우리 계에서 제거되었기 때문에 세로 진동은 그림 12-7d에 나타낸 것처럼 끝부분의 원자는 y_2와 반대 방향으로 서로 같은 위상($y_1 = y_3$)을 갖고 움직인다. 식 (12.97)과 유사한 방정식에 의해 y_2는 질량중심을 일정하게 유지할 수 있도록 y_1, y_3와 관계를 맺는다. 즉,

$$m(y_1 + y_3) + M(y_2) = 0 \tag{12.106}$$

표 12-2 가로 표준 양식 운동

표준진동 양식	고유진동수	변수	운동
1	$\sqrt{\frac{(2m + M)}{mM}\kappa_1}$	$q_1 = x_3 + x_1$	$x_3 = x_1 \quad (q_2 = 0)$ $x_2 = -\frac{2m}{M}x_1$
2	$\sqrt{\frac{\kappa_1}{m}}$	$q_2 = x_3 - x_1$	$x_3 = -x_1 \quad (q_1 = 0)$ $x_2 = 0$

$$y_2 = -\frac{m}{M}(y_1 + y_3) \tag{12.107}$$

원자축의 구부러짐을 나타내는 각 α로 세로 진동에 대한 유일한 자유도를 표시하자. 즉,

$$\alpha = \frac{(y_1 - y_2) + (y_3 - y_2)}{b}$$

세로 진동에 대한 운동 에너지는

$$T = \frac{1}{2}m(\dot{y}_1^2 + \dot{y}_3^2) + \frac{1}{2}M\dot{y}_2^2$$

이며, $y_1 = y_3$와 식 (12.107)을 이용하면 α와 T는 다음과 같이 주어진다.

$$\alpha = \frac{2y_1}{bM}(2m + M) \tag{12.108}$$

$$T = \frac{m}{M}(M + 2m)\dot{y}_1^2$$

$$T = \frac{mMb^2}{4(2m + M)}\dot{\alpha}^2 \tag{12.109}$$

위치 에너지를 원자축의 구부러짐으로 나타낸다. 복귀력이 직선으로부터 벗어난 양($b\alpha$)에 비례한다고 가정하면 위치 에너지는

$$U = \frac{1}{2}\kappa_2(b\alpha)^2 \tag{12.110}$$

으로 주어진다. 식 (12.109)와 식 (12.110)은 진동수가

$$\omega_3^2 = \frac{2(M + 2m)}{mM}\kappa_2 \tag{12.111}$$

인 질량 용수철의 수식과 유사하다. 세로 표준 양식은 이미 논의했고, 그림 12.7d에 나타낸 바와 같이

$$y_1 = y_3 \tag{12.112}$$

$$y_2 = -\frac{m}{M}(y_1 + y_3) \tag{12.113}$$

로 주어진다.

CO_2 분자는 지금 논의한 대칭 선형 분자의 한 예이다. 분자의 전기적 중심이 질량중심(m: O^-, M: C^{++})으로부터 벗어나고 있기 때문에 제1 및 제3의 표준 양식에 기인하는 복사가 관측된다. 그러나 표준 양식 2에 의한 복사는 나타나지 않는다. 왜냐하면 전기적 중심은 질량중심과 일치하며, 따라서 계가 쌍극자 모멘

트를 갖고 있지 않기 때문이다.[13)]

12.8 직선상에 연결된 세 평면 인자: 축퇴의 한 예

예제 12.6

똑같은 진자 세 개가 약간 굽힐 수 있는 받침대에 매달려 있다. 받침대가 탄탄하지 않기 때문에 진자 간에 상호작용이 일어나고, 에너지가 한 진자로부터 다른 진자로 전달될 수 있다. 고유진동수와 고유벡터를 구하고 표준 양식 운동을 기술하라. 그림 12-8에 상황이 기하학적으로 표시되어 있다.

풀이

기호를 간단히 하기 위해 자연 단위(natural unit)라고 불리는 단위계를 사용한다. 이는 모든 길이는 진자의 길이 l을 단위로 재고, 질량은 진자의 질량 M을 단위로, 또한 가속도는 g를 단위로 표시한다. 따라서 방정식에서 M, l, g 값은 수치적으로 1이 된다. 만약 두 진자 사이의 상호작용이 각각 같다고 하면

$$\left.\begin{aligned} T &= \frac{1}{2}(\dot{\theta}_1^2 + \dot{\theta}_2^2 + \dot{\theta}_3^2) \\ U &= \frac{1}{2}(\theta_1^2 + \theta_2^2 + \theta_3^2 - 2\varepsilon\theta_1\theta_2 - 2\varepsilon\theta_1\theta_3 - 2\varepsilon\theta_2\theta_3) \end{aligned}\right\} \tag{12.114}$$

를 얻는다. 이래서 텐서 $\{\mathbf{m}\}$은 대각형이 되고

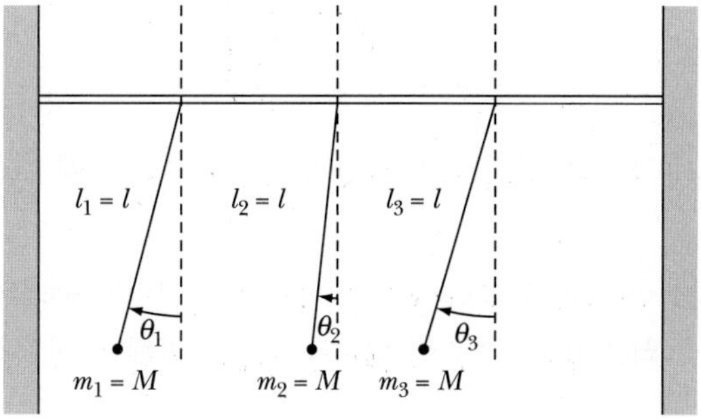

그림 12-8 예제 12.6. 똑같은 진자 세 개가 약간 휘어지는 받침대에 매달려 있다. 그 받침대에서는 진자 사이에 에너지가 전달될 수 있다. 그러한 실험은 설치하여 설명하기 쉽다.

13) 다원의 분자에 관한 흥미로운 논의는 다음을 참조하라. D. M. Dennison, *Rev. Mod. Phys.* **3**, 280(1931).

$$\{\mathbf{m}\} = \begin{Bmatrix} 1 & 0 & 0 \\ 0 & 1 & 0 \\ 0 & 0 & 1 \end{Bmatrix} \tag{12.115}$$

로 쓰나, $\{\mathbf{A}\}$는

$$\{\mathbf{A}\} = \begin{Bmatrix} 1 & -\varepsilon & -\varepsilon \\ -\varepsilon & 1 & -\varepsilon \\ -\varepsilon & -\varepsilon & 1 \end{Bmatrix} \tag{12.116}$$

의 형태가 된다.

영년 방정식은

$$\begin{vmatrix} 1-\omega^2 & -\varepsilon & -\varepsilon \\ -\varepsilon & 1-\omega^2 & -\varepsilon \\ -\varepsilon & -\varepsilon & 1-\omega^2 \end{vmatrix} = 0 \tag{12.117}$$

이 되고, 이를 전개하면

$$(1-\omega^2)^3 - 2\varepsilon^3 - 3\varepsilon^2(1-\omega^2) = 0$$

을 얻으나, 이것은

$$(\omega^2 - 1 - \varepsilon)^2(\omega^2 - 1 + 2\varepsilon) = 0$$

과 같이 인수분해가 되므로, 근은

$$\left.\begin{aligned} \omega_1 &= \sqrt{1+\varepsilon} \\ \omega_2 &= \sqrt{1+\varepsilon} \\ \omega_3 &= \sqrt{1-2\varepsilon} \end{aligned}\right\} \tag{12.118}$$

이 되어, 2중근 $\omega_1 = \omega_2 = \sqrt{1+\varepsilon}$이 나타난다. 따라서 이들의 진동수에 대응하는 표준진동은 축퇴되고, 이들은 구별할 수 없다.

다음에 a_{j3}로 시작하여 a_{jr}을 구한다. 운동 방정식은 비율만 결정하기 때문에 세 개의 유효한 식 중에서 두 개만을 쓰면 되는(또 하나의 식은 자동적으로 만족된다) 것에 주의해서, 방정식

$$\sum_j (A_{jk} - \omega_3^2 m_{jk})\, a_{j3} = 0$$

에서

$$\left.\begin{aligned} 2\varepsilon a_{13} - \varepsilon a_{23} - \varepsilon a_{33} &= 0 \\ -\varepsilon a_{13} + 2\varepsilon a_{23} - \varepsilon a_{33} &= 0 \end{aligned}\right\} \tag{12.119}$$

을 끌어낸다. 그러면 식 (12.119)에서

$$a_{13} = a_{23} = a_{33} \tag{12.120}$$

이 구해지고, 규격화 조건으로부터

$$a_{13}^2 + a_{23}^2 + a_{33}^2 = 1$$

이 되므로, 결국

$$a_{13} = a_{23} = a_{33} = \frac{1}{\sqrt{3}} \tag{12.121}$$

을 얻는다.

이와 같이 $r = 3$인 경우는 고유벡터 $\mathbf{a}_3$의 성분을 구할 때 문제가 없음을 알 수 있다(이것은 일반 법칙이어서, 축퇴되고 있지 않은 표준 양식에 대한 고유벡터의 성분을 구하는 경우에는 부정성이 나타나지 않는다). 그러나 $\mathbf{a}_3$의 성분은 모두 같으므로, 이는 세 개의 진자가 전부 같은 위상에서 진동하는 표준 양식에 대응한다.

다음에 a_{j1}과 a_{j2}를 구한다. 그 경우에 6개의 운동 방정식(j에는 세 개의 값, r에는 두 개의 값을 취할 수 있다)으로부터, 두 개만이 다른 관계

$$\varepsilon(a_{11} + a_{21} + a_{31}) = 0 \tag*{*(12.122)}$$

$$\varepsilon(a_{12} + a_{22} + a_{32}) = 0 \tag*{*(12.123)}$$

을 얻으나, 직교조건

$$\sum_{j,k} m_{jk} a_{jr} a_{ks} = 0, \qquad r \neq s$$

에 $m_{jk} = \delta_{jk}$를 쓰면

$$\sum_j a_{jr} a_{js} = 0, \qquad r \neq s \tag{12.124}$$

가 되므로, 이로부터 단 한 개의 새로운 방정식이 구해진다.

$$a_{11}a_{12} + a_{21}a_{22} + a_{31}a_{32} = 0 \tag*{*(12.125)}$$

(가능한 다른 두 식은 식 (12.122) 및 식 (12.123)과 같아진다.) 그래서 최후에 규격화의 조건에서

$$a_{11}^2 + a_{21}^2 + a_{31}^2 = 1 \tag*{*(12.126)}$$

$$a_{12}^2 + a_{22}^2 + a_{32}^2 = 1 \tag*{*(12.127)}$$

을 얻는다.

이와 같이 6개의 미지수 a_{j1}, a_{j2}에 대해 모두 5개의 (*를 붙인) 식을 얻으며, 2중근에 대응하는 고유벡터의 이와 같은 부정성은 대칭축을 갖는 강체의 주축을 구할 때 나타나는 부정성과 완전히 같은 것이다. 그 경우는 세 개의 축이 직교하는 한, 등가인 두 개의 주축은 어떤 방향을 취해도 좋았다. 따라서 이번의 경우도 직교성과 규격화의 관계가 만족하기만 하면, 고유벡터 $\mathbf{a}_1$ 및 $\mathbf{a}_2$는 임의로 지정할 수가 있다. 더욱이 여기서 다루고 있는 것과 같은 간단한 계의 경우에 이들의 벡터를 지정하는 일은 어렵지 않으나, 여기서는 그 일반 법칙을 주지 않을 것이다.

임의로 $a_{31} = 0$으로 취하면 이 부정성이 없어져서

$$\mathbf{a}_1 = \frac{1}{\sqrt{2}}(1, -1, 0), \quad \mathbf{a}_2 = \frac{1}{\sqrt{6}}(1, 1, -2) \tag{12.128}$$

를 얻으며, 이들을 쓰면 위의 * 표시를 붙인 식은 모두 만족되고 있음을 간단히 알게 된다.

여기서 축퇴되고 있지 않은 양식은 3개의 진자가 모두 같은 위상으로 진동하는 경우에 대응함을 상기하라.

$$\mathbf{a}_3 = \frac{1}{\sqrt{3}}(1, 1, 1) \tag{12.129}$$

또한 축퇴된 양식은 어떤 것도 역위상 진동에 대응한다는 사실도 안다. 예를 들면 식 (12.128)의 $\mathbf{a}_2$는 3개의 진자 중에서도 2개가 어떤 진폭과 일치해서 진동하고 제3의 진자는 2배의 진폭으로 역위상 진동을 하는 것을 나타내고, 마찬가지로 식 (12.128)의 $\mathbf{a}_1$은 하나의 진자가 멈추어 있고 다른 2개가 역위상으로 진동함을 나타내고 있다. 또한 위에서 구한 고유벡터 $\mathbf{a}_1$, $\mathbf{a}_2$는 이 문제의 조건을 만족하는 무수한 조 가운데서 한 조에 지나지 않음에 주의해야 하는데, 그와 같은 고유벡터가 모두 어떤 종류의 역위상 진동을 나타내고 있음은 확실하다(이 예제의 더욱 상세한 부분은 연습문제 12-19, 12-20에서 살펴본다).

12.9 하중이 걸린 현[14)]

여기서는 많은 수의 동일한 입자가 탄력성이 있는 현(弦, 또는 용수철) 위에 일정한 간격으로 배치된 것과 같은 아주 복잡한 계를 생각한다. 여기서 현의 양 끝은 움직이지 않도록 구속되어 있다. 지금 n개의 각 입자의 질량을 m이라 하고, 또한 평형 상태에서의 입자 간격을 d라 하면, 현의 길이는 $L = (n + 1)d$로 나타

14) 하중이 걸린 현(혹은 1차원 결정)에 관한 문제를 최초로 연구한 사람은 뉴턴이다(『Principia』에 기술되어 있음. 1687년). 이 연구는 1727년부터 요한 베르누이(Johann Bernoulli)와 그 아들 다니엘(Daniel)에 의해 계속되었고 1753년에 중첩 원리의 최후의 공식에서 극에 달했다. (입자와 구별되는) 이때부터 물리계를 이론적으로 다루기 시작했다.

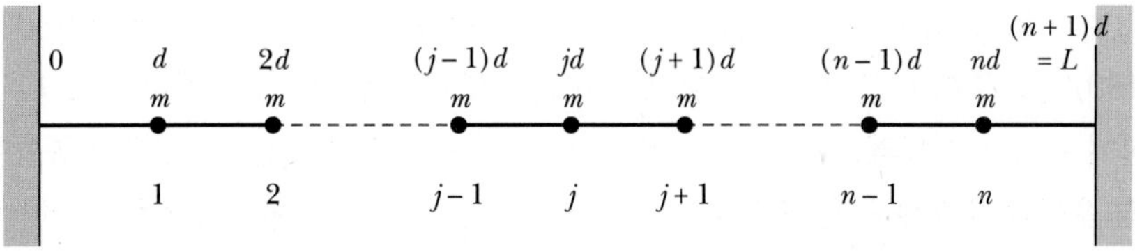

그림 12-9 하중이 걸린 줄의 개략도. 평형 상태에서 동일한 질량이 일정한 간격으로 배치되어 있다. 줄의 끝은 고정되어 있다.

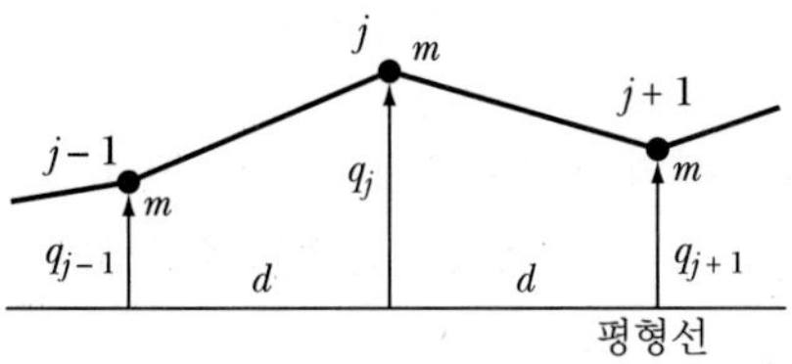

그림 12-10 하중이 걸린 줄 위에 있는 질점의 수직 방향 변위(q_{j-1}, q_j, q_{j+1})

낸다. 평형 상태에서의 그 모양을 그림 12-9에 나타냈다.

여기서는 평형위치 부근에서의 입자의 작은 횡방향 진동을 취급하자. 그러기 위해서 먼저 그림 12-10과 같이 $j-1$, j, $j+1$번호가 붙은 질점의 수직 방향 변위를 생각하자. 그 경우에 만일 변위 q_{j-1}, q_j, q_{j+1}이 작으면 현의 장력 τ는 근사적으로 일정하고, 평형 상태에서의 그 값과 같다. 작은 변위의 경우, 어느 두 입자 사이의 현은 평형선과 작은 각을 이룬다. 이 각의 sin을 tan로 근사하면 j번째 입자를 평형위치로 되돌리는 힘은 다음과 같다.

$$F_j = -\frac{\tau}{d}(q_j - q_{j-1}) - \frac{\tau}{d}(q_j - q_{j+1}) \tag{12.130}$$

뉴턴 법칙에 따라 힘 F_j는 $m\ddot{q}_j$이므로 식 (12.130)은 다음과 같이 주어진다.

$$\ddot{q}_j = \frac{\tau}{md}(q_{j-1} - 2q_j + q_{j+1}) \tag{12.131}$$

이것이 j번째 입자의 운동 방정식이다. 이를 보면 j번째 입자에 작용하는 힘은 $(j-1)$번째와 $(j+1)$번째 입자의 위치와 관계가 있기 때문에 이 계는 상호작용하고 있다. 이것은 인접한 입자하고만 결합하는 **최근접 상호작용(nearest neighbor interaction)**의 한 예이다. 물론 상호작용을 최근접의 것으로만 제한할 필요는 없으나, 만일 각 입자 사이의 힘이 예를 들어 정전기력이면 각 입자는 다른 입자 전부와 결합하게 되어 그 때문에 문제가 아주 복잡해진다. 그러나 예로 정전기적인 힘이라 해도 그것은 $1/r^2$인 모양으로 거리에 관계하고 있기 때문에, 입자 간격 이상으로 떨어진 입자와의 상호작용은 무시해도 지장이 없는 경우가 많고, 식 (12.130)으로 주어지는 간단한 형태의 힘이 근사적으로 올바른 것이 된다.

위에서는 현에 수직한 방향의 운동만을 생각했으므로 진동은 횡방향 진동이었으나 종방향 진동, 즉 현을 따른 방향의 운동을 생각해도 운동 방정식은 완전히 같은 모양이 된다는 사실을 간단히 알 수 있다. 그 경우는 τ/d를 현의 힘의 상수 κ로 바꿔놓으면 된다(연습문제 12-24 참조).

운동 방정식 (12.131)을 얻는 데는 뉴턴의 방정식을 썼으나, 라그랑주 방정식을 대신 써도 좋다. 즉, 위치 에너지는 $n+1$ 구간으로 분할된 부분현 각각을 늘리기 위해 행해진 일로부터 얻어진다.[15]

$$U = \frac{\tau}{2d}\sum_{j=1}^{n+1}(q_{j-1} - q_j)^2 \tag{12.132}$$

여기서 q_0 및 q_{n+1}은 현의 고정된 양 끝에서의 변위이므로 똑같이 0이다. 이 식 (12.132)에서 j번째 입자에 작용하는 힘을 얻으나, 이것은 앞의 결과(식 (12.130))와 같음을 주의하라.

$$\begin{aligned} F_j &= -\frac{\partial U}{\partial q_j} = -\frac{\tau}{2d}\frac{\partial}{\partial q_j}[(q_{j-1} - q_j)^2 + (q_j - q_{j+1})^2] \\ &= \frac{\tau}{d}(q_{j-1} - 2q_j + q_{j+1}) \end{aligned} \tag{12.133}$$

운동 에너지는 n개의 각 입자의 운동 에너지의 합으로 구한다.

$$T = \frac{1}{2}m\sum_{j=1}^{n}\dot{q}_j^2 \tag{12.134}$$

그런데 $\dot{q}_{n+1} \equiv 0$이어서 식 (12.134)의 합은 $j = n+1$까지 취해도 좋으므로, j의 영역이 위치 에너지 경우의 그것과 같아지고, 라그랑지안은

$$L = \frac{1}{2}\sum_{j=1}^{n+1}\left[m\dot{q}_j^2 - \frac{\tau}{d}(q_{j-1} - q_j)^2\right] \tag{12.135}$$

이 된다.

j번째 입자에 대한 운동 방정식은 명백히 라그랑지안 속의 q_j 또는 $\dot{q}_j$를 포함하는 항만으로 얻어지는 것이므로, 먼저 L 속의 합을 전개해서

$$L = \cdots + \frac{1}{2}m\dot{q}_j^2 - \frac{1}{2}\frac{\tau}{d}(q_{j-1} - q_j)^2 - \frac{1}{2}\frac{\tau}{d}(q_j - q_{j+1})^2 - \cdots \tag{12.136}$$

15) 위치 에너지는 현의 탄력에 의한 것만을 생각한다. 즉, 각 질량의 중력(혹은 다른) 퍼텐셜 에너지는 고려하지 않는다.

라 쓴다. 여기서 q_j 또는 $\dot{q}_j$를 포함하는 항만을 썼다. 다음에 좌표 q_j에 대한 라그랑주 방정식을 쓰면

$$m\ddot{q}_j - \frac{\tau}{d}(q_{j-1} - 2q_j + q_{j+1}) = 0 \tag{12.137}$$

을 얻게 된다. 이와 같이 결과는 뉴턴의 방법을 써서 얻은 것과 같다.

여기서 우리는 이 운동 방정식을 풀기 위해 여느 때처럼

$$q_j(t) = a_j e^{i\omega t} \tag{12.138}$$

를 대입하는데, a_j는 **복소수**이다. 식 (12.137)로부터

$$-\frac{\tau}{d}a_{j-1} + \left(2\frac{\tau}{d} - m\omega^2\right)a_j - \frac{\tau}{d}a_{j+1} = 0 \tag{12.139}$$

이라는 결과가 얻어진다. 여기서 $j = 1, 2, \ldots, n$이나 현의 양 끝은 고정되어 있으므로 당연히 $a_0 = a_{n+1} = 0$이어야 한다.

그런데 식 (12.139)는 그 계수의 행렬식을 0이라 놓으면 고유진동수 ω_r에 대해 풀 수 있는 **선형 차분 방정식**(linear difference equation)이다. 따라서 그것으로부터 다음과 같은 영년 방정식을 얻는다.

$$\begin{vmatrix} \lambda & -\frac{\tau}{d} & 0 & 0 & 0 & \cdots \\ -\frac{\tau}{d} & \lambda & -\frac{\tau}{d} & 0 & 0 & \cdots \\ 0 & -\frac{\tau}{d} & \lambda & -\frac{\tau}{d} & 0 & \cdots \\ 0 & 0 & -\frac{\tau}{d} & \lambda & -\frac{\tau}{d} & \cdots \\ 0 & 0 & 0 & \cdot & \cdot & \\ \vdots & \vdots & \vdots & \vdots & \vdots & \end{vmatrix} = 0 \tag{12.140}$$

여기서

$$\lambda \equiv 2\frac{\tau}{d} - m\omega^2 \tag{12.141}$$

그런데 이 영년 방정식은 텐서 **m**이 대각형이며 텐서 **A**가 이웃한 입자만의 결합을 포함할 때 얻은 일반적인 행렬식(식 (12.42))의 특수한 경우에 해당하므로, 식 (12.140)은 대각 요소 및 그것으로부터 하나 벗어난 위치의 요소만으로 이루어져 있다.

먼저 $n = 1$인 경우(즉, 하나의 질점이 두 개의 동일한 용수철로 연결되어 있는 경우)에는 $\lambda = 0$이 되고, 이로부터

$$\omega = \sqrt{\frac{2\tau}{md}}$$

를 얻으나, 이 결과는 τ/d를 κ로 바꿔놓음으로써 종방향 진동의 경우에도 쓸 수 있다. 즉, 잘 알려진 식

$$\omega = \sqrt{\frac{2\kappa}{m}}$$

를 얻는다.

다음에 $n = 2$인 경우에는 τ/d를 κ로 바꿔 쓰면 $\lambda^2 = \kappa^2$이 되고, 이로부터

$$\omega = \sqrt{\frac{2\kappa \pm \kappa}{m}}$$

를 얻으나, 이는 12.2절에서 설명한 연결된 2질점에 대한 것과 같다(식 (12.8)).

영년 방정식은 n 값이 작은 경우에는 비교적 풀기 쉬우나, n이 커지면 해가 아주 복잡해진다. 그러나 그와 같은 경우에는 다음과 같은 방법을 쓰면 상당히 간단해진다. 우리는 먼저

$$a_j = ae^{i(j\gamma - \delta)} \tag{12.142}$$

로 놓아본다. 여기서 a는 실수이다. 그래서 그 경우엔 문제의 조건을 모두 만족시키는 γ와 위상 δ를 구하면, 이 방법은 올바른 것이 된다. 이런 형태의 a_j를 식 (12.139)에 대입하고, 위상 인자를 생략하면

$$-\frac{\tau}{d}e^{-i\gamma} + \left(2\frac{\tau}{d} - m\omega^2\right) - \frac{\tau}{d}e^{i\gamma} = 0$$

을 얻으므로, 이것을 ω^2에 대해 풀면

$$\left.\begin{aligned} \omega^2 &= \frac{2\tau}{md} - \frac{\tau}{md}(e^{i\gamma} + e^{-i\gamma}) \\ &= \frac{2\tau}{md}(1 - \cos\gamma) \\ &= \frac{4\tau}{md}\sin^2\frac{\gamma}{2} \end{aligned}\right\} \tag{12.143}$$

를 얻는다. 그런데 영년 방정식은 n차이고, 따라서 ω^2은 정확히 n개의 값을 가지므로

$$\omega_r = 2\sqrt{\frac{\tau}{md}}\sin\frac{\gamma_r}{2}, \qquad r = 1, 2, \dots, n \tag{12.144}$$

이라 쓴다.

현의 양 끝은 고정되어 있다고 하는 경계조건을 써서 γ_r 및 δ_r을 구한다. 그러기 위해서

$$a_{jr} = a_r e^{i(j\gamma_r - \delta_r)} \tag{12.145}$$

로 다시 쓴다. 또한 물리적으로 의미가 있는 것은 실수부이므로, 이것을

$$a_{jr} = a_r \cos(j\gamma_r - \delta_r) \tag{12.146}$$

로 나타낸다. 그런데 경계조건은

$$a_{0r} = a_{(n+1)r} \equiv 0 \tag{12.147}$$

이므로, $j = 0$일 때 식 (12.146)이 $a_{jr} = 0$이 되려면 δ_r이 $\pi/2$(또는 그 홀수배)여야 한다. 따라서

$$\begin{aligned} a_{jr} &= a_r \cos\left(j\gamma_r - \frac{\pi}{2}\right) \\ &= a_r \sin j\gamma_r \end{aligned} \tag{12.148}$$

이 된다. 또한 $j = n + 1$일 때는

$$a_{(n+1)r} = 0 = a_r \sin(n + 1)\gamma_r$$

이므로

$$(n + 1)\gamma_r = s\pi, \qquad s = 1, 2, \ldots$$

또는

$$\gamma_r = \frac{s\pi}{n + 1}, \qquad s = 1, 2, \ldots$$

를 얻는다. 그런데 식 (12.144)에서 아는 바와 같이 ω_r은 n개의 다른 값을 가지므로 γ_r도 당연히 n개의 다른 값을 가질 수 있다. 따라서 지표 s는 1에서 n까지 변한다. s 값과 r 값 사이에 일대일 관계가 있기 때문에 이 마지막 수식에서 s를 r로 바꿀 수 있다. 즉,

$$\gamma_r = \frac{r\pi}{n + 1}, \qquad r = 1, 2, \ldots, n \tag{12.149}$$

을 얻는다. 그러면 a_{jr}(식 (12.148))은

$$\boxed{a_{jr} = a_r \sin\left(j\frac{r\pi}{n + 1}\right)} \tag{12.150}$$

로 되므로, q_j의 일반해는(식 (12.61) 참조)

$$\begin{aligned} q_j &= \sum_r \beta'_r a_{jr} e^{i\omega_r t} \\ &= \sum_r \beta'_r a_r \sin\left(j\frac{r\pi}{n+1}\right) e^{i\omega_r t} \\ &= \sum_r \beta_r \sin\left(j\frac{r\pi}{n+1}\right) e^{i\omega_r t} \end{aligned} \tag{12.151}$$

가 된다. 여기서 $\beta_r \equiv \beta'_r a_r$로 썼다. 또한 진동수는 다음과 같다.

$$\boxed{\omega_r = 2\sqrt{\frac{\tau}{md}}\sin\left(\frac{r\pi}{2(n+1)}\right)} \tag{12.152}$$

그런데 이 식은 $n = 2$, $r = 1, 2$로 하고 τ/d를 $\kappa(= \kappa_{12})$로 바꿨을 때, 연결된 두 개의 진동자 경우에 대해 앞에서 얻은 결과(식 (12.8))와 같아짐에 주의하라.

또한 $r = 0$ 또는 $r = n + 1$을 식 (12.150)에 대입한다면, 진폭 인자 a_{jr}은 모두 동일하게 0이 됨에도 주의하라. 즉, 이 r값들은 0 **진폭의 표준진동**(null modes)인 경우에 해당한다. 더욱이 r이 $n + 2$, $n + 3$, ..., $2n + 1$인 경우 a_{jr}은 (부호가 변하고, 순서도 역이 되는 것 외에는) $r = 1, 2, ..., n$인 경우에 얻어지는 것과 같다. 또한 $r = 2n + 2$는 그 다음의 0 진폭의 표준진동에 해당된다. 따라서 실제로는 n개의 다른 표준진동만이 있고, r이 n을 넘으면 좀 더 작은 n에 대한 표준진동을 되풀이하는 것뿐이라고 결론짓게 된다($r < 0$에 대해서도 동일한 논의를 펼 수 있다). 그림 12-11에는 $n = 3$인 경우에 대해 이 결론을 보였으나 거기에는 다른 표준진동이 $r = 1, 2, 3$에 의해 지정되고, $r = 4$는 0 진폭의 표준진동에 해당한다. 이와 같은 변위의 형태는 $r = 7, 6, 5, 8$인 경우도 반복해서 나타나나, 부호는 바뀌어 있다. 그림 12-11에 점선으로 그린 곡선은 단지 여러 가지 r값에 대한 진폭 인자 a_{jr}의 사인 곡선적인 모양만을 나타내고 있고, 이들 곡선 중에서 입자($j = 1, 2, 3$)가 점하고 있는 위치에서의 값만이 의미가 있다. 따라서 $r = 5, 6, 7, 8$인 경우 사인 곡선의 '높은 진동수'는 입자 운동의 진동수와 전혀 관계가 없고, 입자 운동의 진동수는 $r = 1, 2, 3, 4$인 경우의 그것과 같다.

그런데 이 계의 표준좌표는(식 (12.62))

$$\eta_r(t) \equiv \beta_r e^{i\omega_r t} \tag{12.153}$$

로 정의되므로

$$q_j(t) = \sum_r \eta_r \sin\left(j\frac{r\pi}{n+1}\right) \tag{12.154}$$

로 쓸 수 있으나, q_j에 대한 이 식은 a_{jr}이 $\sin[j(r\pi)/(n+1)]$로 대치된 것 외에는 앞에 나온 식(식

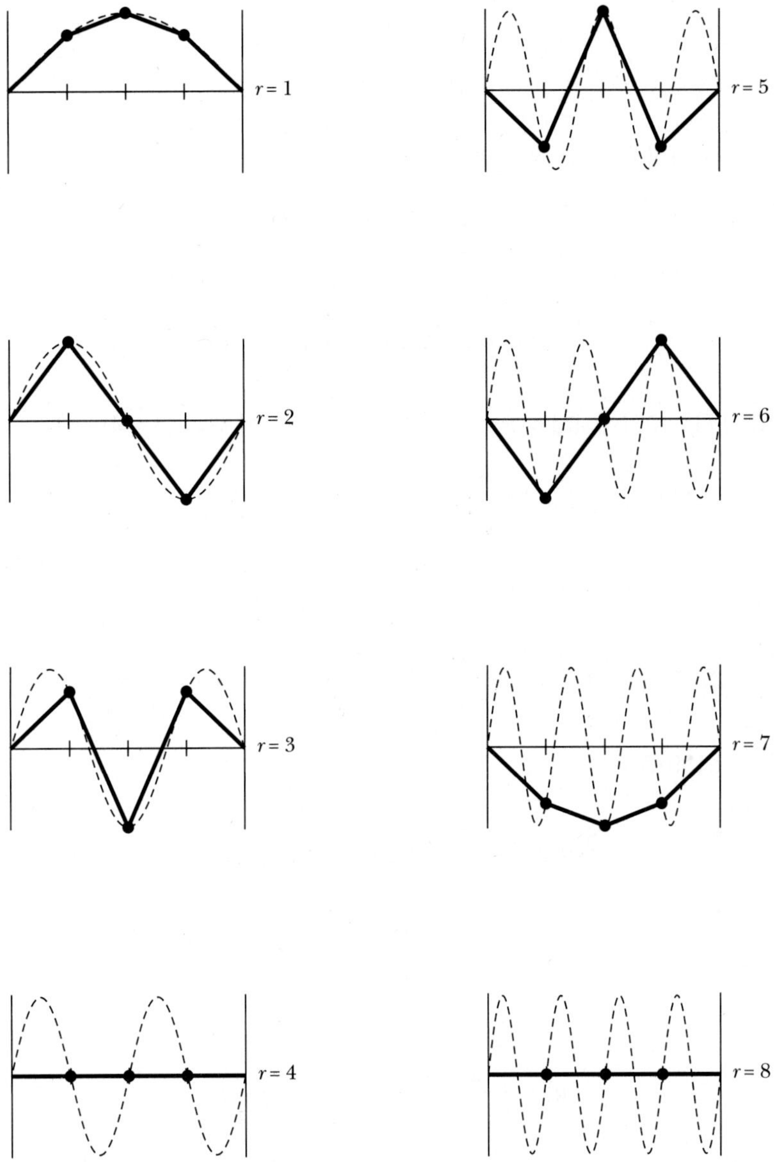

그림 12-11 n = 3인 경우에 대한 표준 양식 진동. r = 1, 2, 3은 표준 양식 진동이고 r = 4는 0 진폭인 표준진동이다. r = 7, 6, 5, 8은 각각 1, 2, 3, 4의 복사이나, 부호는 바뀌어 있다.

(12.63))과 같다.

β_r이 복소수이므로 q_j의 실수부를

$$\text{실수: } q_j(t) = \sum_r \sin\left(j\frac{r\pi}{n+1}\right)(\mu_r \cos \omega_r t - \nu_r \sin \omega_r t) \tag{12.155}$$

로 쓴다. 여기서

$$\beta_r = \mu_r + i\nu_r \tag{12.156}$$

$q_j(t)$의 초기값이 식 (12.155)로부터 얻을 수 있다. 즉,

$$q_j(0) = \sum_r \mu_r \sin\left(j\frac{r\pi}{n+1}\right) \tag{12.157}$$

$$\dot{q}_j(0) = -\sum_r \omega_r \nu_r \sin\left(j\frac{r\pi}{n+1}\right) \tag{12.158}$$

를 얻는다. 다음에 식 (12.157)에 $\sin[j(s\pi)/(n+1)]$을 곱하고 j에 대해 합을 취하면

$$\sum_j q_j(0)\sin\left(j\frac{s\pi}{n+1}\right) = \sum_{j,r} \mu_r \sin\left(j\frac{r\pi}{n+1}\right)\sin\left(j\frac{s\pi}{n+1}\right) \tag{12.159}$$

가 된다. 사인항에 대해 삼각함수의 동등식

$$\sum_{j=1}^{n} \sin\left(j\frac{r\pi}{n+1}\right)\sin\left(j\frac{s\pi}{n+1}\right) = \frac{n+1}{2}\delta_{rs}, \qquad r, s = 1, 2, \ldots, n \tag{12.160}$$

을 이용한다면 식 (12.159)로부터

$$\begin{aligned}\sum_j q_j(0)\sin\left(j\frac{s\pi}{n+1}\right) &= \sum_r \mu_r \frac{n+1}{2}\delta_{rs}\\ &= \frac{n+1}{2}\mu_s\end{aligned}$$

또는

$$\mu_s = \frac{2}{n+1}\sum_j q_j(0)\sin\left(j\frac{s\pi}{n+1}\right) \tag{12.161a}$$

를 얻는다. 또한 ν_s에 대해서도 같은 방법으로

$$\nu_s = -\frac{2}{\omega_s(n+1)}\sum_j \dot{q}_j(0)\sin\left(j\frac{s\pi}{n+1}\right) \tag{12.161b}$$

를 얻는다. 이와 같이 필요한 양은 모두 구했으므로, 하중이 걸린 현의 진동은 완전히 기술된 것이다.

지금까지 쓴 규격화 방법에서 다음과 같은 점에 주의할 필요가 있다. 먼저 식 (12.57)에서는 a_{jr}을 임의로 1로 규격화했기 때문에 a_{jr}이 계에 부과된 초기 조건과 무관한 것이 되어버렸다. 우리는 척도 인자 α_r과 β_r을 도입해서, 진동의 크기가 초기 조건의 선택에 의해 변하도록 한 것이다. 두 번째로 여기서 설명한 하

중이 걸린 현의 문제에서는 a_{jr} 대신 나타난 함수 $\sin[j(r\pi)/(n+1)]$이 삼각함수의 동등식으로 나타내는 규격화 성질(식 (12.160))을 갖고 있기 때문에, 이 경우에는 임의적인 규격화 조건을 부과할 수가 없다. 이 조건은 자동적으로 성립하고 있다. 그러나 이것은 어떠한 제한도 되지 않고, 단지 이 경우의 척도 인자 β_r이 약간 다른 형태가 될 뿐이다. 이와 같이 두 가지 경우에 대해서 다른 방법으로 편의적으로 나눌 수 있는 어떤 상수가 존재한다.

예제 12.7

현에 등간격으로 3개의 입자가 매달려 있는 계를 생각하자. $t = 0$일 때 가운데에 있는 입자만을 거리 a만큼 잡아당기고, 정지 상태에서 놓아줄 때 일어나는 운동을 기술하라.

풀이

초기 조건은 다음과 같다.

$$\left.\begin{aligned} q_2(0) = a, \quad q_1(0) = q_3(0) = 0 \\ \dot{q}_1(0) = \dot{q}_2(0) = \dot{q}_3(0) = 0 \end{aligned}\right\} \tag{12.162}$$

이미 초기 속도가 0이므로 ν_r은 0이다. μ_r 값은(식 (12.161a))

$$\begin{aligned} \mu_r &= \frac{2}{n+1}\sum_j q_j(0)\sin\left(j\frac{r\pi}{n+1}\right) \\ &= \frac{1}{2}a\sin\left(\frac{r\pi}{2}\right) \end{aligned} \tag{12.163}$$

가 된다. 왜냐하면 $j = 2$ 항만이 합에 기여하기 때문이다. 따라서

$$\mu_1 = \frac{1}{2}a, \qquad \mu_2 = 0, \qquad \mu_3 = -\frac{1}{2}a \tag{12.164}$$

$q_j(t)$에 대한 표현(식 (12.155))에 나타나는 $\sin[j(r\pi)/(n+1)]$은

$j =$ \ $r =$	1	2	3
1	$\frac{\sqrt{2}}{2}$	1	$\frac{\sqrt{2}}{2}$
2	1	0	−1
3	$\frac{\sqrt{2}}{2}$	−1	$\frac{\sqrt{2}}{2}$

(12.165)

이다. 따라서 세 입자의 변위는

$$\left.\begin{aligned} q_1(t) &= \frac{\sqrt{2}}{4}a(\cos\omega_1 t - \cos\omega_3 t) \\ q_2(t) &= \frac{1}{2}a(\cos\omega_1 t + \cos\omega_3 t) \\ q_3(t) &= \frac{\sqrt{2}}{4}a(\cos\omega_1 t - \cos\omega_3 t) = q_1(t) \end{aligned}\right\} \tag{12.166}$$

같이 얻어지며, 고유진동수는 식 (12.152)에 따라 주어진다. 즉,

$$\omega_r = 2\sqrt{\frac{\tau}{md}}\sin\left(\frac{r\pi}{8}\right), \qquad r = 1, 2, 3 \tag{12.167}$$

가운데 입자는 처음에 변위되었으므로 진동 양식은 일어나지 않고 정지되어 있다. 즉, 진동수 ω_2인 양식 2는 없다(그림 12-11 참조).

연습문제

12-1. Reconsider the problem of two coupled oscillators discussed in Section 12.2 in the event that the three springs all have different force constants. Find the two characteristic frequencies, and compare the magnitudes with the natural frequencies of the two oscillators in the absence of coupling.

12-2. Continue Problem 12-1, and investigate the case of weak coupling: $\kappa_{12} \ll \kappa_1, \kappa_2$. Show that the phenomenon of beats occurs but that the energy-transfer process is incomplete.

12-3. Two identical harmonic oscillators (with masses M and natural frequencies ω_0) are coupled such that by adding to the system a mass m common to both oscillators the equations of motion become

$$\ddot{x}_1 + (m/M)\ddot{x}_2 + \omega_0^2 x_1 = 0$$

$$\ddot{x}_2 + (m/M)\ddot{x}_1 + \omega_0^2 x_2 = 0$$

Solve this pair of coupled equations, and obtain the frequencies of the normal modes of the system.

12-4. Refer to the problem of the two coupled oscillators discussed in Section 12.2. Show that the total energy of the system is constant. (Calculate the kinetic energy of each of the particles and the potential energy stored in each of the three springs, and sum the results.) Notice that the kinetic and potential energy terms that have κ_{12} as a coefficient depend on C_1 and ω_1 but not on C_2 or ω_2. Why is such a result to be expected?

12-5. Find the normal coordinates for the problem discussed in Section 12.2 and in Example 12.1 if the two masses are different, $m_1 \neq m_2$. You may again assume all the κ are equal.

12-6. Two identical harmonic oscillators are placed such that the two masses slide against one another, as in Figure 12-A. The frictional force provides a coupling of the motions proportional to the instantaneous relative velocity. Discuss the coupled oscillations of the system.

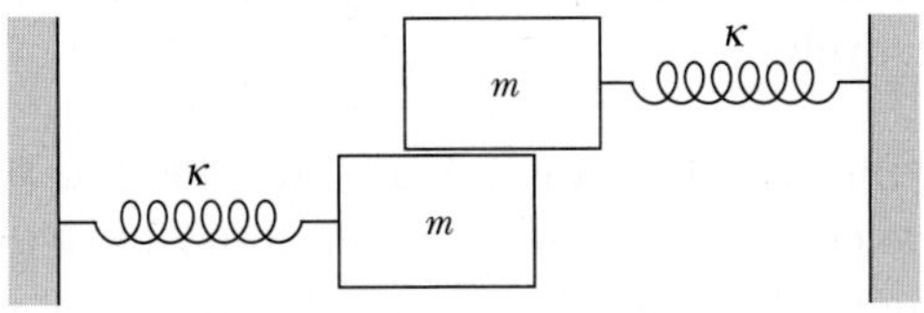

FIGURE 12-A Problem 12-6.

12-7. A particle of mass m is attached to a rigid support by a spring with force constant κ. At equilibrium, the spring hangs vertically downward. To this mass–spring combination is attached an identical oscillator, the spring of the latter being connected to the mass of the former. Calculate the characteristic frequencies for one-dimensional vertical oscillations, and compare with the frequencies when one or the other of the particles is held fixed while the other oscillates. Describe the normal modes of motion for the system.

12-8. A simple pendulum consists of a bob of mass m suspended by an inextensible (and massless) string of length l. From the bob of this pendulum is suspended a second, identical pendulum. Consider the case of small oscillations (so that $\sin\theta \cong \theta$), and calculate the characteristic frequencies. Describe also the normal modes of the system (refer to Problem 7-7).

12-9. The motion of a pair of coupled oscillators may be described by using a method similar to that used in constructing a phase diagram for a single oscillator (Section 3.4). For coupled oscillators, the two positions $x_1(t)$ and $x_2(t)$ may be represented by a point (the *system point*) in the two-dimensional *configuration space* $x_1 - x_2$. As t increases, the locus of all such points defines a certain curve. The loci of the projection of the system points onto the x_1- and x_2-axes represent the motions of m_1 and m_2, respectively. In the general case, $x_1(t)$ and $x_2(t)$ are complicated functions, and so the curve is also complicated. But it is always possible to rotate the $x_1 - x_2$ axes to a new set $x_1' - x_2'$ in such a way that the projection of the system point onto each of the new axes is *simple harmonic*. The projected motions along the new axes take place with the characteristic frequencies and correspond to the normal modes of the system. The new axes are called *normal axes*. Find the normal axes for the problem discussed in Section

12.2 and verify the preceding statements regarding the motion relative to this coordinate system.

12-10. Consider two identical, coupled oscillators (as in Figure 12-1). Let each of the oscillators be damped, and let each have the same damping parameter β. A force $F_0 \cos \omega t$ is applied to m_1. Write down the pair of coupled differential equations that describe the motion. Obtain the solution by expressing the differential equations in terms of the normal coordinates given by Equation 12.11 and by comparing these equations with Equation 3.53. Show that the normal coordinates η_1 and η_2 exhibit resonance peaks at the characteristic frequencies ω_1 and ω_2, respectively.

12-11. Consider the electrical circuit in Figure 12-B. Use the developments in Section 12.2 to find the characteristic frequencies in terms of the capacitance C, inductance L, and mutual inductance M. The Kirchhoff circuit equations are

$$L\dot{I}_1 + \frac{q_1}{C} + M\dot{I}_2 = 0$$

$$L\dot{I}_2 + \frac{q_2}{C} + M\dot{I}_1 = 0$$

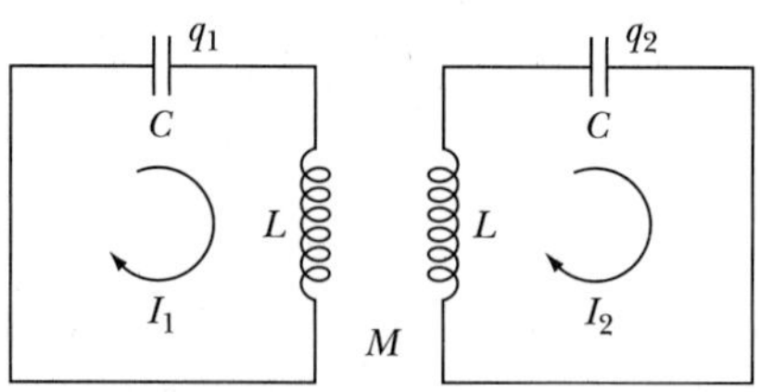

FIGURE 12-B Problem 12-11.

12-12. Show that the equations in Problem 12-11 can be put into the same form as Equation 12.1 by solving the second equation above for $\ddot{I}_2$ and substituting the result into the first equation. Similarly, substitute for $\ddot{I}_1$ in the second equation. The characteristic frequencies may then be written down immediately in analogy with Equation 12.8.

12-13. Find the characteristic frequencies of the coupled circuits of Figure 12-C.

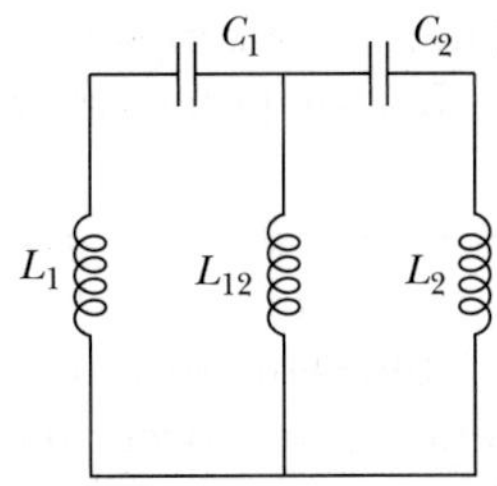

FIGURE 12-C Problem 12-13.

12-14. Discuss the normal modes of the system shown in Figure 12-D.

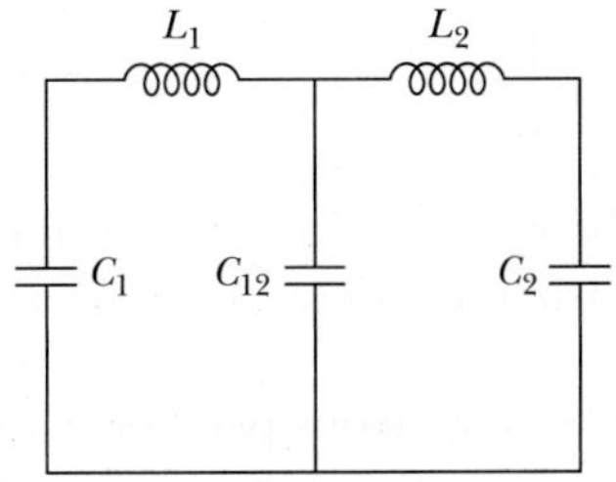

FIGURE 12-D Problem 12-14.

12-15. In Figure 12-C, replace L_{12} by a resistor and analyze the oscillations.

12-16. A thin hoop of radius R and mass M oscillates in its own plane hanging from a single fixed point. Attached to the hoop is a small mass M constrained to move (in a frictionless manner) along the hoop. Consider only small oscillations, and show that the eigenfrequencies are

$$\omega_1 = \sqrt{2}\sqrt{\frac{g}{R}}, \quad \omega_2 = \frac{\sqrt{2}}{2}\sqrt{\frac{g}{R}}$$

Find the two sets of initial conditions that allow the system to oscillate in its normal modes. Describe the physical situation for each mode.

12-17. Find the eigenfrequencies and describe the normal modes for a system such as the one discussed in Section 12.2 but with three equal masses m and four springs (all with equal force constants) with the system fixed at the ends.

12-18. A mass M moves horizontally along a smooth rail. A pendulum is hung from M with a weightless rod and mass m at its end. Find the eigenfrequencies and describe the normal modes.

12-19. In the problem of the three coupled pendula, consider the three coupling constants as distinct, so that the potential energy may be written as

$$U = \frac{1}{2}(\theta_1^2 + \theta_2^2 + \theta_3^2 - 2\varepsilon_{12}\theta_1\theta_2 - 2\varepsilon_{13}\theta_1\theta_3 - 2\varepsilon_{23}\theta_2\theta_3)$$

with ε_{12}, ε_{13}, ε_{23} all different. Show that no degeneracy occurs in such a system. Show also that degeneracy can occur *only* if $\varepsilon_{12} = \varepsilon_{13} = \varepsilon_{23}$.

12-20. Construct the possible eigenvectors for the degenerate modes in the case of the three coupled pendula by requiring $a_{11} = 2a_{21}$. Interpret this situation physically.

12-21. Three oscillators of equal mass m are coupled such that the potential energy of the system is given by

$$U = \frac{1}{2}[\kappa_1(x_1^2 + x_3^2) + \kappa_2 x_2^2 + \kappa_3(x_1x_2 + x_2x_3)]$$

where $\kappa_3 = \sqrt{2\kappa_1\kappa_2}$. Find the eigenfrequencies by solving the secular equation. What is the physical interpretation of the zero-frequency mode?

12-22. Consider a thin homogeneous plate of mass M that lies in the x_1–x_2 plane with its center at the origin. Let the length of the plate be $2A$ (in the x_2-direction) and let the width be $2B$ (in the x_1-direction). The plate is suspended from a fixed support by four springs of equal force constant κ at the four corners of the plate. The plate is free to oscillate but with the constraint that its center must remain on the x_3-axis. Thus, we have three degrees of freedom: (1) vertical motion, with the center of the plate moving along the x_3-axis; (2) a tipping motion lengthwise, with the x_1-axis serving as an axis of rotation (choose an angle θ to describe this motion); and (3) a tipping motion sidewise, with the x_2-axis serving as an axis of rotation (choose an angle ϕ to describe this motion). Assume only small oscillations and show that the secular equation has a double root, and hence that the system is degenerate. Discuss the normal modes of the system. (In evaluating the a_{jk} for the degenerate modes, arbitrarily set one of the a_{jk} equal to zero to remove the indeterminacy.) Show that the degeneracy can be removed by adding to the plate a thin bar of mass m and length $2A$ situated (at equilibrium) along the x_2-axis. Find the new eigenfrequencies for the system.

12-23. Evaluate the total energy associated with a normal mode, and show that it is constant in time. Show this explicitly for the case of Example 12.3.

12-24. Show that the equations of motion for *longitudinal* vibrations of a loaded string are of exactly the same form as the equations for transverse motion (Equation 12.131), except that the factor τ/d must be replaced by κ, the force constant of the string.

12-25. Rework the problem in Example 12.7, assuming that all three particles are displaced a distance a and released from rest.

12-26. Consider three identical pendula instead of the two shown in Figure 12-5 with a spring of constant 0.20 N/m between the center pendulum and each of the side ones. The mass bobs are 250 g, and the pendula lengths are 47 cm. Find the normal frequencies.

12-27. Consider the case of a double pendulum shown in Figure 12-E where the top pendulum has length L_1 and the bottom length is L_2, and similarly, the bob masses are m_1 and m_2. The motion is only in the plane. Find and describe the normal modes and coordinates. Assume small osillations.

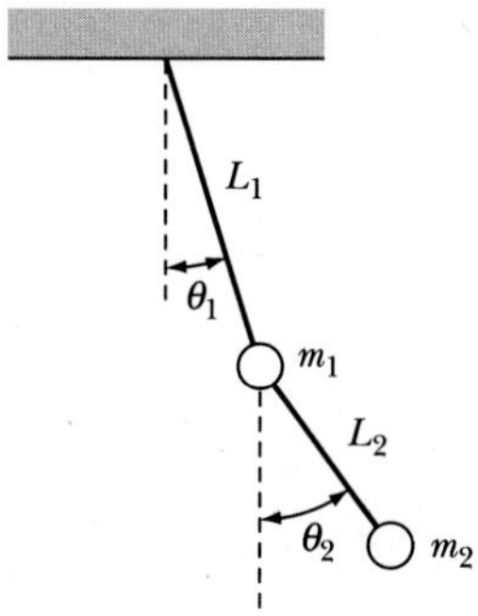

FIGURE 12-E Problem 12-27.

12-28. Find the normal modes for the coupled pendulums in Figure 12-5 when the pendulum on the left has mass bob $m_1 = 300$ g and the right has mass bob $m_2 = 500$ g. The length of both pendula is 40 cm, and the spring constant is 0.020 N/m. When the left pendulum is initially pulled back to $\theta_1 = -7°$ and released from rest when $\theta_2 = \dot{\theta}_2 = 0$, what is the maximum angle that θ_2 reaches? Use the small angle approximation.

제 13 장

연속계: 파동

13.1 서론

앞에서는 입자와 입자계, 강체에 관해 논했다. 그러나 지금부터는 강체가 아닌 물체(기체, 액체, 고체), 즉 구성 입자들이 서로 (약간) 움직이는 물체를 논하고자 한다. 이러한 물체에 관해 공부하는 것은 일반적으로 대단히 복잡하다. 그러나 이런 **연속체**는 물리학에서 대단히 중요하며, 진행파의 운동을 논할 수 있게 된다. 물체의 일부를 교란시키면 그것은 물체를 통과하는 파동에 의해 전파된다.

이러한 현상의 가장 간단한 예로서 두 개의 고정점 사이에 친 현의 진동을 들 수 있다. 보통 이 간단한 예는 팽팽하게 펼쳐진 막이나 고체 속의 파동 같은 물리적 예를 이해하는 데 필요한 많은 중요한 내용을 제공한다. 파동은 세로파 아니면 가로파이다. 세로파에 대한 예가 고체 막대기 속을 전파하는 파동의 진행 방향으로 진동하는 분자진동이다. 세로파는 유체나 고체 속에서 일어나며 음향학에서 대단히 중요하다.

고체 속에서는 가로파와 세로파 다 일어나지만 유체 속에서는 세로파만 일어나며 힘은 분배되지 않는다. 입자계에 대해서는 12장에서 이미 두 가지 진동에 관한 고찰을 했다. 가로 방향으로 진동하는 현에 대해 상세하게 공부하는 일은 여러 가지 이유로 중요하다. 이러한 현의 진동에 대한 1차원 모형을 분석하면 더욱 복잡한 2차원, 3차원 문제에 적용할 수 있는 수학적 해를 얻게 된다. 진동 양식은 다 유사하며 특히 (끝부분이 고정된) 경계조건을 적용할 때 1차원 경우가 가장 쉽고 이러한 경계조건은 물리학의 많은 분야에서 대단히 중요하다. 뉴턴 혹은 라그랑주 기법을 사용할 때 초기 조건이 통상 미분 방정식에서 하는 역할처럼 편미분 방정식을 사용할 때는 경계조건이 그 역할을 하게 된다.

이 장에서는 12장에서 이미 논의한 하중이 걸린 현의 진동에 대해 (균일하게 선형 질량밀도를 유지하면서) 현에 달린 입자수를 무한개가 되도록 했을 때 나타나는 결과를 조사해본다. 이렇게 함으로써 **연속적인 현**(continuous string)을 다루게 되는데, 수리물리학의 가장 기본적인 방정식 중 하나인 중요한 **파동 방정식**(wave equation)의 유도를 포함하여 현에 대한 재미있는 모든 결과는 이렇게 극한을 취함으로써 얻을 수 있다.

파동 방정식의 해는 일반적으로 주어진 문제에 특유한 어떤 물리적 제한을 취하는 것과 밀접한 관계가 있다. 이러한 제한은 물리적으로 의미가 있는 시공간적 간격을 극한함으로써 얻어지는 해에 부여된 조건 형태를 갖는 경우가 많다. 따라서 편미분 방정식을 포함하는 **경계값 문제**(boundary-value problem)를 다루어야 하는데, 실제로 이런 기술은 소위 **수리물리학**이라고 불리는 학문 분야의 특성을 기본적으로 나타내고 있다.

여기서는 1차원 파동 방정식에 국한한다. 이러한 파동은 2차원 파동을 기술할 수 있으며 진동하는 현의 운동도 기술할 수 있다. 기체 같은 탄성 매질 속을 전파하는 압축파(혹은 음파)도 경계 효과가 중요하지 않을 정도로 그 매질이 충분히 크다면 1차원 파동으로 근사할 수 있다. 이러한 경우 매질의 상태는 평면상의 어느 점에서도 대략 같고 파동 운동은 평면에 수직 방향의 거리에만 의존하는 함수로 표시할 수 있다. **평면파**(plane wave)라고 불리는 퍼진 매질 속의 이러한 파동은 여기서 다루는 1차원 파동과 수학적으로 동일하다.

13.2 하중이 걸린 현의 극한으로 본 연속적인 현

앞 장에서 같은 길이의 현으로 연결된 질점계를 생각해봤는데 이번에는 질점 수가 무한개가 되는 경우, 즉 연속적인 현을 다루어보자. 그러기 위해서는 $n \to \infty$에 따라 입자의 질량과 그 사이의 거리 비 m/d가 일정하도록 동시에 $m \to 0$, $d \to 0$을 요구해야 한다. $m/d \equiv \rho$가 현의 선형 질량밀도이므로

$$\left.\begin{aligned} &n \to \infty, \quad d \to 0, \quad \text{따라서 } (n+1)d = L \\ &m \to 0, \quad d \to 0, \quad \text{따라서 } \frac{m}{d} = \rho = \text{상수} \end{aligned}\right\} \tag{13.1}$$

를 갖게 된다. 식 (13.154)로부터

$$q_j(t) = \sum_r \eta_r(t) \sin\left(j\frac{r\pi}{n+1}\right) \tag{13.2}$$

를 얻을 수 있으며

$$j\frac{r\pi}{n+1} = r\pi\frac{jd}{(n+1)d} = r\pi\frac{x}{L} \tag{13.3}$$

가 된다. 여기서 $jd = x$는 연속적인 현의 방향의 길이를 나타낸다. 따라서 $q_j(t)$는 변수 x와 t의 연속 함수가 된다. 즉,

$$q(x, t) = \sum_r \eta_r(t) \sin\left(\frac{r\pi x}{L}\right) \tag{13.4}$$

또는

$$q(x, t) = \sum_r \beta_r e^{i\omega_r t} \sin\left(\frac{r\pi x}{L}\right) \tag{13.5}$$

n개 입자로 구성된 하중이 걸린 현의 경우 n개의 운동 자유도가 있으며, 따라서 n개의 표준 양식과 n개의 특성진동수가 있다. 그러므로 식 (12.154)(또는 식 (13.2))에서 $r = 1$에서 $r = n$까지 합하게 된다. 그러나 지금 입자 수가 무한개이므로 무한개의 표준 양식이 있으며 식 (13.4)와 식 (13.5)에서 $r = 1$로부터 $r = \infty$까지 합해야 한다. 또한 연속적인 현의 운동을 완전히 규정하기 위해 계산해야 하는 상수(β_r의 실수부와 허수부)도 무한개가 있다. 이것은 어떤 함수를 푸리에 급수로 표현할 때 부딪히는 상황과 같다. 즉, 무한개의 상수가 최초의 함수를 내포한 어떤 적분으로 주어진다(식 (13.91) 참조). 이 사정은 다른 방법으로 볼 수 있다. 운동 방정식의 해 속에는 수없이 많은 임의적인 상수가 있는데 이를 결정하기 위한 초기 조건 또한 수없이 많다. 즉, 연속 함수 $q(x, 0)$, $\dot{q}(x, 0)$들이다. 따라서 β_r의 실수 성분과 허수 성분은 12.9절에서 사용한 수법에 의해 초기 조건으로 구할 수 있다. $\beta_r = \mu_r + i\nu_r$로 놓고 식 (13.5)로부터

$$q(x,0) = \sum_r \mu_r \sin\left(\frac{r\pi x}{L}\right) \tag{13.6a}$$

$$\dot{q}(x,0) = -\sum_r \omega_r \nu_r \sin\left(\frac{r\pi x}{L}\right) \tag{13.6b}$$

를 얻는다. 다음에 이 식에 $\sin(s\pi x/L)$을 곱하고 $x = 0$으로부터 $x = L$까지 적분하게 되는데 삼각함수에 대한 다음의 관계식

$$\int_0^L \sin\left(\frac{r\pi x}{L}\right)\sin\left(\frac{s\pi x}{L}\right)dx = \frac{L}{2}\,\delta_{rs} \tag{13.7}$$

를 이용하면

$$\mu_r = \frac{2}{L}\int_0^L q(x,0)\sin\left(\frac{r\pi x}{L}\right)dx \tag{13.8a}$$

$$\nu_r = -\frac{2}{\omega_r L}\int_0^L \dot{q}(x,0)\sin\left(\frac{r\pi x}{L}\right)dx \tag{13.8b}$$

를 얻게 된다.

특성진동수 ω_r도 하중이 걸린 현에 대한 결과를 극한시킴으로써 얻을 수 있다. 식 (12.152)로부터

$$\omega_r = 2\sqrt{\frac{\tau}{md}}\,\sin\left[\frac{r\pi}{2(n+1)}\right] \tag{13.9}$$

가 되며, 이것을 다음과 같이 쓸 수 있다.

$$\omega_r = \frac{2}{d}\sqrt{\frac{\tau}{\rho}}\,\sin\left(\frac{r\pi d}{2L}\right) \tag{13.10}$$

$d \to 0$일 때 사인값을 그 안의 값으로 근사시킬 수 있으므로 다음과 같은 결과를 얻는다.

$$\omega_r = \frac{r\pi}{L}\sqrt{\frac{\tau}{\rho}} \tag{13.11}$$

예제 13.1

현의 한 점을 (삼각형이 되도록) 잡아올리고 정지시킨 후 놓게 되는 '잡아당긴 현'에 대한 변위 $q(x, t)$를 구하라. 그림 13-1에 나타낸 것처럼 현의 중심점을 h만큼 변위시킨 경우를 생각하라.

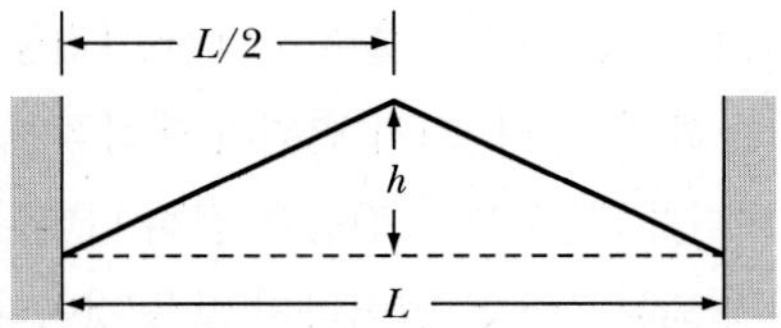

그림 13-1 예제 13.1. 현의 중심을 평형 상태에서 거리 h만큼 잡아올려서 현은 삼각형 모양이 된다. 현을 정지 상태의 이 위치에서 놓아버린다.

풀이

초기 조건은 다음과 같다.

$$q(x,0) = \begin{cases} \dfrac{2h}{L}x, & 0 \le x \le L/2 \\ \dfrac{2h}{L}(L-x), & L/2 \le x \le L \end{cases} \tag{13.12}$$

$$\dot{q}(x,0) = 0$$

현을 정지 상태로부터 놓았기 때문에 모든 ν_r 값은 0이다. μ_r은

$$\mu_r = \frac{4h}{L^2}\int_0^{L/2} x \sin\left(\frac{r\pi x}{L}\right)dx + \frac{4h}{L^2}\int_{L/2}^{L}(L-x)\sin\left(\frac{r\pi x}{L}\right)dx$$

로 주어지며, 적분하면

$$\mu_r = \frac{8h}{r^2\pi^2}\sin\frac{r\pi}{2}$$

따라서

$$\mu_r = \begin{cases} 0, & r \text{ 짝수} \\ \dfrac{8h}{r^2\pi^2}(-1)^{\frac{1}{2}(r-1)}, & r \text{ 홀수} \end{cases}$$

결과적으로

$$\frac{8h}{\pi^2}\left[\sin\left(\frac{\pi x}{L}\right)\cos\omega_1 t - \frac{1}{9}\sin\left(\frac{3\pi x}{L}\right)\cos\omega_3 t + \cdots\right] \tag{13.13}$$

가 된다. 여기서 ω_r은 r에 비례하여 식 (13.11)에 의해 주어진다.

식 (13.13) 으로부터 기본 진동(진동수 ω_1)과 모든 홀수 조화진동(진동수 ω_3, ω_5 등)은 일어나지만 짝수 조화진동은 이 운동에 참여하지 않음을 볼 수 있다. 초기 변위가 대칭적이므로 결과적으로 나타나는 운동도 대칭적이어야 하며 (현의 중심점이 마디가 되는) 짝수 진동은 전혀 나타나지 않는다. 일반적으로 현의 임의의 점을 잡아당긴다면 그 점이 마디가 되는 진동은 일어나지 않을 것이다.

다음 절에서 증명하겠지만 각 진동 에너지는 식 (13.13)에서 해당하는 항의 계수 제곱에 비례한다. 따라서 기본 진동, 3번째 진동, 5번째 진동에 대한 에너지 비율은 $1:\frac{1}{81}:\frac{1}{625}:\cdots$로 주어진다. 그러므로 계의 에너지(혹은 방출 음의 강도)는 기본 진동인 경우가 가장 크다. 즉, 3번째 진동의 경우는 기본 진동보다 19 dB[1] 떨어지고 5번째 진동의 경우는 28 dB만큼 떨어진다.

13.3 진동하는 현의 에너지

마찰력이 없다고 가정했기 때문에 진동하는 현의 총 에너지는 일정하다. 여기서 이를 증명하겠지만 현의 에너지가 각각 표준진동에 의한 에너지 합으로 간단히 표현된다는 사실도 보여줄 것이다. 식 (13.4)에 의하면 현의 변위는 다음과 같이 주어진다.

$$q(x,t) = \sum_r \eta_r(t)\sin\left(\frac{r\pi x}{L}\right) \tag{13.14}$$

여기서

$$\eta_r(t) = \beta_r e^{i\omega_r t} \tag{13.15}$$

보통과 같이 β_r은 복소수이며, 식 (13.15)에서 실부 부분만이 물리적으로 의미가 있다.

현의 운동 에너지는 현의 요소 $\frac{1}{2}(\rho dx)\dot{q}^2$의 운동 에너지를 계산하여 길이에 따라 적분함으로써 얻어진다. 즉,

$$T = \frac{1}{2}\rho\int_0^L\left(\frac{\partial q}{\partial t}\right)^2 dx \tag{13.16}$$

또는 식 (13.14)를 사용하여

---

1) 데시벨(dB)은 음의 상대 강도(혹은 음향력)에 대한 단위이며, 강도 I_0인 음에 대한 강도 I인 음의 강도율은 $10\log(I/I_0)$ dB로 주어진다. 따라서 기본 진동(I_0)과 3번째 진동(I)에 대해 $10\log(1/81) = -19.1$ dB, 즉 19 dB만큼 강도가 떨어진다. 3 dB 율은 대략 상대 강도로 100분의 1에 해당한다.

$$T = \frac{1}{2}\rho\int_0^L\left[\sum_r \dot{\eta}_r \sin\left(\frac{r\pi x}{L}\right)\right]^2 dx \tag{13.17}$$

합산의 제곱을 이중합으로 표시할 수 있으며, 이 방법을 쓰면 모든 교차곱을 올바르게 포함시킬 수 있다. 즉,

$$T = \frac{1}{2}\rho\sum_{r,s}\dot{\eta}_r\dot{\eta}_s\int_0^L \sin\left(\frac{r\pi x}{L}\right)\sin\left(\frac{s\pi x}{L}\right)dx \tag{13.18}$$

적분은 이제 식 (13.7)에 있는 것과 같으므로

$$\begin{aligned} T &= \frac{\rho L}{4}\sum_{r,s}\dot{\eta}_r\,\dot{\eta}_s\,\delta_{rs} \\ &= \frac{\rho L}{4}\sum_r \dot{\eta}_r^2 \end{aligned} \tag{13.19}$$

이 된다.

운동 에너지를 계산함에 있어서 조심스럽게 실수의 곱을 취해야 한다. 따라서 $\dot{\eta}_r$의 실수 성분의 제곱을 계산하게 된다. 즉,

$$\begin{aligned} (\mathrm{Re}\ \dot{\eta}_r)^2 &= \left(\mathrm{Re}\frac{d}{dt}[(\mu_r + i\nu_r)(\cos\omega_r t + i\sin\omega_r t)]\right)^2 \\ &= (-\omega_r\mu_r\sin\omega_r t - \omega_r\nu_r\cos\omega_r t)^2 \end{aligned}$$

그러므로 현의 운동 에너지는 다음과 같다.

$$T = \frac{\rho L}{4}\sum_r \omega_r^2(\mu_r\sin\omega_r t + \nu_r\cos\omega_r t)^2 \tag{13.20}$$

현의 위치 에너지는 하중이 걸린 현을 기술하고 연속적인 현에 극한시킴으로써 계산할 수 있다(여기서는 그 위치 에너지가 현의 탄성 에너지로만 주어진다고 생각한다는 점을 상기하라). 하중이 걸린 현에 대해

$$U = \frac{1}{2}\frac{\tau}{d}\sum_j(q_{j-1} - q_j)^2$$

을 d로 곱하고 나누면

$$U = \frac{1}{2}\tau\sum_j\left(\frac{q_{j-1} - q_j}{d}\right)^2 d$$

로 쓸 수 있다. $d \to 0$을 지나면 괄호 내 값은 x에 관한 $q(x, t)$의 편미분이 되고 (d를 포함한) 합은 적분이 된다. 즉,

$$U = \frac{1}{2}\tau\int_0^L \left(\frac{\partial q}{\partial x}\right)^2 dx \tag{13.21}$$

식 (13.14)를 사용하여

$$\frac{\partial q}{\partial x} = \sum_r \frac{r\pi}{L}\eta_r \cos\left(\frac{r\pi x}{L}\right) \tag{13.22}$$

를 얻으며, 결국은

$$U = \frac{1}{2}\tau\int_0^L \left[\sum_r \frac{r\pi}{L}\eta_r \cos\left(\frac{r\pi x}{L}\right)\right]^2 dx \tag{13.23}$$

가 된다. 다시 제곱항을 이중합으로 쓸 수 있으며, 식 (13.7)의 삼각함수에 대한 관계식이 사인과 마찬가지로 코사인에도 적용되므로

$$\begin{aligned} U &= \frac{\tau}{2}\sum_{r,s}\frac{r\pi}{L}\frac{s\pi}{L}\eta_r\eta_s\int_0^L \cos\left(\frac{r\pi x}{L}\right)\cos\left(\frac{s\pi x}{L}\right)dx \\ &= \frac{\tau}{2}\sum_{r,s}\frac{r\pi}{L}\frac{s\pi}{L}\eta_r\eta_s\cdot\frac{L}{2}\delta_{rs} \\ &= \frac{\tau}{2}\sum_r \frac{r^2\pi^2}{L^2}\cdot\frac{L}{2}\eta_r^2 \\ &= \frac{\rho L}{4}\sum_r \omega_r^2\eta_r^2 \end{aligned} \tag{13.24}$$

을 얻는다. 여기서 마지막 줄에 ω_r^2으로 표현할 때 식 (13.11)을 사용했다. η_r의 실수 성분의 제곱을 계산하면 최종적으로

$$U = \frac{\rho L}{4}\sum_r \omega_r^2(\mu_r\cos\omega_r t - \nu_r\sin\omega_r t)^2 \tag{13.25}$$

을 얻게 된다.

총 에너지는 식 (13.20)과 식 (13.25)를 합하여 얻어지는데, 교차항은 서로 상쇄되고 제곱항의 합은 1이 되므로

$$\begin{aligned} E &= T + U \\ &= \frac{\rho L}{4}\sum_r \omega_r^2(\mu_r^2 + \nu_r^2) \end{aligned} \tag{13.26a}$$

또는

$$E = \frac{\rho L}{4} \sum_r \omega_r^2 |\beta_r|^2 \tag{13.26b}$$

이 된다. 따라서 총 에너지는 시간에 무관하며 각각 표준진동의 에너지 합으로 주어진다.

운동 에너지와 위치 에너지는 시간에 따라 변하기 때문에 그들의 시간에 관한 평균치를 계산하는 것도 도움이 된다. 즉, 기본 진동 $r = 1$의 한 주기로 평균하면

$$\langle T \rangle = \frac{\rho L}{4} \sum_r \omega_r^2 \langle (\mu_r \sin \omega_r t + \nu_r \cos \omega_r t)^2 \rangle \tag{13.27}$$

여기서 $\langle\ \rangle$ 괄호는 시간 간격 $2\pi/\omega_1$에 대한 평균을 의미한다. 그 시간 간격에 대한 $\sin^2 \omega_1 t$ 또는 $\cos^2 \omega_1 t$의 평균치는 $\frac{1}{2}$이며, $r \geq 2$인 경우도 $\sin^2 \omega_1 t$, $\cos^2 \omega_1 t$에 대한 평균치는 $\frac{1}{2}$이다. 왜냐하면 기본 진동의 주기는 항상 다른 진동 주기의 배수가 되기 때문이다. 교차항, 즉 $\cos \omega_r t \sin \omega_r t$에 대한 평균은 모두 0이 되므로

$$\begin{aligned} \langle T \rangle &= \frac{\rho L}{8} \sum_r \omega_r^2 (\mu_r^2 + \nu_r^2) \\ &= \frac{\rho L}{8} \sum_r \omega_r^2 |\beta_r|^2 \end{aligned} \tag{13.28}$$

이 된다. 위치 에너지의 시간적 평균에 대해서도 유사한 결과를 얻는다. 즉,

$$\begin{aligned} \langle U \rangle &= \frac{\rho L}{4} \sum_r \omega_r^2 \langle (\mu_r \cos \omega_r t - \nu_r \sin \omega_r t)^2 \rangle \\ &= \frac{\rho L}{8} \sum_r \omega_r^2 (\mu_r^2 + \nu_r^2) \\ &= \frac{\rho L}{8} \sum_r \omega_r^2 |\beta_r|^2 \end{aligned} \tag{13.29}$$

따라서 진동하는 현의 평균 운동 에너지는 평균 위치 에너지와 같다는 중요한 결과를 얻게 된다.[2)] 즉,

$$\langle T \rangle = \langle U \rangle \tag{13.30}$$

표준좌표계를 사용해서 얻어지는 이 단순화된 결과, 즉 $\langle T \rangle$도 $\langle U \rangle$도 다 각각 표준진동에 의한 값의 단순한 합이라는 점에 주의하라.

2) 이 결과는 비리얼(virial) 정리로부터도 얻어진다.

13.4 파동 방정식

지금까지 연속 현에 대한 운동을 완전한 해가 있는 하중이 걸린 현의 극한의 경우로서 기술해왔다. 그러나 연속적인 경우에 대한 기본 운동 방정식을 아직 주지 않았다. 하중이 걸린 현으로 되돌아가서 다시 극한 수법을 사용하여 이를 논의하자(그러나 해보다 운동 방정식에 관해서만 논의한다). 식 (12.131)은

$$\frac{m}{d}\ddot{q}_j = \frac{\tau}{d}\left(\frac{q_{j-1} - q_j}{d}\right) - \frac{\tau}{d}\left(\frac{q_j - q_{j+1}}{d}\right) \tag{13.31}$$

같이 쓸 수 있으며, $d \to 0$의 극한에서는

$$\frac{q_j - q_{j+1}}{d} \to \frac{q(x) - q(x+d)}{d} \to -\left.\frac{\partial q}{\partial x}\right|_{x+d/2}$$

이것은 $x + d/2$점에서의 미분이다. 식 (13.31)의 또 하나의 항은

$$\frac{q_{j-1} - q_j}{d} \to \frac{q(x-d) - q(x)}{d} \to -\left.\frac{\partial q}{\partial x}\right|_{x-d/2}$$

로 쓰면, 이것은 $x - d/2$점에서의 미분이다. 따라서 식 (13.31) 우변의 극한값은

$$\lim_{d\to 0}\tau\left(\frac{\left.\frac{\partial q}{\partial x}\right|_{x+d/2} - \left.\frac{\partial q}{\partial x}\right|_{x-d/2}}{d}\right) = \tau\left.\frac{\partial^2 q}{\partial x^2}\right|_x = \tau\frac{\partial^2 q}{\partial x^2}$$

가 되고, 또한 극한에서는 $m/d \to \rho$가 되므로, 결국 연속인 현에 대한 운동 방정식으로서

$$\rho\ddot{q} = \tau\frac{\partial^2 q}{\partial x^2} \tag{13.32}$$

또는

$$\boxed{\frac{\partial^2 q}{\partial x^2} = \frac{\rho}{\tau}\frac{\partial^2 q}{\partial t^2}} \tag{13.33}$$

를 얻는다. 이것은 1차원 **파동 방정식**이다. 13.6절에서 이 방정식의 해에 대해 논의할 것이다.

식 (13.33)은 연속 현에 작용하는 힘을 분석함으로써 얻을 수도 있다. 여기서는 가로파만을 생각해야 한다. 이 장에서 지금까지 논의한 바와 같이 양쪽 끝부분이 고정된 현의 일부를 그림 13-2에 나타내고 있다.

현이 일정한 질량밀도 ρ(질량/길이)를 갖고 있다고 가정하고 $s(x, t)$로 기술된 현의 길이 ds를 생각해보

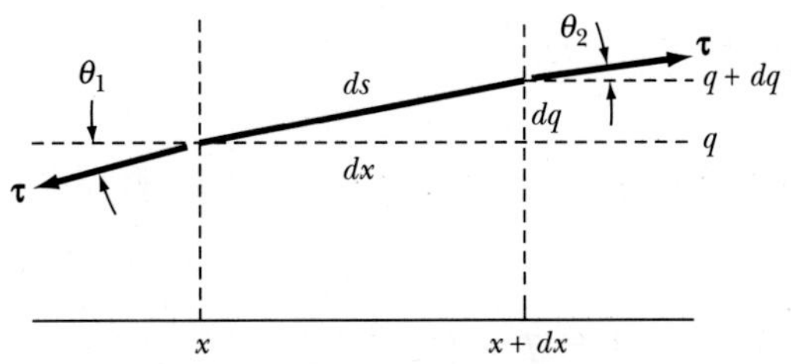

그림 13-2 양 끝이 고정된 현의 일부인 거리 ds를 보인다. 평형 상태에서의 변위는 왼쪽은 q이고 오른쪽은 $q + dq$이다.

자. 현의 각 끝부분에 가해지는 응력은 크기는 같지만 방향이 다르다. 이 차이가 힘이 되며, 따라서 계에 가속도를 주게 된다. 만약 변위 q(x에 직각)가 작다고 가정하면 길이 ds인 현의 질량 dm은 $\rho\, ds$이다. 응력의 수평 성분은 대략적으로 같고 반대 방향이므로 현의 x방향 운동은 무시한다. q방향의 힘은

$$\Delta F = \rho\, ds \frac{\partial^2 q}{\partial t^2} \tag{13.34}$$

이며, ΔF는 x점과 $x + dx$점에서의 응력차를 나타낸다. 변위 $q(x, t)$의 x 의존성을 생각하지 않기 때문에 가속도를 편미분 $\partial^2 q/\partial t^2$으로 쓴다.

힘은 응력의 y방향 성분의 차로 얻을 수 있다. 즉,

$$\begin{aligned}(\Delta F)_y &= -\tau \sin\theta_1 + \tau \sin\theta_2 \\ &= -\tau \tan\theta_1 + \tau \tan\theta_2 \\ &= -\tau\left(\frac{\partial q}{\partial x}\right)\bigg|_x + \tau\left(\frac{\partial q}{\partial x}\right)\bigg|_{x+} \\ &= \tau \frac{\partial^2 q}{\partial x^2} dx \end{aligned} \tag{13.35}$$

여기서 작은 변위에 대해서 각도 θ가 작으므로 $\sin\theta \approx \tan\theta$를 썼다.

식 (13.34)와 식 (13.35)가 같다고 놓고 $ds \approx dx$를 쓰면

$$\tau \frac{\partial^2 q}{\partial x^2} dx = \rho dx \frac{\partial^2 q}{\partial t^2}$$

$$\frac{\partial^2 q}{\partial x^2} = \frac{\rho}{\tau}\frac{\partial^2 q}{\partial t^2} \tag{13.36}$$

를 얻는다. 이 식은 식 (13.33)과 같지만 전에 표준좌표 방법으로 얻은 유익한 정보 같은 것은 제공해주지 않는다.

13.5 강제 감쇠 운동

진동하는 현에 대한 라그랑주 운동 방정식은 식 (13.19)의 운동 에너지와 식 (13.24)의 위치 에너지로부터 쉽게 결정된다.

$$\begin{aligned} L &= T - U \\ &= \frac{\rho b}{4}\sum_r \dot{\eta}_r^2 - \frac{\rho b}{4}\sum_r \omega_r^2 \eta_r^2 \\ &= \frac{\rho b}{4}\sum_r (\dot{\eta}_r^2 - \omega_r^2 \eta_r^2) \end{aligned} \tag{13.37}$$

여기서 혼동을 피하기 위해 현의 길이를 b로 표현했다. 표준좌표로 기술하는 편이 쉽다는 것은 분명하다. 식 (13.37)로부터 운동 방정식은

$$\ddot{\eta}_r + \omega_r^2 \eta_r = 0 \tag{13.38}$$

으로 주어진다.

다음에는 현의 단위길이에 작용하는 힘 $F(x, t)$와 속도에 비례하는 감쇠 힘을 추가해보자. 이제 파동 방정식 (13.33)은

$$\rho \frac{\partial^2 q}{\partial t^2} + D\frac{\partial q}{\partial t} - \tau \frac{\partial^2 q}{\partial x^2} = F(x, t) \tag{13.39}$$

가 된다. 여기서 각 항은 단위길이에 대한 항을 나타내고, D는 감쇠(저항)를 나타낸다. 식 (13.39)는 표준좌표계를 사용하여 풀 수 있으며, 13.2절에서와 같이 해

$$q(x, t) = \sum_r \eta_r(t) \sin\left(\frac{r\pi x}{b}\right) \tag{13.40}$$

를 사용한다. 식 (13.40)을 식 (13.39)에 대입하면 라그랑주 운동 방정식을 얻을 수 있는데, 이는 식 (13.38)과 유사하지만 감쇠항과 강제항을 포함하고 있다.

$$\sum_{r=1}^{\infty}\left[\left(\rho\ddot{\eta}_r + D\dot{\eta}_r + \frac{r^2\pi^2\tau}{b^2}\eta_r\right)\sin\left(\frac{r\pi x}{b}\right)\right] = F(x, t) \tag{13.41}$$

연속 현의 경우이므로 r에 관한 합은 역시 1에서부터 ∞까지이다. 식 (13.41)의 해는 (여기서 구체적으로 반복하진 않지만) 실수 성분과 허수 성분을 비교함으로써 13.2절에서 얻은 것과 같은 형태가 된다. 식 (13.41)의 양쪽에 $\sin(s\pi x/b)$를 곱하고 0으로부터 b($b = L =$ 현의 길이임을 기억하라)까지 dx로 적분하면 식 (13.7)을 사용해서

$$\sum_{r=1}^{\infty}\left(\rho\ddot{\eta}_r + D\dot{\eta}_r + \frac{r^2\pi^2\tau}{b^2}\eta_r\right)\frac{b}{2}\delta_{rs} = \int_0^b F(x, t)\sin\left(\frac{s\pi x}{b}\right)dx \tag{13.42}$$

를 얻는다. 이것은 또한

$$\ddot{\eta}_s + \frac{D}{\rho}\dot{\eta}_s + \frac{s^2\pi^2\tau}{\rho b^2}\eta_s = \frac{2}{\rho b}\int_0^b F(x, t)\sin\left(\frac{s\pi x}{b}\right)dx \tag{13.43}$$

로 쓸 수 있다. 그런데 $f_s(t)$를 식 (13.43)의 우변에서 $F(x, t)$에 대한 푸리에 전개의 계수라고 하면, 즉

$$f_s(t) = \int_0^b F(x, t)\sin\left(\frac{s\pi x}{b}\right)dx \tag{13.44}$$

표준좌표로 써서 식 (13.43)은 간단히

$$\ddot{\eta}_s + \frac{D}{\rho}\dot{\eta}_s + \frac{s^2\pi^2\tau}{\rho b^2}\eta_s = \frac{2}{\rho b}f_s(t) \tag{13.45}$$

가 된다. $f_s(t)$가 표준좌표 s로 주어진 $F(x, t)$의 성분임은 분명하다.

예제 13.2

예제 13.1을 다시 고찰하라. 각진동수가 ω인 사인 형태로 된 강제력으로 $x = b/2$점에서 현을 진동시킨다. 변위를 구하라.

풀이

단위길이당 강제력은

$$\left.\begin{aligned} F(x, t) &= F_0\cos\omega t, \quad & x &= b/2 \\ &= 0. & x &\neq b/2 \end{aligned}\right\} \tag{13.46}$$

이며, 그 계수는

$$f_s(t) = F_0\cos\omega t\sin\frac{s\pi}{2} \tag{13.47}$$

가 된다. 여기서 s가 짝수이면 $f_s(t) = 0$임에 주의하라. 결국 홀수인 경우만 유효하다.

만약 작은 감쇠항을 포함시킨다면 식 (13.45)는 다음과 같이 쓸 수 있다.

$$\ddot{\eta}_s + \frac{D}{\rho}\dot{\eta}_s + \frac{s^2\pi^2\tau}{\rho b^2}\eta_s = \frac{2}{\rho b}F_0\cos\omega t\sin\frac{s\pi}{2} \tag{13.48}$$

감쇠항이 작용하는 한 감쇠돼버리는 상보적 해를 구할 필요가 없고, 3.6절에서 한 바와 같이 특수해(정상 상태)만 구하면 된다. 식 (13.48)을 식 (3.53)과 비교할 수 있는데, 이때

$$\left.\begin{aligned} \frac{D}{\rho} &= 2\beta \\ \frac{s^2\pi^2\tau}{\rho b^2} &= \omega_0^2 \\ \frac{2F_0\sin(s\pi/2)}{\rho b} &= A \end{aligned}\right\} \tag{13.49}$$

란 관계가 있다. $\eta(t)$에 대한 해(식 (13.60) 참조)는

$$\eta_s(t) = \frac{2F_0\sin(s\pi/2)\cos(\omega t - \delta)}{\rho b\sqrt{\left(\dfrac{s^2\pi^2\tau}{\rho b^2} - \omega^2\right)^2 + \dfrac{D^2}{\rho^2}\omega^2}} \tag{13.50}$$

로 얻게 된다. 여기서

$$\delta = \tan^{-1}\left[\frac{D\omega}{\rho\left(\dfrac{s^2\pi^2\tau}{\rho b^2} - \omega^2\right)}\right] \tag{13.51}$$

변위 $q(x, t)$는

$$q(x, t) = \sum_r \frac{2F_0\sin\dfrac{r\pi}{2}\cos(\omega t - \delta)\sin\left(\dfrac{r\pi x}{b}\right)}{\rho b\sqrt{\left(\dfrac{r^2\pi^2\tau}{\rho b^2} - \omega^2\right)^2 + \dfrac{D^2}{\rho^2}\omega^2}} \tag{13.52}$$

가 된다. 감쇠돼버리는 해는 무시했다. 식 (13.52)는 전에 논의한 많은 내용을 나타내고 있다. 강제력의 진동수에 관계되어 있기 때문에 표준좌표의 몇 개만이 기여하게 되는데, 이는 분모에 특별히 나타난 공명 효과 때문이다. 만약 감쇠항을 무시할 수 있다면 주로 기여하는 항은

$$r^2 = \frac{\omega^2\rho b^2}{\pi^2\tau} \tag{13.53}$$

이며, 식 (13.52)의 $\sin(r\pi/2)$ 항 때문에 r의 홀수값만이 유효하다.

13.6 파동 방정식의 일반해

진동하는 현에 대해 얻은 1차원 파동 방정식은(식 (13.33) 참조) 다음과 같다.[3)]

$$\frac{\partial^2 \Psi}{\partial x^2} - \frac{\rho}{\tau}\frac{\partial^2 \Psi}{\partial t^2} = 0 \tag{13.54}$$

여기서 ρ는 현의 선형 질량밀도이고, τ는 장력이다. Ψ는 **파동 함수**(wave function)라고 한다. ρ의 차원은 $[ML^{-1}]$이고, τ의 차원은 힘의 차원 $[MLT^{-2}]$이므로 ρ/τ의 차원은 $[T^2L^{-2}]$, 즉 속도 제곱의 역수이다. 그래서 만일 $\sqrt{\tau/\rho} = v$로 쓰면 파동 방정식은

$$\boxed{\frac{\partial^2 \Psi}{\partial x^2} - \frac{1}{v^2}\frac{\partial^2 \Psi}{\partial t^2} = 0} \tag{13.55}$$

이 되나, 이 속도 v를 물리적으로 해석하는 것이 우리가 해야 할 일의 하나이다. v가 파동의 '전파 속도'라는 것만으로는 불충분하다.

식 (13.55)가 실제로 일반적인 파동을 나타냄을 보이기 위해, 두 개의 새로운 변수

$$\left.\begin{aligned} \xi &\equiv x + vt \\ \eta &\equiv x - vt \end{aligned}\right\} \tag{13.56}$$

를 도입한다. 그러면 식 (13.55)에서 나타나는 $\Psi = \Psi(x, t)$의 도함수는

$$\frac{\partial \Psi}{\partial x} = \frac{\partial \Psi}{\partial \xi}\frac{\partial \xi}{\partial x} + \frac{\partial \Psi}{\partial \eta}\frac{\partial \eta}{\partial x} = \frac{\partial \Psi}{\partial \xi} + \frac{\partial \Psi}{\partial \eta} \tag{13.57}$$

를 써서

$$\begin{aligned} \frac{\partial^2 \Psi}{\partial x^2} &= \frac{\partial}{\partial x}\frac{\partial \Psi}{\partial x} = \frac{\partial}{\partial x}\left(\frac{\partial \Psi}{\partial \xi} + \frac{\partial \Psi}{\partial \eta}\right) \\ &= \frac{\partial}{\partial \xi}\left(\frac{\partial \Psi}{\partial \xi} + \frac{\partial \Psi}{\partial \eta}\right)\frac{\partial \xi}{\partial x} + \frac{\partial}{\partial \eta}\left(\frac{\partial \Psi}{\partial \xi} + \frac{\partial \Psi}{\partial \eta}\right)\frac{\partial \eta}{\partial x} \\ &= \frac{\partial^2 \Psi}{\partial \xi^2} + 2\frac{\partial^2 \Psi}{\partial \xi \partial \eta} + \frac{\partial^2 \Psi}{\partial \eta^2} \end{aligned} \tag{13.58}$$

가 되고, 마찬가지로

3) 시간에 의존하는 파동 함수로서 기호 $\Psi = \Psi(x, t)$를 사용하며, $\boldsymbol{\psi} = \boldsymbol{\psi}(x)$는 시간에 무관한 파동 함수를 나타낸다.

$$\frac{1}{v}\frac{\partial \Psi}{\partial t} = \frac{\partial \Psi}{\partial \xi} - \frac{\partial \Psi}{\partial \eta} \tag{13.59}$$

를 써서

$$\begin{aligned}\frac{1}{v^2}\frac{\partial^2 \Psi}{\partial t^2} &= \frac{1}{v}\frac{\partial}{\partial t}\left(\frac{1}{v}\frac{\partial \Psi}{\partial t}\right) = \frac{1}{v}\frac{\partial}{\partial t}\left(\frac{\partial \Psi}{\partial \xi} - \frac{\partial \Psi}{\partial \eta}\right) \\ &= \frac{\partial^2 \Psi}{\partial \xi^2} - 2\frac{\partial^2 \Psi}{\partial \xi \partial \eta} + \frac{\partial^2 \Psi}{\partial \eta^2}\end{aligned} \tag{13.60}$$

가 되는데, 식 (13.55)에 의하면 식 (13.58)과 식 (13.60)의 우변이 같아져서, 그것은

$$\frac{\partial^2 \Psi}{\partial \xi\, \partial \eta} \equiv 0 \tag{13.61}$$

일 때만 성립한다. 그런데 이 식을 만족하는 Ψ의 가장 일반적인 형태는 ξ에만 의존하는 항과 η에만 의존하는 항의 합이다. ξ와 η의 더욱 복잡한 함수는 식 (13.61)을 만족하지 않는다. 따라서

$$\Psi = f(\xi) + g(\eta) \tag{13.62a}$$

인 형태가 되고, 여기에 ξ와 η를 대입하면

$$\Psi = f(x + vt) + g(x - vt) \tag{13.62b}$$

가 된다. 여기서 f와 g는 각각 변수 $x + vt$와 $x - vt$의 임의의 함수이고, 이들은 물론 주기성을 갖고 있어도 좋으나 반드시 그렇지 않아도 좋다.

다음에 시간이 지나도 $x - vt$의 값이 일정하기 위해서는 x의 값이 증가해야 한다. 그러므로 우리가 속도 v로 x의(양의) 방향으로 시점을 움직이기만 하면, 시간이 지나도 함수 g의 형태는 원래대로이다. 이것으로부터 함수 g는 속도 v로 오른쪽(즉, x 값이 큰 쪽)으로 흐트러짐을 나타내고, 한편 f는 왼쪽으로 흐트러짐의 전파를 나타내는 것을 알 수 있다. 따라서 식 (13.55)는 실제로 파동의 운동을, 일반적으로 **진행파**(traveling wave, 또는 **전파파**(propagating wave))를 나타내고 있다고 결론지을 수가 있다.

식 (13.62b)에 대한 해석을 잡아당긴 현의 운동을 가지고 시도해보자. 시간 $t = 0$에서 현의 변위는 다음과 같이 기술된다.

$$q(x, 0) = f(x) + g(x)$$

만약 $f(x)$, $g(x)$에 대해 같은 삼각함수를 택한다면 $t = 0$에서 현의 모양은 그림 13-3에서 제일 위에 나타낸 것이 된다. 시간이 지나면서 $f(x + vt)$로 주어진 교란은 왼쪽으로 전파되고 $g(x - vt)$로 주어진 교란은 오른쪽으로 전파된다. 이 왼쪽과 오른쪽의 전파는 각각 그림 13-3의 아랫부분에 나타내었다.

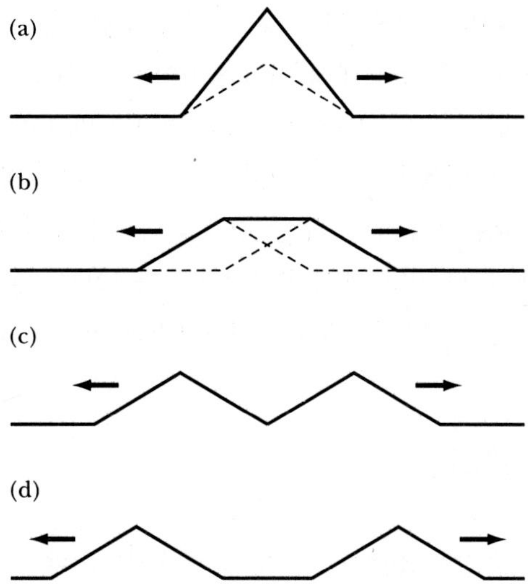

그림 13-3 현의 운동을 (a)에서 (d)로 시간의 함수로 볼 수 있다. $t = 0$에서는 (a)에서 본 대로 $f(x) + g(x)$로 기술된다. 시간이 지나면서 $f(x + vt)$로 주어진 교란은 왼쪽으로 전파되고, $g(x + vt)$로 주어진 교란은 오른쪽으로 전파된다.

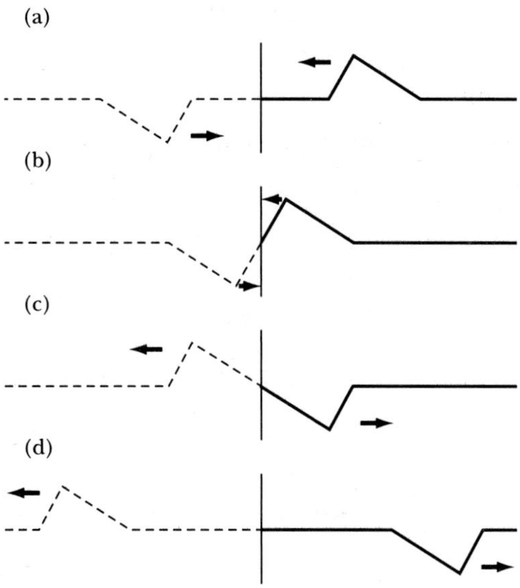

그림 13-4 그림 13-3에서 왼쪽으로 움직이는 교란만을 고려하자. 현의 끝에서 항상 $f(vt) = 0$이므로 현의 끝을 고정시키면 파동은 반사한다. 시간이 (a)에서 (d)로 진행할 때 가상적인 교란(점선)은 왼쪽에서 오른쪽으로 움직이는 운동을 볼 수 있다.

왼쪽으로 가는 교란만을 생각해보자. 만약 현을 ($x = 0$점에서) 단단한 벽에 고정시키면 반사 현상을 보게 된다. 벽이 단단하기 때문에 모든 시간에 대해 $f(vt) \equiv 0$이어야 한다. 이 조건은 (모든 것이 0이 되지 않는 한) f 함수로만 만족시킬 수 없다면 그림 13-4에 나타낸 것처럼 왼쪽으로부터 경계점에 다가오는 허의적 교란 $-f(-x + vt)$를 $f(x + vt)$ 외에 도입해야 한다. 교란 $f(x + vt)$는 왼쪽으로 전파되며 현의 허의구역($x < 0$)까지 진입한다. 반면 교란 $-f(-x + vt)$는 경계를 넘어 실제의 현을 따라 전파한다. 그 결과 실질적으로 나타나는 효과는 원래의 교란이 벽에서 반사되고 오른쪽으로 전파된다는 것이다.

만일 현이 $x = 0$점과 $x = L$점에서 단단한 벽에 고정되었다면 교란은 $2L/v$의 주기로 왔다 갔다 전파된다.

13.7 파동 방정식의 분리

만일 (진동하는 현의 경우와 같이, 또한 그 점에서는 물리적으로 흥미로운 많은 문제의 경우처럼) 사인 함수적인 해를 구하려고 하면

$$\Psi(x, t) = \psi(x)e^{i\omega t} \tag{13.63}$$

로 쓸 수 있으므로, 1차원 파동 방정식(식 (13.55))은

$$\frac{\partial^2\psi}{\partial x^2} + \frac{\omega^2}{v^2}\psi = 0 \tag{13.64}$$

이 된다. 여기서 ψ는 x만의 함수이다.

물론 계의 일반적인 파동의 진동수 ω는 유일하게 제한되지 않고, 자유도 n의 계에서는 n개의 고유진동수가 존재하고, 연속적인 현에서는 무한개의 고유진동수가 존재한다.[4] 지금 r번째 진동수를 ω_r로 나타내면, 이 진동수에 대응하는 파동 함수는 다음과 같이 쓸 수 있다.

$$\Psi_r(x, t) = \psi_r(x)e^{i\omega_r t} \tag{13.65}$$

그런데 전체의 파동 함수는 개개의 파동 함수(또는 표준진동)를 모두 중첩한 것이므로(지금 우리는 선형계를 다루고 있음을 주의)

$$\Psi(x, t) = \sum_r \Psi_r(x, t) = \sum_r \psi_r(x)e^{i\omega_r t} \tag{13.66}$$

를 얻는다.

식 (13.63)에서는 파동 함수가 시간에 대해 주기적이라고 가정했으나, 이 가정은 (함수의 연속성과 급수

---

4) 무한개의 고유진동수가 정말 연속 현에 존재하지만, 실질적인 현은 기본적으로 원자로 구성되어 있기 때문에 ω에 상한이 있다(13.8절 참조).

의 수렴성에 관한 통상적인 가정은 별문제로 하고) 전혀 실제적인 제약이 되지 않음을 알 수 있다. 왜냐하면 이 식 (13.66)의 합은 실제로 파동 함수의 푸리에 표시이고, 이것은 실제 파동 함수의 가장 일반적인 표현이 되어 있기 때문이다.[5)]

여기서 식 (13.65)가 편미분 방정식의 해를 구할 때 잘 쓰이는 유력한 방법(**변수 분리**의 방법)에서 자연히 나오는 것을 보인다. 그래서 먼저 해를

$$\Psi(x, t) \equiv \psi(x) \cdot \chi(t) \tag{13.67}$$

로 나타낸다. 즉, 변수를 분리할 수 있고 전체의 파동 함수가 공간만의 함수와 시간만의 함수의 곱으로 나타낼 수 있다고 가정한다. 이와 같은 함수가 반드시 구해진다는 보증은 없으나, 물리학 문제에 나오는 많은 편미분 방정식은 다행히도 최소한 하나의 좌표만은 분리할 수 있다. 많은 좌표를 갖는 계에서는 (라그랑지안을 포함하는 경우와 같이) 몇 개의 좌표를 분리할 수 있다. 요는 변수 분리의 방법이 허락되는 것은, 물리학에서 많은 가정을 갖는 경우처럼 어떤 물리적 상황을 적절하게 기술할 수 있는 수학적으로 타당한(즉, 실험적으로 입증할 수 있다) 해를 성공적으로 찾아낼 수 있을 때이다.

$\Psi = \psi\chi$를 식 (13.55)에 대입한다. 그러면

$$\chi \frac{d^2\psi}{dx^2} - \frac{\psi}{v^2}\frac{d^2\chi}{dt^2} = 0$$

또는

$$\frac{v^2}{\psi}\frac{d^2\psi}{dx^2} = \frac{1}{\chi}\frac{d^2\chi}{dt^2} \tag{13.68}$$

를 얻으나, $\psi(x)$와 $\chi(t)$의 정의에 의해 식 (13.68)의 좌변은 x만의 함수이고 우변은 t만의 함수이므로, 이 식이 성립하는 것은 각 변이 동일한 상수와 같은 경우만이다. 여기서 앞의 기호와 맞추기 위해서 이 상수를 $-\omega^2$이라 하면

$$\frac{d^2\psi}{dx^2} + \frac{\omega^2}{v^2}\psi = 0 \tag{13.69a}$$

그리고

5) 연속 현에 대한 파동 방정식이 $x \pm vt$에 관한 임의의 함수로 주어진다는 사실을 1748년 오일러가 증명했고, 현의 운동이 고유진동의 중첩이라는 사실은 다니엘 베르누이(Daniel Bernoulli)가 1753년에 밝혔다. 이 두 개의 결과를 합치면 임의의 함수는 삼각함수의 중첩으로 기술할 수 있음을 알게 된다. 오일러는 이것을 믿지 못했기 때문에(라그랑주도 마찬가지인데) 베르누이의 중첩 원리를 거부했다. 프랑스의 수학자 알렉시 클로드 클레로(Alexis Claude Clairaut, 1713~1765)가 1754년 논문에서 오일러의 결과와 베르누이의 결과는 증명했으나 푸리에가 1807년에 유명한 증명을 제시할 때까지 완전히 종결되지 않았다.

$$\frac{d^2\chi}{dt^2} + \omega^2\chi = 0 \tag{13.69b}$$

을 얻는다. 이 방정식들은 잘 알려진 형태로, 해가

$$\psi(x) = Ae^{i(\omega/v)x} + Be^{-i(\omega/v)x} \tag{13.70a}$$

$$\chi(t) = Ce^{i\omega t} + De^{-i\omega t} \tag{13.70b}$$

인 것도 알고 있다. 여기서 상수 A, B, C, D는 경계조건에 의해 정해진다. 손쉽게 쓰면 해 $\Psi(x, t)$는

$$\begin{aligned}\psi(x)\chi(t) &\sim \exp[\pm i(\omega/v)x]\exp[\pm i\omega t] \\ &\sim \exp[\pm i(\omega/v)(x \pm vt)]\end{aligned} \tag{13.71}$$

가 되고, 이 표현은 파동 함수 Ψ가

$$\begin{gathered}\exp[i(\omega/v)(x + vt)] \\ \exp[i(\omega/v)(x - vt)] \\ \exp[-i(\omega/v)(x + vt)] \\ \exp[-i(\omega/v)(x - vt)]\end{gathered}$$

의 1차 조합으로서 변화함을 의미한다.

식 (13.68)에서는 분리 상수로서 $-\omega^2$을 썼으나, 이 문제에서 쓴 수학에는 ω의 값이 하나밖에 존재하지 않음을 보이는 것은 아무것도 없다. 따라서 동등한 자격으로 허락되는 몇 개의 진동수 ω_r이 존재할 것이다.[6] 이와 같은 진동수의 각각에 파동 함수

$$\Psi_r(x, t) \sim \exp[\pm i(\omega_r/v)(x \pm vt)]$$

가 대응할 것이므로, 일반해는 사인, 코사인의 1차 조합일 뿐만 아니라 가능한 모든 진동수에 대한 합도 해가 된다.

$$\begin{aligned}\Psi(x, t) &\sim \sum_r a_r \Psi_r \\ &\sim \sum_r a_r \exp[\pm i(\omega_r/v)(x \pm vt)]\end{aligned} \tag{13.72}$$

이와 같이 파동 방정식의 일반해는 매우 복잡한 함수이다. 사실 무한개의 임의의 상수 a_r이 존재하는데, 이것은 편미분 방정식에 관한 일반적인 결과이다. 이 무한개의 상수는 문제에 포함되는 물리적인 요구(경계조건)를 만족해야 하므로, 이들은 무한 푸리에 급수의 계수를 구하는 것과 같은 방법으로 구할 수가 있다.

---

6) 어떤 주파수도 아직 경계조건에 의해 소거되지 않았기 때문에 개발 단계에서 그 조는 사실 무한하다.

그러나 많은 논의에서는 식 (13.71)에 쓰인 네 개의 가능한 조합 중에서 하나만을 생각하면 충분하다. 즉, 여기서는 특정한 방향에 특정한 위상으로 전파하는 파동을 생각한다. 그래서 예를 들면

$$\Psi_r(x, t) \sim \exp[-i(\omega_r/v)(x - vt)]$$

를 쓰지만, 이것은 물론 파동 함수의 r번째 푸리에 성분이고, 일반해는 이와 같은 성분을 전부 합한 것이다. 그러나 어떤 성분도 함수형은 같고 이들은 따로따로 논의할 수 있으므로, 간단하게 하기 위해 통상

$$\Psi(x, t) \sim \exp[-i(\omega/v)(x - vt)] \tag{13.73}$$

로 쓴다. 일반해는 특수한 물리적 상황에 의해 허락되는 모든 진동수에 걸쳐서 더함으로써 얻어지는 것이다.

앞에 기술한 바와 같이 $\psi(x)$에 대한 미분 방정식은 보통

$$\boxed{\frac{d^2\psi}{dx^2} + k^2\psi = 0} \tag{13.74}$$

으로 쓸 수 있으나, 이것은 1차원 파동 방정식의 시간에 의존하지 않는 형태로, **헬름홀츠 방정식**(Helmholtz equation)[7]이라 불린다. 여기서

$$k^2 \equiv \frac{\omega^2}{v^2} \tag{13.75}$$

그 경우에 k는 **전파 상수**(propagation constant) 또는 **파수**(波數, wave number, 즉 단위길이당 파장의 수)라 불리고 $[L^{-1}]$의 차원을 갖고 있다. 또한 파장 λ는 파동이 완전히 1회 진동하는 데 필요한 거리이다.

$$\lambda = \frac{v}{\nu} = \frac{2\pi v}{\omega}$$

따라서 k와 λ의 관계[8]는

$$k = \frac{2\pi}{\lambda}$$

가 되고, 그래서 일반적으로

$$\Psi_r(x, t) \sim e^{\pm ik_r(x \pm vt)}$$

---

7) 헤르만 폰 헬름홀츠(Hermann von Helmholtz, 1821~1894)는 1859년 음파에 관한 연구에서 이 형태의 파동 방정식을 사용했다.

8) 좀 더 적절하게 말한다면 $1/\lambda$는 단위거리에 대한 파수이므로 파수는 $2\pi/\lambda$보다 오히려 $k = 1/\lambda$로 정의해야 한다. 그러나 $k = 2\pi/\lambda$가 이론물리학에서 더 보편적으로 쓰이고 있으므로, 여기서도 그것을 사용하기로 한다.

로 쓸 수가 있고, 단순화된 파동 함수는

$$\Psi(x, t) \sim e^{-ik(x-vt)} = e^{i(\omega t - kx)} \tag{13.76}$$

로 나타낸다.

지금 만일 식 (13.76)으로 주어지는 형태의 두 진행파가 겹치고, 그때 이 파동들이 같은 크기(또는 진폭)로 서로 반대 방향으로 진행한다고 하면

$$\Psi = \Psi_{+} + \Psi_{-} = Ae^{-ik(x+vt)} + Ae^{-ik(x-vt)} \tag{13.77}$$

또는

$$\begin{aligned}\Psi &= Ae^{-ikx}(e^{i\omega t} + e^{-i\omega t}) \\ &= 2Ae^{-ikx}\cos\omega t\end{aligned}$$

로 쓸 수 있으며, 이 함수의 실수부는

$$\Psi = 2A\cos kx \cos\omega t \tag{13.78}$$

이므로, 이와 같은 파동은 이미 전파하지 않는다. 시간이 지나도 파형이 전방에 이동하지 않는다. 사실 전혀 움직이지 않는 점이 나타나는데, 이 점이 **마디**(node)이고 하나의 파동이 다른 파동에 의해 완전히 소멸된 결과로 생긴 것이다. 식 (13.78)에서 주어진 파동 함수의 마디는 $x = (2n+1)\pi/2k$의 점에 나타난다. 여기서 n은 정수이다. 또한 이 형태의 파동은 공간적으로 움직이지 않는 곳에 머무르고 있다는 뜻에서 **정상파**(standing wave)라 부르는데, 현의 진동에 대한 해는 이 형태로 되어 있다(그 경우에 경계조건을 만족시키기 위해 코사인을 사인 함수로 바꾸어야 하는데, 결국 kx 항에 위상 인자를 붙이면 된다).

예제 13.3

$x < 0$인 영역 1에서 ρ_1, $x > 0$인 영역 2에서 ρ_2로 주어지는 2개 밀도로 구성된 현을 생각해보자. 일련의 연속파가 좌측(즉, x의 음 값 영역)으로부터 출발한다. 반사파나 투과파의 파동 함수의 제곱이 입사파의 그것에 대해 어떤 비율을 갖게 되는가?

풀이

질량밀도가 비연속으로 되는 $x = 0$점에서 파동은 반사도 투과도 한다. 따라서 영역 1에서는 입사파와 반사파가 중첩되고 영역 2에서는 투과파만이 있다. 만약 입사파가 $Ae^{i(\omega t - k_1 x)}$이라고 하면 영역 1에서의 파동 $\Psi_1(x, t)$와 영역 2에서의 파동 $\Psi_2(x, t)$는 다음과 같이 쓸 수 있다(식 (13.77) 참조).

$$\left.\begin{aligned}\Psi_1(x, t) &= \Psi_{\text{inc}} + \Psi_{\text{refl}} = Ae^{i(\omega t - k_1 x)} + Be^{i(\omega t + k_1 x)} \\ \Psi_2(x, t) &= \Psi_{\text{trans}} = Ce^{i(\omega t - k_2 x)}\end{aligned}\right\} \tag{13.79}$$

식 (13.79)에서 두 영역에서의 파동은 같은 진동수를 갖고 있음을 분명히 고려했다. 그러나 현 속에서의 파동 속도는

$$v = \sqrt{\frac{\tau}{\rho}}$$

같이 주어지므로 $v_1 \neq v_2$이다. 따라서 $k_1 \neq k_2$이다. 또한

$$k = \frac{\omega}{v} = \omega\sqrt{\frac{\rho}{\tau}} \tag{13.80}$$

이므로, 입사파의 파수로 표현한다면

$$k_2 = k_1\sqrt{\frac{\rho_2}{\rho_1}} \tag{13.81}$$

가 된다.

입사파의 진폭 A(식 (13.79) 참조)는 처음부터 주어지고 있으며 실수이다. 그러므로 문제에 대한 완전한 답을 얻으려면 반사파와 투과파의 진폭 B와 C를 알아야 한다. B, C에는 아직 제한이 없으나 아마 복소수 값일 것이다.

물리적 문제가 되기 위해서는 경계조건을 주어야 한다. 이것은 단순히 전체 파동 함수 $\Psi = \Psi_1 + \Psi_2$와 그 미분이 경계상에서 연속적이어야 한다는 뜻이다. Ψ에 대한 연속성은 현이 연속적이라는 사실로부터 나오며 미분량에 대한 조건은 현에 '엉클림'이 생기는 것을 방지하는 것이다. 왜냐하면 $\partial\Psi/\partial x_{0+} \neq \partial\Psi/\partial x_{0-}$라고 하면 $\partial^2\Psi/\partial x^2$ 값이 $x = 0$에서 무한대가 되기 때문이다. 그러나 파동 방정식은 $\partial^2\Psi/\partial x^2$과 $\partial^2\Psi/\partial t^2$ 간에 관계를 맺고 있어서 만약 $\partial^2\Psi/\partial x^2$이 무한대이면 그것은 무한대의 가속도를 의미하는데, 이것은 물리적으로 허용되지 않는다. 따라서 모든 시간 t 값에 대해

$$\Psi_1\big|_{x=0} = \Psi_2\big|_{x=0} \tag{13.82a}$$

$$\left.\frac{\partial\Psi_1}{\partial x}\right|_{x=0} = \left.\frac{\partial\Psi_2}{\partial x}\right|_{x=0} \tag{13.82b}$$

식 (13.79)와 식 (13.82a)로부터

$$A + B = C \tag{13.83a}$$

이며, 또한 식 (13.79)와 식 (13.82b)로부터

$$-k_1A + k_1B = -k_2C \tag{13.83b}$$

를 얻는다. 이 두 방정식의 해는 다음과 같다.

$$B = \frac{k_1 - k_2}{k_1 + k_2} A \tag{13.84a}$$

그리고

$$C = \frac{2k_1}{k_1 + k_2} A \tag{13.84b}$$

파수 k_1, k_2 다 실수이므로 진폭 B, C 또한 실수일 것이다. 더욱이 k_1, k_2, A 다 양의 값이므로 C는 항상 양이 된다. 따라서 반사파는 입사파와 항상 같은 위상을 갖는다. 마찬가지로 $k_1 > k_2$라면 입사파와 반사파는 같은 위상에 있고 만약 $k_2 > k_1$, 즉 $\rho_2 > \rho_1$이라면 역위상을 갖는다.

반사계수(reflection coefficient) R은 반사파의 진폭 제곱을 입사파의 진폭 제곱으로 나눈 값으로 정의된다. 즉,

$$R \equiv \frac{|B|^2}{|A|^2} = \left(\frac{k_1 - k_2}{k_1 + k_2}\right)^2 \tag{13.85}$$

파동의 에너지는 파동 함수의 진폭 제곱에 비례하므로 R은 반사파 에너지의 입사파 에너지에 대한 비율을 나타낸다. $|B|^2$ 양은 반사파의 강도를 나타낸다.

두 현의 연결 부분에 에너지가 축적되지 않기 때문에 입사파의 에너지는 반사파와 투과파 에너지의 합과 같아야 한다. 즉, $R + T = 1$이다. 따라서

$$T = 1 - R = \frac{4k_1 k_2}{(k_1 + k_2)^2} \tag{13.86}$$

또는

$$T = \frac{k_2}{k_1} \frac{|C|^2}{|A|^2} \tag{13.87}$$

전자파의 반사와 투과를 분석하면 대단히 유사한 형태의 R과 T를 얻게 된다.

13.8 위상 속도, 분산과 감쇠

식 (13.71)에서 파동 방정식의 일반해는 1차원의 경우조차 지수 인자를 갖는 복잡한 형태를 하고 있음을 알았으나, 지금부터 전개하는 논의에서는

$$\boxed{\Psi(x, t) = Ae^{i(\omega t - kx)}} \tag{13.88}$$

같은 특별한 조합만을 다룬다. 그런데 이 식은 어떤 정해진 진동수 ω를 갖고 오른쪽(x가 증가하는) 방향으로 전파하는 파동을 나타내고 있으며, 어떤 물리 상태는 이 형태의 파동 함수에 의해 아주 잘 근사할 수 있다. 예를 들면 공간 속에서의 단색광파의 전파라든가, 무한히 긴 현(또는 길이는 유한이라도 반사파를 무시할 수 있는 한)을 전달하는 사인 함수적인 파동의 전파 등이다.

식 (13.88)에서 지수의 인수가 상수라면, 파동 함수 $\Psi(x, t)$는 상수이다. 지수의 인수는 파동의 **위상**(phase) ϕ라 한다.

$$\phi \equiv \omega t - kx \tag{13.89}$$

만일 시간이 지나도 위상이 변하지 않으면 파동 함수의 형태도 그대로이므로, 이 조건에서 **위상 속도**(phase velocity, **파형**(wave form)의 전파 속도) V를 정의할 수 있다. 즉, ϕ = '상수'가 성립되기 위해서는

$$d\phi = 0 \tag{13.90}$$

또는

$$\omega\, dt = k\, dx$$

가 성립할 것이므로, 이로부터

$$V = \frac{dx}{dt} = \frac{\omega}{k} = v \tag{13.91}$$

를 얻는다. 이 경우의 위상 속도는 바로 최초에 속도로서 도입한 것과 같다. 그런데 위상 속도에 대해 말할 수 있는 것은 파동 함수가 그 영역 전반에 걸쳐서 같은 형태일 경우만이라는 데 주의할 필요가 있다. 즉, 이 조건은 실은 인접한 파동의 마루와 마루(또는 인접한 파동과 파동의 대응하는 점) 사이의 거리로 파장을 측정하는 데 필요한 것이고, 만일 파형이 시간 또는 파동 진행 방향의 거리의 함수로서 변화한다면, 이들의 측정에서 언제나 같은 결과를 얻는다고는 할 수 없다. 파장이 시간과 공간의 함수가 아님을(즉, ω가 유일한) 보증하는 필요충분조건은 파동열(연속한 파동)이 무한한 길이를 유지하는 것이다. 만일 파동열의 길이가 유한하다면 파동이 많은 진동수를 포함하고 있을 것이고, 각 파동은 자기 위상 속도를 갖고 있다. 때로는 편리하게 유한 길이의 파동이 단일 진동수와 단일 위상 속도를 갖는다고 근사하기도 한다.

하중이 걸린 현의 예로 돌아가서, 그 경우의 위상 속도의 성질을 조사해보자. 그런데 앞에 그와 같은 현의 r번째 기준 진동수는 현의 양 끝이 고정되어 있는 경우에는

$$\omega_r = 2\sqrt{\frac{\tau}{md}} \sin\left[\frac{r\pi}{2(n+1)}\right] \tag{13.92}$$

임을 알고 있다(식 (12.152) 참조). 여기서 기호는 12장과 같다. 또한 진동수는 양의 값만을 갖는 것도 상기하라. $r = 1$인 경우는 양 끝에 마디가 있고, 사이에는 없다. 그러므로 현의 길이는 파장의 1/2이 된다. 마찬가지로 $r = 2$인 경우는 $L = \lambda$가 되고, 일반적으로는 $\lambda_r = 2L/r$이 된다. 따라서

$$\frac{r\pi}{2(n+1)} = \frac{r\pi d}{2d(n+1)} = \frac{r\pi d}{2L} = \frac{\pi d}{\lambda_r} = \frac{k_r d}{2} \tag{13.93}$$

를 얻고, 이것을 사용하면

$$\omega_r = 2\sqrt{\frac{\tau}{md}}\sin\left(\frac{k_r d}{2}\right) \tag{13.94}$$

가 된다. 이 식은 이미 n과 L을 포함하지 않으므로, 이것은 현의 길이가 유한하거나 무한하거나 마찬가지로 쓸 수 있다.

이번에는 하중이 걸린 현을 따라서 전파되는 파동을 조사하기 위해서 많은 입자 속의 하나, 예를 들면 0번째 입자를 골라서 이것을

$$q_0(t) = Ae^{i\omega t} \tag{13.95}$$

만큼 움직여서 혼란을 준다. 그 경우에 현에 많은 입자가 붙어 있으면,[9] $2\sqrt{\tau/md}$보다 작은 진동수는 모두 허락되는 진동수(즉, 고유진동수)가 되며 식 (13.95)를 만족시킨다. 그래서 과도 효과가 가라앉고, 정상 상태에 달한 후의 파동의 위상 속도는

$$\boxed{V = \frac{\omega}{k} = \sqrt{\frac{\tau d}{m}}\,\frac{|\sin(kd/2)|}{kd/2} = V(k)} \tag{13.96}$$

가 되므로, 위상 속도는 파수의 함수가 된다.[10] 즉, V는 진동수에 의존한다. 그런데 어떤 주어진 매질에 대해서 V는 $V(k)$가 되는 경우에 그 매질은 **분산성**을 갖는다고 말하고, 파동의 **분산**을 보인다. 이러한 현상 중 가장 잘 알려진 예로는 간단한 광학 프리즘이 있다. 즉, 프리즘의 굴절률은 입사광선의 파장에 의존하기 때문에 광선은 프리즘을 통과할 때 여러 가지 파장의 스펙트럼으로 분리된다(즉, 광파는 분산되는 것이다).

식 (13.96)에서 알 수 있듯이, 파장이 매우 길어지면($\lambda \to \infty$ 또는 $k \to 0$) 위상 속도가 상수값

---

9) 엄밀하게는 이러한 분석에서 무한개의 입자가 필요하지만 유한 입자 수가 증가함에 따라 이상적인 조건에 점점 가까워진다.

10) 식 (13.92)에서 r값은 $r \le n$이라고 하면(식 (12.144) 참조), $0 \le r \le n$ 영역에서 $\sin[r\pi/2(n+1)] \ge 0$이므로 자동적으로 $\omega_r \ge 0$을 얻을 수 있다. 이제 kd에 대해 이러한 제한을 갖고 있지 않기 때문에 $\sin(kd/2)$는 음의 값을 가질 수 있다. 항상 $\sin(kd/2)$의 크기만 고려하므로 앞으로도 양 값의 진동수만을 다룬다.

이 결과는 1841년 바덴-파웰(Baden-Powell)이 구했으나 윌리엄 톰슨(William Thomson, 1824~1907)이 1881년 처음으로 그 중요성을 지적했다.

$$V(\lambda \to \infty) = \sqrt{\frac{\tau d}{m}} \tag{13.97}$$

에 가까이 가는데, 그렇지 않은 경우는 $V = V(k)$가 되어 파동은 분산된다. 또한 연속적인 현의 경우 위상 속도(식 (13.55) 참조)는

$$V_{\text{cont.}} = v = \sqrt{\frac{\tau}{\rho}} \tag{13.98}$$

임에 주의하면, 하중이 걸린 현인 경우의 m/d는 연속적인 현인 경우의 ρ에 대응하는 것으로부터, 이 두 가지 경우의 위상 속도는 파장이 긴 쪽의 극한에서(그러나 이 극한만으로) 같아진다. 그런데 λ가 d와 비교해서 커지면 파동의 성질이 입자의 간격에 좌우되지 않고, 극한에서는 d가 없어져 위상 속도에 영향을 주지 않게 되므로, 이것은 타당한 결과이다.

식 (13.94)에서 r에 대한 제한은 $1 \leq r \leq n$이고, $k_r = r\pi/L$이므로 ω_r을 최대로 하는 k의 값은

$$k_{\max} = \pi/d \tag{13.99}$$

식 (13.96)에 의하면 그에 해당하는 진동수는 $2\sqrt{\tau/md}$가 된다. $2\sqrt{\tau/md}$보다 큰 진동수로 현을 진동시키면 어떤 결과가 나올까? 이를 살펴보기 위해 k가 복소수여도 좋다고 하여

$$k \equiv \kappa - i\beta, \qquad \kappa,\ \beta > 0 \tag{13.100}$$

으로 쓰며, ω의 식(식 (13.94))은

$$\begin{aligned}
\omega &= 2\sqrt{\frac{\tau}{md}}\sin\left[\frac{d}{2}(\kappa - i\beta)\right] \\
&= 2\sqrt{\frac{\tau}{md}}\left(\sin\frac{d\kappa}{2}\cos\frac{i\beta d}{2} - \cos\frac{\kappa d}{2}\sin\frac{i\beta d}{2}\right) \\
&= 2\sqrt{\frac{\tau}{md}}\left(\sin\frac{\kappa d}{2}\cosh\frac{\beta d}{2} - i\cos\frac{\kappa d}{2}\sinh\frac{\beta d}{2}\right)
\end{aligned} \tag{13.101}$$

로 나타낸다. 이 경우에 만일 진동수가 실수라고 하면, 이 식의 허수부는 0이 될 것이므로 $\cos(\kappa d/2) = 0$이든지 또는 $\sinh(\beta d/2) = 0$이든지 둘 중 하나여야 한다. 그런데 후자를 취하면 $\beta = 0$이 되고 k가 복소수여야 한다는 것에 위배되므로 전자, 즉

$$\cos\frac{\kappa d}{2} = 0 \tag{13.102}$$

을 취해서 한다. 그래서 이로부터

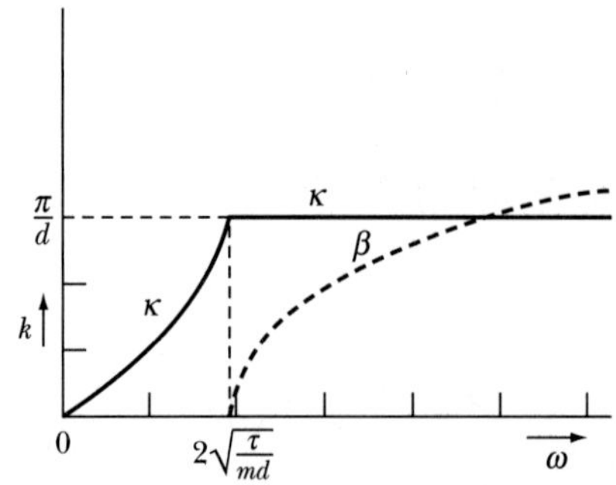

그림 13-5 하중이 걸린 줄의 경우에 파수 k는 각진동수 $\omega \le 2\sqrt{\tau/md}$인 경우에 실수이다. $\omega > 2\sqrt{\tau/md}$인 경우에 파수 k는 κ로 표시되는 (π/d인 값에 고정된) 실수부와 β로 표시되는 허수부(점선)를 갖는 복소수($\kappa - i\beta$)이다.

$$\sin\frac{\kappa d}{2} = 1 \tag{13.103}$$

을 얻게 되고, 각진동수는

$$\omega = 2\sqrt{\frac{\tau}{md}}\cosh\frac{\beta d}{2} \tag{13.104}$$

가 된다. 그러므로 결국 $\omega \le 2\sqrt{\tau/md}$인 경우는 파수 k가 실수이고, 또한 ω와 k의 관계는 식 (13.94)로 주어진다. 한편 $\omega > 2\sqrt{\tau/md}$인 경우는 k가 복소수가 되고, 그 실수부는 식 (13.102)에 의해 $\kappa = \pi/d$인 값에 고정되며, 허수부 β는 식 (13.104)에서 주어진다. 그 모양은 그림 13-5에 나타나 있다.

복소파수(複素波數)의 물리적 의미는 무엇인가? 원래의 파동 함수는

$$\Psi = Ae^{i(\omega t - kx)}$$

인데, $k = \kappa - i\beta$를 대입하면

$$\Psi = Ae^{-\beta x}e^{i(\omega t - \kappa x)} \tag{13.105}$$

을 얻으나, 인수 $\exp(-\beta x)$가 있기 때문에 x가 증가함과 동시에 파동은 감쇠함을 알 수 있다. 따라서 파동은 $\omega \le 2\sqrt{\tau/md}$인 경우에는 감쇠하지 않고 전파하나(이 영역은 진동수의 **통과띠**(passing band)로 불린다), $\omega_c = 2\sqrt{\tau/md}$로 감쇠가 시작하고($\omega_c$는 **임계진동수**(critical frequency) 또는 **차단진동수**(cutoff frequency)라 한다),[11] 진동수가 그보다 증가하면 감쇠도 증가한다고 결론짓게 된다.

---

11) 차단진동수가 나타나는 사실은 1881년 켈빈(Kelvin)이 발견했다.

이로부터 k의 실수부와 허수부의 물리적인 의미를 알 수 있다. 즉, β는 감쇠계수[12)]이다(여기서 β는 $\omega > \omega_c$인 경우에만 존재한다). 한편 κ는 위상 속도 $V = \omega/k$가 아니고

$$V' = \frac{\omega}{\kappa} = \frac{\omega}{\mathrm{Re}\,k} \tag{13.106}$$

로 주어진다는 의미에서의 파수이다. 물론 k가 실수이면 V와 V'는 같다.

이 예는 위상 속도의 근본적인 정의의 기초가 되는 것은 위상이 변하지 않는다는 요구이고 ω/k인 비가 아니라는 사실을 확실히 기술하고 있으나, 지금부터 알 수 있는 바와 같이 일반적으로 위상 속도 V와 소위 파동의 속도 v는 다르다. 또한 ω가 실수로 파수 k가 복소수인 경우는 $\omega = kv$인 관계로부터 kv가 진동수로서 실수가 되기 위해서는 파동의 속도 v도 복소수여야 함에 주의하라. 한편 ϕ = '상수'라는 요구로부터 나온 위상 속도는 항상 반드시 실수가 된다.

이상의 논의에서 계가 보존계인 경우를 생각하고, 이것에서 우리는 ω가 실수라고 설명해왔으나,[13)] ω가 임계진동수 ω_c를 넘으면 감쇠가 일어나기 시작하고 파수가 복소수가 되는 것도 알았다. 그런데 지금 만일 계가 보존계라는 조건을 완화하면 진동수는 복소수가 되고 파수는 실수가 된다. 그와 같은 경우에는 파동은 공간적으로가 아닌 시간적으로 감쇠한다(연습문제 13-13 참조). 공간적 감쇠(ω가 실수로, k가 복소수)는 진행파인 경우에 특히 중요하고, 시간적 감쇠(ω가 복소수로, k가 실수)는 정상파인 경우에 중요하다.

하중이 걸린 현에서는 $\omega > \omega_c$인 경우에 감쇠가 일어나지만, 그럼에도 불구하고 계는 역시 보존계이고 에너지 손실은 없다. 이러한 약간 기묘하게 보이는 상태는 실은 진행파를 일으키기 위해서 입자에 가해진 힘이(감쇠파가 정상적으로 되었을 때) 입자의 속도와 위상이 완전히 90° 다르므로, 입자에 전달되는 일(단위 시간에 행해지는 일) $P = \mathbf{F} \cdot \mathbf{v}$가 0이 되기 위해 일어난다.

여기서 하중이 걸린 현을 다룰 때는 은연중에 이상적인 상태를 가정하며, 이 계에서는 에너지 손실이 없다고 가정하고 있다. 그 결과 $\omega > \omega_c$인 경우에는 감쇠가 일어나나, $\omega < \omega_c$인 경우에는 일어나지 않았다. 그러나 현실의 계는 모두 에너지 손실을 받으므로, 실제로는 $\omega < \omega_c$인 경우에도 얼마간 감쇠가 일어난다. 다음 절에서는 또 한 번 이 점으로 돌아와서, 손실이 있는 계에 대한 정성적인 논의를 한다.

13.9 군속도와 파동묶음

3.9절에서는 선형 미분 방정식의 여러 해를 중첩한 것 역시 그 방정식의 해임을 나타냈고, 또한 실제로 미소 진동 문제에 대한 일반해(식 (12.43) 참조)는 그 특수해를 모두 더함으로써 얻었다. 그러므로 어떤 파동

12) 식 (13.100)에서 $k = \kappa + i\beta$ 대신 $k = \kappa - i\beta$로 쓴 이유는 이제 확실해졌다. 만약 $k = \kappa + i\beta$로 쓰고 $\beta > 0$이면 파동의 진폭은 0에 수렴하지 않고 오히려 한없이 커진다.

13) 12.4절에 나타난 식 (12.39) 뒤에 있는 논의를 참조하라.

방정식에 파동 함수 Ψ_1, Ψ_2

$$\left.\begin{aligned}\Psi_1(x, t) &= Ae^{i(\omega t - kx)}\\ \Psi_2(x, t) &= Ae^{i(\Omega t - Kx)}\end{aligned}\right\} \tag{13.107}$$

로 나타내는 거의 같은 두 개의 해가 있다고 가정한다. 여기서 각 파동 함수는 같은 진폭을 갖고, 진동수와 파수가 약간만 다르다고 하자.

$$\left.\begin{aligned}\Omega &= \omega + \Delta\omega\\ K &= k + \Delta k\end{aligned}\right\} \tag{13.108}$$

다음에 Ψ_1과 Ψ_2를 더해서 해를 만들면

$$\begin{aligned}\Psi(x, t) = \Psi_1 + \Psi_2 &= A\left[\exp(i\omega t)\exp(-ikx)\right.\\ &\quad \left.+ \exp\{i(\omega + \Delta\omega)t\}\exp\{-i(k + \Delta k)x\}\right]\\ &= A\left[\exp\left\{i\left(\omega + \frac{\Delta\omega}{2}\right)t\right\}\exp\left\{-i\left(k + \frac{\Delta k}{2}\right)x\right\}\right]\\ &\quad \cdot\left[\exp\left\{-i\left(\frac{(\Delta\omega)t - (\Delta k)x}{2}\right)\right\} + \exp\left\{i\left(\frac{(\Delta\omega)t - (\Delta k)x}{2}\right)\right\}\right]\end{aligned}$$

를 얻는다. 이 식의 두 번째 각괄호는 바로 그 지수 함수의 변수에 코사인을 취한 것의 2배가 되고, 또한 첫 번째 각괄호의 실수부도 코사인이 되므로 파동 함수의 실수부는 다음과 같다.

$$\Psi(x, t) = 2A\cos\left[\frac{(\Delta\omega)t - (\Delta k)x}{2}\right]\cos\left[\left(\omega + \frac{\Delta\omega}{2}\right)t - \left(k + \frac{\Delta k}{2}\right)x\right] \tag{13.109}$$

이 식은 연결된 진자 문제(12.3절 참조)로 얻은 것과 모양이 비슷하다. 즉, 이 경우의 파동 함수도 역시

$$2A\cos\left[\frac{(\Delta\omega)t - (\Delta k)x}{2}\right]$$

인 모양으로 천천히 변화하는 진폭을 갖고 있고, 기본 진동은 진동수 $\omega + (\Delta\omega/2)$ (이것은 $\Delta\omega$가 작다는 가정에 의하고, ω가 약간 다르다)로 진동을 행하는 것이다. 이와 같이 진폭이 변화하는 경우에는 그림 13-6에 보이는 바와 같이 **맥놀이**(beat)가 일어난다.

맥놀이를 나타내는 파형(또는 파동군)이 전파하는 속도 U(**군속도**(group velocity)[14]라 불린다)는 진폭에 해당하는 항의 위상이 변하지 않는다는 요구로부터

14) 군속도의 개념은 1839년 해밀턴이 도입했다. 위상 속도와 군속도의 차이는 레일리(Rayleigh)가 밝혔다(*Theory of Sound*, 1st edition, 1877; Ra94 참조).

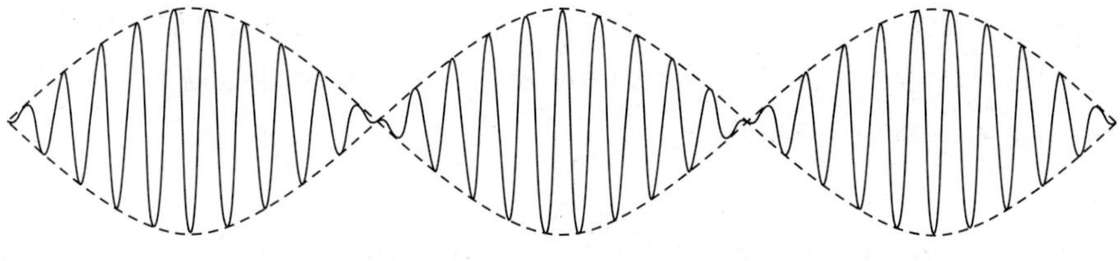

그림 13-6 매우 인접한 진동수를 갖는 두 개의 파동 함수를 요약하고, 맥놀이 현상을 관찰한 것이다.

$$U = \frac{dx}{dt} = \frac{\Delta\omega}{\Delta k} \tag{13.110}$$

로 주어지는데, 분산성이 없는 매질에서는 $\Delta\omega/\Delta k = V$이므로 군속도와 위상 속도는 같다.[15] 그러나 분산이 있는 경우에는 U와 V가 다르다.

지금까지는 두 파동의 중첩만을 생각해왔으나, 여기서 만일 n개의 파동을 중첩하려고 하면

$$\Psi(x, t) = \sum_{r=1}^{n} A_r \exp[i(\omega_r t - k_r x)] \tag{13.111a}$$

로 쓸 필요가 있다. 여기서 A_r은 각 파동의 진폭을 나타낸다. 그래서 n이 아주 커지는(엄밀하게는 무한대로) 경우에는 진동수가 연속적으로 분포하여 식 (13.111a)의 합은 적분으로 대치되므로

$$\Psi(x, t) = \int_{-\infty}^{+\infty} A(k) e^{i(\omega t - kx)} dk \tag{13.111b}$$

로 쓸 수 있다.[16] 여기서 $A(k)$는 여러 진동수를 갖는 성분파의 진폭 분포를 나타낸다. 즉, 파동의 **스펙트럼 분포**(spectral distribution)이다. 우리가 가장 흥미를 갖는 경우는 $A(k)$가 어떤 특정한 파수 k_0 근방에서만 큰 값을 갖고, $k_0 \pm \Delta k$로 나타내는 작은 영역 외의 k에서는 0에 가까울 때여서, 그 경우의 파동 함수는 다음과 같이 주어진다.

$$\Psi(x, t) = \int_{k_0 - \Delta k}^{k_0 + \Delta k} A(k) e^{i(\omega t - kx)} dk \tag{13.112}$$

이 형태의 함수는 **파동묶음**(wave packet)[17]이라 한다. 그래서 앞에 기술한 군속도의 개념은 이 파동묶음

15) 이 (같다는) 사실은 식 (13.117)에서 분명히 나타나고 있다.

16) $k \geq 0$이란 암암리의 가정을 전에 했으나 k는 $k^2 = \omega^2/v^2$(식 (13.75) 참조)에 의해 정의되므로 $k < 0$을 갖지 못하는 수학적 이유가 없다. 따라서 수학적으로 별 어려움 없이 적분 영역을 $-\infty < k < 0$까지 확장할 수 있다. 이 수법에 의해 $\Psi(x, t)$에 대한 적분 형식을 푸리에 적분으로 인정할 수 있게 된다.

17) 파동묶음이란 단어는 에어빈 슈뢰딩거(Erwin Schrödinger)가 지었다.

을 써서 나타내는 경우에만, 즉 진동수가 작은 영역(혹은 띠(帶))에 포함되는 파동 함수에 대해서만 쓰인다.

식 (13.112)에서 나타내는 파동묶음을 생각할 경우에 기여가 큰 진동수는 $\omega(k_0)$가 가까운 것에 제한되므로, $\omega(k)$를 $k = k_0$의 주위에서 전개한다.

$$\omega(k) = \omega(k_0) + \left(\frac{d\omega}{dk}\right)_{k=k_0} \cdot (k - k_0) + \cdots \tag{13.113a}$$

이를 간단히

$$\omega = \omega_0 + \omega_0'(k - k_0) + \cdots \tag{13.113b}$$

로 쓰면, 파동묶음의 적분 속 지수 함수의 변수는 근사적으로

$$\omega t - kx = (\omega_0 t - k_0 x) + \omega_0'(k - k_0)t - (k - k_0)x$$

가 되고(여기서 $k_0 x$를 더해서 뺐다), 이는

$$\omega t - kx = (\omega_0 t - k_0 x) + (k - k_0)(\omega_0' t - x) \tag{13.114}$$

로 쓸 수 있으므로, 식 (13.112)는 결국

$$\Psi(x, t) = \int_{k_0-\Delta k}^{k_0+\Delta k} A(k)\exp[i(k - k_0)(\omega_0' t - x)]\exp[i(\omega_0 t - k_0 x)]\,dk \tag{13.115}$$

가 된다.

이러한 모양으로 나타낸 파속은 다음과 같이 설명된다. 먼저

$$A(k)\exp[i(k - k_0)(\omega_0' t - x)]$$

는 유효 진폭이고 (이는 지수 속에 포함되는 $(k - k_0)$가 작기 때문에) 시간과 함께 천천히 변화하고 파동묶음 (즉, 파동집단의 포락선(包絡線, envelope)) 운동을 나타내는데, 이것은 앞에서 본 것처럼

$$2A\cos\left[\frac{(\Delta\omega)t - (\Delta k)x}{2}\right]$$

인 모양의 항의 두 파동의 중첩으로 만들어진 파동묶음의 전파를 나타낸 것과 같다. 다음에 진폭에 해당하는 항의 위상은 일정하다고 요구함으로써 군속도

$$U = \omega_0' = \left(\frac{d\omega}{dk}\right)_{k=k_0} \tag{13.116}$$

를 얻는데, 이전에도 기술했듯이 매질이 분산성을 갖는 경우에만 U는 위상 속도 V와 다른 것이 된다. 여기서 이를 확실히 나타내기 위해서 식 (13.116)을

$$\frac{1}{U} = \left(\frac{dk}{d\omega}\right)_0$$

로 쓴다. 여기서 첨자의 0은 $k = k_0$, 또는 같은 일이지만 $\omega = \omega_0$에서의 값을 구하는 것을 의미한다. 그런데 $k = \omega/v$이므로 위 식은

$$\frac{1}{U} = \left[\frac{d}{d\omega}\left(\frac{\omega}{v}\right)\right]_0 = \frac{v_0 - (\omega dv/d\omega)_0}{v_0^2}$$

가 되고, 따라서

$$U = \frac{v_0}{1 - \dfrac{\omega_0}{v_0}\left(\dfrac{dv}{d\omega}\right)_0} \tag{13.117}$$

을 얻는다. 만일 매질이 분산성을 갖지 않으면 $v = V =$ 상수이므로 $dv/d\omega = 0$(식 (13.91) 참조)이 되고, 결국 $U = v_0 = V$를 얻는다.

식 (13.115)의 나머지 부분 $\exp[i(\omega_0 t - k_0 x)]$는 시간과 함께 급속히 변화한다. 그래서 만일 Ψ가 이 항만으로 나타내어진다면 그것은 진동수 ω_0로 진동하고, 위상 속도 $V = \omega_0/k_0$로 진행하는 무한히 긴 일련의 파동을 나타낸다.

주어진 진동수를 갖는 무한히 긴 일련의 파동은 한 점에서 다른 점으로 신호를 보내지도 정보를 전하지도 못함에 주의해야 한다. 이러한 정보 전달은 일련의 파동을 내고 멈추게 함으로써만, 즉 파동에 신호를 새김으로써 비로소 가능하다. 다시 말해, 파동묶음을 형성할 때만이 가능하다. 이 사실로부터 신호가 전달되는 속도는 위상 속도가 아니고 군속도라는 결과가 나온다.[18)]

18) 분산성을 갖지 않는 매재(이 경우 위상 속도, 군속도, 신호 속도가 다 같다)와 분산 매재(여기서 위상 속도는 군속도나 신호 속도보다 빠르다) 속에서만 군속도는 신호 속도가 된다. 이상(異常, anomalous) 분산 매재 속에서 군속도는 신호 속도보다 빠를 수도 있다(실제로 음의 값 혹은 무한대 값을 가질 수도 있다). 파수 k가 복소수인 매재는 감쇠를 나타낸다는 점에 유의할 필요가 있다. 그리고 분산은 이상 분산(異常分散)이라고 말한다. 만약 k가 실수이면 감쇠는 없고 분산은 정상이다. 소위 말하는 이상 분산(역사적으로 틀린 개념에 의해 그렇게 말해왔다)은 실제로는 정상(즉, 자주 일어남)이고, 정상 분산이라고 불린 것은 비정상이다(즉, 희귀하게 일어남). 분산 효과는 광학 현상이나 전자기적 현상에서 대단히 중요하다.

위상 속도, 군속도, 신호 속도 사이의 상호관계는 1914년 아르놀트 조머펠트(Arnold Sommerfeld)와 레옹 브릴루앙(Léon Brillouin)이 상세히 분석했다. 이들의 논문 내용은 브릴루앙이 쓴 책에 나와 있다(Br60).

연습문제

13-1. Discuss the motion of a continuous string when the initial conditions are $\dot{q}(x, 0) = 0$, $q(x, 0) = A \sin(3\pi x/L)$. Resolve the solution into normal modes.

13-2. Rework the problem in Example 13.1 in the event that the plucked point is a distance $L/3$ from one end. Comment on the nature of the allowed modes.

13-3. Refer to Example 13.1. Show by a numerical calculation that the initial displacement of the string is well represented by the first three terms of the series in Equation 13.13. Sketch the shape of the string at intervals of time of $\frac{1}{8}$ of a period.

13-4. Discuss the motion of a string when the initial conditions are $q(x, 0) = 4x(L - x)/L^2$, $\dot{q}(x, 0) = 0$. Find the characteristic frequencies and calculate the amplitude of the nth mode.

13-5. A string with no initial displacement is set into motion by being struck over a length $2s$ about its center. This center section is given an initial velocity v_0. Describe the subsequent motion.

13-6. A string is set into motion by being struck at a point $L/4$ from one end by a triangular hammer. The initial velocity is greatest at $x = L/4$ and decreases linearly to zero at $x = 0$ and $x = L/2$. The region $L/2 \leq x \leq L$ is initially undisturbed. Determine the subsequent motion of the string. Why are the fourth, eighth, and related harmonics absent? How many decibels down from the fundamental are the second and third harmonics?

13-7. A string is pulled aside a distance h at a point $3L/7$ from one end. At a point $3L/7$ from the other end, the string is pulled aside a distance h in the opposite direction. Discuss the vibrations in terms of normal modes.

13-8. Compare, by plotting a graph, the characteristic frequencies ω_r as a function of the mode number r for a loaded string consisting of 3, 5, and 10 particles and for a continuous string with the same values of τ and $m/d = \rho$. Comment on the results.

13-9. In Example 13.2, the complementary solution (transient part) was omitted. If transient effects are included, what are the appropriate conditions for overdamped, critically damped, and underdamped motion? Find the displacement $q(x, t)$ that results when underdamped motion is included in Example 13.2 (assume that the motion is underdamped for all normal modes).

13-10. Consider the string of Example 13.1. Show that if the string is driven at an arbitrary point, none of the normal modes with nodes at the driving point will be excited.

13-11. When a particular driving force is applied to a string, it is observed that the string vibration is purely of the nth harmonic. Find the driving force.

13-12. Determine the complementary solution for Example 13.2.

13-13. Consider the simplified wave function

$$\Psi(x,\ t) = Ae^{i(\omega t - kx)}$$

Assume that ω and v are complex quantities and that k is real:

$$\omega = \alpha + i\beta$$

$$v = u + iw$$

Show that the wave is damped in time. Use the fact that $k^2 = \omega^2/v^2$ to obtain expressions for α and β in terms of u and w. Find the phase velocity for this case.

13-14. Consider an electrical transmission line that has a uniform inductance per unit length L and a uniform capacitance per unit length C. Show that an alternating current I in such a line obeys the wave equation

$$\frac{\partial^2 I}{\partial x^2} - LC\frac{\partial^2 I}{\partial t^2} = 0$$

so that the wave velocity is $v = 1/\sqrt{LC}$.

13-15. Consider the superposition of two infinitely long wave trains with almost the same frequencies but with different amplitudes. Show that the phenomenon of beats occurs but that the waves never beat to zero amplitude.

13-16. Consider a wave $g(x - vt)$ propagating in the $+\ x$-direction with velocity v. A rigid wall is placed at $x = x_0$. Describe the motion of the wave for $x < x_0$.

13-17. Treat the problem of wave propagation along a string loaded with particles of two different masses, m' and m'', which alternate in placement; that is,

$$m_j = \begin{cases} m', & \text{for } j \text{ even} \\ m'', & \text{for } j \text{ odd} \end{cases}$$

Show that the $\omega - k$ curve has two branches in this case, and show that there is attenuation for frequencies between the branches as well as for frequencies above the upper branch.

13-18. Sketch the phase velocity $V(k)$ and the group velocity $U(k)$ for the propagation of waves along a loaded string in the range of wave numbers $0 \leq k \leq \pi/d$. Show that $U(\pi/d) = 0$, whereas $V(\pi/d)$ does not vanish. What is the interpretation of this result in terms of the behavior of the waves?

13-19. Consider an infinitely long continuous string with linear mass density ρ_1 for $x < 0$ and for $x > L$, but density $\rho_2 > \rho_1$ for $0 < x < L$. If a wave train oscillating with an angular frequency ω is incident from the left on the high-density section of the string, find the reflected and transmitted intensities for the various portions of the string. Find a value of L that allows a maximum transmission through the high-density section. Discuss briefly the relationship of this problem to the application of nonreflective coatings to optical lenses.

13-20. Consider an infinitely long continuous string with tension τ. A mass M is attached to the string at $x = 0$. If a wave train with velocity ω/k is incident from the left, show that reflection and transmission occur at $x = 0$ and that the coefficients R and T are given by

$$R = \sin^2\theta, \quad T = \cos^2\theta$$

where

$$\tan\theta = \frac{M\omega^2}{2k\tau}$$

Consider carefully the boundary condition on the derivatives of the wave functions at $x = 0$. What are the phase changes for the reflected and transmitted waves?

13-21. Consider a wave packet in which the amplitude distribution is given by

$$A(k) = \begin{cases} 1, & |k - k_0| < \Delta k \\ 0, & \text{otherwise} \end{cases}$$

Show that the wave function is

$$\Psi(x, t) = \frac{2\sin[(\omega_0' t - x)\Delta k]}{\omega_0' t - x} e^{i(\omega_0 t - k_0 x)}$$

Sketch the shape of the wave packet (choose $t = 0$ for simplicity).

13-22. Consider a wave packet with a Gaussian amplitude distribution

$$A(k) = B\exp[-\sigma(k - k_0)^2]$$

where $2/\sqrt{\sigma}$ is equal to the $1/e$ width[19] of the packet. Using this function for $A(k)$, show that

$$\begin{aligned} \Psi(x,0) &= B\int_{-\infty}^{+\infty} \exp[-\sigma(k - k_0)^2]\exp(-ikx)\,dk \\ &= B\sqrt{\frac{\pi}{\sigma}}\exp(-x^2/4\sigma)\exp(-ik_0 x) \end{aligned}$$

19) $k = k_0 \pm 1/\sqrt{\sigma}$ 점에서 진폭 분포는 최대치 $A(k_0)$의 $1/e$배이다. 따라서 $2/\sqrt{\sigma}$는 $1/e$ 높이에서의 곡선 폭을 나타낸다.

Sketch the shape of this wave packet. Next, expand $\omega(k)$ in a Taylor series, retain the first two terms, and integrate the wave packet equation to obtain the general result

$$\Psi(x, t) = B\sqrt{\frac{\pi}{\sigma}}\exp[-(\omega_0' t - x)^2/4\sigma]\exp[i(\omega_0 t - k_0 x)]$$

Finally, take one additional term in the Taylor series expression of $\omega(k)$ and show that σ is now replaced by a complex quantity. Find the expression for the $1/e$ width of the packet as a function of time for this case and show that the packet moves with the same group velocity as before but spreads in width as it moves. Illustrate this result with a sketch.

제 14 장

특수 상대성 이론

14.1 서론

공간과 시간은 완전히 분리할 수 있고 시간은 절대적인 개념이라는 뉴턴의 생각이 비판적인 분석에 부닥칠 때 무너진다는 사실을 2.7절에서 지적했다. 뉴턴의 역학체계가 역학을 기본으로 기술하는 자격을 최종적으로 잃어버린 것은 1881~1887년의 마이컬슨(Michelson)과 몰리(Morley)의 실험을 정점으로 하는 몇 개의 결정적인 실험에 의해서였다. 이 실험 결과는 빛의 속도가 광원과 관측자 사이의 어떤 상대적 등속 운동에도 무관함을 말해준다. 이 사실은 빛의 속도가 유한하다는 사실과 결부되어 역학 구조의 근본적 개조를 재촉하게 되었다. 이러한 요구에 응한 사람이 H. 푸앵카레, H. A. 로렌츠, A. 아인슈타인[1]으로, 그들은 실험 사실과 모순되지 않는 설명을 위해 상대성 이론을 수립했던 것이다. 이 일은 1904~1905년에 이루어졌다. **상대성 이론**(theory of relativity)은 다음의 두 조건에 기초를 둔다.

I. 물리 현상의 법칙은 모든 관성계에서 같다(즉, 관성계의 상대 운동만을 측정할 수 있고, 정지 상태에 대한 운동이라는 개념은 의미가 없다).

II. (진공 중에서의) 빛의 속도는 일정하고, 광원의 운동에는 무관하다.

이 가정을 기본으로 해서 아인슈타인은 논리적으로 정밀한 모형이라 할 만한 아름다운 이론을 만들어, 고속으로 일어나는 여러 가지 현상과 뉴턴 역학에서는 설명할 수 없는 현상을 완전히 기술할 수 있었다.

상대성 원리라고 아인슈타인이 불렀던 조건 I은 상대성 이론의 기초이고, 조건 II는 빛의 전파에 관한 법칙을 나타내며, 아인슈타인이 한 것처럼 맥스웰(Maxwell) 방정식을 물리학의 기본 법칙으로 받아들이면 조건 I로부터 나온다. 맥스웰 방정식은 진공 속의 빛의 속도는 c라고 예측하고 있으며, 아인슈타인은 이것이 모든 관성계에서 성립한다고 믿었다.

여기서 상대성 이론이 생긴 실험적 배경을 기술하진 않는데, 그 내용은 현대물리학 교재와 전기역학 책에 나와 있다.[2] 여기서는 오히려 공리론적 방법을 쓰고 싶으므로, 위의 두 조건은 단지 올바르다고 인정하도록 한다. 이러한 입장에서 출발하여 역학 분야에도 적용할 수 있는 몇 개의 결과를 유도해본다.[3] 여기서

---

1) 알베르트 아인슈타인(Albert Einstein, 1879~1955)이 상대성 이론을 만들었다고 보통 인식되어 있지만(Wh53, 2장 참조) 기본적인 수식은 1904년 푸앵카레(Poincaré)와 로렌츠(Lorentz)가 제시했다. 아인슈타인이 상대성 이론에 관한 최초의 논문을 발표한 1905년에는 그 사실을 몰랐다(아인슈타인의 친구들이 자주 "그는 별로 읽지 않지만 생각을 많이 한다"고 말했었다). 특수 상대성 이론에 대한 아인슈타인의 중요한 업적은 로렌츠 등이 도입한 많은 임시적 가정을 단지 두 개의 기본 조건으로 대치한 것이다. 이 두 개의 조건으로부터 모든 결과가 유도된다(상대성 이론의 우선권 문제는 G. 홀튼(Holton)이 논의한 바 있다. *Am. J. Phys.* **28**, 627(1960); Am63). 더욱이 아인슈타인은 그 후 1916년 일반 상대성 이론을 세우는 데 근본적 역할을 했다. 일반 상대성 이론의 중요한 문제에 관한 그의 첫 번째 논문(중력이 빛에 미치는 영향에 대한 고찰)이 1907년에 나왔다. 흥미롭게도 1921년에 아인슈타인에게 노벨상이 수여된 이유는 상대성 이론에 관한 업적 때문이 아니라 광전 효과에 관한 업적 때문이었다.

2) 상대성 이론 실험에 관한 아주 좋은 설명은 Panofsky and Phillips(Pa62, 15장)에 나와 있다.

3) 전기역학에서의 상대론적 효과는 Heald and Marion(He95, 14장)에 논의되어 있다.

논의는 관성기준계, 즉 서로 상대적으로 등속 운동을 하는 계만을 생각하는 **특수 상대론**(special relativity)의 경우에 한정한다. 가속도를 갖는 계에 대해서는 **일반 상대론**(general theory of relativity)에서 다룬다.

14.2 갈릴레이 불변성

뉴턴 역학에서는 공간과 시간의 개념은 완전히 분리할 수 있다고 생각하고, 더욱이 시간은 기준계와는 무관하게 정확하게 정의할 수 있는 절대적인 양으로 가정되고 있었다. 이러한 가정에서 역학 법칙이 다음과 같은 형태의 좌표변환에 대해 불변이라는 사실이 도출된다. 그림 14-1과 같이 x_1축과 x_1'축을 따라서 일정한 상대 속도 v로 운동하는 두 관성기준계 K, K'를 생각하면 한 계로부터 다른 계로의 좌표변환은 명백하게

$$\left.\begin{aligned} x_1' &= x_1 - vt \\ x_2' &= x_2 \\ x_3' &= x_3 \end{aligned}\right\} \tag{14.1a}$$

이고, 또한

$$t' = t \tag{14.1b}$$

이다. 이 식 (14.1)로 **갈릴레이 변환**(Galilean transformation)이 정의된다. 이 경우에 두 계에서의 길이 요소는 같고,

$$\begin{aligned} ds^2 &= \sum_j dx_j^2 \\ &= \sum_j dx_j'^2 = ds'^2 \end{aligned} \tag{14.2}$$

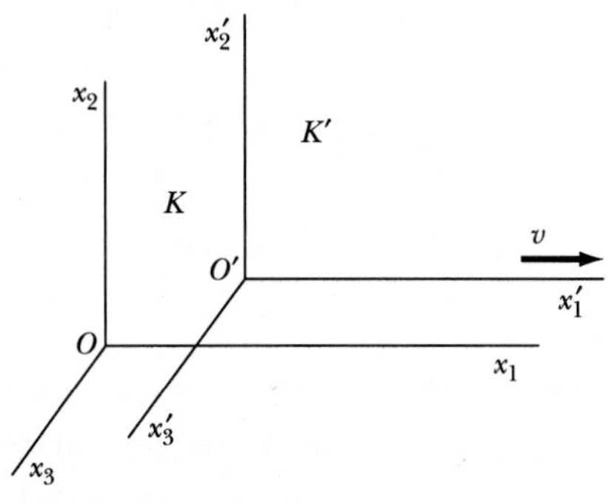

그림 14-1 일정한 상대 속도 v로 x_1축과 x_1'축을 따라 이동하는 두 관성기준계 K와 K'

이 된다. 또한 뉴턴 법칙이 갈릴레이 변환에 대해 불변임을 **뉴턴의 상대성 원리**(principle of Newtonian relativity) 또는 **갈릴레이 불변성**(Galilean invariance)이라 한다. 두 계에서의 뉴턴 운동 방정식은

$$\begin{aligned} F_j &= m\ddot{x}_j \\ &= m\ddot{x}'_j = F'_j \end{aligned} \tag{14.3}$$

가 되고, 운동 법칙의 모양은 갈릴레이 변환에 대해 불변이다. 그러나 각 항은 불변이 아니고, 이들이 동일한 모양으로 변환한 것으로 이들을 공변(共變, covariant)이라 부른다.

갈릴레이 변환이 앞에서 말한 조건 II와 불일치함은 쉽게 알 수 있다. K'계에 설치된 전등 플래시로부터 발사된 빛의 펄스를 생각해보자. 속도변환은 식 (14.1a)로부터 얻을 수 있는데 여기서 빛의 펄스는 x_1축상을 움직인다고 하면

$$\dot{x}'_1 = \dot{x}_1 - v \tag{14.4}$$

같이 된다. K'계에서 속도를 측정한다면 $\dot{x}'_1 = c$이며, 따라서 식 (14.4)는 펄스의 속도가 $x_1 = c + v$임을 나타내므로 이는 분명히 조건 II에 위배된다.

14.3 로렌츠 변환

갈릴레이 불변성의 원리에 따르면, 서로 상대 운동을 하고 있는 두 관성기준계에서 빛의 속도는 다르다. 이것은 상대성 원리의 두 번째 가정과 모순되므로 물리 법칙이 상대론적인 공변이 되는 새로운 변환 법칙을 발견할 필요가 생긴다. 그래서 이 요구를 만족시키는 변환 법칙이 **로렌츠 변환**(Lorentz transformation)인 것이다. 역사적으로 로렌츠 변환이 나온 시기는 아인슈타인의 상대성 이론[4] 보다 이전인데, 이는 상대론의 조건으로부터도 유도되므로 여기서는 그것을 토대로 유도하자.

운동하고 있는 두 개의 계 K와 K'가 겹친 순간(그림 14-1 참조), 이 공통의 원점으로부터 빛의 펄스를 내는 경우에 제II의 가정에 의해서 두 계에서 관측되는 파면은 다음과 같이 쓸 수 있다.[5]

$$\left.\begin{aligned} \sum_{j=1}^{3} x_j^2 - c^2t^2 = 0 \\ \sum_{j=1}^{3} x_j'^2 - c^2t'^2 = 0 \end{aligned}\right\} \tag{14.5}$$

4) 이떤 전자기적 현상을 설명하기 위해 1904년에 헨드리크 안톤 로렌츠(Hendrik Anton Lorentz, 1853~1928)가 처음으로 이 변환식을 가정했다. 그러나 수식은 J. J. 라머(Larmor)가 1900년에 이미 제시했다. 변환식의 완전한 일반화는 아인슈타인이 나타날 때까지 실현되지 않았다. W. 포크트(Voigt)가 1887년 진동 현상을 논의할 때 처음으로 이 변환식을 사용했다.

5) 부록 G 참조

상대성 이론의 두 조건과 모순이 없는 식 (14.5)가 식 (14.1)에 나타낸 갈릴레이 변환과 양립할 수 없음을 이미 보았다. 갈릴레이 변환식은 한 계에서 구면 광파를 허용하지만 제2의 계에서 광파의 중심이 첫 번째 계에 상대적으로 속도 v로 움직이게 한다. 조건 II에 따라 식 (14.5)는 각 관측자가 서로 자기의 구면은 각자 좌표계의 원점에 고정된 중심으로부터 퍼져나간다고 믿고 있음을 말하고 있다.

우리는 곤혹에 빠진다. 두 개의 상대론적 조건과 갈릴레이 변환 중 하나를 포기해야 한다. 마이컬슨-몰리 실험과 별빛의 광행차(光行差)를 포함한 많은 실험 사실이 두 개의 조건을 요구하고 있다. 그러나 갈릴레이 변환에 대한 확신은 일상생활을 통해 우리 머릿속에 박혀 있고, 이 책에서 논의한 역학을 포함하여 수 세기 동안 만족할 만한 결과를 내어왔다. 아인슈타인의 위대한 업적은 갈릴레이 변환이 근사적으로 정당하지만 시공간에 대한 우리 개념을 재검토할 필요가 있다는 사실을 깨닫게 한 것이다.

식 (14.5)에서 $t = t'$를 가정하지 않는 점에 주의하라. K와 K'계는 각각 시계를 갖고 있으며 이를 공간 어느 위치에든 설치할 수 있다고 가정한다. 이 시계들은 다 같고, 함께 움직이며 시간이 맞추어져 있다. 좌표계의 원점이 일치하는 순간에 전기 플래시가 작동하고 또한 좌표계는 서로 x_1방향으로만 움직이고 있기 때문에, 직접 관측을 통해

$$\left.\begin{aligned} x_2' &= x_2 \\ x_3' &= x_3 \end{aligned}\right\} \tag{14.6}$$

를 갖게 된다. 플래시가 작동하는 시간 $t = t' = 0$에서 K'계의 원점은 K계에서

$$x_1 - vt = 0 \tag{14.7}$$

같이 운동하며, K'계의 O'의 운동은

$$x_1' = 0 \tag{14.8}$$

을 만족시킨다. $t = t' = 0$에서 식 (14.1a)가 정당하지 않고 $x_1' = x_1 - vt$여야 하므로, 가장 간단한 변환식을 다음과 같이 가정한다. 즉,

$$x_1' = \gamma(x_1 - vt) \tag{14.9}$$

여기서 γ는 v와 어떤 상수로 주어지며 좌표 x_1, x_1', t, t'에 무관한 상수이다. 식 (14.9)는 선형 방정식이며, K계 속에서 일어난 일은 K'계 속에서 일어난 일과 일대일 관계를 맺고 있음을 보증해준다. 만약 모든 실험 결과와 일치하는 변환식을 만들어낼 수 있다면, 이 추가된 가정은 그 정당성을 보장받게 될 것이다. 앞 장에서 논의한 고전적 결과와 일치하려면 γ는 보통 1에 아주 가까워야 한다는 점을 주의하라.

K계 원점이 K 및 K'계에서 어떤 운동을 하는가 이전의 논리를 적용한다면 다음과 같이 쓸 수 있다.

$$x_1 = \gamma'(x_1' + vt') \tag{14.10}$$

여기서 단지 두 좌표계 간의 상대 속도의 방향만 바꾸면 된다.

조건 I은 양쪽 기준계에서 물리 법칙은 같다고 규정하므로 $\gamma = \gamma'$를 얻는다. 식 (14.9)의 x_1'를 식 (14.10)에 대입하고 t'에 관해 풀면

$$t' = \gamma t + \frac{x_1}{\gamma v}(1 - \gamma^2) \tag{14.11}$$

을 얻게 된다.

조건 II는 두 계에서 빛의 속도가 같다고 말하고 있으므로 펄스의 위치는

$$\left.\begin{aligned} x_1 &= ct \\ x_1' &= ct' \end{aligned}\right\} \tag{14.12}$$

가 된다. 식 (14.9)~(14.12)를 대수학적으로 처리하면

$$\gamma = \frac{1}{\sqrt{1 - v^2/c^2}} \tag{14.13}$$

을 얻는다(연습문제 14-1 참조). 이리하여 완벽한 변환식은 다음과 같다.

$$\left.\begin{aligned} x_1' &= \frac{x_1 - vt}{\sqrt{1 - v^2/c^2}} \\ x_2' &= x_2 \\ x_3' &= x_3 \\ t' &= \frac{t - \dfrac{vx_1}{c^2}}{\sqrt{1 - v^2/c^2}} \end{aligned}\right\} \tag{14.14}$$

이 식은 전자기학의 법칙이 모든 관성기준계에서 같은 형태를 갖기 위해서 필요한 식임을 처음으로 밝힌 네덜란드의 물리학자 H. A. 로렌츠를 기념하여 로렌츠(혹은 로렌츠-아인슈타인) 변환식이라 불린다. 아인슈타인은 이 방정식이 물리학의 법칙에 필요하다는 것을 보였다.

역변환식은 식 (14.14)에서 v를 $-v$로 대치하고 프라임을 붙인 양과 프라임이 없는 양을 교환함으로써 구할 수 있다. 즉,

$$\left.\begin{aligned} x_1 &= \frac{x_1' + vt'}{\sqrt{1 - v^2/c^2}} \\ x_2 &= x_2' \\ x_3 &= x_3' \\ t &= \frac{t' + \dfrac{vx_1'}{c^2}}{\sqrt{1 - v^2/c^2}} \end{aligned}\right\} \tag{14.15}$$

앞서 언급했듯이 이 식은 $v \to 0$(혹은 $c \to \infty$)일 때 갈릴레이 식(식 (14.1))에 수렴한다.

전기역학에 의하면 장은 빛의 속도로 전파한다. 따라서 갈릴레이 변환은 허용되지 않는다. 실제로 전기역장의 방정식(**맥스웰 방정식**)이 갈릴레이 변환에 공변하지 않는다는 사실은 새로운 이론의 필요성을 나타내는 주된 요인이었다. 전자기적 장에 대한 방정식의 완성계를 형성하며 **로렌츠 변환에 공변한 맥스웰 방정식**이 상대성 이론이 출현하기 훨씬 전에 실험을 통해 유도되었다는 사실은 오히려 특이한 일이라고 볼 수 있다.

각 계에서 측정되는 속도를 u로 표시하면

$$\left.\begin{aligned} u_i &= \frac{dx_i}{dt} \\ u_i' &= \frac{dx_i'}{dt'} \end{aligned}\right\} \tag{14.16}$$

인데, 식 (14.14)를 이용하여

$$u_1' = \frac{dx_1'}{dt'} = \frac{dx_1 - v\,dt}{dt - \dfrac{v}{c^2}dx_1}$$

$$u_1' = \frac{u_1 - v}{1 - \dfrac{u_1 v}{c^2}} \tag{14.17a}$$

같이 계산된다. 마찬가지로

$$u_2' = \frac{u_2}{\gamma\left(1 - \dfrac{u_1 v}{c^2}\right)} \tag{14.17b}$$

$$u_3' = \frac{u_3}{\gamma\left(1 - \dfrac{u_1 v}{c^2}\right)} \tag{14.17c}$$

여기서 조건 II가 직접 만족되는지 조사해보자. K에 있는 관측자가 빛의 펄스 속도를 측정하면 x_1방향에서 $u_1 = c$가 되며, 식 (14.17a)로부터 K'계에 있는 관측자는

$$u_1' = \frac{c - v}{1 - \dfrac{v}{c}} = c\left(\frac{c - v}{c - v}\right) = c$$

로 확인하게 된다. 이 결과는 조건 II에 일치하며 계의 상대 속도 v와 무관하다.

예제 14.1

로렌츠 변환식을 사용하여 상대론적 길이 수축[6]을 계산하라.

풀이

관성계 K의 x_1축을 따라서 놓인 길이 l의 막대가 있다. 지금 (그림 14-1과 같이) x_1축을 따라서 일정한 속도 v로 운동하는 K'계의 관측자가 자기 좌표계의 막대 길이를 재는데, 어떤 순간 t'에서 막대 양 끝의 좌표 차이 $x_1'(2) - x_1'(1)$을 구해서 얻었다. 변환식 (14.14)에 의하면

$$x_1'(2) - x_1'(1) = \frac{[x_1(2) - x_1(1)] - v[t(2) - t(1)]}{\sqrt{1 - v^2/c^2}} \tag{14.18}$$

이다. 단, $x_1(2) - x_1(1) = l$이다. 또한 시각 $t(2)$와 $t(1)$은 관측되는 K계에서의 시각이고, 관측자가 관측을 행하는 K'계에서의 시각은 아님을 주의하라. 그런데 실제로 $t'(2) = t'(1)$이므로 식 (14.14)에서

$$t(2) - t(1) = [x_1(2) - x_1(1)]\frac{v}{c^2}$$

가 되고, 결국 K'계에서 측정한 길이 l'는

$$l' = x_1'(2) - x_1'(1)$$

식 (14.18)은

$$\text{길이 수축} \quad \boxed{l' = l\sqrt{1 - v^2/c^2}} \tag{14.19}$$

이 된다. 이와 같이 어떤 물체에 대해 운동하고 있는 관측자에게는 물체의 길이가 운동 방향에 $\sqrt{1 - \beta^2}$ 배만큼 수축되어 보인다. 여기서 $\beta \equiv v/c$이다.

이 길이에 관한 피츠제럴드-로렌츠 수축에서 나오는 어떤 재미있는 결과를 1959년에 제임스 터렐(James Terrell)이 발견했다.[7] 어떤 거리만큼 떨어진 관측자에 대해서 일정한 속도 $\mathbf{v}$로 운동하고 있는 한 변이 l인 입방체를 생각한다. 그림 14-2a는 이 입방체의 속도 벡터 $\mathbf{v}$와 관측자를 포함하는 평면으로의 사영을 나타낸 것으로, 입방체는 변 AB가 관측자의 시선에 수직이 되도록 운동한다. 이 경우에 우리는 관측

---

6) 운동 방향에서의 길이 수축은 마이컬슨-몰리의 에테르 흐름(ether-drift)에 관한 실험 결과를 설명할 수 있는 방법으로서, 1892년에 G. F. 피츠제럴드(FitzGerald, 1851~1901)가 제시했다.

7) J. Terrell, *Phys. Rev.* **116**, 1041 (1959)

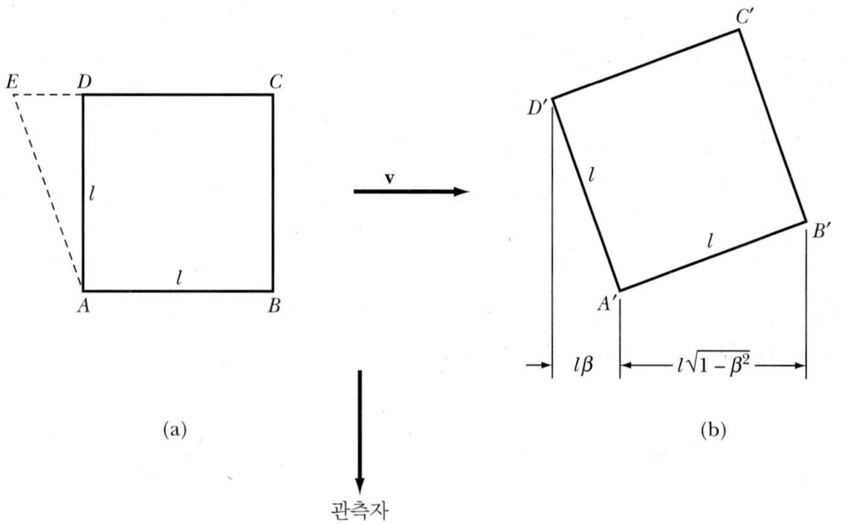

그림 14-2 (a) 멀어져 가는 관측자는 K계에 정지해 있는 변의 길이가 l인 입방체를 본 것이다. (b) 터렐은 놀랍게도 같은 입방체가 K계에 대해서 속도 v로 오른쪽으로 움직이고 있다면 회전하는 것 같이 보인다고 지적했다.

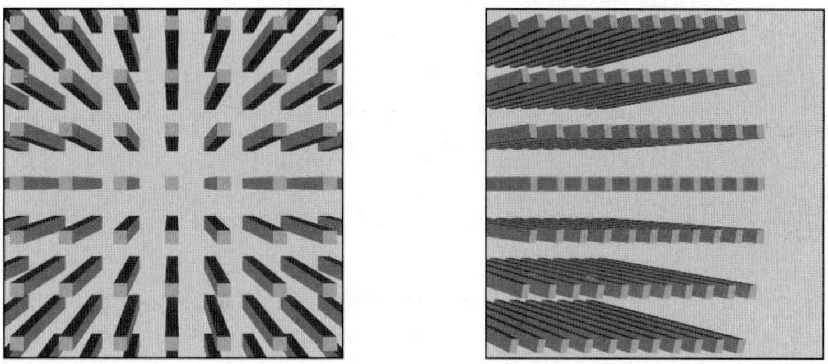

그림 14-3 사각형 막대의 배열을 좌측 그림에서는 정지 상태에서 위로부터 본 것이고, 우측 그림은 속도 v = 0.9c로 우측으로 막대가 움직일 때의 그림이다. 막대가 단축되고 회전하고 있다. P. K. Hsiung & R. H. P. Dunn, Science News **137**, 232(1990)에서 인용했다.

자에게 어떻게 보일까? 즉, 관측자가 있는 계에서 어떤 주어진 순간에는 입방체의 정점 A, B, C, D가 서로 어떤 방향에 위치하는가를 알고 싶은 것이다. 이전부터의 관점(이것은 50년 이상이나 의심을 받지 않았다!)에서 변 AB, CD만이 짧아지고, 관측자에게는 높이 l, 길이 $l\sqrt{1-\beta^2}$의 찌그러진 입방체가 보일 것이다. 그러나 터렐은 정점 D는 A보다 거리 l만큼 멀기 때문에 A, D에서 나온 빛이 동시에 관측자에 도달하려면 D에서 나오는 빛은 D가 E의 위치에 있을 때 나올 필요가 있음을 지적했다. 그런데 DE의 길이는 $(l/c)v =$

$l\beta$이므로 관측자에게는 시선에 수직한 면 AB만이 아니고 시선에 평행한 면 AD도 보인다. 그 위에, 변 AB의 길이는 물론 $l\sqrt{1-\beta^2}$으로 짧아지므로 결국(그림 14-2b와 같이) 관측자에게는 마치 입방체가 각 $\sin^{-1}\beta$만큼 회전하는 것처럼 보이는데, 입방체는 찌그러지는 것이 아니고 겉보기상의 회전을 하는 것이다. 따라서 운동하고 있는 구는 타원체로 보인다고 보통 말하나[8] 이것은 잘못이고, 역시 구로 보이는 것이다.[9] 여기서 논의한 종류[10]의 대단히 흥미로운 결과를 보기 위해 컴퓨터를 이용할 수 있다(그림 14-3).

예제 14.2

로렌츠 변환식을 사용하여 시간의 지연을 유도하라.

풀이

K계의 어떤 위치 x_1에 고정된 시계가 시간 간격

$$\Delta t = t(2) - t(1)$$

로 신호를 보내는 경우, 로렌츠 변환식 (14.14)에 의하면 K'계의 관측자는 시간 간격 $\Delta t'$(같은 시계로)를 다음과 같이 측정한다. 즉,

$$\Delta t' = t'(2) - t'(1)$$
$$= \frac{\left[t(2) - \dfrac{vx_1(2)}{c^2}\right] - \left[t(1) - \dfrac{vx_1(1)}{c^2}\right]}{\sqrt{1 - v^2/c^2}}$$

이고, 시계가 K계에 고정되어 있으므로

$$\Delta t' = \frac{t(2) - t(1)}{\sqrt{1 - v^2/c^2}}$$

$$\boxed{\Delta t' = \frac{\Delta t}{\sqrt{1 - v^2/c^2}}} \tag{14.20}$$

따라서 시계에 상대적으로 움직이고 있는 관측자에게 시간 간격은 길어진 것으로 보인다. 이것은 "움직이는 시계는 천천히 간다"란 말의 근원이다. 움직이는 시계로 측정된 시간 간격이 길어지기 때문에 시계는

---

8) 예로서 Joos and Freeman(Jo50, p. 242)을 참조하라.

9) 빠른 속도에서의 회전에 관한 흥미로운 논의는 V. F. 와이스코프(Weisskopf)가 제시했다. *Phys, Today* **13**, no. 9, 24(1960). Am63에 재판됨.

10) 또한 호주 국립대학의 흥미로운 웹사이트 www.anu.edu.au/Physics/Searle/index.html과 다음을 참조하라. Antony C. Searle(2003) 그리고 M. C. 장, F. 라이, W. C. 첸의 기사, *ACM Transactions on Graphics* **15**, No. 4, 265(1996).

실제로 더 느리게 시각을 새긴다. 여기서 시계는 K계에서 $x_1(1) = x_1(2)$에 고정되어 있으나 K'계에서는 $x_1'(1) \neq x_1'(2)$임에 주의하라.

바로 앞의 예제에서 언급된 것을 반대로 K'계에 시계를 고정시키고 되풀이해도 같은 결과가 나온다. 즉, 움직이는 시계는 느리게 시각을 새긴다. 이 효과를 **시간 지연**(time dilation)이라 한다. 어떤 물리계냐는 중요하지 않다는 점을 인식해야 한다. 같은 효과가 음우(音叉), 물시계, 수정결정, 심장고동에도 나타난다. 동시성 문제이다. 한 계에서 동시에 일어난 사건은 상대적으로 움직이는 좌표계에서는 아마 동시에 일어나지 않을 것이다. 같은 시계를 n개의 다른 계에서 보면 각각 다르게 시각을 새기고 있음을 보게 된다. 시공간은 복잡하게 서로 교차하여 짜여 있는 것이다. 이 점에 관해 후에 다시 거론할 예정이다.

계에 고정된 시계로 두 사건이 일어난 순간에 측정된 시간을 **고유시간**(proper time)이라 하고 τ로 표시한다. 예로서 K계에 고정된 시계가 $x_i(1)$, $x_i(2)$에서 일어난 두 개의 사건을 기록할 때 $\Delta t = \Delta\tau$이며, 식 (14.20)으로부터

$$\Delta t' = \gamma \Delta\tau \tag{14.21}$$

를 얻는다. 고유시간은 두 사건 간의 측정할 수 있는 최소 시간차를 나타낸다는 점에 유의해야 한다. 움직이고 있는 관측자는 항상 더 긴 시간 간격을 얻게 된다.

14.4 특수 상대성 이론의 실험적 뒷받침

특수 상대성 이론은 1900년 이전에 존재하고 있던 광학과 전자기학의 난제를 해결했다. 예를 들면 별의 광행차나 마이컬슨-몰리 실험의 문제가 에테르를 가정하지 않고 로렌츠 변환만을 요구함으로써 해결된다.

그러나 특수 상대성 이론의 깜짝 놀라게 하는 예측(길이의 수축과 시간의 지연)은 어떤가? 이러한 화제는 입자가 빛의 속도에 가까운 속도로 가속되고 상대성 이론이 고려되어야 하는 핵물리학이나 입자물리학의 가속기 실험실에서는 늘 논의되며, 또 다른 자연현상에 관한 실험도 할 수 있다. 이 두 가지 문제를 조사해 보자.

뮤 입자의 붕괴

우주선(宇宙線)이 지구의 외부 대기권에 들어올 때 입자와 상호작용하여 우주선 샤워(cosmic shower)를 만든다. 이 샤워 속의 많은 입자는 π 중간자이며 이것이 뮤온(muons)이라 불리는 다른 입자로 붕괴한다. 뮤온도 불안정한 입자이므로 방사선 붕괴 법칙 $N = N_0 \exp(-0.693t/t_{1/2})$에 따라 붕괴한다. 여기서 N_0와 N은 $t = 0$과 $t = t$에서의 뮤온수를 각각 나타내며, $t_{1/2}$는 반감기(半減期)를 나타낸다. 그러나 충분한

양의 뮤온이 지상까지 도달하므로 이를 쉽게 측정할 수 있다.

측정기를 2000미터 높이의 산꼭대기에 설치하여 속도 $v = 0.98c$로 비행하는 뮤온의 수를 잰다고 하자. 주어진 시간 내에 10^3개의 뮤온을 잰다고 하자. 뮤온에 고정된 좌표계 K'계에서의 뮤온 반감기는 1.52×10^{-6}초로 알려져 있는데, 측정기를 해수면까지 이동시키고 ($v = 0.98c$인) 뮤온의 수를 같은 시간 내에 잰다면 어떤 결과가 나올 것인가?

고전역학적으로 계산한다면 속도 $0.98c$로 비행하는 뮤온은 6.8×10^{-6}초 동안에 2000미터를 갈 수 있고, 방사선 붕괴 법칙에 의해 2000미터로부터 해수면까지 날아올 수 있는 뮤온수는 45개이다. 그러나 실험 결과 뮤온수는 12배나 되는 542개이다.

이 현상은 상대론적으로 다루어야 한다. 붕괴하는 뮤온은 지구에 고정된 관측자에 대해 상대적으로 빠른 속도로 움직이고 있기 때문에 뮤온의 시계는 관측자의 시계보다 더 느리게 진행된다. 뮤온에 고정된 계에서 뮤온이 비행하는 시간은 $\Delta t = 6.8 \times 10^{-6}$초가 아니라 $\Delta t/\gamma$이며, $v = 0.98c$일 때 $\gamma = 5$이므로 뮤온의 좌표계에서 비행시간은 1.36×10^{-6}초가 된다. 결과적으로 방사선 붕괴 법칙에 의해 538개의 뮤온이 살아남는다. 이 개수는 실험치에 아주 가까운 값이며 실험오차 내에서 일치한다. 이와 유사한 실험은 시간 지연의 예측을 입증했다.[11)]

예제 14.3

뮤온과 같이 움직이는 관측자 입장에서 본 뮤온 붕괴를 논하라.

풀이

뮤온의 반감기는 뮤온에 고정된 시계로 1.52×10^{-6}초이다. 그러나 뮤온과 같이 움직이는 관측자는 산꼭대기로부터 해수면까지의 거리를 2000미터로 측정하지 않을 것이다. 그 관측자에게는 불과 400미터밖에 되지 않는다. $0.98c$의 속도로 400미터를 가는 데 1.36×10^{-6}초밖에 안 걸린다. 뮤온의 좌표계에 있는 관측자는 538개의 뮤온만이 살아남을 것으로 예측하게 되는데 이는 지상에서의 관측치와 일치한다.

뮤온 붕괴는 서로 상대적으로 움직이는 두 개의 좌표계에서 기술할 수 있는 자연현상의 대표적 예가 된다. 한 관측자는 시간 지연을 보고 또 한 사람은 길이의 수축을 보게 된다. 그러나 그들은 실험과 일치하는 결과를 얻는다.

---

11) 이 실험은 B. 로시(Rossi)와 D. B. 홀(Hall)이 실행했으며 *Phys. Rev.* **59**, 223(1941)에 발표되었다. D. H. 프리슈(Frisch)와 J. H. 스미스(Smith)가 만든 'Time Dilation–An Experiment With μ-Mesons'라는 제목의 비디오가 있으며 Education Development Center(Newton, Massachusetts)로부터 구할 수 있다. 또한 D. H. Frisch and J. H. Smith, *Am. J. Phys.* **31**, 342(1963)도 참조하라.

원자 시계의 시간 측정

특수 상대성 이론의 더 직접적인 입증은 미국 물리학자 J. C. 헤펠레(Hafele)와 리처드 키팅(Richard E. Keating)이 1972년에 발표했다.[12] 그들은 가장 정확한 세슘 원자 시계 4개를 사용했는데, 두 개의 시계는 정기적으로 운행되는 제트 여객기에 실어 세계를 돌게 한다. 한 개는 동쪽으로, 또 한 개는 서쪽으로 돈다. 나머지 두 개는 참조로 하기 위해 지구, 즉 미국 해군 관측소(U.S. Naval Observatory)에 설치했다. 기저 상태에서 ^{133}Cs 원자의 잘 정의된 초미세 전이(轉移)의 진동수는 9,192,631,770 Hz이며, 시간 간격의 정밀측정에 사용할 수 있다.

움직이는 두 개의 시계로 잰 시간을 두 개의 기준 시계로 잰 시간과 비교하는데, 동쪽으로 간 여객기는 비행시간 41.2시간을 포함하여 65.4시간이 걸렸고 서쪽으로 간 여객기는 일주일 후 비행시간 48.6시간을 포함하여 80.3시간이 걸렸다. 지구의 빠른 회전과 일반 상대성 이론에 의한 중력 효과 때문에 계산치를 내는 일은 복잡하고 어렵다.

그러나 보정(補正)을 무시하고 지구가 회전하지 않는다고 가정하여 시간차를 계산함으로써 기대되는 효과를 어느 정도 짐작할 수 있다. 지구의 둘레는 약 4×10^7 m이며 전형적인 제트기 속력은 대략 300 m/s이므로, 지면에 설치된 시계로 측정한 비행시간 T_0는 다음과 같다.

$$T_0 = \frac{4 \times 10^7\,\text{m}}{300\ \text{m/s}} = 1.33 \times 10^5\,\text{s}(\approx\ 37\ \text{hr}) \tag{14.22}$$

움직이는 시계는 느리게 진행하므로 지상의 관측자는 움직이는 시계로 잰 시간이 $T = T_0\sqrt{1-\beta^2}$이라고 생각한다. 따라서 시간차는

$$\begin{aligned} \Delta T &= T_0 - T = T_0(1 - \sqrt{1-\beta^2}) \\ &\approx \frac{1}{2}\beta^2 T_0 \end{aligned} \tag{14.23}$$

여기서 β^2 값이 작으므로 $\sqrt{1-\beta^2}$의 전개식에서 제2항까지만 고려했다. 결과적으로

$$\begin{aligned} \Delta T &= \frac{1}{2}\left(\frac{300\ \text{m/s}}{3 \times 10^8\ \text{m/s}}\right)^2 (1.33 \times 10^5\ \text{s}) \\ &= 6.65 \times 10^{-8}\,\text{s} = 66.5\ \text{ns} \end{aligned} \tag{14.24}$$

를 얻는다. 이 시간차는 측정 오차보다 크다. 이 경우 지상에 놓은 시계는 움직이는 시계보다 시간이 더 걸렸다는 결과를 나타낸다. 이는 전에 언급했던 것(식 (14.21)과 논의를 참조)과 모순된다. 그러나 식 (14.21)에 나타낸 시간 간격은 똑딱거리는 시간이며, 여기서는 초로 측정하는 ^{133}Cs의 전이를 말한다. 움직이는

12) J. C. Hafele and Richard E. Keating, *Science*, **177**, 166~170(1972)

시계는 더 천천히 시간을 새긴다. 따라서 초당 똑딱거리는 것이 더 적다.

실제로 시간차에 대한 계산값과 관측값은 다음과 같다.

비행	계산값	관측값
동쪽 비행	-40 ± 23 ns	-59 ± 10 ns
서쪽 비행	257 ± 21 ns	273 ± 7 ns

특수 상대성 이론의 정당성이 실험 오차 내로 재확인되었다. 음의 부호는 움직이는 시계의 시간이 지상의 기준 시계보다 적음을 나타낸다. 동쪽으로 비행하면 움직이는 시계는 시간을 잃(천천히 시간을 새기)고, 서쪽으로 비행할 때는 시간을 벌(빨리 시간을 새기)게 된다. 이 차이는 지구의 회전 때문에 일어나며, 비행하는 시계는 지상의 기준 시계보다 실제로 빠르게 혹은 느리게 시간을 새긴다는 사실을 나타낸다. 대체로 양 부호의 시간차는 중력 퍼텐셜 효과(여기서는 논의하지 않음)에서 오는 결과이다.

특수 상대성 이론을 입증하는 많은 실험 중에서 두 개만 간략하게 소개했으나 이때까지 특수 상대성 이론에 위배되는 실험은 한 개도 없다. 이런 점에서 아인슈타인의 업적은 지금까지 시험대에서 견뎌왔다.

14.5 상대론적 도플러 효과

음의 도플러(Doppler) 효과는 음원이 관측자에게 접근할 때 음조(音調)가 커지고 멀어질 때 작아짐을 말한다. 음의 진동수 변화는 음원 혹은 관측자의 운동에 의존한다. 이 효과는 파동을 전파시키는 (공기나 물 같은) 매질이 있으므로 음파의 특수 좌표계가 있다는 사실을 인식할 때까지 상대성 이론의 조건 I에 위배된다고 생각되었다. 그러나 빛의 경우 이러한 매질은 없다. 이 상황에서는 단지 광원과 관측자 간의 상대 운동만이 의미가 있고 빛의 상대론적 도플러 효과는 보통 음의 도플러 효과와 약간 다르다고 생각된다.

광원(별 같은)과 관측자가 서로 상대 속도 v로 접근한다고 하자(그림 14-4a). 관측자는 K계에 있고 광원은 속도 v로 관측자 쪽으로 움직이고 있는 K'계에 고정되어 있다고 한다. 관측자가 측정한 시간 Δt 동안에 광원은 n개의 파동을 발사한다. 이 시간 Δt 동안에 파동의 머리와 꼬리 사이의 거리는

$$\text{파동열의 길이} = c\Delta t - v\Delta t \tag{14.25}$$

이므로, 따라서 파장은

$$\lambda = \frac{c\Delta t - v\Delta t}{n} \tag{14.26}$$

이며, 진동수는

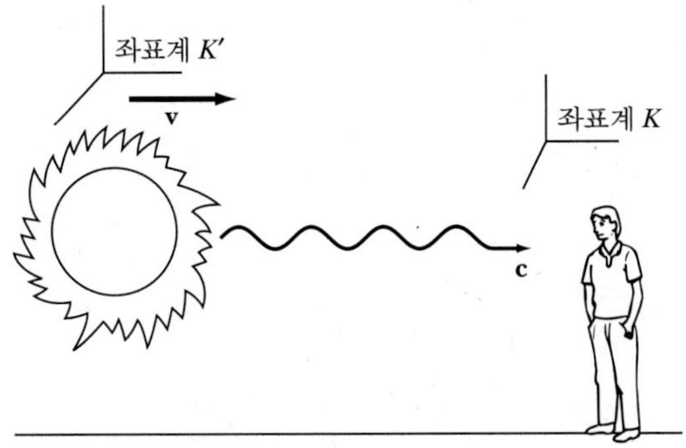

(a) 광원과 수신자가 가까이 오고 있을 때

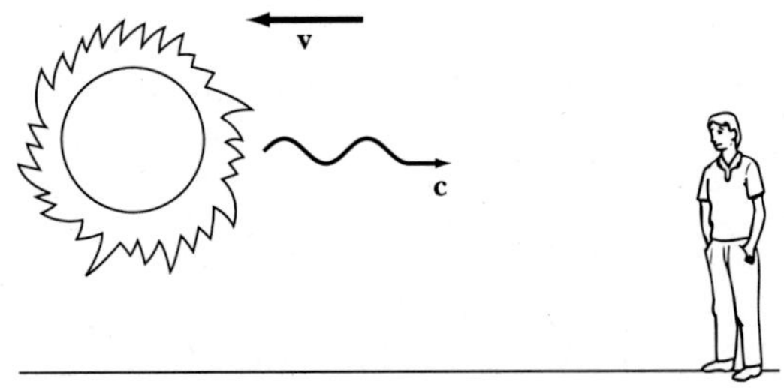

(b) 광원과 수신자가 서로 멀어지고 있을 때

그림 14-4 K계에 있는 관측자는 K'계에 고정된 광원으로부터 오는 빛을 보고 있다. K'는 속력 v로 관측자를 향해 움직이고 있다. 빛의 진동수는 K'계에서 관측된 값보다 증가하는 것으로 관측된다. (b) K'계가 관측자로부터 멀어질 때 빛의 진동수는 감소한다(파장은 증가한다). 이것이 적색이동의 기원이다.

$$\nu = \frac{c}{\lambda} = \frac{cn}{c\Delta t - v\Delta t} \tag{14.27}$$

이다. 고유시간 $\Delta t'$ 동안에 광원은 진동수 ν_0인 파동을 n개 발사하므로

$$n = \nu_0 \Delta t' \tag{14.28}$$

가 된다. 광원의 계에서 측정된 이 고유시간 $\Delta t'$와 관측자의 좌표계 K에 있는 시계로 측정된 시간 Δt 사이에

$$\Delta t' = \frac{\Delta t}{\gamma} \tag{14.29}$$

같은 관계가 있다. 광원과 같이 움직이는 시계가 파동의 시작과 끝에 있으므로 그것으로 고유시간을 잰다.

식 (14.29)를 식 (14.28)에 대입하고 얻은 n 값을 식 (14.27)에 대입하면

$$\nu = \frac{1}{(1 - v/c)} \frac{\nu_0}{\gamma}$$

$$= \frac{\sqrt{1 - v^2/c^2}}{1 - v/c} \nu_0 \tag{14.30}$$

를 얻는데, 이는 다음과 같이 쓸 수 있다.

$$\nu = \frac{\sqrt{1 + \beta}}{\sqrt{1 - \beta}} \nu_0 \quad \text{광원과 관측자가 접근} \tag{14.31}$$

광원이 고정되어 있고 관측자가 속력 v로 접근할 때도 식 (14.31)이 성립함은 독자 스스로 증명해보기 바란다(연습문제 14-14).

다음에는 광원과 관측자가 서로 속도 v로 멀어지는 경우를 검토해보자(그림 14-4b). 수식 유도는 작은 예외를 제외하면 전과 유사하다. 식 (14.25)에서 파동의 시작과 끝 사이의 거리는

$$\text{파동열의 길이} = c\Delta t + v\Delta t \tag{14.32}$$

이며, $v\Delta t$ 앞의 부호가 바뀐 것이 식 (14.30)과 식 (14.31)에도 영향을 주어서

$$\nu = \frac{\sqrt{1 - v^2/c^2}}{1 + v/c} \nu_0$$

$$\nu = \frac{\sqrt{1 - \beta}}{\sqrt{1 + \beta}} \nu_0 \quad \text{광원과 관측자가 서로 멀어짐} \tag{14.33}$$

가 된다. 식 (14.31)과 식 (14.33)을 하나로 묶으면

$$\nu = \frac{\sqrt{1 + \beta}}{\sqrt{1 - \beta}} \nu_0 \quad \text{상대론적 도플러 효과} \tag{14.34}$$

인데, 광원과 관측자가 서로 접근할 때는 $\beta(+v/c)$에 대해 양부호를 붙이고 멀어질 때는 음부호를 붙이기로 한다.

상대론적 도플러 효과는 천문학에서 중요하며, 만약 광원이 고속으로 관측자로부터 멀어진다면 어떤 빛의 스펙트럼 혹은 특성 진동수에 대해 좀 더 낮은 진동수(또는 좀 더 긴 파장)로 관측된다. 이것이 **적색이동**(red shift)의 기원이며, 만약 광원이 우리로부터 멀어진다면 가시광선의 파장이 좀 더 긴 파장(빨간 빛) 쪽으로 이동하게 된다. 천체 관측에 의하면 우주는 팽창하고 있다. 별이 멀리 있을수록 더욱 빨리 멀어진다(혹은 적색이동이 더 크다). 이러한 자료는 약 130억 년 전이라고 추측되는 우주의 '빅뱅(big bang)' 기원과 일치한다.

예제 14.4

멀리 떨어진 별까지의 우주 비행 동안 우주 비행사가 지상에 있는 쌍둥이 형과 서로 1년 간격으로 라디오 신호를 교환한다. 만약 비행사가 $v = 0.8c$라는 속도로 움직인다면 비행 중 상대방으로부터 수신하는 라디오 신호의 진동수는 얼마인가?

풀이

서로 상대방으로부터 수신하는 라디오 신호의 진동수를 식 (14.34)를 이용하여 결정하자. 진동수는 $\nu_0 =$ 1회/년이므로 지구로부터 멀어지는 경우 $\beta = -0.8$이며, 식 (14.34)로부터

$$\begin{aligned} \nu &= \frac{\sqrt{1 - 0.8}}{\sqrt{1 + 0.8}}\nu_0 \\ &= \frac{\nu_0}{3} \end{aligned}$$

를 얻는다. 따라서 3년마다 1개의 신호를 수신한다.

그러나 돌아오는 여행에서는 $\beta = +0.8$이므로 식 (14.34)로부터 $\nu = 3\nu_0$를 얻는다. 따라서 라디오 신호를 4개월마다 수신하게 된다. 이렇게 지상의 형은 우주 비행사인 동생의 여행 상황을 모니터할 수 있는 것이다.

14.6 쌍둥이 패러독스

서로 다른 인생길을 택한 쌍둥이를 생각해보자. 메리는 우주 비행사가 되고 프랭크는 증권 중개인이 되기로 결심한다. 30세에 메리는 가까운 행성으로 임무 수행을 위해 떠난다. 메리는 고속으로 행성까지 갔다가 돌아와야 할 것이고, 프랭크가 보기에 메리의 생물학적 시계는 여행 동안 좀 더 느리게 진행되어 천천히 나이를 먹으므로 메리가 돌아오면 자기보다 젊으리라고 기대한다. 그러나 메리 입장에서 본다면 자기 좌표계에 상대적으로 프랭크는 고속으로 움직이며 자기가 돌아올 때 프랭크는 자기보다 젊다고 생각한다. 이것은 패러독스다. 메리(움직이고 있는 쪽)가 프랭크(고정된 쪽)가 머물고 있는 지구로 돌아올 때 누가 더 젊을까? 양쪽의 기대는 서로 너무나 엇갈리기 때문에 그들이 같은 나이임을 증명하는 방법이 이 세상에 없는 것인가?

이는 아인슈타인이 특수 상대성 이론을 처음으로 발표한 이후 계속 패러독스로 남아 있었다. 여러 가지 논의가 수없이 제기되었다. 정답은 우주 비행사 메리가 월스트리트에서 바쁜 나날을 보내고 있는 쌍둥이 프랭크보다 더 젊은 몸으로 돌아온다는 것이다. 이 정답의 분석은 다음과 같다. 프랭크 입장에서 보면 메리의 우주선이 발진 후 급히 $v = 0.8c$의 속력에 도달하여 8 ly(ly = light year, 광년: 빛이 1년 동안 가는 거리)

거리에 있는 행성까지 갔다가 잠시 행성을 방문하기 위해 급속히 감속한다. 행성까지 10년이란 긴 여행시간에 비하면 가속과 감속시간은 무시할 수 있다. 메리가 지구에 돌아오는 데 다시 10년이 걸리기 때문에 프랭크는 30 + 10 + 10 = 50세가 될 것이다. 메리의 시계는 좀 더 느리게 진행되고 편도 $10\sqrt{1-0.8^2} = 6$년밖에 걸리지 않는다고 프랭크는 생각할 것이다. 따라서 메리가 돌아오면 30 + 6 + 6 = 42세밖에 되지 않는다. 프랭크의 시계는 거의 관성계에 고정되어 있다.

메리가 자기 시계로 시간을 잴 때 그녀의 좌표계는 지구에 대해 등속도로 움직이는 관성기준계가 아니므로 특수 상대성 이론에 의해 그 결과는 옳지 못하다. 그녀는 지구와 행성에서 가속과 감속을 하기 때문에 프랭크의 시계와 비교하기 위한 올바른 시간 측정을 하려면 이 가속과 감속을 고려해야 한다. 메리의 시계가 시간을 새기는 비율은 역시 식 (14.20)으로 주어진다. 왜냐하면 그 비율은 순간 속도 v로 결정되기 때문이다.[13] 따라서 특수 상대성 이론의 두 조건을 받아들인다면 패러독스는 없다. 또한 쌍둥이의 어느 쪽이 관성기준계에 있는지 명백하다. 메리는 가속과 감속에 의한 힘을 실제로 느끼는데 프랭크는 그런 힘을 느끼지 않는다. 메리가 집으로 돌아올 때가 되면 쌍둥이 오빠는 그녀의 20년 치 월급을 투자하고 42세의 부자 여인으로 만들 것이다. 그녀는 12년밖에 일하지 않았는데 20년 치의 월급을 받는 것이다.

예제 14.5

메리와 프랭크는 메리가 지구를 떠난 후 1년마다 서로 라디오 교신을 한다. 이 라디오 메시지를 받는 시간을 계산하라.

풀이

예제 14.4에서 이러한 라디오 신호를 가는 길에서는 3년마다, 돌아오는 길에서는 $\frac{1}{3}$년마다 수신하는 것으로 계산했다. 먼저 메리가 프랭크로부터 받는 신호를 조사해보자. 행성으로의 6년간의 여행 동안 메리는 라디오 메시지를 단지 두 번만 수신하지만 돌아오는 6년간의 여행 동안에 그녀는 신호를 18번 수신한다. 따라서 프랭크는 20년 나이를 먹고 지금 50세라고 그녀는 올바른 결론을 내린다.

프랭크의 좌표계에서는 메리의 행성으로의 여행은 10년이 걸린다. 그녀가 행성에 도착할 때까지 프랭크는 10/3개의 신호를 수신한다(즉, 3개 신호 더하기 다음 신호가 오는 시간의 3분의 1). 그러나 메리가 행성에 도착할 때 보낸 마지막 신호가 프랭크의 수신기까지 도달하는 데 걸리는 8년 동안에 프랭크는 3년마다 한 번씩 신호를 계속해서 수신하게 된다. 그리하여 프랭크는 행성으로 가는 여행기간 동안 보내온 총 6개 라디오 신호에 대해 거듭 8년(총 18년) 동안 3년마다 신호를 더 수신하게 된다. 프랭크는 도달하는 데 8년 걸리는 라디오 메시지를 수신하지 않는 한 메리가 정지하여 방향을 바꿔 돌아오는 길에 오른다는 사실을 알 길이 없다. 프랭크를 기준으로 메리의 남은 2년간의 여행(20 − 18 = 2) 동안 프랭크는 $\frac{1}{3}$년마다 신호를 수신한다. 다시 말해서 6개의 신호를 더 받게 된다. 따라서 프랭크는 총 6개의 신호를 받았기 때문에 메

13) W. 린들러(Rindler)의 시계 가설을 참조하라(Ri82, p. 31).

리가 그 여행 동안 6 + 6 = 12년 나이를 먹었다고 정확히 계산해낸다.

이리하여 쌍둥이는 상대방 나이에 대해 답을 얻는다. 즉, 프랭크는 메리가 42세라고 결론짓고, 메리는 프랭크가 50세라고 결론짓는다.

14.7 상대론적 운동량

뉴턴의 제2법칙 $\mathbf{F} = d\mathbf{p}/dt$는 갈릴레이 변환에 공변한다. 따라서 로렌츠 변환에 대해 그 형태가 그대로 유지된다고 기대할 수 없다. 어떤 필요한 수정을 하지 않는 한 뉴턴 법칙과 보존 법칙에 문제가 생길 것이다. 예를 들어 뉴턴의 제2법칙에 의해 입자를 고속으로 가속시키면 c를 넘을 수 있으나 그것은 특수 상대성 이론에서 허용되지 않는다.

먼저 힘이 작용되지 않는(외력이 없음) 충돌에서 선형 운동량 보존을 조사해보자. 가속도가 없기 때문에 K계에 정지된 관측자 A에게 질량 m인 공이 있고, K에 대해 상대 속도 v로 오른쪽으로 움직이고 있는 K'계의 관측자 B 역시 질량 m인 공이 있다(그림 14-11). 이 두 관측자가 그들의 (동일한) 공을 x_2축 방향으로 던지면 완전 탄성 충돌이 일어날 것이다. 두 개의 계에 있는 각 관측자의 충돌 상황을 그림 14-5에 나타내었다. 각 관측자는 각자의 공의 속도가 u_0라고 측정할 것이다.

먼저 K계에서의 운동량 보존을 조사해보자. 관측자 A가 던진 공의 속도 성분은

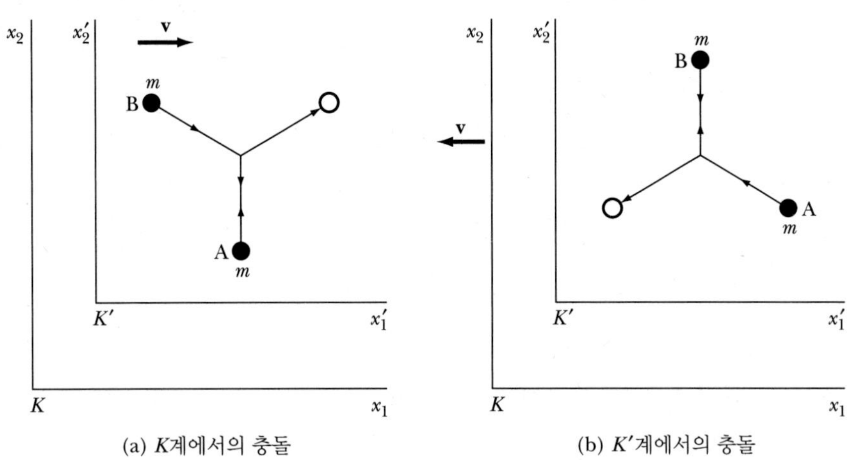

(a) K계에서의 충돌 (b) K'계에서의 충돌

그림 14-5 K 고정계에 정지한 관측자 A가 K계에서 공을 수직 위로 던진다. 속도 **v**로 오른쪽으로 움직이고 있는 K'계에 정지하고 있는 관측자 B가 공을 수직 아래로 던져서 두 공은 충돌한다. (a) K계의 관측자 A에 의한 충돌, (b) K'계의 관측자 B에 의한 충돌. 각각의 관측자는 그들의 공의 속력을 u_0로 측정한다. 공의 선형 운동량을 조사하자.

$$\left.\begin{aligned} u_{A1} &= 0 \\ u_{A2} &= u_0 \end{aligned}\right\} \tag{14.35}$$

이며, 공 A의 운동량은 x_2방향에

$$p_{A2} = mu_0 \tag{14.36}$$

가 된다. 완전 탄성 충돌이므로 공은 속력 u_0로 밑으로 돌아온다. K계에서 관측된 운동량 변화는 다음과 같이 주어진다.

$$\Delta p_{A2} = -2mu_0 \tag{14.37}$$

식 (14.37)은 움직이는 K'계에 있는 관측자 B가 던진 공의 운동량 변화를 또한 나타내고 있을까? 식 (14.17)에서 속도변환(즉, 프라임이 있는 양과 프라임이 없는 양을 바꾸고 $v \to -v$로 놓는다)을 이용하여

$$\left.\begin{aligned} u_{B1} &= v \\ u_{B2} &= -u_0\sqrt{1 - v^2/c^2} \end{aligned}\right\} \tag{14.38}$$

을 얻는다. 여기서 $u'_{B1} = 0$ 및 $u'_{B2} = -u_0$이다. 공 B의 운동량과 충돌에 의한 운동량 변화는 다음과 같다.

$$p_{B2} = -mu_0\sqrt{1 - v^2/c^2} \tag{14.39}$$

$$\Delta p_{B2} = +2mu_0\sqrt{1 - v^2/c^2} \tag{14.40}$$

식 (14.37)과 식 (14.40)의 합은 0이 되지 않는다. 만약 고전물리학에서의 운동량 보존을 사용한다면 특수 상대성 이론에 의한 선형 운동량은 보존되지 않는다. 운동량 보존 법칙을 포기하기보다 그것과 뉴턴의 제2법칙 양쪽 다 유지할 수 있는 해를 찾는 것이 좋다.

로렌츠 변환을 유도할 때 한 바와 같이 되도록 가장 간단한 수정을 가정하자. 운동량의 고전적 형식 $m\mathbf{u}$에 속력에 의존하는 상수 $k(u)$를 곱해보자.

$$\mathbf{p} = k(u)m\mathbf{u} \tag{14.41}$$

예제 14.6에서

$$k(u) = \frac{1}{\sqrt{1 - u^2/c^2}} \tag{14.42}$$

로 가정하면 선형 운동량 보존을 유지할 수 있음을 보인다. 여기서 식 (14.42)는 로렌츠 변환식에 대해 찾아낸 식과 동일한 형식임을 유의하라. $k(u)$는 사실상 같은 γ 기호로 표시한다. 그러나 이 γ는 입자의 속도 u로 주어져 있는 데 반해 로렌츠 변환식에서의 γ 값은 두 기준계 사이의 상대 속도 v로 주어진다. 이 차이는 때때로 혼동되므로 잘 기억해두어야 한다.

통상 시간 t 대신 고유시간 τ(식 (14.21) 참조)를 사용하면 상대론적 운동량을 명백하게 계산해낼 수 있다. 즉,

$$\mathbf{p} = m\frac{d\mathbf{x}}{d\tau} = m\frac{d\mathbf{x}}{dt}\frac{dt}{d\tau} \tag{14.43}$$

$$= m\frac{d\mathbf{x}}{dt}\frac{1}{\sqrt{1-u^2/c^2}} \tag{14.44}$$

$$\boxed{\mathbf{p} = \frac{m\mathbf{u}}{\sqrt{1-u^2/c^2}} = \gamma m\mathbf{u}} \quad \text{상대론적 운동량} \tag{14.45}$$

여기서 고전적으로 사용했던 $\mathbf{u} = d\mathbf{x}/dt$를 유지한다. 모든 관측자의 $d\mathbf{x}/dt$가 일치하진 않지만 $d\mathbf{x}/d\tau$는 일치한다. 여기서 고유시간 $d\tau$는 움직이는 사람 그 자체가 측정한 시간이다. $dt/d\tau$ 값은 식 (14.21)로부터 얻을 수 있으며, γ 속의 속력 u는 공간에 고정된 계에 상대적으로 움직이고 있는 물체에 고정된 기준계의 속도를 나타낸다.

식 (14.45)는 운동량의 새로운 정의이며 **상대론적 운동량**(relativistic momentum)이라고 부른다. u/c가 작을 때 고전적 결과와 일치한다. 식 (14.45)에서 질량 m_0를 **정지 질량**(rest mass)이라 부르고

$$m = \frac{m_0}{\sqrt{1-u^2/c^2}} \quad \text{옛날식 표현} \tag{14.46}$$

을 **상대론적 질량**(relativistic mass)[14]이라고 부르는 것이 관례였다. 정지 질량이란 말은 식 (14.46)에서 $u = 0$일 때 얻어지는 데서 유래하며, 따라서 운동량의 고전적 형식 $\mathbf{p} = m\mathbf{u}$가 유지된다. 과학자들은 고속에서 질량이 증가한다고 말한다. 물질의 고유성질이며 불변한다는 질량의 개념을 그대로 유지하는 것이 좋다. 상대론적 질량이나 정지 질량이란 단어를 쓰는 것은 이제 구식이며, 따라서 m도 정지 질량과 같은 질량이므로 그냥 질량이라고 부르기도 한다. 상대론적 질량이라고 하면 고전적 표현을 쓸 때 오해를 부를 수도 있다.

예제 14.6

상대론적 운동량을 사용할 때 그림 14-5에 나타난 충돌에서 선형 운동량은 x_2방향에서 보존됨을 보여라.

풀이

두 개의 공에 대해 이미 얻은 운동량의 고전적 표현을 수정해야 한다. 공 A의 운동량은 식 (14.36)으로부터

14) 'transverse mass'란 이름도 많이 사용된다. – 옮긴이

$$p_{A2} = \frac{mu_0}{\sqrt{1 - u_0^2/c^2}} \tag{14.47}$$

이며, 따라서

$$\Delta p_{A2} = \frac{-2mu_0}{\sqrt{1 - u_0^2/c^2}} \tag{14.48}$$

공 B의 운동량에 대한 식 (14.39)를 수정하기 전에 K계에서 측정한 공 B의 속력을 먼저 알아야 한다. 식 (14.38)을 이용하면

$$\begin{aligned} u_B &= \sqrt{u_{B1}^2 + u_{B2}^2} \\ &= \sqrt{v^2 + u_0^2(1 - v^2/c^2)} \end{aligned} \tag{14.49}$$

이 되며, 식 (14.39)를 수정하여 p_{B2}는 다음과 같이 얻어진다. 즉,

$$p_{B2} = -mu_0\gamma\sqrt{1 - v^2/c^2}$$

여기서

$$\gamma = \frac{1}{\sqrt{1 - u_B^2/c^2}}$$

$$p_{B2} = \frac{-mu_0\sqrt{1 - v^2/c^2}}{\sqrt{1 - u_B^2/c^2}} \tag{14.50}$$

식 (14.49)의 u_B를 대입하면

$$\begin{aligned} p_{B2} &= \frac{-mu_0\sqrt{1 - v^2/c^2}}{\sqrt{(1 - u_0^2/c^2)(1 - v^2/c^2)}} \\ &= \frac{-mu_0}{\sqrt{1 - u_0^2/c^2}} \end{aligned} \tag{14.51}$$

$$\Delta p_{B2} = \frac{+2mu_0}{\sqrt{1 - u_0^2/c^2}} \tag{14.52}$$

를 얻는다. 식 (14.48)과 식 (14.52)의 합은 0이다. 이것은 선형 운동량 보존을 만족시키고 있다.

14.8 에너지

선형 운동량에 대한 새로운 정의(식 (14.45))를 가지고 에너지와 힘을 검토해보자. 전에 정의한(식 (2.86)) 것처럼 운동 에너지를 입자에 가한 일로부터 유도하자. 식 (2.84)에서 정의된 일은

$$W_{12} = \int_1^2 \mathbf{F} \cdot d\mathbf{r} = T_2 - T_1 \tag{14.53}$$

인데, 뉴턴의 제2법칙에 대한 식 (2.2)를 새로 정의된 선형 운동량으로 수정한다면

$$\mathbf{F} = \frac{d\mathbf{p}}{dt} = \frac{d}{dt}(\gamma m\mathbf{u}) \tag{14.54}$$

가 된다. 만약 정지 상태, 즉 $T_1 = 0$으로부터 시작되고 속도 $\mathbf{u}$가 힘이 작용되는 방향에 일치한다면

$$W = T = \int \frac{d}{dt}(\gamma m\mathbf{u}) \cdot \mathbf{u}\, dt \tag{14.55}$$

$$= m\int_0^u u\, d(\gamma u) \tag{14.56}$$

로 쓸 수 있다. 이 식 (14.56)을 부분적분하면

$$T = \gamma mu^2 - m\int_0^u \frac{udu}{\sqrt{1 - u^2/c^2}}$$

$$= \gamma mu^2 + mc^2\sqrt{1 - u^2/c^2}\,\Big|_0^u$$

$$= \gamma mu^2 + mc^2\sqrt{1 - u^2/c^2} - mc^2 \tag{14.57}$$

을 얻는다. 수식을 약간 조정함으로써 식 (14.57)은

$$\boxed{T = \gamma mc^2 - mc^2} \quad \text{상대론적 운동 에너지} \tag{14.58}$$

으로 표현된다. 식 (14.58)은 운동 에너지에 대한 종전의 형태 $T = \frac{1}{2}mu^2$과 전혀 다르게 보이나 속도가 작을 때 $\frac{1}{2}mu^2$으로 수렴될 것이다.

예제 14.7

속력이 작을 때, 즉 $u \ll c$일 때 식 (14.58)이 고전적 결과로 수렴함을 보여라.

풀이

식 (14.58)의 첫 항을 지수 전개하면

$$\begin{aligned} T &= mc^2(1 - u^2/c^2)^{-1/2} - mc^2 \\ &= mc^2\left(1 + \frac{1}{2}\frac{u^2}{c^2} + \cdots\right) - mc^2 \end{aligned} \tag{14.59}$$

이 되는데, $u \ll c$이므로 $(u/c)^4$ 이상의 항을 무시하면

$$\begin{aligned} T &= mc^2 + \frac{1}{2}mu^2 - mc^2 \\ &= \frac{1}{2}mu^2 \end{aligned} \tag{14.60}$$

을 얻게 된다. 이것은 고전적 결과를 나타내고 있다.

$\frac{1}{2}mu^2$도 $\frac{1}{2}\gamma mu^2$도 올바른 상대론적 운동 에너지를 주지 못한다는 점은 중요하다.

식 (14.58)에서 mc^2 항은 **정지 에너지**(rest energy)[15]라고 하며, E_0로 표시한다. 즉,

$$\boxed{E_0 \equiv mc^2} \quad \text{정지 에너지} \tag{14.61}$$

식 (14.58)을

$$\gamma mc^2 = T + mc^2$$

으로 다시 쓰면

$$E = T + E_0 \tag{14.62}$$

같이 되며, 여기서

$$\boxed{E \equiv \gamma mc^2 = T + E_0} \quad \text{총 에너지} \tag{14.63}$$

15) 정지 질량 에너지(rest mass energy)라고도 한다. – 옮긴이

총 에너지 $E = \gamma mc^2$은 운동 에너지와 정지 에너지의 합으로 정의된다. 식 (14.58)~(14.63)은 아인슈타인이 처음으로 제창한 그 유명한 질량과 에너지의 동등성(에너지 = mc^2)을 제시하고 있다. 이 방정식들은 그러한 해석을 가능하게 한다. 왜냐하면 물체가 움직이지 않는 경우(즉, $u = 0 = T$), 식 (14.63)은 총 에너지가 정지 에너지와 같다는 답을 주기 때문이다.

만약 질량이 단순히 에너지의 다른 형태라고 한다면 질량과 에너지의 각각의 고전적 보존 법칙을 식 (14.63)에 나타낸 것처럼 질량과 에너지에 대한 한 개의 보존 법칙으로 묶어야 한다. 이 법칙은 원자핵에서 볼 수 있다. 그 계는 구성 입자들의 질량의 일부가 각 입자를 같이 묶어놓는 에너지로 변함으로써 형성된 것이다.

예제 14.8

입자의 원자질량을 사용하여 중수소핵(重水素核, deuteron)의 결합 에너지를 계산하라.

풀이

중수소핵은 중성자와 양성자로 구성되어 있으며, 전자질량은 어차피 상쇄되므로 원자질량을 사용한다.

$$\begin{aligned} \text{중성자 질량} &= 1.008665\ \text{u} \\ \text{양성자 질량}(^1\text{H}) &= \underline{1.007825\ \text{u}} \\ \text{합} &= 2.016490\ \text{u} \\ \text{중수소 질량}(^2\text{H}) &= 2.014102\ \text{u} \\ \text{차} &= 0.002388\ \text{u} \end{aligned}$$

이 질량 에너지의 차는 중성자와 양성자를 묶어서 중수소핵을 만드는 속박 에너지(binding energy)와 같다. 또한 질량 단위는 원자질량 단위(u)로 표시되며, 필요에 따라 킬로그램으로 바꿀 수 있다. 그러나 질량을 에너지로 바꾸는 작업은 잘 알려져 있는 질량과 에너지 사이의 관계식

$$1\ \text{u}c^2 = 931.5\ \text{MeV} \tag{14.64}$$

에 의해 쉽게 할 수 있다. 따라서 중수소핵의 결합 에너지는 다음과 같다.

$$0.002388\ \text{u}c^2 \times 931.5 \frac{\text{MeV}}{\text{u}c^2} = 2.22\ \text{MeV}$$

$\gamma + {}^2\text{H} \rightarrow \text{n} + \text{p}$라는 핵실험은 2.22 MeV보다 큰 에너지의 감마선을 사용해야만 중수소핵을 중성자와 양성자로 붕괴할 수 있음을 말해준다. 반대로 중성자와 양성자가 중수소핵으로 결합할 때 2.22 MeV만큼의 에너지가 중수소핵의 운동 에너지와 감마선 에너지로서 해방된다.

운동 에너지보다 운동량이 더욱 기본적인 개념이라고(예를 들면 운동 에너지 보존에 관한 보편적 법칙이 없다) 물리학자들이 믿고 있어서 질량 에너지를 운동 에너지보다 운동량으로 표시하는 것이 좋다. 운동량에 대한 식 (14.45)는 다음과 같이 쓸 수 있다.

$$\begin{aligned} p &= \gamma m u \\ p^2c^2 &= \gamma^2 m^2 u^2 c^2 \\ &= \gamma^2 m^2 c^4 \left(\frac{u^2}{c^2}\right) \end{aligned} \tag{14.65}$$

또한

$$\frac{u^2}{c^2} = 1 - \frac{1}{\gamma^2} \tag{14.66}$$

이므로 식 (14.65)를

$$\begin{aligned} p^2c^2 &= \gamma^2 m^2 c^4 \left(1 - \frac{1}{\gamma^2}\right) \\ &= \gamma^2 m^2 c^4 - m^2 c^4 \\ &= E^2 - E_0^2 \end{aligned}$$

$$\boxed{E^2 = p^2c^2 + E_0^2} \tag{14.67}$$

같이 변화시킬 수 있다. 이것은 대단히 편리한 운동학적 관계식이다. 즉, 입자의 총 에너지가 운동량과 정지 에너지로 주어진다는 뜻이다.

광자는 질량을 갖고 있지 않아서 식 (14.67)로부터

$$E = pc \quad \text{광자} \tag{14.68}$$

를 얻는다. 정지된 광자는 없다.

14.9 시공과 4차원 벡터

14.3절의 식 (14.5)에서 주어진 다음 관계식은 불변한다.

$$\left.\begin{aligned} \sum_{j=1}^{3} x_j^2 - c^2t^2 &= 0 \\ \sum_{j=1}^{3} x_j'^2 - c^2t'^2 &= 0 \end{aligned}\right\}$$

왜냐하면 서로 상대적으로 운동하고 있는 모든 관성계에서 빛의 속도가 같기 때문이다. 시공간적으로 분리된 두 개의 사건을 생각해보자. K계에서

$$\Delta x_i = x_i(\text{사건 }2) - x_i(\text{사건 }1)$$
$$\Delta t = t(\text{사건 }2) - t(\text{사건 }1)$$

인데, 서로 상대적으로 운동하고 있는 모든 관성계에서 간격 Δs^2은 불변한다(연습문제 14-34 참조).

$$\Delta s^2 = \sum_{j=1}^{3} (\Delta x_j)^2 - c^2 \Delta t^2 \tag{14.69}$$

$$\Delta s^2 = \Delta s'^2 = \sum_{j=1}^{3} (\Delta x_j')^2 - c^2 \Delta t'^2 \tag{14.70}$$

식 (14.69)는 다음과 같이 미분 방정식으로 쓸 수 있다.

$$ds^2 = dx_1^2 + dx_2^2 + dx_3^2 - c^2 dt^2 \tag{14.71}$$

입자가 순간적으로 정지하는 K'계를 생각해보면 $dx_1' = dx_2' = dx_3' = 0$, $dt' = d\tau$(앞에서 논의한 고유시간 간격)이므로, 식 (14.70)은

$$-c^2 d\tau^2 = dx_1^2 + dx_2^2 + dx_3^2 - c^2 dt^2 \tag{14.72}$$

같이 된다. 로렌츠 변환식을 이용하여 식 (14.72)로부터 식 (14.21)과 비슷한 식

$$d\tau = \frac{dt}{\gamma} \tag{14.73}$$

를 얻는다. 고유시간 τ는 길이의 양 Δs^2과 같이 로렌츠 불변이다.

특수 상대성 이론에는 **광원뿔**(light cone)이란 중요한 개념이 있다. 길이의 불변 Δs^2은 3차원 공간 x_1, x_2, x_3에 네 번째 차원으로서 ct를 추가해야 한다는 사실을 시사하고 있다. 그림 14-6에 유클리드 공간(Euclidean space)의 한 좌표축에 대한 ct 값을 그렸다. (x, ct)의 원점은 $(0, 0)$에 있고 현재를 나타내며, 실선은 빛이 과거와 미래에서 갖는 경로를 나타낸다. A로부터 B까지 움직인 입자는 **세계선**(worldline)에 따라 움직였다고 말한다. $t < 0$ 시간에는 입자가 과거를 나타내는 아래 원뿔 내에 있고, $t > 0$에서는 미래를 나타내는 위의 원뿔 내에 있다. 입자가 $x = ct$ 밖에 있을 때 우리는 그것을 알 수가 없다. 이러한 영역을 '다른 곳(elsewhere)'이라 부르고 $v > c$가 된다.

Δs^2 값에 대해 두 가지 가능성이 있다. 만약 $\Delta s^2 > 0$이면 두 개의 사건은 **공간적 간격**(spacelike interval)을 갖고 있으며, 두 사건이 서로 공간의 다른 위치에서 동시에 일어날 수 있는 그러한 $v > c$로 움직이는 관성계를 항상 찾아낼 수 있다. $\Delta s^2 < 0$인 경우 두 사건은 **시간적 간격**(timelike interval)을 갖고

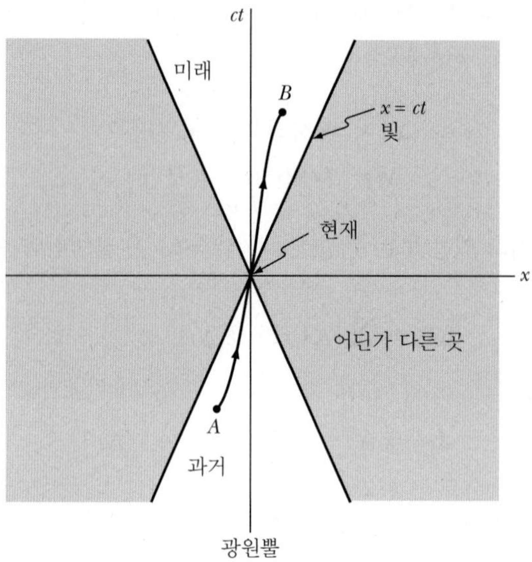

그림 14-6 현재를 원점으로 하는 x축에 대해 변수 ct를 그렸다. 굵은 실선은 빛의 과거와 미래에서 갖는 경로를 나타내고 광원뿔을 이룬다. 이 선의 오른쪽과 왼쪽은 현재에서 이 영역을 갈 수가 없으므로 '다른 곳'이라고 부른다. A에서 B까지의 경로를 세계선이라 하고, 빛보다 다소 느리거나 같은 속력으로 갈 수 있는 경로이다.

있다고 말하며, 같은 위치에서 다른 시간에 두 사건이 일어나는 그런 관성계를 항상 찾을 수 있다. $\Delta s^2 = 0$인 경우 두 개의 사건은 빛으로 분리되어 있는 것이다.

시간적 간격은 분리된 사건만이 인과관계(因果關係)를 갖고 있으며, 빛의 원뿔 내에서 현재 일어난 사건은 과거에 있었던 사건과 인과관계로 맺을 수 있다. 공간적 간격을 가진 사건들은 인과관계로 맺을 수 없다. 시간과 공간은 별개이지만 결국은 서로 뒤얽힌 관계에 있다.

앞에서 논의한 시공간은 ct를 네 번째 성분으로 갖고 있으며, $x_4 \equiv ict$, $x_4' \equiv ict'$ 같이 정의하고 그 견해를 계속 유지하기로 한다. 여기서 허수 $i(= \sqrt{-1})$를 사용하지만 이 성분이 허수란 뜻이 아니다. 그렇게 하는 이유는 단지 여러 가지 물리량을 간결한 수학적 형태로 표현할 수 있기 때문이다. 물론 앞으로 논의할 것들은 i를 사용하지 않고(예로 $x_4 = ct$처럼) 다 전개할 수 있으나 수학적으로 더욱 복잡해진다. 즉, 물리량은 실수로 나타낸다.

$x_4 = ict$와 $x_4' = ict'$를 사용하여 식 (14.5)를 다음과 같이 쓸 수 있다.[16)]

16) 상대성 이론에서는 관계에 따라 1부터 4까지의 합을 나타낼 때 그리스첨자(보통 μ 혹은 ν)를 쓰고, 1부터 3까지의 합은 라틴첨자를 통상적으로 쓴다.

$$\left.\begin{aligned}\sum_{\mu=1}^{4} x_\mu^2 &= 0\\ \sum_{\mu=1}^{4} x_\mu'^2 &= 0\end{aligned}\right\} \tag{14.74}$$

그런데 이 식들에서 두 합은 서로 비례하고 운동이 양쪽의 계에서 대칭적이므로, 비례 상수는 1이 됨을 알 수 있다.[17] 결국

$$\sum_\mu x_\mu^2 = \sum_\mu x_\mu'^2 \tag{14.75}$$

을 얻는다. 이 관계는 앞에서 설명한 거리를 보존하는 3차원 직교 회전과 비슷하므로(1.4절 참조), 지금 찾고 있는 변화는 4차원 공간(**세계 공간**(world space) 또는 **민코프스키 공간**(Minkowski space)[18])

$$x_\mu' = \sum_\nu \lambda_{\mu\nu} x_\nu \tag{14.76}$$

로 쓴다. 여기서 $\lambda_{\mu\nu}$는 로렌츠 변환의 행렬 요소이다. 식 (14.14)로부터 변환행렬 $\boldsymbol{\lambda}$는 다음과 같이 주어진다.

$$\boldsymbol{\lambda} = \begin{pmatrix} \gamma & 0 & 0 & i\beta\gamma \\ 0 & 1 & 0 & 0 \\ 0 & 0 & 1 & 0 \\ -i\beta\gamma & 0 & 0 & \gamma \end{pmatrix} \tag{14.77}$$

어떤 양이 4개의 성분으로 이루어지고, 그 각각이

$$A_\mu' = \sum_\nu \lambda_{\mu\nu} A_\nu \tag{14.78}$$

인 관계식[19]에 의해 변환될 경우에 그 양을 **4원 벡터**(four-vector)라고 한다. 여기서 $\lambda_{\mu\nu}$는 로렌츠 변환을 정의한다. 이와 같은 4원 벡터[20]는

$$\mathbb{X} = (x_1, x_2, x_3, ict) \tag{14.79a}$$

---

17) 증명은 부록 G에 실려 있다.

18) 헤르만 민코프스키(Herman Minkowski, 1864~1909)는 상대론의 수학 이론에 중요한 역할을 했으며, 네 번째 성분으로서 ict를 도입했다.

19) 여기서는 공변(共變, covariant) 벡터 성분과 반공변(反共變, contravariant) 벡터 성분을 구별하지 않는다. 예로서 Bergmann(Be46, 5장)을 참조하라.

20) 4원 벡터는 오픈페이스(openface) 대문자로 표시되어 있다.

또는

$$\boxed{\mathbb{X} = (\mathbf{x},\ ict)} \tag{14.79b}$$

로 쓰나, 식 (14.79a)에서는 $\mathbb{X}$의 앞의 세 (공간) 성분이 통상의 3차원 위치 벡터 $\mathbf{x}$를 나타내고, 제4성분은 ict라는 의미이다. 마찬가지로 $\mathbb{X}$의 미분도 4원 벡터로

$$d\mathbb{X} = (d\mathbf{x},\ ic\ dt) \tag{14.80}$$

로 쓴다.

그런데 민코프스키 공간에서는 길이의 4차원 요소는 불변량이다. 그 크기가 로렌츠 변환에 대해 불변이며, 이러한 양을 **4원 스칼라**(four-scalar) 혹은 **세계 스칼라**(world scalar)라고 한다. 식 (14.71)은

$$ds = \sqrt{\sum_{\mu} dx_{\mu}^2} \tag{14.81}$$

같이 쓸 수 있고, 식 (14.72)는

$$d\tau = \frac{i}{c}\sqrt{\sum_{\mu} dx_{\mu}^2} = \frac{i}{c}\ ds \tag{14.82}$$

가 된다. 고유시간 $d\tau$는 길이의 요소 ds에 단순히 i/c를 곱한 것이므로 $d\tau$는 불변량이다. 따라서 4원 벡터 $d\mathbb{X}$의 불변량 $d\tau$에 대한 비도 4원 벡터이고, 4원 속도 $\mathbb{V}$라 부른다.

$$\boxed{\mathbb{V} = \frac{d\mathbb{X}}{d\tau} = \left(\frac{d\mathbf{x}}{d\tau},\ ic\frac{dt}{d\tau}\right)} \tag{14.83}$$

그런데 보통의 속도 $\mathbf{u}$의 성분은

$$u_j = \frac{dx_j}{dt}$$

이므로, $d\tau$는 식 (14.71)과 식 (14.82)를 이용하여 식 (14.73) 처럼

$$d\tau = dt\sqrt{1 - \frac{1}{c^2}\sum_j \frac{dx_j^2}{dt^2}}$$

또는

$$d\tau = dt\sqrt{1 - \beta^2} \tag{14.84}$$

으로 표현된다. 결국 4차원 속도는 다음과 같이 쓴다.

$$\boxed{\mathbb{V} = \frac{1}{\sqrt{1-\beta^2}}(\mathbf{u}, ic)} \tag{14.85}$$

여기서 $\mathbf{u}$는 보통의 속도에 세 공간 성분 u_1, u_2, u_3를 나타낸다(움직이는 좌표계의 속도 $\mathbf{v}$와 구별하기 위해 입자의 속도를 $\mathbf{u}$로 표시했다). 4원 운동량 벡터는 이제 단순히 질량과 4원 속도의 곱으로 주어진다.[21] 왜냐하면 질량은 불변량이기 때문이다.

$$\mathbb{P} = m\mathbb{V} \tag{14.86}$$

$$\boxed{\mathbb{P} = \left(\frac{m\mathbf{u}}{\sqrt{1-\beta^2}}, ip_4\right)} \tag{14.87}$$

여기서

$$p_4 \equiv \frac{mc}{\sqrt{1-\beta^2}} \tag{14.88}$$

4원 운동량 벡터 $\mathbb{P}$의 처음 3개 요소는 상대론적 운동량(식 (14.45))의 요소와 같다.

$$P_j = p_j = \gamma m u_j, \quad j = 1, 2, 3 \tag{14.89}$$

식 (14.63)을 이용하여 네 번째 요소가 총 에너지 E와 다음과 같은 관계가 있음을 알 수 있다.

$$p_4 = \gamma mc = \frac{E}{c} \tag{14.90}$$

따라서 4원 운동량 벡터는

$$\mathbb{P} = \left(\mathbf{p}, i\frac{E}{c}\right) \tag{14.91}$$

같이 줄 수 있다. 여기서 $\mathbf{p}$는 운동량의 공간 요소를 나타낸다. 이와 같이 상대론에서는 운동량과 에너지는 공간과 시간의 개념이 결합하는 것과 마찬가지 방법으로 결합한다. 또한 그 때문에 운동량 $\mathbb{P}$에 식 (14.77)의 로렌츠 변환행렬을 적용할 경우에

21) 4원 벡터에 4원 스칼라를 곱해도 4원 벡터를 얻게 된다.

$$\boxed{\begin{aligned} p_1' &= \frac{p_1 - (v/c^2)E}{\sqrt{1-\beta^2}} \\ p_2' &= p_2 \\ p_3' &= p_3 \\ E' &= \frac{E - vp_1}{\sqrt{1-\beta^2}} \end{aligned}} \tag{14.92}$$

이 된다.

예제 14.9

이 절에서 논의한 방법을 사용하여 식 (14.67)을 유도하라.

풀이

만약 움직이는 좌표계 K'의 원점을 입자 위에 고정시킨다면 $u = v$이면 4원 속도(식 (14.85))의 제곱은 불변량이며

$$\mathbb{V}^2 = \sum_\mu V_\mu^2 = \frac{v^2 - c^2}{1 - \beta^2} = -c^2 \tag{14.93}$$

이 되므로, 4원 운동량의 제곱도 불변량이다.

$$\mathbb{P}^2 = \sum_\mu P_\mu^2 = m^2\mathbb{V}^2 = -m^2c^2 \tag{14.94}$$

$\mathbf{p} \cdot \mathbf{p} = p^2 = p_1^2 + p_2^2 + p_3^2$을 쓰면 식 (14.91)에서

$$\mathbb{P}^2 = p^2 - \frac{E^2}{c^2} \tag{14.95}$$

을 얻고, 이를 조합하면 식 (14.67)

$$E^2 = p^2c^2 + m^2c^4 = p^2c^2 + E_0^2$$

을 구할 수 있다.

만일 각 ϕ를 $\beta = \sin\phi$가 되도록 정하면 속도, 운동량, 에너지 사이의 상대론적인 관계는 그림 14-7과 같이 소위 '상대론적 삼각형'을 이용한 경우의 삼각함수 관계가 된다.

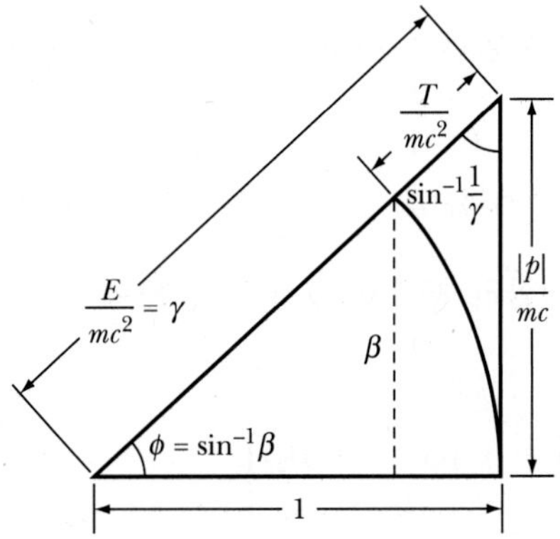

그림 14-7 상대론적인 삼각형은 삼각형의 관계를 이용하여 속도, 운동량, 에너지 사이의 관계를 구할 수 있다.

예제 14.10

속도의 합산법을 유도하라.

풀이

세 관성계 K, K', K''가 각각의 x_1축을 따라서 서로 직선 운동을 할 경우에 K'의 K에 대한 속도를 v_1, K''의 K'에 대한 속도를 v_2라 하면 어떤 두 관성계 사이에서도 신호를 전달할 수 있으므로, 만일 v_1, v_2가 함께 $c/2$보다 크면(그러나 c보다 작으면) $v_1 + v_2 > c$가 되므로, K''의 K에 대한 속도를 $v_1 + v_2$로 할 수는 없다. 그 때문에 상대론에서의 속도의 합성 법칙은 갈릴레이 이론의 경우와 달라야 하며, K와 K''를 잇는 로렌츠 변환의 행렬을 고려해서 구해진다. 그런데 $K' \to K$, $K'' \to K'$ 사이의 변환행렬은

$$\boldsymbol{\lambda}_{K' \to K} = \begin{pmatrix} \gamma_1 & 0 & 0 & i\beta_1\gamma_1 \\ 0 & 1 & 0 & 0 \\ 0 & 0 & 1 & 0 \\ -i\beta_1\gamma_1 & 0 & 0 & \gamma_1 \end{pmatrix}$$

$$\boldsymbol{\lambda}_{K'' \to K'} = \begin{pmatrix} \gamma_2 & 0 & 0 & i\beta_2\gamma_2 \\ 0 & 1 & 0 & 0 \\ 0 & 0 & 1 & 0 \\ -i\beta_2\gamma_2 & 0 & 0 & \gamma_2 \end{pmatrix}$$

이고, K''에서 K로의 변환은 이 두 변환의 곱이 되므로

$$\boldsymbol{\lambda}_{K''\to K} = \boldsymbol{\lambda}_{K''\to K'}\boldsymbol{\lambda}_{K'\to K} = \begin{pmatrix} \gamma_1\gamma_2(1+\beta_1\beta_2) & 0 & 0 & i\gamma_1\gamma_2(\beta_1+\beta_2) \\ 0 & 1 & 0 & 0 \\ 0 & 0 & 1 & 0 \\ -i\gamma_1\gamma_2(\beta_1+\beta_2) & 0 & 0 & \gamma_1\gamma_2(1+\beta_1\beta_2) \end{pmatrix}$$

을 얻는다. 이 행렬 요소가 보통의 로렌츠 변환의 행렬 요소(식 (14.77))에 대응하기 위해서는 $K'' \to K$ 변환에서의 β와 γ의 값이 각각

$$\left.\begin{aligned} \gamma &= \gamma_1\gamma_2(1+\beta_1\beta_2) \\ \beta\gamma &= \gamma_1\gamma_2(\beta_1+\beta_2) \end{aligned}\right\} \tag{14.96}$$

를 만족시킬 필요가 있고, 이로부터 β는

$$\beta = \frac{\beta_1+\beta_2}{1+\beta_1\beta_2} \tag{14.97}$$

가 되므로, 이 식에 c를 곱하면 속도의 합성 법칙이 나온다. 즉,

$$\boxed{v = \frac{v_1+v_2}{1+(v_1v_2/c^2)}} \tag{14.98}$$

또한 이 식에서 $v_1 < c$, $v_2 < c$이면 $v < c$라는 결과도 나온다.

신호의 속도가 c를 넘지 못할지라도, 다른 형태의 속도는 좀 더 커질 수 있다. 예를 들면 굴절률이 1보다 작은 매질 속 광파의 위상 속도는 사실 c보다 크나, 이와 같은 매질 속에서는 위상 속도가 신호의 속도에 대응하지 않고 신호의 속도는 사실 c보다 작다. 또 다른 예로서 전자선을 방출하는 전자총을 고려해보자. 총을 회전시키면 전자선은 적당한 거리에 있는 스크린 위에 어떤 궤도를 그린다. 그러나 이 경우에 총의 각속도와 스크린까지의 거리가 충분히 크면 스크린 위를 움직이는 휘점의 속도는 얼마든지 크게 할 수 있으므로, 오실로스코프의 주사 속도는 c를 넘을 수가 있다. 그러나 이번에도 주사 속도가 신호의 속도에 대응하지 않고, 전자선에 의해서 정보를 스크린 위의 한 점에서 다른 점으로 전달할 수가 없다. 따라서 이와 같은 장치에서 신호는 총에서 스크린으로 전달될 뿐이므로, 이 전달은 전자선 속의 전자의 속도($< c$)로 일어난다.

예제 14.11

광원과 관측자의 상대 운동의 방향 사이의 각도가 θ라고 할 때 상대론적 도플러 효과를 계산하라(그림 14-8).

풀이

빛을 총 에너지 $E = h\nu$를 가진 광자로 취급하여 에너지 운동량의 4원 벡터를 사용한다면 이 문제는 쉽게 풀 수 있다. 광원이 K계에 정지되어 있고 단일 진동수 ν_0를 가진 광자를 방출한다.

$$E = h\nu_0 \tag{14.99}$$

$$p = \frac{E}{c} = \frac{h\nu_0}{c} \tag{14.100}$$

K'계에서 오른쪽으로 움직이는 관측자는 진동수 ν'인 광자의 에너지 E'를 측정한다. 식 (14.92)로부터

$$E' = \gamma(h\nu_0 - vp_1) \tag{14.101}$$

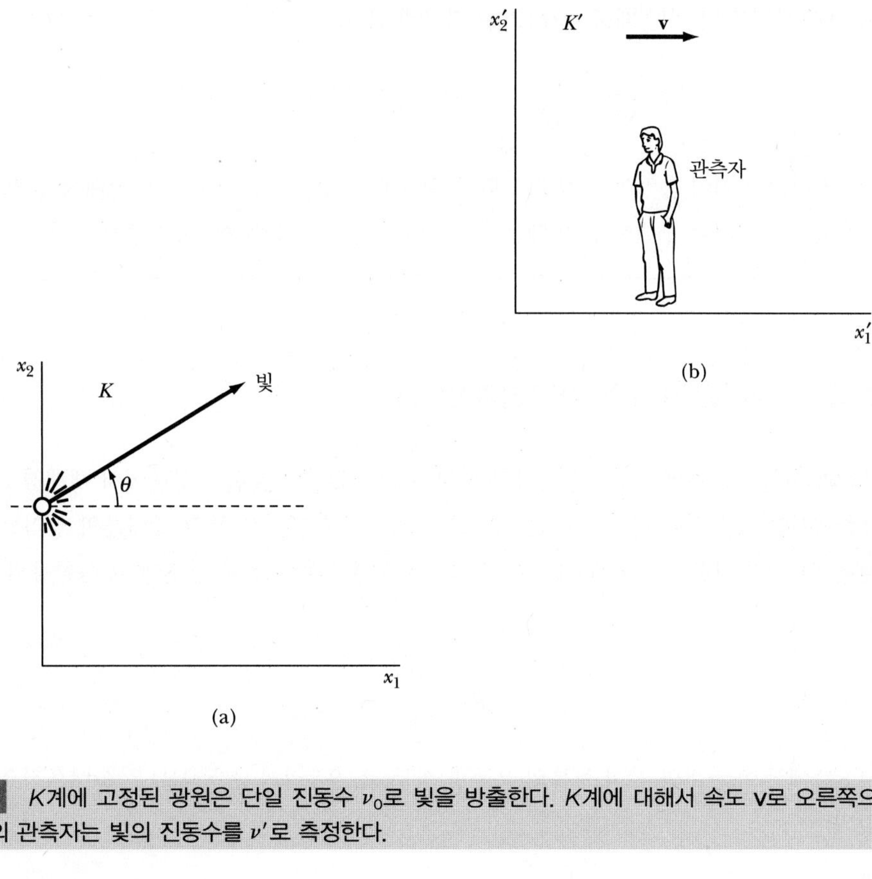

그림 14-8 K계에 고정된 광원은 단일 진동수 ν_0로 빛을 방출한다. K계에 대해서 속도 **v**로 오른쪽으로 움직이는 K'계의 관측자는 빛의 진동수를 ν'로 측정한다.

$$h\nu' = \gamma\left(h\nu_0 - \frac{vh\nu_0}{c}\cos\theta\right) \tag{14.102}$$

여기서 $p_1 = p\cos\theta$이다. 식 (14.102)는

$$\nu' = \gamma\nu_0(1 - \beta\cos\theta) \tag{14.103}$$

로 쓸 수 있으며, 이것은 식 (14.34)와 동등하다. 다만 θ 값에 의존한다. 초기에 관측자가 광원의 왼쪽 먼 위치에 있고 점점 광원에 다가온다면 식 (14.31) 처럼

$$\nu' = \nu_0\frac{\sqrt{1+\beta}}{\sqrt{1-\beta}} \qquad \text{관측자가 광원에 접근할 때} \tag{14.104}$$

가 되며, 많은 시간이 흐르고 난 후 관측자는 멀어져 가면($\theta = 0$) 식 (14.33) 처럼

$$\nu' = \nu_0\frac{\sqrt{1-\beta}}{\sqrt{1+\beta}} \qquad \text{관측자가 광원으로부터 멀어져 갈 때} \tag{14.105}$$

가 된다. 관측자가 광원을 막 지날 때($\theta = \pi/2$)는 다음과 같다.

$$\nu' = \frac{\nu_0}{\sqrt{1-\beta^2}} \qquad \text{관측자가 광원을 막 지날 때} \tag{14.106}$$

관측자가 정지하고 광원이 움직이는 경우도 다룰 수 있다(연습문제 14-18 참조). 상대성 원리에 따라 관측자의 운동과 운동 사이에는 구별이 없기 때문에 식 (14.104)~(14.106)을 역시 얻게 된다.

14.10 특수 상대론에서의 라그랑지안 함수

라그랑주 역학과 해밀턴 역학에 관한 7장에서의 논의는 모두 질량이 불변인 상태에서 행해졌으므로 비상대론적인 극한에서만 성립한다. 다음과 같은 방법으로 라그랑주 형식을 특수 상대론의 영역으로 확장한다. (비상대론적인) 단일 입자가 속도에 의존하지 않는 포텐셜 속을 운동할 경우에 그 운동량의 직교 성분은(식 (7.150) 참조)

$$p_i = \frac{\partial L}{\partial u_i} \tag{14.107}$$

이나, 식 (14.87)에서 아는 바와 같이 보통의 운동량 성분(즉, 운동량의 공간 성분)은 상대론적으로 나타내면 다음과 같다.

$$p_i = \frac{mu_i}{\sqrt{1-\beta^2}} \tag{14.108}$$

상대론적인 라그랑지안도 식 (14.107)과 같이 u_i로 미분했을 때 식 (14.108) 모양의 운동량 성분이 된다고 하자.

$$\frac{\partial L}{\partial u_i} = \frac{mu_i}{\sqrt{1-\beta^2}} \tag{14.109}$$

그런데 이 식은 입자의 속도만을 포함하고 있으므로 상대론적인 라그랑지안에서는 속도에 의존하지 않는 부분은 비상대론적인 경우와 다르지 않다고 생각해도 좋은 것 같지만, 속도에 의존하는 부분은 더 이상 운동 에너지와 같지 않다. 그러므로

$$L = T^* - U \tag{14.110}$$

단, $U = U(x_i)$, $T^* = T^*(u_i)$로 쓰면 함수 T^*는

$$\frac{\partial T^*}{\partial u_i} = \frac{mu_i}{\sqrt{1-\beta^2}} \tag{14.111}$$

를 만족해야 하고, 이것은(적분 상수는 따로 하고)

$$T^* = -mc^2\sqrt{1-\beta^2} \tag{14.112}$$

으로 나타내면 좋다는 것이 쉽게 증명된다. 이리하여 상대론적인 라그랑지안은

$$\boxed{L = -mc^2\sqrt{1-\beta^2} - U} \tag{14.113}$$

로 쓰고, 운동 방정식은 라그랑주 방정식으로부터 통상적인 방법을 통해 얻는다.

여기서 주의해야 할 것은 운동의 에너지를 상대론적으로 나타내면(식 (14.58))

$$T = \frac{mc^2}{\sqrt{1-\beta^2}} - mc^2 \tag{14.114}$$

이 되므로, 라그랑지안은 $T - U$로 되지 않는 것이다. 그러나 해밀토니안은(식 (7.153) 참조) 식 (14.108)과 식 (14.113)을 사용하여 $\sqrt{1-\beta^2}$을 γ^{-1}로 쓰면

$$\begin{aligned} H &= \sum_i u_i p_i - L \\ &= \sum_i \frac{p_i^2 c^2}{\gamma mc^2} + \frac{mc^2}{\gamma} + U \end{aligned}$$

같이 계산할 수 있고, 결과적으로

$$\begin{aligned} H &= \frac{p^2c^2}{\gamma mc^2} + \frac{mc^2}{\gamma} + U = \frac{1}{\gamma mc^2}(p^2c^2 + m^2c^4) + U \\ &= \frac{E^2}{\gamma mc^2} + U \\ &= E + U = T + U + E_0 \end{aligned} \tag{14.115}$$

를 얻게 된다. 상대론적 해밀토니안은 14.8절에서 정의한 총 에너지와 포텐셜 에너지의 합과 같아진다. 이것은 7장에서 사용한 총 에너지와 정지 에너지만큼 차이가 있다.

14.11 상대론적인 운동학

충돌 과정에서 나타나는 속도가 광속도에 대해서 무시할 수 없는 현상에서는 **상대론적인 운동학**을 쓸 필요가 없다. 그런데 9장의 논의에서는 많은 운동학적인 관계를 유도하기 위해 질량중심계의 성질을 이용해왔으나, 상대론에서는 질량이 변화하므로 질량중심계라는 것은 더 이상 의미가 없어지고 대신에 운동량 중심 좌표계가 쓰인다. 그래서 이 좌표계는 지금까지 사용한 질량중심계와 본질적으로는 같은 성질을 갖고 있다. 즉, 이 계에서의 총 운동량은 0이다. 그 때문에 정지 질량 m_1의 입자가 정지 질량 m_2인 입자에 충돌할 경우에 운동량 중심계에서는

$$p'_1 = p'_2 \tag{14.116}$$

이 되지만, 식 (14.87)을 쓰면 이것은 4원 운동량 벡터의 공간 성분의 관계로서

$$m_1 u'_1 \gamma'_1 = m_2 u'_2 \gamma'_2 \tag{14.117}$$

로 쓸 수 있다. 여기서 앞에서와 같이 $\gamma \equiv 1/\sqrt{1-\beta^2}$이고 $\beta \equiv u/c$이다.

충돌 문제에서는 실험실계를 관성계 K로, 운동량 중심계를 K'계로 취하면 편리하다. 그러면 그림 14-9의 K, K'는 로렌츠 변환으로 연결할 수 있으므로, 상대론적인 운동학에서의 관계식을 유도하기 위해서는 먼저 운동량 중심계에서의 관계를 구하고, 여기에 로렌츠 변환을 행해서 실험실계로 되돌리면 된다. m_1이 K계의 x축을 따라서 속도 u_1으로 움직이고, m_2가 K계에서 정지해 있으므로 $u_2 = 0$이다. 또한 K'계에서는 m_2가 속도 u'_2로 움직이므로 K'계도 K계에 대해서 속도 u'_2이고, m_1의 처음의 운동과 같은 방향으로 움직인다.

$\beta\gamma = \sqrt{\gamma^2 - 1}$을 쓰면

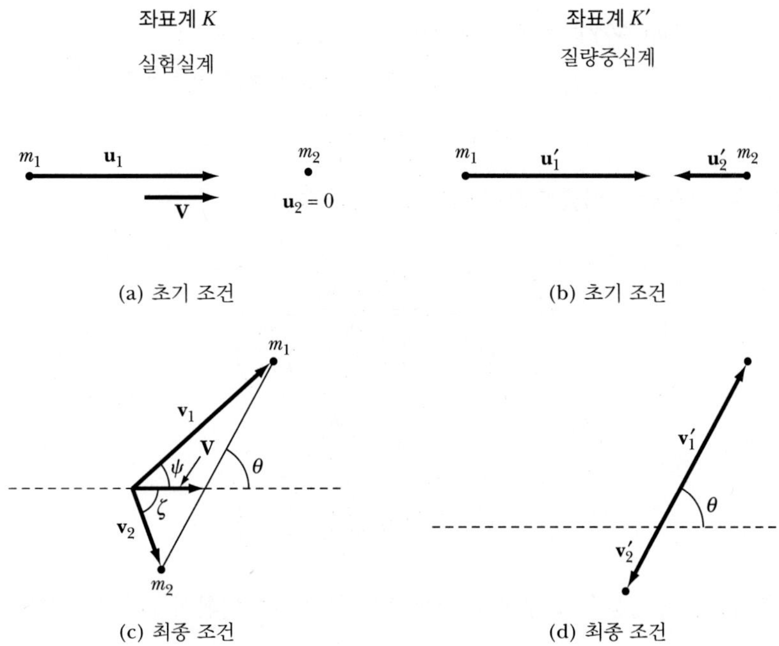

그림 14-9 그림 9-10의 탄성 충돌의 개략도를 K계와 K'에서 다시 나타낸 것이다.

$$\begin{aligned} p_1' &= m_1 u_1' \gamma_1' = m_1 c \beta_1' \gamma_1' \\ &= m_1 c \sqrt{\gamma_1'^2 - 1} = m_2 c \sqrt{\gamma_2'^2 - 1} \\ &= p_2' \end{aligned} \tag{14.118}$$

가 되고, 이것은 두 입자의 운동량이 운동량 중심계에서는 같음을 나타낸다.

그런데 식 (14.92)에 의하면, (K에서 K'로의) 운동량 p_1의 변환은

$$p_1' = \left(p_1 - \frac{u_2'}{c^2} E_1 \right) \gamma_2' \tag{14.119}$$

이고, 또한

$$\left. \begin{aligned} p_1 &= m_1 u_1 \gamma_1 \\ E_1 &= m_1 c^2 \gamma_1 \end{aligned} \right\} \tag{14.120}$$

으로 쓸 수 있으므로, 식 (14.118)을 사용하면

$$
\begin{aligned}
m_1 c\sqrt{\gamma_1'^2 - 1} &= (m_1 c\beta_1\gamma_1 - \beta_2' m_1 c\gamma_1)\gamma_2' \\
&= m_1 c\left(\gamma_2'\sqrt{\gamma_1^2 - 1} - \gamma_1\sqrt{\gamma_2'^2 - 1}\right) \\
&= m_2 c\sqrt{\gamma_2'^2 - 1}
\end{aligned}
\tag{14.121}
$$

을 얻는다. 이 식들을 풀어서 γ_1', γ_2'를 γ_1으로 나타내면 다음과 같다.

$$
\gamma_1' = \frac{\gamma_1 + \dfrac{m_1}{m_2}}{\sqrt{1 + 2\gamma_1\left(\dfrac{m_1}{m_2}\right) + \left(\dfrac{m_1}{m_2}\right)^2}} \tag{14.122a}
$$

$$
\gamma_2' = \frac{\gamma_1 + \dfrac{m_2}{m_1}}{\sqrt{1 + 2\gamma_1\left(\dfrac{m_2}{m_1}\right) + \left(\dfrac{m_2}{m_1}\right)^2}} \tag{14.122b}
$$

다음으로, 산란 후에 운동량 성분을 K'계에서 K계로 되돌리기 위한 변환식을 구한다. 먼저 x 성분은

$$
\begin{aligned}
p_{1,x} &= \left(p_{1,x}' + \frac{u_2'}{c^2}E_1'\right)\gamma_2' \\
&= (m_1 c\beta_1'\gamma_1'\cos\theta + m_1 c\beta_2'\gamma_1')\gamma_2' \\
&= m_1 c\gamma_1'\gamma_2'(\beta_1'\cos\theta + \beta_2')
\end{aligned}
\tag{14.123a}
$$

가 된다(변환은 K'에서 K로 행해지므로, 식 (14.119)와는 반대로 제2항 앞의 부호는 플러스이다). 또한 y 성분은

$$
p_{1,y} = m_1 c\beta_1'\gamma_1'\sin\theta \tag{14.123b}
$$

가 되는데, 실험실계에서의 산란각 ψ의 탄젠트(tan)는 $p_{1,y}/p_{1,x}$이므로 식 (14.123b)를 식 (14.123a)로 나누면

$$
\tan\psi = \frac{1}{\gamma_2'}\frac{\sin\theta}{\cos\theta + (\beta_2'/\beta_1')}
$$

를 얻고, 더욱이 식 (14.117)을 사용하여 β_2'/β_1'를 새로 쓰면

$$
\tan\psi = \frac{1}{\gamma_2'}\frac{\sin\theta}{\cos\theta + (m_1\gamma_1'/m_2\gamma_2')} \tag{14.124}
$$

를 얻게 된다. 또한 되튐 입자의 경우는

$$p_{2,x} = \left(p'_{2,x} + \frac{u'_2}{c^2}E'_2\right)\gamma'_2$$
$$= (-m_2c\beta'_2\gamma'_2\cos\theta + m_2c\beta'_2\gamma'_2)\gamma'_2$$
$$= m_2c\beta'_2\gamma'^2_2(1 - \cos\theta) \tag{14.125a}$$

여기서 $p'_{2,x}$는 $p_{1,x}$와 반대 방향이 되므로 제1항 앞의 부호는 마이너스가 된다. 또한

$$p_{2,y} = -m_2c\beta'_2\gamma'_2\sin\theta \tag{14.125b}$$

인데, 앞에서도 기술했듯이 실험실계에서의 되튐각 ζ의 탄젠트 값은 $p_{2,y}/p_{2,x}$이므로

$$\tan\zeta = -\frac{1}{\gamma'_2}\frac{\sin\theta}{1 - \cos\theta} \tag{14.126}$$

가 된다. 전체에 대해서 마이너스가 붙어 있는 것은, m_1이 ψ의 양의 방향에 산란될 경우에 m_2는 ζ의 음의 방향으로 되튄다는 사실을 나타낸다.

여기서 특히 재미있는 경우는 $m_1 = m_2$인 경우이다. 즉, 식 (14.122)에서

$$\gamma'_1 = \gamma'_2 = \sqrt{\frac{1 + \gamma_1}{2}}, \qquad m_1 = m_2 \tag{14.127}$$

를 얻는다. 이것을 쓰면 산란각의 탄젠트는

$$\tan\psi = \sqrt{\frac{2}{1 + \gamma_1}} \cdot \frac{\sin\theta}{1 + \cos\theta} \tag{14.128}$$

$$\tan\zeta = -\sqrt{\frac{2}{1 + \gamma_1}} \cdot \frac{\sin\theta}{1 - \cos\theta} \tag{14.129}$$

이므로, 이 곱은

$$\tan\psi\tan\zeta = -\frac{2}{1 + \gamma_1}, \qquad m_1 = m_2 \tag{14.130}$$

가 된다(오른쪽 변의 마이너스는 ψ와 ζ가 반대 방향으로 측정되었음을 나타낼 뿐이다).

그런데 이전에 질량이 같은 입자가 산란하는 경우에 비상대론적인 극한에서는 종속도 벡터 사이의 각도는 반드시 지각이 됨을 나타냈으나, 사실 $\gamma_1 \to 1$의 극한에서는 식 (14.128)과 식 (14.129)는 각각 식 (9.69) 및 식 (9.73)과 같아지므로 $\psi + \zeta = \pi/2$가 된다. 한편 상대론적인 경우에는 식 (14.130)으로부터 $\psi + \zeta < \pi/2$가 됨을 알 수 있으므로, 산란에 나타나는 각은 항상 비상대론적인 극한에서 얻어진 것보다 작다. 산란각과 되튐각이 같은 경우, 즉 $\psi = \zeta$일 때 식 (14.130)은

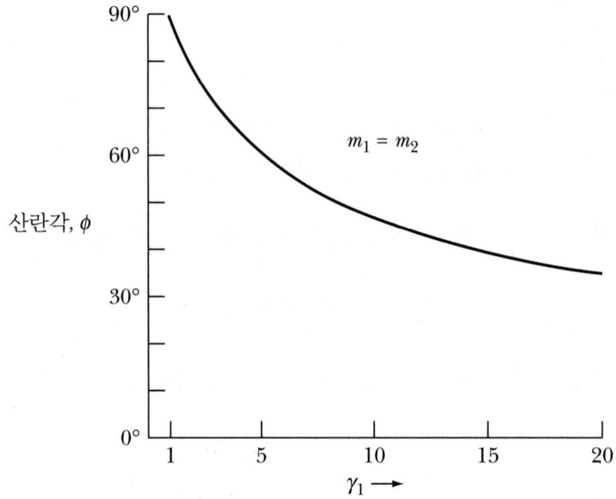

그림 14-10 산란각 $\phi = \psi = \zeta$는 $m_1 = m_2$인 경우에 상대적인 매개변수 γ_1의 함수로 그린 것이다. 비상대론적인 산란($\gamma_1 = 1$)인 경우에 이 각은 항상 90°이다.

$$\tan\psi = \left(\frac{2}{1+\gamma_1}\right)^{1/2}, \qquad m_1 = m_2$$

이 되고, 산란 입자와 되튐 입자의 방향 사이에 나타난 각은

$$\begin{aligned}\phi &= \psi + \zeta = 2\psi \\ &= 2\tan^{-1}\left(\frac{2}{1+\gamma_1}\right)^{1/2}, \qquad m_1 = m_2 \end{aligned} \tag{14.131}$$

이 된다. 그림 14-10은 $\gamma_1 = 20$일 때까지 γ_1의 함수로서 ϕ를 보인다. $\gamma_1 = 10$일 때 나타나는 각은 대략 46°이나, 이 γ_1의 값은 초기 속도가 광속도의 99.5%인 경우에 대응한다. 그런데 식 (14.58)에 의하면 운동 에너지는 $T_1 = m_1c^2(\gamma_1 - 1)$로 주어지므로 $\gamma_1 = 10$의 양성자는 대략 8.4 GeV의 운동 에너지를 갖지만, 같은 속도의 전자는 $T_1 \cong 4.6$ MeV의 운동 에너지를 갖게 된다.[22)]

4원 운동량 벡터의 네 번째 성분(즉, 총 에너지)의 변환 성질을 사용하면, 우리가 이전에 비상대론적인 극한에서 유도한 모든 에너지에 대응하는 상대론적인 식을 얻는다.

22) 이 에너지 단위는 연습문제 14-39에 정의되어 있다. 1 GeV = 10^3 MeV = 10^9 eV = 1.602×10^{-3} erg = 1.602×10^{-10} J

연습문제

14-1. Prove Equation 14.13 by using Equations 14.9–14.12.

14-2. Show that the transformation equations connecting the K' and K systems (Equations 14.14) can be expressed as

$$x_1' = x_1 \cosh \alpha - ct \sinh \alpha$$
$$x_2' = x_2, \quad x_3' = x_3$$
$$t' = t \cosh \alpha - \frac{x_1}{c} \sinh \alpha$$

where $\tanh \alpha = v/c$. Show that the Lorentz transformation corresponds to a rotation through an angle $i\alpha$ in four-dimensional space.

14-3. Show that the equation

$$\nabla^2 \Psi - \frac{1}{c^2} \frac{\partial^2 \Psi}{\partial t^2} = 0$$

is invariant under a Lorentz transformation but not under a Galilean transformation. (This is the wave equation that describes the propagation of light waves in free space.)

14-4. Show that the expression for the FitzGerald-Lorentz contraction (Equation 14.19) can also be obtained if the observer in the K' system measures the time necessary for the rod to pass a fixed point in that system and then multiplies the result by v.

14-5. What is the apparent shape of a cube moving with a uniform velocity directly *toward* or *away from* an observer?

14-6. Consider two events that take place at different points in the K system at the same instant t. If these two points are separated by a distance Δx, show that in the K' system the events are not simultaneous but are separated by a time interval $\Delta t' = -v\gamma\, \Delta x/c^2$.

14-7. Two clocks located at the origins of the K and K' systems (which have a relative speed v) are synchronized when the origins coincide. After a time t, an observer at the origin of the K system observes the K' clock by means of a telescope. What does the K' clock read?

14-8. In his 1905 paper (see the translation in Lo23), Einstein states: "We conclude that a balance-clock at the equator must go more slowly, by a very small amount, than a precisely similar clock situated at one of the poles under otherwise identical conditions." Neglect the fact that the equator clock does not undergo uniform motion and show that after a century the clocks will differ by approximately 0.0038 s.

14-9. Consider a relativistic rocket whose velocity with respect to a certain inertial frame is v and whose exhaust gases are emitted with a constant velocity V with respect to the rocket. Show that the equation of motion is

$$m\frac{dv}{dt} + V\frac{dm}{dt}(1 - \beta^2) = 0$$

where $m = m(t)$ is the mass of the rocket in its rest frame and $\beta = v/c$.

14-10. Show by algebraic methods that Equations 14.15 follow from Equations 14.14.

14-11. A stick of length l is fixed at an angle θ from its x_1-axis in its own rest system K. What is the length and orientation of the stick as measured by an observer moving along x_1 with speed v?

14-12. A racer attempting to break the land speed record rockets by two markers spaced 100 m apart on the ground in a time of 0.4 μs as measured by an observer on the ground. How far apart do the two markers appear to the racer? What elapsed time does the racer measure? What speeds do the racer and ground observer measure?

14-13. A muon is moving with speed $v = 0.999c$ vertically down through the atmosphere. If its half-life in its own rest frame is 1.5 μs, what is its half-life as measured by an observer on Earth?

14-14. Show that Equation 14.31 is valid when a receiver approaches a fixed light source with speed v.

14-15. A star is known to be moving away from Earth at a speed of 4×10^4 m/s. This speed is determined by measuring the shift of the H_α line ($\lambda = 656.3$ nm). By how much and in what direction is the shift of the wavelength of the H_α line?

14-16. A photon is emitted at an angle θ' by a star (system K') and then received at an angle θ on Earth (system K). The angles are measured from a line between the star and Earth. The star is receding at speed v with respect to Earth. Find the relation between θ and θ'; this effect is called the *aberration of light.*

14-17. The wavelength of a spectral line measured to be λ on Earth is found to increase by 50% on a far distant galaxy. What is the speed of the galaxy relative to Earth?

14-18. Solve Example 14.11 for the case of the observer at rest and the source moving. Show that the results are the same as those given in Example 14.11.

14-19. Equation 14.34 indicates that a red (blue) shift occurs when a source and observer are receding (approaching) with respect to one another in purely radial motion (i.e., $\beta = \beta_r$). Show that, if there is also a relative tangential speed β_t, Equation 14.34 becomes

$$\frac{\lambda_0}{\lambda} = \frac{\nu}{\nu_0} = \frac{\sqrt{1 - \beta_r^2 - \beta_t^2}}{1 - \beta_r}$$

and that the condition for always having a red shift (i.e., no blue shift), $\lambda > \lambda_0$ or

$\nu < \nu_0$, is[23)]

$$\beta_t^2 > 2\beta_r(1 - \beta_r)$$

14-20. An astronaut travels to the nearest star system, 4 light years away, and returns at speed $0.3c$. How much has the astronaut aged relative to those people remaining on Earth?

14-21. The expression for the ordinary force is

$$\mathbf{F} = \frac{d}{dt}\left(\frac{m\mathbf{u}}{\sqrt{1 - \beta^2}}\right)$$

Take $\mathbf{u}$ to be in the x_1-direction and compute the components of the force. Show that

$$F_1 = m_l\dot{u}_1, \quad F_2 = m_t\dot{u}_2, \quad F_3 = m_t\dot{u}_3$$

where m_l and m_t are, respectively, the *longitudinal mass* and the *transverse mass*:

$$m_l = \frac{m}{(1 - \beta^2)^{3/2}}, \qquad m_t = \frac{m}{\sqrt{1 - \beta^2}}$$

14-22. The average rate at which solar radiant energy reaches Earth is approximately 1.4×10^3 W/m^2. Assume that all this energy results from the conversion of mass to energy. Calculate the rate at which the solar mass is being lost. If this rate is maintained, calculate the remaining lifetime of the Sun. (Pertinent numerical data can be found in Table 8-1.)

14-23. Show that the momentum and the kinetic energy of a particle are related by $p^2c^2 = 2Tmc^2 + T^2$.

14-24. What is the minimum proton energy needed in an accelerator to produce antiprotons $\overline{p}$ by the reaction

$$p + p \rightarrow p + p + (p + \overline{p})$$

The mass of a proton and antiproton is m_p.

14-25. A particle of mass m, kinetic energy T, and charge q is moving perpendicular to a magnetic field B as in a cyclotron. Find the relation for the radius r of the particle's path in terms of m, T, q, and B.

14-26. Show that an isolated photon cannot be converted into an electron-positron pair, $\gamma \rightarrow e^- + e^+$. (The conservation laws allow this to happen only near another object.)

23) J. J. Dykla, *Am, J. Phys.* **47**, 381(1979)를 참조하라.

14-27. Electrons and positrons collide from opposite directions head-on with equal energies in a storage ring to produce protons by the reaction

$$e^- + e^+ \rightarrow p + \overline{p}$$

The rest energy of a proton and antiproton is 938 MeV. What is the minimum kinetic energy for each particle to produce this reaction?

14-28. Calculate the range of speeds for a particle of mass m in which the classical relation for kinetic energy, $\frac{1}{2}mv^2$, is within one percent of the correct relativistic value. Find the values for an electron and a proton.

14-29. The 2-mile long Stanford Linear Accelerator accelerates electrons to 50 GeV (50×10^9 eV). What is the speed of the electrons at the end?

14-30. A free neutron is unstable and decays into a proton and an electron. How much energy other than the rest energies of the proton and electron is available if a neutron at rest decays? (This is an example of nuclear beta decay. Another particle, called a neutrino—actually an antineutrino $\overline{\nu}$ is also produced.)

14-31. A neutral pion π^0 moving at speed $v = 0.98c$ decays in flight into two photons. If the two photons emerge on each side of the pion's direction with equal angles θ, find the angle θ and energies of the photons. The rest energy of π^0 is 135 MeV.

14-32. In nuclear and particle physics, momentum is usually quoted in MeV/c to facilitate calculations. Calculate the kinetic energy of an electron and proton if each has a momentum of 1000 MeV/c.

14-33. A neutron (m_n = 939.6 MeV/c^2) at rest decays into a proton (m_p = 938.3 MeV/c^2), an electron (m_e = 0.5 MeV/c^2), and an antineutrino ($m_{\overline{\nu}} \approx 0$). The three particles emerge at symmetrical angles in a plane, 120° apart. Find the momentum and kinetic energy of each particle.

14-34. Show that Δs^2 is invariant in all inertial systems moving at relative velocities to each other.

14-35. A spacecraft passes Saturn with a speed of $0.9c$ relative to Saturn. A second spacecraft is observed to pass the first one (going in the same direction) at relative speed of $0.2c$. What is the speed of the second spacecraft relative to Saturn?

14-36. We define the four-vector force $\mathbb{F}$ (called the Minkowski force) by differentiating the four-vector momentum with respect to proper time.

$$\mathbb{F} = \frac{d\mathbb{P}}{d\tau}$$

Show that the four-vector force transformation is

$$\begin{aligned} F_1' &= \gamma(F_1 + i\beta F_4) \\ F_2' &= F_2 \\ F_3' &= F_3 \\ F_4' &= \gamma(F_4 - i\beta F_1) \end{aligned}$$

14-37. Consider a one-dimensional, relativistic harmonic oscillator for which the Lagrangian is

$$L = mc^2\left(1 - \sqrt{1 - \beta^2}\right) - \frac{1}{2}kx^2$$

Obtain the Lagrange equation of motion and show that it can be integrated to yield

$$E = mc^2 + \frac{1}{2}ka^2$$

where a is the maximum excursion from equilibrium of the oscillating particle. Show that the period

$$\tau = 4\int_{x=0}^{x=a} dt$$

can be expressed as

$$\tau = \frac{2a}{\kappa c}\int_0^{\pi/2} \frac{1 + 2\kappa^2\cos^2\phi}{\sqrt{1 + \kappa^2\cos^2\phi}}\, d\phi$$

Expand the integrand in powers of $\kappa \equiv (a/2)\sqrt{k/mc^2}$ and show that, to first order in κ,

$$\tau \cong \tau_0\left(1 + \frac{3}{16}\frac{ka^2}{mc^2}\right)$$

where τ_0 is the nonrelativistic period for small oscillations, $2\pi\sqrt{m/k}$.

14-38. Show that the relativistic form of Newton's Second Law becomes

$$F = m\frac{du}{dt}\left(1 - \frac{u^2}{c^2}\right)^{-3/2}$$

14-39. A common unit of energy used in atomic and nuclear physics is the electron volt (eV), the energy acquired by an electron in falling through a potential difference of one volt: 1 MeV $= 10^6$ eV $= 1.602 \times 10^{-13}$ J. In these units, the mass of an electron is $m_e c^2 = 0.511$ MeV and that of a proton is $m_p c^2 = 938$ MeV. Calculate the kinetic energy and the quantities β and γ for an electron and for a proton each having a momentum of 100 MeV/c. Show that the electron is "relativistic" whereas the proton is "nonrelativistic."

14-40. Consider an inertial frame K that contains a number of particles with masses m_α, ordinary momentum components $p_{\alpha,j}$, and total energies E_α. The center-of-mass system of such a group of particles is defined to be that system in which the net ordinary momentum is zero. Show that the velocity components of the center-of-mass system with respect to K are given by

$$\frac{v_j}{c} = \frac{\sum\limits_\alpha p_{\alpha,j} c}{\sum\limits_\alpha E_\alpha}$$

14-41. Show that the relativistic expression for the kinetic energy of a particle scattered through an angle ψ by a target particle of equal mass is

$$\frac{T_1}{T_0} = \frac{2\cos^2\psi}{(\gamma_1 + 1) - (\gamma_1 - 1)\cos^2\psi}$$

The expression evidently reduces to Equation 9.89a in the nonrelativistic limit $\gamma_1 \to 1$. Sketch $T_1(\psi)$ for neutron-proton scattering for incident neutron energies of 100 MeV, 1 GeV, and 10 GeV.

14-42. The energy of a light quantum (or photon) is expressed by $E = h\nu$, where h is Planck's constant and ν is the frequency of the photon. The momentum of the photon is $h\nu/c$. Show that, if the photon scatters from a free electron (of mass m_e), the scattered photon has an energy

$$E' = E\left[1 + \frac{E}{m_e c^2}(1 - \cos\theta)\right]^{-1}$$

where θ is the angle through which the photon scatters. Show also that the electron acquires a kinetic energy

$$T = \frac{E^2}{m_e c^2}\left[\frac{1 - \cos\theta}{1 + \dfrac{E}{m_e c^2}(1 - \cos\theta)}\right]$$

"일의 끝이 시작보다 낫다." — 전도서

부록 A

테일러 정리

A theorem of considerable importance in mathematical physics is **Taylor's theorem,*** which relates to the expansion of an arbitrary function in a power series. In many instances, it is necessary to use this theorem to simplify a problem to a tractable form.

Consider a function $f(x)$ with continuous derivatives of all orders within a certain interval of the independent variable x. If this interval includes $x_0 \le x \le x_0 + h$, we may write

$$I \equiv \int_{x_0}^{x_0+h} f'(x)\,dx = f(x_0 + h) - f(x_0) \tag{A.1}$$

where $f'(x)$ is the derivative of $f(x)$ with respect to x. If we make the change of variable

$$x = x_0 + h - t \tag{A.2}$$

we have

$$I = \int_0^h f'(x_0 + h - t)\,dt \tag{A.3}$$

Integrating by parts

$$\begin{aligned} I &= tf'(x_0 + h - t)\Big|_0^h + \int_0^h tf''(x_0 + h - t)\,dt \\ &= hf'(x_0) + \int_0^h tf''(x_0 + h - t)\,dt \end{aligned} \tag{A.4}$$

*First published in 1715 by the English mathematician Brook Taylor (1685–1731).

Integrating the second term by parts, we find

$$I = hf'(x_0) + \frac{h^2}{2!}f''(x_0) + \int_0^h \frac{t^2}{2!}f'''(x_0 + h - t)\,dt \tag{A.5}$$

Continuing this process, we generate an infinite series for I. From the definition of I, we then have

$$\boxed{f(x_0 + h) = f(x_0) + hf'(x_0) + \frac{h^2}{2!}f''(x_0) + \cdots} \tag{A.6}$$

This is the Taylor series expansion* of the function $f(x_0 + h)$. A more common form of the series results if we set $x_0 = 0$ and $h = x$ [i.e., the function $f(x)$ is expanded about the origin]:

$$\boxed{f(x) = f(0) + xf'(0) + \frac{x^2}{2!}f''(0) + \frac{x^3}{3!}f'''(0) + \cdots + \frac{x^n}{n!}f^{(n)}(0) + \cdots} \tag{A.7}$$

where

$$f^{(n)}(0) \equiv \left.\frac{d^n}{dx^n}f(x)\right|_{x=0} \tag{A.8}$$

Equation A.7 is usually called the **Maclaurin's series**† for the function $f(x)$.

The series expansions given in Equations A.6 and A.7 possess two important properties. Under very general conditions, they may be differentiated or integrated term by term, and the resulting series converge to the derivative or integral of the original function.

EXAMPLE A.1

Find the Taylor series expansion of e^x.

Solution. Because the derivative of $\exp(x)$ of any order is just $\exp(x)$, the exponential series is

$$\boxed{e^x = 1 + x + \frac{x^2}{2!} + \frac{x^3}{3!} + \cdots} \tag{A.9}$$

This result is of considerable importance and will be used often.

---

*The *remainder* term of a series that is terminated after a finite number of terms is discussed, for example, by Kaplan (Ka84).

†Discovered by James Stirling in 1717 and published by Colin Maclaurin in 1742.

EXAMPLE A.2

Find the Taylor series expansion of sin x.

Solution. To expand $f(x) = \sin x$, we need

$$\begin{aligned} f(x) &= \sin x, & f(0) &= 0 \\ f'(x) &= \cos x, & f'(0) &= 1 \\ f''(x) &= -\sin x, & f''(0) &= 0 \\ f'''(x) &= -\cos x, & f'''(0) &= -1 \end{aligned}$$

Therefore,

$$\boxed{\sin x = x - \frac{x^3}{3!} + \frac{x^5}{5!} - \cdots} \qquad \textbf{(A.10)}$$

Similarly,

$$\boxed{\cos x = 1 - \frac{x^2}{2!} + \frac{x^4}{4!} - \cdots} \qquad \textbf{(A.11)}$$

EXAMPLE A.3

Use the Taylor series expansion of $(1 + t)^{-1}$ to integrate

$$\int_0^x \frac{dt}{1 + t}$$

Solution. A series expansion can often be profitably used in the evaluation of a definite integral. (This is particularly true for those cases in which the indefinite integral cannot be found in closed form.)

$$\int_0^x \frac{dt}{1 + t} = \int_0^x (1 - t + t^2 - t^3 + \cdots)\, dt, \quad |t| < 1$$

Integrating term by term, we find

$$\int_0^x \frac{dt}{1 + t} = x - \frac{x^2}{2} + \frac{x^3}{3} - \cdots \qquad \textbf{(A.12)}$$

Because

$$\frac{d}{dx} \ln(1 + x) = \frac{1}{1 + x} \qquad \textbf{(A.13)}$$

We also have the result

$$\ln(1 + x) = x - \frac{x^2}{2} + \frac{x^3}{3} - \cdots \qquad \textbf{(A.14)}$$

EXAMPLE A.4

Taylor's series can be used to restructure a function as well as to approximate it. For some applications, such a restructuring may be more useful to work with. We may, for example, want to expand the polynomial $f(x) = 4 + 6x + 3x^2 + 2x^3 + x^4$ about $x = 2$ rather than $x = 0$.

Solution. First, we compute the various derivatives and evaluate them at $x = 2$:

$$
\begin{aligned}
f(2) &= 60 \\
f'(2) &= (6 + 6x + 6x^2 + 4x^3)|_{x=2} = 74 \\
f''(2) &= (6 + 12x + 12x^2)|_{x=2} = 78 \\
f'''(2) &= (12 + 24x)|_{x=2} = 60 \\
f^{\text{iv}}(2) &= 24 \\
f^{\text{v}}(2) &= 0
\end{aligned}
$$

Using Equation A.6 with $h = (x - 2)$

$$f(x) = 60 + 74(x-2) + 39(x-2)^2 + 10(x-2)^3 + (x-2)^4 \quad \textbf{(A.15)}$$

EXAMPLE A.5

There are a great many important integrals arising in physics that cannot be integrated in closed form, that is, in terms of elementary functions (polynomials, exponentials, logarithms, trigonometric functions, and their inverses). Integrals with integrands

$$e^{-x^2}, \quad \frac{e^{-x}}{x}, \quad x \tan x, \quad \sin x^2, \quad 1/\ln x, \quad (\sin x)/x, \quad \text{or} \quad 1/\sqrt{1 - x^3}$$

are a few such examples. Nevertheless, the values of the integrals or good approximations of their values are needed. A Taylor series expansion of all or part of the integrand followed by a term-by-term integration of the resulting series produces an answer as precise as is wished. As an example, solve the following integral:

$$\int_1^x \frac{e^t}{t} dt \quad \textbf{(A.16)}$$

Solution. Using Equation A.9,

$$\int_1^x \frac{e^t}{t} dt = \int_1^x \frac{\left(1 + t + \dfrac{t^2}{2!} + \dfrac{t^3}{3!} + \cdots\right)dt}{t} \quad \textbf{(A.17)}$$

$$= \int_1^x \frac{dt}{t} + \int_1^x dt + \int_1^x \frac{t}{2!}dt + \int_1^x \frac{t^2}{3!}dt + \cdots$$

$$= \ln x - (x-1) + \frac{1}{4}(x^2-1) + \frac{1}{18}(x^3-1) + \cdots \qquad \textbf{(A.18)}$$

PROBLEMS

A-1. Show by division and by direct expansion in a Taylor series that

$$\frac{1}{1-x} = 1 + x + x^2 + x^3 + \cdots + x^n + \cdots$$

For what range of x is the series valid?

A-2. Expand $\cos x$ about the point $x = \pi/4$.

A-3. Use a series expansion to show that

$$\int_0^1 \frac{e^x - e^{-x}}{x}\,dx = 2.1145\ldots.$$

A-4. Use a Taylor series to expand $\sin^{-1} x$. Verify the result by expanding the integral in the relation

$$\sin^{-1} x = \int_0^x \frac{dt}{\sqrt{1-t^2}}$$

A-5. Evaluate to three decimal places:

$$\int_0^1 \exp(-x^2/2)\,dx$$

Compare the result with that determined from tables of the probability integral.

A-6. Show that if $f(x) = (1+x)^n$ (with $|x| < 1$) is expanded in a Taylor series, the result is the same as a binomial expansion.

부록 B

타원 적분

There is a large and important class of integrals called **elliptic integrals** that cannot be evaluated in closed form in terms of elementary functions. Elliptic integrals occur in many physical situations; for example, see the exact solution to the plane pendulum in Section 4.4. Any integral of the form

$$\int (a \sin\theta + b\cos\theta + c)^{\pm 1/2}\, d\theta, \quad \text{or} \quad \int R(x, \sqrt{y})dx \tag{B.1}$$

where R is a rational function, $y = ax^4 + bx^3 + cx^2 + dx + e$, with distinct linear factors and a, b, c, d, and e constants (with not both a, b zero) is an elliptic integral. It is customary, however, to transform all elliptic integrals into one or more of three standard forms. These standard forms have been much studied and tabulated. Several handbooks are available with tables of values for them*

B.1 Elliptic Integrals of the First Kind

$$F(k, \phi) = \int_0^{\phi} \frac{d\theta}{\sqrt{1 - k^2 \sin^2\theta}}, \quad k^2 < 1 \tag{B.2a}$$

or if $z = \sin\theta$

$$\overline{F}(k, x) = \int_0^{x} \frac{dz}{\sqrt{(1 - z^2)(1 - k^2z^2)}}, \quad k^2 < 1 \tag{B.2b}$$

*One of the best of these is Abramowitz and Stegun (Ab65). See also extensive numerical tables in Adams and Hippisley (Ad22) and short tables in Dwight (Dw61).

B.2 Elliptic Integrals of the Second Kind

$$E(k, \phi) = \int_0^{\phi} \sqrt{1 - k^2 \sin^2 \theta}\, d\theta, \quad k^2 < 1 \tag{B.3a}$$

or if $z = \sin \theta$

$$\bar{E}(k, x) = \int_0^{x} \sqrt{\frac{1 - k^2 z^2}{1 - z^2}}\, dz, \quad k^2 < 1 \tag{B.3b}$$

B.3 Elliptic Integrals of the Third Kind

$$\Pi(n, k, \phi) = \int_0^{\phi} \frac{d\theta}{(1 + n \sin^2 \theta)\sqrt{1 - k^2 \sin^2 \theta}} \tag{B.4a}$$

or if $z = \sin \theta$

$$\bar{\Pi}(n, k, x) = \int_0^{x} \frac{dz}{(1 + nz^2)\sqrt{(1 - z^2)(1 - k^2 z^2)}} \tag{B.4b}$$

These standard forms obey the following identities, which are often helpful:

$$\left.\begin{aligned} F(k, \phi) &= F(k, \pi) - F(k, \pi - \phi) \\ E(k, \phi) &= E(k, \pi) - E(k, \pi - \phi) \end{aligned}\right\} \tag{B.5}$$

and

$$\left.\begin{aligned} F(k, m\pi + \phi) &= mF(k, \pi) + F(k, \phi) \\ E(k, m\pi + \phi) &= mE(k, \pi) + E(k, \phi) \end{aligned}\right\} \tag{B.6}$$

where m is an integer.

If tables are not handy or if ϕ or x is needed as a variable, the standard integrals may be approximated by expanding the integrand in an infinite series and integrating term by term. For example, consider

$$E(k, \phi) = \int_0^{\phi} \sqrt{1 - k^2 \sin^2 \theta}\, d\theta$$

Using the binomial theorem on the integrand

$$(1 - k^2 \sin^2 \theta)^{1/2} = 1 - \frac{1}{2} k^2 \sin^2 \theta - \frac{1}{8} k^4 \sin^4 \theta - \cdots$$

so

$$E(k, \phi) = \int_0^\phi \left[1 - \frac{1}{2}k^2 \sin^2\theta - \frac{1}{8}k^4 \sin^4\theta - \cdots - \frac{1\cdot3\cdot5\cdots(2n-3)}{2\cdot4\cdot6\cdots(2n)}k^{2n}\sin^{2n}\theta - \cdots\right]d\theta$$

$$= \phi - \frac{k^2}{2}\int_0^\phi \sin^2\theta d\theta - \cdots - \frac{1\cdot3\cdot5\cdots(2n-3)}{2\cdot4\cdot6\cdots(2n)}k^{2n} \times \int_0^\phi \sin^{2n}\theta\, d\theta - \cdots \tag{B.7}$$

Similarly, the binomial theorem can be used to expand $(1 - k^2\sin^2\theta)^{-1/2}$ to yield

$$F(k, \phi) = \phi + \frac{1}{2}k^2\int_0^\phi \sin^2\theta d\theta + \frac{3}{8}k^4\int_0^\phi \sin^4\theta d\theta + \cdots + \frac{1\cdot3\cdot5\cdots(2n-1)}{2\cdot4\cdot6\cdots(2n)}k^{2n}\int_0^\phi \sin^{2n}\theta d\theta + \cdots \tag{B.8}$$

EXAMPLE B.1

Put the integral $\int_{\phi_1}^{\phi_2}\sqrt{1 - k^2\sin^2\theta}\, d\theta$ into standard form.

Solution. Recall from calculus that for any integral $\int_a^b f(x)\, dx$ it is possible to write

$$\int_a^b f(x)\, dx = \int_a^c f(x)\, dx + \int_c^b f(x)\, dx$$

so

$$\int_{\phi_1}^{\phi_2}\sqrt{1 - k\sin^2\theta}\, d\theta = \int_{\phi_1}^{0}\sqrt{1 - k^2\sin^2\theta}\, d\theta + \int_0^{\phi_2}\sqrt{1 - k^2\sin^2\theta}\, d\theta$$

But there is another property of integrals:

$$\int_a^b f(x)\, dx = -\int_b^a f(x)\, dx$$

so

$$\int_{\phi_1}^{\phi_2}\sqrt{1 - k^2\sin^2\theta}\, d\theta = \int_0^{\phi_2}\sqrt{1 - k^2\sin^2\theta}\, d\theta - \int_0^{\phi_1}\sqrt{1 - k^2\sin^2\theta}\, d\theta$$

or

$$\int_{\phi_1}^{\phi_2} \sqrt{1 - k^2 \sin^2 \theta}\, d\theta = E(k, \phi_2) - E(k, \phi_1) \qquad \textbf{(B.9)}$$

The terms on the right can be looked up in a handbook.

EXAMPLE B.2

Transform the elliptic integral

$$\int_0^{\phi} \frac{d\theta}{\sqrt{1 - n^2 \sin^2 \theta}}, \qquad \text{where } n^2 > 1$$

into a standard form.

Solution. To reduce this integral to standard form, the radical must be transformed to $\sqrt{1 - k^2 \sin^2 \theta}$, with $k^2 < 1$. To do this, consider the transformation $n \sin \theta = \sin \beta$. Differentiating, we have

$$n \cos \theta d\theta = \cos \beta\, d\beta$$

so

$$d\theta = \frac{\cos \beta\, d\beta}{n \cos \theta}$$

Using the identity $\sin^2 \theta + \cos^2 \theta = 1$ leads to

$$\cos \theta = \sqrt{1 - \sin^2 \theta} = \sqrt{1 - \left(\frac{\sin \beta}{n}\right)^2}$$

Also, $\cos \beta = \sqrt{1 - \sin^2 \beta}$, and $\sqrt{1 - n^2 \sin^2 \theta} = \sqrt{1 - \sin^2 \beta}$. Hence the integral becomes

$$\int_0^{\phi} \frac{d\theta}{\sqrt{1 - n^2 \sin^2 \theta}} = \int_0^{\sin^{-1}(n \sin \phi)} \frac{\sqrt{1 - \sin^2 \beta}}{n\sqrt{1 - \left(\frac{\sin \beta}{n}\right)^2}\sqrt{1 - \sin^2 \beta}}\, d\beta$$

$$= \frac{1}{n} \int_0^{\sin^{-1}(n \sin \phi)} \frac{d\beta}{\sqrt{1 - \left(\frac{1}{n^2}\right)\sin^2 \beta}}$$

so

$$\int_0^{\phi} \frac{d\theta}{\sqrt{1 - n^2 \sin^2 \theta}} = \frac{1}{n}\int_0^{\sin^{-1}(n \sin \phi)} \frac{d\beta}{\sqrt{1 - \left(\frac{1}{n^2}\right)\sin^2 \beta}} \tag{B.10}$$

where $1/n^2 < 1$. The integral on the right is now in standard form.

EXAMPLE B.3

Transform the elliptic integral

$$\int_0^{\phi} \frac{d\theta}{\sqrt{\cos 2\theta}}$$

into a standard form.

Solution. Let $\mu = \sin\theta$; then $d\mu = \cos\theta\, d\theta$. Because $\cos^2\theta + \sin^2\theta = 1$, $\cos\theta = \sqrt{1 - \sin^2\theta} = \sqrt{1-\mu^2}$, so $d\theta = d\mu/\sqrt{1-\mu^2}$. By another trigonometric identity, $\cos 2\theta = 1 - 2\ \sin^2\theta = 1 - 2\mu^2$. Thus $\sqrt{\cos 2\theta} = \sqrt{1 - 2\mu^2}$, and

$$\int_0^{\phi} \frac{d\theta}{\sqrt{\cos 2\theta}} = \int_0^{\sin\phi} \frac{d\mu}{\sqrt{1-\mu^2}\sqrt{1-2\mu^2}}$$

Let $z = \sqrt{2}\,\mu$; then $dz = \sqrt{2}\, d\mu$, so

$$\int_0^{\phi} \frac{d\theta}{\sqrt{\cos 2\theta}} = \frac{1}{\sqrt{2}}\int_0^{\sqrt{2}\sin\phi} \frac{dz}{\sqrt{(1-z^2)\left(1-\frac{1}{2}z^2\right)}} \tag{B.11}$$

The integral on the right is in standard form.

PROBLEMS

B-1. Evaluate the following integrals using a set of tables.
(a) $F(0.27, \pi/3)$ **(b)** $E(0.27, \pi/3)$
(c) $F(0.27, 7\pi/4)$ **(d)** $E(0.27, 7\pi/4)$

B-2. Reduce to standard form:

(a) $\displaystyle\int_0^{\pi/6} \frac{d\theta}{\sqrt{1 - 4\sin^2\theta}}$ **(b)** $\displaystyle\int_{-1/4}^{3/4} \sqrt{\frac{25 - 4z^2}{1 - z^2}}\, dz$

B-3. Find the binomial expansion of $(1 - k^2 \sin^2\theta)^{-1/2}$ and then derive Equation B.8.

부록 C

2차 상미분 방정식

C.1 Linear Homogeneous Equations

By far, the most important type of ordinary differential equation encountered in problems in mathematical physics is the second-order linear equation with constant coefficients. Equations of this type have the form

$$\frac{d^2y}{dx^2} + a\frac{dy}{dx} + by = f(x) \tag{C.1a}$$

or, denoting derivatives by primes,

$$y'' + ay' + by = f(x) \tag{C.1b}$$

A particularly important class of such equations are those for which $f(x) = 0$. These equations (called **homogeneous equations**) are important not only in themselves but also as *reduced* equations in the solution of the more general type of equation (Equation C.1).

We consider the linear homogeneous second-order equation with constant coefficients first.†

$$y'' + ay' + by = 0 \tag{C.2}$$

*A standard treatise on differential equations is that of Ince (In27). A listing of many types of equations and their solutions is given by Murphy (Mu60). A modern viewpoint is contained in the book by Hochstadt (Ho64).

†The first published solution of an equation of this type was by Euler in 1743, but the solution appears to have been known to Daniel and Johann Bernoulli in 1739.

These equations have the following important properties:

a. If $y_1(x)$ is a solution of Equation C.2, then $c_1y_1(x)$ is also a solution.
b. If $y_1(x)$ and $y_2(x)$ are solutions, then $y_1(x) + y_2(x)$ is also a solution (principle of *superposition*).
c. If $y_1(x)$ and $y_2(x)$ are *linearly* independent solutions, then the *general* solution to the equation is given by $c_1y_1(x) + c_2y_2(x)$. (The general solution always contains two arbitrary constants.)

The functions $y_1(x)$ and $y_2(x)$ are **linearly independent** if and only if the equation

$$\lambda y_1(x) + \mu y_2(x) \equiv 0 \tag{C.3}$$

is satisfied only by $\lambda = \mu = 0$. If Equation C.3 can be satisfied with λ and μ different from zero, then $y_1(x)$ and $y_2(x)$ are said to be **linearly dependent.**

The general condition (i.e., the necessary and sufficient condition) that a set of functions $y_1, y_2, y_3, \ldots$ be linearly dependent is that the **Wronskian determinant** of these functions vanish identically:

$$W = \begin{vmatrix} y_1 & y_2 & y_3 & \cdots & y_n \\ y_1' & y_2' & y_3' & \cdots & y_n' \\ y_1'' & y_2'' & y_3'' & \cdots & y_n'' \\ \vdots & & & & \\ y_1^{(n-1)} & y_2^{(n-1)} & y_3^{(n-1)} & \cdots & y_n^{(n-1)} \end{vmatrix} = 0 \tag{C.4}$$

where $y^{(n)}$ is the nth derivative of y with respect to x.

The properties (a) and (b) above can be verified by direct substitution, but (c) is only asserted here to yield the general solution. These properties apply *only* to the homogeneous equation (Equation C.2) and *not* to the general equation (Equation C.1).

Equations of the type C.2 are reducible through the substitution

$$y = e^{rx} \tag{C.5}$$

Now

$$y' = re^{rx}, \quad y^n = r^2e^{rx} \tag{C.6}$$

Using these expressions for y' and y'' in Equation C.2, we find an algebraic equation called the **auxiliary equation:**

$$r^2 + ar + b = 0 \tag{C.7}$$

The solution of this quadratic in r is

$$r = -\frac{a}{2} \pm \frac{1}{2}\sqrt{a^2 - 4b} \tag{C.8}$$

We first assume that the two roots, denoted by r_1 and r_2, are not identical and write the solution as

$$y = e^{r_1x} + e^{r_2x} \tag{C.9}$$

These equations have the following important properties:

a. If $y_1(x)$ is a solution of Equation C.2, then $c_1y_1(x)$ is also a solution.
b. If $y_1(x)$ and $y_2(x)$ are solutions, then $y_1(x) + y_2(x)$ is also a solution (principle of *superposition*).
c. If $y_1(x)$ and $y_2(x)$ are *linearly* independent solutions, then the *general* solution to the equation is given by $c_1y_1(x) + c_2y_2(x)$. (The general solution always contains two arbitrary constants.)

The functions $y_1(x)$ and $y_2(x)$ are **linearly independent** if and only if the equation

$$\lambda y_1(x) + \mu y_2(x) \equiv 0 \qquad \textbf{(C.3)}$$

is satisfied only by $\lambda = \mu = 0$. If Equation C.3 can be satisfied with λ and μ different from zero, then $y_1(x)$ and $y_2(x)$ are said to be **linearly dependent.**

The general condition (i.e., the necessary and sufficient condition) that a set of functions $y_1, y_2, y_3, \dots$ be linearly dependent is that the **Wronskian determinant** of these functions vanish identically:

$$W = \begin{vmatrix} y_1 & y_2 & y_3 & \cdots & y_n \\ y'_1 & y'_2 & y'_3 & \cdots & y'_n \\ y''_1 & y''_2 & y''_3 & \cdots & y''_n \\ \vdots & & & & \\ y_1^{(n-1)} & y_2^{(n-1)} & y_3^{(n-1)} & \cdots & y_n^{(n-1)} \end{vmatrix} = 0 \qquad \textbf{(C.4)}$$

where $y^{(n)}$ is the nth derivative of y with respect to x.

The properties (a) and (b) above can be verified by direct substitution, but (c) is only asserted here to yield the general solution. These properties apply *only* to the homogeneous equation (Equation C.2) and *not* to the general equation (Equation C.1).

Equations of the type C.2 are reducible through the substitution

$$y = e^{rx} \qquad \textbf{(C.5)}$$

Now

$$y' = re^{rx}, \quad y^n = r^2e^{rx} \qquad \textbf{(C.6)}$$

Using these expressions for y' and y'' in Equation C.2, we find an algebraic equation called the **auxiliary equation:**

$$r^2 + ar + b = 0 \qquad \textbf{(C.7)}$$

The solution of this quadratic in r is

$$r = -\frac{a}{2} \pm \frac{1}{2}\sqrt{a^2 - 4b} \qquad \textbf{(C.8)}$$

We first assume that the two roots, denoted by r_1 and r_2, are not identical and write the solution as

$$y = e^{r_1x} + e^{r_2x} \qquad \textbf{(C.9)}$$

Because the Wronskian determinant of $\exp(r_1x)$ and $\exp(r_2x)$ does not vanish, these functions are linearly independent. Thus, the general solution is

$$\boxed{y = c_1e^{r_1x} + c_2e^{r_2x}, \quad r_1 \neq r_2} \tag{C.10}$$

If it happens that $r_1 = r_2 = r$, then it can be verified by direct substitution that $x\exp(rx)$ is also a solution, and because $\exp(rx)$ and $x\exp(rx)$ are linearly independent, the general solution for identical roots is given by

$$\boxed{y = c_1e^{rx} + c_2xe^{rx}, \quad r_1 = r_2 \equiv r} \tag{C.11}$$

EXAMPLE C.1

Solve the equation

$$y'' - 2y' - 3y = 0 \tag{C.12}$$

Solution. The auxiliary equation is

$$r^2 - 2r - 3 = (r-3)(r+1) = 0 \tag{C.13}$$

The roots are

$$r_1 = 3, \quad r_2 = -1 \tag{C.14}$$

The general solution is therefore

$$y = c_1e^{3x} + c_2e^{-x} \tag{C.15}$$

EXAMPLE C.2

Solve the equation

$$y'' + 4y' + 4y = 0 \tag{C.16}$$

Solution. The auxiliary equation is

$$r^2 + 4r + 4 = (r+2)^2 = 0 \tag{C.17}$$

The roots are equal, are $r = -2$. The general solution is therefore

$$y = c_1e^{-2x} + c_2xe^{-2x} \tag{C.18}$$

If the roots r_1 and r_2 of the auxiliary equation are imaginary, the solutions given by $c_1\exp(r_1x)$ and $c_2\exp(r_2x)$ are still correct.

To give the solutions entirely in terms of real quantities, we use the Euler relations to express the exponentials. Then,

$$\left.\begin{aligned} e^{r_1 x} &= e^{\alpha x}e^{i\beta x} = e^{\alpha x}(\cos\beta x + i\sin\beta x) \\ e^{r_2 x} &= e^{\alpha x}e^{-i\beta x} = e^{\alpha x}(\cos\beta x - i\sin\beta x) \end{aligned}\right\} \tag{C.19}$$

and the general solution is

$$\begin{aligned} y &= c_1 e^{r_1 x} + c_2 e^{r_2 x} \\ &= e^{\alpha x}[(c_1 + c_2)\cos\beta x + i(c_1 - c_2)\sin\beta x] \end{aligned} \tag{C.20}$$

Now c_1 and c_2 are arbitrary, but these constants may be complex. However, not all four elements can be independent (because there would be *four* arbitrary constants rather than *two*). The number of independent elements can be reduced to the required *two* by making c_1 and c_2 complex conjugates. Then the combinations $A \equiv c_1 + c_2$ and $B \equiv i(c_1 - c_2)$ become a pair of arbitrary, real constants. Using these quantities in the solution, we have

$$y = e^{\alpha x}(A\cos\beta x + B\sin\beta x) \tag{C.21}$$

Equation C.21 may be put into a form that is sometimes more convenient by multiplying and dividing by $\mu = \sqrt{A^2 + B^2}$:

$$y = \mu e^{\alpha x}[(A/\mu)\cos\beta x + (B/\mu)\sin\beta x] \tag{C.22}$$

Next, we define an angle δ (see Figure C-1) such that

$$\sin\delta = A/\mu, \quad \cos\delta = B/\mu, \quad \tan\delta = A/B \tag{C.23}$$

Then, the solution becomes

$$\begin{aligned} y &= \mu e^{\alpha x}(\sin\delta\cos\beta x + \cos\delta\sin\beta x) \\ &= \mu e^{\alpha x}\sin(\beta x + \delta) \end{aligned}$$

Depending on the exact definition of the phase δ, we may write the solution alternatively as

$$\boxed{\begin{aligned} y &= \mu e^{\alpha x}\sin(\beta x + \delta) \qquad \text{(C.24a)} \\ y &= \mu e^{\alpha x}\cos(\beta x + \delta) \qquad \text{(C.24b)} \end{aligned}}$$

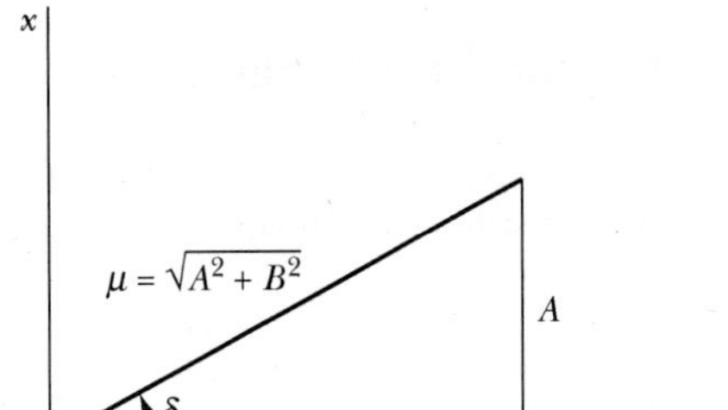

FIGURE C-1

EXAMPLE C.3

Solve the equation

$$y'' + 2y' + 4y = 0 \tag{C.25}$$

Solution. The auxiliary equation is

$$r^2 + 2r + 4 = 0 \tag{C.26}$$

with

$$r = \frac{-2 \pm \sqrt{4 - 16}}{2} = -1 \pm i\sqrt{3} \tag{C.27}$$

Hence,

$$\alpha = -1, \quad \beta = \sqrt{3} \tag{C.28}$$

and the general solution is

$$y = e^{-x}(c_1 \cos \sqrt{3}x + c_2 \sin \sqrt{3}x) \tag{C.29}$$

or

$$y = \mu e^{-x} \sin[(\sqrt{3}x + \delta)] \tag{C.30}$$

Summarizing, then, there are three possible types of general solutions to homogeneous second-order linear differential equations, as indicated in Table C-1.

TABLE C-1

Roots of the auxiliary equations	General solution
Real, unequal ($r_1 \neq r_2$)	$c_1 e^{r_1 x} + c_2 e^{r_2 x}$
Real, equal ($r_1 = r_2 \equiv r$)	$c_1 e^{rx} + c_2 x e^{rx}$
Imaginary ($\alpha \pm i\beta$)	$e^{\alpha x}(c_1 \cos \beta x + c_2 \sin \beta x)$
	or
	$\mu e^{\alpha x} \sin(\beta x + \delta)$

C.2 Linear Inhomogeneous Equations

To solve the general (i.e., inhomogeneous) second-order linear differential equation, consider the following. Let $y = u$ be the *general solution* of

$$y'' + ay' + by = 0 \tag{C.31}$$

and let $y = v$ be *any* solution of

$$y'' + ay' + by = f(x) \tag{C.32}$$

Then, $y = u + v$ is a solution of Equation C.32, because

$$y'' + ay' + by = (u'' + au' + bu) + (v'' + av' + bv)$$
$$= 0 + f(x)$$

Because u contains the two arbitrary constants c_1 and c_2, the combinations $u + v$ satisfies all the requirements of the general solution to Equation C.32. The function u is the **complementary function** and v is the **particular integral** of the equation. Because a general method of finding u has been given above, it only remains to find, by inspection or by trial, some function v that satisfies

$$v'' + av' + bv = f(x) \tag{C.33}$$

EXAMPLE C.4

Solve the equation

$$y'' + 5y' + 6y = x^2 + 2x \tag{C.34}$$

Solution. The auxiliary equation is

$$r^2 + 5r + 6 = (r + 3)(r + 2) = 0 \tag{C.35}$$
$$r_1 = -3, \quad r_2 = -2 \tag{C.36}$$

so the complementary function is

$$u = c_1e^{-3x} + c_2e^{-2x} \tag{C.37}$$

Because the right-hand side of the original equation is a second-degree polynomial, we guess a particular integral of the form

$$v = Ax^2 + Bx + C \tag{C.38}$$

Then,

$$v' = 2Ax + B \tag{C.39}$$
$$v'' = 2A \tag{C.40}$$

Substituting into the differential equation, we have

$$2A + 5(2Ax + B) + 6(Ax^2 + Bx + C) = x^2 + 2x \tag{C.41}$$

or

$$(6A)x^2 + (10A + 6B)x + (2A + 5B + 6C) = x^2 + 2x \tag{C.42}$$

Equating coefficients of like powers of x:

$$\left.\begin{aligned} 6A &= 1 \\ 10A + 6B &= 2 \\ 2A + 5B + 6C &= 0 \end{aligned}\right\} \tag{C.43}$$

Solving,

$$A = \frac{1}{6}, \quad B = \frac{1}{18}, \quad C = -\frac{11}{108} \tag{C.44}$$

Hence,

$$\begin{aligned} v &= \frac{1}{6}x^2 + \frac{1}{18}x - \frac{11}{108} \\ &= \frac{18x^2 + 6x - 11}{108} \end{aligned} \tag{C.45}$$

The general solution is therefore

$$y = u + v = c_1 e^{-3x} + c_2 e^{-2x} + \frac{18x^2 + 6x - 11}{108} \tag{C.46}$$

The type of solution illustrated in this example is called the **method of undetermined coefficients.**

EXAMPLE C.5

Solve the equation

$$y'' + 4y = 3x \cos x \tag{C.47}$$

Solution. The auxiliary equation is

$$r^2 + 4 = (r + 2i)(r - 2i) = 0 \tag{C.48}$$

with roots

$$\left.\begin{aligned} r_1 &= \alpha + i\beta = 0 + 2i \\ r_2 &= \alpha - i\beta = 0 - 2i \end{aligned}\right\} \tag{C.49}$$

so

$$\alpha = 0, \quad \beta = 2 \tag{C.50}$$

and the complementary function is

$$\begin{aligned} u &= e^{\alpha x}(c_1 \cos \beta x + c_2 \sin \beta x) \\ &= c_1 \cos 2x + c_2 \sin 2x \end{aligned} \tag{C.51}$$

To find a particular integral, we note that from $x \cos x$ and its derivatives it is possible to generate only terms involving the following functions:

$$x \cos x, \quad x \sin x, \quad \cos x, \quad \sin x$$

Therefore, because these functions are linearly independent, the trial particular integral is

$$v = Ax\cos x + Bx\sin x + C\cos x + D\sin x \tag{C.52}$$

$$\begin{aligned} v' &= A(\cos x - x\sin x) + B(\sin x + x\cos x) \\ &\quad - C\sin x + D\cos x \end{aligned} \tag{C.53}$$

$$\begin{aligned} v'' &= -A(2\sin x + x\cos x) + B(2\cos x - x\sin x) \\ &\quad - C\cos x - D\sin x \end{aligned} \tag{C.54}$$

Substituting into the original differential equation,

$$(3D - 2A)\sin x + (2B + 3C)\cos x + 3(A - 1)x\cos x + (3B)x\sin x = 0 \tag{C.55}$$

The coefficient of each term must vanish (because of the linear independence of the terms):

$$3D = 2A, \quad 2B = -3C, \quad A = 1, \quad 3B = 0 \tag{C.56}$$

from which

$$A = 1, \quad B = 0, \quad C = 0, \quad D = \frac{2}{3} \tag{C.57}$$

The general solution is therefore

$$y = c_1 \sin 2x + c_2 \cos 2x + x\cos x + \frac{2}{3}\sin x \tag{C.58}$$

If the right-hand side, $f(x)$, of the general equation (Equation C.1 or C.32) is such that $f(x)$ and its first two derivatives (only second-order equations are being considered) contain only linearly independent functions, then a linear combination of these functions constitutes the trial particular integral. In the event that the trial function contains a term that already appears in the complementary function, use the term multiplied by x; if this combination also appears in the complementary function, use the term multiplied by x^2. No higher powers are needed because only second-order equations are being considered and only $\exp(rx)$ or $x \exp(rx)$ occur as solutions to the reduced equation; $(x^2)\exp(rx)$ never occurs.

PROBLEMS

C-1. Solve the following homogeneous second-order equations:

(a) $y'' + 2y' - 3y = 0$ **(b)** $y'' + y = 0$

(c) $y'' - 2y' + 2y = 0$ **(d)** $y'' - 2y' + 5y = 0$

C-2. Solve the following inhomogeneous equations by the method of undetermined coefficients:

(a) $y'' + 2y' - 8y = 16x$
(b) $y'' - 2y' + y = 2e^{2x}$
(c) $y'' + y = \sin x$
(d) $y'' - 2y' + y = 3xe^{x}$
(e) $y'' - 4y' + 5y = e^{2x} + 4 \sin x$

C-3. Use a Taylor series expansion to obtain the solution of

$$y'' + y^2 = x^2$$

that obeys the conditions $y(0) = 1$ and $y'(0) = 0$. (Differentiate the equation successively to obtain the derivatives that occur in the Taylor series.)

부록 D

유용한 공식

D.1 Binomial Expansion

$$(1 + x)^n = 1 + nx + \frac{n(n-1)}{2!}x^2 + \frac{n(n-1)(n-2)}{3!}x^3 + \cdots + \binom{n}{r}x^r + \cdots, \quad |x| < 1 \tag{D.1}$$

$$(1 - x)^n = 1 - nx + \frac{n(n-1)}{2!}x^2 - \frac{n(n-1)(n-2)}{3!}x^3 + \cdots + (-1)^r\binom{n}{r}x^r + \cdots, \quad |x| < 1 \tag{D.2}$$

where the **binomial coefficient** is

$$\binom{n}{r} \equiv \frac{n!}{(n-r)!r!} \tag{D.3}$$

Some particularly useful cases of the above are

$$(1 \pm x)^{1/2} = 1 \pm \frac{1}{2}x - \frac{1}{8}x^2 \pm \frac{1}{16}x^3 - \cdots \tag{D.4}$$

$$(1 \pm x)^{1/3} = 1 \pm \frac{1}{3}x - \frac{1}{9}x^2 \pm \frac{5}{81}x^3 - \cdots \tag{D.5}$$

---

*An extensive list may be found, for example, in Dwight (Dw61).

$$(1 \pm x)^{-1/2} = 1 \mp \frac{1}{2}x + \frac{3}{8}x^2 \mp \frac{5}{16}x^3 + \cdots \qquad \textbf{(D.6)}$$

$$(1 \pm x)^{-1/3} = 1 \mp \frac{1}{3}x + \frac{2}{9}x^2 \mp \frac{14}{81}x^3 + \cdots \qquad \textbf{(D.7)}$$

$$(1 \pm x)^{-1} = 1 \mp x + x^2 \mp x^3 + \cdots \qquad \textbf{(D.8)}$$

$$(1 \pm x)^{-2} = 1 \mp 2x + 3x^2 \mp 4x^3 + \cdots \qquad \textbf{(D.9)}$$

$$(1 \pm x)^{-3} = 1 \mp 3x + 6x^2 \mp 10x^3 + \cdots \qquad \textbf{(D.10)}$$

For convergence of *all* the above series, we must have $|x| < 1$.

D.2 Trigonometric Relations

$$\sin(A \pm B) = \sin A \cos B \pm \cos A \sin B \qquad \textbf{(D.11)}$$

$$\cos(A \pm B) = \cos A \cos B \mp \sin A \sin B \qquad \textbf{(D.12)}$$

$$\sin 2A = 2 \sin A \cos A = \frac{2 \tan A}{1 + \tan^2 A} \qquad \textbf{(D.13)}$$

$$\cos 2A = 2\cos^2 A - 1 \qquad \textbf{(D.14)}$$

$$\sin^2 \frac{A}{2} = \frac{1}{2}(1 - \cos A) \qquad \textbf{(D.15)}$$

$$\cos^2 \frac{A}{2} = \frac{1}{2}(1 + \cos A) \qquad \textbf{(D.16)}$$

$$\sin^2 A = \frac{1}{2}(1 - \cos 2A) \qquad \textbf{(D.17)}$$

$$\sin^3 A = \frac{1}{4}(3 \sin A - \sin 3A) \qquad \textbf{(D.18)}$$

$$\sin^4 A = \frac{1}{8}(3 - 4 \cos 2A + \cos 4A) \qquad \textbf{(D.19)}$$

$$\cos^2 A = \frac{1}{2}(1 + \cos 2A) \qquad \textbf{(D.20)}$$

$$\cos^3 A = \frac{1}{4}(3\cos A + \cos 3A) \qquad \textbf{(D.21)}$$

$$\cos^4 A = \frac{1}{8}(3 + 4\cos 2A + \cos 4A) \qquad \textbf{(D.22)}$$

$$\tan(A + B) = \frac{\tan A + \tan B}{1 - \tan A \tan B} \quad \textbf{(D.23)}$$

$$\tan^2 \frac{A}{2} = \frac{1 - \cos A}{1 + \cos A} \quad \textbf{(D.24)}$$

$$\sin x = \frac{e^{ix} - e^{-ix}}{2i} \quad \textbf{(D.25)}$$

$$\cos x = \frac{e^{ix} + e^{-ix}}{2} \quad \textbf{(D.26)}$$

$$e^{ix} = \cos x + i \sin x \quad \textbf{(D.27)}$$

D.3 Trigonometric Series

$$\sin x = x - \frac{x^3}{3!} + \frac{x^5}{5!} - \frac{x^7}{7!} + \cdots \quad \textbf{(D.28)}$$

$$\cos x = 1 - \frac{x^2}{2!} + \frac{x^4}{4!} - \frac{x^6}{6!} + \cdots \quad \textbf{(D.29)}$$

$$\tan x = x + \frac{x^3}{3} + \frac{2}{15}x^5 + \cdots, \qquad |x| < \pi/2 \quad \textbf{(D.30)}$$

$$\sin^{-1} x = x + \frac{x^3}{6} + \frac{3}{40}x^5 + \cdots, \qquad \begin{cases} |x| < 1 \\ |\sin^{-1} x| < \pi/2 \end{cases} \quad \textbf{(D.31)}$$

$$\cos^{-1} x = \frac{\pi}{2} - x - \frac{x^3}{6} - \frac{3}{40}x^5 - \cdots, \qquad \begin{cases} |x| < 1 \\ 0 < \cos^{-1} x < \pi \end{cases} \quad \textbf{(D.32)}$$

$$\tan^{-1} x = x - \frac{x^3}{3} + \frac{x^5}{5} - \frac{x^7}{7} + \cdots, \qquad |x| < 1 \quad \textbf{(D.33)}$$

D.4 Exponential and Logarithmic Series

$$e^x = 1 + x + \frac{x^2}{2!} + \frac{x^3}{3!} + \cdots = \sum_{n=0}^{\infty} \frac{x^n}{n!} \quad \textbf{(D.34)}$$

$$\ln(1 + x) = x - \frac{x^2}{2} + \frac{x^3}{3} - \frac{x^4}{4} + \cdots, \qquad |x| < 1, \quad x = 1 \quad \textbf{(D.35)}$$

$$\ln[\sqrt{(x^2/a^2) + 1} + (x/a)] = \sinh^{-1}x/a \quad \textbf{(D.36)}$$

$$= -\ln[\sqrt{(x^2/a^2) + 1} - (x/a)] \quad \textbf{(D.37)}$$

D.5 Complex Quantities

Cartesian form: $z = x + iy$, complex conjugate $z^* = x - iy$, $i = \sqrt{-1}$ **(D.38)**

Polar form:
$$z = |z|e^{i\theta} \tag{D.39}$$

$$z^* = |z|e^{-i\theta} \tag{D.40}$$

$$zz^* = |z|^2 = x^2 + y^2 \tag{D.41}$$

Real part of z:
$$\text{Re } z = \frac{1}{2}(z + z^*) = x \tag{D.42}$$

Imaginary part of z:
$$\text{Im } z = -\frac{1}{2}(z - z^*) = y \tag{D.43}$$

Euler's formula:
$$e^{i\theta} = \cos\theta + i\sin\theta \tag{D.44}$$

D.6 Hyperbolic Functions

$$\sinh x = \frac{e^x - e^{-x}}{2} \tag{D.45}$$

$$\cosh x = \frac{e^x + e^{-x}}{2} \tag{D.46}$$

$$\tanh x = \frac{e^{2x} - 1}{e^{2x} + 1} \tag{D.47}$$

$$\sin ix = i\sinh x \tag{D.48}$$

$$\cos ix = \cosh x \tag{D.49}$$

$$\sinh ix = i\sin x \tag{D.50}$$

$$\cosh ix = \cos x \tag{D.51}$$

$$\sinh^{-1}x = \tanh^{-1}\left(\frac{x}{\sqrt{x^2+1}}\right) \tag{D.52}$$

$$= \ln(x + \sqrt{x^2+1}) \tag{D.53}$$

$$= \cosh^{-1}(\sqrt{x^2+1}), \quad \begin{cases} > 0, & x > 0 \\ < 0, & x < 0 \end{cases} \tag{D.54}$$

$$\cosh^{-1}x = \pm\tanh^{-1}\left(\frac{\sqrt{x^2-1}}{x}\right), \quad x > 1 \tag{D.55}$$

$$= \pm\ln(x + \sqrt{x^2-1}), \quad x > 1 \tag{D.56}$$

$$\cosh^{-1} x = \pm \sinh^{-1}(\sqrt{x^2 - 1}), \qquad x > 1 \tag{D.57}$$

$$\frac{d}{dy}\sinh y = \cosh y \tag{D.58}$$

$$\frac{d}{dy}\cosh y = \sinh y \tag{D.59}$$

$$\sinh(x_1 + x_2) = \sinh x_1 \cosh x_2 + \cosh x_1 \sinh x_2 \tag{D.60}$$

$$\cosh(x_1 + x_2) = \cosh x_1 \cosh x_2 + \sinh x_1 \sinh x_2 \tag{D.61}$$

$$\cosh^2 x - \sinh^2 x = 1 \tag{D.62}$$

PROBLEMS

D-1. Is it possible to ascribe a meaning to the inequality $z_1 < z_2$? Explain. Does the inequality $|z_1| < |z_2|$ have a different meaning?

D-2. Solve the following equations:
(a) $z^2 + 2z + 2 = 0$ **(b)** $2z^2 + z + 2 = 0$

D-3. Express the following in polar form:
(a) $z_1 = i$ **(b)** $z_2 = -1$
(c) $z_3 = 1 + i\sqrt{3}$ **(d)** $z_4 = 1 + 2i$
(e) Find the product z_1z_2 **(f)** Find the product z_1z_3
(g) Find the product z_3z_4

D-4. Express $(z^2 - 1)^{-1/2}$ in polar form.

D-5. If the function $w = \sin^{-1}z$ is defined as the inverse of $z = \sin w$, then use the Euler relation for $\sin w$ to find an equation for $\exp(iw)$. Solve this equation and obtain the result

$$w = \sin^{-1} z = -i \ln\left(iz + \sqrt{1 - z^2}\right)$$

D-6. Show that

$$y = Ae^{ix} + Be^{-ix}$$

can be written as

$$y = C\cos(x - \delta)$$

where A and B are *complex* but where C and δ are *real*.

D-7. Show that
(a) $\sinh(x_1 + x_2) = \sinh x_1 \cosh x_2 + \cosh x_1 \sinh x_2$
(b) $\cosh(x_1 + x_2) = \cosh x_1 \cosh x_2 + \sinh x_1 \sinh x_2$

부록 E

유용한 적분

E.1 Algebraic Functions

$$\int \frac{dx}{a^2 + x^2} = \frac{1}{a}\tan^{-1}\left(\frac{x}{a}\right), \qquad \left|\tan^{-1}\left(\frac{x}{a}\right)\right| < \frac{\pi}{2} \tag{E.1}$$

$$\int \frac{x\,dx}{a^2 + x^2} = \frac{1}{2}\ln(a^2 + x^2) \tag{E.2}$$

$$\int \frac{dx}{x(a^2 + x^2)} = \frac{1}{2a^2}\ln\left(\frac{x^2}{a^2 + x^2}\right) \tag{E.3}$$

$$\int \frac{dx}{a^2x^2 - b^2} = \frac{1}{2ab}\ln\left(\frac{ax - b}{ax + b}\right) \tag{E.4a}$$

$$= -\frac{1}{ab}\coth^{-1}\left(\frac{ax}{b}\right), \qquad a^2x^2 > b^2 \tag{E.4b}$$

$$= -\frac{1}{ab}\tanh^{-1}\left(\frac{ax}{b}\right), \qquad a^2x^2 < b^2 \tag{E.4c}$$

$$\int \frac{dx}{\sqrt{a + bx}} = \frac{2}{b}\sqrt{a + bx} \tag{E.5}$$

$$\int \frac{dx}{\sqrt{x^2 + a^2}} = \ln(x + \sqrt{x^2 + a^2}) \tag{E.6}$$

---

*This list is confined to those (nontrivial) integrals that arise in the text and in the problems. Extremely useful compilations are, for example, Pierce and Foster (Pi57) and Dwight (Dw61).

$$\int \frac{x^2 dx}{\sqrt{a^2 - x^2}} = -\frac{x}{2}\sqrt{a^2 - x^2} + \frac{a^2}{2}\sin^{-1}\frac{x}{a} \tag{E.7}$$

$$\int \frac{dx}{\sqrt{ax^2 + bx + c}} = \frac{1}{\sqrt{a}}\ln(2\sqrt{a}\sqrt{ax^2 + bx + c} + 2ax + b), \quad a > 0 \tag{E.8a}$$

$$= \frac{1}{\sqrt{a}}\sinh^{-1}\left(\frac{2ax + b}{\sqrt{4ac - b^2}}\right), \quad \begin{cases} a > 0 \\ 4ac > b^2 \end{cases} \tag{E.8b}$$

$$= -\frac{1}{\sqrt{-a}}\sin^{-1}\left(\frac{2ax + b}{\sqrt{b^2 - 4ac}}\right), \quad \begin{cases} a < 0 \\ b^2 > 4ac \\ |2ax + b| < \sqrt{b^2 - 4ac} \end{cases} \tag{E.8c}$$

$$\int \frac{x\,dx}{\sqrt{ax^2 + bx + c}} = \frac{1}{a}\sqrt{ax^2 + bx + c} - \frac{b}{2a}\int \frac{dx}{\sqrt{ax^2 + bx + c}} \tag{E.9}$$

$$\int \frac{dx}{x\sqrt{ax^2 + bx + c}} = -\frac{1}{\sqrt{c}}\sinh^{-1}\left(\frac{bx + 2c}{|x|\sqrt{4ac - b^2}}\right), \quad \begin{cases} c > 0 \\ 4ac > b^2 \end{cases} \tag{E.10a}$$

$$= \frac{1}{\sqrt{-c}}\sin^{-1}\left(\frac{bx + 2c}{|x|\sqrt{b^2 - 4ac}}\right), \quad \begin{cases} c < 0 \\ b^2 > 4ac \end{cases} \tag{E.10b}$$

$$= -\frac{1}{\sqrt{c}}\ln\left(\frac{2\sqrt{c}}{x}\sqrt{ax^2 + bx + c} + \frac{2c}{x} + b\right), \quad c > 0 \tag{E.10c}$$

$$\int \sqrt{ax^2 + bx + c}\,dx = \frac{2ax + b}{4a}\sqrt{ax^2 + bx + c} + \frac{4ac - b^2}{8a}\int \frac{dx}{\sqrt{ax^2 + bx + c}} \tag{E.11}$$

E.2 Trigonometric Functions

$$\int \sin^2 x\,dx = \frac{x}{2} - \frac{1}{4}\sin 2x \tag{E.12}$$

$$\int \cos^2 x\,dx = \frac{x}{2} + \frac{1}{4}\sin 2x \tag{E.13}$$

$$\int \frac{dx}{a + b\sin x} = \frac{2}{\sqrt{a^2 - b^2}}\tan^{-1}\left[\frac{a\tan(x/2) + b}{\sqrt{a^2 - b^2}}\right], \quad a^2 > b^2 \tag{E.14}$$

$$\int \frac{dx}{a + b\cos x} = \frac{2}{\sqrt{a^2 - b^2}}\tan^{-1}\left[\frac{(a-b)\tan(x/2)}{\sqrt{a^2 - b^2}}\right], \quad a^2 > b^2 \tag{E.15}$$

$$\int \frac{dx}{(a + b\cos x)^2} = \frac{b\sin x}{(b^2 - a^2)(a + b\cos x)} - \frac{a}{b^2 - a^2}\int \frac{dx}{a + b\cos x} \tag{E.16}$$

$$\int \tan x\, dx = -\ln|\cos x| \tag{E.17a}$$

$$\int \tanh x\, dx = \ln\cosh x \tag{E.17b}$$

$$\int e^{ax}\sin x\, dx = \frac{e^{ax}}{a^2 + 1}(a\sin x - \cos x) \tag{E.18a}$$

$$\int e^{ax}\sin^2 x\, dx = \frac{e^{ax}}{a^2 + 4}\left(a\sin^2 x - 2\sin x\cos x + \frac{2}{a}\right) \tag{E.18b}$$

$$\int_{-\infty}^{\infty} e^{-ax^2} dx = \sqrt{\pi/a} \tag{E.18c}$$

E.3 Gamma Functions

$$\Gamma(n) = \int_0^{\infty} x^{n-1}e^{-x}dx \tag{E.19a}$$

$$= \int_0^1 [\ln(1/x)]^{n-1}dx \tag{E.19b}$$

$$\Gamma(n) = (n-1)!, \quad \text{for } n = \text{positive integer} \tag{E.19c}$$

$$n\Gamma(n) = \Gamma(n+1) \tag{E.20}$$

$$\Gamma\left(\frac{1}{2}\right) = \sqrt{\pi} \tag{E.21}$$

$$\Gamma(1) = 1 \tag{E.22}$$

$$\Gamma\left(1\frac{1}{4}\right) = 0.906 \tag{E.23}$$

$$\Gamma\left(1\frac{3}{4}\right) = 0.919 \tag{E.24}$$

$$\Gamma(2) = 1 \tag{E.25}$$

$$\int_0^1 \frac{dx}{\sqrt{1 - x^n}} = \frac{\sqrt{\pi}}{n} \frac{\Gamma\left(\frac{1}{n}\right)}{\Gamma\left(\frac{1}{n} + \frac{1}{2}\right)} \tag{E.26}$$

$$\int_0^1 x^m (1 - x^2)^n \, dx = \frac{\Gamma(n + 1)\Gamma\left(\frac{m + 1}{2}\right)}{2\Gamma\left(n + \frac{m + 3}{2}\right)} \tag{E.27a}$$

$$\int_0^{\pi/2} \cos^n x \, dx = \frac{\sqrt{\pi}}{2} \frac{\Gamma\left(\frac{n + 1}{2}\right)}{\Gamma\left(\frac{n}{2} + 1\right)}, \quad n > -1 \tag{E.27b}$$

부록 F

다른 좌표계 사이의 미분 관계

F.1 Rectangular Coordinates

$$\mathbf{grad}\, U = \nabla U = \sum_i \mathbf{e}_i \frac{\partial U}{\partial x_i} \tag{F.1}$$

$$\text{div } \mathbf{A} = \nabla \cdot \mathbf{A} = \sum_i \frac{\partial A_i}{\partial x_i} \tag{F.2}$$

$$\mathbf{curl}\, \mathbf{A} = \nabla \times \mathbf{A} = \sum_{i,j,k} \varepsilon_{ijk} \frac{\partial A_k}{\partial x_j} \mathbf{e}_i \tag{F.3}$$

$$\nabla^2 U = \nabla \cdot \nabla U = \sum_i \frac{\partial^2 U}{\partial x_i^2} \tag{F.4}$$

F.2 Cylindrical Coordinates

Refer to Figures F-1 and F-2.

$$x_1 = r\cos\phi, \quad x_2 = r\sin\phi, \quad x_3 = z \tag{F.5}$$

$$r = \sqrt{x_1^2 + x_2^2}, \quad \phi = \tan^{-1}\frac{x_2}{x_1}, \quad z = x_3 \tag{F.6}$$

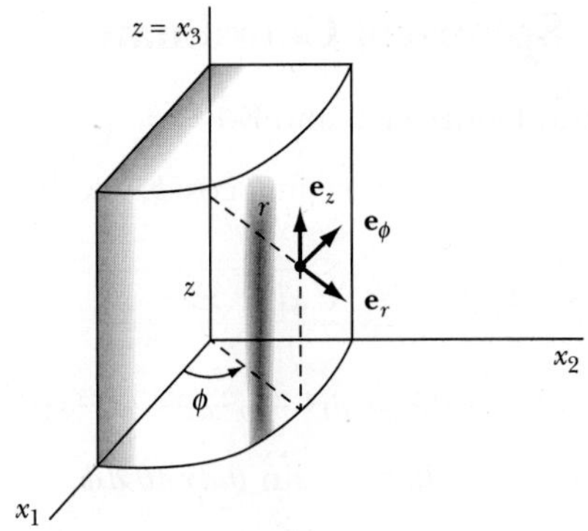

FIGURE F-1

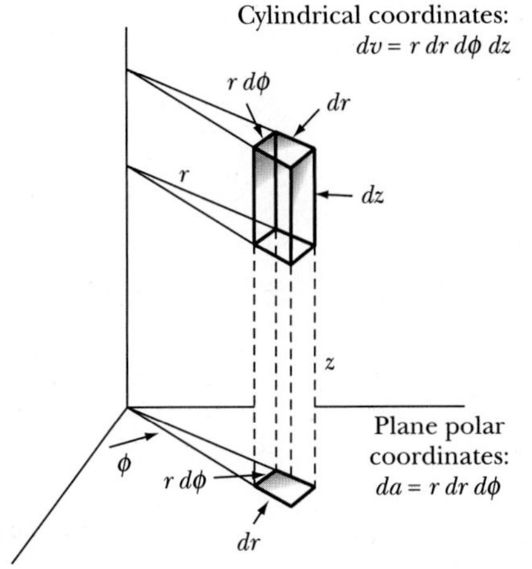

FIGURE F-2

$$ds^2 = dr^2 + r^2\,d\phi^2 + dz^2 \tag{F.7}$$

$$dv = r\,dr\,d\phi\,dz \tag{F.8}$$

$$\textbf{grad}\ \psi = \nabla\psi = \mathbf{e}_r\frac{\partial\psi}{\partial r} + \mathbf{e}_\phi\frac{1}{r}\frac{\partial\psi}{\partial\phi} + \mathbf{e}_z\frac{\partial\psi}{\partial z} \tag{F.9}$$

$$\text{div}\ \mathbf{A} = \frac{1}{r}\frac{\partial}{\partial r}(rA_r) + \frac{1}{r}\frac{\partial A_\phi}{\partial\phi} + \frac{\partial A_z}{\partial z} \tag{F.10}$$

$$\textbf{curl}\ \mathbf{A} = \mathbf{e}_r\left(\frac{1}{r}\frac{\partial A_z}{\partial\phi} - \frac{\partial A_\phi}{\partial z}\right) + \mathbf{e}_\phi\left(\frac{\partial A_r}{\partial z} - \frac{\partial A_z}{\partial r}\right) + \mathbf{e}_z\left(\frac{1}{r}\frac{\partial}{\partial r}(rA_\phi) - \frac{1}{r}\frac{\partial A_r}{\partial\phi}\right) \tag{F.11}$$

$$\nabla^2\psi = \frac{1}{r}\frac{\partial}{\partial r}\left(r\frac{\partial\psi}{\partial r}\right) + \frac{1}{r^2}\frac{\partial^2\psi}{\partial\phi^2} + \frac{\partial^2\psi}{\partial z^2} \tag{F.12}$$

F.3 Spherical Coordinates

Refer to Figures F-3 and F-4

$$x_1 = r\sin\theta\cos\phi, \quad x_2 = r\sin\theta\sin\phi, \quad x_3 = r\cos\theta \tag{F.13}$$

$$r = \sqrt{x_1^2 + x_2^2 + x_3^2}, \quad \theta = \cos^{-1}\frac{x_3}{r}, \quad \phi = \tan^{-1}\frac{x_2}{x_1} \tag{F.14}$$

$$ds^2 = dr^2 + r^2\,d\theta^2 + r^2\sin^2\theta\,d\phi^2 \tag{F.15}$$

$$dv = r^2\sin\theta\,dr\,d\theta\,d\phi \tag{F.16}$$

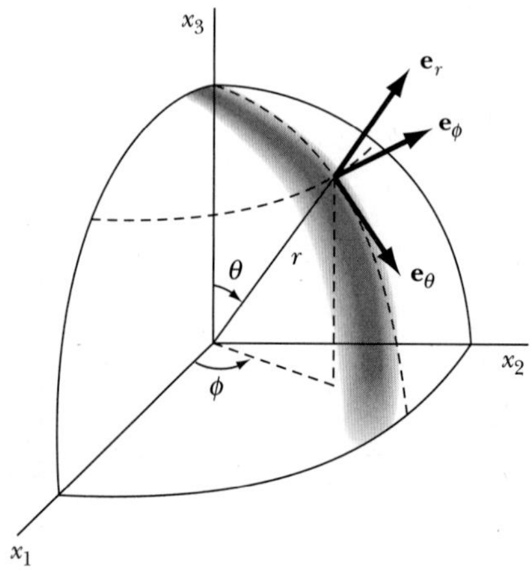

FIGURE F-3

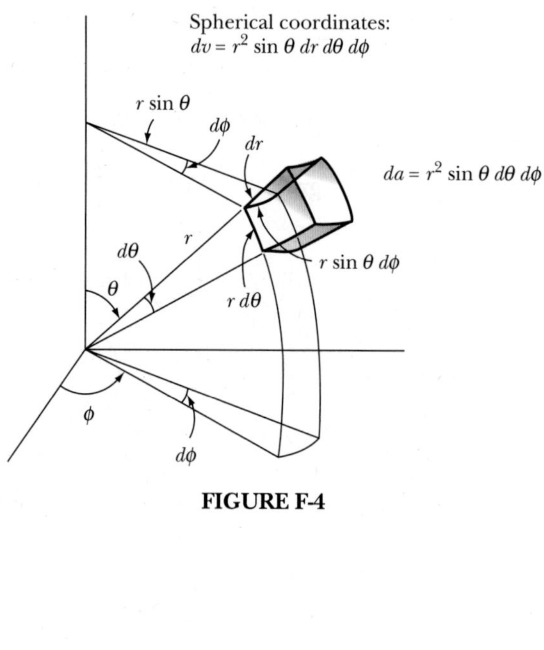

FIGURE F-4

$$\mathbf{grad}\,\psi = \nabla\psi = \mathbf{e}_r\frac{\partial\psi}{\partial r} + \mathbf{e}_\theta\frac{1}{r}\frac{\partial\psi}{\partial\theta} + \mathbf{e}_\phi\frac{1}{r\sin\theta}\frac{\partial\psi}{\partial\phi} \tag{F.17}$$

$$\mathrm{div}\mathbf{A} = \frac{1}{r^2}\frac{\partial}{\partial \mathbf{r}}(r^2A_r) + \frac{1}{r\sin\theta}\frac{\partial}{\partial\theta}(A_\theta\sin\theta) + \frac{1}{r\sin\theta}\frac{\partial A_\phi}{\partial\phi} \tag{F.18}$$

$$\begin{aligned}\mathbf{curl\,A} &= \mathbf{e}_r\frac{1}{r\sin\theta}\left[\frac{\partial}{\partial\theta}(A_\phi\sin\theta) - \frac{\partial A_\theta}{\partial\phi}\right] \\ &\quad + \mathbf{e}_\theta\frac{1}{r\sin\theta}\left[\frac{\partial A_r}{\partial\phi} - \sin\theta\frac{\partial}{\partial r}(rA_\phi)\right] + \mathbf{e}_\phi\frac{1}{r}\left[\frac{\partial}{\partial r}(rA_\theta) - \frac{\partial A_r}{\partial\theta}\right]\end{aligned} \tag{F.19}$$

$$\nabla^2\psi = \frac{1}{r^2}\frac{\partial}{\partial r}\left(r^2\frac{\partial\psi}{\partial r}\right) + \frac{1}{r^2\sin\theta}\frac{\partial}{\partial\theta}\left(\sin\theta\frac{\partial\psi}{\partial\theta}\right) + \frac{1}{r^2\sin^2\theta}\frac{\partial^2\psi}{\partial\phi^2} \tag{F.20}$$

부록 G

$\sum_\mu x_\mu^2 = \sum_\mu x_\mu'^2$ 관계식의 '증명'

Consider the two inertial systems K and K' that are moving relative to one another with a speed v. At the instant when the two origins coincide ($t = 0,\ t' = 0$), let a light pulse be emitted from the common origin. The equations that describe the propagation of the wave fronts are required, by the second Einstein postulate, to be of the same form in the two systems:

$$\sum_j x_j^2 - c^2t^2 = \sum_\mu x_\mu^2 \equiv s^2 = 0, \quad \text{in } K \tag{G.1a}$$

$$\sum_j x_j'^2 - c^2t'^2 = \sum_\mu x_\mu'^2 \equiv s'^2 = 0, \quad \text{in } K' \tag{G.1b}$$

These equations state that the vanishing of the four-dimensional interval between two events in one inertial reference frame implies the vanishing of the interval between the same two events in any other inertial reference frame. But we need more than this; we must show, in fact, that $s^2 = s'^2$ in general.

If we require that the motion of a particle observed to be *linear* in the system K also be linear in the system K', then the equations of transformation that connect the x_μ and the x_μ' must themselves be linear. In such a case, the quadratic forms s^2 and s'^2 can be connected by, at most, a proportionality factor:

$$s'^2 = \kappa s^2 \tag{G.2a}$$

The factor κ could conceivably depend on the coordinates, the time, and the relative speed of the two systems. As pointed out in Section 2.3, the space and time associated with an inertial reference frame are *homogeneous*, so the relation between

s^2 and s'^2 cannot be different at different points in space nor at different instants of time. Therefore, the factor κ cannot depend on either the coordinates or the time. A dependence on v is still allowed, however, but the *isotropy* of space forbids a dependence on the *direction* of v. We have therefore reduced the possible dependence of s'^2 on s^2 to a factor that involves at most the magnitude of the speed v; that is, we have

$$s'^2 = \kappa(v)s^2 \tag{G.2b}$$

If we make the transformation from K' back to K, we have the result

$$s^2 = \kappa(-v)s'^2$$

where $-v$ occurs because the velocity of K relative to K' is the negative of the velocity of K' relative to K. But we have already argued that the factor κ can depend only on the *magnitude* of v. We therefore have the two equations

$$\left.\begin{aligned} s'^2 &= \kappa(v)s^2 \\ s^2 &= \kappa(v)s'^2 \end{aligned}\right\} \tag{G.3}$$

Combining these equations, we conclude that $\kappa^2 = 1$, or $\kappa(v) = \pm 1$. The value of $\kappa(v)$ must not be a discontinuous function of v; that is, if we change v at some rate, κ cannot suddenly jump from $+1$ to -1. In the limit of zero velocity, the systems K and K' become identical, so that $\kappa(v = 0) = +1$. Hence,

$$\kappa = +1 \tag{G.4}$$

for all values of the velocity, and we have, finally,

$$s^2 = s'^2 \tag{G.5}$$

This important result states that the four-dimensional interval between two events is the same in all inertial reference frames.

부록 H

예제 2.7의 수치해

In this appendix, we show the MathCad solution that produced Figures 2-8 and 2-9 for Example 2.7. This program was written for MathCad for Windows, version 4.0.

$g := 9.8$	acceleration of gravity
$th := 60 \cdot \left(\frac{\pi}{180}\right)$	initial angle
$vo := 600$	
$u := vo \cdot \cos(th)$	initial velocity
$v := vo \cdot \sin(th)$	initial horizontal velocity
$i := 1 .. 6$	initial vertical velocity

$k_i :=$

0.0000001
0.01
0.02
0.04
0.08
0.005

table of drag coefficients

$t := 0, 1 .. 130$	range of time values
$x(t, K) := \left(\left(\frac{u}{K}\right)\right) \cdot (1 - \exp(-K \cdot t))$	calculate horizontal position

$$y(t, K) := -g \cdot \frac{t}{K} + \frac{K \cdot v + g}{(K)^2} \cdot (1 - \exp(-K \cdot t))$$ calculate vertical position

[Now plot $y(t,k_j)$ versus $x(t,k_j)$ to produce Figure 2-8.]

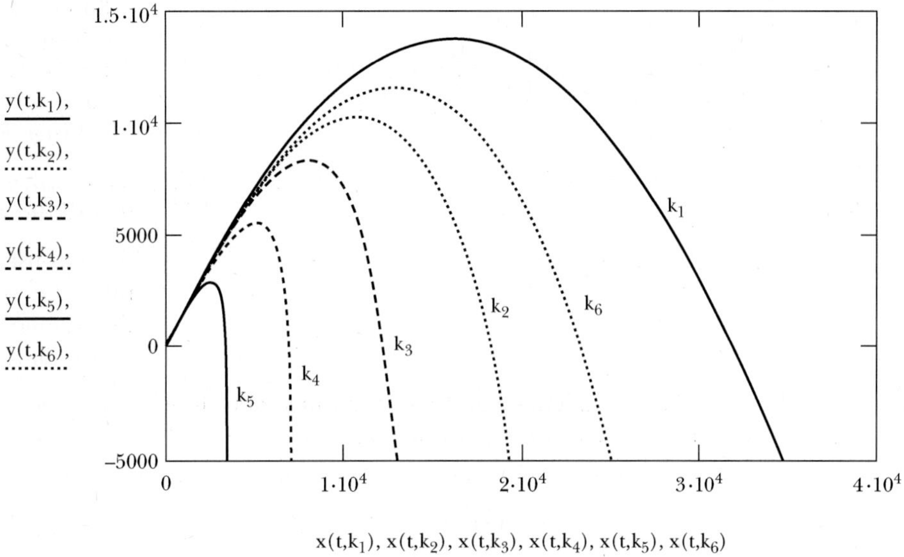

FIGURE 2-8

Now set up an equation to solve Equation 2.45 for *T* for any value of the retarding force constant k.

$$f(k, T) := \text{root}\left[T - \frac{k \cdot v + g}{g \cdot k} \cdot (1 - \exp(-k \cdot T)), T\right] \tag{2.45}$$

$j := 1, 2 .. 81$ — Set up range of values to calculate; 80 values.

$K_j := -0.001 + 0.001 \cdot j + 0.00000001$ — This will allow us to calculate over a range of k values from 0 to 0.08.

$Tr_0 := 100$ — The time value for k = 0 is 106 s. This is a guess to get the calculation started.

$Tr_j := f(K_j, Tr_{j-1})$ — We now determine the solution for the time T for all the values of k. Solve Equation 2.45.

$Tr_1 := 106.074$ — This is the value of T for k1. We do not bother to calculate all the others here.

Now we want to calculate the range R for all the values of T (as a function of k) that we have just found. To do this, we need to solve Equation 2.43 for each of the values of k and t = T that we have just found.

$x := 100$

This is the guess for the first value of x. The actual value of the guess does not matter.

$$f(k, T) := \mathrm{root}\left[x - \frac{u}{k}\cdot(1 - \exp(-k\cdot T)), x\right]$$

This is the Equation 2.43 that we need to solve to find the range R.

$R_j := f(K_j, Tr_j)$

Now calculate the range R for all the values.

$R_1 = 3.182\cdot 10^4$

We just list the first value and plot the remainder. This is the range for no air resistance, that is k = 0.

Now let's calculate and plot the range determined from the approximate calculation. Calculate Equation 2.55.

$$Rp_j := R_1\cdot\left(1 - \frac{4\cdot K_j\cdot v}{3\cdot g}\right)$$

[Now plot R_j and R_{pj} versus K_j to produce Figure 2-9.]

Plot approximate and numerical solutions. Figure 2-9.

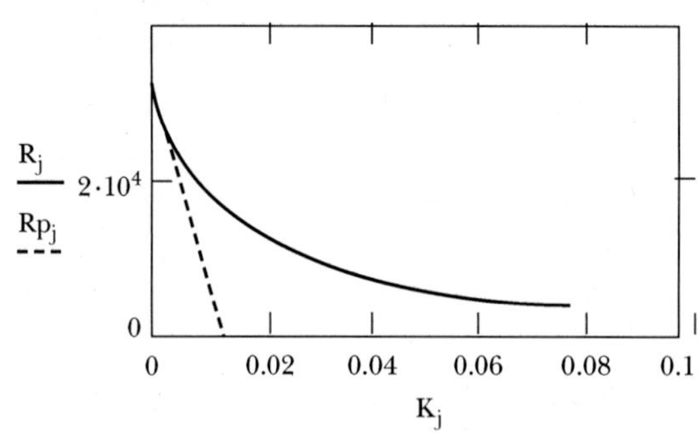

FIGURE 2-9

참고도서

The following texts are particularly recommended as general sources of collateral reading material.

A. General Theoretical Physics

Blass (Bl62), *Theoretical Physics.*
Lindsay and Margenau (Li36), *Foundations of Physics.*
Wangsness (Wa63), *Introduction to Theoretical Physics.*

B. Elementary Mechanics

Baierlein (Ba83), *Newtonian Dynamics.*
Barger and Olsson (Ba73), *Classical Mechanics.*
Davis (Da86), *Classical Mechanics.*
Fowles and Cassiday (Fo99), *Analytical Mechanics.*
French (Fr71), *Newtonian Mechanics.*
Knudsen and Hjorth (Kn00), *Elements of Newtonian Mechanics.*
McCall (Mc01), *Classical Mechanics.*
Rossberg (Ro83), *Analytical Mechanics.*

C. Intermediate Mechanics

Arya (Ar98), *Introduction to Classical Dynamics.*
Becker (Be54), *Introduction to Theoretical Mechanics.*
Lindsay (Li61), *Physical Mechanics.*
Scheck(Sc99), *Mechanics.*
Slater and Frank (Sl47), *Mechanics.*
Symon (Sy71), *Mechanics.*

D. Advanced Mechanics

Baruh (Ba99), *Analytical Dynamics.*
Goldstein (Go80), *Classical Mechanics.*

Landau and Lifshitz (La76), *Mechanics.*
McCuskey (Mc59), *An Introduction to Advanced Dynamics.*

E. Mathematical Methods

Abramowitz and Stegun (Ab65), *Handbook of Mathematical Functions.*
Arfken (Ar85), *Mathematical Methods for Physicists.*
Byron and Fuller (By69), *Mathematics of Classical and Quantum Physics.*
Churchill (Ch78), *Fourier Series and Boundary Value Problems.*
Davis (Da61), *Introduction to Vector Analysis.*
Dennery and Krzywicki (De67), *Mathematics for Physicists.*
Dwight (Dw61), *Tables of Integrals and Other Mathematical Data.*
Kaplan (Ka84), *Advanced Calculus.*
Mathews and Walker (Ma70), *Mathematical Methods of Physics.*
Pipes and Harvill (Pi70), *Applied Mathematics for Engineers and Physicists.*

F. Special Relativity

Einstein (Ei61), *Relativity.*
French (Fr68), *Special Relativity.*
Resnick (Re72), *Basic Concepts in Relativity and Early Quantum Theory.*
Rindler (Ri82), *Introduction to Special Relativity.*
Taylor and Wheeler (Ta66), *Spacetime Physics.*

G. Chaos

Baker and Gollub (Ba90), *Chaotic Dynamics.*
Bessoir and Wolf (Be91), *Chaos Simulations.*
Hilborn (Hi94), *Chaos and Nonlinear Dynamics.*
Moon (Mo92), *Chaotic and Fractal Dynamics.*
Rasband (Ra90), *Chaotic Dynamics of Nonlinear Systems.*
Rollins (Ro90), *Chaotic Dynamics Workbench.*
Sprott and Rowlands (Sp92), *Chaos Demonstrations.*
Strogatz (St94), *Nonlinear Dynamics and Chaos.*

H. Numerical Methods

DeJong (De91), *Introduction to Computational Physics.*
Johnson and Reiss (Jo82), *Numerical Analysis.*
Press, Teukolsky, Vetterling, and Flannery (Pr92), *Numerical Recipes.*

인용문헌

Ab65 M. Abramowitz and I. Stegun, *Handbook of Mathematical Functions.* Dover, New York, 1965.

Ad22 E. P. Adams and R. L. Hippisley, *Smithsonian Mathematical Formulae and Tables of Elliptical Functions.* Smithsonian Institution, Washington, D. C., 1922.

Am63 American Association of Physics Teachers, *Special Relativity Theory, Selected Reprints.* American Institute of Physics, New York, 1963.

An49 A. A. Andronow and C. E. Chaikin, *Theory of Oscillations,* transl. of the 1937 Russian ed. Princeton University Press, Princeton, New Jersey, 1949.

Ar85 G. Arfkin, *Mathematical Methods for Physicists,* 3rd ed. Academic Press, Orlando, Florida, 1985.

Ar98 A. P. Arya, *Introduction to Classical Mechanics* 2nd ed. Prentice-Hall, Englewood Cliffs, New Jersey, 1998.

Ba73 V. Barger and M. Olsson, *Classical Mechanics.* McGraw-Hill, New York, 1973.

Ba83 R. Baierlein, *Newtonian Dynamics.* McGraw-Hill, New York, 1983.

Ba96 G. L. Baker and J. P. Gollub, *Chaotic Dynamics,* 2nd ed. Cambridge, New York, 1996.

Ba99 H. Baruh, *Analytical Dynamics,* WCB/McGraw-Hill, Boston, 1999.

Be46 P. G. Bergman, *Introduction to the Theory of Relativity,* Prentice-Hall, Englewood Cliffs, New Jersey, 1946 (reprinted by Dover, New York, 1976).

Be54 R. A. Becker, *Introduction to Theoretical Mechanics.* McGraw-Hill, New York, 1954.

Be91 T. Bessoir and A. Wolf, *Chaos Simulations.* American Institute of Physics, College Park, 1991. Available from Physics Academic Software, Box 8202, North Carolina State University, Raleigh, North Carolina 27695-8202.

Bl62 G. A. Blass, *Theoretical Physics.* Appleton-Century-Crofts, New York, 1962.

Br60 L. Brillouin, *Wave Propagation and Group Velocity.* Academic Press, New York, 1960.

Br68 T. C. Bradbury, *Theoretical Mechanics.* Wiley, New York, 1968 (reprinted by Krieger, Melbourne, Florida, 1981).

By69 F. Byron and R. Fuller, *Mathematics of Classical and Quantum Physics.* Addison-Wesley, Reading, Massachusetts, 1969.

Ch78 R. V. Churchill, *Fourier Series and Boundary Value Problems*, 3rd ed. McGraw-Hill, New York, 1978.

Co53 R. Courant and D. Hilbert, *Methods of Mathematical Physics*, Vol. 1. Wiley (Interscience), New York, 1953.

Co60 H. C. Corben and P. Stehle, *Classical Mechanics*, 2nd ed. Wiley, New York, 1960.

Cr81 A. D. Crowell, *Am. J. Phys.* **49,** 452 (1981).

Da61 H. F. Davis, *Introduction to Vector Analysis.* Allyn & Bacon, Boston, 1961.

Da63 H. F. Davis, *Fourier Series and Orthogonal Functions.* Allyn & Bacon, Boston, 1963.

Da86 A. D. Davis, *Classical Mechanics.* Academic Press, Orlando, Florida, 1986.

De62 J. W. Dettman, *Mathematical Methods in Physics and Engineering.* McGraw-Hill, New York, 1962.

De67 P. Dennery and A. Krzywicki, *Mathematics for Physicists.* Harper & Row, New York, 1967.

De82 E. A. Desloge, *Classical Mechanics*, Vols. 1 and 2. Wiley, New York, 1982.

De91 M. L. DeJong, *Introduction to Computational Physics.* Addison-Wesley, Reading, Massachusetts, 1991.

Dw61 H. B. Dwight, *Tables of Integrals and Other Mathematical Data*, 4th ed. Macmillan, New York, 1961.

Ed30 Sir A. S. Eddington, *The Nature of the Physical World.* Macmillan, New York, 1930.

Ei61 A. Einstein, *Relativity*, 15th ed. Crown, New York, 1961.

Fe59 N. Feather, *The Physics of Mass, Length, and Time.* Edinburgh University Press, Edinburgh, 1959.

Fe65 R. P. Feynman and A. R. Hibbs, *Quantum Mechanics and Path Integrals.* McGraw-Hill, New York, 1965.

Fo99 G. R. Fowles and G. L. Cassiday, *Analytical Mechanics*, 6th ed. Harcourt, Philadelphia, 1999.

Fr68 A. P. French, *Special Relativity.* W. W. Norton, New York, 1968.

Fr71 A. P. French, *Newtonian Mechanics.* W. W. Norton, New York, 1971.

Ge63 I. M. Gelfand and S. V. Fomin, *Calculus of Variations*, Prentice-Hall, Englewood Cliffs, New Jersey, 1963.

Go80 H. Goldstein, *Classical Mechanics*, 2nd ed. Addison-Wesley, Reading, Massachusetts, 1980.

Ha62 J. Haag, *Oscillatory Motions.* Wadsworth, Belmont, California, 1962.

He95 M. Heald and J. B. Marion, *Classical Electromagnetic Radiation*, 3rd ed. Saunders, New York, 1995.

Hi00 R. C. Hilborn, *Chaos and Nonlinear Dynamics,* 2nd ed. Oxford, New York, 2000.

Ho64 H. Hochstadt, *Differential Equations—A Modern Approach.* Holt, New York, 1964.

In27 E. L. Ince, *Ordinary Differential Equations.* Longmans, Green, New York, 1927 (reprinted by Dover, New York, 1944).

Jo50 G. Joos and I. M. Freeman, *Theoretical Physics*, 2nd ed. Hafner, New York, 1950.

Jo82 Lee W. Johnson and R. Dean Reiss, *Numerical Analysis.* Addison-Wesley, Reading, Massachusetts, 1982.

Ka76 M. Kaplan, *Modern Spacecraft Dynamics and Control.* Wiley, New York, 1976.

Ka84 W. Kaplan, *Advanced Calculus,* 3rd ed. Addison-Wesley, Reading, Massachusetts, 1984.

Kn00 J. M. Knudsen and P. G. Hjorth, *Elements of Newtonian Mechanics,* 3rd ed. Springer-Verlag, Berlin, 2000.

La49 C. Lanczos, *The Variational Principles of Mechanics.* University of Toronto Press, Toronto, 1949.

La76 L. D. Landau and E. M. Lifshitz, *Mechanics,* 3rd ed. Pergammon, New York, 1976.

Li36 R. B. Lindsay and H. Margenau, *Foundations of Physics.* Wiley, New York, 1936 (reprinted by Dover, New York, 1957; reprinted by Ox Bow, Woodbridge, Connecticut, 1981).

Li51 R. B. Lindsay, *Concepts and Methods of Theoretical Physics.* Van Nostrand, Princeton, New Jersey, 1951.

Li61 R. B. Lindsay, *Physical Mechanics,* 3rd ed. Van Nostrand, Princeton, New Jersey, 1961.

Lo23 H. A. Lorentz, A. Einstein, H. Minowski, and H. Weyl, *The Principle of Relativity,* original papers. Translated in 1923; reprinted by Dover, New York, 1952.

Ma59 J. B. Marion, T. I. Arnette, and H. C. Owens, "Tables for the Transformation Between the Laboratory and Center-of-mass Coordinate Systems and for the Calculation of the Energies of Reaction Products." Oak Ridge National Lab. Rept. ORNL-2574, 1959.

Ma60 E. Mach, *The Science of Mechanics,* 6th Am. ed. Open Court, LaSalle, Illinois, 1960 (original German edition published 1883).

Ma65 J. B. Marion, *Principles of Vector Analysis.* Academic Press, New York, 1965.

Ma70 J. Matthews and R. Walker, *Mathematical Methods of Physics,* 2nd ed. Benjamin, New York, 1970.

Ma77 H. Margenau, *The Nature of Physical Reality,* 2nd ed. McGraw-Hill, New York, 1977.

Mc59 S. W. McCuskey, *An Introduction to Advanced Dynamics.* Addison-Wesley, Reading, Massachusetts, 1959.

Mc01 M. W. McCall, *Classical Mechanics.* John Wiley, Chichester, 2001.

Mi47 N. Minorsky, *Introduction to Non-linear Mechanics.* Edwards, Ann Arbor, Michigan, 1947.

Mo53 P. M. Morse and H. Feshbach, *Methods of Theoretical Physics,* 2 vols. McGraw-Hill, New York, 1953.

Mo53a P. Morrison, "A Survey of Nuclear Reactions," in *Experimental Nuclear Physics* (E. Segré, ed.), Vol. II. Wiley, New York, 1953.

Mo58 F. R. Moulton, *An Introduction to Celestial Mechanics,* 2nd ed. Macmillan, New York, 1958.

Mo92 Frances Moon, *Chaotic and Fractal Dynamics.* Wiley, New York, 1992.

Mu60 G. M. Murphy, *Ordinary Different Equations and Their Solutions.* Van Nostrand, Princeton, New Jersey, 1960.

Ob83 J. E. Oberg, *Mission to Mars.* New American, New York, 1983.

Pa62 W. K. H. Panofsky and M. Phillips, *Classical Electricity and Magnetism,* 2nd ed. Addison-Wesley, Reading, Massachusetts, 1962.

Pi57 B. O. Pierce and R. M. Foster, *A Short Table of Integrals,* 4th ed. Ginn, Boston, 1957.

Pi70 L. Pipes and L. Harvill, *Applied Mathematics for Engineers and Physicists.* McGraw-Hill, New York, 1970.

Pr92 W. H. Press, S. A. Teukolsky, W. T. Vetterling, and B. P. Flannery, *Numerical Recipes,* 2nd ed. Cambridge, New York, 1992.

Ra90 S. N. Rasband, *Chaotic Dynamics of Nonlinear Systems.* Wiley, New York, 1990.

Ra94 J. W. S. Rayleigh, *The Theory of Sound,* 2nd ed., 2 vols. Macmillan, London, 1894 (reprinted by Dover, New York, 1945).

Re72 R. Resnick, *Basic Concepts in Relativity and Early Quantum Theory.* Wiley, New York, 1972.

Rh82 Rheinmetall GmbH, *Handbook on Weaponry.* Düsseldorf, 1982.

Ri82 W. Rindler, *Introduction to Special Relativity.* Clarendon, Oxford, 1982.

Ro83 K. Rossberg, *Analytical Mechanics.* Wiley, New York, 1983.

Ro90 R. W. Rollins, *Chaotic Dynamics Workbench.* American Institute of Physics, College Park, 1990. Available from Physics Academic Software, Box 8202, North Carolina State University, Raleigh, North Carolina 27695-8202.

Sc99 F. Scheck, *Mechanics,* 3rd ed. Springer-Verlag, Berlin, 1999.

Se58 F. W. Sears, *Mechanics, Wave Motion, and Heat.* Addison-Wesley, Reading, Massachusetts, 1958.

Sl47 J. C. Slater and N. H. Frank, *Mechanics.* McGraw-Hill, New York, 1947.

So50 A. Sommerfeld, *Mechanics.* Academic Press, New York, 1950.

Sp92 J. C. Sprott and G. Rowlands, *Chaos Demonstrations.* American Institute of Physics, College Park, 1992. Available from Physics Academic Software, Box 8202, North Carolina State University, Raleigh, North Carolina 27695-8202.

St94 S. H. Strogatz, *Nonlinear Dynamics and Chaos.* Perseus Books, 1994.

Sy71 K. R. Symon, *Mechanics,* 3rd ed. Addison-Wesley, Reading, Massachusetts, 1971.

Ta66 E. F. Taylor and J. A. Wheeler, *Spacetime Physics.* Freeman, San Francisco, 1966.

Tr68 C. Truesdell, *Essays in the History of Mechanics.* Springer-Verlag, New York, 1968.

Tu04 H. H. Turner, *Astronomical Discovery,* Arnold, London, 1904 (reprinted by the University of California Press, Berkeley, California, 1963).

Wa63 R. K. Wangsness, *Introduction to Theoretical Physics.* Wiley, New York, 1963.

We61 J. Weber, *General Relativity and Gravitational Waves.* Wiley (Interscience), New York, 1961.

Wh37 E. T. Whittaker, *A Treatise on the Analytical Dynamics of Particles and Rigid Bodies,* 4th ed. Cambridge University Press, London and New York, 1937 (reprinted by Dover, New York, 1944).

Wh53 E. T. Whittaker, *A History of the Theories of Aether and Electricity; Vol. II: The Modern Theories.* Nelson, London, 1953 (reprinted by Harper and Bros., New York, 1960).

짝수 번호 연습문제 해답

Chapter 1

10. (a) $\mathbf{v} = 2b\omega \cos \omega t\,\mathbf{i} - b\omega \sin \omega t\,\mathbf{j}$ (b) $90°$

$\mathbf{a} = -\omega^2\mathbf{r}$

$|\mathbf{v}| = b\omega[3 \cos^2 \omega t + 1]^{\frac{1}{2}}$

12. $h = \dfrac{|\mathbf{a}\cdot\mathbf{b}\times\mathbf{c}|}{|\mathbf{a}\times\mathbf{b}+\mathbf{b}\times\mathbf{c}+\mathbf{c}\times\mathbf{a}|}$

$$A = \frac{1}{2}|(\mathbf{b}-\mathbf{a})\times(\mathbf{c}-\mathbf{b})| = \frac{1}{2}|(\mathbf{a}-\mathbf{c})\times(\mathbf{b}-\mathbf{a})|$$

$$= \frac{1}{2}|(\mathbf{c}-\mathbf{b})\times(\mathbf{a}-\mathbf{c})|$$

14. (a) -104 (b) $\begin{pmatrix} 9 & 7 \\ 13 & 9 \\ 5 & 2 \end{pmatrix}$ (c) $\begin{pmatrix} -5 & -5 \\ 3 & -5 \\ 25 & 14 \end{pmatrix}$ (d) $\begin{pmatrix} 0 & -3 & -4 \\ 3 & 0 & 6 \\ 4 & -6 & 0 \end{pmatrix}$

26. $\mathbf{a}\cdot\mathbf{e}_r = -\dfrac{3}{4}\dfrac{v^2}{k}$; $|\mathbf{a}| = \dfrac{3}{4}\dfrac{v^2}{k}\cdot\sqrt{\dfrac{2}{1+\cos\theta}}$; $\dot{\theta} = \dfrac{v}{\sqrt{2kr}}$

34. $\int(\mathbf{A}\times\ddot{\mathbf{A}})\,dt = (\mathbf{A}\times\dot{\mathbf{A}}) + \mathbf{C}$, where $\mathbf{C}$ is a constant vector

36. $\pi c^2 d$

38. $-\pi$

40. (a) $x = -2$ m, $y = 3$ m, $z_{max} = 72$ m; (c) SE

Chapter 2

2. $F_\theta = mR(\ddot{\theta} - \dot{\phi}^2 \sin\theta\cos\theta)$

$F_\phi = mR(2\dot{\theta}\,\dot{\phi}\cos\theta + \ddot{\phi}\,\sin\theta)$

4. $13.2\ \text{m}\cdot\text{s}^{-1}$

6. (a) 210 m behind (b) can be no more than 0.68 s late

14. (a) $d = \dfrac{2v_0^2\cos\alpha\sin(\alpha-\beta)}{g\cos^2\beta}$ (b) $\dfrac{\pi}{4} + \dfrac{\beta}{2}$ (c) $d_{\text{max}} = \dfrac{v_0^2}{g(1+\sin\beta)}$

16. $\dfrac{2v_0}{g\sin\alpha}$

18. (a) $35.2\ \text{m}\cdot\text{s}^{-1}$ (b) 40.7°; 1.1 m

20. 17.4°

22. (c) $\dot{x}(t) = C_1\cos\omega_c t + C_2\sin\omega_c t + \dfrac{E_y}{B}$

$\dot{y}(t) = -C_1\sin\omega_c t + C_2\cos\omega_c t$

24. $\mu_k = 0.18$; $v_B = 15.6\ \text{m/s}$

26. 2.3 m; 1.1 m

28. $h_{\text{marble}} = h\left(\dfrac{3-a}{1+a}\right)^2$; $h_{\text{superball}} = h\left(\dfrac{1-3a}{1+a}\right)^2$ where $a = m/M$

30. 71 m

32. $\sin\theta_0 = \dfrac{1 \pm \mu_k\sqrt{3+4\mu_k^2}}{2(1+\mu_k^2)}$

34. (a) $y = -\dfrac{m}{\alpha}\left[v + \dfrac{mg}{\alpha}\ln\left(1 - \dfrac{\alpha v}{mg}\right)\right]$ (b) $y = -\dfrac{m}{2\beta}\ln\left(1 - \dfrac{\beta v^2}{mg}\right)$

36. $R = \dfrac{v_0^2}{g}\cos\theta\left(\sin\theta + \sqrt{\sin^2\theta + \dfrac{2gh}{v_0^2}}\right)$

38. (a) $F(x) = -mna^2x^{-(2n+1)}$

(b) $x(t) = [(n+1)at]^{\frac{1}{n+1}}$

(c) $F(t) = -mna^2[(n+1)at]^{-(2n+1)/(n+1)}$

40. (a) $a_t = \dfrac{2A\alpha^2\sin\alpha t}{\sqrt{5-4\cos\alpha t}}$; $a_n = \dfrac{A\alpha^2|2\cos\alpha t - 1|}{\sqrt{5-4\cos\alpha t}}$

(b) $\dfrac{n\pi}{\alpha}$ where n = integer

42. Stable if $R > b/2$; unstable if $R \leq b/2$

48. $\tau = \pi d^{3/2}\sqrt{\dfrac{2}{mG}}$

50. (a) $x(t) = \dfrac{c^2}{F}\left(\sqrt{m_0^2 + \dfrac{F^2t^2}{c^2}} - m_0\right)$, $v(t) = \dfrac{Ft}{\sqrt{m_0^2 + \dfrac{F^2t^2}{c^2}}}$

(c) $t(v = c/2) = 0.55$ yr; $t(v = 0.99c) = 6.67$ yr.

52. (a) $F(x) = -\dfrac{4U_0x}{a^2}\left(1 - \dfrac{x^2}{a^2}\right)$, (c) $\omega = \sqrt{\dfrac{4U_0}{ma^2}}$, (d) $v_{\min} = \sqrt{\dfrac{2U_0}{m}}$

(e) $x(t) = \dfrac{a\left[\exp(t\sqrt{8U_0/ma^2}) - 1\right]}{\left[\exp(t\sqrt{8U_0/ma^2}) + 1\right]}$

54. (a) $v = g/k = 1000$ m/s, (b) $height = \dfrac{v_0}{k} + \dfrac{g}{k^2}\ln\left(\dfrac{g}{g + kv_0}\right) = 680$ m

Chapter 3

2. (a) $6.9 \times 10^{-2}\,\mathrm{s}^{-1}$ (b) $\dfrac{10}{2\pi}(1 - 2.40 \times 10^{-5})\,\mathrm{s}^{-1}$ (c) 1.0445

4. $\langle T\rangle = \langle U\rangle = \dfrac{mA^2\omega_0^2}{4}$ $\overline{U} = \dfrac{1}{2}$ $\overline{T} = \dfrac{mA^2\omega_0^2}{6}$

6. $2.74\ \mathrm{rad \cdot s^{-1}}$

12. $\ddot{\theta} = -\dfrac{g}{l}\sin\theta$

14. $x(t) = (\cosh\beta t - \sinh\beta t)[(A_1 + A_2)\cosh\omega_2 t + (A_1 - A_2)\sinh\omega_2 t]$

$\dot{x}(t) = (\cosh\beta t - \sinh\beta t)[(A_1\omega_2 - A_1\beta)(\cosh\omega_2 t + \sinh\omega_2 t)$
$-(A_2\beta + A_2\omega_2)(\cosh\omega_2 t - \sinh\omega_2 t)]$

26. $\dfrac{R_1\left[R_2(R_2 + R_1) + \omega^2L_2^2\right] + i\left[R_1\omega L_2 + (\omega L_1 - 1/\omega C)\left((R_1 + R_2)^2 + \omega^2L_2^2\right)\right]}{(R_1 + R_2)^2 + \omega^2L_2^2}$

28. $F(t) = \dfrac{4}{\pi}\sin t + \dfrac{4}{3\pi}\sin 3t + \dfrac{4}{5\pi}\sin 5t + \cdots$

30. $F(t) = \dfrac{2}{\pi} - \dfrac{4}{3\pi}\cos 2\omega t - \dfrac{4}{15\pi}\cos 4\omega t - \cdots$

32. (a) $x(t) = \dfrac{H(0)}{\omega_0^2}\left(1 - e^{-\beta t}\cosh\omega_2 t - \dfrac{\beta e^{-\beta t}}{\omega_2}\sinh\omega_2 t\right)$

(b) $x(t) = \dfrac{b}{\omega_2}e^{-\beta t}\sinh\omega_2 t;\ t > 0$

34. $x(t) = \begin{cases} 0 & t < 0 \\ 4[1 - \cos(0.5t)] \text{ m} & 0 < t < 4\pi \\ 0 & t > 4\pi \end{cases}$

36. $x(t) = e^{-\beta(t-t_0)}\left[x_0 \cos \omega_1(t - t_0) + \left(\frac{\dot{x}_0}{\omega_1} + \frac{\beta x_0}{\omega_1} + \frac{b}{\omega_1}\right)\sin \omega_1(t - t_0)\right]; \quad t > t_0$

38.
$$x(t) = \frac{F_0}{m}\frac{\omega}{[(\beta - \gamma)^2 + (\omega + \omega_1)^2][(\beta - \gamma)^2 + (\omega - \omega_1)^2]}$$
$$\times\left[e^{-\gamma t}\left[2(\gamma - \beta)\cos \omega t + ([\beta - \gamma]^2 + \omega_1^2 - \omega^2)\frac{\sin \omega t}{\omega}\right]\right.$$
$$\left. + e^{-\beta t}\left[2(\beta - \gamma)\cos \omega_1 t + ([\beta - \gamma]^2 + \omega^2 - \omega_1^2)\frac{\sin \omega_1 t}{\omega_1}\right]\right]$$

40. Amplitude $= -0.16$ mm, minus sign indicates spring is compressed

42. (a) $x(t) = \frac{F}{m\omega_0}\frac{1}{(\omega_0 + \omega)(\omega_0 - \omega)}(\omega_0 \sin \omega t - \omega \sin \omega_0 t)$. (b) $x(t) = \frac{F_0 t^3 \omega_0}{6m}$

44. $\frac{\omega_1}{\omega_0} = \frac{8\pi}{\sqrt{64\pi^2 + 1}}$

Chapter 4

6. $\dot{\theta} = \sqrt{\frac{2}{ml^2}}[E - mgl(1 - \cos\theta)]^{1/2}$

8. $\tau = 4\sqrt{\frac{2mA}{F_0}}$

10. Only 0.6 and 0.7 are chaotic

14. $n = 30$

22. Transitions at $B_1 = 9.8 - 9.9$, $B_2 = 11.6 - 11.7$, and $B_3 = 13.3 - 13.4$. Behavior: (i) one period per three drive cycles when $B < B_1$, (ii) chaotic when $B_1 < B < B_2$, (iii) mixed chaotic/one period per drive cycle (depending on initial conditions) when $B_2 < B < B_3$, and (iv) one period per drive cycle when $B > B_3$

Chapter 5

2. $\rho = \frac{C}{2\pi Gr}$ where $C = \frac{\partial\phi}{\partial r} =$ const.

6. $\mathbf{g} = -\frac{GM}{r^2}\mathbf{e}_r$

8. $g_z = -2\pi G\rho\left(\sqrt{a^2 + (z_0 - l)^2} - \sqrt{a^2 + z_0^2} + l\right)$

10. $\phi(R) \cong -\frac{GM}{R}\left[1 - \frac{1}{2}\frac{a^2}{R^2}\left(1 - \frac{3}{2}\sin^2\theta\right)\right]$

16. $F_z = 2\pi\rho_s GM$

20. $\Phi(z) = -\frac{2GM}{R^2}(\sqrt{z^2 + R^2} - z),\ g(z) = -\mathbf{k}\frac{2GM}{R^2}\left(\frac{\sqrt{z^2 + R^2} - z}{\sqrt{z^2 + R^2}}\right)$

Chapter 6

8. (a) $a_1 = b_1 = c_1 = \frac{2}{\sqrt{3}}R$ (b) $a_1 = a\frac{2}{\sqrt{3}};\ b_1 = b\frac{2}{\sqrt{3}};\ c_1 = c\frac{2}{\sqrt{3}}$

10. $R = \frac{1}{2}H$

14. length $= 2\sqrt{2}\sin\frac{\pi}{2\sqrt{2}}$

16. $y(x) = \frac{8}{13^{3/2} - 8}\left[\left(1 + \frac{9x}{4}\right)^{3/2} - 1\right]$ and $z = x^{3/2}$

18. $x = -y = \sqrt{-z}$ where $x > 0,\ y < 0,\ z < 0$. Parabolic line.

Chapter 7

4. $m\ddot{r} - mr\dot{\theta}^2 + Ar^{\alpha-1} = 0;\ \frac{d}{dt}(mr^2\dot{\theta}) = 0;$ yes; yes

6. $2m\ddot{S} + m\ddot{\xi}\cos\alpha - mg\sin\alpha = 0$
$(m + M)\ddot{\xi} + m\ddot{S}\cos\alpha = 0$

10. (a) $y(t) = -\frac{g}{4}t^2$ (b) $y(t) = \frac{Ml}{m}(1 - \cosh\gamma t)$

12. $r(t) = r_0\cosh\alpha t + \frac{g}{2\alpha^2}(\sin\alpha t - \sinh\alpha t)$

14. (a) $\ddot{\theta} + \frac{a + g}{b}\sin\theta = 0$ (b) $2\pi\sqrt{\frac{b}{a + g}}$

16. $\ddot{\theta} + \frac{g}{b}\sin\theta - \frac{a}{b}\omega^2\sin\omega t\cos\theta = 0$

18. $\omega = \sqrt{\frac{g\sin\theta_0}{l - R\theta_0}};\quad \theta_0 = \frac{\pi}{2}$

22. $L = \frac{1}{2}m\dot{x}^2 - \frac{k}{x}e^{-t/\tau}$; $H = \frac{p_x^2}{2m} + \frac{k}{x}e^{-t/\tau}$

24. $L = \frac{1}{2}m(\alpha^2 + l^2\dot{\theta}^2) + mgl\cos\theta$

$$H = \frac{p_\theta^2}{2ml^2} - \frac{1}{2}m\alpha^2 - mgl\cos\theta$$

26. (a) $H = \frac{p_\theta^2}{2ml^2} - mgl\cos\theta$; $\dot{\theta} = \frac{p_\theta}{ml^2}$; $\dot{p}_\theta = -mgl\sin\theta$

(b) $H = \dfrac{p_x^2}{2(m_1 + m_2 + I/a^2)} - m_1gx - m_2g(l - x)$

$$p_x = \left(m_1 + m_2 + \frac{l}{a^2}\right)\dot{x}$$

$$\dot{p}_x = g(m_1 - m_2)$$

28. $p_r = m\dot{r}$; $\dot{p}_r = \frac{p_\theta^2}{mr^3} - \frac{k}{r^2}$; $p_\theta = mr^2\dot{\theta}$; $\dot{p}_\theta = 0$

32. $H = \frac{1}{2m}\left(p_r^2 + \frac{p_\theta^2}{r^2} + \frac{p_\phi^2}{r^2\sin^2\theta}\right) - \frac{k}{r}$; $\dot{p}_r = -\frac{k}{r^2} + \frac{p_\theta^2}{mr^3} + \frac{p_\phi^2}{mr^3\sin^2\theta}$;

$$\dot{p}_\theta = \frac{p_\phi^2\cot\theta}{mr^2\sin^2\theta};\ \dot{p}_\phi = 0$$

34. (a) $\ddot{x} = aR(\ddot{\theta}\sin\theta + \dot{\theta}^2\cos\theta)$; $\ddot{\theta} = \dfrac{\ddot{x}\sin\theta + g\cos\theta}{R}$; where $a \equiv \dfrac{m}{M+m}$

(b) $\lambda = -\dfrac{mMg(3\sin\theta - a\sin^3\theta - 2\sin\theta_0)}{(M+m)(1 - a\sin^2\theta)^2}$

38. $\frac{dx}{dt} = \frac{\partial H}{\partial p} = \frac{p}{m}$, $\frac{dp}{dt} = -\frac{\partial H}{\partial x} = -(kx + bx^3)$

40. $0 = 4\frac{d^2x}{dt^2} + b\left(2\frac{d^2\theta_1}{dt^2}\cos\theta_1 + \frac{d^2\theta_2}{dt^2}\cos\theta_2\right) - b\left(2\left(\frac{d\theta_1}{dt}\right)^2\sin\theta_1 + \left(\frac{d\theta_2}{dt}\right)^2\sin\theta_2\right)$

$$-2g\sin\theta_1 = 2b\frac{d^2\theta_1}{dt^2} + 2\frac{d^2x}{dt^2}\cos\theta_1 + b\frac{d^2\theta_2}{dt^2}\cos(\theta_1 - \theta_2) + b\left(\frac{d\theta_2}{dt}\right)^2\sin(\theta_1 - \theta_2)$$

$$-g\sin\theta_2 = b\frac{d^2\theta_2}{dt^2} + \frac{d^2x}{dt^2}\cos\theta_2 + b\frac{d^2\theta_1}{dt^2}\cos(\theta_1 - \theta_2) - b\left(\frac{d\theta_1}{dt}\right)^2\sin(\theta_1 - \theta_2)$$

Chapter 8

4. $<U> = -\frac{k}{a}$; $<T> = \frac{k}{2a}$

10. Parabola; yes
12. 76 days

14. $F(r) = -\frac{l^2}{\mu}\left(\frac{6k}{r^4} + \frac{1}{r^3}\right)$

22. No
24. (a) 1590 km (b) 1900 km
28. 2380 m/s
30. $\Delta v = 3.23$ km/s; parabola
32. Stable if $r < a$
38. $\Delta v = 5275$ m/s (opposite to direction of motion); 146 days
40. Carrying the waste out of the solar system requires less energy than crashing it into the sun

42. 2.57×10^{11} J

44. $\frac{\alpha}{r} = 1 + \varepsilon\cos\theta$, where $\alpha = \frac{\ell^2}{\mu k}$, $\varepsilon = \sqrt{1 + \frac{2\ell^2}{\mu k^2}\left(E - \frac{k}{a}\right)}$

    If $0 < \varepsilon < 1$, the orbit is ellipsoid. If $\varepsilon = 0$, the orbit is circular

46. $T = 9 \times 10^7$ yr.

Chapter 9

2. On the axis; $\frac{3}{4}h$ from vertex

4. $\bar{x} = \frac{2a}{\theta}\sin\frac{\theta}{2}$; $\bar{y} = 0$

6. $\mathbf{r}_{cm} = \frac{F_0}{4m}t^2\mathbf{i}$; $\mathbf{v}_{cm} = \frac{F_0}{2m}t\mathbf{i}$; $\mathbf{a}_{cm} = \frac{F_0}{2m}\mathbf{i}$

8. $\bar{x} = 0$; $\bar{y} = \frac{a}{3\sqrt{2}}$

10. $\frac{v_0}{g}\sin\theta\sqrt{\frac{2E}{m_1 + m_2}}\left(\sqrt{\frac{m_1}{m_2}} + \sqrt{\frac{m_2}{m_1}}\right)$
12. (a) yes (b) 11 m/s
14. No
20. $\sqrt{ga}$
22. (a) two sets of solutions: $v_n = 5.18$ km/s, $v_d = 14.44$ km/s and $v_n = 19.79$ km/s, $v_d = 5.12$ km/s. (b) 74.8° and 5.2°. (c) 30°

24. $\omega = \dfrac{\omega_0}{1 - \dfrac{a}{b}\theta}$; $T = mb\omega_0\omega$

26. $\mathbf{N} = \dfrac{kr}{v_0}(\mathbf{r}_1 - \mathbf{r}_2) \times (\dot{\mathbf{r}}_1 - \dot{\mathbf{r}}_2)$

28. $\dfrac{4m_1m_2}{(m_1 + m_2)^2}$

30. (a) $(-0.09\,\mathbf{i} + 1.27\,\mathbf{j})\text{N}\cdot\text{s}$ (b) $(-9\mathbf{i} + 127\mathbf{j})\text{N}$

32. $v_1 = v_2 = \dfrac{u_1}{3}$

34. $v_1 = v_2 = \dfrac{u_1}{\sqrt{2}}$; $\theta=45°$

36. $\dfrac{m_1}{m_2} = 3 \pm 2\sqrt{2}$; $\dfrac{u_2}{u_1} = -(1\pm\sqrt{2})$ with $\begin{cases} +:\alpha < 0 \\ -:\alpha > 0 \end{cases}$

40. $v_1 = \dfrac{u_1(m_1\sin^2\alpha - \varepsilon m_2)}{m_1\sin^2\alpha + m_2}$; along $\mathbf{u}_1$

$v_2 = \dfrac{(\varepsilon + 1)m_1u_1\sin\alpha}{m_1\sin^2\alpha + m_2}$; straight up

42. 4.3 m/s, 36° from normal

44. $\mu ag\left(1 + \dfrac{u_1^2}{ag}\right)$

46. $\sigma(\theta) = \dfrac{a^2}{4}$; $\sigma_t = \pi a^2$

48. $\sigma_{\text{LAB}}(\psi) \cong \dfrac{\left(\dfrac{m_1^2k}{2m_2^2T_0}\right)^2}{\left[1 - \sqrt{1 - \left(\dfrac{m_1}{m_2}\psi\right)^2}\right]^2\sqrt{1 - \left(\dfrac{m_1}{m_2}\psi\right)^2}}$

54. e^{-1}

58. $\dfrac{v_B^2}{2g}$

60. 25 s

62. 273 s

64. (a) 3700 km (b) 890 km (c) 950 km (d) 8900 km

66. (a) 131 m/s. (b) 108 m

Chapter 10

2. The location is given by $\tan\theta = \dfrac{ar_0}{v^2}$, where θ is the angle between the radius and the horizontal; $|\mathbf{a}_f| = a + \sqrt{a^2 + \dfrac{v^4}{r_0^2}}$
4. $v_0 = 0.5\,\omega R$, in y direction; a circle
6. paraboloid $\left(z = \dfrac{\omega^2}{2g}r^2 + \text{const.}\right)$
12. 0.0018 rad = 6 min
16. (a) 77 km (b) 8.9 km (c) 10 km (d) 160 km (all to the west)
18. 260 m to the left
20. $g(\text{poles}) = 9.832\ \text{m/s}^2$, $g(\text{equator}) = 9.780\ \text{m/s}^2$
22. 2.26 mm to the right

Chapter 11

2. $I_1 = I_2 = \dfrac{3}{20}M(R^2 + 4h^2)$; $I_3 = \dfrac{3}{10}MR^2$;

   $I_1' = I_2' = \dfrac{3}{20}M\left(R^2 + \dfrac{1}{4}h^2\right)$; $I_3' = I_3$
4. $I = \dfrac{1}{3}ml^2$; $a = \dfrac{\ell}{\sqrt{3}}$
14. $I_1 = I_2 = \dfrac{83}{320}Mb^2$; $I_3 = \dfrac{2}{5}Mb^2$
20. $\sqrt{\dfrac{3g}{b}}$
24. (a) $\sqrt{\sqrt{3}\dfrac{g}{a}}$ (b) $\sqrt{\dfrac{12}{5\sqrt{3}}\dfrac{g}{a}}$
32. 53.7 rad/s
34. $\omega_x = \omega_{x_0}\exp(-bt/I_x)$

Chapter 12

8. $\omega_1 = \sqrt{2+\sqrt{2}}\sqrt{\dfrac{g}{l}}$; $\omega_2 = \sqrt{2-\sqrt{2}}\sqrt{\dfrac{g}{l}}$
10. $m\ddot{x}_1 + b\dot{x}_1 + (\kappa + \kappa_{12})x_1 - \kappa_{12}x_2 = F_0\cos\omega t$

    $m\ddot{x}_2 + b\dot{x}_2 + (\kappa + \kappa_{12})x_2 - \kappa_{12}x_1 = 0$

16. $\theta_0 = -\frac{1}{2}\phi_0$, Mode 1; $\theta_0 = \phi_0$, Mode 2

18. $\omega_1 = 0;\ \omega_2 = \sqrt{\frac{g}{Mb}(M + m)}$

20. $\mathbf{a}_1 = \left(\frac{2}{\sqrt{14}}, \frac{1}{\sqrt{14}}, -\frac{3}{\sqrt{14}}\right);\qquad \mathbf{a}_2 = \left(\frac{4}{\sqrt{42}}, -\frac{5}{\sqrt{42}}, \frac{1}{\sqrt{42}}\right)$

22. $\omega_1 = 2\sqrt{\frac{\kappa}{M}};\ \omega_2 = 2\sqrt{\frac{3\kappa}{M + m}};\ \omega_3 = 2\sqrt{\frac{3\kappa}{M}}$

26. 4.57, 4.64, 4.81 rad/s

28. $\theta_{2,\max} = 0.96$ rad (but at this angle, small angle approximation is not completely valid, so this is a rough estimate)

Chapter 13

4. $\omega_n = \frac{n\pi}{L}\sqrt{\frac{\tau}{\rho}}$

The amplitude of the nth mode is given by $\mu_n = \begin{cases} 0, & n \text{ even} \\ \frac{32}{n^3\pi^3}, & n \text{ odd} \end{cases}$

6. The second harmonic is down 4.4 dB; the third, 13.3 dB

12. $\eta_s(t) = e^{-Dt/2\rho}\left[A_1 \exp\left(\sqrt{\frac{D^2}{4\rho^2} - \frac{s^2\pi^2\tau}{\rho b}}\,t\right) + A_2 \exp\left(-\sqrt{\frac{D^2}{4\rho^2} - \frac{s^2\pi^2\tau}{\rho b}}\,t\right)\right]$

20. $\phi_{B_1} - \phi_{A_1} = \tan^{-1}(\cot\theta) \qquad \phi_{A_2} - \phi_{A_1} = -\theta$

Chapter 14

12. 55.3 m; 0.22 μs; 2.5×10^8 m/s; 2.5×10^8 m/s

16. $\cos\theta = \frac{\cos\theta' - \beta}{1 - \beta\cos\theta'}$

20. The astronaut ages 25.4 years; those on Earth age 26.7 years.

22. 4.4×10^9 kg/s; 1.4×10^{13} years

24. $7m_pc^2$, including the rest mass of the proton (kinetic energy is $6\ m_pc^2$)

28. $v \le 0.115c$

30. 0.8 MeV

32. $T_{\text{electron}} = 999.5$ MeV
$T_{\text{proton}} = 433$ MeV

찾아보기

ㅡㅇㅡ

ㅡㅈㅏ